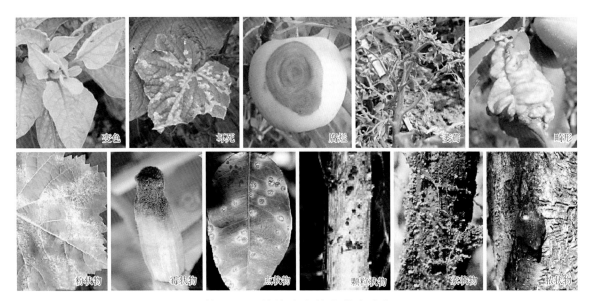

彩图2-1 植物病害的病状和病征

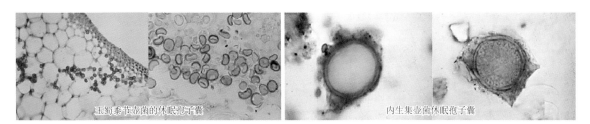

彩图2-2 壶菌门代表属（种）

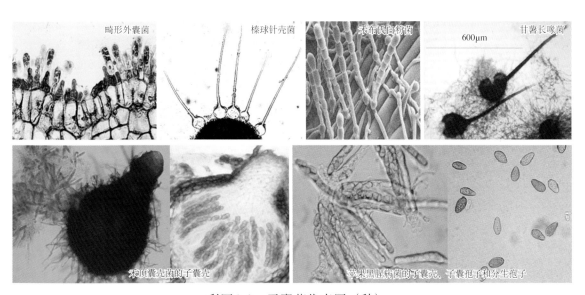

彩图2-3 子囊菌代表属（种）

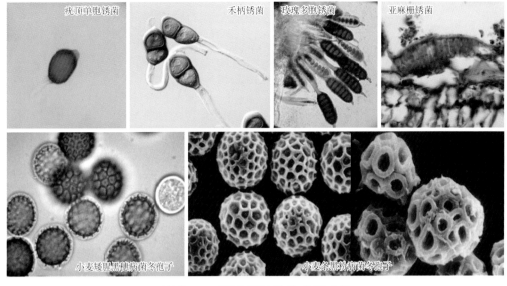

疣顶单胞锈菌　　　禾柄锈菌　玫瑰多胞锈菌　亚麻栅锈菌

小麦矮腥黑穗病菌冬孢子　　　小麦禾黑粉病菌冬孢子

彩图2-4　担子菌门的代表属或种

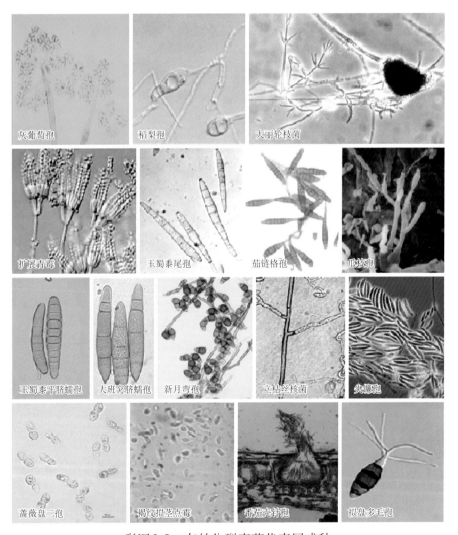

灰葡萄孢　　稻梨孢　　大丽轮枝菌

扩展青霉　玉蜀黍尾孢　茄链格孢　爪枝孢

玉蜀黍平脐蠕孢　大班突脐蠕孢　新月弯孢　立枯丝核菌　尖镰孢

蔷薇盘二孢　褐纹拟茎点霉　番茄壳针孢　拟盘多毛孢

彩图2-5　有丝分裂真菌代表属或种

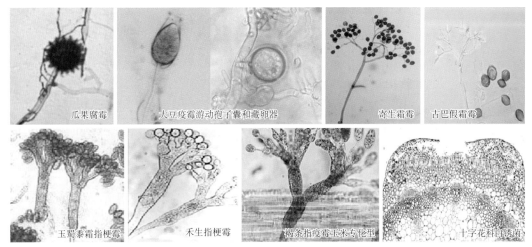

瓜果腐霉　　　　大豆疫霉游动孢子囊和藏卵器　　　　寄生霜霉　　　　古巴假霜霉

玉蜀黍霜指梗霉　　　　禾生指梗霉　　　　褐条指疫霉玉米专化型　　　　十字花科白锈菌

彩图2-6　植物病原卵菌代表属或种

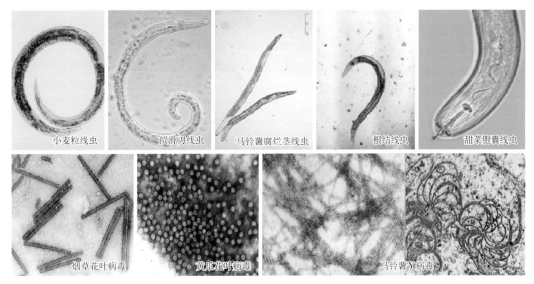

小麦粒线虫　　　　拟滑刀线虫　　　　马铃薯腐烂茎线虫　　　　根结线虫　　　　甜菜胞囊线虫

烟草花叶病毒　　　　黄瓜花叶病毒　　　　马铃薯Y病毒

彩图2-7　植物病原线虫和病毒代表属或种

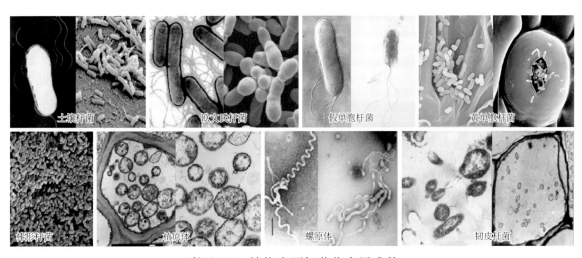

土壤杆菌　　　　欧文氏杆菌　　　　假单胞杆菌　　　　黄单胞杆菌

棒形杆菌　　　　植原体　　　　螺原体　　　　韧皮杆菌

彩图2-8　植物病原细菌代表属或种

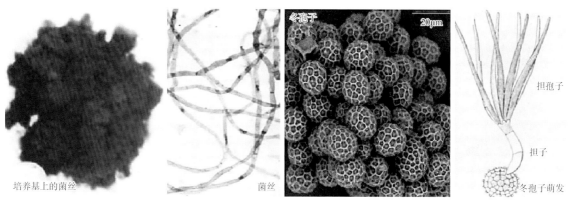

彩图5-1　小麦矮腥黑穗病菌形态特征

彩图5-2　小麦矮腥黑穗病的症状

彩图5-3　小麦网腥黑穗病菌所致症状及其形态特征

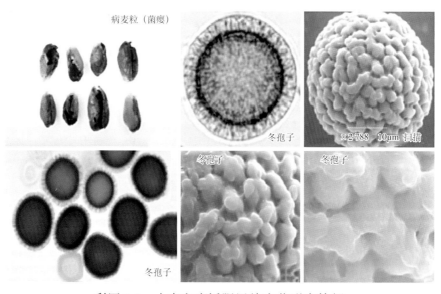

彩图5-4　小麦印度矮腥黑穗病菌形态特征

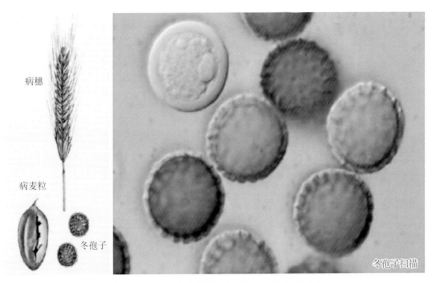

彩图5-5　黑麦腥黑穗病菌形态特征

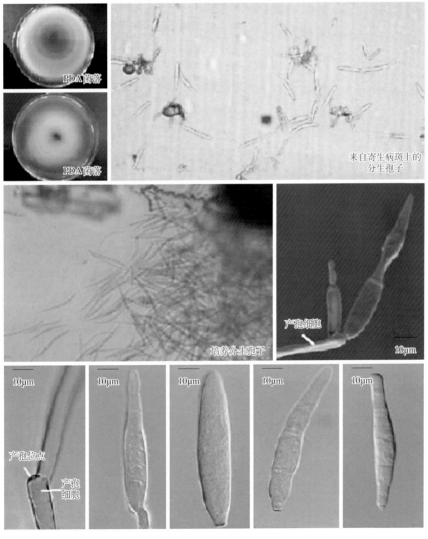

彩图5-6　玉蜀黍尾孢形态特征

解剖镜下玉米叶片病斑表面的病征

10μm

分生孢子梗　10μm　　分生孢子梗　10μm　　产孢细胞上形成分生孢子　10μm　　分生孢子　10μm

分生孢子　10μm　　产孢细胞上形成分生孢子　10μm　　分生孢子　10μm　　分生孢子　10μm　　分生孢子　10μm　M　10μm

扫描电镜下的分生孢子梗和分生孢子

10μm　　10μm　　10μm　　8μm　　5μm　产孢细胞上增厚的产孢位点(孢痕)

彩图5-7　玉米尾孢形态特征

初期病斑　　初期病斑周围黄色晕圈

长条形典型病斑　　病斑上的分生孢子和孢囊梗

彩图5-8　玉米灰斑病的症状

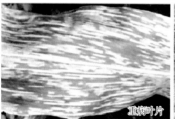

重病叶片

田间重病植株症状

叶鞘病斑

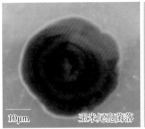  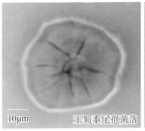 

彩图5-9　玉米灰斑病两种病菌主要形态区别

彩图5-10　高粱霜指梗霉及其所致病害症状

  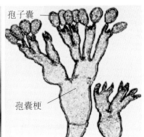

彩图5-11　甘蔗霜指梗霉及其所致病害症状

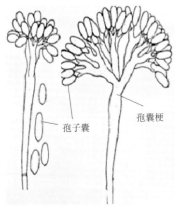 

彩图5-12　菲律宾霜指梗霉及其所致病害症状

孢囊梗　　孢子囊　　　　　　卵孢子

感病玉米植株　　　叶片上的病征

彩图 5-13　玉蜀黍霜指梗霉及其所致病害症状

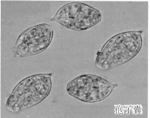

高粱

玉米　　　　　孢子囊

玉米　　　　　　　　　小麦

高粱　　　　　　　　　玉米

水稻　　　　　　病菌的卵孢子

彩图 5-14　褐条指疫霉玉米专化型及其所致玉米
霜霉病症状

彩图 5-15　大孢指疫霉玉米专化型及其所致玉
米疯顶霜霉病症状

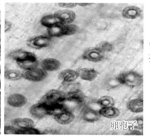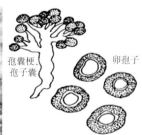

孢囊梗、孢子囊　　　　卵孢子

高粱　　　　　　谷子　　　　　卵孢子

彩图 5-16　禾生指梗霉及其所致玉米霜霉病症状

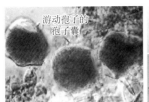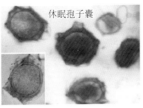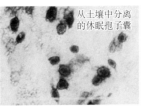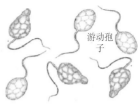

游动孢子的孢子囊

休眠孢子囊

从土壤中分离的休眠孢子囊

游动孢子

彩图5-17　马铃薯癌肿病菌的形态特征

地下部不同大小的肿瘤

地下部不同大小的肿瘤

病薯

病薯

病薯横切面示病瘤突起

彩图5-18　马铃薯癌肿病的症状

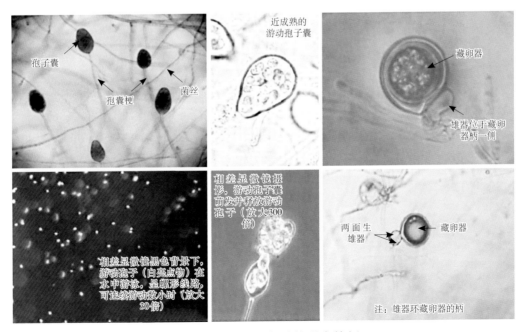

孢子囊

孢囊梗

菌丝

近成熟的游动孢子囊

藏卵器

雄器位于藏卵器柄一侧

相差显微镜黑色背景下，游动孢子（白亮点物）在水中游泳，显飘形线路，可连续游动数小时（放大30倍）

相差显微镜摄影，游动孢子囊萌发并释放游动孢子（放大300倍）

两面生雄器

藏卵器

注：雄器环藏卵器的柄

彩图5-19　大豆疫霉的形态特征

彩图5-20　大豆疫霉病症状

彩图5-21　大豆幼苗疫霉病严重程度分级标准（Université Laval，2018）

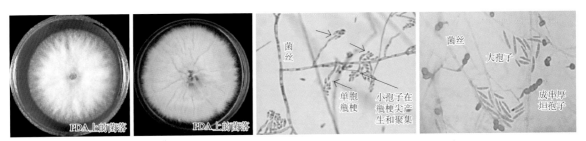

彩图5-22　棉花枯萎病菌的形态特征

彩图5-23　棉花枯萎病的不同症状类型

彩图5-24　田间棉花枯萎病的一般症状

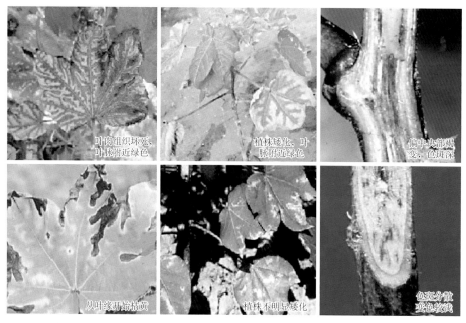

彩图5-25　棉花枯萎病（上）和黄萎病（下）症状的主要区别

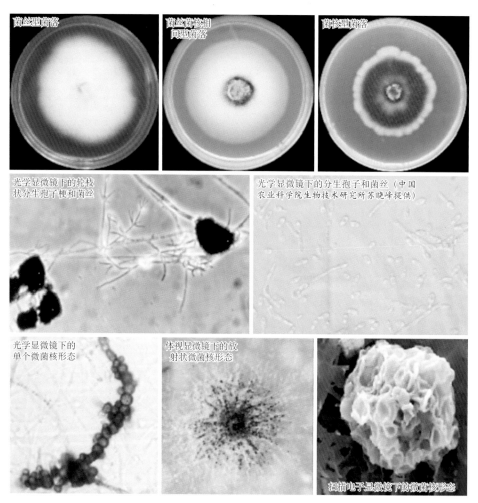

彩图5-26　大丽轮枝菌菌落、轮状分生孢子梗、菌丝、分生孢子以及微菌核

彩图5-27   成株期棉花黄萎病发病症状

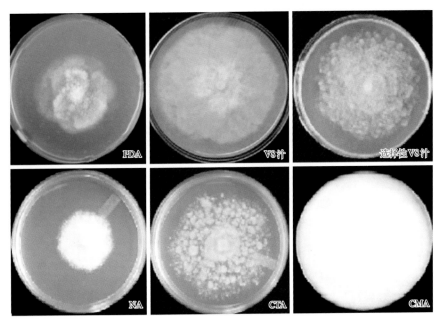

彩图5-28   不同培养基上的烟草疫霉菌落

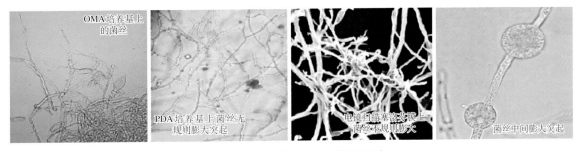

彩图5-29   烟草疫霉的菌丝形态

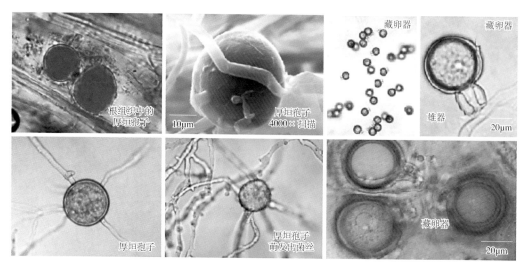

彩图5-30 烟草疫霉的厚垣孢子和藏卵器

彩图5-31 烟草疫霉病的典型症状和田间发病概貌

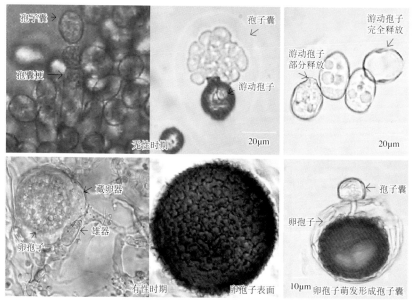

彩图5-32 向日葵脓疱白锈菌的形态特征（陈为民，2006；Lava et al.，2012）

彩图5-33 向日葵白锈病的各类症状（陈为民，2013）

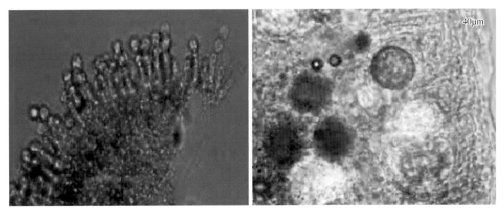

彩图5-34 组织切片观察向日葵脓苞白锈菌孢囊梗、孢子囊和病斑上的卵孢子（张祥林 等，2015）

彩图5-35 苜蓿轮枝菌的形态

彩图 5-36　苜蓿黄萎病症状

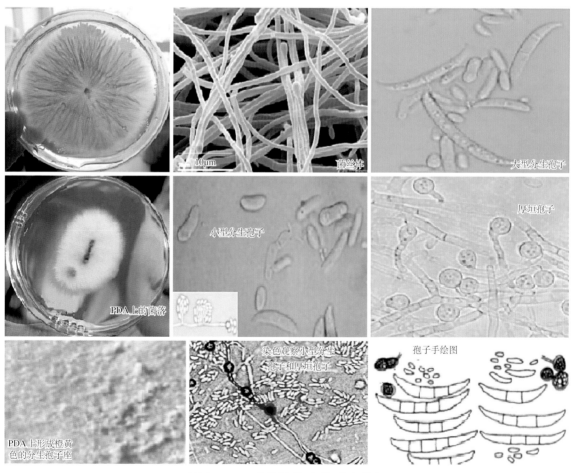

彩图 5-37　香蕉枯萎病菌形态特征

彩图5-38　香蕉枯萎病的症状

彩图5-39　香蕉枯萎病菌的几种杂草寄主（Rodríguez et al.，2014）

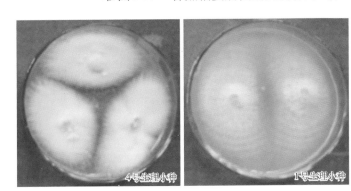

彩图5-40　香蕉枯萎病菌4号生理小种和1号生理小种在改良Komada培养基上的菌落形态（姜子德，2010）

Wild-type（不具抗性）　　　　　　RGA2-3（具抗性）　　　　　　Ced9-21（具抗性）

彩图5-41　两个抗香蕉枯萎病菌4号生理小种香蕉品种的抗病效果（Dale et al.，2017）

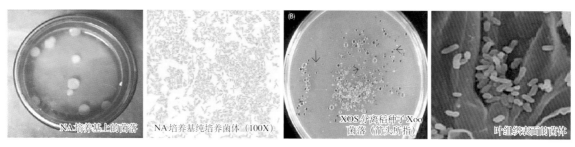

NA培养基上的菌落　　NA培养基纯培养菌体（100X）　　XOS分离稻种子Xoo菌落（箭头所指）　　叶组织表面的菌体

彩图6-1　水稻黄单胞杆菌形态（Jonit et al.，2016；EPPO，2007）

田间群体植株症状　　叶缘型和中脉型病斑　　大田严重发病　　潮湿条件下泌出淡黄色菌脓

彩图6-2　水稻白叶枯病症状

彩图6-3　水稻细菌性条斑病症状

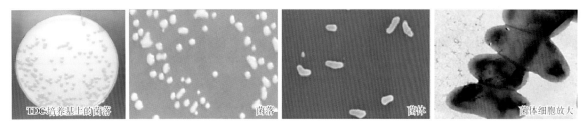

彩图6-4　密执安棒杆菌密执安亚种的形态特征

彩图6-5　番茄溃疡病的症状

彩图6-6 紫茉莉叶片上产生的过敏性坏死斑

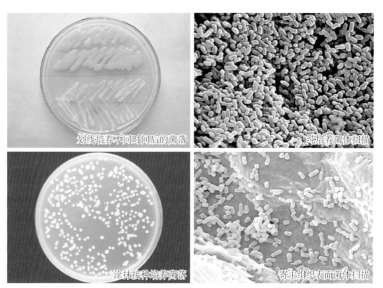

划线培养不同时间后的菌落

纯培养菌体扫描

涂抹接种培养菌落

寄主组织表面菌体扫描

彩图6-7 密执安棒杆菌环腐亚种的菌落和菌体形态

植物和叶片黄化

叶片萎蔫朝上翻卷

病叶上的病斑

植物萎蔫

块茎表面病斑

块茎内部环状腐烂变色

彩图6-8 马铃薯环腐病症状

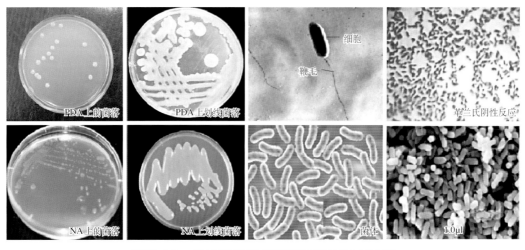

PDA上的菌落

PDA上划线菌落

细胞

鞭毛

革兰氏阴性反应

NA上的菌落

NA上划线菌落

菌体

1.0μl

彩图6-9 柑桔溃疡病菌菌落和菌体形态特征

彩图6-10　柑桔溃疡病的症状

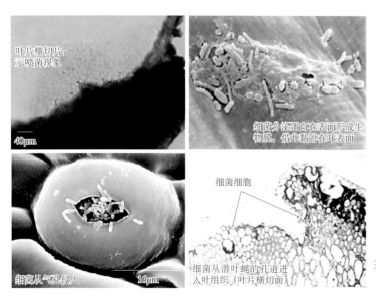

彩图6-11　柑橘溃疡病菌喷菌现象
及侵入寄主的形态

彩图6-12　亚洲柑橘潜叶蛾

彩图6-13　柑橘黄龙病症状（王雪峰、邓晓玲提供）

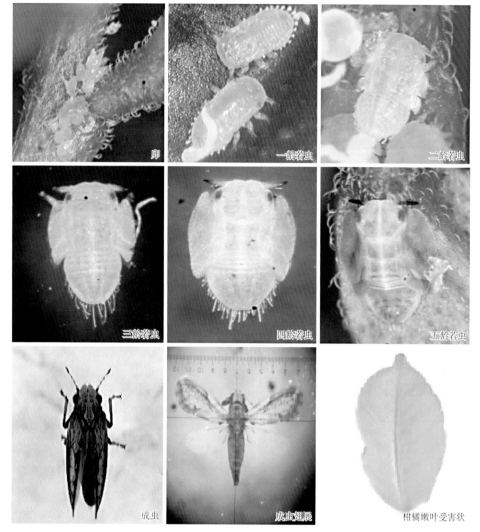

卵 一龄若虫 二龄若虫

三龄若虫 四龄若虫 五龄若虫

成虫 成虫翅展 柑橘嫩叶受害状

彩图6-14 柑橘木虱各虫态及其危害状（乌天宇，岑伊静，徐长宝提供）

病树 恢复后

彩图6-15 用内生枯草芽孢杆菌L1-21处理3个月后柑橘黄龙病病树恢复健康（何月秋博士提供）

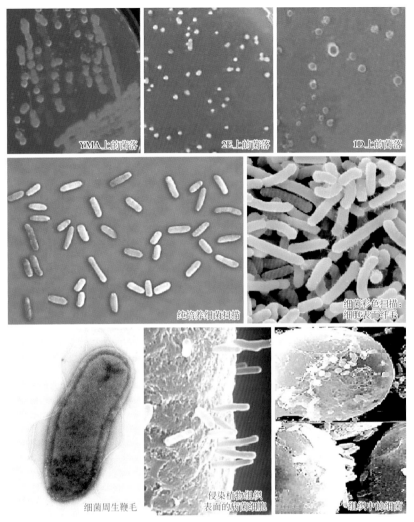

YMA上的菌落　2E上的菌落　1D上的菌落

纯培养细菌扫描　细菌彩色扫描：细胞表面纤毛

细菌周生鞭毛　侵染植物组织表面的病菌细胞　组织中的细菌

彩图6-16　土壤杆菌菌落和菌体细胞形态

樱桃根部　樱桃茎干　桃树根部

柳树根部　杨树茎干　月季扦插苗

彩图6-17　不同植物根癌病发病症状

彩图6-18 接种病原对胡萝卜切片（A）和番茄茎部（B）的致瘤活性（魏艳丽 等，2017）

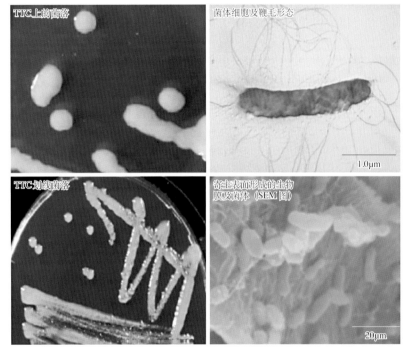

彩图6-19 解淀粉欧文氏杆菌的形态特征（Johnson，2015）

彩图6-20 梨树和苹果树上的火疫病症状

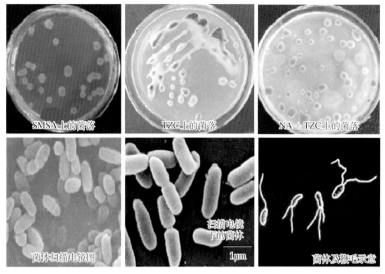

彩图6-21　青枯劳尔氏杆菌在SMSA、TZC等培养基上的菌落和菌体特征

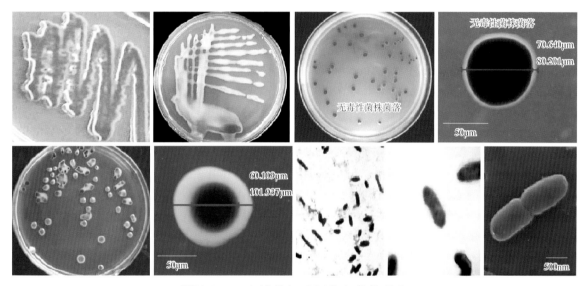

彩图6-22　青枯劳尔氏杆菌和菌体形态

彩图6-23　香蕉劳尔氏细菌枯萎病的症状

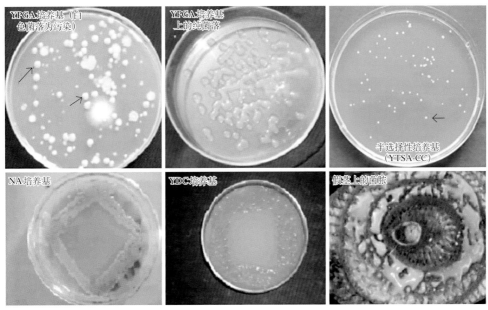

彩图6-24 野油菜黄单孢杆菌香蕉致病变种的菌落与假茎内维管束溢出的菌脓

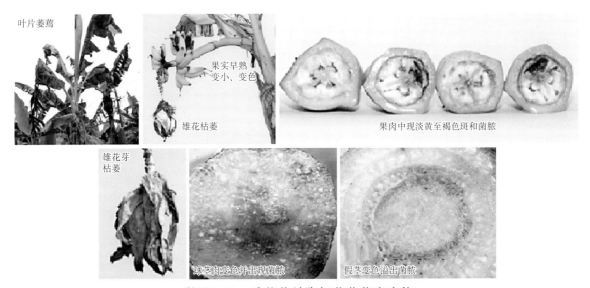

彩图6-25 香蕉黄单胞细菌萎蔫病症状

彩图6-26　香蕉欧文氏细菌软腐病症状及其病原形态

彩图6-27　烟草青枯病各时期的症状

彩图6-28　利用双糖和己醇在微滴定板上检测青枯劳
　　　　　尔氏杆菌菌株的生化型：其可利用3种双糖
　　　　　和3种己醇（黄俊斌 等，2014）

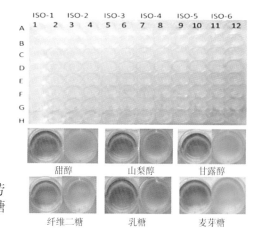

花蕾期嫁接植株生长良好，发病很轻

嫁接烟苗

花蕾期嫁接苗几乎未见发病

花蕾期嫁接植株变矮小，发病严重

彩图6-29　用抗病品种（D101）作砧木和感病品种（云烟87）作接穗的嫁接烟苗控制青
　　　　　枯病的效果（黄俊斌 等，2014）

彩图6-30　青枯劳尔氏杆菌1
　　　　　号生理小种的形态

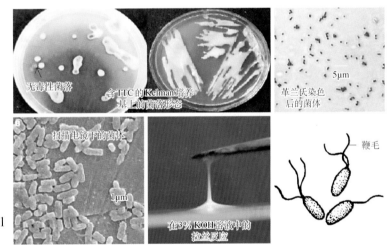

无毒性菌落

含TTC的Kelman培养基上的菌落形态

革兰氏染色后的菌体

5μm

扫描电镜下的菌体

1μm

在3%KOH溶液中的拉丝反应

鞭毛

青枯病树

木质部浸出的菌脓

病树状态

枯死树干

木质部菌脓

彩图6-31　桉树青枯病症状

辣椒苗

茄子苗

彩图6-32　感病指示植物
　　　　　青枯病株顶端
　　　　　的菌脓

叶片条纹病斑

植株严重矮化

田间植株群体症状

彩图7-1　小麦线条花叶病毒病症状

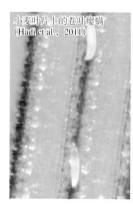
小麦叶片上的卷叶瘿螨
（Hadi et al.，2011）

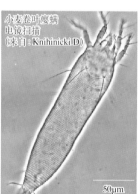
小麦卷叶瘿螨
电镜扫描
（来自：Knihinicki D）
50μm

小麦叶片上的卷叶瘿螨电镜
扫描（Singh et al.，2018）

彩图7-2　小麦卷叶瘿螨成
　　　　　螨形态

茎和芽坏死

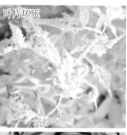
叶片坏死

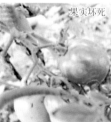
果实坏死

果实坏死

果实坏死

彩图7-3　番茄斑萎病毒侵
　　　　　染番茄症状

红醋栗果实症状

红醋栗叶片褪绿症状

接种桃苗系统性褪绿，顶叶坏死症状

红醋栗叶脉间褪绿症状

天竺葵叶片黄化症状

油桃嫁接处开裂症状

彩图7-4 不同寄主植物上蕃茄环斑病毒引起的症状（EPPO，2019；CPC，2007）

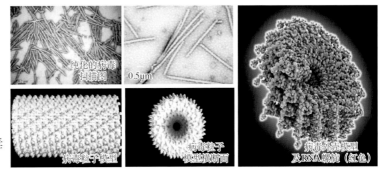

纯化的病毒扫描图

0.5μm

病毒粒子模型

病毒粒子模型横断面

病毒外壳模型及RNA螺旋（红色）

彩图7-5 黄瓜绿斑驳花叶病毒粒子的形态特征

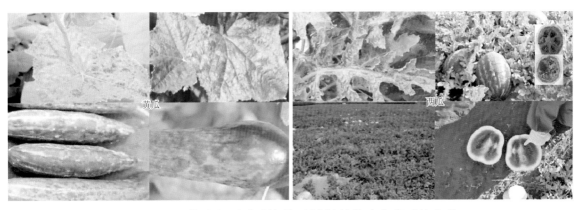

黄瓜

西瓜

彩图7-6 黄瓜和西瓜感染黄瓜绿斑驳花叶病毒后的症状

叶片典型病斑

叶片典型病斑

叶片直立状

根部症状

田间植株成片黄化

田间植株成片黄化

彩图7-7 甜菜坏死黄脉病毒病的症状

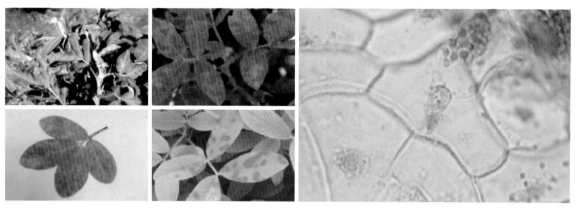

彩图7-8　花生感染花生斑驳病毒后的症状和叶表皮细胞内的圆柱状内含体

彩图7-9　棉花曲叶病毒病症状

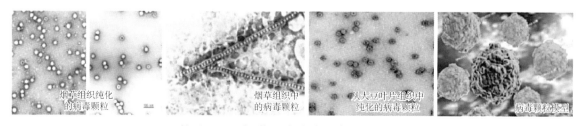

彩图7-10　烟草环斑病毒颗粒形态特征

彩图7-11　不同植物上的烟草环斑病毒病症状

彩图7-12　木薯花叶病毒病的症状

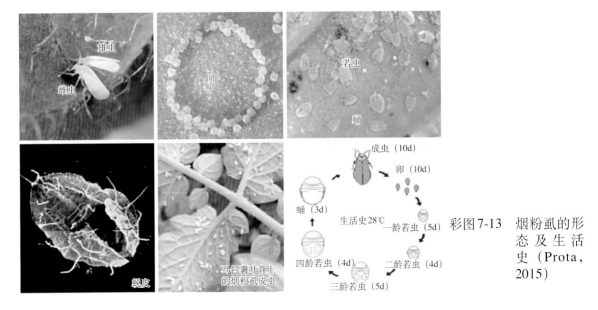

彩图7-13　烟粉虱的形态及生活史（Prota，2015）

彩图7-14 杨树花叶病毒病
的叶片症状

彩图8-1 马铃薯金线虫病
的症状

田间病株矮化　　　田间病株矮化、黄化

根系腐烂，可见　　块茎部分变黑、腐烂　　根腐烂，见胞囊
胞囊；块茎小或无

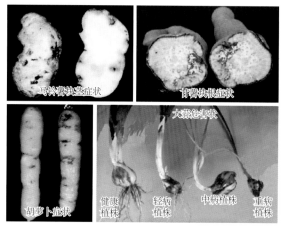

马铃薯块茎症状　　甘薯块根症状

大蒜危害状

胡萝卜症状　　健康　轻病　中病植株　重病
植株　植株　　　　植株

彩图8-2 几种作物上马铃薯腐烂茎线虫危害
症状

地上植株矮化变黄

根系肉眼可见白色　　根系腐烂，线虫胞囊
或乳白色线虫胞囊

彩图8-3 马铃薯白线虫危害症状 (Agric. &
Agri-Food Canada, 2012)

彩图8-4　甜菜胞囊线虫危害症状

彩图8-5　不同寄主植物感染香蕉相似穿孔线虫后的症状 (Sekora et al., 2012)

彩图8-6　菊花滑刃线虫在不同寄主植物上的症状

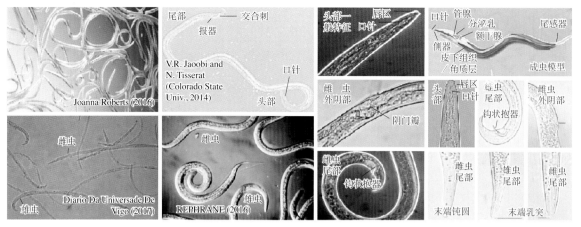

彩图8-7 松树枯萎病线虫形态特征

彩图8-8 林间松树枯萎病症状

彩图8-9 松墨天牛的形态特征及其
唾液腺中的线虫

中国重要农林外来入侵生物

谭万忠　丁伟　邢继红 ◎ 主编

——病原微生物卷

中国农业出版社

北京

内容简介

生物入侵是近年来各界特别是生物学界最为关注的重要生物安全热点领域之一。入侵微生物是入侵物种的重要组成部分，其侵染危害不同的农林植物而导致巨大的经济损失，并且破坏生态环境，严重威胁人类生存安全。本专著综合论述了有关农林病原微生物入侵和病理学方面的基本理论和监测防控技术，内容包含两大部分：前四章为基本理论概述，分别阐述病原微生物的入侵、所致病害的发生发展规律、一般检测监测方法及防控技术。后四章为各论部分，论述入侵性真菌（含卵菌）、细菌、病毒和线虫等四大类共40多种农林病原微生物物种，分别阐述每种入侵微生物在我国和世界上的地理分布、形态分类、导致的病害症状、病害流行规律、诊断检测方法及监测防控技术。

本书可供从事生物安全、病原微生物、动植物检疫等学科领域工作的专家使用，也可供高等院校相关专业的研究生和本科生参考，还可供农业、林业、环保、海关等部门从事生产管理、技术推广和应用的广大工作者参考。

编委会

西南大学植物保护学院：

　　丁　伟　教授

　　青　玲　教授

　　毕朝位　副教授

　　余　洋　副教授

　　杨宇恒　副教授

中国农业科学院植物保护研究所：

　　葛蓓孛　副研究员

　　石礼鸣　博士

中国农业科学院农业环境与可持续发展研究所：

　　付卫东　副研究员

中国农业科学院柑桔研究所：

　　王雪峰　研究员

　　孙晚霞　副研究员

中国农业科学院果树研究所：

　　任　芳　助理研究员

中国上海海关：

　　于翠翠　高级农艺师

中国葫芦岛海关：

　　王教敏　助理农艺师

中国昆明海关：

　　孔　灿　助理农艺师

河北农业大学植物保护学院：

    邢继红   教授

    冉隆贤   教授

    张金林   教授

    闫鸿飞   副教授

    杨文香   副教授

    李亚宁   副教授

    张   娜   副教授

吉林农业大学植物保护学院：

    刘淑艳   教授

    王   雪   副教授

    欧师琪   副教授

吉林工业职业技术学院：

    谭舒心   讲师

南京农业大学植物保护学院：

    陶小荣   教授

    白奇蕊   硕士

河北省农业科学院植物保护研究所：

    马   平   研究员

    鹿秀云   研究员

    李杜增   副研究员

云南滇西科技师范学院

    于龙凤   教授

青岛农业大学植物医学学院：

    迟玉成　教授

新疆农业科学院微生物应用研究所：

    郭文超　研究员

重庆市农业技术推广总站：

    黄振霖　研究员

重庆市丰都县：

    罗华东　硕士

重庆市云阳县农业技术服务中心：

    张军贤　助理农艺师

浙江大学生物技术研究所：

    李　斌　教授

山东省科学院国际合作处：

    杨合同　研究员

山东省科学院生态研究所：

    魏艳丽　研究员

审稿专家（排名不分先后）：

云南农业大学热带作物学院：

    谭万忠　教授

    李建宾　教授

    赵维峰　教授

云南农业大学植物保护学院：

何月秋　教授

王云月　教授

黄惠川　副教授

西南大学植物保护学院：

丁　伟　教授

青　玲　教授

中国农业大学植物保护学院：

李建强　教授

河北农业大学植物保护学院：

董金皋　教授

重庆大学生物工程学院：

王中康　教授

福建农林大学植物保护学院：

王宗华　教授

贵州大学植物保护学院：

蒋选利　教授

河南农业大学植物保护学院：

李洪连　教授

华中农业大学植物保护学院：

侯明生　教授

四川农业大学植物保护学院：

黄　云　教授

华南农业大学植物保护学院：

姜子德　教授

刘群光　副教授

李慧明　副教授

大连民族大学生命科学学院：

吕国忠　教授

上海交通大学农学院：

陈　捷　教授

中国农业农村部农技推广中心：

张跃进　研究员

中国农业科学院环境与可持续发展研究所：

张国良　研究员

中国农业科学院植物保护研究所：

张克诚　研究员

中国检验检疫科学研究院：

吴品姗　研究员

中国青岛海关：

白　松　农艺师

新疆农业科学院微生物应用研究所：

郭文超　研究员

四川省农业农村厅植物检疫总站：

赵学谦　研究员

宁　红　研究员

主　编　简　介

谭万忠，男，汉族，1955 年 10 月出生于重庆市开州区南门镇，植物病理学教授，硕/博士生导师，入侵生物学家和微生物学家。1977 年进入西南农业大学就读植物保护本科专业，1982 年毕业获农学学士学位后被选拔留校任教。1984 年赴英国威尔士大学留学，攻读植物病理学专业硕士学位，1986 年直接转为博士研究生，攻读博士学位期间连续三年获得英国文化委员会（British Council）颁发的国际研究生奖学金（ORS Award），1989 年获得威尔士大学博士学位。留学回国后历任西南农业大学助教、讲师和副教授，1995 年破格晋升为教授，2005 年晋升为三级教授。教学工作主讲农业植物病理学、生物防治、应用微生物学、真菌学、农业植物病理学、分子植物病理学、入侵生物学、生物安全学和专业英语等课程，指导 40 多名研究生获得学位。在科研工作中主持了国家自然科学基金项目、国家作物公关、科技部公益性行业专项和省部级基金等 30 多项课题研究。2021 年接受云南农业大学热带作物学院聘请从加拿大回国，担任该校特聘教授至今，主要从事教学科研及其学术团队建设指导工作。

具有丰富的国际工作经历：1997 年赴联合国粮食及农业组织（FAO）所辖的国际水稻研究所（IRRI）做博士后（项目科学家），从事水稻病虫害领域研究工作，开展亚洲开发银行资助项目"水稻生物多样性与管理"研究，2000 年初通过博士后研究成果答辩出站。2000—2002 年在英国洛桑国际作物研究所（IACR）做访问研究员，主要承担洛桑国际基金资助项目"冬小麦叶枯病流行与分子检测技术"研究，担任植物病理学博士研究生和博士后导师，并与伦敦大学帝国理工学院开展麦类病害项目合作研究；2015—2020 年赴加拿大 BC 省园艺研究所任研究员，从事"入侵生物监测及防控"领域的科研和教学工作，开展加拿大环保部资助项目"北美地区城市生境中入侵植物的越冬规律"及农业食品部资助项目"外来入侵微生物发生分布"等研究，指导博士研究生和博士后，并担任"重要入侵生物识别与防控技术"人员培训工作。

先后承担了多项国家和省市级学术组织和社会科学技术兼职。1987 年以来任英国植物病理学会和美国植物病理学会会员；1993—2000 年担任中国菌物学会常务理事兼学术工作委员会副主委、青年专家委员会主委；中国植物病理学会理事兼青年专家委员会副主委；2003 年以来先后任重庆市植物保护学会理事兼植物病理学科主委、重庆市植物保护学科学术带头人、重庆市人民政府科技顾问团成员、农业农村部"入侵生物管理专家委员会"委员、四川省农业农村厅及重庆市农业委员会顾问专家；先后受聘为中国农业科学院、重庆市农业科学院、云南省农业科学院等单位客座研究员；担任国家自然科学基金委员会、科技部、农业农村部等部委和多个省市科技项目评审及成果鉴定专家；担任 *Frontiers-Microbiology*、*Plant Disease*、*BioControl*、《中国农业科学》《微生物学报》《菌物学报》《植物病理学报》《植物保护学报》等权威学术期刊及多所大学学报审稿专家。

获得省部级科技成果一、二等奖 5 项，国家发明专利 8 项；在国内外专业学术期刊上发表了 200 余篇研究论文，发现并报道 3 种新的真菌物种、20 多种新植物病害和 30 多个有害生物的生防菌菌株，主编有科学出版社出版的《重大外来入侵害虫：马铃薯甲虫的生物学、生态学和持续防控技术》（2013）、《生物安全学导论》（2015）和 *Academic English for Agriculture and Biology*（2015）等 6 部学术专著和全国高校教材。在国内外培养了近 50 名硕士、博士和博士后高级人才；同时长期积极投身于所在省市科技咨询和推广应用，2019—2020 年应农业农村部和中国农业科学院等单位"引智计划"邀请从加拿大回国参与河北和云南等地的科技扶贫工作，为当地农业发展和脱贫致富做出了重要贡献。因此先后获得了国家人事部和教育部授予的"有突出贡献回国留学人员"称号和金质奖章、国务院特殊津贴以及各级优秀教师或教育工作者荣誉称号和奖励。

丁　伟，男，汉族，1966 年 8 月生于河南邓州，现任西南大学农药学教授，硕/博士生导师。1989 年于西北农业大学植物保护系植物保护专业毕业获得农学学士学位；1997 年于西北农业大学植保系农药学专业毕业获理学硕士学位；2002 年于西南农业大学植物保护学院农业昆虫与害虫防治专业毕业获农学博士学位；曾先后分别赴美国奥本大学和法国国家科学院做高级访问学者。现兼任西南大学农药研究所所长、天然产物农药研究中心主任；重庆市植物保护学会副理事长、全国植物源农药产业技术联盟副理事长、全国烟草青枯病和黑胫病绿色防控首席专家，《植物医学》杂志主编；还被泰国皇家理工大学授予荣誉博士称号。

长期负责本科生和研究生农药学、农药营销学和农药毒理学等课程教学，指导硕士和博士研究生。主要研究方向包括：农药学生物农药特别是植物源农药、农业害虫与防治（柑橘及烟草害虫）、储藏物害虫的生物/生态学、农药营销与管理；植物性杀虫、杀螨及杀菌剂的开发，农业、园林、储藏物害虫的生物学及综合治理等。

致力于天然产物农药、有害生物的系统控制和植物与有害生物互作关系的研究，植物与有害生物的相互关系、植物源农药创制研究以及从宏观和微观两个方面揭示我国茄科作物细菌性病害严重发生的机制与关键控制技术研究，提出了保健—预警与系统控制一体化的植保新体系，"四个平衡"修复土壤控制土传细菌性病害的新技术，形成了绿色植保新理论、新实践和新成果，建立了基于微生态调控和免疫诱抗的植物健康保障体系，构建了微生态调控防治作物土传病害的技术规程，搭建了天然产物农药研究平台，培养了众多高水平、高层次的创新型人才。主持或参加省部级以上科研项目 50 余项。获省部级科技成果奖 8 项，获得 14 项国家发明专利，发表论文 300 余篇，其中被国际期刊 SCI 收录的有 65 篇。主编和参编《螨类控制剂》（化学工业出版社，2010）、《农药营销学》（中国农业科学技术出版社，2004）、《中国烟草青枯病志》（科学出版社，2018）、《这一年在美国》（大众文艺出版社，2012）等 9 部专著或作品。研发出植物源农药新品种 3 个，微生物制剂 6 个，应用于茄科作物的绿色防控，在重庆、贵州、四川、湖南、广东等地推广应用绿色防控技术 300 多万亩次，取得了显著的社会、经济和生态效益。

邢继红，女，汉族，1977 年出生于河北省东光县，中国民主建国会会员，现任河北农业大学植物病理学教授，硕/博士生导师。2000 年获河北农业大学植物保护学专业学士学位，2003 年获河北农业大学植物病理学专业硕士学位，2006 年获河北农业大学植物病理学专业博士学位。2006 年留校担任讲师，2008 年晋升为副教授，2013 年晋升为教授，2015 年赴美国伊利诺伊大学香槟分校做访问学者一年。

现任河北农业大学生命科学学院分子生物学与生物信息学系主任，生物信息学专业负责人，河北农业大学百名青年学术带头人；河北省植物生理与分子生物学会副理事长，河北省微生物学会常务理事，河北省植物病理学会理事；中国民主建国会河北省第九届农业专家委员会委员，政协保定市第十三届委员会委员、十四届委员会常务委员，政协保定市竞秀区第二届、第三届委员会委员，中国民主建国会保定市河北农业大学支部主委；近五年，提交提案或社情民意 30 多件，其中，10 多件被中国民主建国会中央采用、全国政协提案立案、省政协会议会发言、中国民主建国会省委采用等；多次荣获中国民主建国会河北省委优秀会员和"参政议政工作"先进个人、中国民主建国会保定市委优秀会员和参政议政工作突出贡献奖。

在教学工作中主要负责植物保护专业、生物技术专业、生物科学专业、生物信息学专业本科和研究生的植物保护研讨会的主持，分子生物学、基因组学、功能基因组学等课程的教学；已培养硕士和博士研究生 20 多名。科研工作方面主要从事植物与病原微生物互作机制、植物分子与生理病理学领域的课题。先后主持国家自然科学基金（31200203、31972217）、教育部高等学校博士点专项基金（20121302120007）、河北省自然科学基金（08B021、C2012204032、C2018204045）、河北省留学人员科技活动择优资助项目（0316012）、河北省科技支撑计划项目（12226507）、中央引导地方科技发展基金（206Z6501G）、河北省高等学校科学技术研究项目（ZD2016001）等 10 多项科学研究课题。

获得教育部科技进步二等奖 1 项，河北省自然科学二等奖 1 项、三等奖 1 项，河北省技术发明三等奖 1 项；在 *Plant Physiology*、*Frontiers in Microbiology*、*Frontiers in Plant Science*、《中国农业科学》《植物病理学报》《农业生物技术学报》等期刊发表学术论文 100 多篇；获得国家发明专利 5 件；副主编《植物病理学》（科学出版社，2016 年）、《分子生物学》（科学出版社，2011 年），参编《植物病理学导论》（普通高等教育"十二五"规划教材，科学出版社，2007 年）、《生物毒素学》（科学出版社，2021 年）等。指导的本科生获得国家级、省级创新创业训练项目 20 多项，获"挑战杯"大学生课外学术科技作品竞赛省赛特等奖和国赛三等奖 1 项，全国植物生产类大学生实践创新论坛一、二、三等奖 10 多项，全国大学生生命科学创新创业大赛一、二、三等奖 8 项，全国大学生生命科学竞赛三等奖、优胜奖 2 项，河北省大学生生命科学竞赛二等奖、三等奖 3 项，指导的本科生发表学术论文 20 多篇。

序言
PREFACE

2019 年开始发生的新冠病毒肺炎（COIVD‐19），现已迅速传播扩散成为席卷全球的泛域大流行病，至今疫情还在继续发展蔓延，造成了巨大的经济损失。实际上，全世界已记载危害人类和动植物而导致严重疾病的病原微生物多达数万种，其中很多种类都具有入侵性，可以通过人为或自然传播而扩散至新的地区定殖和流行危害。

据资料统计，我国近数十年来先后报道记载了 760 多种外来入侵物种，其中入侵性农林植物病原微生物有 140 多种。这些病原生物分别属于真菌（含卵菌）、细菌、病毒、线虫四大类。它们先后从国外传入我国并在不同地区定殖下来，其中不少种类已扩散蔓延到我国大部分地区，引发毁灭性的农林植物病害（如水稻白叶枯病和细菌性条斑病、柑橘黄龙病、松材线虫枯萎病等），危害寄主植物，造成巨大的产量损失和经济损失，并对我国农林业生态构成重大威胁。但相对于国际上入侵微生物研究及防控技术而言，我国在外来入侵病原微生物方面的研究还比较落后，有关方面的成果和资料奇缺，防控技术也达不到理想的效果。

谭万忠教授等长期从事生物安全学和植物病理学等的教学和科研工作，在入侵微生物领域积累了丰富的成果及素材，为编写本书奠定了坚实的基础。他还邀约国内专门研究特定病原微生物物种的专家撰写了相关章节内容，并组织权威专家对稿件多次反复地进行审查和修改，力求使稿件臻于完善。经过主编谭万忠教授等国内入侵微生物领域的专家三年多的通力合作和辛勤劳作，编写完成了《中国重要农林外来入侵生物（病原微生物卷）》这本学术作品。

该书综合论述了有关农林病原微生物入侵和病理学方面的基本理论技术，内容分为两大部分：上篇为概述，分四章阐述病原微生物的入侵、所致病害的发生规律及一般监测防控技术；下篇为各论，分别论述我国和国际上最重要的入侵性农林病原微生物物种。国内外迄今尚未见专门论述入侵性病原微生物的专著；本书内容新颖，反映了国际国内在入侵病原微生物领域的研究历史、现有成果和未来动态。该书编入了引起近 40 种重要农林植物病害的入侵性真菌（含卵菌）、细菌、病毒、线虫四大类植物病原微生物物种，分别阐述各物种的起源分布、形态分类、病理学症状、病害流行规律、诊断检测方法、监测及防控技术，不仅可供研究人员参考而促进入侵性病原微生物相关科学领域的发展，也为广大农林科技工作者和生产者有效防控危险性病原微生物物种和其所致植物病害提供指导，从而为我国农林生产安全保驾护航，具有重要参考应用价值。

　　谭万忠教授较早之前将该专著书稿传送给我，收到书稿后本人认真阅读和领略了各章节内容，感觉全书编撰新颖别致，内容丰富翔实，具有很强的科学理论意义和生产实践应用价值，是一部难得的优秀专著。是以，本人特为此书作序，并将其推荐给广大读者朋友。

中 国 工 程 院 院 士
西北农林科技大学教授

2021 年 5 月 30 日　于陕西杨凌

前　言
FOREWORD

　　生物入侵是指某种有害生物物种从其原产地侵入原本没有该生物的区域生存繁殖并定殖下来，危害被侵入地区有益生物的一种自然现象，它是当今世界各国面临的重要生物安全问题之一。入侵生物物种是指某一国家或地区原来没有的，近年来通过主动或被动传播方式从其他区域扩散到该国家或地区并定殖下来的有害生物物种。有关文献资料统计显示，我国的入侵生物有700余种，给我国的国民经济造成了不可估量的损失。随着全球经济一体化进程加快，特别是改革开放以来，我国的对外贸易和国际交流加速发展，更增大了有害生物物种传入我国的风险，因此，生物入侵问题应该引起我国政府决策部门、科学研究机构和生产管理者等各方面的高度重视。深入开展对入侵生物的研究，有效地监测和防控有害外来物种的入侵，这是保障我国经济发展及国家安全的重要战略举措。

　　在我国已记载的入侵生物物种中，入侵性农林植物病原微生物约140种，分属真菌（含卵菌）、细菌、病毒及线虫四大类。农作物和林业植物受其侵染后会导致巨大的经济损失，严重影响我国的农林生产和生态环境安全。然而，与发达国家相比，我国在农林入侵性微生物方面的研究还比较落后，对它们的监测防控技术及其应用也受到很大程度的限制，有关文献资料和信息资源非常缺乏。鉴于此，我们编撰了《中国重要农林外来入侵生物（病原微生物卷）》这部著作，在总结国内外有关新近研究成果的基础上，系统论述了微生物入侵的基本理论，详细阐述了我国重要农林外来入侵性病原微生物的发生规律和监测防控技术，这对于促进我国在入侵性病原微生物方面的科学研究和监测防控技术应用方面，都具有非常重要的参考价值。

　　本专著有以下几方面的特点：一是内容新颖，编入的入侵性病原微生物中绝大多数物种在植物病理学、植物检疫学、微生物学和入侵生物学等有关学科中都未见综合性的专门论述；对每种入侵微生物的论述都包含了物种的起源与地理分布、分子诊断检测技术、预防和应急控制措施等前述学科中不曾包含的新内容或很少涉及的内容；对一些物种在我国原来使用的陈旧或错误的名称（包括拉丁学名和中文名）都做了更新或更正。二是系统全面，充实完善，信息量很大，不仅包含了目前有关微生物入侵的基本理论和技术，而且编入了引起重要农林植物病害的40多种入侵性病原微生物，并对每个物种进行了深入全面的论述。三是具有很强的实用性，对物种的诊断检测和监测防控技术的描述具体详尽，可操作性强。四是图文并茂，对每个物种的地理分布、形态特性和引起的病害症状等都尽可能给出图示，更重要的是很多图片和数据在国内都是前所未见的，同时对重要理论还尽可能多地提供了新近权威参考文献资料等支撑材料。

近年来，我们一直在从事与入侵性病原微生物领域有关学科的一线教学和科研工作，特别是在入侵性植物病原物的研究方面取得了一些成果，有丰富的实践经验并且积累了大量与之相关的研究资料，为本专著的撰写奠定了坚实的基础。同时，我们还特邀了国内专门从事某些病原微生物物种研究的权威专家撰写了相关章节内容，这些内容都充分融入了专家们的最新研究成果，反映了国内有关方面的研究现状和水平，这使得本专著的整体内容得到了充实和完善。因此，本书具有广泛而重要的学术参考价值，它既可供从事植物保护、生物安全、微生物学、动植物检疫等相关学科领域的研究人员使用，也可供高校有关专业教师、研究生、本科生学习参考，还可供从事入侵生物和动植物检疫的海关技术人员、从事农林业生产的广大管理人员和技术人员参考使用。

本书的编撰和出版，得到了诸多机构和众位专家同仁的鼎力相助：本书的审稿专家对专著文稿进行了认真细致的审查和修改校正；中国农业出版社"重点学术专著"基金提供了相应的基金资助，中国农业出版社有关编审人员为本书的编辑和印刷等付出了辛勤劳作；康振生院士作为本书荣誉编审全面审阅了书稿，并为本书作序；河北农业大学邢继红教授和新疆农业科学院微生物应用研究所郭文超研究员为本书出版提供了部分资助；广东真格生物科技有限责任公司王泊理董事长及天津汉邦植物保护剂有限责任公司叶进刚董事长也慷慨解囊，为本书出版提供了宝贵的赞助。在此，作为主编，我对为本书编撰和出版给予大力支持的领导、付出辛勤劳动的专家同仁以及提供宝贵赞助的企业家朋友们致以衷心感谢和崇高敬意！

由于我们视野及水平的局限，书中难免存在某些偏颇和不足甚至错漏之处，因此恳请广大读者和专家同行批评指正。如发现问题和错误，请通过 email（drwztan@126.com）和微信（drwztan）等方式联系我们，对此，我们将万分感谢！

谭万忠

2021年5月18日　于云南普洱

目 录
C O N T E N T S

序言
前言

上篇 概 述

下篇　各　论

上篇 概 述

第一章

中国生物入侵与农林微生物入侵概述

　　随着经济国际化与区域化的快速发展、"一带一路"倡议的提出，以及我国海关通关一体化和快速化的要求，很多生物原有的地理隔离与生态屏障逐渐被打破，外来入侵物种在不同国家之间及我国不同生态区域间进行持续的迁移与转移，从而导致外来入侵物种的传入频率和扩散风险剧增，外来物种入侵已成为引致全球生物多样性丧失和生态系统退化的最主要因素之一。

　　外来物种入侵已威胁到全球可持续发展，其破坏生态系统的稳定性，影响生态环境的承载力，危害人类社会经济结构以及人类健康，造成了无法估量的损失，引发了一系列的生态、经济和社会问题。据中国外来入侵物种信息系统显示，目前，我国已记载外来入侵物种 760 多种，其中入侵性植物 350 多种，入侵性动物近 270 种，入侵性农林植物病原微生物 140 多种，在国际自然保护联盟公布的全球 100 种最具威胁性的外来物种中，我国就有 51 种，每年造成近 2 000 亿元的经济损失（童笑雨，2017）。例如，薇甘菊（*Mikania micrantha*）在海南、广东、广西和云南四个省份的 84 个县市发生危害，覆盖草地、灌木、森林，造成当地物种窒息而分布渐渐缩小，最后大面积死亡；福寿螺直接危害稻田，造成水稻减产 15%～64%，改变生态系统群落组成，还传播人畜共患疾病，危害人类健康。受全球气候变化、种植业结构调整等综合因素影响，我国外来入侵物种正呈现传入数量增多、传入频率加快、蔓延范围扩大、危害加剧、造成的损失加重等趋势。据 2012 年统计，我国全年进境植物检疫截获有害生物共 4 331 种（属）579 356 次，其中检疫性有害生物 284 种 50 898 次，当年截获有害生物种类同比增加 9.04%，截获种次同比增加 15.85%。外来入侵物种种类繁多，入侵方式多种多样，做好外来入侵物种监测与防控是全社会的一项重要任务，对保障我国粮食安全、生态安全具有极其重要的意义。

第一节　入侵物种与生物入侵

　　随着入侵生态学的发展及研究的深入，许多自然科学界的学者参与进来，包括生物学家、生态学家、遗传学家等在内的专业研究人员从各个方面对生物入侵进行了科学探讨，生物入侵的生物学或生态学机理得到全面的探索。了解生物入侵与入侵物种，首先要明确本地物种（native species/local species）、外来物种（exotic species/alien species）及外来入侵物种（alien invasive species）的概念。

　　本地物种或称土著种、原生种，是指自然发生于某地区的原生物种，或自然发生于特定地区的植物、动物和微生物。本地物种构成当地的生物区系、群落和生态系统，维护着当地的生物多样性和自然平衡。Webb（1985）建议的本地种的定义：在新石器时代前就出现或没有人类干预的情况下出现的物种。但是，从时间尺度上确定外来物种是困难和复杂的。世界自然保护联盟（IUCN）物种生存委员会（SSC）将本地种定义为：出现在其（过去或现在的）自然分布范围及扩散潜力以内（即在其自然分布范围内，或在没有人类直接或间接引入或照顾的情况下而可以出现的范围内）的物种或种以下的分类单元。

外来物种又称非本地种或非土著种。狭义的外来物种是指由于人类有意或无意的作用被带到了其自然演化区域以外的物种。这个定义强调物种被人为移动或引进，因此不包括自然入侵的物种和基因工程得到的物种或变种。广义的外来物种被认为是从原生存环境区域进入另一个生态系统的新物种，其包括自然传入的物种、无意和有意引进的物种、基因工程获得的物种或变种和人工培育的杂种。世界自然保护联盟物种生存委员会在 2000 年将外来物种定义为：那些出现在其过去或现在的自然分布范围及扩散潜力以外的物种、亚种或以下分类单元，包括所有可能存活继而繁殖的部分、配子或繁殖体；在自然分布范围之外，在没有直接或间接引入或人类照顾之下，这些物种不可能存活；也可以泛指非本地原产的各种外域物种。Williamson 等（1996）统计表明，大约有 10% 的外来物种被引入到新的生态系统后可以不依靠直接的人为干预而自行繁殖成为归化物种（naturalized species）；归化物种常常只是建立自然种群，不一定形成入侵，只有其中的大约 10% 能够造成生物灾害，成为外来入侵物种。

外来入侵物种是指当外来物种在自然或半自然生态系统或生境中建立种群，并对本地的生物多样性、动植物安全产生危害或威胁的物种。"外来"的概念不是以国界，而是以生态系统定义的。外来入侵物种的标准是外域种，它具有三层含义：①借助人或其他作用越过不可自然逾越的空间障碍而入境；②可在当地的自然或人为生态环境中定居，建立可自我维持的种群，并可自行繁殖与扩散；③对当地的生态系统和景观生态造成明显的不良影响，并损害当地的生物多样性。外来物种在某地区定居、繁衍、扩散，并造成危害的现象称为生物入侵。

Webb（1985）提出了确定本地物种和外来物种的九条标准（表 1-1），并按其重要性进行排序。

表 1-1　确定或区分本地和外来物种的标准

①化石证据	从更新世时期有化石连续存在。如无化石存在，则意味着物种是外来物种，但这不是定论性的
②历史证据	有文献记录的引种可证明为外来物种，早期存在的历史文献不能证明物种是本地物种
③栖息地	局限于人工环境的物种很可能是外来物种。应注意人工环境常受干扰，人们常把干扰地的本地杂草同外来种搞混
④地理分布	在植物中地理分隔虽然普遍存在，但物种出现地理上不连续时，暗示该种有可能是外来物种
⑤移植频度	被移植到多个地方的物种可能是外来物种，本地物种多出现于特定的地方
⑥遗传多样性	隔离的种群出现遗传差异，这种种群可能是本地种；外来物种多有遗传变异，不同地方之间出现均匀性

（续）

⑦生殖方式	完全进行无性生殖的本地种很少，缺乏种子生成的物种可能是外来物种
⑧引种方式	物种入侵需要一定的传播方式，解释物种引进的假说合理可行，说明物种是外来物种
⑨与寡食性昆虫的关系	与亲缘关系近的本地种相比较，取食外来植物的昆虫很少

1958 年，英国动物生态学之父 Elton 出版《动植物入侵生态学》专著，首次提出生物入侵这一概念，开创了入侵生物学的先河。他提出的生物入侵（biological invasion）是指某种生物从原来的分布区域扩展到一个新的（通常也是遥远的）地区，在新的区域里繁衍其后代、定殖、扩散并生存下来（Elton，1958）。早期的生态学家将入侵（invasion）等同于占领（colonization），二者并没有敌对、危害或侵犯的含义。然而，随着生物入侵带来的生态、经济和社会危害，入侵的含义开始变化。生物入侵被解释为生物由原生存地经过自然或人为的途径侵入另一个新环境，从而对入侵地的生物多样性、农林牧渔业生产以及人类健康造成经济损失或生态灾难的过程。生物入侵的物种相对于本地物种而言，都是外来生物或物种。一般外来物种对生态系统的结构和功能可能有正面的影响，也可能有负面的影响。但根据物种入侵的"十数定律"，大多外来物种都是中性的，只有少数会造成负面影响。外来入侵物种是已经或即将对生态环境造成破坏、对社会经济造成损失、对人类健康造成危害的外来有害生物物种。

生物入侵是一个复杂的生态过程，一般可分为四个阶段：①侵入，指生物离开原生存的生态系统到达一个新环境，大多通过人类有意或者无意引种，或者依靠自身扩散能力或者自然动力而侵入；②定居，在新环境中生长、发育、繁殖，至少完成一个世代；③适应，已繁殖了几代，并适应了新环境；④扩散，适应新生态系统，种群发展到一定数量，具有合理的年龄结构和性比，且具有快速增长和扩散的能力。对许多外来物种的统计研究发现，从一个阶段发展到另一个阶段的成功率约为 10%，即生物入侵大进阶发展符合著名的"十数定律"（Williamson et al.，1996；万方浩 等，2011）。

生物入侵造成的生态或进化后果相当严重。成功入侵的外来物种，常常直接或间接地降低被入侵地的生物多样性，改变当地生态系统的结构与功能，造成本地物种的丧生或灭绝，并最终导致生态系统的退化与生态系统功能的丧失，威胁到人类健康等。外来入侵物种在新生境中不断繁殖、扩散，不仅严重威胁森林、草原、农田、水系等生态系统，而且对环境和经济发展造成严重危害。例如，美国大约有 4 500 种外来动植物建立了自由生长的种群，其中至少有 675 种（15%）造成了严重危害，每年由于入侵物种影响造成的经济损失估计高达 1 370 亿美元（徐海根 等，2004）。我国地域辽阔，很容易遭受外来物种的侵害，来自世界各地的大多数外来物种都可以在我国找到合适的栖息地。例如，云南大理洱海原产鱼类 17 种，大多为洱海特有，并具有重要的经济价值，有意无意地引入 13 个外来种后，17 种土著鱼类已有 5 种陷入濒危状态。松材线虫进入我国多年来已经对我国南方数百万公顷的松林造成毁灭性破坏；凤眼莲（*Eichhornia crassipes*）原产南美，在 20 世纪 30 年代作为畜禽饲料引入我国，并作为观赏、净化水质植物推广种植，如今已成为一种危害性极强的杂草，广泛生长于华北、华东、华南和华中地区（夏婷婷，2008）。

外来物种入侵在我国引起了广泛的关注和高度的重视。因此，加强对生物入侵的控制与管理研究已成为入侵生态学研究的核心问题之一。对外来入侵物种进行有效的控制与管理，一方面可维护本地生态系统的稳定性，另一方面可降低本地物种灭绝的风险，保护生物多样性。

第二节 微生物入侵途径及机制

外来物种的传入主要通过自然途径和人为途径两种方式，其中多数是经人类有意或无意的途径引入的，而少数则是借助自身能力传播的。外来入侵物种基本都是通过这两种途径实现生物入侵的目的，其中微生物入侵的主要途径为人为无意传入。

1. 自然途径

自然传播通常指通过风力、水流、鸟类动物等途径进行的传播。通过媒介入侵在种子繁殖的植物物种中是很常见的，例如，紫茎泽兰（*Eupatorium adenophora*）就是从中缅、中越边境自然传入我国的；薇甘菊可能是通过气流从东南亚传入云南的。而由于微生物的特殊性，据现有的报道，传入我国的病原微生物，很少是通过自然途径的方式传入的。

2. 人为途径

人类作为全球大生态系统的一部分，在生物入侵中扮演着极其重要的角色。这不仅仅是因为人类活动不断干扰现有的生物群落，还因为人类本身以及人类整个群体成为入侵物种的载体甚至传播者。从人类自身的意向而言，这种引入入侵物种的活动可分为有意引入和无意引入两种途径。

有意引入：人们出于农林牧渔业生产、生态环境建设、生态保护、观赏等目的有意引进某些物种，而后却无法加以控制导致外来物种的泛滥成灾。如大米草（*Spartina anglica*）能在海边盐性沼泽地等逆境中生长，出于环境保护的考虑引进用于沿海护滩；凤眼莲起初用来治理富营养化的水域、作为农业畜禽饲料以及园林观赏引进，但其生长快，现已成灾害性杂草。人为引进并产生危害的主要植物种类包括牧草或饲料、观赏植物、药用植物、蔬菜、草坪植物和环境植物。我国的入侵微生物大多为植物或动物病原，是在引进植物时携带传入的，并没有通过人为途径有意引入的入侵性微生物。

无意传入：很多外来入侵生物是随人类活动而无意传入的。尤其是近年来，全球经济一体化的趋势日益明显，世界不同地区之间的联系不断加强，人员和物资的流动，为外来物种长距离的迁移扩散创造了条件。其中，一部分入侵物种随国际农产品、货物和动植物引种带入。如中肠腺坏死杆状病毒（BMNV）是随日本对虾的引进而传入我国，随后在我国广东、辽宁和山东沿海严重发生（徐海根，2011）。桉树青枯病菌（*Pseudomonas solanacearum* E. F. Smith）1982 年首次在广西发现，其随引种苗木无意引进，主要发生在由巴西引进的柳桉（*Eucalyptus saligna*）和巨桉（*E. grandis*）上（林雪坚 等，1993）。还有一部分入侵物种通过压载水传入，据报道，全世界每年转移压载水达 100 亿 t，平均每天由压载水传播的物种有 3 000～4 000 种（胡承兵，1999），每升压载水中最高含 11 万个单胞藻，在一个压载舱中存活的腰鞭毛虫的孢子数目多于 3 亿个（Hallegraeff，1992）。到目前为止，大约 500 个物种被确认是由压载水传播的（Carlton，1994）。北美水生外来入侵物种已超过 250 种，其中有 74 种被确认是通过压载水传播的（Carlton，1995）。副溶血弧菌（*Vibrio parahemolyticus*）又称嗜盐菌，属革兰氏阴性菌，是一种人畜共患菌，1957 年我国上海首次报道该菌，通过污染的海产品、活体甲壳类动物贸易及压载水无意引入我国（吴振龙，1999）。由此可见，入侵微生物主要是通过附着在动植物体上被无意引入的，或者随着动物的迁徙而自然传入的。

3. 外来物种的扩散机制

外来物种的入侵过程一直是生态学家争论和实验的焦点，它被认为是一系列连续阶段组成的链式过程。植物或繁殖体首先通过自然迁移或人类携带克服居住区的地理限制进入新的生态环境（侵入），当物种在运输过程中存活下来，而且至少有一个个体能够成功生长和繁殖后即完成了生物入侵的第二阶段（定居）。在此期间，外来物种与入侵地生态系统的相互作用包括与土著种和先前定居的非土著种之间的相互作用，这些相互作用与其他生物或非生物因子共同决定了物种能否在新生境中成功定居，植物物种只有成功定居并建立种群才能确保在新生境中续存下去。新建群的外来物种的特征以及与入侵生态系统的物种间的相互作用最终将决定外来物种在新生境中的传播和危害范围（扩散和危害阶段）。

从传播的角度看，外来物种的传入，有时是人为有意的引进，如有些在某些方面对人类有益的生物，作为害虫和杂草的天敌被引入。但是，一些引入物种到了新的地区以后，由于发展失控也可以转化为入侵物种。一些物种有意或无意被人们从一个地区或国家带到了另一个地区或国家，形成一个已经或拟将使经济或环境受到损害，或危及人类健康的物种。每一个入侵物种都有其自身的入侵特性，扩散过程也不尽相同，因此，对于外来入侵物种的扩散过程众说纷纭，不可能有统一的模式可准确阐明每一个物种的入侵过程（钱芳，2003）。有人对物种的传入扩散过程进行了细致的划分，如传入期、归化期、促进期、停滞期、扩张期、与本地生物互动期和稳定期等。虽然很多人都认为入侵过程中存在停滞期，但有关停滞期出现的具体阶段则有争议，有人认为在传入和定殖之间有停滞期，而更多的人认为在定殖和扩散之间存在停滞期。事实上，每一种入侵物种都有其自身的入侵特性，扩散过程也不尽一致。

传入期：非本地种从远距离以外的区域被引入到新的区域，均系人类活动的直接或间接结果。在这个过程中，社会、经济因素与生物因素同样至关重要。随着全球经济一体化进程的加速及交通的发展，人员及货物在全球各地区间快速、大量地流动。旅客和货物（如花卉、蔬菜、水果、粮食、种子、木材、饲料等）作为载体可以携带外来物种进行长距离移动。此刻，外来物种刚刚传入新的区域，开始适应传入地的气候和环境，依靠有性或无性繁殖形成新的种群，但尚未建立起足够定殖的种群。若此时马上采取人工或机械控制往往能够根除外来物种，是防治外来物种危害的最佳时期。

定殖期：外来物种的个体进入新地区后，经过一段时间的生活和一定种群数量的扩增积累，已经适应本地气候和环境，开始归化为当地物种。在这个时期虽然难以根除这种外来物种，但仍然可通过人工、机械或化学及生态的方法控制其蔓延，也是控制其蔓延理想时期。但是，初期定居成功与否，还与其生物学及生活史特征有关。例如，独立的个体具有自受精、孤雌繁殖、多重繁殖对策（既可进行无性繁殖又可进行有性生殖）和表型的可塑性等。

停滞期：在生物入侵的过程中会经常出现一个停滞阶段，很多外来物种定殖后并没有马上大面积扩散或入侵，而是表现为"停滞"状态，例如薇甘菊在 20 世纪 80 年代初传入广东，但直到近几年它才开始造成危害。也就是说，从初始种群建立到种群的扩散和大暴发，往往要经历一个较为漫长的时间。其长短有赖于初始种群的大小、该物种的生活史特征、新区域的环境条件以及当地物种群落对入侵物种的易感性，人为因素影响（如对入侵物种的携带和传播）的强度也至关重要。如果植物产生大量种子需要的时间较长，有性生殖周期较长，适应于种子发芽的气候周期较长，则停滞期较长；相反，则较短。一般来说，草本植物停滞期短于木本植物。停滞期是外来物种是否会带来危害的中间过渡阶段。在停滞期开展有效的防治工作，仍可避免外来物种带来大的危害；但如果错过了停滞期进入扩散期则危害将不可避免。

扩散期：由于外来物种逐渐形成适合于本地气候和环境的繁殖机制和强大的与本地物种竞争的机制，种群扩张不可避免。由于大量种子或孢子进入成熟阶段，很容易借助一些外在的扩散条件，大肆传播蔓延，形成生态暴发。在这个时期，采取任何防治措施都难以在短时间内取得理想效果，而且，如措施不当（如指导不当的人工防治），反而会进一步促进其扩散，只能树立长期控制目标，采取生物防治和恢复天敌自然控制作用，同时辅以化学、机械和替代控制的综合治理措施。

第三节　入侵微生物的危害

外来病原微生物曾使世界很多国家蒙受巨大的经济损失，如在 2000 年，已进入美国的微生物外来物种超过 20 000 种（包括动植物病原微生物和其他土壤微生物），每年由于病原微生物入侵造成的经济损失及用于防治的耗费超过 400 亿美元（Pimentel et al.，2000）。许多外来病原微生物的破坏性很强，具有隐蔽性强、变异频率高、潜伏期短和危害严重持久等特点，一旦侵入，便难以根除，对农林业、人类健康及社会稳定都会造成严重的危害（丁晖 等，2011）。

1. 生态危害

许多外来病原微生物可造成极其严重的生态危害，如起源于东亚的荷兰榆树病分别于 1910 年和 1970 年两次大流行。其中第一次流行造成大多数欧洲国家和北美 10%～40%的榆树死亡；第二次流行导致英国丧失 3 000 万株榆树，而在北美洲榆树的死亡数则达几亿株（Brasie，2001），并每年导致 40 万株榆树死亡，使榆树濒临绝种的边缘。

2. 农业危害

由大豆疫霉（*Phytophthora sojae*）引起的大豆疫霉根腐病和茎腐病 1948 年发现于美国印第安纳州，1951 年俄亥俄州首次报道此病，目前已传播到世界各国大豆产区，是严重影响大豆生产的主要病害之一（Schmitthenner，1985）。大豆疫霉根腐病也是严重影响我国东北和黄淮海地区大豆生产的重要病害，在黑龙江三江平原危害尤为严重，一般发病率为 60%，严重地块大豆植株成片死亡，甚至绝产（朱振东 等，1999）。此病原可侵染植株的根、茎、叶和豆荚，在感病品种上造成的损失达 25%～50%，有的高感品种产量损失可达 100%。此病在适宜条件下传播扩展极为迅速，造成严重的经济损失。

水稻黑条矮缩病毒病是一种由白背飞虱、灰飞虱传毒引起的病毒病，2001 年广东首次发现水稻黑条矮缩病毒，2008 年被正式鉴定为南方水稻黑条矮缩病毒新种（周国辉等，2008）。在水稻各生育期均能感染危害，水稻苗期、分蘖前期发病基本绝收，拔节期发病产量损失一般为 50%，孕穗期发病产量损失约 30%。2009 年湖南省溆浦县发病面积达 1 466.67hm²，占水稻总面积的 3.5%，发病严重田块病蔸率 16%～42%，个别田块高达 76%，给水稻生产造成严重损失（贺德全 等，2010）。

香蕉镰刀菌枯萎病又称巴拿马枯萎病，是由尖孢镰刀菌（*Fusarium oxysporium*）引起的一种毁灭性香蕉病害。该病最早于 1874 年在澳大利亚被发现，1910 年巴拿马香蕉生产因该病造成极大损失，到 20 世纪 70 年代后期大面积流行，许多香蕉园开始被撂荒或转种其他水果蔬菜，从而造成香蕉的种植面积由 1965 年高峰期的 50 000hm² 减少到 2002 年的 4 908hm²（魏岳荣 等，2005）。

3. 林业危害

松树枯萎病是由松材线虫寄生在松树体内所引起的一种毁灭性松树病害，该病具有致病力强和感病寄主死亡速度快的特点，松树一旦感病最快 40d 即可枯死，松林从发病到毁灭只需 3～5 年时间。日本是受松材线虫危害最严重的国家之一，早在 1905 年松材线虫就传入日本，在九州长崎造成危害，由于控制不力而不断扩展蔓延，1979 年竟损失松木 243 万 m³，在 1977—1997 年，日本用于松树枯萎病的防治经费占全部森林病虫害防治经费的 90% 以上，其危害的严重性和防治难度可见一斑（韦雪花，2009）。

4. 社会危害

外来病原微生物还会影响社会的稳定与发展，由马铃薯晚疫病菌（*Phytophthora infestans*）引起的马铃薯晚疫病即为典型例子，其起源于墨西哥，19 世纪 40 年代传到欧洲。1845—1847 年马铃薯晚疫病在爱尔兰暴发，致使马铃薯大量减产，并引起大饥荒，致使 100 万人死亡和超过 150 多万人流离失所（姚一建，2002）。

第四节　我国外来入侵微生物的发生现状和危害

据统计，2004 年我国重要的外来入侵微生物有 19 种，分别隶属丝孢科（Hyphomycetaceae）、瘤座孢科（Tuberculariaceae）、暗丛梗孢科（Dematiaceae）、黑盘孢科（Melanco niaceae）、丛梗孢科（Moniliaceae）、假单胞菌科（Pseudomonaceae）、集壶菌科（Synchytriaceae）、明盘菌科（Hyaloscyphaceae）、座囊菌科（Dothideaceae）、栅锈科（Melampsoraceae）、间座壳科（Diaporthaceae）、长喙壳科（Ceratocystiaceae）、腐霉科（Pythiaceae）、霜霉科（Peronosporaceae）、豇豆花叶病毒科（*Comoviridae*）、香石竹潜隐病毒属（*Carlavirus*）、棒形杆菌属（*Clavibater*），其中假单胞菌科 3 种，其他均为1 种，随新鲜带皮的原木、接穗或带有小枝的原木、幼树、苗木、花钵、土壤无意传入（徐海根 等，2004）。

截至 2010 年下半年，丁晖等（2011）记载了 488 种外来物种，其中真菌 26 种，占外来生物总物种数的 5.33%，病毒 12 种，占 2.46%，细菌 11 种，占 2.25%。2018 年 6 月徐海根和强胜主编的《中国外来入侵生物》中，共记录了我国 667 种外来入侵生物，其中真菌 27 种，较 2010 年增加了 1 种，占外来生物总物种数的 4.05％，病毒 19 种，较 2010 年增加了 7 种，占 2.85％，细菌 16 种，较 2010 年增加了 5 种，占 2.40％（徐海根 等，2018）。

根据各方面现有权威数据和文献的最新统计结果，目前我国主要的农林外来入侵微生物有 140 余种，其中真菌（及卵菌）、细菌、病毒和线虫分别为 42 种、46 种、30 种和 18 种（见附表 1）。

微生物入侵给我国农林业带来严重危害。由水稻细菌性条斑病菌（*Xanthomonas oryzae* pv. *oryzicola*）引起的水稻细菌性条斑病，最早于 1918 年在菲律宾发现，1955 年在我国广东发生，此后蔓延至华南及长江流域，危害面积不断扩大，造成的经济损失也很大。20 世纪 90 年代以来，其危害程度已超过水稻白叶枯病，减产最高达 37％，直接威胁我国主要稻区的农业生产（童贤明 等，1995）。1993 年棉花黄萎病在我国各棉区大面积流行，发病面积高达 267 万 hm²，随后又连续在我国各棉区局部流行，对棉花生产造成极大危害。20 世纪 90 年代之后在以新疆为主的西北内陆棉区每年以较快速度扩展，据不完全统计，该棉区 70％～80％的棉田已有黄萎病发生，已成为当地棉花生产可持续发展的主要障碍之一（简桂良 等，2003）。

第五节　中国有关外来入侵物种的法律法规及应对生物入侵的策略

我国在防治外来物种入侵的立法研究领域投入少，起步较晚。至今还未有专门针对外来物种入侵的专项法规和条例，对外来物种入侵的法律防范知识在一些法律及配套的名录和审批制度中偶见几条，其调整的范围太过狭窄，主要集中于病虫与杂草检疫等已知的检疫对象。尤其在"一带一路"倡议提出后，我国与其他国家的经济贸易、交通运输日益紧密，在这种愈加多元化、全球化的大背景下，外来物种入侵的防治显得尤为必要，政府职能部门也在加紧外来物种入侵的立法工作，如国家环境保护总局在 2005 年颁布的《"十一五"全国环境保护法规建设规划》中，其中有一个规划项目就是制定外来入侵物种环境安全管理办法，这是政府积极应对外来物种入侵问题的表现（王雨甸，2018）。目前，世界各国都对外来物种入侵进行相关立法，其中美国是外来物种入侵较为严重的国家之一，为了应对生物入侵，美国政府建立了相关的外来物种入侵的法律条文，其物种入侵的立法体系具有全面系统的立法模式、各部门间的协调管理体制及民众参与制等特点（王静，2018）。

1. 我国外来物种入侵立法现状

我国有关外来物种入侵的法律法规、规章主要涉及检验检疫、货物管理及其他方面，如 1991 年的《中华人民共和国进出境动植物检疫法》、1992 年的《中华人民共和国陆生野生动物保护实施条例》、1993 年的《中华人民共和国水生野生动物保护实施条例》、1994 年的《中华人民共和国自然保护区条例》、1983 年颁布并在 1992 年修订的《植物检疫条例》、1997 年的《中华人民共和国野生植物保护条例》及 2005 年的《中华人民共和国进出口商品检验法实施条例》等。近年来我国针对外来物种入侵也制定了一些专门的规章和文件，主要有 2000 年的《全国生态环境保护纲要》、2003 年的《关于加强外来入侵物种防治工作的通知》以及 2004 年的《水产苗种管理办法》等。同时，我国的行政法规和部门规章在外来物种入侵的管理与防控方面也有相关规定，在一些省市也制定了地方性法规，如《沈阳外来物种防治管理暂行办法》（钱澄，2005）。2011 年湖南省实施的《湖南省外来物种管理条例》作为我国首部外来物种管理法规，该条例分 7 章共 36 条，对外来物种引入、监测、防治和监督管理以及法律责任都做了明确规定等，对于其他省关于防治外来物种入侵的立法探索具有借鉴意义。

此外，我国还建立了外来物种名录。外来物种名录的建立，一方面明确了外来入侵物种的种类，使得面对外来入侵物种时可以及时准确地采取相关措施。另一方面，外来物种名录是面向公众进行外来入侵物种防治宣传的重要手段与教材。从 2002 年起，我国陆续公布了一系列外来入侵物种名单：国家环境保护总局和中国科学院联合发布的《第一批外来入侵物种名单》，农业部发布的《中华人民共和国进境植物检疫危险性病、虫、杂草名录》《中华人民共和国禁止携带、邮寄进境的动植物及其产品和其他检疫物名录》《中华人民共和国进境植物检疫禁止进境物名录》《全国植物检疫对象和应施检疫的植物、植物产品名单》，原国家质量监督检验检疫总局发布的《中华人民共和国进境植物检疫潜在危险性病、虫、杂草名录（试行）》，林业部发布的《森林植物检疫对象和应施检疫的森林植物及其产品名单》。然而这些名录往往只涉及一部分危害较为严重的物种，由于复杂的生态系统和繁多的物种种类，对于有潜在危害甚至新出现的外来物种，政府职能部门不能及时更新危险外来物种名单，这就导致立法上的空白，在监管层面不能做到源头控制。

2. 我国防治外来物种入侵的法律法规存在的问题

尽管我国在防治外来物种入侵方面做出了一系列努力，但从整体来看，零散的立法规定根本无法满足应对外来物种入侵的现实需要，可以说我国在防治外来物种入侵方面基本处于初级阶段，存在诸多问题。

（1）调整范围的局限性 我国有关外来物种入侵的法律法规在立法目的上存在很多局限性，立法的调整范围也不例外。而这些法律法规的调整范围主要集中在病虫害和杂草检疫方面，调整的范围多限于控制农业杂草、害虫和疾病，且大多仅适用于预防已知的疾病等检疫对象。总而言之，我国的法律法规并没有包含外来物种入侵对生态的破坏、物种安全以及生物多样性的影响等相关内容；对于所有可能被引入的外来物种没有考虑周全（高宇 等，2011）。

（2）具体制度不完善 主要表现在以下几方面。①许可证制度存在的缺陷。现有物种引进许可证制度局限于病虫害的防治，且程序冗繁、缺乏科学技术支持。此外，现有许可证制度仅针对外来物种的有意引进，对于无意引进造成的物种入侵问题鞭长莫及。②风险评估制度存在缺陷。其一，风险评估制度没有完成从"损害预防原则"到"风险预防原则"的转变，这影响到风险评估工作的流程设置和风险评估的有效开展；其二，风险评估的机构设置不科学。我国现有从事风险评估的机构并非跨部门设立，而主要由检验检疫局、林业局等部门自主设立。这导致在不同地区、不同部门得出的外来物种风险评估结果千差万别。③名录制度存在的缺陷。国家环境保护总局、中国科学院 2003 年 1 月 10 日发布了《关于发布中国第一批外来入侵物种名单的通知》，2011 年 1 月 7 日又发布了《关于发布中国第二批外来入侵物种名单的通知》，这给外来入侵物种的防治工作带来了深远影响，对保护我国生物多样性和生态安全意义重大。但是这些名录还需要更加完整和全面。④检验检疫制度存在的缺陷。我国 20 世纪 80 年代制定、90 年代修订的《中华人民共和国植物检疫条例》，90 年代制定的《中华人民共和国进出境动植物检疫法》及其实施条例等至今仍在发挥作用，但已经难以适应现实情况。检疫标准具有技术性和时效性强的特点，应该不断修订以适应新情况。我国的检疫标准标龄却达到平均 10.2 年，与发达国家存在较大差距。并且这些标准并没有把外来入侵物种明确在其检验检疫范围予以规定，影响检疫措施在防治外来物种入侵中的实际效果。⑤预警制度存在的缺陷。预警机制在防治外来物种入侵中具有重要意义，我国当前在检疫方面已经有一些预警体系，但是预警体系覆盖范围有限，且各体系分散，缺乏整合优势，对于外来物种对生态的潜在影响缺乏有效监测，更无法对所有外来入侵物种进行全面、系统的预警。此外我国在防治外来物种入侵预警制度方面需要加强与各国的国际交流与信息共享；同时，国内省级水平的预警工作亟待加强；再者，在将与外来物种入侵有关信息顺畅地传递到有关管理部门或科研机构方面做得不够。⑥应急制度存在的缺陷。现行防治外来物种入侵的应急制度建设不足，规定突发事件应急处理的只有《中华人民共和国森林法》，其创设目的也仅限于火灾和虫灾的应急处理。在国外，对于外来物种入侵突发事件的处理有比较完善的应急制度，我国也应完善此类应急制度。⑦监测制度也存在着缺陷（何源，2012）。

（3）管理机构不完善 到目前为止我国还没有建立统一的防范外来物种入侵的专门监管机构。主要有国家市场监督管理总局、生态环境部、国家林业和草原局、农业农村部等，体现出多头管理的状况。同时，对有权审批引进物种的行政部门的生态安全监管职责还没有明确的授权。这样在遇到紧急情况时很难适时做出有效的反应，常常会导致时间上的延误（高宇 等，2011）。

（4）立法目的方面的缺陷 现在的立法主要是注重生产安全和经济发展，以及人的身体健康，未能考虑到外来物种入侵可能会对生态环境、生态安全构成巨大的潜在威胁。所以，如果这样来进行外来物种入侵的防治，很难保障生态安全目标的实现（周珂 等，2003）。

（5）未明确外来物种入侵的法律责任 我国法律缺乏完善的外来物种入侵方面的责任追究制度。一方面，从法律责任规定的覆盖面来看，我国法律缺乏外来物种无意引进人和管理人法律责任的规定，而局限在有意引进外来物种的法律责任。另一方面，从具体法律责任类型来看，暂无民事责任的规定。行政责任方面，分为行政相对人责任与行政主体责任，对行政相对人的责任形式做了详细规定，包括行政罚款、没收违法所得、责令采取补救措施、吊销许可证等，但不含行政拘留。同时对行政主体的责任规定很少。刑事责任方面，主要是针对行为人的非法行为和行政主体的职务犯罪。而对于引进、释放外来入侵物种造成生态破坏的人，能否受到处罚、如何定罪量刑，我国刑法都没有相关规定（何源，2012）。

3. 防治外来物种入侵的法律对策

（1）外来物种入侵立法基本原则 我国应该建立健全相关的立法体系，借鉴他国的立法经验，维护本国的物种多样性与环境安全性，外来物种入侵的立法应遵循以下几个原则

（高宇，2011）。①生态破坏者负担原则：指当发生外来物种入侵的危险或者因为入侵而导致的损害后果时，由实施引入外来入侵物种的单位或者个人履行控制或者清除的义务，或者承担控制、清除外来入侵物种所需的费用。我国外来物种入侵的立法有关生态破坏者负担的规定很少，而负担者仅限于擅自放生和过失致使外来物种逃逸的行为人，负担的形式主要是恢复原状、承担替代履行义务等所需要的全部费用。有些国家会以其他方式来实现生态破坏者负担原则。如匈牙利的法律要求在其自然保护区使用危险品或者是从事对于自然价值的特征或者条件存在其他危险活动的法人、私营企业或者全职农民，根据有关规定提供担保或者签订保险合同。②信息公开原则：指政府主管部门与有关单位有披露与环境相关信息的义务，并且当公众向该主管部门和有关的单位咨询和索取这些信息时，该主管部门和相关单位必须予以解答和提供相关信息。而信息公开的方式可通过网络、报纸、电视等形式。对于防治外来物种入侵来说，主管部门公开的信息应该是广泛的、充分的。③风险预防原则：是针对生态环境恶化的结果发生的滞后性和不可逆转性的特点而提出来的，考虑到人类科学技术水平有局限性和环境风险存在科学的不确定性，而采取防止、防范或者规避等措施。该原则的确立相对于传统的法律思想来说具有创新性和发展性以及一定的前瞻性。

　　（2）完善外来物种入侵的相关立法　①建立防治外来物种入侵的专门法规：针对我国外来物种入侵的防治立法体系的缺陷，最根本的解决途径就是对外来物种入侵的管理、控制进行专项立法，出台一部综合性的专门防治外来物种入侵的高位阶法律，来协调现行法律规定中各部门的不同职权和补充外来物种防治的法律空白。同时，在具体的立法过程中要注意与国际公约的衔接问题，我国所采取的防治措施要符合国际条约的规定，不能与其相冲突。在出台了具体的防治外来物种入侵的专门性法律之后，根据其制定的理念和基本原则，对我国现行的法律法规进行修改、补充和完善，并在具体的实施过程中随时进行反馈。在必要时可以对该部专门立法进行再修订，也可以采用司法解释等方法对其使用过程中的不足和空白进行进一步明确和补充，在地方防治外来物种入侵的层面上，可以根据各省区市独特的地域和环境特点，制定符合本地现状的地方性法规，推进外来入侵物种管理控制工作的有效进行（韦贵红，2011；徐传秋，2016）。②健全防治外来物种入侵法律体系的基本法律制度：健全我国防治外来物种入侵法律体系环境影响评价制度及行政许可制度。不管是引进外来物种还是清除外来物种，在做出决定之前都需要进行环境影响评价，这是防治外来物种入侵过程中非常重要的一个环节，环境影响评价制度决定了防治外来物种入侵的效果和成败。环境影响评价制度包括禁止意向中的引进；定期审查和监测用来断定引进是否符合批准的条件，并评估缓解措施的效果。《中华人民共和国环境影响评价法》在 2003 年 9 月正式实施，这标志着我国正式确立了环境影响评价制度，但是它并没有将外来物种列为环境影响评价对象。行政许可制度是从事引进、释放外来物种或者采取控制、清除措施等一些涉及外来物种的活动之前，必须向有关管理机关提出申请，经审查批准同意后才能进行该活动的一整套管理措施。该制度的优点就是有利于主管机关及时制止引入具有入侵性的外来物种的行为，同时也有利于加强主管机关对于涉及外来物种活动的监督和管理，更有利于调动人们保护生态环境的积极性，使得谨慎地引进、释放或者控制外来物种（高宇 等，2011）。③建构刑法处罚机制：外来物种入侵犯罪的刑法规制研究的落脚点是法律制度的完善。完善防范外来物种入侵的法律制度，构建完备的防范外来物种入侵的管理体制。加快建立相应的法规体系，确保处罚外来物种入侵犯罪有法可依、有章可循。其一，罚金刑问题。罚金刑如果是主刑法，会限制罚金刑的适用范围，这是因为主刑只能独立适用，附加刑既可以独立适用也可以附加适用，因此外来物种入侵罚金刑不应该是主刑，但必须激活罚金刑的独特功能。其二，职业禁止的保安处分价值会有所彰显。基于贸易的需求可能引发外来物种的入侵，危害巨大多发的犯罪形态是贸易主体的单位犯罪，单纯地进行刑法处罚，不足以起到预防警示的作用。因此应在刑法约束的同时辅助以保安处分。其三，建构合理的犯罪复原制度、外来物种入侵犯罪行为对自然生态造成极大破坏，导致人与自然关系的紧张，刑法对之的介入并不是出于报复，而是做好已经被破坏的生态环境的修复（彭梦昑，2018）。④加强公众意识，提高公众参与度。目前，外来物种入侵问题的日益严重，要求我国应建立完整的公众参与机制，让公众更好地参与到生态保护中。首先，在现有法律法规中赋予公众参与外来物种入侵管控等相关过程的权利。其次，大众媒体（网络、电视等）对外来物种的防治进行宣传和教育（王静，2018）。同时，公众也会对相关部门的工作起到一定的监督作用，这对于防治外来物种入侵工作的开展极为重要。

第六节　入侵微生物学及其研究内容

英国生态学家查尔斯·艾尔顿 1958 年撰写的《动植物的入侵生态学》被认为是生物入侵在科学研究方面的开端，此后生物入侵研究经历了萌芽期（20 世纪 80 年代之前）、成长期（20 世纪 80 年代）和快速发展期（20 世纪 90 年代末期至今）。在这个过程中，越来越多的概念、假说、方法和技术被提出并整合到生物入侵研究之中，由此催生了一门生态学领域的新兴学科——入侵生物学（invasion biology）。

入侵生物学是生态学的一个分支。直至 2000 年，美国各大学几乎没有开设涉及生物入侵这个重要领域的任何课程。这是一门与 21 世纪同步的生态学新学科，入侵生物学与生物入侵研究的重要特点是多学科结合，将研究、发展和利用结合在一起，力求将生物入侵造成的危害程度降到最低。

为了加速入侵生物学学科的形成与发展，我国从事生物入侵学研究与教学的学者们在消化吸收前人工作的基础上，以近十年来在生物入侵研究理论和技术等方面取得的进展和成果为素材，围绕入侵生物学学科的理论体系，针对外来入侵物种的预防、控制与管理技术及其适生性风险评估、应急预案和生物防治等成功案例，组织编写了《入侵生物学》系列丛书，该系列丛书包括《入侵生物学》《生物入侵：预警篇》《生物入侵：检测与监测篇》《生物入侵：生物防治篇》《生物入侵：管理篇》，以及《中国生物入侵研究》（中文版和英文版）等，并于 2012 年以前全部出版发行（万方浩 等，2014）；随后又出版了《农业重大外来入侵生物应急防控技术指南》（张国良 等，2012）和高校教材《生物安全学导论》（谭万忠 等，2015）。这些著作总结了国内外入侵生物学理论研究的发展动态，明确了入侵生物学是一门多领域交叉的学科；并系统提出了适应我国生态与经济特色的中国入侵生物学学科体系，包括外来有害物种在入侵过程中的传入与种群构建、生存与适应、演变与进化、种间互作的生物内在特性，环境响应与系统抵御的外部特征，预防与控制的技术基础等。这些书的出版标志着我国既注重入侵过程与机理研究，又注重防控技术发展的入侵生物学研究模式与体系的形成，客观反映了我国入侵生物学学科正在日趋成熟的现状。

入侵微生物学可被认为是入侵生物学的另一个分支，主要研究入侵微生物〔真菌（含卵菌）、细菌、病毒、线虫及其所引起的植物病害〕相关内容，包括入侵微生物学的基本概念、外来入侵微生物的入侵过程、入侵微生物的生物学和生态学特性、微生物入侵的风险评估与监测预警技术、入侵微生物的预防与控制、入侵微生物的传播与管理、重要农林入侵微生物等内容，系统介绍我国重要农林入侵微生物及其流行规律和监测防控技术。近年来，随着分子生物学技术的发展，入侵微生物学的研究也逐步深入，大至生态系统层面，小到细胞、基因和蛋白质分子层面，特别是基于高通量测序和组学技术的研究和应用，不断推进入侵微生物学的广度和深度。

第七节　入侵微生物的研究现状与展望

1. 研究现状

随着"一带一路"倡议的提出及国际经济一体化的进程和生物技术的高速发展，外来微生物入侵的机会逐渐增多。由于微生物形体微小，极易通过各种途径入侵、扩散，而目前的检疫检测措施又难以及时发现和阻隔，因此，外来病原微生物入侵对农林业、生态环境、人类健康及经济发展构成严重威胁。微生物入侵物种具有很强的破坏性，包括我国在内的世界各国都因外来微生物入侵物种而遭受巨大损失。我国目前的研究还不能为有效预防和控制入侵微生物提供足够的理论和技术支持，防治工作仍停留在一般性的检疫措施上。相对的，人们对入侵植物的了解和研究比入侵微生物要多一些，因此加强入侵微生物的研究与防治工作，建立外来物种的预警系统及监控网络以及强化管理和监督具有非常重要的意义。

现阶段，已开展的关于外来入侵微生物的工作多停留在来源与分布、传播与扩散、发生与危害、病原生活史与生物学生态学特性、检疫检测与控制等研究方面（徐海根 等，2018），但尚未能做到全面系统地研究，以揭示其生态进化、入侵机制和遗传机理，而且也难以避免不必要的重复工作。近年来，对一些入侵微生物的研究也取得了重大进展，如从种群遗传学和生态学角度分析了松材线虫入侵的机制。松材线虫入侵过程中，无明显的奠基者效应和由遗传漂变引起的种群遗传瓶颈，由于不同来源的种群多次大量地入侵，导致我国入侵种群具有丰富的遗传多样性。入侵过程中保持较高的种群遗传多样性，是松材线虫成功入侵的遗传学机制之一。种间竞争实验结果表明，松材线虫具有很高的繁殖潜能和非常强的竞争能力，在入侵过程中能对本地近缘线虫种产生种间竞争和生态替代。竞争性替代是松材线虫成功入侵的另一生态学机制之一。种间杂交和基因渗入也有利于松材线虫的入侵。研究结果为松材线虫的有效管理和控制提供了科学依据（谢丙炎 等，2009）。Li 等（2010）的研究建立了大豆疫霉稳定基因转化和瞬时基因转化技术，实现了对外源基因的稳定高效表达和基因沉默，并在国际上首次建立了大豆疫霉基因的瞬时沉默体系，这为大豆疫霉致病机理的研究提供了重要工具。中国农业科学院农产品加工研究所戴小枫团队利用比较基因组和全基因关联分析从棉花中鉴定出一批抗黄萎病新位点，该研究结合转录组和病毒介导的基因沉默技术，从其中一个抗黄萎病新位点（VdRL08）鉴定出参与大丽轮枝菌 2 号生理型的抗病基因；基因编码核酸结合位点（NB-ARC）和富含亮氨酸重复（LRR）基序，编码产物定位于细胞核中。利用含有抗大丽轮枝菌 1 号生理型基因（GbVe1）的海岛棉和陆地棉种质资源群体进行分析发现，该抗病基因在海岛棉中高度保守，而在陆地棉中均发生了单核苷酸缺失，导致编码基因提前终止，无法编码完整的 NB-ARC 和 LRR 结构域，表明 GbaNA1 是介导棉花对大丽轮枝菌 2 号生理型的抗病基因。该研究揭示了抗病基因突变与主栽品种陆地棉易感黄萎病的遗传机制。戴小枫团队一直致力于棉花黄萎病相关研究，并取得重大研究进展（Li et al.，2018）。针对大区域跨境传播农业入侵微生物和重大新发、突发农业入侵生物如梨枯梢病菌、木尔坦棉花曲叶病毒、橡胶树棒孢霉等，围绕其发生、分布、危害等级、跨境传播扩散方式与途径开展了风险评估及防控关键技术研究，开展了主要入侵物种模板图像特征分析与算法筛选，设计了 1 套风险评估数据处理方法，并开展了木尔坦棉花曲叶病毒随寄主跨区域传播及综合风险的定量评估研究，获得梨枯梢拮抗细菌菌株 18 株，基于无机盐对橡胶树棒孢霉或粗毒素的抑制或钝化作用，研制成复配配方药剂 1 种及不同施药剂型配方 4 种（陈洁君 等，2018）。

2. 研究展望

开展微生物入侵种的研究，将为我国有益微生物引种和有害微生物检疫与防治提供可靠的科学依据，促进生态环境的保护，并保障社会和经济的稳定健康发展。

（1）重要入侵微生物基础性研究　主要包括微生物发生发展和致病危害规律等方面的内容。特别是在微生物的适应性与进化方面，它们的生态基因组表达谱特征（"前适应性"）和在新环境或者逆境环境条件下的生态适应特征、寄主谱适应性扩张（"后适应性"）等，对入侵微生物适应以及亚适宜新生境的过程中起决定性作用。因此，研究验证外来入侵微生物"前适应性"与"后适应性"进化理论，对解析外来入侵微生物生态适应性及其进化机制具有重要意义（万方浩 等，2014），也是防控入侵微生物的科学基础。

（2）潜在入侵微生物风险评估和监测预警　从预警的角度应重点研究潜在入侵微生物风险评估技术及新入侵微生物的远程实时监测技术，为入侵微生物的持续治理提供技术基础。在国际上特别是我国周边和附近邻国，危险性植物病原微生物种类繁多，很多种类我国现阶段尚未发生分布，但其远距离传播扩散能力强，一经传入我国，将会造成不可估量的危害和损失。农业农村部、国家林业和草原局、海关总署等部门已提出的重要预警入侵微生物有番茄褐色皱果病毒、马铃薯纺锤类病毒属病毒、马铃薯斑纹片病菌、黄瓜绿斑驳花叶病毒（Cucumber green mottle mosaic virus，CGMMV）等 10 多种，我们要对这些危险性物种进行跟踪监测，同时研究它们的发生发展规律和预防控制技术。

（3）入侵微生物等外来物种相关法律和制度建设研究　加强立法，完善相关法律和制度，确保法规的执行；开展科普工作，提高公众对微生物入侵物种的认识，增强防范意识和能力。很多西方国家都已经有针对生物入侵的专门法律，我国全国人大和中央有关部门已经组织人力着手开展入侵生物方面的立法研究，有望在近两三年内颁布入侵生物安全法。

（4）气候变化与外来微生物入侵　已有研究表明，外来微生物入侵可在不同的时空尺度上发生。全球化进程使得人们对于区域和全球尺度的微生物入侵过程及其危害的关注日益增加。在此意义上，微生物入侵本身就是全球变化的一个方面。因此，应加强全球气候变化与外来微生物入侵关系的研究（万方浩 等，2014）。

（5）入侵微生物及其所致植物病害防控新技术的研究与应用　对一些重要的入侵微生物及植物病害，如一些细菌性和病毒性病害，目前尚无安全有效的应急防控技术，因此需要加强针对这些微生物的防控策略和新技术的研究。特别的，为满足人类对无污染食品和生态环境保护的需要，研制开发生物防治、抗病育种等无污染的环境友好型防控技术势在必行。

主要参考文献

C. J. 阿历索保罗，C. W. 明斯，2002. 菌物学概论. 姚一建，李玉，主译. 北京：中国农业出版社.

丁晖，徐海根，强胜，等，2011. 中国生物入侵的现状与趋势. 生态与农村环境学报，27（3）：35 - 41.

高宇，张树兴，2011. 我国外来物种入侵的立法现状及其对策研究. 全国环境资源法学研讨会：497 - 500.

何源，2012. 我国外来物种入侵防治法律制度研究. 长沙：中南林业科技大学.

贺德全，王秋林，伍先喜，2010. 南方水稻黑条矮缩病暴发成因与防治对策. 湖南农业科学（18）：17 - 18.

简桂良，邹亚飞，马存，2003. 棉花黄萎病连年流行的原因及对策. 中国棉花，30（3）：13 - 14.

林雪坚，吴光金，石明旺，等，1993. 桉树青枯病病原菌的研究. 湖南林业科技，20（2）：6 - 10.

彭梦吟，2018. 外来物种入侵犯罪的刑法规制研究. 法制与社会（6）：58 - 60.

钱澄，2005. 充分发挥环境影响评价机制，防范外来物种入侵——《沈阳市外来物种防治管理暂行办法》启示录. //2005 年全国环境立法与可持续发展国际论坛论文集. 武汉工程大学：501 - 509.

钱芳，2003. 生物入侵及其危害. 生物学教学，28（11）：4 - 7.

谭万忠，彭于发，2015. 生物安全学导论. 北京：科学出版社.

童贤明，徐鸿润，朱灿星，等，1995. 水稻细菌性条斑病产量损失估计. 浙江大学学报（农业与生命科学版），21（4）：357 - 360.

童笑雨，2017. 生物入侵酿逾 2000 亿损失专家称控制源头是关键. 中国新闻网，2017 - 11 - 20 ［2019 - 01 - 22］. http://www.chinanews.com/sh/2017/11 - 20/8381370.shtml.

万方浩，谢丙炎，杨国庆，等，2011. 入侵生物学. 北京：科学出版社.

万方浩，张桂芬，刘树生，等，2014. 入侵生物学学科发展研究. //植物保护学学科发展报告：中国植物保护学会：135 - 148.

王静，2018. 美国外来物种入侵立法现状及对我国的启示. 时代金融（3）：334 - 336.

王雨甸，2018. 论我国防治外来物种入侵的法律规制. 扬州：扬州大学.

韦贵红，2011. 生物多样性的法律保护. 北京：中央编译出版社.

韦雪花，2009. 基于 GIS 的云南省松材线虫病风险评估的研究. 昆明：西南林业大学.

魏岳荣，黄秉智，杨护，等，2005. 香蕉镰刀菌枯萎病研究进展. 果树学报，22（2）：154 - 159.

夏婷婷，况明生，2008. 我国生物入侵与生态安全研究. 太原师范学院学报（自然科学版），7（3）：143 - 147.

谢丙炎，成新跃，石娟，等，2009. 松材线虫入侵种群形成与扩张机制——国家重点基础研究发展计划"农林危险生物入侵机理与控制基础研究"进展. 中国科学（C辑：生命科学），239（4）：333-341.

徐传秋，2016. 我国外来物种入侵的法律防治. 哈尔滨学院学报，37（7）：51-55.

徐海根，强胜，2018. 中国外来入侵生物. 北京：科学出版社.

徐海根，强胜，韩正敏，等，2004. 中国外来入侵物种的分布与传入路径分析. 生物多样性，12（6）：626-638.

张国良，曹坳程，付卫东，2012. 农业重大外来入侵生物应急防控技术指南. 北京：科学出版社.

周国辉，温锦君，蔡德江，等，2008. 呼肠孤病毒科斐济病毒属一新种：南方水稻黑条矮缩病毒. 科学通报，53（20）：2500-2508.

周珂，王权典，2003. 论国家生态环境安全法律问题. 江海学刊，1（1）：112-119.

朱振东，王晓鸣，1999. 大豆疫霉根腐病在我国的发生及防治对策. 植物保护，25（3）：47-49.

Brasie R M，2001. Rapid evolution of introduced plant pathogens via interspecifi chybridization. Bioscience，51（2）：123-133.

Elton C S，1958. The Ecology of Invasions by Animals and Plants. Methuen，London.

Hallegraeff G M，Bolch D J，1992. Transport of diatom and Dinofllagelate resting spores in ships，ballast water：Implications for Plankton Biogeography and Aquaculture. Plankton Res，14（8）：1067-1084.

Li A N，Wang Y L，Kai T，et al.，2010. Stress-activated MAP kinase of *Phytophthora sojae*，is required for zoospore viability and infection of soybean. Molecular Plant-Microbe Interactions，23（8）：1022-1031.

Li N Y，Ma X F，Short D P G，et al.，2018. The island cotton NBS-LRR gene *GbaNA1* confers resistance to the non-race 1 *Verticillium dahliae* isolate Vd 991. Molecular plant pathology，19（6）：1466-1479.

Pimentel D，Lach L，Zuniga R，et al.，2000. Environmental and economic costs of nonindigenous species in the United States. BioScience，50（1）：53-65.

Schmitthenner A F，1985. Problems and progress in control of root rot of soybean. Plant Disease，69（4）：362-368.

Williamson M，Brown K C，1986. The analysis and modeling of British invasions. Philosophical Transactions of the Royal Society Series B，314：505-522.

Williamson M，1996. Biological invasions（Vol. 15）. Springer Science & Business Media.

第二章

植物病害及病原微生物的基本理论

第一节 植物病害的概念、症状及
病原物的寄生性和致病性

一、植物病害的概念

植物在生长发育过程中因受到有害生物的侵染或不良非生物因素的干扰，代谢途径发生紊乱，继而在形态、生理和生化上出现病理变化，阻碍其正常的生长发育，最终表现出病态甚至死亡，影响植物产品质量和产量的现象，称为植物病害（plant disease）。

根据引起病害的因素不同，植物病害被分为侵染性病害（infectious diseases）和生理性病害（physiological disorders）两大类。由生物性因子所致的病害称为侵染性病害，由非生物性因子所致的病害称为非侵染性病害或生理病变。

二、植物病害的症状

植物病害症状是指植物感病后在形态上所表现出来的不正常状态的特征，典型的病害症状包括病状（symptom）和病征（sign），寄主植物本身表现的不正常变化称为病状，而病原物在病部的表现特征称为病征。

1. 植物病害的病状类型

植物病害的病状主要分为变色、坏死、腐烂、萎蔫、畸形5种类型（彩图2-1）。

（1）变色（discoloration） 植物感病后，整个植株、整个叶片或叶片的一部分变色。主要表现为褪绿和黄化。褪绿是指叶片普遍变为淡绿色或淡黄色，黄化是指叶片普遍变为黄色。病株叶片不均匀的变色主要表现为花叶和斑驳。花叶是叶片上形成不规则的杂色，不同变色部分的轮廓很清楚。斑驳则是指变色部分的轮廓不是很清楚时的症状。其他常见的变色类型还有条纹、条斑或条点、脉间花叶、脉带、脉明等。

（2）坏死（necrosis） 植物细胞和组织的死亡引起坏死。植物的根、茎、叶、花、果实均能发生坏死，症状表现因坏死部位不同而异。叶片上的坏死常表现为叶斑和叶枯。叶斑是指叶片局部组织变色，然后坏死而形成斑点，一般有明显的边缘。叶斑有各种形状和表现：具轮纹的斑点称作轮斑或环斑，按不同的颜色分别称作褐斑、黑斑、紫斑、灰斑等，按不同的形态及大小分别称为角斑、条斑、圆斑、大斑、小斑等。坏死的叶斑组织脱落即形成穿孔。叶枯是指叶片上较大面积的坏死，枯死轮廓不明显。幼苗茎基部坏死表现为猝倒或立枯，树木枝干的组织坏死表现为溃疡，果实和枝条上的坏死表现为疮痂等。

（3）腐烂（rot）　植物细胞和组织较大面积的破坏和消解形成腐烂。植物的根、茎、花、果实均可发生，尤易见于幼嫩组织。根据组织分解的程度不同，腐烂分为干腐、湿腐和软腐。细胞消解较慢时则腐烂组织中的水分会及时蒸发而形成干腐；细胞的消解很快，腐烂组织不能及时失水，则形成湿腐或软腐。根据腐烂的部位不同，又可分为根腐、基腐、茎腐、果腐、花腐等。伴随各种颜色的变化特点，可分为褐腐、白腐和黑腐等。

（4）萎蔫（wilt）　植物局部或整株由于失水而使枝、叶萎垂的现象。病理性的萎蔫是植物输导系统被病原物毒害或病组织的产物阻塞造成的不可逆性萎蔫。根据受害部位的不同可分为局部性萎蔫和全株性萎蔫。一般根或主茎的维管束受害引起的萎蔫多是全株性的，分枝、叶柄或部分叶脉的维管束受害则是局部性的。萎蔫病害一般无外表的症状，植物皮层组织完好，但内部维管束组织受到了破坏。

（5）畸形（malformation）　植株受害后组织和器官所表现的各种畸形现象。可分为增大、增生、减生和变态（或变形）4 种类型。增大是指感病植物组织的局部细胞体积增大，但数量并不增多。增生是指感病植物组织生长发育过度，局部组织膨大，形成肿瘤或癌肿。植物的根、茎、叶均可形成肿瘤或菌瘿，病株枝条或根部形成丛枝或发根等属于增生。减生是指植物发生抑制性病变，生长发育不良，造成植株的矮缩、矮化、小叶、小果等症状。变态或变形，如花变叶、叶变花、扁枝和蕨叶等。

2. 植物病害的病征类型

植物病害常见的病征类型有粉状物、霉状物、点状物、颗粒状物、索状物、脓状物等（彩图 2-1）。

（1）粉状物　病原物在植物受害部位形成黑色、白色、铁锈色的粉状物。黑粉状物多见于被破坏的植物器官、组织及肿瘤的内部；白粉状物多见于植物病部表面；而锈粉状物多在植物表皮下形成，使表皮隆起呈疱状，表皮破裂后散出白色或铁锈色粉状物。

（2）霉状物　植物受害部位产生的各种霉层。霉层的颜色、质地和结构等变化较大，如霜霉、绵霉、毛霉、青霉、绿霉、灰霉等。霜霉状物多数为白色，也有灰色和紫色；绵霉状物是在高湿情况下产生的洁白、均匀的霉层，常伴随腐烂；毛霉状物的霉层丰厚，初期白色，后转为黑白相间，或表面密生一层黑色球状体；青霉和绿霉多发生于果实、块根或块茎的腐烂部位，颜色青绿；灰霉多发生于果实和叶片上，一般为鼠灰色。

（3）点状物　多为不同病原真菌的繁殖器官，褐色或黑色，不同病害所形成的点状物的大小、形状、数量、密集或分散、凸出表面的程度各不相同。

（4）颗粒状物（菌核）　病原真菌菌丝纠结形成的一种致密的组织结构，呈颗粒状。形状、大小差别很大，初期为浅色，后期多为黑色，常伴随腐烂或坏死产生，此类病害多称为菌核病。

（5）索状物　感病植物的根部表面产生紫色或白色的菌丝索，是真菌菌丝纠结形成的一种致密的组织结构，呈绳索状，又称根状菌索。

（6）脓状物　植物发病部位产生的白色或黄色的脓状物，干燥后成为菌胶或菌膜，常带有难闻的异味，为多数细菌性植物病害所特有的病征。

此外，有些植物病毒可在植物细胞内形成内含体，在光学显微镜下可见；很多植物线虫则常形成肉眼可见的线虫包囊等。

三、植物病原物的寄生性和致病性

植物病原物的寄生性和致病性是植物病原物侵染植物需要具备的基本特性。寄生性（parasitism）是指病原物在寄主植物活体内取得营养物质而生存的能力；致病性（pathogenicity）是指病原物所具有的破坏寄主和引起病变的能力。能够在其他生物上生存并获取营养的生物称为寄生物，植物病原物都是寄生物；只能营腐生生活的生物为腐生物，对植物没有致病性。一种寄生物能否成为某种植物的病原物，取决于它能否克服该种植物的抗病性。如能克服，则两者之间具有亲和性，寄生物有致病性，寄主植物表现感病。如不能克服，则两者之间具有非亲和性，寄生物不具致病性。

根据寄生性的强弱将所有生物划分为专性寄生物、兼性腐生物、兼性寄生物和专性腐生物四类。只能在活的寄主植物内生存和繁殖，如病毒、类病毒、植原体、线虫和引起锈病、白粉、霜霉病的真菌和卵菌等寄生物，称为活体营养生物或专性寄生物；既能在活的寄主植物内生存，又能在死的寄主植物或各种营养基质上生存的生物称为非专性寄生物。如果非专性寄生物在生活史的大多数阶段是以寄生物形式生存，而在某些条件下是在死亡寄主植物组织内生存，这样的寄生物称为半活体营养生物，也称为兼性腐生物；生活史中主要在植物死组织上生存和繁殖，并在一定条件下可侵染活的寄主植物而营寄生生活的生物，称为兼性寄生物。一般专性寄生和兼性腐生物对植物的致病性较强，兼性寄生物都是弱致病病原物；而专性腐生物如真菌和细菌等不能导致生长植物产生病害，但是其可能导致收获后植物产品（如瓜果、蔬菜、粮食等）的腐烂和变质，即引起贮藏期病害。

第二节　植物病原微生物的系统分类

最近的生物分类系统中将细胞生物划分为三个域（domain），即真核域（Eukaryotes）、细菌域（Bacteria）和古菌域（Archeae）（图2-1），该三域分类系统是由Carl Woese在1990年提出的。真核域中包含动物界、植物界、真菌界、藻物界和原生生物界（Protozoa），在病原微生物中的真菌、卵菌和线虫分别属于真核域中的真菌界、藻物界和动物界；细菌域和古菌域由原来的原核生物界划分而来，细菌域中目前暂时只有细菌界一个界，其包括一些植物病原细菌种类；古菌域主要包括嗜酸古菌、嗜热古菌、产甲烷古菌等大类，其中没有植物病原物。

生物的分类一般按域、界（kingdom）、门（phylum）、纲（class）、目（order）、科（family）、属（genus）、种（species）等基本阶元（taxa），由高级到低级阶元依次排列。很多植物病原微生物在种级阶元下还进一步分为亚种（subspecies）、变种（variety/pathovar）、形式种（forma species）、类型（type）、组群（group）、生理小种（physiological race）和株系（strain）等。

值得指出的是，我国一些学者（特别是学生或非专业研究人员）和很多文献中将病原物种级下种群的菌系（strain）和分离株或菌株（isolate）的概念混淆。分离株或菌株是

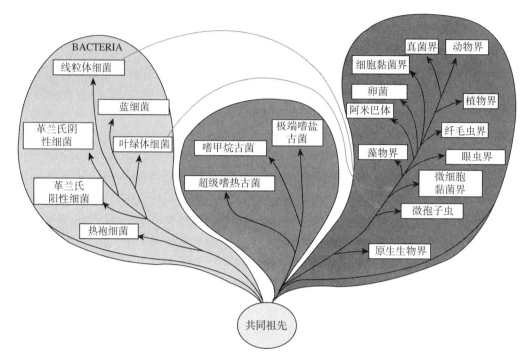

图 2-1　生物三域分类及演化系统（Wiley et al.，2011）

指研究中从寄主或介体上分离纯化所得到的不同纯培养物，其分类地位和功能特征均未被确定；而菌系则是指分类学上种的名称已确定，而且具有某一特殊功能特征（如致病性、特殊寄主品种、拮抗性等），而且该功能已经被确定并且得到公认的菌株。

以下分别简要介绍植物病原微生物主要类群：真菌、卵菌、线虫、细菌和病毒。

1. 植物病原真菌的系统分类

依据我国出版的《菌物辞典》（1995）第 8 版，将原生动物界、假菌界（或藻物界，Chromista）和真菌界（Fungi）3 个界的生物笼统地归入"菌物"，该分类是基于国际上20 世纪 80 年代以前的分类体系，其不符合或者说落后于 20 世纪 90 年代后新提出的生物分类三域系统。

真菌界的分类系统近年来一直处于变化状态。经过 10 多位真菌学家与其他科学研究者的共同努力，于 2007 年提出了一个新的真菌分类系统（Hibbett，2007；Kirk et al.，2008；Esser，2014；Silar，2016；Tedersoo，2018；Wikipedia，2019），将真菌分为 7 个门，即小孢子菌门（Microsporidia）、壶菌门（Chytridiomycota）、芽枝菌门（Blastocladiomycota）、新丽鞭毛菌门（Neocallimastigomycota）、球囊菌门（Glomeromycota）、子囊菌门（Ascomycota）和担子菌门（Basidiomycota）。植物病原真菌主要包含于壶菌门、子囊菌门和担子菌门中。

2. 植物病原卵菌的系统分类

藻物界下分为 8 个门（图 2 - 2），即定鞭藻门（Haptophyta）、网金红藻门（Sagenista）、卵菌门（Oomycota）、杆藻门（Bacilliophyta）、硅鞭藻门（Silicoflagellata）、金藻门（Chrysophyta）、黄藻门（Xantophyta）和褐藻门

（Phaeophyta）。其中引起植物病害的病原属于卵菌门（Oomycota），而且只是该门生物中的少数种类（Cavalier-Smith，2018）。卵菌具有较发达的菌丝营养体，菌丝一般不分隔，无性阶段形成孢囊梗和孢子囊，孢子囊萌发可释放出大量游动孢子，有性阶段形成藏卵器和卵孢子，卵菌便因其产生卵孢子而得名。

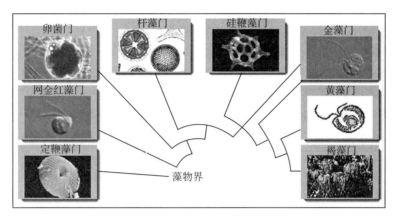

图 2-2 藻物界分为 8 个门

卵菌门下只有一个卵菌纲，较早期的分类系统中将卵菌纲划分为 6 个目，即水霉目（Saprolegniales）、水节霉目（Leptomitales）、根状霉目（Rhipidiales）、白锈菌目（Albuginales）、霜霉目（Peronosporales）和链壶菌目（Lagenidiales），新近的分类系统增加了很多目，迄今的文献中可查阅到卵菌纲有 15 个目（Wikipedia，2019c）。无论是较早期的还是新近的卵菌分类系统，都有白锈菌目和霜霉目，而且卵菌纲中只有这两个目中包含有植物病原卵菌的种类。

3. 植物病原线虫的系统分类

线虫隶属于动物界（Animalia），大多数线虫的种类都营腐生生活，只有少数种类寄生于人体、动物和植物。植物病原线虫是指危害植物的线虫，其分类主要依据形态学的差异，包括口针类型，侧尾腺口的有无，食道类型、体形、生殖器官、头部、尾部等其他形态结构，寄生特点，生物学、生化等特点。Chitwood 等（1950）提出将线虫单独建立一个门——线虫门。按 Magentti（1991）分类系统，在线虫门下，分为侧尾腺口纲（Secernentea）和无侧尾腺口纲（Adenophorea）。植物病原线虫主要分布在侧尾腺口纲的垫刃目（Tylenchida）和无侧尾腺口纲的矛线目（Dorylaimida）。全世界目前正式报道的植物寄生线虫有 260 多属、5 700 多种，常见的有 20 多属。

4. 植物病原细菌的系统分类

植物病原细菌是指无真正细胞核，遗传物质（DNA）分散在细胞质中，没有核膜包被，仅形成椭圆形或圆形核区的单细胞低等生物，主要包括细菌、放线菌、植原体、螺原体和菌原体等。

细菌界的分类阶元与其他生物界基本相同。依据《柏杰氏细菌鉴定手册》第 8 版，将细菌界划分为 4 个门：厚壁菌门（Firmicutes）、薄壁菌门（Gracilicutes）、软壁菌门（Tenericutes）和疵壁菌门（Mendosicutes）。厚壁菌门包括厚壁菌纲和放线菌纲；薄壁菌门包括暗细菌纲、产氧光细菌纲和无氧光细菌纲；软壁菌门包括柔膜菌纲；疵壁菌门包括古细菌纲。在新的生物三域分类系统中，几乎所有植物病原细菌都归属于变形细菌门（Proteobacteria）。

植物病原细菌的种是许多具有共同特征的菌系组成的集群（cluster），通常这些菌系与其他菌系有很大的区别。因此细菌的种可以进一步划分为亚种、致病变种和生化变种等。亚种（subspecies，简称 subsp.）是指种下类群中在培养特性、生理生化和遗传学等性状方面有一定差异的群体。致病变种（pathovar，简称 pv.）是指在种下以寄主范围和致病性差异来划分的组群。生化变种（biovar）是指种内的菌系，按生理生化性状差异来划分的组群，不考虑致病性等其他性状的异同。

5. 植物病毒的系统分类

病毒（viruses）是不具有细胞结构的分子生物。植物病毒是指感染植物的一类特殊病毒。绝大多数植物病毒由核酸构成的核心与蛋白质构成的外壳组成，极少数还含有脂肪和非核酸的碳水化合物。植物病毒的核酸类型有单链 RNA（ssRNA）、双链 RNA（dsRNA）、单链 DNA（ssDNA）和双链 DNA（dsDNA）。但绝大多数含 ssRNA，无包膜。大多数植物病毒外壳由形状和大小相同的多个蛋白质亚基组成，亚基是一种外壳蛋白（capsid protein），其外壳蛋白亚基或由二十面体拼接形成球状颗粒，或呈螺旋式排列而形成棒状颗粒。

国际病毒分类委员会（ICTV）2012 年通过的病毒系统采用目、科、亚科、属和种级分类阶元。病毒的种是由自我复制谱系组成的多元等级，并占有特定生态空间。其中"自我复制谱系"是指病毒无性复制的群体及基因组变异或再组合而形成的进化群体。"特定生态空间"是指病毒具有的寄主范围。根据 2012 年 ICTV 出版的病毒分类第九次报告，将植物病毒分别归属于 3 目、21 科、3 亚科、89 属、950 种。亚病毒因子的类病毒为 2 科、8 属、32 种；植物卫星病毒有 4 组，卫星核酸有 142 个。很多植物病毒的种下又依据其对植物的致病性和寄主范围等划分为若干株系（strain）。

生物的三域分类系统建立以后，有人在此基础上提出将病毒单独列为病毒域（Viruses）的分类体系，再根据核酸的类型将域级阶元下的病毒界分为 ssRNA、dsRNA、ssDNA 和 dsDNA 门；纲级分类阶元尚未明确；然后目及以下阶元的分类仍按 2012 年的 ICTV 系统。

第三节　植物病原微生物的类群及其主要特性

1. 植物病原真菌的主要类群

虽然早先真菌分类系统中的半知菌门（Deuteromycota）在新的分类系统中已不见踪影，但是其中有许多重要植物病原种类缺少有性阶段，或在自然界中未发现其有性阶段，部分真菌在实验室可以诱导其产生有性生殖，很多文献中将这些真菌称为无性真菌（asexual fungi）或者有丝分裂真菌（mitosporic fungi）（Wikipedia，2019d）。

（1）壶菌门代表属及其主要特性　壶菌门种类为低等真菌，是真菌界中唯一在生活史中的某些阶段产生能动细胞的成员，其多水生，大多腐生在动植物残体上或寄生于水生植物、藻类、小动物和其他真菌上，少数寄生于高等种子植物上。大多数种类能分解纤维素和几丁质。可侵染植物的主要有3个代表属：

①油壶菌属（*Olpidium*）：菌体在细胞内寄生，整个菌体可转变为孢子囊。常形成薄壁的孢子囊或厚壁的休眠孢子囊，萌发时产生逸出芽管，穿透寄主组织而外露，顶部开裂释放游动孢子。引起十字花科猝倒病的芸薹油壶菌（*Olpidium brassicae*），是许多高等植物的专性寄生菌，对植物生长的直接危害性小，但其游动孢子是传播土壤中许多重要经济植物病原病毒的介体。

②节壶菌属（*Physoderma*）：寄生菌，休眠孢子囊扁球形，黄褐色，在寄主组织内的菌丝产生大量球形或椭圆形的休眠孢子，休眠孢子萌发产生游动孢子。侵染植物常引起病斑稍隆起，但不引起寄主组织过度生长。如：引起玉米褐斑病的玉蜀黍节壶菌（*Physoderma maydis*）（彩图2-2）。

③集壶菌属（*Synchytrium*）：寄生菌，无菌丝体，菌体最初无细胞壁，在水分充足和温度适宜时，发育成有壁的孢子囊；在干旱低温，不利于生长的条件下，形成厚壁的休眠孢子囊，休眠孢子囊结合成堆。侵染植物造成组织畸形。如：引起马铃薯癌肿病的内生集壶菌（*Synchytrium endobioticum*）（彩图2-2），是我国的一种重要外来入侵物种和检疫对象。

（2）子囊菌门代表属及其主要特性　子囊菌的营养体为单倍体，少数为单细胞（如酵母菌），一般为分枝发达、繁茂的有隔菌丝体。许多子囊菌的菌丝体可交织在一起形成菌核和子座等组织。子囊菌的无性生殖产生分生孢子，有性生殖产生子囊和子囊孢子。子囊大多呈圆筒形或棍棒形，少数为卵形或近球形。典型的子囊内有8个子囊孢子。子囊孢子形状变化很大，有近球形、椭圆形、腊肠形或线形等。彩图2-3显示几个代表属形态特征。

①外囊菌属（*Taphrina*）：菌丝为有隔膜的双核菌丝，在寄主角质层下或表皮细胞下形成一层厚壁的产囊细胞，由产囊细胞发育成子囊。子囊长圆筒形，平等排列在寄主表面，均含有8个子囊孢子。如：畸形外囊菌（*Taphrina deformans*），引起桃树的桃缩叶病，是我国一种重要的入侵物种和检疫对象。

②叉丝单囊壳属（*Podosphaera*）：菌丝体表生。闭囊壳球形、扁球形，内含一个子囊。子囊孢子单胞，无色。附属丝刚直，着生于闭囊壳顶部或"赤道"附近，顶端2～6次双叉状分枝，全部或下部褐色或浅褐色。如：白叉丝单囊壳（*Podosphaera leucotricha*），引起苹果、梨白粉病。

③白粉菌属（*Erysiphe*）：菌丝体表生，在寄主植物的表皮细胞内形成吸器。子囊果扁球形，无孔口；子囊多个，成束生于闭囊壳内；每个子囊含有2～8个子囊孢子。子囊孢子无色至浅色。附属丝一般菌丝状，顶端钝圆或钩状。如：蓼白粉菌（*Erysiphe polygoni*），引起豆类、十字花科植物的白粉病。

④长喙壳属（*Ceratocystis*）：子囊壳有细长的颈，基部膨大成球形，顶端常裂成须状，壳壁暗色。子囊近球形或圆形，不规则散生，无侧丝，子囊壁早期溶解，很难见到完整的子囊。子囊孢子单胞，无色，形状多样。如：甘薯长喙壳（*Ceratocystis fimbriata*），引起甘薯黑斑病和石榴枯萎病，是我国的一种重要外来入侵物种和检疫对象。

⑤顶囊壳属（*Gaeumanomyces*）：子囊壳黑色，球形或近球形，埋生于寄主组织内，初内生，后突出外露，顶端有短的喙状突起。子囊圆筒形至棍棒形，有侧丝，内含8个子囊孢子。子囊孢子无色至淡黄色，细线状，多细胞。如：禾顶囊壳（*Gaeumanomyces graminis*），引起小麦全蚀病。

⑥赤霉属（*Gibberella*）：子囊壳蓝色或紫色，球形至圆锥形，单生或群生于子座上。子囊棍棒形，有柄。子囊孢子无色，卵形或纺锤形，有2~3个隔膜。如：玉蜀黍赤霉（*Gibberella zeae*），引起小麦、玉米等作物的赤霉病。

⑦麦角菌属（*Claviceps*）：寄生于黑麦、小麦或雀麦等禾本科植物的子房内，后期形成黑色或白色、圆柱形至香蕉形菌核。菌核萌发产生具长柄的头状子座。子囊壳瓶状，埋生在子座头部的表层内。子囊长圆柱形，内含8个子囊孢子。子囊孢子无色，线形。如：麦角菌（*Claviceps pururea*），引起多种禾本科植物的麦角病。

⑧黑星菌属（*Venturia*）：假囊壳大多在植物病残体组织的表皮层下，周围有黑色、多隔膜的刚毛。子囊长圆形，平行排列，成熟时伸长。子囊孢子双细胞，椭圆形，大小不等。如：苹果黑星病菌（*Venturia inaequalis*），引起苹果黑星病，是我国的一种重要外来入侵物种和检疫对象。

⑨旋孢腔菌属（*Cochliobolus*）：子囊壳黑色，球形，有短颈，无刚毛。子囊棍棒形，内含8个子囊孢子。子囊孢子无色或淡黄色，丝状，多胞，呈螺旋状紧密纠结在一起。如：异旋孢腔菌（*Cochliobolus heterostrophus*），引起玉米小斑病。

⑩核盘菌属（*Sclerotinia*）：在寄主表面或寄主组织内形成菌核，菌核萌发产生子囊盘。子囊盘盘状或杯状，具长柄。子囊有侧丝，近圆柱形，平行排列，内含8个子囊孢子。子囊孢子单细胞，无色，椭圆形或纺锤形。如：核盘菌（*Sclerotinia sclerotiorum*），引起十字花科、豆科、茄科、菊科等的菌核病。

（3）担子菌门代表属及其主要特性　绝大多数担子菌有发达的菌丝体，菌丝具有桶孔隔膜，为单倍体。具有双核细胞的次生菌丝在隔膜处常形成锁状联合的结构。担子菌的有性生殖产生担孢子，一般每个担子上产生4个担孢子。彩图2-4显示担子菌门某些属或种的形态特征。

①单胞锈菌属（*Uromyces*）：冬孢子深褐色，单细胞，有柄，顶壁较厚，突破寄主表皮生于体外。夏孢子黄褐色，单细胞，单生，有柄，椭圆形或倒卵形，有刺或瘤状突起。如：疣顶单胞锈菌（*Uromyces appendiculatus*），引起菜豆锈病。

②柄锈菌属（*Puccinia*）：单主寄生或转主寄生。性孢子器在寄主表皮下，球形，其内产生性孢子。锈孢子器初生在寄主表皮下，后外露，杯状或筒状，其内产生锈孢子；锈孢子球形或椭圆形，单细胞，常相互挤压呈多角形。夏孢子堆初生在寄主表皮下，后外露，黄色或橙黄色，粉状；夏孢子单细胞，近球形，黄褐色，有小刺，单生在柄上。冬孢子堆大多数外露，褐色至黑褐色；冬孢子双细胞，深褐色，有柄，椭圆形或棒状至柱状。如：禾柄锈菌（*Puccinia graminis*）引起小麦秆锈病，隐匿柄锈菌（*Puccinia recondita*）引起小麦叶锈病，条形柄锈菌（*Puccinia striiformis*）引起小麦条锈病。

③胶锈菌属（*Gymnosporangium*）：转主寄生，无夏孢子阶段。冬孢子堆垫状或舌状，近黄色至深褐色，遇水胶化膨大；冬孢子双细胞，有长柄，浅黄色至暗褐色，壁薄。

性子器在寄主叶片表皮下，球形至扁球形，初为黄色或橙黄色，后变为黑色。潮湿时，溢出淡黄色黏液，即性孢子。锈孢子器长管状，锈孢子黄褐色，近球形，串生，有小的疣状突起。如：梨胶锈菌（*Gymnosporangium haraeanum*），引起梨、木瓜、山楂等植物的锈病。

④多胞锈菌（*Phragmidium*）：冬孢子多细胞，单生，壁厚，表面光滑或有瘤状突起，具长柄，柄的基部膨大。夏孢子球形至椭圆形，有刺或瘤状突起，单生，有柄。如：玫瑰多胞锈菌（*Phragmidium rosae-rugosae*），引起玫瑰锈病。

⑤栅锈菌属（*Melampsora*）：多为转主寄生，少数是单主寄生。冬孢子棱柱形或椭圆形，无柄，单细胞，侧面密结成整齐的单层，多生在表皮下。夏孢子堆粉末状，有头状侧丝混生，橙黄色、夏孢子球形至椭圆形，单生，有柄，表面有刺或疣。性子器在寄主表皮下，圆锥形或半球形。锈孢子球形或多角形，串生，表面有细刺，有间细胞。如：亚麻栅锈菌（*Melampsora lini*），引起亚麻锈病。

⑥层锈菌属（*Phakopsora*）：冬孢子堆扁球形，黑褐色，在寄主叶片表皮下、冬孢子椭圆形或长椭圆形，无柄，单细胞，淡褐色，彼此上下侧面互相密结成多层，垫状，埋生在寄主表皮下。夏孢子椭圆形或卵形，黄褐色，单生，有柄，表面有小刺。如：枣层锈菌（*Phakopsora ziziphi-vulgaris*），引起枣树锈病。

⑦黑粉菌属（*Ustilago*）：冬孢子堆可生于寄主植物的各个部位，常生于花器官，成熟时呈粉状，多为黑褐色至黑色；冬孢子表面有纹饰，散生，萌发时产生有横隔的担子；担子上侧生担孢子，或萌发直接产生芽管。如小麦散黑粉菌（*Ustilago tritici*），引起大麦和小麦散黑穗病。

⑧腥黑粉菌属（*Tilletia*）：冬孢子堆多生于寄主植物的子房内，成熟后呈粉状，常具有腥味；冬孢子表面有网状或刺状突起，少数光滑；萌发时，产生无隔膜的先菌丝，顶端产生成束的担孢子；担孢子常成对作 H 形结合。如：小麦矮腥黑穗病菌（*Tilletia controversa*），引起麦类腥黑穗病，是我国的重要外来入侵物种和检疫对象。

⑨条黑粉菌属（*Urocystis*）：冬孢子堆在寄主植物叶、叶鞘和茎秆表皮下形成条纹，后破裂露出黑色粉状物（冬孢子）。冬孢子褐色，圆形至卵圆形，表面光滑。1～3 个冬孢子结合形成孢子球，外有无色至浅褐色的不孕细胞包围。如：小麦条黑粉菌（*Urocystis tritici*），引起小麦秆黑粉病。

（4）无性真菌代表属及其主要特征　无性真菌过去统称为半知菌（deuteromycetes），现在常称作有丝分裂真菌（董金皋 等，2016）。有丝分裂真菌一般没有有性阶段或有性阶段尚未被发现。有丝分裂真菌代表属或种的特征见彩图 2-5。

①梨孢属（*Pyricularia*）：分生孢子梗细长，淡褐色，屈膝状弯曲，顶端以合轴式产生分生孢子。分生孢子无色至淡橄榄色，梨形至椭圆形，多数为 3 个细胞，少数为 2 个或 4 个细胞。有性型为巨座壳属（*Magnaporthe*）。如：稻梨孢（*Pyricularia oryzae*），引起水稻的稻瘟病。

②轮枝菌属（*Verticillium*）：分生孢子梗轮状分枝，产孢细胞基部略膨大。分生孢子单细胞，无色或淡色，卵圆形至椭圆形，常聚集成球。如：大丽轮枝菌（*Verticillium dahliae*）、黑白轮枝菌（*Verticillium albo-atrum*）和苜蓿轮枝菌（*Verticillium alfalfa*），

引起棉花等不同植物的黄萎病，都是我国重要外来入侵物种和检疫对象。

③尾孢属（*Cercospora*）：分生孢子梗屈膝状，不分枝，褐色至橄榄褐色，孢痕明显加厚。分生孢子针形、鞭形或倒棒形，无色或淡色，多隔膜，基部脐点黑色，加厚明显。如：玉蜀黍尾孢（*Cercospora zeae-maydis*）和玉米尾孢（*Cercospora zeina*）等，引起玉米的灰斑病，是我国的重要外来入侵物种。

④链格孢属（*Alternaria*）：分生孢子梗深色，以合轴式延伸。顶端单生或串生分生孢子。分生孢子褐色，倒棍棒形、椭圆形或卵圆形，具横、纵或斜隔膜，顶端有喙状细胞。如：茄链格孢（*Alternaria solani*），引起番茄、马铃薯的早疫病，是我国的一种重要外来入侵物种。

⑤枝孢属（*Cladosporium*）：分生孢子梗黑褐色，中部或顶端分枝。分生孢子黑褐色，单生，有隔膜、卵圆形、圆筒形、柠檬形或不规则形，常芽殖形成短链。如：瓜枝孢（*Clados porium cucumerinum*），引起黄瓜和葫芦黑星病，是我国的一种重要外来入侵物种。

⑥弯孢属（*Curvularia*）：分生孢子梗直或弯曲，常呈屈膝状。分生孢子单生，近纺锤形，多具 3 个隔膜，中部细胞颜色较深，两端萌发。有性型也为旋孢腔菌属（*Cochliobolus*）。如：新月弯孢（*Curvularia lunata*），引起玉米弯孢霉叶斑病，是我国的重要外来入侵物种。

⑦镰刀菌属（*Fusarium*）：分生孢子梗最上端为产孢细胞，一般产生大型分生孢子和小型分生孢子。大型分生孢子为多细胞，镰刀形；小型分生孢子为单细胞，椭圆形至卵圆形。如：尖孢镰刀菌（*Fusarium oxysporum*），引起多种植物的枯萎病。这是一个比较复杂的复合种，种内含100多个形式种或专化型，其中棉花专化型（*Fusarium oxysporum* f. sp. *vasinfectum*）、古巴专化型（*Fusarium oxysporum* f. sp. *cubense*）等很多专化型都是我国的重要入侵微生物或检疫对象。

⑧壳色单隔孢属（*Diplodia*）：也称色二孢属。分生孢子器球形，暗褐色至黑色，散生或集生。分生孢子梗具分枝、隔膜，无色，圆柱形，表面光滑。分生孢子初为单细胞，无色，椭圆形或卵圆形，后期为双细胞，深褐色至黑色，顶端钝圆，基部平截。如：玉米壳色单隔孢（*Diplodia zeae*），引起玉米干腐病。

⑨壳针孢属（*Septoria*）：孢子器埋生或半埋生在寄生组织中，球形或扁球形。分生孢子多细胞，无色，细长，筒形、针形或线形，直或微弯。如：番茄壳针孢（*Septoria lycopersici*），引起番茄斑枯病。

⑩拟盘多毛孢属（*Pestalotiopsis*）：分生孢子盘杯状，黑色或暗褐色，埋生基质内，成熟后外露，散生或集生，不规则开裂。分生孢子梗无色，不规则分枝。产孢细胞圆柱状，无色。分生孢子多细胞，纺锤形，直或略弯，两端细胞无色，顶细胞具 2 至多根附属丝。如：枯斑拟盘多毛孢（*Pestalotiopsis funerea*），引起枇杷灰斑病。

2. 植物病原卵菌的主要类群

卵菌的营养体为发达的无隔菌丝体，二倍体，少数低等的为具有细胞壁的单细胞。细胞壁成分主要为纤维素。无性生殖产生具双鞭毛的游动孢子。有性生殖产生卵孢子。彩图 2-6 显示重要植物病原卵菌的主要形态特征。

①腐霉属（*Pythium*）：孢子囊丝状、裂瓣状、球形或卵形；孢子囊顶生、间生或侧生；孢囊梗与菌丝区别不明显，无分化。孢子囊萌发时形成泡囊，游动孢子在泡囊内形成。游动孢子为肾形，凹处有两根鞭毛，在水中游动后变为圆形的休眠孢子，以后萌发产生芽管侵入寄主。有性生殖是从菌丝体的顶端形成球形或近球形的藏卵器，雄器侧生。藏卵器内只有一个卵孢子。卵孢子有厚壁，球形。如：瓜果腐霉（*Pythium aphanidermatum*），侵害幼苗茎基引起猝倒，侵害瓜果引起湿腐症状。

②疫霉属（*Phytophthora*）：孢子囊圆筒状、球形、卵形、梨形等多种形状，孢囊梗与菌丝有一定差异。孢子囊萌发时产生游动孢子，或直接萌发产生芽管。游动孢子梨形或肾形，具有等长双鞭毛。藏卵器球形或近球形，内有1个卵孢子，卵孢子球形，厚壁或薄壁，无色至浅色；雄器大小、形状不一，围生或侧生。如：大豆疫霉（*Phytophthora sojae*），引起大豆疫霉根腐病和茎腐病，是我国的重要入侵物种和检疫对象；烟草疫霉（*Phytophthora nicotiana*）引起烟草黑胫病，也是我国的重要入侵物种。

③霜霉属（*Peronospora*）：孢囊梗顶部有多次的二叉状分枝，末端尖锐。孢子囊椭圆形或卵形，在末端分枝，无色或有色。卵孢子球形，壁平滑或具纹饰。如：寄生霜霉（*Peronospora parasitica*），引起多种十字花科植物和大豆的霜霉病。

④假霜霉属（*Pseudoperonospora*）：孢囊梗主干单轴分枝，上有2～3次的二叉状锐角分枝，顶端尖细。孢子囊有色，有乳突，球形或卵形，基部有时有短柄。卵孢子黄褐色，球形。如：古巴假霜霉（*Pseudoperonospora cubensis*），引起瓜类霜霉病。

⑤单轴霉属（*Plasmopara*）：孢囊梗细长、直角或近直角单轴分枝，末枝较刚直，顶端钝圆或平截。孢子囊较小，球形或卵形，具乳突和短柄，易脱落，萌发时产生游动孢子或芽管。卵孢子不常见，黄褐色，圆形，卵孢子壁与藏卵器不融合。如：葡萄生单轴霉（*Plasmopara viticola*），引起葡萄霜霉病。

⑥盘梗霉属（*Bremia*）：孢囊梗二叉状锐角分枝，末端分枝顶端膨大呈盘状，边缘着生3～6个孢囊梗，孢子囊单生，近球形或卵形，具乳突或不明显，易脱落。卵孢子不常见，黄褐色，球形，外壁光滑。如：莴苣盘梗霉（*Bremia lactucae*），引起莴苣和菊科植物的霜霉病。

⑦霜指梗霉属（*Peronosclerospora*）：孢囊梗丛生，二叉状分枝，顶部分枝粗短，小梗圆锥形。孢子囊卵圆形、椭圆形或圆柱形。卵孢子黄色或黄红色，球形至近球形，卵孢子壁与藏卵器壁几乎融合。如：玉蜀黍霜指梗霉（*Peranosclerospora maydis*）、高粱霜指梗霉（*Peranosclerospora sorghi*）、菲律宾霜指梗霉（*Peranosclerospora philipinesis*）和甘蔗霜指梗霉（*Peranosclerospora sacchari*）引起玉米、高粱和甘蔗等植物霜霉病，是我国的重要外来入侵物种和检疫对象。

⑧指梗霉属（*Sclerospora*）：孢囊梗主轴粗壮，顶端呈二叉状分枝，分枝粗短紧密。孢子囊椭圆形或倒卵形，有乳突。卵孢子圆形，黄色或黄红色，卵孢子壁大部分与藏卵器壁融合。如：禾生指梗霉（*Sclerospora graminicola*），引起谷子白发病和玉米霜霉病，是我国的外来入侵物种和检疫对象。

⑨指梗疫霉属（*Sclerophthora*）：孢囊梗从气孔生出，单生或几根丛生，一般较短，孢子囊柠檬形或卵圆形，薄壁，无色透明，基部坚韧，楔形，顶部具有孔乳突。孢子囊萌

发产生肾形游动孢子，偶尔也可萌发直接产生芽管。在寄主叶肉组织内可形成大量单生或成团的藏卵器，藏卵器圆形，壁厚薄不均；雄器侧生，紧贴藏卵器上。卵孢子球形，表面光滑，壁中等厚薄，淡琥珀色或深褐色。如：褐条指疫霉玉米专化型（*Sclerophthora rayssiae* var. *zeae*）和大孢指疫霉玉米专化型（*Sclerophthora macrospora* var. *maydis*），引起玉米、高粱等植物霜霉病，是我国的重要外来入侵物种和检疫对象。

⑩白锈菌属（*Albugo*）：孢囊梗粗短，棍棒形，不分枝，成排生于寄主表皮下。孢子囊圆形或椭圆形，在孢囊梗顶端串生。卵孢子球形，壁厚，表面有网状、疣状等纹饰。如：十字花科白锈菌（*Albugo candida*），引起油菜、白菜、萝卜等十字花科植物白锈病。

3. 植物病原线虫的主要类群

线虫属于真核域，动物界，是典型的蠕形动物，具长条形身体，质柔软、无骨骼、无附肢，左右对称。线虫的身体一般呈纺锤形或圆柱形，两端细削。多数线虫营自由生活，也有很多种类为各种动植物的寄生虫。植物病原线虫主要有以下几属（彩图 2-7）：

①粒线虫属（*Anguina*）：该属线虫雌雄同形，雌虫稍粗长，垫刃型食道，口针较小。雌虫往往呈卷曲状，单卵巢，向前伸。雄虫稍弯，但不卷曲。交合伞几乎包到尾尖，交合刺粗而宽，并合。卵母细胞和精母细胞多行，排列成轴状。该属线虫大都寄生在禾本科植物的地上部，在茎、叶上形成虫瘿，或者破坏子房形成虫瘿。该属至少包括 17 种，模式种为小麦粒线虫（*Anguina tritici*），引起小麦粒线虫病，有时也危害黑麦。

②拟滑刃线虫属（*Aphelenchoides*）：该属线虫可以寄生植物和昆虫，危害植物的叶芽、茎、鳞茎等，所以也将它们称作叶芽线虫。主要危害症状是坏死、畸形、腐烂等。该属线虫至少 180 种，模式种为库氏滑刃线虫（*Aphelenchoides kuehnii*），其中重要的有菊花滑刃线虫（*Aphelenchoides ritzemabosi*）、贝西滑刃（水稻干尖）线虫（*Aphelenchoides besseyi*）和草莓滑刃线虫（*Aphelenchoides fragariae*）。最有名的是菊花叶线虫，菊花受害后叶片组织变色和坏死。水稻干尖线虫也是比较重要的种，在我国稻区较常见，其幼虫和成虫在干燥条件下的存活力很强，可在稻种内越冬。

③茎线虫属（*Ditylenchus*）：雌虫和雄虫都是细长的，典型的垫刃型食道，雄虫交合伞不达尾尖；雌虫略粗大，单卵巢，阴门在虫体后部；卵母细胞和精母细胞成行排列，不呈轴状排列。雌虫和雄虫尾端尖细，侧线 4 条。四龄幼虫对低温、干燥的抵抗能力很强，在植物组织内和土壤中可以长期存活，遇到合适的寄主植物即可侵入危害。可危害植物地上部的茎叶和地下部的根、鳞茎和块根等。危害的症状主要是组织坏死，有的可在根上形成肿瘤。茎线虫属包括 100 多种，模式种是起绒草茎线虫（鳞球茎茎线虫，*Ditylenchus dipsaci*），是危害最严重和常见种。我国发生较重的甘薯茎线虫病是由马铃薯茎线虫（*Ditylenchus destructor*）引起的。

④异皮线虫属（*Heterodera*）：该属又称胞囊线虫属，该属的线虫雌雄异形，雌成虫柠檬状、梨形，双卵巢，阴门和肛门位于尾端，有突出的阴门锥，阴门裂两侧双模孔，成熟后形成深褐色胞囊。雄虫细长，线形，尾短，无交合伞。该属包括近 70 多种，模式种为甜菜胞囊线虫（*Heterodera schachtii*）。较重要的有甜菜胞囊线虫、燕麦胞囊线虫（*Heterodera avenae*）和大豆胞囊线虫（*Heterodera glycines*）。在我国，大豆胞囊线虫发生普遍而严重。

⑤根结线虫属（*Meloidogyne*）：该属线虫均为雌雄异形，幼虫呈细长蠕虫状，雌成虫梨形，双卵巢，阴门和肛门在身体后部，具有会阴花纹，雌虫所产的卵全部排在体外的胶质卵囊中。雄成虫线状，尾短，无交合伞，交合刺粗壮。主要危害植物根部，引起根部肿大、形成瘤状突起根结的典型症状。可危害单子叶和双子叶植物，广泛分布于世界各地，是热带、亚热带和温带地区最重要的植物病原线虫。已报道根结线虫属有 70 多种，其中最重要的是南方根结线虫（*Meloidogyne incognita*）、北方根结线虫（*Meloidogyne hapla*）、花生根结线虫（*Meloidogyne arenaria*）和爪哇根结线虫（*Meloidogyne javanica*）。

4. 植物病原细菌的主要类群

（1）薄壁菌门　革兰氏染色阴性，细胞壁较薄，厚度为 7～8nm，肽聚糖含量为 5%～10%。薄壁菌门的植物病原主要有 4 属（彩图 2-8）。

①土壤杆菌属（*Agrobacterium*）：革兰氏阴性菌，菌体短杆状，单生或双生，鞭毛 1～6 根，周生或侧生。土壤习居菌，好气性，无芽孢。菌落为圆形，光滑，质地黏稠，不产生色素。该属植物病原有 4 种。代表菌为根癌土壤杆菌（*Agrobacterium tumefaciens*），寄主范围广泛，可侵染 90 多科 300 多种双子叶植物，尤以蔷薇科为主，引起桃、苹果、月季等的根癌病。

②欧文氏杆菌属（*Erwinia*）：菌体短杆状，多双生或短链状，鞭毛周生多根。兼性好气性，革兰氏染色阴性，无芽孢。菌落圆形，灰白色。寄生范围广泛，可侵染十字花科、禾本科、茄科等 20 多科数百种果蔬和大田作物，引起植物坏死、溃疡、萎蔫、流胶、叶斑及软腐症状。该属中的玉米细菌性枯萎病菌（*Erwinia stewartii*）和梨火疫病菌（*Erwinia amylovora*）是我国的对外检疫对象。

③假单胞杆菌属（*Pseudomonas*）：菌体短杆状或略弯，单生，鞭毛极生 1～4 根或更多。广泛分布于江湖河水、土壤中，革兰氏染色阴性，无芽孢，严格好气性。菌落圆形，灰白色，有荧光反应。该属的植物病原主要引起叶斑、腐烂和萎蔫等症状，如黄瓜细菌性角斑病和菜豆斑点病等。其中丁香假单胞杆菌的多个致病变种，如番茄致病变种（*Pseudomonas syringae* pv. *tomato*）、豌豆致病变种（*Pseudomonas syringae* pv. *pisi*）、菜豆致病变种（*Pseudomonas syringae* pv. *phaseolicola*）等，都是我国的检疫对象和外来入侵物种。

④黄单胞杆菌属（*Xanthomonas*）：菌体直杆状，鞭毛单根极生，少数双生。严格好气性。菌落圆形，光滑或黏稠，一般为黄色，产生黄单胞菌色素。该属中绝大多数成员为植物病原，属下划分为 6 种、303 个致病变种，可危害 124 种单子叶植物和 268 种双子叶植物，引起坏死、腐烂和萎蔫等症状，其中引起水稻白叶枯病和细菌性条斑病的两个水稻黄单胞杆菌致病变种（*Xanthomonas oryzea* pv. *oryzea* 和 *Xanthomonas oryzea* pv. *oryzicola*）、引起柑橘溃疡病的地毯草黄单胞杆菌（*Xanthomonas campestris*）等，都是我国的重要外来入侵物种和检疫对象。

（2）厚壁菌门　革兰氏染色呈阳性。细胞壁较厚，厚度达 50nm；胞壁肽聚糖含量为 50%～80%。厚壁菌门的植物病原包括棒形杆菌属（*Clavibacter*）、节杆菌属（*Arthrobacter*）、短小杆菌属（*Curtobacterium*）、红球杆菌属（*Rhodococcus*）和芽孢杆菌属（*Bacillus*）。棒形杆菌属引起的植物病害最受关注（彩图 2 - 8）。

棒形杆菌属菌体形态多样，短杆状至不规则杆状，不产生内生孢子，无鞭毛。好气性。菌落圆形，不透明，多为灰白色。该属中引起马铃薯环腐病的密执安棒状杆菌腐烂亚种（*Clavibacter michiganensis* subsp. *sepedonicum*）是我国的重要外来入侵物种和检疫对象。

（3）软壁菌门　菌体无细胞壁，只有一层原生质膜包围在菌体的四周，也称菌原体。侵染植物的菌原体没有细胞壁和鞭毛等附属结构，包括植原体属（*Phytoplasma*）和螺原体属（*Spiroplasma*）和韧皮杆菌属（*Liberibacter*）（彩图 2 - 8）。

①植原体属：菌体的基本形态为圆球形或椭圆形。目前尚不能进行人工培养。枣疯病、泡桐丛枝病、小麦蓝矮病、水稻黄矮病、水稻橙叶病和甘薯丛枝病等均是植原体属引起的病害，几乎所有植原体属都是我国的重要检疫对象和外来入侵物种。

②螺原体属：菌体的基本形态为螺旋形，无鞭毛，兼性厌氧，生长繁殖时需要甾醇。菌落很小，呈煎蛋状，常在主菌落周围形成小的卫星菌落。如：柑橘螺原体（*S. citri*）引起柑橘僵化病和辣椒脆根病，玉米矮缩螺原体（*S. kunkelii*）引起玉米、高粱等的矮化病，几乎所有螺原体属种类都是我国的重要检疫对象和外来入侵物种。

③韧皮杆菌属：其属于根瘤菌科（Rhizobiaceae），为革兰氏阴性细菌，拉丁属名 *Liberibacter* 是还不能在现有人工培养基上培养之意。其中引起柑橘黄龙病的亚洲、非洲、美洲、欧洲 4 种韧皮杆菌在不同地区引起柑橘黄龙病，是我国的重要外来入侵物种和检疫对象。

5. 植物病原病毒的主要类群

植物病原病毒的重要种类有下列几种：

①烟草花叶病毒（*Tobacco mosaic virus*，TMV）：烟草花叶病毒属（*Tobamovirus*）具有 13 种和 2 可能种，其中 TMV 是烟草花叶病毒属的典型种。病毒粒体为直杆状，直径 18nm，长 300～310nm。病毒基因组为 ssRNA，长 6.3～6.6kb。TMV 的寄主范围广泛，属于世界性分布，自然传播不需要介体生物，靠植株间的接触传播。TMV 对外界环境的抵抗力强，体外存活期一般在几个月，在干燥的叶片中可存活 50 多年，是已知对热最稳定的病毒之一，钝化温度为 90℃左右。能够借助农事操作中沾染了带有病毒汁液的手或工具接触幼苗的微伤口侵入。由于 TMV 病毒的抗逆力很强，混有植株病残体的肥料、种子、土壤和带病的其他寄主植物及野生植物，甚至烤过的烟叶、烟末都可以成为病害的初侵染源。

②黄瓜花叶病毒（*Cucumber mosaic virus*，CMV）：CMV 是雀麦花叶病毒科黄瓜花叶病毒属（*Cucumovirus*）的代表种。病毒粒体为等轴对称的二十面体，无包膜，直径约 29nm。病毒基因组为 ssRNA。有卫星 RNA。在自然界中，CMV 主要依赖蚜虫以非持久性方式传播，也可经汁液接触而机械传播，寄主范围极广，可侵染 100 多科的 1 200 多种双子叶和单子叶植物。病毒粒体的热钝化温度为 55～70℃，存活期为 1～10d。一般引起叶片、花和果实产生斑驳、花叶、畸形和矮化症状，严重病株甚至死亡。

③马铃薯 Y 病毒（*Potato virus Y*，PVY）：病毒粒体为线状，无包膜，长 680～900nm，直径 11～13nm。病毒基因组为 ssRNA，约 9.7kb。PVY 主要以蚜虫进行非持久性方式传播，绝大多数可以通过机械传播，个别可以种传。PVY 可在寄主细胞内产生典

型的风轮状内含体，体外存活期 $2\sim4d$，热钝化温度 $50\sim65℃$。PVY 是一种分布广泛的病毒，主要侵染马铃薯、番茄、烟草等茄科植物。PVY 侵染马铃薯后，引起下部叶片轻花叶，上部叶片变小，脉间褪绿花叶，叶片皱缩下卷，叶背部叶脉上出现少量条斑；侵染烟草后产生花叶、坏死等症状。

第四节　植物病原物适应于生物入侵的主要特性

入侵植物病原物具有许多入侵物种所具有的共同特征：生长速度快、繁殖体压力大、生态适应性强、资源利用效率高、扩散能力强等。

1. 生长速度快、繁殖体压力大

成功的入侵者通常具有可塑性的生长速度，能够很容易地对资源类型做出反应，而且与本地或非本地的非入侵同种物种相比，生长速率和（或）繁殖量更高。植物病原物的繁殖体压力对其成功入侵影响显著。繁殖体压力通常包含繁殖体数量和繁殖体频率。一般而言，繁殖体压力越大，入侵成功的可能性越大。近年来，剂量响应曲线被用于反映外来生物繁殖体压力与其入侵可能性之间的关系。然而，关于剂量响应曲线的具体形状却存在诸多争议。有人认为，该曲线应该是 S 形的，而另一些人却认为外来生物的入侵成功会持续受到繁殖体压力的推动，进而呈现正线性相关关系。繁殖体数量对外来细菌入侵土壤的影响取决于土壤资源状况。在资源含量低的土壤中，繁殖体数量与入侵成功的剂量响应曲线近似为水平直线；而在资源含量高的土壤中，繁殖体数量与入侵成功的剂量响应曲线呈指数形式（Ma et al.，2015）。

2. 生态适应性强、资源利用效率高

植物病原物的生态适应性和资源利用效率对其成功入侵有决定性作用（Schwartz, et al.，2006）。许多真菌能够产生抵抗环境压力的繁殖体，并在传播过程中或入侵初期表现出重要的生存优势。对于资源利用效率高的植物病原物种类，因其受资源有效性和竞争压力的影响较小，使其更易形成入侵。入侵微生物虽然总体上与同一功能群的常驻微生物相似，但在特定功能上更有效率，可能具有更广泛的生态位（Parker et al.，2004）。

3. 扩散能力强

植物病原物的扩散能力会对其入侵潜力产生明显的影响（Litchman，2010）。也许与大型生物有些不同，具有最高传播能力的病原物可能并不具有最高的入侵潜力，因为它们可能已经分布在世界各地，过去曾在许多生态系统中定殖，因此将来不太可能具有入侵能力。具有非常低扩散潜力的病原物也不太可能具有侵袭性，这表明具有中间扩散能力的微生物可能具有最高的入侵潜力。不同的系统发育微生物群可能聚集在扩散能力轴的不同部位。例如，病毒可能比其他微生物群具有更高的平均传播能力，因此，似乎表现出较低的全球多样性。在真菌中，具有开放子实体的物种可能比具有封闭子实体的物种具有更高的传播和入侵潜力（Schwartz et al.，2006）。媒介辅助传播，包括人类介导的传播，可能会改变传播能力和入侵潜力之间的假设关系，通常会增加微生物入侵的可能性。植物病原物的扩散途径除了被动方式外，还有主动方式（如鞭毛运动），这也可能会对其入侵产生影响（Yawata et al.，2014）。

4. 表型可塑性和进化潜力

表型可塑性和进化潜力是入侵成功的其他关键特征（Desprez-Loustau et al.，2007）。真菌的表型可塑性适用于它们对非生物和生物环境的反应。成功的入侵者通常具有可塑性的生长速度，能够很容易地对资源类型做出反应。许多病原的进化潜力已被证明是克服宿主植物抗性的能力（Gilbert，2002）。宿主的跃迁、毒力的变化和杂交已被证明在真菌病原体入侵和它们引起的新发传染病中起主要作用（Slippers et al.，2005）。

5. 形态、生理和遗传等特性

植物病原物的形态、生理和遗传等特性也会对其入侵产生明显影响（Litchman，2010）。植物病原物喜欢的环境类型及其代谢特性影响其扩散和入侵能力。如果一个微生物物种占据了一个独特的环境或者生态位狭窄，那么它的入侵潜力就会很低。然而，许多微生物可以以不活跃状态在恶劣环境中生存（Ramette et al.，2007），并在到达适宜的栖息地后恢复生长，这种能力可能会增加它们的入侵潜力。

植物病原物的其他生活史特征也会影响入侵微生物的传播速度。自由生活的微生物可能比专性共生体或寄生体传播得更快，因为它们的传播不受宿主可用性的限制。

植物病原物的某些遗传特性也可能增加入侵的可能性。水平基因转移在原核生物中是很常见的，并且经常会产生进化更新，帮助微生物适应新的环境（Ochman et al.，2000；Breitbart et al.，2005）。水平基因转移也发生在真核生物中（包括原核生物—真核生物和真核生物—真核生物），尽管可能比原核生物的频率低，但也可能有助于适应（Keeling et al.，2008）。在某些微生物中，频繁的基因转移和高度的遗传多样性可能使它们更容易在新的栖息地定殖（Hunt et al.，2008）。较大的基因组规模往往能够实现更大的代谢多样性，从而更有效地利用多个生态位（Konstantinidis et al.，2006）。总的来说，一些遗传特征（即频繁的基因交换、大基因组和高等位基因多样性）增加了外来微生物入侵的可能性，并促进了它们对新环境的适应，这似乎是合理的（Litchman，2010）。

6. 体积小，具有隐蔽性

植物病原物中绝大多数种类的单体菌非常微小，肉眼不可见，只有在光学显微镜下或电子显微镜下才能观察到，具有非常强的隐蔽性（谭万忠 等，2015）。同时，因为很多真菌、细菌和病毒体积微小，使之可以很容易地依附在寄主植物表面和潜藏于细胞组织内部，或黏附于植物产品、土壤、包装材料、运载工具、昆虫和鸟类等动物等介体上而被远距离携带传播，也适应于随气流大范围扩散蔓延。当微小的病原物被传播到一个新地区定殖的初期，由于其体积微小，数量不多，很难被人们发现；而当其数量不断累积并足够引起植物病害之时，要将其彻底灭除也就非常困难了。

7. 抗逆性强，可适应多种恶劣环境

多数植物病原物都可形成特殊的抗逆性结构，如真菌的厚垣孢子和菌核、卵菌的藏卵器厚壁菌丝体、细菌的芽孢及线虫的胞囊等，这些结构不仅耐"饥饿"，而且抗干燥、高温或冷冻等不良气候条件，在寄主病残体和土壤中可以存活多年并保持其侵染活性。入侵性微生物在其传播过程中常可能遭遇极端温度、湿度、密闭缺氧等多种不良环境条件，它们抗逆性强的特性无疑是克服传播途中这些不良条件的重要"法宝"。同时，具有此类特殊抗逆性结构的病原微生物，不仅能够顺利越冬、越夏或度过相当长的营养缺乏时期，还能适应多种过渡期的恶劣环境。当它们被传播到一个新的地区，若遇到短期的营养缺乏和不适合其定殖的条件，可以潜伏下来等待时机，一旦各种条件好转，它们即开始复苏，恢复生长、繁殖和侵染（谭万忠 等，2015）。

第五节　植物病害的发生流行规律

1. 植物病原物的侵染过程

植物病原物的侵染过程（infection process）是指病原物一次侵染植物发病的过程。从病原物与寄主接触开始，经侵入后在寄主体内繁殖、扩展，引起一系列病变直到寄主表现症状的过程，简称病程（pathogenesis）。病原物的侵染过程受到病原物、寄主植物和环境因素的影响。病程是一个连续的侵染过程，可以分为侵入前期（接触期）（prepenetration period）、侵入期（penetration period）、潜育期（incubation period）和发病期（symptom appearance period）4个时期。

（1）侵入前期（接触期）　侵入前期（接触期）是指病原物与寄主植物感病部位直接接触，到形成某种侵入结构的这段时期。

①接触前：病原物传播体，如真菌的孢子、菌丝和细菌个体、病毒粒体、线虫幼虫个体，必须首先以一定方式到达寄主的感病部位。接触方式有主动接触和被动接触。真菌的游动孢子和细菌、线虫的蠕动等属于主动接触；大多数病原物被动地随气流、飞溅的雨水、昆虫等介体及田间农机具携带传播达到寄主植物的感病部位。

②接触后：病原物与寄主接触后，在植物表面或根围生长一段时间，在这个过程中，真菌产生芽管或菌丝的生长、释放的游动孢子的游动、细菌的分裂繁殖、线虫蜕皮生长等都有助于病原物达到寄主植物的可侵染部位。病原物与寄主在接触期间会发生一系列的识别活动，识别可以促进或阻碍病害的发生发展。

③环境条件对侵入前的影响：在侵入前期，病原物受环境条件影响较大，其中湿度、温度对接触期病原物的影响最大。很多真菌孢子需要在水滴条件下才能较好的萌发，如条锈菌的夏孢子和稻瘟病菌的分生孢子等。温度主要影响病原物的萌发和侵入速度。光照一般影响不大，对有些真菌孢子的萌发有刺激作用。如锈菌的夏孢子在黑暗条件下萌发较好。

（2）侵入期　病原物的侵入期是指从病原物侵入寄主开始到与寄主建立寄生关系为止的一段时期。病原物的侵入途径和方式分为直接侵入、自然孔口侵入和伤口侵入。

①直接侵入是指病原物直接穿透寄主植物的保护组织（角质层、蜡质层等）和细胞壁侵入寄主。真菌、卵菌和线虫最常见的侵入方式，同时也是寄生性种子植物唯一的侵入方式。如：真菌分生孢子落到寄主植物的感病部位，在适宜的条件下萌发形成芽管；芽管的顶端膨大形成附着胞，附着胞产生侵染钉，侵染钉借助机械压力和分泌的酶共同作用穿透寄主植物的角质层，产生正常菌丝；先在角质层下扩展，穿过细胞壁进入细胞内；或先在细胞间隙扩展，后进入寄主细胞内。

②自然孔口侵入是指病原物通过植物的多种自然孔口（如气孔、皮孔、水孔、柱头、蜜腺等）侵入寄主植物的方式。许多真菌和细菌可通过自然孔口侵入，真菌分生孢子在植

物表面萌发形成芽管，从植物表面的气孔侵入。水稻白叶枯病菌能够通过水孔侵入，梨火疫病菌可通过蜜腺侵入，苹果轮纹病菌和软腐病菌可通过皮孔侵入。

③伤口侵入是指病原物从植物表面的各种伤口（如冻伤、灼伤、虫伤、碰伤及其他机械损伤）侵入寄主。病毒、柔膜菌和难养细菌必须在活的寄主组织上生存，需要由活的寄主细胞上的微伤口侵入细胞。一些真菌和细菌仅以伤口作为侵入途径，还有一些病菌需要利用伤口的营养物质短暂生长后再侵入健康组织。

影响侵入的环境条件：影响病原物侵入的环境条件主要是温度和湿度，其中湿度是关键因素。在一定范围内，湿度的高低和一定湿度持续时间的长短决定病原物孢子能否萌发和侵入。温度主要影响病原物孢子的萌发和侵入的速度，在适宜的温度条件下，病原物侵入的速度快。此外，光照对病原物的侵入也有一定的影响，如通过气孔侵入的病原物，光照可以决定寄主植物的气孔开闭，从而影响病原物的侵入。

（3）潜育期　病原物的潜育期是指从病原物与寄主植物建立寄生关系开始到寄主植物表现明显症状为止的一段时期。潜育期是病原物在寄主植物体内生长、蔓延、扩展和获得营养物质、水分的时期，也是病原物和寄主相互较量的过程，发病是最终较量的结果。

①病原物从寄主中获取营养物质的方式：病原物从寄主植物中获取营养物质的方式有死体营养型（necrotrophic）和活体营养型（biotrophic）两种方式。

死体营养型是指病原物先杀死寄主植物的细胞，从死亡的寄主植物细胞中吸收养分。该类病原物属于非专性寄生病原物，它们产生酶和毒素的能力很强，对寄主的直接破坏作用很大。

活体营养型是指病原物能够与寄主植物的活细胞建立密切的营养关系，通常菌丝在寄主细胞间发育和蔓延，仅以吸器深入细胞中吸收营养物质，并不很快引起细胞的死亡。如：锈菌、白粉菌、霜霉菌等专性寄生菌和接近专性寄生菌的黑粉菌、外囊菌等。

②病原物在寄主体内的扩展方式：病原物在植物体内的扩展方式主要分为局部侵染（local infection）、系统侵染（systemic infection）和潜伏侵染（latent infection）。

局部侵染是指病原物仅在侵染点周围的小范围内扩展，形成局部的感染。如：斑点病等。系统侵染是指病原物从侵染点向寄主植物的各个部位蔓延，引起寄主植物全株性的感染。如：棉花枯萎病、黄萎病、番茄青枯病等。潜伏侵染是指病原物侵入寄主植物后，寄主植物并不立即表现症状，只有当环境条件适宜时或在寄主植物某发育阶段才表现症状。如：苹果轮纹病菌在幼果期从皮孔侵入，至果实成熟前后才表现症状。

③影响潜育期的因素：植物病原物潜育期的长短受到病害类型、环境温度、寄主植物生长特性以及病原物致病性等影响。一般来讲，以下几种情况病害的潜育期短，局部侵染的病害，致病性强的病原物引起的病害，适宜环境条件下的病害，感病植物上的病害。环境条件中温度对植物病害潜育期的长短影响较大，而湿度的影响较小。由于病原物在寄主体内的繁殖和扩展与寄主植物的状况有关，所以同一病原物在不同寄主上，或在同一寄主的不同发育期，以及营养条件不同时，潜育期的长短亦有差异。

（4）发病期　发病期是指从寄主植物开始表现症状而发病到症状停止发展或植物生长期结束或死亡为止的一段时期。

发病期是寄主植物受到病原物的干扰和破坏，在生理上、组织上发生一系列的病理变化，继而表现在形态上，病部呈现典型的症状。植物病害症状出现后，病原物仍有一段或长或短的扩展时期。叶斑和枝干溃疡病斑都有不同程度扩大，病毒在寄主体内增殖和运转，病原细菌在病部出现菌脓，病原真菌或迟或早都会在病部产生繁殖体和孢子。植物病害症状停止发展后，寄主植物病部组织呈衰退状态或死亡，侵染过程停止。病原物繁殖体进行再侵染，病害继续蔓延扩展。病原物和寄主的亲和程度能够影响病害的症状表现、发展速度以及病原物繁殖体的数量。如含抗叶锈 *Lr38* 基因的品种对我国现有的小麦叶锈病菌表现抗性，在发病部位产生过敏性坏死反应，不产生夏孢子；而在感病品种上，小麦叶锈病菌侵染寄主产生 3～4 个侵染型，产孢量很大。温度、湿度以及光照等条件对症状出现后的病斑扩展和病原物繁殖体的形成具有一定影响。各种病原真菌的孢子形成对温度都有一定的要求，其范围比生长所要求的温度范围窄。多数真菌和细菌在湿度较大时扩展速度快并在病部产生大量的繁殖体和营养体。光照是许多真菌产生繁殖体所必需的，不同真菌在其繁殖过程中对光照时间、光照强度和光的波长等的要求是不同的。

2. 植物病害的侵染循环

植物病害的侵染循环是指病害从一个生长季节开始发病到下一个生长季节再度发病的过程。植物病害循环主要涉及病原物的越冬和越夏、病原物的传播以及病原物的初侵染和再侵染等 3 个方面。

（1）病原物的越冬和越夏　病原物的越冬和越夏是指病原物以一定的方式在特定场所度过不利于其生长的冬季及夏季的过程。病原物的越冬和越夏与寄主生长的季节性有关。在我国一年四季分明的地区，大多数植物在冬前收获或进入休眠，早春作物在夏季休眠，这些作物上的病原物需要进行越冬或越夏；而在热带和亚热带地区，各种作物在全年均可正常生长，植物病害不断发生，病原物无越冬和越夏问题。病原物越冬和越夏的场所一般就是初次侵染的来源。

病原物越冬和越夏的场所有多种，主要有田间病株、种子苗木和其他无性繁殖材料、病残体、土壤、粪肥、昆虫介体以及温室和贮窖等。

①田间病株：田间带病的活植物体，为田间病株。无论是多年生或一年生的植物，病原物都可以以不同的方式在田间病株体内、体外进行越冬或越夏。如锈菌、白粉菌侵染冬小麦的秋苗后，以菌丝体在寄主体内越冬，小麦收获后这些病原物又在自生麦苗上越夏。

②种子、苗木和其他无性繁殖材料：带病的种子、苗木、球茎、鳞茎、块根、接穗和其他繁殖材料是病原物重要的越冬、越夏场所。有些病原物的休眠体和种子混杂在一起，或以休眠孢子附着在种子表面，或以菌丝、菌体等不同形式侵入并潜伏在种子、苗木和其他繁殖材料的内部。如小麦粒线虫的虫瘿、菟丝子的种子等与植物种子混杂在一起，甘薯黑斑病菌在甘薯块根中越冬。

③病残体：有病的枯枝、落叶和病果，也是病原物的越冬场所。许多病原真菌和细菌可在病残体中潜伏存活，或以腐生方式在病残体上生活一定的时期。如多种叶斑病菌都是在落叶上越冬的，玉米大斑病菌、水稻白叶枯病菌、稻瘟病菌、苹果黑星病菌等都以病残体作为其主要的越冬场所。

④土壤：对于土壤传播的病害或植物根部病害来说，土壤是最重要的或唯一的越冬、越夏的场所。许多病原物能够以休眠体在土壤中较长时间存活，如卵菌的休眠孢子囊和卵

孢子、黑粉菌的冬孢子、菌核、线虫的胞囊或卵囊以及菟丝子和列当的种子等。有些病原物以腐生的方式在土壤中存活，如引起幼苗立枯病的腐霉菌和丝核菌。

⑤粪肥：病原物可以随病残体混入到粪肥中，病原物的休眠体也能单独散落在粪肥中。未充分腐熟的粪肥，其中的病原物就可以长期存活而引起侵染。有些病原物经过动物消化道后，在排出的粪便中仍具有侵染能力，如黑粉病菌。

⑥昆虫介体：一些由昆虫传播的病毒和细菌可以在昆虫体内增殖并越冬或越夏。如水稻黄矮病毒可在传毒的黑尾叶蝉体内越冬，玉米细菌性萎蔫病菌可在玉米叶甲体内越冬。

⑦温室和贮窖：有些病原物能够在温室生长的作物或贮窖的农产品上危害、越冬。如甘薯黑斑病菌和马铃薯环腐病菌都可在贮藏室内越冬。

病原物越冬和越夏的方式：病原物越冬和越夏的方式可以分为休眠、腐生和寄生。

休眠是病原物处于不活动的状态。有些病原物产生能够抵抗不良环境的休眠体，如卵孢子、接合孢子、冬孢子、厚垣孢子、菌核、子囊果和分生孢子果等。腐生是病原物生活在病残体、土壤或其他有机物上，处于活动状态，如多数寄生性弱的真菌、细菌等。寄生是有些活体寄生物只能在活的寄主植物上以生活方式越冬、越夏，如小麦锈菌在不同地区间的传播危害、越冬或越夏。

环境条件对病原物越冬和越夏的影响：病原物能否顺利越冬、越夏以及越冬或越夏后存活的数量受环境条件、植物种类、病原物特性等因素的影响。影响病原物越冬、越夏的主要环境因素是温度和湿度。一般而言，凡温度、湿度、雨水、积雪等有利于作物越冬的都有利于病原物越冬。夏季高温、潮湿有利于田间病残体的分解，可以减少病原物的越夏数量。如小麦条锈病是一种低温病害，不耐高温。

（2）病原物的传播　病原物的传播是侵染循环各个环节联系的纽带。它包括从有病部位或植株传到无病部位或植株，从有病地区传到无病地区。

①病原物的释放：病原物的释放有主动和被动两种方式。一些病原物依靠自身的活动，如线虫的蠕动、真菌孢子的弹射、鞭毛菌的游动、细菌鞭毛的游动等。如：子囊孢子的释放通常是通过具有弹性的子囊爆炸将子囊孢子顺序弹射出去。多数病原物是借助风、雨水、昆虫以及农事操作等外力被动释放的。

②病原物的传播：病原物可以经多种方式和途径进行传播。有些病原物可以通过本身的活动进行传播，如有鞭毛的游动孢子和细菌在水中通过游动实现传播，线虫可在含水量适宜的土壤中爬行，但是这种传播的距离都是极其有限的。病原物的传播主要还是依赖外界的因素，其中有自然因素和人为因素。

气流：气流传播是最常见的病原物的传播方式。真菌的孢子主要由气流传播，真菌孢子的数量大、体积小，被气流携带的距离可达几百米至数千米。然而，病原物传播的距离并不等于病害的传播距离。大部分孢子在传播途中死亡，有的孢子传播后接触不到感病寄主或接触后不具备侵染条件而丧失活力。

雨水：雨水和流水的传播作用是使混在胶质物中的真菌孢子和细菌得以溶化分散，并随水流和雨水的飞溅作用进行传播。土壤中存在的病原物可以通过灌溉水来传播，雨水还可将空中悬浮或移动的孢子打落在植物体上。水流传播不及气流传播远。一般来说，在风雨交加的情况下病原物传播最快。

介体：危害植物的害虫也是病毒和真菌、细菌、线虫病害的传播媒介。蚜虫、叶蝉、飞虱和粉虱等是植物病原病毒的重要传毒介体；线虫和螨类不仅能够传播真菌孢子和细菌，也能够传播多种病毒；寄生性植物如菟丝子在植物之间的缠绕、寄生能够传播病毒。

人为因素：人类活动在病害的传播上也非常重要。人类携带、调运带有病原物的种子、苗木和其他繁殖材料，可造成病原物的远距离传播。人的生产活动、农事操作和使用的农具能够引起病原物的近距离传播。

（3）病原物的初侵染和再侵染　初侵染是指病原物越冬、越夏后第一次侵染寄主植物。引起初侵染的病原物称初侵染源。再侵染是指受到初侵染而发病的植物上产生的病原传播体，在同一生长季节中经过传播引起寄主再次发病的过程。

根据病害再侵染次数的多少，病害可分为多循环病害（polycyclic disease）和单循环病害（monocyclic disease）两种类型。单循环病害是指在一个生长季节里只有初侵染、无再侵染的病害。该类病害多为土传、种传的系统性病害。如小麦散黑穗病和粒线虫病、苹果锈病、柿子圆斑病等。多循环病害是指在一个生长季节中可发生多次再侵染过程的病害。这类病害多为局部侵染的病害，其潜育期短，病原物繁殖速度快。如小麦条锈病、稻瘟病、马铃薯晚疫病、玉米小斑病、葡萄霜霉病、梨黑星病等。

3. 植物病害的流行

植物病害流行是指在一定的时间、空间内，植物病害在某种植物群体上普遍而且严重的发生，并导致植物产量和质量受到巨大损失的现象。

（1）植物病害流行的因素　植物病害的流行受寄主植物群体、病原物群体、环境条件和人为活动等诸多因素的影响。

①寄主植物群体：寄主植物的感病性是植物病害流行的必要条件之一。植物病害的流行需要有大量感病的寄主植物存在。感病品种大面积连年种植可造成病害流行。在农田生态系统中，往往都是单一的某品种大面积地种植在一起，这为病害的流行提供了寄主方面的条件。然而单一大面积推广某种抗病品种，容易使抗病品种的抗性丧失而成为感病品种。如月季园、牡丹园等，如品种搭配不当，容易引起病害大发生；在城市绿化中，如将龙柏与海棠近距离配植，常造成锈病的流行。

②病原物群体：在一个生长季节中，病原物的连续再侵染，使病原物迅速积累。感病植物的长期连作，病株及其残体不加清除或处理不当，均有利于病原物的大量积累。从外地传入的新的病原物，由于栽培地区的寄主植物对其缺乏适应能力，从而表现出极强的侵染力，常造成病害的流行。对于本地的病原物，因某些原因产生的致病力强的新的生理小种，常造成病害的流行。

③环境条件：对于大多数单年流行病害来说，天气条件等环境因素对病害流行的影响很大。当环境条件有利于病原物而不利于寄主植物的生长时，可导致病害的流行。在环境条件方面，最重要的是气象因素，如温度、湿度、降水、光照等。气象条件既影响病原物的繁殖、传播和侵入，又影响寄主植物的抗病性。多数植物病害在温暖多雨雾的天气易于流行。此外，栽培条件、种植密度、水肥管理、土壤的理化性状和土壤微生物群落等，与局部地区病害的流行，都有密切联系。

④人为活动：人类活动通过改变病害流行的诸多因素而直接或间接影响病害的发生与

流行。农业规模经营和保护地栽培的发展，往往在特定的地区大面积种植单一农作物甚至单一品种，从而特别有利于病害的传播和病原物增殖，常导致病害大流行。此外，人类在农业生产中所采用的各种栽培管理措施，在不同情况下对病害发生有不同的作用，需要具体分析。栽培管理措施还可以通过改变上述各项流行因素而影响病害流行。

（2）植物病害流行的过程 植物病害流行、暴发，需要有一个病原物数量的积累过程。根据临界菌量积累速度，将植物病害流行过程分为单年流行病害和积年流行病害。

① 单年流行病害：单年流行病害指在作物一个生长季节中，只要条件适宜，菌量能不断积累、流行成灾的病害。单年流行病害的主要特点：A. 病害潜育期短、再侵染频率高，一个生长季可繁殖 3～4 代以至更多世代，病原物繁殖率高，多由气流、风雨或昆虫介体传播。B. 病害的流行程度除部分决定于越冬菌量外，主要取决于当年的环境条件，特别是温度和湿度条件。C. 在防治措施上，防治重点为培育抗病品种，并辅以降低初侵染源。此类病害包括生产上的许多重要病害，如小麦三种锈病、稻瘟病、水稻白叶枯病、玉米大斑病、玉米小斑病、马铃薯晚疫病、花生锈病、甜菜褐斑病、烟草赤星病、黄瓜霜霉病、梨黑星病等。

② 积年流行病害：积年流行病害指病原物需要经连续几年的菌量积累，才能引起不同程度病害流行。积年流行病害的主要特点：A. 病害潜育期长、一般无再侵染或侵染次数少，多由土壤、种子传播。B. 病害的流行程度主要取决于越冬菌量，受环境条件的影响相对较小。C. 在防治措施上，防治重点为降低病原物的侵染源。此类病害中也包括一些作物的重要病害，如植物苗木猝倒（立枯）病、小麦粒线虫病、大麦条纹病、水稻恶苗病、稻曲病、玉米丝黑穗病、棉花枯黄萎病、马铃薯卷叶病、多种果树病毒病等。

（3）植物病害流行的动态规律 植物病害流行的复杂过程可以分解为时间动态过程和空间动态过程。

① 植物病害流行的时间动态过程：植物病害流行的时间动态过程是指包括一个生长季节内的植物病害数量随时间变化的过程和年度间的植物病害数量变动过程。

病害流行曲线的形式及成因：病害流行的时间动态可用不同数学模型加以描述。如以时间为横坐标，病害数量为纵坐标，绘成时间曲线，即为病害流行的时间动态曲线。寄主的感病生育期、病害的再侵染次数、环境条件影响植物病害流行曲线的形式。

植物病害流行曲线主要有 S 形曲线、单峰曲线和多峰曲线（图 2-3）。

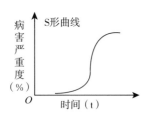 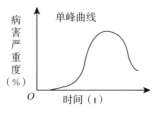 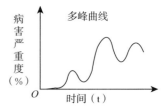

图 2-3 植物病害流行曲线

病害流行的时间动态可以用指数函数、逻辑斯蒂函数、龚伯茨函数和理查德函数等进行模拟，从而获得拟合模型，应用于植物病害的预测预报（谭万忠，1990；Tan et al.，2007，2010）。

病害流行阶段的划分：病害的流行划分为始发期（指数增长期）、盛发期（逻辑斯蒂期）和衰退期 3 个阶段。A. 始发期。也称指数增长期，是病害缓慢增长期或流行前期，是指从田间开始发现微量病害到病情指数达 0.05 为止。此阶段，是病原物积累的关键时期，病害发展的自我抑制作用还不大，病害基本上呈指数增长。B. 盛发期。又称逻辑斯蒂期，是指病情指数在 0.05～0.95 的一段时期。在此期间，病情指数增长的绝对数量和幅度最大，而所需时间不长。C. 衰退期。也称流行末期，此阶段，寄主可供侵染的部分已近饱和，病情指数增长趋于停止，流行曲线也渐趋水平。

②植物病害流行的空间动态过程：病害流行的空间动态过程是指植物病害在空间、地域上发生、发展（流行）扩展的动态过程，其变化取决于寄主植物、病原物、环境条件的相互作用。

A. 植物病害的发病中心：从空间上看，病害流行过程呈现由点到面、由局部到全田的逐步传播过程。在单年流行病害中，最初发生于田间局部点片的少量病斑或病株便成为其后传染四周无病植株的菌源中心或发病中心。根据发病中心的大小和形状，可以将其分为点源、线源和区源 3 种类型。点源一般可指单病斑或单病株之类的发病中心。在流行学中，是指直径较小的区域，如半径不超过传播距离 1％或 5％的菌源看作点源。线源是指在传播区内呈线状的菌源，线源可以看作是许多连续点源的直线排列。在流行学中，半径不超过传播距离 1％或 5％的菌源看作线源。区源是许多点源的集合，一块病田可以看作是邻近田块的区源。

B. 病害扩展梯度：植物病害在区域内形成发病中心以后，病害便开始向四周扩展。病害由发病中心一次传播后，新生病斑或病株的分布距中心越远则密度越低，呈现一定的梯度或病害传播梯度。病害扩展梯度通称为病害梯度或侵染梯度，体现病原侵染体在空间传播上的不均一性，指传播发病以后，由菌源中心向一定方向、一定距离内新发生的病害分布梯度。病害梯度可以分为环境梯度和传播梯度两种主要类型，环境梯度是由于种植区环境条件的差异而引起的病害在空间分布的不均一性，而传播梯度则是指由病原侵染体或其介体在空中传播数量的不均匀而引起的病害在空间分布的不均一性。

C. 病害传播距离：传播距离取决于病原的生物学特性、传播体数量和有关传播的环境条件，特别是传播动力的大小或传播介体的活动能力。在流行过程中，随着病原物的近似等比级数的累积，传播距离也因之迅速加大。如小麦条锈病当发病中心仅为几片病叶时，一次传播距离不过几十厘米，而当发病中心已发展到几平方米或上千张病叶时，一次传播便可远达百米以上。有些气传病害如锈病和白粉病等，其病菌孢子适于高空远程传播，在适合的天气条件下，大量孢子可被风远传至数百公里以外。远程传播也称区域传播。

4. 植物病害的预测预报

植物病害的预测预报可用于指导病害的防治决策。病害预报常用温度（气温或土壤温度等）、湿度（降雨、土壤湿度等）或病菌初始接种量（如土壤带菌量、种子带菌量等）作为自变量预报因子，制成病害严重程度与其中一两个因子之间的相互关系模型，由此预报作物生长过程中某个关键时期病害可能发生的严重程度，这种方法在研究报道和在生产中的应用比较多。

病害的预测预报根据系统定点定时调查所得到的病株率和病情指数数据，可以绘制出烟草青枯病在一个生长季节中的病害流行曲线。采用逻辑斯蒂函数、龚伯茨函数或理查德函数，通过数理统计分析和计算可得到一个地区内烟草青枯病的季节流行时间动态拟合经验模型（谭万忠，1990）。但是这种模型拟合需要应用比较高深的数理统计学理论和方法，而且统计分析和计算也相当复杂和费时，所以迄今这方面的研究报道和应用都很少。因此Tan 等（2010）研制了一个专门的计算机软件 Epitimulator™，在电脑中安装此软件，录入记录的有关数据，然后运行，就可即时输出病害增长曲线，并得到其拟合模型。进一步运行该软件，按要求输入作物生长期中一个特定日期和之后的某个日期，软件就可以知道之后时间病害将达到的严重程度（发生量预测）；而如果输入作物生长季节的一个日期和病害之后将达到的病害严重程度，则可以知道什么日期病害将达到指定病害严重程度（发生期预测）。

主要参考文献

董金皋，康振生，周雪平，2016. 植物病理学 . 北京：科学出版社.

谭万忠，1990. 模拟植物病害流行时间动态的通用模型——Richards 函数 . 植物病理学报，21（3）：235－240.

谭万忠，彭于发，2015. 生物安全学导论 . 北京：科学出版社.

Breitbart M，Rohwer F，2005. Here a virus，there a virus，everywhere the same virus? TrendsMicrobiol.，13：278－284.

Cavalier-Smith T，2017. Kingdom Chromista and its eight phyla：a new synthesis emphasising periplastid protein targeting，cytoskeletal and periplastid evolution，and ancient divergences. Protoplasma，255（1）：297－357.

Desprez-Loustau M L，Robin C，Buée M，et al.，2007. The fungal dimension of biological invasions. Trends Ecol. Evol，22（9）：472－480.

Gilbert G S，2002. Evolutionary ecology of plant diseases in naturalecosystems. Annu. Rev. Phytopathol，40：13－44.

Hibbett D S，Binder M，Bischoff J，et al.，2007. A higher-level phylogenetic classification of the Fungi. Mycological Research，111（5）：509－547.

Keeling P J，Palmer J D，2008. Horizontal gene transfer in eukaryoticevolution. Nat. Rev. Gen.，9：605－618.

Kirk P M，Cannon P F，Minter D W，et al.，2008. Dictionary of the Fungi（10th ed.）. Wallingford，UK：CAB International.

Ma C，Liu M Q，Wang H，et al.，2015. Resource utilization capability of bacteria predicts their invasion potential in soil. Soil Biology and Biochemistry，81：287－290.

Ochman H，Lawrence J G，Groisman E A，2000. Lateral gene transfer and the nature of bacterialinnovation. Nature，405：299－304.

Parker I M，Gilbert G S，2004. The evolutionary ecology of novel plant-pathogeninteractions. Ann.

Rev. Ecol. Evol. Syst. ，35：675－700.

Ramette A，Tiedje J M，2007. Biogeography：an emerging cornerstone for understanding prokaryotic diversity，ecology，and evolution. Microb. Ecol. ，53：197－207.

Schwartz M W，Hoeksema J D，Gehring C A，et al. ，2006. The promise and the potential consequences of the global transport of mycorrhizal fungal inoculum. EcologyLetters，9（5）：501－515.

Tan W Z，Li C W，Bi C W，2010. A computer software-Epitimulator for simulating temporal dynamics of plant disease epidemic progress. Agricultural Sciences in China，9（2）：242－248.

Tan W Z，Zhang W，Ou Z Q，et al. ，2007. Analyses of the temporal development and yield losses due to sheath blight of rice（*Rhizoctonia solani* AG 1. 1a）. Agric. Sciences in China，6（9）：1074－1081.

Tedersoo L S，Sánchez-Ramírez，Koljalg U，et al. ，2018. High-level classification of the Fungi and a tool for evolutionary ecological analyses. Fungal Diversity，90（1）：135－159.

Willey J M，Sherwood L M，Woolverton C J，2011. Prescott's Microbiology（8th ed）. McGraw Hill，NewYork，USA.

Yawata Y，Cordero O X，Menolascina F，et al. ，2014. Competition-dispersal tradeoff ecologically differentiates recently speciated marine bacterioplankton populations. Proceedings of the National Academy of Sciences of USA，111（15）：5622－5627.

第三章

入侵性病原微生物（病害）诊断鉴定、
风险评估与监测预警

对外来入侵性植物病原微生物进行正确的诊断鉴定，是专业人员和生产技术部门开展病害预测预报和综合防控的基础，而风险分析和监测预警则为有关政府及技术管理部门制定对这些入侵物种进行防控的宏观政策或相关法律法规提供参考依据。

第一节　入侵性植物病原物及其所致病害的一般性诊断

植物病害是植物受到病原因素的侵袭后偏离其健康状况的现象。这里的病原因素包括生物因素和非生物因素两大类，而植物偏离健康状态通常在植株上表现出特定的病害症状。病害诊断鉴定（disease diagnosis and identification）就是以病害症状及其致病因素为主要依据来进行科学的分析判断，以确诊具体植物病害或其病原微生物的种类。

植物病害的一般性诊断（general diagnosis）也可称为初步诊断（primary diagnosis），其主要是通过对带有症状的植物及其田间环境进行详细的观察和初步室内检测分析，并根据植物病理学及相关科学的一般知识进行判断，首先判定是否属于病害范畴，然后再确定其是生理性病害还是侵染性病害，在此基础上进一步确诊它属于哪一类生理性因子或侵染性病原物引起的病害。

植物病害的发生是植物、病原物和环境条件相互作用的最终结果，所以进行病害一般性诊断多需要诊断者到发病环境进行田间调查。田间调查的一个主要任务是详细观察记录植物个体及群体症状情况、有关的环境条件（土壤、气候等）和栽培管理措施，田间调查记录内容见表3-1。田间调查的另一个任务是采集有代表性的发病植株标本，带回实验室做进一步的病害种类诊断。

表3-1　植物病害诊断田间调查记录项目

调查地点：		调查时间：		调查人：	
作　物	作物品种：	品种来源：	品种抗性：	前作植物：	
	播种/移栽时间：	种植密度：	发病植株生育期：		
栽培管理	施肥种类及来源：	施肥量和施肥次数：	最近施肥时间：		
	施药种类及来源：	施药量和施用次数：	最近施药时间：		
	浇灌水源：	浇灌次数：	最近浇灌时间：		
	中耕情况：	其他情况：			

（续）

土壤及环境	土壤类型：	土壤质地：	土壤酸碱性：
	土壤含水量：	土壤营养状况：	
	近期天气（雨日数和雨量、晴天或阴天日数等）：		田间气温：
	附近污染源：	附近作物及施药情况：	其他情况：
害虫杂草发生	害虫类群：	害虫发生量：	害虫危害情况：
	杂草类群：	杂草发生量：	杂草危害情况：
症　状	症状类型及描述：		
	症状初见时间：	植株上症状发生部位：	
	田间症状分布情况：	表现症状的植株普遍率：	
	病征及其特点：	其他情况：	

　　进行植物病害诊断常用的设备主要包括标本采集用的剪刀、解剖刀、镊子、小铲、塑料袋、标签、记号笔、铅笔和记录本等，田间考察用的数码相机、手机、手持放大镜、GPS定位仪、海拔测定仪等，以及室内诊断检测用的解剖镜、光学显微镜、培养箱、冰箱、超净工作台、接种与保湿装置、挑针、刀片、载玻片、盖玻片、培养皿、试管及盆栽钵等。在室内检测中还用到不同种类的培养基、消毒液、染液、灭菌水、消毒滤纸、棉纱和棉球等消耗性材料。在使用现代诊断技术中需要用到联网的个人电脑、显微成像系统、PCR仪、酶标仪、电泳仪、离心机设备和一些专用的检测试剂盒等。另外，病害诊断还需要一些工具参考书，如症状图册、病原图册和分类手册等，目前也可从网上获取许多入侵微生物病害诊断鉴定的相关参考资料。

　　植物病害的田间症状往往是比较复杂的，在病害诊断时要特别注意：①有些不同的病害常常表现相同或相近的症状，如细菌和菌物侵染后都可能引起植物的萎蔫，而某些昆虫危害或者干旱缺水也能导致植物萎蔫；又如植物或其叶片的黄化可能由细菌、菌物、病毒或生理因素所致。②同一种病害在不同的植物或同种植物的不同生育期可能表现不同的症状，例如玉米霜霉病和棉花黄萎病等都有多种不同的症状类型。③植物病害症状有一个发生发展的变化过程，在病害发展的不同阶段其症状也不相同。④一种病害的症状可能因环境条件的改变而变化，如菌物病害在潮湿条件下可能产生大量的霉层，而在干燥条件下则不易产生霉层；又如有的病毒病在较高气温条件下具有隐症现象。由此可以看出，植物病害症状的稳定性是相对的，在病害诊断鉴定中还要注意病害症状的变异性。

1. 植物伤害的诊断

　　在田间自然条件下，植物可能会受到一些机械伤害或害虫危害。机械伤害主要由人为因素（中耕、施肥等农事操作）或一些自然因素（风、雨、冰雹等）所致，这类伤害的特征一般表现为植株折断、叶片上出现孔洞或缺刻，或根部机械伤害而引起植株萎蔫等。造成这些伤害的因素往往都是显而易见的，如中耕除草后个别植株折断或萎蔫，暴风雨或冰雹之后会引起较大范围内成片的田间植株伤害。虫伤来自各类害虫的危害，其中咀嚼式口器昆虫啃食植物后在植株叶片、果实或茎秆等器官上留下明显的缺刻、隧道或孔洞，同时在伤口处或附近留下虫粪或蜕皮等残留物；刺吸式口器昆虫和螨类取食后，可能引起植株的畸形和变色等，这与一些病害症状相近，但仔细检查，它们与病害不同，终究会观察到这些昆虫或螨类在危害部位的存在，或在取食部位见到它们的口针刺击后留下的小"针眼"。而且，无论是哪类害虫危害，在田间的植株上都可能观察到大量的这类昆虫或螨类群体。另外，像植物生理性病害一样，植物伤害引起的症状不具病症，且不能在田间传染扩散。只要掌握了这些特征，在田间观察中就可以将植物伤害与植物病害区别开来。

2. 植物生理性病害的诊断

植物生理性病害是由非生物因素引起的植物病变，因其不能在田间传染扩散，所以又称为非侵染性病害。导致不同生理性病害的主要因素及其症状特征：①高温引起灼伤，低温引起生长停滞甚至导致冻害；②缺水引起萎蔫和枯焦，渍水引起植物根部腐烂变色等涝害症状；③光照不足或持续阴雨可致植株或其叶片缺绿或黄化，而持续高温和强光照天气则可引起日灼症状；④偏施氮肥可致植物贪青徒长，而缺氮则使植物生长不足和黄化；⑤某些除草剂和农药可以引起植株某一部位的叶片和幼芽上表现枯斑、灼伤等药害症状；⑥土壤中缺乏某种元素可导致相应的缺素症，多见于老叶上；⑦遗传所致障碍，多局限于在某一品种上表现一致的系统性异常症状；⑧酸雨或大气污染可导致多种植物在较大面积上普遍发生烫伤萎蔫症状。

虽然各种类型的生理病害在田间表现的症状不同，但有以下几点共同特征：①病害不发展，发生较普遍且分布均匀一致，没有明显的发病中心；②不表现病征；③病害症状可得到缓解或消除。因此，在田间观察中仔细地考察发病植株或叶片的分布情况，详细调查了解当地近期的气候变化、肥水管理及化学除草等农事操作情况，观察病征的有无，结合恢复性治疗诊断，就可以确定生理性病害及其类型。

3. 植物侵染性病害的诊断

由入侵微生物侵染后所致的植物病变或不正常状态即是侵染性病害，这类微生物也称为病原物，主要包括真菌、卵菌、细菌、病毒和线虫等。这类植物病害与生理性病害相比有两个显著特征：①发病植株有一个由少到多、症状由轻到重的发展过程，田间植株发病有轻有重，往往有明显的发病中心；②很多病原物侵染的植株发病后，可在病部看到不同类型病原物的病征。对于不同类型病原物所致的病害，主要可以从病害的病征和病状来加以区别诊断。

（1）真菌病害　由植物病原物侵染所致的病害，主要症状有坏死和腐烂，少数可引起萎蔫和畸形。腐烂型病害常伴有发霉的气味，而萎蔫型病害植株纵向剖开茎秆可见维管束变成褐色。大多数真菌病害都有明显的病征，包括霉状物、粉状物、锈状物、子实体、颗粒状物和毛刺状物等。在实验室可直接用解剖镜观察这些结构，或采用挑、撕、刮、贴、切片等方法将病斑上的病征结构制成临时玻片，在显微镜下观察鉴定。对于尚未见明显病征的真菌病害标本，可以在 25℃左右保湿培养 1～3d，长出菌丝体或孢子结构后再制作临时制片镜检观察。如果直接观察和保湿培养观察结果不理想，可以选用合适的真菌培养基进行分离培养后镜检观察。

（2）卵菌病害　卵菌在分类学中过去一直被归入真菌界，所以其导致的植物病害也被当作真菌病害。其实引起植物病害的病原卵菌仅有腐霉属（*Pythium*）、疫霉属（*Phytophthora*）和霜霉科（Peronosporaceae）三类病原，这类病害的症状与真菌病害非常近似，被侵染的寄主植物表现为组织腐烂坏死病状，同时出现霉状或霜状物病征。因此卵菌病害与真菌病害的诊断鉴定方法也类似。

（3）细菌病害　植物病原细菌侵染植物后可以引起枯萎、软腐、叶斑、根癌等症状。叶斑类细菌病害遇潮湿条件可以见到污白或淡黄色菌脓。腐烂型病害可产生特殊的臭味，这与菌物腐烂病的霉味不同。将萎蔫型病害植株茎秆横切后可见维管束变色，稍加挤压便有污白色菌脓溢出，这与菌物萎蔫病也有所区别。当根据症状不能确诊为细菌病害时，可将病组织临时制片，在显微镜下观察是否有"喷菌现象"，有该现象的则为细菌病害。

过去被称为类菌原体（mycoplasma-like organism，MLO）的一类病原生物现在被归入到细菌中，属于植原体和菌原体。植原体和菌原体导致的植物病害的田间症状更接近于病毒病，主要表现为矮化、丛枝和黄化等。要确诊这类病害，需要在实验室内进行组织的显微镜观察和分子检测鉴定。

（4）病毒病害（viral diseases）　植物病毒病和类病毒病在田间主要表现为黄化、花叶、斑驳、环斑、矮缩、畸形和变色等症状，多数为系统性感染，新梢和嫩叶上症状明显。病毒病一般不表现病征，所以常与生理性病害混淆，但田间植株感染程度不均匀，而且病害在适宜条件下可不断发展或加重。另外，很多病毒病在植物细胞内有病毒内含体，通常借助显微镜观察识别。

（5）线虫病害　多数线虫侵染植物后，地上部植株表现生长衰弱及叶色变浅，花芽、侧芽或顶芽坏死、茎叶卷曲等症状。根部常形成根瘤或根结，掰开根结可见雌虫体。在田间诊断时，对于生长衰弱的植株应仔细检查根部有无肿瘤，在根表、根内、根基土壤、病茎或籽粒中可以镜检到寄生线虫虫体。

（6）病原物复合侵染所致病害　在田间条件下，同一种植物上有时可能同时感染两种或多种病原物，在植株上可以表现为一种或几种症状类型，如果是几种病原物同时侵染则导致并发症，若一种病原物引致一种病害发生后再感染其他病原物则导致继发病。并发症和继发病在田间是经常见到的，诊断这类病害时要先按照柯赫氏法则（Koch's postulate）确定病原物的种类，然后根据各自病原物类型所致病害的方法进行鉴定诊断。

（7）植物新病害或未知病害　对于新的或未知的植物侵染性病害，需要按照柯赫氏法则来诊断。其要点：①在感病植物上常可以发现同一种伴随的微生物，并诱发同一种症状；②能从病组织中分离出这种微生物，并获得纯培养微生物；③将这种纯培养微生物接种到同种植物的健康植株上，能产生相同的症状；④从接种纯培养微生物发病的植物组织中能够分离到同种微生物。柯赫氏法则可以直接应用于人工培养的病原物所致病害的诊断。

对于专性寄生真菌（白粉菌、锈菌）、卵菌（霜霉）、病毒、植原体和寄生性线虫等，由于迄今还不能进行人工培养，在诊断这类病害时可以直接从病株组织上取专性寄生菌的孢子、线虫体、带毒的汁液或传毒介体进行镜检，或通过接种得到同样的症状后才能确诊该类病害。对于非侵染性病害，应以现场诊断有无病征和侵染发病中心，是否以普遍发生为主，也可以用所怀疑的某种致病因素进行恰当地处理，如判断某种营养元素缺乏引起的缺素症，可以用适量的这种元素处理植株，若处理后症状得以消除，即可确诊为该元素的缺素症；也可以用已知缺乏这种元素的土壤种植该植物，若表现同样的症状，也可确诊此病害。

第二节 植物病害诊断检测技术

植物病害诊断最重要的内容是要准确地鉴定致病因素。植物病害的诊断技术实际上是在病害诊断过程中检测和鉴定病原因素的技术。传统的植物病害诊断是通过在植物病害症状出现之后进行症状观察和进行病原物分离鉴定而确诊病害。病原物的分离培养和鉴定过程常常相当烦琐，且许多专性寄生病原物还不能进行人工离体培养，这使得病害诊断比较困难。现代生物技术的发展和应用，不仅可以诊断各种病原物所致的病害，而且在病害显症之前便可进行诊断，还能做到简便快捷，大大缩短病害诊断的时间。植物病害的诊断检测技术主要包括病原物的分离培养及接种鉴定技术、电子显微镜检测技术、生物学测定技术、生理生化测验技术、免疫血清检测技术、分子生物学鉴定技术及专家系统与网络远程诊断技术。

1. 病原物的分离培养和接种鉴定技术

病原物的分离培养和接种鉴定是病害诊断鉴定的最常用技术之一，包括消毒灭菌、培养基的制作、病组织材料的选取与病原物的分离培养、纯化保存及接种鉴定技术等。

（1）消毒灭菌 在病原物分离前需要将所用的培养皿、试管、玻璃杯和三角瓶等放入烘箱中高温（200℃，2h）干燥灭菌；剪刀、镊子、手术刀、接种针/环等可用70%酒精及火焰灭菌；吸水纸、纱布和棉球等可放入玻璃容器（如培养皿）中，在高温（160℃，2h）烘箱中灭菌；超净工作台在使用前可先喷洒70%酒精，再打开紫外光灯照射30min消毒；配制好的培养基和蒸馏水等可用消毒锅高温高压灭菌（0.1~0.2 MPa，121℃，20~30min）；分离用的植物病组织表面消毒可用70%酒精和0.5%次氯酸钠（一般市售漂白剂含5%次氯酸钠）。

（2）培养基的制作 最常用的培养基有用于植物菌物培养的马铃薯琼脂葡萄糖培养基（PDA）和用于细菌培养的肉汁胨培养基（NA），此外还有多种较广谱性的培养基和适用于一些特殊病原物类群或种类的专用培养基，如松材线虫需要在灰霉等真菌上发育和繁殖，所以就需要用灰霉等真菌的菌落做培养基。在制备一般培养基时，先加热1L清水，按配方比例加入所有化学成分，继续加热至沸腾，让各成分充分溶解于水中制成培养基液，分装于250mL或500mL的三角瓶中，瓶口用棉塞封口，放入高压灭菌器中高温高压灭菌，然后常温下自然冷却到45~50℃时，按需要倒入消毒的培养皿或试管中制成平板或斜面培养基。一次可配制若干升培养基，经高压灭菌后置于冷藏箱中低温保存，临用时用水浴、微波炉或电磁炉加热熔融后倒制平板或斜面培养基。

（3）病组织材料的选取和病原物的分离培养 病原物的分离应采用具有典型症状的新鲜植物器官，用自来水冲洗干净。对于果实、块茎、块根和茎秆等较大的发病器官，可在无菌超净工作台中剖开后直接挖取小块内部病组织放于平板上培养；对于病叶和花瓣等，可用打孔器或手术剪刀取病斑周围病健交界处的小块组织，放入消毒液中表面消毒，再用清水漂洗掉表面的消毒液，而后植入平板培养基上培养；对于大量产孢的病组织，可以将小块病组织在消毒研钵中加适量无菌水捣碎，病菌在水中悬浮后取少量液滴至培养基上培养。培养温度一般可设置在 23～28℃，培养 2～7d，随时观察。

一般植物寄生线虫不能在人工培养基培养，而是采用漂浮法和贝尔曼漏斗法等分离技术。漂浮法是将带有线虫的备测样品（土壤、根结、根瘤、茎秆片段、小块木材等）捣碎，放入清水中，轻轻搅拌，经过一定时间后线虫就会漂浮到水面，最后收集备用。用贝尔曼漏斗法分离线虫的过程如图 3-1 所示：将一漏斗固定在支架上，在漏斗内垫双层纱布，用止水夹夹住漏斗下的橡皮管；将携带线虫的寄主组织砍成很小的小片或捣碎，置于漏斗的纱布上，加入适量清水，让线虫游出寄主组织，在重力作用下经过 12～24h，多数线虫会自然下沉到漏斗底部的管子内。最后打开夹子，让下层的线虫水滴入试管或培养皿中，这样收集线虫备用。

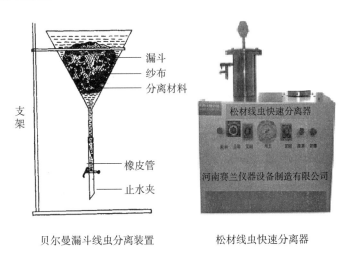

贝尔曼漏斗线虫分离装置　　　　　　松材线虫快速分离器

图 3-1　植物寄生性线虫的分离装置

（4）病原物的纯化保存及接种鉴定　病组织培养后每天观察，一旦病原物长出，就应立即纯化，方法是用火焰灭菌的挑针挑取具有典型特征的菌物菌落边沿的菌丝体或典型细菌菌落边沿的细菌体，转移到新的培养基平板上，在适宜温度下培养。待转移纯化的菌落长出后，再转移到试管斜面培养基上，在适温下生长一定时间后放入低温下保存备用。

经过纯化的病原，往往需要进行接种测定，以证明其致病性。其方法是用灭菌水将纯化的病原制成一定浓度的孢子或细胞悬浮液，用针刺、涂抹或喷雾等方法给寄主植物接种，让接种的植物在温室或生长培养箱中适宜于侵染发病的条件下继续生长，在此期间定时观察记录发病情况。另外，在显微镜下观察病原形态，鉴定病原的种类。最好用数码相机和显微成像系统拍摄下病害症状和病原物形态。

2. 电子显微镜检测技术

电子显微镜有透射电镜（transmission electronic microscope，TEM）和扫描电镜（scanning electronic microscope，SEM），透射电镜多用于植物病毒形态的观察，而扫描电镜主要用于细菌和真菌孢子的表面形态特征的观察。使用电镜观察病毒时，对于植物组织中的杆状或线状病毒可不经提纯，直接用病株汁液观察，方法是取小块病组织，用针扎几个小孔，加几滴蒸馏水浸渍 1～2s 后制片，在电镜下观察，测量 100 个以上病毒粒子的长度和宽度，以长度为横坐标和以各长度的粒子数为纵坐标制图，以主峰长度代表测定病毒的长度，可对病毒做出较明确的鉴定。对于球状病毒，由于其与植物细胞质中的球状组分相近，常需要经过病毒提纯后才能进行电镜形态鉴定。

另外，还可以将病毒粒子与重金属离子混合后包裹病毒粒子，或与抗血清中的抗体反应标记病毒粒子，然后用电镜观察，可以更清楚地观察到病毒的轮廓特征。这两种技术分别叫作电镜负染法和免疫电镜法。

3. 生物学测定技术

生物学检测法（biological test）主要是根据病原物的某种生物学特性来对病害进行诊断鉴定。对于不同类型的病原物，可采用不同的生物检测方法。

（1）传播介体检验（vector test）　许多植物病原病毒可以通过介体传播，主要的传毒介体有昆虫、螨类、线虫和放线菌等。有些病毒的介体传播具有特异性，一种病毒只能由一种介体传播，这种特异性可以用于病毒病的诊断鉴定。如玉米粗缩病毒（MRDV）只能由灰飞虱传播，如果玉米上发生的症状被怀疑是该种病害，就可以将不带毒的灰飞虱释放到病株上饲养一定时间获毒，然后将其转移到健康玉米上饲养传毒。如果经过一段时间后健康植株发病，即可证明该玉米症状为粗缩病。另外，检测时要注意介体昆虫获毒的时间，以及传毒的持久性和非持久性等因素。

（2）鉴别寄主检验（indicator plant test）　某些病毒侵染某一种或几种植物后表现相当特殊的典型症状，因此可以用这些植物作为其鉴别寄主来诊断此病毒病。植物病原病毒的常用鉴别寄主有千日红、普通烟、心叶烟和曼陀罗等。但对于不同的病毒，有其特殊的一套鉴别寄主，如检测黄瓜花叶病毒属的种类，可用黄瓜、心叶烟、菊花和花生等作为鉴别寄主；检测烟草环斑病毒（TRSV），可用杖藜、黄瓜、烟草、菜豆、豇豆等作为鉴别寄主。在进行鉴别寄主检验中，不同的病毒需要采用不同的接种方式（如汁液摩擦接种、介体接种等）。另外，对于新的或少见的病毒，先要通过试验选择确定其接种方法和适当鉴别寄主，然后再进行鉴别寄主检验。

（3）噬菌体检验（phage test）　噬菌体是寄生细菌的一类特殊病毒。在细菌培养中，部分菌落中的菌体被噬菌体寄生后消解，在平板培养基上出现无菌透明的噬菌斑。噬菌体与寄主细菌之间大多存在专化性关系，不同的噬菌体只能寄生特定的细菌，因此可以利用专化性噬菌体来检测植物组织上的细菌种类和数量。其具体方法是利用已知的病原细菌检测目标噬菌体，或者利用已有的噬菌体检测分离到的细菌，都能对细菌病害做出诊断。例如，用这种方法检验水稻植株上的白叶枯病，可以检验水稻田中水的带菌量，还可以检测种子的带菌量。由于噬菌体检测细菌只需要 10～20h 的时间，所以这种技术诊断的速度很快。在进行噬菌体检验时要注意，日光、紫外线、表面活性物质、酸、碱和强氧化剂等对噬菌体具有钝化作用。

4. 生理生化检验技术

生理生化检验（physiobiochemistry assay）是通过生物体或其代谢产物与某些化学物质及试剂的特殊反应类型（如显色、产气、产酸等）来鉴定细菌和真菌等病原物。不同的病原微生物对培养基和培养条件具有选择性。同时，不同的病原物在某一种培养基上产生的菌落和产孢特征各不相同，所以可以用不同的特殊培养基来检测鉴定病原物。例如马铃薯蔗糖琼脂培养基可用于鉴定尖孢镰刀菌的种类。

不同种类的细菌可利用不同的碳源，在细菌检测鉴定中，可通过糖发酵、淀粉水解、明胶液化、乳糖分解、蛋白质分解、硝酸还原和脂肪分解等生化反应来鉴定细菌的种类。根据这些反应研制的 Biolog 和 API 细菌检测鉴定系统现在已被广泛应用。据报道，用 API 系统可用以鉴定近 600 种细菌。

5. 免疫血清检测技术

免疫检测（immunoassay）是根据抗原（antigen）与抗体（antibody）间特异性结合原理建立的病原物检测技术，可用于病毒、细菌和线虫的诊断鉴定。抗原是能够刺激动物有机体产生抗体并能与抗体专化性结合的大分子物质，如蛋白质、多糖、脂类。植物病毒、细菌细胞和真菌细胞都可以作为抗原。抗体则是由抗原刺激动物机体的免疫活性细胞生成的，存在于血清或体液中，能够与该抗原发生特异性免疫反应的免疫球蛋白（immunoglobulin）。在进行免疫学检测之前应制备好各种备测病原物的抗体：先从病组织中分离获得某种病毒或细菌的纯体悬浮液，用此悬浮液注射兔子，经过一定时间后从兔子中抽取血液，最后由血液中提取获得该病原物的抗体。现在所用的免疫检测方法有多种，根据反应中是否加入标记物可分为非标记分析和标记分析两大类。

（1）凝聚反应（agglutination）　这是指细菌或病毒颗粒性抗原与相应的抗体相结合，在电解质参与下形成肉眼可见的凝聚沉积，是一种非标记分析方法，其可以借助于载玻片完成：在载玻片上分开放置两滴生理盐水配成的细菌悬浮液，用移植环取少量抗血清与其中一滴细菌悬浮液混合，另一滴不加抗血清作为对照。静置 3～5min 后可以看到加入抗血清的细菌悬浮液中的细菌凝聚成块，对照则不发生变化。凝聚反应还可以在试管或培养皿中完成。

（2）免疫电泳检测（immuno-electrophoresis assay，IEA）　这也是一种非标记免疫测定方法。将抗体和备测的病原物悬浮液分别置于凝胶板的正、负极小孔内，通电后病原物颗粒向正极移动，而抗体颗粒向负极移动，若在两孔间合适的抗原抗体浓度处形成一条沉淀线则为阳性反应，否则为阴性反应。

（3）胶体金免疫技术（colloidal gold immunoassay，CGIA）　该技术是利用金离子还原后的胶体金与抗体（或 A-蛋白）形成稳定胶体金-抗体（或）蛋白复合物，通过与抗原的特异性结合后，金颗粒附于同源病毒粒子的周围，从而容易观察检测到病毒。这是一种标记性免疫学检测方法，除病毒外，还可用于检测植物病原。

（4）酶联免疫吸附检验（enzyme linked immuno-sorbent assay，ELISA）　该检验技术将抗体与抗原的特异性结合与酶的高效催化作用结合起来，使得检测的灵敏度大为提高。其原理是通过化学方法将酶和抗体形成酶标抗体，将抗原附着于固体表面，用酶标抗体和抗原结合形成酶标结合物，然后加入酶的反应底物，通过酶催化的生化反应生成有色产物，用肉眼或酶标仪即可判断和检测到结果。ELISA 现在被广泛地应用于植物病原病毒、细菌、菌物和线虫的检测。

目前，一些实验室已研制出基于 ELISA 的各类病原物检测试剂盒（detection kit）。

在检测试剂盒中使用的抗体是通过用特定病原物的相关抗原注射兔子，再从兔子产生的抗血清中纯化出的抗体蛋白质。将此抗原蛋白固定到检测盒中的一塑料板或相近的检测板上。检测时先将样品在两片砂纸之间摩碎，而后放入瓶中的提取液中提取，再将提取液滴入检测板孔中。若样品中含有病原物，特异性抗体就会与病原物相关的蛋白质结合而黏着到检测板孔底，再加入显色标记的抗体并与病原物相关蛋白结合。该检测板孔若为阳性（显色）则说明样品中带有病原物，若病原物相关蛋白不存在，颜色标记抗体就不能与抗原结合而被洗刷掉，而使得反应呈阴性。

6. 分子生物学鉴定技术

分子生物学鉴定技术现在已被用于各类植物侵染性病害的诊断，应用这类技术可以对植物病害或其病原物做出快捷而准确的鉴定。

（1）核酸杂交技术（nucleic acid hybridization） 将一个预先分离纯化或合成的已知核酸序列用同位素或非同位素标记成"核酸探针"（probe），核酸探针可以用来探测待测病原物标本核酸中是否具有互补的碱基序列，如果两者互补而成功杂交，其结果呈阳性；如果两者无关而杂交失败，结果为阴性。大多数植物病毒的核酸为 RNA，其探针为互补 DNA（cDNA），称为 cDNA 探针。典型的核酸杂交技术是将少量的核酸点在硝酸纤维膜上，将其浸入含有特异性探针的杂交液中，通过放射性自显影或者酶标颜色反应来检测。

（2）分子标记技术（molecular marker technology） 目前常用的分子标记有随机扩增多态性 DNA 标记（randomly amplified polymorphic DNA marker，RAPD）、限制性片段长度多态性（restriction fragment length polymorphism，RFLP）、扩增片段长度多态性（amplified fragment length polymorphic DNA，AFLP）和微卫星标记技术（microsatellite marker）等。通常不同病原物的 DNA 序列之间存在差别。运用分子标记技术可能找出靶标病原物的特异性 DNA 多态性谱带或片段。它们可用于该病原物的检测和鉴定。

（3）聚合酶链式反应（polymerase chain reaction，PCR）鉴定技术 PCR 是一种模拟天然 DNA 复制过程及选择性体外扩增 DNA 或 RNA 的技术，其包括三个基本步骤：①变性（denature），目的双链 DNA 或 RNA 片段（引物）在较高温度（94℃左右）下解链；②退火（anneal），两种寡核苷酸引物在适当温度（50℃左右）下与模板上的目的序列通过氢键配对；③延伸（extension）：在 Taq DNA 聚合酶合成 DNA 的最适温度下，通过引物以目的 DNA 为模板进行合成。由这三个基本步骤组成一轮循环，理论上每一轮循环将使目的 DNA 扩增一倍，这些经合成产生的 DNA 又可作为下一轮循环的模板继续复制，所以经 30~35 轮循环就可使 DNA 扩增达 100 万倍以上。PCR 产物经琼脂糖凝胶电泳后即可借助紫外灯观察到特异的扩增条带。

该技术的关键是设计靶标病原物的特异性引物。目前常用的引物设计策略有：①根据 rDNA 转录间隔区（internal transcribed spacer，ITS）或基因间隔区（intergenic spacer，IGS）内的差异 DNA 序列设计；②根据靶标病原物的特异性 DNA 分子标记片段设计；③从一些高度保守的基因片段中设计。利用设计出的特异性引物，通过 PCR 扩增出靶标病原物的特异 DNA 片段而达到鉴别病原物的目的。与常规的检测手段相比，PCR 鉴定技术具有操作简便、灵敏度高的特点，常可检测出少至 1 pg 的目标 DNA。目前常用的 PCR 技术有：常规 PCR、实时 PCR、反转录 PCR、一步法 PCR、多重 PCR、免疫 PCR 以及数字微滴 ddPCR 等。它们正越来越广泛地应用于各类植物病原微生物的检测和定量分析。

7. 专家系统与网络远程诊断技术

植物病害诊断的专业性和技术性很强，涉及的理论知识范围很广，又需要丰富的实践经验，是植物病理学中较难掌握的内容。即使是一些知名的植物病理学专家也很难对各种植物病害做出完全正确无误的诊断鉴定。电子计算机和网络信息技术的发展给植物病害诊断带来了极大的便利。近年来，植病工作者研制开发出了多种植物病害诊断鉴定专家系统，其中部分专家咨询系统都挂在了互联网上，可以供病害诊断时查询使用。

第三节　外来入侵生物的风险分析

外来入侵物种已成为严重的全球性环境问题，是导致区域和全球生物多样性丧失的最重要因素之一。全球经济一体化、国际贸易、现代先进交通工具、蓬勃发展的观光旅游事业等，为外来入侵物种长距离迁移、传播、扩散到新的生境中创造了条件，高山、大海等自然屏障的作用已变得越来越小。外来入侵物种对农林业、贸易、交通运输、旅游等相关行业和生物多样性造成了巨大的损失。

外来入侵物种环境风险评估是生物多样性保护领域中"预防原则"的具体表现，是外来入侵物种环境管理的重要手段。我国已经开展的外来物种风险评估工作基本上是针对农林业生产，没有考虑外来入侵物种对生物多样性和环境的危害。为此，《全国生态环境保护纲要》第十四条要求"对引进外来物种必须进行风险评估"。国家环境保护总局环发〔2003〕6 号《关于加强外来入侵物种防治工作的通知》要求，"逐步建立起引进外来物种的环境影响评价制度。对所引进的物种不仅要考虑其经济价值，而且还要考虑其可能对生物多样性和生态环境产生的影响，进行科学的风险评估，并进行必要的相关试验"；"只有通过环境安全影响评价的外来物种才能引进、应用和商业化"。

许多国际公约的条款和国际组织的文件都涉及了外来物种的风险评估，如《生物多样性公约》（CBD），联合国粮食及农业组织（FAO）、世界贸易组织制定的《贸易技术壁垒协定》（TBT）和《实施卫生与植物卫生措施协议》（SPS），《拉姆萨公约》的"关于入侵物种和湿地的决议"，世界自然保护联盟（IUCN）的"IUCN 关于预防外来入侵物种引起生物多样性丧失的指导原则"，欧洲和地中海植物保护组织（EPPO）的"有害生物风险评价实施方案"等都做了相应规定。因此，开展外来物种的环境风险评估研究，拟订外来入侵物种环境风险评估技术规范对加强外来物种的环境安全管理、履行国际义务是非常迫切和必要的。

1. 外来入侵生物的风险管理现状

（1）有害生物风险分析　对外来物种的风险评估起步于有害生物风险分析（Pest Risk Analysis，PRA）工作，其管理对象是检疫对象和农林业危险性病虫害。PRA 主要针对物种的无意引进，从类群分析，主要评估外来入侵病原微生物、害虫和杂草的风险。1951 年，FAO 通过了《国际植物保护公约》（IPPC）。IPPC 的目的是确保全球农业安全，并采取有效措施防止有害生物随植物和植物产品传播和扩散，促进有害生物的控制。《国际植物保护公约》为区域和国家植物保护组织提供了一个国际合作、协调一致和技术交流的框架和论坛。由于认识到 IPPC 在植物卫生方面所起的重要作用，世界贸易组织《实施动植物卫生检疫措施的协议》（WTO）规定 IPPC 为贸易相关植物卫生国际标准（植物检疫措施国际标准，ISPMs）的制定机构，并在植物卫生领域起着重要的协调作用。20 世纪 90 年代，有害生物风险分析进入综合发展阶段。1991 年北美植物保护组织（NAPPO）提出"由生物体传入或扩散引发的对植物和植物产品的风险分析步骤"；1995 年 IPPC 颁布了《有害生物风险分析准则》；2001 年颁布了《检疫性有害生物风险分析准则》。这些标准的发布标志着 PRA 从只重视有害生物建立种群问题的适生性研究转入到考虑有害生物对包括农业生产系统在内的社会环境、经济、生态的综合影响评估。

1993 年 11 月，美国完成了"通用非本地有害生物风险评估步骤"（用于估计与非本地有害生物传入相关的有害生物风险），将 PRA 划分的三阶段也基本与 IPPC 的相关准则一致。其特点是所建立的风险评估模型采用高、中、低打分的方法。

澳大利亚检验检疫局（AQIS）于 1991 年制定了进境检疫 PRA 程序，使"可接受的风险水平"成为澳大利亚检疫决策的重要参照标准之一。AQIS 于 1998 年出版的《AQIS 进口风险分析步骤手册》一书中详细描述了两种分析步骤：相对简单的进口申请进行常规的风险分析步骤，较复杂的进口申请进行非常规的风险分析步骤。澳大利亚参考 IPPC 的《有害生物风险分析准则》制定了"有害生物风险分析的总要求"，还形成了"制定植物和植物产品进入澳大利亚的检疫条件的程序"。

1995 年，加拿大农业部按照 IPPC 的准则制定了其本国的 PRA 工作程序。加拿大将 PRA 分成 3 部分：有害生物风险评估、有害生物风险管理、有害生物风险交流。将风险交流作为 PRA 的独立部分是加拿大的特色，其风险交流，主要指与有关贸易部门的交流。

新西兰于 1993 年 12 月将"植物有害生物风险分析程序"列为农渔部国家农业安全局的国家标准，其特点体现在风险评估的定量化上。

我国从 1981 年起，国家质量监督检验检疫总局动植物检疫实验所开展了危险性病虫杂草的检疫重要性评价和适生性分析，制定了评价指标和分析办法，为 1986 年制定《进口植物检疫对象名单》《禁止进口植物名单》和有关检疫措施提供了科学依据。1993 年，动植物检疫实验所主持完成中国第一个有害生物风险分析（PRA）报告，为中美植物检疫谈判提供科学依据。1995 年 11 月国家质量监督检验检疫总局成立了进出境动物疫病风险分析委员会，标志着中国正在进一步将风险分析应用到进出境动物检疫实践中，使动物检疫工作步入更加科学化、规范化和标准化管理的新阶段。2000 年在动植物检疫实验所正式设立了"PRA 办公室"，2002 年 4 月国家质量监督检验检疫总局组织成立了中国进出境动植物检疫风险分析委员会，同年发布了《进境动物和动物产品风险分析管理规定》《进境植物和植物产品风险分析管理规定》。2007 年 5 月由国家质量监督检验检疫总局、农业部共同制定的《中华人民共和国进境植物检疫性有害生物名录》发布并实施，我国进境植物检疫性有害生物由原来的 84 种增至 435 种。在理论研究方面，对红火蚁、西花蓟马、梨火疫病、椰心叶甲、香蕉相似穿孔线虫、加拿大一枝黄花的风险评估也取得了进展。2008 年以来，国家立项对马铃薯甲虫、黄顶菊、紫茎泽兰、刺萼龙葵和螺旋粉虱等重大新外来入侵物种进行系统研究，科学工作者们对这些入侵物种也进行了风险评估研究，分别明确了它们的分布疫区、入侵高风险区、风险区和无风险区，为它们的监测和防控提供了重要的科学数据。

（2）外来入侵物种环境风险评估　国内外针对外来物种开展的环境风险评估起步都较晚，但其发展却较快。一些发达国家加强了外来入侵物种的管理，把风险评估作为一项重要的管理措施。美国先后开展了一系列杂草和水生外来生物的风险评估。1999年，美国总统克林顿要求起草一项入侵物种管理计划，管理计划包括了提供科学评估入侵物种引进和扩散带来风险的内容。澳大利亚制定了国家杂草战略，提出了杂草风险评价系统（weeds risk assessment system）。杂草风险评价系统采用问卷调查法，需要回答关于拟进口物种的49个问题，内容涉及植物的有关信息、气候参数、生物学特征、繁殖和传播方式等。根据对每一问题的回答给出得分，将所有问题的得分进行累计，根据最终的得分决定接受该物种、拒绝该物种或对该物种做进一步评价。一般包括三种结果：允许该物种进口、不允许该物种进口、需要对这一物种进行更多的评价。该系统正确识别了370种（类）杂草中所有危害严重的杂草。后来新西兰对该系统进行了改进并用于杂草的风险评估。

2005年英国开发了外来物种风险评估系统。此系统分为两个主要部分，第一部分通过快速回答14个问题，评估者决定是否有必要进行详细的风险评估；第二部分设计了51个问题，评估引进和建立自然种群的可能性、扩散的能力以及对经济、环境和社会影响的程度。风险分为5个等级：非常低、低、中等、高、非常高。如评估结果为不确定，则分为3个等级：低、中等、高。

在我国，2011年国家标准委员会颁布了《有害生物风险分析框架》国家标准（GB/T 27616—2011）。有关部门也正在组织制订外来植物和外来昆虫的引入风险评估技术规范等。

2. 外来入侵物种环境风险评估过程

（1）编制入侵物种风险评估标准　编制拟订某一种外来入侵物种环境风险评估标准应遵循科学性、重要性、系统性和实用性原则。

科学性：评估因素的选取应建立在对外来物种入侵的科学问题充分认识、深入研究的基础上，客观、较为准确地表征、预测外来物种入侵风险产生、变化和控制的过程，体现风险的内涵与特征，定义明确准确，测定方法简单。

重要性：评估因素不是越多越好，选取的因素应该是导致风险产生的重要因素，与风险的有无、大小有着必要的、直接的联系。

系统性：评估标准作为一个有机整体，要求能全面反映外来物种入侵各要素的特征、状态及各要素之间的关系，但要避免因素之间的重叠，使评价目标与评估因素有机联系为一个层次分明的整体。

实用性：评估标准应具有很强的可操作性，可以用定性评估，也可以用定量评估。

编制一种外来入侵物种的风险评估标准需要遵循一定的技术路线（图3-2），其中主要包括查阅文献资料和进行专家咨询以积累必要的数据资料；拟定标准的提纲，确定有关候选指标并草拟出标准的框架；写出标准的讨论稿并进行讨论，征求对标准的修改意见，同时征求一些权威专家的意见；最后根据讨论和专家建议意见确定标准的送审稿。

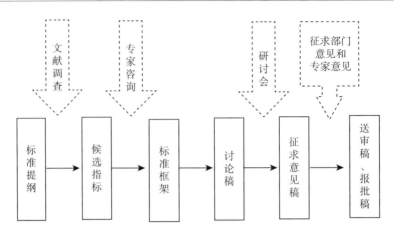

图 3-2　编制一种外来入侵物种的风险评估标准的过程

（2）风险识别的过程　外来物种风险事件的产生是物种自身因素、环境因素、人为因素和入侵后果等 4 种因素共同作用的结果。根据外来物种入侵风险产生的过程和特点，综合分析生物学、生态学、人类活动和危害等方面的因素，提取影响风险产生的内在和外在关键因子。风险评估就是对这些因子进行研究，逐步的识别各方面的风险（图 3-3）。

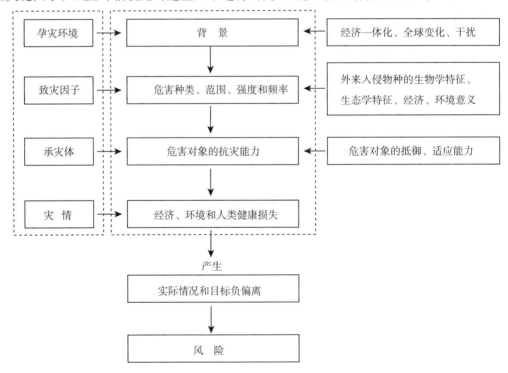

图 3-3　一种外来入侵物种的风险识别过程

自身因素：指外来物种本身具备的有利于入侵的生物学和生态学特性，如外来入侵物种很强的繁殖能力、传播能力等固有的特性以及对环境改变的适应能力等。

环境因素：指适合外来物种入侵的各种生物和非生物因素，如本地的竞争者、捕食者或天敌，适宜外来物种生长、繁殖、传播、暴发等的气候条件等。

人为因素：指人类活动对外来物种入侵产生的影响，如人类活动为外来物种的引进创造了途径，对外来物种入侵、传播扩散和暴发疏于防范或采取了不恰当的干预措施。

入侵后果：指外来物种各种不利于人类利益的生物学、生态学特性作用结果，表现为经济、环境、人类健康的损失。

（3）入侵物种风险评估的原则与程序　入侵物种的风险评估需要遵循两项基本原则，即预先防范原则和逐步评估原则。

①预先防范原则。在没有充分的科学证据证明可能引进的外来物种无害时，应认为该物种可能有害。即使评估认为其风险是可预测和可控制的，也应该开展长期监测以防范未知的潜在风险。对有意引进的外来物种，即使评估不能证明其存在风险，也应遵循先试验后推广、逐步扩大利用规模的步骤。

②逐步评估原则。外来入侵物种风险评估应按照识别风险、评估风险、管理风险的步骤进行，根据具体情况逐步开展。一般分为三个阶段：第一阶段进行评估前的准备，收集评估区域基础信息，明确拟评估对象，决定是否进行风险评估；第二阶段开展风险评估，分析发生入侵的可能性及生态危害；第三阶段做出结论和建议，确定环境风险评估的最终结果，判断环境风险是否可预测并可接受，提出防控建议或替代方案。

（4）评估前的准备　通过收集基础信息，明确拟评估对象，决定是否进行风险评估。

①收集基础信息。收集的信息包括受外来物种影响区域的环境经济现状，外来物种的引进途径，外来物种的生物学特征，外来物种的管制状况，已有的外来物种风险评估情况，外来物种的危害。

② 明确拟评估对象。通过基础信息的综合分析，明确拟评估的外来物种。应当注意确定该物种是否为外来物种，评估对象包括两类：外来入侵物种，虽不能在当地建立自然种群或进行自然扩散、但由于不适当的生产措施可能导致其产生经济和环境危害的外来物种。

③ 决定是否进行风险评估。标准规定了两种免除风险评估的情形，除此之外，都要进行风险评估。

（5）评估　评估分为 4 个步骤，它们分别是引进可能性评估、建立自然种群可能性评估、扩散可能性评估和生态危害性评估。

①引进可能性评估。根据引进的方式分别对有意引进和无意引进的风险进行评估。对于有意引进外来物种，引进的可能性是确定存在的。对于无意引进外来物种，主要评估与物资、人员流动的联系，原产地的分布和发生情况，对货物采取的商业措施，检疫难度，存储和运输的条件和速度，在存储和运输中的生存和繁殖能力，专门处理措施等方面。

②建立自然种群可能性评估。对于依赖人工繁育的外来物种，不需要评估其建立自然种群的可能性，否则，主要评估外来物种的适应能力和抗逆性，繁殖能力，有无适宜外来物种生存的栖息地，有无外来物种完成生长、繁殖、扩散等生活史关键阶段所必需的其他物种，有无有利于外来物种建立种群的人为因素等方面。

③扩散可能性评估。对依赖人工繁育的外来物种，不需要评估其扩散的可能性，否则，主要评估外来物种的扩散能力，有无阻止外来物种扩散的自然障碍，人类活动对扩散的影响等方面。

④生态危害性评估。主要评估环境危害、经济危害、危害的控制。

（6）对不同类群生物的评估　具体而言，对于不同生物类群的评估可能还有一定的差异。

①对草本植物的评估。

建立自然种群可能性：评估气候相似性、可育的种子、自然杂交、自花授粉、授粉者、无性繁殖、生命周期、耐阴性和抗土壤贫瘠等方面。

扩散可能性评估：评估种子产量和发芽率、适应长距离传播的器官或结构、有利于携带传播的拟态性、被有意或无意传播、自然力传播等方面。

生态危害性评估：评估是否人工繁育、特殊器官、化感作用、被寄生、可食性、毒性、传播病虫害、引发火灾、可控制性等方面。

②对鱼类的评估。

建立自然种群可能性：评估气候相似性、卵、产卵场、生命周期、雌雄性比、食物、繁殖策略、取食策略、杂交潜力、改变性别、耐受恶劣水质等方面。

扩散可能性评估：评估人为携带、从隔离状态下逃脱、产卵量、性成熟、卵的扩散性、仔稚鱼的扩散能力、幼鱼和成鱼的可动性、对盐度和离开水体的耐受能力等方面。

生态危害性评估：评估与本地鱼类的竞争、是否降低生境质量、食性、对人类健康的风险等方面。

③对昆虫的评估。

建立自然种群可能性：评估气候相似性、生命周期、抗逆能力、性成熟时间、繁殖周期、生殖方式等方面。

扩散可能性评估：评估产生后代、迁飞、被传播性等方面。

生态危害性评估：评估危害对象的重要性、传播其他有害生物、对目标对象的专一性、天敌、可控制性、耐药性等方面。

④对微生物的评估。

建立自然种群可能性：原产地与评估区域的气候相似性、寄主的种类和分布。扩散可能性评估：主要分析传播介体的活动性，被人类有意或无意传播的可能性以及被水流、风力等自然力传播的可能性。

生态危害性评估：包括其危害对象的经济环境重要性；如果引进微生物为生物性生防因子，其目标对象的专一性强弱，能否被杀菌剂控制及该杀菌剂的成本和安全性，对人工防除、化学防除等管理措施的耐受性。

（7）结论和建议　首先要确定环境风险评估的最终结果，引进物种是否造成生态危害及生态危害的程度，其可能的环境风险程度可否预测。对于确定可接受引进的物种，提出相应的风险管理措施。

3. 对国内已局部发生的外来入侵物种风险评估

前面介绍的风险评估的原则和过程只是用于在国内尚无分布的引进物种或生物品种的风险分析。对于在我国已经发生了数百种外来入侵物种，但是它们仅仅在局部范围内发生危害，在其他广大区域没有发生。对这些入侵物种也需要进行风险评估，以制定它们传入其他区域的风险预警机制和进行风险控制。

对于一种入侵生物扩散的风险评估主要是从入侵物种的传播和其对各地区环境的适生性两大方面来分析。传播风险是指入侵物种可通过自然扩散和人为传播途径入侵新区域的可能性，而适生性分析则是评估该物种传入新区域后生存定植的可能性。一般而言，入侵物种都具有一定程度的传播扩散能力、环境的适应性、生长繁殖和定殖能力。其中环境适应性是指入侵物种的生长繁殖对不同区域的地质地貌、土壤、植被、温度、湿度、光照、寄主等条件的适应程度。风险评估的结果就是要对这些能力的强弱做出明确的分析划分，由此确定有害生物入侵不同地区（省、自治区、直辖市）的风险级别，即确定入侵的高风险区、一般风险区和非风险区，并发出风险预警及提出各风险区的风险管理措施。

高风险区：该地区与入侵物种疫区比邻，对于入侵物种自然传入的自然屏障很小，与疫区的人员交流、货物交换、交通运输密切而频繁，与疫区的生态环境和气候条件很相近，种植（养殖）有大量的寄主植物（动物），有害生物传入后能正常生长繁殖，迅速形成和建立自己的种群。在高风险区对该入侵物种必须进行经常性的严密监测，并采取科学预防措施防治其传入。

一般风险区：该地区离入侵物种的疫区较远（几百至一千千米），或具有较大的有害生物自然传播扩散屏障（湖泽、大山、小荒漠等），与疫区或其比邻区有较多的产品交换、人员流动和交通运输。生态环境和气候环境条件适合入侵物种的生存和繁殖，有大量适合的寄主植物或动物，入侵物种传入后也能较快生长繁殖并建立种群。在该地区也需要进行一定的监测和采取必要的预防措施。

非风险区：与疫区距离相当远（几千千米），或具有明显的自然传播屏障（大荒漠、高山、海洋等），环境和自然气候条件等不适合入侵物种生存繁殖，或没有适合的寄主存在。在非疫区一般不需要进行监测或采取预防控制措施。

国内王春林等（2005）对新疆疫区发生的入侵害虫马铃薯甲虫（CPB）进行了科学的风险评估和监测预警研究，获得了 CPB 入侵我国各省份定殖的风险信息，其应用 CLIMEX 气候模型，得出 CPB 在我国可能的潜在发生分布地区预警研究预测结果：辽宁、河北、山东、陕西、山西、宁夏、贵州等 7 个省（自治区）全境适宜 CPB 分布；新疆、甘肃、内蒙古、黑龙江、吉林、四川、云南等 7 个省（自治区）的大部分地区适宜 CPB 生存；青海、重庆、湖北等 3 个省（直辖市）的局部地区适宜 CPB 分布；北京、天津、上海、河南、江苏、江西、广西、海南、浙江、湖南、广东、福建、安徽、西藏等 14 个省（自治区、直辖市）不会受到 CPB 的威胁。并由此提出了风险管理措施。徐进等（2008）通过风险分析预测了 2017 年青枯劳尔氏杆菌 2 号生理小种（*Ralstonis solanacearum* Race 2）在中国的分布趋势，为制定该病害的检测和预防提供了重要参考依据。

第四节　外来入侵物种的监测

入侵物种监测的目的是掌握入侵物种的发生疫情动态，是有效防控它们扩散蔓延和危害的基础。入侵物种的监测包括检疫性监测和生态环境中的调查，麦克莫夫（McMaupht T，2013）在其编著的《亚太地区有害植物有害生物监控指南》中详细描述了有害生物监测调查的周密过程，整个监测从确定监测题目和设计人开始，到提交监测报告为止，整个过程包括 21 个步骤（图 3-4）。这个过程较为周密复杂，在我们针对一些特定入侵物种监测时，其中有些步骤是必要的，但某些步骤可能不必经历，应根据实际情况和需要做恰当取舍。我们可以将入侵生物监测的整个过程划分为三个阶段：监测准备阶段、监测程序实施和监测结果报告。

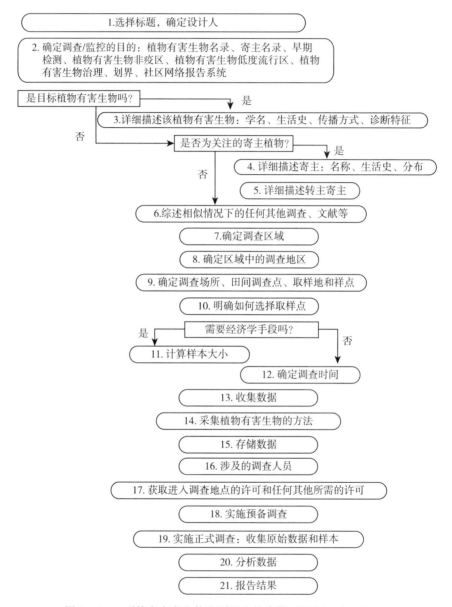

图 3-4　一项特定有害生物监测调查的步骤（McMauph，2013）

1. 监测准备阶段

确定监测目标内容，查阅和收集目标监测入侵物种的相关文献资料，明确其生物学和生态学特性、发生发展规律、现有地理分布和危害、传播扩散方式及控制技术等，并由此制定出相应的监测技术和实施方案。

2. 监测程序实施

入侵物种疫情的监测分为检疫监测和环境监测调查两个方面。

（1）检疫监测（quarantine inspection）　这是带有法律性质的监测程序，需要按有害生物的检验检疫程序进行。它是由检疫部门人员实施的调查，主要是对进、出境商品或货物进行检验检疫，看应检物（各种货物产品、包装材料、运载工具及其可能携带的附属物）是否带有入侵物种，这是预防外来物种借助人为无意传带入侵的最佳技术措施。检疫监测又分为现场检疫监测和实验室检验检疫。

现场检疫监测（on-site quarantine inspection）　是检疫人员在现场（机场、车站、港口及货物集散地）对输入或输出的应检物进行观察，初步确认其是否符合相关检疫法规的要求，同时在现场对应检物进行抽样，获得一定量的应检物样品，并送实验室检验。如果现场检验发现入侵物种或其他有害生物，或其导致的疫病症状等，应扩大抽查范围做进一步观察核实。经现场检验确定带有入侵物种或有害生物的产品，即可做出相应的检疫处理。但在现场肉眼观察检验未发现入侵物种的产品，也必须抽样送实验室检验，因为入侵微生物都是肉眼不可见的物种，需要直接或通过分离纯化后用显微镜等特殊仪器才能检出。

实验室检验检疫（laboratory test）：对现场监测抽样获取的应检物样品，需要借助于实验室仪器进行分离鉴定，以确定疫病或有害生物的种类。实验室检验检疫对专业的要求较高，需要专业技术人员利用实验室各种相关设备，采用生物学和分子生物学方法，对应检物中可能携带的入侵物种或其他害虫、杂草和病原微生物的种类做出快速且准确的鉴定。检验方法可能涉及生物的形态分类、消毒灭菌、分离培养、显微观察、生理生化测试、毒性或病理试验、分子生物学和基因工程等方面的技术。实验室检验一般在国家检疫部门建立的专门检疫实验室进行；对一些疑难待检样品，需要送国内设备先进的教学科研单位实验室，由权威专家鉴定。

（2）环境监测调查（environment survey）　环境监测是对外来入侵物种未发生区（非疫区）和已发生区（疫区）的调查，一般在入侵物种的发生期或其寄主的生长期进行。监测记录的指标依不同类群而有差异，一般需要记录入侵物种的密度（单位面积虫口量、菌量、植株数等）、发生面积、寄主种类、危害或损失程度等。

非疫区监测调查：依据目的不同分为踏查和系统调查。踏查的目的是了解大面积环境中入侵生物的疫情。对侵染人和动物的疫情可进行大范围的访问调查；对于农作物田间、森林及近邻生境入侵物种可采用适宜的交通工具（如小车、直升机等），沿着适宜的路线，相隔一定的距离（如10km或更大距离）选点进行观察。根据入侵物种的种类不同，在每个生长季节可进行1～4次，选择在适当的生长阶段调查。非疫区的系统调查主要用于监测小范围内入侵物种的疫情。对于入侵农作物田间、森林及近邻的有害生物，需要选择若干个（5～20个）典型生境点，在每个发生季节定期调查8～12次，每次间隔7～15d。系统调查的生境点一般设立在机场、车站等枢纽站附近、公路和水路沿线两侧、寄主的主要生长区。

疫区监测调查：入侵物种已发生的疫区调查与一般有害生物的监测调查相同，目的是了解外来入侵物种疫情的严重程度和发生动态，以指导其预测预报和防治。这种监测同样采用踏查和系统调查，踏查可以掌握入侵物种的发生分布范围，而系统调查则可了解其时间变化动态和危害。每种监测都需要做好详细的调查记录，包括调查的时间、地点（生产单位、单位地址、农户名、经纬度、海拔）、环境条件、作物品种及来源、栽培管理措施、调查方法、病害严重程度（病株率、病叶率、病级）、估计发病面积、危害程度、产量损失等。

3. 监测结果报告

获得监测结果并向有关部门报告，该结果中除了入侵物种发生情况外，还需要提出疫情处理或控制技术。

（1）检疫监测结果 经现场和实验室检验后总结出检疫监测结果：对没有携带入侵物种和其他有害生物的货物发放放行许可证；对于检疫不合格产品则执行扣货、退货、或现场销毁处理。

（2）环境监测调查结果 在非疫区若发现入侵物种，需要扩大调查范围，明确其发生分布范围和危害程度，并立即采取措施封锁隔离现场，严防有害生物外传蔓延。疫情经确认后报告有关政府部门，由政府部门根据疫情发生的范围和严重程度发出相应级别的应急响应，会同有关专家制定出"封锁、控制和扑灭"的应急预案和防控技术措施，交由相关技术职能部门实施。

外来入侵物种疫区的监测结果与一般的"病虫测报"结果一样，要明确入侵物种发生危害的趋势或严重程度，并提出综合防控策略和技术措施，以"疫情情报"的方式发送报有关部门，并公告疫区技术人员和农户；他们再根据疫情严重程度实施相应的综合防控措施。

主要参考文献

丁晖，石碧清，徐海根，2006. 外来物种风险评估指标体系和评估方法. 生态与农村环境学报，22（2）：92-96.

冯吉，陈万权，康晓慧，1999. 生物技术在植物病害诊断中的应用. 生物技术，9（1）：33-37.

高驰，2004. 中国特色动植物进出口检疫体系分析及功效评估. 武汉：华中农业大学.

黄伟明，符美英，王会芳，等，2010. 外来入侵生物相似穿孔线虫的风险分析. 基因组学与应用生物学，29（3）：556-562.

李建中，彭德良，2008. 潜在外来入侵香蕉穿孔线虫在我国的适生性风险分析. 中国植物病理学会2008年（广州）学术年会论文集：447-451.

李志红，杨汉春，沈佐锐，2009. 动植物检疫学概论. 北京：中国农业大学出版社.

陆家云，2004. 植物病害诊断. 北京：中国农业出版社.

马占鸿，2010. 植物病害流行学. 北京：科学出版社.

麦克莫夫 T，2013. 亚太地区植物有害生物监控指南. 中国农业科学院植物保护研究所生物入侵室，译. 北京：科学出版社.

商明清，魏海生，2004. 植物病毒检测新技术研究进展. 植物检疫，18（4）：236-240.

沈文君，等，2004. 外来有害生物风险评估技术. 农村生态环境，20（1）：69-72.

施宗伟，1995. 马铃薯甲虫对中国马铃薯生产的威胁及对策：植物检疫专题文集I. 北京：农业部植物检疫试验所.

孙玉芳，2006. 外来入侵生物风险评估与管理制度研究. 农业资源与环境学报，26（4）：38-39.

谭万忠，彭于发，2015. 生物安全学导论. 北京：科学出版社.

万方浩，彭德良，王瑞，2009. 生物入侵：预警篇. 北京：科学出版社.

万方浩，谢丙炎，杨国庆，2011. 入侵生物学. 北京：科学出版社.

王春林，2000. 植物检疫的理论与实践. 北京：中国农业出版社.

向言词，彭少麟，任海，等，2002. 植物外来种的生态风险评估与管理. 生态学杂志，21（5）：40-48.

张国良，曹坳诚，付卫东，2010. 重大农业外来入侵物种应急防控技术指南. 北京：科学出版社.

张京宜，朝秀芬，宋涛，等，2011. 植物病毒检测技术研究进展分析. 北京农业（30）：79-80.

Abu-Naser S S，Kashkash K A，Fayyad M S，et al.，2008. Developing an expert system for plant disease diagnosis. Journal of Artificial Intelligence，1（2）：78-85.

Balodi R，Ghatak A，Bshit S，et al.，2017. Plant Disease Diagnosis：Technological Advancements and Challenges. Indian Phytopathology，70（3）275-281.

Barbedo J G A，2016. Expert systems applied to plant disease diagnosis：survey and critical view. IEEE Latin America Transactions，14（4）：1910-1922.

Canadian Food Inspection Agency，2017. Pest risk analysis：new fruits，vegetables and plants from new countries of origin.（2021-12-01）[2017-10-11] http：//www. inspection. gc. ca/plants/horticulture/imports/pest-risk-analysis/eng/1425496755404/1425496838700.

Devorshak C，2012. Plant Pest Risk Analysis Concepts and Application. CABI，Wallingford. 296.

Isleib J，2012. Signs and symptoms of plant disease：Is it fungal，viral orbacterial. Michigan Farmer（0026-2153）.

Kaura R，Dina S，Pannu P P S，2013. Expert system to detect and diagnose the leaf diseases of cereals. International Journal of Current Engineering and Technology，3（4）：1480-1483.

Mahamana B D，Passamb H C，Sideridisb A B，et al.，2008. DIARES-IPM：a diagnostic advisory rule-based expert system for integrated pest management in Solanaceous crop systems. Agricultural Systems，76（3）：1119-1135.

Mcmough T，2013. Guigelines for Surveillance for Plant Pests in Asia and the Pacific. Australian Centre for International Agricultural Research.

Ministry of Agriculture & Fisheries，Government of Jamaica，West Indies，2010. Black leg of potato，Dickeya solani. Pest initiated Pest risk analysis，38.

Pennsylvania State University，2016. Plant Disease Basics and Diagnosis.（2021-12-01）[2016-08-13] https：//extension. psu. edu/plant-disease-basics-and-diagnosis.

Robinet C，Roques A，Pan H Y，et al.，2009. Role of Human-mediated dispersal in the spread of the pinewood nematode in China. https：//doi. org/10. 1371/journal. pone. 0004646.

Shafinah K，Sahari N，Suaiman R，et al.，2013. A frame work of an expert system for crop pest and disease management. Journal of Theoretical and Applied Information Technology，58（1）：182-190.

Webber J，2010. Pest Risk Analysis and Invasion Pathways for Plant Pathogens. New Zealand Journal of Forestry Science，40：45-56.

Wittenber R，Cock M J W，2001. Invasive Alien Species：A Toolkit for Best Prevention and Management Practices. CABInternational，Wallingford，Oxon，UK.

Xu H G，Ding H，et al.，2006. The distribution and economic losses of alien species invasion to China. Biological Invasions，8（7）：1495-1500.

Zhao Y，Xia Q，Yin Y，et al.，2016. comparison of droplet digital PCR and quantitative PCR assays for quantitative detection of Xanthomonas citri subsp. citri. PLoS One，11（7）：e 0159004.

第四章

入侵微生物及其所致植物病害的
预防和综合控制

有不少外来入侵植物病原微生物都是近年来才传入我国的，这些物种大多仅仅在最初入侵的地区及附近局部区域发生分布。某一入侵微生物所在区域已引起植物病害发生的区域称为疫区，该植物病害尚未发生的区域称为非疫区。对于同一个外来入侵病原微生物，在疫区和非疫区所采用的防控策略和技术是有很大差别的。在非疫区使用预防传入与应急防控相结合的策略，而在疫区则采用降低危害的综合控制策略。

第一节　入侵微生物及其所致植物病害的非疫区防控

1. 预防入侵微生物传入

外来入侵微生物可通过气流等自然途径和依附在被调运的作物产品上等人为传播途径扩散到非疫区，其中人为传播是其主要的扩散途径。因此对于非疫区，预防入侵微生物的人为传播至关重要，其主要包括加强动植物调运检疫和入侵微生物的疫情监测两方面的措施。

加强动植物检疫：动植物检疫是一种带有法律法规性质的有害生物控制方法，由专门的检疫机构和人员施行。目前我国进出境检疫主要针对国家检疫对象名单中列出的有害生物种类进行检疫，各省市检疫部门除了针对国家列出的检疫对象外，还针对他们本地列出的地方检疫对象种类进行检疫。但是，有不少的重要外来入侵微生物既没有被列入我们国家的检疫对象名单，也未被列入各省份的地方检疫对象名单，因此其中有些入侵微生物在检疫程序中常常被忽视，这是很危险的，也是非常值得我们重视的问题。

许多有害生物都是通过人为无意传播至新的区域而定殖成为入侵微生物的。这类入侵微生物往往是混杂于动植物寄主及其产品如种苗或动植物加工品中，实现远距离传播，或附着在包装材料和运输工具上被携带到异地。通过检验检疫，能有效地发现运输物品中携带的入侵生物，从而采取必要的处理程序加以控制，有效阻止有害生物的传播蔓延，保护非疫区的生态环境和生物安全。

加强疫情监测：在非疫区的适当地方建立外来入侵微生物的监测点，对它们开展必要的调查，使有害生物在入侵之初就能被发现，从而对其及时地采取应急措施，防止疫情扩散蔓延。所以加强入侵微生物的监测，也是非疫区预防外来物种入侵的重要措施之一。

2. 应急防控技术

无论是调运检疫过程还是在环境监测中发现入侵微生物，都需要及时地采取应急防控措施，以有效地扑灭或控制其传播蔓延。

检疫发现的疫情控制：我国严禁从疫区调运动植物种苗和产品等。对异地调入的物品必须进行严格的检验检疫，在应检物中一旦发现入侵微生物，必须直接拒绝物品的调入，或就地进行深埋、杀灭、焚毁等灭除性应急处理。

监测发现的疫情控制：若在环境监测中发现入侵微生物，应对其发生范围和程度做进一步的详细调查，适当扩大对附近区域监测面积，并立即报告上级行政主管和技术部门，同时要及时采取措施封锁发现入侵微生物的区域，严防疫情扩散蔓延。然后做进一步应急防控处理。

应急防控措施：对检疫和检测中发现的入侵微生物，必须完全灭除。可以采用深埋、焚烧和化学药剂处理技术等措施。在入侵微生物的应急灭除实践中，往往采用几种适宜技术相结合的综合灭除措施。

深埋：在疫情发生地挖掘1.5m以上的深坑，将检验检疫或环境监测中发现带有入侵微生物的寄主或其产品深埋，使入侵有害微生物很快致死；若在海港口检验检疫发现被入侵微生物污染的商品，可将该商品带到远离陆岸的深海直接沉入海底。

烧毁：烧毁入侵微生物或被其污染的寄主和产品。对可燃性植物及种苗、产品等可直接焚烧，对燃点较高的非可燃性动植物及其产品，可浇洒汽油或酒精后焚烧。注意焚烧场所需集中，焚烧需彻底。

化学药剂处理：一般在农田、绿化带和森林等陆地环境监测中发现入侵微生物导致的植物病害疫情时使用。所用的药剂一般为灭生性的铲除剂，其主要包括三类：①杀虫剂，用于线虫和携带传播介体的昆虫；②杀菌剂，用于病原真菌；③抗生素，用于病原细菌。

人工灭害：对于一些携带或感染了入侵微生物的寄主植物，可直接人工拔除销毁。

物理防除：对一些受到感染的动植物或产品，可采用放射性同位素、超声波或微波等物理方法杀灭这些寄主上的入侵微生物。

农田、撂荒地等生境的疫情，对有害入侵微生物侵染的寄主施行灭除处理后，还必须对一定范围内的土壤和周围环境进行处理，如土壤消毒、铲除野生寄主等。在许多情况下，一个地方在发现小面积疫情后，需要反复数次实施铲除措施，否则疫情还会反复发生。例如，美国的佛罗里达州在20世纪10年代发现柑橘溃疡病后实施铲除措施，烧毁25.7万株成年果树和310万株果苗，花费600多万美元，尽管如此，该病于1990年在该州再次大面积发生和流行，引起重大经济损失。我国四川20世纪70年代末期对柑橘溃疡病也实施了铲除措施，在这之后的十多年内此病害都未见踪影，但2000年之后在一些地方又发生了溃疡病。柑橘溃疡病疫情复发这两个案例，有可能为柑橘溃疡病菌从外地再次入侵所致，也有可能是该菌顽固，不容易被彻底灭除所致。

3. 应急防控预案

对入侵风险较高的特定物种，非疫区需要对其制定专门的应急防控预案，来指导此入侵微生物的应急防控措施实施。入侵微生物的应急防控预案一般是由国家特定的主管部门或委托国内的权威专家编写制定。不同行业（农业、林业等）和不同类别的入侵微生物，其应急防控预案的内容可能存在一定差异。按照张国良等（2010）的《农业外来入侵生物应急防控技术指南》中的描述，农林业入侵微生物的应急防控预案中一般包括下列 10 项基本内容：

（1）入侵微生物的确认、报告和危害分级　疫情发生地的农林业主管部门需要在 24h 内将采集到的入侵微生物标本送到上级农林业行政主管部门所属的外来入侵生物管理机构，由外来入侵生物管理机构指定专门科研机构鉴定，省级外来入侵生物管理机构根据专家鉴定报告，报请农林业部外来入侵生物管理办公室确认。

确认本地区发生该入侵微生物后，当地农林业行政主管部门应在 24h 内向同级人民政府和上级农林业行政主管部门报告，并迅速组织对本地区的普查，及时查清其发生和分布情况。省农林行政主管部门应在 24h 内将该入侵微生物发生情况上报省人民政府和农林业部，同时抄送省级农林部门和出入境检验检疫局。

在预案中规定，在出现一至三级的危害疫情时，即可启动该应急预案。疫情程度一般分为三级。一级危害：2 个或 2 个以上省（直辖市、自治区）发生该入侵微生物危害；在 1 个省（直辖市、自治区）所辖的 2 个或 2 个以上地级市（区）发生该入侵微生物危害程度严重。二级危害：在 1 个地级市（区）所辖的 2 个或 2 个以上县（市或区）发生该入侵微生物危害；或者在 1 个县（市、区）范围内发生该入侵微生物危害程度严重。三级危害：在 1 个县（市、区）范围内发生该入侵微生物危害。

（2）应急响应　各级人民政府按分级管理、分级响应、属地管理的原则，根据农林业部外来入侵管理机构的确认、外来入侵微生物危害范围及程度，一级危害启动一级响应，二级危害启动二级响应，三级危害启动三级响应。

一级响应：农林业部立即成立外来有害生物防控工作领导小组，迅速组织协调各省（直辖市、自治区）人民政府及部级相关部门开展该入侵微生物防控工作，并由农林业部报告国务院；农林业部主管部门要迅速组织人员对全国该入侵微生物发生情况进行调查评估，制订防控工作方案，组织农林业行政及技术人员采取防控措施，并及时将该入侵微生物发生情况、防控工作方案及其执行情况报国务院主管部门；部级其他相关部门密切配合做好该入侵微生物防控工作；农林业部根据该入侵微生物危害严重程度在技术、人员、物资、资金等方面对该入侵微生物发生地给予紧急支持，必要时，请求国务院给予相应援助。

二级响应：地级以上市人民政府立即成立外来有害生物防控工作领导小组，迅速组织协调各县（市、区）人民政府及市相关部门开展该入侵微生物防控工作，并由本级人民政府报省级人民政府；市级农林业行政主管部门要迅速组织人员对本地区该入侵微生物发生情况进行全面调查评估，制订防控工作方案，组织农林业行政及技术人员采取防控措施，并及时将该发生情况、防控工作方案及其执行情况报省级农林业行政主管部门；市级其他相关部门密切配合做好该入侵微生物防控工作；省级农林业行政主管部门加强督促指导，并组织查清本省该入侵微生物发生情况；省级人民政府根据该入侵微生物危害严重程度和市级人民政府的请求，在技术、人员、物资、资金等方面对发生该入侵微生物地区给予紧急援助支持。

三级响应：县级人民政府立即成立外来有害生物防控工作领导小组，迅速组织协调各乡镇政府及县相关部门开展该入侵微生物防控工作,并由本级人民政府报告上一级人民政府;县级农林业行政主管部门要迅速组织对该入侵微生物发生情况的全面调查评估,制订防控工作方案,组织行政及技术人员采取防控措施,并及时将该入侵微生物(病害)发生情况、防控工作方案及其执行情况报市级农林业行政主管部门;县级其他相关部门密切配合做好该入侵微生物(病害)防控工作;市级农林业行政主管部门加强督促指导,并组织查清全市该入侵微生物(病害)发生情况;市级人民政府根据该入侵微生物危害严重程度和县级人民政府的请求,在技术、人员、物资、资金等方面对发生该入侵微生物地区给予紧急援助支持。

(3)部门职责 各级外来有害生物防控工作领导小组负责本地区该入侵微生物防控的指挥、协调工作,并负责监督应急预案的实施。农业部门具体负责组织该入侵微生物监测调查、防控和及时报告、通报等工作;宣传部门负责引导传媒正确宣传报道该入侵微生物有关情况;财政部门及时安排拨付该入侵微生物防控应急经费;科技部门组织该入侵微生物防控技术研究;经贸部门组织防控物资生产供应,以及该入侵微生物对贸易和投资环境影响的应对工作;农林部门负责林地的该入侵微生物调查及防控工作;出入境检验检疫部门加强出入境检验检疫工作,防止该入侵微生物的传入和传出;发展和改革委员会、建设、交通、环保、旅游、水利、民航等部门密切配合做好相关工作。

(4)疫情发生点、发生区和监测区的划定

发生点:该入侵微生物危害寄主植物外缘 100m 以内的范围划定为一个发生点(两个寄主植物距离在 100m 以内为同一发生点);划定发生点若遇河流和公路,应以河流和公路为界,其他可根据当地具体情况做适当的调整。

发生区:发生点所在的行政村(居民委员会)区域划定为发生区范围;发生点跨越多个行政村(居民委员会)的,将所有跨越的行政村(居民委员会)划为同一发生区。

监测区:发生区外围 5 000m 的范围划定为监测区;在划定边界时若遇到水面宽度大于 5 000m 的湖泊和水库,以湖泊或水库的内缘为界。

(5)封锁控制和扑灭方案 该入侵微生物发生区所在地的农林行政主管部门在区内该入侵微生物危害的寄主植物上设置醒目的警戒标志和界线,并采取措施进行封锁控制和扑灭。

封锁控制:对该入侵微生物(病害)发生区内机场、码头、车站、停车场、机关、学校、厂矿、农舍、庭院、街道、主要交通干线两旁区域、有外运产品的生产单位以及物流集散地,有关部门要进行全面调查,货主单位和货运企业应积极配合有关部门做好该入侵微生物的防控工作。该入侵微生物危害情况特别严重时,经省人民政府批准,可在发生区周边主要交通要道设立临时植物检疫检查站,对外运的有关农林产品、果实、种苗、接穗等进行严格检疫,禁止该入侵微生物(病害)发生区内的土壤、杂草、植物叶片等垃圾和有机肥外运,防止该入侵微生物随水流传播。

防治与扑灭:经常性开展扑杀该入侵微生物的行动,采用化学、物理、人工、综合防治方法灭除该入侵微生物,先喷施化学杀菌剂进行灭杀,人工铲除感病植株,同时进行土壤消毒灭菌,直至将该入侵微生物全部消灭。

(6)调查和监测 入侵微生物发生区及周边地区的各级农林业植物检疫机构要加强对

本地区的调查和监测，做好监测结果记录，保存记录档案，定期汇总上报。其他地区要加强对来自该入侵微生物发生区的动植物及产品的检疫和监测，防止入侵微生物传入。

（7）宣传引导 各级宣传部门要积极引导媒体正确报道该入侵微生物的发生及控制情况。有关新闻和消息应通过政府部门正常渠道获取，防止炒作，避免失实报道引起社会不安。在该入侵微生物发生区，要利用适当的方式进行科普宣传，重点宣传防范知识、防控技术方法。当媒体上出现不实报道或社会上流传谣言时，应立即正面澄清，加强舆论引导，尽量减轻负面影响。

（8）应急保障 包括人员队伍、物资、经费和技术保障。

队伍保障：各级人民政府要组建由农林业行政主管部门技术人员以及有关专家组成的该入侵微生物的应急防控队伍，加强专业技术人员培训，提高应急防控队伍人员的专业素质和业务水平，成立防治专业队，为应急预案的启动提供高素质的应急队伍保障；要充分发动群众，实施群防群控。

物资保障：相关各级人民政府要建立该入侵微生物防控应急物资储备制度，确保物资供应，对该入侵微生物危害严重的地区，应及时调拨救助物资，保障受灾农民的生活和生产稳定。

经费保障：在必要的情况下，有关地区的各级人民政府应安排专项资金，用于该入侵微生物应急防控工作。应急响应启动时，当地农林业行政主管部门会商有关部门提出经费使用计划，由同级财政部门核拨，财政、农业、审计等部门对专项资金的使用和管理情况进行严格的监督检查，确保专款专用。

技术保障：科技部门要大力支持该入侵微生物防控技术研究，为持续有效控制该入侵微生物提供技术支撑。在该入侵微生物发生地，有关部门要组织本地技术骨干力量，加强对该入侵微生物防控工作的技术指导。

（9）应急状态解除 通过采取全面、有效的防控措施，达到防控效果后，县（市）级农林业行政主管部门向省级农林业行政主管部门提出申请，经省级农林业行政主管部门组织专家评估论证，防治效果达到标准的，由省外来有害生物防控领导小组报请农林业部批准，可解除应急状态。经过连续2～3年的监测仍未发现该入侵微生物，经省级农林业行政主管部门组织专家论证，确认扑灭该入侵微生物后，经该入侵微生物发生区农林业行政主管部门逐级向省级农林业行政主管部门报告，由省级农林业行政主管部门报省级人民政府及国家农林业部批准解除该入侵微生物发生区，同时将有关情况通报农林业部和出入境检验检疫部门。

（10）附则 附则中一般规定：省（自治区、直辖市）各级人民政府根据本预案制订本地区该入侵微生物（病害）的防控应急预案；预案一般自发布之日起实施；预案由发布预案的农/林部门负责解释。

第二节 入侵微生物的疫区综合防控

某种入侵微生物的疫区是该物种已经普遍发生和危害的地区，应采用以减轻或避免危害损失为主要目的的综合治理技术进行控制。

1. 有害生物综合治理的概念

根据有害因子的发生危害情况，综合协调地选用现有多种防控技术，安全经济而有效地将有害生物控制在不造成明显经济损失的发生水平以下。这种控制策略和措施称为有害生物的综合治理，其英文名称为 integrated pest management，缩写为 IPM。

这里所谓的"有害因子"主要包括对农林作物生产造成损失的所有生物因子，即害虫（含软体动物类）、杂草、病原微生物、鸟类、鼠类等，还包括引起动植物疾病的非生物因子，如有毒气体、有毒物质、土壤毒素、旱涝灾害、极端温度等有害环境因子。在本文中，有害因子仅限于入侵性病原微生物，即入侵性真菌、卵菌、细菌、病毒和线虫。

IPM 概念强调只有在有害生物的危害会导致经济损失的前提下才采取治理行动，也就是说，允许环境中或作物上存在一定数量的病原微生物，只要它们的种群数量不足以达到引起明显经济损失水平，就没有必要实施防治措施。另外，IPM 强调在经济有效地控制危害的同时，还必须做到安全，其含意是要保证生产的动植物产品安全（无害）和人畜安全，还要保证生态环境及有益生物的安全。因此，在农业 IPM 实践中，要坚持"预防为主，综合防治"的策略或原则，重视综合协调应用抗性品种、加强栽培管理、合理利用有益因子及高效低毒的化学药剂等技术措施。特别的，对化学农药的施用采取慎重的态度，决不能滥用；化学防治只有在不得已的情况下才使用，而且尽量要合理地使用高效低毒或无毒的化学药剂，使用时要采用安全的施药技术，尽量减少或避免对农林产品的污染和对环境的破坏。

农业有害生物综合治理在理论上有三方面含义。第一，有害生物综合治理是以系统论、信息论和灭变论作为理论基础，以生态学的原则作为指导，把有害生物看作是生态系统中的重要组成部分，并认为农业的高产与稳定必须建立在植物与周围的生物和非生物环境之间协调的基础上，保持良好的农林生态系统，不断保护和培养环境资源。农林病害的防治不是孤立的，要从农林生态系统的总体出发，在防治措施的选择、运用和协调时，必须考虑生态系统的平衡和稳定。第二，没有哪一种防治措施是万能的，各种防治措施都各有其长处，也各有其局限性。因此，有害生物综合治理的策略，要求各种措施取长补短，协调运用，特别是要重视自然控制因素的运用。所有人为防治措施应与自然控制相协调。第三，有害生物综合治理是管理系统，它不要求将有害生物彻底消灭，而是要将有害生物的种群数量控制在经济受害允许水平之下（但是，对于非疫区发生入侵微生物，则必须采取彻底铲除措施）。

近年来国际上还提出了"注重生物的综合治理"概念，即 biointensive integrated pest management（BIPM）。这一新概念包含了 IPM 的基本内涵，另外还明确指出"IPM 要注重生态环境中的生物多样性"和"实施 IPM 行动需要有预先的规划和准备"。BIPM 中的这两点内涵实际上是更加强调上述 IPM 概念中"安全经济有效"的内涵，前者直接强调生态安全，保证生态平衡，后者则说明只有预先计划和准备，才能在必要时有的放矢地实施治理行动，达到经济有效的治理效果。

另外，人们还提出了其他一些有害生物综合治理的有关概念，包括有害生物的生态控制、持续控制、配套控制等，这些概念的基本含义与 IPM 相近，此处就不赘述了。

2. 入侵微生物病害的综合治理技术

综合治理的概念中强调要协调应用现有的多种防控技术来控制入侵生物的发生和危

害。现有常用的有害生物的防控技术有动植物检疫、应用抗病性寄主、人工防除、加强生产管理、生物控制、物理防治和化学防治等。但入侵生物的种类和涉及的行业领域很多，不同的入侵微生物在不同的行业需应用不同的防控策略和技术。这里着重介绍农林业及自然生态环境入侵微生物病害的有关防控技术。

（1）动植物检疫　动植物检疫是入侵微生物疫情监测预警的重要手段，也是非疫区防范入侵微生物的有效技术。从实践上说，在疫区入侵微生物已经大量发生，使用任何措施都很难或无法彻底消除疫情，实施检疫措施对控制其危害也没有多大的作用和经济效益，所以不需要实施检疫控制措施。不少文献中在论及一般有害生物的综合防治时都提到采用动植物检疫技术，这是不正确的。检疫防控措施一般只能在有害生物的非疫区使用。

但是，在疫区有必要实施产地检疫措施，即疫区的产品或货物出口前进行入侵微生物或其他有害生物的检验检疫，若经检验发现入侵微生物或其他有害生物便即刻终止有关产品出境，从而避免当地有害微生物疫情扩散至其他地区，还可避免出口产品到达输入地口岸时被检疫发现携带有害生物而遭退货或销毁带来的经济损失。

（2）应用抗病性寄主　应用抗病性寄主是防治有害生物最经济、简便、安全和有效的方法之一。对于大多数入侵微生物，抗病性寄主可以非常有效地控制病原物所引起的病害，如在农业生产中仅仅使用抗病品种就能基本上避免病原物的侵染，不需要再采取其他的治理措施。利用抗病品种不仅可以有效控制入侵微生物的侵袭，还可降低施药或其他方法防治病害带来的经济成本，并避免化学有毒物质污染自然环境和农产品。

在农业生产中经常种植抗病品种，但生产中使用的抗病品种一般都是"垂直抗病性"品种，其仅携带有1个或少数几个针对当时当地病原物的优势小种的垂直抗性基因，不能抵御病原物的其他生理小种。由于抗病品种的种植，原有的优势小种被抑制，原来处于劣势的生理小种中的某些种群便迅速增殖，几年以后便可能累积成为新的优势小种。使品种原有的抗病性丧失。因此，在生产中不能长时间使用同一个抗病品种，一般应在3～5年内进行品种轮换，以防止病害的突发性流行危害。

通过嫁接利用植物抗性也是控制一些病害的有效方法。例如在对根结线虫抗性较强的南瓜苗上嫁接黄瓜，能够控制黄瓜根结线虫病。特别的，用抗病性很强的枳壳作为砧木和柑橘枝条作为接穗进行嫁接后获得的柑橘苗，在田间可以抵抗根腐病的侵染。

（3）人工防除　人工防除是控制某些入侵微生物常用的有效方法，但这种方法只有在感病植株非常稀少的情况下才可行。例如，当一片较大面积的森林，如果几棵松树初现松材线虫枯萎病症状时，砍伐这些病树并烧毁，即可能避免或有效延缓枯萎病在林间的扩展蔓延，收到很好的防病效果；对于外来入侵微生物导致的柑橘溃疡病和黄龙病、梨火疫病、泡桐丛枝病、松疱锈病等果树或林木病害，在观察到少量病株时实施人工伐除销毁的方法，同样可以获得经济有效的控制效果。要指出的是，人工防除后产生的生物残体，不要直接抛掷于原来的田间或林间等生境内，需要带出原生境集中销毁。

"手术治疗"也属于人工防除植物病害的一种技术，主要用于较大型果树和乔木植物的根系、主干防治的病害。如果果树等植株的部分根系发病而地上部植株的生长仍然比较正常，可以采用换根的手术。将几棵生长旺盛、抵抗性较强的幼树栽植在病树的周围，待其存活后去掉树冠，将其主干倾斜靠接在去掉病根的病树主干下。待接口愈合后幼树根部便会逐渐代替病树树根行使功能，病树就会恢复健康；如果是树皮局部腐烂，可直接刮去腐烂的树皮及周围附近已被侵染的组织，并在伤口上涂一层保护药膜；当植株树冠发病逐渐枯萎而地下部根系保持健康，可采用高位嫁接（图4-1），先将健康接穗嫁接在几个枝干上，待接穗存活发芽后，锯掉接穗前端，让嫁接存活的幼枝尽快生长，替换掉原来的树枝行使功能。手术治疗技术只能用于非系统侵染性病害的防治。

图4-1　柑橘的高位嫁接

（4）加强寄主植物的生产管理　农林业生产中受不同入侵微生物侵染的农作物、花卉和林木等寄主植物，通过加强田间或林间管理，造成有利于寄主植物而不利于入侵微生物生存的环境，使植物正常生长繁殖，增强对入侵微生物的抗性。通过加强植物的生产管理措施来控制有害生物，称为栽培控制（cultural control）。就农作物而言则称为农业防治（agricultural control），农业防治包括实行不同作物的间套作和轮作、培育无病虫健康种苗、清洁田间、适期播种或栽插、地膜覆盖、合理密植、适时中耕除草、合理施肥和排灌水、适时修剪、适期收获等具体措施。农业防治中的很多具体措施（如不同树种或品种的间作套作、合理施肥灌水、适时修剪等）也适用于果园、花园、绿化带和森林的栽培管理。

（5）生物控制　在生态系统中，存在着以有害生物为食的有益生物种类。生物控制就是利用这些有益生物来控制有害生物。对于入侵微生物的生物防治，有三种基本策略。其一是利用本地生防因子，采用一些生态调控方法促进本地环境存在的有益微生物的生长繁殖，从而抑制有害微生物的种群量和危害。其二是从外地引入生防因子，一般是从入侵微生物的原产地引进具有生防控制作用的生防菌到本地释放，并让其在释放区内自然生长定殖下来，以控制该区的入侵微生物。其三是扩繁释放，即在室内通过人工繁殖有益微生物，批量生产生防菌菌剂，施用到环境中，致死或抑制环境中的病原微生物或其传播介体。迄今国内外研究最多的植物病害生防菌主要包括木霉菌属（*Trichoderma*）、黏帚霉属（*Gliocaldium*）、链霉菌属（*Streptomyces*）、芽孢杆菌属（*Bacillus*）等细菌和真菌。

在美国，许多由不同生防真菌和细菌制成的生物农药产品已获登记注册并大面积商品化应用（表4-1）。这些防治植物病害的生物农药的来源、防治病害或病原物对象、剂型及使用方法见表4-2。可以看出，国际上利用生防菌已开发的控病生物农药主要包括生防菌菌剂、抗生素、干扰素和生长调节剂等。

表 4-1　美国已商品化应用的生物农药产品（Gardner，2002）

生物农药	商品名
细菌剂	
放线土壤杆菌（*Agrobacterium radiobacter*）	Galltrol；Nogall
芽孢杆菌属	Companion；HiStick N/T，Kodiak Serenade，YieldShield
洋葱伯克氏菌（*Burkholderia cepacia*）	Deny；Intercept
假单胞杆菌属（*Pseudomonas*）	BioJect Spot-Less，Bio-save BlightBan，Cedomon
链霉菌属	Actinovate，Mycostop
真菌剂	
白粉寄生孢（*Ampelomyces quisqualis*）	AQ10
假丝酵母（*Candida oleophila*）	Aspire
小盾壳霉（*Coniothyrium minitans*）	Contans WG/Intercept WG
疣孢漆斑菌（*Myrothecium verrucaria*）	DiTera
木霉菌属/黏帚霉属	Plantshield/Rootshield/T-22 Planter box，Soilgard，Primastop
植物激活剂	
细菌 a	Serenade，Yield Shield
细菌蛋白	Messenger
合成生化化合物	Actigard

　　我国在植物病害生物防治方面也进行了大量的研究，筛选鉴定了很多危险性植物病害的拮抗微生物，有的已在生产中大面积推广应用。江苏省农业科学院等研究获得的枯草芽孢杆菌 B916 菌（*Bacillus substilis* B916），通过发酵扩繁研制成的生防制剂，在江苏 10多个县市水稻生产中连续应用已 10 多年，对水稻纹枯病有非常好的防治效果，取得了显著的经济效益和生态保护效益，得到了当地农民的青睐。我国在控制病原物的抗生素研究和应用方面处于国际领先水平：上海市农药研究所于 1973 年获得吸水链霉菌井冈山变种（*Streptomyces hygroscopicus* var. *jinggangensis*），其代谢产物中的井冈霉素对茄立枯丝核菌（*Rhizoctonia solani*）引起的纹枯病具有特效，已经在我国使用 30 多年，每年仅用于防治水稻纹枯病面积达 2 亿亩*次；由中国农业科学院植物保护研究所通过 1979 年发现的不吸水链霉武夷山变种（*Streptomyces hygroscopicus* var. *wuyiensis*）研制的武夷菌素，是一种高效、广谱、低毒的生物农药，对灰霉病、白粉病等多种植物病害有良好的防效，已在全国多种作物上广泛应用，累计应用面积已近 1 亿亩次；我国研制和广泛应用的还有中生菌素、多抗霉素、农抗 120 等植物病害防治生物农药，它们的推广应用在我国都取得了巨大的社会、经济、生态效益。

　　利用生防因子控制农业生产中的有害生物具有农产品无化学残留和保护环境的优点，但有的技术对有害生物的防治效果往往比较缓慢。因此，在实践中一般将生物防治与

---

　　*　亩为非法定计量单位，1 亩≈667m² 。——编者注

化学防治等技术结合使用，这样可以大大减少化学药剂的使用，减轻农产品和环境的污染。

表 4 - 2 商业化应用的生防产品（Gardner，2002）

商品名	生防因子	目标病（害）菌	作物	剂型	使用方法
Actigard	甲基-S-活化酯	多种病原	烟草、番茄、莴苣、菠菜	水溶性颗粒剂	浸种或灌根
Actinovate	利迪链霉菌	土传病害	温室和苗圃作物	水溶性颗粒剂	浸种或灌根
AQ10 杀菌剂	白粉寄生孢	白粉病	果树、草莓、瓜果、花卉	水溶性颗粒剂	喷雾
Aspire	假丝酵母 I-182	灰霉、青霉	柑橘、核果类	可湿性粉剂	浸果、喷雾
BioJect Spot-Less	金色假单胞杆菌	炭疽病、瓜果腐霉、粉红雪霉	草坪草等	水剂	淋浇
Bio-save10LP	丁香假单胞杆菌	灰霉、青霉、梨毛霉、白地	柑橘、核果类、樱桃、马铃薯	干粉	水溶液洗果
BlightBan A506	荧光假单胞 A506	霜冻、梨火疫病菌、叶枯病细菌	核果类、樱桃、草莓、马铃薯	可湿性粉剂	花、果实喷雾
Cedomon	氯氮假单胞杆菌	锈病、网斑病等	麦类	种子处理剂	种子包衣
Companion	枯草/地衣/巨大芽孢杆菌	疫霉、腐霉、镰刀菌、丝核菌	温室和苗圃	水剂	种苗浸根、喷雾
Contans WG，Intercept WG	小盾壳霉	核盘菌	农田土壤	水分散颗粒	喷雾
Deny	洋葱伯克氏菌	镰刀菌、腐霉、多种线虫	麦类、苜蓿、棉花、高粱、蔬菜	泥炭颗粒剂、水剂	拌种或浸种
DiTera Biocontrol	疣孢漆斑菌发酵物	寄生线虫	甘蓝、葡萄、花卉、草坪草、树	发酵粉剂或水悬浮剂	土壤处理
Galltrol	放线土壤杆菌 B84	根癌病	果树、花卉、苗圃	纯培养皿	每皿对 4L 水，进行种苗、接穗处理
HiStick N/T	枯草芽孢杆菌 MBI60	丝核菌、镰刀菌、曲霉	豆科作物	种子处理剂	混泥炭拌种
Kodiak	枯草芽孢杆菌	立枯丝核菌等	棉花、豆科作物	多种剂型	混泥炭拌种
Messenger	解淀粉欧氏杆菌过敏蛋白	多种病害	大田作物、花卉、蔬菜	粉剂	浸种或喷雾

（续）

商品名	生防因子	目标病（害）菌	作物	剂型	使用方法
Mycostop	灰绿链霉 K61	多种真菌	大田作物、花卉、蔬菜	粉剂	浸种或喷雾
Nogall	放线土壤杆菌	根癌病	果树、花卉	纯培养皿	
Primastop	链孢黏帚霉	烂种、根腐和枯萎的土传病害病原	花卉、蔬菜、果树	粉剂	浸种或喷雾
RootShield	哈次木霉 T-22	腐霉、丝核菌和镰刀菌	乔木、灌木、花卉、蔬菜	颗粒剂或可湿性粉剂	颗粒剂拌土、粉剂对水灌根
Serenade	枯草芽孢杆菌	白粉霜霉病、晚疫病、火疫病等	瓜类、葡萄、蔬菜、花生、核果类等	可湿性粉剂	喷雾
SoilGard	绿色黏帚霉 GL-21	猝倒和根腐病	温室花卉、苗圃等	颗粒剂	苗期前土壤处理
YiedShield	短小芽孢杆菌	土传真菌	大豆	粉剂	混泥浆处理种子

（6）物理防治　是利用有关物理因素（如光、热、电、湿度、辐射、声波等）处理来防治有害生物的措施。每一种有害生物都有特定的物理学特性和对温度、颜色、射线等物理因子的适应性或敏感范围，根据他们的物理学特性或用超出其可忍耐的因子处理就可能汰除或致死有害生物。

①极端温度处理：用高温处理来杀死作物种子、温室土壤中潜伏的病原物和杂草种子等，一般 50℃可以杀死线虫、一些卵菌和水霉，60～72℃才能杀死多数病原真菌、细菌、寄生虫等，而杀死病毒则需要高达 95～100℃的高温。在生产中常用晒种、温汤浸种杀灭种子中的病虫，用高温蒸汽处理杀灭潜藏于木材和竹器等材料中的有害微生物。用低温冷藏处理来致死或抑制病原微生物的生长，常用 4℃来保存作物种子、瓜果蔬菜和花卉等，该条件下一定时间内可使病原微生物不能增殖，保持贮藏品的品质。

②光照和辐射等处理：许多病原物的传播介体昆虫都有趋光性，在实践中常在农田、森林和其他生境安置黑光灯来诱杀这些昆虫的成虫，就是利用了它们的趋光性；病毒的传毒介体蚜虫等都对黄色有趋性，所以在温室或田间放置黄色的黏虫板可以诱杀这类害虫；用放射性同位素、超声波或微波处理物品，可杀灭物品中潜藏的很多种有害生物。在实践中，某些地方专门建立了较大型的辐照处理场，常年可处理大批量的各种物品。经辐射处理后的新鲜瓜果、薯块等农产品可延长贮藏期，有利于反季节销售，提高产品价格，同时改善人们的生活。

③物理汰除：一般作物种子密度和有害生物的差异很大，根据这种差异，常用盐水或泥浆水漂浮和风选等方法来汰除作物种子中的病粒、瘪粒、害虫虫体和杂草种子，可有效地延长种子的保存期和减轻病原物、杂草等对下一季田间作物的侵袭和危害。

（7）化学防治　化学防治法是使用化学药剂防治有害生物的方法。农药具有高效、速效、使用方便、经济效益高等优点，但使用不当可对植物产生药害，引起人畜中毒，杀伤有益微生物和天敌，导致有害生物产生抗药性。农药的高残留还可造成环境污染。当前化学防治是防治植物病虫草害的重要措施，在面临疫情大发生的紧急时刻，甚至是唯一有效的措施。19世纪以前，中国民间一直沿用矿物（砒石、雄黄、石灰等）和杀虫植物（烟草、除虫菊、鱼藤等）防治植物病虫害。据记载，在周代已经用药草熏蒸、撒石灰和草木灰等方法防治害虫。13世纪，《王祯农书》中有用硫黄防治病虫害的记载。日本曾于1670年使用鲸油驱除叶蝉。1882年，法国发现波尔多液有抑制葡萄霜霉病的作用。1889年美国开始使用砷酸铅防治害虫。但当时使用的方法都比较简单，防治病虫的种类也少。当前应用的农药主要有杀虫剂、除草剂、杀菌剂和杀线虫剂等，病毒抑制剂也在积极开发中。为了充分发挥化学防治的优点，减轻其不良作用，应当恰当地选择农药种类和剂型，采用适宜的施药方法，合理使用农药。

化学防治的原理：化学防治是利用农药的生物活性，将有害生物种群或群体密度控制到经济损失允许水平以下。农药的生物活性表现在4个方面。①对有害生物的杀伤作用，是化学防治速效性的物质基础。如杀虫剂中的神经毒剂在接触虫体后可使之迅速中毒死亡；用杀菌剂进行种苗和土壤消毒，可使病原被杀灭或被抑制；喷洒触杀性除草剂可使杂草很快枯死；施用速效性杀鼠剂可在很短时间内使鼠中毒死亡等。②对有害生物生长发育的抑制或调节作用。有些农药能干扰或阻断生命活动中某一生理过程，使之丧失危害或繁殖的能力。如灭幼脲类杀虫剂能抑制害虫表皮层的内层几丁质骨化过程，使之死于脱皮障碍。化学不育剂作用于生殖系统，可使害虫、害鼠丧失繁殖能力；早熟素能阻止保幼激素的合成、释放或对其起破坏作用，使幼虫提前进入成虫期，雌虫丧失生殖能力；异稻瘟净和克瘟散能抑制稻瘟病菌菌丝体细胞壁壳质的形成，使之不能侵染作物；波尔多液能抑制多种病原孢子萌发；多菌灵能抑制多种病原分生孢子和水稻纹枯病菌核的形成和散发，2,4-滴类除草剂可抑制多种双子叶植物的光合作用，使植株畸形、叶片萎缩，因而致死等。③对有害生物行为的调节作用。有些农药能调节有害生物的觅食、交配、产卵、集结、扩散等行为，使种群逐渐衰竭。如拒食剂使害虫、害鼠停止取食；驱避剂迫使害虫远离作物；报警激素使蚜虫分散逃逸；食物诱致剂与毒杀性农药混用可引诱害虫、鼠类取食而中毒死亡；性信息素（性引诱剂）可诱集雄性昆虫，干扰其自然交配，从而影响正常繁衍。④增强作物抵抗有害生物的能力。包括改变作物的组织结构或生长情况，以及影响作物代谢过程。如用赤霉素浸种，加速小麦出苗，可避开被小麦光腥黑穗病菌（*Tilletia foetida* Liro，TFL）侵染的时期；用DL-苯基丙氨酸诱发苹果树产生根皮素，可增强多元酚氧化酶的活性，从而产生对黑星病的抗性；利用化学药剂诱发寄主作物产生或释放某种物质，可增强自身抵抗力或进行自卫等。

化学防治的原则：随着生活质量的提高，人们越来越关注农药残留带来的食品安全、生态安全和环境安全问题。在制订有害生物化学防治的策略时，需要考虑各种有害生物的特征、杀菌剂的毒性和理化性质，还必须考虑药剂与防治对象物种的相互作用。另外，连续使用某种高效农药，也极易导致害虫、病原体和杂草产生抗药性，难以保证化学防治的持续有效性。所以化学防治必须与生态及生物控制、栽培（养殖）实践技术配合使用。其基本原则是，优先使用抗性品种、合理的作物栽培管理和动物养殖管理技术、生物防治等绿色防控技术，只有在应急的情况和其他措施都无法达到经济有效的防控效果时才能使用化学防治，而且要做到科学合理地应用。所谓"科学合理"，就是要对有害生物种类做出准确的诊断鉴定，针对性地选择适宜的药剂，采用适合的浓度（剂量）和安全的使用方法，在适当的时间和适合的天气条件下安全施药。

化学农药的类型：农药的种类繁多，有多种分类方法，常用的有四种分类。①根据作用对象分为杀虫剂、杀菌剂、除草剂、灭鼠剂、杀螨剂等；针对入侵性农林病原微生物本身的化学药剂主要为杀菌剂，包括杀真菌剂、杀细菌剂和杀线虫剂，但对于植物病原病毒目前还没有有效的"杀病毒剂"。②根据毒性作用和进入有害生物体的途径分为触杀剂、胃毒剂、内吸剂、熏蒸剂、趋避剂、引诱剂等。③为便于运输贮藏、使用和发挥药效，各类农药都可能被加工成粉剂、水剂、乳剂、微乳剂、颗粒剂、注射剂和片剂等剂型。④根据化学物质类型分为有机磷、有机氟、有机氯、菊酯、烟碱等类型。在入侵生物的防治中一定要选用适当类型和剂型的农药，以保证理想的防治效果。

化学防治中农药的使用方法：在使用农药时，需根据药剂、作物与病害特点选择施药方法，以充分发挥药效，避免药害，尽量减少对环境的不良影响。化学药剂的施用方法主要有以下几种。①喷雾法：利用喷雾器械将药液雾化后均匀喷在植物和有害生物表面，按用液量不同又分为常量喷雾（雾滴直径 $100\sim200\mu m$），低容量喷雾（雾滴直径 $50\sim100\mu m$）和超低容量喷雾（雾滴直径 $15\sim75\mu m$）。农田多用常量和低容量喷雾，两者所用农药剂型均为乳油、可湿性粉剂、可溶性粉剂、水剂和悬浮剂（胶悬剂）等，对水配成规定浓度的药液喷雾。常量喷雾所用药液浓度较低，用液量较多；低容量喷雾所用药液浓度较高，用液量较少（为常量喷雾的 $1/20\sim1/10$），工效高，但雾滴易受风力吹送飘移。②喷粉法：利用喷粉器械喷撒粉剂的方法。该方法工作效率高，不受水源限制，适用于大面积防治。缺点是耗药量大，易受风的影响，散布不易均匀，粉剂在茎叶上黏着性差。③种子处理：常用的有拌种法、浸种法、闷种法和应用种衣剂。种子处理可以防治种传病害，并保护种苗免受土壤中病原物侵染或土壤害虫的危害。用内吸剂处理种子还可防治地上部病害和虫害。拌种剂（粉剂）和可湿性粉剂用于干拌法拌种，乳剂和水剂等液体药剂可用湿拌法，即加水稀释后，喷洒在干种子上，拌和均匀。浸种法是用药液浸泡种子。闷种法是用少量药液喷拌种子后堆闷一段时间再播种。利用种衣剂为种子包衣，杀菌剂可缓慢释放，延长作用时间。④土壤处理：在播种前将药剂施于土壤中，主要防治植物根部病害和土壤害虫。土表施药是用喷雾、喷粉、撒毒土等方法将药剂全面施于土壤表面，再翻耙到土壤中，深层施药是施药后再深翻或用器械直接将药剂施于较深土层，在植物的生长期可用撒施法、泼浇法施药。撒施法是将药剂的颗粒剂或毒土直接撒在植株根部周围，毒土是将乳剂、可湿性粉剂、水剂或粉剂与具有一定湿度的细土按一定比例混匀制成的。撒施法施药后应灌水，以便药剂渗滤到土壤中。泼浇法是将杀菌剂加水稀释后泼浇于植株基部。⑤熏蒸法：用熏蒸剂产生的有毒气体在密闭或半密闭设施中，杀灭害虫或病原物的方法。有的熏蒸剂还可用于土壤熏蒸，即用土壤注射器或土壤消毒机将液态熏蒸剂注入土壤内，使药剂在土壤中呈气体扩散。土壤熏蒸后需按规定等待较长的一段时间，待药剂充分散发后再播种，否则易产生药害。⑥烟雾法：指利用烟剂或雾剂防治病虫害的方法。烟剂是农药的固体微粒（直径 $0.001\sim0.1\mu m$）分散在空气中起作用，雾剂是农药的小液滴分散在空气中起作用，施药时用物理加热法或化学加热法引燃烟雾剂。烟雾法施药扩散能力强，只在密闭的温室、塑料大棚和隐蔽的森林中应用。⑥注射法：用于大型果树和乔木（如银杏等绿化树）病虫害防治的施药方法。⑦其他方法：除前述方法外，农药的使用有时还可用涂抹法、洗果法、蘸（浸）根法、仓库及器具消毒法等。

化学农药的安全使用：有害生物的化学防治是综合治理的技术之一，其必须与其他治理技术配合协调使用。但是，在我国很多地方，特别是农业欠发达地区，基本上将农药作为唯一的有害生物防治手段，在农业生产实践中化学农药大量使用的现象非常严重，由于使用方法不当，在农业生产中造成了一些严重的负面作用。一是农药在喷施过程中大量流失和飘移，对农业生态环境造成了严重的污染；二是施用农药品种不当，引起作物产生药害，造成减产和品质下降；三是剧毒农药的使用，在粮食特别是蔬菜果品中大量残留，对人们的生活和健康造成了不良影响；四是农民用药方法不正确，人畜中毒事故时有发生。因此如何科学、合理、安全地使用化学农药，减少使用化学农药造成的危害，是当前和今后我国很多地方农业生产迫切需要解决的重要问题。根据化学防治的基本原则和我国很多地方现存的问题，提出以下安全用药要点：

①确定防治对象，对症下药。当田间出现危害时，首先要根据危害特征和症状做出准确的诊断鉴定，确定发生的病害或其传播介体种类，再针对性地选择适用的杀虫剂、杀菌剂或杀螨剂等。

②选用对路的农药品种，掌握适宜的防治浓度和时期，提高防治效果。不同作物或同种作物中的不同品种对农药的敏感性有差异，如果把某种农药施用在对其敏感的作物或品种上就会出现药害。因此选用对路的农药品种十分关键。在选定防治药剂后，还要根据作物的生长期、病虫害发生程度和该病害的流行规律、害虫的暴发规律，掌握最佳的防治时期，并严格按照农药包装上注明的使用浓度进行科学配制。

③使用性能优良的施药器械是提高农药利用率的有效途径。施药器械主要是喷雾器械，其性能的好坏与农药雾化程度的高低成正比，与农药的流失和飘移量成反比。喷雾器械性能优良，农药的雾化程度就高，农药的流失和飘移量就少，农药利用率就高，可减少农药的使用量。近年我国一些地区推广的新型手动喷雾器和机动喷雾器性能优良，质量可靠，深受广大农户欢迎。对于松材线虫枯萎病等森林植物病害，一般的农用施药工具无法满足施药需求，需要用到直升机等飞行喷药器械。

④把握喷药时间，注意天气条件。大雾、大风和下雨天在田间喷施农药，会造成农药大量流失和飘移，并容易发生人员中毒事故，是绝对不允许的。气温太高的天气，水分容易蒸发，喷到作物上的农药浓度容易增加，会引起作物药害发生，也不宜施药。喷施农药的最佳时间是无风的清晨和傍晚，地表气温比较稳定，农药可均匀地喷洒到作物上。

⑤及时清洗施药器械，减少作物药害发生。盛装过农药的量杯、容器和喷雾器，必须经水洗后，用热碱水或热肥皂水洗2～3次，然后再用清水洗净，才能再次盛装农药，否则，很容易造成药害，除草剂的喷雾器最好专用。

⑥杜绝使用国家已宣布禁用的高毒农药。目前国家已经明确禁止生产和使用的农药品种有敌枯双、二溴氯丙烷、三环锡、双胍辛胺、18%蝇毒磷粉剂、六六六、滴滴涕、艾氏剂、狄氏剂、二溴乙烷、杀虫脒、氟乙酰胺、氟乙酸钠、毒鼠强、毒鼠硅、甘氟汞制剂和

除草醚等剧毒农药。规定甲拌磷、对硫磷、甲基对硫磷、内吸磷、治螟磷、杀螟威、久效磷、磷胺、甲胺磷、氧化乐果、呋喃丹、灭多威、异丙磷、三硫磷、水胺硫磷、甲基异柳磷、地虫硫磷、五氯酚、磷化锌、磷化铝、氯化苦等药剂不得在蔬菜、果树、茶树和中药材上使用，也不得用于防治卫生害虫和人畜皮肤病。

　　⑦为了减少环境污染和避免人畜中毒等安全事故，对所有农药包装材料要按规定统一回收、统一处理，决不能随地扔弃而造成不必要的环境污染和安全隐患。

　　根据上述农药使用原则和安全用药要点，为了指导农民安全使用农药，各地农林部门尤其是植保技术部门应切实执行农药安全使用措施，确保农业生产安全、农产品质量安全、施药者人身安全和农业生态环境安全。一是要切实加强科学安全用药宣传培训与技术指导工作，针对农村和农民的现实状况，多渠道、多形式地广泛开展农药安全使用技术的宣传培训工作，有针对性地宣传安全用药的相关知识，提高农药安全使用技术的普及。二是要大力推进农作物病虫害专业化统防统治。近年实践证明，专业化统防统治不仅可提高防治效果，还可有效减少农药使用量，减轻对环境的污染，提高农产品品质。各地要加大专业化统防统治推广应用的工作力度，促进专业化统防统治快速发展。三是要大力推广绿色防控技术，减少化学农药的使用量。针对我国农药用量大、病原微生物和害虫抗药性日益突出等问题，各地要积极推广绿色防控技术，降低化学农药的使用量，减少化学农药带来的负面影响。提倡一手抓生物农药的推广应用，一手抓因地制宜采用物理、生物、农业等非化学防治措施进行科学防控。四是要认真做好高效、安全农药品种推广应用工作，引导农民使用高效、低毒和低残留的农药品种，使农民在有害生物的防治上不失时、不失误。五是要大力推广和普及先进的农药使用技术，把先进的农药使用技术普及到田间地头，指导农民适时、适量、科学合理使用农药，从根本上解决"用好药、少用药"的问题。六是要注重引进和推广新型先进施药机械，加速实现植保机械的更新换代。各级植保部门要继续引导农民更新使用新型植保机械，积极向专业化统防统治服务组织推荐施药质量好、作业效率高、劳动强度低的植保机械，减少农药在使用过程中的"跑、冒、滴、漏"，提高农药利用率，保护施药者安全，减少农药对环境的污染，确保农药安全使用工作取得实效。

　　我们要广泛地普及农药安全知识，增强人们的安全用药意识。农药必须要在使用时才根据实际需要量购买，不能在农户家里较长时间存放，购回的农药必须有明显的标记，且存放在小孩不可触及的安全之处，这样既可以保证药效不过期，也可避免误服或有意服用农药的安全事件；抵抗力低下者，呼吸农药后容易中毒，所以不能从事施药工作；刮风下雨天施药易发生飘移，损失药效，高温强光天气下施药易发生农药中毒，所以在恶劣天气条件下不能施药；农药使用时必须严格规范操作，施药时要戴手套、口罩和穿防护服，施药后要及时脱去防护装备，并洗手或洗澡，尽可能不要让药液接触皮肤；不要将喷雾器和装农药的包装瓶等直接在鱼塘或沟渠内冲洗，洗涤的药水也不要直接倒入沟渠和鱼塘，以免造成水体污染和鱼类中毒死亡；更不要用装农药的包装瓶等盛装食用油、酱油和醋等食品。总之，农药安全是事关人们健康和生命安全的重要问题，应当引起我们的充分重视。

主要参考文献

陈志谊，高太东，1997. 枯草芽孢杆菌 B－916 防治水稻纹枯病的田间试验．中国生物防治，13（2）：75－78.

董金皋，2013. 植物病理学导论．北京：科学出版社．

郭建英，万方浩，2004. 中国主要农林入侵生物与控制．北京：中国农业出版社．

李志强，谢超杰，2014. 苹果树腐烂病的发生规律及防治技术．果树之友，5：23－24.

刘邮洲，常有宏，王宏，等，2010. 利用枯草芽孢杆菌 B-916 与化学药剂协同作用防治梨黑斑病．江苏农业科学，26（2）：1227－1232.

邱德文，2010. 我国植物病害的生物防治现状及发展对策．植物保护，36（4）：35－38.

孙蕾，刘彦彦，王家旺，等，2013. 生物农药武夷菌素对保护地番茄灰霉病的防治效果．中国农学通报，29（25）：173－178.

谭万忠，彭于发，2015. 生物安全学导论．北京：科学出版社．71－86.

田家屹，2004. 山东外来入侵有害生物与防治技术．北京：科学出版社．

万方浩，李保平，郭建英，2008. 生物入侵：防治篇．北京：科学出版社．

万方浩，谢丙炎，褚栋，2008. 生物入侵：管理篇．北京：科学出版社．

万方浩，郑小波，郭建英，2005. 重要农林外来入侵生物的生物学与控制．北京：科学出版社．

吴文君，罗万春，2008. 农药学．北京：中国农业出版社．

杨吉春，吴峤，刘长令，2015. 近五年公开的新杀菌剂及其合成进展．精细化工中间体，45（6）：1－9.

张国良，曹坳程，付卫东，2010. 农业重大外来入侵生物应急防控技术指南．北京：科学出版社．

张穗，温广月，2005. 农业生物灾害预防与控制研究：井冈霉素的研究进展及面临的挑战．中国植物保护学会，671－674.

Bisutti I L，Hirt K，Stephan D，2015. Influence of different growth conditions on the survival and the efficacy of freeze-dried *Pseudomonas fluorescens* strain Pf 153. Biocontrol Sci Tech，25：1269－1284.

Costa F G，Zucchi T D，de Melo I S，2013. Biological control of phytopathogenic fungi by endophytic actinomycetes isolated from maize（*Zea mays*）. Braz Arch Biol Technol，56：948－955.

Ehler L E，2006. Integrated pest management（IPM）：definition，historical development and implementation and the other IPM. Pest ManagementScience，62：787－789.

Fry W E，1982. Principles of Plant Disease Management. Academic Press，NewYork.

Fujiwara A，Fujisawa M，Hamasaki R，et al.，2011. Biocontrol of *Ralstonia solanacearum* by treatment with lytic bacteriophages. Appl Environ Microbiol，77：4155－4162.

Gardener B B M，2002. Biological control of plant pathogens：research，commercialization，and application in the USA. Online. Plant Health Progress. DOI：10.1094/PHP-2002－0510－01－RV. http：//www. apsnet. org/publications/apsnetfeatures/Pages/biocontrol. aspx.

Ghabrial S A，Caston J R，Jiang D H，et al.，2015. 50－plus years of fungalviruses. Virology，479：356－368.

Hao W N，Li H，Hu M Y，et al.，2011. Integrated control of citrus green and blue mold and sour rot by *Bacillus amyloliquefaciens* in combination with tea saponin. Postharvest Biology andTechnology，59：316－323.

Hassan M G，Devi L，Ahmad S，et al.，2010，The biological control of paddy disease brown spot

(*Bipolaris oryzae*) by using *Trichoderma viride* in vitro condition. Journal of Biopesticides, 3 (1): 93 - 95.

Hetong Y, Ryder M, Wenghua T, 2008. Toxicity of fungicides and selective medium development for isolatiom and enumeration of *Trichoderma* spp. In: Agricultural soils. International Subcommision on Trichoderma and Hypocrea Taxonomy, China 2008.

Hjeljord, Tronsmo A, 1998. Trichoderma and Gliocladium in biological control: an overview. In: Trichoderma and Gliocladium-Enzymes, Biological control and Commercial Applications (Eds.): G. E. Herma and C. P. Kubick. Taylor & Frasncis Ltd London, Great Britain, 74 - 106.

Knipling E F, 1979. The Basic Principles of Insect Population Suppression and Management. USDA, Wshington, Maloy O. C. 2005. Integrated Disease Management. Washington StateUniversity, Pullman, WA. http: //www. apsnet. org/edcenter/intropp/topics/Pages/PlantDiseaseManagement. aspx.

Neil K H, O'Donovan J T, 2013. 4Recent weed control, weed management and integrated weed management. Weed Technology, 27 (1): 1 - 11.

Pal K K, Gardener B M, 2011. Biological Control of Plant Pathogens The Plant Health Instructor. DOI: 10. 1094/PHI-A-2006 - 1117 - 02.

Ren J H, Li H, Wang Y F, et al. , 2013. Biocontrol potential of an endophytic *Bacillus pumilus* JK-SX 001against poplar canker. Biol Control, 67: 421 - 430.

Santoyo G, Orozco-Mosqueda M D, Govindappa M, 2012. Mechanisms of biocontrol and plant growth-promoting activity in soil bacterial species of Bacillus and Pseudomonas: a review. Biocontrol Sci Tech, 22: 855 - 872.

Smith R G, Mortensen D A, Ryan M R, 2009. A new hypothesis for the functional role of diversity in mediating resource pools and weed-crop competition in agroecosytems. Weed Research, 50: 37 - 48.

Stockwell V O, Johnson K B, Sugar D, et al. , 2011. Mechanistically compatible mixtures of bacterial antagonists improve biological control of fire blight of pear. Phytopathology, 101: 113 - 123.

Wan F H, Guo J Y, Zhang F, 2009. Research on Biological Invasions in China. Beijing: Science Press.

下篇 各 论

第五章

入侵性植物病原真菌和卵菌及其监测防控

我国的外来入侵植物病原真菌和卵菌有近 60 种，本章将论述其中 11 个最重要的物种，分别讨论它们的起源和分布、病原、病害症状、生物学特性和病害流行规律、诊断鉴定和检疫监测、应急和综合防控。

第一节 小麦矮腥黑穗病及其病原

小麦矮腥黑穗病可发生在小麦、大麦、燕麦和黑麦等麦类作物上，是传播性强的一种病害，极难根治。小麦感病后，一般可减产 10%～20%，感病品种可减产 50% 以上甚至绝收。小麦矮腥黑穗病的病原为小麦矮腥黑穗病菌，是重要的国际检疫对象，世界上有40 多个国家将其列为检疫对象物种。我国从 20 世纪 60 年代将小麦矮腥黑穗病菌列为检疫对象。随着我国加入 WTO 以及与小麦矮腥黑穗病疫区国家小麦产品的交流，小麦矮腥黑穗病传入我国的可能性日益增大，造成扩散危害的形势相当严峻。小麦是我国主要粮食作物，如果对小麦矮腥黑穗病的防范和控制不加以重视，就会对我国小麦生产构成很大的威胁，将对我国粮食生产安全造成严重的影响。

一、起源和分布

1847 年和 1860 年先后在捷克和美国发现小麦矮腥黑穗病，最早认为小麦矮腥黑穗病菌是小麦网腥黑穗病菌的变种。1956 年 Fischer 正式将小麦矮腥黑穗病菌从网腥黑穗病菌中分离出来，成为一个独立的菌种。小麦矮腥黑穗病菌至今已传播至全世界的 40 多个国家，发病地点主要集中于北纬 30°和南纬 30°之间的中纬度地区。

根据 EPPO（2021）和 CABI（2021）的描述，目前主要发生与分布的国家：南美洲的乌拉圭和阿根廷；大洋洲的澳大利亚、新西兰；非洲的摩洛哥、利比亚、阿尔及利亚和突尼斯；欧洲分布最广，在奥地利、乌克兰、瑞典、阿尔巴尼亚、斯洛伐克、捷克、德国、罗马尼亚、保加利亚、瑞士、希腊、匈牙利、卢森堡、意大利、波兰、西班牙、俄罗斯、法国、丹麦、摩尔多瓦、克罗地亚、格鲁吉亚等都有危害；北美洲的加拿大的安大略、不列颠哥伦比亚省和美国的爱达荷、华盛顿、犹他、俄勒冈、科罗拉多、蒙大拿、怀俄明、纽约、印第安纳和密歇根州；亚洲的伊朗、土耳其、巴基斯坦、哈萨克斯坦、伊拉克、阿富汗、叙利亚、乌兹别克斯坦、塔吉克斯坦、土库曼斯坦、吉尔吉斯斯坦以及日本发生分布为主。

我国新疆 2010 曾报道发生小麦矮腥黑穗病。但是陈克等（2002）风险分析预测我国西北、东北、华北、华中和西南大部分麦区都适宜小麦矮腥黑穗病的发生，将我国麦区发生小麦矮腥黑穗病的危险程度划分为 5 个区域：①极高风险区，包括西北高原、新疆和青藏高原部分、陕甘宁黄土高原和内蒙古麦区；②高风险区，为黄河中下游区：包括华北大部及东北南部麦区；③局部发生区，指长江中下游中南及西南高海拔麦区，山区和丘陵地区；④偶发区，包括台湾及两广高海拔地区；⑤低危险区，仅有海南省。

二、病原

1. 名称和分类地位

小麦矮腥黑穗病菌拉丁学名为 *Tilletia controversa* Kuhn（简称 TCK），异名有 *Tilletia brevifaciens* G. W. Fisch、*Tilletia tritici-anifican* F. Wagner。在 Mathre（1996）的综述中，他认为引起麦类矮腥黑穗病的 *T. controversa*、*T. caries* 和 *T. foetida* 实际上是同种的 3 个不同变种。在旧的分类系统中属真菌界、真菌门、担子菌亚门（Basidiomycotina）、冬孢菌纲（Teliomycetes）、黑粉菌目（Ustilaginales）、腥黑粉菌科（Tilletiaceae）、腥黑粉菌属（*Tilletia*）；在较新的分类系统中属于真核域、真菌界、担子菌门（Basidiomycota）、黑粉菌亚门（Ustilaginomycotina）、黑粉菌纲（Ustilaginomycetes）、外担子菌亚纲（Exobasidiomycetidae）、腥黑粉菌目（Tilletiales）、腥黑粉菌科、腥黑粉菌属（CABI，2021）。

2. 形态特征

小麦矮腥黑穗病菌的菌丝体发达，菌丝分隔，深褐色；冬孢子堆深黄褐色，冬孢子淡黄色或淡棕色，球形、椭圆形或不规则（彩图 5-1），直径（含胶质鞘）为 16.80~32.19μm，通常 18~24μm，具网状饰纹和无色到淡色的胶质鞘，冬孢子网脊高度（1.43 ±0.14）μm。冬孢子萌发时形成先菌丝（担子），在其顶端产生初生小孢子（担孢子），初生小孢子经 H 形交配后产生新月形次生小孢子。在激发滤光片 485nm、屏障滤光片 520nm 的激发下，冬孢子在 3min 内可产生自发荧光。

三、病害症状

小麦矮腥黑穗病的典型症状与小麦其他腥黑穗病有明显区别。受害麦株产生较多分蘖，较健株多一倍以上，健株分蘖 2~4 个，病株 4~10 个，最多至 40 个。有些小麦品种幼苗叶片上出现褪绿斑点或条纹，拔节后，病株茎秆伸长受抑制，矮化明显，高度仅为健株的 1/4~2/3，最矮病株高度仅 10~25cm，但一些半矮秆品种病株高度降低较少。在重病田可明显见到穗分层现象，健穗在上，病穗在下。矮化与多分蘖的症状变化很大（彩图 5-2），这除了取决于寄主与病原体基因型外，与侵染时间及发病程度也密切相关。

病株小花增多，健穗每小穗 3~5 个小花，病穗每小穗 5~7 个甚至 11 个小花，病穗宽大、紧密。有芒品种的芒短而弯，向外开张，病穗外观比健穗肥大。小花都为菌瘿型病粒，黑褐色，较网腥菌瘿略小，更接近球形，坚硬、不易压碎，破碎后呈块状，内部充满黑粉（冬孢子），病穗鱼腥臭味。小麦生长后期病粒遇潮、遇水可胀破，孢子外溢，干燥后形成不规则的硬块，即菌瘿。菌瘿一般黄褐色至黑褐色，大小和形状差别较大，大的似豌豆，小者如米粒。

四、生物学特性和病害流行规律

1. 生物学特征

小麦矮腥黑穗病菌冬孢子可在持续低温下萌发，萌发最低温度－2℃，最适温度3～8℃，最高温度不超过12℃。适宜小麦矮腥黑穗病菌萌发的土壤相对持水量范围在35%～88%。最适照射光波400～600nm，光照度200～2 000lx，短日照萌发最好，紫光和黑光最有效，无光条件下孢子萌发少。光照条件下，4～6℃，冬孢子通常3～5周后萌发，个别菌株萌发较早，可在16d开始萌发，少数菌株萌发需时较长，7～10周后才开始萌发。高于或低于适温范围，孢子萌发时期相应延长。在0℃左右，孢子8周后才开始萌发，并生成正常的先菌丝、孢子和次生小孢子。10℃条件下，孢子在8周后开始萌发，多生成细长、畸形先菌丝，很少形成小孢子，并常有自溶现象。

病原体冬孢子具有极强抗逆性，存活期长。室温条件下其寿命至少为4年，有的长达7年，菌瘿中的冬孢子，在土壤中寿命为3～7年，分散的冬孢子存活时间短，但也至少可存活1年以上。冬孢子耐热力极强，在130℃干热条件下，需30min才能灭活，80℃湿热则需20min才能致死。病原体随饲料喂食家畜后，仍有一定的存活力。

2. 寄主范围

病原体主要危害小麦，在小麦上危害最为严重。也侵染大麦、黑麦等禾本科18属的植物，但很难自然发病。小麦以外其他寄主种类主要有山羊草属（*Aegilops*）、冰草属（*Agropyron*）、剪股颖属（*Agrostis*）、看麦娘属（*Alopecurus*）、燕麦草属（*Arrhenatherum*）、雀麦属（*Bromus*）、鸭茅属（*Dactylis*）、野麦草属（*Elymus*）、羊茅属（*Festuca*）、绒毛草属（*Holcus*）、大麦属（*Hordeum*）、毒麦草属（*Lolium*）、早熟禾属（*Poa*）、黑麦属（*Secale*）、小麦属（*Triticum*）、三毛草属（*Trisetum*）等，禾草科中以冰草属为天然发病的主要寄主。

3. 侵染循环

小麦矮腥黑穗病是典型土壤带菌侵染，落入土壤中的冬孢子遇到播种的冬麦，在适宜条件下在土表或近土表萌发产生先菌丝，双倍体核经减数分裂和有丝分裂，形成8个或更多单倍体核，先后进入厚垣孢子萌发所形成的先菌丝（担子）和担孢子，每个担孢子异宗配合，亲和性担孢子成对结合后呈H形（n＋n）构造，双核体萌发产生双核侵染菌丝，或萌发产生双核的新月形次生担孢子（n）。担孢子萌发形成菌丝，从种子萌发后的芽鞘侵入，侵染菌丝通过分蘖原细胞穿过寄主，系统地从叶原基到叶基部，然后通过叶节到达顶端分生组织和分蘖原始细胞进行生长，由寄主细胞扩展到细胞间隙，逐渐进入幼苗生长点。侵染后菌丝在细胞间蔓延，约经50d后在小麦拔节前侵入到植株生长点，导致系统侵染。随着寄主生长发育，菌丝进入穗原基，再侵入花器，当子房分化时，病原体由缓慢的营养生长期转入快速发展的繁殖期，破坏子房，在珠皮之间及珠心之内产生大量的冬孢子（黑粉），于是表现出黑穗病症状，其潜伏侵染期长达4个多月（图5-1）。

4. 传播途径

小麦矮腥黑穗病菌主要随土壤传播，病区土壤带菌是主要侵染来源，在收获或储运期间，菌瘿或冬孢子常撒落田间，被风吹散到附近田块。伴随小麦种子传播的冬孢子，一旦

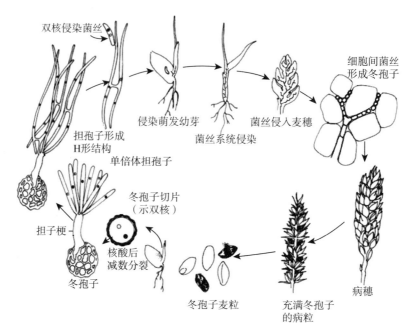

图 5-1　小麦矮腥黑穗病的侵染循环（Mathre，2000）

落入田地，即重新具备其固有的土传病原特性。未经充分腐熟的农家肥料也可能携带和传播病原，施入田间土壤后也能成为重要的田间侵染源。

病原的冬孢子也可附着在种子表面或以菌瘿混入种子间随种子调运进行远距离传播，或通过被冬孢子污染的包装材料、容器和运输工具等进行远距离传播。因此，进口带菌小麦种子是小麦矮腥黑穗病在国际传播的重要渠道，病原的菌瘿或其碎块，具有很强的萌发与侵染活性，进入农田就会在土壤中存活多年。

5. 发病条件

影响小麦矮腥黑穗病发生流行的主要因素有病原数量、温度、土壤湿度、栽培管理、小麦抗病性等。小麦矮腥黑穗病为胚芽鞘侵入的系统性侵染病害，凡是影响小麦幼苗出土的因素（如土温、墒情、通气条件、播种质量、种子发芽势等）均影响病害发生的程度，但最主要的是地温和墒情。

（1）病原数量　在自然条件下，当寄主和环境条件特别适宜时，人工微量接种甚至单个小麦矮腥黑穗病菌冬孢子就能引起小麦发病，但多数情况下需要一定数量的冬孢子才能发病，所以，如果田间土壤中病原冬孢子累积到一定数量，就可能在适宜条件下引起有效侵染而致病。

（2）温度　病原侵染幼苗时，环境条件尤为重要，凡降雪早、积雪厚、稳定积雪 70d 以上的地区和年份，病害常大发生并造成流行。冬小麦发育适温为 12～16℃，所以低温延长了幼苗出土时间，不利于种子萌发和幼苗生长，增加了病原侵染机会，因而发病重。

（3）土壤湿度　病原孢子萌发需要水分，也需要氧气。土壤过于干燥，水分不足会影响孢子萌发。田间湿度过高可引起土壤透气性不良，也不利于孢子萌发。一般含水量

40%以下的土壤，适合孢子萌发，有利于病菌侵染。

（4）栽培管理　病害发病程度还与地势、播种期及播种深度密切相关。冬小麦晚播或春小麦早播发病较重；自然状态下，分蘖多或单叶期植株容易被侵染，浅播（1cm）比深播（6cm）更易感病，土壤紧实处，如拖拉机和条播机轮子压痕处发病率高；灌溉不合理、施用氮肥过多和使用未腐熟的农家肥，有利于发病。

（5）抗病性　不同的麦类寄主对矮腥黑穗病的感病性不同，一般小麦和大麦比燕麦和黑麦更易感病，而硬粒小麦（*Tritici durum*）和小黑麦（*Tricicale hexaploide*）表现较抗病；小麦品种间对病原也存在一定的抗病性差异。

五、诊断鉴定和检疫监测

1. 诊断鉴定

小麦矮腥黑穗病菌与小麦网腥黑穗病菌、小麦光腥黑穗病菌不易区别，国内外科学家从田间症状鉴定、形态学鉴定、生物学鉴定、分子鉴定及电子鼻鉴定等方面建立了高效地诊断小麦矮腥黑穗病菌的技术。

（1）田间症状鉴定　到田间观察各种麦类作物发病情况，通过症状进行病害的初步诊断。小麦矮腥黑穗病典型症状是发病植株显著矮缩和分蘖增多，病穗变肥大，病粒充满黑粉（冬孢子粉），闻之有腥臭气味，甚至病田中及周围空气也充满腥臭。

进行症状诊断时要注意与散黑穗病和坚黑穗病相区别：散黑穗病病粒开裂，孢子粉易被风吹散，腥臭气味很淡；坚黑穗病病粒坚韧，用手挤压不易开裂，几乎无腥臭气味；而矮腥黑穗病病粒不自然开裂，用手可以挤压裂开，腥臭气味浓烈。

（2）形态学鉴定　形态学诊断是小麦矮腥黑穗病菌研究最早、应用较为广泛的一种技术。我国口岸检疫工作者将形态特征作为检验小麦矮腥黑穗病菌和诊断小麦矮腥黑穗病的重要指标。对调运的小麦种子和原粮等，可按标准抽取样品后，采取以下方法进行检验。

①症状检查：将待检样品置于无菌白瓷盘中，仔细检查有无菌瘿或其碎块，样品可用长孔筛（1.75mm×20mm）或圆孔套筛（1.5mm，2.5mm）过筛，挑取疑似病组织在显微镜下检查鉴定。同时对筛上挑出物及筛下物进行检查，将发现的可疑病组织及其他可疑的感染黑穗病的禾本科作物及杂草种子进行镜检鉴定。

②洗涤检查：将送检样品充分混匀后，称取50g样品倒入无菌三角瓶内，加灭菌水100mL，再加1～2滴表面活性剂吐温-20，加塞后在康氏振荡器上振荡5min，立即将悬浮液倒入灭菌离心管内，以1 000r/min离心3min，弃去上清液，重复离心，在沉淀物中加入席尔氏溶液，视沉淀物多少，定容至1～3mL，制片观察。每份样品至少检查5个盖玻片，每片全部检查。如果发现疑似小麦矮腥黑穗病菌孢子，应以1份样品中查出30个孢子为判定结果的依据，不足30个孢子时增加玻片检查数量。

③冬孢子形态鉴定：网脊高度是区别小麦矮腥黑穗病菌、小麦印度矮腥黑穗病菌（*Tilletia indica* Mitra，TIM）与小麦网腥黑穗病菌的重要特征。小麦矮腥黑穗病菌冬孢子棕黄色至红棕色，球形、近球形或不规则。实际检疫时，在油镜下随机测量30个成熟冬孢子网脊高度，每个孢子按上下左右测量4次，求平均网脊高度值，小麦矮腥黑穗病菌冬孢子平均网脊高度值0.8～1.77μm；若网脊高度小于1.0μm或大于1.89μm时则不是

小麦矮腥黑穗病菌。三种腥黑穗病菌的冬孢子形态特征区别见表 5-1。

表 5-1 三种腥黑穗病菌冬孢子形态特征比较

比较项目	小麦矮腥黑穗病菌	小麦印度矮腥黑穗病菌	小麦网腥黑穗病菌
冬孢子大小/μm	16～25	24～47	14～20
网目直径/μm	3～5	模糊不清	2～4
网脊高度/μm	0.8～1.77（尖而长）	1.4～4.9（翼状或瘤状）	0.14～0.94（钝而短）
冬孢子胶质鞘厚度/μm	1.2～2.2	成熟后消失	0.22～0.97
不孕细胞外鞘厚度/μm	0.5～3.0（无色至淡黄色）	7.0	0.5～1.5（无色）
冬孢子萌发温度/℃	3～8，<10	15～22，<25	15～20，<30
产生冬孢子数/个	约50	60～185	4～8
初生担孢子 H 形结合	常见到	无或极少	常见到

另外还有其他近似种，在病原形态学鉴定时也需要将它们加以区别。现将腥黑粉菌属（*Tilletia*）的几种菌的主要形态特征简述如下：

小麦网腥黑穗病菌：我国的主要植物检疫对象之一。其冬孢子球形至长椭圆形，淡黄褐色至红褐色，直径通常 14～21.5μm，有时可达 25μm，表面呈多角形网眼状，网眼直径通常为 2.5～3.5μm，网脊一般较低，0.5～1.5μm，有时也可达 1.7μm（彩图 5-3）。冬孢子萌发适温 15～20℃，大多菌系在无光照条件下1周左右即可萌发（Wikipedia，2019a）。

小麦印度矮腥黑穗病菌：我国的一种重要植物检疫对象。病原的冬孢子成熟时呈褐色至深褐色，球形至近球形，直径 25～43μm（或20～49μm），平均 35μm。在光学显微镜下，胞壁结构大致由 3 个部分组成。最外层的胞鞘，由纤维物质组成，胞鞘具有易于吸水膨胀、失水后易于破裂的特性，通常包裹于有饰纹的外胞壁之外。外胞壁具有疣状突起形成的饰纹，疣状突起多有色素沉积，常呈深褐色，在扫描电镜下，疣状突起由基部至顶部形成多层次的同心轮纹。层叠的疣状突起的边缘，在光学显微镜下，呈现由淡褐色鳞片组成的波纹状，内胞壁为较薄的胞质膜（彩图 5-4）。有时冬孢子尚附有透明的菌丝残体，称为尾丝（apiculus），不孕细胞通常泪珠状或球形，半透明至淡黄褐色，最宽直径 10～28μm，最长直径达 48μm，胞壁轮纹状，厚 7μm，内含物颗粒状（Babadoost et al.，2004；CABI，2019b）。

冬孢子萌发时，在顶部形成先菌丝（担子），其长度有很大变化，有的短于冬孢子直径，有的长达冬孢子直径的数倍至数十倍，通常不分枝。小孢子（担孢子）密集地簇生于先菌丝顶部，不交接，其数目 26～171 个不等（或 65～185 个）。初生小孢子丝状，长 64.4～78.8μm，萌发后形成腊肠形的次生小孢子，（11.9～13.0）μm×（2.0～2.03）μm（Peterson et al.，2017）。

黑麦腥黑穗病菌［*Tilletia secalis*（Cda.）Koern］：冬孢子球形或近球形，通常黄褐色或淡褐色（彩图 5-5），直径 19～23μm，网眼直径大多 2.1～2.8μm，最高可达 3～5μm，网脊高度中等（1.5～2.0μm），常呈钝齿状，互相重叠，在孢子周围形成半透明类似胶质鞘的环状带（没有真正的胶质鞘）。不孕细胞直径 15～19μm，无色透明或淡黄色，冬孢子萌发必须低温，适温为 3～5℃。

剪股颖腥黑穗病菌（*Tilletia decipiens* Pers. Koern.）：冬孢子呈明显的网纹状，球形至近球形，偶尔卵形，淡黄褐色至红褐色，直径 21～35μm，通常包裹在透明或半透明的突出在胞壁之外的胶质鞘中。网眼直径 1.5～2.5μm，偶尔可达 4μm，网脊高 2.5～5.5μm。不孕细胞透明至淡黄色，11～27μm，周围有厚 1.5～2μm 的胶质鞘。

黑麦草腥黑穗病菌（*Tilletia walkeri*）：冬孢子多球形至近球形，直径 23.7～44μm，不透明至半透明，通常呈淡黄色至暗红褐色，外胞壁具锥形至平截状突起，高 3～6μm，剖面观呈钝圆，不完全脑纹状至珊瑚状，外被透明至微黄褐色胶质鞘，延伸至突起顶部，表面观为脊状突起。冬孢子在 20～25℃培养 2～5d 即可萌发。

狐尾草腥黑穗病菌（*Tilletia fusca* Ell. and Ev.）：冬孢子大多为球形至近球形，偶有卵形至多角形，淡黄色至淡黄褐色，或淡红褐色至深红褐色，胞壁饰纹呈网状或脑纹状，直径 18～32μm，网眼直径 1～4.1μm，深 1.5μm。不孕细胞球形、近球形、长卵形至多边形，表面光滑，半透明至淡黄色或金黄色，直径 10～22μm。

滨草腥黑穗病菌（*Tilletia elymi* Diet. et Holw.）：冬孢子球形至近球形，淡橄榄褐色、暗褐色，直径 28～32μm，胞壁饰纹多呈脑纹状，网脊略隆起，孢外有无色或淡色胶质鞘包裹，厚度等于或略高于网脊。不孕细胞近球形，淡黄色半透明，直径 13～24μm，胞壁薄，外围包裹胶质鞘。

（3）生物学鉴定　依据形态学特征能够区分小麦矮腥黑穗病菌与小麦网腥黑穗病菌，但工作量大、镜检时测量准确度要求高、无法区分其他近似种。科学家进一步对小麦矮腥黑穗病菌冬孢子的生物学特性进行研究，建立了基于小麦矮腥黑穗病菌生物学特性的诊断技术。

①冬孢子萌发生物学试验：当冬孢子形态测量结果交叉重叠，不易区分小麦矮腥黑穗病菌、小麦网腥黑穗病菌时，可进一步用孢子萌芽方法鉴别。小麦矮腥黑穗病菌冬孢子悬浮液涂到 3% 水琼脂培养基上，在 5℃条件下，连续光照 21d 才萌发，17℃不萌发。而小麦网腥黑穗病菌冬孢子在 5℃、17℃条件下，7d 左右均可萌发，据此可判断是否为小麦矮腥黑穗病菌。

该方法培养时间长，孢子休眠则出芽率大幅降低，甚至不萌发。故很难在短时间内得到鉴定结果，实际应用中具有较大局限性。

②冬孢子自发荧光特征诊断：小麦矮腥黑穗病菌冬孢子具有自发荧光特性，而小麦网腥黑穗病菌冬孢子则不具该特性，据此可进行鉴定。检验时从菌瘿上刮取冬孢子于载玻片上（以 10×100 倍视野下不超过 40 个孢子为宜），防尘干燥后，加一滴无荧光载浮剂，封片后置于激发波长为 485nm，屏障滤片波长为 520nm 的落射荧光显微镜下，确定视野后开始计时，每视野照射 2.5min 后，开始检查视野中呈荧光正负反应的冬孢子数，统计冬孢子自发荧光率，全程不得超过 3min。每份菌瘿样品至少观察 5 个视野、200 个冬孢子。冬孢子自发荧光率大于或等于 80%，视为小麦矮腥黑穗病菌；小于或等于 30%，则不是小麦矮腥黑穗病菌。

该方法适合鉴别菌株或菌瘿，当样品中孢子数量少时，其有效性随之降低。故冬孢子自发荧光特征诊断在实际进口小麦的诊断中应用不广。

③其他生物学诊断：小麦网腥黑穗病菌在 pH4.5 高碘酸、乙酸缓冲液中，57℃下反应 3～3.25h，显微镜下观察网脊低而圆润，而小麦矮腥黑穗病菌冬孢子网脊高且呈钉状。此外，小麦矮腥黑穗病菌冬孢子的酶活力比小麦网腥黑穗病菌的大，且小麦矮腥黑穗病菌中还有 2 种小麦网腥黑穗病菌中检测不到的阿拉伯吡喃糖苷酶和葡萄糖苷酸酶，也可以作为区分特征。

（4）分子鉴定　随着分子生物学技术的发展，分子手段检测腥黑穗病菌相似种应用越来越广，已成为小麦矮腥黑穗病菌口岸检疫的重要手段之一。

①ITS-PCR 检测：此方法可用于鉴定矮腥、光腥和网腥三种黑穗病菌，但不能对它们进行区分。根据梁宏（2006）的方法，从菌丝中提取基因组 DNA，用液体 PDA 培养后过滤获得菌丝，经液氮冷冻研磨后加 500μL 抽提液（50mmol/L Tris-HCl，150mmol/L NaCl，100mmol/L EDTA），混匀；加入 50μL 的 20％SDS 混匀，37℃水浴 1h，期间隔 10min 颠倒混匀一次；加 75μL 的 5mol/L NaCl 并轻轻混匀，加 65μL 的 CTAB/NaCl 溶液轻轻混匀，65℃水浴 20min；冷却后加等体积的 Tris 饱和酚、氯仿、异戊醇的混合液（体积比 25：24：1）混匀，4℃下 10 000r/min 离心 10min；取 600μL 上清液，加入等体积的氯仿、异戊醇混合液（24：1）混匀，4℃下 10 000r/min 离心 10min；吸取 400μL 上清液，加入 240μL 异丙醇，室温下沉淀 30min，4℃下 10 000r/min 离心 15min；弃掉上清液，用 70％乙醇洗涤沉淀两次，真空干燥后溶于 40μL 的 TE（含 RNase），－20℃下保存备用。

ITS 序列扩增通用引物 ITS4/ITS5：5′-TCCTCCGCTTATTGATATGC/GGAAGTAAAAGTCGTAACAAFG。扩增目的片段长度约 750bp。

反应体系（25μL）：10×PCR 缓冲液 0.5μL，dNTPs 2.0μL（2.5mmol/L），引物各 0.5μL，TaqDNA 聚合酶 0.25μL（4 U/μL），DNA 模板 0.5μL，重蒸水补足至 25μL。（用已知的小麦矮腥黑穗病菌样品做阳性对照，重蒸水做阴性对照）。

反应程序：94℃ 5min；35 循环（94℃ 1min，50℃ 40s，72℃ 1min）；72℃ 5min。

电泳：扩增产物在 1.5％琼脂糖凝胶中电泳分离，用 0.5μg/mL 溴化乙啶（EB）染色 10min，用 Alpha 凝胶成像系统显示记录电泳结果。

结果判定：阳性对照和阳性（带腥黑穗病菌）样品形成一条长约 750bp 的扩增条带，阴性对照和阴性（不带菌）样品不产生此扩增条带。

②普通聚合酶链式反应（PCR）：年四季（2007）利用小麦矮腥黑穗病菌独有的 1 322bp 端粒差异片段，设计了 3 对特异性引物对 CQUTCK2/CQUTCK3（5′-TCTAACTTACCTCGCGGATGG-3′/5′-ACGCAGTGACGGGTGGATA-3′）、CQUTCK4/CQUTCK5（5′-AGTGATGAGGCCGAAAAGGT-3′/5′-TTCTGGGCTCCACGACGTAT-3′）和 CQUTCK6/CQUTCK7（5′-CGAAGCTCGCAAACCCA-3′/5′-AGGCGACATGACATTGAACAGAA-3′），建立了三套常规 PCR 检测体系，其 DNA 扩增靶带分别为 747bp、200bp 和 644bp。三对标记引物特异性高，能扩增出小麦矮腥黑穗病菌不同生理小种的 DNA 片段，而对 TCT 的不同菌株和其他近源种 DNA 都不能扩增，在检测时选择使用其中任意一对引物即可。

DNA 提取：①从小麦植株组织中提取菌丝 DNA：取待测组织样品 1.0g 剪碎，置于灭菌预冻的研钵中，加液氮充分研磨；加 10mL PBS 缓冲液混匀（2mol/L NaH$_2$PO$_4$·H$_2$O＋2mol/L Na$_2$HPO$_4$·7H$_2$O），4℃ 8 000r/min 离心 15min；将沉淀转入 1.5mL 离心管中，加 400μL DNA 释放剂（2%XTAB＋100mmol/L Tris-HCl＋20mmol/L EDTA＋4mmol/L NaCl，pH8.0），65℃ 水浴保温 1h，期间每 10min 振荡混匀一次；加等体积的 DNA 提取液（体积比为 25：24：1 的 Tris 饱和酚、氯仿、异戊醇混合液），10 000r/min 离心 20min，取上层水相至微滤柱中，10 000r/min 离心 1min，去滤液；向微滤柱中加入 750μL 预冷的 DNA 清洗液（75% 乙醇，－20℃ 预冷），10 000r/min 离心 1min，去滤液，重复清洗一次；将微滤柱 10 000r/min 离心 1min，除去残余的乙醇；向微滤柱中加 50μL TE 缓冲液（20mL pH7.4 的 0.1mol/L Tris-HCl＋40mL pH8.0 的 0.5mol/L EDTA＋140mL 灭菌蒸馏水），1 000r/min 离心 1min，收集滤液，即为待测模板 DNA。②从麦粒等材料中提取病原冬孢子 DNA：若样品中有菌瘿，取 1/4 粒菌瘿直接捣碎；若无菌瘿，用 200 目过筛，取 0.5g 过筛样品。将样品放入灭菌的 1.5mL 离心管，加适量淀粉酶处理，离心后去掉上清液；加入 600μL 冬孢子裂解液（3mol/L NaOH），60℃ 水浴 30min；加入 1mol/L HCl，8 000r/min 离心 1min；沉淀用灭菌水冲洗至 pH 约 7.5；将沉淀（冬孢子）置于载玻片上，用另一载玻片盖上，用手压紧两载玻片并使其滑动摩擦至大多数冬孢子外壁破碎（镜检观察）；加 100μL DNA 提取液于载玻片上，将液体吸起转移到一灭菌的 1.5mL 离心管中，再用 400μL DNA 释放剂清洗玻片四次，洗液均转入离心管中；65℃ 水浴保温 1h，11 000r/min 离心 10min，取上层水相至微滤柱中，10 000r/min 离心 1min，去滤液；向微滤柱中加入预冷的 DNA 清洗液 750μL，10 000r/min 离心 1min，去滤液，重复清洗一次；将微滤柱 10 000r/min 离心 1min，除去残余的乙醇；向微滤柱中加 50μL TE 缓冲液，1 000r/min 离心 1min 洗脱 DNA，收集洗脱液，即为待测模板 DNA。

反应体系（25μL）：1×PCR 缓冲液（10mmol/L Tris HCl，pH8.3）；50mmol/L KCl；1.5mmol/L MgCl$_2$；0.001% 明胶；0.2mmol/L 每种 dNTPs；0.4μmol/L 每条引物；0.2 U Taq DNA 聚合酶；10～20 ng 基因组 NDA；最后用重蒸水定容至 25μL。（以健康小麦基因组 DNA、小麦矮腥黑穗病菌基因组 DNA 和重蒸水作为对照）。

反应条件：95℃ 5min；35 循环（94℃，60℃，72℃ 各 20s）；72℃ 7min。

PCR 产物经 1.5% 琼脂糖凝胶电泳和溴化乙啶染色后在紫外灯下观察并拍照。

结果判定：用三对引物检测，小麦矮腥黑穗病菌阳性对照分别产生 747bp、200bp 和 644bp 的扩增条带，小麦 DNA 和重蒸水不显示条带；若待测样品出现与阳性对照相同的条带，则判为阳性带小麦矮腥黑穗病菌样品，若样品不显示条带，则判为阴性不带小麦矮腥黑穗病菌样品。

③实时荧光定量 PCR：实时荧光定量 PCR（Real-time PCR）是用于快速、定量的检测方法，在植物病害的快速诊断和防控工作中发挥了重要作用，并成为我国诊断小麦矮腥黑穗病菌的标准方法之一。根据年四季（2007）、王福祥等（2012）在《小麦矮腥黑穗病菌检疫检测与鉴定方法》（NY/T 2289—2012）标准中的描述，具体操作如下。

引物：用特异引物对 CQUTCK4/CQUTCK5（5′-AGTGATGAGGCCGAAAAGGT-3′/5′-TTCTGGGCTCCACGACGTAT-3′）；TaqMan 探针 CQPU1（5′-ATGTGGCGAAACTCTTTACCACCCGTC-3′），该探针的 5′端用报告荧光染料 FAM 标记，3′端用淬灭荧

光染料 TAMRA 标记。

DNA 提取：与前述普通 PCR 中 DNA 提取方法相同。

反应体系（25μL）：含 1×Hotstart Buffer、200μmol/L dNTPs、1.5mmol/L MgCl$_2$、1.0U/25μL Hotstart DNA polumerase、1×SYBR Green Ⅰ 染料、0.4μmol/L 引物对 CQUTCK4/CQUTCK5、1×TaqMan Probe、10～20 ng 模板 DNA；以重蒸水补足至 25μL。设置阳性和阴性对照；加样完成后 3 000r/min 瞬时离心。

Q-PCR 仪程序设置：95℃ 4min；42 循环（94℃ 15s，61℃ 30s，72℃ 30s），每次循环的延伸阶段 72℃时采集荧光 10s；最后 72℃延伸 7min。

溶解曲线分析：95℃ 1min；55℃ 1min；从 55℃开始每次升高 0.5℃并保持 10s，直到 95℃为止。

结果判定：根据记录的扩增曲线和 Ct 值进行判定。阴性对照无扩增曲线和 Ct 值；阳性对照形成典型的 S 型扩增曲线，且 Ct 值<28，检测视为成功。否则视为无效，需重新试验。

在检测成功的前提下，若备测样品无 Ct 值和扩增曲线，则为阴性样品，即不带小麦矮腥黑穗病菌；若 Ct 值≤35 且有 S 型曲线，则备测样品为阳性，即带有小麦矮腥黑穗病菌；若 35<Ct 值<40，将样品模板 DNA 浓度加倍后再进行荧光 PCR 扩增，若再次扩增后 Ct 值≤35 且有 S 型曲线，则备测样品为阳性；若再次扩增后 35<Ct 值<40，则备测样品判定阴性。

（5）电子鼻鉴定　电子鼻（electro-nose）是一种模拟人类嗅觉系统，通过气味指纹信息来定性或定量检测气体或挥发性成分，从而区分不同检测对象的智能感官仪器，逐步应用于食品、医学、环保等行业。由于感染小麦矮腥黑穗病菌的小麦具有明显的腥臭味，使借助电子鼻技术诊断小麦矮腥黑穗病菌成为可能。利用电子鼻对小麦矮腥黑穗病菌和小麦光腥黑穗病菌进行检测，再根据主成分分析法（PCA）和线性判别法（LDA）分析，两者的区分率分别为 94.84% 和 85.66%。电子鼻也能很好地区分小麦矮腥黑穗病菌和小麦光腥黑穗病菌，但是能否区分小麦矮腥黑穗病菌和小麦网腥黑穗病菌未见报道。

该方法与其他检测技术相比，操作简单、测定迅速、对病原孢子无损且结果客观，为探索小麦矮腥黑穗病菌快速检测新方法提供了参考。

2. 检疫监测

包括常规监测、产地检疫监测和进出境检疫监测。

（1）常规监测　需进行访问调查和实地调查监测。向小麦种植区当地居民询问有关小麦矮腥黑穗病（菌）发生地点、发生时间、危害情况，分析病害和病原传播扩散情况及其来源。对询问过程中发现的可疑地区，需要进一步做深入重点调查。

（2）产地检疫监测　在原产地麦区生产过程中进行的检验检疫工作，包括田间调查、室内检验、签发证书及监督生产单位做好病害控制和疫情处理等工作程序。

对原产地进行有害生物考察和准入产品产地预检，了解有害生物在原产地的存在状态，以便制定适当的检疫政策和措施。对需要与我国建立植物检疫双边协议或向我国输出大宗植物或产品的国家或地区，有害生物原产地的考察是必要的。考察内容一般包括：有害生物分布范围、发生流行和危害情况，官方防治措施，产品运输贮藏和加工工艺流程情况等。通过考察，评估有害生物风险性，为制定决策提供依据。准入产品的产地预检是把进境检疫扩展到国外的检疫手段，对原产地产品初步检疫，把发现带有危险性有害生物或不符合检疫要求的产品排除在签订购买合同之外，从源头杜绝外来生物随产品入侵的风险。产地预检也包括对产品加工流程和处理程序的有效监督，防止藏匿危险性有害生物产品输入我国。

（3）进出境检疫监测　即在机场、港口或车站等进出境处对进境有关货物实施的现场检疫检测。对进境旅客携带的行李进行必要的抽样检测，严禁旅客私自携带麦类种子等相关产品入境，对发现的此类产品应收缴并现场销毁；对合法调运进境的麦类相关货物进行现场抽样检查，肉眼仔细观察麦粒中有无混杂矮腥黑穗病病粒；同时进行抽样，抽取适当的样品到实验室进行检测。

六、应急和综合防控

1. 应急防控

在小麦矮腥黑穗病菌非疫区，无论在交通航站口岸检出了带有小麦矮腥黑穗病（菌）物品，还是在田间监测中发现病害，都需及时采取应急防控技术，有效扑灭病原，有效控制病害发生与扩散。

（1）检出小麦矮腥黑穗病菌的应急处理　对检出带有小麦矮腥黑穗病菌的货物和其他产品，拒绝入境或将货物退回原地。对不能及时销毁或退回原产地的物品及时就地封存，视情况做应急处理，港口检出货物及包装材料可直接沉入海底，机场、车站检出货物及包装材料可直接就地安全烧毁。如果是引进种子品种等，必须在检疫机关设立的植物检疫隔离中心或检疫机关认定的安全区域隔离种植，经生长期观察，确定无病后才允许释放。

（2）田间小麦矮腥黑穗病应急处理　在小麦矮腥黑穗病菌非疫区监测发现小麦矮腥黑穗病疫情后，应对病害发生程度和范围做进一步详细调查，报告上级行政主管部门和技术部门，同时及时采取措施封锁病区，严防病害扩散蔓延。然后做进一步物理和化学等防治工作，严重地区直接铲除病株。对经应急处理后麦区及周围要持续进行定期监测调查跟踪，若发现病害复发应及时再做应急处理。

无害化处理方法：有效杀灭病麦中小麦矮腥黑穗病菌的方法有热处理、化学熏蒸和电子辐射处理等。

①热处理法。我国应用较多的是滚筒灭菌处理，以 2 个滚筒连续加温，病麦经第一滚筒（70℃、15min）、第二滚筒（104℃、15min）后，进入保温塔，保持粮温 81～90℃、45min。热处理后小麦品质下降，且处理能力有限，但对加工后的麸皮等下脚料进行湿热处理还是可行的。

②化学熏蒸法。化学药物通过降低微生物表面张力，使菌体通透性增加，从而使细胞破裂或溶解。每立方米用 150～200g 环氧乙烷熏蒸混有小麦矮腥黑穗病菌的小麦，熏蒸期间粮温 15～25℃，处理 3～5d 后通过萌发实验检测小麦矮腥黑穗病菌冬孢子萌发率为 0。

③电子辐射灭菌法。电子辐射对细胞内 DNA 分子造成损伤。菌体经辐射后水分子电离或射线能量引导产生自由基团，能与 DNA 分子碱基发生反应，导致 DNA 分子链断裂，引起细胞死亡。电子射线 10.2 kGy 可杀灭孢子粉和菌瘿中的冬孢子。应用电子辐射处理 4 种

小麦矮腥黑穗病菌冬孢子，经3个月实验表明，5kGy的剂量可使冬孢子丧失萌发活性。利用等离子体处理小麦矮腥黑穗病菌冬孢子1s，冬孢子可被打碎，但小麦种子也不能萌发。

2. 综合防控

在麦类矮腥黑穗病已经较普遍发生和分布的疫区，实施以抗病品种和栽培管理为主，与应用化学防治结合的综合防控技术。

（1）加强检疫　小麦种植区农户间相互交换种子，使带菌种子流入无病区，是造成近些年小麦矮腥黑穗病发生的主要原因。禁止发病田块留种，建立无病留种田，严禁麦区自行留种，串换麦种。在重发麦区，应在原地收割堆放，麦秸麦糠就地集中烧毁，同时注意对收割机械的清洗和消毒工作，防止携带传播到其他麦区。在小麦种子调运时，更应加强对小麦矮腥黑穗病的检疫和监测工作，防止传入我国境内。

（2）利用抗病品种　不同麦种对矮腥黑穗病的抗病性存在较大差异，一般硬粒小麦和小黑麦比较抗病；选育抗病品种控制病害流行是最经济、安全、有效的方法，但由于病原致病性和品种抗病性的变化，容易造成抗病性丧失，需要不断培养新的抗病品种，但是小麦抗病品种的选育比较困难，目前还没有培育出高抗矮腥黑穗病的小麦品种（谭万忠，2015）。

（3）加强农业防治　调整耕作制度，用春小麦代替冬小麦，可避免小麦矮腥黑穗病菌的侵染危害；深播或过早、过迟播种也能降低危害；使用轮作方法，受病原污染的土壤坚持5~7年内不要种植小麦；深播（6cm）、调整播期等方法均有一定防效；合理施肥，减少氮肥的使用量，特别要避免使用带菌的农家肥。

（4）化学防治　用五氯硝基苯消毒土表有一定效果。用萎锈灵处理麦种，可减少病原随种子传入新区的危险，瑞典采用种衣剂双苯唑菌醇（bitertanol）＋麦穗宁（fuberidazole），防效可达90％左右；美国采用55℃的0.13mol/L次氯酸钠处理30s，可杀死小麦种子上的冬孢子。

（5）药剂拌种　药剂拌种是防治小麦矮腥黑穗病经济有效的方法。适用药剂有40％五氯硝基苯，按麦种重量0.5％药量干拌，也可选用6％戊唑醇悬浮剂1袋（10mL）对水0.4~0.5kg，拌麦种25~35kg，或2.5％氟咯菌腈悬浮剂按推荐量进行拌种；或用浸种灵2号（5.5％二硫氰基甲烷乳油）或4.8％苯醚咯菌腈悬浮种衣剂等，在播种前处理小麦种子，晾干后播种，其防病效果均在90％以上，可因地制宜地使用。戊唑醇、苯醚甲环唑等药剂拌种或包衣，还能兼治小麦纹枯病、全蚀病等土传和种传病害。

（6）环氧乙烷防治　环氧乙烷对小麦矮腥黑穗病菌冬孢子有极强杀灭作用，且其杀灭效果随处理温度升高、剂量增加和熏蒸时间延长而增强。无载物情况下，15℃、20℃、25℃处理120h防效达100％，杀菌效果临界浓度值分别为10.5g/m³、7.3g/m³和6.8g/m³，且杀菌临界浓度随熏蒸时间延长和温度升高而降低。80％装载量条件下，环氧乙烷对小麦矮腥黑穗病菌LD_{50}较无载物条件下高。

主要参考文献

蔡俊，殷幼平，葛建军，等，2009. 超分支滚环扩增法检测小麦矮腥黑穗菌. 中国农业科学，42（10）：

3493 - 3500.

陈克，姚文国，张正，等 . 2002. 小麦矮腥黑穗病在我国的定殖风险分析和区划研究 . 植物病理学报，32（4）：313 - 318. https：//www. doc 88. com/p-3982164536475. html.

崔良刚，程义美，2003. 小麦矮腥黑穗病的发生及防治 . 吉林农业，（2）：22 - 23.

邓继忠，李敏，袁之报，金济，黄华盛 . 2012. 基于图像识别的小麦腥黑穗病害特征提取与分类 . 农业工程学报，28（3）：172 - 176.

李超，陈德来，魏晓庆，等，2019. 高利小麦矮腥黑粉菌侵染小麦子房的激光共聚焦显微观察方法 . 植物保护，45（1）. DOI：10. 16688/j. zwbh. 2018059.

梁宏，2006. 小麦矮腥黑穗病菌分子检测技术研究 . 北京：中国农业大学硕士论文（导师：张国珍）. https：//www. baidu. com/link? url＝w 2OICpITaj 0apbPbpG ＿ a 236N 5OXWkklNAdy ＿ jC 785Oz 3wFM 8EL 8okiACu-psXiRIG 0bl 6plm 5F 5FficTQjbC－＿&wd＝&eqid＝b 5f 6952e 0024f 689000000065cfc 8594.

刘新春，陈艺，1998. 进口小麦中矮腥黑穗病的检疫和灭菌处理 . 粮食储藏，27（3）：9 - 14. https：//max. book 118. com/html/2017/0911/133290276. shtm.

年四季，2007. 小麦矮腥黑穗菌常规 PCR 与实时荧光定量 PCR 检验检疫技术研究 . 重庆：重庆大学 . https：//www. docin. com/p-928314784. html.

邵娟，2011. 小麦矮腥黑穗病菌风险分析、培养、检测及无害化处理技术的研究 . 大连：大连工业大学 .

谭万忠，2015. 小麦矮腥黑穗病菌 . 生物安全学导论（谭万忠，彭于发主编），北京：科学出版社 . P. 119 - 123.

王福祥，刘可，王中康，等 . 2012. 小麦矮腥黑穗病菌检疫检测与鉴定方法 NY/T 2289—2012，中华人民共和国农业农村部 2012 发布，2013 实施 . http：//www. doc 88. com/p-7436440269780. html.

王海光，祝慧云，马占鸿，等，2005. 小麦矮腥黑穗病研究进展与展望 . 中国农业科技导报（4）：21 - 27.

蔚慧欣，2015. 小麦矮腥黑粉菌分子检测体系的建立及侵染循环的观察 . 西南科技大学 . https：//www. doc 88. com/p-0522326194194. html.

向文娟，索化夷，2017. 小麦矮腥黑穗病诊断技术研究进展 . 植物检疫，31（4）：1 - 6.

张承光，1991. 环氧乙烷熏杀小麦矮腥黑穗病方法析 . 粮食储藏（5）：45 - 47.

钟国强，2005. 外来有害生物入侵预防措施 . 植物检疫（3）：153 - 155.

周益林，段霞瑜，贾文明，等，2007. 小麦矮腥黑穗病（TCK）传入中国及其定殖的风险分析研究进展 . 植物保护（2）：6 - 10. https：//www. docin. com/p-1408042861. html.

祝慧云，2005. 基于 CLIMEX 的小麦矮腥黑穗病在中国潜在分布区预测 . 农业生物灾害预防与控制研究 . 中国植物保护学会 .

Babadoost M，Mathre D E，Johnston R H，et al.，，2004. Survival of teliospores of *Tilletia indica* in soil. Plant Disease，88（1）：56 - 62. DOI：10. 1094/PDIS. 2004. 88. 1. 56. https：//www. ncbi. nlm. nih. gov/pubmed/30812457.

Banowetz G M D，1994. A comparison of polypeptides from teliospores of *Tilletia controversa* （Kuhn） and *Tilletiatriticii* （Bjerk） Wint. Phytopathology，40（1）：285 - 292.

CABI，2021a. *Tilletia controversa* （dwarf bunt of wheat） . https：//www. cabi. org/isc/datasheet/53924.

CABI，2021b. *Tilletia indica* （Karnal bunt of wheat） . https：//www. cabi. org/isc/datasheet/36168.

EPPO，2021. *Tilletia controversa* . https：//gd. eppo. int/taxon/TILLCO.

Gang D，Weber D，1995. Preparation of genomic DNA for RAPD analysis from thick-walled dormant telispores of Tilletiaspecies. Biotechniques，19（1）：93 - 97.

Goates B，Hoffmann J，1979. Somatic nuclear division in *Tilletia* species pathogens onwheat. Phytopathology，69（6）：592 - 598.

Jonsson A，Winquish F，Schnurcr J，et al.，1997. Electronic nose for microbial quality classification of grains. International Journal of FoodMicrobiology，35（2）：187 - 193.

Kawchuk L，Kim W，Nielsen J.，1988. A comparison of polypeptides from the wheat bunt fungi *Tilletia laevis*，*T. tritici* and *T. controversa*. Canadian Journal of Botany，66（12）：2367 - 2376.

Kochanova M，Zouhar M，Prokinova E，et al. 2004. Detection of *Tilletia controversa* and *Tilletia caries* in wheat by PCR method. Plant Soil andEnvironment，50（2）：75 - 77.

Lizardi P M，Huang X H，Zhu Z R，et al. 1998. Mutation detection and single molecular counting using isothermal rolling-circle amplification. NatureGenetics，19（3）：225 - 232.

Mathre D E，2000. Stinking smut（common bunt）of wheat. The Plant Health Instructor. DOI：10. 1094/ PHI-I-2000 - 1030 - 01. https：//www. apsnet. org/edcenter/disandpath/fungalbasidio/pdlessons/ Pages/ StinkingSmut. aspx.

Nilsson M，Malmgren H，Samiotaki M，et al. 1994. Padlock probes circularizing oligonucleotides for localized DNA detection. Science，265（5181）：2085 - 2088.

Olsson J，Boresson T，Lundstedt T，et al. 2002. Detection and quantification of ochratoxin A and deoxynivalenol in barley grains by GC-MS and electronic nose. International Journal of FoodMicrobiology，72（3）：203 - 214.

Peterson G L，Berner D K，Phillips J G，2017. Observations of the germination behavior of *Tilletia indica* teliospores on the soil surface under varying simulated environmental conditions. American Journal of Plant Sciences，8（11）：2878 - 2897. https：//pubag. nal. usda. gov/catalog/5859845.

Pimentel G，2000. Genetic variation among natural populations of *Tilletia controversa* and *T. bromi*. Phytopathology，90（4）：376 - 383.

Shi Y L，Loomis P，Chrsitian D，et al.，1996. Analysis of the Genetic Relationship among the Wheat Bunt Fungi RAPD and Ribosomal DNA Markers. Phyotopathplogy，86（3）：311 - 318.

Stockwell V O，Trione E J，1986. Distinguishing teliospores of *Tilletia controversa* from those of T. caries by flurescencemi-croscopy. PlantDisease，7（10）：924 - 926.

Trione E J，Krygier B B，1977. New tests to distinguish Tilletia controversa，the dwarf bunt fungus，from spores of other *Tilletia* species. Phytopathology，67（9）：1166 - 1172.

Wikipedia，2019a. *Tilletia caries*. https：//en. wikipedia. org/wiki/Tilletia _ caries.

Wikipedia，2019b. Karnal bunt. https：//en. wikipedia. org/wiki/Karnal _ bunt.

Williams J G K，1990. DNA polymorphism amplified by a arbitrary primers are useful as genetic markers. Nucleic Acids Research，18（22）：6531 - 6535.

第二节 玉米灰斑病及其病原

　　玉米灰斑病的病原为玉米灰斑病菌，该病原没有被列入我国的对外植物检疫对象名录，但却是一些省份的地方检疫对象和我国的重要入侵物种。该病害现在我国呈不断扩散和上升趋势，对此我们应当引起高度重视。

　　需要指出的是，国外报道在高粱上发生的高粱灰斑病，其病原为高粱尾孢（*Cercospora sorghi*）。可能是由于玉米和高粱两种作物的病害常常交叉发生和危害的缘故，所以我国入侵生物管理等方面的有关官方文件、名录和研究文献报道等都将这两种灰斑病及其病原菌混为一谈，这是没有科学依据的，需要予以纠正。而且最近的一些研究表明，我国玉米作物上迄今没有鉴定发现高粱尾孢。

一、起源和分布

Tehon 等于 1925 记载了他们 1924 年在美国伊利洛斯亚历山大县（Alexander County）发现的玉米灰斑病，这是此病害在全球最早的记载，当时危害并不严重。大约半个世纪过后，由于品种的替换和免耕栽培措施的推广，玉米灰斑病迅速扩散蔓延，在美洲和非洲很多国家发生流行，其中很多地区已成为超过玉米大斑病、玉米小斑病，成为玉米上最重要的病害。迄今此病在亚洲、非洲、北美洲、南美洲、欧洲和大洋洲各地主要的玉米生产国家都有发生，而且危害特别严重，造成重大产量和经济损失，具体国家包括阿塞拜疆、巴西、喀麦隆、加拿大、哥伦比亚、厄瓜多尔、埃塞俄比亚、格鲁吉亚、危地马拉、肯尼亚、马拉维、墨西哥、莫桑比克、尼日利亚、巴拿马、秘鲁、南非、斯威士兰、坦桑尼亚、特立尼达和多巴哥、乌干达、美国、委内瑞拉、赞比亚及津巴布韦等（Crous et al.，2003）。

我国于 1991 年首次在辽宁丹东报道玉米灰斑病严重危害，随后在辽宁省各地相继发生并广泛流行，造成了很大损失。迄今我国东北、西北、西南、华北和华中各大区的很多省份都已有灰斑病的发生流行和危害报道，据赵立萍等（2015）调查，2014 年我国 16 个省份已经有玉米灰斑病发生。

二、病原

1. 名称和分类地位

玉米灰斑病菌有两种，其无性阶段拉丁学名分别为 *Cercospora zeae-maydis* Tehon et Daniels（玉蜀黍尾孢）和 *Cercospora zeina* Crous et Braun（玉米尾孢），属于真核域，真菌界、半知菌门、丝孢纲（Hyphomycetes）、丝孢目（Hyphomycetales）、暗丛梗孢科（Dematiaceae）、尾孢属（*Cercospora*）；有性阶段为一种球腔菌（*Mycosphaerella* sp.），属于真核域、真菌界、子囊菌门（Ascomycota）、盘菌亚门（Pezizomycotina）、座囊菌纲（Dothideomycetes）、煤苔目（Capnodiales）、球腔菌科（Mycosphaerellaceae）、球腔菌属（*Mycosphaerella*）。

Tehon 等（1925）最初记载的玉米灰斑病菌为玉蜀黍尾孢（*C. zeae-maydis*），后来 Wang 等（1998）根据不同地区菌株的形态特征将这种菌分为 2 组群（Group Ⅰ和 Group Ⅱ），2006 年 Crous 等根据 ITS1/ITS2、5.8s RNA、1-α延长因子、组蛋白 H3 基因、肌动蛋白基因和钙调蛋白基因序列的不同而将 2 组群区分为 *C. zeae-maydis*（Group Ⅰ）和 *C. zeina*（Group Ⅱ）两个不同的种。*C. zeae-maydis* 与 *C. zeina* 的主要区别：前者在人工培养基上生长更快，菌落红色（产生尾孢素），分生孢子长且呈宽梭形；相反，后者在人工培养基上生长较慢，菌落橄榄灰色（不产尾孢素），分生孢子较纤细。

我国过去对玉米灰斑病菌一直没有进行较详细的鉴定研究，所以在各种官方和学术文献中多将玉蜀黍尾孢和高粱尾孢当作为该病害的病原。但是，黄惠川（2013）对云南各地灰斑病样品进行分离纯化后鉴定，所有菌株均为玉米尾孢；刘庆奎等（2013）鉴定我国 7 个省的玉米灰斑病菌 136 个菌株，其中来自东北和华北地区的 65 个菌株为玉蜀黍尾孢，

而来自西南和华中地区的 71 个菌株为玉米尾孢，没有发现高粱尾孢；陈思文（2017）对
2016 年东北三省的 72 株纯化的玉米灰斑病菌株，用分子生物学和形态学鉴定，发现所有
菌株均为玉蜀黍尾孢。近年来的研究都没有发现玉米感病植株上有高粱尾孢或其玉米致病
变种（*C. sorghi* pv. *maydis*）。

2. 形态特征

Crous 等（2006）和刘庆奎等（2013）对玉米灰斑病两种病原的形态特征分别做了较
为详细的描述，两篇文献的描述相近，而且都声称引起灰斑病的还有一种尾孢真菌，但都
未认定其种类，也没给出形态描述。

（1）玉蜀黍尾孢　在 PDA 上培养 3 周，菌落直径 15～25mm，形成产孢结构。在
MEA 上，菌落具裂纹，其气生菌丝体稀少，边缘光滑但不规则，表面橄榄灰色，夹杂不
规则形状白色或烟灰色的菌丝斑块；菌落可产孢。在 OA 上，菌落的气生菌丝中等发达，
边缘圆滑但不规则，表面红色，具有成簇的白色或淡橄榄灰色菌丝，可产孢。

在玉米叶片上，病斑长椭圆形，形成延伸条斑或不规则形，浅灰色至淡褐色，形状和大
小变化较大，常有窄的褐色边缘线。分生孢子梗束在叶片两面气孔生出，但叶背面较多，呈
束状或散生，褐色。菌丝生于叶片组织内。子座无或很小，或者有少量肿胀的气孔下细胞。
分生孢子梗束小或中等，一般 3～14 根，常分开，直立或弯曲柱状，膝状弯曲，不分枝，
（40～180）μm×（4～8）μm，隐约地 0～8 分隔，均匀的淡橄榄色至褐色，壁薄，表面光
滑；产孢细胞完整，顶生或偶尔间生，长 10～40μm，产孢位点（孢痕）明显增厚和变
黑，2～3μm 宽。分生孢子单生，显著倒棍棒状至近柱状，（30～100）μm×（4～9）μm，
具 1～10 分隔，无色透明，壁薄，表面光滑，顶端钝圆，基部倒圆锥形截断，脐点略微增
厚、变黑和凹陷，直径 2～3μm（彩图 5-6）。

（2）玉米尾孢　在 PDA 上，培养 3 周菌落直径 10～15mm，形成产孢结构。菌落具
裂纹，气生菌丝体稀疏，边缘圆滑但不规则，表面橄榄灰色，有不规则白色或铁灰色斑
纹，菌落反面铁灰色，可产孢。在 OA 上，菌落具有中等发达的浅白色气生菌丝体，边缘
圆滑但不规则，橄榄灰色，可产孢。

玉米叶片上病斑在叶面和叶背两面生，受叶脉限制，宽 2～3mm，长 5～40mm；病斑可
融合，变为浅灰色至淡褐色，边缘清楚，新生病斑边缘姜黄色。分生孢子梗呈束状，叶面叶
背两面生出，点状或亚散生，在叶片上呈灰色至褐色，可达 120μm 高和宽。菌丝体叶组织
内生，菌丝淡褐色，分隔。分枝表面光滑，直径 3～4μm。子座无或很小，少量肿胀气孔下
细胞，褐色，直径可达 30μm。分生孢子梗聚集成松散或半致密的束，从不明显的子座上层
细胞生出，常直立，直线、近圆至膝状弯曲形，不分枝或上部分枝，（40～100）μm×（5～
7）μm，1～5 分隔，均匀橄榄色至褐色，壁薄，表面光滑；产孢细胞完整，顶生，（40～
60）×（5～6）μm，有几个产孢位点（孢痕），其壁明显加厚变黑，直径 2～3μm。分生孢子单
生，明显纺锤形（或梭形），（40～100）μm×（6～9）μm，1～10 分隔，透明无色，壁薄，平
滑，先端钝圆，基部近截形，脐点增厚、变黑和凹陷，直径 2～3μm（彩图 5-7）。

三、病害症状

玉米灰斑病主要发生在玉米成株期的叶片上，也侵染叶鞘和苞叶（彩图 5-8）。玉米

抽丝前植株下部叶片先发病显症，逐渐向上部叶片发展，初期出现坏死型小斑，边缘褐色，有褪绿黄色晕圈（将叶片对光从背面看更显眼），病原产孢之前病斑棕褐色；典型成熟病斑近长条形或矩形，其扩展受叶脉限制，潮湿条件下表面可见浅灰至深灰色霉层，为病原的分生孢子梗和分生孢子；在适合发病的气候条件下，病斑很快联合，导致整个叶片枯死。叶鞘和苞叶上的病斑一般较大，呈云纹状，灰黑色。

四、生物学特性和病害流行规律

1. 生物学特性

据刘可杰等（2016）研究，玉米尾孢和玉蜀黍尾孢的生物学特性存在明显的差异，玉米尾孢的最适培养基是 PDA、PSA 和 V8 汁等，最适碳源为可溶性淀粉和麦芽糖，最适氮源为酵母膏、硝酸钾和牛肉膏，适宜生长温度 5~35℃，最适生长温度为 20~25℃；适合分生孢子萌发的温度范围为 10~35℃，最适温度为 20~30℃；分生孢子萌发最适 pH 为 9~10；而玉蜀黍尾孢的最适培养基是 PDA、PSA、Czapek 和 OA，最适碳源为果糖、甘露糖和麦芽糖，最适氮源为蛋白胨和牛肉膏，最适生长温度为 20~25℃，分生孢子萌发最适温度为 25~30℃，分生孢子萌发最适 pH 为 8~11。在相同培养条件下，玉米尾孢的生长速率和孢子萌发率明显低于玉蜀黍尾孢。

Bechman 等（1983）报道，病原在 PDA 培养基上很少产孢，但在新鲜或干枯的玉米叶煎汁培养基或 V8 汁培养基上经过 14d 荧光照射有利于分生孢子形成。持续光照可以抑制分生孢子萌发、菌丝生长和分生孢子形成；在 V8 汁培养基和玉米叶煎汁培养基上于 25~28℃下培养能大量产生分生孢子，光暗交替有利于分生孢子的产生，但光照不影响菌丝生长。佟淑杰等（2005）研究认为玉米叶粉碳酸钙琼脂培养基（MLPCA）是最适合玉米灰斑病原产孢的培养基，玉米叶粉和碳酸钙含量比为 10∶1 的 MLPCA 为最佳产孢培养基。MLPCA 的配制方法：用粉碎机粉碎玉米叶片成粉，取叶粉 15g 放入 1L 蒸馏水中，加入 2g 碳酸钙，然后加入 15g 琼脂，121℃下灭菌 50min。病原在 MLPCA 上培养 5~7d 产生的分生孢子量达到高峰。

2. 侵染循环

玉米灰斑病是典型的多循环病害，其病原以菌丝体和分生孢子在玉米秸秆上或随病残体在土壤中越冬，成为次年的初次侵染源。当气温回升和玉米生长季节到来，越冬的病原开始复苏产生分生孢子，随风雨等传播到玉米上引起初次侵染发病。在一个生长季节中，病株病斑上不断形成大量的分生孢子，随风雨、农事操作和昆虫等传播，引起多次再侵染，使病情迅速发展加重，甚至达到流行的程度或导致植株枯萎死亡。直到生长末期玉米收获后，田间留下的病残体和汇入土壤中的病残体又进入越冬休眠（图 5-2）。

3. 发病条件

该病适宜于温暖湿润和雾日较多的地区发生，温暖高湿度有利于病原孢子的萌发，极易造成大范围流行和成灾。玉米连作、自然免耕或少耕种植等都有利于病原的累积，所以容易引起病害发生；大面积种植感病品种和长期种植单一的抗病品种，可加重病害流行；海拔较高、夏季气温偏低的玉米种植地区，更有利于病原的生长繁殖和侵染致病。

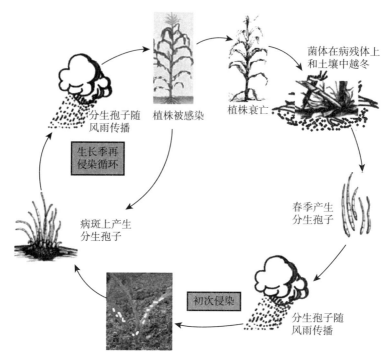

图 5-2 玉米灰斑病的侵染循环

五、诊断鉴定和检疫监测

1. 诊断鉴定

玉米灰斑病及其病原的诊断检测与一般植物真菌性病害类似,主要有症状诊断、分离纯化及形态鉴定、致病性试验和分子检测等技术。

(1) 症状诊断 在玉米植物生长期和病害发生期进行玉米田间观察,根据病害症状进行诊断。玉米灰斑病的典型症状是在叶片上产生受叶脉限制的长条形(长方形)病斑,潮湿气候条件下病斑表面形成灰色霉层。在诊断时要注意此病与玉米大、小斑病的症状区别,玉米大斑病的典型症状是叶片病斑较大,初期椭圆或长椭圆形,扩展不受叶脉限制,直径大小多在 2cm 以上;小斑病的叶片病斑小(直径 1～3mm)而多,圆形至椭圆形。

(2) 分离纯化及形态鉴定

①分离纯化:玉米灰斑病菌的分离采用组织分离法,在采集到的病样上选择典型病斑,用剪刀切取病健交界处病组织(5mm×3mm 左右),在超净工作台中用无菌水冲洗 3 遍,随后放入 2%的次氯酸钠溶液中表面消毒 2min,再用无菌水冲洗 3 次,最后用灭菌的滤纸吸干病样表面的水分并置于 PDA 培养基上,每皿放置 4～5 个组织切片,放置在 25℃培养箱中 12h 光暗交替培养,待长出菌丝后,挑取菌落边缘菌丝转移到 PDA 平板上进行纯化。

用接种针挑取经纯化过的菌落边缘的菌丝至 PDA 上培养 3～5d 后,再挑取少量菌落边缘菌丝至装有灭菌水的离心管中,充分振摇,制备成孢子悬浮液。用移液枪吸取孢子悬浮液均匀地涂布在水琼脂平板上，用手术刀切取略小于载玻片的水琼脂置于消毒后的载玻片上，在显微镜下寻找并挑取单胞接种到新的PDA平板上，于25℃培养箱中培养15～30d。

若田间植株叶片的病斑形成了霉层，可以用火焰灭菌的挑针直接挑取菌丝和分生孢子，置于PDA培养基平板上培养和纯化；对田间采集的带有联合病斑的病叶，可直接剪取约5cm长的叶段，放在培养皿的湿润滤纸上保湿培养，让其病斑上长出霉层，然后挑取菌丝和孢子到培养基平板上培养和纯化。纯化后的菌株在PDA斜面上于4℃冰箱中保存。

②形态鉴定：经过分离纯化后得到的纯培养，一般在PDA上培养2～3周就能产生大量的分生孢子，或在MLPCA上培养5～7d分生孢子量达到高峰。观察拍摄记录菌落特征，测量菌落大小；然后用接种针挑取少量菌体，制成临时玻片，在显微镜下观察拍摄分生孢子梗和分生孢子的形态，测量其大小。从对灰斑病两种病原的前述描述可知，两种病原的分生孢子的大小和形状很相近，但两者的主要区别特征是玉米尾孢培养菌落生长较慢，橄榄灰色，不产生红色素，分生孢子梗较短（最长$100\mu m$），分生孢子普遍纺锤形，而玉蜀黍尾孢在培养基上菌落生长较快，褐红色，产生红色素，分生孢子梗更长（最长达$180\mu m$），分生孢子通常为倒棍棒状或近圆柱状（彩图5-9）。

还有一种简便方法，就是将采集到的玉米新鲜叶片病部的分生孢子用透明胶布粘贴，然后放在载玻片上，在显微镜下观察和测量其形态特征并照相；将叶片病斑部位用荧光染色剂Calcoflor染色后于荧光显微镜下用紫外线激发观察病斑部位分生孢子梗的特征，然后根据前述特征做出病原的种类鉴定结果。

（3）致病性试验 选用感病玉米品种（如海禾2号、云端8号等），在温室盆钵土或营养液中育苗，约2周后用于接种。将PDA上培养3周的菌落刮下，用灭菌水制成分生孢子悬浮液喷雾接种到玉米苗叶片上，接种后保湿24h，然后在温室（光照12h/d，20～25℃）继续生长，并在2～3周内每天观察记录症状和发病情况。对发病植株进行组织分离，如果得到与接种的菌株相同的纯培养，即证实菌株的致病性。

也可将保存的菌株接种在MLPCA培养基上培养5d，用无菌水制成浓度为3.2×10^{10}～4.8×10^{10}个孢子/L的孢子悬液，直接喷雾接种到玉米苗叶片上。接种后15～20d内观察记录发病情况；并从发病的叶片上分离培养病原，在显微镜下观察其形态特征是否与接种病原一致。

（4）分子检测 如前所述，玉米灰斑病菌有玉蜀黍尾孢、玉米尾孢和一种尚未鉴定到种的尾孢，目前文献中还没有这3种尾孢各自的直接特异性鉴定方法，一般研究中采用尾孢的通用引物PCR扩增获得目的序列后，通过与NCBI基因库已有的各种尾孢序列进行Last比对和系统演化树分析，从而确定供试样品或纯菌株的具体种名。

在进行PCR检测前，先要获得供试菌株（或样品携带菌）的基因组DNA，通常可用CTAB提取法。DNA提取。将供试菌株于PDA培养基上培养20～30d，将菌丝体刮下置于灭菌的滤纸上包好，于烘箱中40℃烘干过夜。取一定量烘干的菌丝放入2mL圆底离心管中，用灭菌后的镊子研碎，研碎后粉末约占离心管体积的1/3即可。向离心管中依次加入DNA提取液750mL、5mol/L NaCl 75μL、10% CTAB 65μL及10% SDS 100μL，在

Vortex 上涡旋呈均匀的糊状，在 65℃ 水浴加热 1h 后取出离心管，12 000r/min 离心 5min，取上清液转入一个新的离心管中；加 750μL 氯仿与异戊醇的混合液（体积比 24∶1），轻轻上下翻转 10min，再放入离心机中以 12 000r/min 离心 10min，吸取上清液转入一新的离心管中，此步骤重复 2 次；加入 500μL 冰乙醇，仔细混匀，在 −20℃ 过夜保存；取出离心管，以 12 000r/min 离心 10min，小心移除上清液，加入 600μL 70% 乙醇漂洗 10min，弃去上清液后重复漂洗 1 次；弃去上清液，加入 600μL 100% 乙醇漂洗 10min，轻轻倒掉上清液，将离心管放入超净工作台用最大风速吹干，加入 100μL 双蒸水溶解沉淀的 DNA，于 −20℃ 冰箱保存备用。

①基于组蛋白 H3 基因 PCR 检测：大量研究证明，3 种玉米灰斑病菌的尾孢属真菌的基因组 DNA 都含有组蛋白 H3 基因（histone H3 gene，hist3），所以根据该基因序列设计的尾孢属真菌通用引物，可以同时扩增获得 3 种玉米灰斑病菌或带菌样品中病原的相应基因序列。参照 Crous 等（2006）的方法，根据 hist3 基因序列设计引物 CylH3 - F/CylH3 - R（5′-AGGTCCCACTGGTGGCAAG-3′/5′-AGCTGGATGTCCTTG GACTG）；反应体系（12.5μL）含基因组 DNA、1×PCR 缓冲液、2mmol/L MgCl₂、48μmol/L dNTPs、0.7pmol CyH3F、3pmol CylH3R、4pmol 特异内引物及 0.7pmol Taq DNA 聚合酶（每种成分各 1.0μL）。反应程序含 94℃ 变性 5min，15 循环（94℃ 20s，58℃ 30s，72℃ 40s），72℃ 5min。PCR 产物经 1% 琼脂糖凝胶电泳分离后，用溴化乙啶染色，在紫外灯下观察拍照。结果确定：用 hist3 基因的通用引物检测，出现 389bp 条带的样品为阳性，即菌株为尾孢；非尾孢菌株和不携带尾孢的植物样品为阴性。将各 389bp 扩增产物测序，获得各自的 DNA 序列，登录 NCBI 基因库中获取序列登录号，并与基因库中已有的 3 种玉米灰斑病菌菌株的相应序列进行 Blast 比对和系统演化树分析，最后根据分析结果确定供试菌株或样品携带的菌种。

②基于内转录间区（internal transcript spacer，ITS）通用引物的 PCR 检测：参照黄惠川（2011）描述的方法所用通用引物为 TS1/ITS4（5′-CCGTAGGTGAACCTGCGG-3′/5′-TCCTCCGCTTATTGATATGC -3′）；反应体系（50μL）含 LA Taq DNA 聚合酶（5U/L）0.5μL、10×LA PCR Buffer（Mg²⁺ plus）5.0μL、dNTP Mixture（各 2.5mmol/L）8.0μL、引物（20μmol/L）各 1.0μL、模板 DNA 1.0μL，加重蒸水至 50μL；反应程序设置为 95℃ 变性 15min，25 循环（95℃ 60s，55℃ 60s，72℃ 60s），72℃ 10min；取 2μL PCR 扩增产物于 2% 的琼脂糖凝胶上电泳检测，电泳缓冲液为 0.5×TBE（89mmol/L Tris·HCl，pH7.8；89mmol/L 硼酸；2mmol/L EDTA）。电泳在 100V 电压下进行 45min。电泳结束后将凝胶取出于 Image Master 紫外成像系统上观察并拍照。结果判定：阳性对照和阳性样品出现约 530bp 的扩增带，测序得到的扩增序列实际长度为 527bp；将不同样品的 ITS 序列录入 NCBI 基因库中获取序列登录号，并与基因库中已有的 3 种灰斑病菌菌株的相应 ITS 序列进行 Blast 比对和系统演化树分析，最后根据分析结果确定供试菌株或样品携带的菌种。

③基于玉米 3 种灰斑病菌尾孢特异性序列引物的 PCR 检测：采用 Crous 等（2006）等设计的玉蜀黍尾孢、玉米尾孢和一种未知尾孢的特异性上游引物，分别为 CzeaeHIST（5′-TCGACTCGTCTTTCACTTG -3′）、CzeinaHIST（5′-TCGAGTGGCCCTCACCGT-

3′）和 CmaizeHIST（5′-TCGAGTCACTTCGACTTCC-3′），这些上游引物分别与尾孢属通用下游引物 CylH3 - R 配对；反应体系（12.5μL）含基因组 DNA、1×PCR 缓冲液、2mmol/L MgCl$_2$、48μmol/L dNTPS、0.7pmol CyH3F、3pmol CylH3R、4pmol 特异内引物及 0.7pmol Taq DNA 聚合酶（每种成分各 1.0μL）。反应程序含 94℃变性 5min，15 循环（94℃ 20s，58℃ 30s，72℃ 40s），72℃ 5min。取 1.0μL 产物在 1% 琼脂糖凝胶上做电泳分离，用溴化乙啶染色后在紫外灯下检查拍照扩增条带。结果确定：将各样品约 284 bp 的扩增产物测序后，获得各自的 DNA 序列，登录 NCBI 基因库中获取注册序列号，并与基因库中已注册的 3 种灰斑病菌菌株的 ITS 序列进行 Blast 比对和系统演化树分析，由此确定供试菌株或样品携带的菌种。

④基于 2 种尾孢特异性引物的 PCR 检测：Korsman 等（2012）根据细胞色素 P450 还原酶基因序列设计了玉蜀黍尾孢特异性引物 CPR1 ～ 1F（5′-TCCACTCTCG CTCAATTCG-3′）/ CPR1～1R（5′- GCCTTCATCGCCATATGTTC-3′），可从玉蜀黍尾孢扩增 1 100bp 的特异片段；另一对引物 CPR1～2F（5′-TGAACTACGCGCTCAATG -3′）/ CPR1～2R（5′-TCTCTCTTGGACGAAACC-3′），可从玉蜀黍尾孢和玉米尾孢中扩增两个序列相同的较短特异片段；反应体系（12.5μL）含 10ng 基因组 DNA、1×NH$_4$ PCR 缓冲液、2.7mmol/L MgCl$_2$、0.1μmol/L 每种 dNTP、0.2μmol/L 每种引物、1.0U Taq DNA 聚合酶、11.15μL 灭菌蒸馏水；反应程序含 94℃变性 2min，35 循环（94℃ 15s，60℃ 15s，72℃ 20s），72℃ 5min。取 1.0μL 产物在 1% 琼脂糖凝胶上做电泳分离，用溴化乙啶染色后在 UV 灯下检查拍照扩增条带。结果确定：CPR1～1F/CPR1～1R 引物从玉蜀黍尾孢和玉米尾孢中分别扩增获得 967bp 和 1 024bp 的序列，而 CPR1～2F/CPR1～2R 引物从 2 种灰斑病尾孢中扩增出完全相同的 164bp 的序列。所以，此方法可直接用于特异性检测 2 种尾孢。

2. 检疫监测

玉米灰斑病在我国玉米种植区已广泛分布和危害，不适合列入检疫对象物种，所以其不涉及产地检疫和产品调运检疫监测，只需要进行一般的病害预测预报调查监测。

（1）大面积普查　于玉米灰斑病发病盛期（一般在 7 月或雄穗抽出以后）进行，在一个种植区内的不同地点确定不少于 10 块具有代表性的感病品种玉米田，每块田采用固定五点取样法，每点调查不少于 50 个植株，在晴天中午调查。记录发病植株数和严重程度，计算病株率和病情指数。

（2）系统调查　选取感病玉米品种，从植株喇叭口期至采收期结束。选取并固定 3 块代表性玉米田，采用固定五点取样法，每点调查不少于 30 个植株。每周调查一次，记录发病植株数和严重程度，计算病株率和病情指数。根据曹国辉（2009）采用以叶片病斑面积为基础的 0～9 级分级法，具体分级标准分级如下：0 级，全株叶片无病斑。1 级，叶片上仅有零星病斑，病斑占叶片总面积<5%。3 级，叶片上有少量病斑，病斑占叶片总面积 5.1%～10%。5 级，叶片上病斑较多，病斑占叶片总面积 10.1%～25%。7 级，叶片上有大量病斑，病斑相连，占叶面积 25.1%～50%，部分下部叶片枯死。9 级，叶片基本被病斑覆盖，病斑面积>50%，中上部或整株叶片枯死。

病株（叶）率和病情指数的计算公式如下：

病株（叶）率＝发病株（叶）数/调查总株（叶）数×100%

病情指数＝（各级病株数×病级值）／（调查总株数×最高病级值）×100

根据系统调查所得到的病株率和病情指数数据，通过数理统计分析和计算得到一个地区内玉米灰斑病的流行模型，可用于该区域内玉米灰斑病的预测预报；如果再结合进行各个病害严重程度下的产量损失测定，还可计算出产量损失估计模型。根据病害流行模型和产量损失估计模型的预测结果，可以应用于指导病害的药剂防治。

六、综合防控

在我国，玉米灰斑病菌属于检疫性生物，无须施行"彻底铲除性"应急控制措施，一般进行综合防控。综合防控的策略是以种植抗病品种及加强栽培管理的预防措施为主，结合使用药剂控制，将病害控制在引起明显经济损失的水平以下。

1. 利用抗耐病品种

利用抗病品种是玉米灰斑病预防的重要措施。各地研究测试表明，我国有一些抗耐病玉米种质资源，但是高抗材料相当少，绝大多数栽培玉米均为感病或高度感病品种。目前一些省区近年来选出的适宜抗病品种有中单9409、农大95、农大108、鄂玉26、川单29、山川907、川丹29、豪玉509、北玉16、绵单12、鄂玉16、北玉16、红单3号、路单8号、郑单19、沈单1号、东单60、辽单120、吉单7号、海禾1号、海禾2号、绵单12、南玉7号、辽306、沈9728、辽9505、丹中试61、丹3079和丹3034等，但这些品种并不能完全免疫，在重病地区或重病年份仍然可能感病而造成一定程度的损失，所以各地在选择种植抗性品种时，要结合应用栽培控病和适时喷施有效的杀菌剂等措施。

2. 加强栽培控病措施

实行玉米与豆类、蔬菜等非寄主作物轮作，可有效减少或中断病原的逐年累积；将玉米宽行种植，在行间间作大豆、甘薯或花生等非寄主作物，可降低田间郁闭度，减少作物冠层湿度，从而改良田间小气候，同时还能显著降低病原在当季田间的累积和再次侵染；加强在玉米生长期间的田间管理，氮磷钾科学配方施肥，施足底肥，适时追肥，促进玉米健康生长，提高自身抗病能力；适时中耕除草和防治病虫害；低洼地方要做好田间土壤排水，特别在雨后要及时排水，以有效减少土壤湿度；玉米收获后要彻底清除田间地头的玉米残株和杂草，冬季翻耕灭茬，以尽量减少越冬菌源或次年的初次侵染菌源，从而有效减轻或延缓下年玉米灰斑病发生和流行。

3. 及时合理使用杀菌剂

玉米灰斑病一般在玉米生长中后期加重和蔓延，而此时玉米植株高大，群体密度大，防治上带来了不少困难。并且，灰斑病一旦流行蔓延，再用药防治不仅浪费成本，损失也无法挽回，防效甚差。因此，提前用药保护对防治灰斑病非常重要，一般选择在玉米大喇叭口期或发病初期用药防治效果较好。在国外，杜邦公司经过多年研究测试，研制出了有效防止玉米灰斑病的杀菌剂，如 Dupont™ Prima（有效成分啶氧菌酯＋环丙唑醇）、Headline®（唑菌胺酯）、Headling® AMP（唑菌胺酯＋叶菌唑）、Priaxor®（唑菌胺酯＋氟唑菌酰胺）、Quilt® Xcel（丙环唑＋嘧菌酯）、Stratego® YLD（丙环唑＋肟菌酯），这些药剂已先后在很多国家大面积推广应用。在我国，可选用的化学农药有50％多菌灵可湿性粉剂500倍液、80％炭疽福美可湿性粉剂800倍液、75％百菌清可湿性粉剂500倍液；还有25％苯醚甲环唑乳油、25％丙环唑乳油、25％嘧菌酯悬浮剂、40％氟硅唑乳油等，任选其中一种药剂对水 45～50L 喷雾，一般间隔期为 10d，接连喷雾 2～3 次。

主要参考文献

曹国辉，2009. 玉米灰斑病及其抗性研究. 玉米科学，17（5）：152-155.

陈刚，张铁一，1993. 玉米尾孢叶斑病的发生与危害. 辽宁农业科学，29（4）：29-31.

陈思文，2017. 玉米灰斑病病菌生理分化及品种抗性研究. 沈阳：沈阳农业大学.

高增贵，陈捷，薛春先，等，2000. 玉米灰斑病发生和流行规律及其发病条件研究. 沈阳农业大学学报，31（5）：460-464.

黄惠川，2013. 云南省玉米灰斑病菌鉴定和玉米种质资源的抗病性评价. 昆明：云南农业大学.

李月秋，2008. 云南大理州玉米灰斑病的发生、危害现状及防治研究. 云南农业大学学报，30（增刊）：339-334.

刘可杰，徐婧，胡兰，等，2015. 引起玉米灰斑病的 2 种尾孢菌生物学特性比较. 沈阳农业大学学报，47（3）：342-346.

刘庆奎，秦子惠，张小利，等，2013. 中国玉米灰斑病病原菌鉴定及其基本特征研究. 中国农业科学，46（19）：4044-4057.

吕国忠，张益先，梁景颐，等，2003. 玉米灰斑病的流行规律与品种抗病性. 植物病理学报，33（5）：462-467.

马德良，汪旭，韩静菲，等，2006. 吉林省玉米灰斑病流行规律若干问题的初步研究——孢子萌发、病斑潜育扩展和寄主抗侵染. 吉林农业大学学报，28（2）：123-127.

任智慧，苏前富，孟玲敏，等，2011. 吉林省玉米灰斑病菌 RAPD 分析. 玉米科学，19（6）：128-121.

佟淑杰，徐秀德，董怀玉，等，2005. 玉米灰斑病菌产孢特性的初步研究. 杂粮作物，25（3）：201-203.

王桂清，陈捷，2006. 玉米灰斑病菌人工接种方法. 玉米科学，（6）：148-150.

王桂清，高增贵，唐树戈，2005. 玉米灰斑病菌的遗传多样性研究. 植物病理学报，35（2）：187-189.

袁杭，张敏，龚国淑，等，2010. 玉米灰斑病病原学及发生柳新规律研究进展. 玉米科学，18（4）：142-146.

张益先，吕国忠，梁景颐，等，2003. 玉米灰斑病菌的生物学特性研究. 植物病理学报，33（4）：292-295.

赵立萍，王晓鸣，段灿星，等，2015. 中国玉米灰斑病发生现状与未来扩散趋势分析. 中国农业科学，48（18）：3612-3616.

周慧萍，吴景芝，李月秋，等，2011. 云南省玉米灰斑病发生规律研究. 西南农业学报，24（6）：2307-2211.

Bair W，Ayers J E，1986. Variability in isolates of *Cercospora zeae-maydis*. Phytopathology，76：129-132.

Beckman P M，Payne G A，1982. External growth，penetration，and development of *Cercospora zeae-maydis* in corn leaves. Phytopathology，72，810815. DOI：10.1094/Phyto-72-810.

Beckman P M，Payne G A，1983. Cultural techniques and conditions influencing growth and sporulation of *Cercospora zeae-maydis* and lesion development in corn. Phytopathology，73：286-289. DOI：10.1094/Phyto-73-286.

Crous P W，Groenewald J Z，Groenewald M，et al.，2006. Species of Cercospora associated with grey leaf spot of maize. Studies inMycology，55，189-197.

Dhami N B，Kim S K，Paudel A，et al.，2015. A review on threat of gray leaf spot disease of maize in Asia. Journal of Maize Research and Development，1（1）：71-85.

Goodwin S B，Dunkle L D，Zisman V L，2001. Phylogenetic analysis of Cercospora and Mycosphaerella based on the internal transcribed spacer region of ribosomalDNA. Phytopathology，91：648 – 658.

Hsieh Lin-Si，2011. Coexistence of sibling species of Cercospora causing gray leaf spot on maize in Southern New York State. MSc. Thesis of Cornell University.

Korsman J，Meisel F B，Kloppers J，et al. ，2012. Quantitative phenotyping of grey leaf spot disease in maize using real-time PCR. Euro. Journal of Plant Pathology，133（2）：161 – 167.

Mathioni S M，De-Carvalho R V，Brunelli K R，et al. ，2006. Aggressiveness between genetic groups Ⅰ and Ⅱ of isolates of *Cercospora zeae-maydis*. Sci. Agric. （Piracicaba，Braz.)，63（6）：547 – 551.

Meisel B，Korsman J，Kloppers F J，et al. ，2009. *Cercospora zeina* is the causal agent of grey leaf spot disease of maize in southern Africa. Eur J Plant Pathol，124：577.

Muller M F，Barnes I，Kunene N T，et al. ，2016. *Cercospora zeina* from maize in South Africa exhibits high genetic diversity and lack of regional population differentiation. Phytopathology，106（10）：1194 – 1205.

Nega A，Nemessa F，Berecha G，2016. Morphological characterization of *Cercospora zeae-maydis*（Tehon and Daniels）isolates in southern and southwestern Ethiopia. Scientia Agriculturae，15（2）：348 – 355.

Okori P，2004. Population studies of *Cercospora zeae-maydis* and related Cercospora fungi. Ph. D Thesis，Swedish University of Agricultural Sciences.

Okori P，Rubaihayo P R，Adipala E，et al. ，2004. Genetic characterisation of *Cercospora sorghi* from cultivated and wild sorghum and its relationship to other Cercospora fungi. Phytopathology，94，743 – 750.

Paul P A，2003. Epidemiology and predictive management of gray leaf spot of maize. Ph. D. Dissertation，Iowa State University.

Payne M G，Waldron J K，1983. Over wintering and spore release of Cercospora zeae -maydis in corn debris. PlantDisease，67（1）：87 – 89.

Rees J M，Jackson T A，2008. Gray leal spot of corn. University of Nebraska Lincoln.

Stronerg E L，2009. Gray leaf spot disease of corn. Publication 450 – 612. Virginia Tech，1 – 3.

Tehon L R，Daniels E Y，1925. Notes on the parasitic fungi of Illinois Ⅱ. Mycologia，17（6）：240 – 249.

Wang J，Levy M，Dunkle L D，1998. Sibling species of Cercospora associated with gray leaf spot of maize. Phytopathology，88：1269 – 1275.

Ward J M J，1996. Epidemiology and management of gray leaf spot：A new disease of maize in South Africa. Dissertation，University of Natal，Pietermaritzburg，South Africa.

Ward J M J，Stromberg E L，Nowell D C，et al. ，1999. Gray leaf spot：A disease of global importance in maize production. Plant Disease，83：884 – 895.

第三节　玉米霜霉病及其病原

　　玉米霜霉病是热带和亚热带地区玉米作物的毁灭性病害。据国内、外相关研究报道，玉米霜霉病的病原种类比较复杂，共有 7 种，在新的生物分类系统中，它们属于真核域（Eukaryotes）、藻物界（Chromista）、卵菌门（Oomycota）、卵菌纲（Oomycetes）、霜霉目（Peronosporales）、霜霉科（Peronosporaceae）的霜指梗霉属（*Peronosclerospora*）、指梗疫霉属（*Sclerophthora*）和指梗霉属（*Sclerospora*）。其中霜指梗霉属中的 4 种是我国农业部 1992 年颁布的《中华人民共和国进境植物检疫危险性病虫杂草名录》和 1995 年发布的"全国农业植物检疫对象名单"中的检疫对象；而在农业部 2007 年发布的《中华人民共和国进境植物检疫性有害生物名录》中还将美国发现的褐条指疫霉玉米专化型也列为进境检疫性有害生物，它们都是对我国玉米和高粱等作物构成巨大威胁的重要外来入侵微生物，其中有的种类在我国局部地区已有发生和危害的记载。另外还有 2 种：大孢指疫霉玉米专化型在我国的发生分布已较普遍，未被列入国家进境检疫对象，但其危害性很严重，是许多省市的地方检疫对象和重要外来入侵微生物；禾生指梗霉的危害性也非常大，在我国尚无记载，也未被我国列入检疫对象。

一、病原及其分布

1. 高粱霜指梗霉

拉丁学名 *Peronosclerospora sorghi*（Weston et Uppal）Shaw，异名有 *Sclerospora sorghi* Weston et Uppal，*Sclerospora graminicola* var. *endropogonis sorghi* Kulk，*Sclerospora endropogonis sorghi*（Kulk.）Mundkur，*Sclerospora sorghi* var. *vulgaris*（Kulk.）Mundkur；玉米霜霉病和高粱霜霉病的英文名分别为 downy mildew of corn（maize）和 downy mildew of sorghum。

起源：高粱霜指梗霉最早于 1907 年在印度被发现。

国外分布：目前已记载和报道高粱霜指梗霉分布和发生危害的国家有巴基斯坦、孟加拉国、印度、尼泊尔、缅甸、日本、泰国、菲律宾、埃及、伊朗、以色列、意大利、俄罗斯、澳大利亚、也门、加纳、埃塞俄比亚、博茨瓦纳、马拉维、扎伊尔、肯尼亚、坦桑尼亚、赞比亚、乌干达、津巴布韦、尼日利亚、索马里、危地马拉、萨尔瓦多、苏丹、南非、洪都拉斯、巴拿马、委内瑞拉、玻利维亚、阿根廷、墨西哥、巴西、秘鲁、乌拉圭和美国（16 个州）。

国内分布：仅于 1939 年在河南内乡和 1983 年在河南宜阳有记载。

高粱霜指梗霉主要寄主植物是玉米、高粱和谷子，还有禾本科的一些其他植物。1907年 Butler 报道印度南部玉米霜霉病发生流行，导致作物减产 30%～70%；美国 1961 年首次发现，之后数年间高粱霜指梗霉在高粱上造成了巨大的产量损失，仅 1969 年在得克萨斯州造成的损失就达到 250 万美元；委内瑞拉 1975—1976 年在玉米上暴发霜霉病，导致 30%以上的玉米作物毁产绝收；以色列因该病害连年流行而不能再种植杂交高粱，甜玉米作物发病非常普遍而且严重，发病率达 50%；泰国 1974 年发病面积约 10 万 hm²，减产 10%以上，甚至导致大面积绝产。

2. 甘蔗霜指梗霉

拉丁学名 *Peronosclerospora sacchari*，异名有 *Sclerospora sacchari* Myake；其引致的玉米霜霉病和甘蔗霜霉病的英文名称分别为 downy mildew of corn（maize）和 downy mildew of sugarcane。

起源：甘蔗霜指梗霉最早于 1909 年在我国台湾从澳大利亚引进的甘蔗中被发现。

国外分布：目前主要分布于日本、菲律宾、泰国、越南、印度尼西亚、印度、尼泊尔、澳大利亚、斐济和巴布亚新几内亚等国家。

国内分布：我国台湾、四川和江西曾记载发生在甘蔗和玉米作物上，但未进一步证实和详细报道。

甘蔗霜指梗霉主要发生在玉米、甘蔗及禾本科的一些其他植物上，造成玉米和甘蔗等作物受害。1954年玉米霜霉病在我国台湾暴发流行，60％以上的杂交玉米严重感病，发病率达90％以上；印度塔瑞地区的杂交玉米也曾暴发流行霜霉病，导致其产量严重受损。

3. 菲律宾霜指梗霉

拉丁学名 *Peronosclerospora philipinesis*（Weston）Shaw，异名有 *Sclerospora indica* Butler，*Sclerospora philipinesis* Weston；该病原引起的玉米霜霉病英文名为 Philippine downy mildew of corn（maize）。

起源：菲律宾霜指梗霉最早于1912年由 Butler 在印度首次发现并记载。

国外分布：菲律宾、印度尼西亚、泰国、印度、尼泊尔、巴基斯坦、南非、毛里求斯、美国及欧洲的部分国家。

国内分布：我国于1958年在广西龙津和1978年在云南开远先后有过记载。

菲律宾霜指梗霉主要危害玉米、高粱和甘蔗，在其他一些禾本科植物上也可寄生致病。1970年印度一些地区玉米发病率达80％以上，导致减产40％～60％。在菲律宾危害较严重，1974—1975年全国玉米因霜霉病危害减产达8％，个别地区损失40％～60％，甚至毁产绝收，经济损失估计达到2 300万美元。

4. 玉蜀黍霜指梗霉

拉丁学名 *Peronosclerospora maydis*（Ricib.）Shaw，异名有 *Sclerospora maydis*（Ricib.）Butler，*Sclerospora javanica* Palm，*Peronospora maydis* Ricib.；该病原引起的玉米霜霉病英文名为 downy mildew of corn（maize），也称为爪哇霜霉病，英文名为 Java downy mildew of corn。

起源：玉蜀黍霜指梗霉是1987年在印度尼西亚的爪哇由 Riciborski 发现。

国外分布：印度尼西亚、印度、澳大利亚、扎伊尔、刚果、俄罗斯等。

国内分布：我国主要分布在广西的百色、田阳，云南的文山、曲靖、屏边、个旧和蒙自等地。

玉蜀黍霜指梗霉危害玉米和高粱，还寄生于少数其他禾本科植物上。在爪哇记录到的发病率曾达20％～30％，损失率达40％；国内20世纪50—60年代在云南玉米作物上发生和危害严重，但之后由于种植抗病品种和使用一些有效的农业栽培措施，此病逐渐减轻，但个别年份仍有记录到严重发病情况。

5. 褐条指疫霉玉米专化型

拉丁学名 *Sclerophthora rayssiae* var. *zeae* Payake et Naras；没有异名；该病原引起的玉米褐条霜霉病的英文名为 brown stripe downy mildew of corn（maize）。

起源：褐条指疫霉玉米专化型最初发现于印度。

国外分布：在美国、印度、南亚和东南亚诸国均有发现。

国内分部：我国尚无发生危害的报道，但是西南和南方各地是发生分布的高危险区。

玉米褐条指疫霉主要危害玉米，在印度造成的作物损失达20％～70％。有人估计，若这样的损失率发生在美国，则经济损失将达到46亿～161亿美元。

6. 大孢指疫霉玉米专化型

拉丁学名 *Sclerophthora macrospora*（Sacc.）Thirum, Shaw et Naras var.*maydis*，异名有 *Nozemia macrospora*，*Phytophthora macrospora*，*Phytophthora oryzae*，*Sclerospora kriegeriana*，*Sclerospora macrospora*，*Sclerospora oryzae*；该病原导致的玉米疯顶霜霉病英文名为 crazy top downy mildew。

起源：大孢指疫霉玉米专化型最初在美洲国家发现。

国外分布：主要分布于美国（12 个州）、加拿大、墨西哥，以及南美洲、东欧和南欧、非洲和亚洲的许多国家。

国内分部：在我国大孢指疫霉分布比较广，已有 12 个省市记载发生该病，最初危害水稻和小麦，分别引起水稻霜霉病和小麦霜霉病，1974 年报道危害玉米，目前已有江苏东台，重庆，四川成都，云南文山，湖北长阳，山东泰安、莱芜、肥城，辽宁瓦房店，河北涿鹿，甘肃瓜州，新疆和田、泽普、莎车，宁夏 10 个地级市（银川、惠农、罗平、陶乐、贺兰、永宁、吴忠、青铜峡、中宁、中卫）和台湾发生。

大孢指疫霉可以危害玉米、小麦、水稻、高粱和草坪草，严重时可导致作物颗粒无收。

7. 禾生指梗霉

拉丁学名 *Sclerospora graminicola*（Sacc.）Schroet，Manivasakam 等（1986）和 Mangath（1986）曾将其鉴定为大孢指疫霉（*Scleropthora macrospore*）；该菌所导致的病害症状特点被称为玉米绿穗霜霉病，英文名为 green ear downy mildew of corn（/maize）。

起源：禾生指梗霉可能最先在非洲被发现。

国外分布：目前主要分布于非洲的乍得、埃及、冈比亚、马拉维、莫桑比克、尼日尔、尼日利亚、津巴布韦、塞内加尔、南非、马里、科特迪瓦、苏丹、肯尼亚、乌干达、坦桑尼亚、加纳、多哥和赞比亚，亚洲的印度、巴基斯坦和以色列；在美国有人报道在一种珍珠米上有发生，目前该病原仍然是美国的一个检疫对象。

国内分布：尚无报道。

禾生指梗霉主要侵染高粱、玉米、珍珠米和稷米（*Panicum miliaceium*），还侵染稗草（*Echinochloa crusgalli*）、狗尾草（*Pennisetum leonis*）、皱叶狗尾草（*P. spicatum*）、谷子（*Setaria italica*）、金色狗尾草（*S. lutescens*）、倒刺狗尾草（*S. verticillata*）、绿色狗尾草（*S. viridis*）、*S. magna* 和墨西哥玉米（*Euchlaena maxicana*）等禾本科杂草，不同植物上的病原一般不能交互侵染，即具有种专化性。

几种主要玉米霜霉病菌的地理分布、寄主范围和造成损失情况比较见表 5-2。

表 5-2 玉米霜霉病菌的比较

病原	地理分布	寄主范围	造成损失
高粱霜指梗霉	北美、南美、中美、亚洲、非洲、欧洲、大洋洲	栽培或野生高粱、假高粱、墨西哥类蜀黍（teosinthe），禾本科杂草（黍属、狼尾草、须芒草属）	印度、以色列、墨西哥、尼日利亚、美国得克萨斯、泰国和委内瑞拉等地曾严重暴发，尼日利亚曾报道损失高达 90%

（续）

病原	地理分布	寄主范围	造成损失
玉蜀黍霜指梗霉	印度尼西亚和澳大利亚	墨西哥类蜀黍（teosinthe），禾本科杂草（狼尾草、摩擦草属）.	印度尼西亚危害严重，损失达40%
菲律宾霜指梗霉	菲律宾、中国、印度、印度尼西亚、尼泊尔、巴基斯坦、泰国	燕麦、墨西哥类蜀黍，栽培或野生甘蔗、高粱	菲律宾危害严重，产量损失15%～40%，最高达70%
甘蔗霜指梗霉	澳大利亚、斐济、中国台湾、日本、尼泊尔、印度尼西亚、巴布亚新几内亚、印度、菲律宾、泰国	甘蔗、墨西哥类蜀黍、高粱和禾本科杂草	在澳大利亚和亚洲均造成严重危害，产量损失30%～60%
禾生指梗霉	美国和以色列	禾本科杂草、谷子	美国和以色列玉米上发生和危害较轻微
大孢指疫霉玉米专化型	美洲、欧洲、非洲部分和亚洲部分地区	燕麦、小麦、高粱、水稻、谷子、禾本科杂草	热带的局部地区偶尔造成严重的产量损失
褐条指疫霉玉米专化型	尼泊尔、印度、菲律宾、泰国	马塘草	在印度危害严重，记录到的产量损失超过60%

二、病原形态特征和所致病害症状

玉米霜霉病的症状与一般作物霜霉病症状相近，植物幼苗期和成株期均可感病。幼苗受侵染后，全株呈淡绿色，逐渐变黄枯死；成株受侵染后，多自中部叶片的基部开始发病，逐渐向上蔓延，初为淡绿色长病斑，以后互相融合，使叶片的下半部或全部变为淡绿色至淡黄色，以至枯死，叶鞘与苞叶发病，其症状与叶片相似。重病植株矮小，偶尔抽雄，一般不结苞，可提早枯死；轻病株能抽雄结苞，但籽粒不饱满。在较潮湿条件下，病叶的褪绿病斑上长出霜霉状物。但病害症状因病原种类而有较大的变化。

1. 高粱霜指梗霉

孢囊梗单生或丛生，无色透明，$(134.0～155.1)\mu m \times (16.3～26.8)\mu m$，平均$144.5\mu m \times 21.5\mu m$。基部细胞不膨大，上端分枝粗短，二叉状分枝3～5次，分枝短而粗，排列不规则，分枝顶端的小梗锥形，长$6.7～21.1\mu m$，顶生1个孢子囊。孢子囊卵圆形或球形，无柄和外突，$(15～26.9)\mu m \times (15～28.9)\mu m$。卵孢子球形，外壁淡黄色，$25～42.9\mu m$（平均$36\mu m$）（彩图5-10）。

高粱霜指梗霉的卵孢子或孢子囊萌发，形成菌丝侵入幼株生长点，之后随着叶片的展开和生长而表现不同的症状。起初少数叶片上有局部感染，较低部位叶片呈淡绿色或黄色。如果夜间为多湿天气，则在感病部位的表面产生大量的白霜。随后被侵染植株的叶片表现出严重的症状，全部叶片褪绿变色，病部表面产生大量孢囊梗和孢子囊，叶片组织变成白色，有时表现出条斑和条纹。这些白色的叶组织不能再繁殖孢子囊，而变成厚壁卵孢子，线状排列在叶脉之间。感病的变色叶片成熟时，叶片坏死，叶脉间的叶组织被分解，释放出卵孢子，剩下的维管束松散相连，表现出典型的破碎叶症状。霜霉可产于叶片正面和背面。在玉米上较少产生卵孢子，而高粱叶片上则大量生成卵孢子而使叶片破裂。

2. 甘蔗霜指梗霉

孢囊梗无色透明，长 $190\sim280\mu m$，基部细（$10\sim15\mu m$），往上渐粗，为基部的 $2\sim3$ 倍，顶端 $2\sim3$ 次二叉状分枝。孢子囊椭圆形或长卵形，$(15\sim23)\mu m\times(25\sim41)\mu m$。藏卵器栗棕色，$(49\sim59)\mu m\times(55\sim73)\mu m$。卵孢子球形，黄色，$40\sim50\mu m$，壁厚 $3.8\sim5.0\mu m$。侵染时期不同导致的症状有所差异。当病害发生后，幼株可能死亡或发育迟缓、褪色，后期形成淡绿色至黄色的纵条纹；叶片展开后会变长，条纹褪绿变黄，接着坏死，叶脉上产生孢囊梗和孢子囊。后期感病植株的茎秆不正常肿大，变得脆弱，节增多，未展开叶变小且短（彩图 5-11）。

在玉米早期生长阶段病原侵染会延缓玉米发育甚至死亡，局部的损伤会导致系统性侵染。侵染 $2\sim4d$ 后，最初的症状是叶片上出现小而圆的坏死斑，系统性症状是位于第三至第六老叶的基部产生黄灰色至白色条纹或条斑，每片叶上的条纹愈合并沿叶纵脉延伸，有些品种的叶上或老叶上的条斑狭窄且连续；成株期感病或轻度感病的植物到植物成熟时症状可能消失。白色绒状或粉团状的胞囊孢子在叶鞘、叶表面和苞皮上产生，这些绒状的生长物在晚间适温（25℃）下形成，尤其有露水时可能生成大量不正常的缨状物，叶耳增长，也会导致不育。

在甘蔗上的病症会有所不同，取决于发生的时间。当病原定殖以后，幼小的植株会死去或者变得矮小，感染后引起叶子产生纵向的褪绿斑纹，并慢慢扩大，病斑变色之后坏死，卵孢子生存于纹路之间，再后来，病斑会在茎上延长，茎变得脆弱，缺少叶片，引起整个叶片组织瓦解。

3. 菲律宾霜指梗霉

孢囊梗无色透明，长 $150\sim400\mu m$，基部具有细圆稍弯曲的足细胞，分枝较粗壮，端部呈二叉状分枝，小梗圆锥形，端尖圆。孢子囊卵圆形至长椭圆形，$(14\sim35)\mu m\times(11\sim23)\mu m$。卵孢子少见（彩图 5-12）。

带有菲律宾霜指梗霉的种子播种后，第一片真叶完全失绿或产生褪绿条斑，植株矮化，最终可能死亡。在 $4\sim5$ 叶期至成株期，发病叶片出现褪绿的宽长条斑，雄穗畸形，花粉少，雌穗可能局部或全部不育，病部背面生白色霜霉层，即病原的孢囊梗和孢子囊。

4. 玉蜀黍霜指梗霉

菌丝有两种类型。一种直而少分枝；另一种具裂片，不规则分枝并呈簇，菌丝有不同形状的吸器。孢囊梗无色，基部细，有 1 个隔膜，上部肥大，二叉状分枝 $2\sim4$ 次，末次小梗近于三叉状，整体呈圆锥形，梗长 $150\sim550\mu m$，小梗近圆锥形弯曲，顶生 1 个孢子囊。孢子囊无色，长椭圆形至近球形，大小 $(27\sim39)\mu m\times(17\sim23)\mu m$。迄今尚未发现卵孢子（彩图 5-13）。

受玉蜀黍霜指梗霉侵染的幼苗，全株呈淡绿色，逐渐变黄枯死。成株感病后多自中下部叶片的基部开始发病，逐渐向上蔓延，初为淡绿色长条纹，后即互相融合，使叶片的下半部分或全部变为淡绿色至淡黄色，以致枯死。叶鞘与苞叶发病，其症状与叶片相似，病株矮小，偶尔抽雄，一般不结苞，提早枯死。轻病株能抽雄结苞，但籽粒不饱满。在潮湿条件下，病叶背面的褪绿条斑上长出霜霉状物。

5. 褐条指疫霉玉米专化型

病原的孢囊梗从气孔生出，单生或几根丛生，一般较短。孢子囊柠檬形或卵圆形，薄壁，无色透明，基部坚韧，楔形，顶部具有孔乳突，$(19\sim28)\mu m\times(29\sim55)\mu m$；20℃下时孢子囊萌发产生长 $7.5\sim11\mu m$ 的肾形游动孢子，偶尔也可萌发直接产生芽管。在寄主叶肉组织内可形成大量单生或成团的藏卵器，其圆形，壁厚薄不均，直径 $44\sim61.1\mu m$。雄器侧生，紧贴藏卵器上。卵孢子球形，表面光滑，壁中等厚薄，淡琥珀色或深褐色，直径 $30\sim40\mu m$（彩图 5-14）。

该病原只在寄主叶片上引起局部侵染，不引起植株的系统侵染。发病初期叶片上初现小而窄的（$3\sim7mm$）褪色或淡黄色条纹，之后变成淡红色或褐色，条纹受叶脉限制，后期病斑可联合成片。植株下部叶片感病，轻病叶片不会萎缩，但重病植株叶片可以提前萎缩。植株在花期前感病后雌穗发育受到影响，不能正常结实，并且可提前死亡。

6. 大孢指疫霉玉米专化型

菌丝在寄主细胞间生长，孢囊梗和孢子囊迄今尚未被发现。藏卵器近球形，褐色，壁厚薄不均，$(65\sim95)\mu m\times(63.8\sim77.5)\mu m$（平均 $73\mu m\times70\mu m$）。雄器 $1\sim4$ 个，侧生，淡黄色，$(4.5\sim75)\mu m\times(7.5\sim10)\mu m$（平均 $56.3\mu m\times70\mu m$）。卵孢子球形，表面光滑，黄褐色，$51.3\sim75\mu m$（彩图 5-15）。

大孢指疫霉引起系统侵染，导致疯顶症状，病株分枝增多，产生许多不育侧枝，节间缩短，病叶不同程度变窄、粗糙、扭曲、黄白色或淡绿色；雄花部分或全部层生，畸形，变成披针形小叶，呈刺猬状；果穗也畸形，变成簇叶状，或不结实。

7. 禾生指梗霉

孢囊梗短粗，无色透明，单独或成簇从叶背面气孔长出，棍棒状，不分隔，长短不均。其顶部较宽（$10\sim24\mu m$），分枝长短不一，其中一个分枝通常是主干的延长，二次分枝有或无，形成 $1\sim6$ 个短小梗（长约 $6\mu m$）。孢子囊壁薄，无色透明，近圆形或椭圆形，中部最宽，顶端具有孔乳突，$(12\sim25)\mu m\times(14\sim37)\mu m$。孢子囊能产生 $4\sim8$ 个肾形游动孢子（$92\sim12\mu m$）。卵孢子形成于叶脉间的叶肉组织中，球形，表面光滑，直径 $19\sim45\mu m$，厚壁（$1.9\sim2.9\mu m$），壁淡褐色至淡红褐色，壁厚薄较均匀，顶端无凹陷或突起（瘤状物）。卵孢子萌发一般直接形成芽管（彩图 5-16）。

禾生指梗霉引起系统侵染，植株从下部叶片开始发病，以后向上部叶片扩展。发病叶片组织出现褪绿斑，叶片背面出现霜状物，即病原无性阶段的孢囊梗和孢子囊。重病植株严重矮化，不能正常抽雄和结实。病株的花穗变形，由小穗转变为叶状结构，形成"绿穗"症状，如谷子白发病。

三、生物学特性和病害流行规律

1. 高粱霜指梗霉

孢子囊形成温度 $17\sim29$℃，最适 $24\sim26$℃。孢子发芽需要饱和湿度，发芽适温 $15\sim25$℃。土壤中的卵孢子及来自病叶的孢子囊都能引起初侵染，某些地区带病的多年生高粱属杂草也是早春玉米、高粱的侵染来源。产生的孢子囊经传播后不断引起再侵染。卵孢子在土壤中可存活1～3年。根据形态和寄主等可将该病原分为三种类型：

（1）玉米Ⅰ型。发生在泰国，侵染玉米，很少侵染高粱，不侵染黄茅（*Heteropogon contortus*），不产生卵孢子，不能随种子进行远距离传播。

（2）玉米Ⅱ型。发生在印度北部，侵染玉米和黄茅，不侵染高粱。病原只在黄茅上产生卵孢子，不能随玉米种子进行远距离传播。

（3）高粱型。发生在亚洲、非洲和美洲的许多国家，除了侵染玉米、高粱外，还侵染牧草和许多多年生杂草，这些寄主均可提供初侵染源。产生孢子囊的最适温度一般为20～24℃，但不同地区的病原孢子囊萌发适温差异较大，美国得克萨斯州为10～19℃，而印度南部的为21～25℃。

病原在高粱种皮和颖壳中可形成卵孢子，但在玉米上则很少产生卵孢子，所以一般不能随玉米种子进行远距离传播，而主要随带颖壳的高粱种子进行远距离传播。菌丝体可潜伏在种子内部，菌丝体传播也是病原传播的一种形式。一般携带卵孢子的种子和病残体是病原扩散传播的主要方式。

2. 甘蔗霜指梗霉

孢子囊是从感病的甘蔗植株附近（800m）的玉米地里释放过来的，这证明了最初的接种体是玉米。把孢子囊放置在大棚内持续7h，5～6h后将甘蔗叶暴露在较高湿度的大棚中，大约10h后菌体恢复能力并释放孢子；田间的许多孢子在130～300h时脱落，大量出现在幼嫩的叶片上和红色透明的组织上，下雨天几乎没有孢子形成。孢子形成的最佳湿度为22％～26％。孢子囊在琼脂上培养10min后开始发芽，萌发的适宜湿度为8％～32％。在具有免疫性的品种叶片上，多数孢子囊在60～80min内萌发。被侵染的玉米植株能在2周内产生新的孢子。在黑暗条件（100～430h）下孢子可大量产生。孢子的形成对湿度的要求不太严格，孢子在晚上湿度高于86％条件下萌发。在露天房间里实验，湿度15％～30％时病原在玉米上形成大量孢子；湿度15％～30％也是孢子萌发的最佳湿度。

3. 菲律宾霜指梗霉

以植株病残体内和落入土中的卵孢子、种子内潜伏的菌丝体及杂草寄主上的游动孢子囊越冬。自然条件下卵孢子经过两个生长季后仍具致病力，在干燥条件下能保持发芽力长达14年之久；卵孢子主要随玉米材料包装物传入无病区引起发病。带病植物种子是病原远距离传播的主要载体。病原常以游动孢子囊萌发形成的芽管或以菌丝从气孔侵入玉米叶片，在叶肉细胞间扩展，经过叶鞘进入茎秆，再发展到嫩叶上。生长季病株上产生的游动孢子囊，借气流和雨水飞溅进行再侵染。结露和降雨是引起发病的决定性因素。湿度85％以上和夜间结露或降雨有利于游动孢子囊的形成、萌发和侵染。游动孢子囊的形成和萌发对温度的要求不严格。玉米种植密度过大，通风透光不良，株间湿度高则发病重。重茬连作，造成病原积累而发病重。发病与品种也有一定关系，通常马齿种比硬粒种较抗病。

病原在甘蔗上越冬，为玉米提供初侵染源，玉米在出苗1个月内最感病。在台湾田间平均气温为12～28℃时，在甘蔗上能形成孢子囊并萌发侵染玉米，受侵染的玉米在适宜条件下，2周后便可产生第一批孢子囊，成为玉米和甘蔗的再侵染源。甘蔗插条可传播病原，是病害远距离传播的重要方式。

4. 玉蜀黍霜指梗霉

夜间植株表面结露和气温低于24℃时在病叶上可形成孢子囊；孢子囊的萌发需要游离水，所以玉米叶片结露有利于孢子囊萌发；孢子囊在培养皿内饱和湿度下10h便失去侵染力，但在玉米嫩叶上饱和湿度下20h也不会完全失活。孢子囊在形成的同一夜晚便可萌发形成菌丝，经气孔侵入叶片。

在印度尼西亚，病原从旱季至雨季在活玉米植株中周年存活。在爪哇，大部分玉米种在旱地，雨季初期是玉米主要生长季节，病原来自灌溉田中的旱季玉米，距灌溉田越近，雨季玉米发病率越高。在澳大利亚的亚昆士兰，多年生野高粱为野生寄主，干旱季节其地上部植株枯死，病原在其分蘖基部存活，孢子囊经气传方式不断引起再侵染。病株种子中含有菌丝体，潮湿种子长出自生苗可能成为侵染源，但种子干燥后不传病。高湿多露、排水不良、土壤黏重、氮肥过量有利于侵染发病。

玉蜀黍霜指梗霉为专性寄生菌，其菌丝体不耐干燥，在常规干燥贮存的种子中失去活力，一般玉米种子不传播病原。但菌丝可在甘蔗的无性繁殖材料中保持活力，甘蔗插条可传播病害。孢子囊由于对阳光与干燥敏感，只能在生长季进行田间侵染。而卵孢子抗逆性强，可随高粱种子进行远距离传播，这可能是高粱霜霉菌分布很广泛的原因。

5. 褐条指疫霉玉米专化型

病原的寄主范围较窄，也不引起系统侵染。以卵孢子在种子、土壤和植物残体中越冬，是次年的初始侵染源，种子中的菌丝也能传病。种子含水量低于14%时，其上的卵孢子只能存活1个多月，但在干叶片组织中可存活4年之久。土壤温度在28～32℃时有利于病原侵染和发病。卵孢子萌发产生孢囊梗和孢子囊，其可以借风和雨水飞溅或植株接触在植株间传播引起再侵染。

6. 大孢指疫霉玉米专化型

病原的寄主范围非常广泛，可寄生100多种禾本科植物，其中侵染玉米、水稻和小麦的大孢指疫霉为不同的专化型，形态上略有差异，不能交互侵染致病。

病原以菌丝和厚壁卵孢子在感病植株活体和病残体中越冬，是病害的初侵染源。在春末至秋季，病原在潮湿条件下产生孢囊梗，从叶片正反面的气孔生出，末端着生孢子囊；孢子囊只有在叶片有水膜存在的条件下才能存活，在干燥条件下则很快失活，看起来似白色粉尘。在植物叶面湿润条件下，孢子囊萌发释放出大量游动孢子，其在水中的游动活跃。

游动孢子依附于寄主表面，特别是在健康植株的侵染生长点组织上萌发侵染。幼嫩组织非常感病，而老熟叶片则比较抗病。病叶组织中产生大量的卵孢子（用显微镜可直接观察到），其在潮湿情况下萌发形成孢囊梗和孢子囊而继续侵染循环。

卵孢子在较干燥的土壤中可以存活几个月或更长时间，在遇到合适条件萌发之前至少需要经过8周休眠时间。孢子囊和卵孢子均可借助于溅水或流水传播，也可通过农机具或农事活动传播。凡是有利于寄主植物生长的条件也有利于病原的繁殖和侵染。

7. 禾生指梗霉

与其他霜霉相近，这种病原均有较复杂的生活史。无性阶段孢子囊形成的最适温度为

20℃，一般产生于温暖高湿的夜晚，湿度低于 70％不能形成孢子囊；孢子囊萌发释放出 1～12 个游动孢子，游动孢子萌发形成芽管。游动孢子在黎明后的白天存活期很短。在田间，无性孢子可借助于风和雨水飞溅在植株间传播，在植株内也可在细胞间隙扩展。

有性阶段的卵孢子壁厚，可在实验室条件下存活 8 个月至 13 年，在土壤自然条件下可存活多个季节。卵孢子的自然变异性较大，同一卵孢子产生的后代可形成不同的致病型（pathotype），杀菌剂的使用也可能导致病原的抗药性变异。作物连作很容易使病原卵孢子大量累积而引起病害流行。卵孢子可随气流或依附于种子表面做远距离传播。

综上所述，玉米霜霉病的不同病原侵染循环可总结为：寄主作物收获后玉米霜霉病菌主要是以卵孢子或菌丝在病植株残体、种子、土壤和禾本科杂草上越冬，是引起下一季节玉米发病的初侵染源；本地田间借助于风和溅水传播扩散，并在整个生长季节中多次再侵染；病原主要依靠人为携带带菌种子及作物产品而远程传播（图 5-3）。有利于各种病原侵染和玉米霜霉病发生流行的主要条件包括：①种子带菌率高，或因长期单一栽培玉米等寄主植物使土壤中病原累积，或将发病植株丢弃在田间土壤中腐烂；②土壤中温度较冷凉，湿度 85％以上，夜间结露，特别是土壤潮湿或渍水；③作物田间或附近禾本科杂草滋生；④作物种植密度过大，或偏施氮肥使得植株生长过旺而造成作物行间通风不畅或郁闭。表 5-3 比较了几种主要霜霉病原在玉米上的侵染特征。

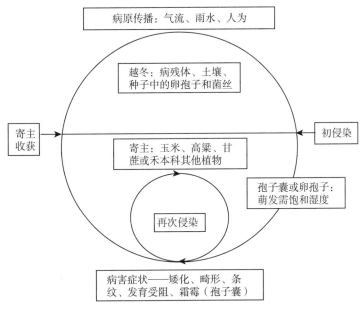

图 5-3 各种玉米霜霉病的侵染循环

表 5-3 玉米霜霉病菌在玉米上的侵染特征比较

病原	初侵染源	种子带菌	孢子囊萌发	孢子囊产生温度	孢子囊萌发温度
高粱霜指梗霉	卵孢子和孢子囊	是	芽管	17～29℃	21～25℃
甘蔗霜指梗霉	孢子囊	是	芽管	20～25℃	20～25℃

（续）

病原	初侵染源	种子带菌	孢子囊萌发	孢子囊产生温度	孢子囊萌发温度
菲律宾霜指梗霉	孢子囊	是	芽管	21～26℃	19～20℃
玉蜀黍霜指梗霉	孢子囊	是	芽管	低于24℃	低于24℃
褐条指疫霉玉米专化型	卵孢子和孢子囊	是	游动孢子	22～25℃	20～22℃
大孢指疫霉玉米专化型	卵孢子和孢子囊	否	游动孢子	24～28℃	12～16℃
禾生指梗霉	卵孢子和孢子囊	否	游动孢子	17℃	17℃

四、诊断鉴定和检疫监测

参照《玉米霜霉病菌检疫鉴定方法》（SN/T 1155—2002），《中国重大农业外来入侵生物应急防控技术指南》中的——玉米霜霉病菌监测防控技术指南，结合其他一些研究文献报道，本文拟定霜霉病及其病原的诊断鉴定和检疫监测技术。

1. 诊断鉴定

玉米霜霉病菌的诊断鉴定包括直接症状学诊断和病原形态分类学鉴定等传统生物技术和应用 PCR 等现代分子生物学鉴定技术。

（1）症状学诊断　直接观察寄主病状和病征（霜状霉），初步判定是否为霜霉病；再结合寄主和前面描述的各种霜霉病的症状差异，判定霜霉病的种类，但要最终确定病害的种类还必须依据下面的病原形态分类学和分子生物学鉴定。

（2）病原形态分类学鉴定　与一般病原不同，玉米霜霉病菌都是活体寄生卵菌，不能用人工培养基做分离纯化，只能直接从植株上获得病原做镜检观察。病原的孢囊梗和孢子囊观察，可用接种针（或牙签）直接从发病叶片表面挑取霜状霉，轻轻放置于载玻片中间的水滴中，盖上盖玻片，然后在显微镜下观察和测量；对于卵孢子，可用镊子取一小片叶放在载玻片中央，加一小滴蒸馏水，用接种针剥离表皮使叶片露出叶肉，然后在低倍镜下观察和测量。至少分别测量 30 个孢囊梗、孢子囊和卵孢子，计算孢囊梗的平均长度及孢子囊的平均大小，同时拍照记录。可根据表 5 - 4 区别不同的玉米霜霉病菌。

表 5 - 4　玉米霜霉病菌的主要形态特征比较

病原	孢囊梗	孢子囊	卵孢子
高粱霜指梗霉	直立，二叉状分枝，单一或成丛从气孔生出，长180～300μm	卵圆形或球形［(15 ～ 26.9)μm × (15 ～28.9)μm］，生于小梗（长 13μm）上	球形，平均直径36μm，淡黄色
甘蔗霜指梗霉	直立，从气孔单一或双生长出，190～280μm	椭圆形或长卵形［(15 ～ 23)μm × (25 ～41)μm］，顶端钝圆	球形，黄色，直径40～50μm

（续）

病原	孢囊梗	孢子囊	卵孢子
菲律宾霜指梗霉	直立，2～4 次二叉状分枝，从气孔生出，长 150～400μm	卵圆形至长椭圆形 [（11～35）μm×（11～23）μm]，顶端约钝圆	少见，球形，直径 25～27μm，壁光滑
玉蜀黍霜指梗霉	丛生孢囊梗，2～4 次二叉状分枝，从气孔生出，长 150～550μm	长椭圆形至近球形 [（27～39）μm×（17～23）μm]	未发现
褐条指疫霉玉米专化型	顶部宽 10～24μm，分枝长短不一，有或无 2 次分枝，形成 1～6 个短小梗（长 6μm）	柠檬形 [（19～28）μm×（29～55）μm]	球形，淡琥珀色或深褐色，直径 30～40μm
大孢指疫霉玉米专化型	未发现	柠檬形或未发现	球形，黄褐色，直径51.3～75μm
禾生指梗霉	平均长 268μm	椭圆形 [（12～25）μm×（14～37）μm]，生于短的小梗上，顶具孔乳突	球形，淡棕色，直径19～45μm

（3）带菌种子和病叶鉴定　可以将来自疫区的或具有可疑症状的病叶标本或带菌种子置于培养皿中的吸水纸上，保湿培养 7d 左右，镜检观察是否可诱导长出菌丝或繁殖体；也可以将玉米和高粱等的种子用清水洗涤，然后镜检洗涤液中是否带有玉米霜霉病菌的卵孢子。

（4）菌体染色鉴定　菌体染色检测技术是检测植物组织中真菌和卵菌的一种常用方法。由于玉米霜霉病菌属于严格寄生菌，无法分离和培养，因此利用菌体染色检测直接对玉米组织中的病原进行检测是重要的鉴别技术之一。Muralidhara 采用锥蓝染色技术检测玉米中霜指梗霉的卵孢子和菌丝体。采用碘-氯化锌染色法能够有效检测玉米组织中的大孢指疫霉菌丝体。通过对多种染色方法的比较，碘-氯化锌染色法可以在玉米组织（叶片、种子）中清晰地检测到大孢指疫霉的藏卵器、雄器和菌丝体。这种检测方法具有对卵菌细胞壁的特异染色能力，能够将属于卵菌的大孢指疫霉菌体染为橘红色，而其他真菌和植物组织却不着色。各种玉米霜霉病的发生一般具有地域特点，疯顶霜霉病、褐条霜霉病也具有特别的症状。因此，采用碘-氯化锌染色法可以有效地检测玉米组织中的藏卵器，鉴定其特征，确定其分类地位。但当病原在玉米组织中仅以菌丝体的形态存在时，该染色法只能准确地判断病原是否为卵菌，而无法对具体的种进行鉴定。

（5）种子生长鉴定　将被检种子或其他繁殖材料（如甘蔗插条）播种于灭菌土中，在适宜的条件下萌发生长 40d 左右，观察幼苗上是否产生玉米霜霉病症状。

（6）分子鉴定　采用常规 PCR，Genus-1 和 Genus-2 是玉蜀黍霜指梗霉的特异性引物，Sorghi-1 和 Sorghi-2 是高粱霜指梗霉的特异性引物，ITS-1 和 ITS-2 是真菌的通用引物，表 5-5 给出它们的序列。检测需设置目标霜霉菌的阳性对照和阴性对照。

表 5-5 菌丝体 DNA 扩增引物

引物	序列 5′ → 3′
Sorghi-1	CAATCATTTTTTATGATAAATTAATAACTA
Sorghi-2	ACATTGTTTATGTAACTTTAATTTATGGTG
Genus-1	GGATGTATGCGATCATCGATTTGAA
Genus-2	ATCCATGAGACTTTTCCAACTTAAT
ITS-1	TCCGTAGGTGAACCTGCGG
ITS-2	GCTGCGTTCTTCATCGATGC

菌丝体 DNA 提取：①先预备好提取缓冲液［50mmol/L 三羟甲基氨基甲烷（Tris，pH8.0）＋50mmol/L 乙二胺四乙酸（EDTA）＋3%十二烷基硫酸钠（SDS）＋1% 2-巯基乙醇］、TE 缓冲液（10mmol/L Tris＋1mmol/L EDTA）、三氯甲烷、苯（1：1）混合液、三氯甲烷、异戊醇（24：1）混合液、3.0mmol/L 亚酸钠（pH8.0）、异丙醇及乙醇；②取备测菌菌丝体于液氮中研钵内充分研磨成粉末状，置于 1.5mL Eppendorf 离心管中，加入 750μL 提取缓冲液，65℃下水浴 1.0h；③室温下微量离心机 12 000r/min 离心 10min；④将上清液倒入 1.5mL 离心管，加入 700μL 三氯甲烷、苯混合液（1：1）混合液，轻轻摇匀，室温下微量离心机 12 000r/min 离心 10min；⑤将上清液倒入另一 1.5mL 离心管，加入 700μL 三氯甲烷、异戊醇混合液（24：1）混合液，轻轻摇匀，室温下微量离心机 12 000r/min 离心 10min；⑥将上清液倒入另一 1.5mL 离心管，加入 20μL 3mmol/L 乙酸钠，加异丙醇，反复倒置几次，室温下微量离心机 12 000r/min 离心 30s，弃上清液，倒置离心管 1min。⑦加入 300μL TE 缓冲液，65℃下水浴 10～15min 混匀制成悬浮液；加入 10μL 3mmol/L 乙酸钠，加乙醇，反复倒置几次；⑧室温下微量离心机 12 000r/min 离心 30s，弃上清液，用 70%乙醇冲洗并倒置离心管 1min；⑨室温下将离心管置于真空干燥器中 10min，加入 100μL TE 缓冲液悬浮 DNA，置于−20℃下保存备用。

病叶 DNA 提取：①先预备好提取缓冲液［100mmol/L Tris（pH8.0）＋50mmol/L EDTA＋500mmol/L 氯化钠＋10mmol/L 2-巯基乙醇］、TE 缓冲液（10mmol/L Tris＋1mmol/L EDTA）、20% SDS、5mol/L 乙酸钾、3.0mmol/L 乙酸钠（pH8.0）、三氯甲烷、苯（1：1）混合液、异丙醇、乙醇、10mg/mL RNase A；②取备测叶片于液氮中充分研磨成粉末状，置于 30mL Oak Ridge 离心管中，加入 15mL 提取缓冲液和 1mL 20% SDS，用力摇动充分混合，65℃下水浴 10min；③加入 5mL 5mmol/L 乙酸钾，用力震动混合均匀，置于冰上 20min；④室温下微量离心机 15 000r/min 离心 20min；⑤用双层灭菌纱布过滤至另一装有 10mL 异丙醇的 50mL 离心管中，轻轻摇匀，置于−20℃下 20min；⑥室温下微量离心机 15 000r/min 离心 15min；⑦弃上清液，将离心管置于灭菌纸上倒置 10min；⑧加入 0.5mL TE 缓冲液，轻轻摇匀，将上清液移入一 1.5mL 离心管，加入 1μL 10mmol/L RNase A 在 37℃放置 1h；⑨加入 0.5mL 三氯甲烷、苯（1：1）混合液，轻轻摇匀，室温下微量离心机 12 000r/min 离心 5min，将上清液移入另一 1.5mL 离心管；⑩加入 50μL 的 3mmol/L 乙酸钠，轻轻摇匀，室温下微量离心机 12 000r/min 离心 30s，弃上清液，用 70%酒精冲洗，倒置离心管 1min；最后，室温下将离心管置于真空干燥器中 10min，加入 $100\mu L$ TE 缓冲液悬浮 DNA，置于 $-20℃$ 下保存备用。

PCR 扩增：缓冲液 500mmol/L 氯化钾 $+100mmol/L$ Tris，在 0.5mL Eppendorf 离心管中依次加入表 5-6 中各成分并混合均匀：

表 5-6　玉米霜霉病菌 PCR 检测体系的成分及含量

成分	容积	最终浓度
10×PCR 缓冲液	$10\mu L$	1×
10mmol/L 的四种 dNTP 混合物	$2\mu L$	每种 0.2mmol/L
50mmol/L 氯化钠	$3\mu L$	1.5mmol/L
一对引物混合物	$5\mu L$	每种 $0.5\mu mol/L$
模板 DNA	$1\mu L$ (25 ng/L)	
Taq DNA 聚合酶 (5U/μL)	$0.5\mu L$	2.5U
灭菌蒸馏水加至	$100\mu L$	

加入 $50\mu L$ 矿物油以防水分蒸发；置于 PCR 仪，94℃ 预变性 3min，94℃变性 1min，54℃（或 37℃）退火 3min，72℃延伸 3min，重复循环 30 次，最后 72℃延伸 7min。

电泳：①预先准备好 10×TBE 电泳缓冲液（每 1 000mL 中含 Tris 48.4g＋乙酸钠 4.1g＋Na_2EDTA 2.92g）、5×SGB 上样缓冲液 [pH8.0，含 1mol/L Tris（pH8.0）＋ 0.5mL/mL 甘油 ＋ 0.5mol/L EDTA（pH8.0）＋ 20% SDS ＋ 1.5mg/mL 溴酚蓝（BPB）＋1.5mg/mL 二甲苯苯胺（XC）] 及溴化乙啶；②将 0.7%琼脂加入到装有 0.5×TBE 缓冲液的三角瓶中，加热使琼脂糖融化，冷却到 60℃ 时加入溴化乙啶至终浓度 $0.5\mu g/mL$；③将琼脂糖倒入模具，凝胶厚为 0.3～0.5cm，迅速在模具一端插上梳子，注意梳子齿与模具的距离不能太近；④待凝胶凝固后移去梳子，将凝胶放入电泳槽中；⑤加入 1×TBE 缓冲液至电泳槽中，使液面高于胶面 0.5cm；⑥在 DNA 样品中加入 1/5 的 5×SGB，混合后用微量离心机 12 000r/min 离心 30 s；⑦用移液枪将 DNA 样品加入样品孔中；⑧接通电泳槽与电泳仪的电源，在 100mA 电流下电泳 5～10min，而后在 15～20mA 下电泳，直到指示剂颜色（蓝色）到达凝胶的 3/4 处时切断电源；⑨最后取出凝胶，在紫外灯下观察结果，并拍照记录。

PCR 结果判定：如果用 Genus-1 和 Genus-2 引物扩增出 200bp 条带，则玉蜀黍霜指梗霉为阳性，否则为阴性（备测菌丝不是或者检测叶片不含玉米霜指梗霉）；如果用 Sorghi-1 和 Sorghi-2 引物扩增出 1 000bp 的条带，判定高粱霜指梗霉为阳性，否则为阴性；如果用 ITS-1 和 ITS-2 引物，各种真菌的 DNA 均可扩增产生 300bp 的条带；用任何引物，阳性对照都必须产生相应的条带，而阴性对照不产生条带。

2. 检疫监测

玉米霜霉病的检疫包括一般性监测、产地检疫监测和调运检疫监测。

（1）一般性监测　需进行访问调查和实地调查监测。访问调查是向当地农民询问有关玉米霜霉病发生地点、发生时间、危害情况，分析病害和病原传播扩散情况及其来源。每个社区或行政村询问调查 30 人以上。对询问到的玉米霜霉病的地区存在可疑之处的，需要进一步做深入重点调查。

实地调查的重点是调查适合玉米霜霉病发生的地区，特别是交通干线两旁区域的玉米、高粱、谷子、小麦、甘蔗生产地区以及相关物流集散地等场所，实施大面积踏查和系统调查。①大面积踏查：在非疫区玉米、高粱、谷子、小麦和甘蔗等作物种植区，于玉米霜霉病发病盛期进行一定区域内的大面积踏查，从适当距离处粗略地远观整体植株有无病害症状发生，然后做近距离观察。②系统调查：从作物生长季节做 2～3 次定期定点调查。调查样地不少于 10 个，随机选取；每块样地选取 30～50 个植株；用 GPS 测量样地的经度、纬度、海拔，还要记录下作物的种类、品种和生育期等信息。调查中若发现玉米霜霉病症状，则需详细调查记录病株率或病叶率（%）、严重程度和发生面积。记录时按下面的标准确定病情：

病级划分：如前所述，不同玉米霜霉病菌引起的病害大致有叶片局部症状和整体植株系统性症状两类。叶片局部症状（如褐色条纹霜霉病）严重程度可按照叶片病斑面积占叶片总面积的比率，用分级法表示，共分 6 级：0 级，无病斑。1 级，病斑面积占整个叶片面积的 10% 及以下。2 级，病斑面积占整个叶片面积的 11%～25%。3 级，病斑面积占整个叶片面积的 26%～40%。4 级，病斑面积占整个叶片面积的 41%～65%。5 级，病斑面积占整个叶片面积的 65% 以上。

整体植株系统性症状的严重程度则根据植株（叶片、茎、雄穗、雌穗）异常情况分为 6 级：0 级，植株生长正常。1 级，植株轻微矮化或畸形，占健株高度的 80% 及以上。2 级，植株矮化或畸形较明显，占健株高度的 60%～79%。3 级，植株矮化或畸形明显，占健株高度的 40%～59%。4 级，植株严重矮化或畸形，占健株高度的 20%～39%，少量植株死亡。5 级，植株严重矮化或畸形，占正常植株高度的 20% 以下，部分植株死亡。

病害发生危害程度分级：根据大面积调查记录的发生和危害情况将玉米霜霉病的发生危害程度分为 6 级：0 级，无病害发生。1 级，轻微发生，发病面积很小，只见零星的发病植株，病株率 5% 以下，病级一般在 2 级以下，造成减产 <5%。2 级，中度发生，发病面积较大，发病植株非常分散，病株率 6%～20%，病级一般在 3 级以下，造成减产 5%～10%。3 级，较重发生，发病面积大，发病植株较多，病株率 21%～40%，少数植株病级达 4 级，个别植株死亡，造成减产 11%～30%。4 级，严重发生，发病面积大，发病植株多，病株率 41%～70%，较多植株病级达 4 级以上，部分植株死亡，造成减产 31%～50%。5 级，极重发生，发病面积大，发病植株很多，病株率 71% 以上，很多植株病级达 4 级以上，多数植株死亡，造成减产 >50%。

在非疫区：若大面积踏查和系统调查中发现疑似玉米霜霉病植株，要现场拍照，并采集具有典型症状的病株标本，装入清洁的标本袋内，标明采集时间、采集地点及采集人，送给外来物种管理部门或检疫部门指定的专家鉴定。有条件的，可直接将采集的标本带回实验室鉴定，室内检验主要检测玉米、高粱、小麦、甘蔗等植株，种子和土壤等是否带有病原的菌丝、孢囊梗、孢子囊等菌体结构。如果专家鉴定或当地实验室检测确定了玉米霜霉病或某种玉米霜霉病菌，应进一步详细调查当地附近一定范围内的作物田间发病情况。同时及时向当地政府和上级主管部门汇报疫情，对发病区域实行严格封锁和控制。

在疫区：根据调查，记录玉米霜霉病的发生范围、病株率和严重程度等数据信息，参照有关规范和标准制定病害的综合防治策略，采用恰当的病害控制技术措施，有效地控制病害的危害，以减轻产量和经济损失。

（2）产地检疫监测　在原产地生产过程中进行的检验检疫工作，包括作物田间实地调查、室内检验、签发允许产品外调证书，以及监督生产单位做好病害控制和疫情处理等工作程序。

玉米霜霉病的检疫监测，可在作物生长期或发病高峰期进行 2 次以上的调查，首先选择一定线路进行大面积踏查，必要时做田间定点抽样调查。

田间定点抽样调查重点是玉米、高粱等寄主作物上霜霉病的发生情况（病株率、严重程度等），田间调查中除了要做好详细观察记录外，还要采集合格的标样，供实验室检测使用。

室内检验主要应用前述常规生物学技术和分子生物技术对田间调查采集的样品进行检测，检测确认采集样品是否带有玉米霜霉病菌及其种类。

在产地检疫中如果发现玉米霜霉病菌，应根据实际情况，立即实施控制或铲除措施。疫情确定后一周内应将疫情通报给对苗木和产品调运目的地的农林业外来入侵生物管理部门和植物检疫部门，以加强目的地对作物产品的检疫监控管理。

（3）调运检疫监测　在作物产品的货运交通集散地（机场、车站、码头）实施调运检验检疫。检查调运的作物产品、包装和运载工具等是否带有玉米霜霉病菌。对受检物品等做直观观察，同时做有代表性的抽样，取适量的种子（视货运量），带回室内，用前述常规诊断检测和分子检测技术做病原检测。

在调运检疫中，对检验发现带玉米霜霉病菌的农产品予以拒绝入境（退回货物），或实施检疫处理（如就地销毁、产品加工等措施）；对于确认不带菌的货物签发许可证放行。

五、应急和综合防控

1. 应急防控

在玉米霜霉病的非疫区，无论是在交通航站检出带菌物品，还是在田间检测中发现病害，都需要及时地采取应急控制技术，以有效地扑灭病原或控制病害。

检出玉米霜霉病菌的应急处理：对现场检查旅客携带带病原的禾谷类产品，应全部收缴扣留，并销毁。对检出带有玉米霜霉病菌的货物和其他产品，应拒绝入境或将货物退回原地。对不能退回原地的物品要即时就地封存，然后视情况做应急处理：

（1）产品销毁处理　港口检出货物及包装材料带菌可以直接沉入海底。机场、车站检出带菌的货物及包装材料可以直接就地安全烧毁。

（2）产品加工处理　对不能现场销毁的谷物等可利用物品，可以在国家检疫机构监督下，就近将谷物加工成产品，其下脚料就地销毁或进一步加工成饲料。经过加工后不带活菌体的产品才允许投放市场销售使用。

（3）检疫隔离处理　如果是引进用作种苗的禾谷类物品，必须在检疫机关设立的植物检疫隔离中心或检疫机关认定的安全区域隔离种植，经生长期间观察，确定无病后才允许释放出去。我国在上海、北京和大连等地设立了一类植物检疫隔离种植中心和种植苗圃。

田间玉米霜霉病的应急处理：在玉米霜霉病菌的非疫区监测发现农田或小范围疫情

后，应对病害发生的程度和范围做进一步详细的调查，并报告上级行政主管部门和技术部门，同时要及时采取措施，封锁病田，严防病害扩散蔓延，做进一步处理：

①铲除病田作物并集中彻底销毁。

②铲除病田附近及周围禾谷类作物及各种杂草并集中销毁。

③使用烯酰吗啉等药剂对病田及周围的土壤进行处理，使用剂量为每亩有效含量20～60g。也可用50％甲霜·锰锌每亩100g加水20L进行植株叶面喷施。

经过应急处理后的农田及其周围田块，在2～3年内不能再种植玉米、高粱等寄主作物，应改种水田作物或非禾本科作物。

2. 综合防控

依据病害的发生发展规律和流行条件，执行"预防为主，综合防治"的基本策略，结合当地病害发生情况协调地采用有效的病害控制技术措施，经济有效地避免病害发生流行造成明显的经济损失。

（1）培育和应用优质抗病玉米品种　玉米霜霉病的最主要和有效的控制措施是选用抗病品种。在印度，针对高粱霜指梗霉引起的玉米霜霉病开展了人工接种条件下的不同熟期玉米杂交种和自交系的抗性鉴定，发现了一些对玉米霜霉病免疫的材料。抗性材料遗传特征的研究表明，对不同的玉米霜霉病，控制抗性的基因类型不同，多数为由数量性状位点（QTL）控制的多基因抗性类型，少数为单基因加多基因的抗性类型。东南亚地区已经选育出17个抗玉米霜霉病的玉米品种，并在生产中应用。据我国云南观察，马齿型玉米较抗玉米霜霉病，而硬粒型和甜玉米品种则较感病。我国台湾培育出的"台南8号"杂交玉米高抗玉米霜霉病。在实践中，要尽量采用无菌种子，在无病苗圃中培育健康苗后移栽，在可能的情况下应尽量使用抗病品种。

（2）采用适当的栽培管理控病措施　采取轮作倒茬或与非禾本科作物间作、深耕灭茬。适期播种、合理密植、科学施肥、及时除草等栽培措施减轻危害。

（3）控制和减少病原的初侵染源　用物理方法挑选淘汰病粒和瘪粒；保持贮藏期种子的含水量在13％以下，可使表面附着的病原卵孢子丧失活性；播种前用40℃左右的温水浸种24h也可致死种子表面的卵孢子；玉米生长期内随时观察，发现病株立即拔除，带出田间销毁。

（4）合理使用化学杀菌剂防治病害　用35％甲霜·锰锌拌种剂，按种子重量的0.3％拌种，或用25％甲霜·锰锌可湿性粉剂，按种子重量的0.4％拌种，都有较好的防病作用。使用烯酰吗啉（每亩20～70g）等药剂对土壤进行处理可杀灭土壤中的病原，有效降低初始接种体量。在田间于发病初期，用25％甲霜·锰锌可湿性粉剂1 000倍液喷雾防治也可获得较好的防效。用烯酰吗啉（每亩15～50g）叶面喷雾有很好的防治效果。

主要参考文献

陈敏，王晓鸣，赵震宇，2006. 玉米霜霉病及其检测技术研究进展. 玉米科学，14（1）：141-144.

戴明丽，2002. 植物检疫病害——玉米霜霉病. 农业与技术，22（5）：55-57.

黄丽丽，康振生，2005. 重要农林外来入侵物种的生物学与控制：玉米霜霉病. 北京：科学出版社，457－475.

黄天明，2007. 玉米霜霉病的侵染源与防治. 广西植保，20（4）：29－30.

雷开荣，李新海，吴红，2007. 玉米霜霉病的分子遗传学研究进展. 中国农学通报，23（9）：423－426.

雷玉明，2005. 制种田玉米霜霉病检验技术. 种子，24（6）：86－87.

李大明，谢正元，沈积仁，1993. 玉米霜霉病病原及发病规律研究. 植物检疫，15（2）：90－93.

李德福，郭琼霞，陈艳，等，2003. 植物检疫玉米霜霉病菌检疫鉴定方法（SN/T 1155—2002）. 北京：
　　中国出入境检验检疫局.

谭万忠，2010. 玉米霜霉病的应急防空技术//张国良，曹坳程，付卫东，农业重大外来入侵生物的应急
　　防空技术指南. 北京：科学出版社.

王圆，吴品珊，姚成林，等，1994. 广西云南玉米霜霉病病原菌订正. 真菌学报，13（1）：1－7.

吴品珊，1995. 指疫霉属及所引致的玉米霜霉病. 植物检疫，9（5）：285－288.

肖明纲，王晓鸣，2004. 玉米疯顶病在中国的发生现状与病害研究进展. 作物杂志（5）：41－44.

杨建国，王晓鸣，朱振东，等，2002. 玉米疯顶病种子传播研究. 植保技术与推广，22（6）：3－5.

余永年，1998. 中国真菌志——霜霉. 北京：科学出版社.

张中义，沈言章，刘云龙，等，1988. 中国指霜霉属 Peronosclerospora 分类研究. 云南农业大学学报，3
　　（1）：1－10.

Adenle V O，Cardwell K F，2000. Seed transmission of Peronosclerospora sorghi，causal agent of maize
　　downy mildew in Nigeria. Plant Pathology，49：628－35.

Bock C H，Jeger M J，Cardwell K F，et al.，2000. Control of sorghum downy mildew of maize and
　　sorghum in Africa. Tropic Sciences，40：47－57.

Bonde M R，Peterson G L，Dowler W M，et al.，1984. Isozyme analysis to differentiate species of
　　Peronosclerospora causing downy mildews of maize. Phytopathology，74：1278－1283.

Boude M R，1982. Epidemiology of downy mildew disease of maize，sorghum and pearl millet. Tropical
　　Pest Management，28：220－23.

CABI，2021. Peronosclerospora sorghi（sorghum downy mildew）.（2021－3－11）[2021－08－03] https：//
　　www. cabi. org/isc/datasheet/44643.

Demoeden P H，Jackson N，1980. Infection and mycelial colonization of gramineous hosts by Sclerophthora
　　macrospora. Phytopathology，70（10）：1009－1013.

Dey S K，Dhillon B S，Malhotra V V，1986. Crazy top downy mildew of maize-a new record in
　　Punjab. Current Science，55（12）：577－578.

Frederiksen R A，Renfro B L，1977. Global status of maize downy mildew. Annual Review of
　　Phytopathology，15：249－275.

George M L C，Prasanna B M，Rathore R S，et al.，2003. Identification of QTLs conferring resistance to
　　downy mildew of maize in Asia. Theoretical and Applied Cenetics，107：544－55.

George M L，Regalado E，Warbunon M，et al.，2004. Genetic diversity of maize inbred lines in relation to
　　downy mildew. Euphytica，135（2）：145－155.

Jeger M J，Gilijamse E，Bock C H，et al.，1998. The epidemiology，variability and control of the downy
　　mildews of pearl millet and sorghum，with particular reference to Africa. Plant Pathology，47：544－69.

Kamalakannan A，Shanmugam V，Maruthasalam S，2004. Evaluation of maize gem types for resistance to
　　sorghum downy mildew（SDM）caused by Peronosclerospora sorghi（Weston et Uppa 1）CG
　　Shaw. Plant DiseaseResearch（Ludhiana），19（1）：60－63.

Ladhalakshmi D，Vijayasamundeeswari A，Paranidharan V，et al.，2009. Molecular identification of isolates of *Peronosclerospora sorghi* from maize using PCR-based SCAR marker. World J Microbiol Biotechnol，25：2129.

Micales J A，Bonde M R，Peterson G L，1988. Isozyme analysis and aminopeptidase activities within the genus *Peronosclerospora*. Phytopathology，78：1396 - 1402.

Muralidharar R B，Prakash S H，Shelly H S，et al.，1985. Downy mildew inoculum in maize seed：Techniques to detect seed-borne inoculum of *Peronosclerospora sorghi* in maize. Seed Science and Technology，13：593 - 600.

Payak M M，Renfro B L，Sangam L，1970. Downy mildew diseases incited by Scletophthora. Indian Phytopathology，13：183 - 193.

Perumal R，Nimmakayala P，Erattaimuthu S R，et al.，2008. Simple sequence repeat markers useful for sorghum downy mildew（*Peronosclerospora sorghi*）and related species. BMC Genet. 9：77.

Smith D R，Renfro B L，1999. Downy mildews. in：Compendium of Corn Diseases edited by Donald G White. St. Paul：The American Phytopathology Society，25 - 32.

Sreerama S，Ramaswamy G R，Gowda K T P，et al.，2001. Reaction of some maize genotypes again 8t sorghum downy mildew. Plant Disease Research，16（1）：127 - 129.

Sudha K N，Prasanna B M，Rathore R S，et al.，2004. Genetic variability in the Indian maize germplasm for resistance to sorghum downy mildew（*Peronosclerospora sorghi*）and Rajasthan downy mildew（*Peronosclerospora heteropogonis*）. Maydica，49（1）：57 - 64.

Thakur R P，Mathur K，2002. Downy mildews of India. Crop Protection，21：333 - 45.

Ullstrup A J，1970. Crazy top of maize. Indian Phytopathology，13：250 - 261.

Ullstrup A J，Sun M H，1969. The prevalence of crazy top of corn in 1968. Plant Disease Reporter，53（4）：246 - 250.

USDA，2006. Recovery plan for Philippine downy mildew and brown stripe downy mildew of corn caused by *Peronosclerospora philippinensis* and *Sclerophthora rayssiae* var. *zeae*，respectively.（2006 - 09 - 07）［2021 - 09 - 13］http：//www. ars. usda. gov/SP 2UserFiles/Place/00000000/opmp/Corn%20Downy%20Mildew%.

Wang Y A，Wu P S，Yao C L，et al.，1994. The correct name for the pathogen of maize downy mildew in Guangxi and Yunnan，China. Acta Mycologica Sinica，13（1）：1 - 7.

White D G，1999. compendium of Maize Diseases（3rd ed.）. Minnesota：American Phytopathological SocietyPress.

Xu H G，Qiang S，Genovesi P，2012. An inventory of invasive alien species in China. NeoBiota，15：1 - 25.

Yao C L，Magill C W，Frederiksen R A，et al.，1991. Detection and identification of *Peronosclerospora sacchari* in maize by DNA hybridization. Phytopathology，81（8）：901 - 905.

Yao G L，Magill C W，Frederiksen R A，et al.，1991. Detection and identification of *Peronosclerospora sacchari* in maize by DNAhybridization. Phytopathology，81（8）：901 - 905.

Yao G L，Mcgi C W，1990. Seed transmission of sorghum downy mildew：detection by DNA hybridization. Seed Science and Technology，18：201 - 207.

Yetur S，2013. DNA fingerprinting of downy mildew pathogen（*Peronosclerospora sorghi*）of maize and development of PCR-based diagnostic techniques for its detection from seeds and soil. M. Sc. Thesis，Tamil Nadu Agric. University，India.

Zerka R，Zaidi P H，Vinayan M T，et al.，2013. Downy mildew resistance in maize（*Zea mays* L.）across *Peronosclerospora* species in lowland tropical Asia. CropProtection，43：183 - 191.

第四节　马铃薯癌肿病及其病原

马铃薯癌肿病影响马铃薯产量，一般产量损失达 20% 以上，危害严重者损失 71%～80%，甚至可致作物绝产。同时，马铃薯癌肿病使马铃薯块茎品质严重降低，感病的马铃薯块茎可能对人畜有毒性，不能食用。据记载，1951 年四川凉山州发病 2 773hm²，造成损失 1 800t 以上，其中部分田块产量只有 1 500～2 000kg/hm²，绝收面积近 400hm²。马铃薯癌肿病病原为内生集壶菌，也称马铃薯癌肿病菌，不仅是我国重要外来入侵微生物和检疫对象，也是世界主要马铃薯种植国家的重要检疫对象。

一、起源和分布

1. 起源

该病起源于拉丁美洲的安第斯山脉，19 世纪末期从其原生地传入欧洲和北美洲，随后扩散至亚洲、非洲和大洋洲的广大马铃薯种植区。

2. 国外分布

在欧洲，奥地利、捷克、丹麦、爱沙尼亚、芬兰、德国、爱尔兰、意大利、拉脱维亚、立陶宛、荷兰、挪威、波兰、罗马尼亚、斯洛文尼亚、瑞典、瑞士、英国、乌克兰等是其主要分布国家。在比利时、法国和卢森堡有记载，但未被证实；在葡萄牙有记载。在亚洲，亚美尼亚、不丹、尼泊尔和印度有分布，在伊朗、韩国、朝鲜和黎巴嫩等国的记载未得到证实。在非洲，阿尔及利亚、南非和突尼斯有分布，在津巴布韦和埃及的记载未被证实。在北美洲，主要分布于加拿大的纽芬兰省、美国的宾夕法尼亚州和西弗吉尼亚州，墨西哥报道在野生马铃薯上发生。在南美洲，主要分布于玻利维亚、马尔维纳斯群岛和秘鲁，在智利过去有发生但被铲除，在厄瓜多尔的记载未经证实，在乌拉圭早期有报道，但受到当局否认。在大洋洲，新西兰的南岛有分布。

3. 国内分布

分布于云南、贵州、四川、西藏。云南主要发生在昭通、宁浪等高寒山区。

二、病原

1. 名称和分类地位

马铃薯癌肿病菌拉丁学名为 *Synchytrium endobioticum*（Schib）Percival，异名有 *Chrysophlyctis edobiotica*（Schilb）、*Synchytrium solani* Massee 等，所致病害的英文名为 wart disease of potato、black wart disease of potato 或 potato black scab。

马铃薯癌肿病菌属于真核域、真菌界、壶菌门、壶菌纲、壶菌目、集壶菌科、集壶菌属，已报道有 18 个生理小种，广泛分布危害的为 1 号生理小种。

2. 形态特征

病原内寄生，其营养菌体初期为一团无胞壁的裸露原生质（称变形体），后为具胞壁的单胞菌体（彩图 5-17）。当病原由营养生长转向生殖生长时，整个单胞菌体的原生质就转化为一个具有厚囊壁的休眠孢子囊堆。病原休眠孢子囊球形或近球形，锈褐色，壁厚，分为三层：内壁薄而无色；中壁光滑，金黄褐色；外壁厚，色较暗，具有不规则的脊突，直径为 $25\sim75\mu m$，有的报道为 $(50.4\sim81.8)\mu m\times(37.8\sim69.3)\mu m$。休眠孢子囊萌发形成游动孢子，卵形或梨形，具单鞭毛，这是本菌重要特征之一。其内含物挤出形成孢子囊堆，并分隔形成 $4\sim9$ 个孢子囊。孢子囊堆近球形，直径 $(47\sim72)\mu m\times(81\sim100)\mu m$ [有资料报道为 $(40.3\sim77)\mu m\times(31.4\sim64.4)\mu m$]，单个孢子囊壁薄，呈淡黄色，成熟后散出游动孢子。当条件不适宜时，配子成对结合成双鞭毛的合子，合子侵入寄主细胞，发育成休眠孢子囊，也可称为越冬孢子囊，它单个地存在于寄主细胞内。

三、病害症状

马铃薯癌肿病菌主要危害马铃薯植株的地下部，侵染茎基部、匍匐茎和块茎，病原侵入寄主刺激组织细胞增生，长出畸形、粗糙、疏松的肿瘤，瘤块大小不一，小的只出现一块隆起，大的覆盖整个薯块，有的圆形，有的形成交织的分枝状，极似花椰菜（彩图 5 - 18）。地下的癌瘤初呈乳白色，渐变成粉红色或褐色，最后变黑、腐烂。最近报道在高感品种上，植株地上部出现癌肿症状，在腋芽处、枝尖、幼芽均可长出卷叶状癌组织，叶背面出现无叶柄、叶脉的畸形小叶，主茎下部变粗，质脆呈畸形，尖端的花序和顶叶色淡，组织变厚易碎。有的植株矮化，分枝增多，后期保持绿色的时间比健株长。凡地上部出现症状的植株，地下部不结薯，几乎全为肿瘤。多数瘤状物在芽眼附近先发生，逐渐扩大到整个块茎，最后类似瘤状物分散成烂泥状，黏液有恶臭味，严重污染土壤。

国外报道癌肿病菌不侵染马铃薯根系。但最近有研究报道，马铃薯植株感病后根系发生肿瘤，且发现在个别品种上，病原只侵染根而不侵染植株其他部分，报道还指出，肿瘤位于根的端部或中部，小的如油菜种子，大的超过薯块百倍，肿块初呈白色半透明，似水泡，后期与薯块近似，并已从根瘤里镜检到马铃薯癌肿病菌休眠孢子。

四、生物学特性和病害流行规律

1. 寄主范围

马铃薯是马铃薯癌肿病菌的唯一栽培寄主植物，墨西哥报道可侵染茄属（*Solanum*）杂草，经人工接种可侵染番茄等茄科栽培植物、碧冬茄属（*Petunia*）、烟草属（*Nicotiana*）、酸浆属（*Physalis*）及辣椒属（*Capsicastrum*）的一些种。

2. 病害循环

马铃薯癌肿病菌是一种专性寄生菌，一般不产生菌丝，但其孢子囊含有 $200\sim300$ 个游动孢子。病原以休眠孢子囊在病组织内或随病残体遗落土壤中越冬。在春季较高温度和湿度条件下，土壤或种薯中越冬的病原孢子囊在 8℃ 以上的湿润条件下萌发释放出游动孢子。游动孢子单核，具有 1 根鞭毛，可以在土壤空隙的水中游动，直到接触寄主，从适合的寄主表皮细胞侵入。夏季在寄主细胞内不断地形成孢子囊，孢子囊迅速释放大量的游动孢子进行多次再侵染。被侵染的细胞肿大，不断地分裂形成包围孢子囊的囊壁，并刺激寄主细胞不断分裂和增生，从而形成癌肿症状。孢子囊可释放出游动孢子或合子，进行重复侵染；到生长季节结束时，病原又以休眠孢子囊形式越冬，成为作物下一个生长季节的初侵染源。

马铃薯癌肿病菌的生活史包括无性阶段和有性阶段（图 5 - 4），它们均在寄主组织内完成。在不良环境条件下，一些游动孢子配对结合形成合子。带有合子的寄主细胞分裂形成新的孢子囊壁。在秋季，肿瘤组织腐烂解体，释放出厚壁休眠孢子进入土壤。这种双倍体休眠孢子经历一个休眠期，在萌发前进行一次减数分裂和数次有丝分裂，形成芽孢子囊。

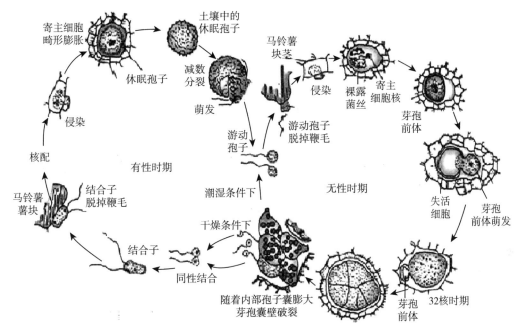

图 5-4 马铃薯癌肿病菌的生活史与侵染循环

传播途径：病原主要随病种薯及病土进行远距离传播，随农事操作中人畜传带，借带菌的牲畜粪、雨水和灌溉水等进行近距离传播。国外报道，设在病区内的马铃薯食品加工厂，其污水排放也是导致病原近距离扩散的主要原因。一旦种植的马铃薯在田间发病，孢子很难从土壤中消灭。据报道，孢子在土壤中潜伏 20 年仍有活力。

3. 生物学特性

病原的休眠孢子抗逆性特别强，在 80℃ 高温下能忍耐 20h，在 100℃ 的水中能存活 10min 左右。休眠孢子在土壤中可长期存活；休眠孢子囊需要相当长的休眠期（几个月至 30 年或更长）才能萌发分化为孢子囊，并释放游动孢子。游动孢子通过牲畜消化道仍可存活。一般可存活 6～8 年，有的人认为可存活 30 年以上。游动孢子侵入块茎的适宜温度为 3.5～24℃，最适温度为 15℃。游动孢子或双鞭毛的合子寿命很短，无合适寄主，一般 2～3h 后死亡。土壤水分是孢子囊和休眠孢子囊萌发、释放游动孢子以及游动孢子活动和侵入寄主的重要条件。

马铃薯癌肿病菌主要以菌体进行营养繁殖，其特征是菌体内生，整个菌体转化为一个或多个繁殖体。此病原存在生理分化小种，国外报道大约有 18 个生理小种，但因国家之间没有统一的鉴别寄主，故所鉴定出的小种可能有重复。据报道，多数国家只有 1 个小种。德国、捷克、斯洛伐克、意大利、俄罗斯和加拿大（纽芬兰省）等国家报道有马铃薯癌肿病菌的其他生理小种存在，这些小种主要发生于这些国家雨淋山区的小马铃薯种植园内，大面积马铃薯栽培区不存在。

　　病原对生态条件的要求比较严格，在低温多湿、气候冷凉、昼夜温差大、土壤湿度高、气温在 12～24℃ 的条件下有利于病原侵染。疫区一般在海拔 1 500～2 000m 左右的冷凉山区。在土壤湿度为最大持水量的 70%～90% 时，地下部发病最严重，土壤干燥时发病轻。此外，土壤有机质丰富和酸性条件有利于发病。

五、诊断鉴定和检疫监测

1. 诊断鉴定

　　（1）症状诊断　　直接观察马铃薯植株是否矮化，根系和薯块是否有大小不等、形状不规则的肿瘤。

　　（2）病原形态鉴定　　将马铃薯块茎芽眼及其周围组织带皮制作断面切片，镜检薯块皮层组织中有无病原。病原呈圆形、锈褐色，大小（50.4～81.9）μm×（37.8～69.3）μm，壁较厚，平均 4.55μm，分层次，外层有不规则脊突的休眠孢子囊。

　　（3）薯块切片染色检验　　将薯块切片或撕下一小块薯片放于载玻片上，加 10% 藏花红染液一滴，在显微镜下观察，细胞壁呈红色即为健薯，呈污红色即为病薯。

　　（4）病土检查（清水漂浮法）　　将样品马铃薯块黏附的土壤按批次分别用毛刷仔细刷下，集中，研细；称取待检土壤样品。每批次称 2～3 份（根据土样多少而定）试样，每份 3g，分别放入聚乙烯离心管（25mm×105mm）中（不能用玻璃离心管）。在通风台上注入浓氢氟酸（含 HF48%～51%）至半管，放置 48h，小心混匀离心管内液体，以促进土壤中硅溶解；向每个离心管中小心地加入蒸馏水，至液面达到距离心管口约 13mm 处，小心搅匀液体；以 2 500～3 000r/min 速度离心 10～15min，弃去上清液，再加蒸馏水至原来液面高度，搅匀，同样速度离心 10min，再离心 3～4 次；用离心管内的沉淀稀释涂片，镜检有无病原的休眠孢子囊，并按稀释倍数和批次计数，得马铃薯带菌量。镜检休眠孢子囊时要注意马铃薯癌肿病菌与山胡萝卜集壶菌（*Synchytrium succisae*）间的区别（图 5-5）。

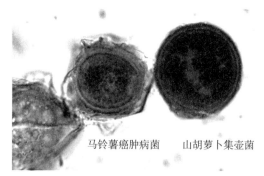

马铃薯癌肿病菌　　　　山胡萝卜集壶菌

图 5-5　马铃薯癌肿病菌（左）与山胡萝卜集壶菌（右）休眠孢子囊的区别

　　（5）块茎泥土洗脱液中病原检验　　用无菌水（1 000mL/kg）直接洗脱下薯块上的泥土，吸取洗脱水直接制片，在显微镜下检查带菌情况。

　　（6）交通工具等黏附土壤中的病原检验　　将黏附物直接放入适量无菌水中制成悬浮液

后在显微镜下检查孢子囊堆和休眠孢子囊。

（7）游动孢子染色检验　0.1%升汞或1%锇酸固定，1%酸性品红或3%龙胆紫染色，观察有无单鞭毛的游动孢子和双鞭毛的合子。

（8）PCR分子检验　国内还没有人研究过马铃薯癌肿病菌的分子检测方法。

（9）实时PCR分子检验　Van-den-Boogert等（2005）建立了马铃薯癌肿病菌的实时PCR检验方法。采用马铃薯癌肿病菌专用引物F49（5′-CAACACCATGTGAACTG-3′）、R213（5′-AAGTTGTTTAATAATTGTTGTA-3′）和来源于马铃薯癌肿病菌的ITS-rDNA引物（5′-TGGTGTATGTGAACGGCTTGCCCAC-3′）。用报告荧光染料FAM（6-羧基荧光素）将F49引物的5′端染色，3′端用冷染料TAMRA（6-羧基-四甲基罗丹明）染色；定量实时PCR使用qPCR™（比利时 Eurogentec 公司）试剂盒和ABIPRISM7 700 序列扩增仪：开始95℃下10min预变性；然后95℃下15s变性，55℃下

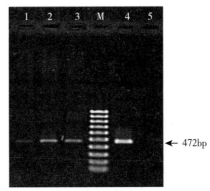

图5-6　马铃薯癌肿病菌PCR检测结果
（van den Boogert et al.，2005）
注：泳道1～3为集壶菌孢子囊的DNA，泳道M为分子标记DNA，泳道4为阳性对照（100ng马铃薯癌肿病菌DNA，泳道5为阴性对照）

60s延伸，循环40次；最后95℃下延伸6min。PCR产物在琼脂糖凝胶上电泳后，在紫外灯下观察并拍照记录（图5-6），若显示472 bp条带，即判定为阳性。使用这种方法检测马铃薯癌肿病菌非常灵敏，而且可以做定量检测。

2. 检疫监测

马铃薯癌肿病的检疫监测包括一般性监测、产地检疫监测和调运检疫监测。

（1）一般性监测　监测的重点地域是海拔1 000m以上的湿润地带以及公路和铁路沿线的马铃薯种植区；主要交通干线两旁区域、苗圃、有外运产品的生产单位、薯类批发市场以及物流集散地等场所的马铃薯和其他茄科植物及其产品。需进行访问调查、田间大面积踏查、系统调查。

访问调查：向当地居民询问有关马铃薯癌肿病（菌）发生地点、发生时间、危害情况，分析病害和病原传播扩散情况及其来源。每个社区或行政村询问调查30人以上。对询问过程中发现的癌肿病（菌）可疑存在地区，进一步做深入重点调查。

田间大面积踏查：在马铃薯癌肿病的非疫区，在马铃薯生长期间的适宜发病期进行一定区域内的大面积踏查，粗略地观察田间作物的病害发生情况。观察时注意是否有植株异常矮化、黄化、枯萎及茎基部是否有不规则瘤状物；若发现这些变化，再扒开土壤观察植株地下部分的块茎和根系是否有大小不均匀的瘤状物。

系统调查：在马铃薯生长期间进行定点、定期调查。调查设样地不少于10个，随机选取，每块样地面积不小于4m²；用GPS测量样地的经度、纬度、海拔。记录马铃薯品种、种薯来源、栽培管理制度或措施等。

观察记录马铃薯癌肿病发生情况。若发现病害，则需详细记录发生面积、病田率

（％）、病株率（9％）和严重程度。病害严重程度和危害程度等级划分标准如下：

病害严重程度分级：按植株异常和瘤状物情况，将马铃薯癌肿病严重程度分为6级：0级，植株生长正常，茎、块茎和根系均无瘤状物。1级，植株轻微黄化和矮化，占健株的4/5以上，植株上有1~3个小瘤。2级，植株黄化和矮化较明显，占健株的3/5~4/5，植株上有4~10个小瘤。3级，植株黄化和矮化明显，占健株的3/5~2/5，植株上有10个以上小瘤，根系上分布面积占根系的1/3；或出现中等大小的瘤状物。4级，植株严重黄化和矮化，占健株的2/5~1/5，植株根系上散布许多小瘤和大瘤，但植株未死亡。5级，植株严重黄化或枯死，植株高度为正常植株的1/5以下，根系密布小瘤和大瘤，几乎整个根系均被瘤状物代替。

病害发生危害程度分级：根据大面积调查记录的发生和危害情况将马铃薯癌肿病发生危害程度分为6级：0级，无病害发生。1级，轻微发生，发病面积很小，只见零星的发病植株，病株率5％及以下，病级一般在2级以下，造成减产<5％。2级，中度发生，发病面积较大，发病植株非常分散，病株率6％~20％，病级一般在3级以下，造成减产5％~10％。3级，较重发生，发病面积较大，发病植株较多，病株率21％~40％，少数植株病级达4级，个别植株死亡，造成减产11％~30％。4级，严重发生，发病面积较大，发病植株较多，病株率41％~70％，较多植株病级达4级以上，部分植株死亡，造成减产31％~50％。5级，极重发生，发病面积大，发病植株很多，病株率71％以上，很多植株病级达4级以上，多数植株死亡，造成减产>50％。

在非疫区：若大面积踏查和系统调查中发现疑似癌肿病植株，要现场拍照，并采集具有典型症状的病株标本，装入清洁的标本袋内，标明采集时间、采集地点及采集人，送外来物种管理或检疫部门指定的专家鉴定。有条件的，可直接将采集的标本带回实验室鉴定，室内检验主要检测马铃薯和土壤等是否带有病原的菌丝、孢囊梗、孢子囊、休眠孢子等菌体结构。如果专家鉴定或当地实验室检测确定了霜霉病或某种霜霉病菌，应进一步详细调查当地附近一定范围内的作物田间发病情况。同时及时向当地政府和上级主管部门汇报疫情，对发病区域实行严格封锁和控制。

在疫区：根据调查记录癌肿病发生的范围、病株率和严重程度等数据信息，参照有关规范和标准制定病害综合防治策略，采用恰当的病害控制技术措施，有效地控制病害，以减轻经济损失。

（2）产地检疫监测 在马铃薯原产地生产过程中进行的检验检疫工作，包括作物田间实地系统调查、室内检验、签发允许产品外调证书，以及监督生产单位做好病害控制和疫情处理等工作程序。马铃薯癌肿病的检疫监测，可在作物生长期或发病高峰期进行2次以上的调查，首先选择一定线路进行大面积踏查，必要时进行田间定点调查。

检疫踏查一般是进行田间症状观察，重点在海拔1 000m以上的高山冷凉地区、公路和铁路沿线的种薯田。更为重要的是调查收获后准备外调的马铃薯薯块，直接观察是否有带病或带菌马铃薯，同时抽样进行室内检测检验。

田间系统定点调查的重点是马铃薯作物和茄科植物，观察记录癌肿的发生情况（病株率、严重程度等），田间调查中除了要做好详细观察记录外，还要采集合格的标样，供实验室检测使用。

室内检验主要应用前述常规生物学技术和分子生物技术对外调马铃薯调查和田间系统调查采集的样品进行检测，检测确认采集样品是否带有马铃薯癌肿病菌。

在产地检疫各个检测环节中，如果发现癌肿（菌），应根据实际情况，立即实施控制或铲除措施。疫情确定后一周内应将疫情通报给苗木和产品调运目的地的农业外来入侵生物管理部门和植物检疫部门，以加强对目的地对作物产品的检疫监控管理。

（3）调运检疫监测　在作物产品的货运交通集散地（机场、车站、码头）实施调运检验检疫。检查调运的作物产品、包装和运载工具等是否带有癌肿病（菌）。对受检物品等做现场调查，同时做有代表性的抽样，取适量的马铃薯薯块（视货运量）带回室内，用前述常规诊断检测和分子检测技术做病原检测。

在调运检疫中，对检验发现带癌肿病的马铃薯等农产品予以拒绝入境（退回货物），或实施检疫处理（如就地销毁、产品加工等措施）；对确认不带菌的货物签发许可证放行。

六、应急和综合防控

对马铃薯癌肿病菌引起的马铃薯癌肿病，需要依据病害的发生发展规律和流行条件，执行"预防为主，综合防治"的基本策略。在非疫区和疫区分别实施应急防控和综合防控措施。

1. 应急防控

应用于马铃薯癌肿病菌的非疫区，所有技术措施几乎都强调对病原的"彻底灭除"，目的是限制癌肿病（菌）的扩散。无论是在交通航站检出带菌物品，还是在田间监测中发现癌肿病发生，都需要及时地采取应急控制措施，以有效地扑灭病原或控制病害。

（1）调运检疫检出马铃薯癌肿病菌的应急处理　对现场发现带菌的马铃薯产品，应全部收缴扣留，并销毁。对检出带有马铃薯癌肿病菌的货物和其他产品，应拒绝入境或将货物退回原地。对不能退回原地的物品要即时就地封存，然后视情况做应急处理。

产品销毁处理：港口检出货物及包装材料可以直接沉入海底。机场、车站的检出货物及包装材料可以直接就地安全烧毁。

产品加工处理：对不能现场销毁的可利用马铃薯薯块或其他物品，可以在国家检疫机构监督下，就近将马铃薯加工成淀粉或其他成品，其下脚料就地销毁。注意加工过程中使用过的废水不能直接排出。经过加工后的成品不带活菌体才允许投放市场销售使用。

检疫隔离处理：如果是引进用作种薯，必须在检疫机关设立的植物检疫隔离中心或检疫机关认定的安全区域隔离种植，经生长期间观察，确定无病后才允许释放出去。

（2）田间马铃薯癌肿病的应急处理　在马铃薯癌肿病菌的非疫区监测发现农田或小范围马铃薯癌肿病疫情后，应对病害发生的程度和范围做进一步详细的调查，并报告上级行政主管部门和技术部门，同时要及时采取措施封锁病田，严防病害扩散蔓延，然后做进一步处理。铲除病田马铃薯作物并彻底销毁；铲除马铃薯病田附近及周围茄科作物及各种杂草并销毁；使用20％三唑酮乳油1 500倍液浇灌病田及周围土壤。

经过田间应急处理后，应该留一小面积田块继续种植马铃薯，以观察应急处理措施对马铃薯癌肿病的控制效果。若在2～3年内未监测到发病，即可认定应急铲除效果，并可申请解除当地的应急状态。

2. 综合防控

应用于马铃薯癌肿病已普遍发生分布的疫区，基本策略是以种植抗病马铃薯品种和加强作物田间管理等预防措施为主，结合适时合理应用化学药剂防治，将病害控制在允许的经济阈值水平以下。

（1）培育和应用优质抗病马铃薯品种　马铃薯癌肿病最主要和有效的控制措施是选用抗病品种。抗癌肿病的品种有米拉、疫不加、阿奎拉、卡它丁、七百万、威芋 3 号、794230、822217、费乌瑞它等。其中米拉表现高抗癌肿病，由于前些年使用该品种，云南地区马铃薯癌肿病近年来基本上得到了控制。

（2）控制和降低病原的初始接种体量　尽量采用无病或不带菌的薯块作为种用；必要时进行土壤消毒灭菌，亦可进行种薯熏蒸灭菌处理；生长期间定期观察，发现病株及时铲除销毁；重病田块不能连作马铃薯而应改种非茄科作物。

（3）采用适当的栽培管理控病措施　采取轮作倒茬或与非茄科作物轮作或间作，深耕灭茬，适期播种，合理密植，科学施肥和浇水，以及及时除草等栽培措施，促进作物健康生长，增强抗病力，减轻病害的发生和危害。

（4）合理使用化学杀菌剂防治病害　平坝及水源方便的田块尽早施药防治，于 70% 植株出苗至齐苗期，用 20% 三唑酮乳油 1 500 倍液浇灌；在水源不方便的田块可于苗期、蕾期喷施 20% 三唑酮乳油 2 000 倍液，每亩喷对好的药液 50L，有一定防治效果。据 Gunacti 等（2013）研究，用威百亩钠盐（11%，40g/m^2）和甲醛（11%，100mL/m^2）对土壤进行处理，对癌肿病控病效果可达 60%～70%，播种前对种薯进行处理也有较好的防效。

主要参考文献

毕朝位，胡秋舲，2005. 贵州省六盘水市马铃薯癌肿病综合防治技术 . 中国马铃薯，19（6）：369 - 370.

代万安，张明兰，李宝聚，等，2014. 马铃薯癌肿病在西藏的发生与防治 . 现代农业科技，20：123 - 125.

国家认证认可监督管理委员会 . 马铃薯癌肿病检疫鉴定方法：SN/T 1135.1—2002. 中华人民共和国国家市场监督管理总局 .

谭万忠，2010. 马铃薯癌肿病菌（Synchytriumendobioticum）的监测防控技术指南//中国重要外来入侵生物监测防控技术指南 . 北京：科学出版社 .

谭万忠 . 2015. 马铃薯癌肿病菌（Synchytriumendobioticum）//生物安全学导论 . 北京：科学出版社，125 - 127.

王云月，马俊红，朱有勇，2002. 云南省马铃薯癌肿病发生现状 . 云南农业大学学报，17（4）：127 - 128.

魏正，寸东义，沐咏明，等，1996. 马铃薯癌肿病的生物学特性和检测方法 . 中国动植检，3：36 - 38.

许志刚，2003. 植物检疫学 . 北京：中国农业出版社，129 - 131.

余泽香，2014. 马铃薯癌肿病的发生与检测治理 . 现代农业科技，20：135.

张敬泽，徐同，1999. 防腐浸渍处理后马铃薯癌肿病休眠孢子囊的大小变化 . 植物检疫，13（1）：8 - 9.

朱西儒，徐志宏，陈枝楠，2004. 植物检疫学 . 北京：化学工业出版社 . 156 - 160.

Bojnansky V，1984. Potato wart pathotypes in Europe from the ecological point of view. EPPOBulletin，14

(2)：141－146.

CABI，2021. *Synchytrium endobioticum*（wart disease of potato）.（2021－03－19）［2021－10－01］https：//www. cabi. org/isc/datasheet/52315.

CABI/EPPO，1998. *Synchytrium endobioticum*. Distribution Maps of Quarantine Pests for Europe No. 243. Wallingford，UK，CAB International.

Canadian Food Inspection Agency，2009. *Synchytrium endobioticum*（Schilberzky）Percival potato wart or potato canker.（2009－06－11）［2021－10－03］http：//www. inspection. gc. ca/english/plaveg/pestrava/synend/tech/synende. shtml.

Efremenko T S，Yakovleva V A，1983. comparative assessment of the methods used in the USSR and abroad for determining soil infestation by *Synchytrium endobioticum*（Schilb.）Perc.，the pathogen of potato wart. Mikologiya i Fitopatologiya，17（5）：427－433.

EPPO，2009. *Synchytrium endobioticum*.（2009－05－16）［2021－10－21］http：//www. eppo. org/QUARANTINE/fungi/Synchytrium_endobioticum/SYNCEN_images. htm.

Franc G D，2018. Potato wart. APSPublications.（2018－09－17）［2021－09－10］http：//www. apsnet. org/publications/apsnetfeatures/pages/ potatowart. aspx.

Georgia L，Gorgiladze G，Meparishvili Z，et al.，2014. First report of *Synchytrium endobioticum* causingpotato wart in Geodgia. New Disease Reports，30：4.

Groth J，Song Y，Kellermann A，et al.，2013. Molecular characterisation of resistance against potato wart races 1，2，6and 18in a tetraploid population of potato（*Solanum tuberosum* subsp. *tuberosum*）. J ApplGenet，169－178.

Gunacti H，Erkilic A，2013. Developing control strategies of potato wart disease（*Synchytrium endobioticum*）in Turkey. ESci J of PlantPathol，2（2）：76－83.

IPPC，2012. New Reports of Potato Wart（*Synchytrium endobioticum*）in Prince Edward Island. IPPC Off. PestReport，No. CAN-24/1，No. CAN-24/1. Rome，Italy：FAO.

IPPC，2013. *Synchytrium endobioticum* absent in Denmark. IPPC Official PestReport，No. DNK-15/1. Rome，Italy：FAO.

IPPC，2015. September 2014：New Report of Potato Wart（*Synchytrium endobioticum*）in Prince Edward Island，Canada（2014）. IPPC Official PestReport，No. CAN-41/1. Rome，Italy：FAO.

IPPC，2016. Information on Pest Status in the Republic of Lithuania in 2015. IPPC Official Pest Report，No. LTU-01/2. Rome，Italy：FAO.

Kritarsa S，2018. *Synchytrium endobioticum*：eymptoms and thallus structure.（2018－01－27）［2021－09－11］http：//www. biologydiscussion. com/fungi/synchytrium-endobioticum-symptoms-and-thallus-structure-disease/63189.

Laidlaw W M R，1985. A method for the detection of the resting sporangia of potato wart disease（*Synchytrium endobioticum*）in the soil of old outbreak sites. PotatoResearch，28（2）：223－232.

Langerfeld E，1984. Potato wart in the Federal Republic of Germany. EPPOBulletin，14（2）：135－139.

Mygind H，1954. Methods for the detection of resting sporangia of potato wart *Synchytrium endobioticum* in infested soil. Acta Agriculturae Scandinavica，4：317－343.

Nelson G A，Olsen O A，1964. Methods for estimating numbers of resting sporangia of *Synchytrium endobioticum* insoil. Phytopathology，54：185－186.

Niepold F，Stachewicz H，2004. PCR-detection of *Synchytrium endobioticum*（Schilb.）Perc. Zeitschrift für Pflanzenkrankheiten undPflanzenschutz，111（4）：313－321.

Noble M, Glynne M D, 1970. Wart disease of potatoes. FAO Plant ProtectionBulletin, 18: 125 - 135.

OEPP/EPPO, 2017. PM 7/28 (2) *Synchytrium endobioticum*. OEPP/EPPO Bulletin. (2017 - 03 - 15) [2021 - 08 - 17] https://onlinelibrary.wiley.com/doi/epdf/10.1111/epp.12441.

Potocek J, Broz J, 1988. A new system of testing potatoes for resistance to potato canker (*Synchytrium endobioticum*) and potato root nematode (*Globodera rostochiensis*). Sborn TIZ, OchranaRostlin, 24 (1): 47 - 56.

Pratt M A, 1976. A wet-sieving and flotation technique for the detection of resting sporangia of *Synchytrium endobioticum* in soil. Annals of Applied Biology, 82 (1): 21 - 29.

Pratt M A, 1976. The longevity of resting sporangia of *Synchytrium endobioticum* (Schilb.) Perc. in soil. BulletinOEPP, 6 (2): 107 - 109.

Przetakiewicz J, 2015. First report of new pathotype 39 (P1) of *Synchytrium endobioticum* causing potato wart disease in Poland. PlantDisease, 99 (2): 285 - 286.

Stachewicz H, 1984. Application of in vitro culture to identify pathotypes of the potato wart pathogen *Synchytrium endobioticum* (Schilb.) Perc. Archiv fur Phytopathologie undPflanzenschutz, 20 (3): 195 - 205.

Stachewicz H, 1989. 100 years of potato wart disease-its distribution and current importance. Nachrichtenblatt fur den Pflanzenschutz in derDDR, 43 (6): 109 - 111.

Van-den Boogert P H J F, van-gent-Pelzer M P E, Bonants P J M, et al., 2005. Development of PCR-based detection methods for the quarantine phytopathogen *Synchytrium endobioticum* causal agent of potato wart disease. European Journal of Plant Pathology, 113 (1): 47 - 57.

第五节 大豆疫霉病及其病原

大豆疫霉病也称大豆疫霉茎腐和根腐病，是全世界大豆作物上的三大病害之一，是一种分布广泛、危害很大的毁灭性土传病害，也是我国对外公布的 A1 类进境植物检疫对象。目前该病害在世界 20 多个主要大豆生产国都有发生流行，在我国一些大豆种植省也已较为普遍，近年来还有加重发生和危害的趋势。该病害可以在大豆的各个生育期发生，一般发生年份减产 10%～30%，重病田块可减产 60%。1989—1991 年，大豆疫霉病在美国中北部的 12 个州即造成 279 万 t 的产量损失，经济价值近 6 亿美元；估计目前全球每年由大豆疫霉病危害造成的直接经济损失达数十亿美元。除中国外，大豆疫霉病的病原为大豆疫霉，是欧洲和地中海植物保护组织（EPPO）A2 类检疫性有害生物，土耳其和巴西也将大豆疫霉列为检疫性有害生物。其主要随混在大豆中的土壤颗粒和病残体进行远距离传播。

一、起源和分布

1. 起源

大豆疫霉的起源目前尚不完全清楚，学者间对此问题尚存在争论。其于 1948 年在美国东部的印第安纳州大豆上首次被发现，1951 年在俄亥俄州西北的一个县发现，1955 年 Suhovecky 等在《俄亥俄农家研究》（Ohio Farm Home Research）地方期刊上首次公开报道该病害，随后在北卡罗来纳、密苏里和伊利洛斯州等地大面积发生流行，造成了很大的经济损失。由此多数文献中倾向于认为大豆疫霉可能起源于美国；但是也有人认为中国和韩国等亚洲国家发现大豆的抗病品种较多，并且抗性较强（符合基因对基因假说中所指的垂直抗性），而抗病性是寄主在与病原体长期接触过程中对病原体形成的适应性，所以也有不少学者认为该病原体起源于中国和韩国。

2. 国外分布

迄今，已报道发生大豆疫霉病的国家遍布亚洲、非洲、北美洲、南美洲、欧洲和大洋洲，包括亚洲的日本、韩国、蒙古、印度、尼泊尔、巴基斯坦、伊拉克、土耳其、以色列等；欧洲的罗马尼亚、俄罗斯、乌克兰、波兰、意大利、英国、法国、德国；非洲的埃及、南非和尼日利亚；北美洲的美国和加拿大；南美洲的巴西、阿根廷和智利；以及大洋洲的澳大利亚和新西兰等。

3. 国内分布

我国广州、张家港等动植物检验检疫机构近 20 多年来先后从美国等地进口大豆上检疫截获到大豆疫霉，2011 年农业部将该病原体列为检疫对象，并将其置于我国的 A1 类检疫病原体之一。迄今，在我国南部沿海的福建、浙江、江苏、山东，中部的安徽、河南、河北和北京，东北的辽宁、吉林和黑龙江，北部的内蒙古及西北的新疆等广大大豆种植区域都先后报道了大豆疫霉病的零星发生和分布，有的地方发生和危害都相当严重。

二、病原

1. 名称和分类地位

大豆疫霉拉丁学名为 *Phytophthora sojae* Kaufman et Gerdemann，异名有 *Phytophthora megasperma* Drechsler f. sp. *glycine* Kuan & Erwin、*Phytophthora megasperma* Drechsler var. *sojae* Hildebrand。传统分类中其属于真菌界、鞭毛菌门（Mastigomycota）、卵菌纲（Oomycetes）、霜霉目（Peronosporales）、腐霉科（Pythiaceae）、疫霉属（*Phytophthora*）。新的分类系统中其属于真核域（Eukaryotes）、假菌界或称藻物界（Chromista）、不等鞭毛门（Heterokontophyta）、霜霉目、腐霉科、疫霉属。

2. 形态特征

该病原体的营养体发达，为无隔菌丝体，菌丝宽 $3 \sim 9 \mu m$，易卷曲；菌丝排列聚集呈珊瑚状菌丝体，可形成菌丝膨大体及厚垣孢子。大豆疫霉的无性生殖时期，由菌丝分化形成孢囊梗和孢子囊。孢囊梗与菌丝间没有太大区别，其顶端形成单个游动孢子囊。游动孢子囊倒梨形或椭圆形，无乳突，大小（$42 \sim 65$）$\mu m \times$（$32 \sim 53$）μm，其内形成游动孢子，成熟时将游动孢子释放到薄壁孢子囊中，孢子囊迅速膨大并破裂释放出游动孢子；有时游动孢子滞留在孢子囊内萌发，产生芽管穿透游动孢子囊壁。游动孢子囊也可直接萌发成芽管和菌丝，此时孢子囊的作用类似于真菌的分生孢子。游动孢子囊一般不易从孢囊梗上脱落。游动孢子卵圆形，两端钝圆，侧面平滑，前生 1 根茸鞭毛，后生 1 根尾鞭毛，尾鞭毛长约为茸鞭毛长度的 $4 \sim 5$ 倍；游动孢子在水中呈螺旋线游泳运动可持续数小时，其在形成休眠孢子前运动变得缓和或呈颠簸运动。休眠孢子萌发形成芽管并进一步生长成菌丝，接触植物表面便可穿透侵入；有时休眠孢子萌发产生次生游动孢子，其再萌发形成芽管，或偶尔在芽管顶端形成小型游动孢子囊。

该病原体有性生殖为同宗配合，在有性阶段形成藏卵器；藏卵器球形或近球形，壁较薄。在藏卵器基部下面的柄上形成雄器，雄器多为长管状，单侧生或双侧生；交配时雄器的壁紧紧贴在藏卵器壁上，形成一鸟喙状结构穿透藏卵器，将精子释放入藏卵器内完成受精；藏卵器受精后内部细胞质逐步分割成若干子细胞，这些细胞进一步发育成卵孢子。卵孢子球形，壁厚而光滑，直径 29~58μm。卵孢子在不良条件下可长期存活，条件适宜时萌发产生芽管，芽管随后形成菌丝或产生游动孢子囊（彩图 5-19）。

三、病害症状

大豆疫霉病不同生育期的病害症状（彩图 5-20）如下：

萌发期：若土壤潮湿，播种后可以引起烂种；萌发时幼嫩植株的下胚轴和根部出现水渍状，最初为红色，后逐渐转为褐色、缢缩，最后变为黑褐色，子叶不能张开，严重感病的幼芽于出土前就失去活力并枯萎腐烂。

幼苗期：幼苗出土后受到侵染，根部出现水渍状，逐渐变为褐色至黑褐色，最后腐烂；在真叶出现以后至复叶出现之前，侵染下胚轴出现水渍状病斑，最初为红色，逐渐转为褐色，缢缩，最后变为黑褐色；侵染茎部，在茎节处出现水渍状褐斑，向上、向下扩展，病部缢缩，最后变为黑褐色，病健交界处明显；引起病部及以上部位的叶片萎蔫，下垂，顶梢低头下弯，最终整株枯死，叶片不脱落。

成株期：根部出现水渍状，逐渐变为褐色至黑褐色，最后腐烂；根系不旺盛，逐渐衰败；引起植株生长缓慢，明显矮化，严重时，整株叶片从下部开始向上部萎蔫，叶柄缓慢下垂，与茎秆呈"八"字形，顶端生长点低垂下弯，最终枯萎死亡，叶片不脱落。

结荚期：整株症状与成株期相近，感病的豆荚上也见不规则褐色病斑，内部的豆粒变小、干瘪皱缩，表面无光泽或变色。

茎枝症状：在中上部的茎节处出现水渍状褐斑，逐渐向上、向下扩展，病健交界处明显，如果病情恶化，病部进一步扩展，最后变为黑褐色，否则，病部转为红褐色，不扩展；病情严重时，引起病部及其以上部位的叶片萎蔫，叶柄缓慢下垂，与茎秆呈"八"字形，顶梢低头下弯，随着病情进一步恶化，最终整株逐渐枯萎死亡，叶片不脱落，否则，对植株不会造成很大的影响。撕开茎的表皮，可见木质部变黑褐色。

叶片症状：一般不侵染大豆叶片，但偶尔因暴雨使病原体飞溅至幼嫩叶片上造成侵染，使叶片黄化枯萎；湿度大时，病害可向叶柄和茎部扩展；叶柄基部与茎秆连接处受侵染后，出现褐色病斑，缢缩，叶柄下垂；叶片萎蔫，干枯，但不脱落；若是在叶柄端部与叶片连接处受到侵染，出现褐色病斑，缢缩，但叶柄不下垂；引起叶片萎蔫，干枯，叶片不脱落。

豆荚症状：幼嫩的豆荚受到侵染后会枯萎发黄，最后脱落。荚皮出现水渍状向下凹陷的褐斑，并且逐步扩展成不规则的病斑，病健交界处明显，籽粒发育不良，最后形成瘪荚、瘪粒。

种子症状：受侵染的种子干瘪、不饱满。

在大豆作物上，该病与由茄立枯丝核菌（*Rhizoctonia solanii*）和镰刀菌（*Fusarium*

sp.）引起的枯萎病、腐霉属（*Pythium*）引起的根腐病、菌核菌（*Sclerotinia* sp.）引起的菌核病，以及淹水引起的生理性涝害等其他大豆病害症状相似，在诊断时需要结合田间情况加以仔细区分，必要时还需借助室内病原体分离纯化后进行鉴定。

四、生物学特性和病害流行规律

1. 生物学特性

大豆疫霉为一种卵菌，与藻物界（Chromista）中的金褐藻亲缘关系密切，这类生物产生具有管状鞭毛的游动孢子。虽然卵菌与真菌在分类学上没有密切的亲缘关系，但它们在生长过程中形成菌丝，所以仍然被称为类真菌或假真菌。它们的菌丝为多核细胞，不分隔，但在实验室长时间培养后可形成假隔膜。

该病原体在不同培养基上的生长速度和特征存在差异（图 5 - 7）。在 V8 汁培养基上生长较快，菌丝体稀疏，呈絮状，菌落白色，边缘整齐；在利马豆培养基上生长很快，室温下 24~48h 即可长满直径 90mm 的培养皿，菌落较均匀，淡白色，菌丝体疏松；在原 PDA 培养基上生长缓慢，菌落均匀，白色，边缘不够整齐；气生菌丝致密，呈棉絮状，随着 PDA 培养基营养成分的减少，生长速度逐渐加快，在营养成分含量最低时生长最快。

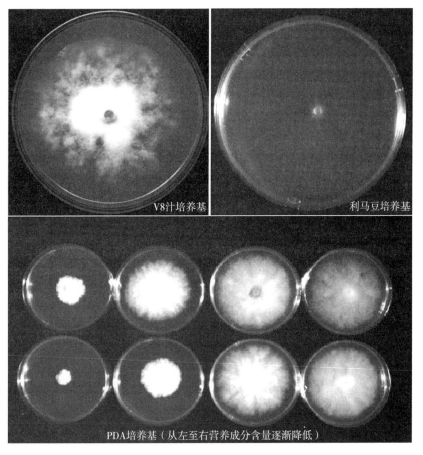

图 5 - 7 三种培养基上大豆疫霉的菌落特征

大豆疫霉喜欢生活在潮湿凉爽的环境中，大多数大豆疫霉菌株生长发育的最适温度为25～28℃，最高温度35℃，最低温度为5℃。菌丝生长的温度范围为8～35℃，最适温度为24～28℃。孢子囊直接萌发的最适温度为25℃，间接萌发最适温度为14℃；产生游动孢子的最适温度为20℃，最低温度为5℃，在潮湿有水膜存在时，孢子囊产生大量的游动孢子，游动孢子游动一段时间后休眠，形成休眠孢子，遇到合适的寄主组织，休眠孢子萌发产生芽管侵入寄主表皮。孢子囊释放游动孢子的最适温度为14℃；卵孢子形成的最适温度为18～23℃，其萌发最适温度为24℃左右，以27℃萌发最快。病原体在病组织中可形成大量卵孢子，卵孢子有休眠期，形成后约30d才能萌发。土壤、根部分泌液及低营养水平均有助于卵孢子萌发。光照和换水有利于游动孢子产生和萌发。

2. 生理分化

大豆疫霉生理小种分化十分明显，美国已报道39个生理小种，澳大利亚已鉴定出1、4、13、15号生理小种和一个未定名小种。大豆主产国阿根廷用美国的大豆疫霉根腐病菌生理小种鉴别寄主体系，对该国46个大豆疫霉菌株进行鉴定，发现所有菌系均为1号生理小种，阿根廷推广的多数品种都感病。我国的大豆疫霉来自何处尚不清楚，急需建立自己的小种鉴别体系，进一步研究小种分布和消长。因此，大豆不同品种也出现感病性分化，所以有些大豆品种相对比较抗病。

3. 寄主范围

寄生专化性较强，主要侵染大豆，也可侵染羽扇豆、菜豆、豌豆、红花、欧芹、甜菜、菠菜、胡萝卜、番茄、甘蔗、甜三叶草等植物。

4. 病害循环

大豆疫霉以卵孢子在病植株残体和土壤中越冬。雌配子（藏卵器）与雄器交配后，经历受精及性重组（减数分裂）过程后形成卵孢子。卵孢子具有较厚的纤维细胞壁，这使得其能够抵抗不良环境条件，可以在土壤中不萌发而存活多年。当春季气候条件变得适宜时，卵孢子开始萌发，并发育形成游动孢子囊。游动孢子囊可直接或间接萌发，当其遇到寄主植物根尖时直接萌发成芽管和菌丝穿透根尖细胞；当不能遇到根尖时，孢子囊间接萌发释放双鞭毛可游动的游动孢子，通过土中的水流移动，植物根尖分泌释放出的黄豆苷和异黄酮等生化物质对游动孢子有吸引作用。一旦游动孢子接触到根尖，即包围在根尖表面，分泌蛋白水解酶破坏植物细胞壁，开始萌发形成芽管和菌丝，菌丝在植物细胞间生长蔓延，并产生吸器从寄主细胞吸取营养物质，在根的皮层细胞中开始产生卵孢子。在生长季节中病组织上可以迅速地不断形成孢子囊，并萌发形成游动孢子进行再侵染。在大豆生长期内可进行多次再侵染。随着大豆疫霉继续繁殖，寄主植株开始表现溃疡斑、萎蔫和变色等次生症状。在生长季节末期可能导致植株死亡，病原的卵孢子在植株病残体和土壤中越冬（图5-8）。

此病为典型的土传病害。初侵染源为土壤中大豆植株残体携带的卵孢子，病原主要通过土壤带菌传播。灌溉实验表明，无论是刚播种以后或植株较大时灌溉，都会加重大豆疫霉病的发生。这是因为土壤水分饱和不仅有利于孢子囊释放大量游动孢子，而且游动孢子还可借助水流游动而直接传播，带病土壤水分飞溅还可引起叶部侵染，从而导致叶片上的病害症状。

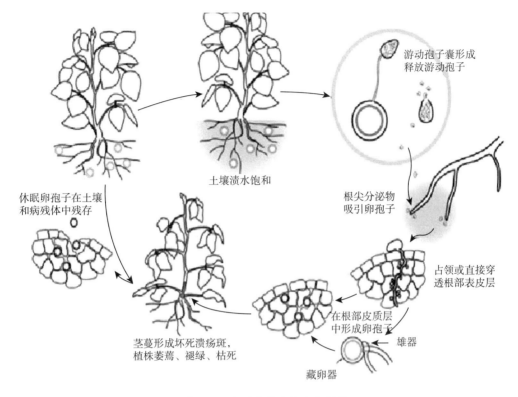

图 5-8　大豆疫霉病的病害循环

5. 发病因素

苗期的大豆植株最易感病，随着植株生长发育，寄主抗病性也随之增强。土壤积水和排水不良的黏性土壤有利于发病。适宜于发病的气温为 15～27℃。一般连续数年种植大豆的田块发病较严重；播种前施用钾肥和其他肥料施用过多可能提高发病程度。

五、诊断鉴定和检疫监测

国内外对大豆疫霉的检测鉴定技术做了较多的研究，包括传统生物学和现代分子生物学技术。我国农业部于 2012 年颁布实施了《大豆疫霉病检疫检测与鉴定方法》（NY/T 2114—2012）；我国国家市场监督管理总局 2002 年和 2010 年先后发布实施了《大豆疫霉病菌检疫鉴定方法》（SN/T 1131—2002）及《大豆疫霉病菌实时荧光 PCR 检测方法》（SN/T 2474—2010）。本文参照这些文献拟定大豆疫霉的诊断检测鉴定和监测技术。

1. 诊断鉴定

这些技术大体可分为传统生物学技术和现代分子生物学技术。应当指出，传统生物学技术对症状进行诊断和病原形态进行观察，最终鉴定结果不一定准确，因为大豆作物上可能会发生与大豆疫霉病症状很类似的几种根腐和茎腐病以及病原形态与大豆疫霉相似的霜霉病菌，诊断时难以将它们相互区分开来。

（1）植株症状诊断　适合田间大豆疫霉病的诊断。分别于苗期、成株期和结荚期到大豆作物田间调查，根据前述大豆不同生育期的症状进行诊断。田间诊断时，要注意将疫霉病与立枯丝核菌病、镰刀菌枯萎病、腐霉根腐病、菌核病及淹水生理性涝害等其他病害区别。

（2）形态学鉴定　大豆疫霉可从植株病组织、带菌种子和带菌土壤中分离，可以用V8汁、利马豆或玉米粉（一般不用马铃薯葡萄糖琼脂）作为基础培养基。为了避免分离过程中细菌和其他真菌污染干扰，可在基础培养基灭菌并冷却至约55℃时加入那他霉素$1\mu g$，氨苄西林$25\mu g$，利福霉素$1\mu g$，五氯硝基苯$10\mu g$和噁霜灵$5\mu g$制成半选择性培养基（PBNIC），其中纯苯莱特粉剂和纯氯霉素粉剂需事先配制成酒精溶液（母液），并使培养基中的最终酒精浓度不大于0.5%。

组织分离纯化：采集具有典型症状的病叶（根或茎），在病斑边缘与健康组织交界取约$2mm\times2mm$的小片，置于盛有70%酒精溶液的培养皿中$10s$（或0.5%次氯酸钠$1.0min$）进行表面消毒后取出，依次转移到3个盛灭菌水的培养皿中漂洗，去除其表面残留的消毒液，取出后放在消毒滤纸上吸干表面水分，最后用火焰灭菌的镊子或接种针移植到平板培养基上（每个培养皿3～5片，分散均匀摆放），在25℃培养箱中培养。24～48h后组织块边缘长出菌丝，用接种针挑取菌落边缘菌丝尖端培养基小块，转移到新的培养基平板上；待菌落形成后再挑取边缘尖端菌丝小块转移培养，连续2～3次即可得到纯化的典型菌落，将此菌落移植到试管斜面培养基上，在25℃下黑暗培养待菌落形成后，在4℃下保存备用。

土壤中病原分离：一般用叶碟诱集法。预先在温室种植一感病大豆品种，2周后用打孔器取6mm叶碟备用；将采集的带菌土壤风干，用适量蒸馏水湿润后，装于清洁的塑料袋中，置于25℃下暗培养4～10d，诱导卵孢子萌发并形成孢子囊；取约10g该土样于小烧杯中，加入蒸馏水至高出土面1～2cm（不要搅拌），去掉水表面形成膜或残渣。每个烧杯中放入新鲜大豆叶碟20～30片，2h后用消毒镊子将叶碟取出，放在灭菌吸水纸上吸干表面水分，再移植到PBNIC平板培养基上。在25℃下黑暗培养3d，大豆疫霉从叶碟边缘长出，挑取长出的菌丝体，接种于V8汁或WA平板培养基上黑暗培养7d即得纯培养，可移植到试管斜面培养基上，在25℃下黑暗培养，待菌落形成后，在4℃下保存备用。

带菌种子的分离：可采用叶碟诱集法分离。预先在温室种植一感病大豆品种，2周后用打孔器取6mm叶碟备用；从采集的大豆种子中称取100g放于一烧杯中，加入灭菌蒸馏水至高出种子面2～3cm。然后按照上述土壤中病原分离方法操作获得大豆疫霉纯培养并保存备用。

形态观察鉴定：用接种针挑取纯化的病原，置于载玻片上制成临时玻片标本，在显微镜下镜检，注意观察孢子囊的形状、大小、有无乳头状突起和孢子囊梗的生长方式。记录分离获得的真菌主要特征并拍照留存。对照前述大豆疫霉的形态特征，确定是否为大豆疫霉。

（3）致病性鉴定　采用感病大豆品种（HARO1～HARO7、WILLIAMS、合丰25号等），苗龄7～14d。将保存的菌种活化后接种。接种采用下胚轴创伤接种法，即用针在子叶下1cm左右处划约1cm长的伤口，将含菌丝的琼脂用注射器注入到伤口中，用塑料袋包裹保湿24～48h，也可将菌丝块覆于伤口上，脱脂湿棉球保湿。培养3～7d检查发病症状。

（4）种子带菌直接鉴定　首先需进行常规的洗涤检验。大豆霜霉病的卵孢子也可以产生在豆粒的表皮，卵孢子在种子上的数量往往很多，偶尔肉眼也能见到白色霉层。大豆霜霉病在我国东北地区常有发生，检验时必须严格区分大豆疫霉和霜霉的两种卵孢子。

大豆疫霉以卵孢子和菌丝体存在于种皮内部，种子检验时应检查种皮里是否带有大豆疫霉卵孢子。其方法是将豆粒放在 10% KOH 或自来水中浸泡过夜，取出后剩下种皮制片，然后在显微镜下检查，即可见到大豆疫霉卵孢子。

大豆疫霉卵孢子的活性检查可采用染色法。用 0.05%MTT（噻唑兰）染色，在显微镜下观察卵孢子，被染上蓝色的为休眠后可以萌发的卵孢子，玫瑰红色的表示处于休眠中的卵孢子，黑色的和未染上颜色的表示已死亡的卵孢子。

（5）分子检测　目前已发表的大豆疫霉分子检测技术均为基于 PCR 的检测方法，其中有 PCR、ITS-PCR、实时荧光 PCR、AFLP 和 SCAR-PCR 等。这里简述前三种方法。

①PCR。参照标准《大豆疫霉病菌检疫检测与鉴定方法》（NY/T 2114—2012）进行发病植株样品、病残体和土壤样品中大豆疫霉 PCR 检测。

病组织 PCR 检测：取一段新鲜病组织，在研钵中充分研磨后，转移 2～3mg 磨碎组织至 1.5mL 的离心管中，按每毫克加入 10μL 浓度为 0.5mol/L 的 NaOH 溶液，在 13 200r/min 离心 5min。取 5μg 上清液，加入 495μL 浓度为 0.1mmol/L 的 Tris 缓冲液（pH=8.0），混匀后取 1.0μL 直接用于 PCR 扩增。

病残体 PCR 检测：首先提取病残体中病原的 DNA 模板。用粉碎机将样品打碎成粉末，称取 100mg，加入液氮充分研磨，迅速加入预热的 CTAB 抽提液 1.5mL，置于 65℃ 水浴锅中 30min，其间不断摇动，然后以 13 200r/min 离心 15min；取上清液，加入 RNase 酶解（终浓度为 10mg/L），置于 37℃ 下保温 30min 后，加入等体积的酚、氯仿、异戊醇混合液（体积比 25∶24∶1），混匀后以 13 200r/min 离心 15min；吸取上清液，再加入酚、氯仿、异戊醇混合液（体积比 25∶24∶1）并混匀，以 13 200r/min 离心 15min；再吸取上清液，加入等体积异丙醇并混匀，置于 4℃ 冰箱中静置 30min 以上；经 13 200r/min 离心 10min，取上清液留下沉淀物，加入 70% 乙醇洗涤 3 次，干燥后加入 100μL 去离子水，最后进行 PCR 扩增。

土壤样品 PCR 检测：首先提取土样中的病原 DNA 模板。称取 5.0g 土壤样品，放入三角瓶中，加入 150mL 灭菌水和 10～20μL 吐温-20 并混匀，以 260r/min 摇动 15min；用 200 目网筛过滤，不断用灭菌水冲洗，下层冲洗液再经 400 目网筛过滤并不断冲洗，将 25μL 下层冲洗液倒入 400 目网筛过筛，最后将网筛上的卵孢子收集物倒入研钵中烘干；加入液氮并充分研磨，加入 4mL 预热的 CTAB 抽提液，部分抽提液用于清洗研钵；将研磨后的溶液倒入离心管中，置于水浴锅中 15min 并不断摇动振荡；加入氯仿并用移液枪搅动 1min，然后水浴 10min；于 4℃ 下以 13 000r/min 离心 15min，取上清液，加等量异丙醇并轻轻摇匀，在 -20℃ 下静置 15min；再于 4℃ 下以 13 000r/min 离心 15min，小心去除上清液，留下沉淀物，用 70% 乙醇洗涤 3 次，放入 75℃ 电热鼓风烘箱或 60℃ 微量浓缩器中干燥，加入 100μL 去离子水；用纯化试剂盒（QAGEN）纯化 DNA，取 500μL 缓冲液 PB 加入纯化产区中，反复摇匀，然后移液到纯化柱中，以 13 000r/min 离心 10min，弃掉 PB 缓冲液；加入 $500\mu L$ PE 缓冲液到纯化柱中，以 13 000r/min 离心 1.0min，弃掉 PE 缓冲液；然后将纯化柱转移到 1.5mL 离心管中，加入 $50\mu L$ 去离子水至纯化柱中央，静置 1min 以上；以 $10\,000\times g$ 离心 1min 后弃掉纯化柱。经纯化的 DNA 模板置于 $-20℃$ 冰箱中保存备用。

PCR 检测程序：检测所用的引物见表 5-7。反应体系（$25\mu L$）成分有 $2.5\mu L$ $10\times$ PCR 缓冲液、$0.25\mu L$ $MgCl_2$（$20\mu mol/L$）、$1.0\mu L$ dNTP（2.5mol/L）、各 $0.25\mu L$ 上游和下游引物（20 pmol/μL）、$0.25\mu L$ Taq DNA 聚合酶（$3U/\mu L$）、$0.25\mu L$ 模板 DNA（$50ng/\mu L$），加入灭菌超纯水至 $25\mu L$；使用不同引物时的反应程序见表 5-8。

表 5-7　大豆疫霉菌 PCR 检测引物

引物	DNA 片段来源	引物序列	扩增片段序列（bp）	退火温度（℃）
PS1/PS2	ITS	CTGGATCATGAGCCCZCT GCAGCCCGAAGGCCA	330	60
PsYpt3F/PsYpt2R	Ypt I	TCCAATAATCAGAAGCGTA CCTTGTCTGCCCTCTCGA	220	60
Cox3-F/Cox3-R	coxII	ATTACCATTACTGTTTTTGTT TAATACCTAATGACGGAATA	450	44
PSE1-F/PSE1-R	elixitin	CCGCGTACGTGGCTTTGGTGAG ATCTTGGCGACTGAGGCTGCTTAC	289	58
PSE2-F/PSE2-R	elicitin	CCCACGCCAAACTCCACGAT CGTCCGTGGTCTCGGTGCTG	370	62

表 5-8　用不同引物扩增大豆疫霉目标 DNA 序列的反应条件

引物名	扩增程序
PS1/PS2	94℃ 预变性 5min；94℃ 变性 30s，60℃ 退火 30s，72℃ 延伸 30s（35 循环）；72℃ 延伸 10min
PsYpt3F/PsYpt2R	94℃ 预变性 5min；94℃ 变性 30s，60℃ 退火 30s，72℃ 延伸 30s（35 循环）；72℃ 延伸 10min
Cox3-F/Cox3-R	94℃ 预变性 5min；94℃ 变性 30s，44℃ 退火 30s，72℃ 延伸 30s（35 循环）；72℃ 延伸 10min
PSE1-F/PSE1-R	94℃ 预变性 5min；94℃ 变性 30s，58℃ 退火 30s，72℃ 延伸 30s（35 循环）；72℃ 延伸 10min
PSE2-F/PSE2-R	94℃ 预变性 5min；94℃ 变性 30s，58℃ 退火 30s，72℃ 延伸 30s（35 循环）；72℃ 延伸 10min

电泳及结果判定：取扩增产物 $0.5\mu L$ 与 $1\mu L$ 缓冲液混合均匀，用 1% 琼脂糖凝胶电泳（100 V，40min）后，用溴化乙啶染色 20～30min，在紫外光灯下观察，记录结果片并拍照。扩增图谱上阳性对照出现一条特异性条带，空白对照和阴性对照不出现该条带；阳

性对照中出现相同的特异性条带的样品判定为阳性，即带有大豆疫霉；阳性对照未出现相同大小条带的样品判定为阴性，即未检出样品带有大豆疫霉。

②ITS-PCR 检测。采用上游引物（18pb）5′-CTGGATCATGAGCCCACT-3′和下游引物（16bp）5′-GCAGCCCGAAGGCCAC-3′。反应体系（25μL）组成为：2.5μL 10×PCR 缓冲液、2.5μL MgCl$_2$（5mol/L）、1.0μL dNTP（2.5mol/L）、各 0.25μL 上游和下游引物（20 pmol/μL）、0.25μL Taq DNA 聚合酶、2.5μL PSA（0.1%）、0.25μL 吐温-20、0.25μL 模板 DNA（50 ng/μL）、超纯无菌水15.25μL。PCR 扩增程序：94℃预变性 5min，94℃变性 1min，58℃退火 0.5min，72℃延伸 1min，循环 35 次，最后 72℃延伸10min。回收扩增产物，在琼脂糖凝胶上电泳后观测，获得凝胶电泳图谱，大豆疫霉的特异条带 330bp（图 5 - 9）。

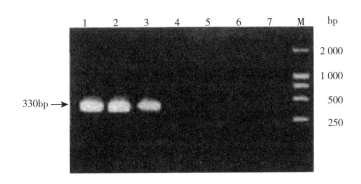

图 5 - 9　大豆疫霉 ITS-PCR 检测结果（王立安 等，2004）

注：泳道 1～3 为大豆疫霉样品，泳道 4～6 分别为稻梨孢、终极腐霉、辣椒疫霉样品，泳道 7 和 M 分别为阴性对照和分子标记 DNA。

③实时荧光 PCR 检测。参照 SN/T 2474—2010 标准，可用下列两种方法：

SYBR GREEN 法：采用引物对序列为 PS1（5′-CTGGATCATGAGCCCACT-3′）和PS2（5′-GCAGCCCGAAGGCCAC-3′）。反应体系（50μL）组成为：5μL 10×PCR 缓冲液、5μL MgCl$_2$（5mol/L）、0.25μL dNTP（2.5mol/L）、各 2.5μL PS1 和 PS2 引物（20ρmol/μL）、0.25μL Taq DNA 聚合酶、2.5μL SYBR GREEN I、0.25μL 模板 DNA（50 ng/μL）、补充去离子水至 50μL 并混匀。用重蒸馏水做空白对照，大豆疫霉 DNA 做阳性对照，以不含有大豆疫霉 DNA 样品做阴性对照。扩增程序为：95℃预变性 5min；94℃变性 30s、55℃退火 30s、72℃延伸 30s，循环 40 次，最后 72℃延伸 10min。

MGB 探针法：采用正向引物 MP5 - 1（5′-TGGTTTGGGTCCTCCTCGT-3′）、反向引物 MP5 - 2（5′-TGTGCGAGCCTAGACATCCA-3′）和探针 MPb5（5′-FAM-ACCCATTCTTAAATACTGAA -MGB-3′）。反应体系（5μL）成分：2.5μL 实时荧光反应混合液（含缓冲液、MgCl$_2$、Taq DNA 聚合酶）、0.4μL MP5 - 1 和 MP5 - 2 引物、0.1μ（10μmol/μL）探针、DNA 提取液 1.0μL，混合均匀。用重蒸馏水作为空白对照，大豆疫霉 DNA 作为阳性对照，以不含有大豆疫霉 DNA 样品做阴性对照。扩增程序为：50℃预热 2min 后95℃预变性 10min；95℃变性 15s，53℃退火 1min，循环 40 次。

结果判定：若检测 Ct 值≤36，待测样品为阳性，带菌；若检测 Ct 值≥40，待测样品为阴性，不带菌；若检测 Ct 值在 36～40 之间，则实时荧光 PCR 检测失败，需重新检测后按照 Ct 值判定。

2. 检疫监测

大豆疫霉的检疫监测包括一般性监测、产地检疫监测和调运检疫监测。

（1）一般性监测　监测的重点地域是海拔 1 000m 以上的湿润地带以及公路和铁路沿线的大豆种植区；主要交通干线两旁区域、苗圃、有外运产品的生产单位、大豆批发市场以及物流集散地等场所。需进行访问调查、田间大面积踏查、系统调查。

访问调查：向当地居民询问有关大豆疫霉发生地点、发生时间、危害情况，分析病害传播扩散情况及其来源。每个社区或行政村询问调查 30 人以上。对询问过程中发现的大豆疫霉可能存在地区，进一步做深入重点调查。

田间大面积踏查：在大豆疫霉病的非疫区，于大豆生长期间的适宜发病期进行一定区域内的大面积踏查，粗略地观察田间作物的病害发生情况。观察时注意是否有植株萎蔫死亡及茎基部是否有不规则褐色坏死病斑；若发现这些变化，再扒开土壤观察植株地下部分的根系是否死亡腐烂。

系统调查：在大豆苗期、成株期和结荚期分别进行定点、定期调查。调查设样地不少于 10 个，随机选取，每块样地面积不小于 $4m^2$；用 GPS 测量样地的经度、纬度、海拔。记录大豆品种、种子来源、栽培管理制度或措施等。

观察记录大豆疫霉病发生情况。若发现病害，则需详细记录发生面积、病田率（％）、病株率（％）和严重程度、产量损失率等。病害严重程度和危害程度等级划分标准如下：

病害严重程度分级：幼苗期大豆疫霉病严重程度可分为 5 级（彩图 5 - 21），成株期也可参照此标准：0 级，健康，根系和地上部植株生长良好，根白色，支根和根毛密度较大。1 级，根系略微变色，支根和根毛减少不明显，地上部植株基本正常，整个植株略微缩小。2 级，侧根发育明显受阻，变色明显，主根仍保持基本生长，植株上部生长变化也不明显。3 级，根系严重发病，变褐，腐烂；植株上部看似保持绿色，但生长受阻明显。4 级，根系完全变为黑褐色，植株上部萎蔫，整个植株几乎完全枯萎死亡。

病害危害程度分级：根据大面积调查记录的发生和危害情况将大豆疫霉病发生危害程度分为 6 级：0 级，田间植株生长健康正常，调查未见植株发病。1 级，轻微发生，发病面积很小，只见个别或零星的发病植株，病株率 5％ 以下，病级一般在 1 级，造成减产 ＜5％。2 级，中度发生，发病面积较大，发病植株非常分散，病株率 6％～20％，病级一般在 1～2 级，造成减产 5％～10％。3 级，较重发生，发病面积较大，发病植株较多，病株率 21％～40％，少数植株病级达 3 级，个别植株死亡，造成减产 11％～30％。4 级，严重发生，发病面积较大，发病植株较多，病株率 41％～70％，较多植株病级达 3 级，部分植株死亡，造成减产 31％～50％。5 级，极重发生，发病面积大，发病植株很多，病株率 71％ 以上，很多植株病级达 4 级，多数植株死亡，造成减产 ＞50％。

在非疫区：若大面积踏查和系统调查中发现疑似大豆疫霉病植株，要现场拍照，并采集具有典型症状的病株标本，装入清洁的标本袋内，标明采集时间、采集地点及采集人，送外来物种管理或检疫部门指定的专家鉴定。有条件的，可直接将采集的标本带回实验室鉴定，室内检验主要检测大豆植株（根系、茎）和土壤等是否带有病原的菌丝、孢囊梗、孢子囊休眠孢子等菌体结构。如果专家鉴定或当地实验室检测确定了大豆疫霉病，应进一步详细调查当地附近一定范围内的作物田间发病情况。同时及时向当地政府和上级主管部门汇报疫情，对发病区域实行严格封锁和控制。

在疫区：根据调查记录大豆疫霉病发生范围、病株率和严重程度等数据信息，参照有关规范和标准制定病害综合防治策略，采用恰当的病害综合治理技术措施，有效地控制病害的危害，以减轻产量和经济损失。

（2）产地检疫监测　在大豆原产地生产过程中进行的检验检疫工作，包括作物田间实地系统调查、室内检验、签发允许产品外调证书，以及监督生产单位做好病害控制和疫情控制处理等工作程序。大豆疫霉病的检疫监测，需要在大豆苗期、成株期和结荚期进行调查，首先选择一定线路进行大面积踏查，必要时做田间系统定点调查。

检疫踏查一般是进行田间症状观察，重点在大豆种植区的公路和铁路沿线的大豆田直接观察是否有发病植株，同时抽样进行室内检测检验。

田间系统定点调查重点是观察记录各生长期的大豆疫霉病病株率和严重程度等。田间调查中除了要做好详细观察记录外，还要采集合格的标样，供实验室检测使用。

室内检验主要应用前述常规生物学技术和分子生物学技术对外调大豆产品调查和田间系统调查采集的样品进行检测，检测确认采集样品是否带有大豆疫霉。

在产地检疫各个检测环节中，如果发现大豆疫霉病，应根据实际情况，立即实施控制或铲除措施。疫情确定后一周内应将疫情通报给对苗木和产品调运目的地的植物检疫机构和农业外来入侵生物管理部门，以加强目的地有关方面对大豆产品的检疫监控管理。

（3）调运检疫监测　在作物产品的货运交通集散地（机场、车站、码头）实施调运检验检疫。检查调运的作物产品、包装和运载工具等是否带有大豆疫霉病。对受检物品等进行现场调查，同时做有代表性的抽样，视货运量抽取适量的大豆产品样品，带回室内进行常规诊断检测和分子检测技术做检测。

在调运检疫中，对检验发现带大豆疫霉病的产品予以拒绝入境（退回货物），或实施检疫处理（如就地销毁、产品加工等措施）；对确认不带菌的货物签发许可证放行。

六、应急和综合防控

对大豆疫霉引起的疫霉根腐和茎腐病，需要依据病害的发生发展规律和流行条件，执行"预防为主，综合防治"的植物保护基本策略。在非疫区和疫区分别实施应急防控和综合防控措施。

1. 应急防控

应用于尚未发生过大豆疫霉病的非疫区，所有技术措施都强调对病原的"彻底灭除"，目的是限制大豆疫霉病的扩散。无论是在交通航站检出带病物品，还是在田间监测中发现大豆疫霉病疫情，都需要及时地采取应急控制技术，以有效地扑灭病原或控制病害，以避免其扩散蔓延。

（1）调运检疫检出大豆疫霉的应急处理　对现场检查发现的带有大豆疫霉的产品等，应全部收缴扣留并销毁。对检出带有大豆疫霉的货物和其他产品，应拒绝入境或将货物退回来原地。对不能退回原地的物品要即时就地封存，然后视情况做应急处理。

产品销毁处理：港口检出带大豆疫霉的货物及包装材料可以直接沉入海底。机场、车站的检出货物及包装材料可以直接就地安全烧毁。

检疫熏蒸处理：用碘甲烷或溴甲烷对大豆种子等产品进行熏蒸处理，在 20℃ 和密闭条件下熏蒸 24h～48h，可杀灭种子或土壤携带的大豆疫霉。

产品加工处理：对不能现场销毁的可利用大豆或其他物品，可以在国家检疫机构监督下，就近将大豆进行加工制成豆制品，注意加工过程中使用过的废水不能直接排出。经过加工后不带活病原体的成品才允许投放市场销售使用。

检疫隔离处理：如果是引进用作大豆种苗，必须在检疫机关设立的植物检疫隔离中心或检疫机关认定的安全区域隔离种植，经生长期间观察，确定无病后才允许释放出去。

（2）田间大豆疫霉病的应急处理　在大豆疫霉病的非疫区监测发现农田或小范围大豆疫霉病疫情后，应对病害发生的程度和范围做进一步详细的调查，并报告上级行政主管部门和技术部门，同时要及时采取措施封锁病区（田），严防病害扩散蔓延。然后做进一步处理。铲除病田大豆作物并彻底销毁；喷施甲霜灵或甲霜·锰锌，对病田及周围土壤进行处理。

经过田间应急处理后，应该留一小块田继续种植大豆，以观察应急处理措施对大豆疫霉病的控制效果。若在 2～3 年内未监测到大豆疫霉病疫情，即可认定应急铲除效果良好，并可申请解除当地的应急状态。

2. 综合防控

应用于大豆疫霉病已经普遍发生分布的疫区，基本策略是以种植抗病大豆品种和加强作物田间管理等预防措施为主，结合适时合理应用化学药剂防治，将病害控制在允许的经济阈值水平以下。

（1）种植抗、耐病品种　尽管大豆疫霉根腐病生理小种很多，新小种出现较快，利用抗病品种仍然是最有效的防治手段。最好选择针对当地生理小种的抗病品种。此外，应不断针对小种变化情况更换抗病品种，以免新小种发生和积累。要积极利用耐病品种，由于它们由多基因控制，不易丧失抗性。还可把抗性基因转到有耐病遗传背景的品种中，即可有效预防病害，又可保持抗性的持久性。

（2）栽培管理措施　早播、少耕或免耕、窄行或过度密植、除草剂不合理使用、连作等，使土壤排水性、通透性降低，都将加重大豆疫霉根腐病的发生和危害。加强栽培管理，做到播种前进行种子处理，适期播种，保证播种质量，合理密植，宽行种植，合理施肥，促进植株健康生长发育和增强植株抗性，开沟排水以降低土壤湿度，及时中耕除草增加植株通风透光性，与其他作物实行间套作和轮作等措施，对预防病害发生都具有重要作用。

（3）药剂防治　①种子处理，播种前用甲霜·锰锌进行种子处理可控制早期发病，但对发病后期无效。利用甲霜·锰锌进行土壤处理防治效果较好，有沟施、带施或撒施等方法，用量 0.28～1.12kg/hm²。根据品种耐病程度决定用量，一般耐病性好的比耐病性差的品种用量要少。50% 甲霜灵·多菌灵种子处理可分散粉剂（每 100kg 种子用量 250～333g）、25g/L 咯菌腈悬浮种衣剂（每 100kg 种子用量 15～20g）或者 20.5% 多菌灵·福美双·甲氨基阿维菌素苯甲酸盐悬浮种衣剂［药∶种＝1∶（60～80）］等种子处理剂拌种，对控制大豆疫霉病均有较好的效果；②发病初期喷洒药剂防治，药剂应交替使用，以避免长期单一使用而产生抗药性。可使用 25％甲霜灵可湿性粉剂 800 倍液、58％甲霜灵·代森锰锌可湿性粉剂 600 倍液、64％噁霜灵·代森锰锌可湿性粉剂 500 倍液或 72％霜脲氰·代森锰锌可湿性粉剂 600 倍液喷施或浇灌。

主要参考文献

李丽，刘涛，张凡华，等，2013. 大豆疫霉检疫熏蒸处理技术初探. 植物检疫（1）：21 - 24.

王立安，张文利，王源超，等，2004. 大豆疫霉的 ITS 分子检测. 南京农业大学学报，27（3）：38 - 41.

王鹏，2006. 大豆疫霉菌的分子检测. 北京：中国农业大学.

文景之，陈华宇，2002. 大豆疫霉病菌致病性分化研究. 中国油料作物学报，24（1）：63 - 66.

严进，周启慧，1997. 大豆疫霉病的种子处理技术研究. 植物检疫，11（4）：1 - 4.

张立付，2010. 安徽省大豆疫霉病菌的分离鉴定及致病型研究. 合肥：安徽农业大学.

周启慧，严进，1996. 大豆疫病的检疫研究——种子带菌及检验技术. 植物检疫，10（5）：257 - 261.

周启慧，严进，苏彦纯，等，1995. 大豆疫病的检疫研究——病原菌的分离鉴定. 植物检疫，9（5）：257 - 261.

朱振东，王晓鸣，田玉兰，等，1999. 防治大豆疫霉病的药剂筛选. 农药学报，1（3）：39 - 44.

Ag Professional，2013. Phytophthora root and stem rot appearing in soybeans.（2013 - 06 - 21）[2021 - 07 - 15] https：//www. agprofessional. com/article/phytophthora-root-and-stem-rot-appearing-soybeans.

Arsenault-Labrecque G，Sonah H，Lebreton A，et al.，2018. Stable predictive markers for *Phytophthora sojae* avirulence genes that impair infection of soybean uncovered by whole genome sequencing of 31isolates. BMC Biology.（2018 - 04 - 17）[2021 - 06 - 11] https：//bmcbiol. biomedcentral. com/articles/10. 1186/s 12915 - 018 - 0549 - 9.

Beagle-Ristaino J E，Rissler J F，1983. Histopathology of susceptible and resistant soybean roots inoculated with zoospores of *Phytophthora megasperma* f. sp. *glycinea*. Phytopathology，73：590 -595.

Bhat R G，Olah A F，Schmitthenner A F，1992. Characterization of universally avirulent strains of *Phytophthora sojae*. Can. J. Bot.，70：1175 - 1185.

Bhat R G，Schmitthenner A F，1993. Selection and characterization of inhibitor-resistant mutants of *Phytophthorasojae*. Exp. Mycol.，17：109 - 121.

Bhat R G，McBlain B A，Schmitthenner A F，1993. Development of pure lines of *Phytophthora sojae* races. Phytopathology，83：473 - 477.

Bhattacharyya M K，Ward E W B，1987. Temperature-induced susceptibility of soybeans to *Phytophthora megasperma* f. sp. *glycinea*：phenylalanine ammonia-lyase and glyceollin in the host；Growth and glyceollin I sensitivity of the pathogen. Physiol. Molec. Plant Pathol，31：407 - 419.

Burnham K D，Francis D M，Fioritto R J，et al.，2003. *Rps*8，a new locus in soybean for resistance to *Phytophthora sojae*. CropSci.，43：101 - 105.

CABI，2021. *Phytophthora sojae*（root and stem rot of soybean）. Invasive Species Compendium（2021 - 01 - 25）[2021 - 08 - 14] https：//www. cabi. org/isc/datasheet/40980♯toDistributionMaps.

Cerra S M，2007. Phytophthora root and stem rot of soybean in Iowa：minimizing losses through an improved understanding of population structure and implementation of novel management strategies. Iowa State University M. Sc. Thesis.（2007 - 06 - 01）[2021 - 07 - 22] https：//lib. dr. iastate. edu/cgi/viewcontent. cgi?article＝15836&context＝rtd.

Chang H X，Lipka A E，Domier L L，et al.，2016. Characterization of disease resistance loci in the USDA soybean germplasm collection using genome-wide association studies. Phytopathology，106（10）：1139.

Chen X R，Wang Y C，2017. *Phytophthora sojae*//Biological Invasions and Its Management in China，2：199-223.

Cline E T，Farr D F，Rossman A Y，2008. A synopsis of Phytophthora with accurate scientific names，host range，and geographic distribution. Plant Health Progress，DOI：10. 1094/PHP-2008-0318-01-RS. https：//www. plantmanagementnetwork. org/pub/php/review/2008/phytophthora/.

Dorrance A E，2018. Management of *Phytophthora sojae* of soybean：a review and future perspectives. Canadian Journal of Plant Pathology，40（2）：210-219.

Dorrance A E，Jia H，Abney T S，2004. Evaluation of soybean differentials for their interaction with? *Phytophthora sojae*. Online Plant Health Progress. DOI：10. 1094/PHP-2004-0309-01-RS.

Dorrance A E，Martin S，2000. Phytophthora sojae：Is it time for a new approach? APSnet Feature. American PhytopathologicalSociety，St. Paul，MN.

Dorrance A E，McClure S A，de Silva A，2003. Pathogenic diversity of *Phytophthora sojae* in Ohio soybean fields. PlantDis，87：139-146.

Faris M A，Sabo F E，Barr D J S，et al.，1989. The systematics of Phytophthora sojae and P. megasperma. Can. J. Bot.，67：1442-1447.

Farster H，Kinscherf T G，Leong S A，et al.，1989. Restriction fragment length polymorphisms of the mitochondrial-DNA of *Phytophthora megasperma* isolated from soybean，alfalfa，and fruit trees. Canadian Journal of Botany，67：529-537.

Gallegly M，Hong C，2008. Phytophthora：Identifying Species by Morphology and DNA Fingerprints. American PhytopathologicalSociety，St. Paul，MN.

Guérin V，Lebreton A，Cogliati E E，et al.，2014. A zoospore inoculation method with *Phytophthora sojae* to assess the prophylactic role of silicon on soybean cultivars. Plant Disease，98（12）：1632.

Jee H，Kim W，Cho W，1998. Occurrence of Phytophthora root rot on soybean（Glycine max）and identification of the causal fungus. Crop Protection，40：16-22.

Jiang C J，Sugano S J，Kaga A，et al.，2017. Evaluation of resistance to *Phytophthora sojae* in soybean Mini Core collections using an improved assaysystem. Phytopathology，107（2）：216.

Kaufmann M J，Gerdemann J W，1958. Root and stem rot soybean caused by *Phytophthora sojaen*. sp. Phytopathology，48：201-208.

Keeling B L，1985. Responses of differential soybean cultivars to hypocotyl inoculation with *Phytophthora megasperma* f. sp. *glycinea* at different temperatures. PlantDisease，69：524-525.

Klein H H，1959. Etiology of the Phytophthora disease of soybeans. Phytopathology，49：380-383.

Kovics G，1981. Occurrence of Phytophthora rot of soybeans inHungary. ACTA. Phytopathol. Acad. Sci. Hungar.，16：129-132.

Lebreton A，Labbé C，DeRonne M，et al.，2018. Development of a simple hydroponic assay to study vertical and horizontal resistance of soybean and pathotypes of *Phytophthora sojae*. PlantDisease，102（1）：114.

Li H Y，Wang H N，Jing M F，et al.，2018. A Phytophthora effector recruits a host cytoplasmic transacetylase into nuclear speckles to enhance plant susceptibility. eLife. 7：e 40039. DOI：10. 7554/eLife. 40039. https：//www. ncbi. nlm. nih. gov/pmc/articles/PMC 6249003/.

Lin F，Zhao M X，Ping J Q，et al.，2013. Molecular mapping of two genes conferring resistance to *Phytophthora sojae* in a soybean landrace PI 567139B. Der Zuchter Zeitschrift fur Theoretische und Angewandte Genetik.，126（8）：2177.

Liu D，Li P，Hu J L，et al.，2018. Genetic diversity among isolates of *Phytophthora sojae* in Anhui Province of China based on ISSR-PCR markers. Journal of the American Society for Horticultural Science，143（4）：304 – 309. DOI：10. 21273/JASHS 04398 – 18.

Lohnes D G，Wagner R E，Bernard R L，1993. Soybean genes，*Rj2*，*Rmd*，and *Rps*2in linkage group 19. J. Hered.，84：109 – 111.

Malvick D，2018. Phytophthora root and stem rot on soybean. Univ. of Minnesoda Extension.（2018 – 02 – 05）［2021 – 08 – 17］https：//extension. umn. edu/pest-management/phytophthora-root-and-stem-rot-soybean.

Matthiesen R L，Abeysekara N S，Ruiz-Rojas J J，et al.，2016. A method for combining Isolates of *Phytophthora sojae* to screen for novel sources of resistance to Phytophthora stem and root rot in soybean. Plant Disease，100（7）：1424.

Morris P F，Bone E，TylerbB M，1998. Chemotropic and contact responses of *Phytophthora sojae* hyphae to soybean isoflavonoids and artificial substrates. Plant Physiology.（117）：1171 – 1178. DOI：https：//doi. org/10. 1104/pp. 117. 4. 1171.

Morris P F，Ward E W B，1992. Chemoattraction of zoospores of the soybean pathogen，*Phytophthora sojae*，by isoflavones. Physiological and Molecular Plant Pathology，40：17 – 22.

Na R，Yu D，Qutob D，et al.，2013. Seletion of the *Phytophthora sojae* avirulence gene *avr* 1d causes gain of virulence on *rps* 1d. Molecular Plant-MicrobeInteractions，26（8）：969.

Nygaard S L，Elliott C K，Cannon S J，et al.，1989. Isozyme variability among isolates of *Phytophthora megasperma*. Phytopathology，79：773 – 780.

Pegg K G，Kochman J K，Vock N T，1980. Root and stem rot of soybean caused by *Phytophthora megasperma* var. *sojae*. Austral. PlantPathol.，9：15.

Qutob D，Hraber P T，Sobral B W，et al.，2000. comparative analysis of expressed sequences in Phytophthora sojae. Plant Physiology，123：243 – 254.

Sahoo D K，Abeysekara N S，Cianzio S R，et al.，2017. A novel *Phytophthora sojae* resistance *rps* 12 gene mapped to a genomic region that contains several *rps* genes. PLoS One，12（1）：e 0169950.

Schechter S E，Gray L E，1987. Oospore germination in *Phytophthora megasperma* f. sp. *glycinea*. Can. J. Bot.，65：1465 – 1467.

Schmitthenner A F，1985. Problems and progress in control of Phytophthora root rot of soybean. Plant Disease，69：362 – 368.

Schmitthenner A F，1989. Phytophthora rot. Pages 35 – 38in：Compendium of Soybean Diseases，3rd ed. Schmitthenner，A. F. 1988. Phytophthora rot of soybean. Pages 71 – 80in：Soybean Diseases of the North Central Region，T. D. Wyllie and D. H. Scott，eds. APSPress，St. Paul，MN.

Schmitthenner A F，Bhat R G，1994. Useful methods for studying*Phytophthora* in the laboratory. OARDC Spec. Circ. 143. The Ohio StateUniv.，Wooster，OH.

Shrestha S D，Chapman P，Zhang Y，et al.，2016. Strain Specific Factors Control Effector Gene Silencing in Phytophthora sojae. PLoS One，1 – 22. DOI：10. 1371/journal. pone. 0150530.

Tooley P W，1988. Use of uncontrolled freezing for liquid nitrogen storage of Phytophthora species. PlantDis.，72：680 – 682.

University of Laval，2018. Bioassay of *Phytophthora sojae* on soybeans. （2018－07－08）［2021－03－15］https：//soyagen. ca/fileadmin/Fichiers/Resultats/Outils/Instructions _ Hydroponic _ system. pdf.

Wagner R E，Wilkinson H T，1992. An aeroponics system for investigating disease development on soybean taproots infected with *Phytophthora sojae*. Plant Dis.，76：610 － 614. https：//www. apsnet. org/publications/PlantDisease/BackIssues/Documents/1992Articles/PlantDisease 76n 06 _ 610. PDF.

Wang Y，Zhang W，Wang Y，et al.，2006. Rapid and sensitive detection of *Phytophthora sojae* in soil and infected soybeans by species-specific polymerase chain reaction assays. Phytopathology，96，1315 - 1321.

Wrather J A，Anderson T R，Arsyad D M，et al.，1997. Soybean disease loss estimates for the top ten soybean producing countries in 1994. Plant Dis.，81：107 - 110.

Xiong Q，Xu J，Zheng X Y，et al.，2018. Development of seven novel specific SCAR markers for rapid identification of *Phytophthora sojae*：the cause of root-and stem-rot disease of soybean. European Journal of Plant Pathology，DOI：10. 1007/s 10658－018－1579－4. https：//link. springer. com/article/10. 1007%2Fs 10658－018－1579－4.

Yanchun S，Chongyao S，1993. The discovery and biological characteristics studies of *Phytophthora megasperma* f. sp. *glycinea* on soybean in China. ActaePhytopathol. Sin.，23：341 - 347.

Zhang J Q，Xiac C J，Wang X M，et al.，2013. Genetic characterization and fine mapping of the novel Phytophthora resistance gene in a Chinese soybean cultivar. Der Zuchter Zeitschrift fur Theoretische und Angewandte Genetik，126（6）：1555.

Zhang M X，Coaker G，2017. Harnessing effector-triggered immunity for durable diseaseresistance. Phytopathology，107（8）：912.

Zhong C，Sun S L，Yao L L，et al.，2018. Fine mapping and identification of a novel Phytophthora root rot resistance locus rpsZS 18on chromosome 2in soybean. Frontiers in Plant Science.，9：44. DOI：10. 3389/fpls. 2018. 00044. https：//www. ncbi. nlm. nih. gov/pmc/articles/PMC 5797622/.

第六节　棉花枯萎病及其病原

棉花枯萎病（cotton fusarium wilt 或 cotton vascular wilt）是由土传真菌尖孢镰刀菌维管束侵染专化型侵染所致的一种棉花维管束萎蔫病，在世界大多数棉花种植地区广泛分布，引起巨大的棉花产量和经济损失。在我国新疆、甘肃、山东和河南等主要棉花栽培区发生也很普遍，是我国的 A1 类检疫对象。

一、起源和分布

据 Kochman（1995）引述 Atkinson（1892）文献中描述，棉花枯萎病于 1892 年在美国首次被正式记载，但有关病害和病原的起源问题，从文献中还难以查到。自美国报道之后，埃及于 1902 年报道棉花枯萎病发生，接着是印度（1908）、坦桑尼亚（1954）、以色列（1970）和巴西（1978）先后发现此病害。到现在，棉花枯萎病已遍及全球主要棉花产区，包括亚洲、欧洲、非洲、大洋洲、北美洲和南美洲种植棉花的国家（CABI，2018；Plantwise，2018）。

我国黄方仁于 1934 年报道在江苏南通学院农场发现棉花枯萎病，1936 年沈其益在南京及上海杨思棉田等地也发现此病。根据王红梅（2015）的综述，20世纪50年代全国棉花产区查明我国有8个省发生枯萎病，包括陕西、山西、辽宁、四川、甘肃、河南、河北和云南。20世纪80年代末，棉花枯萎病已遍及我国主要棉花产区的18个省，东北、西北、黄河流域和长江流域的各个省份几乎都有发生，目前我国以新疆、陕西、四川、江苏、云南、山西、河南及山东等地发生普遍且危害严重。

二、病原

1. 名称和分类地位

棉花枯萎病病原为尖孢镰刀菌维管束侵染专化型，也称棉花枯萎病菌，拉丁学名为 *Fusarium oxysporum* f. sp. *vasinfectum*（Atk.）Snyder et Hansen，属于真核域（Eukaryotes）、真菌界（Fungi）、子囊菌门（Ascomycota）、核盘菌亚门（Pezizomycotina）、粪壳菌纲（Sordariomycetes）、肉座壳亚纲（Hypocreomycetidae）、肉座壳目（Hypocreales）、丛赤壳科（Nectriaceae）、镰刀菌属（*Fusarium*）、尖孢镰刀菌（*Fusarium oxysporum*）、尖孢镰刀菌维管束侵染专化型。

2. 生理小种划分

该病原的生理小种国外报道有6个，我国除3号小种外，新确定了7号和8号小种，其中7号小种在我国分布广，致病性很强，是我国棉花上的优势小种。根据病原致病力的变异目前分为8个生理小种（表5-9）：阿姆斯倡（1960）研究证明埃及棉花枯萎病菌仅侵害海岛棉，印度棉花枯萎病菌只侵害亚洲棉，美国棉花枯萎病菌能侵害陆地棉、海岛棉，不侵染亚洲棉，其中的一个菌系可以侵染烤烟，另一个菌系则不能，据此区分为4个生理小种；亦别雷赫（Ibrahim，1966）测定苏丹的棉花枯萎病菌可以同时侵染陆地棉、海岛棉和亚洲棉，称5号小种；阿姆斯倡（1979）报道巴西的棉花枯萎病菌只侵染陆地棉，称6号小种；陈其煐等（1986）研究中国棉花枯萎病菌，在国际统一鉴别寄主上测定，其致病力最强，所有供测棉花寄主均可感病，称7号小种。8号小种在我国有报道，但国际上对此没有相关的信息。

表5-9 不同寄主对不同生理小种侵染的感（S）抗（R）反应

生理小种	陆地棉 （G. hirsutum）	海岛棉 （G. barbadense）	亚洲棉 （G. arboreum）	大金烟 （Daikin tobacco）	耶尔列大 （Yale soybean）
1号	S	S	R	R	—
2号	S	S	R	S	S
3号	R	S	S	R	R
4号	R	R	S	R	R
5号	R	S	S	R	R
6号	S	R	R	R	R
7号	S	S	S	R	R
8号	S	—	S	—	—

3. 形态特征

棉花枯萎病菌的菌落形态随菌系、生理小种及培养基不同而有一定的差异。在PDA培养基上（彩图5-22），菌落圆形，初期白色，以后逐渐变粉色至鲜红色，菌落背面紫红色；气生菌丝和菌丝体发达，菌丝透明，具分隔，侧生形成单细胞瓶梗状孢子梗，其上产生大、小型分生孢子。该菌只有无性阶段，尚未发现其有性阶段。无性阶段产生3种孢子，即小型分生孢子、大型分生孢子和厚垣孢子。分生孢子梗较短，瓶梗状，长2～12μm，无色，不分隔（单胞瓶梗），在其顶端产生分生孢子；小型分生孢子卵圆形或肾脏形，无色，多为单细胞，大小（5～11.7）μm×（2.2～3.5）μm，成团假头状着生；大型分生孢子镰刀形，略弯，两端稍尖，具2～5个隔膜（多为3个），大小（22.8～38.4）μm×（2.6～4.1）μm。据陈其焕等（1992）研究观察，中国棉花枯萎病菌大型分生孢子分为三种培养型（图5-10）：Ⅰ型为纺锤形或匀称镰刀形，多具3～4个隔膜，足细胞明显或不明显，为典型尖孢类型；Ⅱ型分生孢子较宽短或细长，多为3～4个隔膜，形态变化较大；Ⅲ型分生孢子明显短宽，顶细胞有喙或钝圆，孢子上宽下窄，多具3个隔膜，厚垣孢子在菌丝或大型分生孢子上形成，顶生或间生，单生或2～3个连生，壁厚，表面光滑，淡黄至黄色，球形至卵圆形。

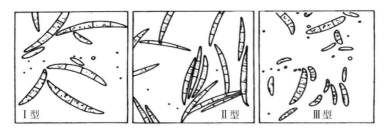

图5-10　棉花枯萎病菌大型分生孢子三种培养型（陈其焕 等，1992）

三、病害症状

棉花枯萎病在棉花的整个生长期均可危害，其症状因品种和自然环境表现不同的症状类型（彩图5-23）。①青枯型：叶片突然失水，叶片下垂萎蔫，叶色深绿，叶片变软变薄，全株青干而死亡，但叶片一般不脱落，叶柄弯曲。②黄化型：大多从叶片边缘发病，局部或整叶变黄，最后叶片枯死或脱落，叶柄和茎部的导管部分变褐色。③紫红型：病叶局部或全部出现紫红色病斑，病部叶脉也呈现红褐色，叶片随之萎蔫干枯，植株死亡。④皱缩型：表现为叶片皱缩、增厚，叶色深绿，节间缩短，植株矮化，一般不死亡。⑤网纹型：病株的叶脉褪绿变黄，叶肉仍保持绿色，叶片局部或大部呈黄色网纹状，最后整叶萎蔫或脱落。⑥半边黄化型：棉株感病后半边表现黄化枯萎，另半边生长正常，与黄萎病混合发生时症状表现为矮生枯萎或凋萎等，纵剖病茎可见木质部有深褐色条纹。⑦急性凋萎型：遇暴雨后骤晴天气，重病田里常出现急性凋萎型症状，棉株突然失水、萎蔫、青枯、下垂，叶、蕾、花大量脱落而形成光秆，主茎顶部和果枝焦枯。一般以上7种症状均可能见到，成株期和蕾铃期主要有皱缩型、半边黄化型等，严重的病株叶全部脱落成光秆。

不管外部症状类型如何，病株的共同特征（彩图 5 - 24）是植株萎蔫，叶片黄化，茎秆内部维管束变色，一般呈棕褐色，纵贯全株。植株在 3～4 片真叶或蕾期为发病高峰期，重病植株枯死，造成田间苗期缺苗和成株期成片枯萎；成株期一般病株表现株矮、节间缩短，或半边枯死，结铃稀疏；棉铃表面出现褐色病斑或斑块，棉铃吐絮不畅或根本不能吐絮，易脱落。棉花发病后一般减产 10％～20％，严重时达 30％～40％。

四、生物学特性和病害流行规律

1. 生物学特征

棉花枯萎病菌生长的适宜温度为 10～35℃，最适温度为 18～27℃，土壤湿度 40％～79％，适宜 pH5.3 左右。大面积种植棉花等，对病原繁殖和病害发生流行非常有利。

2. 寄主范围

20 世纪 60 年代前认为棉花枯萎病菌专化性很强，只能侵害棉花。近三年的研究表明其寄主范围较广，英国伊贝尔氏（Ebbels，1975）统计，从病株分离到棉花枯萎病菌的寄主植物有棉花和烟草等 40 余种。1977 年以后我国测定出的棉花枯萎病菌寄主植物有 20 余种。

3. 侵染循环

棉花枯萎病菌在种子、病残体和土壤中越冬；次年棉花播种或移栽后，病原从幼苗根尖表皮侵入组织；再穿过皮层而进入维管束系统，破坏植株的水分输导系统而导致棉株萎蔫；田间病株上产生的分生孢子还可以随风雨和流水在植株间传播引起再侵染，引起植株棉铃发病；棉花收获后，病原又在病残体或种子上越冬，成为次年的初侵染源（图 5 - 11）。病害为系统侵染，感病后植株各器官均带菌。在病害传播中，以带菌种子和土壤中的病残体为主要侵染源。带菌种子可远距离传播，土壤中的病残体能随水流或机具携带等进行近距离传播。棉田一旦传入棉花枯萎病菌则很难铲除，病原在土壤中可存活 8～10 年。

4. 致病机理

对于病原的致病机理有两种解释：一种解释认为菌丝体穿过内皮层进入导管，并在导管里迅速繁殖，菌丝体堵塞导管，阻碍水分运转而引起植株萎蔫，菌丝体堵塞的同时伴有凝胶体的聚积，也影响水分的运转；另一种解释认为由于病原产生的毒素引起植物细胞组织中毒，例如植株在感染反应中形成酚类物质，破坏组织的水分输导功能而导致萎蔫。病原毒素的存在既降低细胞保持水分的能力，又破坏原生质膜的渗透性。菌丝堵塞和毒素破坏作用都已经通过组织切片和生化分析研究得以证实。

5. 发病条件

棉花枯萎病在田间的消长，与品种抗性、生育阶段以及土壤温度、湿度关系密切。经测定土壤温度在 20～27℃发病最重，28～31℃有所降低，32℃以上停止发展。土壤含水量在 60％～75％，发病率最高。棉株现蕾阶段是棉花枯萎病发病高峰期，一般 6～7 月雨水多，分布匀，发病重。棉田线虫与发病关系密切，美国在选育品种抗性时，将线虫与棉花枯萎病作为复合病害同时考虑。不同抗性的棉花品种感染棉花枯萎病的程度明显不同，

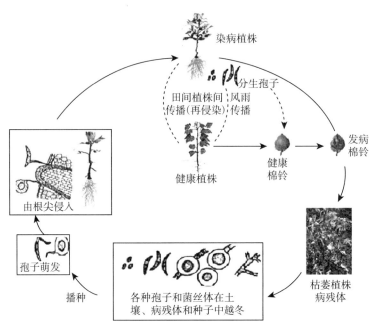

染病植株

分生孢子

田间植株间
传播(再侵染)

风雨
传播

发病
棉铃

由根尖侵入

健康植株

健康
棉铃

孢子萌发

播种

各种孢子和菌丝体在土
壤、病残体和种子中越冬

枯萎植株
病残体

图 5 - 11　棉花枯萎病菌的侵染循环

陆地棉、亚洲棉和海岛棉的抗病性存在差异，其中在我国已被列为主要抗原材料的是陆地棉品种川 52 - 128。

五、诊断鉴定和检疫监测

1. 诊断鉴定

以病害症状诊断、病原形态鉴定和致病性试验为基础，结合分子生物学检测，对棉花枯萎病及病原做出准确的诊断鉴定。

（1）田间病害症状诊断　在棉花枯萎病的田间监测调查中，主要根据前述的症状特征进行判断，做出初步的诊断。在症状诊断时，要特别注意与轮枝菌属（*Verticillium*）导致的黄萎病加以区别。这两种都是真菌性病害，病害的发生与发展均与温度关系密切；两种病原物均可在棉籽、病残体和土壤中越冬并以土壤传播为主；两者都是系统侵染的维管束病害，侵染过程类似；两种病原侵染棉花后，维管束均变褐，且水分输送受阻，表现出萎蔫症状，甚至枯死。由此可见，田间两种病害的症状很相似，特别是在成株期常混合发生，诊断时需要加以区别。二者的主要症状区别（彩图 5 - 25）有三点。①枯萎病较黄萎病发病时间早，一般在子叶期就开始发病，发病盛期在苗期和蕾期。而黄萎病一般在现蕾后才开始出现症状，到花铃期大量发病。②成株期枯萎病病株节间缩短，植株矮小，顶端枯死或局部侧枝枯死，叶片出现黄色网纹和局部枯焦，雨季病部出现红色霉层。黄萎病一般不矮化，从叶缘开始黄化枯焦，落叶型菌系可造成落叶光秆，一般下部先出现症状，向上发展，雨季病部出现白色霉层。③剖秆检查，枯萎病茎秆内木质部导管变黑褐色腐烂，变色不均匀，潮湿时病株茎秆表面有大量粉色至红色霉层。黄萎病茎秆内的木质部导管呈褐色，但比枯萎病颜色浅，且变色部分分散而均匀，潮湿时病叶上长出白色霉层。

（2）棉花枯萎病菌的分离和形态鉴定　用常规的实验室植物真菌分离培养方法，用马铃薯葡萄糖琼脂（PDA）或马铃薯蔗糖琼脂（PSA）培养基从棉花病组织或带菌土壤中分离和纯化棉花枯萎病菌。具体可参照本章第十一节香蕉枯萎病镰刀菌的分离纯化和形态学鉴定方法。

（3）致病性测定　应用感病棉花品种，先在温室盆栽钵（直径 30～40cm）内播种，约 2 周后每钵选留 3 株生长一致的健康幼苗，用于接种试验；将分离纯化的待测真菌纯培养制成孢子和菌丝混合悬浮液，每钵用 20～30mL 做灌根接种，对照用清水灌根处理，每个处理重复 3 次。也可以先将棉花种子于白瓷盘中保湿滤纸上催芽育苗，待 2～3 片真叶长出后，将其放入待测真菌孢子和菌丝混合悬浮液中蘸根处理 5min，待根系自然风干至表面无水后移栽至盆栽钵营养土中。处理后在温室条件（18～28℃，光照 12h/d）下继续生长，实施日常管理。接种后 3～4 周记录发病情况，注意观察植株（叶片）黄化萎蔫、维管束变色等枯萎病典型症状。另外，根据柯赫氏证病法则，还需要取新鲜的发病植株进行组织分离，获得同样的真菌纯培养。

（4）分子生物学检测　这里分别介绍 Elsalam 等（2006）和 Moricca 等（2002）建立的方法，二者都是特异性检测棉花枯萎病菌的各菌系。

①Elsalam 等（2006）PCR 方法：其设计的 1 对特异性引物为 FovF /FovR（5′-CCACTGTGAGTACTCTCCTCG-3′/5′-CCCAGGCGTACTTGAAGGAAC-3′），其目的扩增片段长度为 438bp。

DNA 提取。先准备好以下溶液：a. DNA 萃取液（EB），100μmol/L 三羟甲基氨基甲烷（Tris-base）和 5μmol/L EDTA，使用前加入亚硫酸氢钠和 4g/L 缓冲液，还可加入 0.35mol/L 山梨醇；b. 裂解液（LB），0.2mol/L Tris-base（pH 8.0），50μmol/L EDTA（pH 8.0），2mol/L NaCl 及 55μmol/L CTAB；c. 5％酰基氨酸。

提取步骤：a. 在一离心管中加入 600μL 萃取液（EB），振荡 40～60s 使其完全混匀，室温下以 6 500～7 000r/min 离心 15min；b. 去上清液，加入 250μL EB，振荡 40～60s 后加入 5μL RNA 酶 A（10mg/mL），600μL LB，60μL 5％酰基氨酸，倒翻离心管 20～40 次混匀；c. 在 65℃保持 15min；加入 500μL 氯仿、异戊醇混合液（体积比 24：1），振荡 40～60s 混匀后在室温下 6 500～7 000r/min 离心 5～10min；d. 用移液枪将上清液转入一新的离心管，重复 c 的操作；e. 弃上清液后加入等容积的冷（－20℃）异丙醇，轻轻倒翻离心管混匀，6 500～7 000r/min 离心 5～10min；f. 弃上清液，用 70％酒精洗涤沉淀物，自然晾干 30min 后，用重蒸水或 TE 缓冲液溶解 DNA。通过测量 $A_{260/280}$ 和 $A_{260/230}$ 的光谱吸收确定 DNA 浓度。

反应体系（50μL）：20ng 基因组 DNA，每种 dNTP 200μmol/L，每条引物（FovF/FovR）20 pmol，PCR 混合液［750mmol/L Tris-HCl（pH 8.8，25℃），200mmol/L（NH$_4$）$_2$SO$_4$，0.1％吐温-20，25mmol/L MgCl$_2$，1.25 U Taq DNA 聚合酶］。

反应条件：94℃变性 1min；30 循环（94℃ 1min，53℃ 1min，72℃ 2min）；72℃延伸 10min。

结果判定：将 $8\mu L$ PCR 产物用 1.5％琼脂糖电泳分离，经溴化乙啶染色后于紫外灯下观察。阳性对照出现一条 400 bp 的特异性扩增条带，阴性对照没有此条带。若备测样品也出现与阳性对照相同的 438bp 的条带，则判定为阳性（带菌）；若不出现这条扩增条带，则判定为阴性（不带菌）。

②Moricca et al.（2002）PCR 方法：其设计的 1 对特异性引物为 Fov-1/Fov-2（5′-CCCCTGTGAACATACCTTACT-3′/5′-ACCAGTAACGAGGGTTTTACT-3′）。

菌丝组织基因组 DNA 提取：将 50mg 冻干菌丝置于装有 750mL 提取缓冲液（200mmol/L Tris-HCl，pH 8.5；250mmol/L NaCl；25mmol/L EDTA，0.5％ SDS）的 5mL Eppendorf 离心管中 1h；获得的提取液再用 600mL 体积比为 1：1 的苯酚、氯仿混合液抽提 2 次，并用 RNA 酶 A 处理；加入 600mL 体积比为 24：11 的氯仿、异戊醇混合液，混匀后以 13 000r/min 离心 10min；去除上清液后，加入剩余溶液 0.1 倍体积的 3mol/L 醋酸钠液和 0.6 倍体积的－20℃纯乙醇，在 4℃下以 13 000r/min 离心 15min；去除上清液，留下的 DNA 沉淀物用 70％冰冷酒精洗涤后，加入 100mL TE 缓冲液（Tris-HCl 10mmol/L，EDTA 1mmol/L，pH 8）制成 DNA 悬浮液，用 TKO-100 Hoefe 荧光仪测量 DNA 浓度。

病组织中 DNA 提取：采集感染后显症和未显症的棉花（茎、根和叶片）组织及没有感病的植株组织（阴性对照），用剪刀剪取土表附近不同距离的 1cm 根、茎小块，或叶片组织 300～500mg。将样品转入清洁塑料袋中，在－20℃冰箱中保存备用。提取时将冷藏的样品放入含有多酚、5mol/L 异硫氰酸胍、0.2mol/L 三羟基氨甲烷醋酸盐、0.7％巯基乙醇（pH 8.5）、1％聚乙烯吡咯烷酮及 0.62％月桂酰基肌氨酸钠的混合液中混匀。然后按照 Dellaporta 等（1983）描述的步骤获得 DNA 备样。

PCR 反应体系（25μL）：各引物 50 pmol，Taq DNA 聚合酶混合液 2.5mL（10mmol/L Tris-HCl pH 8.3，1.5mmol/L $MgCl_2$，50mmol/L KCl，0.1 U Taq DNA 聚合酶），每种核苷 100mmol/L，DNA 模板 1～10ng 及 0.5U Taq DNA 聚合酶；加重蒸水至 25μL，并在混合液表面加 30mL 矿物油以免蒸发。

PCR 反应条件：94℃变性 5min；30 循环（94℃ 1min，50℃ 1min，72℃ 1min）；72℃延伸 3min。

结果判定：将 8μL PCR 产物用 1.5％琼脂糖电泳分离，经溴化乙啶染色后于紫外灯下观察。阳性对照出现一条 400 bp 的特异性扩增条带，阴性对照没有此条带。若备测样品也出现与阳性对照相同的 400bp 的条带，则判定为阳性（带菌）；若不出现这条扩增条带，则判定为阴性（不带菌）。

2. 检疫监测

棉花枯萎病的检疫监测包括一般性监测、产地检疫监测和调运检疫监测。

（1）一般性监测 对棉花种植区的农田、主要交通干线两旁区域、苗圃、有外运产品的生产单位、香蕉批发市场以及物流集散地等场所。需进行访问调查、田间大面积踏查、系统调查和实地调查监测。

访问调查：向当地居民询问有关棉花枯萎病的发生地点、发生时间、危害情况，分析病害传播扩散情况及其来源。每个社区或行政村询问调查 30 人以上。对询问过程中发现的棉花枯萎病疑似存在地区，进一步做深入重点调查。

大面积踏查：在棉花枯萎病的非疫区，于棉花生长季节进行一定区域内的大面积踏查，粗略地观察农田的病害发生情况。观察时注意是否有植株黄化枯萎，根、茎中维管束变色，根系死亡腐烂等症状。

系统调查：在棉花苗期、成株期和结荚期分别进行定点、定期调查。调查设样地不少于 10 块，随机选取，每块样地面积不小于 $4m^2$；用 GPS 测量样地的经度、纬度、海拔。记录棉花品种（品系）、栽培管理制度或措施等。观察记录棉花枯萎病发生情况。若发现病害，则需详细记录发生面积、病株率和严重程度、产量损失率等。

枯萎病病情分级和危害程度划分标准如下：

病情严重程度分为 5 个等级：0 级，植株健康，根、茎维管束不变色，无病叶，生长正常。1 级，植株根、茎维管束变色不明显，下部 1～2 片叶片现黄化萎蔫症状。2 级，植株轻微矮化，根、茎内维管束变色较明显，中下部叶片黄化萎蔫。3 级，植株明显矮化，根、茎中维管束变色明显，中部叶片大部分黄化萎蔫。4 级，植株严重矮化，维管束大部分变褐色，中上部叶片黄化萎蔫至全株枯萎。

危害程度分为 6 个等级：0 级，田间植株生长正常，调查未见植株发病。1 级，轻微发生，发病面积很小，只见零星的发病植株，病株率 5% 以下，病级 1 级，造成减产 ＜5%。2 级，中度发生，发病面积较小，发病植株非常分散，病株率 6%～20%，病级 1～3 级，造成减产 5%～10%。3 级，较重发生，发病面积较大，发病植株较多，病株率 21%～40%，病级 2 级以下，个别植株死亡，造成减产 11%～30%。4 级，严重发生，发病面积较大，发病植株较多，病株率 41%～70%，病级达 3～4 级，部分植株死亡，造成减产 31%～50%。5 级，极重发生，发病面积大，发病植株很多，病株率 71% 及以上，多数植株病级 4 级，部分植株死亡，造成减产 ＞50%。

在非疫区的监测：若大面积踏查和系统调查中发现疑似棉花枯萎病植株，要现场拍照，并采集具有典型症状的病株标本，装入清洁的标本袋内，标明采集时间、采集地点及采集人，送外来物种管理或检疫部门指定的专家鉴定。有条件的，可直接将采集的标本带回实验室鉴定。室内检验主要检测棉花植株（根系、茎、叶片）和土壤等是否带有棉花枯萎病菌的菌丝、分生孢子和厚垣孢子等菌体结构。如果专家鉴定或当地实验室检测确定了棉花枯萎病菌，应进一步详细调查当地附近一定范围内的棉花田发病情况。同时及时向当地政府和上级主管部门汇报疫情，对发病区域实行严格封锁和控制。

在疫区的监测：根据调查记录棉花枯萎病发生范围、严重程度和病株率等数据信息，参照有关规范和标准制定病害综合防治策略，采用恰当的病害综合治理技术措施，有效地控制病害，以减轻损失。

（2）产地检疫监测　在原产地对棉花农田进行的检疫监测，包括田间调查、室内检验、签发证书及监督生产单位做好繁殖材料选择和疫情处理等。

检疫踏查主要进行田间症状观察，观察植株的生长状况，访问当地农业管理部门、技术部门和棉花农户，确定疑似棉花枯萎病菌危害的田块，对疑似发病棉田进行现场调查，若发现地上部表现枯萎病症状的植株，剖开其根和茎观察维管束组织颜色变化。对地上部无明显症状的植株，随机抽取部分植株，观察其根部及茎维管束组织的颜色变化。采样前需对取样现场及病害症状拍照。同时采集具有典型症状的中等发病程度植株采样，所有样品装入清洁样品袋中，附上采集时间、地点、品种的记录和田间照片，带回实验室后做进一步检验。

室内检验：主要检测棉花植株的各个器官、土壤等是否带有棉花枯萎病菌。需要进行病原分离纯化、显微镜形态观察鉴定、致病性试验和分子生物学检测。

经田间症状踏查和室内检验不带有棉花枯萎病菌的棉花产品，签发准予输出的许可证。在产地检疫各个检测环节中，如果发现棉花枯萎病菌，应根据实际情况，立即实施控制或铲除措施。疫情确定后1周内应将疫情通报给产品调运目的地的植物检疫机构和农业外来入侵生物管理部门，以加强目的地有关方面对棉花产品的检疫监控管理。

（3）调运检疫监测　在棉花及相关产品的货运交通集散地（机场、车站、码头）实施调运检验检疫。检查调运的商品、包装和运载工具等黏附的土壤是否带有棉花枯萎病菌。对受检物品等进行现场调查，同时做有代表性的抽样，视货运量抽取适量的样品，带回室内进行常规诊断检测和分子检测技术检测。

在调运检疫中，对检验发现带棉花枯萎病菌的产品予以拒绝入境（退回货物），或实施检疫处理（如除害或销毁）；对确认不带菌的货物签发许可证放行。

六、应急和综合防控

对棉花枯萎病，需要根据病原的特性和病害的发生流行规律，采用"预防为主，综合防治"的植物保护基本策略，在非疫区和疫区分别实施应急防控和综合防控措施。

1. 应急防控

应用于尚未发生过棉花枯萎病的非疫区，所有技术措施都以彻底灭除病原和控制病害为目的，限制棉花枯萎病的扩散蔓延。无论是在交通航站检出带菌物品，还是在田间监测中发现棉花枯萎病疫情，都需要及时地采取应急防控制措施，以有效地扑灭病原或控制病害，避免其扩散蔓延。

（1）调运检疫检出棉花枯萎病菌的应急处理　对现场发现的带有棉花枯萎病菌的棉花种子等材料或产品，应全部收缴扣留并销毁。对检出带有棉花枯萎病菌的货物和其他产品，应拒绝入境或将货物退回来源地。对不能退回原地的物品要即时就地封存，然后视情况做应急处理。

产品销毁处理：港口检出货物及包装材料可以直接沉入海底。机场、车站的检出货物及包装材料可以直接就地安全烧毁。

消毒处理：可用碘甲烷或溴甲烷对棉花种子等产品进行熏蒸处理，在20℃和密闭条件下熏蒸24～48h，可杀灭繁殖材料或土壤携带的棉花枯萎病菌。

检疫隔离处理：如果是引进的棉花种子等繁殖材料，必须在检疫机关设立的植物检疫隔离中心或检疫机关认定的安全区域隔离种植，经一定期间观察，确定无病后才允许释放出去。隔离种植需要在检验检疫机构设立的检疫隔离种植中心苗圃进行。

（2）农田棉花枯萎病的应急处理　在产地检疫中发现棉花枯萎病疫情后，要严禁发病区的种子调运出口到非疫区，确保非疫区棉花播种健康，及时清除棉花病株。对于零星发病植株，要及时拔出并带出田间集中烧毁。禁止农田间漫灌和串灌，进出病区的农用工具、土壤、有机肥等需用石灰、高锰酸钾、甲醛、噁霉灵等药剂进行消毒处理，农用工具消毒处理后需隔离存放，以切断农具传播途径。

在棉花枯萎病的非疫区监测到农田或小范围疫情后，应对病害发生的程度和范围做进一步详细的调查，并报告上级行政主管部门和技术部门，同时要及时采取措施封锁病区（田），严防病害扩散蔓延。然后做进一步处理：铲除病田所有棉花植物并彻底销毁；随后用碘甲烷或溴甲烷等药剂对病田及周围进行土壤熏蒸处理，或用甲醛、多菌灵等药剂进行土壤杀菌处理 2～3 次。在处理后的发病棉田及周围农田，不再种植棉花等寄主作物，而改种非寄主蔬菜、禾谷类或其他作物。

经过田间应急处理后，需要留一定小面积田块继续种植棉花，以观察应急处理措施对棉花枯萎病的控制效果。若在 2～3 年内未监测到棉花枯萎病疫情，即可认定应急铲除措施有效，并可申请解除当地的疫情应急状态。

2. 综合防控

应用于棉花枯萎病已较普遍发生分布的疫区，其基本策略是以使用抗病棉花品种和加强栽培管理等预防措施为主，结合适时合理应用化学药剂防治，将病害控制在允许的经济阈值水平以下。

（1）选育和使用抗病品种　我国一直非常重视抗棉花枯萎病品种的选育研究，选育出较多的抗病品种，各地已先后选育的丰产高抗品种主要有中棉 12 号和 35 号等系列品种、川棉 239、辽棉 7 号、冀 228、豫棉 19 号和 21 号、陕 401、宁 86－1、盐 48 及邯郸 5 158 号等，这些品种在不同棉区的大面积推广应用，都有效地压低了棉花枯萎病的流行和提高了棉花的产量（王红梅，2015）。

（2）使用不带菌种子　①杜绝从病区调入棉花种子，在当地建立无病留种棉田和供种基地生产所需要的种子。若需异地引进种子，则必须进行硫酸脱绒和杀菌剂温汤浸种处理。具体方法：取适量 1.8mol/L 的硫酸，放入砂锅等容器中加热到 110～120℃，慢慢倒入 10 倍体积的棉籽中，边倒边搅拌，待棉籽上茸毛全部焦黑时，用清水充分洗净，然后再用 80% 的抗菌剂 402（用量为种子重量的 2.5 倍）并加热至 55～60℃ 浸泡棉籽 30min，可有效地杀灭棉籽内外的棉花枯萎病菌和黄萎病菌；②一般地区可用溴甲烷等密闭熏蒸处理 24h，以彻底灭除种子内外携带的棉花枯萎病菌；③通常条件下，可直接用"二开一凉"的温水（55～60℃）浸种 0.5h，或用 70℃ 恒温干热灭菌 72h，可杀灭棉籽短绒中带的病原，杀菌效果也比较好；④80% 乙蒜素是杀灭棉花枯萎病菌的特效药，可用 4 000 倍液做拌种处理。

（3）加强栽培管理　①实行水、旱作物轮作，在我国南方一般种植棉花 3 年后种植水稻 1 年，在北方与玉米、高粱或麦类轮作 2～3 年，可非常有效地减少棉花枯萎病菌的初侵染源；也可以与玉米、麦类和蔬菜等非寄主作物间作或套作，能显著降低病害发生和流行程度。②进行田间调查，发现病株及时拔出并带出田间销毁，减少田间再侵染源。③合理施肥和灌溉，采用配方施肥技术，有机肥要完全腐熟后施用；控制用氮量并适当增加磷钾肥用量，促进作物植株健康生长，增强抵抗力。做好开沟排水，降低土壤和田间湿度。高产棉田应做到排水大沟、厢沟、腰沟相通，日降水量 100mL 的大雨能排、能降、能滤，雨住田干。若遇旱情需要灌水，不能在不同田间串灌和漫灌。④实时中耕除草、防治害虫和其他病害，减少病原传播蔓延。⑤棉花收获后，清除棉花残株，压低次年初侵染源。

（4）合理使用化学农药　①播种前可用药剂浸种或拌种，发病较严重田块可采用3％甲霜·噁霉灵水剂400倍液或12.5％多菌灵水剂250倍液＋磷酸二氢钾喷雾，每周喷1次，连喷3～4次。②定植后缓苗前或发病初期喷洒噁霉灵1 200～1 500倍液，不仅能够土壤消毒，而且还能促进植物生长，并能直接被植物根部吸收，进入植物体内，转移极为迅速。在根系内移动仅3h便移动到茎部，24h可移动至整个植株，同时还具有促进作物根系生长发育、生根壮苗、提高成活率的作用。也可用甲霜·噁霉灵1 500～2 000倍液叶面喷施，药液被土壤吸收，通过根系转移到叶缘，并发挥作用，药效持久，同时也促进作物生长，健苗壮苗，增强发根能力，提高农产品的产量和品质。③在发病初期，用松脂酸铜喷施，能迅速地控制住病害的蔓延，连续喷施2～3次后能到达清除病害的作用。④用80％乙蒜素4 000倍液灌根或喷雾，对棉花枯萎病和其他病害同时具有保护和治疗作用。

主要参考文献

陈其煐，籍秀琴，孙文姬，1985. 我国棉枯萎病菌生理小种研究. 中国农业科学，18（6）：1-6.

高慧，王晓光，郭庆港，等，2014. 河北省棉花枯萎菌遗传多样性及致病力分析. 植物保护学报，41（3）：311-310.

郭庆港，王培培，鹿秀云，等，2017. 棉花枯萎病菌新生理型菌株的分子鉴定. 植物病理学报（网络版），1-12. http：//kns.cnki.net/kcms/detail/11.2184.S.20170714.0902.001.html.

过崇俭，朱绍琳，沈尔卓，等，1963. 江苏省棉花枯萎病发生规律及其防治研究. 中国农业科学，6（2）：179-185.

黄方仁，1934. 棉花枯萎病的初步观察报告. 华中农学会报，125：83-93.

李爱国，屈霞，余筱南，2006. 我国棉花抗枯、黄萎病研究进展. 作物研究，2：230-231. https：//wenku.baidu.com/view/84117fec172ded630b1cb6db.html.

刘政，2006. 新疆棉花枯萎病发生规律及定向筛选提高品种抗性的研究. 石河子：石河子大学.

缪卫国，张昇，史大纲，等，2015. 新疆棉花枯萎病菌生理小种及其致病型监测. 植物保护与植物营养研究进展，198-202.

沈其益，1936. 中国棉作病害. 中华棉产改进丛刊一号，2：230-231.

谭永久，李琼芳，蔡应繁，1997. 棉花枯黄萎病的发生及防治. 西南农业学报，10（S1）：114-118.

田新莉，赵宗胜，李国英，等，2002. 新疆棉花枯萎病菌的RAPD分析. 西北农业学报，11（4）：4-8.

王红梅，2015. 中国棉花枯、黄萎病发生危害及抗病育种成效. 中国农学通报，31（15）：124-130.

王晓光，2011. 棉花枯萎病菌致病力分化及遗传多样性研究. 保定：河北农业大学.

王雪薇，侯峰，2001. 新疆棉花枯萎病菌群体结构研究. 植物病理学报，31（2）：102-109.

徐青，曹宗鹏，杨厚勇，等，2013. 棉花枯萎病的发生规律及防治. 农业科技通讯，3：206-207.

Abd-Elsalam K A, Asran-Amal A, Schnieder F, et al., 2006. Molecular detection of *Fusarium oxysporum* f. sp. *vasinfectum* in cotton roots by PCR and real-time PCR assay. Journal of Plant Diseases and Protection，1139（1）：14-19.

Armstrong G M, Armstrong J K, 1960. American, Egyptian, and Indian cotton-wilt Fusaria: their pathogenicity and relationship to other wilt Fusaria. Tech. Bull. U. S. Dep. Agric.，1219：1-19.

Bell A A, Liu J, Ortiz C S, et al., 2016. Population structure and dynamics among *Fusarium oxysporum* isolates causing wilt of cotton. Pages 153 - 158in：Proc. Beltwide Cotton Conf. S. Boyd and M. Huffman, eds. National Cotton Council of America，Memphis，TN，and NewOrleans，LA.

Bell J J，Kemerait R C，Ortiz C S，et al.，2017. Genetic diversity，virulence，and *Meloidogyne incognita* interactions of *Fusarium oxysporum* isolates causing cotton wilt in Georgia. Plant Disease，101（6）：948 - 956.

CAB International，2021. *Fusarium oxysporum* f. sp. *vasinfectum*（author：Brayford D）. Invasive Species Compendium.

Chen Q，Ji X，Sun W，1985. Identification of races of cotton wilt Fusarium inChina. Sci. Agric. Sin.，6：1 - 6.

Dellaporta S L，Wood J，Hicks J B，1983. A plant DNA mini-preparation：version Ⅱ. Plant Molecular Biology Reporter，1：19 - 21.

Garber R H，Jorgenson E C，Smith S，et al.，1979. Interaction of population-levels of *Fusarium oxysporum* f. sp. *vasinfectum* and *Meloidogyne incognita* oncotton. J. Nematol.，11：133 -137.

Hall C R，2007. The infection process of *Fusarium oxysporum* f. sp. *vasinfectum* in Australian cotton and associated cotton defence mechanisms. PhD thesis，Science-Botany，The University of Melbourne，Australia.

Halpern H C，Bell A A，Wagner T A，et al.，2018. First report of Fusarium wilt of cotton caused by *Fusarium oxysporum* f. sp. *vasinfectu*m race 4in Texas，U. S. A. Plant Disease，102（2）：446.

Kochman J K，1995. Fusarium wilt in cotton，a new record in Australia. Australasian PlantPathology，24：74.

Li H，Luo J，Wang J T，et al.，2001. A rapid and high yielding DNA mini-prep for cotton（Gossypium spp.）. Plant Mol Biol Rep，19（2）：1 - 5.

Moricca S，Ragazzib A，Kasugac T，et al.，2002. Detection of *Fusarium oxysporum* f. sp. *vasinfectum* in cotton tissue by polymerase chain reaction.？ Plant Pathology，47（4）：486 - 494.

MycoBank，1992. *Fusarium oxysporum* Schlecht. f. sp. *vasinfectum*（G. F. Atkinson）Snyder ＆. H. N. Hansen，Amer. J. Bot.，27：66，1940.

Ortiz C S，Bell A A，Magill C W，et al.，2017. Specific PCR detection of *Fusarium oxysporum* f. sp. *vasinfectum* California Race 4based on a unique Tfo 1insertion event in the *PHO* gene. Plant Disease，101：34 - 44.

Plantwise Knowledge Bank，2018. Vascular cotton wilt（*Fusarium oxysporum* f. sp. *vasinfectum*）. (2018 - 09 -22)［2021 - 07 - 18］https：//www. plantwise. org/KnowledgeBank/Datasheet. aspx？dsid＝24715.

Smith L，2013. Fusarium wilt（exotic races）. Fact Sheet，Plant Health Australia.（2013 - 05 - 17）［2021 - 06 - 11］http：//www. planthealthaustralia. com. au/wp -content/uploads/2013/03/Fusarium-wilt-FS. pdf.

Wang B，Dale M，Kochman J K，1999. Studies on a pathogenicity assay for screening cotton germplasms for resistance to *Fusarium oxysporum* f. sp *vasinfectum* in glasshouse. Australian Journal of Experimental Agriculture，39（8）：967 - 974.

第七节　棉花黄萎病及其病原

棉花黄萎病（cotton verticillum wilt）病原为大丽轮枝菌，也称棉花黄萎病菌，可引起 660 余种寄主植物发生黄萎病，在我国主要危害棉花、向日葵、马铃薯、茄子和番茄等作物。尤其是棉花黄萎病，是一类重要的土传和种传维管束病害，发生面积占播种面积的50%以上，是影响我国棉花生产可持续发展的主要障碍之一。棉花黄萎病起源于美国的陆地棉，1935年由美国引进斯字棉种而传入我国，是我国重要外来入侵微生物和一类动植物检疫对象。2017年6月发布的《中华人民共和国进境植物检疫性有害生物名单》仍然将棉花黄萎病菌列为检疫对象。同时欧盟、欧洲和地中海地区植物保护组织、保加利亚、比利时、菲律宾、古巴、荷兰、捷克、克罗地亚、斯洛伐克、斯洛文尼亚、土耳其、新加坡、新西兰、印度尼西亚等15个国家和地区及组织也将棉花黄萎病菌列为重要的检疫对象。

一、起源和分布

1914年Carpenter在美国弗吉尼亚州的陆地棉上首次发现棉花黄萎病，此后该病害几乎遍及全球各主要棉花产区。

国外分布：在美国，继弗吉尼亚州发现棉花黄萎病之后，在密西西比、阿肯色、得克萨斯、新墨西哥和加利福尼亚等州陆续报道了该病害的发生和危害情况。到20世纪90年代前已遍布秘鲁、巴西、阿根廷、委内瑞拉、墨西哥、乌干达、刚果、突尼斯、阿尔及利亚、坦桑尼亚、莫桑比克、澳大利亚、土耳其、叙利亚、以色列、伊拉克、伊朗、印度、保加利亚、希腊、西班牙和苏联等国。其中美国、秘鲁和乌干达等地发生尤为严重。据1978年报道，棉花黄萎病主要分布于乌克兰、阿塞拜疆、哈萨克斯坦、乌兹别克斯坦、吉尔吉斯斯坦、塔吉克斯坦等加盟共和国。20世纪90年代至今的近三十年，棉花黄萎病在不同地区不断扩展蔓延，至今已遍布亚洲、非洲、欧洲、南美洲和大洋洲60多个国家和地区（EPPO，2019）。

国内分布：据文献记载，棉花黄萎病传入我国后，先后在陕西泾阳、山西运城、山东高密和河南安阳等地发生危害，并逐年传播扩散。20世纪70—90年代，我国有12个省（自治区、直辖市）发生棉花黄萎病，主要分布在黄河流域棉区，陕西关中一带发病普遍而严重，河北省集中于唐山地区各产棉县，河南和山东大部分地区均有发生；长江流域棉区黄萎病有发展趋势，据江苏省农林厅植保处调查，江苏省1981年已有22个县发生棉花黄萎病，发生面积达13万余亩；西北内陆棉区主要发生在甘肃局部地区和新疆北疆各产棉县。20世纪90年代至今，随着我国棉花育种事业的蓬勃发展，我国三大棉区调种频繁，使得棉花黄萎病不断扩散蔓延。尤其是1993年该病在我国各棉区大面积流行，发病面积高达267万hm²，造成皮棉损失1亿kg；之后又多次在我国新疆等各主产棉区暴发成灾，年发生面积300万hm²左右，年经济损失约12亿元。至此，除了新疆新开垦滩涂棉田和少数偏远棉田外，我国黄河流域、长江流域和西北内陆绝大部分棉田都有棉花黄萎病的发生和危害。

二、病原

1. 名称和分类地位

棉花黄萎病菌拉丁学名为 *Verticillium dahliae* Kleb.，异名有 *Verticillium albo-atrum* var. *chlamydosporale*，*Verticillium albo-atrum* var. *dahliae*，*Verticillium albo-atrum* var.

medium，*Verticillium dahliae* f. sp. *chlamydosporale*，*Verticillium dahliae* f. sp. *medium*，*Verticillium ovatum*，*Verticillium tracheiphilum*。其分类地位：真核域、真菌界、子囊菌门、粪壳菌纲（Sordariomycetes）、肉座菌亚纲（Hypocreomycetidae）、肉座菌目（Hypocreales）、不整囊菌科（Plectosphaerellaceae）、轮枝菌属（*Verticillium*）（Wikipedia，2019）；其无性阶段属于半知菌门、丝孢纲、淡色孢科、轮枝菌属。

2. 形态特征

棉花黄萎病菌在马铃薯蔗糖琼脂培养基（PSA）上的菌落圆形，初为白色，形成微菌核后为黑褐色；菌落形态有菌丝型、菌核型、菌丝与菌核混合型。初生菌丝体无色，后变橄榄褐色，有分隔，直径 2～4μm。菌丝体常呈膨胀状，可单根或数根菌丝芽殖为微菌核（彩图 5-26）。不同地区棉花黄萎病菌微菌核产生的数量、大小和形状有明显的差异。例如，在梅干培养基上，泾阳、栾城菌系产生微菌核较多，较大，大小(93～121)μm×(36～58)μm；四川南部和新疆和田菌系微菌核较小，大小(48～90)μm×(32～68)μm，多为近圆形，单个散生；陕西菌系多为长条形，并列成串。棉花黄萎病菌分生孢子呈椭圆形，单细胞，大小(4.0～11.0)μm×(1.7～4.2)μm，由分生孢子梗上的瓶梗末端逐个割裂。空气干燥时，孢子在瓶梗末端聚集成堆，空气湿润时，则形成孢子球。显微镜下制片观察时，孢子即散开，只留下梗端新生出的单个孢子。病原分生孢子梗常由 2～4 轮生瓶梗及上部的顶枝构成，基部略膨大、透明，每轮层有瓶梗 1～7 根，通常有 3～5 根，瓶梗长度为 13～18μm，轮层间的距离为 30～38μm，4 层的为 250～300μm。

三、病害症状

棉花黄萎病菌能在棉花整个生长期间侵染危害。在自然条件下，苗期很少发病，一般不出现死苗现象。棉花黄萎病的危害主要表现在棉株生长的中后期，罹病棉株叶片变黄，干枯脱落，结铃小，落铃率高，造成棉花产量降低，品质变劣。由于受病原物致病力、棉花品种抗病性、棉花生育期及环境条件的影响，棉花黄萎病呈现不同症状类型。

1. 幼苗期

在自然条件下，棉花苗期一般不表现症状。在温室人工接种条件下，2～4 片真叶期的棉苗即开始发病。苗期黄萎病的症状是病叶边缘开始褪绿发软，呈失水状，叶脉间出现不规则淡黄色病斑，病斑逐渐扩大，变褐色干枯，维管束明显变色，严重时叶片脱落并枯死。

2. 成株期

在自然条件下，染病棉花现蕾以后才逐渐发病，一般在 8 月下旬棉花开始吐絮期达到高峰。近年来，其症状呈多样化趋势，常见症状：病株由下部叶片开始发病，逐渐向上发展，病叶边缘稍向上卷曲，叶脉间产生淡黄色不规则的斑块，叶脉附近仍保持绿色，呈掌状花斑，类似西瓜皮状；有时，叶脉间出现紫红色失水萎蔫不规则的斑块，斑块逐渐扩大，变成褐色枯斑，甚至整个叶片枯焦，脱落成光秆；有时，在病株的茎部或落叶的叶腋，可发出赘芽和枝叶。病株一般并不矮缩，还能结少量棉桃，但早期发病重的病株有时也变得较矮小。在棉花铃期，盛夏久旱后遇暴雨或大水漫灌时，田间有些病株常发生一种急性型黄萎症状，先是棉叶呈水烫样，继而突然萎垂，迅速脱落成光秆。感病棉花还会出现植株维管束和叶柄维管束变褐色的症状，必要时应剖开叶柄或茎秆检查维管束变色情况来判断棉花是否感染。严重感染的植株从叶柄到枝条和茎秆，内部维管束全部变色。调查时可剖开茎秆或掰下分枝、叶柄，检查维管束是否变色，这是田间识别棉花黄萎病与早衰或雨涝等非侵染性病害的可靠方法，也是区别棉花黄萎病与红（黄）叶茎枯病，旱害、碱害、缺肥、蚜害、药害导致植株类似症状的重要依据（彩图 5-27）。

四、生物学特性和病害流行规律

1. 生物学特性

棉花黄萎病菌致病力变异性强，在与寄主协同进化的过程中，由于病原异核现象和生态环境差异的影响，常出现生理分化，产生新的生理型。1966 年美国 Schnathorst 等根据不同菌系对棉花致病的严重程度和致病类型，将其分为引起棉花落叶的落叶致病型（T1，后改 T9）和温和的非落叶致病型（SS4）。苏联波波夫（1974）和雅库特金（1976）认为，苏联棉花黄萎菌存在 0、1、2 等 3 个生理小种。20 世纪 70 年代末，我国棉花枯萎病、黄萎病协作组将采自 8 个省（直辖市、自治区）的棉花黄萎病菌，以陆地棉、海岛棉、亚洲棉三大棉种的不同抗、感病品种为鉴别寄主，将我国棉花黄萎病菌划分为以下 3 个生理型：

生理型Ⅰ：致病力最强，以陕西泾阳菌系为代表，在 9 个鉴别寄主上均表现感病。

生理型Ⅱ：致病力弱，以新疆和田、车排子菌系为代表。

生理型Ⅲ：致病力中等，广泛分布于长江和黄河流域棉区。

1983 年陆家云等首次报道在江苏南通、常熟局部地区发现了与 T9 落叶致病型菌系致病力十分相似的棉花黄萎病菌落叶型菌系，在非落叶型菌系中又区分出叶枯型和黄斑型两个致病类型。1993 年、1995 年和 1996 年棉花黄萎病接连严重发生，尤其是在北方棉区出现了大片落叶成光秆和死株的病田，与典型的落叶致病型菌系危害症状十分相似。石磊岩等（1993）以具有代表性的棉花黄萎病菌系与美国落叶致病型菌系 T9 进行比较研究，根据各菌系对海岛棉、陆地棉和中棉三大棉种在不同鉴别寄主上的表现，划分出强、中、弱 3 个类型，其中落叶致病型菌系致病力最强，明显大于非落叶致病型菌系的致病力，并证实我国江苏常熟菌系 VB 为落叶致病型菌系。吴献忠等（1996）报道，采用鲁棉 1 号、苏棉 1 号品种对山东的 20 个代表菌系进行致病力测定表明，山东的棉花黄萎病菌系多属于致病力中等的Ⅱ型，致病力强的Ⅰ型和致病力弱的Ⅲ型均较少。另外，在山东一些重病田发现了强致病力的落叶致病型菌系，所分离到的 SD5 和 SD13 与国内的 VD8 和美国的 T9 致病力相似。1997 年石磊岩等对采自河南、河北、山东、陕西、辽宁等北方棉区的 34 个菌系进行致病性测定，将 27 个菌系鉴定为落叶致病型，其中有些菌系致害棉株的落叶程度与美国 T9 相当或更重。此外，在 20 世纪 80 年代后，王清和、马峙英等对山东、河北、河南、山西、江苏、湖北、四川、云南的棉花黄萎病菌致病力分化及类型分别进行了研究，结果显示各地的菌系均存在致病力分化现象，并且大多数地区存在落叶致病型菌系。进入 21 世纪后，各地均报道新分离的菌系为落叶致病型菌系，而简桂良、朱荷琴的研究表明，一个地区乃至一块棉田存在各种类型的菌系，从生理型Ⅰ到生理型Ⅲ，甚至落叶致病型菌系均存在。由于棉花黄萎病菌是非寄主专化型病原，不存在小种分化问题，故笔者认为，我国棉花黄萎病菌存在 4 种生理类型，即生理型Ⅰ、Ⅱ、Ⅲ和落叶致病型菌系。

2. 寄主范围

棉花黄萎病菌的寄主范围很广，目前已报道的寄主植物有 660 种，其中十字花科植物
23 种，蔷薇科 54 种，豆科 54 种，茄科 37 种，唇形花科 23 种，菊科 94 种。其中农作物
为 184 种，占 28%；观赏植物 323 种，占 49%；杂草植物为 153 种，占 23%。在作物中
除棉花外，对马铃薯、茄子、番茄、辣椒、甜瓜、西瓜、黄瓜、芝麻、向日葵、甜菜、花
生、菜豆、绿豆、亚麻、草莓、烟草等许多植物都能侵染，不同作物间可相互感染；而有
些植物，如禾本科的水稻、麦类、玉米、高粱、谷子等，则不受侵害。

3. 病害循环

棉花黄萎病是危害棉株维管束的病害。在土壤中定殖的棉花黄萎病菌，遇上适宜的温
度、湿度，由病原孢子和微菌核萌发出的菌丝体接触到棉花的根系，即可从根毛或伤口处
侵入根系。菌丝先穿过根系的表皮细胞，在细胞间隙中生长，继而穿过细胞壁，再向木质
部中导管扩展，并在导管内迅速繁殖，产生大量小孢子，这些小孢子随着输导系统的液流
向上运行，依次扩散到茎、枝、叶柄、叶脉和铃柄、花轴、种子等棉株的各个部位。棉花
黄萎病菌在土壤中能以腐殖质为生或在植株病残体中休眠，连作棉田土壤中不断积累菌
源，就形成所谓的病土。从此，年复一年重复侵染并加重发病。棉花黄萎病菌在土壤里的
适应性很强，当遇到干燥、高温等不利环境条件时，能产生微菌核等休眠体以抵抗恶劣环
境。所以，病原在土中一般能存活 8～10 年，长的可达 20 年以上。棉田一旦传入棉花黄
萎病菌，若不及时采取防治措施将以很快的速度蔓延危害，几年内就能从零星发病发展到
猖獗危害的局面（图 5 - 12）。

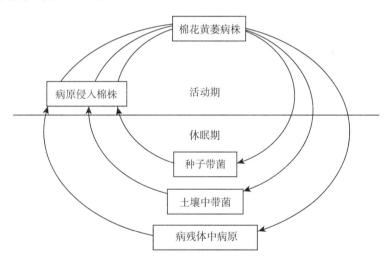

图 5 - 12　棉花黄萎病的侵染循环

4. 传播途径

棉花黄萎病的扩展蔓延迅速，病原的传播途径繁多，为了有效防治棉花黄萎病，有必
要明确该病害的传播途径。

（1）棉籽传病　病株上的棉籽内部可携带病原，棉花黄萎病随棉籽调运而传播，是远

距离传播的主要途径。追溯我国各地棉花黄萎病最初传入和逐步扩散的历史，不难发现该病大多是由国外引种或从外地病区调入棉籽开始的。据记载，1935年我国从美国引进大批斯字棉4B种子，未做消毒处理，就分发到泾阳等处农场和农村种植，这些地方后来也就成为我国棉花黄萎病发病最早和最重的病区。

关于棉籽带菌部位及带菌量问题，各地报道不一，因地区、年份及品种的不同而异。试验证明，在自然情况下棉花黄萎病菌主要附着在棉籽短绒上，从棉籽的短绒上容易分离到，带菌率为5.9%～39.8%；棉籽内部带菌率极低，其内部带菌率小于0.026%。因此，认为正常情况下，棉花黄萎病主要是由棉籽外部带菌传播。

（2）植株病残体传病 棉花黄萎病菌存在于病株的根系、茎秆、叶片、花药、铃壳等各个部位，这些植株病残体直接落入土壤或用以沤制堆肥，成为传播病害的重要途径。大田病株落叶的传病试验证明，在6、7月棉花生育中期，病株的落叶能增加土壤菌源，并传染给健康棉株，从而造成当年的再侵染，检查其茎秆内部发现发病率可达35.8%；即使是干枯的病叶，包括叶柄、叶脉和叶肉都能分离到棉花黄萎病菌，但其含菌量有较大的差异。根据苏联学者格里希京娜的研究，病株的叶、茎和根（干重）的微菌核含量分别为82 000～7 000 000个/g、2 000～827 000个/g和300～172 000个/g。2000年，马平等通过电镜观察到棉花花粉被棉花黄萎病菌侵染和寄生的现象，为花粉成为棉花黄萎病菌田间侵染源提供了间接证据。

（3）带菌土壤传病 棉花黄萎病菌在土壤里扩展的深度，常可达到棉花根系的深度，但大量的病原还是分布在耕作层内。棉花黄萎病菌在1～20cm耕作层中数量最多，在土层中的分布深度可达60cm，随深度加深菌量逐渐减少。棉花黄萎病菌一旦在棉田定殖下来，往往不易根除。生产实践证明，同一块棉田或局部地区内的病害扩散，多半是由于病土的移动和灌溉用水的流动所致。

（4）流水和农事操作传病 棉花黄萎病可借助水流扩散，雨后棉田过水或大水漫灌，能将植株病残体和病土向四周传播，或带入无病田，造成病害蔓延。在病田从事耕作的牲畜、农机具以及人的手足等均能传带病原，也是导致局部地区棉花黄萎病扩展的原因之一。

5. 发病条件

①气候条件：黄萎病发病的最适温度为22～25℃；高于30℃，发病缓慢；高于35℃时，症状暂时隐蔽。一般在6月，棉苗4、5片真叶期开始发病，田间出现零星病株；现蕾期进入发病适宜阶段，病情迅速发展；到8月花铃期达到发病高峰，往往造成病叶大量枯落，并加重蕾铃脱落；如遇多雨年份，湿度过高而温度偏低，则棉花黄萎病发展尤为迅速，病株率成倍增长。在棉花生育期内，如遇连续4天以上的低于25℃的相对低温，则棉花黄萎病将严重发生。1993年、2002年、2003年北方棉区，2009年在江苏盐城地区出现大量棉株落叶的病田，主要原因即7～8月出现连续数天平均气温低于25℃的相对低温，导致棉花黄萎病菌大量繁殖侵染，使棉株短时间内严重发病，叶片、蕾铃全部脱落成光秆，最后棉株枯死。

②耕作栽培：病原在棉田定殖以后，若连作棉花感病品种，则随着年限的增加，土壤中病原积累愈多，病害就会愈严重。棉田地势低洼、排水不良，或者灌溉棉区，一般棉花

黄萎病发病较重。灌溉方式和灌溉量都能影响发病，大水漫灌往往起到传播病原的作用，并造成土壤含水量过高，有利于病害的发展。营养失调也是促成寄主感病的诱因。氮、磷是棉花不可缺少的营养，但偏施或重施氮肥，反而能助长病害的发生。氮、磷、钾配合适量施用，将有助于提高棉花产量和控制病害发生。

③棉花生育期：棉花黄萎病发病期与棉花生育期密切相关。田间棉苗期一般很少见到病株，在现蕾前后逐渐发病，花铃期达到发病高峰，表明棉株的苗期对该病具有较好的抗病性，当棉花从营养生长转入生殖生长时，其抗病性开始下降，该病易发生。

④棉花种及品种：棉花不同的种或品种，对棉花黄萎病的抗病性有很大差异。一般海岛棉对该病抗性较强，陆地棉次之，亚洲棉较差。在陆地棉中各品种间对该病抗性差异显著，如：中植棉 2 号、冀 958 等品种抗病性较强，中棉所 12、冀 668、33B 属耐病品种，而 86-1 号、新陆早 7 号、13 号、鲁棉 1 号等品种则高度感病。

五、诊断鉴定和检疫监测

根据国家标准《棉花黄萎病菌检疫检测与鉴定》（GB/T 28084—2011）、《棉花种子产地检疫规程》（GB 7411—2009）、《棉花抗病虫性评价技术规范第 5 部分：黄萎病》（GB/T 22101.5—2009）、图书《农作物有害生物测报技术手册》以及棉花黄萎病相关研究结果，拟定棉花黄萎病的诊断检测及检疫监测技术。

1. 诊断鉴定

棉花黄萎病检测技术分为传统生物学技术和现代分子生物学技术。

（1）直接症状诊断　直接观察棉花叶片是否有前述褪绿斑驳、掌状斑枯、脱落，病叶叶柄和茎秆维管束是否变褐等黄萎病症状，要注意其与棉花枯萎病和早衰等类似症状相区别。

（2）病株组织中的病原分离鉴定　选取有疑似症状的植株材料，叶片材料取病健交界处组织，每个约 0.5cm²；茎秆、叶柄材料直接切取维管束变色部分组织，每个长约 0.5cm。将取得的植物组织置于 0.1‰升汞液中表面消毒 1min，用灭菌水冲洗 2～3 次，用无菌滤纸吸干水分后置于添加抗生素的 PDA 培养基平板上，每个平板放置 3～5 个组织小片，每个样品设 3 个重复。置于 24～25℃培养箱内黑暗培养 10d。检查培养 10d 后的平板，若出现乳白色菌落，将其转接至 PDA 培养基上，并在 24～25℃黑暗培养 10d 后保存，用于致病性接种试验、形态学观察鉴定及 DNA 提取（做分子检测用）。

含抗生素的 PDA 培养基配方：马铃薯 200g，琼脂粉 12g，葡萄糖 20g，氯霉素 50mg，蒸馏水 1 000mL。氯霉素需要在高压、湿热灭菌之后，PDA 培养基温度降到 45～50℃时加入混匀，然后转至培养皿中。

（3）病原形态鉴定　将一小片无菌滤纸放入含抗生素的 PDA 培养基上，周边放置上述分离保存的菌块，待菌丝由菌块生长蔓延到滤纸上并形成分生孢子梗、分生孢子和微菌核，可用显微镜观察。微菌核葡萄状或念珠状，由多数球形的膨大细胞构成，大小（15～178）μm×（18.9～58）μm。

（4）种子带菌检验　将种子样品放入灭菌水内，振荡洗涤 15min 后，取一定量洗涤液，滴在培养皿内 PDA 琼脂培养基平板表面，并充分展布，在 25℃下培养 7d 后选取菌落，挑取分生孢子，在 PDA 培养基平板上划线。菌落长成后进行病原形态鉴定。为防止细菌污染，所用培养基中均可加入抗生素（50mg/kg 氯霉素）。

检验种子内部带菌，需先用含有效氯 2%的次氯酸钠溶液或其他表面消毒剂，进行种子表面消毒，然后用无菌水充分洗涤，用无菌滤纸吸干种子表面水分后置于上述含抗生素的 PDA 培养基平板上，在 25℃下培养 10d 后根据病原形态鉴定。

（5）致病性试验　首先挑选感病棉花品种的健康饱满种子，采用马平等切根蘸孢子法评价棉花黄萎病菌在棉花上的致病性。从培养 10d 以上的病原培养基上切取 5～8 块菌丝块，接入 PDB 培养液中，在 25℃、180r/min 条件下培养 4～5d。双层灭菌纱布滤掉菌丝，获得分生孢子悬浮液。显微镜检分生孢子数量，用无菌水调配成 10^7 个孢子/mL 分生孢子悬浮液备用。在育苗盒中培育棉苗，待棉苗长至两叶一心时，分别接种棉花黄萎病菌分生孢子悬浮液（10^7 个孢子/mL），每个处理 4 次，每次重复约 30 棵棉苗。设置棉花黄萎病菌强致病力菌株为阳性对照，设置清水处理为阴性对照。接种后 20d、30d 和 40d 后采用石磊岩等温室棉花苗期黄萎病 5 级调查法，调查记载发病率、病情指数，根据 40d 后各菌株对棉花的致病反应和病情指数，划分致病类型。强，平均病情指数 30.0 以上；中，平均病情指数 30.0～20.1 之间；弱，平均病情指数在 20.0 以下。分级标准为：0 级，健株；1 级，1～2 片子叶发病；2 级，1 片真叶发病；3 级，2 片以上真叶发病或病叶脱落，仅剩心叶；4 级，全株枯死。

（6）分子生物学检测　根据文献报道，选择棉花黄萎病菌特异性引物（DB19/DB22）、落叶致病型菌系特异性引物（INTD2f/INTD2r）和非落叶致病型菌系特异性引物（INTNDf/INTNDr）对供试棉花黄萎病菌菌株进行检测。引物序列见表 5-10，引物可委托相关生物公司合成。

表 5-10　PCR 扩增所用引物及其序列

引物	引物类型	引物序列	目的片段大小
DB19/DB22	*V. dahliae* 特异性引物	5′-CGGTGACATAATACTGAGAG-3′ 5′-GACGATGCGGATTGAACGAA-3′	539bp
INTD2f/INTD2r	落叶致病型菌系特异性引物	5′-ACTGGGTATGGATGGCTTTCAGGACT-3′ 5′-TCTCGACTATTGGAAAATCCAGCGAC-3′	462bp
INTNDf/INTNDr	非落叶致病型特异性引物	5′-CCACCGCCAAGCGACAAGAC-3′ 5′-TAAAACTCCTTGGGGCCAGC-3′	1 162bp

DNA 提取：棉花黄萎病菌总 DNA 的提取参照 Fast DNA 提取试剂盒所用的方法进行提取。加 1mL DNA 提取缓冲液至装有棉花黄萎病菌菌丝的 1.5mL 离心管中，室温静置 30min，在核酸提取仪上震动 2 次，每次 30s，频率为每秒 5 下，12 000r/min 离心 5min，取 750μL 上清液至新的 1.5mL 离心管中，加 125μL 去蛋白提取液 PPS（Protein preciptation solution），颠倒 5 次混匀，12 000r/min 离心 5min，取 700μL 上清液至另一新的 1.5mL 离心管中，加入等体积的冰异丙醇，−20℃沉淀 1h，12 000r/min 离心 5min，弃上清，沉淀用 500μL −20℃冰的 80%乙醇冲洗 1 次，12 000r/min 离心，弃上清，沉淀在超净工作台中吹干，加入 50μL 1×TE，4℃溶解，−20℃保存备用。

PCR 扩增体系和扩增条件：PCR 扩增反应体系为 20μL，包括 10×buffer 2μL，2.5mmol/L dNTP 2μL，引物 1μL，Taq DNA 聚合酶 0.5μL，模板 1μL，水 13.5μL。反应液在 PCR 仪（Biometra Tg）中进行扩增。扩增程序为 94℃预变性 5min，94℃变性 45s，55℃（INTD2f/INTD2r 和 DB19/DB22）或 65℃（INTNDf/INTNDr）退火 45s，72℃延伸 1min，35 循环，最后 72℃延伸 10min。PCR 扩增产物经 1% 琼脂糖凝胶电泳检测。然后置于凝胶成像仪上观察结果并扫描拍照。

检测结果：棉花黄萎病菌特异性检测阳性对照和阳性样品出现一条 539 bp 左右的扩增条带（图 5-13），落叶致病型特异性检测阳性对照和阳性样品出现一条 462 bp 左右的扩增条带，非落叶致病型特异性检测阳性对照和阳性样品出现一条 1 162 bp 左右的扩增条带，阴性对照和阴性样品不出现任何条带。

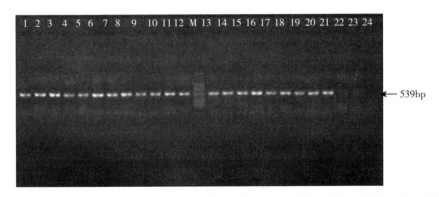

图 5-13　特异性引物（DB19/DB22）对标准菌株和部分供试菌株 PCR 扩增产物的电泳图谱

2. 检疫监测

棉花黄萎病的检疫包括常规监测、产地检疫监测和调运检疫监测。

（1）常规监测　需进行访问调查和实地调查监测等。

访问调查：向当地棉农询问有关棉花黄萎病发生地点、发生时间、危害情况，分析病害传播扩散情况及其来源。每个社区或行政村询问调查 30 人以上。对询问过程发现疑似黄萎病存在的地区，需要进一步做深入重点调查。

实地调查：重点是调查适合棉花黄萎病发生的棉花主产区和老棉区，特别是棉花种子繁育基地如三亚南繁基地、新疆繁育基地等。具体方法如下：

系统调查：根据当地棉花品种的布局状况和生态类型，选择发病较早，且有代表性的棉田 1～2 块，每块田面积不少于 2 亩。从 7 月中旬开始，每 7d 调查 1 次，到 9 月中旬结束。每块田固定 5 个点，其中至少 1 点已有病株，其余各点随机选定。每点连续调查单行 20 株，记载病株率。

大田普查：根据系统调查结果，在棉花黄萎病发病盛期，依据棉花栽培区划和常年发病情况，选择有代表性棉田 10～15 块做一次性调查。每块田 5 点取样，每点连续调查单行 20 株，记载病株率。

（2）产地检疫监测

调查方法：目测调查整个棉花种子的生产基地（点），确定抽样调查田。每个品种抽样面积不低于当地繁种总面积的 10%。对于棉花黄萎病有针对性地选择地势低洼、易积水、连作棉田作为抽样调查田。采用平行跳跃式方法取样，间隔 4 行调查 1 行，田边留 5 株设调查点，每点连续调查 20 株，间隔 30～50 株再取第二点调查。每块田取样点数不低于 5 点，总调查株数不少于 100 株。

田间检验：根据棉花黄萎病危害状进行田间现场初步检验，以棉花黄萎病田间危害特征和目测形态特征为依据，直接鉴定调查，记载调查结果。疑有棉花黄萎病的病株需妥善保存。在样品袋上记载棉花品种名称、采集地点、采集时间、采集人。按照病株组织中的病原分离方法做室内检测。室内检测主要应用前述常规生物学技术和分子生物技术对棉田调查采集的样品进行检测，检测棉株和种子等是否携棉花黄萎病菌。有条件的拍摄棉花种子的生产基地（点）分品种全景照片、疑似病株照片、症状特写照片并保存。

疫情处理：经田间调查发现有棉花黄萎病发生，对相关指导生产单位和个人实施检疫处理。对于棉花黄萎病病田的种子，可在植物检疫部门的监督下进行种子消毒处理后，限制在疫情发生区域内使用，不得调入无病区。

（3）调运检疫监测 在棉花种子调运时实施调运检验检疫。检查调运的棉花种子是否带有棉花黄萎病菌。对受检棉花种子用科学的方法进行代表性抽样，抽到的棉花种子带回室内，用前述常规诊断检测和分子检测技术做病原检测。在调运检疫中，对检验发现带棉花黄萎病菌的种子予以拒绝入境，或实施检疫处理（如就地销毁、消毒灭菌等）；对于不带菌的货物签发许可证放行。

六、综合防控

针对转基因抗虫棉代替常规棉成为棉花生产的主栽品种，而棉花黄萎病又日趋严重，且还没有十分有效的防治措施的现状，在防治策略上应以提高抗虫棉本身的抗病性入手，尽可能利用黄萎病抗性好的抗虫棉品种，同时，减少病原侵入的概率，创造一个有利于棉花生长，而不利于病原繁殖发生的环境条件。结合多年的研究，制定一套以抗（耐）病品种为基础，通过施用微生物有机肥改善土壤生态条件，使用微生物杀菌剂拌种或滴灌防病以及喷施诱抗剂诱导棉株抗病性相结合的方法控制棉花黄萎病危害的转 Bt 基因抗虫棉黄萎病的综合防治技术体系。

该综合防治技术体系的要点包括：①选用抗（耐）病品种。②采用专用肥料，以及多施底肥，尤其是腐熟的农家肥，包括牲畜家禽肥料，以改善土壤的生态环境，增加土壤中的各种有益微生物，包括木霉、青霉、放线菌、细菌等，与病原竞争生态位，降低病原密度，甚至抑杀病原，降低侵入机会。同时，还可以增加土壤肥力，有利于棉花生长，培育壮苗，提高棉花的抗病性。③应用 10 亿个芽孢/g 枯草芽孢杆菌可湿性粉剂等微生物杀菌剂防治棉花黄萎病。在黄河流域直播棉田：应用该制剂按照种子质量的 10% 用量拌种。在长江流域及部分黄河流域育苗移栽棉田：应用该制剂按照种子质量的 10% 用量拌种，同时在棉花出苗后应用该制剂 200 倍液进行苗床灌施 2 次。在新疆棉区干播湿出棉田，每亩应用该制剂 1 000g 在滴出苗水时滴灌；在非干播湿出棉田，每亩应用该制剂 1 000g 在滴头水时滴灌。④在棉花黄萎病开始发生之前，采用叶面喷施等方法，每隔 7～10d 喷施99 植保（300～500 倍液）等诱导植株产生抗性的药剂，并及时进行化控，结合喷施叶面肥（钾肥），进一步提高棉花的抗病能力，使本身已具备抗（耐）病性能的品种抗病性进一步提高。采用上述措施，即使是重病田，病情指数也可以控制在较低水平，使产量的损失降低，而在一般病田，棉花黄萎病几乎很少发生。针对棉花黄萎病发病程度不同的田块，建议采取以下相应措施来进行防治。

针对棉花黄萎病无病田，可以选择丰产优质的棉花品种，并采取下列严格保护措施，避免棉花黄萎病菌传入：①严格控制带病种子、病残体等进入；②避免农机具在病田和无病田交叉使用；③田间一旦发现病株，及时拔出病株并带出田间进行焚烧销毁，同时利用土壤熏蒸剂对病株 1m² 范围内的土壤进行彻底消毒处理。

针对棉花黄萎病轻病田，采取下列措施进行防控：①种植耐病品种；②选用脱绒不带菌的包衣种子；③及时清除病株并进行焚烧销毁；④采用滴灌方式进行肥水灌溉，避免大水漫灌。

针对棉花黄萎病重病田，采取下列措施进行防控：①选用棉花黄萎病病情指数低于28的耐病或抗病品种；②选用脱绒不带菌的种子，并采用生防制剂进行包衣处理；③增施生物有机肥或羊粪；④在发病初期随水滴灌微生物制剂（每 10d 施用 1 次，施用 2～3次）或叶面喷施诱导抗性物质（每 7d 喷施 1 次，共喷施 2～3 次）；⑤初冬进行深翻，耕深 60cm，并放水冬灌，通过深水层浸泡、霜冻、风化，达到灭菌的效果；⑥建议与青花菜、水稻或油菜等作物进行轮作，或者休耕，或者使用土壤熏蒸剂进行熏蒸。严禁与马铃薯、茄子、花生、草莓等棉花菌寄主进行轮作。

主要参考文献

曹坳程，张文吉，刘建华，2007. 溴甲烷土壤消毒替代技术研究进展. 植物保护，33（1）：15 - 20.

陈吉棣，陈松生，王俊英，等，1980. 棉花黄萎病种子内部带菌的研究. 植物保护学报，7（3）：159 - 164.

惠慧，徐飞，郭小平，2012. 不同植棉省区落叶型黄萎病菌的培养特性及致病力比较. 植物保护学报，39（6）：487 - 491.

李国英，张新全，宋玉萍，等，2015. 北疆棉区棉花黄萎病发生趋势、抗性研究. 新疆农业科学，52（1）：185 - 190.

李进洋，孔祥华，2014. 深翻对棉花黄萎病发病情况的影响探析. 现代农业科技（11）：152，154.

李社增，鹿秀云，马平，等，2005. 防治棉花黄萎病的生防细菌 NCD-2 的田间效果评价及其鉴定. 植物病理学报，35（5）：451 - 455.

李社增，马平，刘杏忠，等，2001. 利用拮抗细菌防治棉花黄萎病. 华中农业大学学报，20（5）：422 - 425.

李志芳，冯自力，赵丽红，等，2013. 棉花主要真菌病害病原菌 ITS-RFLP 快速鉴定方法. 中国棉花，40（12）：13 - 16.

林兴祖，2008. 南繁棉花黄萎病的综合检疫防控对策. 中国棉花，35（11）：34.

刘海洋，王伟，张仁福，等，2015. 新疆主要棉区棉花黄萎病发生概况. 植物保护，41（3）：138 - 142.

罗佳，2010. 微生物有机肥防治棉花黄萎病的作用机制. 南京：南京农业大学.

马存，2007. 棉花枯萎病和黄萎病的研究. 北京：中国农业出版社.

庞莉，李梅，孙青，等，2016. 棉花黄萎病病原菌大丽轮枝菌的快速分子检测. 植物保护学报，43（6）：

892 - 899.

沈其益，1992. 棉花病害基础研究与防治. 北京：科学出版社.

田擎，张海峰，曾丹丹，等，2016. 环介导等温扩增技术检测大丽轮枝菌. 植物病理学报，46（6）：721-729.

王金龙，陈捷胤，柳少燕，等，2012. 高毒力大丽轮枝菌特异片段 SCF 73 突变株的构建及其致病力测定，微生物学报，52（11）：1335 - 1343.

王彦，鹿秀云，郭庆港，等，2010. 河北省棉花黄萎菌落叶型和非落叶型菌系初步鉴定. 华北农学报，25（4）：196 - 200.

徐飞，2012. 落叶型棉花黄萎病菌在华中棉区广泛分布及其原因分析. 武汉：华中农业大学.

姚耀文，傅翠真，王文录，等，1982. 棉花黄萎病菌生理型鉴定的初步研究. 植物保护学报（3）：145 - 148.

袁媛，冯自力，李志芳，等，2018. 棉花黄萎病菌致病力测定及评价方法研究. 植物病理学报，48（2）：248 - 255.

张慧，2008. 防治棉花黄萎病微生物有机肥的研制及其生物效应. 南京：南京农业大学.

赵凤轩，2010. 绿色荧光蛋白标记的大丽轮枝菌的获得及其在棉花中侵染过程研究. 北京：中国农业科学院.

赵丽红，冯自力，李志芳，等，2017. 棉花抗黄萎病鉴定与评价标准的商榷. 棉花学报，29（1）：50 - 58.

赵丽红，李志芳，冯自力，等，2013. 黄河流域棉花种子携带真菌检测. 中国棉花，40（5）：13 - 15.

朱荷琴，冯自力，刘雪英，等，2009. 转基因棉田黄萎病发生特点及控制技术. 中国棉花，36（5）：20 - 21.

朱有勇，王云月，Bruce R L，1998. 棉花黄萎病 PCR 检测. 云南农业大学学报，13（1）：161 - 163.

Bilodeau G J，Koike S T，Uribe P，et al.，2012. Development of an as say for rapid detection and quantification of *Verticillium dahliae* insoil. Phytopathology，102（3）：331 - 343.

CABI，2021. *Verticillium dahliae*（verticillium wilt）. Invasive Species Compendium.

Carpenter C W，1914. The Verticillium wilt problem. Phytopathology，4：393.

EPPO，2019. *Verticillium dahliae*（VERTDA）.（2019 - 07 - 21）［2021 - 10 - 05］https：//gd. eppo. int/taxon/VERTDA/distribution.

Erdogan O，Benlioglu K，2010. Biological control of Verticillium wilt on cotton by the use of fluorescent Pseudomonas spp. Under field conditions. BiologicalControl，53（1）：39 - 45.

Fang L，Wang Q，Hu Y，et al.，2017. Genomic analyses in cotton identify signatures of selection and loci associated with fiber quality and yield traits. Nature Genetics，49（7）：1089 - 1098.

Gayoso C，De Ilárduya O M，Pomar F，et al.，2007. Assessment of real-time PCR as a method for determining the presence of *Verticillium dahliae* in different Solanaceae cultivars. European Journal of Plant Pathology，118（3）：199 - 209.

Gong Q，Yang Z E，Wang X Q，et al.，2017. Salicylic acid-related cotton（Gossypium arboreum）ribosomal protein GaRPL 18contributes to resistance to *Verticillium dahliae*. BMC Plant Biology，17（1）：59.

Li Y H，Han L B，Wang H Y，et al.，2016. The thioredoxin GbNRX 1plays a crucial role in homeostasis of apoplastic reactive oxygen species in response to *Verticillium dahliae* infection in cotton. Plant Physiology，170（4）：2392 - 2406.

Moradi A，Almasi M A，Jafary H，et al.，2014. A novel and rapid loop-mediated isothermal amplification assay for the specific detection of *Verticillium dahliae*. Journal of AppliedMicrobiology，116（4）：942 - 954.

Qi X L，Su X F，Guo H M，et al.，2016. VdThit，a thiamine transport protein，is required for pathogenicity of the vascular pathogen *Verticillium dahliae*. Molecular Plant-Microbe Interactions，29（7）：545 - 559.

Santhanam P，Boshoven J C，Salas O，et al.，2017. Rhamnose synthase activity is required for pathogenicity of the vascular wilt fungus *Verticillium dahliae*. Molecular Plant Pathology，18（3）：347 - 362.

Santhanam P，Thomma B P，2013. *Verticillium dahliae* Sge ldeferentially regulates expression of candidate effector genes. Molecular Plant-MicrobeInteractions，26（2）：249 - 256.

Shao B X，Zhao Y L，Chen W，et al.，2015. Analysis of upland cotton（*Gossypium hirsutum*）response to *Verticillium dahliae* inoculation by transcriptome sequencing. Genetics and Molecular Research GMR，14（4）：13120 - 13130.

Tzima A K，Paplomatas E J，Tsitsigiannis D I，2012. The G protein β subunit controls virulence and multiple growth and development-related traits in *Verticillium dahliae*. Fungal Genetics and Biology，49（2）：271 - 283.

Wei F，Fan R，Dong H T，et al.，2015. Threshold microsclerotial inoculum for cotton Verticillium wilt determined through wet-sieving and real-time quantitativePCR. Phytopathology，105（2）：220 -229.

Xiong D G，Wang Y L，Deng C L，et al.，2015. Phylogenic analysis revealed an expanded C_2H_2 - homeobox subfamily and expression profiles of C_2H_2 zinc finger gene family in *Verticillium dahliae*. Gene，562（2）：169 - 179.

Yuan Y，Feng H J，Wang L F，et al.，2017. Potential of endophytic fungi isolated from cotton roots for biological control against Verticillium wilt disease. PLoS One，12（1）：e 170557.

Zhang Y L，Li Z F，Feng Z L，et al.，2015. Isolation and functional analysis of the pathogenicity-related gene VdPR 3from *Verticillium dahliae* on cotton. CurrentGenetics，4（61）：555 - 566.

Zhao P，Zhao Y L，Guo H S，et al.，2014. Colonization prorcess of Arabidopsis thaliana roots by a green fluorescent pro？ tein-tagged isolate of Verticillium dahliae. Protein Cell，5（2）：94 - 98.

Zhao Y L，Zhou T L，Guo H S，2016. Hyphopodium-specific VdNoxB/VdPls 1 - dependent ROS-Ca^{2+} signaling is required for plant infection by *Verticillium dahliae*. PLoS Pathogens，12（7）：e 1005793.

第八节　烟草黑胫病及其病原

烟草黑胫病又称烟草疫霉病，是烟草（*Nicotiana tobaccum* L.）生产上最具毁灭性的病害之一。该病病原烟草疫霉，寄主范围广泛，不仅危害几乎所有种类的烟草，而且还侵染葱蒜、番茄、花卉植物、棉花、辣椒类和柑橘等重要经济作物，引起根腐、茎腐和果腐病等，所以被列为世界上 10 种最重要卵菌之一（Kamoun et al.，2015；Biasi et al.，2017），也被我国农业部外来入侵生物预防管理中心（2017）等机构列入重要的入侵微生物物种（中国外来入侵物种数据库）。

一、起源和分布

据 Shew 等（1991）记述，烟草原产于南美洲国家，但烟草黑胫病则是由荷兰微生物学家 Breda de Haan 于 1896 年首次在印度尼西亚爪哇地区雪茄烟上发现的一种病害，他将其病原命名为烟草疫霉（*Phytophthora nicotianae*）；Dastur 于 1913 描述了发生在印度的同一种病害，但是他在报道中的描述却认为其病原是寄生疫霉（*Phytophthora parasitica*），因此这导致后来很长的历史时期内人们对烟草疫霉病的病原存在争议。1915 年在美国佐治亚州的南部地区记录到烟草疫霉病。

　　烟草疫霉及其引起的烟草疫霉病现在已遍及全世界烟草主要的种植国家和地区，CABI（2020，218）列出的国家包含亚洲的孟加拉国、文莱、印度、伊朗、伊拉克、以色列、日本、约旦、韩国、黎巴嫩、马来西亚、缅甸、尼泊尔、巴基斯坦、菲律宾、斯里兰卡、泰国、土耳其和越南；非洲的埃及、加纳、利比亚、马达加斯加、马拉维、毛里求斯、摩洛哥、尼日利亚，塞内加尔、塞拉利昂、南非、坦桑尼亚、突尼斯、赞比亚和津巴布韦；北美洲的百慕大、加拿大、美国和墨西哥；中美洲和加勒比地区的巴巴多斯、伯利兹、哥斯达黎加、古巴、多米尼加、危地马拉、海地、洪都拉斯、牙买加、尼加拉瓜、巴拿马、波多黎各、圣卢西亚、圣文森特和格林纳丁斯、特立尼达和多巴哥；南美洲的阿根廷、巴西、智利、哥伦比亚、圭亚那、秘鲁、苏里南、乌拉圭和委内瑞拉；欧洲的保加利亚、塞浦路斯、丹麦、法国、德国、瑞士、匈牙利、意大利、马其顿、荷兰、挪威、波兰、葡萄牙、罗马尼亚、西班牙和英国；大洋洲的美属萨摩亚、澳大利亚、库克群岛、斐济、法属波利尼西亚、密克罗尼西亚、新喀里多尼亚、新西兰、巴布亚新几内亚、萨摩亚和汤加。

　　在我国，最早记载烟草疫霉病发生的地区是台湾，该记载见于日本微生物学者泽田兼吉（1915—1945 年）"台湾产菌类调查报告"（方中达 等，1996）。到 20 世纪 70—80 年代，我国先后有近 20 个省（直辖市、自治区）报道烟草疫霉病已普遍发生并造成严重危害。目前除黑龙江省还没有报道外，我国其他省份都已有烟草疫霉病分布，其中以山东、河南、安徽、湖南、湖北、广东、四川、重庆、云南和贵州等地区发病普遍，危害较严重。

二、病原

1. 名称

烟草疫霉拉丁学名为 *Phytophthora nicotianae* Breda de Haan。由于历史上对烟草疫霉的名称存在较长时间的争议，文献中先后出现了相当多名称，这些都是烟草疫霉的异名，如 *Phytophthora allii* Sawada、*Phytophthora formosana* Sawada、*Phytophthora imperfecta*（Breda de Haan）Sarej、*Phytophthora lycopersici* Sawada、*Phytophthora manoana* Sideris、*Phytophthora melongenae* Sawada、*Phytophthora nicotianae* var. *Parasitica*（Dastur）G. M. Waterh、*Phytophthora parasitica* Dastur、*Phytophthora parasitica* var. *nicotianae*（Breda de Haan）Tucker、*Phytophthora parasitica* var. *piperina* Dastur、*Phytophthora parasitica* var. *rhei* G. H. Godfrey、*Phytophthora ricini* Sawada、*Phytophthora tabaci* Sawada 及 *Phytophthora terrestris* Sherb 等。

2. 分类地位

烟草疫霉属于真核域（Eukaryotes）、藻物界（Chromista）、卵菌门（Oomycota）、

卵菌纲（Oomycetes）、霜霉目（Peronosporales）、腐霉科（Pythiaceae）、疫霉属（*Phytophthora*）、疫霉Ⅱ组（Group Ⅱ *Phytophthora* spp.）。

（1）变种（var.）分类与种名　1931年Tucker将烟草疫霉区分为*P. parasitica* var. *nicotianae*与*P. parasitica* var. *parasitica*的两个变种，前者包含仅对烟草有致病性的菌株，后者则包含来自其他寄主的菌株，Waterhouse（1964）也描述了这两个变种形态特征的区别。然而，Hall（1993）经生物化学、血清学、线粒体和染色体DNA分析明确地表示，Tucker和Waterhouse所描述的两个变种是不成立的，即烟草疫霉不能被分为两个变种，同时根据植物命名国际规范中的优先原则，*Phytophthora nicotianae* Breda de Haan被确定为烟草疫霉病病原的合法名称，其得到了世界上绝大多数学者的赞同（Biasi et al.，2015；Wikipedia，2019）。

（2）小种（race）分类　1962年Apple等最先发现烟草疫霉存在生理分化现象，迄今国外已确定了0～3号4个生理小种，其中美国有0、1和2号小种，南非有3号小种。朱贤朝等研究显示，我国主要是0和1号小种；孙常伟（2009）研究重庆的烟草疫霉主要为1号小种，0号小种很少，不存在3号小种。不同生理小种的致病性差异较大，在菌落形态、生活习性和对药剂的敏感性等方面也有一定差异。

（3）交配型分类　疫霉的异宗配合大约在20世纪20年代初就被注意到了（Ashby，1922），直到近20世纪60年代才发现疫霉存在交配型分化（Smoot et al.，1958）。Johnson等在1954年首次报道了烟草疫霉的异宗配合现象，当时认为只有产生雄器的菌株与产生藏卵器的菌株配合才能形成卵孢子，但随后Apple等（1962）发现烟草疫霉与辣椒疫霉（*P. capsici*）配合也形成了卵孢子。异宗配合的疫霉共有5个交配型（A0、A1、A2、A1A2及A1-A2）。研究中判定疫霉交配型的标准为：仅能与A1交配形成卵孢子的菌株为A2交配型，仅能与A2交配产生卵孢子的菌株为A1交配型，与A1和A2配对都不能产生卵孢子的菌株为A0交配型，与A1和A2配对都能产生卵孢子，但单株培养不能产生卵孢子的为A1A2交配型，单株培养可产生卵孢子的菌株为A1-A2交配型。郑小波等用氯唑灵对同宗配合的芒麻疫霉（*P. boehmeriae*）进行诱变获得了异宗配合菌株，并从该诱变菌株单胞和单菌丝后代中检测到所有5个交配型的个体。因此认为异宗配合的卵菌是由同宗配合的种类演变而来的。

3. 形态特征

烟草疫霉的最适培养温度为27～32℃，最低为5℃，最高为37℃，适合的培养基有PDA、OA、V8汁、玉米粉琼脂（CMA）、胡萝卜琼脂（CTA）等，但在不同培养基上的菌落形态存在差异（彩图5-28），不同的菌株在同一培养基上的菌落形态也可能有差异。在PDA上菌落圆形，白色，呈蛛网状，气生菌丝较发达；在V8汁或以V8汁为基础的选择性培养基上，菌落圆形，呈花簇状，淡黄至浅灰色，气生菌丝发达；在其他培养基上的菌落还表现为海绵状、辐射状等。

烟草疫霉的菌丝无色透明，细胞多核，分枝发达；幼嫩的菌丝无分隔，直径3～11μm，粗细不均，有的地方肿胀膨大（彩图5-29）。老熟菌丝逐渐变为淡黄至黄色，并形成一些隔膜。

烟草疫霉主要以无性繁殖形成不同类型孢子。由菌丝分化形成孢囊梗。孢囊梗无色，长 100～595μm（平均 375μm），直径 0.5～5.0μm，不规则或合轴式分枝，在其末端分枝细胞顶端形成游动孢子囊，简称为孢子囊。孢子囊一般不从孢囊梗上脱落，个别脱落后在着生处留下短柄；卵圆形、近球形或梨形，无色透明、淡黄至金黄色，大小（20～45）μm×（11～60）μm（平均 28.53μm×40.18μm），具有明显的乳突。乳突半球形，1 个孢子囊一般有 1 个乳突，少数有 2 个乳突，乳突厚度 5.8μm（3～8.5μm），长∶宽＝1.1～1.7（平均 1.34）。有些孢子囊表面有线状附属丝。孢子囊可直接萌发形成菌丝侵入寄主组织，或间接萌发形成游动孢子，通常 1 个孢子囊可形成并释放出 5～30 个游动孢子。

典型的游动孢子肾脏形，但也有的椭圆形或球形，直径 7～11μm，腹侧中间稍凹陷，凹陷处着生 2 根鞭毛，前生鞭毛较长，为单鞭式，后生鞭毛较短，为茸鞭式。游动孢子从孢子囊中释放出来，在土壤水中游动，当接触寄主表面时脱掉鞭毛而静止，萌发产生芽管，直接侵入表皮组织。

厚垣孢子（彩图 5-30）也是烟草疫霉的一种无性繁殖体，形成于菌丝顶端（顶生）或中间（间生），球形，直径 13～60μm（均 28μm），壁较厚，约 1.5μm，抗逆性强，是烟草疫霉的休眠残活体和传播体，在土壤中可存活 4～6 年；其在土壤中休眠期间，若条件适宜并遇到寄主后，即可萌发形成菌丝，直接穿透寄主组织侵入并引起初侵染。

卵孢子是烟草疫霉在有性阶段形成的有性生殖体。通过藏卵器和雄器交配（异宗配合），受精后形成卵孢子。藏卵器球形，表面光滑，15～64μm，卵细胞填充藏卵器内的大部分腔体；雄器双侧围生，球形或椭圆形，（9～10）μm×（10～12）μm，交配时从藏卵器基部两侧向周围延伸，紧贴藏卵器外壁上并融合，其细胞核随后与藏卵器细胞核结合完成受精，形成 1 个卵孢子。卵孢子球形，直径 13～35μm，壁厚，也是抵抗不良环境条件的残活体和传播体。但是，由于田间一般只有一种交配型存在，不能实现交配而形成卵孢子，所以卵孢子不是烟草疫霉病的主要残活体和引起病害发生流行的初侵染源。

三、病害症状

烟草疫霉病在烟草各个生长时期都可以侵染，苗期土壤温度升高到 20℃以上时感病幼苗开始表现症状。最常见的症状是根颈和根系腐烂变黑，但土壤中病原也可以借助雨水飞溅到叶片上侵染，形成圆形或椭圆形轮纹状黄色枯斑。在茎秆和叶片病斑周围经常可见病征，剖开茎秆更容易看到髓部组织呈叠片状，其上长出灰白色絮状菌丝体。但是，腐烂的髓部组织也可能出现镰刀菌等其他真菌，所以显微镜检测观察髓部细胞中的病原菌丝的特征，有助于正确诊断病害。田间感病植株从下部叶片开始黄化，逐渐向上部叶片发展，至整株黄化萎蔫。在气温适合及土壤潮湿条件下，成片甚至全田植株黄化枯萎死亡（彩图 5-31）。

我国烟农将大田的烟草疫霉病症状总结为 5 种，并分别给以通俗形象且易懂的症状名称：①黑胫，茎基部受害后出现黑斑，并逐渐环绕全茎向上部延伸，有时病斑可达病株高度的 1/3～1/2，病株叶片自下向上依次变黄；②穿大褂，烟株茎基部受害后向髓部扩展，叶片自下而上依次变黄，大雨后遇烈日、高温，则全株叶片突然凋萎，故称穿大褂；③黑膏药，在多雨潮湿条件下，中下部叶片常发生圆形大斑，直径可达 4～5cm，病斑初期多无明显边缘，水渍状、暗绿色，然后迅速扩大，中央呈褐色，形如膏药状，故称黑膏药；④碟片状，茎部发病后期，剖开病茎，髓部干缩呈碟片状，其间生有棉絮状物，在天气潮湿时，病部产生白色绒毛状物，即病原的菌丝体和孢子囊；⑤烂腰，烟株中部叶片发病后，病斑可通过主脉、叶柄蔓延到茎部，造成茎中部出现黑褐色坏死，茎部病斑上的叶片萎蔫，俗称烂腰。

四、生物学特性和病害流行规律

1. 生物学特性

烟草疫霉营养生长的温度范围是 $5\sim37℃$，最适生长温度 $26\sim32℃$，在 $40℃$ 持续一定时间就会失活；孢子囊产生最适温度为 $24\sim28℃$，最低和最高温度分别为 $13℃$ 和 $33℃$，自然气温迅速降低到 $3\sim10℃$ 时就释放出游动孢子；游动孢子活动和萌发的适宜温度范围是 $7\sim33℃$，最适温度为 $20℃$；孢子囊产生和萌发的适宜温度为 $13\sim37℃$，最适温度为 $25\sim30℃$，在此温度骤然降低到 $5\sim15℃$ 时可促使孢子囊释放游动孢子；在夏季田间温度在 $24\sim29℃$ 时遇阵雨骤然降温到 $3\sim5℃$，在 30min 内可使近一半左右的孢子囊释放完游动孢子，但夜间缓慢降温时，仅有 10% 左右的孢子囊能释放完游动孢子；在 $24℃$ 时可形成卵孢子，但高温可抑制卵孢子的形成，在 $34℃$ 条件下，即使用 a_1 或 a_2 激素诱导也不能产生卵孢子；另外，菌丝体和厚垣孢子在土壤中存活也受温度的影响。

光照可影响孢子的形成和萌发。有研究表明，光照条件下卵孢子的形成、孢子囊的萌发都受到明显抑制，但卵孢子的产生则离不开一定的光照；高浓度氧气可促进菌丝的生长，而高浓度 CO_2 则抑制菌丝生长。当 CO_2 浓度低于 16% 时，菌丝可以正常生长，随着 CO_2 浓度升高，菌丝生长受到的抑制也逐渐增强，CO_2 浓度达到 99% 时菌丝完全停止生长；病原可在 pH $4.4\sim9.6$ 以内生长发育，以 pH $5.5\sim7.0$ 对生长最有利；很多培养基（PDA、NA、V8 汁、OA、CMA 等）都可用来分离培养和保存烟草疫霉，但烟草疫霉在含铵盐、硝酸盐及天冬酰胺等 N 源的培养基（如 TCC）上生长更好。含有 Ca^{2+} 的培养基中若加入柠檬酸则强烈抑制菌丝生长。

2. 寄主范围

从国内外现有文献看，学者们对于烟草疫霉的寄主范围有较大的分歧，其主要原因可能是对病原本身认识存在差异。有学者认为烟草疫霉只来自烟草类植物，其寄主也只限于烟草类植物。但是，多数人认为烟草疫霉与来自其他一些寄主的寄生疫霉属于同种，将二者统称为烟草疫霉，所以其寄主范围相当广泛。据 Erwin 等（1996）和维基百科（2019）等文献所述，烟草疫霉可侵染 90 科 250 多种植物，其寄主包括多种烟草、葱蒜、番茄、花卉植物、棉花、剑麻、辣椒类和柑橘等植物，导致的病害有根腐病、根茎腐烂病、果腐病、猝倒、流胶病、叶片和茎秆病害等；在烟草、一品红、番茄、菠萝、西瓜和非洲紫罗兰等植物上引起根腐症状，在木瓜、茄子和番茄等植物上导致果腐病。但是，来自不同寄主的烟草疫霉菌株可能都具有一定程度的寄主专化性。

3. 侵染循环

烟草疫霉病为多循环病害（图 5 - 14）。在一个烟草种植季节中，除了有初侵染外，病原在田间植株中还能多次再侵染，所以生长季节内易暴发流行。病原以厚垣孢子和菌丝体等在病残体、有机肥和土壤中越冬。植物病残体中的病原可保持活性 2 年，而土壤和有机肥中的厚垣孢子可保持活性 3 年以上，国外报道可存活 4～6 年。病原主要随带菌的土壤和肥料传播引起初侵染；田间再侵染主要依靠灌溉水流、风雨和害虫传播。如叶部和茎部受侵染就是通过雨水飞溅带菌土壤或昆虫传带病株上产生的孢子囊和游动孢子实现的。病原菌丝通过伤口侵入或直接穿透寄主进入茎基部组织；土壤中的游动孢子在根系分泌物和微弱电流诱导下游泳聚集在根表面，与表面接触后脱去鞭毛而静止下来，萌发成芽管，进一步生长为菌丝，侵入皮层细胞中。病原侵入后分泌半乳糖醛酶和糖蛋白等毒素，破坏寄主细胞的中胶层和导管壁，同时产生果胶类物质，造成导管堵塞，阻碍水分运输，从而引起植株或其器官萎蔫。

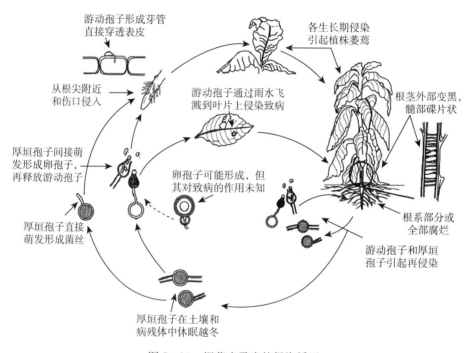

图 5-14　烟草疫霉病的侵染循环

4. 发病条件

降雨和流水是孢子传播的重要途径；游动孢子是田间侵染的主要菌体结构，其侵染离不开水膜的存在，所以湿度是影响田间病原反复再侵染的关键因素。很多研究表明，烟草疫霉病流行的决定因素是湿度，而非温度，夏季雨后相对湿度保持在 80% 以上 3～5d 就会出现发病高峰。土壤潮湿和田间湿度偏高，有利于病原的侵染和病害的发展。相反，如果农田长期淹水，则加快土壤中菌体结构的腐烂失活，所以可以降低烟草疫霉病的发生强度和危害。

在烟草种植地区，雨季来得早、降水量大、水流漫灌、地势低洼、田间积水、土壤黏性重和 pH 6.5 以上，都有利于烟草疫霉病的发生和流行。

寄主植物等生物因子对烟草疫霉病发生也有重要的影响。由于病原有致病性（生理小种）分化，所以不同的烟草品种对不同生理小种导致的烟草疫霉病也具有相应的抗、耐病性；烟草植株在不同的生长期的感病性不同，一般幼苗期至花蕾期较感病，成株期抗病性增强；此外，地下害虫和线虫危害可加重病情。

某些农事操作可加重病情。近年推广的地膜栽培由于明显提高了土壤温度，致使烟草疫霉病的始发期比不盖膜的烟田提早了 10～15d；病原主要在土表 0～5cm 的土层中活动，5cm 以下含菌量很少。田间再侵染主要发生于近地表的茎基部伤口处，另一个侵入途径则是抹芽或采收所造成的伤口以及下部叶片的伤口部位；特别是感病烟草品种的连作和大范围种植，很容易导致病害流行成灾。

五、诊断鉴定和检疫监测

1. 诊断鉴定

烟草疫霉病及其病原的诊断检测与一般植物真菌性病害类似，主要有症状诊断、形态鉴定、致病性试验和分子检测等技术。

（1）症状诊断　于植物生长期和病害发生期进行烟草田间观察，根据病害症状进行诊断。如前所述，田间烟草疫霉病的典型特征是，部分叶片或全株黄化萎蔫，近地面根茎交界处（根颈）变黑腐烂，根系明显减少、部分或全部腐烂坏死，茎内髓部变黑并呈碟片状，潮湿时病部长出灰白色霉层（菌丝体）。如果观察到这些典型症状，即可初步诊断为烟草疫霉病。

在诊断时要注意与烟草镰刀菌枯萎病、细菌性青枯病和生理性萎蔫等的症状相区别。①镰刀菌枯萎病病斑的颜色比疫霉病的病斑淡，呈黄褐色，病斑纵向发展成长条形，茎秆内髓部不呈碟片状；②青枯病初发时病株多向一侧枯萎，拔出后可见发病的一侧支根变黑腐烂，未显症的一侧根系大部分正常，横剖病茎挤压切口可见从导管溢出乳白色菌脓，枯萎植株的茎髓部呈蜂窝状或全部腐烂形成空腔；③失水或干旱造成的生理性萎蔫病是全田植株症状程度一致，没有病征，短期内条件改善可恢复正常。

（2）形态鉴定　从土壤和病组织中分离烟草疫霉，可用燕麦片（OA，30g 燕麦片＋20g 琼脂）、玉米（CA，30g 玉米粉＋20g 琼脂）或 V8 汁（200mL V-8 果汁＋3.0g $CaCO_3$＋20g 琼脂）等基础培养基，待冷却至 45℃时再每 1 000mL 加入 5mg 那他霉素、10mg 氨苄西林、125mg 五氯硝基苯和 50mg 噁霉灵制成半选择性培养基（Shew et al.，1991），以减少分离过程中杂菌的污染。

组织分离纯化：采集具有典型症状的病叶（或茎），在病斑边沿与健康组织交界处取约 2mm×2mm 的小片，置于盛有 70% 酒精溶液的培养皿中 10 s（或 0.5% 次氯酸钠1.0min）进行表面消毒后取出；依次转移到 3 个盛灭菌水的培养皿中漂洗，去除其表面残留的消毒液；取出后放在消毒滤纸上吸干表面水分，最后用火焰灭菌的镊子或接种针移植到平板培养基上（每个培养皿 3～5 片，分散均匀摆放），在 28℃ 培养箱中培养。约24～48h 后组织块边缘长出菌丝，用接种针挑取菌落边缘菌丝尖端培养基小块，转移到新的培养基平板上；待菌落形成后再挑取边缘尖端菌丝小块转移培养，连续 2～3 次即可得到纯化的典型菌落，将此菌落移植到试管斜面培养基上，在 28℃ 下避光培养，待菌落形成后，在 4℃ 下保存备用。

土壤中病原分离：一般用叶碟诱集法。预先在温室种植一感病烟草品种，2 周后用打孔器取 6mm 叶碟备用。将采集的带菌土壤风干，用适量蒸馏水湿润土壤，装于清洁的塑料袋中，置于 25℃ 下暗培养 4～10d，诱导土壤中的厚垣孢子萌发并形成孢子囊。取约 10g 该土样于小烧杯中，加入蒸馏水至高出土面 1～2cm（不要搅拌），去掉水表面形成的膜或残渣。每个烧杯中放入新鲜烟草叶碟 20～30 片，2h 后用消毒镊子将叶碟取出，放在灭菌吸水纸上吸干表面水分，再移植到半选择性培养基平板上，在 28℃ 下黑暗培养 3d，从叶碟边缘长出烟草疫霉菌丝，挑取长出的菌丝体，转接到平板培养基上，于 28℃ 黑暗培养 7d 即得纯培养，可移植到试管斜面培养基上，在 28℃ 下黑暗培养，待菌落形成后，在 4℃ 下保存备用。

另外，在发病后期进行田间检查，如果病组织上或茎秆髓部碟片可见灰白色霉状物，在无菌条件下直接挑取霉状物，放在培养基上培养和纯化。此法既简便又容易得到纯培养。

形态观察鉴定：先将上述纯培养在几种培养基上培养 7d，观察不同培养基上的菌落形态；然后将菌丝移入 0.1% KNO_3 溶液中在 28℃ 下黑暗培养 3d，可形成大量孢子囊，取出制片镜检孢子囊形态，并测量其大小；再放入黑暗中 4℃ 培养 10～15min 后取出，在室温下 20～39min 即有大量卵孢子释放，制片观察游动孢子形态并测量其大小。镜检时注意观察菌丝形状，孢子囊的形状、大小、有无乳头状突起和脱落性，孢子囊梗的生长方式等，记录描述分离获得的真菌主要特征并拍照留存。对照前述烟草疫霉的形态特征，确定是否为烟草疫霉。

（3）致病性试验 选用 L8 白肋烟、NC1071、*Nicotiana mesophila* 和小黄金 1 025 等感病寄主品种，在温室盆钵土或营养液中育苗，约 2 周后用于接种。接种可用孢子囊、卵孢子和菌丝悬浮液或者它们的混合液灌根、浸根或喷雾。接种后的烟苗保湿 24h，然后在温室（光照 12h/d，18～28℃）继续生长，并在 3～14d 内每天观察记录发病情况。对发病植株进行组织分离，如果得到与接种的菌株相同的纯培养，即证实菌株具致病性。

（4）分子检测 常用的分子检测方法为 PCR 检测。孙常伟（2009）使用通用引物 ITS1/ITS4（5'-TCCGTAGGTGAACCTGCGG-3'/5'-TCCTCCGCTTATTGATATGC-3'），用 CTAB 法提取 DNA：将 28℃ 黑暗培养 7d 的菌丝体刮下，在研钵中加入液氮迅速研磨，将菌丝粉末装入 1.5mL 离心管中，加入 900μL 2%CTAM 和 90μL 10% SDS，振荡混匀后在 60℃ 水浴中离心 1h，期间不时颠覆离心管，然后以 12 000r/min 离心 10min；将上清液移入一新的离心管，加入 700μL 氯仿异戊醇并充分混匀，12 000r/min 离心 10min；取 500μL 上清液移入一新离心管中，加 550μL 氯仿，颠倒混匀，12 000r/min 离心 10min；取 450μL 上清液移入一新离心管中，加 900μL 无水乙醇，混匀后在 −20℃ 下静置沉淀 30min，以 12 000r/min 离心 10min；弃上清液，加入 800μL 75% 乙醇洗涤，12 000r/min 离心 5min，弃上清液后倒置离心管，放在消毒吸水纸上，在 37℃ 下静置 10min；最后加入 20μL TE 或重蒸水悬浮 DNA，于 −20℃ 下保存备用。反应体系（25μL）含 10× 缓冲液 3μL、25mmol/L $MgCl_2$ 2.0μL、2.5mmol/L 的每种 dNTP 1.5μL、10pg/μL 的每种引物 2.0μL、Taq DNA 聚合酶 1μL 及去离子水 12μL。反应条件为 95℃ 3min；31 循环（94℃ 1min，57℃ 1min，72℃ 1min）；72℃ 10min。扩增产物经 2% 琼脂糖凝胶电泳和溴化乙啶染色后在紫外灯下观察，阳性对照（已知烟草疫霉 DNA）和来自感病烟草植

株备测样品 DNA 样品为一条 982bp 的扩增条带，阴性（重蒸水）对照无条带显示（图
5-15 左）。

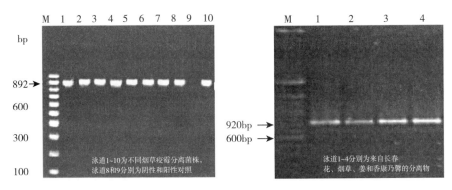

图 5-15　两种 PCR 检测烟草疫霉的扩增条带

　　Chowdapa（2007）的 PCR 方法：用 ITS1/ITS4（5′-TCCGTAGGTGAACCTGCGG-
3′/5′-TCCTCCGCTTATTGATATGC-3′）引物，将来源于不同寄主的烟草疫霉菌丝接种
在 250mL 三角瓶中的 100mL V8 汁培养基中，于 25℃下 100r/min 旋转培养 3d；然后将
菌丝用液氮冻干，按照 Raeder 等（1985）的方法提取 DNA；50μL 反应体系含 100ng
DNA，50 pmol 每条引物，200mmol/L 每个 dNTP，5μL 10×PCR buffer 和 10 U Taq
DNA 聚合酶；反应条件 94℃ 4min，34 循环（94℃ 60s，55℃ 60s，72℃ 1.5min），72℃
5min。将 PCR 扩增产物（5μL）在 Tris-BorateEDTA（TBE）中的 2%琼脂糖电泳，经溴
化乙啶染色，在紫外灯下观察。结果，阳性对照和来自不同寄主的菌丝都出现了 920bp
的扩增条带（图 5-15）。

　　应用张丽芳等（2014）设计的烟草疫霉特异性引物：5′-CGAAGCCAACCATACC
ACGAA-3′，5′-ATGAAGAACGCTGCGAACTGC-3′；用 CTAB 法提取菌株 DNA；PCR
反应体系（25μL）含 Taq DNA 聚合酶（5U/μL）1.25μL、10×PCR buffer 2.5μL、MgCl_2
（25mmol/L）1.5μL 每种 dNTP（2.5mmol/L）1.5μL、每种引物（10pg/μL）1.0μL、模板
DNA 1.0μL，加重蒸水至 25μL；反应条件，94℃ 1.0min，30 循环（94℃ 30s，55℃ 30s，
72℃ 60s），72℃ 8min。PCR 产物在 1.2%琼脂糖凝胶中的 0.5×TEB 缓冲液中 100V 电
泳 40min，凝胶用溴化乙啶染色后在凝胶成像仪下观察拍照。结果：阳性对照和烟草疫霉
菌株出现 364bp 的扩增条带，阴性对照和其他真菌无条带。

2. 检疫监测

　　由于烟草疫霉在我国广大烟草种植区已广泛分布和危害，不适合列入检疫对象物种，
所以其不涉及产地检疫和产品调运检疫监测，而只需要进行一般的病害预测预报调查监
测。按照《烟草病虫害分级及调查方法》（GB/T 23222—2008）国家标准，以及《烟草有
害生物的调查与测报》，烟草疫霉病的监测包括大面积普查和系统调查。

　　（1）大面积普查　于烟草发病盛期进行，在一个病区内的不同地点确定不少于 10 块
具有代表性的感病品种烟田，每块田采用固定五点取样法，每点调查不少于 50 株，于晴
天中午调查。记录发病植株数和严重程度，计算病株率和病情指数。

（2）系统调查　选取感病烟草品种，调查从植株团棵期开始至采收期结束。选取并固定3块代表性烟田，采用固定五点取样法，每点调查不少于30个植株。每周调查一次，记录发病植株数和严重程度，计算病株率和病情指数。

GB/T 23222—2008标准中将烟草疫霉病严重程度分为：0级，全植株健康无病。1级，茎部病斑占茎围<1/3，或1/3以下的叶片凋萎。3级，茎部病斑占茎围1/3～1/2，或1/3～1/2叶片轻度凋萎，或下部少数叶片现病斑。5级，茎部病斑占茎围>1/2，但未完全环绕茎秆，或1/2～2/3叶片凋萎。7级，茎部病斑完全环绕茎秆，2/3以上的叶片凋萎。9级，植株基本上枯死。

病株（叶）率和病情指数的计算公式：

病株（叶）率＝发病株（叶）数/调查总株（叶）数×100%

病情指数 = $\sum$（各级病株数×病级值)/(调查总株数×最高病级值)×100%

根据系统调查所得到的病株率和病情指数数据，通过数理统计分析和计算得到一个地区内烟草疫霉病的流行模型，该模型可用于该区域内烟草疫霉病的预测预报；再结合病害严重程度进行产量损失测定，计算出产量损失估计模型。病害流行模型和产量损失估计模型的预测结果，可以应用于指导病害防治。烟草疫霉病的发生程度分级指标见表5-11。

表5-11　烟草疫霉病发生程度分级指标

发生级别	0（无）	1（轻度）	3（中偏轻）	5（中等）	7（中偏重）	9（严重）
病情指数	0	0（不包含）～5	5（不包含）～20	20（不包含）～35	35（不包含）～50	>50

六、综合防控

在我国，烟草疫霉病不属于检疫性生物，几乎所有的烟草种植区都是疫区，所以不需要施行彻底铲除的应急防控措施，而需要进行综合防控。综合防控的策略是以种植抗病品种和无病健康烟苗及加强栽培管理的预防措施为主，重点加强根际健康环境的构建，推进基质拌菌和拮抗菌剂的穴施，在发病初期结合精准施用药剂控制，将病害控制在引起明显经济损失的水平以下。

1. 利用抗耐病品种

利用抗病品种是最有效的烟草疫霉病预防措施。一般白肋烟、白肋烟杂交品种和黑烟比较抗疫霉病。主要抗耐病品种有牛津1号、牛津4号、中烟90、富字64、抵字101、G28、G52、G70、G140、G80、金星、偏金星、安选4号、安选6号、许金1号、许金2号、柯克48、柯克86、柯克139、柯克258、柯克298、柯克411、Nc13、Nc82、Nc89、Nc95、K326、Va770、Va8611、夏烟1号、夏烟3号、台烟及白肋烟中的粤白3号、建白80、8701、Va509、B77等。但是，在不同省份病原的优势小种或交配型可能不同，所以必须选择针对当地优势小种的抗病品种，而且还要避免长期单一种植某一品种，同一地区每3～5年要轮换品种，并做好品种布局，以防新小种的产生而导致病害暴发流行。

2. 繁育和使用无病健康烟苗

使用从发病田块烟草收获的不带菌种子用于育苗；在播种前用药剂拌种或包衣；用不

带菌或经过消毒处理的土壤做苗床土，或采用温室大棚营养液漂浮育苗；做好苗圃管理，繁育出生长旺盛、健康无病的烟苗，供大田移栽。

3. 加强栽培管理

实行轮作，种植烟草2~3年后换种禾本科作物或其他非寄主作物一年；或与非寄主作物间作或套作；烟苗移栽至大田前用有效的药剂（如噁霉灵等）蘸根处理；合理密植和宽窄行种植，保证田间植物冠层通透性；做好开沟排水，实行高垄栽培（垄高30~40cm），降低土壤湿度；合理施肥，减少使用氮肥，增施磷、钾肥，避免烟苗徒长；适时抹芽和打顶；对农具（特别是病田使用过的农具）进行消毒处理；生长期进行田间调查，发现病株及时拔除，带出田间销毁；及时中耕除草，防治地下虫害和其他病害。以上农艺措施，都可以促进烟草的健康生长，同时有效地预防疫霉病侵染。

4. 使用拮抗菌剂

枯草芽孢杆菌、寡雄腐霉、哈次木霉等对烟草疫霉都有一定的拮抗作用。西南大学和北京恩格兰环境技术有限责任公司根据烟草根际微生态健康调控的原理研制出了苗强壮和根茎康两款对烟草疫霉病有很好预防效果的微生物药剂，在一些地区使用取得了理想的效果。基质拌菌，可按每育1亩烟苗的基质中混入100g苗强壮菌粉，然后播种烟苗；也可在移栽前穴施根茎康菌剂，每亩1kg菌剂拌细土50kg，均匀施于穴内，然后移栽烟苗。

5. 化学药剂防治

苗床在移栽前用58％甲霜灵·锰锌可湿性粉剂500倍液均匀喷雾；移栽后1个月内，零星发病时，用68％精甲霜·锰锌水分散粒剂，或者80％烯酰吗啉水分散粒剂，或者50％氟吗·乙铝可湿性粉剂，或者50％吲唑磺菌胺水分散粒剂喷淋茎秆基部；并用土封实，可以达到理想的效果。药剂防治一定要在表现出症状的初期或者常发区移栽后发病前施用。一旦进入发病高峰期或者发病后施药，效果就比较差。

主要参考文献

巢进，张战泓，田锋，等，2016. 烟草黑胫病防控技术研究进展. 湖南农业科学（8）：1-3.

陈瑞奉，朱贤朝，王志发，等，1997. 全国16个烟（省）区烟草侵染性病害调查报告. 中国烟草科学，1（4）：1-7.

丁伟，2018. 烟草有害生物的调查与测报. 北京：科学出版社.

方中达，陆家云，叶中音，等，1996. 中国农业百科全书：植物病理学卷. 北京：中国农业出版社，534-535.

李梅云，卢秀萍，李永平，2006. 烟草黑胫病菌培养特性研究. 植物保护，32（6）：81-85.

刘廷利. 2006. 重庆地区烟草黑颈病菌致病性分化和小种鉴定. 重庆：西南大学.

马国胜，高智谋，陈娟，2001. 烟草黑胫病研究进展. 烟草科技，9：44-46.

农业部外来入侵生物预防和管理中心，2017. BH 011 *Phytophthora nicotianae*. 中国外来入侵物种数据库.（2017-04-13）［2021-08-23］http://www.chinaias.cn/wjPart/SpeciesSearch.aspx? daohan=0.

彭青云，易图永，2008. 防治烟草黑胫病研究进展. 河北农业科学，12（6）：29-31.

孙常伟，2009. 重庆地区烟草黑胫病菌交配型及生理小种研究. 重庆：西南大学.

汪代兵，杜根平，赠绍兴，等，2013. 烟草黑胫病综合防治技术. 植物医生，26（3）：41-45.

王一平，刘森，夏木，等，2013. 烟草黑胫病研究进展. 现代农业科技，22：129－131.

王志远，姜清治，霍沁建，2008. 烟草黑胫病的研究进展. 中国农学通报，26（21）：250－255.

谢勇，王云月，陈建兵，等，2000. 烟草黑胫病的分子检测. 云南农业大学学报，15（2）：38.

张丽芳，方敦煌，陈海如，等，2014. 三对引物快速鉴定烟草黑颈病菌的比较研究. 云南农业大学学报，29（2）：161－166.

Apple J L，1962. Physiological specialization within *Phytophthora parasitica* var. *nicotianae*. Phytopathology，52：351－354.

Ashby S F，1922. Oospores in cultures of *Phytophthora faberi*. Kew Bulletin，257－262.

Biasi A，Martin F N，Cacciola S O，et al. ，2016. Genetic analysis of *Phytophthora nicotianae* populations from different hosts using microsatellite markers. APS Publications.（2016－10－15）［2021－09－17］https：//doi. org/10. 1094/PHYTO-11－15－0299－R. https：//apsjournals. apsnet. org/doi/full/10. 1094/PHYTO-11－15－0299－R.

Bost S，Hensley D，2016. Plant diseases：black shank of tobacco.（2016－07－14）［2021－07－11］https：//ag. tennessee. edu/EPP/Extension％20Publications/Plant％20Disease％20Black％20Shank％20of％20Tobacco. pdf.

Breda de Haan J，1896. De bibitziekte in de Deli-tabak veroorzaakt door *Phytophthora nicotianae*. Mededeelingen uit's Lands Plantetuin，15：57.

CABI，2018. *Phytophthora nicotianae*（black shank）. Invasive Species Compendium.（2018－05－26）［2021－09－22］https：//www. cabi. org/isc/datasheet/40983.

Carlson S R，Wolff M F，Shew H D，et al. ，1997. Inheritance of resistance to race 0of *Phytophthora parasitica* var. *nicotianae* from the flue-cured tobacco cultivar Coker 371－Gold. Plant Disease，81：1269－1274.

Chowdapa P，2007. Molecular characterization of *Phytophthora nicotianae* associated with diseases of horticultural crops by RFLP of PCR internal transcribed spacer region of ribosomal DNA and AFLP fingerprints. J. Hort. Sci. ，2（1）：58－62.

Cristinizio G，Scala F，Noviello C，1983. Differentiation of some Phytophthora species by means of two-dimensional immunoelectrophoresis. Annale della Faculta de Sciencie，del' Universita di Napoli，Portici 17：77－89.

Csinos A S，1999. Stem and root resistance to tobacco black shank. PlantDisease，83：777－780.

Csinos A S，2005. Relationship of isolate origin to pathogenicity of race 0and 1of *Phytophthora parasitica* var. *nicotianae* on tobacco cultivars. Plant Disease，89：332－337.

Csinos A S，Bertrand P F，1994.“Distribution of *Phytophthora parasitica* var. *nicotianae* races and their sensitivity to metalaxyl in Georgia”. Plant Disease，78（5）：471. DOI：10. 1094/pd-78－0471. http：//www. apsnet. org/publications/PlantDisease/BackIssues/Documents/1994Articles/Plant Disease 78n 05 _ 471. PDF.

Dastur J F，1913. *Phytophthora parasitica* n. sp. ，a new disease of the castor oil plant. Memoirs of the Department of Agriculture，India Botanical Series，4：177－231.

Erselius L J，De Vallavielle C，1984. Variation in protein profiles of Phytophthora：comparison of six species. Transactions of the British MycologicalSociety，83：463－472.

Erwin D C，Ribeiro O K，1996. Phytophthora diseases worldwide，St. Paul，MN，USA：APS Press. 562.

Ferrin D M，Mitchell D J，1986. Influence of initial density and distribution of inoculum on the epidemiology of tobacco black shank. Phytopathology，76：1153 - 1158.

Forster H，Oudemans P，Coffey M D，1990. Mitochondrial and nuclear DNA diversity within six species of Phytophthora. ExperimentalMycology，14：18 - 31.

Gallup C A，Sullivan M J，Shew H D，2006. Black shank of tobacco. The Plant Health Instructor. DOI：10. 1094/PHI-I-2006 - 0717 - 01. http：//www. apsnet. org/edcenter/intropp/lessons/fungi/oomycetes/pages/blackshank. aspx.

Gaulin E，Jauneau A，Villalba F，et al. ，2002. The CBEL glycoprotein of *Phytophthora parasitica* var. *nicotianae* is involved in cell wall deposition and adhesion to cellulosic substrates. Journal of Cell Science，115：4565 - 4575. DOI：10. 1242/jcs. 00138.

Hall G，1993. An integrated approach to the analysis of variation in *Phytophthora nicotianae* and a redescription of the species. MycologicalResearch，97：559 - 574.

Hickman C J，1970. Biology of Phytophthora zoospores. Phytopathology，60：1128 - 1135.

Holdcrof A M，2013. Alternative Methods of Control for *Phytophthora nicotianae* of Tobacco. MSc Thesis，University of Kentucky，USA. https：//uknowledge. uky. edu/cgi/viewcontent. cgi？referer＝https：//www. google. com/&httpsredir＝1&article＝1004&context＝plantpath _ etds.

Jacobi W R，Main C E，Powell N T，1983. Influence of temperature and rainfall on the development of tobacco blackshank. Phytopathology，73：139 - 143.

Johnson E M，Waleau W D，1954. Heterothalism in *Phytophthora parasitica* pv. *nicotianae*. Phytopathology，44：312 - 313.

Johnson E S，Wolff M F，Wernsman E A，et al. ，2002. Origin of the black shank resistance gene，*Ph*，in tobacco cultivar Coker 371 - Gold. Plant Disease，86：1080 - 1084.

Jones K J，Shew H D，1995. Early season root production and zoospore infection of cultivars of flue-cured tobacco that differ in level of partial resistance to *Phytophthora parasitica* var. *nicotianae*. PlantSoil，172：55 - 61.

Kamoun S，Furzer O，Jones J D G，et al. ，2015. The top 10oomycete pathogens in molecular plant pathology. Mol. Plant Pathol. ，16：413 - 434.

Kannwischer M E，Mitchell D J，1978. The influence of a fungicide on the epidemiology of black shank of tobacco. Phytopathology，68：1760 - 1765.

Lucas G B，1975. Diseases of Tobacco (3rd ed) Biological ConsultingAssociates，Raleigh，NC.

Mammella M A，Martin F N，Cacciola S O，et al. ，2013. Analyses of the population structure in a global collection of *Phytophthora nicotianae* isolates inferred from mitochondrial and nuclear DNA sequences. Phytopathology，103 (6)：610 - 622. https：//phytophthora. ucr. edu/wp-content/uploads/2017/06/15. pdf.

Morton D J，Dukes P D，1967. Serological differentiation of *Pythiuma phanidermatum* from *Phytophthora parasitica* var. *nicotianae* and *Phytophthora parasitica*. Nature，213：923.

Oudemans P，Coffey M，1991. A revised systemics of twelve papillate Phytophthora species based on isozyme analysis. Mycological Research，95：1025 - 1046.

Raeder U，Broda P，1985. Rapid preparation of DNA from filamentous fungi. Lett. Appl. Microbiol. ，1：17 - 20.

Rivera Y R，Thiessen L，2017. Black shank of tobacco. Tobacco Disease Information. (2017 - 10 - 13) [2021 - 10 - 12] https：//content. ces. ncsu. edu/black-shank.

Santos A F，2016. *Phytophthora nicotianae*. Forest Phytophthoras，6 (1)：1 - 5.

Shew D，Mendoza-Moran R，2016. Black shank disease cycle. Tobacco diseases. （2016 - 10 - 16）［2021 - 10 - 24］http：// tobacco-diseases. info/home-page-grid/black-shank-of-tobacco/black-shank-disease-cycle/.

Shew H D，1983. Effects of soil matric potential on infection of tobacco by *Phytophthora parasitica* var. *nicotianae*. Phytopathology，73：1090 - 1093.

Shew H D，1987. Effect of host resistance on spread of *Phytophthora parasitica* var. *nicotianae* and the subsequent development of tobacco black shank under field conditions. Phytopathology，77：1090 - 1093.

Smoot J J，Gouph F J，Lamey H A，et al.，1958. Production and germination of oospores in *Phytophthora infestans*. Phytopathology，48：1665 - 161.

Sullivan M，2001. *Phytophthora parasitica* Dastur var. *nicotianae* （Breda de Haan） Tucker. NC State University.

Sullivan M J，Melton T A H D，2005. Managing the race structure of *Phytophthora parasitica* var. *nicotianae* with cultivar rotation. Plant Disease，89：1285 - 1294.

Tiodorovic J，1999. *Phytophthora nicotianae* （Breda de Haan） Tucker var. nicotianae Waterhouse，the causal agent of "tobacco black shank". Agriculture and Forestry.

Uchida J Y，Kadooka C，1997. *Phytophthora nicotianae*. （1991 - 01 - 23） ［2021 - 10 - 11］http：// www. extento. hawaii. edu/kbase/crop/type/p_nicoti. htm.

Waterhouse G M，Waterston J M，1964a. *Phytophthora nicotianae* var. *nicotianae*. CMI Descr. Pathog. FungiBact.，34.

Waterhouse G M，Waterston J M，1964b. *Phytophthora nicotianae* var. *parasitica*. CMI Descr. Pathog. FungiBact. 35.

White T J，Bruns T，Lee S，et al.，1990. Amplification and direct sequencing of fungal ribosomal RNA genes for phylogenetics. In：PCR protocols a guide to methods and applications. Academic Press，San Diego. 315 - 322.

第九节　向日葵白锈病及其病原

引起向日葵（*Helianthus annuus* L.）白锈病（white blister rust，WBR）的病原为向日葵脓疱白锈菌，是一种专性寄生的卵菌。近年来，该病害陆续在澳大利亚、阿根廷、南非、美国、德国等几个国家突然暴发，已经成为向日葵商业化生产的严重威胁。我国1998年在新疆报道发生向日葵白锈病，风险分析表明此病害有向全国蔓延的趋势，已被列入我国进境植物检疫性有害生物名录。据新疆观察，该病害具有流行速度快、危害性大、防治困难等特点（陈为民，2013）。其自苗期至成熟期均可发病，尤其以现蕾期受害严重，一般发病率达5%～40%，大流行时发病率可达100%，造成向日葵产量平均减产15%，严重者减产70%～80%，严重威胁向日葵产业的健康发展。

一、起源和分布

向日葵白锈病的最早记载可以追溯到1883年的美国伊利伊诺州（Swingle 1892），随后南非有该病害发生的报道（Verwoerd，1929；van Wyk et al.，1995；Bandounas-van den Bout，2005），后来逐渐扩展至亚洲和欧洲各地。该病在很多国家都有发现，其中包括阿根廷（Sarasola，1942；Delhey et al.，1985）、乌拉圭（Sackston，1957；Piszker，1995）、俄罗斯（Novotelnova，1962）、匈牙利、澳大利亚（Middleton，1971；Brown et al.，1974；Allen et al.，1980）、加拿大、法国（Pernaud et al.，1995）、美国（Gulag et al.，1997；Gulya et al.，2002）、塞尔维亚、中国（夏正汉 等，2002；李征杰 等，2004；陈为民，2004）、玻利维亚、肯尼亚、津巴布韦、比利时（Crepel C，2006）、德国（Thines et al.，2006）及罗马尼亚（Velichi，2017）等国家和地区。

在 20 世纪之前中国并无向日葵白锈病，该病害因引进美国的向日葵品种 101 而被带入。在 1998 年开始在伊犁哈萨克自治州新源县发生，1999 年在别斯托克乡发现，2000 年大面积发生，2002 年该病害扩散到伊犁特克斯县、霍城县、尼勒克县、巩留县 4 个县，截至 2016 年，向日葵白锈病在我国新疆主要分布在伊犁河谷的特克斯县、新源县、巩留县、昭苏县、尼勒克县、伊宁县、霍城县、察布查尔锡伯自治县、伊宁市及新疆生产建设兵团、塔城地区、博尔塔拉蒙古自治州、昌吉回族自治州、阿勒泰地区、石河子市和乌鲁木齐市。

二、病原

1. 名称和分类地位

向日葵脓疱白锈菌拉丁学名为 *Pustula helianthicola* Rost and Thines，历史上的曾用名有 *Pustula tragopogonis*、*Albugo tragopogonis*（Persoon）Schroeter、*Cystopus tragopogonis*（Pers.）J. Schrot、*Cystopus cubicus*（Strauss ex unger）、*Albugo tragopogonis*（DC.）Gray 及 *Uredo tragopogoni*（PERS.）DC。Rost 等（2012）根据其遗传特性、寄主的专化性、卵孢子是否在叶片中形成以及卵孢子的花纹特点，确定其拉丁学名 *Pustula helianthicola*，该学名已经得到国际上的广泛认同。

向日葵脓疱白锈菌属于真核域（Eukaryotes）、藻物界（Chromista）、卵菌门（Oomycota）、卵菌纲（Oomycetes）、白锈菌目（Albuginales）、白锈菌科（Albuginaceae）、脓疱白锈菌属（*Pustula*）。

2. 形态特征

病原孢子囊堆直径 0.11～1mm；孢囊梗短棍棒形，无色，单胞，细长，不分枝，单层排列(30.7～58.9)μm×(10.2～13.8)μm，平均 44.5μm×12.5μm；孢子囊短圆筒形，腰鼓形或椭圆形，顶部近球形，无色，单胞，壁膜中腰增厚，短链生，大小(15.1～23.0)μm×(12.8～19.9)μm，平均 17.8μm×15.2μm；孢子囊在水琼脂上 60～90min 后开始释放游动孢子（zoospores），平均 1 个孢子囊释放 7 个游动孢子；游动孢子带有 2 根鞭毛，1 根为鞭状鞭毛，另一根为丝状鞭毛；藏卵器无色，近球形至椭圆形，大小(33.3～62.5)μm×(33.3～62.5)μm，平均 43.9μm×43.9μm；卵孢子近球形，沿叶脉生或散生于叶组织内，淡褐色至深褐色，网纹双线，边缘有较高的突起，网状棱纹 14～23μm，卵孢子大小（27.5～37.5)μm×(25.0～32.5)μm，平均 31.1μm×27.8μm（彩图 5 - 32）。

三、病害症状

向日葵白锈病主要危害叶片、叶柄和茎秆，有时也危害向日葵花盘。病害症状比较明显，一般从下部叶片开始侵染危害，孢子堆多在叶背散生，$0.11\sim1.0\text{mm}$，亦有成片的次生孢子堆，白色至乳黄色，内有白色粉状物（孢子囊和孢囊梗），孢子堆周围有时具有黄色油浸状晕圈，叶正面病斑呈淡黄色，严重时孢子堆可蔓延至叶片正面，甚至发展到植株上部叶片及花盘苞片上。病害症状多样性与病原侵染部位、侵染时期、环境条件、寄主抗病性等关系密切，依据不同器官上的特点将病害症状区分为叶片疱斑型、散点型、叶脉型、叶缘型，茎秆肿胀肿型等（彩图 5-33）。

1. 疱斑型

疱斑型疱斑为淡黄色，该症状是向日葵白锈病的主要症状。主要危害中下部叶片，严重时可蔓延至上部叶片。叶正面呈淡黄色疱状凸起病斑，病斑直径 $3\sim20\text{cm}$（平均 8cm），叶片背面相对应的部位产生白色至灰白色的疱状斑，疱状斑可相互汇合，形成大病斑块，后期渐变为淡黄白色，内有白色粉末状的孢子囊和孢囊梗。病斑多时可连接成片，造成叶片发黄、变褐而枯死并脱落，对产量影响很大。

2. 散点型

叶正面病斑呈淡黄色斑块，背面有许多白色疱状点（较小的孢子堆），孢子堆在叶背散生，大小 $0.11\sim1.0\text{mm}$，白色有光泽，内有白色粉状物（孢子囊和孢囊梗）。

3. 叶脉型

也称沿叶脉斑点型，在向日葵叶片正面沿叶脉形成淡黄色病斑，对应背面有许多疱状点（白色小孢子堆），沿叶脉形成，后期局部坏死，叶片变褐枯死。

4. 叶缘型

从叶片边缘向内侵染形成浅白色的病斑，造成叶片四周边缘向内卷曲，内有白色胞囊层，后期叶片边缘变褐枯死。

5. 茎秆肿胀型

也称黑色水肿型，发生在较细、瘦弱的植株茎秆上，多发生在离地面 $50\sim80\text{cm}$ 以内的茎秆部分，初期受害部位表现为暗黑色水渍状斑并形成肿大，后期在病茎肿大部位失水并凹陷，常在凹陷处产生白色粉末状胞囊层，严重时可造成茎秆折断。

叶柄前期受害部位呈现暗黑色水渍状，后期产生白色疱状物，即病原孢子囊和孢囊梗；花萼前期受害部位表现为暗黑色水渍状，后期多产生扭曲、畸形病状，花萼尖干枯并产生白色疱状物，花盘萼片干枯，受害的向日葵种子中常有卵孢子存在。

四、生物学特性和病害流行规律

1. 生物学特性

病原的卵孢子在适宜温度条件下（$11\text{℃}\sim26\text{℃}$）遇水后 24h 至 2 周的时间内萌发，萌发产生孢子囊或芽管。冷凉和温暖条件下，孢子囊遇到游离水便可开始萌发；孢子囊在 $4\sim35\text{℃}$ 都可释放游动孢子，以 15℃ 为最佳，但游动孢子只在 $4\sim20\text{℃}$ 时有活性，其萌发和侵染向日葵的最适温度是 $10\sim15\text{℃}$；游动孢子从自然孔口（气孔）侵入，在气孔下形成气孔下囊，接种后 8h 在向日葵组织中形成胞间菌丝，12h 形成吸器；光照可抑制游动孢子从气孔侵入及游动孢子的萌发，但刺激寄主中孢子囊的形成；在适宜条件下接种后 5～6d 开始出现症状，14d 后可见典型症状。孢子囊在生长季节中大量繁殖，其寿命短，对紫外线高度敏感。该菌为同宗配合，在植物上大约侵染 1 周后在寄主组织内产生卵孢子，在孢子堆周围组织中可见雄器与藏卵器（Spring，2000；Wong et al.，2001，Lava et al.，2012）。卵孢子成熟后不需要休眠，可直接萌发形成无柄囊状结构（孢子囊或芽管）进而侵染向日葵植株地上部分，侵染过程与游动孢子的侵染过程很相似。

2. 寄主范围

向日葵脓疱白锈菌是专性寄生菌，寄主专化性很强，其寄主范围很窄，只能侵染向日葵。

3. 侵染循环

向日葵脓疱白锈菌主要以卵孢子在向日葵病残体上、土壤和有机肥料中越冬，或者在温暖的条件下以菌丝和孢子囊的形式存活。当向日葵接近成熟时，卵孢子逐渐形成，附着于种子的种皮和内膜随种子转移传播，或随同寄主病残体（叶片）落入土中越冬，次年寄主播种后开始侵染。卵孢子是主要的远距离传播接种体，也是重要的越冬接种体。土壤中的卵孢子通过雨水飞溅、水流和灌溉水进行传播，也可通过土壤传播，还可以借助机械携带和风等传播。卵孢子经传播附着在寄主表面，萌发形成芽管和菌丝；菌丝主要从叶片等的气孔侵入，寄生于寄主细胞间，以吸器从寄主的细胞内吸取营养物质，不断生长和大量产孢，在寄主表皮下形成孢子囊堆，突破表皮而外露并向外散发孢子囊。病斑上的孢子囊借风、雨等传播而在植株之间和不同的田间反复再侵染（图 5-16）。

4. 发病条件

影响向日葵白锈病发生和流行的因素主要包含环境条件、寄主植物和作物栽培管理等方面。

（1）环境条件　在 20～25℃时向日葵脓疱白锈菌的侵染速度最快，人工接种后一般仅需两周就能发病，出现白色的泡状病症。温暖气候环境下，孢子囊借助于风进行扩散。冷凉、高湿适宜该病害的发生。在田间条件下，低温（11℃～26℃）和高湿度有利于病原侵染。有研究表明，降水量与该病害的发生呈正相关，降水量大利于病害的发生，但与降水次数无关；而日照时数、温度与向日葵白锈病的发生呈负相关，日照充足和高温都不利于该病害的发生。

（2）寄主植物　向日葵抗病性对病原侵染有重要影响，感病品种容易遭受病原的侵染而发病；目前还没有发现对脓疱白锈菌具有免疫特性的向日葵品种。

（3）作物栽培管理　大面积种植感病品种和向日葵多年连作可导致田间病原大量积累，从而为病害发生和流行提供充足的侵染来源，由此便可能在其他条件具备时引起白锈病的流行。通常，栽培管理不善、向日葵生长不良从而导致其抗病性弱，白锈病就会容易发生和危害严重。

（4）地区差异　向日葵白锈病在不同地域、不同播种地块季节流行规律存在差异。以新疆伊犁河谷向日葵主要种植区新源县、特克斯县、巩留县为例，2002—2012 年的系统调查资料表明，该病害在新源县 6 月上中旬开始发病，7 月上中旬到达发病高峰期，7 月

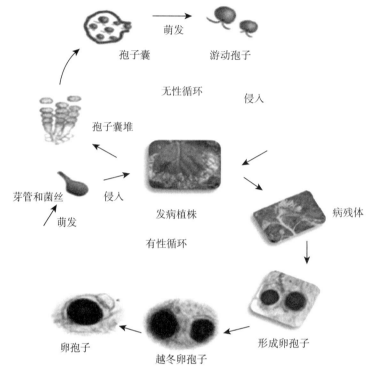

图 5 - 16　向日葵白锈病的侵染循环

底病情上升缓慢，8 月上中旬病情停止增长；在特克斯县则为 6 月下旬开始发病，7 月下旬至 8 月上中旬为病害发生高峰期，8 月下旬病情发生缓慢，9 月上中旬病情停止增长。在复播向日葵上，该病害在巩留县 7 月下旬开始发病，8 月底至 9 月上中旬到达发病高峰期，9 月下旬至 10 月初病害逐渐停止发展。

五、诊断鉴定和检疫监测

向日葵脓疱白锈菌是我国的检疫性有害微生物，植物检疫是控制其传播扩散的有效途径。严格限制或禁止从发生此病害的国家和地区进口向日葵种苗，口岸检验检疫局必须对从其他国家进口的向日葵种苗进行检验。如何快速准确诊断、检测病原是检疫的重要环节之一。

1. 诊断鉴定

根据《向日葵白锈病菌检验检疫方法》（GB/T 31808—2015），检测方法主要有如下几种。

（1）症状学诊断　于向日葵现蕾期至盛花期进行大田或者检疫隔离种植圃内调查，观察植株发病症状，将田间症状与前述向日葵白锈病的症状进行比较，对病害做出初步的诊断。同时采集带有典型症状和病征的叶片标本，带回室内做进一步的诊断鉴定。症状诊断时要注意与向日葵白粉病和霜霉病的区别：白粉病病征是病斑表面形成白色粉状物，多生于叶片正面，不产生泡状结构，且容易用手抹掉；霜霉病虽然病原物也多在叶片正面，但病征为白色的霜霉状物，也不产生泡状结构；如果田间诊断区别困难，可在室内用显微镜观察区别病原。白粉，病菌生于叶表皮上，分生孢子梗不分枝，分生孢子呈串状；霜霉病菌也生于叶表皮上，孢囊梗呈二叉状分枝，末端分枝上着生单个孢子囊；而脓疱白锈菌埋生于表皮下，孢囊梗短而不分枝，孢子囊呈串形成。

（2）形态学鉴定　向日葵脓疱白锈菌是专性寄生菌，无法用现有的人工培养基分离纯化而获得病原。从田间采集的病害植株标本，可以用干净的刀片切取叶背面（或花盘/花托）上白色疱斑中的病原物，置于载玻片上制成临时玻片标本，在显微镜下观察病原孢囊梗、孢子囊和卵孢子等的形态（彩图5-34），并测量它们的大小。与前述向日葵脓疱白锈菌的形态特征对比，确定其病原类型。

如果是现场检疫所抽取的向日葵种子样品，取5g干瘪的病态种子于250mL三角瓶中，加入200mL灭菌水和适量洗涤液，在振荡器上振荡洗涤10min，倒去洗涤液；按照同样的方法再洗涤2次。晾干后剥开洗净的种壳，将带种皮的种仁放入烧杯中的乳酚油中，在酒精灯上煮沸3min，冷却后用消毒镊子剥下种皮，放在一个消毒培养皿中，加入少量棉蓝-藏红花染液，静置约5h，再用95%酒精洗涤，然后将果皮放在载玻片上，加一滴乳酚油作浮载剂，盖上盖玻片后在显微镜下镜检观察病原。

（3）致病性试验　预先将不带脓疱白锈菌的向日葵种子播种在盆栽内的灭菌土壤中，在温室或生长室内萌发，待长出3~4片真叶后用于致病性接种试验；从田间采集的向日葵病株可直接从叶片病斑组织收集病原孢子囊接种体，用灭菌水制成孢子囊悬浮液；如果对向日葵种子进行现场检疫，可剥开向日葵种子种壳，将里面带种皮的种仁放入适量灭菌水中捣碎，低速离心后取上清液，制成孢子囊悬浮液；用手动微型喷雾器将孢子囊悬浮液喷雾接种在准备好的向日葵苗上，用黑色塑料袋密封幼苗，常温下避光保湿24h，然后拿掉黑色塑料袋，放在20~25℃、相对湿度80%以上和每日12h光照的条件下生长，注意定期浇水及幼苗管理，接种后7d开始观察记录发病情况；若植株发病形成病征，再镜检观察，如发现脓疱白锈菌，则判定田间病害为向日葵白锈病，或现场检疫抽检物品携带有脓疱白锈菌。

（4）检疫样品和菌种保存　对于检疫现场抽检的植物材料等样品，可用自封口袋封装，于4℃条件下保存；对接种后发病的向日葵植株，取样时选取具有典型症状的病叶，用灭菌剪刀或刀片切成1cm×1cm的小块，置于指形管（或离心管）中，经干燥脱水后封闭管口，于4℃条件下保存。样品需要至少保存12个月，以备对检疫结果的复验、谈判或仲裁使用。

（5）分子检测　PCR鉴定技术已成为快速检测该病害的重要手段。分子检测方法也有多种，主要有常规PCR检测、多重DPO-PCR检测、探针检测、巢式PCR检测及实时荧光PCR检测等技术，这些技术利用向日葵脓疱白锈菌大亚基核糖体RNA基因序列设计特异引物，或利用线粒体的 cox 中部分序列设计引物，均可用于对向日葵脓疱白锈菌的特异性检测。

分子检测需要提取病原的基因组DNA。向日葵脓疱白锈菌的基因组DNA可用CTAB法从病组织、带菌种子或土壤中提取：将样品（种子、病组织等）加液氮研磨成细粉，取1.5μL放入离心管中，加含0.1g蛋白酶K的CTAB缓冲液300~500μL，混匀后在65℃

水浴放置 1h，13 000r/min 离心 5min；取上清液放入 1 支新的离心管中，加 500μL 体积比为 25：24：1 的 Tris 饱和酚：三氯甲烷：异戊醇混合液混匀，13 000r/min 离心 5min；取上清液，加 500μL 体积比为 24：1 的三氯甲烷、异戊醇混合液，13 000r/min 离心 5min；取上清液，加 1.0mL 异丙醇混匀，在 -70℃ 下静置 1h 后 -20℃ 下过夜；13 000r/min 离心 30min，弃掉上清液后的 DNA 沉淀，在室温下干燥，加入 30μL Tris-EDTA 缓冲液溶解备用。也可采用市售的 DNA 试剂盒提取病原的 DNA。

① 常规 PCR 检测：Chandler 等（2004）、Hudspeth 等（2000）及 Otmar Spring 等（2011）开发了一种能够鉴别脓疱白锈菌不同种的分子标记，其特异性的标记引物来自其线粒体中 cox2 基因的部分片段序列（表 5-12），该类标记可特异性地将向日葵白锈病检测出来。该方法检测的灵敏度为 10pg/μL，能够检测脓疱白锈菌的单个孢子囊或者卵孢子，而且还可以检测在土壤中 3 个月之久的病残体上的病原，也可以检测没有显症的病株，非常高效。

表 5-12　用于向日葵白锈病 PCR 鉴定的特异性引物

引物	引物序列	扩增片段	发明者
Peter_RubisCO_down	CCAAACGTGAATACCCCCCGAAGC	760 bp	Chandler 等，2004
Peter_RubisCO_up	GCTCTACGTCTGGAAGATTTGCGA		
cox2_Hud F	GGCAAATGGGTTTTCAAGATCC	640 bp	Hudspeth 等，2000
cox2_Hud R	CCATGATTAATACCACAAATTTCACTAC		
cox2_Hel F3	TTAGAAACTTTTGTACAC	190 bp	Otmar Spring 等，2011
cox2_Hel R2	AAATATCAGAATATTCATAT		

PCR 反应在 25μL 的体系中完成，包括 30 ng 的 DNA 模板，0.8μmol/L Taq DNA 聚合酶，20μg 牛血清蛋白组分 V，50mmol/L MgCl$_2$，2mmol/L dNTPs 和 25mmol/L 引物。反应程序为：94℃ 4min，94℃ 变性 40s，52℃ 退火 40s，72℃ 延伸 40s，36 循环，最后 72℃ 延伸 4min。扩增产物在 1.5% 琼脂糖凝胶上电泳（125 V）90min；溴酚蓝染色，紫外光先检测结果。

结果判定：采用上表中不同引物对做常规 PCR 扩增，供试样品若显示相应的扩增条带，则判定为阳性（带菌）样品，若不显示扩增条带，则判为阴性（不带菌）样品。

②探针检测：探针检测是一种以连接酶介导的分子检测技术，通过将分子间连接反应转化成分子内连接反应而大大提高连接效率，从而提高检测的灵敏度。探针的灵敏度可达 10 pg/μL（李秀琴 等，2014）。采用核酸外切酶去除没有形成环状的探针和错配的探针，然后采用所有探针的通用端 P1 端和 P2 端的引物对切除后的产物进行扩增，将扩增后的产物与固定在载体上与 ZipCode 序列互补的核酸序列进行杂交，通过载体上的荧光信号来判断检测样品中是否有特定的病原，由于 Padlock 探针可与基因芯片技术相结合，因此能够高通量快检测目的病原。

采用外切酶消化待连接的 DNA 模板，连接采用 10μL 的体系：5.8μL 灭菌去离子水，1μL Taq DNA 连接 buffer，1μL 鲑鱼精 DNA（20ng/μL），0.2μL Taq DNA 聚合酶

（20U/μL），1μL Padlock（100pm/μL）探针，1μL 模板 DNA（20ng/μL）。连接的反应程序为：95℃预变性 5min，然后进入循环，95℃变性 30s，65℃连接 5min，共 20 循环；然后 95℃灭活 15min。

采用外切酶切除自连和错连的 Padlock 探针：在 10μL 的 Padlock 探针连接体系中，加入 1μL 2U/μL 核酸外切酶Ⅰ和 1μL 2U/μL 核酸外切酶Ⅲ，37℃反应 2h，95℃灭活 3h。

用于扩增探针的 P1 端和 P2 端的上、下游引物的序列分别为 P1/P2（5′-TCATGC TGCTAACGGTCGAG-3′/5′-CCGAGATGTACCGCTATCGT -3′）；Padlock 探针序列（PHPL）为 5′-CGGTCAAGTTCCTTGGAAAAGGACAGCACTCGACCGTTAGCAGCATGACCG AGATGTACCGCTATCGTATTTGACGAACGTATGCCGCCAGCACGCAGGATC-3′。

采用引物 P1 和 P2 对外切酶切除后的产物进行 PCR 扩增，PCR 反应混合液总体积为 25μL，包含 2.5μL 1×PCR buffer、2μL dNTP（其中 10mmol/L dATP、dGTP、dTTP 各 0.5μL，10mmol/L dCTP 0.25μL，0.25mmol/ L Cy3-dCTP 0.25μL）、引物 P1 和 P2（500nmol/L）各 1.25μL、2μL 2nmol/L Mg^{2+}、0.25μL Taq DNA 聚合酶、3μL 酶切后的连接产物（做模板），加 12.75μL 灭菌去离子水补足至 25μL；反应程序为 95℃预变性 5min；95℃变性 30s，60℃退火 30s，72℃延伸 30s，共 40 循环；最后 72℃延伸 10min。反应结束后取 6μL 扩增产物于 2%琼脂糖凝胶中 100V 电泳 40min，在凝胶成像系统上观察并拍照。

结果判定：在阳性对照、阴性对照和空白对照均正常的情况下，用 P1/P2 引物扩增仅在向日葵脓疱白锈菌中获得 102bp 的扩增条件，其他扩增后都不显示任何扩增条带（图5-17）。

图 5-17　向日葵脓疱白锈菌 Padlock 探针特异性验证结果

注：1. 向日葵白锈病孢子粉；2. 向日葵白锈病叶；3. 向日葵白锈病种子；4. 向日葵黑胫病病株；5～8. 白菜白锈病叶；苋菜白锈病叶；油菜白锈病叶；萝卜白锈病叶；9. 阴性对照（健康向日葵叶片）（李秀琴 等，2014）

③巢式 PCR 检测：刘斌等（2011）根据真菌的通用引物，建立了向日葵脓疱白锈菌 NL1/NL4-ATHP3/ATHP4 巢式 PCR 检测方法。该方法可以快速、准确检测向日葵种子是否带有向日葵脓疱白锈菌。设计的通用引物为 NL1/NL4（5′-GCATATCAATAAGCG GAGGAAAAG-3′/5′-GGTCCGTGTTTCAAGACGG-3′），特异性引物 ATHP3（5′-CTT GCAGTCTCTGCTCGG-3′）和 ATHP4（5′-ACTGACTTTGACTCCTCCT-3′）。

首轮扩增 PCR 反应体系（25μL）包含 10×Buffer 2.5μL、25mol/L MgCl$_2$ 1.8μL、2.5mmol/L dNTP 2μL、5 U/μL Taq DNA 聚合酶 0.2μL、10μmol/L 引物各 1μL 及 DNA 模板 20ng，用重蒸水补足至 25μL；反应条件设置为预变性 94℃ 3min；94℃ 1min，52℃ 1min，72℃ 1min，共 35 个循环；72℃延伸 10min。

扩增操作过程：用通用引物 NL1/NL4 进行第一轮 PCR 扩增，将扩增产物稀释 500 倍，取 5μL 做模板，再用 ATHP3/ATHP4 引物进行第二轮 PCR 扩增，以健康向日葵核酸作为阴性对照，扩增产物用 1.5% 琼脂糖凝胶电泳。

再次扩增的反应体系（25μL）含 10 × Buffer 2.5μL、25mmol/L MgCl₂ 1.8μL、2.5mmol/L dNTP 2μL、5 U/μL Taq DNA 聚合酶 0.2μL、上下游引物 10μmol/L 各 1μL 及 DNA 模板 5μL，重蒸水补足至 35μL；反应条件设置为预变性 95℃ 3min；95℃ 30s，56℃ 30s，72℃ 30s，共 35 循环；72℃延伸 7min。

取再次扩增产物 5μL，加 1.5μL 上样缓冲液（0.25% 溴酚蓝，40% 蔗糖溶液）混匀，在 2% 琼脂糖凝胶上于 1×TAE 电泳缓冲液中电泳（100V）40min，最后在凝胶成像仪中检测结果。

结果判定：在阳性对照、阴性对照和空白对照均正常的情况下，若用 NL1/NL4 引物首轮扩增获得 700bp 片段，用 ATHP3/ATHP4 引物第二轮扩增显示 370bp 片段，则备测样品为阳性（带菌）；若两轮扩增后都不显示任何扩增条带，则被测样品为阴性（不带菌）。

④实时荧光 PCR 检测：实时荧光 PCR 是特异性和稳定性非常好，检测方法快速简单，准确性和灵敏度高的检测手段，为可能携带向日葵脓疱白锈菌的植物材料进出口安全提供了保证（张祥林 等，2013）。使用引物：ATHf/ATHr（5′-CTGACTTTGACTCCTCCGTGGC-3′/5′-GAGACCGATAGCGAACAAG-3′），其扩增产物为 158bp；探针序列为 ATHp（5′-TTTCAGCAGTTTCAGGTACTCTTTAAC-3′），该探针的 5′端用报告荧光染料 FAM 标记，3′端用淬灭荧光染料 TAMRA 标记。

反应体系 25μL：10 × Buffer 2.5μL，25mmol/L MgCl₂ 2.5μL，2.5mmol/L dNTP 2.5μL，5 U/μL Taq DNA 聚合酶 0.2μL，5μmol/L 引物各 2.0μL，探针 2μmol/L 各 5μL，DNA 模板 1μL，重蒸水补足 25μL。在反应体系中加入 Real-time PCR Mix 10μL。

反应条件：50℃ 2min，预变性 95℃ 3min；然后 95℃ 10s，60℃ 1min，共 40 循环。每次循环结束采集荧光 Ct 值数据，反应结束后根据扩增曲线判定结果。

结果判定：在阳性对照、阴性对照和空白对照均正常的情况下，当 Ct 值≤3.6 时被测样品为阳性（带菌）；若 Ct 值≥4.0 时则被测样品为阴性（不带菌）；若 3.6<Ct 值<4.0，应重新扩增后再做结果判定。

2. 检疫监测

向日葵白锈病的监测可分为一般性监测、产地检疫监测和现场检疫监测。

（1）一般性监测 向日葵白锈病（菌）的一般性监测包括大面积普查和系统调查。

大面积普查：于向日葵白锈病的发病盛期进行，在一个区域内的不同地点确定不少于 10 块具有代表性的向日葵田块，每块采用固定五点取样法，每点调查不少于 50 个植株，在晴天中午调查。记录发病植株数和严重程度，计算病株率和病情指数。

系统调查：选取固定种植感病向日葵品种的 3 个代表性田块，于每年的生长季节，采用固定五点取样法，每点调查不少于 30 株。每 1～2 周调查一次，记录发病植株数和严重程度，计算病株率和病情指数。

白锈病的病害严重程度分 0～9 级（张祥林 等，2015）：0 级，植株健康，无病斑。1

级，病斑面积占整个叶面积的 1/5 以下，形成褪绿斑。3 级，病斑面积占整个叶面积的 1/5～2/5，形成隆起泡状褪绿黄斑。5 级，病斑面积占整个叶面积的 2/5～3/5，形成隆起泡状褪绿黄斑，叶片枯黄。7 级，病斑面积占整个叶面积的 3/5～4/5，形成隆起泡状褪绿斑，叶片枯黄脱落。9 级，病斑面积占整个叶面积的 4/5 以上，形成隆起泡状褪绿斑，叶片枯黄脱落。

病株（叶）率和病情指数的计算公式如下：

病株（叶）率＝发病株（叶）数/调查总株（叶）数×100%；

病情指数＝（各级病株数×病级值）/（调查总株数×最高病级值）×100%

向日葵白锈病的危害程度分为 0～5 级：0 级，田间植株生长健康正常，调查未见植株发病。1 级，轻微发生，发病面积很小，只见零星的发病植株，病株率 5% 以下，病级 1～2 级，造成减产<5%。2 级，中度发生，发病面积较小，发病植株非常分散，病株率 6%～20%，病级 3～4 级，造成减产 5%～10%。3 级，较重发生，发病面积较大，发病植株较多，病株率 21%～40%，病级 4～5 级，个别植株死亡，造成减产 11%～30%。4 级，严重发生，发病面积较大，发病植株较多，病株率 41%～70%，病级达 6～7 级，部分植株死亡，造成减产 31%～50%。5 级，极重发生，发病面积大，发病植株很多，病株率 71% 以上，多数植株病级 8～9 级，部分植株死亡，造成减产>50%。

在非疫区的监测：若大面积踏勘和系统调查中发现疑似向日葵白锈病，要现场拍照，并采集具有典型症状的病株标本，装入清洁的标本袋内，标明采集时间、采集地点及采集人，送外来物种管理或检疫部门指定的专家鉴定。有条件的，可直接将采集的标本带回实验室鉴定。室内检验主要检测向日葵植株茎、叶和花盘和土壤等是否带有脓疱白锈菌的菌丝、孢子囊和卵孢子等菌体结构。如经专家鉴定或当地实验室检测确定了脓疱白锈菌，应进一步详细调查当地附近一定范围内的向日葵种植地块发病情况。同时及时向当地政府和上级主管部门汇报疫情，对发病区域实行严格封锁和控制。

在疫区的监测：根据调查记录的白锈病发生范围、严重程度和病株率等数据信息，参照有关规范和标准制定病害综合防治策略，采用恰当的病害综合治理技术措施，有效地控制病害，以减轻损失。

（2）产地检疫监测　在向日葵原产地进行的检疫监测，包括田间调查、室内检验、签发证书及监督生产单位做好繁殖材料选择和疫情处理等。

田间调查主要观察植株的生长状况，访问当地农业管理部门、技术部门和向日葵种植农户，确定疑似向日葵白锈病危害的田块，对疑似发病地块进行现场调查。若发现地上部有白锈病症状的植株，需现场拍摄病害症状。同时采集具有典型症状的植株，所有样品装入清洁样品袋中，附上采集时间、地点、品种记录和田间照片，带回实验室后做进一步检验。

室内检验：主要检测向日葵叶片、茎和花盘等器官及田间土壤是否带有脓疱白锈菌。需要进行病组织的显微镜形态学鉴定、致病性试验和分子检测。

田间调查和室内检验没有发现向日葵脓疱白锈菌的产品，签发准予输出的许可证。在产地检疫各个检测环节中，如果发现白锈病及其病原，应根据实际情况，立即实施控制或铲除措施。疫情确定后要尽快将疫情通报给产品调运目的地的植物检疫机构和农业外来入侵生物管理部门，以加强目的地有关方面对向日葵有关农产品的检疫监控管理。

（3）调运检疫监测　在向日葵及相关产品的货运交通集散地（机场、车站、码头）实施调运检验检疫。检查调运的商品、包装和运载工具等黏附的土壤是否带有脓疱白锈菌。对受检物品等进行现场调查，同时做有代表性的抽样，视货运量抽取适量的样品，带回室内进行常规诊断和分子检测。进行现场检疫监测检查时要注意向日葵种子中有无可疑带病种子和向日葵植株的病残体等；观察向日葵植株中有无可疑的病株及种子。若发现可疑病株和种子，要将材料带回实验室，用前述方法进行检验鉴定。

现场检疫随机取样方法：种子1.5～10kg取1份，10～100kg取2份，100kg以上取3份，每份样品1.5kg；植株1 000株以下取1～2份，1 000株以上取3～4份。每份样品5株。将抽取的样品带回实验室进行检验鉴定。

在调运检疫中，对检验发现带白锈病的产品予以拒绝入境（退回货物），或实施检疫处理（如就地封存除害或销毁等措施）；对确认不带菌的货物签发许可证放行。

六、应急和综合防控

1. 应急防控

在向日葵白锈病非疫区，无论是在交通航站口岸检出了带有白锈病的物品还是在田间监测中发现白锈病发生，都需要及时地采取应急防控措施，以有效地杀灭病原，预防白锈病的发生和扩散。

（1）检出向日葵脓疱白锈菌的应急处理　对于现场发现携带脓疱白锈菌的向日葵产品，应全部收缴扣留，并销毁。对检出带有脓疱白锈菌的货物和其他产品，应拒绝入境或将货物退回原地。对不能及时销毁或退回原地的物品要及时就地封存，然后视情况做应急处理。①销毁：港口检出货物及包装材料可以直接沉入海底。机场、车站的检出货物及包装材料可以直接就地安全销毁。②消毒处理：可用碘甲烷或溴甲烷对繁殖材料等进行熏蒸处理，在20℃和密闭条件下熏蒸24～48h，可杀灭繁殖材料或土壤携带的向日葵脓疱白锈菌。③就地加工处理：对不能现场销毁的可利用向日葵物品，可以在国家检疫机构监督下，就近将其加工榨油或其他成品，其下脚料就地销毁。注意加工过程中使用过的废水不能直接排出。经过加工后不带活菌体的成品才允许投放市场销售。④隔离种植：我国在上海、北京和大连等设立了"一类植物检疫隔离种植中心"或种植苗圃。如果是引进种植用的向日葵种子、种苗等，必须在检疫机关设立的植物检疫隔离中心或检疫机关认定的安全区域隔离种植，经生长期间观察，确定未发生白锈病等病害后才允许释放出去。

（2）田间向日葵白锈病的应急处理　在向日葵白锈病的未发生区监测，若发现小范围疫情，应对病害发生的程度和范围做进一步详细的调查，并报告上级行政主管机构和技术部门，同时要及时采取措施封锁病田，严防病害扩散蔓延。然后做进一步处理。①铲除发病田及周围田块的所有向日葵并彻底销毁。②使用熏蒸剂和杀菌剂处理，如甲醛、多菌灵、甲基硫菌灵等药剂，进出病区的农用工具、土壤、有机肥等需用石灰、高锰酸钾、甲醛、多菌灵、噁霉灵等药剂进行消毒处理，农用工具消毒处理后需隔离存放，以切断介质传播途径。对经过应急处理后的田间及其周围田块要持续进行监测调查跟踪，若发现病害复发要及时再做应急处理。

（3）预防传入非疫区的措施 包括两个方面。其一，在白锈病非疫区，严格禁止从发生向日葵白锈病的疫区引进向日葵产品和种苗。定期进行田间调查监测，发现白锈病疫情后及时实施应急处理。其二，在产地检疫中发现向日葵白锈病疫情后，要严禁发病区种子调运出口到非疫区，确保非疫区向日葵种植户种植健康的向日葵。

2. 综合防控

在向日葵白锈病已较普遍发生的疫区，要坚持"预防为主，综合防治"的策略，将白锈病的危害控制在引起显著经济损失水平以下。

（1）种植优良抗病品种 种植抗病品种是减轻病害的安全、经济、绿色的手段。目前鉴定已知的高抗病白锈病的向日葵品种有美国 G101、新葵杂 5 号、康地 1034、诺葵、康地 101、KWS203、567DW、TK2101、TK2012、TK311、CK2－T0－12244、TK2104、TK6015、TK7640、JK518、JK519、NC209、白葵 6 号、FRD1617、白三道眉等，各地可根据当地情况选用。在生产中，要选择多个品种搭配种植，不要单一种植，也不要多年连续种植同一个抗病品种，以免新小种的产生而引起病害流行。

（2）培育健康幼苗移栽 选用从无病田收获的向日葵种子留作次年用的种子；用经过热处理或熏蒸处理等灭菌后的土壤做苗圃育苗；幼苗在移栽前用多菌灵等药液浸根处理。

（3）加强田间管理 实行与蔬菜或禾本科作物等轮作，种植 2～3 年其他作物后再种植 1～2 季向日葵，这样可大幅度减少重茬带来的病原积累；还可与玉米等其他作物间作，也可以明显减轻白锈病的严重程度；合理密植，保持田间通风透光，及时排水；伊犁地区向日葵最佳种植密度为株距 30cm，行距 50cm（每亩 4 500 株），此密度下种植的向日葵产量较高，病情指数较低；多施基肥，增施磷、钾肥；进行田间调查，及时拔出感病植株并带出田间烧毁，可减少田间再侵染源；收获后清洁田园，收集田间残株枯叶并带出田外集中处理，可减少越冬菌源。

（4）施药防治 结合田间病害监测，在发病初期进行药剂防治；若遇阴雨天气或田间浇水则病情蔓延极为迅速，防治时注意天气状况，避免浇水过多和田间大水漫灌。可采用 2.5％咯菌腈于播种前拌种，结合播种后覆膜及出苗后 2 次茎叶喷雾进行防治。每亩可用 22.5％啶氧菌酯 10mL＋64％噁霜·锰锌 10mL 对水 15L 叶面喷雾；也可用 70％甲基硫菌灵 20mL＋64％噁霜·锰锌 10mL 对水 15L 喷雾；其他药剂还有 58％甲霜灵 500 倍液、64％噁霜·锰锌 600 倍液、72％丙·氯吡 800 倍液、69％烯酰·锰锌 1 500 倍液、72％霜脲·锰锌 800 倍液、苯磺酰胺、甲霜灵等。不同药剂按剂量交替使用，每隔 7～10d 喷药 1 次，连续防治 2～3 次。

<h1 style="text-align:center">主要参考文献</h1>

陈为民，2013. 我国向日葵白锈病发生概况及研究进展. 植物检疫，27（6）：13-19.

陈卫民，郭庆元，焦子伟，2008. 六种杀菌剂对向日葵白锈病的田间防治效果. 新疆农业科学，45（1）：120-122.

陈卫民，马俊义，缪卫国，等，2004. 新疆向日葵白锈病与防治. 新疆农业科学，41（5）：361-362.

陈卫民，张中义，马俊义，等，2006. 国内新病害——新疆向日葵白锈病发生研究. 云南农业大学学报，21（2）：184‑187.

李秀琴，乾义柯，陈卫民，2014. 向日葵白锈病菌的 Padlock 探针及检测方法研究. 植物检疫（3）：38‑42.

李征杰，任毓忠，杨栋，等，2004. 伊犁地区向日葵白锈病的初步研究. 作物杂志，4：30.

刘彬，2011. 新疆向日葵上两种检疫性病原菌生物学特性及快速检测技术研究. 乌鲁木齐：新疆农业大学.

刘彬，张祥林，王羽中，等，2011. 向日葵白锈病菌巢式 PCR 检测方法的研究. 新疆农业科学，48（5）：859‑863.

夏正汉，付文君，阿来达尔，等，2002. 新强新源县发现油葵白锈病. 植保技术与推广，22（6）：9.

张祥林，王翀，刘彬，等，2013. 向日葵白锈病菌实时定量 PCR 检测试剂盒. 专利，CN 103060437A. https：//patents. google. com/patent/CN 103060437A/zh.

Allen S J，Brown J F，1980. White blister，petiole graying and defoliation of sunflowers caused by *Albugo tragopogonis*. Australas. PlantPathol，9：8‑9.

Bandounas‑van den Bout T，2005. White rust（*Albugo tragopogonis*）of sunflower in South Africa. URN etd‑05232005‑121025，University of Pretoria.

Chandler G T，Plunkett G M，2004. Evolution in Apiales：Nuclear and chloroplast markers together in（almost）perfect harmony. Botanical Journal of the LinneanSociety，144：123‑147.

Crepel C，Inghelbrecht S，Bobev S G，2007. First report of white rust caused by *Albugo tragopogonis* on sunflower in Belgium. PlantDisease，90（3）：379‑379.

Delhey R，Kieher‑Delhey M，1985. Symptoms and epidemiological implications associated with oospore formation of *Albugo tragopogonis* on sunflower Argentina. In：Proceedings of the 11th International Sunflower Conference，Argentina，Mar delPlata，455‑457.

Garbelotto M，Harnik T Y，Schmidt D J，2009. Efficacy of Phosphonic acid，metalaxyl‑M and copper hydroxide against *Phytophthora ramorum* in vitro and in planta. PlantPathol，58，111e 119.

Gulya T J，Viranyi F，Appel J，et al. ，2002. First report of *Albugo tragopogonis* on cultivated sunflower in North America. PlantDis. 86：559.

Hudspeth D S S，Nadle S A，Hudspeth M E S，2000. A *cox2* molecular phylogeny of the Peronosporomycetes. Mycologia，92，674‑684.

Kajornchaiyakul P，Brown J F，1976. The infection process and factors affecting infection of sunflower by *Albugo tragopogi*. Transactions of the British MycologicalSociety. ，66（1）：91‑95.

Lava S S，Heller A，Spring O，2013. Oospores of *Pustula helianthicola* in sunflower seeds and their role in the epidemiology of white blister rust. IMA Fungus，4：251‑258.

Lava S S，Spring O，2012. Homothallic sexual reproduction of *Pustula helianthicola* and germination of oospores. FungalBiology，116（9）：976‑984.

Middleton K J，1971. Sunflower diseases in south Queensland. Queensland Agricultural Journal，97：597‑600.

Novotel Nova N S，1962. White rust on sunflower. Zashchita Rastinii，Moskva.

Rost C，Thines M，2012. A new species of *Pustula*（Oomycetes，Albuginales）is the causal agent of sunflower white rust. Mycological Progress. 11：351 ‑ 359Schwinn，F. J. ，Staub，T. ，1987. Phenylamides and other fungicides against oomycetes. In：Lyr，H. （Ed. ），Modern Selective Fungicides. VEB GustavFischer，Jena，259‑273.

Saharan G S，Verma P R，1992. White Rusts：A review of economically important species. International

Development Research Center（IDRC），Ottawa. Canada MR 315e，65.

Spring O，Marco T，Wolf S，et al.，2011. PCR-based detection of sunflower white blister rust（*Pustula heliatthicola* C. Rost & Thines）in soil samples and asymptomatic host tissue. Eur J Plant Pathol，131：519.

Swingle W T，1892. Some Peronosporaceae in the herbarium of the Division of Vegetable Pathology. J Mycol. 7：109 - 30.

Thines M，Zipper R，Schuffele D，et al.，2006. Characteristics of *Pustula tragopogonis*（syn. *Albugo tragopogonis*）newly occurring on cultivated sunflower in Germany. Journal ofPhytopathology，154：88 - 92.

Thines M，Zipper R，Spring O，2006. First report of *Pustula tragopogonis*，the cause of white blister rust on cultivated sunflower in Southern Germany. PlantDis.，90：110.

Van Wyk P S，Jones B L，Viljoen A，et al.，1995. Early lodging，a novel manifestation of *Albugo tragopogonis* infection on sunflower in SouthAfrica. Helia.，18：83 - 90.

Velichi Eugen，2017. Sunflower white rust - *albugo tragopogonis*，a new disease for the north-east brgan area. Lucrritiinifice. seira Agronomie，60（2）：223 - 226.

Verwoerd L，1929. A preliminary check list of diseases of cultivated plants in the winter rainfall area of the Cape Province. Union of the South African Department of Agriculture Science，Science Bulletin，88：1 - 28.

Viljoen A P S，van Wyk Jooste W J，1999. Occurrence of the white rust pathogen，*Albugo tragopogonis*，in seed of sunflower. PlantDisease，83：77.

Voglmayr H，Riethmüller A，2006. Phylogenetic relationships of *Albugo* species（white blister rusts）based on LSU rDNA sequence and oospore data. Mycological Research，110：75 - 85.

第十节　苜蓿黄萎病及其病原

苜蓿黄萎病病原为苜蓿轮枝菌，也称苜蓿黄萎病菌，苜蓿被侵染后当年即表现黄化、矮缩、萎凋等症状，第二年产草量可降低 15％～50％，导致严重的苜蓿产量损失，大大缩短苜蓿草地的生产和使用周期。苜蓿轮枝菌是我国的重要外来入侵微生物和检疫性有害生物物种。

一、起源和分布

苜蓿轮枝菌最早于 1918 年在瑞典发现，但最早报道发生此病的是德国（Richter et al.，1938）。此后 20 年内传播蔓延至几乎整个欧洲，20 世纪 50 年代传入美国，现在主要分布于欧洲和北美北纬 40°N 以北各国，包括德国、法国、英国、意大利、丹麦、瑞典、波兰、匈牙利、捷克、斯洛伐克、加拿大、美国、新西兰、墨西哥和日本等。

据我国国家市场监督管理总局的资料，苜蓿黄萎病 2010 年前在我国新疆地区局部发生分布，2010 年检疫部门分别在江苏和广西口岸从美国进口的苜蓿饲料中检出苜蓿轮枝菌（吴翠萍 等，2011；黄胜光 等，2015），2014 年首次在甘肃省柳新县草场发现苜蓿黄萎病，并于 2015 和 2019 年在 Plant Disease 杂志报道（Xu et al.，2015；2019）；2017 年辽宁大连检测到从荷兰进口的马铃薯上带有苜蓿轮枝菌。据邵刚等（2006）研究分析，我国西北、东北和华北各地都是苜蓿轮枝菌的适生区和传播扩散的高风险区。

二、病原

1. 名称和分类地位

苜蓿轮枝菌拉丁学名为 *Verticillium alfalfae*，异名有 *Verticillium albo-atrum* Reinke et Berthold，*V. albo-atrum* var. *coespitosum* Wollenw.，*Verticillium albo-atrum* var. *coespitosum*，*Verticillium albo-atrum* f. sp. *pallens* Wollenw，*Verticillium albo-atrum* var. *tuberosum* Ruooph，*Verticillium albo-atrum* var. *tuberosum* Rudolphi。分类学上，此菌属于真核域（Eukaryotes）、真菌界（Fungi）、子囊菌门（Ascomycota）、核盘菌亚门（Pezizomycotina）、粪壳菌纲（Sordariomycetes）、肉座壳亚纲（Hypocreomycetidae）、肉座壳目（Hypocreales）（科的地位未定）、轮枝菌属（*Verticillium*）、非黄色素分泌族（Clade Flavnonexudans）（Wikipedia，2018）。

值得指出的是，在过去很长的历史时期和大量的文献中，苜蓿轮枝菌一直沿用黑白轮枝菌的名称，与我国有广泛分布和危害的棉花黄萎病的一种病原同名，在国家市场监督管理总局和农业农村部外来入侵管理等部门发布的各种相关文件中，也使用的是黑白轮枝菌。直到2011年，Inderbitzin等（2011）根据核糖体转录间区（ITS）、蛋白编码基因肌动蛋白（ACT）、1-α延长因子（EF）、3-磷酸甘油醛脱氢酶（GPD）和色氨酸合成酶（TS）进行系统分析，将轮枝菌属区分为黄色素分泌族和非黄色素分泌族，其中苜蓿轮枝菌菌株与黑白轮枝菌菌株的亲缘关系较远，分别处于两个不同的枝序族中，之后苜蓿轮枝菌从黑白轮枝菌独立出来，单独建立一个种，命名为苜蓿轮枝菌。轮枝菌属的分类体系以及命名的5个新种后来被国际上广泛认可和接受；Xu等（2015）的文献中也将苜蓿黄萎病病原称为苜蓿轮枝菌（*Verticillium alfalfae*），但国内似乎还没有跟上这一国际分类研究的新进展，大部分学者在继续沿用旧的名称。

2. 形态特征

在 PDA 培养基上菌落白色至灰色，绒毛状，后因生成暗色休眠菌丝，菌落中央变黑褐色。分生孢子梗直立，有隔，无色至淡色，但在植物基质上生长的老熟孢子梗基部膨大，色暗。梗上每节轮生 2～4 个小梗（轮枝），可有 1～3 轮，小梗尺度（20～50）μm×（1.4～3.2）μm，顶端亦生小梗（顶枝）。小梗端部的产孢瓶体连续产生分生孢子，聚集成易散的头状孢子球。有时小梗发生二次分枝。由苜蓿茎长出的分生孢子梗长 55～163μm，宽 3.8～5.6μm。梗的顶枝长 30～49μm，宽 2.2～4.4μm，轮枝长 22～27μm，枝层间距 29～46μm。分生孢子无色，单胞，椭圆形、圆筒形，大小（3.5～12.5）μm×（2～4）μm。休眠菌丝暗褐色至黑褐色，直径 3～7μm，分隔规则，隔膜间膨大，呈念珠状，有时集结成菌丝结或瘤状菌丝体（彩图 5-35）。

三、病害症状

发病早期病株上部叶片在温度较高时表现暂时性萎蔫，继而中下部叶片失绿变黄，严重时变枯白色，整株萎凋，横切病株茎部可见维管束变淡褐红色（彩图 5-36）。发病后期植株因生育停滞而严重矮化。该病重要诊断特征：①小叶顶端出现 V 形黄变坏死斑块，严重时病叶卷缩扭曲；②病株叶片枯萎，但茎部在较长时间内仍保持绿色；③在潮湿条件下，枯死茎表面生灰色霉状物，即病原的分生孢子梗。

四、生物学特性和病害流行规律

1. 生物学特性

苜蓿轮枝菌在琼脂培养基平板上菌落生长适温为 20～22.5℃，在 30℃不能生长。菌系对温度的要求有所不同，其生长适温为 25～26℃，在 15℃和 27℃时生长较差，在 5℃和 33℃时停止生长；在梅干煎汁培养基（PLYA）平板上培养，适温为 20～27℃，20d 后形成暗色菌丝体，培养温度为 10℃或 15℃时，延迟数周后方能形成。苜蓿轮枝菌产生的毒素为蛋白质-脂多糖复合物，其中蛋白组分具有致萎作用。苜蓿轮枝菌毒素粗提液经长期贮存和在 100℃以上高温下处理后仍有致病性。

陈倩等（2010）研究表明，适合该菌生长的培养基有甜瓜培养基、马铃薯蔗糖培养基、马铃薯培养基，适合产孢的培养基有马铃薯葡萄糖培养基、甜瓜培养基、梅干培养基。在碳源和氮源中，麦芽糖、乳糖、甘露醇、赖氨酸、牛肉膏、氨基己酸、组氨酸有利于病原的生长；蔗糖、果糖、乳糖、硝酸钠、丙氨酸有利于病原产孢。苜蓿轮枝菌生长和产孢的适宜 pH 为 7.0～9.5。

2. 寄主范围

苜蓿轮枝菌的寄主植物很广泛，但侵染苜蓿的菌系寄主较少，且各地菌系的致病性不一致。北美分离菌株主要危害苜蓿，也侵染马铃薯、蚕豆、草莓、冠状岩黄芪和红花菜豆等，并表现症状。羽扇豆、豌豆、红三叶草、白三叶草、草木樨、驴喜豆、大豆、罗马甜瓜、茄子、啤酒花、西瓜等带菌，但不表现症状。另有报道，大豆、花生和茄子等用苜蓿轮枝菌接种后表现严重症状。据杨家荣等（1997）接种测定，苜蓿轮枝菌英国菌系对豌豆、番茄、茄子、西瓜、绿豆、豇豆和马铃薯具致病力，而对棉花、辣椒、甜椒、向日葵、大豆无致病力，亦有报道称可侵染棉花，但需进一步鉴定明确。该菌可引起系统性病害，全株发病。

3. 侵染循环

苜蓿轮枝菌可在病残体和土壤中形成休眠菌丝体和微菌核越冬，次年环境适宜时，休眠体产生新的菌丝由幼苗根部侵入寄主表皮和皮层，破坏维管束系统，造成植株体内水分和物质运输受阻，从而引起叶片变黄和萎蔫。病原可由健株刈割后茎部的伤口侵入。田间早期病株上产生的分生孢子，可通过风雨、昆虫和农机具等传播到健康植株上，引起当季再侵染（图 5-18）。

苜蓿轮枝菌传播途径很多，带菌种子和带菌植株、昆虫等是病原传播的主要载体。种子是苜蓿轮枝菌远程传播的重要载体，种子外部和内部都能带菌，混杂在种子间的带菌病残体也可传病。豌豆蚜（*Acyrthosiphon pisum*）、苜蓿象（*Hypera postica*）、蝗虫和蕈蚊（*Bradysia* spp.）都是苜蓿轮枝菌的传播介体。加拿大苜蓿切叶蜂（*Megachile rotundata*）用苜蓿叶片筑巢，切叶蜂巢常由加拿大输往欧美，因而也可能是苜蓿轮枝菌远距离传播的途径。病区的带菌苜蓿草制品也是苜蓿轮枝菌远距离传播的主要途径。以晒

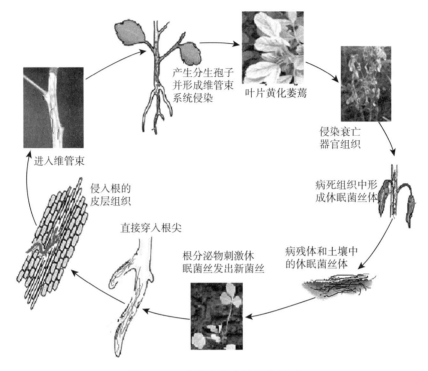

产生分生孢子
并形成维管束
系统侵染

叶片黄化萎蔫

侵染衰亡
器官组织

进入维管束

病死组织中形
成休眠菌丝体

侵入根的
皮层组织

直接穿入根尖

根分泌物刺激休
眠菌丝发出新菌丝

病残体和土壤中
的休眠菌丝体

图 5-18　苜蓿黄萎病的侵染循环

制的干草做原料，生产苜蓿粉时，苜蓿轮枝菌经过脱水过程后仍可存活。此外，在苜蓿田作业的农业机械、卡车、混杂有其他寄主病残体的种子、食用病草牲畜的粪便等也都可能传播苜蓿轮枝菌。

4. 发病条件

苜蓿黄萎病的发生和消长变化，与品种抗病性、病原致病性和环境因素有密切关系。土壤中已积累了相当数量的病原接种体，并连续种植感病品种后，若遇适宜环境条件，苜蓿黄萎病就很可能发生流行。苜蓿黄萎病在灌区或降水频繁、土壤湿度较高的地区发生较重。在黏性、富含有机质的土壤中发生较重。对土壤酸碱度没有明显的选择性，该病发生的温度范围较广，生长适温较高。因而适生地区较广。

五、诊断鉴定和检疫监测

1. 诊断鉴定

与其他植物病害一样，对苜蓿黄萎病的诊断及苜蓿轮枝菌的鉴定也需要用传统生物学方法和现代分子生物学技术相结合，才能得到准确可信的结果。

（1）症状诊断　根据苜蓿黄萎病的前述症状，进行病害的初步诊断。苜蓿黄萎病的典型症状是部分叶片或整个植株黄化萎蔫，植株矮化，茎秆内维管束变浅褐红色，湿润条件下病部可长出灰色的霉。

在田间诊断时，要注意苜蓿黄萎病与其他各种枯萎类型病害相区别。理论上，凡是干扰植株体内水分和营养运输的因子都可能导致黄化萎蔫症状，比如镰刀菌等造成的根腐病、生理性干旱、害虫危害等。因此，田间诊断需要结合病原形态鉴定和分子鉴定，才可能得到准确的结果。

（2）形态鉴定　鉴定轮枝菌属真菌常用 PLYA，配方为梅干煎汁 100mL，乳糖 5g，酵母浸膏 1g，琼脂 30g，蒸馏水 900mL。制取梅干煎汁需将 50g 梅干切成小片，在 100mL 水中煮沸 30min，梅干渣滓榨出汁液后弃去，煎汁调节 pH 至 5.8～6.0，加 1g 酵母浸膏、5g 乳糖、30g 琼脂，蒸馏水 900mL；加热融化后趁热过滤，分装灭菌。用该培养基在 25℃下培养苜蓿轮枝菌 15d 左右，可由培养皿背面清晰观察到暗色休眠菌丝体形成的辐射状结构，培养条件下不形成微菌核；而大丽轮枝菌（*Verticilium dahliae*）则可产生大量的微菌核，呈黑色，小瘤状或颗粒状。

鉴定大量标本时可采用湿皿培养法。该法简单，可避免使用上述琼脂培养基常遇到的杂菌污染问题。方法是在直径 9cm 的玻璃培养皿底部铺 2～3 层吸水纸（滤纸）制成培养床，经高压灭菌后备用。使用时每皿滴加 30mL 灭菌水浸湿吸水纸。取新鲜病株茎或叶柄切成 1cm 长的小段，用自来水冲洗掉表面的泥土杂物后，用含 2％次氯酸钠的溶液表面消毒 1～2min，无菌水冲洗 3 次后，用灭菌解剖刀横切成厚度 1～4mm 的小片，并放置在培养皿内湿滤纸上，每皿 5～10 片，盖上培养皿，并用塑料袋扎紧密封，在 25℃下培养。苜蓿轮枝菌的菌丝可由病组织生长蔓延到吸水纸上并形成分生孢子梗、分生孢子和休眠菌丝结构。用显微镜观察，可清晰地看到枝梗轮生的分生孢子梗和分生孢子，另外在吸水纸与皿底玻璃之间可形成细胞壁较厚的休眠菌丝结构。

章桂明等（2014）在《苜蓿黄萎病菌检疫鉴定方法》(SN/T 1145—2014) 标准中列出引起苜蓿黄萎病的轮枝菌近似种纯培养之间的区别如下：

V. alfalfa 产生黑色休眠菌丝体，不产生微菌核和厚垣孢子，休眠菌丝多细胞，隔膜间隔膨大呈节状，菌丝直径 2.8～6.7μm。

V. dahliae 产生微菌核，葡萄状或念珠状，由多数球形的膨大细胞构成，微菌核大小 (15～178)μm×(18.9～58)μm。

V. nigrescens 产生黑色厚垣孢子，球形或近球形，多单生，少间生，直径 5.3～8.1μm。

V. nubilum 产生黑色厚垣孢子，单生或串生，直径 8.4～17.5μm。

V. tricorpus 产生休眠菌丝体、微菌核或厚垣孢子，休眠体黑色，细胞膨大，呈念珠状，直径 3.2～7.1μm；休眠体产生于休眠菌丝上，有膨大细胞构成，长椭圆形至近球形，直径 34～80μm。

（3）种子检验　检验种子表面是否带菌。将种子样品放入灭菌水内，振荡洗涤 15min 后，取定量洗涤液，滴在培养皿内 Czapek 琼脂培养基平板表面，并充分展布，在 22℃下培养 7d 后选取菌落，挑取分生孢子，在 PDA 或 PLYA 平板上划线。菌落长成后根据病原形态进行鉴定。为防止细菌污染，所用培养基中均可加入抗生素（100mg/kg 硫酸链霉素，50mg/kg 四环素）。

种子内部检验，需先用含有效氯 2％的次氯酸钠溶液或其他表面消毒剂，进行种子表面消毒，然后用无菌水充分洗涤，植床于上述 PLYA 平板上或 Christen 选择性培养基平板上，在 22℃下培养 14d 后根据病原进行形态鉴定。检查种子中混杂的植株根、茎、叶柄等残体，洗净泥土后也可用检查种子内部是否带菌的方法检验。Christen 选择性培养基配方：在 100mL 蒸馏水中加入 L－山梨糖 2g，L－天门冬素 2g，K_2HPO_4 1.0g，KCl 0.5g，$MgSO_4 \cdot 7H_2O$ 0.5g，Fe-Na-EDTA 0.01g，75％五氯硝基苯 1g（有效成分），牛胆汁 0.5g，$NaB_4O_7 \cdot 10H_2O$ 1g，链霉素 0.3g，高压灭菌后 pH 调至 5.7。

（4）致病性试验。挑选感病苜蓿品种的健康饱满种子，播种于温室盆栽钵内，约 4 周后长出 2～4 片真叶，将幼苗拔出并清理干净；从培养 10～14d 的病原培养基上刮下分生孢子和菌丝，配成孢子和菌丝的混合悬浮液；用刀片切除幼苗主根根尖 1～2cm，浸入病原悬浮液中 5min；对照植物用清水浸根。处理后将植株植入盆钵中，在 22～25℃ 和 14h/d 光照条件下生长。接种 7～14d 期间观察记录症状发生情况。一般接种 7d 后开始发病，中下部叶片变黄，呈斑块状黄色，逐渐发展至上部叶片，但叶脉仍保持绿色；重病植株明显矮化，茎秆细弱，叶片完全枯萎脱落。同时还要从病组织中分离和纯化，获得与接种菌株形态特征相同的纯培养。

（5）分子检测　简要介绍 3 种 PCR 方法。

①PCR 检测。Zhang 等（2005）设计的特异性引物 vaal1/vaal2（5′-CCGGTACATCAGTCTCTTTA-3′/CTCCGATGCGAGCTGTAAT-3′）。

DNA 提取：从 DNA 上刮取培养的新鲜菌丝体，在研钵中加入液氮冷冻研磨成细粉；取 0.1g 细粉于 2mL 离心管中，加入 65℃ 预热的 CTAB 提取液 700μL，置于 65℃ 水浴锅中 30min，期间不断摇动混匀；加入 10mg/mL 的 RNA 酶 5μL，充分混匀，置于 37℃ 下 30min；加入等体积 Tris 饱和酚，充分摇匀，13 000r/min 离心 15min；取上清液，加入等体积三氯甲烷、异戊醇混合液（体积比 24∶1），13 000r/min 离心 15min；重复上一步骤 1 次；取上清液，加入等体积异戊醇，轻摇混匀，静置于 -20℃ 冰箱中 30min，13 000r/min 离心 15min；弃上清液，加入 70％ 乙醇 500μL，3 000r/min 离心 3min；重复此步骤 2 次，即得 DNA 沉淀。用坑洞干燥仪干燥，加入 30～50μL 的 TE 缓冲液或灭菌去离子水，充分溶解后，置于 -20℃ 冰箱中保存备用。

反应体系（25μL）：10×PCR 缓冲液 2.5μL、2.5mmol/L dNTP 1.0μL、50mmol/L $MgCl_2$ 1.0μL、10μmol/L 引物各 1.0μL、模板 DNA 1.0μL、5U Taq DNA 聚合酶 0.25μL，以灭菌超纯水补充至 25μL。反应体系中的阳性对照为苜蓿轮枝菌 DNA，阴性对照用大丽轮枝菌等的 DNA，以灭菌去离子水做空白对照。每个样品重复 2～3 次。

反应条件：94℃ 变性 5min；35 循环（95℃、64℃、72℃ 各 30s），72℃ 延伸 10min。

取 5μL 扩增产物，于 1.5％ 琼脂糖凝胶，在 1×TAE 缓冲液中电泳，经溴化乙啶染色后，在凝胶成像系统中观察拍照。

检测结果：阳性对照和阳性样品出现一条 330bp 的扩增条带，阴性对照和阴性样品不出现任何条带。

②实时荧光 PCR 检验：参照杜洪忠等的方法，用前述引物对 vaal1/vaal2，再加上探针 vaa-probe（5′-FAM-ATGCCTGTCCGAGCGTCGTTTCA-TAMRA-3′）；用前述 CTAB（Zhang et al.，2003）方法提取菌丝体 DNA；反应体系（10μL）含 RT-PCR 混合液（Taq Man Master Mix）5μL、10μmol/L 的引物与探针等比例混合的混合液 1.0μL、模板 DNA 1.0μL（10～100 ng）。反应体系中的阳性对照为苜蓿轮枝菌 DNA，阴性对照用大丽

轮枝菌等的 DNA，以灭菌去离子水作为空白对照。每个样品重复 2～3 次。将反应体系混匀后，在实时荧光 PCR 仪中反应，设置反应条件为 95℃预热 2min，95℃变性 10min；40 循环（95℃ 1.0min，60℃ 1min）。

检验结果：在阴性对照。阳性对照和空白对照结果都正常的情况下：检测 Ct 值≤36 的样品判定为苜蓿轮枝菌；Ct 值≥40 的样品判定为其他轮枝菌；若 36＜Ct 值＜40，需重做检测后再判定。

③SCAR-PCR 检测方法，Larsen 等（2007）设计了 SCAR 引物对 SCAR-F/SCAR-R（5′-GGTGACGCAGCAGACGAGCGGGACCGTG-3′/5′-GCACTTATAGTTGTTACCCCTGCGTCACC-3′）；用 ETAB 法或用 FastDNA kit（Q-Biogene，Inc.，Carlsbad，CA）按照其说明提取植物组织中的病原基因组 DNA；反应体系（50μL）含 100ng DNA，25μL 2×TaqMan、25μL 2×TaqMan 普通 RCR 主混合液（应用生物系统公司），900nmol/L 每条引物，加重蒸水至 50μL；两步法 PCR 反应条件为 95℃ 5min，35 循环（94℃ 30s，72℃ 30s）。

检测结果（图 5-19）：阳性对照和带菌样品扩增出一条 1 513bp 的片段（条带），阴性对照（清水和健康植株样品）无条带。

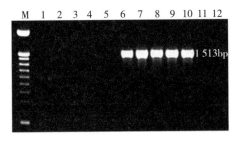

图 5-19　SCAR-PCR 检测苜蓿轮枝菌

2. 检疫监测

苜蓿轮枝菌的监测可分为一般性监测、产地检疫监测和现场检疫监测。

（1）一般性监测　参照 SN/T 1145—2014，一般性监测包括大面积普查和系统调查。

①大面积普查：于苜蓿黄萎病发病盛期进行，在一个区内的不同地点确定不少于 10 块具有代表性的苜蓿地块，每块地采用固定五点取样法，每点调查不少于 50 株，在晴天中午调查。记录发病植株数和严重程度，计算病株（叶）率和病情指数。

②系统调查：选取感病苜蓿品种，于每年的生长季节，选取 3 块代表性地块，采用固定五点取样法，每点调查不少于 30 株。每 1～2 周调查一次，记录发病植株数和严重程度，计算病株率和病情指数。苜蓿黄萎病病害严重程度分 6 级（Grau，1991；Larsen et al.，2007）：0 级，健康无病。1 级，下部叶片出现褪绿黄化。2 级，中下部叶片褪绿黄化，但顶部叶片未褪色黄化。3 级，植株黄化、坏死症状明显，至少一片顶部小叶扭曲畸形。4 级，黄化、坏死症状严重，主茎上所有小叶扭曲变形。5 级，植株死亡。

病株（叶）率和病情指数的计算公式如下：

病株（叶）率＝发病株（叶）数/调查总株（叶）数×100%

病情指数＝（各级病株数×病级值）／（调查总株数×最高病级值）×100%

苜蓿黄萎病的危害程度分为 6 级：0 级，田间植株生长健康正常，调查未见植株发病。1 级，轻微发生，发病面积很小，只见零星的发病植株，病株率 5% 以下，病级 1 级，造成减产＜5%。2 级，中度发生，发病面积较小，发病植株非常分散，病株率 6%～20%，病级 1～3 级，造成减产 5%～10%。3 级，较重发生，发病面积较大，发病植株较多，病株率 21%～40%，病级 4 级以下，个别植株死亡，造成减产 11%～30%。4 级，严重发生，发病面积较大，发病植株较多，病株率 41%～70%，病级达 4～5 级，部分植株死亡，造成减产 31%～50%。5 级，极重发生，发病面积大，发病植株很多，病株率 71% 以上，多数植株病级达 5 级，部分植株死亡，造成减产＞50%。

在非疫区的监测：若大面积踏查和系统调查中发现疑似苜蓿黄萎病植株，要现场拍照，并采集具有典型症状的病株标本，装入清洁的标本袋内，标明采集时间、采集地点及采集人，送外来物种管理或检疫部门指定的专家鉴定。有条件的，可直接将采集的标本带回实验室鉴定。室内检验主要检测苜蓿植株（根、茎、叶）和土壤等是否带有苜蓿轮枝菌的菌丝、分生孢子和厚垣孢子等菌体结构。如果专家鉴定或当地实验室检测确定了苜蓿黄萎病，应进一步详细调查当地附近一定范围内的苜蓿种植地块发病情况。同时及时向当地政府和上级主管部门汇报疫情，对发病区域实行严格封锁和控制。

在疫区的监测：根据调查记录苜蓿黄萎病的发生范围、严重程度和病株率等数据信息，参照有关规范和标准制定病害综合防治策略，采用恰当的病害综合治理技术措施，有效地控制病害，以减轻产量和经济损失。

（2）产地检疫监测　在苜蓿原产地进行的检疫监测，包括田间调查、室内检验、签发证书及监督生产单位做好繁殖材料选择和疫情处理等。

田间调查主要观察植株的生长状况，访问当地农业管理部门、技术部门和苜蓿草场农户，确定疑似苜蓿黄萎病危害的田块，对疑似发病地块进行现场调查，若发现地上部表现黄萎病症状的植株，剖开其根和茎观察维管束组织颜色变化。对地上部无明显症状的植株，随机抽取部分植株，观察其根部及茎部维管束组织的颜色变化。采样前需对取样现场及病害症状拍照。同时采集具有典型症状的中等发病程度植株采样，所有样品装入清洁样品袋中，附上采集时间、地点、品种的记录和田间照片，带回实验室后做进一步检验。

室内检验：主要检测苜蓿植株的各个器官和土壤等是否带有苜蓿轮枝菌。需要进行病原分离纯化、显微镜形态鉴定、致病性试验和分子检测。

经田间症状调查和室内检验不带有苜蓿轮枝菌的苜蓿产品，签发准予输出的许可证。在产地检疫各个检测环节中，如果发现苜蓿轮枝菌，应根据实际情况，立即实施控制或铲除措施。疫情确定后一周内应将疫情通报给产品调运目的地的植物检疫机构和农业外来入侵生物管理部门，以加强目的地有关方面对苜蓿等寄主农产品的检疫监控管理。

（3）现场检疫监测　按照 SN/T 1145—2014 标准，在苜蓿及相关产品的货运交通集散地（机场、车站、码头）实施调运检验检疫。检查调运的商品、包装和运载工具等黏附的土壤是否带有苜蓿轮枝菌。对受检物品等做现场调查，同时做有代表性的抽样，视货运量抽取适量的样品，带回室内进行常规诊断检测和分子检测。进行现场检疫监测。检查时要注意苜蓿种子中有无疑似带病的种子和苜蓿病残体等；观察苜蓿植株中有无可疑的病株。若发现可疑种子和病株，要挑出带回实验室，用前述方法进行检验鉴定。

现场检疫随机取样方法：种子 1.5～10kg 取 1 份，10～100kg 取 2 份，100kg 以上取 3 份，每份样品 1.5kg；植株 1 000 株以下取 1～2 份，1 000 株以上取 3～4 份，每份样品 5 株。将抽取的样品带回实验室做检验鉴定。

在调运检疫中，对检验发现带黄萎病的产品予以拒绝入境（退回货物），或实施检疫处理（如就地封存除害或销毁等措施）；对确认不带菌的货物签发许可证放行。

六、应急和综合防控

对于苜蓿黄萎病，需要根据病原的特性和病害的发生流行规律，采用"预防为主，综合防治"的植物保护基本策略，在非疫区和疫区分别实施应急防控和综合防控措施。在我国，苜蓿黄萎病只在新疆和甘肃的很小范围发现，而且已经实施了铲除措施，所以在其他地方若发现苜蓿黄萎病，必须及时灭除。

1. 应急防控

应急防控措施适用于尚未发生过苜蓿黄萎病的非疫区，所有技术措施都以"彻底灭除"病原为目的，限制病害的扩散蔓延。无论是在交通航站检出带菌物品，还是在田间监测中发现苜蓿黄萎病疫情，都需要及时地采取应急防控措施，以有效地杀灭病原或控制病害，避免其扩散蔓延。

（1）调运检疫检出苜蓿轮枝菌的应急处理　对现场检查出携带苜蓿轮枝菌的苜蓿种子等材料或产品，应全部收缴并销毁。对检出带有苜蓿轮枝菌的其他产品，应拒绝入境或将货物退回原地。对不能退回原地的要及时就地封存，然后视情况做如下应急处理：

产品退货处理：将检出苜蓿轮枝菌的货物尽快退回原发货地。

产品销毁处理：港口检出货物及包装材料可以直接沉入海底。机场、车站的检出货物及包装材料可以直接就地安全烧毁。

消毒处理：可用碘甲烷或溴甲烷对苜蓿种子及其产品等进行熏蒸处理，在 20℃密闭条件下熏蒸 24～48h，可杀灭携带的苜蓿轮枝菌。

检疫隔离处理：如果是引进的苜蓿种子等繁殖材料，必须在检疫机关设立的植物检疫隔离中心或检疫机关认定的安全区域隔离种植，经一定期间观察，确定无病后才允许释放出去。隔离种植需要在我国在上海、北京和大连等设立的"A1 类植物检疫隔离种植中心"的种植苗圃进行。

（2）产地农田疫情的应急处理　在产地检疫中发现苜蓿轮枝菌疫情后，要严禁发病区的种子和种苗调运出口到非疫区，确保非疫区播种健康的苜蓿；及时清除苜蓿病株，对于零星发病植株，要及时拔除并带出田间集中烧毁；禁止农田间漫灌和串灌，进出病区的农用工具、土壤、有机肥等需用石灰、高锰酸钾、甲醛、噁霉灵等药剂进行消毒处理，农用工具消毒处理后需隔离存放，以切断农具传播途径。

（3）非疫区疫情监测和应急处理　在苜蓿轮枝菌的非疫区进行定期大面积监测，若发现小范围疫情，应对病害发生的程度和范围做进一步详细地调查，并报告上级行政主管部门和技术部门，同时及时采取措施封锁病区，严防病害扩散蔓延。然后做进一步处理：铲除病田所有苜蓿植物并彻底销毁；随后用碘甲烷或溴甲烷等药剂对病田及周围做土壤熏蒸处理，或用甲醛、多菌灵等药剂进行 2～3 次土壤杀菌处理。在处理后的发病地块及周围农田，不再种植苜蓿和马铃薯等寄主作物，而改种其他牧草和非寄主农作物。

经过田间应急处理后，需要留一定小面积田块继续种植苜蓿，以观察应急处理措施对苜蓿轮枝菌的控制效果。若在 2～3 年内未监测到苜蓿轮枝菌疫情，即可认定应急铲除措施有效，并可申请解除当地的疫情应急状态。

2. 综合防控

主要有种植耐抗病品种、加强田间管理、合理施药防治等。

主要参考文献

陈婧，白应文，杨继娟，等 . 2010. 苜蓿黄萎病菌中国菌株生物学特性研究 . 草地学报，18（2）：274 - 279.

杜洪忠，吴品姗，严进，2011. 苜蓿黄萎病菌实时荧光 PCR 检测方法 . 植物检疫，2（25）：45 - 47.

国家质量监督检验检疫总局，2006. 苜蓿黄萎病菌 .（2006 - 07 - 21）［2021 - 06 - 30］http：//www. aqsiq. gov. cn/xxgk _ 13386/ywxx/dzwjy/201011/t 20101109 _ 257783. htm.

黄胜光，卢兆山，邱世明，等，2013. 广西防城港首次截获苜蓿黄萎病菌 . 植物保护，38（1）：180 - 183.

李鑫，张寅寅，刘冉，等，2017. 辽宁局全国首次在进境荷兰马铃薯微型薯中检出苜蓿黄萎病菌 . 植物检疫，31（5）：43.

马德成，秦晓辉，等，2006. 新疆局部地区苜蓿黄萎病防控与扑灭 . 植物检疫，20（6）：394.

邵刚，李志红，张祥林，等，2006. 苜蓿黄萎病菌在我国的适生性分析研究 . 植物保护，32（5）：48 - 51.

王雪薇，喻宁莉，马德成，等，1998. 新疆苜蓿病害种类和分布的初步研究 . 草业学报，7（2）：48 - 52.

吴翠萍，李彬，粟寒，等，2011. 进境美国苜蓿草中苜蓿黄萎病菌的检疫鉴定 . 植物检疫，25（1）：42 - 46.

吴亚楠，李志强，2015. 苜蓿黄萎病菌的检疫与防控 . 中国奶牛，5：51 - 53.

杨家荣，商鸿生，李玥仁，1997. 苜蓿黄萎病病原菌研究 . 草业学报，6（3）：42 - 44.

张祥林，毋跃华，张振华，2004. 不同营养和培养条件对黑白轮枝菌生长的影响 . 新疆农业科学，41（5）：283 - 287.

Bergstrom G C，1984. Verticillium wilt of alfalfa. Fact Sheet. Cornell University.

Christen A A，Peaden R N，1981. Verticillium Wilt in Alfalfa. PlantDisease，65：319 - 321.

Christen A A. 1983. Demonstration of *Verticillium albo-atrum* within alfalfaseed. Phytopathology，72：412 - 414.

Christie B R，Papadopoulos Y A，Busch L V，1985. Genetics and breeding for resistance to verticillium wilt in alfalfa. Can. J. Plant Pathol. ，7：206 - 210.

Graham J H，Peaden R N，Evans D W，1977. Verticillium wilt of alfalfa found in the United States. Plant Dis. Rep，61：337 - 340.

Grau C R，1991. Standard Test：Verticillium wilt resistance. North American Alfalfa Improvement Conference. Online Publication. （1991 - 05 - 20）［2021 - 09 - 07］http：//www. naaic. org.

Huang H C，2010. Verticillium wilt of alfalfa：epidemiology and control strategies，Canadian Journal of Plant Pathology，25（4）：328 - 338. DOI：10. 1080/07060660309507088.

Inderbitzin P，Bostock R M，Davis R M，et al. ，2011. Phylogenetics and taxonomy of the fungal vascular wilt pathogen Verticillium，with the descriptions of five new species. PLoS One 6：e 28341. https：//www. ncbi. nlm. nih. gov/pmc/articles/PMC 3233568/.

Inderbitzin P，Subbarao K V，2014. Verticillium systematics and evolution：how confusion impedes

Verticillium wilt management and how to resolveit. Phytopathology，104（6）：564 – 574.

Isaac I，1957. Wilt of Lucerne caused by species ofVerticillium. Ann. Appl. Biol.，45：550 – 558.

Koepsell P，1980. Verticillium wilt of alfalfa. Extension Circular，Oregon State University. file：//C：/ Users/cqliber/Downloads/ECNO 1002%20（2）. pdf.

Krietlow K W，1962. Verticillium wilt of alfalfa. A destructive disease in Britain and Europe not yet observed in the United States. U. S. Dept. of Agric.，Agricultural Research Service，ARS 34 – 20.

Larsen R C，Vandemark G J，Hughes T J，et al.，2006. Development of a real-time polymerase chain reaction assay for quantifying *Verticillium albo-atrum* DNA in resistant and susceptible alfalfa. Phytopathology，97：1519 – 1525.

Oregon State University，2011. Alfalfa（*Medicago sativa*）– Verticillium wilt. Plant Disease Host and Disease Descriptions.

Pennypacker B W，Leath K T，Hill R R，1985. Resistant alfalfa plants as symptomless carriers of *Verticillium albo-atrum*. Plant Dis.，69：510 – 511.

Sheppard J W，1979. Verticillium wilt，a potentially dangerous disease of alfalfa in Canada. Can. Plant Dis. Surv.，59（3）：60.

Stuteville D L，Erwin D C，1990. compendium of Alfalfa Diseases，2nd ed. St. Paul，MN：APSPress.

Xu S，Christensen M J，Creamer R，et al.，2019. Identification，characterization，pathogenicity and distribution of *Verticillium alfalfae* in alfalfa plants in China. Plant Disease，DOI：10. 1094/PDIS-07 – 18 – 1272 – RE. https：//www. ncbi. nlm. nih. gov/pubmed/31033401.

Xu S，Li Y Z，Nan Z B，2015. First report of Verticillium wilt of alfalfa caused by *Verticillium alfalfae* in China. Plant Disease，https：//apsjournals. apsnet. org/doi/full/10. 1094/PDIS-05 – 15 – 0496 – PDN https：//doi. org/10. 1094/PDIS-05 – 15 – 0496 – PDN.

Zhang Z G，Chen R H，Wang Y C，et al.，2005. Molecular detection of *Verticillium albo-atrum* by PCR based on its sequences. Agricultural Sciences in China，4（10）：760 – 766.

第十一节　香蕉枯萎病及其病原

　　香蕉枯萎病的病原为香蕉枯萎病菌，也称尖孢镰刀菌古巴专化型，是一种土传真菌。感病香蕉品种一经感染就很难正常生长结果，给香蕉生产造成严重的产量和经济损失，因此其被认为具有入侵性。Cavendish 系列品种是当前香蕉生产国的主要栽培品种，该菌的 1 号小种在世界上分布较普遍，而威胁这些品种生产的香蕉枯萎病菌株系基本属于 4 号小种（TR4）。

　　根据不同的鉴别寄主，将香蕉枯萎病菌划分为 4 个生理小种（race）。1 号小种几乎在全世界都有分布，感染香蕉的栽培种大蜜哈［Gros Michel（AAA）］、龙牙蕉（Musa AAB）和矮香蕉［dwarf cavendish（AAA）］；2 号小种在中美洲、洪都拉斯、萨尔瓦多、波多黎各、多米尼加共和国和维尔京群岛，侵染三倍体杂种煮食蕉（ABB），如棱指蕉（Bluggoe）及其近缘品种和某些 Jamaica 四倍体（AAAA）等，不侵染大蜜哈；3 号小种在自然条件下只侵染芭蕉科的蝎尾蕉属植物（*Heliconia*），对大蜜哈和野蕉（BB）仅有微弱的致病力；4 号小种是 1967 年首先在我国台湾报道的一个新小种，几乎可以感染目前所有的香蕉栽培品系，包括矮香蕉、野蕉（*Musa balbisiana*）、棱指蕉和较抗 1 号小种的 Cavendish（AAA）系列品种。

　　香蕉枯萎病（Fusarium wilt，Panama disease）是目前香蕉生产面临的最严重病害，对香蕉种植环境、周边生物多样性及世界香蕉贸易造成的危害都非常大。同时也是 20 世纪 50 年代导致中、南美洲和加勒比地区出口贸易减少的重要因素之一。这些区域曾经普遍种植高感 1 号小种的 Gros Michel（AAA 基因组）品种，据估计 1940—1960 年期间，洪都拉斯的乌卢阿河（Ulua）河谷地区就约有 30 000hm² 香蕉园绝收，苏里南在 8 年中有 4 000hm² 香蕉园绝产，哥斯达黎加的克波斯（Quepos）区在 20 年内有 6 000hm² 香蕉被毁（Stover，1972）。直到 20 世纪 70 年代后，这些地区换种了抗 1 号小种的 Cavendish（AAA 基因组）系列品种，才拯救了该地区的香蕉种植产业。但是随后，在澳大利亚、加那利群岛、非洲和中国台湾等地的香蕉园 Cavendish 系列品种却被 4 号小种侵染。近些年来，4 号小种毁灭了东南亚地区大面积栽培的 Cavendish 品种（Ploetz et al.，2000）。4 号小种自出现以来，已经在马来西亚、印度尼西亚、中国南方、菲律宾和澳大利亚北方特区种植的 Cavendish 品种作物上引起了严重危害（Ploetz，2006；Molina et al.，2008；Buddenhagen，2009）。Garcia-Bastidas 等（2014）新近报道在约旦河谷地区有 80% 的 Cavendish 香蕉面积和农场中 20%～80% 的植物受到 4 号小种的侵染，导致枯萎病流行成灾。某些农场主种植的其他品种也易感染，如巴西、印度尼西亚、马来西亚和菲律宾等地普遍栽培的 Silk（AAB 基因组）品种，还有 Pome（AAB 基因组）、Bluggoe（ABB 基因组）系列和 Pisang Awak（ABB 基因组）品种等，香蕉枯萎病是限制这些品种生产的重要原因。另外，美洲和加勒比地区 Gros Michel（AAA 基因组）品种的大范围栽种，引起枯萎病流行非常严重，从而导致大面积种植香蕉被禁止。作为补偿，不得不将沿海热带区域开垦出来作为新的香蕉种植园，随着该病扩散到新的香蕉园，人们继续开辟新的香蕉种植区，如此循环下去，从而导致大量的自然植被被毁灭。该病的发生和流行使得一些农场主放弃种植感病香蕉品种（如非常感病的 Silk 等），从而导致这些品种或种质资源消失，品种（基因）多样性减少。在我国大陆，4 号小种于 1996 年传入广东番禺，引致 Cavendish 香蕉系列品种的巴西蕉和广东 2 号品种严重发病，其后该小种又相继被传到福建、海南和广西，目前该病在我国大部分香蕉产区都有发现和报道，发病率为 10%～40%，重病果园病株率达 90% 以上，以致蕉园丢荒，造成了严重的经济损失，而且发生面积和危害程度还在不断扩大，严重制约着我国香蕉产业的发展。

　　总之，香蕉枯萎病是一种侵染香蕉植株维管束的一种毁灭性病害，是国际植物检疫对象，在我国南方数省香蕉产区都有发生。病原在土壤中存活时间达数年之久，一般减产 20% 以上，严重的田块甚至绝收，需要引起我们高度重视。

一、起源和分布

1. 起源

　　Bancroft J. 于 1876 年首次报道香蕉枯萎病，他当时认为该病害是由一种真菌所致，并没有证实。1904 年夏威夷农业试验站的园艺学家 Higgins J. E.（1904）的报道证实了香蕉枯萎病是一种真菌病害。Erwin F. Smith 从来自于古巴的香蕉样品组织中首次分离到香蕉枯萎病的病原，并于 1908 年在波士顿召开的美国植物病理学会第一次学术年会上报道了他的研究结果，他发现该真菌属于镰刀菌属（*Fusarium*），并因为其来源于古巴而将其命名为古巴镰刀菌（*Fusarium cubense*）（Smith，1910）。Brandes E. W.（1919）的研究证实并确认了此种真菌就是香蕉枯萎病的病原。后来 Wollenweber H. W. 和 Reinking O. W.（1935）研究认为此病原是尖孢镰刀菌的一个变种，将其命名为尖孢镰刀菌古巴专化型，即香蕉枯萎病菌。1935—1939 年间在南美洲香蕉产区枯萎病大面积发生，致使约 4 万 hm² 香蕉园被毁，并随着当地香蕉的出口传播到世界各地，可是直到 20 世纪 60 年代所记载的病原一直都是 1 号小种，主要侵染 Cavendish 系列品种。

香蕉枯萎病菌被普遍认为是从东南亚的野生和栽培香蕉中演化而来，因为在该地区此病原的遗传多样性最丰富（Pegg et al.，1993，Bentley et al.，1995），爪哇、苏门答腊岛、马来半岛和婆罗洲岛等地区可能都是病原的起源中心。也有迹象显示，非洲可能是此病原的独立起源地。根据近年来对病原不同菌株和生理小种营养亲和性（vegetative compatibility）的研究，认为病原的起源比较复杂，不少菌株和生理小种可能起源于各自独立的国家或地区。

2. 国外分布

最近记载发生香蕉枯萎病的地区有新几内亚和密克罗尼西亚，其跨越华莱士线进入美拉尼西亚的线路非常清晰，其可能是通过东南亚染病植物材料被引入这些地区的。在密克罗尼西亚，用抗香蕉叶黑条斑病的东南亚品种更换当地感病品种被认为与枯萎病发生流行密切关联，引进该国的种质材料带有香蕉枯萎病菌；也有足够的证据表明，来自爪哇的移民携带的带菌香蕉种植材料，将病原也引进了新几内亚（Ploetz et al.，2000）。根据 CABI（2018）的最新记载，香蕉枯萎病菌很可能在南太平洋和美拉尼西亚交界的中东和索马里以外的其他亚洲、非洲和美洲的大多数香蕉种植区都已有分布，这包括亚洲的孟加拉国、文莱、中国、印度、印度尼西亚、以色列、约旦、老挝、黎巴嫩、马来西亚、缅甸、尼泊尔、阿曼、巴基斯坦、菲律宾、新加坡、斯里兰卡、泰国和越南；非洲的贝宁、布基纳法索、布隆迪、喀麦隆、刚果、刚果民主共和国、科特迪瓦、埃及、埃塞俄比亚、加纳、几内亚、肯尼亚、马达加斯加、马拉维、马里、毛里塔尼亚、毛里求斯、莫桑比克、尼日尔、尼日利亚、卢旺达、塞内加尔、塞拉利昂、南非、西班牙、坦桑尼亚、多哥和乌干达；北美洲的墨西哥和美国（夏威夷）；中美洲和加勒比地区的哈马斯、巴巴多斯、伯利兹、英属维尔京群岛、开曼群岛、哥斯达黎加、古巴、多米尼加、萨尔瓦多、格林纳达、瓜德罗普、危地马拉、海地、洪都拉斯、牙买加、马提尼克、尼加拉瓜、巴拿马、波多黎各、圣卢西亚、圣文森特和格林纳丁斯、特立尼达和多巴哥、美属维尔京群岛；南美洲的巴西、哥伦比亚、厄瓜多尔、法属几内亚、圭亚那、秘鲁、苏里南和委内瑞拉；欧洲的葡萄牙和西班牙；大洋洲的澳大利亚、斐济、关岛、马绍尔群岛、密克罗尼西亚联邦、北马里亚纳群岛、巴布亚新几内亚和汤加。

3. 国内分布

在我国，香蕉枯萎病菌 1 号小种曾经有分布。4 号小种于 1967 年在台湾广泛种植的（抗 1 号小种的）Cavendish 系列品种上首次发现，并造成了严重危害，但那以后的近 20 年里，由于台湾海峡的阻隔，其一直未传入大陆。1996 年首次报道传入广东番禺，并在珠江三角洲的香蕉产区蔓延，现已在盛产香蕉的福建、广东、广西、海南、湖南和云南等省份已有发生和较广泛的分布。

二、病原

1. 名称

香蕉枯萎病菌拉丁学名为 *Fusarium oxysporum* f. sp. *cubense*（Smith）Snyder et Hansen（简称 Foc），异名有 *Fusarium cubense* E. F. Sm.、*Fusarium cubense* var. *inodoratum* E. W. Brandes、*Fusarium* var. *cubense*（E. F. Sm.）Wollenw. 其引起的香蕉枯萎病国际通用英文名有 panana disease of banana、banana wilt、Fusarium wilt of banana、vascular wilt of banana and abaca。

2. 分类地位

该病原属于真核域（Eukaryotes）、真菌界（Fungi）、子囊菌门（Ascomycota）、核盘菌亚门（Pezizomycotina）、粪壳菌纲（Sordariomycetes）、肉座壳亚纲（Hypocreomycetidae）、肉座壳目（Hypocreales）、丛赤壳科（Nectriaceae）、镰刀菌属（*Fusarium*）、尖孢镰刀菌种（*Fusarium oxysporum*）、尖孢镰刀菌古巴专化型。

香蕉枯萎病菌 1 号小种对 Gros Michel、Silk、Pome 和 Pisang awak 等品种致病；2 号小种侵染 Bluggoe 及其相关煮食香蕉品种；3 号小种侵染蝎尾蕉属植物（*Heliconia*），有报道称其对 Gros Michel 品种和野蕉的幼苗也具有较弱的侵染性（Waite，1963），但从那以后还没有该小种有关的报道；4 号小种最初被认定是侵染 Cavendish 系列品种的株系，在 20 世纪 90 年代之前，在澳大利亚、加那利群岛和非洲的亚热带地区以及牙买加、瓜德罗普等种植的 Cavebdish 香蕉系列品种上发现枯萎病症状，有足够的证据显示，当时其对香蕉的危害很有限，是因为亚热带地区的温度和热带区的土壤因素不利于其侵染致病（Ploetz，2005）；这些株系最初被归入 4 号小种，随后则被划分为亚热带 4 号小种（subtropic race 4，STR4），以将它们与不具备低温和土壤限制因子条件下也能侵染致病的镰刀菌株系区别开来。STR4 的这些株系后来又进一步区分为 STR4 和 4 号小种。

香蕉枯萎病营养亲和群（vegetative compatibility group，VCG）划分：真菌的营养亲和性测定是研究菌株之间亲缘关系的一种技术手段。如果两个菌株配对培养后能配合形成异核体，则二者具亲和性，属于同一个营养亲和型。菌株的营养亲和性是受 vic 或 het 的多个不亲和位点调控的，同一亲和性不同菌株的每一个不亲和位点上都具有相同的等位基因，具有这样特性的菌株被确定为同一个营养亲和群。目前已被确定香蕉枯萎病营养亲和群有 25 个，即 VCG0120，0121~0129，01210，01211~01224。其中 STR4 属于 VCG0120、0121、0122、0129 和 01211 群，4 号小种属于 VCG 01213~01216 群；1 号和 2 号小种则同时属于 VCG0124、0125、0128 和 1212 群（Puhalla，1985；Ploetz et al.，2000；Buddenhagen，2009；Fourie et al.，2009；Visser et al.，2010；Fourie et al.，2011）；付岗 等，2016）。

3. 形态特征

该菌在 Komada 改良培养基上培养约 10d 形成的菌落白色，随着培养时间延长，菌落中先产生小型分生孢子，后产生大型分生孢子和厚垣孢子，使菌落变为浅红色。R4 小种的菌落边缘呈裂齿状，而 1 号小种及其他的镰刀菌的菌落边缘则平滑。在 PDA 上菌落白絮状，基质淡红色或淡紫红色，5～7d 形成大量小型分生孢子，10～15d 形成大型分生孢子，30d 后形成厚垣孢子（彩图 5-37）。

　　香蕉枯萎病菌与尖孢镰刀菌的其他变种、腐生和拮抗菌变种从形态特征上没有明显区别（Messiaen et al.，1968；Booth，1972；Leslie et al.，2006），现在还没有发现其有性阶段，属于无性繁殖真菌类（asexual fungi）或称半知菌类（Deuteromycetes），只产生大型分生孢子、小型分生孢子和厚垣孢子作为繁殖和传播体。大型分生孢子和小型分生孢子产生于一种橙色分生孢子堆（sporodochia）构造中；甚至在携带有 Mat 1 和 Mat 2 基因的菌株中都没有发现其有性阶段（Fourie et al.，2011）。香蕉枯萎病菌大型分生孢子产生很丰盛，$(27\sim55)\mu m \times (3.3\sim5.5)\mu m$，镰刀形至几乎笔直，薄壁，3～5 个分隔（通常 3 个），形成于瓶梗形产孢细胞上，顶端细胞渐尖或钩状，基部细胞脚板状；小型分生孢子 $(5\sim16)\mu m \times (2.4\sim3.5)\mu m$，通常不分隔，少数具有 1 个隔膜，卵圆、椭圆至肾脏形，大量形成于菌丝或大型分生孢子中，在单瓶梗上许多小孢子聚集呈假头状；厚垣孢子球形，壁厚，直径 7～11μm，大量产生于菌丝和大型分生孢子中，单生或呈链珠状，常呈对。在 PDA 上，菌落形态有变化，菌丝体呈绒毛状或絮状，稀疏或丰盛，白色、橙红至淡紫色；有的菌株可产生黑至紫色的菌核；尖孢镰刀菌在 PDA 上常产生淡紫色至黑红色的色素粒（Stover，1962；Ploetz，1990；Pérez-Vicente et al.，2003）。在 PDA 上，有些菌株变化很快，从鲜艳的分生孢子聚集成的分生孢子团，变为微黄白至桃红色的平坦湿润菌丝体（Stover，1962；Ploetz，1990）。在改良 Komada 培养基（K2）上，4 号小种的某些菌株形成锯齿状边缘的放射状菌落，1 号和 2 号小种的菌株中没有发现这种菌落特征（Sun et al.，1978；Qi et al.，2008），但这一特征并非 4 号小种的诊断特征。

三、病害症状

　　香蕉枯萎病菌侵染香蕉根系和球茎，感病早期无明显外部症状，被侵染一段时间后，由于植株输导组织被堵塞，叶片自下而上相继发病，先是叶片边缘变黄，并逐渐扩展至主脉，叶柄在靠近叶鞘处容易折曲、下垂，后期病叶凋萎后倒挂在假茎旁，直至全株枯死；有时假茎基部开裂。若是假植的组培苗染病，其叶片褪绿、无光泽，呈黄绿色或局部甚至整叶黄化；严重时整个假茎全部变为褐色，部分根变褐腐烂。横切罹病香蕉植株的球茎部，可见维管束组织变成红褐色或暗褐色。纵剖病株球茎，可看到红褐色至暗褐色病变的维管束呈线条状，假茎基部颜色深，并一直延伸到球茎内部，根系变黑褐色而干枯，纵剖罹病小苗的假茎则可见褐色至红褐色的坏死斑点（彩图 5-38）。

　　在有些品种上的枯萎病症状不太明显，叶片黄化不太严重，但病叶容易干枯和被风吹烂；多片叶子丛生和矮化，在叶柄基部出现变色条纹，一般不见叶柄折倒和假茎纵裂（Stover，1972）。

四、生物学特性和病害流行规律

1. 生物学特性

温度、光照和 pH 显著影响该菌菌丝生长和孢子的萌发。菌丝生长温度范围为 10～

30℃，最适温度为 25℃；分生孢子萌发的温度范围为 5～40℃，适合萌发的温度为 15～30℃，最适温度为 25℃；在全暗的条件下菌丝生长最好，而在紫光和全光照射下，孢子萌发较好。生长略喜酸，适宜 pH 为 4.0～7.0。孢子致死温度为 70℃（10min）或 75℃（5min），由此推测，该病原在运输过程中存活率较高。

2. 寄主范围

尖孢镰刀菌包含有 100 多个变种或形式种（Gerlach et al.，1982），我们从培养形态特征上很难将不同种加以区别，不同的变种通常仅限于侵染相关种类的植物，这些变种可侵染棉花、亚麻、番茄、甘蓝、豌豆、甘薯、西瓜和油棕榈等不同的作物。按照目前的定义，香蕉枯萎病菌只侵染姜目（Zingiberales）、芭蕉科（Musaceae）的小果野芭蕉（*Musa acuminata*）、球茎野芭蕉（*M. balbisiana*）、裂果野芭蕉（*M. schizocarpa*）和麻蕉（*M. textilis*），以及赫蕉科（Heliconeaceae）的加勒比赫蕉（*Heliconia caribaea*）、革叶赫蕉（*H. chartacea*）、粗糙赫蕉（*H. crassa*）、粉鸟蝎尾蕉（*H. collinsiana*）、黄苞蝎尾蕉（*H. latispatha*）、玛利亚赫蕉（*H. mariae*）、垂花赫蕉（*H. rostrata*）和 *H. vellerigera*（Stover，1962；Waite，1963）。其他的寄主包括小果野芭蕉与球茎野芭蕉的杂交种和小果野芭蕉与裂果野芭蕉的杂交种。

香蕉枯萎病菌还可能在杂草上寄生残活，已报道（Waite et al.，1953；Rodríguez et al.，2014；Pérez et al.，2014）的香蕉园杂草寄主（彩图 5 - 39）有簇生雀稗（*Paspalum fasciculatum*）、紫黍（*Panicum purpurascens*）、长尾禾（*Ixophorus unisetus*）、竹节菜（*Commelina diffusa*）、白苞星星草（*Euphorbia heterophylla*）、羽芒菊（*Tridax procumbens*）、虎尾草（*Chloris inflata*）和侧象腿蕉（*Ensete ventricosum*）等。

3. 侵染循环

香蕉枯萎病菌 4 号小种为土壤习居菌，以分生孢子、厚垣孢子或者菌丝体的形式在土壤和寄主香蕉体内长时间存活，并通过流水、土壤、农用机械以及农事操作在不同蕉园传播扩散，植株病残体及带菌土壤为主要的初侵染源，不存在越冬或越夏问题，而且厚垣孢子在土壤中可存活几年到十几年，但在积水缺氧的情况下存活期则大为缩短。对成株而言，从侵染到表现症状约需要 6 个月，一般雨季感病，10～12 月为病害发生高峰期，有明显的发病中心。在自然条件下，植株病残体、带菌土壤、农具、农作者的衣物、病区灌溉水、雨水、线虫等是该病近距离传播的主要方式，而远距离传播则主要通过带菌蕉头、吸芽苗或假植组培苗的远距离调运完成（图 5 - 20）。

有研究结果表明，高密植果园 4 号小种侵染发病严重（Meldrum et al.，2013），果园中感病植株聚集成片，这意味着病原在植株之间传播，但有的病株较分散和独立，这说明病原可能还有其他扩散方式。香蕉枯萎病菌可通过植物种植材料、被污染的植物器官、土壤和水传播；据推测，风雨可能传播香蕉枯萎病菌，但还没有研究对此给予证实。4 号小种在温室植株上可形成分生孢子团，但在田间条件下尚未观察到。在干燥的地方，风携带被污染的尘粒，也可能是传播香蕉枯萎病菌的载体。导致洪灾的疾风暴雨也被认为是香蕉枯萎病菌传播的重要途径。昆虫介体，特别是香蕉球茎象甲（*Cosmopolites sordidus*）可能传播香蕉枯萎病菌；凡是有香蕉的地方都能发现该昆虫，其在土壤活动，取食香蕉的根和球茎（Gold et al.，2001）。Meldrum 等（2013）通过 PCR 检测证明澳大利亚香蕉田中

图 5-20 香蕉枯萎病菌侵染循环

香蕉球茎象甲的外骨骼中有 4 号小种存在。有些品种上香蕉枯萎病菌传播迅速，如在牙买加 20 世纪早期首次发现该病害（1 号小种），两年之后在 Gros Michel 品种 14 000 株中就有 70％的植株侵染发病（Cousins et al.，1930）。

4. 发病条件

香蕉适合生长在年平均气温为 24～25℃、年降水量大于 1 200mm 的热带和亚热带，在我国主要分布于广东、广西、海南、福建、台湾、云南南部及贵州罗甸和红水河流域一带。这些产区的气候均适于香蕉枯萎病菌 4 号小种的生长，只要该菌传入，极易定植、扩散，最终导致暴发性流行，给当地的香蕉产业带来毁灭性打击。若天气时干时湿，将会影响香蕉的抗性，而且易使香蕉地下部形成伤口，故有利于病原侵染；高温多雨、土壤酸性、沙壤土、肥力低、土质黏重、排水不良、下层土渗透性差和耕作伤根等因素，有利于病害发生。感病的春植蕉一般在 6～7 月开始发病，8～9 月加重，10～11 月进入发病高峰。地势低洼、土壤酸性偏高、下层土壤渗透性差以及用带菌的假植组培苗，有利于病害发生与蔓延。

五、诊断鉴定和检疫监测

根据香蕉枯萎病及其发生和流行规律，参照标准 SN/T 2665—2010 及国内外发表的最新研究成果，拟定香蕉枯萎病的诊断检测鉴定技术和监测技术。

1. 诊断鉴定

香蕉枯萎病的检测技术可分为传统生物学和现代分子生物学技术。

（1）症状诊断 即根据本节中前述香蕉枯萎病的症状进行田间诊断，其典型症状是植株不同程度矮缩，从下部老叶开始黄化并向上部嫩叶发展，叶片枯死自叶柄处坠折下垂但不掉落；假茎基部可开裂，裂口组织变黑褐色坏死；球茎和假茎内部维管束变黑褐色。

需要指出，症状诊断方法只能得出初步结果，其结果不一定准确可靠，因为香蕉上可能会发生与香蕉枯萎病症状相类似的几种细菌性枯萎病，诊断时要注意将它们相互区分开来。最易混淆的是由青枯劳尔氏杆菌引起的香蕉细菌性枯萎病（Moko disease），诊断时可通过果实加以区别，香蕉枯萎病不侵染果实，而细菌性枯萎病则导致果实内部产生褐色的干腐症状。还有其他生物性和生理性病害可引起黄叶等与香蕉枯萎病相似的症状，这需要通过仔细观察植株表面和内部的（如维管束变色）症状，以及病组织分离鉴定来区别。

（2）形态学鉴定 对香蕉大苗和成株，将有维管束变色的球茎组织切成（1～1.5)cm×(1～1.5)cm 的方块，先放入 70%乙醇溶液中 10s，再转入 0.1%升汞溶液中浸泡1～2min 进行表面消毒处理，然后用灭菌水漂洗 3 次，于无菌滤纸上晾干，用无菌刀片除去外皮后再切成（0.3～0.5)cm×(0.3～0.5)cm 的小方块，置于 PDA 平板上，25℃下培养；对香蕉小苗则将球茎切成约 0.3cm×0.3cm 的小方块，先放在 70%乙醇（酒精）溶液中浸泡 5s，再转入 0.1%升汞溶液中浸泡 15～60s 表面消毒，用灭菌水漂洗 3 次后于无菌滤纸上晾干，置于 PDA 平板上，25℃下培养。培养 24～48h 后用经火焰灭菌的接种针挑取长出的菌丝体尖端（连同培养基），转移到新的平板培养基上培养，可能需要如此转移 2～3 次，直到获得典型的纯培养。挑取纯培养制片进行显微镜检，观察测量菌丝、大型分生孢子、小型分生孢子和厚垣孢子形态。菌落白色絮状，基质淡紫或淡紫红色；培养5～7d 可产生大量小型分生孢子，培养 10～15d 可产生少量大型分生孢子，培养 30d 后有厚垣孢子形成。

也可将待鉴别菌株的单胞分离转移至改良 Komada 培养基平板上，25℃、与日光灯相距约 30cm 照射下培养 10～15d 后观察菌落性状，4 号小种的菌落边缘为裂齿状，而 1 号小种及其他镰刀菌的菌落边缘则平滑（彩图 5-40）。

改良 Komada 培养基：融化 900mL 基本培养基（K_2HPO_4 1.0g，KCl 0.5g，$MgSO_4 \cdot 7H_2O$ 0.5g，FeNaEDTA 0.01g，L-天冬素 2.0g，半乳糖 10g，琼脂粉 16g，加去离子水定容至 900mL 后高压灭菌），在无菌操作下与 100mL 的盐溶液（75%五氯硝基苯 0.9g，牛胆汁粉 0.45g，$Na_2B_4O_7 \cdot 10H_2O$ 0.5g，硫酸链霉素 0.3g，用 10%磷酸调 pH 到 3.8±0.2）混合即成。

不同镰刀菌培养物看起来很相似，尖孢镰刀菌比较容易与香蕉组织中的粉玫瑰镰刀菌（*Fusarium pallidoroseum*）、串珠镰刀菌（*F. moniliforme*）和茄镰刀菌（*F. solani*）等常见种类相区别：培养 7～10d 后香蕉枯萎病菌可产生厚垣孢子而串珠镰刀菌不产生；粉玫瑰镰刀菌一般不产生大型分生孢子而香蕉枯萎病菌可产生；香蕉枯萎病菌的大型分生孢子形态与茄镰刀菌大型孢子区别很大。要区别香蕉枯萎病菌和土壤中和根部的腐生菌，必须进行致病性接种测试，或者采用 DNA 分析等分子生物学方法，也可用 VCG 检测、基因标记等其他方法来对香蕉枯萎病菌菌株进行分类鉴定。

病原致病性测定：采用病原孢子悬浮液接种香蕉组培苗来确定其致病性。预先在温室沙质苗床中培养感病品种巴西香蕉或广东香蕉 2 号幼苗，每个菌株需要接种香蕉苗30 株；将分离、纯化得到的病原菌株置于酵母膏胨葡萄糖（YPD：每升含 10g 酵母膏＋20g 蛋白胨＋20g 葡萄糖）培养液中，在 25℃和黑暗条件下振荡培养 2～3d 即可产生大量的小型分生孢子。离心去除培养液并用无菌水冲洗，然后配制小型分生孢子悬浮液，调节其浓度至

约 1×10^6 个孢子/mL，用于接种。

将 4～5 叶期健康组培香蕉苗自沙床中拔出，用缓慢流出的自来水冲洗根部以去除附在其根上的沙子（无须专门伤根，因自沙子中拔出及用自来水冲洗已造成蕉苗根的损伤），分别在配制好的各分离菌株分生孢子悬浮液中浸根，以清水浸根做对照，浸 30min 后移栽到盛有灭菌细沙的营养杯中，置于温室（25～32℃）中继续生长，进行正常管理。接种后约 20d 即可观察蕉苗的发病症状。香蕉枯萎病发病蕉苗的症状为叶片褪绿、无光泽，呈黄绿色或局部甚至整叶黄化；横剖假茎基部可见褐色至红褐色的坏死斑点，严重时整个假茎全部变为褐色；部分根已变褐腐烂。对该症状的病株进行组织分离，应得到与原接种菌相同培养性状和形态特征的 4 号小种。

香蕉枯萎病菌不同生理小种的致病性鉴定：主要通过不同寄主范围来鉴定生理小种。一般 1 号小种可侵染 Gros Michel（AAA 基因组）、Pome（AAB 基因组）subgroups、Silk（AAB 基因组）及 Pisang Awak（ABB 基因组）香蕉；2 号小种侵染 Bluggoe（ABB 基因组）及其近缘品种；3 号小种只侵染赫蕉属种类而不侵染香蕉；4 号小种侵染 Cavendish 系列品种及 1 号和 2 号小种的寄主。侵染香蕉的 3 个小种又可通过对 Gros Michel、Bluggoe 和 Dwarf Cavendish 的致病性测定加以区分：Gros Michel 对 1 号和 4 号小种表现感病，Bluggoe 对 2 号和 4 号小种感病，而 Dwarf Cavendish 仅对 4 号小种表现感病。

（3）分子检测　近年来已经研究建立了多种基于 PCR 的香蕉枯萎病菌分子检测技术。Lin 等（2009）用研制了检测 4 号小种菌株的 RAPD-PCR 方法，并用该方法检测了来自巴西、哥斯达黎加、洪都拉斯和美国的 4 号小种菌株；Dita 等（2010）利用基因间区（intergenic spacer region，IGS）中的多态性建立了快捷而可靠的香蕉枯萎病菌 4 号小种中 VCG 01 213 群的 PCR 诊断方法；Li 等（2011）用小种特异性 PCR 方法诊断了 4 号小种；此外，还有用扩增片段长度多态性（amplied fragment length polymorphism，AFLP）等鉴别香蕉枯萎病菌不同小种的技术。这些方法不仅准确、灵敏、快捷，而且可用于田间香蕉枯萎病的早期诊断和监测病害的扩展蔓延，这里简单介绍三种方法。

①PCR 检测：用于香蕉枯萎病菌纯化菌系、香蕉病组织和土壤带菌检验，使用 1 对特异性引物 FOC-F（5′-ATATGAATGACTCGTGGCACG-3′）和 FOC-R（5′-GCTGGGAATGCGACGGTAT-3′）。

从香蕉枯萎病菌菌丝和病组织中提取基因组 DNA（模板）：采用 CTAB 法，取 50mg 冷冻干燥后的菌丝粉 1.5mL 于离心管中，加入 $900\mu L$ 12% CTAB 提取液 [提取液的配方为：2%CTAB；100mmol/L Tris-HCl（三羟甲基氨基甲烷盐酸盐，pH8.0）；20mmol/L EDTA（pH8.0）；1.4mol/L NaCl] 和 $90\mu L$ 10% SDS 后混匀，于 55～60℃ 水浴 1.5h，每 10min 振荡一次，水浴 1.5h 后离心（12 000r/min）15min，取上清液加入与上清液等体积的酚：氯仿：异戊醇混合液（体积比为 25：24：1），离心（12 000r/min）5min，取上清液（水相）并加入与上清液等体积的氯仿抽提一次（12 000r/min）离心 5min，吸上清（350L），加 0.1 体积（$35\mu L$）的 3mol/L NaAc 溶液和 2 体积（$700\mu L$）的冰乙醇，-20℃ 下沉淀 30min 后 12 000r/min 离心 5min，轻轻地倒去上清液，加 $700\mu L$ 70% 冰乙醇进行洗涤（稍离心，倾掉上清），在超净工作台上自然晾干，无酒精味后用 $1\times$ TE

（10mmol/L Tris-HCL，0.1 mmol/L EDTA，pH8.0）溶液进行溶解，得到 DNA 溶液，用紫外分光光度计检测 DNA 浓度并稀释至 50 ng/μL 待用。

带菌土壤样品中香蕉枯萎病菌基因组 DNA 提取：取过筛的土壤冷冻抽干 24～48h 后加少量石英砂，倒入液氮充分研磨成细粉，分装至 1.5mL 离心管中，每管加入 500μL 0.4％脱脂奶粉溶液，涡旋混匀；12000r/min 离心 15min；取上清液，加入等体积蛋白酶 K 缓冲液至终浓度为 10μg/mL 蛋白酶 K；55℃水浴 1～3h 后加入 1/2 体积的 7.5mol/L NH$_4$Ac 溶液，上下颠倒混匀；12 000r/min 离心 15min，吸上清液并加 2 倍体积的无水乙醇，在－20℃静置沉淀 1.5h；沉淀结束后 12 000r/min 离心 15min。用 70％乙醇洗涤沉淀后倾去，室温晾干。每份样品所提 DNA 用 10μL TE（或 无菌超纯水）溶解，在－20℃保存备用。

PCR 反应体系（25μL）成分：包括 1×PCR 反应缓冲液，1.5mL MgCl$_2$0.2mmol/L，dNTPs，1.5U Taq DNA 聚合酶、引物 FOC-F/FOC-R 各 50 pmol/L，模板 DNA 10ng，加重蒸水补足至 25μL。

PCR 反应程序：94℃预变性 3min；94℃变性 30S，64℃退火 30s，72℃延伸 30s，循环 30 次；72℃延伸 10min。

结果检测和判定：将 8μL PCR 产物用 1.5％琼脂糖电泳分离，经溴化乙锭染色后于紫外灯下观察。阳性对照出现一条 364bp 的特异性扩增条带，阴性对照没有此条带。若备测样品也出现于阳性对照相同的条带，则判定为阳性（带菌）；若不出现这条扩增条带，则判定为阴性（不带菌）。

② LAMP 检测：用于检测香蕉病组织中香蕉枯萎病菌的 1 号和 4 号小种。所用引物为 F3：（5′-TTGCACCAGAAACGGTAT-3′）和 B3：（5′-TTGCACCAGAAACGGTAT-3′）；FIP：（5′-TATCAGCTTGCTCCCTGCCGATGACCTCAATAACAAAACC-3′）和 BIP：（5′-AGAGGCATAATTGGTTGTAGTGCTTTTTTGGTGGCCCATGT-3′）。

提取 DNA 模板：称取 80mg 组织样品，加入 2mL 的离心管中；加入 600μL 裂解液充分混匀，在 65℃温浴中 30min 以上。然后加入 300μg 蛋白沉淀液，13 000r/min 离心 4min。将上清液转移至另一干净的 1.5mL 离心管中；若上清很混浊可以再加等体积的氯仿、异戊醇混合液（体积比为 24∶1）颠倒混匀，13 000r/min 离心 4min，将上清液转移至另一干净的离心管中；加入 0.8 倍体积的异丙醇，在 20℃下静置沉淀 30min。13 000r/min 离心 4min，弃上清，加入 600μL 70％乙醇，13 000r/min 离心 4min，弃上清后晾干，加 TE 溶液 30μL 溶解备用。

LAMP 扩增体系（25μL）：模板 DNA 2.0μL，2U/μL AMP Mix 17μL，F3（5μmol/L）1.0μL，B3（5μmol/L）1.0μL，FIP（40μmol/L）1.0μL，BIP（40μmol/L）1.0μL，Bst DNA 酶（8U/μL）1.0μL，荧光染料 1.0μL。

LAMP 扩增方法在普通水浴锅或金属浴中完成。将按照 LAMP 扩增体系配制好的试剂加入 PE 管中，放入约 63℃水浴锅中保温 90min，取出放入 80℃水浴锅中保温 10min 后取出。将盛有反应体系混合液的 PE 管放入实时荧光 PCR 仪中，63℃左右反应 1.0h，反应循环 40 次，每个循环 1.5min，每次循环结束时测定并记录荧光。

经过 LAMP 扩增之后，将反应管从水浴锅取出，进行普通电泳。取 3μL 扩增产物，在 1.5%琼脂糖凝胶中电泳 45min，在凝胶成像系统下观察。阳性对照出现梯状条带，阴性对照不会出现梯状条带，待检样品若出现阳性对照一样的梯状条带，判定为检出香蕉枯萎病菌 1 号小种或 4 号小种（阳性）；若待检样品不出现阳性对照的梯状条带，判定为未检出（阴性）带菌。

　　③二重 PCR 检测：用以监测大蕉、粉蕉枯萎病菌菌株类群。检测用的两对引物为：香蕉枯萎病菌类群 1 的上游引物 DJTY8‐F（5′‐GCCTGGCGTGCGTCCGACTT‐3′）和下游引物 DJTY8‐R（5′‐AAGCCGAATTGACGGATCTA‐3′）；香蕉枯萎病菌类群 2 的上游引物 DFDJ6‐F（5′‐TTTCGTCCTCGCCAGGTTGCGATTC‐3′）和下游引物 FDJ6‐R（5′‐CCCCTCGAGTAAAGGGAAGGGCA‐3′）。反应体系（50μL）中的成分见表 5‐13。

表 5‐13　大蕉和粉蕉枯萎病菌菌株二重 PCR 检测引物的反应体系

试剂名称	试剂原始浓度	体系所需要量或浓度	体系中所需的体积
DNA 模版	50ng/μL	50ng	2μL
dNTP	2.5mmol/L	0.2mmol/L dNTP	5μL
10×PCR bhuftenr Mg²⁺	40×	1×buffer	5μL
DJTY8‐F	10μmol/L	200nmol/L	1μL
DJTY8‐R	10μmol/L	200nmol/L	1μL
FDJ6‐F	10μmol/L	200nmol/L	1μL
FDJ6‐R	10μmol/L	200nmol/L	1μL
Taq DNA 聚合酶	5U/μL	2nmol/L	0.5μL
双蒸水			33.5μL
总计			50μL

　　采集大蕉和粉蕉枯萎病标本，切取病株球茎病健交界处小块组织，采用常规组织分离法进行分离，于 PDA 中 25℃下黑暗培养 2～3d，待长出菌落后挑菌落边缘尖端菌丝进行纯培养，产生分生孢子后进行单胞分离。并对单胞菌株进行致病性测定，保存有致病性的单胞菌株备用。将保存的菌株在 PDA 平板上进行活化，25℃黑暗条件下活化培养 3～4d，挑取菌丝块接种到 YPD 中，25℃下以 200r/min 振荡培养 3d；用布氏漏斗滤出菌丝，经灭菌水充分洗涤后真空冷冻干燥收集菌丝备用。

　　提取香蕉枯萎病菌的 DNA 模板：以改进的 SDS 法抽提香蕉枯萎病菌的基因组 DNA。将单胞分离培养的菌株用灭菌的移液枪头把菌丝体从培养基上轻轻地刮下来，然后挑到已灭菌的 2mL 离心管中置于－20℃冰箱中备用。挑取黄豆粒大小的菌丝体到一灭菌的 2mL 离心管，每管加入两次挑取的菌丝体，用无水乙醇灼烧过的钢珠，加 400μL SDS 缓冲液；研磨打碎菌丝约 20min，12 000r/min、4℃离心 10min，取上清 400μL；加 200μL 饱和醋酸钠溶液和 200μL 氯仿，4℃下 12 000r/min 离心 15min，取上清液；加 2μL RNase，37℃恒温水浴 1.0h；加 200μL 饱和醋酸钠溶液和 200μL 氯仿，4℃下 12 000r/min 离心 15min，取约 350μL 上清液；加上清 2 倍体积的无水乙醇和 1/2 体积的 NaOAc，轻轻翻转混匀，置于－20℃下冻 30min；在 4℃下 12 000r/min 离心 10min，弃上清液；加 100μL

70％乙醇洗 DNA 沉淀 2～3 遍，烘干；加 50μL 去离子水并混匀，置于－20℃冰箱中保存备用。

PCR 反应程序：94℃预变性 2min；94℃变性 1min，55℃退火 1min，72℃延伸 1min，35 循环；最后 72℃延伸 5min。

结果判定：扩增产区经 1.2％凝胶电泳和观察，大蕉枯萎病菌两个不同的分化类群和与大蕉枯萎病菌类群 2 遗传基因相同的粉蕉枯萎病菌菌株通过二重 PCR 能分别扩增出长度为 755bp 及 590bp 的特异性条带，阴性对照和其他真菌没有此条带。因此，应用此方法检测时，若备测样品 DNA 的 PCR 扩增和电泳后具此条带，则样品为阳性（带菌），否则样品为阴性（不带菌）。

④小种特异性 PCR 检测（Li et al.，2011）：专门用于检测 4 号小种。所用引物为 4 号小种特异性引物对 Foc1/Foc2（5′-CAGGGGATGTATGAGGAGGCT-3′/5′-GTGACAGCGTCGTCTAGTTCC-3′）及 4 号小种特异性引物对 FocTR4－F/FocTR4－R（5′-CACGTTTAAGGTGCCATGAGAG-3′/5′-CGCACGCCAGGACTGCCTCGTGA-3′）（Dita et al.，2010）。

DNA 提取：先将单胞菌落在 PDA 平板上于 25℃和黑暗条件下培养 3d，从菌落边缘取 5 个直径 5mm 的菌丝体圆片，放入装有 50mL YPD 培养基的 250mL 三角瓶中，培养 4d 后用灭菌滤纸过滤收集菌丝体，放到 2mL 塑料管中，在－80℃下至少 12h 使其冻干；将 0.1～0.2g 冻干的菌丝置于液氮中研磨成粉后移入离心管中，加入 750μL DNA 提取缓冲液（50mmol/L Tris-HCl，pH 7.2；50mmol/L EDTA；3％ SDS；1％ β-巯基乙醇），在 60℃水浴锅中 1h（每隔 15min 轻轻斡旋一次）；在每管中加入等量（750μL）的酚、氯仿、异戊醇混合液（体积比为 25：24：1）并颠管混匀；在室温下于微型离心机（Eppendorf，Hamburg，Germany）上以 12 000r/min 离心 10min，取上清液（500～600μL）至一新的 1.5mL 离心管中，加入氯仿、异戊醇混合液（体积比为 24：1）后用同样的方法再离心一次；加入 1/10 体积的 3mol/L 醋酸钠（pH5.2）和 2 倍体积的冷无水乙醇再次离心；去上清液留（DNA）沉淀，用 70％酒精洗涤 2 次，晾干后溶于 500μL 重蒸水，并加入 20μg/mL RNase A 酶；在 37℃下静置 30min，加入 500μL 氯仿、异戊醇混合液（体积比为 24：1），室温下 12 000r/min 离心 10min，取上清液于一新的 1.5mL 离心管中，以同样的方法获得 DNA 沉淀物。将此 DNA 沉淀物溶于 100μL TE 缓冲液（10mmol/L Tris-HCl，1mmol/L EDTA，pH 8）中，通过 1％琼脂糖（并加入 10mg/mL 0.5×四溴甲烷核酸染料）电泳后检查 DNA 的质量纯度，用分光光度计定量，并用重蒸水稀释至 20 ng/μL 浓度后，置于－20℃冰箱中备用。

PCR 反应体系（25μL）成分：包括 1×PCR 反应缓冲液，0.2mmol/L MgCl₂ 1.5μL，dNTPs 1.5U，Taq DNA 聚合酶、引物 Foc1/Foc2 各 50 pmol/L，模板 DNA 10ng，加重蒸水补足至 25μL。

PCR 扩增程序：用 FocTR4－F/FocTR4－R 时，95℃预变性 5min；95℃变性 1min，68℃退火 1min，72℃延伸 3min，25 循环；最后 72℃延伸 10min。

PCR 扩增程序：95℃预变性 5min；95℃变性 1min，62℃退火 1min，72℃延伸 3min，30 循环；最后 72℃延伸 10min。

检测结果：用 Foc1/Foc2 引物扩增，所有的 4 号小种菌株获得 240bp 的条带；用 FocTR4－F/ FocTR4－R 引物扩增，仅 4 号小种的菌株获得 460bp 的条带（图 5－21）。

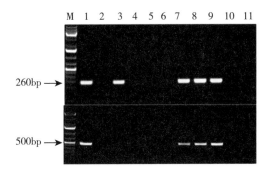

图 5－21　香蕉枯萎病菌 4 号小种（上）和 4 号小种特异性 PCR 检测结果（Li et al.，2011）
注：泳道 M 为分子量标记 DNA；泳道 1、3、7、8 和 9 为香蕉枯萎病菌 4 号小种样品，其他泳道为 1 号小种样品；泳道 1、7、8 和 9 为 4 号小种样品，其他泳道为 1 号和 4 号小种样品。

（4）样品的保存方法　被鉴定为香蕉枯萎病菌的菌株，标注菌株来源、寄主的品种（系）、采集时间、采集人和鉴定人；将菌株移至 40％甘油管中，保存在－80℃冰箱中；或将菌株培养在试管斜面上，长满后存于 4℃冰箱中。同时还需要冷藏保存被检测的植物和土壤样品。

2. 检疫监测

香蕉枯萎病（菌）的检疫监测包括一般性监测、产地检疫监测和调运检疫监测。

（1）一般性监测　对比较湿润地带以及公路和铁路沿线的香蕉种植区、主要交通干线两旁区域、苗圃、有外运产品的生产单位、香蕉批发市场以及物流集散地等场所，需进行访问调查、田间大面积踏查、系统调查。

访问调查：向当地居民询问有关香蕉枯萎病发生地点、发生时间、危害情况，分析病原传播扩散情况及其来源。每个社区或行政村询问调查 30 人以上。对询问过程中发现的香蕉枯萎病疑似存在地区，进一步做深入重点调查。

田间大面积踏查：在香蕉枯萎病的非疫区，于香蕉开花和结果期进行一定区域内的大面积踏查，粗略地观察香蕉园病害发生情况。观察时注意是否有植株黄化枯萎，假茎基部是否有开裂，切开假茎和球茎观察内部维管束是否变黑褐色和坏死。

系统调查：在香蕉开花期和结果期分别进行定点、定期调查。调查样地不少于 10 个，随机选取，每块样地面积不小于 4m²；用 GPS 测量样地的经度、纬度、海拔。记录香蕉品种（品系）、种苗或吸芽苗来源、栽培管理制度或措施等。观察记录香蕉枯萎病发生情况。若发现病害，则需详细记录发生面积、病株率（％）和严重程度、产量损失等。香蕉枯萎病病情分级和危害程度划分标准如下：

病情严重程度分为 0～7 级：0 级，植株健康，叶片无黄化；假茎和球茎内部无变色症状。1 级，植株下部叶片初现黄化；假茎和球茎内部轻度变色。2 级，植株下部叶片黄化明显，假茎和球茎内部褐变呈星星点点。3 级，植株下部叶片大部分黄化明显，中部叶片初现黄化；假茎和球茎内褐色症状明显。4 级，植株中下部叶片均黄化明显；假茎和球茎内部褐色症状相连成间断细线状。5级，植株中下部叶片黄化明显；假茎和球茎内部褐色症状相连成线状。6级，植株下部叶片干枯，中上部叶片黄化；假茎和球茎内部组织褐变连成粗环线状。7级，植株中下部叶片干枯，上部叶片大部分黄化；假茎和球茎内组织褐变连成环带状，部分褐色坏死。

危害程度分为0～5级：0级，果园植株生长健康，调查未见植株发病。1级，轻微发生，发病面积很小，只见个别或零星的发病植株，病株率5％以下，病级1级，造成减产＜5％。2级，中度发生，发病面积较小，发病植株非常分散，病株率6％～20％，病级1～3级，造成减产5％～10％。3级，较重发生，发病面积较大，发病植株较多，病株率21％～40％，病级4级以下，个别植株死亡，造成减产11％～30％。4级，严重发生，发病面积较大，发病植株较多，病株率41％～70％，病级达5～6级，部分植株死亡，造成减产31％～50％。5级，极重发生，发病面积大，发病植株很多，病株率71％以上，多数植株病级6～7级，部分植株死亡，造成减产＞50％。

在非疫区的监测：若大面积踏查和系统调查中发现疑似香蕉枯萎病植株，要现场拍照，并采集具有典型症状的病株标本，装入清洁的标本袋内，标明采集时间、采集地点及采集人，送外来物种管理或检疫部门指定的专家鉴定。有条件的，可直接将采集的标本带回实验室鉴定，室内检验主要检测香蕉植株（根系、茎、叶片）和土壤等是否带有病原的菌丝、分生孢子和厚垣孢子等菌体结构。如果专家鉴定或当地实验室检测确定了香蕉枯萎病（菌），应进一步详细调查当地附近一定范围内的香蕉园发病情况。同时及时向当地政府和上级主管部门汇报疫情，对发病区域实行严格封锁和控制。

在疫区的监测：根据调查记录镰刀菌枯萎病发生范围、病株率等数据信息，参照有关规范和标准制定病害综合防治策略，采用恰当的病害综合治理技术措施，有效地控制病害，以减轻损失。

（2）产地检疫监测 在香蕉原产地对香蕉种苗及其他繁殖材料进行的检疫监测，包括田间调查、室内检验、签发证书及监督生产单位做好繁殖材料选择和疫情处理等。

田间调查：主要观察植株的生长状况，向香蕉种植者和管理人员询问并确定疑似香蕉枯萎病菌危害的田块，对疑似发病香蕉园进行现场调查，若发现地上部表现症状的植株，剖开其根部和假茎部维管束组织，观察是否发生颜色变化。对地上部无明显症状的植株，随机抽取部分植株，观察其根部及假茎部位维管束组织是否有颜色变化。采样前需对取样现场及病害症状拍照。疑似病株的取样应选取症状典型、中等发病程度的植株，取样部位包括蕉头病健部交界组织（8cm×8cm）、根、假茎（长20cm）、叶柄；对新植株应取整个植株，所有样品采用坚韧纸质材料包裹，切勿采用塑料薄膜包裹。样品应附上采集时间、地点、品种的记录和田间照片，带回实验室后做进一步检验。

室内检验：主要检测香蕉植株、组培假植苗、吸芽苗、蕉头、土壤等是否有香蕉枯萎病菌存在。需要进行病原分离纯化、显微镜形态观察鉴定、致病性试验和分子生物学检测。

经田间调查和室内检验不带有香蕉枯萎病菌的香蕉组培假植苗、吸芽苗和蕉头签发准予输出的许可证。在产地检疫各个检测环节中，如果发现香蕉枯萎病（菌），应根据实际情况，立即实施控制或铲除措施。疫情确定后一周内应将疫情通报给种苗、吸芽苗和产品调运目的地的植物检疫机构和农业外来入侵生物管理部门,以加强目的地有关方面对大豆产品的检疫监控管理。

(3)调运检疫监测　在香蕉产品的货运交通集散地(机场、车站、码头)实施调运检验检疫。检查调运的组培苗、吸芽苗、蕉头等繁殖材料、包装和运载工具等黏附的土壤是否带有香蕉枯萎病菌。对受检物品等做现场调查,同时做有代表性的抽样,视货运量抽取适量的样品,带回室内进行常规诊断检测和分子技术检测。

在调运检疫中,对检验发现带有香蕉枯萎病菌的产品予以拒绝入境(退回货物),或实施检疫处理(如就地销毁);对确认不带菌的货物签发许可证放行。

六、应急和综合防控

对香蕉枯萎病,需要依据病害的发生发展规律和流行条件,采用"预防为主,综合防治"的植物保护基本策略,在非疫区和疫区分别实施应急防控和综合防控措施。

1. 应急防控

应用于尚未发生过香蕉枯萎病的非疫区,所有技术措施都以彻底灭除病原和控制病害为目的防止香蕉枯萎病的扩散蔓延。无论是在交通航站检出带菌物品,还是在田间监测中发现香蕉枯萎病疫情,都需要及时地采取应急防控措施。

(1)调运检疫检出香蕉枯萎病菌的应急处理——对现场检查带有病原的香蕉繁殖材料,应全部收缴扣留并销毁。对检出带有病原的货物和其他产品,应拒绝入境或将货物退回原地。对不能退回原地的要及时就地封存,然后视情况做应急处理。

产品销毁处理:港口检出货物及包装材料可以直接沉入海底。机场、车站的检出货物及包装材料可以直接就地安全烧毁。

消毒处理:可用碘甲烷或溴甲烷对繁殖材料等进行熏蒸处理,在20℃和密闭条件下熏蒸24~48h,可杀灭繁殖材料或土壤中的病原。

检疫隔离处理:如果是引进的香蕉繁殖材料,须在检疫机关设立的植物检疫隔离中心或检疫机关认定的安全区域隔离种植,经一定期间观察确定无病后才允许释放出去。隔离种植需要在我国的上海、北京和大连等设立的"A1类植物检疫隔离种植中心"的种植苗圃进行。

(2)香蕉园枯萎病的应急处理　在产地检疫中发现香蕉枯萎病菌疫情后,要严禁发病区吸芽苗、组织培养假植苗和蕉头调运出口到非疫区,确保非疫区蕉农种植健康的蕉苗。及时清除香蕉病株,对于零星发病植株,在病株离地面15cm处注入草甘膦溶液(大株10mL,小苗3mL)让其枯死,20d后再挖坑深埋;在已清除了病株的土壤撒施石灰、2%甲醛、噁霉灵等进行消毒处理;对已发病的田块,一般进行2~3次土壤消毒处理,用熏蒸剂或杀菌剂,如甲醛、多菌灵、甲基硫菌灵等,改种非香蕉类作物。在蕉园禁止漫灌和串灌,进出病区的农用工具、土壤、有机肥等需用石灰、高锰酸钾、甲醛、多菌灵、噁霉灵等进行消毒处理,农用工具消毒处理后需隔离存放,以切断介质传播途径。

在香蕉枯萎病(菌)的非疫区监测到小范围疫情后,应对病害发生的程度和范围做进一步详细地调查,并报告上级行政主管部门和技术部门,同时要及时采取措施封锁病区(田),严防病害扩散蔓延。然后做进一步处理:铲除病田所有香蕉植物并彻底销毁;随后用碘甲烷或溴甲烷等药剂对病田及周围做土壤熏蒸处理，或用甲醛、多菌灵、甲基硫菌灵等药剂进行 2～3 次土壤杀菌处理。在处理后的发病香蕉园及周围农田，不再种植香蕉，而改种蔬菜、禾谷类、果树等非蕉类作物。

经过田间应急处理后，需要留一定小面积田块继续种植香蕉，以观察应急处理措施对枯萎病的控制效果。若在 2～3 年内未监测到香蕉枯萎病疫情，即可认定应急铲除措施有效，并可申请解除当地的疫情应急状态。

2. 综合防控

应用于香蕉枯萎病已普遍发生分布的地区，基本策略是以使用抗病香蕉品种和加强栽培管理等预防措施为主，结合适时合理应用化学药剂防治，将枯萎病控制在允许的经济阈值水平以下。

现有的化学、物理及生物防治措施独立使用对控制香蕉枯萎病的效果十分有限，当下也缺乏理想的高抗（耐）病香蕉品种；但是在疫区若根据当地病害发生情况协调采用多种防治技术进行综合治理，即确保种植健康种苗或改种能抗香蕉枯萎病菌的香蕉品系，加强农业措施以提高植株的抗病能力或减少病原侵染机会，必要时辅以一定化学防治，将避免病害大流行，以降低对香蕉产量和经济的损失。

（1）繁育和使用抗病品种 使用抗病品种是控制镰刀菌枯萎病的有效方法。香蕉野生种、栽培品种和人工杂交双倍体种都对香蕉枯萎病菌存在天然抗性。我国台湾香蕉研究所（TBRI）通过体细胞变异技术从 Cavendish 品系（AAA 基因组）中选育出一个 Pei-Chiao 抗病克隆品种，已经被当地农户大量应用；澳大利生物技术专家 James Dale 和同事利用一种不受香蕉枯萎病菌 4 号小种影响的野生香蕉克隆出名为 RGA2 的抗病基因，将其插入卡文迪什品种，并且创建了 6 个拥有不同数量 RGA2 拷贝的品系。研究人员还利用一种抗线虫和多种能杀死植物真菌的 Ced9 基因创建了卡文迪什品系，在田间种植了 3 年后调查，67%～100% 的对照香蕉植株发病死亡，而被插入 RGA2 或 Ced9 的品系则完全没有被侵染（Dale et al.，2017）（彩图 5-41）。

（2）培育和使用健壮幼苗 从从未发病地区的健康果园采集吸芽等繁殖材料育苗；种植繁殖材料前对苗圃土壤进行消毒灭菌处理，每亩可用 40% 五氯硝基苯粉剂 500～700g 土壤处理；育苗期间加强管理，合理施肥和用清洁水浇灌苗圃，培育生长健康旺盛的香蕉幼苗，供建新果园使用。

（3）种苗处理 新种植的香蕉苗，在种植前用 80% 多菌灵 800 倍液或高锰酸钾 1 000 倍液浸泡球茎 5～6min 后再种植，或用 80% 的多菌灵 800 倍液或 1.8% 辛菌胺乙酸盐 800 倍液淋灌用于育苗的营养杯内的土壤（每株淋 0.5～1kg），淋后 2～3d 后再移植；种植穴也要用 80% 多菌灵 800 倍和 48% 毒死蜱 1 000 倍液的混合液淋灌（每穴淋 2～3kg），以杀死穴内的病原和地下害虫，以减少幼苗种植后根系受到的伤害。

（4）加强栽培管理 ①实行轮作，对有 1/3 以上植株发病的蕉园需要舍弃，换种水稻、花生、玉米、蔬菜等农作物，2～3 年后再种植香蕉；与适宜的非香蕉类作物间作或套作，如香蕉、韭菜和香蕉、大蒜的间作方式等，也可以减轻病害流行和危害程度。②增强长势以提高抗病能力，在种植香蕉时注意增施有机肥和生物菌肥，一般每株施 0.5～1.0kg 有机肥和 0.25～0.30kg 生物菌肥做基肥；在花芽分化期间每株施 1.5～2.0kg 有机肥、0.45～0.50kg生物菌肥、0.15～0.20kg硫酸镁（硝酸钾或硝酸钙）和0.50～0.75kg过磷酸钙或钙镁磷肥。利用有机肥改良土壤，利用生物菌肥中的有益菌抑制病原，并供应充足的磷钾钙镁肥。③及时开沟排水，避免土壤积水，可有效减少发病。有病株的蕉园，必须实行独立灌溉，不能让带有病原的水流入无病蕉区。④及时清除病株，不定期进行果园观察，发现病株要及时将其挖除，并集中园外烧毁或粉碎后加熟石灰粉深埋，并每穴撒施1.5～2kg熟石灰粉或灌淋5～6kg 80%多菌灵800倍液进行消毒，以杀灭进入土壤中的病原。⑤在香蕉生长发育过程中加强病虫草害防治，注意防治地下害虫，撒施熟石灰粉改良土壤酸碱性，消除病原生存、繁殖和侵染的条件。同时要及时中耕除草，清除病原的次生寄主杂草，减少侵染来源。

（5）药物防治 香蕉苗定植前或发病初期喷洒噁霉灵1 200～1 500倍液，或喷施甲霜·噁霉灵1 500～2 000倍液，可促进生根壮苗；在香蕉生长发育过程中，每月根部淋施一次80%多菌灵1 000倍液和枯草芽孢杆菌800倍液，多菌灵与枯草芽孢杆菌间隔淋施，每次每株淋3～5kg，均匀淋在香蕉植株根部周围的土壤中，以水分完全渗入土壤中不外流为宜，以杀死土壤中的病原，并修复受病原毒素毒害变色的维管束；同时，每月向假茎注射一次80%多菌灵1 000倍液或80%甲基硫菌灵1 000倍液（每株每次150～200mL）；在生长期间可使用的其他药剂有50%（或70%）甲基硫菌灵可湿性粉剂700（1 000）倍液、50%苯菌灵可湿性粉剂750～1 000倍液、50%氯溴异氰尿酸可溶粉剂每亩45～60g、30%戊唑·多菌灵悬浮剂每亩50～60mL、20%噁霉·稻瘟灵微乳剂每亩40～60mL、30%精甲·噁霉灵水剂每亩15～18mL、3%甲霜·噁霉灵水剂500～700倍液（每株250mL）和40%五硝·多菌灵可湿性粉剂每株0.65～0.80g等，这些药剂用于灌根处理。

主要参考文献

曹永军，程萍，喻国辉，等，2010. 利用ITS 1和ITS 4通用引物扩增香蕉枯萎病菌核酸片段鉴定其生理小种. 热带作物学报，31（7）：1098-1101.

陈定虎，杨雷亮，罗丽娟，等，2011. 香蕉枯萎病菌检疫鉴定方法.

付岗，叶云峰，杜婵娟，等，2016. 香蕉枯萎病菌群体多样性研究进展. 植物检疫，30（2）：1-5.

姜子德，2010. 香蕉枯萎病菌4号小种. 张国良，曹坳程，付卫东，农业重大外来入侵生物检测防控指南. 北京：科学出版社.

李敏慧，习平根，姜子德，等，2007. 广东香蕉枯萎病菌生理小种的鉴定. 华南农业大学学报（2）：40-43.

林时迟，张绍升，周乐峰，等，2000. 福建省香蕉枯萎病鉴定. 福建农业大学学报，29（4）：465-469.

任小平，李小妮，吴仕豪，等，2005. 香蕉枯萎病4号小种的生物学特性及检测繁殖技术. 广东农业科学，1：58-59.

孙勇，曾会才，彭明，等，2012. 香蕉枯萎病致病分子机理及防治研究进展. 热带作物学报，33（4）：759-766.

王芳，严进，吴品珊，2007. 香蕉枯萎病的检测与监控. 植物检疫，21（5）：301-303.

王国芬，彭军，代鹏，等，2007. 香蕉枯萎病镰刀菌ITS序列的PCR扩增及其分子检测. 华南热带作物学报，13（3）：1-5.

王文静，2008. 香蕉枯萎病菌 4 号小种鉴别培养基研制与应用. 福建农林大学.

王玉玺，王琳，吴立峰，等，2012. 香蕉枯萎病菌 4 号小种检疫检测与鉴定：GB/T 29397—2012. 中国国家质量监督检验检疫局发布.

王振中，2006. 香蕉枯萎病及其防治研究进展. 植物检疫，20（3）：198-200.

谢梅琼，杨媚，杨迎青，等，2011. 香蕉枯萎病菌的风险分析. 果树学报，28（2）：284-289.

谢艺贤，漆艳香，张欣，等，2005. 香蕉枯萎病菌的培养性状和致病性研究. 植物保护，31（4）：71-73.

Aguayo J，Mostert D，Fourrier-Jeandel C，et al.，2017. Development of a hydrolysis probe-based real-time assay for the detection of tropical strains of *Fusarium oxysporum* f. sp. *cubense* race 4. PLoS One，12（2）：e 0171767.

Alvarez C E，Garcia V，Robles J，et al.，1981. Influence of soil characteristics on the incidence of Panama disease. Fruits，36（2）：71-81.

AVA，2001. Diagnostic records of the Plant Health Diagnostic Services. Plant Health Centre，Agri-food & Veterinary Authority，Singapore.

Bentley S，Pegg K G，Dale J L，1995. Genetic variation among a world-wide collection of isolates of *Fusarium oxysporum* f. sp. *cubense* analysed by RAPD-PCR fingerprinting. Mycological Research，99（11）：1378-1384.

Buddenhagen I，2009. Understanding strain diversity in *Fusarium oxysporum* f. sp. *cubense* and history of introduction of 'Tropical Race 4' to better manage banana production. Acta Horticulturae，828：193-204.

CABI，2021. *Fusarium oxysporum* f. sp. *cubense* Tropical race 4（TR 4）. In：Invasive Species Compendium.（2021-01-21）[2021-10-11] https：//www. cabi. org/isc/datasheet/59074053.

CABI/EPPO，1999. *Fusarium oxysporum* f. sp. *cubense*. Distribution Maps of Plant Diseases，April（Edition 6）. Wallingford，UK：CAB International，Map 31.

Cheraghian A，2016. Panama disease of banana *Fusarium oxysporum* f. sp. cubense（E. F. Sm.）W. C. Snyder & H. N. Hansen [anamorph] Oomycota：Hypocreales. A Guide for Diagnosis & Detection of Quarantine Pests.

Chittarath K，Mostert D，Crew K S，et al.，2018. First report of *Fusarium oxysporum* f. sp. *cubense* tropical race 4（VCG 01213/16）associated with Cavendish bananas in Laos. Plant Disease，102（2）：449-450.

Correll J C，Klittich C J R，Leslie J F，1987. Nitrate non-utilizing mutants of *Fusarium oxysporum* and their use in vegetative compatibility tests. Phytopathology，77：1640-1646.

Cousins H H，Sutherland J B，1930. Plant diseases and pests. Report of the Secretary of the Advisory Committee on the Banana Industry. In：Annual Report Department of Science and Agriculture Jamaica for the year ending 31st December. 15-19.

Davis R I，Moore N Y，Bentley S，et al.，2000. Further records of *Fusarium oxysporum* f. sp. *cubense* from New Guinea. Australasian PlantPathology，29（3）：224.

Davis R I，Tupouniua S K，Smith L J，et al.，2004. First record of *Fusarium oxysporum* f. sp. *cubense* from Tonga. Australasian Plant Pathology，33（3）：457-458.

Davis R I，Tupouniua S K，Smith L J，et al.，2004. First record of *Fusarium oxysporum* f. sp. *cubense* from Tonga. Australasian PlantPathology，33（3）：457-458.

Dita M A，Barquero M，Heck D W，et al.，2018. Fusarium wilt of banana：current knowledge on epidemiology and research needs toward sustainable disease management. (2018 - 11 - 03) [2021 - 09 - 16] https：//www. researchgate. net/publication/328395147 _ Fusarium _ Wilt _ of _ Banana _ Current _ Knowledge _ on _ Epidemiology _ and _ Research _ Needs _ Toward _ Sustainable _ Disease _ Management.

EPPO，2014. PQR database. Paris，France：European and Mediterranean Plant Protection Organization. (2014 - 07 - 11) [2021 - 09 - 14] http：//www. eppo. int/DATABASES/pqr/pqr. htm.

EPPO，2018. Incursion and eradication of *Fusarium oxysporum* f. sp. *cubense* tropical race 4from Israel. In：EPPO Reporting Service，(2018/106) . Paris，France：European and Mediterranean Plant Protection Organization.

Fourie G，Steenkamp E T，Gordon T R，et al. ，2009. Evolutionary relationships among the *Fusarium oxysporum* f. sp. *cubense* vegetative compatibility groups. Applied and Environmental Microbiology，75 (14)：4770 - 4781.

Fourie G，Steenkamp E T，Ploetz R C，et al. ，2011. Current status of the taxonomic position of *Fusarium oxysporum* formae specialis *cubense* within the *Fusarium oxysporum* complex. Infection，Genetics and Evolution，11 (3)：533 - 542.

Garcia F A，Ordonez N，Konkol J，et al. ，2013. First Report of *Fusarium oxysporum* f. sp. *cubense* Tropical Race 4associated with Panama Disease of banana outside Southeast Asia. Plant Disease.

García-Bastidas F，Ordóez N，Konkol J，et al. ，2014. First report of *Fusarium oxysporum* f. sp. *cubense* tropical race 4associated with Panama disease of banana outside Southeast Asia. Plant Disease，98 (5)：694.

Gerlach K S，Bentley S，Moore N Y，et al. ，2000. Characterisation of Australian isolates of *Fusarium oxysporum* f. sp. *cubense* by DNA fingerprinting analysis. Australian Journal of Agricultural Research，51 (8)：945 - 953.

Gold C S，Pena J E，Karamura E B，2001. Biology and integrated pest management for the banana weevil *Cosmopolites sordidus* (Germar) (Coleoptera：Curculionidae) . Integrated Pest Management Review，6 (2)：79 - 155.

Groenewald S，Berg N，Van Den Marasas W F O，et al. ，2006. The application of high-throughput AFLPs in assessing genetic diversity in *Fusarium oxysporum* f. sp. *cubense*. Mycological Research，110：297 - 305.

Hermanto C，Sutanto A H S E，et al. ，2011. Incidence and distribution of Fusarium wilt disease of banana in Indonesia. Proceedings of the International ISHS-ProMusa Symposium on Global Perspectives on Asian Challenges held in Guangzhou，China，14 - 18September 2009. Van den Bergh，I. ，Smith，M. and Swennen，R. (eds) . ActaHorticulturae，897：313 - 322.

Hung T N，Hung N Q，Mostert D et al. ，2018. First report of Fusarium wilt on Cavendish bananas，caused by *Fusarium oxysporum* f. sp. *cubense* tropical race 4 (VCG 01213/16)，in Vietnam. Plant Disease，102 (2)：448.

IPPC，2005. Disease of Crops. IPPC Official Pest Report. Rome，Italy：FAO. (2005 - 03 - 14) [2021 - 10 - 09] https：//www. ippc. int/IPP/En/default. jsp.

IPPC，2013. New banana disease found in Mozambique (*Fusarium oxysporum* f. sp. *cubense* Tropical Race 4) . IPPC Official Pest Report，No. MOZ-03/1. Rome，Italy：FAO. (2013 - 06 - 16) [2021 - 08 - 11] https：//www. ippc. int/countries/pestreport/.

Jonathan E I，Rajendran G，1998. Interaction of *Meloidogyne incognita* and *Fusarium oxysporum* f. sp. *cubense* on banana. Nematologia Mediterranea，26 (1)：9 - 11.

Jones D R，2002. Risk of spread of banana diseases in international trade and germplasm exchange. In：Proceedings of the 15th International Meeting of ACORBAT，Cartegena de Indias，Colombia，27October-2November 2002. Medellin，Colombia：AUGURA，105 – 113.

Karangwa P，Mostert D，Ndayihanzamaso P，et al.，2018. Genetic diversity of *Fusarium oxysporum* f. sp. *cubense* in East and Central Africa. Plant Disease，102（3），552 – 560.

Katan T，1999. Current status of vegetative compatibility groups in *Fusarium oxysporum*. Phytoparasitica，27（1）：51 – 64.

Koenig R L，Ploetz R C，Kistler H C，1997. *Fusarium oxysporum* f. sp. *cubense* consists of a small number of divergent and globally distributed clonal lineages. Phytopathology，87（9）：915 – 923.

Li C Y，Mostert G，Zuo C W，et al.，2013. Diversity and distribution of the banana wilt pathogen *Fusarium oxysporum* f. sp. *cubense* in China. Fungal Genomics and Biology，3（2）.

Li M H，Yang B，Leng Y，et al.，2011. Molecular characterization of *Fusarium oxysporum* f. sp. *cubense* race 1and 4isolates from Taiwan and Southern China. Canadian Journal of Plant Pathology，33（2）：168 – 178.

Lin R Y，Lin Y J，2016. Recent developments in the molecular detection of *Fusarium oxysporum* f. sp. *cubense*. Journal of Nature and Science，1 – 3.

Lin Y H，Chang J Y，Liu E T，et al.，2009. Development of a molecular marker for specific detection of *Fusarium oxysporum* f. sp. *cubense race* 4. European Journal of Plant Pathology，123（3）：353 – 365.

Lin Y H，Su C C，Chao C P，et al.，2013. A molecular diagnosis method using real-time PCR for quantification and detection of *Fusarium oxysporum* f. sp. *cubense* race 4. Eur J Plant Pathol，135：395 – 405.

Meldrum R A，Daly A M，Tran-Nguyen L T T，et al.，2013. Are banana weevil borers a vector in spreading *Fusarium oxysporum* f. sp. *cubense* tropical race 4in banana plantations？Australasian Plant Pathol.，42：543 – 549.

Molina A B，Fabregar E G，Sinohin V，et al.，2008. Tropical race 4of *Fusarium oxysporum* f. sp. *cubense* causing new Panama wilt epidemics in Cavendish varieties in the Philippines. Phytopathology，98（Suppl.）：S 108.

Moore N Y，Bentley S，Pegg K G，et al.，1995. Fusarium wilt of banana. Musa Disease Fact Sheet No. 5. Montpellier，France：INIBAP.

Moore N Y，Hargreaves P A，Pegg K G，et al.，1991. Characterisation of strains of *Fusarium oxysporum* f. sp. *cubense* by production of volatiles. Australian Journal of Botany，39（2）：161 – 166.

Nelson P E，1981. Life cycle and epidemiology of *Fusarium oxysporum*. In：Mace M E，Bell A A，Beckman C H，eds. Fungal Wilt Diseases of Plants. New York，USA：Academic Press，51 – 80.

Nelson P E，Toussoun T A，Marasas W F O，1983. Fusarium species：an illustrated manual for identification. University Park，USA：Pennsylvania State University Press.

Ordoez N，García-Bastidas F，Laghari H B，et al.，2016. First report of *Fusarium oxysporum* f. sp. *cubense* tropical race 4causing Panama disease in cavendish bananas in Pakistan and Lebanon. Plant Disease，100（1）：209 – 210.

O'Donnell K，Kistler H C，Cigelnik E，et al.，1998. Multiple evolutionary origins of the fungus causing Panama disease of banana：concordant evidence from nuclear and mitochondrial gene genealogies. Proceedings of the National Academy of Sciences of the United States of America，95（5）：2044 – 2049.

O'Neill W T，Henderson J，Pattemore J A，et al.，2016. Detection of *Fusarium oxysporum* f. sp. *cubense* tropical race 4strain in northern Queensland. Australasian Plant Disease Notes，11（1）：33.

Paul J Y，Becker D，Dickman M B，et al.，2011. Apoptosis-related genes confer resistance to Fusarium wilt in transgenic 'Lady Finger' bananas. Plant Biotechnology Journal，9（9）：1141 - 1148.

Pegg K G，Shivas R G，Moore N Y，et al.，1995. Characterization of a unique population of *Fusarium oxysporum* f. sp. *cubense* causing Fusarium wilt in Cavendish bananas at Carnarvon，Western Australia. Australian Journal of Agricultural Research，46（1）：167 - 178.

Ploetz R C，2006. Fusarium wilt of banana is caused by several pathogens referred to as *Fusarium oxysporum* f. sp. *cubense*. Phytopathology，96（6）：653 - 656.

Ploetz R C，2009. Assessing threats posed by destructive banana pathogens. Proceedings of the International ISHS-ProMusa Symposium on Recent Advances in Banana Crop Protection for Sustainable Production and Improved Livelihoods held in White River，South Africa，10 - 14. September 2007. Jones，D. R. and Van den Bergh，I.（eds）. Acta Horticulturae，828：245 - 252.

Ploetz R C，Correll J C，1988. Vegetative compatibility among races of *Fusarium oxysporum* f. sp. *cubense*. Plant Disease，72（4）：325 - 328.

Ploetz R C，Jones D R，Sebasigari K，et al.，1994. Panama disease on East African highland bananas. Fruits（Paris），49（4）：253 - 260；14ref.

Puhalla J E，1985. Classification of strains of *Fusarium oxysporum* on the basis of vegetative compatibility. Canadian Journal of Botany，63（2）：179 - 183.

Pérez-Vicente L，2014. Fusarium wilt of banana：global epidemiological situation of tropic race4 of *Fusarium oxysporium* f. sp. *cubense* and prevention program.（2014 - 09 - 13）[2021 - 09 - 28] http：//www. fao. org/fil eadmin/templates/agphome/documents/Pests _ Pesticides/caribbeantr 4/13ManualFusarium. pdf.

Pérez-Vicente L，Dita M A，De La Parte E M，2014. Technical Manual Prevention and diagnostic of Fusarium Wilt（Panama disease）of banana caused by *Fusarium oxysporum* f. sp. *cubense* Tropical Race 4（TR 4）. http：//www. fao. org/3/a-br 126e. pdf.

Qi Y X，Xie Y X，Zhang X，et al.，2006. Study on the vegetative compatibility groups among isolates of *Fusarium oxysporum* f. sp. *cubense* in Hainan. Journal of Fruit Science，23（6）：830 - 833.

Qi Y X，Zhang X A，Pu J J，et al.，2008. Race 4identi cation of *Fusarium oxysporum* f. sp. *Cubense* from Cavendish cultivars in Hainan province，China. Australasian Plant Disease Notes，3：46 - 47. Brandes，E. W. 1919. Banana wilt. Phytopathology，9：339 - 389.

Qi Y X，Zhang X，Pu J J，et al.，2008. Race 4identification of *Fusarium oxysporum* f. sp. *cubense* from Cavendish cultivars in Hainan province，China. Australasian Plant Disease Notes，3（1）：46 - 47.

Salli R N，2016. Identification and characterization of musa to *Fusarium oxysporum* f. sp. *cubense* race 1. Stellenbosch University Ph. D. Dissertation.（2016 - 08 - 17）[2021 - 09 - 20] http：//www. sun. ac. za/english/faculty/agri/plant-pathology/ac 4tr 4/Documents/Tendo% 20Ssali% 20（Maart%202016）. pdf.

Shivas R G，Philemon E，1996. First record of *Fusarium oxysporum* f. sp. *cubense* on banana in Papua New Guinea. Australasian Plant Pathology，25（4）：260.

Smith E F，1910. A Cuban banana disease. Science，31：754 - 755.

Smith L J，Moore N Y，Tree D J，et al.，2002. First record of *Fusarium oxysporum* f. sp. *cubense* from Yap，Federated States of Micronesia. Australasian Plant Pathology，31（1）：101.

Smith M K，Whiley A W，Searle C，et al.，1998. Micropropagated bananas are more susceptible to Fusarium wilt than plants grown from conventional material. Australian Journal of Agricultural Research，

49 (7): 1133 - 1139.

Stover R H, 1962. Fusarium wilt (Panama disease) of bananas and other Musa species. Phytopathological Paper No. 4. Wallingford, UK: CAB International.

Stover R H, 1990. Fusarium wilt of banana: some history and current status of the disease. Fusarium wilt of banana. , 1 - 7.

Su H J, Hwang S C, Ko W H, 1986. Fusarial wilt of Cavendish bananas in Taiwan. Plant Disease, 70 (9): 814 - 818.

Subramanian C V, 1970. *Fusarium oxysporum* f. sp. *cubense*. Descriptions of Pathogenic Fungi and Bacteria No. 214. Wallingford, UK: CAB International.

Syed R N, Lodhi A M, Jiskani M M, et al. , 2015. First report of Panama wilt disease of banana caused by *Fusarium oxysporum* f. sp. *cubense* in Pakistan. Journal of Plant Pathology, 97 (1): 213.

Vakili N G, 1965. Fusarium wilt resistance in seedlings and mature plants of Musa species. Phytopathology, 55: 135 - 140.

Van Brunschot S, 2006. Fusarium wilt of banana laboratory diagnostics manual. http: //www. planthealthaustralia. com. au/wp-content/uploads/2013/03/Banana-fusarium-wilt-or-Panama-disease-DP-2006. pdf.

Visser M, Gordon T, Fourie G, et al. , 2010. Characterisation of South African isolates of *Fusarium oxysporum* f. sp. *cubense* from Cavendish bananas. South African Journal of Science, 106 (3/4): 44 - 49.

Vézina A, Felde A Z, Rouard M, 2018. *Fusarium oxysporum* f. sp. *cubense*. (2018 - 07 - 16) [2021 - 10 - 07] http: //www. promusa. org/Fusarium+oxysporum+f. +sp. +cubense.

Waite B H, 1963. Wilt of *Heliconia* spp. caused by *Fusarium oxysporum* f. sp. *cubense* Race 3. Tropical Agriculture (Trinidad), 40: 299 - 305.

Waite B H, Dunlap V C, 1953. Preliminary host range studies with *Fusarium oxysporum* f. sp. *cubense*. Plant Disease Reporter, 37: 79 - 80.

Waite B H, Stover R H, 1960. Studies on Fusarium wilt of bananas. VI. Variability and the cultivar concept in *Fusarium oxysporum* f. sp. *cúbense*. Canadian Journal of Botany, 38 (6): 985 - 994.

Walduck G, Daly A, 2007. Banana tropical race 4management disease management. 7 - 11. in Northern Territory Department of Primary Industry, Fisheries andMines. Australia.

Zhang Z, Zhang H, Pu J, et al. , 2013. Development of a real-time fluorescence loop-mediated isothermal amplification assay for rapid and quantitative detection of *Fusarium oxysporum* f. sp. *cubense* Tropical race 4in soil. PLoS One, 8 (12): e 82841. DOI: 10. 1371/journal. pone. 0082841. eCollection 2013.

Zheng S J, García-Bastidas F A, Li X, et al. , 2018. New geographical insights of the latest expansion of *Fusarium oxysporum* f. sp. *cubense* Tropical Race 4into the Greater Mekong Subregion. Front. Plant Sci, 9.

Zhou Z, Xie L, 1992. Status of banana diseases in China. Fruits (Paris), 47 (6): 715 - 721.

第六章

入侵性植物病原细菌及其监测防控

我国已记载的外来入侵性植物病原细菌有 40 多种（见附表 1），本章将论述 9 种由入侵性病原细菌引起的重要植物病害，分别讨论它们的起源和分布、病原、病害症状、生物学特性和病害流行规律、诊断鉴定和检疫检测、应急和综合防控。

第一节　水稻白叶枯病和细菌性条斑病及其病原

水稻白叶枯病和细菌性条斑病的病原是水稻黄单胞杆菌的 2 个不同致病变种，其引起的水稻细菌性病害易造成我国水稻生产大范围的产量损失与严重的经济损失。水稻是我国主要的粮食作物，抓好水稻白叶枯病（Bacterial leaf blight，BLB）和细菌性条斑病（Bacterial leaf streak，BLS）的防治工作直接关系到我国粮食的安全生产和品质提升。经过植保科技工作者长期的努力，已在水稻黄单胞杆菌的致病机制、遗传变异、抗药性、检测监测技术以及病害的侵染循环、传播途径和流行规律等方面取得了一系列重要研究进展，水稻黄单胞杆菌引起的细菌性病害一度得到了较好的控制。然而，近年来，我国水稻白叶枯病和细菌性条斑病的发生又呈显著上升态势，全国多地暴发流行，造成严重危害，发生范围和发生面积都有所扩大，防控压力增大。

一、起源和分布

水稻白叶枯病是世界上分布最广、危害最重的一种细菌性病害，最早于 1884 年在日本福冈县发现，目前世界各稻区均有发生。我国最早于 1950 年于南京首次发现该病害，后随带病种子的调运，病区不断扩大，但过去该病害主要在南方稻区发生。近年来，由于南北引种频繁，导致我国目前除新疆外，各地均有该病害的发生，但仍然以华东、华中和华南等稻区为主。

水稻细菌性条斑病分布范围也十分广泛，其病原为我国入侵检疫性有害生物。该病害 1918 年在菲律宾被首次报道，目前主要分布于亚洲和非洲水稻产区，包括越南、马来西亚、柬埔寨、泰国、印度、马达加斯加等国家，在大洋洲的澳大利亚也有局部发生。我国最早于 1953 年在珠江三角洲发现该病害，随着作物引种和育种材料的交换逐步传播蔓延，发生日趋广泛和严重，目前海南、广东、广西、湖南、浙江、江苏、安徽、湖北、江西、四川和福建等地均有发生。

二、病原

1. 名称和分类地位

水稻白叶枯病和细菌性条斑病的病原分别是水稻黄单胞杆菌水稻致病变种（也称水稻白叶枯病菌）和水稻黄单胞杆菌稻生致病变种（也称水稻细菌性条斑病菌），拉丁学名分别为 *Xanthomonas oryzae* pv. *oryzae*（Xoo）和 *Xanthomonas oryzae* pv. *oryzicola*（Xoc），其属于细菌域（Bacteria）、细菌界（Bacteriae）、变形菌门（Proteobacteria）、γ-变形菌纲（γ-Proteobacteria）、黄单胞杆菌目（Xanthomonadales）、黄单胞杆菌科（Xanthomonadoceae）、黄单胞杆菌属（Xanthomonas）、水稻黄单胞杆菌种（Wikipedia，2018）。两个致病变种分类阶元下都根据菌株对不同水稻品种的致病性分为若干个生理小种。

2. 形态特征

水稻黄单胞杆菌在肉汁胨（NA）和其他一些培养基（e. g. PDA、PSA、XOS）上菌落均为蜜黄色或淡黄色，圆形，边缘整齐，质地均匀，表面隆起，光滑发亮，无荧光，黏稠；选择性 XOS 培养基上菌落呈淡红色（彩图 6-1）。两个致病变种均为革兰氏阴性菌，好气；菌体杆状或短杆状，极生单鞭毛，不形成芽孢和荚膜；但在生理和生化反应方面，二者有一定的差异。

三、病害症状

水稻白叶枯病症状：在水稻各个生育期均可发生，主要危害叶片，也可侵染叶鞘，病害症状主要包括叶枯型、急性型、凋萎型和黄叶型。叶枯型是最常见的水稻白叶枯病典型症状，一般于分蘖末期至孕穗期发生，病原多从叶缘或者叶前端的水孔侵入，病斑从叶尖或叶缘两侧开始发生黄褐或暗绿色短条斑，或沿叶中脉向下扩展，病健交界处有时呈波纹状，以后叶片变为灰白色或黄色而枯死，田间成片发生时有如火烧一般（彩图 6-2）。急性型主要在环境条件适宜和品种感病情况下发生。凋萎型多在秧田后期至拔节期发生，多在心叶下 1～2 叶处迅速失水、青卷，最后枯萎，似螟虫危害造成的枯心，随后其他叶片相继青萎。黄叶型症状仅在我国广东发现。

水稻细菌性条斑病症状：主要危害叶片，在秧苗期即可出现典型症状。病斑初为暗绿色水渍状半透明小斑点，很快在叶脉间伸展，形成受叶脉限制的暗绿色至黄褐色窄条斑，发病严重时，多个病斑可相互联合形成较大枯斑，叶片变褐、枯死。病斑发展的初期至中期，病组织上分泌大量细小的蜜黄色露珠状菌脓，干燥后呈鱼子状。病斑大小（3～5）mm×（0.5～1.0）mm，感病品种上病斑长度可达（60～80）mm，甚至更长（彩图 6-3）。

四、生物学特性和病害流行规律

1. 生物学特性

水稻黄单胞杆菌最适合的碳源和氮源分别是蔗糖和谷氨酸，不能利用果糖、淀粉和糊精等，不产生吲哚，不还原硝酸盐，对青霉素等抗生素敏感，pH 最适范围为 6.5～7.0，生长温度最低 5℃，最高 40℃，最适温度 26～28℃。对热较敏感，致死温度为 53℃（10min），在干燥有胶质保护状态下，致死温度为 57℃（10min）。水稻细菌性条斑病菌的生物学特性与水稻白叶枯病菌相似，但是其对青霉素和葡萄糖不是很敏感，能液化明胶，使牛乳胨化，最适培养温度与发病温度比白叶枯病菌略高，为28～30℃。

2. 寄主范围

水稻白叶枯病菌的寄主范围比较广，主要包括禾本科（Poaceae）和莎草科（Cyperaceae）的植物：绿毛蒺藜草（*Cenchrus ciliaris*）、狗牙根（*Cynodon dactylon*）、稗草（*Echinochloa crus-galli*）、六蕊稻草（*Leersia hexandra*）、李氏禾（*Leersia oryzoides*）、中国千金子（*Leptochloa chinensis*）、稻属（*Oryza*）的 *Oryza sativa*（Rice）、大黍（*Panicum maximum*）、密花雀稗（*Paspalum scrobiculatum*）、禾本科的巴拉草（*Urochloa mutica*）、茭白（*Zizania aquatica*）、沼生菰（*Zizania palustris*）、结缕草（*Zoysia japonica*）、小花莎草（*Cyperus difformis*）和子叶莎草（*Cyperus rotundus*）等。水稻细菌性条斑病菌的寄主范围较窄，自然寄主仅限于栽培水稻和野生稻。

3. 致病性分化

水稻白叶枯病菌和细菌性条斑病菌都有明显的致病力分化，根据在南粳15、金刚30、IR26、Java14 和 Tetep 等5个鉴别品种上的反应，可将我国水稻白叶枯病菌分为7个致病型，其中长江流域以Ⅱ型和Ⅳ型为多，长江流域以北以Ⅰ型和Ⅱ型为主，南方稻区以Ⅳ为多。根据在高感品种金刚30和携带不同抗性基因近等基因系（*IRBB4*、*IRBB5*、*IRBB14*、*IRBB21*、*IRBB24*）等6个鉴别品种上的抗感反应类型，可将我国南方水稻细菌性条斑病菌划分为C1～C13共13个致病型，其中C6为优势致病型（Liu et al.，2007）。

4. 侵染循环

水稻白叶枯病菌和细菌性条斑病菌在病稻谷和病稻草上越冬，成为次年的初侵染源，老病区以病稻草为主要侵染源，病稻谷的远距离调运是病区逐步扩大的主要原因。另外，带菌的稻桩、杂草和其他植物等在特定条件下也可作为初侵染源。两种病原主要通过灌溉水、雨水接触秧苗，以及田间病株病斑溢出的菌脓通过风、雨、露水或流水传播，进行再侵染，引起病害扩展蔓延，农事操作也可传带病原，传播病害。在一个生长季节中，当环境条件适宜时，再侵染可不断发生，致使病害传播蔓延，以致流行。但两种病原在侵入方式上存在差异，水稻白叶枯病菌主要通过伤口和水孔侵入，不能通过气孔侵入。水稻细菌性条斑病菌则从气孔和伤口侵入，侵入后在气孔下繁殖扩展到薄壁组织细胞间隙并纵向扩展，形成条斑（图6-1）。

5. 发病条件

影响水稻黄单胞杆菌侵染和寄主水稻病害发生流行的因素主要包括气象条件、田间管理和品种抗（感）性等。

（1）气象条件　水稻白叶枯病和细菌性条斑病的发病程度主要取决于温度和雨水，水稻白叶枯病一般在25～30℃发生最盛，水稻细菌性条斑病发病适温为30℃。台风、暴雨或洪涝造成的叶片大量伤口，非常有利于病菌的传播和侵入，引起病害的暴发流行。

（2）田间管理　耕作制度对病害的流行有重要影响，易感生长发育时期与有利于发病的生育条件吻合，病害发生会较重。水稻田间不宜长期积水，病菌容易通过灌溉水传播到其他田块，造成病害流行传播；适当增施氮、磷、钾肥，可减轻侵染发生；而不合理增施

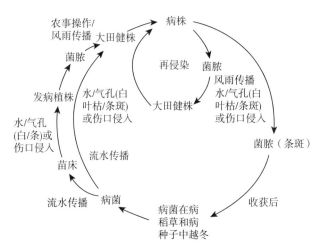

图 6-1 水稻黄单胞杆菌侵染循环

氮肥将加重病害的发生。总之，深灌、串灌、偏施和迟施氮肥均有利于水稻白叶枯病和细菌性条斑病的发生，应进行合理的田间管理。

（3）品种抗（感）性 种植感病品种是病害流行的必要条件，对水稻白叶枯病，一般籼稻易感，粳稻次之，糯稻抗病性最强，但籼稻中也有抗病性强的品种，而同一品种在不同生育期抗病性也有差异。对于水稻细菌性条斑病，尚未发现免疫品种，但水稻品种间抗病性存在明显差异，一般常规稻较杂交稻抗病，粳稻比糯稻抗病。同一品种对这两种病害的抗病基因不同，抗性存在差异，水稻品种有双抗、单抗和双感等类型。

五、诊断鉴定和检疫检测

1. 诊断鉴定

水稻白叶枯病菌和细菌性条斑病菌诊断技术包括传统生物学方法和现代分子生物学技术。

（1）症状诊断 通过观察水稻各个器官（主要是叶片）有无典型的水稻细菌性条斑病病害症状。水稻白叶枯病严重时主要表现为叶片灰白色，有叶尖型、叶缘型和中脉型的大块病斑，严重时稻田成片呈火烧状；细菌性条斑病主要表现为初期病斑很短，呈暗绿色半透明水渍状，后病斑逐渐扩展，形成一条条暗绿色至黄褐色、受叶脉限制的条斑，长度可达 20mm 甚至更长。

（2）喷菌现象观察诊断 取下疑似水稻细菌性条斑病病害症状的新鲜叶片，将其表面冲洗干净，切取病健交界处的植物组织放于载玻片的水滴中，静置 10~30min，然后在显微镜下观察是否有细菌菌体溢出，并显微拍照记录。

（3）形态特征鉴定 从病组织中分离水稻黄单胞杆菌可以采用常规的组织分离法，更简单是菌体溢出后挑取乳黄色菌脓直接在培养基上四区划线培养，然后再挑取疑似形态的单菌落再次四区划线培养，获得纯化的水稻黄单胞杆菌菌株。从土壤、种子或未表现症状的组织上分离时，先取适量的样品在研钵中捣碎，用灭菌蒸馏水制成细菌悬浮液，然后在每个培养基平板表面上用 0.1mL 悬浮液涂布均匀，在 28℃下培养 24~48h，待菌落长出，挑取典型水稻黄单胞杆菌形态的单菌落，划线接到新的培养基平板上纯化培养。分离纯化可以用常用的 NA、PDA、PSA 等培养基。但是，在这些培养基上黄单胞杆菌的生长相当缓慢，有时需要一周左右才能长出菌落，而一些杂菌则生长很快，容易导致污染而分离失败，特别是从土壤和水稻种子上分离时杂菌污染可能特别严重。因此，Ming 等（1991）研究设计了一个水稻黄单胞杆菌的 XOS 培养基，其基础配方为蔗糖 20g，蛋白胨 2g，谷氨酸单钠 5g，$Ca(NO_3)_2$ 0.2g，K_2HPO_4 2g，Re（EDTA）1mg，琼脂 17g，pH 6.6～7.0；在此基础培养基中再加入环己酰亚胺（放线菌酮）100mg/L，头孢氨苄 20mg/L，春雷霉素 20mg/L 和甲基紫 2B 0.3μg/mL，配制成半选择性 XOS 培养基，可以大大减少杂菌污染，提高分离成功率。

显微镜观察鉴定：取适量分离纯化的细菌纯培养，配制成细菌悬浮液，先进行革兰氏染色和鞭毛染色，然后在光学显微镜的高倍（油）镜下或用扫描与透射电镜观察细菌的形状、鞭毛数量，测定细胞大小和鞭毛长度等形态特征，并拍照。

革兰氏染色方法：用接种环蘸取一满环菌悬液于载玻片中央，将载玻片在酒精灯火焰上加热固定，将 0.5% 结晶紫涂抹到载玻片中央的细菌液涂层上，30s 后在自来水龙头小流水下轻轻冲洗 60s；然后加碘液于载玻片中央，60s 后用自来水冲洗，用 95% 酒精脱色至无色为止；再用番红液重复染色约 10s，用水冲洗，干燥后在显微镜的 40 倍物镜（油镜）下观察。革兰氏阳性菌呈蓝紫色，革兰氏阴性菌呈红色。水稻黄单胞杆菌呈红色。

鞭毛染色方法（Leifson 氏法）：配制染料 $KAl(SO_4)_2$ 饱和水溶液 20mL，20% 鞣酸 10mL，蒸馏水 10mL，95% 乙醇 5mL，碱性复红（95% 乙醇饱和溶液）3mL。依次加入后充分混匀，放入试剂瓶中盖紧（可保存 1 周）。染色操作：制备良好的涂片，滴加染液，30℃ 左右放置 10min；自来水洗，在室温下用硼砂美蓝（美蓝 0.18g、硼砂 1g 加蒸馏水 100mL 配成）复染（也可省略此步）；自来水洗净，干燥后在 100 倍物镜下镜检。结果可观察到水稻黄单胞杆菌有 1 根极生鞭毛，染色后的鞭毛红色，细胞蓝色。

（4）生理生化特征鉴定　通过 Hugh 和 Leifson 培养基（蛋白胨 2.0g，氯化钠 5.0g，磷酸氢二钾 0.2g，琼脂 3.0g，蒸馏水 1 000mL，pH 7.4～7.8，1.6% 溴百里香酚兰酒精溶液 1.5mL）测定细菌的好氧性和厌氧性。黄单胞杆菌等好氧性细菌，只在开管的上部生长，而厌氧性细菌则只能在开管的下部和闭管中生长。通过接种过夜培养的细菌到 NB 或 LB 等培养基中，通过菌落计数法或 OD 法测定黄单胞杆菌的最适生长温度为 26～28℃，pH 为 6.5～7.0。通过接种过夜培养的细菌到含有单一碳源、氮源或大分子化合物的固体或液体培养基中，观察固体培养基上是否出现物质降解的透明圈或液体培养基中细菌的生长情况（计数法或 OD 法），来分析细菌对各碳水化合物和氮素小分子化合物的分解和利用，以及大分子化合物的分解。

（5）致病性试验　黄单胞杆菌在 NA 或 LB 培养基上过夜培养后，用无菌水借助灭菌棉棒将生长好的细菌从平板上刮下制成悬浮液，利用无菌水将其浓度调节到 1×10^8 cfu/mL 左右；然后用 75% 酒精消毒的剪刀在水稻感病品种（5～6 叶期）叶上进行剪叶（水稻白叶枯病菌，每次剪叶后要重新用酒精消毒）或用 75% 酒精消毒的昆虫针针刺接种（细菌性条斑病菌，每次针刺后要重新用酒精消毒），接种后的水稻苗置于 28～30℃，90% 相对湿度和 16h 白天/8h 黑夜光照条件下培养，5～7d 后出现典型水稻白叶枯或条斑病害症状，即可确诊。

（6）噬菌体检测　取种子 100～500g，脱壳或粉碎后用 0.01mol/L pH 7.0 磷酸缓冲液按 1∶2 比例置于 4℃冰箱中浸泡，可按转速 1 000r/min 离心 10min，或者使用过滤器进行过滤处理，得到上清液。分别于 3 个培养皿中加样品的上清液和指示菌液各 1.0mL，混匀后加营养肉汁培养基，摇匀后在 28℃恒温下培养 12～16h，如出现噬菌斑（肉眼可见的透明圈），即可判断该种子来自病区。

（7）血清学检验　这里主要介绍酶联免疫吸附法（ELISA）。首先利用水稻黄单胞菌为抗原制备多克隆抗血清，然后利用抗血清包被 96 孔酶联板的各个孔，最后每个待测样品平行增加到六个孔中进行检测。健康的水稻叶片作为阴性对照，感染黄单胞杆菌的水稻叶片作为阳性对照，样品提取缓冲液作为空白对照。具体实验步骤如下：

①包被抗原：将抗原用 0.05mol/L 碳酸盐（pH9.6）稀释成 10^7 cfu/mL，每孔 100μL 进行包板，37℃避光孵育 2.5～3h 或者 4℃冰箱孵育过夜。

②洗板：用 0.05%吐温-30（PBST）洗涤 2～3 次，每次至少 3min。

③封闭：每孔加入 5%脱脂奶粉 100μL 封闭液，37℃封闭 60h。

④洗板：用 0.05%吐温-30（PBST）洗涤 2～3 次，每次至少 3min。

⑤加一抗至每个孔板：将兔子的血清分别按照 1∶1 000 稀释，然后倍比法稀释，37℃孵育 1h。

⑥洗板：用 0.05%吐温-30（PBST）洗涤 2～3 次，每次至少 3min。

⑦加二抗至每个孔板：用辣根酶标记山羊抗兔 IgG（H+L），1∶8 000 稀释，37℃孵育 45min。

⑧洗板：用 0.05%吐温-30（PBST）洗涤 5 次，每次 3min；

⑨显色：每孔加入底物溶液（TMB）100μL，反应 3min，最后加入 100μL 2mol/L 硫酸终止反应。

⑩读数：用酶标仪在 450nm 波长下读取其 OD 值。

结果判断：样品 OD_{450}/阴性对照 OD_{450}＞2.1，判为阳性。样品 OD_{450}/阴性对照 OD_{450} 在 1.5～2.1，判为可疑样品，需重新做一次，或用其他方法加以验证。样品 OD_{450}/阴性对照 OD_{450}＜1.5，判为阴性。

（8）质谱检测（MALDI-TOF MS）和红外光谱（FTIR）　鉴于水稻白叶枯病菌和细菌性条斑病菌在日常检测过程中容易混淆、难以区分的情况，Ge 等（2014）建立了质谱和红外光谱检测方法，可以有效区分这 2 个致病变种。用于质谱检测的细菌样品准备步骤：水稻黄单胞杆菌接种到 SPA 培养基（2%蔗糖，0.5%蛋白胨，3.67mmol/L K_2HPO_4，0.1mmol/L $MgSO_4$，2%琼脂）上，在 28～30℃生长 48h 后，用 300μL 无菌水借助灭菌棉棒将细菌从平板上洗下，调节 OD_{600} 为 0.4～0.5，加入 900μL 无水乙醇后，室温静置 90min；加入 50μL 甲酸（70%）和 50μL 乙腈后，12 000r/min 离心 2min，吸取 1μL 的细菌悬浮液用于质谱检测。MALDI-TOF MS 分析发现水稻白叶枯病菌和细菌性条斑病菌分别有 9 个和 10 个特异性的质谱峰（图 6-2），这些特异性的峰可以用作生物标记去区别水稻黄单胞杆菌的 2 个致病变种。

用于红外质谱检测的水稻黄单胞杆菌样品准备步骤如下：首先接种过夜培养的细菌到

SPA 培养液（SPA 培养基不加琼脂）中，30℃、160r/min 转速下振荡培养 48h 后，6 000g 离心 15min 后去掉上清液，收集细菌菌体，用无菌水充分溶解后离心，反复 3 次后，菌体置于−70℃保存，用于红外质谱分析。红外光谱检测结果发现水稻白叶枯病菌有 6 个特异的峰，分别为 3 433.18cm^{-1}、2 867.23cm^{-1}、1 272.94cm^{-1}、1 065.34cm^{-1}、982.94cm^{-1} 和 950.86cm^{-1}，水稻细菌性条斑病菌有一个特异的红外光谱峰，1 572cm^{-1}，这些特异的红外光谱峰可以用作生物标记去区别水稻黄单胞杆菌的 2 个致病变种。

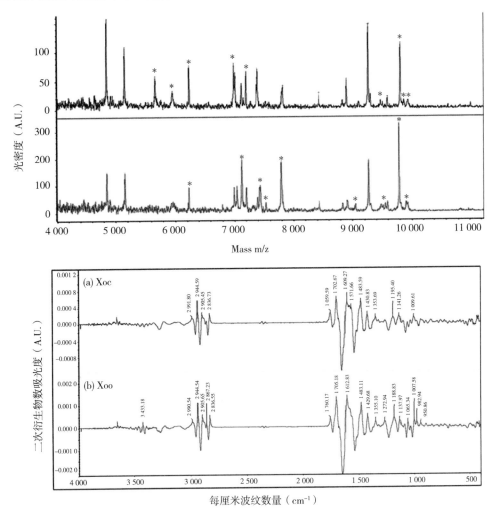

图 6-2 水稻黄单胞杆菌 2 个致病变种的质谱和红外光谱鉴别（Ge et al.，2014）

（9）聚合酶链反应（PCR）技术 PCR 技术可以有效地检测包括土壤和种子等各种植物材料的带菌情况，张华等（2004，2007）报道了成功利用常规 PCR 技术对水稻白叶枯病菌及细菌性条斑病菌进行检测，检测引物见表 6-1。

PCR 程序反应条件：预变性 94℃ 5min；变性 94℃ 30s；退火 60.5℃ 1min；延伸 72℃ 2min；变性、退火、延伸共 35 循环，最后延伸 72℃ 10min。

以上常规 PCR，需要同时设置阴性（无菌）对照和阳性（病菌 DNA）对照，当阳性对照和备测样品同时扩增出相同的目标条带，而阴性对照不能扩增出目标条带时，判定备测样品携带水稻黄单胞杆菌。

表 6-1 水稻白叶枯病菌和细菌性条斑病菌 PCR 检测的特异性引物

病害	引物	序列	目标片段大小
水稻白叶枯病	OSF1	5′-TCTGTTGTGAAAGCCCTG-3′	1.5kb
	OSR1	5′-CGGAGCTATATGCCGTGC-3′	
水稻细菌性条斑病	XocF	5′-ATATTGGGCTGGTGGGTGATC-3′	300bp
	XocR	5′-TTGGTACGCGATGCCCTTTGCGACGG-3′	

鉴于水稻上除了水稻白叶枯病菌和细菌性条斑病菌外，还同时存在多种病原细菌，Cui 等（2016）建立了能同时检测 6 种水稻病原细菌的巢氏 PCR 技术，其采用 Lang 等（2010）设计的 6 对特异性引物（表 6-2）。

表 6-2 六对引物的碱基序列

病原细菌	引物	扩增产物	目标片段大小
Xoc	XocF	5′-GTGCGTGAAAATGTCGGTTA-3′	945bp
	XocR	3′-GGGATGGATGAATACGGATG-5′	
Xoo	XooF	5′-GCCGCTAGGAATGAGCAAT-3′	162bp
	XooR	3′-GCGTCCTCGTCTAAGCGATA-5′	
Aaa	AaaF	5′-GAAACCGACTGGGTCTTGAG-3′	370bp
	AaaR	3′-GGTTTCGACACCTTGCTCTC-5′	
B. glumae	BgeF	5′-ACCTGATCGTGTTGGGGAGAC-3′	570bp
	BgeR	3′-CCATGAAGCAGTCGATGAGA-5′	
B. gladioli	BgiF	5′-GGCTTGCTCGGCTACAAC-3′	180bp
	BgiR	3′-GTGGACGAAGCTCATGGTG-5′	
P. fuscovaginae	PfuF	5′-CAGTTCGATGGTCTGGGAAT-3′	710bp
	PfuR	3′-GGGACTGGTAAAGCACGGTA-5′	

DNA 提取：

①分别接种水稻细菌至 5mL 的 NA 培养基中，30℃培养至饱和状态。

②取 1.5mL 培养物，10 000r/min 离心 2min，沉淀物加入 467μL 的 TE 缓冲液，用吸管反复吹打使之重悬。

③加入 30μL 10% SDS 和 3μL 20mg 蛋白酶 K，混匀，37℃水浴 1h。

④加入等体积的氯仿、异丙醇混合液（体积比 24∶1），轻轻混匀，12 000r/min 离心 10min，取上清液转入一个新管中，如果难以移出上清液，先用牙签除去界面物质。

⑤加入等体积的酚、氯仿混合液（体积比 1∶1），混匀，8 000r/min 离心 5min，将上清液移入一只新管中。

⑥加入 1/10 体积的 NaAc（pH5.2），混匀，加入 0.6 倍体积的异丙醇，轻轻混合直

到 DNA 沉淀下来，12 000r/min 离心 5min，冰浴 5～10min，弃上清。

⑦加入 1mL 70％的冰乙醇洗涤 30s，12 000r/min 离心 2min，弃上清。

⑧沉淀物干燥，重溶于 100μL 的 TE 缓冲液中，利用紫外分光光度计测核酸浓度和纯度，－20℃保存。

PCR 扩增：以上述获得的 DNA 为模板，利用试剂盒进行 PCR 扩增，每管一次性多重巢氏 PCR 检测体系加入 1μL DNA 模板，双蒸水补足至 50μL 后，即为扩增体系。

PCR 反应条件：94℃预变性 2min；92℃变性 1min，53℃退火 1min，72℃延伸 90s，共进行 40 循环；72℃延伸 5min。

PCR 产物用 2％的琼脂糖在 0.5×TBE 缓冲液中电泳后，用 Goldview 显色拍照，如为阳性反应则在特异位置处显示一条明亮的条带，如果为阴性反应则无任何条带；在各菌特异位置检测到特异性条带的样本可以判断为带有病原。电泳结果见图 6-3。

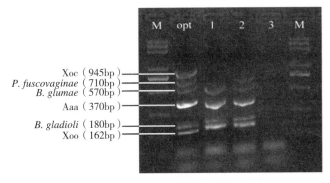

图 6-3　水稻稻种 6 种病原细菌的多重巢氏 PCR 检测（Cui et al.，2016）

2. 检疫监测

水稻黄单胞杆菌的检疫监测包括以下几项内容：

（1）病害调查　指的是向当地农民询问有关水稻黄单胞杆菌病害发生地点、发生时间、危害情况，分析病害和病原传播扩散情况及其来源。每个社区或行政村询问调查 30 人以上。对询问过程发现疑似存在的地区，需要进一步做实地调查。

（2）产地检疫监测　需对种子、无性繁殖材料在其原产地，农产品在其产地或加工地实施检疫、监测和处理。这是国际和国内检疫监测中最重要和最有效的一项措施。

在原产地生产过程中对水稻田进行的检验检疫工作，包括田间调查、室内检验、签发证书及监督生产单位做好病害控制和疫情处理等工作程序。重点关注水稻的苗期及分蘖期，必要时作田间定点调查。

田间调查重点是在水稻种植区的公路和铁路沿线水稻田直接观察是否有发病植株，同时抽样进行室内检测检验。田间系统定点调查重点是观察记录各生长期水稻细菌性条斑病及白叶枯病病株率和严重程度等。田间调查中除了要做好详细观察记录外，还要采集合格的标样，供实验室检测使用。

室内检验主要应用常规生物学和分子生物学技术对田间系统调查采集的样品进行检测，确认采集样品是否带有水稻黄单胞杆菌。

实施产地检疫，对制种田在孕穗期做一次详细的田间检查，确保种子不带菌。严格禁止从疫情发生区调种、换种。在产地检疫中发现水稻白叶枯病菌或者细菌性条斑病菌后，应根据实际情况，启动应急预案，立即进行应急治理。疫情确定后一周内应将疫情通报给对植物和植物产品调运目的地的农业外来入侵生物管理部门和农业植物检疫部门，加强对目的地水稻的监测力度。

（3）调运检疫监测 对检疫性的水稻细菌性条斑病菌，在水稻作物产品的货运交通集散地（机场、车站、码头）实施调运检验检疫。检查调运的水稻种子、产品、包装和运载工具等是否带菌。对水稻苗进行直观观察，看是否有表现疑似症状的个体；同时做科学的代表性抽样，取适量的水稻种子或幼苗（视货运量），带回室内，用常规诊断检测和分子检测技术做病菌检测。在国家间和国内不同地区间调运的应行检疫的植物及植物产品等，在指定的地点和场所由检疫人员进行检验检疫和处理。

在调运检疫中，一般可要求出具检疫证书，说明进境植物和植物产品不带有检疫性有害生物。对检验发现带水稻细菌性条斑病菌的种子等予以拒绝入境（退回货物），或实施检疫处理（如就地销毁、消毒灭菌等）；对于不带菌的货物签发许可证放行。

六、应急和综合防控

1. 应急防控

应用于尚未发生过水稻白叶枯病及细菌性条斑病的非疫区，所有技术措施都强调对病原的彻底灭除，目的是限制水稻黄单胞杆菌及所引起的水稻病害的扩散。无论是在交通航站检出带菌物品，还是在田间监测中发现的疫情，都需要及时地采取应急防控措施，以有效地扑灭病原或控制病害，以避免其扩散蔓延。

（1）调运检疫检出水稻黄单胞杆菌的应急处理 对现场检出作物产品，应全部收缴扣留并销毁。对检出带有水稻黄单胞杆菌的货物和其他产品，应拒绝入境或将货物退回原地。对不能退回原地的物品要及时就地封存，然后视情况做应急处理。

产品销毁处理：港口检出货物及包装材料可以直接沉入海底。机场、车站的检出货物及包装材料可以直接就地安全烧毁。

种子灭菌处理：稻种消毒可采用温汤浸种法，即将稻种在50℃温水中预热3min，然后放入55℃温水中浸泡10min，期间，进行不少于3次的翻动或搅拌，最后立即取出放入冷水中降温，可有效地杀死种子上的病原。另外，也可采用85%强氯精300~500倍液浸种，严格做好检疫工作，杜绝种子传病。

检疫隔离处理：如果是引进的水稻种苗，必须在检疫机关设立的植物检疫隔离中心或检疫机关认定的安全区域隔离种植，经生长期间观察，确定无病后才允许释放出去。

（2）田间水稻黄单胞杆菌病害的应急处理 在水稻白叶枯病及细菌性条斑病的非疫区监测发现小范围疫情后，应对病害发生的程度和范围做进一步详细地调查，并报告上级行政主管部门和技术部门，同时要及时采取措施封锁病区（田），严防病害扩散蔓延。然后做进一步处理，铲除病田作物并彻底销毁。

经应急处理后，应该留一小块田继续种植，以观察应急处理措施对该病害的控制效果。若在2~3年内未监测到疫情，即可认可应急铲除效果，并可申请解除当地的应急状态。

2. 综合防控

植物病害防治主要按照"预防为主，综合防治"的策略，以选用抗病品种，加强作物田间管理等预防措施为主，结合适当的化学、生物防治，达到将病害控制在允许的经济阈值水平以下的目的。

（1）合理选用抗病品种　不同水稻品种对水稻白叶枯病的抗（感）性差别大，选用抗病品种是防治白叶枯病最经济有效的途径，如华安2号、中9A/838、皖稻44、金两优36、特优813、优优128等。目前，广东省农业科学院植物保护研究所培育的感温型常规稻抗病品种白丝占，已通过广东省品种审定（编号：粤审稻20170052）。抗（耐）水稻细菌性条斑病的杂交稻包括：桂31901、青华矮6号、双桂36、宁粳15、珍桂矮1号、秋桂11、双朝25、广优、梅优、三培占1号、冀粳15、博优等。

（2）科学田间管理　①应选择地势高、排灌方便的田块，严防淹苗。防止串灌、漫灌和长期深水灌溉，并远离稻草堆、打谷场和晒场，按时清理病田稻草残渣，尽可能防止病稻草上的病原传入秧田和本田。②合理安排稻季，制定适宜的稻作栽培计划。③进行科学的肥水管理，适当增施磷、钾肥，防止过多施用氮肥。结合丰产栽培实施"黑、黄"交替的肥水管理，创造有利于稻株健康生长并充分发挥生理抗性功能，不利于病原滋生繁殖和侵染传播的稻田小气候。具体为：返青后追肥、浅水勤灌促发棵，即第一次"黑"；分蘖末期结合落干晒田，即第一次"黄"；拔节期追肥复水叶色再度转绿，即第二次"黑"；抽穗前3～5天结合脱水，叶色褪淡，即第二次"黄"；灌浆期看苗补肥、浅水勤灌促物质转移，即第三次"黑"；黄熟期落肥控水促青枝蜡杆、促满粒，即第三次"黄"。秧田培育无病壮秧、针对苗期病害在三叶期和移栽前各用药1次。

（3）适时药剂防治　①播种前，对稻种进行消毒。可配制85%强氯精（三氯异氰脲酸）300～500倍液可用来防治水稻白叶枯病、水稻细菌性条斑病等病害；②台风暴雨天气，是控制水稻白叶枯病、水稻细菌性条斑病发病中心的关键时期，可采取秧苗带药进本田，或选用20%噻菌铜悬浮剂、10%叶枯净＋50%氯溴异氰尿酸水溶性粉剂、14%络氨铜水剂、45%代森铵水剂＋12%丙硫多菌灵·多菌灵胶悬剂、25.9%络氨铜·锌水剂700倍液喷雾，每5～7d喷1次，连喷2～3次。③在秧苗三叶期和拔秧前，各喷药防治1次。每亩用25%的叶枯宁可湿性粉剂100～150g，对水40～50kg喷雾进行防治，或用72%农用链霉素可溶性粉剂2 700～5 400倍液，或50%克菌壮可湿性粉剂500～1 000倍液等进行防治。施药后如遇雨，雨后应补救。加强大田防治，经常观察和调查，特别要注意历年常发田块，一旦发现零星病叶或发病中心，应立即喷药防治，严格控制中心病害扩散。每亩可用25%叶枯宁可湿性粉剂100～150g或10%溃枯宁30g，对水40～60kg喷雾，或每亩用1 000万单位农用链霉素10g喷雾防治；在病害流行盛期，每7～10d喷1次，连续用药2～3次，不同药剂交替使用效果更好。

（4）生物防治　当前水稻白叶枯病与细菌性条斑病已可以采用生物防治手段，主要包括拮抗芽孢杆菌、阴沟肠杆菌、噬菌体等微生物的使用。怀雁（2011）开发了以一种缓病类芽孢杆菌为基础的水稻种衣剂，可用于预防水稻白叶枯病和细菌性条斑病。拮抗细菌筛选成为生物防治水稻病害的基础，El-shakh等（2015，2016）分离出能拮抗水稻白叶枯病的内生芽孢杆菌；高学文（2017）从南极土壤中分离获得解淀粉芽孢杆菌EZ15-07和地衣芽孢杆菌 EZ01 - 05，它们均能产生脂肽类等抑菌活性物质而对水稻白叶枯病菌和细菌性条斑病菌等具有较强的抑菌活性；Xie（2017）发现解淀粉芽孢杆菌 FZB42 能诱导水稻抗白叶枯病；Abdallah（2019）报道，多黏类芽孢杆菌拮抗水稻白叶枯病并促进水稻生长。

除芽孢杆菌外，目前来自其他类群的拮抗细菌也越来越受到关注，例如余山红（2012）开发的恶臭假单胞菌喷洒剂能够有效防治水稻白叶枯病和细菌性条斑病。2017 年 1 月农药快讯信息网报道了江苏省农业科学院刘凤权研究员团队采用变棕溶杆菌 OH21 发酵液浸种，发现对水稻细菌性条斑病具有杀灭作用，效果和化学农药强氯精浸种或噻唑锌拌种相当，还可促进水稻发芽。

Li 等（2013）首次报道一种新型有机物质壳聚糖能显著抑制甚至杀死水稻白叶枯病菌和细菌性条斑病菌，并成功应用壳聚糖在温室控制水稻白叶枯病和细菌性条斑病，为我国水稻细菌性病害的防治提供了新的策略。Li 等（2016）合成了对水稻白叶枯病防效更好的壳聚糖——纳米二氧化钛抑制剂，由于壳聚糖是叶面肥的原料，既能帮助植物抗病，又能提供养分，增强植物免疫力，促进植物健康，因而壳聚糖在水稻细菌性病害的防治方面有较广阔的应用前景。此外，最近一些对水稻白叶枯病菌有很好抑制效果的生物纳米材料也被合成（Ogunyemi et al.，2019；Abdallah et al.，2019）。

此外，植物源化合物的研究近年来也取得新的突破，Fan 等（2017）找到 4 种植物源的酚类化合物及其衍生物在不同程度上抑制水稻白叶枯病菌和细菌性条斑病菌在水稻上的病症。王丽（2016）田间分离到可以感染水稻白叶枯病菌的噬菌体，还发现利用噬菌体能生物防治我国水稻白叶枯病，但 Ogunyemi 等（2019）发现用噬菌体感染水稻白叶枯病菌有一定的菌株特异性。随着科技的不断发展，水稻白叶枯病及细菌性条斑病的防治方法将不断朝着绿色环保、高效、可持续的方向发展。

主要参考文献

方中达，1979. 植病研究方法. 北京：中国农业出版社.

方中达，1996. 中国农业植物病害. 北京：中国农业出版社.

高学文，陈孝仁，2018. 农业植物病理学. 北京：中国农业出版社.

高学文，朱碧春，顾丽，等，2017. 一种南极低温适生解淀粉芽孢杆菌 EZ 10 - 01 及其应用. 中国，C 12N 1/20（2006.01）.

怀雁，谢关林，余山红，等，2010 一种缓病类芽孢杆菌及其种衣剂；中国，C 12N 1/20（2006.01）I.

王丽，2016. 两种水稻主要病原细菌噬菌体的分离、鉴定和特征化研究. 杭州：浙江大学.

余山红，谢关林，怀燕，等，2010. 一种恶臭假单胞菌及其喷洒剂；中国，C 12N 1/20（2006.01）I.

张华，2004. 水稻白叶枯病菌和细菌性条斑病菌的分子检测技术研究. 南京：南京农业大学.

张华，胡白石，刘凤权，2007. 双重 PCR 技术检测水稻白叶枯病菌和细菌性条斑病菌. 植物检疫，21（增刊）：34 - 35.

Abdallah Y，Ogunyemi S O，Abdelazez A，et al.，2019. The Green synthesis of MgO nano-flowers using *Rosmarinus officinalis* L.（Rosemary）and the antibacterial activities against *Xanthomonas oryzae* pv. *oryzae*. Bio Med Research International：5620989.

AbdallahY，Yang M，Zhang M，et al.，2018. Plant growth promotion and suppression of bacterial leaf blight in rice by *Paenibacillus polymyxa* Sx 3. Letters in Applied Microbiology，125：1852 – 1867.

CABI，2021. *Xanthomonas oryzae pv. oryzae*（rice leaf blight）. In：Invasive Species Compendium.（2021 – 03 – 04）[2021 – 09 – 25] https：//www. cabi. org/isc/datasheet/56956♯to Distribution Maps.

Cui Z，Ojaghian M R，Tao Z，et al.，2016. Multiplex PCR assay for simultaneous detection of six major bacterial pathogens of rice. Journal of Applied Microbiology，120：1357 – 1367.

Elshakh A S A，Anjum S I，Qiu W，et al.，2016. Controlling and defense-related mechanisms of *Bacillus* strains against bacterial leaf blight of rice. Journal of Phytopathology，164：534 – 546.

Elshakh A S A，Anjum S I，Qiu W，et al.，2016. Controlling and Defense-related Mechanisms of *Bacillus* Strains Against Bacterial Leaf Blight of Rice. Journal of Phytopathology，164（7 – 8）：534 –546.

El-shakh A S A，Kakar K U，Wang X，et al.，2015. Controlling bacterial leaf blight of rice and enhancing the plant growth with endophytic and rhizobacterial *Bacillus* strains. Toxicological & Environmental Chemistry，97：766 – 785.

EPPO，2007. *Xanthomonas oryzae*. PM 7/80（1）. OEPP/EPPO Bulletin 37，543 – 553.

Fan S S，Tian F，Li J Y，et al.，2017. Identification of phenolic compounds that suppress the virulence of *Xanthomonas oryzae* on rice via the type Ⅲ secretion system. Molecular Plant Pathology，18：555 – 568.

Ge M Y，Li B，Wang L，et al.，2014. Differentiation in MALDI-TOF MS and FTIR spectra between two pathovars of *Xanthomonas oryzae*. Spectrochimica Acta Part A：Molecular and Biomolecular Spectroscopy，133：730 – 734.

He W A，Huang D H，Cen Z L，et al.，2010. Research progress on rice resistance to bacterial leaf streak. Journal of Plant Genetic Resources，11（1）：116 – 119.

Jonit N Q，Low Y C，Tan G H，2016. *Xanthomonas oryzae pv. oryzae*，biochemical tests，rice（*Oryza sativa*），bacterial leaf blight（BLB）disease，Sekinchan. Journal of Applied & Environmental Microbiology，4（3）：63 – 69.

Khan J A，Siddiq R，Arshad H M I，et al.，2012. Chemical control of bacterial leaf blight of rice caused by *Xanthomonas oryzae pv. oryzae*. Pakistan Journal of Phytopathology，24：97 – 100.

Lang J M，Hamilton J P，Diaz M G Q，et al.，2010. Genomics-based Diagnostic Marker Development for *Xanthomonas oryzae pv. oryzae* and *X. oryzae pv. oryzicola*. Plant Disease. 94：311 – 319.

Li B，Liu B P，Shan C L，et al.，2013. Antibacterial activity of two chitosan solutions and their effect on rice bacterial leaf blight and leaf streak. Pest Management Science，69：312 – 320.

Li B，Zhang Y，Yang Y Z，et al.，2016. Synthesis，characterization，and antibacterial activity of chitosan/TiO$_2$ nanocomposite against *Xanthomonas oryzae pv. oryzae*. Carbohydrate Polymers. 152：825 – 831.

Liu H，Yang W，Hu B，et al.，2007. Virulence analysis and race classification of *Xanthomonas oryzae pv. oryzae*. Journal of Phytopathology，155：129 – 135.

Ming D，Ye H Z，Schaad N W，et al.，1991. Selective recovery of *Xanthomonas* spp. from rice seed. Phytopathology，81：1358 – 1363.

Mizukami T A，Wakimoto S，1969. Epidemiology and control of bacterial leaf blight of rice. Annual Review ofPhytopathology，7（1）：51 – 72.

Nayak P，Reddy P R，2010. The pattern of bacterial leaf blight disease development and spread in rice. Journal of Phytopathology，119（3）：255 – 261.

Ogunyemi S O，Abdallah Y，Zhang M C，et al.，2018. Green synthesis of zinc oxide nanoparticles using different plant extracts and their antibacterial activity against *Xanthomonas oryzae* pv. *oryzae*. Artificial Cells，Nanomedicine，and Biotechnology，47：341 - 352.

Ogunyemi S O，Chen J，Zhang M C，et al.，2019. Identification and characterization of five new OP 2 - related *Myoviridae* bacteriophages infecting different strains of *Xanthomonas oryzae* pv. *oryzae*. Journal of Plant Pathology，101：263 - 273.

Xie Y L，Wu L M，Zhu B C，et al.，2017. Digital gene expression profiling of the pathogen-resistance mechanism of *Oryza sativa* 9311in response to *Bacillus amyloliquefaciens* FZB 42induction. BiologicalControl，110：89 - 97.

Zhang Y，Yang X，Zhou F Y，et al.，2015. Detection of a mutation at codon 43 of the rpsL gene *Xanthomonas oryzae* pv. *oryzicola* and *X. oryzae* pv. *oryzae* by PCR-RFLP. Genetics and Molecular Research，14：18587 - 18595.

第二节　番茄溃疡病和马铃薯环腐病及其病原

密执安棒杆菌属于棒形杆菌属（Davis et al.，1984），是植物病原细菌中很少见的、典型的革兰氏阳性菌，也是历史上很长时间内该属的唯一的种，根据不同菌株群体侵染的寄主，目前国际上普遍认可的有密执安亚种（*Clavibacter michiganensis* subsp. *michiganensis*）（Davis et al.，1984）、环腐病亚种（*C. michiganensis* subsp. *sepedonicus*）（Eichenlaub et al.，2011）、内布拉斯加亚种（*C. michiganensis* subsp. *nebraskensis*）（Vidaver，1974）、诡橘亚种（*C. michiganensis* subsp. *insidiosus*）（Mcculloch，1925）、棋盘状亚种（*C. michiganensis* subsp. *tessellarius*）（Eichenlaub et al.，2011），分别引起番茄溃疡病、马铃薯环腐病、玉米细菌性枯萎病、苜蓿细菌性萎蔫病、小麦细菌性花叶病。近几年分子生物学技术也应用于棒形杆菌的分类研究，又陆续报道了菜豆亚种（*C. michiganensis* subsp. *phaseoli*）（González et al.，2014）和辣椒亚种（*C. michiganensis* subsp. *capsici* subsp. *nov.*）（Oh et al.，2016），可分别引起大豆细菌性叶枯病和辣椒细菌性溃疡病。另在辣椒上分离鉴定了两个种传非致病亚种，加利福尼亚亚种（*C. michiganensis* subsp. *californiensis*）和智利亚种（*C. michiganensis* subsp. *chilensis*）（Yasuhara-Bell et al.，2015）。以下内容将分别讨论被我国列入外来入侵生物名录（中国外来入侵物种数据库，2017）的其中两个亚种，即密执安棒杆菌密执安亚种和密执安棒杆菌环腐亚种。

密执安棒杆菌密执安亚种

一、起源和分布

番茄溃疡病是番茄生产中最为严重的毁灭性病害之一。该病于 1909 年首次在美国密执安州的温室番茄上发现，以后随世界贸易的迅速发展，1930—1980 年逐渐扩展蔓延至美国各番茄产区和加拿大安大略地区，造成损失高达 80% 以上，成为番茄上重要的世界性病害。1958 年日本首次发现该病害，目前美洲、欧洲、亚洲、非洲和大洋洲的 60 多个国家都有番茄溃疡病发生危害的报道。该病害严重威胁着番茄的产量、品质以及采后果实的抗性（Gleason et al.，1993）。欧洲和地中海植物保护组织（The European and Mediterranean Plant Protection Organization，EPPO）于 1982 年将密执安棒杆菌密执安亚种列为 A2 类检疫性有害生物，欧盟植物检疫法规中也明确列出该病原为出入境检疫有害生物。

我国有关番茄细菌性溃疡病的记载始于 1954 年，俞大绂等在大连发现发病的番茄果实，但分离培养未能证实其为密执安棒杆菌密执安亚种。1985 年刘泮华等（1989）在北京郊区发现该病并首次鉴定其病原为密执安棒杆菌密执安亚种。1995 年我国将该病原列入《全国植物检疫对象名单》，1997 年列入《中国进境植物检疫潜在的植物危险性病、虫、杂草（三类有害生物）名录》。目前番茄溃疡病在北京、黑龙江、吉林、辽宁、内蒙古、新疆、河北、山西、山东、上海、安徽、海南、广西等省（直辖市、自治区）都有发生，使许多地区番茄生产受到了不同程度的影响，且呈逐年扩散和加重的趋势。其中尤以甘肃、新疆、内蒙古、河北等省（自治区）为甚。

二、病原

1. 名称和分类地位

密执安棒杆菌密执安亚种，也称番茄溃疡病菌，拉丁学名为 *Clavibacter michiganensis* subsp. *michiganensis*（Cmm），属于细菌域（Bacteria）、细菌界（Bacteriae）、陆生细菌组（Terrabacteria group）、放线菌门（Actinobacteria）、放线菌纲（Actinobacteria）、微球菌目（Micrococcales）、微细菌科（Microbacteriaceae）、棒杆菌属（*Clavibacter*）、密执安棒杆菌种（*Clavibacter michiganensis*）。

2. 形态特征

病原在土豆片上生长的菌落为褐黄色，在 523 培养基上 28℃培养 72h 后，形成直径 2～3mm、淡黄色或黄色、略隆起、全缘、不透明、边缘整齐的圆形黏稠的菌落（彩图 6-4）。菌体短杆状或棒状，大小（0.6～1.2）μm×（0.3～0.4）μm，多以 V、Y 形或栅栏状排列，革兰氏染色阳性，无鞭毛，无芽孢，有荚膜，无运动性，严格好氧。

三、病害症状

番茄溃疡病是一种系统性维管束病害，从番茄育苗到收获期均可发生。苗期发病时多从植株下部叶片的叶缘开始，病叶向上纵卷，似缺水状，并向上逐渐萎蔫下垂，病叶边缘及叶脉间变黄，叶片变褐色枯死。有的幼苗在下胚轴或叶柄处产生溃疡状凹陷条斑，病苗矮化或枯死。

成株发病初期，下部叶片一侧或部分小叶凋萎、下垂、向内卷缩，似缺水状，上部叶片仍可正常生长。病原在维管束组织迅速扩散，茎内部变褐色，病斑向上下扩展，长度可达数节，后期产生长短不一的穿腔，茎略变粗、开裂，有时可生出许多不定根。在多雨水或湿度大时，从病茎或叶柄病部溢出菌脓，菌脓附在病部上面，形成白色污状物，后茎内变褐色而中空，全株枯死，枯死株上部的顶叶呈青枯状。

果柄受害多由茎部病原扩展而致其韧皮部及髓部呈现褐色腐烂，可一直延伸到果肉，致幼果滞育、皱缩、畸形，种子不正常并带菌；有时从萼片表面局部侵染，产生坏死斑，病斑可扩展到果面。横切叶柄、果柄、茎秆时，均可见到中间呈褐色腐烂状，湿度大时，茎中会溢出白色菌脓。

果实受害时，病原由果柄进入，幼果表现皱缩、畸形，潮湿时病果表面产生"鸟眼斑"。病斑圆形，周围白色略隆起，中央为褐色木栓化突起。单个病斑直径 3mm 左右，有时病斑会连在一起。鸟眼斑是番茄溃疡病病果的一种特异性症状，由再侵染引起，不一定与茎部系统侵染发生于同一株。

温室种植的植株染病后，首先出现叶边缘萎蔫，叶片变成暗绿色并向上向内卷曲，随后叶片上出现白色至褐色的坏死病斑，新芽、叶柄和茎部处产生浅色条斑，但通常多出现在叶柄与茎部的连接处，随后条斑开裂形成溃疡，最后整个植株呈现出永久性萎蔫，逐渐干枯死亡（彩图 6-5）。

四、生物学特性和病害流行规律

1. 生物学特性

Cmm 生长的温度范围为 25～35℃，最适 28℃，病原发育的适宜 pH 4.5～9.5，最适 pH 7.5～8.5（Eichenlaub，2011）；53℃ 10min 致死。

2. 寄主范围

Cmm 比较专化，主要侵染栽培番茄引起萎蔫和溃疡，偶尔侵染蚕豆（*Phaseolus vulgaris*）、豌豆（*Pisum sativum*）、玉米（*Zea mays*）和多种茄属植物（*Solanum*）；人工接种可侵染西瓜（*Citrullus lanatus*）、黄瓜（*Cucumis sativus*）、向日葵（*Helianthus annuus*）、大麦（*Hordeum vulgare*）、黑麦（*Secale cereale*）、小麦（*Triticum aestivum*）、燕麦（*Avena sativa*）（EPPO，2019）。

3. 侵染循环

Cmm 可在番茄种子内外层越冬，存活期可达 8 个月（Elphinstone et al.，2010）。病原在土壤和病残体中可存活 2～3 年。Gleason 等（1993）认为，如果初侵染源是番茄种子或是病原通过伤口直接侵入番茄的维管束组织，植株将出现系统性症状，通常先表现为萎蔫；而当病原通过植物表皮的毛孔、水孔等自然孔口侵入后，首先会出现叶边缘坏死、叶片萎蔫等局部症状，在适宜的环境条件下，再发展成为系统性症状。系统性症状一般在侵染 3～6 周后出现，并因雨水飞溅可能造成再侵染，但再侵染对产量影响不大。果实上的病斑是通过风雨或喷灌时从病枝叶上滴下的带菌水滴传播的。远距离传播主要是带菌种子的运输（Tsiantos，1987），种传率一般为 1% 左右。如果苗床土壤带菌，病株率可达 50% 以上。

4. 发病条件

病原喜欢在冷凉潮湿的环境中侵染番茄，自然条件下，23～28℃、相对湿度 80% 以上有利于番茄溃疡病发生和典型症状的形成（Xu，2012），所以一般冬暖式大棚或早春大棚发病严重。在番茄生长期内，温暖潮湿、多阴雨天气或长时间结露有利于发病，发病后偏施氮肥或大水漫灌，都会导致病害蔓延。潮湿多雨的天气，大量的菌脓会通过破裂的茎秆渗出，传至叶片和果实造成再侵染。由于病原堵塞导管，因此高温条件下会导致严重的萎蔫症状。

五、诊断鉴定和检疫监测

1. 诊断鉴定

（1）症状诊断　于番茄生长期间进行田间调查，根据前述病害症状对田间植株做出初步诊断。番茄溃疡病的典型症状是叶片、茎秆和果实上产生溃疡斑；茎秆上可能出现裂口、髓部腐烂中空；植株矮化，叶片或整个植株萎蔫或枯萎死亡。田间诊断后需要采集具有典型症状的病株和果实标本，带回实验室进行各项室内检测。

（2）形态鉴定　将病株、病果等材料用清水冲洗干净，70%酒精棉球擦洗病斑及其边缘的表皮组织进行表面消毒，晾干后用灭菌的解剖刀在病健交界处取一小块病变组织，悬浮于少量无菌水中，用无菌玻璃棒挤压，静置 10～15min 后制成菌悬液备用；土壤中病原分离时称取大约 1% 土壤样品做系列稀释到 10^{-5}。

上述制备的菌悬液划线或涂布于 KBT 或 523 培养基平板上，以相同培养基接种标准 Cmm 为阳性对照。在 KBT 培养基上 28℃培养 72h，可见圆形、隆起、深灰白色、边缘黄至琥珀色的菌落；在 523 培养基上培养 3d 可形成表面光滑、黏稠状、淡黄色至黄色的圆形菌落。根据 Cmm 的菌落特征选取可疑菌落做进一步鉴定。主要培养基配方如下：

KBT 培养基（pH7.2）：蛋白胨 20g，蔗糖 10g，琼脂 17g，$MgSO_4 \cdot 7H_2O$ 1.5g，K_2HPO_4 1.5g，H_3BO_3 1.5g，甘油 10mL，加蒸馏水至 1 000mL，121℃高压灭菌后冷却至 50℃，加入 3mL 萘啶酮酸钠（1mg/mL，溶解于 0.1mol/L NaOH 中）、2mL 放线菌酮（20mg/mL，溶解于乙醇中）、0.05mL 百菌清（1：37 水液）、1mL 亚硫酸钾（1%水溶液）。

523 培养基（pH7.2）：蔗糖 10g，聚蛋白胨或酪蛋白水解物 8g，酵母膏 4g，$MgSO_4 \cdot 7H_2O$ 0.3g，K_2HPO_4 2g，琼脂 17g，加蒸馏水至 1 000mL。121℃高压灭菌 20min。

（3）生理生化检测　该病原硝酸盐还原阴性，脲酶阴性，明胶液化缓慢，可水解秦皮甲素，水解淀粉能力很弱或不水解。生长需要氨基酸、生物素、烟酸和硫胺素；最高耐盐度 4%；碳水化合物氧化代谢，能利用葡萄糖、蔗糖、阿拉伯糖、甘露糖、麦芽糖、甘油、苯甲酸、柠檬酸、延胡索酸、苹果酸，不能利用鼠李糖、棉籽糖、乳糖、木糖、甘露醇、山梨醇、草酸等。液化明胶不产生吲哚，但产生硫化氢。

（4）致病性试验　用感病的番茄、烟草和紫茉莉做鉴别寄主；培养 48h 的 Cmm 配制成浓度为 10^8cfu/mL 的菌悬液，采用剪叶法或针刺法接种，番茄一般在接种 14～28d 后会出现局部坏死或维管束变色等症状，症状出现的早晚随接种体浓度及温度等环境条件而异。用蘸根法接种感病番茄品种幼苗，具体方法为把苗龄 10d、高 8～10cm 的番茄幼苗拔出，用自来水冲去根部泥沙，剪去根尖，浸泡在菌液中 1h，取出后栽在盛有灭菌土的花盆里，同时设阳性和空白对照，18～32℃条件下保湿 72h，7d 以后开始出现症状，表现为基部第一片叶片反卷、萎蔫，病情不断向上扩展，叶片半边出现萎蔫；大约 12d 后，顶端的复叶全部萎蔫下垂，并伴有脱水，全叶枯死，有的植株矮化。

烟草植株对 Cmm 可表现出一定程度的过敏性反应（HR）；接种紫茉莉后，其叶片在 36～48h 内出现典型的过敏性坏死斑（彩图 6-6），而且接种后寄主出现 HR 反应，受温度影响（在 18～43℃范围内均可）较小。其他棒状杆菌及欧氏杆菌属中的草生欧氏杆菌、假单胞杆菌属中的荧光假单胞菌（*Pseudomonas fluorescens*）等常见病原细菌均不能引起紫茉莉产生过敏性坏死反应。

（5）酶联免疫吸附测定（ELISA） 用包被缓冲液将特异性的 Cmm 抗体稀释，取 $100\mu L$ 加入酶标板孔中，加盖于 37℃ 孵育 2h，清空孔中溶液后用 PBST 洗涤 4 次；期间准备待测样品，待测样品按 1∶10（质量∶体积）加入抽提缓冲液，研磨成匀浆，500r/min 离心 5min 后，取上清液 $100\mu L$ 加入孔中，同时设阴性和阳性对照；然后 37℃ 孵育 2h 或 4℃ 孵育过夜，清空孔中液体后用 PBST 洗涤 4 次；加入稀释后的碱性磷酸酯酶标记的 Cmm 抗体，37℃ 孵育 2h 或 4℃ 孵育过夜，再次清空孔内液体并用 PBST 洗涤 4 次；加入 $200\mu L$ 现配的 PNP 底物溶液，避光孵育 30min，加入 NaOH 终止反应；肉眼观察颜色变化或酶标仪测定 405nm 的吸光度值（OD_{405}）。ELISA 法可以判断检测样品中是否含有 Cmm 及其大致浓度。研究表明，ELISA 法可检测到的 Cmm 最低浓度为 10^4 cfu/mL。当待测样品和阳性对照有颜色反应，阴性对照和空白对照无颜色反应，且酶标仪检测阴性对照的 $OD_{405} < 0.15$，判定结果有效。计算待测样品 OD 值（P）与阴性对照 OD 值（N）之间的比值，P/N≥2 则检测结果判定为阳性，P/N<2 则检测结果判定为阴性。由于 ELISA 法检测不能用于区分密执安棒杆菌中的不同亚种，并且与其他病原存在不同程度的交叉反应（cross reaction），检测的灵敏度也有待提高，因此 ELISA 法检测对于 Cmm 具有一定的局限。

（6）分子生物学检测 采用 CTAB 法提取的 DNA 或培养的菌株稀释成 $\geq 10^5$ cfu/mL 的菌悬液，经煮沸后可作为模板进行 PCR 检测。

（1）定性检测 定性检测 Cmm 采用的 PCR 引物有两组（Pastril，1999），第一组引物是 ClaF1（5′-TCATTGGTCAATTCTGTCTCCC-3′）、ClaR2（5′-TACT GAGATGT TTCACTTCCCC-3′）。PCR 反应体系为 $25\mu L$，包括 10×PCR buffer $2.5\mu L$、2.5mmol/L dNTPs $0.25\mu L$、5 U Taq DNA 聚合酶 $0.25\mu L$、10μmol/L 引物各 $1\mu L$、菌悬液 $1.5\mu L$，加双蒸水补足至 $25\mu L$。PCR 扩增条件为 94℃ 3min；94℃ 30s，62.5℃ 45s，72℃ 30s，30 循环；72℃ 5min。扩增产物经琼脂糖凝胶电泳检测大小 250 bp。第二组引物为：PSA-4（5′-TCATTGGTCAATTCTGTCTCCC-3′），PSA-R（5′-TACTGAGATGTTTC ACTTCCCC-3′）。PCR 扩增条件为 94℃ 3min；94℃ 30s，60℃ 45s，72℃ 30s，30 循环；72℃ 5min。扩增产物经琼脂糖凝胶电泳检测大小 271 bp。

（2）LAMP 快速检测 根据赵赛等（2015）报道，快速检测 Cmm 的 LAMP 反应体系（$25\mu L$）中包括模板 200 ng，$MgSO_4$ 3.0mmol/L，Bst DNA 聚合酶 2 U，dNTPs 0.3mmol/L，外引物与内引物之比为 1∶3，在 65℃ 恒温反应 15min 后，经 SYBR Green I 染色便可获得阳性结果，检测灵敏度可达到 50 cfu/mL，但是不能区分样品中的死菌和活菌。

（3）qRT-PCR 检测 周大祥等（2017）根据 Cmm *Pat-1* 基因设计特异引物 PadF（5′-GGTTCTCTATTTCCTCGGTTCCAC-3′）和 PadR（5′-CCATCCAGCACTTCCCTA TGTCT-3′），反应体系 $25\mu L$，包括：12.5μL SYBR Premix Ex Taq mix，引物 PadF/PadR（10mmol/L）各 0.75μL，模板 DNA 2μL，加超纯水补至 $25\mu L$。PCR 反应程序为 95℃ 预变性 10s；然后 95℃ 15s，60℃ 1min，（40 循环）。菌体经 EMA 渗透处理，再进行 qPCR 扩增，能有效避免 PCR 检测实际样品可能造成的假阳性结果。

2. 检疫监测

（1）调运种子和果实取样　散装或带包装调运的番茄种子、果实，按照农业植物调运检疫规程（GB 15569—2009）标准中规定的方法取样后进行实验室检验。随机抽取 30g（≥10 000 粒）番茄种子为一份样品（少于 30g 的种子则全部抽取），加入 150mL 预冷的 0.5mol/L 磷酸-吐温缓冲液（PBT，pH7.2）摇匀，使种子全部湿润，室温下真空孵育 30～60min，慢慢恢复常压（或在 4℃磁力搅拌器上搅拌 24～48h），取 50mL 样品抽提液 12 000r/min 离心 10min 弃上清，沉淀用 2mL 0.01mol/L 磷酸缓冲液（PB，pH7.2）重新悬浮。悬浮液分成 2 份，其中 1 份做分离培养试验，另 1 份加 10%甘油保存，用于 ELISA 或 PCR 检测。

种子也可进行种植观察鉴定，将待测番茄种子种植于温室或实验室营养钵（钵内土壤或基质应灭菌处理），每份种子样品种植 5 000 粒左右（不低于 3 000 粒），生长环境 24～34℃，相对湿度不低于 70%，出苗后 15d 观察幼苗，若表现出番茄溃疡病典型的苗期症状，则进一步采集可疑病株进行分离鉴定。对检出 Cmm 的样品应至少保存 6 个月，以备谈判或仲裁，保存期满后灭菌处理。

（2）田间植株取样调查　在疫区和非疫区都需要进行田间大范围监测，一般在番茄溃疡病发生的高峰期进行；定点系统监测调查在番茄苗期至收获期进行，选 3 个种植感病品种的田块，间隔 7～10d 调查一次，采用五点取样法，每个样点调查 30～50 株，记载病株率和病害严重程度。在非疫区监测中若发现疑似番茄溃疡病疫情，应采集标本进行实验室检测鉴定，采集的样品先用清水冲洗，除去表面的尘土，晾干后用灭菌解剖刀纵剖茎秆，在病健交界处取一小块褐变组织，悬浮于少量 0.1%蛋白胨水中，用灭菌玻璃棒压碎，静置使细菌溢出，然后用接种环蘸取悬浮液在营养培养基上划线分离，根据 Cmm 的菌落特征挑取菌落进一步验证；或送有关专家鉴定。

六、应急和综合防控

1. 应急防控

在番茄溃疡病尚未发生的非疫区，经监测发现番茄上的症状表现符合番茄溃疡病田间发病症状，室内检验确认带有病原，须立即封锁发病地点及周围一定区域，同时将疫情报告有关技术和管理部门，尽快组织实施应急处理预案，烧毁或用除草剂杀灭发病田及周围田块的全部番茄植株及杂草；然后用生石灰或甲醛等对病田进行土壤消毒灭菌处理；经过处理后的发病点及周围附近田块在 3 年内不能种植番茄，要改种其他作物。

在现场检疫监测中发现的带菌番茄产品，需要按照国家相关检疫法规进行处置，严禁病原传入。对现场检出带菌的番茄产品，应全部收缴扣留或退回原地。对不能及时销毁或退回原地的产品要及时就地封存，然后视情况做应急处理：①对不能现场销毁的可利用番茄果实，可以在国家检疫机构监督下，就近将其加工成果汁、罐头等成品，其下脚料就地销毁；②如果是引进栽培用的番茄种苗和接穗等，必须在检疫机关设立的植物检疫隔离中心或检疫机关认定的安全区域隔离种植，经生长期间观察，确定无病后才允许释放出去。

2. 综合防控

在番茄溃疡病已经发生和较普遍分布的番茄产区，实施综合防控技术。以使用健康种苗及加强栽培管理为主要措施，结合使用化学药剂防治等其他防治技术，将病害控制在经济阈值允许的水平以下。

（1）繁育和使用健康种苗　建立无病留种田，采用从健康番茄田间收获的不带菌番茄种子做次年用种；一般需要在育苗前进行种子处理，育苗期间加强管理，促进幼苗健康生长。需要指出，番茄移植幼苗是传播番茄溃疡病的重要途径，因此番茄幼苗尽量不移栽，也要尽量避免浇水、除草等过程中人为地造成幼苗植株表面伤口，以有效减少病原侵染机会。

（2）轮作及田间管理　①对有番茄溃疡病发生的田块，在条件允许的情况下，与其他非茄科作物（十字花科的甘蓝、大白菜及百合科的大葱、大蒜等）进行三年以上轮作，能有效减少田间病原的数量，减少病害的发生，达到防病的效果。②定植时最好作短畦，有利于灌水和排水；定植时间宜早不宜晚，早搭架、早绑蔓以减少伤口；同时合理密植，施肥以有机肥为主，适当施用磷钾肥，避免偏施氮肥。③植株上露水未干时或雨天不要进行农事操作，浇水时不要大水漫灌，有条件的最好采用滴灌或渗灌。保护地灌水不要在下午或傍晚进行，最好选择晴天的上午进行，并结合放风排湿，减少夜晚或清晨在植株上的结露。④棚室内白天的温度控制在 22～25℃，夜间控制在 15～17℃。为了减少叶面上的结露量和缩短结露时间，可在下午棚温降到 20℃时关闭通风口，尽量减少夜间棚温的变化，当夜温超过 13℃时可整夜放风。⑤为了加强夜间保温效果，有条件的可以采用双层棚膜或双层草毡覆盖。阴天必须拉开草毡使棚内见光，可晚揭早盖，并适当换气排湿。也可在行间覆盖稻草以降低棚室内湿度。当棚内温度过低时可采用人工升温法来提高棚温。⑥及时摘除下部的老、黄、病叶，清洁田园。一旦田间有番茄溃疡病发生，应及时拔除病株，清除田间病残体，将其深埋或烧毁，同时对病区土壤进行生石灰消毒或药剂处理，尽量减少病原传播的可能性。⑦适时防治病虫草害，促进植物正常生长发育，增强植株自身抗病力。⑧收获后及时对土壤进行翻耕，土壤深层的微生物会抑制 Cmm 的生长或加速附着在病残体和土壤表面的病原死亡，同时每亩可补施石灰 50～75kg，调节土壤 pH 到 8.0。

（3）物理防病　①紫外灭菌：对带菌种子紫外线照射 10～20min 进行消毒。②干热灭菌：番茄种子铺平，厚度 2～3cm 放在 60℃ 恒温干燥箱通风干燥 2～3h，然后升温至 75℃，处理 3d，此法会推迟种子发芽 1～3d，且处理的种子需在一年内使用。③温汤浸种：先将种子在凉水中浸泡 10min，捞出后放入 52～55℃ 温水中浸泡 30min，不断搅拌并随时补充热水，再放入凉水中降温，然后浸种催芽。④高温闷棚：对发病田，可以在非生产季节（7 月中旬至 8 月下旬）进行，对大棚中的土壤灌足水后覆盖聚乙烯膜，密闭15～20d 实施闷棚，可有效降低田间菌量。

（4）寄主的抗病性与抗病育种　不同番茄品种对番茄溃疡病的抗性有所不同，但对番茄抗番茄溃疡病的研究尚不是很多。目前国内种植的品种大多不抗病，少有耐病品种，无免疫、抗病品种。部分野生番茄对番茄溃疡病表现一定抗性和耐病性（Francis et al.，2001），可用于培育抗病品种，也可选用野生番茄作为砧木进行嫁接。

（5）生物防治　①移栽时每穴施入 300mL 多抗霉素 1 000 倍液＋3% 中生霉素 1 000 倍液，定植缓苗后灌根 2～3 次，第一穗果膨大期再及时浇灌一次。②发病初期，可使用 3% 中生菌素可湿性粉剂 600 倍液 50mL＋有机硅 5g 对水 15kg，每 3d 用药 1 次，连用 3~4 次，可有效预防和控制番茄溃疡病的发生和发展；也可用 2% 春雷霉素水剂 500 倍液，每隔 5~7d 喷洒 1 次，连续使用 3~4 次。③使用 72% 硫酸链霉素对严重病株及病株周围 2~3m 区域植株进行浇灌，连灌 2 次，间隔 1d。

（6）化学防治　①种子处理：先用 40℃ 温水浸泡种子 3~4h，捞出放入 1% 高锰酸钾溶液浸泡 10~15min，再捞出清水冲洗 3~4 次，催芽播种；也可用 5% 稀盐酸浸种 5~10h 或 0.05% 次氯酸钠浸种 20~40min。②苗床消毒：播种前 20d 将床土疏松，然后用 40% 甲醛对苗床消毒，随后用塑料薄膜覆盖 5d，揭去塑料薄膜将床土疏松，半月后再播种；或者每亩将 1kg 高浓度氯氧消毒剂施入土壤中，密闭覆膜闷 3~7d 后，揭膜晾 3~5d 后播种。③田间防治：可选用药剂有 1∶1∶200 波尔多液、14% 络氨铜水剂 300 倍液、77% 氢氧化铜可湿性微粒粉剂 500 倍液、50% 琥胶肥酸铜可湿性粉剂 500 倍液、47% 春雷·王铜 600~800 倍液、50% DTM（琥·乙膦铝）500 倍液等。自发病初期开始每 7~10d 喷施 1 次，连喷 3~4 次。

密执安棒杆菌环腐亚种

一、起源和分布

马铃薯环腐病是一种世界性的维管束病害，于 1906 年起源于德国，目前在欧洲、北美、非洲的阿尔及利亚及亚洲的部分国家均有发生，其中部分地区虽有发生但尚未定殖，潜在危险性极大。该病害发生可造成马铃薯品质变坏，减产严重，同时在窖藏中仍可继续发病，对马铃薯生产造成极大的经济损失。在我国，马铃薯环腐病最早于 1964 年在黑龙江发现，全省鲜薯损失达 3.4 亿 kg。后由于种薯调运，相继传至吉林、辽宁、内蒙古、甘肃、青海、宁夏、河北、北京、山西、陕西、山东、浙江、广西、上海等地。目前几乎在全国有马铃薯种植的地区都有发生，在生产上可造成 10%~30% 的产量损失。

二、病原

1. 名称和分类地位

马铃薯环腐病英文名有 potato ring rot，bacterial ring rot of potato，vascular wilt of potato 等，其病原为密执安棒杆菌环腐亚种，也称马铃薯环腐病菌，拉丁学名为 *Clavibacter michiganensis* subsp. *sepedonicus*（Cms）（Davis et al.，1984），异名为 *Corynebacterium sepedonicum*，分类地位（种及以上阶元）同密执安棒杆菌密执安亚种。

2. 形态特征

培养基上生长的菌落圆形，表面光滑，一般呈黄色、奶油色，边缘整齐。菌体有多种形态，多数为棒形短杆状，大小（0.8~1.2）μm×（0.4~0.6）μm，有的呈球状或近球状，无鞭毛，不能运动；不形成荚膜及芽孢（彩图 6-7）。单生或偶尔双生呈 V 形排列，有时排成栅栏状；好气，但菌落在无氧条件下也能缓慢生长。人工培养条件下生长缓慢，革兰氏染色阳性，老龄菌易变成阴性。

三、病害症状

马铃薯受 Cms 危害后，常造成死苗、死株，在贮藏期块茎仍继续腐烂，严重时甚至造成烂窖。马铃薯植株田间症状分枯斑型和萎蔫型，多在生长季节末出现。枯斑型多在植株基部复叶的顶上先发病，叶尖和叶缘及叶脉呈绿色，叶肉为黄绿或灰绿色，具明显斑驳，且叶尖干枯或向内纵卷，病情向上扩展，致全株枯死；萎蔫型初期则从顶端复叶开始萎蔫，叶缘稍内卷，似缺水状，形成不对称的叶片，受侵染的叶片木质部堵塞，常在脉间褪绿，病情扩展后可影响到茎秆，全株叶片开始褪绿，内卷下垂，终致植株倒伏枯死（彩图 6-8）。当横切植株茎基部时，可见维管束呈浅黄色或黄褐色，有乳状物溢出。

块茎发病腐烂通常从顶端的维管束组织到块茎的中心皮层逐步发展，外部症状不明显，切开可见维管束变为乳黄色至黑褐色，重病薯维管束变色部分可连成一圈呈环状，故称环腐。腐烂严重时，皮层与髓部组织分离，崩溃呈颗粒状，并有乳黄的菌脓溢出。经贮藏块茎芽眼变黑干枯或外表爆裂，播种后不出芽或出芽后枯死或形成病株。病株的根、茎部维管束常变褐，病蔓有时溢出白色菌脓。

四、生物学特性和病害流行规律

1. 生物学特性

马铃薯环腐病菌为革兰氏阳性菌，无游动性。菌落白色，表面光滑，具有光泽，薄而半透明；该菌在酵母蛋白胨葡萄糖培养基上生长较快，而在 PDA、NA 以及牛肉汁蛋白胨培养基上生长较慢。生长适宜温度 20~23℃，最高生长温度 32℃，最低生长温度 1℃，最适 pH8.0~8.4 (Firrao et al.，1994)。致死温度为 55℃条件下 10min。该病原具有生理分化现象。

2. 寄主范围

自然条件下，病原只侵染马铃薯，人工接种可侵染茄子，偶侵染甜菜和番茄。

3. 侵染循环

Cms 在种薯中越冬，成为次年初侵染源，合适条件下病原可存活 63 个月。病原也可以在盛放种薯的容器上长期成活，成为薯块感染的来源。病原经伤口侵入木质部，受到损伤的健薯只有在维管束部分接触到病原才能感染。Cms 成功定殖后会大量繁殖，堵塞木质部导管。病薯播种后，病原在块茎组织内繁殖到一定的数量后，导致部分芽眼腐烂不能发芽。出土的病芽中，病原沿维管束上下扩展，引起地上部植株发病。马铃薯生长后期，病原可沿茎部维管束经由匍匐茎侵入新生的块茎，感病块茎作为种薯时又成为下一季或下一年的侵染源。

4. 传播途径

病原主要靠切刀传播，据试验，切一刀病薯可传染 24~28 个健薯，也可以通过接触被病原污染的土壤、灌溉水、病残体等传播。此外病原在仓库墙壁、包装箱和包装袋中也可存活一段时间（合适条件下最多可存活 18 个月）。干燥条件下工具上的病原以菌膜的形式也可存活至少 1 个月。

Cms 在土壤中存活时间很短，但在土壤中残留的病薯或病残体内可存活很长时间，其至可以越冬。但是次年或下一季在其扩大再侵染方面的作用不大。收获期是此病的重要传播时期，病薯和健薯可以接触传染。在运输和入窖过程中也有很多传染机会。

5. 发病条件

影响环腐病流行的主要环境因素是温度，病害发展最适土壤温度为19～23℃，超过31℃病害发展受到抑制，低于16℃症状出现推迟，土壤潮湿黏重有利于发病。一般来说，温暖干燥的天气有利于病害发展。贮藏室通风不良和高温高湿，病原通过块茎皮孔和伤口再侵染，造成烂窖。在温度20℃左右贮藏比低温1～3℃贮藏发病率高。播种早发病重，收获早则病薯率低。病害的轻重还取决于生育期的长短，一般夏播和二季作发病较轻。

五、诊断鉴定和检疫监测

1. 诊断鉴定

（1）症状诊断 马铃薯感染环腐病后顶部的叶片开始发病，出现萎蔫，白天温度高的时候叶片下垂，早晚恢复正常。重病的马铃薯植株叶片短小，不能生长发育，后期严重的时候完全枯死。个别品种在发病期叶片有斑枯，然后向上蔓延，最后枯死。拔起发病的植株，发病轻的薯块外表正常，严重的薯块自脐部开始凹陷，有脓状物流出。横切或纵切茎秆，可以看到在薯块外围表皮下有一圈一圈的发黄坏死组织，严重的有黄色脓状黏稠菌液。

（2）形态鉴定 表现症状的薯块维管束环或者茎秆、叶片维管束去除腐烂或褪绿组织后用70%酒精表面消毒，用少量无菌水或50mmol/L磷酸缓冲液研磨样品，系列稀释至10^{-4}；疑似潜伏侵染的样品研磨后系列稀释至10^{-3}。然后分别取100μL涂布MTNA培养基或NCP-88培养基平板进行分离培养，在21～23℃黑暗条件下培养3d、5d、7d、10d时观察，与阳性对照对比（植物组织上分离通常需要10d）。培养3d的平板（菌落尚未过分生长之前）用酵母葡萄糖矿物盐培养基（YGM）或葡萄糖营养琼脂（NDA）进一步纯化疑似菌落，观察菌落形态，菌落白色，薄而透明，有光泽。马铃薯环腐菌革兰氏染色后镜检，菌体呈蓝紫色。将革兰氏染色涂片在油镜下观察，菌体为棒杆状，有时为球形，单个存在，偶尔成双，间或出现V、L、Y形连接（图6-4）。

主要培养基配方：

MTNA培养基（pH7.2） 酵母提取物2.0g，甘露醇2.5g，K_2HPO_4 0.25g，KH_2PO_4 0.25g，NaCl 0.05g，$MgSO_4 \cdot 7H_2O$ 0.1g，$MnSO_4 \cdot H_2O$ 0.015g，$FeSO_4 \cdot 7H_2O$ 0.005g，琼脂17g，蒸馏水定容至1 000mL。灭菌冷却至50℃时加入抗生素：三甲氧苄二胺嘧啶0.06g，萘啶酸0.002g，两性霉素B 0.01g。[抗生素保存液：三甲氧苄二胺嘧啶（5mg/mL）和萘啶酸（5mg/mL）保存在96%甲醇中，两性霉素B（1mg/mL）保存在二甲基亚砜中，无菌过滤器过滤]。

NCP-88培养基（pH7.2）：营养琼脂23g，酵母提取物2.0g，D-甘露醇5g，K_2HPO_4 0.25g，KH_2PO_4 0.25g，$MgSO_4 \cdot 7H_2O$ 0.1g，蒸馏水定容至1 000mL。高压灭菌后冷却至50℃，加入抗生素、多黏菌素B 0.003g，萘啶酸0.00 8g，放线菌酮0.2g。（萘啶酸保存在0.01mol/L NaOH中，放线菌酮在50%乙醇中，多黏菌素B在蒸馏水中，

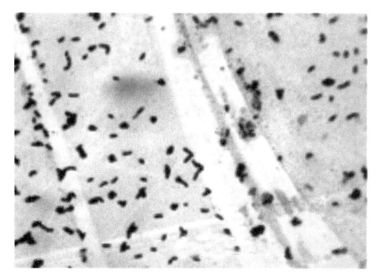

图 6-4 Cms 菌体革兰氏阳性（蓝紫色）

无菌过滤器过滤）。

YGM 培养基：Bacto 酵母提取物 2.0g，D（＋）葡萄糖（一水合物）2.5g，K_2HPO_4 0.25g，KH_2PO_4 0.25g，NaCl 0.05g，$MgSO_4 \cdot 7H_2O$ 0.1g，$MnSO_4 \cdot H_2O$ 0.015g，$FeSO_4 \cdot 7H_2O$ 0.005g，琼脂 17g，蒸馏水定容至 1 000mL。

NDA 培养基：含有 1% D（＋）葡萄糖（一水合物）的营养琼脂。

（3）营养和生理特性试验 Cms 水解酶和七叶苷水解呈阳性；纤维素酶呈弱阳性反应，氧化酶、脲酶和氮还原等其他试验均呈阴性或弱阴性（表 6-3）。另据文献描述，此病原可利用葡萄糖、乳糖、果糖、蔗糖、麦芽糖、糊精、阿拉伯糖、木糖、甘露糖、甘油、甜醇等。

表 6-3 Cmm 和 Cms 的营养和生理特性

试验项目	Cmm	Cms
主要寄主植物	番茄	马铃薯
菌落颜色	黄色	白色
菌落类型	流体状	流体状
CNS 培养基生长	阳性	阴性
TTC 培养基生长	阳性	阴性
37℃下生长	阴性	阴性
7%NaCl 中生长	阴性	阴性
明胶液化	阳性（缓慢）	阴性
产果聚糖能力	阴性	阴性
山梨糖醇酸化	阴性	阳性

（续）

试验项目	Cmm	Cms
甘露糖醇酸化	阴性	阳性
乳糖酸化	阴性	阴性或弱阴性
鼠李糖酸化	阴性	阴性
蜜二糖利用	阳性	阴性
海藻糖利用	w	阳性
醋酸盐利用	阳性	阳性
丙三醇利用	阳性	阴性
琥珀酸盐利用	阳性	阳性
柠檬酸盐利用	阳性	阴性
产硫化氢	阳性	阳性
产吲哚	阴性	阴性
七叶苷水解	阳性	阳性
淀粉水解	阴性或弱阴性	阴性或弱阴性
碱性磷酸酶活性	阳性	阴性或阳性
α阴性甘露糖苷酶活性	阴性	阴性
氧化酶活性	阳性	阴性
水解酶活性	阳性	阳性
纤维素酶活性	w	阳性或弱阳性
氮还原	阴性	阴性
脲酶活性	阴性	阴性

注：CNS 为内布拉斯加棒状杆菌半选择性培养基。TTC 为 2，3，5-三苯基四唑氯培养基。w 表示阳性结果低于 50%。数据来源于文献 EPPO（2006）、Davis 等（2001）和 Li 等（2018）。

（4）致病性试验　培养 3d 的纯培养制备成 10^6 cfu/mL 的菌悬液，茎部切伤或注射法接种到 2～3 叶期感病茄子幼苗茎秆上，接种前 1～2d 不要给茄子浇水以减少细胞压力。以新鲜配制的 Cms 标准菌株 10^5～10^6 cfu/mL 菌悬液为阳性对照，无菌水或无菌磷酸缓冲液（10mmol/L）作为阴性对照，各接种 15～25 株。接种后放 21℃左右温室中培养，并保证充足的光照（16h）和适宜湿度（70%以上为宜），另保证充足的水分以避免因缺少水分而萎蔫。1 周后定期检查症状，Cms 在茄子上引起叶片萎蔫，一般开始于叶缘，萎蔫组织最初显示暗绿色或斑驳，变坏死前转暗淡色，脉间萎蔫常有油脂状水渍，而坏死组织常有明亮边缘。表现症状的植株可进一步进行 PCR 检测验证。

（5）酶联免疫吸附检测（ELISA）　使用特异性的 Cms 抗体和碱性磷酸酯酶标记的 Cms 抗体，按照说明书步骤进行，加入底物反应 30min 后用酶标仪在 405nm 处读 OD 值，缓冲液对照和阴性对照孔的 OD_{405} 值均应小于 0.15，当阴性对照 OD_{405} 小于 0.05 时，按 0.05 计算。样品 OD_{405}/阴性对照 $OD_{405} \geqslant 2.1$，判定为阳性；比值小于 2 判定为阴性；比值在阈值附近，判为可疑样品，需重新做或用其他方法验证。

（6）分子生物学检测

①定性检测：目前有多对检测马铃薯环腐病菌的特异性引物，检测 IS 插入因子的巢式 PCR 引物（Parstrik，2000），CMSIF1（5′-TGTACTCGGCCATGACGT TGG-3′），CMSIR1（5′-TACTGGGTCATGACGTTGGT-3′），CMSIF2（5′-TCCCACGGTAATG CTCGTCTG-3′），CMSIR2（5′-GATGAAGGGGTCAAGCTGGTC-3′）。PCR 扩增时以 Cms 标准菌株做阳性对照，同时设置相应的阴性和空白对照。25μL 反应体系包括：10×PCR buffer 2.5μL、10mmol/L dNTPs 0.5μL、5U Taq DNA 聚合酶 0.5μL、10μmol/L 上下游引物各 1μL、模板 DNA 2μL，双蒸水补至 2.5μL。PCR 扩增条件为 94℃ 5min；94℃ 60s，60℃ 60s，72℃ 60s，35 循环；72℃ 7min。第一轮扩增产物经琼脂糖凝胶电泳检测长度为 1 066bp。第二轮反应用第一轮产物作为模板，扩增产物长度为 885bp。

Cms 特异性引物 Cms50F（5′-GAGCGCGATAGAAGAGGAACTC-3′）、Cms50R（5′-CCTGAGCAACGACAAGAAAAATATG-3′）（Li et al.，1995）和 Cms72F（5′-CT ACTTCGCGGTAAGCAGTT-3′）、Cms72R（5′-GCAAGAATTTCGCTGCTATCC-3′）（Gudmestad et al.，2009）。PCR 扩增条件为 94℃ 5min；94℃ 45s，55℃ 或 60℃ 60s，72℃ 10s，10 循环；然后 94℃ 45s，55℃ 或 60℃ 40s，72℃ 15s，40 循环；72℃ 7min。扩增产物经琼脂糖凝胶电泳检测大小分别为 193bp 和 213bp。

②实时定量 PCR 检测：使用 Taq Man 检测系统，可用检测纤维素酶 A 基因的 CelA-F/CelA-R（5′-TCTCTCAGTCATTGTAAGATGAT-3′/5′-ATTCGACCGCTTCAAA-3′）、CelA 探针（5′-FAM-TTCGGGCTTCAGGAGTGCGTGT-BHQ1 - 3′-）（Gudmestad et al.，2009），或引物组合 Cms50-2F（5′-CGGAGCGCGAAGAAGAGGA-3′）、Cms133R（5′-GGCAGAGCATCGCTCAGTACC-3′）、Cms50-53T（5′-HEX-AGGGAAGTCGTCG GATGAAGATGCG-BHQ1-3′）（Mills et al.，1997）。25μL 反应体积包括 10μL 2×定量 PCR 反应混合液，加入上下游引物及相应的 Taq Man 探针，2μL 模板，双蒸水补足体系。前者反应条件为 95℃ 5min，然后 95℃ 30s，60℃ 45s，72℃ 32s，共 40 循环；后者反应条件为 95℃ 5min，然后 95℃ 15s，64℃ 45s，共 40 循环。检测样品的 Ct 值≤35 时判定为阳性，Ct 值≥40 时判定为阴性，如果 35<Ct 值<40，则应重新测试。

③LAMP 快速检测：可参照汪万春等（2014），引物组为 FIP（5′-TCACATTTCG AATAGGCGCGCTAACACAGGCTAGGAGAACGA-3′）、BIP（5′-GCGCGACTTCGAC ACCTTTTTGCCCATGATGCATCACCAGG-3′）、F3（5′-TCCTCGAGTGACGCTTGA-3′）、B3（5′-GTGATGCCTTTGCCAACATG -3′）。25μL 反应体系包括：0.6mmol/L dNTPs，2.5μL Bst DNA 聚合酶（8U μL），10×ThermoPol buffer，4.2mmol/L MgSO$_4$，内外引物的浓度分别为 0.96μmol/L 和 0.24μmol/L，1μL DNA 模板，用灭菌蒸馏水补至 25μL。反应程序：将未加入 Bst DNA 聚合酶的反应体系 95℃预变性 5min，迅速取出置于冰水混合物上冷却 1min，加入 Bst DNA 聚合酶，设置反应温度为 62℃，恒温温育 60min，然后 80℃保温 10min，灭活 Bst DNA 聚合酶，扩增产物经琼脂糖凝胶电泳可见明显的梯状条带。DNA 和菌体检测灵敏度分别可达 0.527×10^{-3}ng/μL 和 150 cfu/mL。

2. 检疫监测

在我国马铃薯种植的非疫区，特别是马铃薯环腐病可能发生的高风险地区（如新疆、陕西、山西、山东等），需要加强监测，适时进行调查。监测技术可参照前述番茄溃疡病的监测技术。

（1）种薯带菌情况监测　在调种引种中或在播种前，通过对种薯进行检测，监测种薯的带菌情况，以实施必要的处理措施。种薯检测较为简单的方法有症状观察和种苗接种致病性试验等。①症状观察，取样品量1%～5%（若样品少可适当增大比例）的块茎进行检查，或从种薯中随机抽取块茎100～200个，将整个块茎从中部横切开，肉眼检视维管束是否变色，并用手挤压观察是否有污白色菌脓溢出。感病较轻时，仅脐部维管束变浅黄色，周围组织略透明，可压出少量菌脓；感病重时，整个薯块维管束变黄色或黄褐色腐烂，用手挤压受害部分内外分离。病薯保存于−20℃下，以待进一步检查。②种苗接种试验，选用感病马铃薯品种育苗，待幼苗长到3片真叶，茎秆直径约0.15cm时用4号针头注射器吸取待检测薯块提取物悬液，于茄苗茎部做针刺接种。接种后的茄苗放于23℃、70%以上相对湿度和每天12h光照的条件下。若系环腐病，则在接种后7～15d茄苗的第1～2片真叶的叶缘或侧脉之间出现水渍状，随后褪色并可形成黄褐色枯死斑；③病原形态和分子检测。如果需要，可以将抽样的种薯送往有关检测机构，请植物病理专家进行病原分离培养后做形态学鉴定，或者用分子生物学方法做快速鉴定。

（2）田间监测调查　在马铃薯环腐病的疫区和非疫区都需要进行田间大范围监测，大范围调查一般在马铃薯环腐病发生的高峰期进行；系统定点监测调查在马铃薯苗期至收获期进行，确定3～5个马铃薯田块，间隔1～2周调查一次，采用五点取样法，每个样点调查30～50个植株，记载病株率和病害严重程度。在非疫区监测中若发现疑似马铃薯环腐病疫情，应采集标本进行实验室检测鉴定，或送有关院校专家鉴定。

六、应急和综合防控

1. 应急防控

适用于马铃薯环腐病尚未发生的非疫区，在发现疫情后采用有效的应急防控措施，将病原彻底铲除，以阻止其扩散蔓延。具体策略是严格执行检疫防控技术：杜绝从疫区引种调种，加强进境口岸植物检疫和进行非疫区监测；在检疫现场和监测中发现疫情后实施应急处置措施。

（1）检疫现场疫情处置　同其他检疫性有害生物疫情的处置措施类似，若在口岸检疫中确定货物带有马铃薯环腐病菌，需要根据我国相关检疫法规和具体情形采取恰当的措施。①拒绝带菌货物入境，责令商家限期将货物运返发货地。②对带菌货品就地销毁，对量较小的货品可采用焚烧、深埋地下或沉海等方法销毁。③商品加工处理。在检疫机构监督下，在口岸当地加工厂对马铃薯就地加工成淀粉、薯片和薯条等产品，经检验不带Cms后才允许销售出去；对薯皮、薯渣等废料需要经灭菌处理后才可用作饲料或有机肥；加工过程中的废水不允许直接排放，也需要经过消毒灭菌并经过检验不带有马铃薯环腐病菌后才能排放。④种苗处理。对于来自疫区的马铃薯种苗，如果没有检疫证书，无论带菌与否，一般都应就地销毁；对于具有进口检疫许可证书的合法进口种苗，经检验检疫确认不带菌的给予许可并放行；经检验确认带菌的种苗则需根据进口合同就地销毁；经检验暂时不能确定是否带菌的种苗可以进行隔离种植，在我国检疫机构设立的检疫隔离种植中心或者其他具有安全隔离条件的室内集中种植 2～3 季，其间进行严密的症状观察和病原检验检测，确认没有表现环腐病症状和不带菌的种苗，给予释放许可，否则予以销毁或实施种苗消毒灭菌等其他处理。

（2）监测调查疫情处置　在马铃薯环腐病尚未发生的非疫区，经监测发现马铃薯上的症状表现符合马铃薯环腐病田间发病症状，室内检验确认其带有病原，必须立即封锁发病地点及周围一定区域，同时将疫情报告有关技术和管理部门，尽快实施应急处理预案。用烧毁或除草剂杀灭发病田块及周围附近田块的全部马铃薯及杂草等，并对病田进行土壤消毒灭菌处理。经过处理后的发病点及周围附近田块在 3 年内不能种植马铃薯，而改种禾本科作物和其他蔬菜等作物。

2. 综合防控

在马铃薯环腐病已经发生和较普遍分布的马铃薯种植区，实施以使用健康种薯及加强栽培管理为主，结合化学防治等其他有效措施的综合防控技术，将病害控制在经济允许的水平以下。

（1）繁育和使用健康无菌种薯　①无病留种繁育基地选择在地势平坦、水肥条件好的地块，在基地使用无病试管苗或马铃薯原种繁育；在种薯繁育的各个环节加强管理与病害监控和防治，保证繁育无病品种供次年大田使用。②播前精选种薯，彻底淘汰病薯。③晒种，播种前将马铃薯块茎提前出窖 5～6d，进行晒种催芽，促使带病种薯症状充分暴露，以淘汰带病种薯。④盛放种薯的容器可通过蒸煮、高温消毒或硫酸铜液处理，农机具可用漂白粉溶液或甲醛液消毒。⑤切刀消毒：切马铃薯块茎所使用的工具（切刀）应用消毒液进行消毒，可以采用 70％的酒精或 0.5％的高锰酸钾，每切 2～3 个种薯后都要使切刀完全浸入消毒液，防止切种过程中传播病害。⑥种薯处理。种薯切块后用 0.5％高锰酸钾溶液，或 40％甲醛 400 倍液，或 36％甲基硫菌灵 800 倍液浸种，晾干后再用新鲜草木灰拌种；切好的薯块还可用新植霉素 5 000 倍液或 47％春雷·王铜可湿性粉剂 500 倍液浸泡 30min，或用 50mg/kg 硫酸铜稀释液浸泡 10min；或者每 1 000kg 种块用 25kg 的滑石粉加 250g 农用链霉素拌种，也可用 95％或 70％敌磺钠可溶性粉剂拌种，用药量为 100kg 种薯拌药 200g。敌磺钠具有一定的内吸渗透作用，还可兼治黑胫病和青枯病。

（2）轮作及田间管理　①对发生马铃薯环腐病的田块或区域，在条件允许的情况下，与其他作物进行三年以上轮作，能有效降低田间病原的数量，减少病害的发生，达到防病的效果。②与麦类作物或其他生育期相近的作物进行间作或套作，可有效降低病害在田间传染的概率。③做好田间开沟排水，避免土壤积水或较长时间处于潮湿状态，浇水时不要大水漫灌，有条件的最好采用滴灌或渗灌。④合理施肥，重施基肥，使用肥效期较持久的缓释型肥料，适当减少生长后期施肥，既可满足作物正常生长发育对肥料的需求，又能减少农事操作可能造成的植株表面伤口，以有效地减轻病原侵染。⑤适时防治病虫草害，促进植物正常生长发育，增强植株自身抗病力。⑥花蕾和开花期后进行田间监测观察，发现病株及时拔除并集中销毁。

（3）培育和种植抗病马铃薯品种　现今可供生产中应用的高抗环腐病的马铃薯品种相当少，但抗病性较强的品种有克新 1 号、东农 303、宁紫 7 号、庐山白皮、哥昂司、乌盟684、乌盟 715、乌盟 697、丰定 18、丰定 19、丰定 22、克新 1 号、六六黄、阿奎拉、长薯 4 号、高原 3 号、同薯 8 号、波友 1 号、波友 2 号、东农 303、高原 3 号、长薯 3 号、长薯 4 号和长薯 5 号等马铃薯品种，可在不同地区使用。

（4）化学防治　防治环腐病几乎没有非常有效的杀菌剂。在发病初期用 25％络氨铜水剂 500 倍液、50％百菌清可湿性粉剂 400 倍液、或 47％春雷·王铜可湿性粉剂 700 倍液灌根，每株用药液约 0.5L，10～15d 处理 1 次，连续处理 2～3 次，有一定的防效。

主要参考文献

刘泮华，张乐，1989. 番茄溃疡病鉴定研究. 植物检疫，3（1）：31-32.

汪万春，袁钧，郑春生，等，2014. 马铃薯环腐病菌 LAMP 检测方法的建立. 植物检疫，28（1）：29-32.

赵赛，李建嫄，周颖，等，2015. 番茄溃疡病菌 LAMP 快速检测方法的建立. 河北农业大学学报，3：23-27.

周大祥，熊书，2017. EMA-qPCR 方法快速检测番茄溃疡病菌活菌研究. 西南农业学报，30（1）：99-104.

CABI，2021. Clavibacter michiganensis subsp. sepedonicus（Potato ring rot）. In：Invasive Species Compendium.（2021-01-17）[2021-09-22] https：//www. cabi. org/isc/datasheet/15343.

Davis M J，Gillaspie A G，Vidaver A K，et al.，1984. Clavibacter：a new genus containing some phytopathogenic coryneform bacteria，including Clavibacter xyli subsp. xyli sp. nov.，subsp. nov. and Clavibacter xyli subsp. cynodontis subsp. nov.，pathogens that cause ratoon stunting disease of sugarcane and bermudagrass stunting disease. International Journal of Systematic Bacteriology，34：107-117.

Davis M J，Vidaver A K，2001. Coryneform plant pathogens. In：Schaad N W，Jones J B，Chun W（editors）. Laboratory guide for identification of plant pathogenic bacteria. 3rd ed. St Paul，MN：APSPress，218-234.

Eichenlaub R，Gartemann K H，2011. The Clavibacter michiganensis subspecies：molecular investigation of Gram-positive bacterial plant pathogens. Annuual Review of Phytopathology，49：445-464.

Eichenlaub R，Gartemann K，2011. The Clavibacter michiganens subspecies：Molecular investigation of gram-positive bacterial plant pathogens. Annual Review of Phytopathology，49：445-464.

Elphinstone J，O'Neill T，2010. Bacterial wilt and canker of tomato（Clavibacter michiganensis subsp. michiganensis）. Tomato factsheet（01/10）. Horticulture Development Company.

Firrao G，Locci R，1994. Identification of Clavibacter michiganensis subsp. sepedonicus using polymerase chain reaction. Canadian Journal of Microbiology，40（2）：148-151.

Francis D M，Kabelka E，Bell J，et al.，2001. Resistance to bacterial canker in tomato（Lycopersicon hirsutum LA 407）and its progeny derived from crosses to L. escculentum. Plant Disease，85：1171-1176.

Gleason M L，Gitaitis R D，Bicker M D，1993. Resent progress in understanding a controlling bacterial canker of tomato in eastern North America. Plant Disease，77（11）：1069-1076.

González A J，Trapiello E，2014. Clavibacter michiganensis subsp. phaseoli subsp. nov.，pathogenic in bean. International Journal of Systematic and Evolutionary Microbiology，64：1752-1755.

Gudmestad N C，Mallik I，Pasche J S，et al.，2009. A real-time PCR assay for the detection of Clavibacter michiganensis subsp. sepedonicus based on the cellulase A gene sequence. PlantDisease，93：649-659.

Li X，De Boer S H，1995. Selection of polymerase chain reaction primers from an intergenic spacer refine for detection of *Clavibacter michiganensis* subsp. *sepedonicus*. Phytopathology，85：837 - 842.

Li X，Tambong J，Yuan X L，et al.，2018. Re-classification of *Clavibacter michiganensis* subspecies on the basis of whole-genome and multi-locus sequence analyses. International Journal of Systematic and EvolutionaryMicrobiology，68：234 - 240.

Mcculloch L，1925. *Aplanobacter insidiosum* nov. sp.，the cause of an alfalfa disease. Phytopathology，15：496 - 497.

Mills D，Russell B，Hanus J W，1997. Specific detection of *Clavibacter michiganensis* subsp. *sepedonicus* by amplification of three unique DNA sequences isolated by subtraction hybridization. Phytopathology，87：853 - 861.

OEPPO/EPPO，2006. EPPO Standard PM 7/59（1）. *Clavibacter michiganensis* subsp. *sepedonicus*. Bulletin OEPP/EPPOBulletin，36：99 - 109.

Oh E J，Bae C Y，Lee H B，et al.，2016. *Clavibacter michiganensis* subsp. *capsici* subsp. nov.，causing bacterial canker disease in pepper. International Journal of Systematic and Evolutionary Microbiology，66：4065 - 4070.

Pastril K H，Rainey F A，1999. Identification and differentiation of *Clavibacter michiganensis* subspcies by polymerase chain reaction based techniques. Journal ofPhytopathology，147：687 - 693.

Tsiantos J，1987. Transmission of the bacterium *Corneybacterium michiganense* pv. *michiganense* by seeds. Journal of Phytopathology，119：142 - 46.

Vidaver A K，Mandel M，1974. *Corynebacterium nebraskense*，a new，orange-pigmented phytopathogenic species. International Journal of Systematic and Evolutionary Microbiology，24：482 -485.

Xu X L，Rajashekara G，Paul P A，et al.，2012. Colonization of tomato seedlings by bioluminescent *Clavibacter michiganensis* subsp. *michiganesis* under different humidity regimes. Phytopathology，102（2）：177 - 184.

第三节　柑橘溃疡病及其病原

柑橘溃疡病病原为野油菜黄单胞杆菌柑橘变种，也称柑橘溃疡病菌，是我国的重要外来入侵微生物，目前被列入《中华人民共和国进境植物检疫性有害生物名录》和《全国农业植物检疫性有害生物名单》。其引起的柑橘溃疡病在我国和世界许多柑橘产区已大范围发生和危害，每年都造成重大的产量和经济损失，成为柑橘类果树最重要的病害之一，对柑橘产业的稳定和发展构成巨大威胁。柑橘溃疡病菌主要危害柑橘、柠檬、橙、柚等芸香科栽培果树。植株受害后生长发育严重受阻，结果少且果实变小，木栓化，果品质量和经济价值大大降低，以至于丧失食用和市场价值。更重要的是，柑橘溃疡病菌入侵性极强，一旦进入就很难彻底根除。况且由于它是很多国家重要的检疫性有害生物，发现溃疡病病斑的果实不能出口外销，给生产经营者造成巨大的经济损失。我国一些地区为了铲除柑橘溃疡病，花费了大量的人力、物力和财力，但该病在全国范围内仍然较大面积发生。美国的佛罗里达州在1910年发现柑橘溃疡病后实施铲除措施，烧毁25.7万株成年果树和近310万株果苗，花费600多万美元。尽管如此，该病于1990年在该州再次大面积发生和流行，引起重大经济损失。

一、起源和分布

有人认为柑橘溃疡病菌起源于印度和爪哇，但据绝大多数文献记载，柑橘溃疡病菌可能起源于东南亚国家柑橘产区。现在该病在亚洲、美洲、非洲和大洋洲的很多国家都普遍发生和危害。

国外分布：亚洲的阿富汗、孟加拉国、印度、印度尼西亚、日本、柬埔寨、韩国、朝鲜、老挝、马来西亚、马尔代夫、缅甸、尼泊尔、巴基斯坦、菲律宾、沙特阿拉伯、斯里兰卡、泰国、阿拉伯联合酋长国、越南、也门等，病原主要为 A（亚洲）菌系；南美洲的阿根廷（A 菌系）、巴西（A 和 C 菌系）、巴拉圭（A、B 和 C 菌系）和乌拉圭（A 和 B 菌系）等；北美洲的墨西哥（D 菌系）和美国（A 菌系）等；大洋洲的澳大利亚圣诞岛、澳大利亚科科斯群岛、斐济、美国关岛、美国北马里亚纳群岛自由邦、密克罗尼西亚、巴布亚新几内亚、新西兰、澳大利亚等，病原为 A 菌系。非洲的科摩罗、留尼旺、瑟尔群岛和扎伊尔等，病原为 A 菌系；中非和加勒比海的瓜得罗普岛、马提尼岛、多米尼加、海地、圣卢西亚、特立尼达和多巴哥等，菌系情况不详。

国内分布：我国最早于 1918 年发现柑橘溃疡病，现在在广东、广西、福建、台湾、上海、江苏、江西、浙江、湖南、湖北、四川、云南和贵州等省（自治区、直辖市）都已有发生，其病原主要为 A 菌系。

二、病原

1. 名称及分类地位

柑橘溃疡病由一种黄单胞杆菌侵染所致，其种名多年来大多数学者一直沿用 *Xanthomonas campestris*（野油菜黄单胞杆菌）或 *Xanthomonas axonopodis*（地毯草黄单胞杆菌），近年来有的文献又倾向于使用早期的名称 *Xantomonas citri*（柑橘黄单胞杆菌）。综合各方面的文献资料，使用最广泛的柑橘溃疡病菌，拉丁学名为 *Xanthomonas campestris* pv. *citri*（Hasse）Dye。在最新的分类系统中，它属于细菌域、细菌界、变形菌门、γ-变形菌纲、黄单胞杆菌目、黄单胞杆菌科、黄单胞杆菌属。

2. 形态特征

在 PDA 上的菌落呈微黄色，圆形，表面光滑，周围有狭窄的白带。在 NA 上，菌落圆形，蜡黄色，有光泽，全缘，微隆起，黏稠。细菌菌体细胞为短杆状，两端钝圆，只在细胞的一端极生单鞭毛，在水里能运动，有荚膜，无芽孢，细胞大小 $(1.5\sim2.0)\mu m\times(0.5\sim0.7)\mu m$。革兰氏染色阴性，好氧（彩图 6-9）。

三、病害症状

柑橘溃疡病菌可侵染叶片、枝梢和果实（彩图 6-10）。

叶片感病后背面开始出现黄色或暗黄色针状大小油渍状斑点并逐渐扩大，同时正反面均逐渐隆起，成为近圆形、米黄色病斑。以后病部表皮破裂，隆起更为显著，木栓化，表面粗糙，病斑灰白色或灰褐色，病部中心凹陷，现微细轮纹，周围有黄色或黄绿色晕圈，在紧靠晕圈处常有褐色釉光边缘。病斑大小随品种而有差异，一般直径 3～5mm。成熟病斑呈火山口状开裂。重感病叶片后期病斑联合形成不规则的较大病斑。

柑橘枝梢以夏梢感病较重，病斑与叶片症状相似，开始表现为油渍状小圆斑，暗绿色或蜡黄色，病斑扩大后成为灰褐色，木栓化，较叶片上的病斑隆起更为明显，中心火山口状开裂，但无黄色晕圈。感染严重的枝条叶片可全部脱落，甚至整树枯死。

果实上的病斑也与叶片病斑相近，但一般更大些，直径 4～6mm，最大可达 12mm，木栓化程度更严重，中心火山口状开裂更显著。有的品种在病斑周围有深褐色釉光边缘。病斑限于果皮上，严重时病斑可联合形成斑块，并可引起果园内早期或近成熟期柑橘果实大量脱落。

四、生物学特性和病害流行规律

1. 生物学特性

柑橘溃疡病菌生长的最适温度为 20～30℃，最低 5～10℃，最高为 35～38℃，致死温度为 55～60℃下 10min；病原发育的适宜 pH 6.1～8.8，最适 pH 6.6；病原耐干燥，一般实验室条件下能存活 120～130d，但在日光曝晒下 2h 即失去活性，同时也耐低温，在冰冻下 24h 其活力不受影响。

2. 致病性分化

病原主要侵染芸香科的柑橘属、枳壳属、金橘属植物。随着其侵染寄主和地理分布的不同而产生了致病性分化，可分为 A、B、C、D 和 E 五个菌系（strains）。A 菌系对葡萄柚、莱檬和甜橙的致病性最强，是分布最广泛和危害最严重的菌系，其发现于亚洲，所以被称为亚洲菌系（Asia strains），命名为 *Xanthomonas axonopodis* pv. *citri*（柑橘致病变种），其引起的溃疡病被称为亚洲或东方溃疡病（Asiatic or Oriental canker）；B 菌系对莱檬和柠檬致病性强，还可侵染酸橙、苦酸橙和柚子等，被命名为墨西哥莱檬变种（*X. axonopodis* pv. *aurantifolii*），它们引起的病害被称为 B 溃疡病（cancrosis B）；C 菌系仅侵染墨西哥莱檬，所以也属于 *X. axonopodis* pv. *aurantifolii*，其引起的病害被称为墨西哥莱檬溃疡病（Mexican lime cancrosis）；而 D 菌系目前尚有争议，仅在墨西哥柠檬上有侵染报道，引起的病害称为柑橘细菌病（*citrus bacteriosis*），还是属于 *X. axonopodis* pv. *aurantifolii*；E 菌系侵染柑橘与柚的杂交种酸橙（citrumelo），所以被命名为酸橙专化型，即 *X. axonopodis* pv. *citrumelo*，引起的病害称为柑橘细菌斑病（citrus bacterial spot）。

3. 侵染循环

病原主要在叶片、枝梢和果实病斑中越冬，也可以随病残体在土壤中越冬，引起春季侵染的初始病原接种体主要是前一年秋季侵染的枝梢和叶片。在生长季节中形成的病斑是再侵染源（图 6-5）。

菌体在柑橘和非柑橘寄主、感病植株残体及土壤中存活的时间不同。有关附生于柑橘植物表面的病原存活的情况还不是很清楚；病残体中的病原一般存活期较短，其受气候和环境条件的影响较大；在植株根围和杂草植株上可存活 7～62d，依植物种类、环境条件和特定位点而定。然而，目前对病原在非柑橘寄主、植株病残体和土壤中存活的情况还不

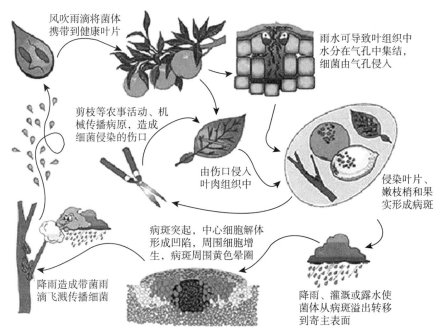

风吹雨滴将菌体携带到健康叶片

雨水可导致叶组织中水分在气孔中集结，细菌由气孔侵入

剪枝等农事活动、机械传播病原，造成细菌侵染的伤口

由伤口侵入叶肉组织中

侵染叶片、嫩枝梢和果实形成病斑

病斑突起，中心细胞解体形成凹陷，周围细胞增生，病斑周围黄色晕圈

降雨造成带菌雨滴飞溅传播细菌

降雨、灌溉或露水使菌体从病斑溢出转移到寄主表面

图 6-5　柑橘溃疡病菌的侵染循环（谭万忠 等，2010）

太了解，只对在柑橘等芸香科寄主病斑中残存的病原病害流行规律有所了解。在我国广西南部的暗柳橙的春梢上病原侵染后的潜育期为12～15d，秋梢上为 6～21d，果实上为 7～25d；在四川的甜橙夏梢上潜育期一般为5～11d，最短 4d，最长 16d，而在夏季高温条件下可达 30d 以上；在某些情况下潜育期更长，如病原侵入秋梢后冬季不表现症状，到次年春末夏初才显症，成为病害流行的初侵染源，其经历 140d 以上。

在温暖潮湿的春末夏初季节，在自由水膜存在的条件下菌体从越冬的病斑组织喷出，侵染旺盛生长的嫩叶和枝梢。通过在叶面上分泌的蛋白质复合物形成一层生物膜而黏附在叶子表面，菌体主要沿着叶表面的水膜游到气孔等自然孔口和伤口侵入到寄主组织内（彩图 6-11），随着寄主细胞分裂而在细胞间隙增殖，从而引起木栓化病斑。

4. 传播途径

病原主要在病果、病苗、接穗及砧木中残存，借助于果实、种苗、接穗及砧木调运进行远距离传播扩散；种子主要是外部黏附病原，内部不带菌，所以其传病作用不大。病原在果园主要借助于雨水飞溅、昆虫、人畜活动和枝梢间相互接触在不同植株间近距离传播。

5. 发病条件

影响柑橘溃疡病菌侵染和寄主果树病害发生流行的主要因素包括气候、果园管理、品种和果树生育期等。

（1）气象条件　高温高湿是病原侵染和病害流行的必要条件，在适宜的温度下，雨量与病害的发生成呈相关；高温多雨，尤其是台风暴雨有利于病原的繁殖、传播和侵入，病害发生易加重；酸性土壤较弱碱性土壤的果园有利于病原侵染和发生病害。

（2）栽培管理因素 适时摘除夏梢或抹芽控梢，使得秋梢抽生整齐，可显著减轻病害发生。合理施肥，增施磷、钾肥和适当修剪，减少夏梢抽生和促进新梢整齐抽发，可以减轻侵染发病；而不合理施肥或施氮肥过多，使柑橘抽梢次数多，老熟速度不一致，会加重病害发生。

（3）品种感病性 不同的柑橘品种对溃疡病的感病性差异很大，一般是甜橙类、柚类及柠檬最感病，柑类次之，橘类较抗病，金柑最抗病。这种差异与品种的气孔分布、密度及开放大小有密切关系。

（4）在寄主生育期 柑橘溃疡病菌一般只侵染一定发育阶段的幼嫩组织，对刚抽出的嫩梢、刚谢花的幼果以及老熟的组织不侵染或很少侵染，因为幼嫩器官组织的自然孔口尚未形成，病原无法侵入，而老熟器官组织表面革质化，不形成新的气孔等自然孔口，病原也很难侵入。另外，生长旺盛的苗木和幼年树体，新梢重叠抽生，病原易于侵染，所以一般发病较严重；树龄越大，发病越轻。

（5）害虫的危害 亚洲柑橘潜叶蛾（*Phyllocnistis citrella*）（彩图 6 - 12）和柑橘凤蝶（*Papilio xuthus*）等害虫不仅可以传带柑橘溃疡病菌，而且它们的幼虫在叶片上取食造成的伤口，也是病原侵入的通道。因此，害虫的发生和危害无疑会加重柑橘溃疡病的发生和危害。

五、诊断鉴定和检疫监测

根据《农业重大外来入侵生物应急防控技术指南》中的柑橘溃疡病菌的应急防控指南、澳大利亚农业部（Dept. of Agriculture, Australia, 2014）颁布的柑橘溃疡病菌国际标准诊断程序，以及欧洲和中东植物保护组织（EPPO）先后两次颁布的柑橘溃疡病菌诊断鉴定标准 P3/21 和 P7/44（EPPO, 1998, 2013），下面介绍柑橘溃疡病的诊断检测及检疫监测技术。

1. 诊断鉴定

这些技术大体可分为传统生物学技术和现代分子生物学技术。

（1）直接症状观察诊断 直接观察柑橘类果实、接穗或果苗上是否具有前述溃疡病症状，要注意其与疮痂病等类似症状相区别。

（2）病组织喷菌观察检测 切取新鲜的病斑，表面冲洗干净，放于载玻片的水滴中，静置 10~30min；然后在显微镜下观察是否有菌体溢出，并显微拍照记录。

（3）显症组织中的病原分离 分离是选初期典型病斑的病健交界处，切取 2~3mm 的组织小块 10 个，在室温下于 2.0mL 无菌水中浸泡 20min，将浸提液在 PDA 或 NA 平板培养基上划线，于 25℃温箱中培养 3~5d 后挑取淡黄色圆形黏滑菌落，转移到新的培养基上培养保存，用于致病性接种试验、形态学观察鉴定及提取 DNA 进行分子检测。

另外，YPGA（酵母粉 5g＋蛋白胨 5g＋葡萄糖 10g＋琼脂粉 20g＋蒸馏水 1L，pH7.9）及 Wakimoto 培养基（马铃薯汁 250mL＋蔗糖 15g＋蛋白胨 5g＋Na_2HPO_4 · $12H_2O$ 0.8g＋Ca $(NO_3)_2$ H_2O 0.5g＋蒸馏水 1L，pH 7.2）也可以用来分离柑橘溃疡病菌。在这些培养基中可加入过滤并灭菌的放线菌酮（100mg/L），抑制真菌污染。

（4）未显症组织中的病原分离 对症状不明显或未显症的可疑标样，可采用简便分离法。先取适量的叶片、枝梢或果实，用1%蛋白胨磷酸缓冲液洗涤，洗涤液经离心制成浓缩的抽提液。取感病品种的嫩梢上的幼叶，自来水冲洗干净，用1%次氯酸钠溶液表面消毒2min，在无菌条件下彻底冲洗，针刺叶片背面表皮造成伤口（每叶10～20个针眼），然后叶背面朝上漂浮在1%水琼脂表面，每叶用10～20μL浓缩抽提液接种处理（涂抹），在25～30℃和光照下放置7d，或待出现可见症状后按照上述方法分离。分离纯化获得的病原用于致病性试验、形态学观察鉴定及提取DNA进行分子检测。

（5）致病性试验检测　用无菌水将分离获得的纯培养制成约10^7个/mL或10^8个/mL的细菌悬浮液；致病性试验应采用感病柑橘品种，选50%～70%伸展开的未成熟叶片。叶片离体或不离体，将配制好的细菌悬浮液用针注射渗透、涂抹或喷雾接种叶片，置于25℃、高湿度和光照条件下培养，7～14d后将出现症状。如果接种后观察到溃疡病症状，即可确诊。

（6）形态学及生理生化鉴定　此为传统的细菌分类学鉴定，是必须进行的。观察记述NA或PDA培养基平板上的菌落特征（形状、颜色、表面及边缘光滑度等）；将分离纯化获得的病原做革兰氏染色，在高倍光学显微镜下观察菌体颜色以确定是阴性（紫红色）还是阳性；在高倍镜下观察细胞和鞭毛形态，测量记录30个细菌平均大小。表6-4中给出检测需要进行的生理生化试验测定项目及柑橘溃疡病菌的反应情况。最后根据形态和生理生化试验观察记录结果，得出初步鉴定结论。

表6-4　柑橘溃疡病菌的主要生理生化反应特征

试验项目	反应结果	试验项目	反应结果
过氧化氢酶	阳性	明胶液化	阳性
过氧化物酶	阴性	果胶凝胶液化	阳性
硝酸盐还原反应	阴性	天冬素利用	阴性
水解淀粉	阳性	生长要素-蛋氨酸	阳性
络蛋白	＋	生长要素-半胱氨酸	阳性
吐温-80	＋	生长要素-0.02%氯化三苯四唑	阴性
七叶苷	＋		

（7）胶体金免疫层析检测　采用李平、王中康和谭万忠（2006）研制的胶体金免疫层析技术。用柑橘溃疡病免疫家兔获得抗血清，提纯出柑橘溃疡病的多克隆抗体，用柠檬酸三钠还原氯金酸法制备30nm的胶体金颗粒，将胶体金溶液的pH调节到9.0，加入柑橘溃疡病菌多克隆抗体20μg/mL，用磁力搅拌器连续搅拌60min，制备得到金标抗体；再通过高速离心纯化的金标抗体，结合免疫层析技术制成柑橘溃疡病菌的测试卡。将测试卡的玻璃纤维端朝下浸入待测样品液中（不可使金标结合垫浸到样品液），当样品液沿着测试卡通过毛细作用从下往上泳动时，若待测样品中含有柑橘溃疡病菌，其先与胶体金标抗体结合形成金标抗体-柑橘溃疡病菌复合物，当其游动到柑橘溃疡病菌多克隆抗体处时，则形成金标抗体-柑橘溃疡病菌多克隆抗体夹心结构而被截留，显现出肉眼可见的红色圆点（检测点），未与柑橘溃疡病菌结合的金标抗体继续向上游动至印迹的羊抗兔IgG处被

截留，显现肉眼可见的红色圆点（质控点）。同时出现检测点和质控点的反应为阳性，只有质控点而无检测点的反应为阴性。

（8）PCR 分子检测

①细菌基因组 DNA 提取。采用丙醇法提取，将病斑或疑似被侵染的植物样品切成小片，用 PBS 浸泡，在室温下低速旋转培养 20min，过滤上清液（去除植物残渣），再以 10 000×g 转速离心 20min，倒去上清液并加入 1.0mL PB 使沉淀物悬浮；取出 500μL（注：另取 500μL 保存做其他测试用），以 10 000×g 转速离心 10min，将沉淀物悬浮于 500μL 缓冲液中，在室温下搅拌 1h，以 5 000×g 转速离心 5min，然后取 450μL 上清液和 450μL 异丙酮于一试管中，轻轻摇动试管使二者混合均匀；在室温下放置 1h 沉淀（可加入适量颗粒染料沉淀剂 Pellete Paint 加速沉淀），其悬浮液以 13 000×g 离心 10min，倒掉上清液，干燥沉淀物。最后加入 100μL 灭菌水，轻摇使之悬浮即成细菌的 DNA 悬浮液备 PCR 分子检测使用。也可使用市售的植物 DNA 提取试剂盒提取细菌基因组 DNA。提取的 DNA 用于 PCR 分子检测。

②PCR 分子检测。根据王中康等（2004）研制的技术，采用 JYF5/JYR5 引物（5′-TT CGGCTCAACAACCTG-3′/5′-AACTCCAGCATACGGGTC-3′）进行 PCR 扩增；用 TaKaRa 公司的 Ex Taq DNA 聚合酶或者 Promega 公司的 Taq DNA 聚合酶 1 U/25L，最佳 Mg²⁺ 粒子浓度为 2mmol/L，dNTPs 200mmol/L；PCR 扩增反应程序在 BioRad 和 Biometra 热循环仪进行，95℃裂解变性 4min，随后 35 循环包括 94℃变性 30s，58℃退火 30s，72℃延伸 30s，最后是 72℃延伸 7min。也可用 Hybaid 热循环仪，PCR 扩增反应程序为 95℃裂解变性 4min，随后进行 35 循环包括 94℃变性 15s，58℃退火 15s，72℃延伸 15s，最后经 72℃延伸 7min。最后通过电泳检测出柑橘组织表面所带的溃疡病菌 DNA 靶带（413bp）。用此法检测的靶细菌 DNA 下限 1.56pg/μL，靶细菌悬浮液检测下限 10 cfu/μL。

Hartung 等（1993）的 PCR 采用 2/3 引物，即反向引物 5′-CACGGGTGCAAAAA ATCT-3′和正向引物 5′-TGGTGTCGTCGCTTGTAT-3′。在灭菌试管中制备 PCR 缓冲液。反应系统中含 PCR 缓冲液（50mmol/L Tris-HCl，pH9.0；20mmol/L NaCl，1.0% Triton X-100，0.1%凝胶，3.0mmol/L MgCl₂）、引物 2/3 各 1.0μM、4 种 dNTP（脱氧核糖核苷酸）各 0.2mmol/L、Taq DNA 聚合酶 1.25U。将 5.0μL 的 DNA 提取物样品加入 45μL PCR 混合液中，得到 50μL 反应液。反应条件为 95℃ 10min.，然后按 95℃ 60s，58℃ 70s，72℃ 75s，35 循环，最后 72℃延伸 10min。若扩增出 222bp 的条带，即为阳性反应。用此法检测的靶细菌悬浮液检测下限 10 cfu/μL。

Cubero 等（2002）采用 J-pth1 和 J-pth2 引物，即 5′-CGGCTTCTAAAACGCGAA-3′和 5′-CATCGCGATGTTCGGGAG-3′。在灭菌试管中制备 PCR 缓冲液。反应系统中含 1×Taq 缓冲液、3.0mmol/L MgCl₂、J-pth1 和 J-pth2 引物各 1.0μmol/L、4 种 dNTP 各 0.2mmol/L、Taq DNA 聚合酶 1.0U，加入 2.5μL 提取的 DNA 样品于 22.5μL PCR 混合液中，得到 25μL 的反应液。反应条件为 94℃ 5min，然后按 93℃ 30s，58℃ 30s，72℃ 45s，40 循环，最后 72℃延伸 10min。若扩增出 198bp 的条带，即为阳性反应。用此法检测的靶细菌悬浮液检测下限 10 cfu/μL。

以上常规 PCR，需要同时设置阴性（无菌）对照和阳性（病原 DNA）对照，当阳性对照和备测样品同时扩增出相同的目标条带，而阴性对照不能扩增出目标条带时，判定备测样品为阳性，即感染了柑橘溃疡病菌。

2. 检疫监测

包括访问调查和实地调查。

访问调查是向当地居民询问有关柑橘溃疡病发生地点、发生时间、危害情况，分析病害传播扩散情况及其来源。每个社区或行政村询问调查 30 人以上。对询问过程发现溃疡病疑似存在的地区，需要进一步做深入重点调查。

实地调查的重点是调查适合柑橘溃疡病发生的高温高湿和大面积栽培柑橘的地区，特别是交通干线两旁区域、苗圃、有外运产品的生产单位以及物流集散地等场所的柑橘类植物和其他芸香科植物。具体方法如下：

大面积踏查：在柑橘溃疡病的未发生区，于柑橘溃疡病发病期（春末至秋末）进行一定区域内的大面积踏查，粗略地观察果园树体上的病害症状发生情况。观察时注意是否有植株枝梢、叶片和果实上出现溃疡症状。

系统调查：从春末到秋末期间做定点、定期调查。调查设样地不少于 10 个，随机选取，每块样地选取 10~20 棵果树；用 GPS 测量样地的经度、纬度、海拔，还要记录柑橘类果树的种类、品种、树龄、栽培管理制度或措施等。调查中注意观察有无柑橘溃疡病症状，若发现病害症状，则需详细调查记录发生面积、病株率、病叶率和严重程度。柑橘溃疡病的严重程度和危害程度等级划分如下：

病级划分：按叶片上的病斑数量将柑橘溃疡病严重程度分为 5 级：0 级，无病斑。1级，每片叶有 1~3 个病斑。2 级，每片叶有 4~9 个病斑。3 级，每片叶有 10~20 个病斑。4 级，每片叶有 21~40 个病斑。

果园病害危害程度分级：根据大面积调查记录柑橘溃疡病的发生和危害情况，将发生危害程度分为 6 级：0 级，无病害发生。1 级，轻微发生，发病面积很小，只见零星的发病植株，病株率 3% 以下，病级一般在 2 级以下。2 级，中度发生，发病面积较大，发病植株少而分散，病株率 4%~10%，病级一般在 3 级以下。3 级，较重发生，发病面积较大，发病植株较多，病株率 11%~20%，少数植株病级达 4 级，少量叶片脱落。4 级，严重发生，发病面积较大，发病植株较多，病株率 21%~40%，较多植株病级达 4 级，较多叶片脱落，可见植株上部枝梢的叶片掉光。5 级，极重发生，发病面积大，发病植株很多，病株率 41% 以上，很多植株病级达 4 级，大量叶片脱落，植株上许多枝梢的叶片掉光，部分植株死亡。

在调查中如发现疑似溃疡病的病株，一是要现场拍摄异常植株的田间照片；二是要采集具有典型症状的病株标本。将采集病株标本分别装入清洁的塑料标本袋内，标明采集时间、采集地点及采集人。送外来物种管理部门指定的专家进行鉴定。

在未发生区：若在大面积踏查和系统调查中发现可疑病株，应及时联系农业技术部门或科研院所，采集具有典型症状的标本，带回室内，按照前述的检测和鉴定方法做病原检验观察。如果室内检测确定了柑橘溃疡病菌，应进一步详细调查当地附近一定范围内的作物发病情况。同时及时向当地政府和上级主管部门汇报。

在发生区：调查记录柑橘溃疡病的发生范围、病株率和严重程度等数据信息，制定病害的综合防治策略，采用恰当的病害控制技术措施，有效地控制病害，减轻作物损失。

六、应急和综合防控

1. 应急防控

在柑橘溃疡病菌未发生区，无论是在交通航站口岸检出了带有柑橘溃疡病菌的物品还是在田间监测中发现病害发生，都需要及时地采取应急防控措施，以有效地扑灭病原，预防病害的发生和扩散。

（1）检出柑橘溃疡病菌的应急处理　对现场检出的柑橘类产品，应全部收缴扣留，并销毁。对检出带有柑橘溃疡病菌的其他产品，应拒绝入境或将产品退回原地。对不能及时销毁或退回原地的物品要及时就地封存，然后视情况做应急处理：①港口检出带菌货物及包装材料可以直接沉入海底，机场、车站检出货物及包装材料可以直接就地安全烧毁；②对不能现场销毁的可利用柑橘类果实，可以在国家检疫机构监督下，就近将其加工成果汁或其他成品，其下脚料就地销毁。注意加工过程中使用过的废水不能直接排出，加工后的成品不带活菌体才允许投放市场销售使用；③如果是引进用的柑橘类种苗和接穗等，必须在检疫机关设立的植物检疫隔离中心或检疫机关认定的安全区域隔离种植，经生长期间观察，确定无病后才允许释放出去。我国在上海、北京和大连等设立了"一类植物检疫隔离种植中心"或种植苗圃，需要时可使用。

（2）田间柑橘溃疡病的应急处理　在柑橘溃疡病菌的未发生区监测发现小范围病情后，应对病害发生的程度和范围做进一步详细的调查，并报告上级行政主管部门和技术部门，同时要及时采取措施封锁病田，严防病害扩散蔓延。然后做进一步处理：①铲除果园柑橘类植株并彻底销毁；②铲除柑橘果园附近及周围芸香科植物及各种杂草并销毁；③使用 1 000～2 000U/mL 链霉素＋1％酒精的混合液，或用 20％噻菌铜 600～700 倍液喷施果树植株和对果园土壤进行处理。对经过应急处理后的果园及其周围田块要持续进行定期监测调查跟踪，若发现病害复发及时处理。

（3）预防传入措施　溃疡病未发生区严格禁止使用从发生国家或地区引进的柑橘类等芸香科植物的种苗、接穗等；尽量不使用柑橘、柠檬、柚子、橙子等的感病品种；定期进行溃疡病的调查监测，发现溃疡病后及时实行应急处理。

2. 综合防控

在溃疡病发生区，柑橘溃疡病的防治要坚持"预防为主，综合防治"的策略，重点围绕橙类、柚类、杂柑类等易感病品种开展综合防治，对易感病的成年结果树果园和混栽果园，要加强栽培管理，并及时做好药剂防治。

（1）使用无病种苗　建立无病苗圃，培育无病柑橘苗。在苗木繁育生长期间，要开展经常性的调查，一旦发现病株，必须进行除害处理，甚至拔除烧毁，并及时喷药保护健苗。苗木出圃前要经过全面检查，确认无发病苗木后，才允许出圃种植或销售。

（2）加强栽培管理　①肥水管理。不合理的施肥会扰乱树体的营养生长，会使抽梢时期、次数、数量及老熟速度等不一致。一般多施氮肥的情况下会促进病害的发生，如在夏至前后施用大量速效性氮肥易促发大量夏梢，从而加重发病，故要控制氮肥施用量，增施钾肥。同时，要及时排除果园的积水，保持果园通风透光，降低湿度。②树体管理。控制夏梢，抹除早秋梢，适时放梢。夏梢抽发时期正值高温多雨、多热带风暴或台风的季节，温度、湿度对柑橘溃疡病的发生较为有利，同时也是潜叶蛾危害比较严重的时期，及时抹除夏梢和部分早秋梢，有助于降低病原侵入的概率，发病程度能显著降低，待 7 月底或 8 月统一放梢后，及时连续地喷几次化学农药，即可达到较好的防治效果。在抹梢时，要注意选择晴天或露水干后进行操作。

（3）控制和降低病原的初始接种体量 ①冬季对采收后的果园进行清园，结合冬季修剪剪除病枝、枯枝、病叶，同时清扫落叶、病果、残枝，集中烧毁，并喷施 3～4 波美度石硫合剂进行全园消毒，以减少次年的菌源。②清除病区所有枳壳篱笆，改种杉木或其他非芸香科植物做篱笆，也可以有效压低初始病原量。③翻表土至深 10cm 以下处，使残留的病原无再侵染机会。

（4）治虫控病 柑橘溃疡病菌极易从伤口侵入，而柑橘潜叶蛾、柑橘凤蝶、柑橘象甲等害虫不仅可以传播病原，还可造成大量伤口，所以要及时进行防治，以减少伤口，切断病原侵入途径。不同的害虫可能需要用不同的杀虫剂，但 2.5% 溴氰菊酯 5 000～10 000 倍液、10% 氯氰菊酯 5 000～7 000 倍液等，可用于防治蝶蛾类和刺吸式口器害虫，这些药剂在配制时加入 1%～2% 的机油乳剂可显著提高防效。

（5）合理使用化学杀菌剂防治病害 供选择的主要药剂有以下几种：①石硫合剂 50～70 倍液，在冬季清园时或春季萌芽前使用，有利于消灭菌源和其他病虫害。②77% 氢氧化铜可湿性粉剂 500 倍液（注意不能与磷酸二氢钾及微肥混喷）。③20% 噻菌铜悬浮剂 500 倍液。④53.8% 氢氧化铜（2000 型）干悬浮剂 500 倍液。⑤600×10⁻⁶ 农用链霉素＋1% 酒精。⑥20% 叶枯唑可湿性粉剂 500 倍液。⑦3% 噻霉铜悬浮剂＋四霉素 500 倍液。⑧30% 噻森铜悬浮剂 800 倍液＋4% 春雷霉素水剂 800 倍液。对易感病果园，要掌握春、夏、秋梢在梢长 1～2.5cm 时喷第一次农药，以后间隔 10d 左右再喷 1～2 次；幼果在谢花后 10～15d 喷第一次农药，以后间隔 15d 左右再连续喷药 2～3 次。遇到台风或暴雨后要及时喷药一次，以便保梢保果。对我国南方普通发生果园，主要在台风季节保护果实。不能混用的农药要坚持单用，同时还要注意农药的轮换使用，以防产生抗药性。

主要参考文献

洪霓，高必达，2005. 植物病害检疫学. 北京：科学出版社，96-99.

李怀方，刘凤权，郭小密，2002. 园艺植物病理学. 北京：中国农业大学出版社，283-287.

李平，谭万忠，王中康，等，2006. 应用胶体金免疫层析法、斑点免疫法和 PCR 技术监测柑桔溃疡病菌的比较研究，中国生物工程杂志，2006（增刊）.

李钊，方吉祥，李翔，等，2018. 防治柑桔溃疡病药剂筛选试验. 云南农业科技.

谭万忠，毕朝位，孙现超，2010. 柑桔溃疡病菌的应急防控技术指南.//张国良，曹坳程，付卫东. 农业重大外来入侵生物应急防控技术指南. 北京：科学出版社.

王中康，罗怀海，舒正义，等，1997，应用斑点免疫技术快速检测柑桔溃疡病菌. 西南农业大学学报，19（6）：529-532.

王中康，孙宪昀，夏玉先，等，2004. 柑桔溃疡病菌 PCR 快速检验检疫技术研究．植物病理学报，34（1）：14 - 20.

王中康，夏玉先，孙宪昀，等，2004. PCR、DIA 与致病性测定法检测柑桔溃疡病菌的比较。中国农业科学，37（11）：1728 - 1732.

夏建平，夏建美，夏建红，等，2006. 柑桔溃疡病综合治理技术探讨．中国植保导刊，26（8）：26 - 27.

姚廷山，2009. 中国柑桔溃疡病菌遗传多样性分析及防治药剂筛选．西南大学硕士论文．

张国良，曹坳程，付卫东，2010. 农业重大外来入侵生物的应急防控技术指南．北京：科学出版社，127 - 130.

朱西儒，徐志宏，陈枝楠，2004. 植物检疫学．北京：化学工业出版社，183 - 188.

Alizadeh A，Rahimian H，1990. Citrus canker in Kerman Province. Iranian J. Plant Pathology，26：118.

Biosecurity Australia，2001. Guidelines for Import Risk Analysis：Draft September 2001. Department of Agriculture，Fisheries and Forestry-Australia，Barton，ACT.

Bradbury J F，1986. Guide to plant pathogenic bacteria. CABInternational，Wallingford，UK.

CAB International. 2002. Crop Protecction Compendium，Global Module，4th edition. CAB International，Wallingford，UK.

CABI，2021. *Xanthomonas citri*（citrus canker）. In Invasive Species Compendium，（2021 - 06 - 03）[2021 - 07 - 22] https：//www. cabi. org/isc/datasheet/56921♯toDistributionMaps.

CABI/EPPO，1998. *Xanthomonas axonopodis* pv. *citri*. Distribution Maps of Quarantine Pests for Europe No. 281. Wallingford，UK，CAB International.

Chaloux P H，Stromberg V K，Lacy G H，et al.，2004. Detection and characterization of a new strain of citrus canker bacteria from Key/Mexican lime and alemow in South Florida. Plant Disease，88：1179 - 1188.

CMI，1978. Cook，A. A.（1988）. Association of citrus canker pustules with leaf miner tunnels in North Yemen. PlantDisease，72（6）：546.

Coletta-Filho H D，Takita M A，De Souza A A，et al.，2006. Primers based on the rpf gene region provide improved detection of *Xanthomonas axonopodis* pv. *citri* in naturally and artificially infected citrus plants. Journal of pplied Microbiology，100：279 - 285.

Cubero J，Graham J H，2002. Genetic relationship among worldwide strains of Xanthomonas causing canker in citrus species and design of new primers for their identification by PCR. Applied and Environmental Microbiology. 68：1257 - 1264.

Dempsey S，Evans G，Szandala E，2002. A target list of high risk pathogens of citrus.

European and Mediterranean Plant Protection Organization，2005. *Xanthomonas axonopodis* pv. *citri*. EPPO Bulletin，35（2）：289 - 294.

Florida Department of Agriculture and Consumer Services（FDOACS），Division of Plant Industry，2006. Citrus Canker Quarantine Information：Schedule 20.

Gaskalla R，2006. comprehensive Report on Citrus Canker Eradication Program in Florida Through 14January 2006Revised. Florida Department of Agriculture and Consumer Services，Division of Plant Industry，25.

Goto M，1992. Citrus canker. In：(Kumer，J.，Chaube，H. S.，Singh，U. S. and Mukhopadhyay，A. N. eds.）Plant Diseases of International Importance，Vol. Ⅲ，Diseases of Fruit Crops. Prentice Hall，NewJersey，USA.

Gottwald T R，Graham J H，2000. Citrus canker. in：Timmer L. W，Garnsey S. M ﹠ Graham J. H

Compendium of citrus diseases St. Paul，APS Press，5－7.

Gottwald T R，Graham J H，Shubert T S，2002. Citrus canker：the pathogen and its impact. Plant Health Progress DOI：10. 1094/PHP-2002-0812-01-RV.

Hailstones D L，Weinert M P，Smith M W，et al.，2005. Evaluating potential alternate hosts of citrus canker. Proceedings of the 2nd International Citrus Canker and Huanglongbing Research Workshop，Nov. 7-11/2005，Orlando，Florida，71.

Hartung J S，Daniel J F，Pruvost O P，1993. Detection of *Xanthomonas campestris* pv. *citri* by the Polymerase Chain Reaction Method. Applied and Environmental Microbiology，59：1143－1148.

Hayward A C，Waterston J M，1964. *Xanthomonas citri*. CMI descriptions of pathogenic fungi and bacteria No. 11. (Commonwealth Mycological Institute：Kew，UK) .

IMI，1996. Distribution maps of plant diseases，Map No. 11. CABInternational，Wallingford，UK.

Integrated Plant Genetics Inc. 2009. Citrus canker in-depth.

Jehle R A，1917. Susceptibility of non-citrus plants to *Bacteriumcitri*. Phytopathology，7：339－344.

Koeuth T，Versalovic J，Lupski J R，1995. Differential subsequence conservation of interspersed repetitive Streptococcus pneumonia BOX elements in diverse bacteria. Genome Research，5：408－418.

Kumar S，Mackie A，Burges N，2004. Citrus canker：exotic threat to Wewstern Australia. State of Western Australia Department of Agriculture Factsheet No. 13/2004.

Lee H A，1918. Further data on the susceptibility of rutaceous plants to citrus-canker. Journal of Agricultural Research，15：661－665.

Liberato J R，Miles A K，Rodrigues Neto J，et al.，2009. Citrus canker (canker A) (*Xanthomonas axonopodis* pv. *citri*)，Pest and Diseases Image Library. Updated on 2/9/2009.

Lim G，1988. Plant diseases in Singapore. Singapore Journal of Primary Industries，16 (2，Supplement)：12－29；14ref. NAPPO.

Mavrodieva V，Levy L，Gabriel D W，2004. Improved sampling methods for real-time polymerase chain reaction diagnosis of citrus canker from fieldsamples. Phytopathology，94：61－68.

OCPPO，2003. Draft contingency plan for citrus canker. Draft document prepared by the Office of the Chief Plant Protection Officer，October 2003，for the Australian Government Department of Agriculture，Fisheries and Forestry.

Pabitra K，Bora L C，Bhagabati K N，1997. Goat weed-a host of citrus canker (*Xanthomonas campestris* pv. *citri*) . Journal of Mycology and PlantPathology，27：96－97.

Park D S，Hyun J W，Park Y J，et al.，2006. Sensitive and specific detection of *Xanthomonas axonopodis* pv. *citri* by PCR using pathovar specific primerbased on hrpW gene sequence. Microbiological Research 161：145－149.

Peltier G L，Frederich W J，1924. Further studies on the relative susceptibility to citrus canker of different species and hybrids of the genus Citrus，including the wild relatives. Journal of Agricultural Research，28：227－239.

Reddy M R S，1997. Sources of resistance to bacterial canker in citrus. Journal of Mycology and PlantPathology，27：80－81.

Roistacher C N，Civerolo E L，1989. Citrus bacterial canker disease of lime trees in the Maldive Islands. Plant Disease，73 (4)：363－367.

Schaad N W，Postnikova E，Lacy G，et al.，2006. Emended classification of Xanthomonas. Systematic and Applied Microbiology，29：690－695.

Schaad N W，Postnikova E，Lacy G H，et al.，2005. Reclassification of *Xanthomonas campestris* pv. *citri*. Applied Microbiology，28：494 - 518.

Schubert T S，Rizvi S A，Xiao A S，et al.，2001. Meeting the challenge of eradicating citrus canker in Florida again. Plant Disease，85：340 - 356.

Schubert T S，Sun X，2003. Bacterial citrus canker. Plant Pathology Circular No. 377. Florida. Dept. of Agriculture and Conservation Services. Division of Plant Industry Avail.

Shivas R G，1987. Citrus canker (*Xanthomonas campestris* pv. *citri*) and citrus leaf rust (*Uredo musae*) at Christmas Island，Indian Ocean. Australasian PlantPathology，16 (2)：38 - 39.

Starr M P，Stephens W L，1964. Pigmentation and taxonomy of the genus Xanthomonas. Journal of Bacteriology，87：293 - 302.

Sun X，Stall R E，Jones J B，et al.，1992. Bacterial canker of citrus (*Xanthomonas campestris* pv. *citri*). Epidemiological and ecological study on the island of Reunion. Fruits (Paris)，47 (4)：541 - 542.

Wang Z K，Comstock J C，Hatziloukas E，et al.，1999. ELISA and isolation on semiselective medium for detection of *Xanthomonas albilineans*，the causal agent of leaf scald of sugarcane. Plant Pathology，48：245 - 252.

第四节　柑橘黄龙病及其病原

柑橘黄龙病是柑橘生产上的毁灭性病害，最早在我国广东潮汕地区发现。按潮州话发音，果树的新梢称为"龙"，"黄龙"的意思是新梢叶片变黄，实际上黄龙病的本意是黄梢病 (yellow shoot disease)。在 1995 年以前，该病害在不同的国家和地区有不同的名称，我国称为黄龙病或黄梢病，印度称为枯死病 (dieback)，南非称为青果病 (greening)，菲律宾称为叶片斑驳病 (leaf mottle)，印度尼西亚称为叶脉韧皮部退化病 (vein phloem degeneration)，而国际上一般称之为柑橘青果病 (citrus greening)，直到后来才将柑橘黄龙病正式定名。

一、起源和分布

1. 起源

对于柑橘黄龙病的起源迄今尚存在争议。Reinking (1919) 使用"柑橘黄梢病" (yellow shoots of citrus) 描述此病害，当时认为它并不重要；后来的调查监测发现柑橘黄龙病在 1936 年已经大量扩散，成为一个严重的问题，特别是林孔湘于 1941—1955 年在中国南部地区对柑橘黄龙病深入研究期间 (Bové，2006)，他从广东省潮州果农了解到当地自 19 世纪 70 年代以来就有了柑橘黄龙病，于是推测柑橘黄龙病就起源于中国的广东省。他还通过精确的试验证明黄龙病可嫁接传播，是一种侵染性病害，而非缺素或渍水等生理性病害，也不是线虫或镰刀菌等侵染引起的土传病害。由于此原因，也根据生物命名的优先原则，国际柑橘病毒学家组织 (IOCV) 于 1995 年在中国福州召开的第 13 次会议上无争议地通过决议，确定将柑橘黄龙病定名为 Citrus Huanglongbing (HLB)。

虽然柑橘黄龙病最初被报道于中国，但是绝大多数学者认为其并非起源于柑橘

（Beattie et al.，2005，Bové，2006；Graca，2011），因此认为该病起源地也不一定是中国广东。其中一种假设是亚洲柑橘黄龙病起源于印度当地一种未鉴别的芸香科植物上，由该植物再传染到柑橘上；然后通过柑橘材料和木虱传播到中国南方和其他东南亚国家（Graca，2011）。

Beattie 等（2005）提出另外一个假设，认为柑橘黄龙病实际上起源于非洲，病原最初很可能潜藏于不显症的尖叶毛蕊（*Verpris lanceolata*）寄主中，在欧洲移民到非洲东海岸定居时期通过昆虫传播到柑橘植物上，随后在 300～500 年前通过被侵染的植物或芽木传播到印度，然后才被传播到中国南方。最近的研究也表明，韧皮杆菌（Liberibacter）便是起源于非洲的冈得瓦拉（Gondwanan）大陆（Beattie et al.，2005；Bové，2006）。

2. 世界分布

20 世纪 90 年代以前，柑橘黄龙病仅在亚洲、非洲发生，2004 年 7 月和 2005 年 9 月分别在巴西圣保罗州和美国佛罗里达州这两个全球重要的柑橘产区也发现了柑橘黄龙病（Halbert，2005；Teixeira et al.，2005）。目前，在西亚的中东流域地区、西亚（近东和中东部）大部分地区、大洋洲、北太平洋和南太平洋群岛还没有发生黄龙病（Bové，2006），在亚洲、非洲、南美洲和北美洲的近 50 个国家和地区都已有发生和分布，这些国家有亚洲的印度尼西亚、日本、泰国、柬埔寨、东帝汶、老挝、缅甸、越南、菲律宾、孟加拉国、马来西亚、尼泊尔、巴基斯坦、伊朗、斯里兰卡、沙特阿拉伯、不丹、也门等国家；非洲的南非、布隆迪、喀麦隆、中非、埃塞俄比亚、肯尼亚、马达加斯加、马拉维、毛里求斯、法国留尼汪岛、卢旺达、索马里、斯威士兰、坦桑尼亚、乌干达、津巴布韦等；美洲的墨西哥、美国、巴巴多斯、古巴、多米尼加、法属西印度群岛、瓜德罗普岛、洪都拉斯、牙买加、马提尼克、波多黎各、美属维尔京群岛、阿根廷、巴西、哥伦比亚、巴拉圭和委内瑞拉；大洋洲的巴布亚新几内亚有局部发病（Weinert et al.，2004；Davis et al.，2005）；在欧洲荷兰曾经报道发生，但荷兰植物保护组织（NPPO）在 2013 年监测没有再发现柑橘黄龙病。

3. 国内分布

在 20 世纪 80 年代以前，该病害在我国只分布于广东、广西、福建、台湾四省。随着柑橘生产规模的不断扩大，在 1983—1984 年全国柑橘黄龙病普查中，发现云南、浙江、江西、湖南、四川的部分地区也有柑橘黄龙病的发生，但均属于零星分布；90 年代中期柑橘黄龙病又在贵州、海南等地发现。迄今为止，柑橘黄龙病在我国长江流域以南的 11 个省区 254 个县（市）有不同程度的发生，对我国柑橘产业可持续发展构成了较大威胁。近年来，由于全球气候持续变暖，柑橘木虱活动范围逐渐扩大，加上柑橘苗木和接穗的调运非常混乱，导致柑橘黄龙病的发生面积逐年扩大。

二、病原

1. 研究历程

1919 年，Reinking 根据一般性观察认为柑橘黄龙病是水害。1932 年，Tu 认为我国台湾的柑橘黄龙病是一种线虫（*Tylenchulus semipenetrans* Cobs）危害所致。1937 年，何畏冷从病树的腐根上分离到一种镰刀菌（*Fusarium* sp.），认为是镰刀菌所致。1943

年，陈其傈通过大量的调查，认为该病由毒素因子引起的可能性最大，但没能提供足够的证据。林孔湘教授通过嫁接柑橘黄龙病病树的单芽和枝条到健康的柑橘植株上，观察到健康的植株也发病，首次证明了柑橘黄龙病是一种传染性病害，在当时认知水平下推断该病原为病毒。随着电镜技术的发展，1970年，Lafleche等首次通过电镜观察到来自南非和印度的感染了柑橘黄龙病的病叶韧皮部筛管细胞中的病原体，当时认为是类菌原体（Mycoplasma-like Organisms，简称MLO）。1976年，Garnier等通过电镜观察发现柑橘黄龙病的病原体的胞膜厚度有25nm左右，比MLO特有的胞膜（厚度7～10nm）要厚得多，认为其不属于类菌原体，而是类细菌（Bacterium-like Organism，简称BLO）。1979年，柯冲等通过电镜观察，看到柑橘黄龙病病原的膜壁较厚，外膜层有厚薄不均匀的现象，认为该病原应属于类立克次氏体（Rickettsia-like Organisms，简称RLO）。1984年，Bové利用细胞生物化学和电镜相结合，证实了柑橘黄龙病病原体的外层壁和内层膜之间存在肽聚糖层，这与革兰氏阴性细菌的细胞壁结构一致，因此推断柑橘黄龙病病原体可能属于革兰氏阴性细菌。用电子显微镜观察，寄主体内病原体呈圆形、卵圆形或近杆形，大小（50～600）nm×（170～1 600）nm；细胞壁厚13～33nm，一般约20nm（图6-6）（Bové，2006）。通过对感病植株注射抗生素（四环素或青霉素）后，黄龙病的症状在短时间内减轻，证明它确实是一种细菌。

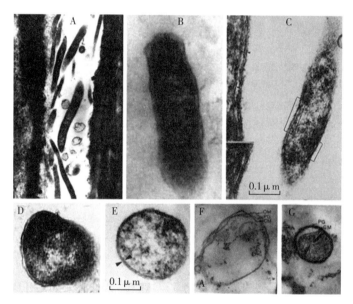

图6-6　柑橘黄龙病菌细胞形态及结构（Bové，2006）

注：A. 甜橙筛管组织中的柑橘黄龙病菌；B，D. 放大倍数后可见病原细胞外有一层细胞壁；C，F. 在更高放大倍数和特殊技术处理下，可见三层膜结构，外膜、肽聚多糖层、细胞膜；E. 螺原体无细胞壁，仅有细胞膜；G. 革兰氏阳性菌没有细胞壁，只有肽聚多糖层和细胞膜

20世纪90年代，随着分子生物学技术的迅速发展，利用分子生物学和生物信息学等手段来研究柑橘黄龙病病原越来越广泛。1993年，Villechanoux等利用分子生物学手段克隆了一个来自印度浦那的柑橘黄龙病病原体基因组2.6kbp的DNA片段并测定其序列，

发现该片段属于细菌的核糖体蛋白操纵子基因 $rrplKAJL5'\text{-}rpoBC$，编码 4 种核糖体蛋白（L1、L10、L11、L12），比较该操纵子和来自基因库（GenBank）的其他细菌序列，发现其结构与真细菌高度一致，因此推断柑橘黄龙病病原应属于真细菌。1994 年 Jagoueix 等通过免疫捕捉 PCR 技术，克隆和测定了来自印度浦那和非洲 Nelspriut 的柑橘黄龙病病原 16S rDNA 基因序列，与来自基因库其他细菌的 16S rDNA 基因序列进行比较，发现柑橘黄龙病病原与 α-变形菌纲中的第二亚组相似性为 87.5%。

α-变形菌纲细菌的种类比较复杂，包括许多植物病原细菌、共生细菌和人体细菌，这些细菌的共同点是它们都寄生于真核细胞的寄主中，并可以以节肢动物为介体进行传播。柑橘黄龙病病原也符合这些特征，它也寄生在真核细胞的植物韧皮部筛管细胞中，并通过木虱进行传播，因此，把柑橘黄龙病病原归属于 α-变形菌纲中的一个新成员。由于柑橘黄龙病病原仅寄生于寄主韧皮部的筛管中，且呈杆状，因此把黄龙病菌命名为韧皮部杆菌（Liberobacter）（Jagoueix et al.，1994）。后来，Garnier 等（2000）按照拉丁学名命名法的原则，bacter（细菌）在拉丁文中属于阳性，Liber 拉丁文的意思是"韧皮"，与 bacter（细菌）连接的元音应该是"i"，而不是"o"，因此，将韧皮部杆菌的名字从 Liberobacter 改为 Liberibacter。

2. 名称

由于植物病原细菌的分类是建立在病原人工培养的基础上，而柑橘黄龙病菌目前尚不能进行人工培养，分类地位不能正式确定。Murray 等（1994）向国际细菌学委员会提议在原核生物（Prokaryotes）内增设一个 Candidatus 类，主要是针对国际细菌命名所要求的特征描述不足，但又可以根据已有的资料将其初步归类的微生物进行暂时性分类，特别是对那些不能进行人工培养的原核生物的分类进行了讨论，认为对于已经较为清楚其关系地位，并能够通过 DNA 分子序列测定证明其真实性，同时有必要提供通过特定的引物扩增到相应的片段信息，可以把其归属于 Candidatus 类。由 Murray 等设立 Candidatus 类的提议得到国际细菌命名委员会的通过，柑橘黄龙病菌成为第一个以这种分类系统来命名的植物病原细菌。按照国际细菌命名委员会的柑橘黄龙病菌亚洲种的描述：柑橘黄龙病菌亚洲种命名为 *Candidatus Liberibacter asiaticus*；柑橘黄龙病菌非洲种命名为 *Candidatus Liberibacter africanus*；柑橘黄龙病菌美洲种命名为 *Candidatus Liberibacter americanus*（Bové，2006；Jagoueix et al.，1997；Teixeira et al.，2005）。

3. 分类地位

按照 CABI（2021）的最新描述，3 种柑橘黄龙病菌属于细菌域、细菌界、变形菌门、α-变形菌纲、根瘤菌目（Rhizobiales）、薄壁杆菌科（Phyllobacteriaceae）、韧皮杆菌属。该菌不能在人工培养基上培养生长。植物筛管组织中的细菌细胞多型，一般为长椭圆形，仅有细胞膜而没有细胞壁，革兰氏染色呈阳性。

三、病害症状

1. 枝梢和叶片症状

柑橘黄龙病为系统性侵染病害，其特征性症状是初期病树的黄梢和叶片的斑驳型黄化（彩图6-13）。开始发病时，往往首先在树冠顶部出现一到几枝黄梢，在夏秋季，黄梢通常出现在树冠顶部，即为典型的黄梢症状。随后，树冠其他部位陆续发病。黄龙病的叶片症状有4种类型。①斑驳黄化型：当叶片生长转绿后，从叶片主、侧脉附近和叶片基部开始黄化，扩散呈黄绿相间的不对称斑驳，最后可以整叶变黄。②均匀黄化型：一般多出现在初发病树的夏、秋梢上，在叶片转绿前，开始在叶脉附近出现黄化，迅速扩散至整张叶片呈均匀黄化。③暗绿型：病叶较健叶厚，有革质感，局部木栓化开裂，当叶片老化后，不表现明显黄化，但叶片无光泽、革质化且叶脉肿突。④缺素状黄化：一般出现在植株感病后期，从病枝上抽出的新叶表现叶脉青绿、脉间组织黄化的花叶症状，与缺锌状相似。其中，叶片的斑驳型黄化是柑橘黄龙病最具特征性的症状。

2. 果实症状

发病初期果实一般不表现典型症状，当病害发展到一定程度后，病树的果实多早落或变小，有的畸形，着色不均匀，种子多败育。在温州蜜柑、福橘等宽皮柑橘成熟期常表现为蒂部深红色，其余部分青绿色，俗称红鼻果。而橙类则表现为果皮坚硬、粗糙，一直保持绿色，俗称青果。通常，叶片黄化与果实症状在同一年呈现。有时，果实症状先出现，叶片症状在次年出现（彩图6-13）。

3. 整株症状

柑橘感染黄龙病并表现症状后，一般在次年开花早且多，常形成无叶花穗，花畸形并多早落，有的病树不定时开花。从病枝抽生的新梢短、叶小，病叶容易脱落，在不良的栽培条件下，落叶枝容易干枯。柑橘黄龙病发病初期，根系多不腐烂，至叶片黄化脱落较严重时，绝大多数病树的细根腐烂；至发病后期，大根亦腐烂；腐根的皮部碎裂，并与木质部分离。

田间可依据黄梢症状和叶片的斑驳型黄化症状进行柑橘黄龙病的初步诊断。其中，叶片的斑驳型黄化症状是田间诊断的主要依据。在发生区的福橘和温州蜜柑果园，红鼻果亦可以用作识别病树的依据。如根据症状在田间无法诊断，可采集叶片样本进行室内PCR检测。

四、生物学特性和病害流行规律

1. 生物学特性

根据柑橘黄龙病菌16S rDNA序列的不同，可分为亚洲种、非洲种和美洲种，其中亚洲种分布最为广泛，危害最为严重。亚洲种和美洲种属耐热型，分别在22～24℃和27～32℃可发病；非洲种属热敏感型，在22～24℃病症严重，30℃以上症状则减轻或消失。

2. 寄主范围

柑橘黄龙病菌主要危害芸香科植物中的柑橘属（*Citrus*）、枳属（*Poncirus*）和金柑属（*Fortunella*），包括宽皮橘类、橙类、宜昌橙类、柚类、枸橼类、金柑类和枳类等的品种和栽培种。Manicom等依据主栽柑橘品种对黄龙病的抗感反应将其分为高度感病型（如甜橙、橘柚）、中度感病型（如柚子、柠檬、酸橘）和耐病型（如莱檬、枳壳），尚未发现抗病品种。芸香科的酒饼簕（*Severinia buxifolia*）、九里香（*Murraya paniculata*）和黄皮（*Clausena lansium*）也是柑橘黄龙病菌的寄主。经罹病菟丝子还可将病原传至长春花（*Catharanthus roseus*）、烟草（*Nicotiana tabacum*）和番茄（*Lycopersicon esculentum*）

上。此外，范国成等报道了柑橘黄龙病菌能感染豆科植物亮叶猴耳环（*Pithecellobium iucidum* Benth）。

3. 侵染循环

田间、村前屋后的野生或零星栽培的柑橘类或芸香科带病寄主植物，以及外来迁入的带病柑橘木虱都可成为侵染源，其中田间带菌寄主植物是最主要的侵染源。病原寄生在柑橘寄主的韧皮部，经柑橘木虱吸获并在寄主体内繁殖后，再危害其他健康植株，将病原传到其他植株，以此辗转传播。柑橘木虱吸获病原后，终生带菌，但通过卵传递到下一代的概率极低。此外，柑橘黄龙病还通过带病繁殖材料的嫁接直接传播。

4. 传播途径

柑橘黄龙病菌的远距离传播主要通过带病苗木和接穗的调运传播，田间近距离传播主要通过木虱。自林孔湘（1956）首次证实柑橘黄龙病可以通过嫁接传染，并发现在田间有明显的自然蔓延现象以来，国内外学者对田间柑橘黄龙病菌的传播介体进行了深入的探讨和研究。在南非，McClean 等（1965）把感染了柑橘黄龙病植株上的非洲木虱（*Trioza erytreae*）转移到健康的柑橘苗上，结果发现健康的柑橘植株也发生了黄龙病，证明非洲木虱能够传播黄龙病，并且发病率与木虱种群数量呈正相关。在菲律宾，Salibe 等（1968）证明柑橘黄龙病在田间传播蔓延是基于一种昆虫介体，并鉴别出这种昆虫介体是柑橘木虱（*Diaphorina citri*）。在我国，广东农林学院植保系植病教研组（1977）对柑橘木虱与柑橘黄龙病的流行关系进行的研究，结果表明柑橘木虱（*D. citri*）能传播黄龙病。赵学源等（1979）调查发现，黄龙病的流行区域与柑橘木虱的分布大体一致，柑橘木虱多的果园，植株发病率高达40%～100%，在高海拔（1 300m 以上）地区未见木虱的果园，发病率只有3%左右，充分说明黄龙病的发生程度与柑橘木虱的分布密切相关。

国内外学者对柑橘木虱的传病规律及寄主范围进行了系统研究。Halbert 等（2004）研究结果表明，木虱可以在多种芸香科植物上取食，九里香是柑橘木虱最喜欢的寄主植物，其次是酒饼簕、青檬和黄皮，并指出这些植物应该作为监控柑橘木虱的首要目标寄主。柑橘木虱的发生与柑橘黄龙病流行密切相关，二至五龄若虫能够携带柑橘黄龙病病原细菌，三至五龄若虫和成虫能够传病，而且若虫携带的细菌可进入成虫而使成虫终身带菌；木虱的卵大多产在嫩叶的边缘，若虫喜欢在叶子边缘的背侧或叶和叶柄部活动和危害，成虫取食时总是与柑橘叶片呈45°角（彩图6-14）。

5. 发病条件

柑橘黄龙病的发生是柑橘黄龙病菌与寄主柑橘在环境因素的影响下相互作用的结果。病原成功侵入寄主并建立寄生关系后，便进行大量繁殖和侵染，过一段时间植株才出现初发病状。柑橘黄龙病潜育期长短与侵染的菌量有关，也与以下因素有关。

（1）侵染周期　用带1～2个芽的病枝段，于2月中下旬嫁接于1～2年生甜橙实生苗上，在防虫网室内栽培，潜育期最短为2～3个月，最长可超过18个月。在一般的栽培条件下，绝大多数受侵染的植株在4～12个月内发病，其中又以6～8个月内发病最多。

（2）虫媒密度和侵染源　在大面积连片栽种感病柑橘品种的情况下，田间病树（侵染源）和传病虫媒（柑橘木虱）同时存在，是黄龙病流行的先决条件，二者缺一都不能引致病害的流行。在田间具备一定数量病树（侵染源）的情况下，虫媒（柑橘木虱）

发生量越大，病害流行越快。同样，在田间存在一定数量虫媒的情况下，病株越多、分布越均匀，病害流行也越快。若田间病树密度与木虱的虫口密度同时处于高位，则病害蔓延更快，在短期内可使较大范围内植株遭到感染，造成暴发性的流行，使这些果园在2～3年内失去经济价值。如果能及时挖除病株，控制好柑橘木虱，加强管理，则病害就可得到控制。

（3）树龄及生态环境　老龄树比幼龄树抗病力强，病害传染和发展也较慢，所以幼龄树往往比老龄树先死，原因是幼树新梢多，媒介昆虫传菌机会多。栽培管理好坏对发病轻重有影响，栽培管理好的果园，病害发生较少，发展较慢。挂果多的柑橘树一经发病就会很快全株发黄，原因是挂果多的树体养分运输频繁，病原在体内扩展速度快。生态条件好的果园有利于阻碍病害蔓延。在林木茂盛，湿度较大的果园或有良好防护林的果园，不利于柑橘木虱的生长、繁殖和传播，病害发生较少、发展也较慢。

五、诊断鉴定和检疫监测

参考2013年发布的《柑橘黄龙病菌的检疫检测与鉴定》（GB/T 29393—2012）、2018年发布的《柑橘黄龙病监测规范》（GB/T 35333—2017），国际上较通用的柑橘黄龙病PCR及实时定量PCR检测方法标准（Jagoueix et al.，1994；Li et al.，2006），欧洲及地中海地区植物保护组织（EPPO）颁布的柑橘黄龙病诊断鉴定标准PM7/121（EPPO，2014），整理形成柑橘黄龙病的诊断检测及监测技术。柑橘黄龙病的诊断及检测方法较多，大体可分为传统生物学技术和现代分子生物学技术，传统生物学技术又包括田间症状观察及指示植物鉴定、电镜切片观察、血清学检测。

1. 诊断鉴定

（1）田间症状观察诊断　采用目测田间症状的方法观察植株叶片、新梢和果实是否具有柑橘黄龙病症状。叶片症状主要包括斑驳黄化型、均匀黄化型和缺素状黄化，其中斑驳黄化型最为典型，相关症状已在前面描述过。柑橘黄龙病症状复杂多变，在不同生长季节、不同海拔及不同柑橘品种上表现不同的症状，从而增加了症状鉴定的不确定性。因此，田间发现疑似黄龙病症状植株需采样，通过血清学或分子生物学等方法进一步鉴定。

（2）指示植物鉴定　以椪柑做指示植物，鉴定时用带有2～3个病芽的接穗，在健康椪柑实生苗木上进行嫁接，重复3次（嫁接工具每次使用前用高锰酸钾溶液消毒）。待嫁接口愈合后，在其上方约1cm处剪除指示植物的主干。每株疑似病株至少嫁接30株以上健康椪柑，以健康椪柑实生苗做对照，定期观察、记载指示植物新抽枝叶的症状。一般柑橘黄龙病在指示植物上的潜育期为4～12个月。

（3）电镜切片观察　取叶脉，用刀片切成1mm×1mm大小，置于1.5mL离心管中，加入已配制好的2.5%戊二醛溶液，抽真空赶出气泡，使固定液和组织充分接触，置于4℃固定液过夜，然后按下列步骤处理样品。倒掉固定液，用0.1mol/L、pH 7.0的磷酸缓冲液漂洗样品3次，每次15min；用1%的锇酸溶液固定样品1～2h；倒掉锇酸溶液，用0.1mol/L、pH 7.0的磷酸缓冲液漂洗样品3次，每次15min；用梯度浓度（包括50%、70%、80%、90%、95%五种浓度）的乙醇溶液对样品进行脱水处理，每种浓度处理15min，再用100%的乙醇处理3次，每次20min；用包埋剂与乙醇的混合液（体积比为1∶1）处理样品 1h；用包埋剂与乙醇的混合液（体积比为 3∶1）处理样品 3h；纯包埋剂处理样品过夜；将经过渗透处理的样品包埋起来，70 ℃加热过夜，即得到包埋好的样品。然后将包埋块取出粗修，用玻璃刀将修好的包埋块样品切成 500nm 厚度的半薄切片，置于载玻片上，用配好的甲苯胺蓝染色置于光学显微镜下，观察是否有需要做超薄切片的部位。待观察到目标位置，再制作超薄切片，并用醋酸双氧铀和柠檬酸铅进行双染色，电镜观察。

电镜下可以直接观察到菌体的形态、大小及壁膜结构等，检测的关键环节是制作超薄切片。由于柑橘黄龙病菌在树体内菌量较低，且分布不均匀，在选取样品包埋材料的时候可有针对性地取中脉和侧脉，固定前对材料真空处理，可使植物材料的固定和包埋的效果更好。同时电镜制样采用的样品很小，致使电镜检出率偏低，可能影响病害的诊断。此外，电镜观察法在形态上尚不能区分柑橘黄龙病菌不同地理株系的差异，故在实际检测鉴定中较少采用。

（4）血清学检测　近年来，国内外科学家通过原核表达载体表达细菌外膜蛋白、鞭毛蛋白及分泌蛋白，制备了多种柑橘黄龙病菌单抗和多抗，结合组织印记和点免疫等方法，用于柑橘黄龙病菌的监测（Ding et al.，2016；Pagliaccia et al.，2017）。

首先通过筛选柑橘黄龙病菌外膜蛋白、鞭毛蛋白及分泌蛋白相关基因进行克隆、原核表达及相应蛋白纯化、免疫兔或小鼠、杂交瘤细胞融合等，制备柑橘黄龙病菌多抗或单抗；然后参照 Ding 等采用的组织免疫印迹，将新鲜感病植株叶脉或枝条组织液印迹到硝酸纤维素膜上，或先制备感病组织粗提液（PBS 缓冲液进行粗提）将其涂抹到硝酸纤维素膜上，同时以健康组织叶片作为对照。晾干后，按以下步骤操作：将硝酸纤维素膜浸入到含 5％脱脂奶粉的 PBST 封闭液中，37℃封闭 30min；在一个平皿中用抗体稀释液将柑橘黄龙病菌特异性鼠源单克隆抗体稀释成 1∶2 000 倍溶液，用镊子将硝酸纤维素膜放入上述抗体溶液中，室温水平摇床上缓慢摇动孵育 60min；倒去上述抗体溶液后加入 PBST 洗涤液，在水平摇床上缓慢摇动洗涤硝酸纤维素膜 3min，重复洗涤 2 次；用抗体稀释液将碱性磷酸酯酶（AP）标记的羊抗鼠酶标二抗稀释成 1∶8 000 倍溶液，用镊子将硝酸纤维素膜放入上述酶标二抗溶液中，室温水平摇床上缓慢摇动孵育 60min；倒去上述酶标二抗溶液后加入 PBST 洗涤液，在水平摇床上缓慢摇动洗涤硝酸纤维素膜 3min；PBST 重复洗涤 3 次；最后用 PBS 洗涤 1 次以去除膜表面的吐温- 20；在一个干净的平皿中加入 10mL 底物缓冲液、66μL NBT 和 33μL BCIP 底物储备液，晃动混匀；样点为绿色或无色的样品为阴性，并拍照记录。注意，一抗、二抗及显色液稀释倍数视不同品牌稍做调整。

（5）PCR 检测　PCR 检测技术灵敏、快速、便捷，是实验室检测最常规的技术，目前最常用的有常规 PCR，TaqMan 定量 PCR（qPCR）及数字 PCR。

Jagoueix 等（1994）根据柑橘黄龙病菌 16S rDNA 序列设计引物对 OI1/OI2c（5′-GCGCGTATGCAATACGAGCGGCA -3′/5′-GCCTCGCGACTTCGCAACCCAT-3′）做 PCR 扩增：用 TaKaRa 公司的 Ex Taq DNA 聚合酶或者 Promega 公司的 Taq DNA 聚合酶 0.04U/L，最佳 Mg^{2+} 浓度为 2mmol/L，dNTPs 200mmol/L；PCR 扩增反应程序在 Bio-Rad 热循环仪上进行，94 ℃预变性 3min，然后 94 ℃变性 30s，64℃退火 30s，72 ℃延伸 1min，32 循环，最后 72 ℃延伸 5min。所有 PCR 反应均在 Bio-Rad PCR 仪上进行。取

$5\mu L$ PCR 产物在 1.5% 琼脂糖凝胶中电泳，经 EB 染色后，使用凝胶成像系统观察结果。

Li 等（2006）根据柑橘黄龙病菌 16S rDNA 序列设计 TaqMan 引物对 HLBasf/HLBp/HLBasr（5′-TCGAGCGCGTATGCAATACG-3′/5′-GCGTTATCCCGTAGAAAAAGGTAG-3′/5′-AGACGGGTGAGTAACGCG-3′），同时以植物 Cox 基因作为内参，用 COXf/COXp/COXr（5′-GTATGCCACGTCGCATTCCAGA-3′/5′-GCCAAAACTGCTAAGGGCATTC-3′/5′-ATCCAGATGCTTACGCTGG-3′）做 TaqMPCR 扩增：其中 HLBas 和 Cox 引物终浓度为 $2\mu mol/L$，探针终浓度为 $1\mu mol/L$，$MgCl_2$ 和 ddNTPs 终浓度分别为 50mmol/L 和 25mmol/L。反应条件为 95℃预变性 20s，然后 95℃变性 1s，58℃退火 40s，40 循环。所有的 Real-time PCR 反应均在 SmartCycler（Cepheid，Sunnyvale，CA）上进行。

钟晰（Zhong et al.，2018）等通过利用已有 TaqMan 引物对 HLBasf/HLBp/HLBasr（5′-TCGAGCGCGTATGCAATACG -3′/5′-GCGTTATCCCGTAGAAAAAGGTAG-3′/5′-AGACGGGTGAGTAACGCG-3′）进行引物浓度、探针浓度及退火温度的优化，建立了数字 PCR（ddPCR），其中 HLBasf/HLBasr 的终浓度为 $20\mu mol/L$，HLBp 终浓度为 $10\mu mol/L$，$2\times$ddPCR 探针超级混合液（无 dUTP）（BioRad），反应程序为 95℃预变性 3min，然后 95℃变性 30s，64℃退火 35s，72℃ 80s，35 循环，72℃延伸 7min，12℃保存，反应在 QX20 微滴生成仪（QX200™ Droplet Digital PCR system，Bio-Rad）上进行。

2. 检疫监测

柑橘黄龙病的监测需要同时开展田间病树和木虱的监测。农业行政主管部门的植物检疫机构开展的产地检疫和调运检疫也属于监测内容。

（1）未发生区监测　进行访问调查，向果农、农技人员等询问当地柑橘种植和病虫害发生情况，特别是苗木来源和有无疑似柑橘黄龙病和柑橘木虱（亚洲种）发生，做好访问调查记录。对访问调查过程中发现的可能发生区和高风险区域进行重点踏查，观察果园植株叶片、新梢和果实是否有黄龙病疑似症状，若发现可疑病害症状，立即进行标记取样，进行室内诊断鉴定。

（2）发生区监测　采取访问调查和踏查方法，确定发生范围并进行发生程度监测，每县选择代表性芸香科品种的不同地块设 3 个监测点，每点不小于 $1hm^2$。每个监测点采取五点取样，每样点随机调查 10 株，统计发病植株数，计算病株率和危害程度。同时用 GPS 测量样地的经度、纬度、海拔，还要记录下柑橘类果树的种类、品种、树龄、栽培管理制度或措施等。柑橘黄龙病发生危害程度分为 6 个等级：0 级，无病害发生。1 级，病株率<0.1%以下。2 级，病株率 0.1%～1%。3 级，病株率 1%～5%。4 级：病株率 5%～10%。5 级：病株率 10%以上。

在调查中如发现疑似柑橘黄龙病植株，一是要现场拍摄异常植株的田间照片（包括叶片、果实和新梢）；二是要采集具有典型症状的病株叶片或枝梢样品，将采集的标本分别装入样品袋内，标明采集时间、采集地点及采集人。送相关实验室进行鉴定。

六、应急和综合防控

最近广西在一个柑橘黄龙病的宣教片中将此病的防治方法总结为"检疫、防控、砍烧和补植"（中国植物保护学会官网，2021），其简洁地描绘出病害的应急和综合防控技术。

1. 应急防控

在柑橘黄龙病的未发生区，无论是在交通航站口岸检出了带有柑橘黄龙病的物品还是在田间监测中发现病害发生，都需要及时地采取应急防控措施。

（1）口岸检出柑橘黄龙病的应急处理　现场检查旅客携带的柑橘类产品，不满足检疫条件的应全部收缴扣留，并销毁。对检出带有柑橘黄龙病菌的货物和其他产品，应拒绝入境或将货物退回原地，或就地销毁。对不能及时销毁或退回原地的物品要及时就地封存，然后视情况做应急处理。①对不能现场销毁的可利用柑橘类果实，在国家检疫机构监督下，就近将其加工成果汁或其他成品，其下脚料就地销毁。②引进栽培用的柑橘类种苗和接穗带菌的，必须全部销毁；经检验检疫没有明显带菌的苗木，必须在检疫机关设立的植物检疫隔离中心或检疫机关认定的安全区域隔离种植，经生长期间观察，确定无病后才允许释放出去。

（2）田间柑橘黄龙病的应急处理　在柑橘黄龙病的未发生区监测发现小范围、零星发生柑橘黄龙病后，应对病害发生的程度和范围做进一步详细的调查，并报告上级行政主管部门和技术部门，同时及时采取措施封锁病田，防治木虱、挖除病树，严防病害扩散蔓延。

（3）预防传入措施　在黄龙病的未发生区（国家或地区），严格禁止从发生区（国家）引进相关植物的种苗、接穗等；尽量不使用柑橘、柠檬、柚子、橙子等的感病品种；定期进行黄龙病的疫情调查监测，发现黄龙病后及时实行应急处理。

2. 综合防控

柑橘黄龙病的防控必须采取得力措施，在黄龙病流行区域，坚持"及时砍烧病树并补充栽植新树苗、严格防除柑橘木虱及栽种无病苗木"是控制病害传播流行的最有效措施。目前尚无有效药剂治疗染病植株，因此在冬季、春梢期、夏梢期、秋梢期这四个关键时期，采用农业、物理、生物及化学防治等方法严格防除柑橘木虱显得尤其重要。

（1）繁育和栽培无病苗木并尽量实行有效的隔离种植　以栽种无病苗木为基础，配合运用其他防控措施，是当前防控黄龙病切实可行的办法。强化执行检疫制度，切实整治本地区的柑橘苗木市场，杜绝带病苗木泛滥，帮助个体种植户从可靠的、有国家检疫部门认证的苗木繁育中心引进苗木。新建果园除必须栽种无病苗外，尽量做到远离病园、病树。在病害发生区，若条件许可，建议新建果园与病园相距1 000m以上，结合执行其他防控措施，可减少柑橘黄龙病的感病率，延长新果园的挂果丰产寿命。

（2）实施分类治理措施

①无虫无病区：即无柑橘黄龙病和木虱发生的柑橘种植区域。这一区域应时刻警惕带病苗木调入和柑橘木虱入侵，主要采用疫情监测、种苗管制、健身栽培等防控策略，严防疫情传入，持续保持区域内无病无虫状态。

②无虫有病区：即尚未发现柑橘木虱，但有柑橘黄龙病发生的柑橘种植区域。采用及时砍烧彻底铲除病树并补植无病新树苗，清除病接穗、病苗木及同批次带进的接穗、苗木，加强疫情监测和种苗管制等防控策略，严防病原再次进入，及早发现，及时处置，同时加大木虱监测调查力度。

③有虫无病区：即尚未发现柑橘黄龙病，但有柑橘木虱存在，且与发病区相连或相近的柑橘种植区域。这一区域要同时加强柑橘黄龙病和木虱的调查监测，采用开展木虱防治、管制种苗、适度规模经营和健身栽培等防控策略，压低木虱基数，严防疫情传入，及

早发现，及时处置。

④病虫兼有区：即柑橘黄龙病和木虱均有发生的柑橘种植区域。按病情轻重程度分为三个等级。轻发病果园：此类果园病株率一般在3%以下，受害程度相对较轻，经济产量基本不受影响。采用疫情调查、挖除病株、防治木虱、管制种苗、健身栽培、补种无病苗木等防控策略，最终达到果园无病状态。中发病果园：该类果园病株率3%～10%，如位于发生范围广、发病较轻的区域，经过几年的综合防控后病株率可控制在1%以下，产量基本不受影响。对处于发生普遍，发病较重的区域，采用砍烧或挖除病株、防治木虱、加强栽培管理、补种健康苗木的防控策略进行防控。重发病果园：该类果园病株率一般在10%以上，如病株率持续增长，基本无经济价值，应实行全园改造，重新定植无病苗木，或改种其他经济作物，恢复产业正常效益。

（3）加强栽培管理　加强果园基础建设，科学肥水管理，增强果园树体抗性。果园周围避免种植芸香科等柑橘木虱的寄主植物；园地生草覆盖，保护天敌；病区新建柑橘园应与已有柑橘园隔离200m以上。加强抽梢期管理，统一放春梢，及时抹夏、秋梢。三年以下小苗可在苗圃集中种植管理，三年以上大苗移植至果园定植。

（4）减少田间再侵染　在柑橘黄龙病流行区域内，减少田间再侵染，降低再侵染频率，是防控柑橘黄龙病的关键。减少田间再侵染，实际上就是减少田间发病率。要达到此目的，必须抓好及时挖除病株和严格防除柑橘木虱两个环节，并把这两项工作贯穿于整个栽培管理过程中。

①冬季清园。冬季清园要求及时挖除病树，减少来年的田间侵染源；严格防除越冬代的柑橘木虱，减少次年田间的传病媒介；防除果园中其他危害性较大的病虫，如炭疽病、疮痂病、黄斑病、红蜘蛛、锈蜘蛛、介壳虫类和粉虱类等主要病虫。

②春梢期的防控措施。越冬代残留的柑橘木虱，可借春梢期繁殖回升，成为当年黄龙病的传病媒介。所以，从春梢萌发开始，注意观察嫩芽、嫩叶上有无木虱若虫危害。发现木虱应立即喷药防除。

③夏梢期的防控措施。夏梢期是柑橘木虱的发生高峰期。此时气温适宜，世代历期短，加上夏梢抽发次数多而乱，田间随时都有嫩梢，给柑橘木虱提供充足的营养和良好的繁殖条件，使其种群数量迅速增加。控制好夏梢，恶化柑橘木虱的生存条件，成为这个时期防控柑橘黄龙病的重要环节。

④秋梢期的防控措施。秋梢期是黄龙病的高发病期，也是一年中田间虫口密度较高的时期，侵染源和传病虫媒的数量同时处于高位，必将造成再侵染倍增。所以，秋梢期对木虱的防治，比之前两个梢期的防治更为重要，不仅关系到木虱当年越冬的虫口密度，也关系到病树上处于潜育期的越冬虫源数量（即次年侵染源的数量），处理不当，势必增加来年的防控压力。秋梢期的防控重点，仍然是以防除柑橘木虱为主，尽量降低田间虫口密度，从而减少再侵染。与此同时，还须注意防除潜叶蛾，保证秋梢安全抽发，为明年的增产打好基础。

（5）柑橘木虱防控　在新梢萌发关键时期，待新芽抽出2cm时，全园统一喷施化学药剂1次；如果保留新梢，则在第一次施药1周后全园统一喷施第2次药剂；施药后，及时挖除染病植株。在柑橘采果后，结合冬季清园再进行1～2次木虱防治。柑橘木虱防治药剂可选用有机磷类、阿维菌素类、拟除虫菊酯类、烟碱类等杀虫剂。越冬代成虫防治可选用石硫合剂、矿物油、松脂酸钠等；春、夏梢期防治可结合兼治果园蚜虫、粉虱、红黄蜘蛛、锈壁虱、介壳虫、潜叶蛾等害虫，选用触杀兼具内吸性的农药；晚秋（冬）梢期（9～10 月）是木虱全年发生高峰，正值柑橘果实成熟期，应选用安全、经济、高效的药剂进行防治。同时可结合农业防治、生物防治和物理防治进行综合治理。

（6）生物防治　据云南农业大学何月秋博士 2020 年 12 月介绍，他们在云南的几个柑橘产区推广应用生物防治技术控制黄龙病取得了很好的防效（彩图 6 - 15）。他们用来自柑橘本主的内生枯草芽孢杆菌（*Bucillus substilis*）菌株 L1 - 21，在轻病果园以 10^7 个/mL浓度菌液，于清晨或傍晚太阳下山后喷施柑橘叶片正反面至叶片湿润，间隔 7～10d 1 次，连续喷施 2～3 个月；对于重病树还要在根围施入一次生物有机肥，即在每棵病树周围滴水线上挖一深约 20cm 的浅沟，将 10^7 个/mL 的 L1 - 21 菌液与饼肥混合发酵腐熟的菌饼生物肥 5～10kg 撒施于沟中，与沟底土混匀后盖上 1～2cm 浅土。这样可抑制根部的病原和促进根系尽快恢复正常功能，从而可以加速病树恢复健康。

主要参考文献

冯晓东，毛宁，刘慧，等，2016. 柑橘黄龙病防控技术规程：NY/T 2920—2016：中华人民共和国农业部 2016 年发布实施.

何畏冷，1937. 广东果树病害之三. 岭南学报，3：1 - 54.

柯冲，林先沾，陈辉，等，1979. 柑桔黄龙病与类立克次体及线状病毒的研究初报. 科学通报，2：463 - 466.

林孔湘，1956. 柑桔黄梢（黄龙）病研究 I. 病情调查. 植物病理学报，1：1 - 16.

刘慧，林云彪，陈军，等，2018. 柑橘黄龙病监测规范. GB/T 35333—2017：国家市场监督管理总局和国家标准委员会.

吴立峰，严铁，林云彪，等，2013. 柑桔黄龙病菌的检疫检测与鉴定. GB/T 35333—2017：国家市场监督管理总局和国家标准委员会.

赵学源，蒋元晖，李世菱，等，1979. 柑桔木虱（*Diaphorina citri* Kuwayama）与柑桔黄龙病流行关系的初步研究. 植物病理学报，9：121 - 126.

Bové J M，2006. Huanglongbing：a destructive，newly-emerging，century-old disease of citrus. Journal of Plant Pathology，7 - 37.

Bové J M，Garnier M，1984. Citrus greening and psylla vectors of the disease in the Arabian Peninsula. in：International Organization of Citrus Virologists Conference Proceedings（1957—2010）.

CABI，2019. citrus huanglongbing（greening）disease（citrus greening）. Invasive Species Compendium.（2019 - 08 - 17）［2021 - 10 - 03］https：//www. cabi. org/isc/datasheet/16567.

CABI，2021. *Liberibacter asiaticus*（Asian greening）. In：Invasive Species Compendium.（2021 - 07 - 22）［2021 - 09 - 28］https：//www. cabi. org/isc/datasheet/16565♯toDistributionMaps.

Davis R，Gunua T，Kame M，et al. ，2005. Spread of citrus huanglongbing（greening disease）following incursion into Papua New Guinea. Australasian Plant Pathology，34（4）517 - 524.

Ding F，Duan Y，Yuan Q，et al. ，2016. Serological detection of *Candidatus Liberibacter asiaticus* in citrus，and identification by GeLC-MS/MS of a chaperone protein responding to cellular pathogens. Scientific Reports，6：29272.

Fu S M，Li Z A，Su H N，et al.，2015. Ultrastructural changes and putative phage particles observed in sweet orange leaves infected with *Candidatus Liberibacter asiaticus*. PlantDisease，99（3）：320 – 324.

Garnier M，Jagoueix-Eveillard S，Cronje P R，et al.，2000. Genomic characterization of a liberibacter present in an ornamental rutaceous tree，*Calodendrum capense*，in the Western Cape Province of South Africa. Proposal of *Candidatus Liberibacter africanus* subsp. *capensis*. International Journal of Systematic and Evolutionary Microbiology，50：2119 – 2125.

Garnier M，Latrille J，Bové J M，1976. Spiroplasma citri and the organism associated with likubin：comparison of their envelope systems. in：International Organization of Citrus Virologists Conference Proceedings（1957—2010）.

Halbert S E，2005. The discovery of huanglongbing in Florida. in：Proceedings of the international citrus canker and huanglongbing research workshop.

Halbert S E，Manjunath K L，2004. Asian citrus psyllids（Sternorrhyncha：Psyllidae）and greening disease of citrus：a literature review and assessment of risk in Florida. FloridaEntomologist，330 – 353.

Jagoueix S，Bové J M，Garnier M，1997. comparison of the 16S/23S ribosomal intergenic regions of *Candidatus Liberobacter asiaticum* and *Candidatus Liberobacter africanum* the two species associated with citrus huanglongbing（greening）disease. International Journal of Systematic and Evolutionary Microbiology，47：224 – 227.

Jagoueix S，Bové J M，Garnier M，1994. The phloem-limited bacterium of greening disease of citrus is a member of the α subdivision of the Proteobacteria. International Journal of Systematic and Evolutionary Microbiology，44：379 – 386.

Lafleche D，Bové J M，1970. Structures de type mycoplasme dans les feuilles d'orangers atteints de la maladie du greening. CRAcad. Sci. Ser. D，270：455 – 465.

Li W，Hartung J S，Levy L，2006. Quantitative real-time PCR for detection and identification of *Candidatus Liberibacter* species associated with citrus huanglongbing. Journal of microbiologicalmethods，66：104 – 115.

Maniconi B，Van Vuuren S，1990. Symptoms of greening disease with special emphasis on African greening. in：Proc. 4th Int. Asia Pacific Conf. Citrus Rehabil.

Mc Clean A，Oberholzer P，1965. Greening disease of the sweet orange：evidence that it is caused by a transmissible virus. South African journal of Agricultural Science，8.

Murray，Schleifer K，1994. Taxonomic notes：a proposal for recording the properties of putative taxa of procaryotes. International Journal of Systematic and Evolutionary Microbiology，44：174 – 176.

Pagliaccia D，Shi J，Pang Z，et al.，2017. A Pathogen Secreted Protein as a Detection Marker for Citrus Huanglongbing. Frontiers in Microbiology，8：2041.

Salibe A，Cortez R，1968. Leaf mottling-a serious virus disease of citrus in the Philippines. in：International Organization of Citrus Virologists Conference Proceedings（1957—2010）.

Weinert M，Jacobson S，Grimshaw J，et al.，2004. Detection of Huanglongbing（citrus greening disease）in Timor-Leste（East Timor）and in Papua New Guinea. Australasian Plant Pathology，33：135 – 136.

Zhong X，Liu X L，Lou B H，et al.，2018. Development of a sensitive and reliable droplet digital PCR assay for the detection of 'Candidatus Liberibacter asiaticus'. Journal of Integrative Agriculture，17：483 – 487.

第五节 果树根癌病及其病原

果树根癌病是世界上普遍发生的一种细菌性病害，其病原主要是土壤杆菌，寄主范围广，除了能侵染桃、李、杏、樱桃、梨、苹果等主要核果类果树外，还能危害毛白杨、啤酒花、樱花、杨、柳、无花果、柑橘、葡萄、木瓜、板栗、核桃等上千种植物。它是一种毁园性病害，受侵染的植株树势衰弱、生长迟缓、产量减少、寿命缩短，甚至引起死亡，给经营者造成了重大经济损失。目前果园、苗圃的发病率在30%～60%，严重的发病率达到85%以上以至于毁园。引起果树根癌病的病原有土壤杆菌属（*Agrobacterium*），其中根癌土壤杆菌发生和分布最普遍，最具有危害性。土壤杆菌被许多国家和地区列为危险性检疫有害生物，也曾经是我国的检疫对象。由于该病已在我国普遍发生，现在已从我国进境检疫的对象名单中剔除了，但仍为许多省区的地方植物检疫对象和重要的外来入侵微生物物种。

一、起源和分布

由致病性土壤杆菌侵染引起的根癌病又称冠瘿病、根头癌、根肿病，主要危害双子叶植物，在特殊条件下也可侵染裸子植物和单子叶植物。在葡萄、浆果类、核果类、梨果类、坚果类果树及玫瑰和其他观赏植物中最易发生，使植株地上部分发育受阻，直接影响果树苗木的生产、生长。

此病原分布于世界各大洲（表6-5），但发生危害严重程度有所不同。如南非、欧洲的葡萄，大洋洲和西班牙的杏和桃，西班牙、意大利的玫瑰，美国的苹果、桃、葡萄等都严重发生根癌病。据Kennedy报道，1980年美国由于原核植物病原所造成的作物损失中，果树和葡萄的根癌病为最重要的病害。在我国中北部多数园艺植物种植区，根癌病均有不同程度的发生，不同地区危害的树种不同。

表6-5 根癌土壤杆菌及果树根癌病的世界分布

大洲	国家或地区
欧洲	奥地利、亚速尔群岛、比利时、英国、保加利亚、捷克、斯洛伐克、丹麦、芬兰、法国、希腊、匈牙利、意大利、荷兰、挪威、波兰、罗马尼亚、西班牙、瑞典、瑞士、俄罗斯、爱沙尼亚、乌克兰
亚洲	阿富汗、中国、印度、印尼、伊朗、以色列、日本、韩国、塞浦路斯、黎巴嫩、马来西亚、沙特阿拉伯、斯里兰卡、叙利亚、土耳其、俄罗斯中亚地区和西伯利亚
非洲	阿尔及利亚、埃及、埃塞俄比亚、肯尼亚、利比亚、马拉维、摩洛哥、莫桑比克、津巴布韦、塞舌尔、索马里、南非、坦桑尼亚、乌干达、赞比亚
北美洲	英属百慕大、加拿大、墨西哥、美国
中美洲及加勒比地区	古巴、法属安的列斯群岛、危地马拉、牙买加、波多黎各
南美洲	阿根廷、玻利维亚、巴西、哥伦比亚、智利、圭亚那、秘鲁、乌拉圭、委内瑞拉
大洋洲	澳大利亚、新西兰

在我国，辽宁、吉林、河北、北京、内蒙古、山西、河南、山东、湖北、陕西、甘肃、广西、安徽、江苏、上海、浙江等省份都有分布。苗木受侵染后发育不良、树势衰弱、生长迟缓、产量减少、寿命缩短，甚至引起死亡。重茬苗圃、果园发病率在20%～100%不等，最严重时造成毁园，严重影响苗木的质量和果品的产量和品质。

二、病原

1. 名称和分类地位

土壤杆菌拉丁学名为 *Agrobacterium tumefaciens*，异名为 *Agrobacterium radiobacter*，其属于细菌域、细菌界、变形菌门、α-变形菌纲、根细菌目、根瘤菌科、土壤杆菌属（*Agrobacterium*），是一类不同于根瘤菌的革兰氏阴性菌。根据寄主特异性，致病性土壤杆菌可以分成以下 4 大类，即最普遍、引起众多植物根癌病的根癌土壤杆菌（*A. tumefaciens*）、引起毛根病的发根土壤杆菌（*A. rhizogenes*）、引起茎瘤病的悬钩子土壤杆菌（*A. rubi*）和引起葡萄根癌病的葡萄土壤杆菌（*A. vitis*）。

2. 致病性

土壤杆菌的致病性是由它所带的质粒决定的，如根癌土壤杆菌和葡萄土壤杆菌含有 Ti 质粒，诱导被侵染的植物细胞形成根瘤；而发根土壤杆菌含有 Ri 质粒，侵染植物后诱发植物细胞产生毛发状根。有研究表明，发根土壤杆菌在导入 Ti 质粒后表现出致瘤性，将根癌土壤杆菌的 Ti 质粒导入发根土壤杆菌，后者会引发根癌组织形成。

3. 分类

由此认为，土壤杆菌的病害症状是由质粒类型决定的，而非由细菌的种类决定，因而根据可转移的质粒引发的致病性作为分类依据并不科学。Keane 等以生理生化特征和致病性特征将土壤杆菌属分为 4 个新种：*A. tumefaciens*（原生物Ⅰ型）、*A. rhizogenes*（原生物Ⅱ型）、*A. vitis*（原生物Ⅲ型）和 *A. rubi*。而根据细菌侵染植株形成肿瘤时产生根癌碱的类型，又可将 Ti 质粒分为四种类型：章鱼碱（octopine）、胭脂碱（nopalin）、农杆碱（agropine）和农杆菌素碱（agrocinopine）。

4. 形态特征

不同的土壤杆菌生化型有不同的最适生长碳源，如原生物Ⅰ型土壤杆菌在以阿糖醇为碳源的 1D 培养基上生长，可形成砖红色菌落，而原生物Ⅱ型土壤杆菌在以赤藓糖醇为碳源的 2E 培养基上生长，菌落呈现乳白色（彩图 6-16）。

土壤杆菌是土壤习居菌，细胞呈杆状，大小（1.5～3.0）μm×（0.6～1.0）μm，具有 1～6 根周生鞭毛，常有纤毛，细胞可运动（彩图 6-16）；没有荚膜，也不形成芽孢，革兰氏染色反应阴性。在含甘露醇等碳水化合物的 YMA 培养基上生长的菌株能产生丰富的胞外多糖黏液。菌落一般不产生色素，随着菌龄的增加，光滑的菌落逐渐产生条纹，但也有许多菌株生成的菌落呈粗糙型。

三、病害症状

植物根癌病危害植物根颈、侧根和枝干部位，典型症状是在受害植株的根部、根茎处甚至茎上形成大小不一的肿瘤（彩图 6-17）。发病初期，先形成如豆粒一样的瘤状物，呈青绿色；随着病情的发展，瘤状物逐渐长大，颜色渐深，表面由光滑变成粗糙，进一步内部木质化而质地坚硬，呈黑褐色，干枯龟裂后变成不规则形状，严重时瘤体可以将根茎或是枝条包围，使根茎发育受阻，影响植株水分和养分的吸收。

患病早期，苗木或树体的地上部分无明显症状。随着肿瘤变大，细根变少，树势由强变弱，叶色黄化，提早落叶。发病严重的植株在营养和水分的吸收和运输方面会受到影响，植株生长减慢，产量逐年下降，最后植株死亡。

四、生物学特性和病害流行规律

1. 生物学特性

土壤杆菌好氧，最适生长温度 25～30℃，生长耐受 pH 范围较广，为 5.5～11.0，发育的最适 pH 为 7.3。

2. 侵染循环

病原主要在病瘤表皮、病变组织残体内部及土壤中存活越冬，在土壤中一般可存活 2 年，土壤类型及其环境条件会影响其存活时间。病原从伤口或自然孔口侵入植株后，可在皮层的薄壁细胞间隙中不断繁殖，并分泌刺激性物质，使邻近细胞加快分裂、增生，形成瘤状组织（图 6 - 7）。入侵细菌可潜伏存活，待条件合适时发病。

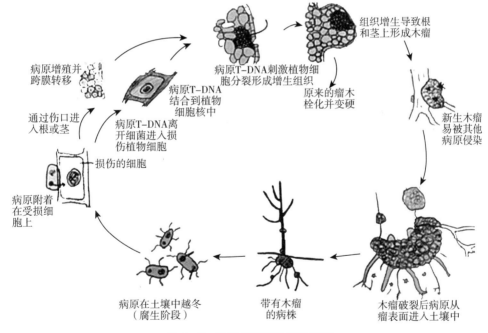

图 6 - 7　果树根癌病的侵染循环

3. 传播途径

病原通过土壤、苗木、雨水、灌溉水和虫害传播，如地老虎、蛴螬等危害根部造成细小伤口，天牛危害主干形成较大的伤口，使得病原侵染的机会增加。远距离的传播主要通过带菌种苗的运输和种植，将病原带到无病的土壤中，侵染新地区的植物。

4. 发病条件

影响根癌土壤杆菌侵染，造成病害发生流行的主要因素有温度、湿度、土壤条件、果园管理等。

（1）温度、湿度条件　病原侵染发病与土壤湿度和温度有关，湿度较大的情况下容易发生，温度在 20～30℃根癌大量产生。如葡萄根癌病，若平均气温达 20～24℃，植株上肿瘤大量生成，若气温＜17℃，不生成肿瘤。

（2）土壤因素　根癌病容易在碱性土壤中发生，而在酸性土壤中不易发生。病原在 pH 小于 5 的环境时，土壤杆菌不能侵染植物根系导致发病，当 pH 在 6～8 范围的时候土壤杆菌可以侵染植物，具有致病性。土壤的质地和含水量也是引发根癌病的重要因素，如果土壤质地过于黏重，含水量过高并且排水不良的条件下容易发病，土壤质地疏松且排水状况良好的条件下不易发病。

（3）嫁接方式　嫁接方式的不同会导致嫁接口愈合时间不同，再加上伤口与土壤接触的方式不同，土壤杆菌侵染植物的情况也会有所不同。切接苗木的伤口愈合时间长，伤口与土壤接触的时间更长，因此被侵染的机会更大。芽接伤口较小且在地表以上，被侵染的机会较小。另外，连作也利于发病，根部伤口多则发病重。

五、诊断鉴定和检疫监测

1. 诊断鉴定

（1）症状鉴定和检疫诊断　直接观察果树根系、接穗或苗木上是否具有前述根癌病症状，要注意其与豆科植物根瘤类似组织相区别。

（2）病原分离　将根系上的幼嫩瘤状组织用无菌水清洗干净，刮去表皮老化部分，切取瘤状组织，用无菌水冲洗干净，放入 10%次氯酸钠浸泡 5min，然后转入 75%酒精处理 30s，再用无菌水冲洗 3 次。将组织捣碎后加无菌水振荡，依次梯度稀释，每个稀释度分别取 $100\mu L$ 涂布含不同碳源的选择性培养基，放于 26℃培养箱内培养 2～4d 后，挑取不同形态菌株在 YMA 培养基上划线接种，直至纯化，用于形态学观察鉴定、致病性接种试验及 DNA 提取（做分子检测用）。

（3）致病性接种鉴定　分别利用胡萝卜切片法和番茄茎部接种法检测菌株的致病性。选择新鲜、无损伤的胡萝卜根茎，自来水清洗干净，用 70%酒精擦洗后火焰干燥，横切成 5mm 厚的圆片，用干净的手术刀片切除胡萝卜圆片外周部分，放在铺有水琼脂的培养皿内，靠近根端的一面朝上。挑取在 YMA 培养基上生长 24h 的病原，用无菌水制备成 A_{600} 为 0.3 左右的菌悬液，吸取 $30\mu L$ 涂于胡萝卜圆片上。每个菌株重复接种 2～3 个胡萝卜圆片，同时设无菌水对照，25℃保湿培养 2 周左右观察结果。取生长 50d 左右的健康番茄植株，利用针刺法接种，每株番茄各取 3 个不同的分枝进行处理。先用 75%乙醇表面消毒，用无菌注射针头轻刺番茄茎部 10 针左右，造成微小创伤。用无菌棉蘸取菌悬浮液包裹于创伤处，21d 后调查创伤处根癌组织的产生情况。具有致病活性的菌株接种 2 周后可使胡萝卜次生木质部周围产生乳黄色的瘤状组织，使番茄接种部位产生瘤状突起（彩图 6-18）。

（4）基因组提取　采用 CTAB/NaCl 法：将菌株接种于液体 YMA 培养基，30℃振荡培养过夜。取 1.5mL 培养物 12 000r/min 离心 2min。向沉淀物加入 567μL TE 缓冲液，反复吹打使之重悬，加入 10% SDS 溶液 30μL 和蛋白酶 K 15μL，混匀，37℃温育 1h，加入 100μL 浓度为 5mol/L 的 NaCl 溶液，充分混匀，再加入 CTAB/NaCl 溶液 80μL，混匀后 65℃温育 10min。加入等体积的酚、氯仿、异戊醇混合液（体积比为 25：24：1）混匀，离心 4～5min，将上清液转入一只新离心管中，加入 0.6～0.8 倍体积的异丙醇，轻轻混合直到 DNA 沉淀下来，沉淀可稍离心。沉淀用 70% 乙醇洗涤，离心弃乙醇，在洁净工作台晾干后重溶于 100μL TE 缓冲液中，轻摇使之悬浮即成细菌的 DNA 悬浮液，备 PCR 使用。

（5）形态学及生理生化检测　此为传统的细菌分类学鉴定，是必须进行的。观察记述 YMA 培养基上的菌落特征（形状、颜色、表面及边缘光滑度等）；将分离纯化获得的细菌做革兰氏染色，在高倍光学显微镜下观察菌体颜色以确定阴性（紫红色）或者阳性；在高倍镜下观察细胞和鞭毛形态，测量记录细胞平均大小。表 6-6 和表 6-7 分别给出了根癌土壤杆菌种的鉴定和 3 个种检测需要进行的生理生化试验测定项目。

表 6-6　根癌土壤杆菌种的生理学鉴定程序

鉴定项目	根癌土壤杆菌反应
氢氧化钾试验	阳性：革兰氏阴性
氧化酶	阳性：菌落颜色发生变化
KB 培养基	阴性：无荧光色
NA 培养基	培养 48h 后菌落奶油色
含 $CaCO_3$ 酵母粉葡萄糖培养基	菌落奶油色
SPA 培养基	阳性：菌落呈黏汁状
尿素酶	阳性
过敏性反应	番茄：无；烟草：无
结晶紫果胶酸盐培养基	阴性：无噬痕
DIM 琼脂培养基	阳性：菌落中央蓝绿色，边缘清楚透明
IA 琼脂	红色至紫色

表 6-7　原生物Ⅰ型、原生物Ⅱ型和原生物Ⅲ型土壤杆菌的主要生理生化反应特征（黄菁华，2016；张洁，2008）

试验项目	原生物Ⅰ型	原生物Ⅱ型	原生物Ⅲ型
革兰氏染色	阴性	阴性	阴性
生成 3-酮基乳酸	阳性	阴性	阳性
35℃生长	阳性	阴性	阳性
耐盐性生长	阳性	阴性	阳性
MS 培养基	阳性	阳性	阳性
Kerry & Brisbane 培养基	阴性	阳性	阴性
氮源利用	阳性	阳性	阳性
丙二酸盐产碱	阴性	阳性	阴性
乙醇产酸	阳性	阴性	阴性
柠檬酸盐利用	阴性	阳性	阴性
枸橼酸铁铵形成菌膜	阳性	阴性	阴性

（6）分子检测 土壤杆菌的致病性与 Ti 质粒上致病性相关基因直接相关。其中 *vir D2* 基因直接决定病原能否成功侵染寄主，*tms2* 基因为生长素合成相关基因，*ipt* 基因则是侵染成功后形成病症的关键基因，三者结合能从不同角度反映病原的致病性。根据以上 3 个基因设计引物（表 6-8），通过病原基因组的 PCR 反应可初步判定病原的致病活性。PCR 反应体系（50μL）：1～5μL 模板 DNA，1μL 10mmol/L dNTP，5μL 10×PCR buffer，1～4μL 引物（浓度达 0.4μmol/L），1 U Tag DNA 聚合酶，加重蒸水至 50μL。扩增条件：94℃ 45s，52℃ 80s，72℃ 90s，扩增 35 循环；然后 72℃ 延伸 10min。PCR 反应结束后进行 1% 琼脂糖凝胶电泳，将符合目标片段长度的条带切胶回收，测序。将序列提交至 NCBI 做 BLAST，判断扩增产物与近缘物种致病基因的相似性。

表 6-8 土壤杆菌致病性相关基因及引物序列（田国忠，2006）

基因	引物序列	目标片段长度
ipt 基因	GATCGGGTCCAATGCTGT GATATCCATCGATCTCTT	427bp
virD2	VirD2A：ATGCCCGATCGAGCTCAAGT VirD2E：CCTGACCCAAACATCTCGACTGCCCA	338bp
tms2	CGCCACACAGGGCTGGGGGTAGGC GGAGCAGTGCCGGGTGCCTCGGGA	220bp

（7）生物碱类型检测

①分子检测：病原侵染植株形成肿瘤时产生根癌碱类的物质，主要有章鱼碱、胭脂碱、农杆碱和农杆菌素碱等，是土壤杆菌生命活动必需的有机物质，不同类型的菌株分别专性地利用不同的根癌碱作为其唯一的氮源和碳源。根癌土壤杆菌 Ti 质粒上不同的基因控制不同类型根癌碱的合成，其中 *Ocs* 基因用于合成章鱼碱，Ti 质粒上 *6b* 基因、*iaaH* 基因等与胭脂碱合成有关。根据以上基因设计引物，通过病原基因组的 PCR 反应可初步判定病原的生物碱类型，引物序列见表 6-9。PCR 反应体系（50μL）：1～5μL 模板 DNA，1μL 10mmol/L dNTP，5μL 10×PCR buffer，1～4μL 引物（浓度达 0.4μmol/L），1 U Tag DNA 聚合酶，加重蒸馏水至 50μL。PCR 扩增条件：94℃ 预变性 5min；95℃ 变性 1min，52～55℃ 退火 1min，72℃ 延伸 90s，35 循环；72℃ 延伸 10min。PCR 反应结束后进行 1% 琼脂糖凝胶电泳，将符合目标片段长度的条带切胶回收，测序。将序列提交至 NCBI 做 BLAST，判断扩增产物与近缘物种致病基因的相似性。

表 6-9 土壤杆菌生物碱合成相关基因及引物序列（Tan B S，2003；焦延静，2015）

引物名称	引物序列	目标片段长度及用途
iaaH-F2/iaaH-R1	ACATGCATGAGTTATCGTTTGGAAT GCATCAAGGTCATCGTAAAAGTAGGT	420bp，扩增章鱼碱和胭脂碱型土壤杆菌 T-DNA 的 *iaaH* 基因
RBF/RBR	TGACAGGATATATTGGCGGGTAA TGCTCCGTCGTCAGGCTTTCCGA	206bp，扩增胭脂碱型土壤杆菌 PBF 片段

（续）

引物名称	引物序列	目标片段长度及用途
OcsF/OcsR	ATGGCTAAAGTGGCAATTTTGGG TCAGATTGAASTTCGCCAACTCG	298bp，扩增章鱼碱型土壤杆菌 Ocs 片段
NF/NR	TTAACCCAAATGAGTACGATGACGA TTATTTCGGTACTGGATGATATTAG	520bp，扩增胭脂碱型土壤杆菌 Ti 质粒的 6b 基因

②化学检测：虽然利用分子生物学方法可扩增不同生物碱类型的土壤杆菌的基因片段，但其特异性程度并不高，不能严格区分出胭脂碱和章鱼碱型的土壤杆菌，可以用化学方法进行鉴定。小心切下瘤状组织，称重加入等体积 70% 乙醇，研磨，14 000r/min 离心，取 $50\mu L$ 上清液进行高压纸电泳（300V），同时以章鱼碱和胭脂碱标准品为对照。电泳结束后，分别经 $AgNO_3$ 和菲醌染色，在紫外灯下观察拍照。通过样品与标准品的迁移距离比对判断出病原产生的生物碱类型。

2. 检疫监测

对果树根癌病的常规监测技术包括访问调查和实地调查监测。

访问调查是通过向果农咨询果树根癌病的发生地点、发生时间及危害情况等，分析病害和病原传播扩散情况及其来源。

实地调查的重点是调查适合果树根癌病发生的地区，对杨属（*Populus*）、柳属（*Salix*）、苹果属（*Malus*）、梨属（*Pyrus*）、蔷薇属（*Rosa*）、山楂属（*Crataegus*）、李属（*Prunus*）、葡萄属（*Vitis*）等林木果树和木本花卉植物进行系统的实地调查。

实地调查时，采取抽样调查，选取种植年限不同的果园，每个园子随机调查 50 棵果树。观察记录发病症状、肿瘤形状大小和颜色、是否有流胶或害虫危害等情况。对发病严重的植株进行根部调查，观察根部有无肿瘤，大小情况。根据果树的受害程度，病情分析标准采用 4 级分级标准，各级病情特征和表现症状如下：0 级，植株健康，无发病症状。1 级，植株长势基本正常，少数叶片发黄，枝干上肿瘤少且直径小于 3cm，根部肿瘤少。2 级，植株树势稍有衰弱，枝干上肿瘤较多，直径多在 3～6cm，部分根部具有小的根瘤，呈球形。3 级，树势衰弱严重，部分枝条枯死，枝干上肿瘤很多，直径多在 5cm 以上，根部肿瘤多数在 3cm 以上，多在主根上，黑褐色，表面龟裂。

六、应急和综合防控

对柑橘溃疡病的防控，可采用类似于黄龙病的"检疫、防控、砍烧和补种"的应急防控和综合防控技术策略。

1. 应急防控

在苗木或果树生产区，如果发现患病苗木，需要及时地采取应急防控措施，以有效地预防病害的发生和扩散。

（1）苗木检出根癌土壤杆菌的应急处理　对检出带有根癌土壤杆菌的苗木，应直接销毁处理。引进的果树种苗和接穗，必须在认定的安全区域隔离种植，经生长期间观察，确定无病后才可释放出去。

（2）田间发现苗木感染根癌病的应急处理　监测发现小范围根癌病后，应对病害发生的程度和范围做进一步详细的调查，同时要及时采取措施严防病害扩散蔓延，然后做进一步处理。及时扒开土壤，露出树根，对已发病的轻病株可用抗菌剂浇灌，也可用快刀切除病瘤，然后用福美砷 100 倍液涂抹切口，进行消毒，再外涂波尔多液进行保护；也可以用 500～2 000mg/L 链霉素或 5% 的硫酸亚铁涂抹伤口，并进行保护。切下的病瘤要随即销毁，病株周围的土壤可用适量抗菌剂灌注消毒，对于病重而无法通过治疗恢复的病株要拔除销毁，并用五氯酚钠 100～200 倍液进行土壤消毒或更新换土；或在株间撒生石灰，并翻入表土，或者浇灌 15% 石灰水。对经过应急处理后的果园及其周围田块要持续进行定期监测调查跟踪，若发现病害复发及时再做应急处理。

2. 综合防控

在根癌病发生区，要坚持"预防为主，综合防治"的防治策略，加强栽培管理，并及时做好药剂防治。

（1）做好苗木检测，使用无病种苗　土壤杆菌近距离传播主要通过雨水、灌溉水、地下害虫、线虫等完成，远距离传播靠苗木运输，因此苗木检测是控制果树根癌病蔓延的第一道防线，一定要杜绝致病性土壤杆菌的远距离传播。引进苗木时，若发现已有病状出现的植株要及时烧毁，调运苗木时要严格消毒，从源头上控制病原的传播。

（2）采用抗病品种　在生产上应用抗病品种有益于病害的防治，不同品种对根癌病的敏感性存在差异，生产上要选用抗病品种或砧木。抗病品种的筛选较费时间，而果树上抗病砧木的筛选快速而有效。

（3）加强栽培管理　种植管理时发现病株及时拔除并销毁，并对土壤进行消毒。如果发现幼苗发病应及时移除苗木，防止病原的传播，对土壤消毒后补种无菌苗木，减少果农损失。如果是碱性土壤，适当施用酸性肥料或增施有机肥料，以改变土壤 pH，使之不利于病原生长。雨季及时排水，以改善土壤的通透性，施肥或中耕除草时应尽量减少伤根。果树起垄定植，这样雨季不会积水，病原不容易侵染植株，可以避免病原通过积水在植株间相互传播，减少病原传播机会。地下害虫会咬伤根系或者其他害虫蛀食枝干后出现的伤口，会使病害发生概率增加，应及时消灭园中害虫并清除园中杂草。

（4）砍烧销毁病树　定期监测，发现少量病树及时砍伐销毁，并用生石灰、甲醛等消毒剂对病树附近土壤进行消毒处理，间隔一定时间后补种新树苗。对发病较普遍和严重的果园，应销毁后换种其他果树或蔬菜等作物。

（5）生物防治　植物根癌病的生物防治与病原的种类和 Ti 质粒类型密切相关。鉴于以上复杂的致病和生防机制，目前已对重要的寄主植物，如葡萄、樱花、树莓、樱桃、桃树进行病原类型调查并分离获得了相应的生防菌株。Kerr 等（1980）从桃树根癌病植株旁的土壤中分离得到菌株 K84，可抑制土壤杆菌生长。K84 在桃树的田间试验表明可以降低根癌病的发病率，降低病害严重程度（平均每株结癌瘤数）96.8%～100%，但是对甜菜和葡萄的防治效果不好；K84 接种于温室向日葵上可以抑制 80% 的菌株产生癌瘤，不同砧木的田间防治效果都不错，防治率可以达到 60% 以上甚至 90% 以上；对于玫瑰的根癌病研究表明，K84 对部分菌株有一定的抑制作用；对于苹果的根癌病研究表明，K84

对试验靶标的根癌土壤杆菌有明显的抑制作用，温室试验中没有结瘤症状。

谢学梅等（1993）从葡萄上分离得到产生细菌素的菌株 MI15，可以抑制多种葡萄上的土壤杆菌。Staphorst（1985）从葡萄上分离获得的菌株 F2/5 也产生农杆菌素且没有致病性。

现在生物技术发展迅速，生防菌的筛选不仅仅局限于对微生物界原有的菌株的分离获得来筛选生防菌，也有很多人工诱导和基因工程技术对原有菌株进行改造后，筛选出新菌株来应用于生物防治。菌株 K1026 是通过基因工程技术由菌株 K84 转化而来，用于防治根癌病时，菌株特性和生防效果与 K84 相似；对于山樱桃和中国樱桃上根癌病的抑制率分别为 67% 和 75%（Jones et al.，1989）。王关林等（2004）通过紫外诱变 K84 筛选出菌株 WJK84-1，能产生细菌素可抑制樱桃树的根癌组织产生。

（6）化学防治 早在认识到 Ti 质粒在致病过程中的关键作用之前，人们就尝试用抗生素对植物根癌病进行防治。如切去根癌组织涂石硫合剂，用氢氧化铜处理发病幼树的根部，应用抗菌剂 401、402 和福美砷、硫酸链霉素等进行防治。但是，由于该病原致病机制特殊，在病原的 T-DNA 转移、整合到寄主细胞染色体后，用一般的化学药剂杀死植株上残留的病原并没有实际的防治效果。

主要参考文献

冯瑛，2013. 樱桃冠瘿病病原菌分离及药剂防治. 西北农林科技大学硕士学位论文，http：//cdmd.cnki.com.cn/Article/CDMD-10712-1013347648.htm.

黄菁华.2016. 西安灞桥区樱桃根癌病病原菌鉴定及药剂防治研究. 咸阳：西北农林科技大学.

焦延静，邢瑞肖，杜国强，等.2015. 杜梨根癌病原菌质粒类型鉴定及枯草芽孢杆菌对其抑制研究. 北方园艺，18：129-133.

李茜，刘伟，郭荣君，2014. 毛桃种子表面根癌土壤杆菌的荧光定量 PCR 检测. 果树学报，31（3）：501-507.

李淑平，张福兴，孙庆田，等，2010. 樱桃根癌病研究进展. 烟台果树，110（2）：7-9.

李祝，2008. 根癌农杆菌拮抗真菌的筛选、发酵及有机锡新化合物抗癌机制研究. 贵阳：贵州大学.

孙艳丽，王慧敏，王建辉，2000. 苹果根癌病病系及生物防治的初步研究. 植物病理学报，30（4）：11.

田国忠，李永，朱水芳，2006. 我国木本植物致病性土壤杆菌的分子检测和比较鉴定. 林业科学，42（2）：63-72.

王关林，姜丹，方宏筠，等，2004. 高产细菌素菌株 WJK 84-1 的诱变筛选及其对植物病原菌抑菌机理的研究. 微生物学报，44（1）：23-28.

王慧敏，2000. 植物根癌病的发生特点与防治对策. 世界农业（7）：28-30.

王慧敏，隋新华，李健强，1998. 樱桃根癌土壤杆菌及其对土壤杆菌素 84 敏感性的研究. 微生物学报，38（5）：381-385.

王金生，2000. 植物病原细菌学. 北京：中国农业出版社.

王丽，张静娟，1994. 土壤杆菌固氮生理特性研究. 微生物学报，34（5）：385-392.

魏艳丽，Ryder Maarten，李纪顺，等，2017. 土壤杆菌 K 1026 对樱桃冠瘿病病原菌的抑制作用及田间防治效果. 植物保护，43（5）：52-56.

吴静利，宗鹏鹏，严沐清，等，2012. 陕甘山桃对根癌病的抗性评价. 中国农业大学学报，17（5）：76-80.

吴兴海，邵秀玲，厉艳，等，2006. 应用分子生物学方法快速检测根癌土壤杆菌，植物检疫，20（4）：

216 - 218.

谢学梅，游积峰，陈培民，等，1993. 放射土壤杆菌 MI 15 菌株生物防治葡萄根癌病的研究植物病理学
　报 （2）：137 - 141.

游积峰，马德钦，相望年，等，1985. 葡萄根癌杆菌的不同生化型对葡萄及其它植物致病性的初步研究.
　植物病理学报，15 （2）：73 - 79.

张春明，陆仕华，魏春妹，等，1991. 桃树根癌病的防治菌株荧光假单胞菌 1 - 1 - 4. 上海农业学报
　（4）：65 - 69.

张洁，2008. 葡萄根癌病病原菌传播及防治措施研究. 保定：河北农业大学. https：//max. book 118. com/
　html/2015/1010/27031554. shtm.

张静娟，周娟，相望年，1998. 中国毛白杨根癌土壤杆菌的类型和对土壤杆菌素敏感性的研究. 微生物
　学报，28 （1）：12 - 18.

Brisbane P G，Kerr A，1983. Selective media for the three biovars of *Agrobacterium*. Journal of
　AppliedBacteriology，54：425 - 431.

Bugwoowiki，2014. *Agrobacterium tumefaciens*. （2014 - 07 - 22）［2021 - 10 - 03］ https：//wiki. bugwood.
　org/Agrobacterium _ tumefaciens.

CABI，2021. Rhizobium radiobacter （crown gall） In：Invasive Species Compendium. （2021 - 03 - 11）
　［2021 - 09 - 30］ https：//www. cabi. org/isc/datasheet/3745 ♯ toDistributionMaps.

Clare B G，Kerr A，Jones D A，1990. Characteristics of the nopaline catabolic plasmid in *Agrobacterium*
　strains K 84and K 1026used for biological control of crown galldisease. Plasmid，23 （2）：126 - 137.

Cooksey D A，1986. A spontaneous insertion in the agrocin sensitivity region of the Ti-plasmid of
　Agrobacterium tumefaciens C 58. Plasmid，16 （3）：222 - 224.

Donner S C，Jones D A，McClure N C，et al.，1993. Agrocin 434，a new plasmid encoded agrocin from
　the biocontrol *Agrobacterium* strains K 84and K 1026，which inhibits biovar 2 agrobacteria. Physiological
　and Molecular PlantPathology，42 （3）：185 - 194.

Ellis J G，Murphy P J，1981. Four new opines from crown gall tumours-their detection and properties.
　Molecular and General Genetics，181：36 - 43.

Jones D A，Kerr A，1989. *Agrobacterium radiobacter* K 1026，a genetically-engineered derivative of strain
　K 84，for biological control of crown gall. Plant Disease，73：15 - 18.

Jones D A，Ryder M H，Clare B G，et al.，1988. Construction of a Tra-deletion mutant of pAgK 84 to
　safeguard the biological control of crown gall. Molecular and General Genetics，212：207 - 214.

Kerr A，2016. Biological control of crown gall. Australasian Plant Pathology，45 （1）：15 - 18.

Kerr A，Htay K，1980. Biological control of crown gall through bacteriocin of agrocin 84. Physiologial
　Plant Pathology，4 （1）：37 - 44.

Kim J G，Park Y K，Kim S U，et al.，2010. Bases of biocontrol：sequence predicts synthesis and mode of
　action of agrocin 84，the Trojan Horse antibiotic that controls crown gall. Proceedings of the National
　Academy of Sciences，103：8846 - 8851.

Kuzmanovi N，Proki A，Ivanovi M，et al.，2015. Genetic diversity of tumorigenic bacteria associated with
　crown gall disease of raspberry in Serbia. European Journal Plant Pathology，142：701 - 713.

Kuzmmanovic N，Ivanovoc M，Prokic A，et al.，2014. Characterization and phylogenetic diversity of
　Agrobacterium vitis from Serbia based on sequence analysis of 16S-23S rRNA internal transcribed spacer
　（ITS） region. European Journal of Plant Pathology，140：757 - 768.

Lassalle F，Campillo T，Vial L.，et al.，2011. Genomic species are ecological species as revealed by comparative genomics in *Agrobacterium tumefaciens*. Genome Biology and Evolution，3：762 – 781.

Li J F，Zhang S Q，Shi S L，et al.，2011. Mutational approach for N_2 – fixing and P-solubilizing mutant strains of *Klebsiella pneumoniae* RSN 19 by microwave mutagenesis. World J Microbiol Biotechnol，27 (6)：1481 – 1489.

Li S，Zhang F，Sun Q，2010. The reviewed of cherry tree crown gall disease. Yantai Fruits，110：7 – 9.

Lindstrm K，Young J P W，2011. International committee on systematics of prokaryotes subcommittee on the taxonomy of Agrobacterium and Rhizobium. International Journal of Systematic and Evolutionary Microbiology，61 (12)：3089 – 3093.

Lippincott J A，Lippincott B B，1975. The genus *Agrobacterium* and plant tumorigenesis. Annual Review of Microbiology，29：377 – 405.

Penyalver R，Oger P，Lopez M M，et al.，2001. Iron-binding compounds from *Agrobacterium* spp.： biological control strain *Agrobacterium rhizogenes* K 84 produces a hydroxamate siderophores. Applied and Environmental Microbiology，67：654 – 664.

Pikovskaya R I，1984. Mobilization of phosphorus in soil in connection with vital activity of some microbialspecies. Microbiologiya，17：362 – 370.

Punawskaa J，Warabiedaa W，Ismail E，2016. Identification and characterization of bacteria isolated from crown galls on stone fruits in Poland. Plant Pathology，65 (5)：1034 – 1043.

Rodriguez H，Fraga R，1999. Phosphate solubilizing bacteria and their role in plant growth promotion. Biotechnology Advances，17 (4/5)：319 – 339.

Ryder M H，Tate M E，Kerr A.，1985. Virulence properties of strains of *Agrobacterium* on the apical and basal surfaces of carrot root discs. Plant Physiology，77：215 – 221.

Staphorst J L，Zyl F G H，Strijdom B W，1985. Agroein-producing pathogenic and nonpathogenic biotype-3strains of *Agrobacterium tumefaciens* active against biotype-3pathogens. Current Microbiology，12：45 – 52.

Stonier T，1960. *Agrobacterium tumefaciens* Conn. Ⅱ. Production of an antibiotic substance. Journal of Bacteriology，79：889 – 898.

Tan B S，Yabuki J，Matsumoto S，et al.，2003. PCR primers for identification of opine types of *Agrobacterium tumefaciens* in Japan. Journal of General Plant Pathology，69 (4)：258 – 266.

Vizitiu D，Dejeu L，2011. Crown gall (*Agrobacterium* spp.) and grapevine. Journal of Horticulture, Forestry and Biotechnology，15 (1)：130 – 138.

Wang H M，Liang Y J，Wang J H，et al.，1995. Study on the crown gall disease control of stone fruit trees with anti-gall agent. Plant Protection ［China］，21：24 – 26.

Wang H Y，Wang H M，Wang J H，et al.，2000，The pathogen of crown gall disease on flowering cherry and its sensitivity to strain K 1026. European Journal of Plant Pathology，106：475 – 479.

Wei Y L，Yang H T，Li J S，et al.，2017. Biological control of crown gall disease using *Agrobacterium rhizogenes* strain K 1026. Chinese Journal of Biological Control，33 (3)：415 – 420.

第六节　梨火疫病及其病原

梨火疫病的病原为解淀粉欧文氏杆菌（*Erwinia amylovora*），该病原除了侵染梨，也能侵染蔷薇科其他植物发生火疫病，是我国重要的进境检疫对象。

一、起源和分布

一般认为，苹果和梨火疫病解淀粉欧文氏杆菌起源于美国西北部的野生山楂（*Crataegus* sp.）寄主，随后在当地栽培的欧洲梨和苹果上首次被发现（van der Zwet et al.，1979）。美国以外首次发现梨火疫病的是新西兰（1919 年），欧洲最早于 1957 年在英国发现，自此以后在欧洲扩散，到 1998 年除葡萄牙以外的所有欧盟国家在苹果、梨和很多园艺植物上都发生了火疫病，但有些国家是广泛发病，有些国家则局部发生。此病于 20 世纪 80 年代传入亚洲的日本等国家。

火疫病在欧洲和北美洲普遍分布，几乎所有国家都有火疫病发生和危害。欧洲：阿尔巴尼亚、奥地利、比利时、波斯尼亚和黑塞哥维那、保加利亚、克罗地亚、捷克、丹麦、法国、德国、卢森堡、希腊、匈牙利、爱尔兰、斯洛伐克、西班牙、瑞典、瑞士、荷兰、波兰、挪威、罗马尼亚、波兰、意大利、北马其顿、英国、乌克兰。亚洲：亚美尼亚、印度、以色列、日本、塞浦路斯、约旦、黎巴嫩和土耳其。非洲：埃及、津巴布韦。北美洲：英属百慕大群岛、海地、危地马拉、加拿大、墨西哥、美国。中、南美洲：哥伦比亚。大洋洲：新西兰。

该病原在我国尚无报道，但是对我国梨、苹果等核果类作物具有潜在的威胁（胡白石等，2015）。有分析表明，我国大部分地区是火疫病的适生区（陈晨 等，2007），是我国的一类进境植物检疫对象。

二、病原

1. 名称和分类地位

解淀粉欧文氏杆菌，也称梨火疫病菌，拉丁学名为 *Erwinia amylovora*，异名有 *Micrococcus amylovorus* Burrill、*Bacillus amylovorus*（Burrill）Trevisan、*Bacterium amylovorus*（Burrill）Chester、*Erwinia amylovora* f. sp. *rubi*。其属于细菌域、细菌界、变形菌门、γ-变形菌纲、肠杆菌科（Enterobacteriaceae）、欧文氏杆菌属（*Erwinia*）。

2. 形态特征

在 TTC 培养基上的菌落乳白色，表面光滑；在 NA＋5％蔗糖培养基上，菌落白色，黏性，圆顶状，27℃培养 2d，菌落直径 3～7cm，有 1 稠绒毛状的中心环，表面光滑，边缘整齐。细胞直杆状，有荚膜，周生鞭毛，能运动，大小（0.9～1.8）μm×（0.6～1.5）μm，多数单生，有时成双或短时间内 3～4 个呈链状（彩图 6 - 19）。DNA 中 G＋C 含量为 53.6％～54.1％。

革兰氏染色阴性，兼性厌氧，过氧化物酶反应呈阳性，氧化酶反应呈阴性，在葡萄糖、半乳糖、果糖、蔗糖和甲基葡萄糖苷、海藻糖培养基上产酸不产气。不能利用木糖和鼠李糖。水解明胶，不水解酪蛋白，不能还原硝酸盐，不产吲哚和硫化氢。不降解果胶酸和氧化葡萄糖盐，利用核糖和海藻糖产酸，大多数使阿拉伯糖产酸，不使甘露糖、水杨苷、甲基葡萄糖苷、木糖、蜜二酸、内消旋肌醇、乳糖、麦芽糖或纤维二糖产酸，生长需尼古丁酸。另外，解淀粉欧文式杆菌在 NA＋5％蔗糖等培养基上典型菌落果聚糖反应呈阳性，在紫外灯下无荧光。

生长最适温度 25～27℃，最高温度 34℃，生长所需的温度范围为 6～37℃，致死温度 45～50℃。细菌细胞在 25℃下约需 75min 即可分裂繁殖一代，最适 pH 6。

三、病害症状

火疫病最典型的症状是花、果实和叶片受侵染后，很快变黑褐色枯萎，犹如火烧一般，但仍挂在树上不脱落，故此得名（彩图 6-20）。目前国际上将其症状根据受侵害的部位，分成 5 个阶段。

花枯萎：病原直接侵染开放的花引起花枯萎。一般发生于早春，病原直接从花器侵入，初为水渍状斑，花基部或花柄暗色，不久萎蔫。病原可扩展至花梗及花簇中其他的花；在温暖潮湿条件下，花梗上有菌脓渗出。随着枯萎发展，花梗、花等变褐至黑褐色，在某些情况下仅限于花梗，条件适宜时可继续侵染并杀死小枝，形成小溃疡斑。

溃疡枯萎：溃疡枯萎是前一季越冬溃疡边缘的病原重新复活的结果。最初的症状是在前一季溃疡附近的健康树皮组织上出现窄的水渍状区，几天后，树皮内部组织出现褐色条斑，随后病原侵入附近的繁殖枝内部并引起萎蔫死亡。这些枝条特别是嫩枝与下面介绍的枝枯萎有明显区别，即在萎蔫之前枝尖芽褪色（黄至橘黄色）。

枝枯萎：枝和嫩枝是最易感病的植物部位，花被侵染后，病原直接侵入前 1～3 叶的枝尖，然后杀死整个枝条及支持枝。最初症状是枝尖萎蔫，但萎蔫前不褪色，拐杖状。枝枯萎发展很快，条件适宜时，几天内可移动 15～30cm，造成整枝死亡，染病的枝、枝皮、叶通常变黑。潮湿时，枝条上出现菌脓。生长后期，终芽前出现的枝枯萎一般不会萎蔫，且仅在枝的最上部出现坏死。随着病原侵入不断深入，并侵染主干，皮层收缩，下陷，形成溃疡斑。病原亦可直接从气孔、水孔等自然孔口或蕾苞，或由风引起的伤口侵入叶片，初期叶边坏死，并向中脉、中柄、茎扩展，后变黑，通常有菌脓。

损伤枯萎和砧木枯萎：这两种比较特殊，前者主要是由于晚霜、冰雹或大风损伤引起，如果实受损，病原侵入后，很容易引起果实枯萎。后者仅限于高感品种 EMAL-26、EMLA-9 和 MARK-39 砧木。通常是由感病的接穗在这些砧木上发病后引起，最终成溃疡带而杀死树体。

四、生物学特性和病害流行规律

1. 生物学特性

解淀粉欧文氏杆菌兼性厌氧，过氧化物酶反应呈阳性，氧化酶反应呈阴性，好气条件下利用葡萄糖产酸不产气，厌氧条件产酸缓慢。明胶碟形液化缓慢。不产生硫化氢，不利用丙二酸盐。葡萄糖酸盐氧化和七叶苷水解不稳定。氯化钠浓度高于 2% 以上时生长延缓，6%～7% 时则完全抑制。对青霉素、链霉素和土霉素敏感。病原以简单的细胞分裂繁殖，一个细胞在条件适宜时，3d 内在寄主植物组织中能达到 10^9 个细胞，每个细胞都是一个侵染源，侵染寄主而引起病害发展。除蛋白酶外，病原不产生任何有助于侵入寄主的酶，主要是在环境条件适宜时，通过胞间组织侵入薄壁组织的病原产生胞外多糖。胞外多糖在病害发展过程中起重要的作用，其是菌脓的重要成分。菌脓的理化性质随湿度变化而变化，干时皱而硬，高湿度下膨胀易被雨水扩散，中等湿度的菌脓黏稠，易被黏附在昆虫体上传播，也可随风雨扩散。

2. 寄生范围

解淀粉欧文氏杆菌寄主范围很广，能危害 40 多属 220 多种植物，大部分属蔷薇科苹果亚科（Pomoideae）。从流行性和经济重要性考虑，重要的有唐棣属（*Amelanchier*）、涩石楠属（*Aronia*）、芹薯属（*Arracacia*）、假升麻属（*Aruncus*）、木瓜属（*Chaenomeles*）、栒子属（*Cotoneaster*）、*Crataegomespilus*、山楂属（*Crataegus*）、榅桲属（*Cydonia*）、牛筋条属（*Dichotomanthus*）、柿属（*Diospyros*）、火棘属（*Pyracantha*）、梨属（*Pyrus*）、石斑木属（*Raphiolepis*）、鸡麻属（*Rhodotypos*）、蔷薇属（*Rosa*）、多依属（*Docynia*）、仙女木属（*Dryas*）、枇杷属（*Eriobotrya*）、白鹃梅属（*Exochorda*）、草莓属（*Fragaria*）、路边青属（*Geum*）、柳石楠属（*Heteromeles*）、绣珠梅属（*Holodiscus*）、胡桃属（*Juglans*）、棣棠花属（*Kerria*）、苹果属（*Malus*）、欧楂属（*Mespilus*）、小石积属（*Osteomeles*）、酸果木属（*Peraphyllum*）、石楠属（*Photinia*）、风箱果属（*Physocarpus*）、委陵菜属（*Potentilla*）、扁核木属（*Prinsepia*）、李属（*Prunus*）、悬钩子属（*Rubus*）、珍珠梅属（*Sorbaria*）、花楸属（*Sorbus*）、绣线菊属（*Spiraea*）、红果树属（*Stranvaesia*），但梨、苹果和山楂等是最主要的寄主。

3. 侵染循环

解淀粉欧文氏杆菌在植株树皮上的溃疡斑、果实和树枝上越冬。来年早春气温升高变暖，湿度增高，病原在上年的溃疡斑中迅速繁殖，从病部渗出大量乳白色黏稠状的分泌物，即为当年的初侵染源。其通过昆虫、雨滴、风、鸟类及人的田间操作将病原传给健株。在传病的气候因子中，雨水是病原在果园短距离传播的主要因子，从越冬或新鲜接种源至花和幼枝，经常在枝条溃疡斑上观察到圆锥形侵染类型。其次风亦是病原短距离传播的重要因子，往往在沿着盛行风的方向，病原以单个菌丝、菌脓或菌丝束被风携带到较远距离。此外，昆虫对病原的传播扩散起一定的作用。据记载，传病昆虫包括蜜蜂以及危害蔷薇科中 77 属植物的 100 多种昆虫，其中蜜蜂的传病距离为 200～400m。一般情况下，解淀粉欧文氏杆菌的自然传播距离约为每年 6km。解淀粉欧文氏杆菌远距离传播主要靠感病寄主繁殖材料，包括种苗、接穗、砧木、果实，此外，被污染的运输工具、候鸟及气流也可传病。带有损伤的花、叶、幼果和茂盛的嫩枝最易感染。病原主要通过伤口、自然孔口（气孔、蜜腺、水孔）、花侵入寄主组织（图 6-8）。

五、诊断鉴定和检疫监测

解淀粉欧文氏杆菌是一种检疫性有害生物，几乎所有的国家都禁止其传入，并加强了这方面的限制，要求引进的感病寄主必须具备植物检疫证书。除种苗之外，植株的其他部位带菌也是病原的传播源，但普遍认为果实传播病原风险性较小。目前没有足够有效的药剂和其他处理方法能在不毁掉植物组织的情况下根除病原。

唯一能阻止或推迟其向无病区传播的可靠方法是加强对寄主植物繁殖材料的检疫，尤其是在果园和苗圃中的检疫。禁止从火疫病高风险区引进其寄主植物；同时，为了降低国际贸易对病原传播的风险性，应建立无病区或实施生长期的检疫。

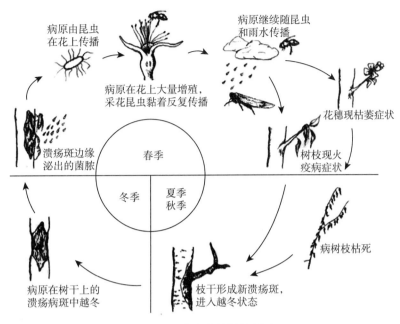

图 6-8　火疫病的侵染循环

1. 诊断鉴定

世界各国对火疫病均很重视，研究亦相对较多，其检验方法亦很多，从经典的分离培养、致病性测定、症状观察等到先进的分子生物学技术，如 DNA 探针、PCR 技术及脂肪酸分析、单克隆抗体的应用等。

（1）直接症状观察　火疫病的症状很典型，是鉴定的重要依据，但必须与其他病害症状相似的梨梢枯病区分开。

（2）免疫荧光染色（IF）鉴定　对于呈现火疫病症状的材料，可直接平板分离，后用免疫学试验即可确诊。对于表面健康的材料，可能潜伏或附生解淀粉欧文氏杆菌，可先用 IF 法筛选，若阳性，再分离并用其他生理生化试验、致病性试验确诊。

间接免疫荧光抗体染色（IFAS）：采用抗菌的抗血清，设同源抗原对照及阴性对照、正常血清对照和空白对照。在 12 孔载玻片上，每孔加 20mL 试验悬浮液，及对照孔 PBS、阳性菌等，火焰热固定后，各加 2μL 一定稀释度的抗血清，37℃ 保湿孵育 30min，用 0.01mol/L PBS 轻轻换洗 3 次，晾干后每孔加 20μL 10 倍稀释的 FITC 标记的 IG，37℃ 保湿孵育 30min，再用 0.01mol/L PBS 轻轻换洗 3 次并晾干，每孔加 1 滴 0.1mol/L pH 7.6 的磷酸甘油封片，并在有上荧光光源和适宜滤光片的荧光显微镜下检查。观察形态典型的荧光细胞，若 IF 阳性，再分离病原及进行有关试验。

（3）病原的分离培养　对于症状明显的材料可直接分离病原，而症状不明显的材料如水果、幼枝等，可采用如下选择性培养基和鉴别性培养基。①MS（Miller & Schroth）培养基。解淀粉欧文氏杆菌的选择性培养基，在此培养基解淀粉欧文氏杆菌菌落为红橙色，背景为蓝绿色。配方含琼脂 20g，甘露醇 10g，L-天门冬酰胺 3g，牛胆酸钠 2.5g，磷酸氢二钾 2.0g，烟酸 0.5g，$MgSO_4 \cdot 7H_2O$ 0.2g，次氮基三乙酸 0.2g，硫酸十七烷基钠

0.1mL，0.5％溴麝香草酚蓝水溶液 9mL，0.5％中性红 2.5mL，蒸馏水 970mL，pH7.3，灭菌后加 1％放线菌酮 5mL 和 1％硝酸铈水溶液 1.75mL。②CG 培养基：这是 Cross 和 Googman 设计的高糖培养基，解淀粉欧文氏杆菌在 28℃培养 60min 后在立体显微镜下观察，菌落呈典型的火山口状。配方含水 380mL，蔗糖 160g，营养琼脂 12g，结晶紫 0.8mL（1％乙醇溶液），0.1％放线菌酮 20mL。③TTC 培养基：是 Weise（1981）设计的四氮唑-福美联培养基。解淀粉欧文氏杆菌在 27℃培养 2～3d 后产生红色肉疣状菌落。配方含琼脂粉 37g，蔗糖 100g，酵母粉 5g，葡萄糖 15g，水 100mL，pH6.8～7.2。灭菌后加 0.5％TTC 10mL 和福美联85～250mL。④CCT 半选择性培养基（Tshimaru et al.，1984）。解淀粉欧文氏杆菌 28℃培养48h 后形成淡紫色透明菌落，中央颜色略深。配方含蔗糖 10g，山梨醇 10g，1％SDS 30mL，0.1％结晶紫乙醇溶液 2mL，琼脂粉 23g，蒸馏水 970mL。灭菌后加入 1％硝酸铈水溶液 2mL 和放线菌酮 0.05g。⑤Zeller 改良高糖培养基。解淀粉欧文氏杆菌在此培养基上 27℃培养 2～3d 后，菌落直径为 3～7mm，橙红色半球形，高度凸起，中心色深，有蛋黄状中心环，表面光滑，边缘整齐。配方含牛肉浸膏 8g，蔗糖 50g，放线菌酮 50mg，0.5％溴百里酚蓝 9mL，0.5％中性红溶液 2.5mL，琼脂 20g，水 1 000mL，pH7.4。

（4）形态学及生理生化鉴定　此为传统的细菌分类学鉴定，是必须进行的。观察记录用 IF 和 API-20 快速生化平板培养基培养形成的菌落特征（形状、颜色、表面及边缘光滑度等）；将分离纯化获得的细菌做革兰氏染色，在高倍光学显微镜下观察菌体颜色以确定是阴性还是阳性。表 6 - 10 中给出检测需要进行的生理生化试验测定项目及解淀粉欧文氏杆菌的反应情况。最后根据形态和生理生化试验观察记录结果，得出初步病原的属或种鉴定结论。

（5）致病性试验　解淀粉欧文氏杆菌致病性试验可用梨片或梨树嫩枝测定，亦可用烟草过敏反应检查。NA 上培养 48h 的细菌配成 10^8 cfu/mL 的悬浮液，注入烟草叶片或接种于 1cm 厚梨片上，或针刺接种于 1m 长的巴梨枝条上，在 28℃下培养，一般 10～12h 后，烟草注射区出现白色坏死斑。1～3d 后，梨片或枝条上出现白色菌脓，则可确诊。

表 6 - 10　解淀粉欧文氏杆菌的主要生理生化反应特征

试验项目	反应结果	试验项目	反应结果
过氧化氢酶	阳性	葡萄糖、半乳糖、果糖、蔗糖和 α-甲基葡萄糖苷、海藻糖产酸产气	阴性
氧化酶	阴性		
硝酸盐还原反应	阴性		
淀粉水解	阳性	葡萄糖、半乳糖、果糖、蔗糖和 α-甲基葡萄糖苷、核糖、海藻糖产酸	阳性
络蛋白水解	阴性		
明胶水解	阳性		
果胶凝胶液化	阳性	甘露糖、水杨苷、木糖、蜜二酸、内消旋肌醇、乳糖、麦芽糖或纤维二糖产酸	阴性
果胶酸/氧化葡萄糖盐降解	阴性		
木糖和鼠李糖利用	阴性	产吲哚和硫化氢	阴性

（6）分子检测 火疫病的检测鉴定技术发展较快，其中目前应用较多的有脂肪酸分析，该方法在美国、英国用于鉴定菌种，并建立了相应的数据库（Zwet）。另外，DNA探针、PCR技术亦用于解淀粉欧文氏杆菌的检测和鉴定，如美国、新西兰、德国、加拿大等均已开始应用于实际检疫，特别是新西兰已利用DNA探针检测水果的带菌情况。

许景升等（2009）的一步双重PCR法检测：参照Llop等（1999）的方法提取解淀粉欧文氏杆菌的基因组DNA。离心后取5.0mL过夜培养菌液，用灭菌蒸馏水稀释至10^3～10^4 cfu/mL。在50μL的PCR反应体系中加入1.0～2.0μL基因组DNA。采用两对引物：引物A和B分别为5′-CGGTTTTTAACGCTGGG-3′和5′-GGGCAAATACTCGGATT-3′；引物E和F分别为5′-AATAAGGTGCCTGGTAATG-3′和5′-GGTGGAATGAGACTGGGTA-3′。50μLPCT反应混合液含3mmol/L $MgCl_2$，400μmol/L dNTPs，0.6μmol/L引物，0.1 U Taq DNA聚合酶。反应条件：95℃预变性3min；93℃变性1min，52℃退火2min，72℃延伸2min，30循环；72℃延伸10min。PCR产物在1‰琼脂糖凝胶上电泳，经溴化乙啶染色后在紫外灯下观察。解淀粉欧文氏杆菌的扩增条带为1 600 bp（图6-9）。

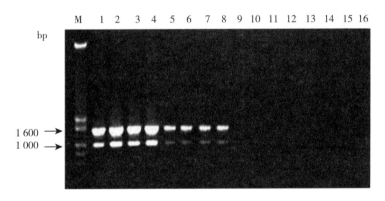

图6-9 一步双重PCR法检测解淀粉欧文氏杆菌（泳道1～8）阳性条带（许景升 等，2009）

2. 检疫监测

火疫病的检疫包括一般监测、产地检疫监测和调运检疫监测。

（1）一般监测 需进行访问调查和实地调查监测。访问调查是向当地居民询问有关梨火疫病发生地点、发生时间、危害情况，分析病害和病原传播扩散情况及其来源。每个社区或行政村询问调查30人以上。对询问过程发现的疑似火疫病存在的地区，需要进一步做深入重点调查。

实地调查的重点是调查适合梨火疫病发生的高温、高湿和大面积栽培梨和苹果的地区，特别是交通干线两旁区域、苗圃、有外运产品的生产单位以及物流集散地等场所的梨和苹果类植物和其他蔷薇科植物栽培区。具体方法是：

大面积踏查：在梨火疫病的非疫区，于梨火疫病发病盛期（5～9月）进行一定区域内的大面积踏查，粗略地观察果园树体上的病害症状发生情况。观察时注意是否有植株的花、新梢、叶片和果实上出现火疫病症状。

系统调查：从春末到秋末期间做定点、定期调查。调查样地10个以上，随机选取，每块样地选取20棵果树；用GPS定位测量样地的经度、纬度、海拔，还要记录下果树的种类、品种、树龄、栽培管理制度或措施等。调查中注意观察有无梨火疫病症状，若发现病害症状，则需详细调查记录发生面积、病株率、病叶率和严重程度。根据大面积调查记录发生和危害的情况将火疫病危害程度分为 6 级：0 级，无病害发生。1 级，轻微发生，发病面积很小，见零星病株，病株率 3% 以下。2 级，中度发生，发病面积较小，病株少而分散，病株率 4%～10%。3 级，较重发生，发病面积较大，病株较多，病株率 11%～20%。4 级，严重发生，发病面积较大，病株较多，病株率 21%～40%，个别植株死亡。5 级，极重发生，发病面积大，病株很多，病株率 41% 以上，部分植株死亡。

在调查中如发现疑似火疫病植株，一是要现场拍摄异常植株的田间照片（包括地上部和根部症状）；二是要采集具有典型症状的病株标本（包括地上部和根部症状的完整植株），将采集到的病株标本分别装入清洁的塑料标本袋内，标明采集时间、采集地点及采集人。送外来物种管理部门相关专家进行鉴定。

在非疫区：若大面积踏查和系统调查发现可疑病株，应及时报告农业技术部门或植物检疫部门，并采集具有典型症状的标本，寄送给有关专家，按照前述病原的检测和鉴定方法对病原进行室内检测鉴定。如果室内检测确定了解淀粉欧文氏杆菌，应进一步详细调查当地附近一定范围内的果树和观赏植物发病情况。同时及时向当地政府和上级主管部门汇报疫情，对发病区域实行严格封锁。

在疫区：开展定点定期系统调查，记录火疫病的发生范围、病株率和严重程度等数据，由此制定病害的综合防控策略，以采用恰当的病害控制技术措施，有效地控制病害的流行和危害，减轻作物损失。

（2）产地检疫监测　在果树苗圃、果园、观赏植物园等进行的检疫监测，包括田间调查、室内检验、签发证书及监督生产单位做好病害控制和疫情处理等工作程序。

田间调查重点对适合火疫病发生流行的果树种植地区、公路和铁路沿线的果园和苗圃进行调查。主要在火疫病高发季节（6～9 月）进行，具体可在春梢期、开花期和夏梢期（5 月下旬至 7 月上旬）调查。田间调查需要分品种观察，仔细检查花、枝梢和叶片上有无火疫病病斑。需要记载病害普遍率（病花率、病叶率、病株率）。此外，还要进行市场调查，在果树果实成熟上市时进行。先对批发市场存放的待批发产品检查，果实的广泛观察，同时抽取一定量的果实带回室内检验。

室内检验主要应用前述常规生物学技术和分子生物学技术对果园调查采集的样品进行检测，鉴定病原，确定果实和植株等是否带有病原。

在产地检疫中发现梨火疫病后，应根据实际情况，启动应急预案，立即进行应急处理。疫情确定后一周内应将疫情通报给对植物和植物产品调运目的地的农业外来入侵生物管理部门和农业植物检疫部门，以加强对目的地果树产品的监测力度。

（3）调运检疫监测　在果树苗木和果品货运交通集散地（机场、车站、码头）实施调运检验检疫。检查调运的果品、接穗、苗木、包装和运载工具等是否带有解淀粉欧文氏杆菌。对受检果实、接穗和苗木等做直观观察，看是否有表现火疫病症状的个体；同时做科学的有代表性的抽样，取适量的果实、接穗或果苗（视货运量），带回室内，用前述常规诊断检测和分子检测技术做病原检测。

在调运检疫中，若检验发现带解淀粉欧文氏杆菌的果实或果苗等，应予以拒绝入境

（退回货物），或实施检疫处理（如就地销毁、消毒灭菌）；对于不带菌的货物签发许可证放行。

六、应急和综合防控

1. 应急防控

在火疫病的非疫区，如果在交通航站口岸检出了带有解淀粉欧文氏杆菌的物品或者在田间监测中发现病害发生，都需要及时地采取应急防控措施，以有效地扑灭病原，从而预防病害发生和扩散。

（1）检出解淀粉欧文氏杆菌的应急处理　对现场检出的产品，应依法全部收缴扣留并销毁或拒绝入境，或将产品退回原地。对不能及时销毁或退回原地的产品要及时就地封存，然后视情况做应急处理。①港口检出货物及包装材料可以直接沉入海底，机场、车站的检出货物及包装材料可以直接就地安全销毁。②对不能现场销毁的可利用果品，可以在国家检疫机构监督下，就近将其加工成果汁或其他成品，其下脚料就地销毁。注意加工过程中使用过的废水不能直接排放。经过加工后不带活菌体的成品才允许投放市场销售。③如果是引进栽培用的果树、花卉的种苗和接穗等，必须在检疫机关设立的植物检疫隔离中心或检疫机关认定的安全区域隔离种植，经生长期间观察，确定无病后才允许释放出去。

（2）田间火疫病的应急处理　在火疫病的非疫区监测发现小范围火疫病后，应对病害发生的程度和范围做进一步详细的调查，并报告上级行政主管部门和技术部门，同时要及时采取措施封锁病田，严防病害扩散蔓延，然后做进一步处理。①铲除病田中梨、苹果或花卉植株并彻底销毁。②铲除果园或花卉园附近及周围蔷薇科植物及各种杂草并销毁。③使用 1 000～2 000U/mL 链霉素＋1‰酒精的混合液，或用 20％噻菌铜 600～700 倍液喷施果树植株和对果园土壤进行处理。对经过应急处理后的果园及其周围田块要进行定期跟踪监测调查，若发现病害复发及时处理。

（3）预防传入措施　在尚未发现火疫病的非疫区（国家或地区），严格禁止从疫区引进相关植物的种苗、接穗等，特别禁止梨属、苹果属、山楂属和火棘属植物等；尽量不使用感病的果树和花卉品种；定期进行疫情调查监测，发现火疫病后及时施行应急防控措施。

2. 综合防控

在火疫病发生区，火疫病的防治要坚持"预防为主，综合防治"的策略，重点围绕苹果、梨、山楂等果树和蔷薇科花卉等易感病种类开展综合防治，对易感病的成年结果树或花卉园要加强栽培管理，并及时做好药剂防治。

（1）使用无病种苗　建立无病苗圃，培育无病果树苗或花卉苗。在苗木繁育生长期间，要开展检疫调查监测，如果发现病株，必须及时拔除烧毁病株并喷药保护健苗。苗木出圃前要经过全面检疫检查，确认无发病苗木后才允许出圃种植或销售。

（2）加强栽培管理　果园栽培管理对预防和控制火疫病非常重要，其可以有效减少初始菌源量和侵染。①肥水管理。不合理的施肥可能扰乱树体的营养生长，会使抽梢时期、次数、数量及老熟速度等不一致。一般在多施氮肥的情况下会促进病害发生，如在夏至前后施用大量速效性氮肥易促发大量嫩梢，从而加重发病，故要控制氮肥施用量，增施钾肥。同时，要及时排除果园或花园的积水，保持植株间通风透光，降低田中湿度。遇高温干旱时，要适当浇水，但浇水时切忌从树顶淋水。②避免用山楂作为果园篱笆和控制非季节性开花，也可以大幅度减少菌源和侵染。③适时修剪，剪除病、弱树枝并销毁，如果在生长季节修剪，剪刀最好用漂白粉或酒精消毒。④冬季对采收后的果园或花园进行清园，结合冬季修剪剪除病枝、枯枝、病叶，同时清扫落叶、病果、残枝，集中销毁，并喷施 3~4 波美度石硫合剂进行全园消毒，以减少次年的菌源。清除病区杂草，也可以有效压低初始菌量。⑤翻表土至 10cm 以下深处，使残留细菌无再侵染机会。

（3）治虫控病　火疫病易从伤口侵入，而梨、苹果害虫不仅可以传播病原，还可造成大量伤口，所以要及时进行防治，以减少伤口，切断病原侵入途径。特别的，要避免将蜜蜂蜂箱从有病的果园转移到其他果园，因为蜜蜂采蜜时可从病树的花上将病原携带传播到健康果树的花上引起侵染。不同的害虫可能需要用不同的杀虫剂，如 2.5%溴氰菊酯5 000~10 000 倍液、10%氯氰菊酯 5 000~7 000 倍液等，可用于防治蝶蛾类和刺吸式口器害虫，这些药剂在配制时加入 1%~2%的机油乳剂可显著提高防效。

（4）抗病性利用　使用抗病果树做砧木，特别是在建立新果园和新花卉园时，要避免使用感病的接穗和砧木。

（5）合理使用化学杀菌剂防治病害　能有效控制火疫病的化学药剂品种有限，供选择的药剂主要包括含铜化合物、抗生素和生长激素几类。①波尔多液和铜制剂是最先用以控制火疫病的药剂，其使用的时间和次数取决于果树对铜制剂的敏感性，春季施药可以降低树皮溃疡斑周围火疫病菌的残存量；但更常见的是在开花期使用铜制剂来保护花不被侵染，在夏季施药防治新梢侵染。石硫合剂 50~70 倍液，在冬季清园时或春季萌芽前使用，也有利于消灭该病原和其他病虫害。②抗生素（链霉素、土霉素、喹菌酮和庆大霉素）可用来防治花和新梢受侵染，其较铜制剂的效果更好，而且植物毒性也较低。链霉素每年一般在花期使用 2 次，花后使用 4~5 次。自 20 世纪 50 年代以来，因为没有有效的替代药剂，以色列和新西兰等都一直沿用链霉素控制火疫病。在以色列，由于发现该病原对链霉素产生了一定的抗药性，所以常用喹菌酮（一种含喹诺酮的抗生素）来替代链霉素使用。③在美国和以色列等国家及欧洲已经用基于气候、病原接种体和果树生长期的报警系统来确定施药时间。这种报警系统只能在系统开发的部分区域应用，因为各地的气候和火疫病的流行情况是不同的。④植物生长调节剂调环酸钙（prohexadione calcium）可抑制赤霉素的合成和纵向枝条的生长。当果树的营养生长被此药剂抑制后，可降低其对火疫病的感病性，但是该调节剂对病原本身是没有毒性的。近年来，调环酸钙和乙基抗倒酯两种丙基酰基环己二酮（acylcyclohexanediones）已被证明可降低苹果花和梨花火疫病严重程度。其中前者在美国等几个国家已被登记，用于控制植株生长和火疫病，其在接近花期末喷施调环酸钙可以有效减缓夏季火疫病的蔓延。⑤苯并噻二唑可激发果树的自然防御机制，刺激苹果致病性相关蛋白的表达而诱导一种获得性系统抗病性，所以可显著地控制火疫病。其最好的控制效果是从新梢阶段开始喷施，以后间隔一周重复施药。

（6）生物控制　有关用拮抗细菌控制火疫病的研究已有大量报道，其中集中于假单胞杆菌（*Pseudomonas agglomerans*）和荧光假单胞杆菌的菌株的研究已进入田间试验阶段。有些研究的目的是测试影响拮抗菌定殖和扩散的因子，另外一些研究则着重拮抗细菌与抗生素的综合控病作用。尽管如此，迄今拮抗菌尚未广泛应用于火疫病的控制，其主要原因可能是拮抗菌的控病效果不稳定以及生防菌剂的登记相当困难。

主要参考文献

陈晨，陈娟，胡白石，等，2007. 梨火疫病菌在中国的潜在分布及入侵风险分析. 中国农业科学，40（5）：940-947.

胡白石，卢玲，刘凤权，等，2003. 利用间接免疫荧光染色和协同凝集技术检测梨火疫病菌. 南京农业大学学报，26（4）：41-4521.

胡白石，徐志刚，周国良，等，2001. 梨火疫病菌的进境风险分析. 植物保护学报，28（4）：303-308.

贾平乔，周国梁，吴杏霞，等，2009. 进境苹果果实中梨火疫病菌的套式 PCR 检测. 植物病理学报，38（5）：449-457.

钱国良，胡白石，卢玲，等，2006. 梨火疫病菌的实时荧光 PCR 检测. 植物病理学报，36（2）：123-128.

许景升，徐进，冯洁，2008. 一步双重 PCR 法检测梨火疫病原细菌（Erwinia amylovora）. 农业生物技术学报，16（2）：363-364.

于洋洋，刘倩倩，徐恩丽，等，2011. 梨火疫病菌（Erwinia amylovora）双精氨酸运输系统基因（tatC）的功能分析. 农业生物技术学报，19（6）：1081-1088.

全国植物检疫标准化技术委员会，2018. 亚洲梨火疫病菌检疫鉴定方法. 北京：中国标准出版社.

周国梁，胡白石，印丽萍，等，2006. 利用 Monte-Carlo 模拟再评估梨火疫病病菌随水果果实的入侵风险. 植物保护学报，23（1）：47-50.

Ancona V，Lee J H，Chatnaparat T，et al.，2015. the bacterial Alarmone（p）ppGpp activates the type Ⅲ secretion system in Erwinia amylovora. J. Bacteriol. 197：1433-1443. DOI：10. 1128/JB. 02551-14.

Bellemann P，Bereswill S，Berger S，et al.，1994. Visualization of capsule formation by Erwinia amylovora and assays to determine amylovoran synthesis. Int. J. Biol. Macromol. 16：290-296. DOI：10. 1016/0141-8130（94）90058-2.

Bellemann P，Geider K，1992. Localization of transposon insertions in pathogenicity mutants of Erwinia amylovora and their biochemical characterization. J. Gen. Microbiol，138：931-940. DOI：10. 1099/00221287-138-5-931.

Bonn W G，van der Zwet T，2000. Distribution and economic importance of fire blight. In：Vanneste J. L（Ed）. Fire Blight：The Disease and Its Causative Agent，Erwinia amylovora. CAB International；Wallingford，CT，USA. 37-53.

Bugert P，Geider K，1997. Characterization of the amsi gene product as a low molecular weight acid phosphatase controlling exopolysaccharide synthesis of Erwinia amylovora. FEBS Lett.，400：252-256.

Burse A，Weingart H，Ullrich M S，2004. NorM，an Erwinia amylovora multidrug efflux pump involved in in vitro competition with other epiphytic bacteria. Appl. Environ. Microbiol.，70：693-703.

Choi S K，Jeong H，Kloepper J W，et al.，2014. Genome sequence of Bacillus amyloliquefaciens GB03，an active ingredient of the first commercial biological control product. Genome Announc. 2. DOI：10. 1128/genomeA. 01092-14.

Davey M E，O'Toole G A，2000. Microbial biofilms：From ecology to molecular genetics. Microbiol. Mol. Biol. Rev，64：847－867. DOI：10. 1128/MMBR. 64. 4. 847－867. 2000.

Degrave A，Moreau M，Launay A，et al.，2013. The bacterial effector DspA/E is toxic in *Arabidopsis thaliana* and is required for multiplication and survival of fire blight pathogen. Mol. Plant Pathol.，14：506－517. DOI：10. 1111/mpp. 12022.

Dellagi A，Brisset M N，Paulin J P，et al.，1998. Dual role of desferrioxamine in *Erwinia amylovora* pathogenicity. Mol. Plant Microbe Interact. 11：734－742. DOI：10. 1094/MPMI. 11. 8. 734.

Dreo T，Ravnikar M，Frey J E，et al.，2005. In silico analysis of variable number of tandem repeats in *Erwinia amylovora* genomes. Acta Hortic.，896：115－118.

Duffy B，Schrer H J，Bünter M，et al.，2005. Regulatory measures against *Erwinia amylovora* in Switzerland. EPPO Bull.，35：239－244. DOI：10. 1111/j. 1365－2338. 2005. 00820. x.

Eastgate J A，2000. *Erwinia amylovora*：the molecular basis of fire blight disease. Mol. Plant Pathol，1：325－329. DOI：10. 1046/j. 1364－3703. 2000. 00044. x.

Edmunds A C，Castiblanco L F，Sundin G W，et al.，2013. Cyclic Di-GMP modulates the disease progression of *Erwinia amylovora*. J. Bacteriol. 195：2155－2165. DOI：10. 1128/JB. 02068－12.

EPPO，2002. *Erwinia amylovora*（ERWIAM）. EPPO Global Data Base.（2002－03－17）［2021－09－13］https：//gd. eppo. int/taxon/ERWIAM.

EPPO，2013. PM 7/20（2）*Erwinia amylovora*. EPPO Bulletin，43：21－45.

Gao Y，Song J，Hu B，et al.，2009. The *luxs* gene is involved in AI-2production，pathogenicity，and some phenotypes in *Erwinia amylovora*. Curr. Microbiol，58：1－10. DOI：10. 1007/s 00284－008－9256－z.

Geier G，Geider K，1993. Characterization and influence on virulence of the levansucrase gene from the fireblight pathogen *Erwinia amylovora*. Phys. Mol. Plant Pathol，42：387－404. DOI：10. 1006/pmpp. 1993. 1029.

Griffith C S，Sutton T B，Peterson P D，2003. Fire Blight：The Foundation of Phytobacteriology. APSPress；St. Paul，MN，USA.

Gross M，Geier G，Rudolph K，et al.，1992. Levan and levansucrase synthesized by the fire blight pathogen *Erwinia amylovora*. Physiol. Mol. Plant Pathol. 40：371－381. DOI：10. 1016/0885－5765（92）90029－U.

Hauben L，Swings J，2005. Genus ⅩⅢ Erwinia. In：Brenner D J，Krieg N R，Staley J T，et al.，Bergey's Manual of Systematic Bacteriology. 2nd ed. Volume 2B. Springer；New York，NY，USA. P 670－679.

Johnson K B，2015. Fire blight of apple and pear. The Plant Health Instructor. DOI：10. 1094/PHI-I-2000－0726－01.

Johnson K B，Stockwell V O. 1998. Management of fire blight：A case study in microbial ecology. Annu. Rev. Phytopathol，36：227－248. DOI：10. 1146/annurev. phyto. 36. 1. 227.

Khokhani D，Zhang C，Li Y，et al.，2013. Discovery of plant phenolic compounds that act as type Ⅲ secretion system inhibitors orinducers of the fire blight pathogen，*Erwinia amylovora*. Appl. Environ. Microbiol，79：5424－5436. DOI：10. 1128/AEM. 00845－13.

Koczan J M，Lenneman B R，McGrath M J，et al.，2011. Cell surface attachment structures contribute to biofilm formation and xylem colonization by *Erwinia amylovora*. Appl. Environ. Microbiol. 77：7031－7039. DOI：10. 1128/AEM. 05138－11.

Langlotz C，Schollmeyer M，Coplin D，et al.，2011. Biosynthesis of the repeating units of the exopolysaccharides amylovoran from *Erwinia amylovora* and steewartan from Pantoea stewartii. Physiol. Mol. Plant Pathol，75：163–169. DOI：10. 1016/j. pmpp. 2011. 04. 001.

Maes M，Orye K，Bobev S，Devreese B，et al.，2001. Influence of amylovoran production on virulence of *Erwinia amylovora* and a different amylovoran structure in *E. amylovora* isolates from Rubus. Eur. J. Plant Pathol，107：839–844. DOI：10. 1023/A：1012215201253.

Malnoy M，Martens S，Norelli J L，et al.，2012. Fire blight：Applied genomic insights of the pathogen and host. Annu. Rev. Phytopathol，50：475–494. DOI：10. 1146/annurev-phyto–081211–172931.

Mann R A，Blom J，Bühlmann A，et al.，2012. comparative analysis of the Hrp pathogenicity island of Rubus-and Spiraeoideae-infecting *Erwinia amylovora* strains identifies the IT region as a remnant of an integrative conjugative element. Gene.，504：6–12. DOI：10. 1016/j. gene. 2012. 05. 002.

Mann R A，Smits T H，Bühlmann A，et al. 2013. comparative genomics of 12strains of *Erwinia amylovora* identifies a pan-genome with a large conserved core. PLoS One.，8：e 55644. DOI：10. 1371/journal. pone. 0055644.

Mansfield J，Genin S，Magori S，et al.，2012. Top 10 plant pathogenic bacteria in molecular plant pathology. Mol. Plant Pathol.，13：614–629. DOI：10. 1111/j. 1364–3703. 2012. 00804. x.

McManus P S，Jones A L，1995. Genetic fingerprinting of *Erwinia amylovora* strains isolated from tree-fruit crops and *Rubus* spp. Phytopathology，85：1547–1553. DOI：10. 1094/Phyto-85–1547.

McManus P S，Stockwell V O，Sundin G W，et al.，2002. Antibiotic use in plant agriculture. Annu. Rev. Phytopathol.，40：443–465. DOI：10. 1146/annurev. phyto. 40. 120301. 093927.

Molina L，Rezzonico F，Défago G，et al.，2005. Autoinduction in *Erwinia amylovora*：Evidence of an acyl-homoserine lactone signal in the fire blight pathogen. J. Bacteriol，187：3206–3213. DOI：10. 1128/ JB. 187. 9. 3206–3213. 2005.

Nakka S，Qi M，Zhao Y，2009. The Pmr AB system in *Erwinia amylovora* renders the pathogen more susceptible to polymyxin B and more resistant to excess iron. Res. Microbiol，161：153–157. DOI：10. 1016/j. resmic.

Norelli J L，Jones A L，Aldwinckle H S，2003. Fire blight management in the twenty-first century：Using new technologies that enhance host resistance in apple. Plant Dis.，87：756–765. DOI：10. 1094/ PDIS. 2003. 87. 7. 756.

Ordax M，Marco-Noales E，Lopez M M，et al.，2010. Exopolysaccharides favor the survival of *Erwinia amylovora* under copper stress through different strategies. Res. Microbiol，161：549–555. DOI：10. 1016/j. resmic. 2010. 05. 003.

Pal K K，McSpadden Gardener B，2006. Biological control of plant pathogens. Plant Health Instr. DOI：10. 1094/PHI-A-2006–1117–02.

Ramey B E，Koutsoudis M，von Bodman S B，et al.，2004. Biofilm formation in plant-microbe associations. Curr. Opin. Microbiol.，7：602–609. DOI：10. 1016/j. mib. 2004. 10. 014.

Rezzonico F，Braun-Kiewnick A，Mann R A，et al.，2012. Lipopolysaccharide biosynthesis genes discriminate between Rubus-and Spiraeoideae-infective genotypes of *Erwinia amylovora*. Mol. Plant Pathol.，13：975–984. DOI：10. 1111/j. 1364–3703. 2012. 00807. x.

Rezzonico F，Smits T H，Duffy B，2011. Diversity，evolution，and functionality of clustered regularly interspaced short palindromic repeat（CRISPR）regions in the fire blight pathogen *Erwinia amylovora*. Appl. Environ. Microbiol.，77：3819–3829. DOI：10. 1128/AEM. 00177–11.

Santander R D，Catala-Senent J F，Marco-Noales E，et al.，2012. In planta recovery of *Erwinia* amylovora viable but nonculturable cells. Trees. ，26：75 - 82. DOI：10. 1007/s 00468 - 011 - 0653 - 8.

Santander R D，Oliver J D，Biosca E G，2014. Cellular，physiological，and molecular adaptive responses of *Erwinia amylovora* to starvation. FEMS Microbiol. Ecol. ，88：258 - 271. DOI：10. 1111/ 1574 - 6941. 12290.

Schollmeyer M，Langlotz C，Huber A，et al. ，2012. Variations in the molecular masses of the capsular exopolysaccharides amylovoran，pyrifolan and stewartan. Int. J. Biol. Macromol. ，50：518 - 522. DOI：10. 1016/j. ijbiomac. 2012. 01. 003.

Sebaihia M，Bocsanczy A M，Biehl B S，et al. 2010. complete genome sequence of the plant pathogen Erwinia amylovora strain ATCC 49946. J. Bacteriol. ，192：2020—2021. DOI：10. 1128/JB. 00022 - 10.

Siamer S，Patrit O，Fagard M，et al. ，2011. Expressing the *Erwinia amylovora* type Ⅲ effector DspA/E in the yeast *Saccharomyces cerevisiae* strongly alters cellular trafficking. FEBS Open Biol，1：23 - 28. DOI：10. 1016/j. fob. 2011. 11. 001.

Smits T H，Rezzonico F，Duffy B，2011. Evolutionary insights from *Erwinia amylovora* genomics. J. Biotechnol，155：34 - 39. DOI：10. 1016/j. jbiotec.

Smits T H，Rezzonico F，Kamber T，et al. ，2010. Duffy B. complete genome sequence of the fire blight pathogen *Erwinia amylovora* CFBP 1430and comparison to other *Erwinia* spp. Mol. Plant Microbe Interact，23：384 - 393. DOI：10. 1094/MPMI-23 - 4 - 0384.

Thomson S V，2000. Epidemiology of fire blight. In：Vanneste J. L（Eds）. Fire Blight：The Disease and Its Causative Agent，*Erwinia amylovora*. CAB International，Wallingford，UK. P 9 - 36.

Van der Zwet T，Orolaza-Halbrendt N，Zeller W，2012. Fire blight：history，biology，and management. APS Press；St. Paul，MN，USA.

Vanneste J L，2000. *Erwinia amylovora*. CABI Publishing；Oxfordshire，UK：Fire blight：The disease and its causative agent.

Vrancken K，Holtappels M，Schoofs H，et al. ，2013. Pathogenicity and infection strategies of the fire blight pathogen *Erwinia amylovora* in Rosaceae：State of the art. Microbiology，159：823 - 832. DOI：10. 1099/mic. 0. 064881 - 0.

Wallart R A，1980. Distribution of sorbitol in Rosaceae. Phytochemistry 19：2603 - 2610. DOI：10. 1016/S 0031 - 9422（00）83927 - 8.

Wei Z M，Beer S V，1995. hrpL activates *Erwinia amylovora hrp* gene transcription and is a member of the ECF subfamily of s factors. J. Bacteriol. ，177：6201 - 6210.

Wu J W，Chen X L，2011. Extracellular metalloproteases from bacteria. Appl. Microbiol. Biotechnol，92：253 - 262. DOI：10. 1007/s 00253 - 011 - 3532 - 8.

Zhao Y，Wang D，Nakka S，et al. ，2009. Systems level analysis of two-component signal transduction systems in *Erwinia amylovora*：Role in virulence，regulation of amylovoran biosynthesis and swarming motility. BMC Genomics，10. DOI：10. 1186/1471 - 2164 - 10 -245.

第七节 细菌引起的香蕉枯萎性病害及其病原

由细菌引起的香蕉枯萎性病害（Xanthomonas wilt of banana and enset）主要有三类：①香蕉青枯劳尔氏杆菌（*Ralstonia solanacearum*）引起的莫可（moko）病或巴托

（bugtok）病（即细菌性枯萎病，也称青枯病）和 *Ralstonia syzygii* subsp. *celebesensis* 引起的香蕉血病（blood disease）。②野油菜黄单胞杆菌香蕉致病变种（*Xanthomonas campestris* pv. *musacearum*）引起的香蕉萎蔫病。③噬胡萝卜欧文氏杆菌（*Erwinia carotovora* f. sp. *carotovora*）和菊花欧文氏杆菌（*E. chrysanthemi*）引起的香蕉细菌性腐烂病或顶腐病及菊花欧文氏杆菌香蕉致病变种（*E. chrysanthemi* pv. *paradisiaca*）引起的香蕉球茎和假茎软腐病。香蕉上其他的次要细菌性病害还有麻蕉细菌性萎蔫病、爪哇维管束枯萎病和香蕉指尖腐烂病，可能由劳尔氏杆菌属（*Ralstonia*）侵染所致，但未经证实。需要指出的是，国内诸多学者或文献中通常将第一类病害简单地称之为香蕉细菌性枯萎病，这也许是因为这种病害近年来在我国台湾地区有发生和危害，学术上研究较多，并且引起社会多方面关注，但是这个名称是不准确的，容易引起误解，应当予以澄清。因此，对不同的细菌性枯萎病需要给予不同的名称，明确地将它们区别开来，以免引起学术界和生产领域等方面的混淆，从而避免不必要的误会甚至经济损失。本文建议将这三类病害的中文名称分别叫作香蕉劳尔氏细菌枯萎病、香蕉黄单胞细菌萎蔫病和香蕉欧文氏细菌软腐病。这些名称既明示病害的病原，又表明了病害的关键症状特征，所以可能不会再引起人们的误解。

上述香蕉三类细菌性病害的病原中，青枯劳尔氏杆菌和野油菜黄单胞杆菌香蕉致病变种是我国的重要检疫对象物种，但由于后者在我国还没有或者很少有报道，本文仅较详细地介绍香蕉青枯劳尔氏杆菌。为了方便读者在学术研究和生产应用中比较参考，对野油菜黄单胞杆菌香蕉致病变种、噬胡萝卜欧文氏杆菌和菊花欧文氏杆菌进行简要介绍。

香蕉青枯劳尔氏杆菌

一、起源和分布

1. 起源

1840—1844 年，Schomburgk 在当时的英属圭亚那（其于 1966 年独立）旅游途中发现香蕉上的"细菌萎蔫病"（Thurston et al.，1989；Sequeira，1998），后来在古巴特立尼达广泛种植的感病品种莫可香蕉（*Musa* ABB，Bluggoey 亚组）上暴发此病害，随后 Roger（1911）正式发文记述了该病害，这也就是该病害取名为"Moko disease"（也就是莫可病）的根源。20 世纪 50 年代之后，中、南美洲该病接连三次流行，几乎扫荡了所有香蕉园，后来被认为其就是当地发生的一种地方病（Sequeira，1998；Buddenhagen，2009）。最初是从戈斯塔尼加西南部 Coto 河谷原始蕉林中的赫蕉属（*Heliconia*）上分离获得的，这意味着莫可病是加勒比雨林的原生地方病（Sequeira et al.，1961）；在美洲和加勒比地区、菲律宾和印尼的赫蕉种类上也天然居住着（Elphinstone，2005）。

Ralstonia syzygii subsp. *celebesensis* 被认为起源于印度尼西亚的苏拉威西岛，其在 20 世纪 90 年代早期引进甜点香蕉之后被首次报道（Eden-Green，1994；Thwaites et al.，2000）。20 世纪 20 年代，印度尼西亚南苏拉威西（以前叫西里伯斯岛）当地的煮食香蕉品种上广泛发生（Goumann，1921；Stover et al.，1992），后来在全岛上流行，20 世纪 80 年代在爪哇也发现了香蕉血病（Thwaites et al.，2000）。

2. 国外分布

据 CABI（2021）的最新资料记载，全世界各大洲的 40 多个国家和地区已有香蕉劳尔氏细菌枯萎病的发生和分布，它们是亚洲的印度、印度尼西亚、马来西亚、菲律宾、斯里兰卡、中国台湾、泰国和越南；非洲的埃塞俄比亚、利比亚、马拉维、尼日利亚、塞内加尔、塞拉利昂和索马里；北美洲的墨西哥、美国（佛罗里达州）；中美洲及加勒比地区的伯利兹、哥斯达黎加、古巴、多米尼加、萨尔瓦多、格林纳达、法属瓜德罗普岛、危地马拉、海地、洪都拉斯、牙买加、法属马提尼克岛、尼加拉瓜、巴拿马、圣文森特和格林纳丁斯岛、特立尼达和多巴哥；南美洲的阿根廷、巴西、哥伦比亚、厄瓜多尔、圭亚那、巴拉圭、秘鲁、苏里南和委内瑞拉；欧洲的荷兰及大洋洲的澳大利亚。

3. 国内分布

据国内外文献记载，我国只有台湾已经有此病害发生，大陆地区尚无报道。但徐进等（2008）的风险分析研究显示，我国云南、广西、广东、海南、福建、台湾、江西、湖南、贵州、四川、重庆、浙江、湖北等 13 个省份都适合香蕉劳尔氏细菌枯萎病的发生，其中高风险适生区域包括广东、广西、台湾、海南、福建和云南。因此，在这些地区要引起高度重视，必须加强对此病害的监测和防范。

二、病原

1. 名称和分类地位

1896 年美国的 Erwin Smith 将该病的病原命名为 *Pseudomonas solanacearum* Smith（茄科假单胞杆菌或茄青枯病菌）。1992 年 Yabuuchi 等根据 DNA-DNA、DNA-RNA 分子杂交和同源性分析的结果，将其更名为 *Burkholderia solanacearum*（茄布氏杆菌）（Yabuuchi et al.，1992）。Yabuuchi 等 1995 年建立新属，即 *Ralstonia*（劳尔氏杆菌属），并根据表型特征、脂肪酸图谱、rRNA-DNA 分子杂交和 16S rRNA 序列分析结果，再次将 *Burkholderia solanacearum* 更名为 *Ralstonia solanacearum*（Smith）Yabuuchi et al.，其异名有 *Bacillus solanacearum*（Smith）Chester、*Pseudomonas solanacearum*（Smith）Smith、*Burkholderia solanacearum*（Smith）Yabuuchi et al.（1992）。该菌在最新的生物分类系统中属于细菌域、细菌界、变形菌门、β-变形菌纲、伯克菌目、劳尔氏杆菌科、劳尔氏杆菌属。

2. 种级以下分类

青枯劳尔氏杆菌是一个菌株群体相当复杂的复合种，很多菌株之间 DNA 相似性低于 70%，远远低于公认的细菌种内不同群体的 DNA 相似性阈值。已经记载的寄主植物有 50 多科 200 多种寄主植物，寄主范围广泛，遍及全世界各地区。根据其不同的生物和生化特性，该病原种下又被分为生理小种、生化型（变种）、演化（枝序）型和簇群等种级以下分类阶元，另外还有序列变种（sequewar）及基因种（genospecies）的划分。

①生理小种（race）划分：根据不同菌株的致病性、在糖代谢、硝酸盐反硝化作用、地理分布和寄主范围等的差异分为 5 个生理小种（physiological race）（Fegan，2005）。1 号生理小种分布于全球不同的地区，可侵染很多种寄主，包括烟草等茄科植物和其他很多不同科的植物，不侵染香蕉类植物；2 号生理小种主要分布于热带和亚热带地区，只侵染

香蕉类植物，不侵染其他植物；3号生理小种主要分布于热带、亚热带和温带的高海拔地区，适应于温和的气候条件，主要侵染马铃薯、番茄，有时也侵染茄子、辣椒、天竺葵和龙葵（*Solanum nigrum*）、欧白英（*S. dulcamara*）等茄科杂草，在试验条件下有的非茄科植物也可受到侵染，但不表现症状；4号生理小种只侵染生姜，引起姜枯萎病（姜瘟病）；5号生理小种发现于中国，侵染桑树导致枯萎病。据 EPPO 资料，在欧盟国家发生的也是3号生理小种，1号生理小种可能通过引进热带地区的姜黄、绿萝和红掌等花卉苗木而传入，在温室等较高温度条件下侵染，危害一些重要植物。需要指出，这里的生理小种并非植物病理学中的一般概念的生理小种，其实质相当于形式种（forma species）和致病变种（pathovar）等分类阶元级别。

②生化型（biotype 或 biovar）划分：这是由 Hayward（1964）提出来的，其根据菌株在麦芽糖、甘露糖、丙二酸盐、核糖、纤维醇和马尿酸盐等上的生理生化反应差异划分，Fegan 等（2005）总结描述了11个不同生化型的生理反应特性，并给出了生化型与演化型的关系（表6-11）。Li 等（2016）鉴定中国烟草上的80个菌株属于生化型Ⅲ，但也有9个菌株属于生化型Ⅳ。

③演化型（phylotype）划分：Villa 等（2005）基于 16S rDNA ITS、内切葡聚糖酶基因（*egl*）和 *hrp* 基因序列的系统发育树分析提出了青枯劳尔氏杆菌枝序分类体系，并结合各菌株的地理演化和系统进化历史的演化树将青枯劳尔氏杆菌分为4个演化型：亚洲的菌株为演化型Ⅰ，美洲菌株为演化型Ⅱ，非洲菌株为演化型Ⅲ，含蒲桃劳尔氏杆菌（*R. syzygii*）和香蕉血病病原的印度尼西亚菌株为演化型Ⅳ。

表6-11　不同青枯劳尔氏杆菌生化型的生化反应特性及其与演化型之间的关系

生化型	培养基含 C 或 N 源物质种类						演化型
	麦芽糖	甘露糖	丙二酸盐	核糖	纤维醇	马尿酸盐	
Ⅰ	＋	－	＋	－	－＊	＋	Ⅱ
Ⅱ	＋	－	＋	＋	＋	＋	Ⅱ
Ⅲ	－	－	－	－	＋	＋＋	Ⅱ
Ⅳ	－	－	－	－	－	－	Ⅱ
Ⅴ	－	－	＋	－＊	＋	＋	Ⅱ
Ⅵ	－	－	－	－	－	－	Ⅱ
Ⅶ	－	－	－	，	－	－	Ⅱ
Ⅷ	＋/－	＋	－	－	－	－	Ⅰ
Ⅸ	＋	－	－	＋	－	－	Ⅲ
Ⅹ	－	－	－	＋	＋	－	Ⅲ
Ⅺ	－	－	－	＋/－	＋	－	Ⅳ

注：分别在 Ayes 最低营养培养基中加入不同的过滤消毒的碳源或氮源物质溶液，培养基中碳源或氮源物质的含量为1.0%；＋表示可产酸（基物变黄），－表示不产酸（基物保持绿色），＊表示碱化，＋＋表示酸化时培养基变黑。

④簇群（division）划分：Hayward（2000）根据 RFLP 和其他基因指纹图谱研究将青枯劳尔氏杆菌分为两个簇群，其中簇群Ⅰ包括源于亚洲的生化型Ⅲ、Ⅳ和Ⅴ；簇群Ⅱ包括源于南美洲的生化型Ⅰ、2A 和 2T。这个分类在文献中很少被学者们采用。

⑤序列变种（sequevar）划分：上述的每个演化型又被区分为若干序列变种。序列变种是指某一个基因中具有一段高度保守序列的菌株群。青枯假单胞杆菌是根据其内聚葡萄糖酶基因序列的差异划分序列变种的。有报道测定了全世界的 150 多个青枯劳尔氏杆菌菌株的内聚葡萄糖酶基因序列，由此将这些菌株分为 20 多个序列变种（Fegan et al.，2005）。这些序列变种与演化型的系统演化关系如图 6-10 所示。从图中可见，序列变种 12～14、16 等属于演化型Ⅰ，序列变种 1～7 等属于演化型Ⅱ，演化型Ⅲ包含序列变种 19、20、22、23 等，演化型Ⅳ则包含序列变种 8～11。

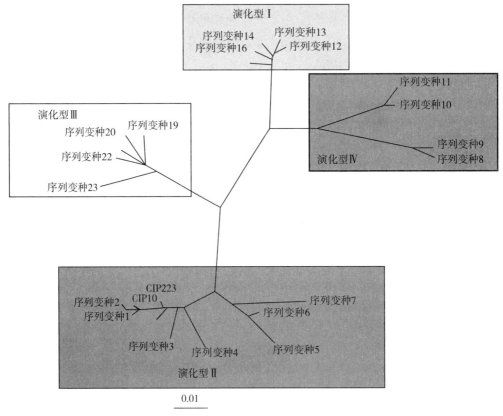

图 6-10　根据类聚葡萄糖基因部分序列数据建立的青枯劳尔氏杆菌的系统演化树，
显示其序列变种与演化型之间的关系，标尺线表示序列中 1% 的碱基变化
（Fegan et al.，2005）

按照序列变种将青枯劳尔氏杆菌分类的方法包容性较好，只要以后研究发现新的序列变种都可以加入进来。关于序列变种和演化型测定研究的文献报道有很多，从各地区和各种寄主植物上发现的序列变种已有 50 多个，而且这个数量还可能不断增加。Li 等（2016）检测了 2012—2014 年从中国不同烟草种植区收集的 89 个青枯劳尔氏杆菌

菌株，通过用基于内聚葡萄糖酶基因的多重 PCR 方法发现所有菌株都属于演化型Ⅰ和7个序列变种，其中4个序列变种（15、17、34 和 44）在烟草上已有报道，2个（13和 14）在其他植物上有报道，剩下的 1 个序列变种为以前尚未报道的新序列变种并命名为 Sequevar 54。Liu 等（2017）检测了来自中国 4 个烟区的 97 个菌株，均属于演化型Ⅰ，包含 13、14、15、17、34、44、54 和 55 等 8 个序列变种，其中序列变种 55 为以前尚未报道的新序列变种。

⑥基因种（genospecies）的划分：Safni 等（2014）提出了新的青枯劳尔氏杆菌基因种分类体系，其根据 16S-23S rRNA ITS 基因序列、内切葡聚糖酶基因中的片段序列及 DNA-DNA 杂交数据，将原来的劳尔氏杆菌复合种和 R. syzygii（蒲桃劳尔氏杆菌）合并进行校订，最后再分为 3 个基因种：第一个基因种包含原来的青枯劳尔氏杆菌模式种和系统演化Ⅱ型的菌株群，菌名仍沿用青枯劳尔氏杆菌（R. solanacearum）；第二个基因种定名为蒲桃劳尔氏杆菌，包含原来蒲桃劳尔氏杆菌的模式菌株和演化型Ⅳ的所有菌株，该种分为 3 个不同的亚种（subspecies），即引起印度尼西亚丁香苏门答腊病的菌株、多数来源于印度尼西亚不同寄主植物的演化型Ⅳ的菌株及印度尼西亚侵染香蕉和大蕉的导致血病的细菌株，分别被命名为 R. syzygii subsp. syzygii（蒲桃亚种），R. syzygii subsp. indonesiensis（印度尼西亚种）和 R. syzygii subsp. celebesensis（西里伯斯亚种）；第三个基因种包含演化型Ⅰ和演化型Ⅲ，定名为 R. pseudosolanacearum（假青枯劳尔氏杆菌）。这些基因种现在已经被不少分类学者接受，将其作为正式的分类学种名。

2. 形态特征

在科尔曼氯化四唑（TZC）培养基上培养 2d 后，具有毒性的野生菌株的菌落较大，突起，流体状，中央部分浅红色；无毒菌株菌落黄油状，深红色，边缘常淡蓝色（彩图 6-21）。在 SPA 上，菌落白色，流体状，有时可见螺纹状表面。在牛肉汁琼脂培养基上，菌落污白色或灰黄色，近圆形；其菌体为短杆状，两端钝圆，大小 $0.5\mu m \times 15\mu m$，鞭毛 1～3 根，单极生，革兰氏染色阴性。在加入 TTC 的 Kelman 培养基中，具有毒性的菌落，生长旺盛，稀乳液状，圆形或不规则形，较大（直径一般 2～5mm），边缘白色带较宽，中央粉红色，有环状螺纹。无毒性的菌落质地黏稠，乳脂状，圆形，菌落扁平，较小（1mm 左右），边缘白色带窄，中央深红色。革兰氏染色反应阴性（王艳，2013），在 3% KOH 溶液中可以拉丝（Buck，1986）；无芽孢，亦无荚膜；病原最低生长温度为 4℃，最适生长温度为 32～35℃，最高生长温度为 41℃；病原生长最适 pH 6.8～7.2。在马铃薯葡萄糖琼脂培养基上，菌落初为乳白色，黏液状，后渐变褐色。菌体杆状，短小，大小（1.1～1.6）$\mu m \times$（0.5～0.7）μm，极生 1～3 根鞭毛（彩图 6-22）（吴清平 等，1988；林雪坚 等，1993）。

三、病害症状

香蕉劳尔氏细菌枯萎病是维管束病害，香蕉的各发育阶段均感病。幼年植株感病，迅速萎蔫死亡，中间叶片锐角状破裂，不变黄。成株期感病，首先内部叶片近叶柄处变棕黄色，叶柄崩溃，叶片萎蔫死亡，同时从里到外的叶片逐渐脱落、干枯，根出条开裂，叶鞘变黑。感病植株若开始结果，果实停止生长，香蕉畸形，变黑皱缩。若仅成熟的果实感病，外部可能没有症状，但果肉变色腐烂。感病假茎横切面可见维管束变绿黄色至红褐色，尤其是里面叶鞘和果柄、假茎、根围及单个香蕉上均有乳白色胶状物质及细菌菌脓。香蕉果肉最终当果皮开裂后形成灰色干腐的硬块（彩图6-23）。

植株叶片黄化萎蔫和再生吸芽苗变黑，幼苗迅速枯萎，从开始发病到植株倒塌仅需1周或更短时间，球茎、假茎和叶鞘内的维管束变淡褐色至黑褐色；从果柄和假茎维管束组织的横切面浸出水滴状的细菌菌脓，果实变小，果皮上见坚硬的灰色或褐色腐烂；这些是香蕉劳尔氏细菌枯萎病的典型症状。症状出现的先后取决于侵染的路径和细菌菌系的生态型，如果侵染发生于根系和球茎，则植株下部老叶首先黄化和萎蔫，且整个植株会倒塌。有些菌系（A、SFR及SFR-C）可在雄花中分泌出菌脓，采花的昆虫可通过携带此菌脓而传播病原；在此情况下，病害症状最先发生于花芽和果柄上，使花芽和果柄变得干瘪；细菌传播到果实则导致果肉腐烂变色。无论哪种侵染路径，最终都会导致整个植株发病和坍塌。但有的菌系引起的症状可能会比较轻一些。

香蕉劳尔氏细菌枯萎病的症状与香蕉血病的症状非常相似，很难区分这两种病害。香蕉劳尔氏细菌枯萎病与镰刀菌枯萎病的植株萎蔫症状非常相似，也很难区分，两者的主要区别是，镰刀菌枯萎病最初是下部老叶开始变黄、萎蔫，然后扩展至上部叶片，病叶枯萎后折倒下垂但不脱落；病部没有细菌菌脓溢出；球茎和假茎内部变褐色，但少腐烂也不发出臭味；果实上一般不表现明显的症状。

四、生物学特性和病害流行规律

1. 生物学特性

该病原为非荧光群或rRNA Ⅱ群，一束极鞭，无色素，细胞积累聚羟基丁酸酯（PHB），不能将蔗糖变为果聚糖，水解明胶弱，不水解淀粉和七叶苷，几乎所有菌株都能还原硝酸且多数能硝化产气；温度到40℃时不能生长；氧化酶反应呈阳性，精氨酸双水解酶反应呈阴性；香蕉上分离的菌株不产酪氨酸酶，2%NaCl肉汤中不生长；能利用醋酸盐、乌头酸盐、L-丙氨酸、D-丙氨酸、γ-氨基丁酸、L-天冬氨酸、天冬酰胺、丁酸盐、柠檬酸盐、延胡索酸盐、葡萄糖酸盐、D-葡萄糖、L-谷氨酸、甘油、L-组氨酸、γ-羟基丁酸、异丁酸、α-酮戊二酸、L-苹果酸、L-脯氨酸、丙酸盐、糖二酸盐、丙酮酸、琥珀酸盐、蔗糖和海藻糖作为碳源；不能利用脂酸、核糖醇、L-阿拉伯糖、纤维二糖、赤藓糖醇、戊二酸、甘氨酸、菊粉、2-酮葡糖酸、乳糖、丙二酸、甲基延胡索酸、麦芽糖、蜜三糖、L-鼠李糖、水杨苷、D-酒石酸、D-木糖等作为碳源。利用果糖、葡萄糖、甘油、蔗糖产酸不产气，不能利用苦杏仁苷、糊精、赤藓糖醇、菊粉、蜜二糖、蜜三糖、水杨苷产酸；DNA中G+C为66.5%～68%。

2. 寄主范围

主要侵染芭蕉属和赫蕉属。已记录有巴西小果蕉（*Musa acuminata* f. sp. *errans*）、小果野蕉（*M. acuminata* f. sp. *microcarpa*）、窄叶蕉（*M. angustigemma*）、柳叶野蕉（*M. balbisiana*）、香牙蕉（*M. cavendishii*）、龙胆蕉（*M. ornata*）、粉蕉（*M. sapientum*）、麻蕉（*M. textilis*）、浅裂叶赫蕉（*Heliconia acuminata*）、蝎尾蕉（*H. bihai*）、叠瓦赫蕉（*H. imbricata*）、黄苞蝎尾蕉（*H. latispatha*）。接种能侵染芭蕉、香蕉、大蕉、蝎尾蕉等几乎所有品种，个别可侵染番

茄等其他寄主。

3. 侵染循环

主要在病残植株、繁殖材料如根茎等上面越冬，病原在土壤中存活可达 18 个月。病残体和土壤中休眠的病原借助水膜或介体传播与寄主植物的根尖接触，通过伤口和自然孔口侵入根表皮，再进入皮层组织和木质部，扩散到整个植株，引起发病。植株枯萎死亡后，病原在病残体或进入土壤中休眠，直到接触新的植物而再侵染（图 6-11）。

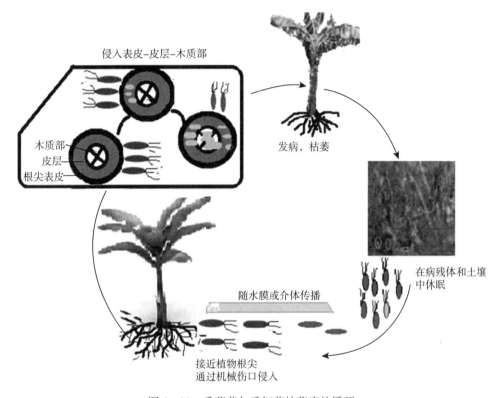

图 6-11 香蕉劳尔氏细菌枯萎病的循环

4. 发病条件

栽培措施（如摘除叶片、修剪根出条、收获果实、摘除花芽）及农业工具造成伤口均有利于病原的传播蔓延。病原由昆虫传带是一个重要的蔓延途径。昆虫接触病株雄花蕊上的菌脓携带病原，传至健康植株的花蕊上，由花梗、花序的自然孔口、病果的干裂处及根出条的切点侵入植株，引起发病。Buddenagen 等（1962）报道该病主要由蜜蜂、黄蜂等昆虫携带传播。

低温可降低或延缓病害发展，而高温、高湿则有利于病原增殖和侵染，可以加重病害；土壤湿度高有利于病原的存活和扩散，发病较重；强风和害虫危害等可造成植株上大量的伤口，从而有利于病原侵染和致病。病原侵染成株后，约 6 周至 3 个月表现症状；进入组织内的病原通过维管束系统侵染，导致维管束丧失正常的水分传导功能，从而引起叶片和植株萎蔫。

五、诊断鉴定和检疫监测

根据本文中描述的病原特性和病害发生流行规律，参照国内外参考文献资料，拟定香蕉劳尔氏细菌枯萎病的诊断检测和检疫监测技术。

1. 诊断鉴定

以下内容将介绍几种常规和分子生物学检测技术。

（1）症状诊断　进行香蕉园田间观察，根据前述香蕉劳尔氏细菌枯萎病症状进行病害诊断。此病的典型症状是幼苗和旺盛生长植株感病后叶片全株黄化萎蔫，并且1～2周内迅速死亡；幼嫩吸芽苗可能变黑色、矮化和扭曲畸形；假茎和球茎维管束变褐色，并分泌大量菌脓，腐烂后发出臭味；果实也感病，表现干腐症状。诊断时要注意此病害与镰刀菌枯萎病相区别。镰刀菌枯萎病是植株下部叶片先发生黄化，逐渐向上部发展，枯萎叶片下垂但不脱落，假茎和球茎变黑褐色，但不见菌脓也无臭味；不侵染果实。

幼苗和吸芽苗感染香蕉劳尔氏细菌枯萎病后，假茎内维管束中可分泌出菌脓，成株的果柄内也可溢出菌脓。将假茎或果柄横切，插入瓶中并悬于水中，就会有菌脓溢出。真菌和其他细菌感染的植株一般不会有这种分泌菌脓的现象。这种诊断方法在田间初步诊断病害很有用。

（2）病原分离　可用NA、YPGA、TZC或2%蔗糖蛋白胨琼脂（SPA）培养基。可直接用植物病部的菌脓分泌物分离；用消毒的锋利小刀或剃须刀刀片将感病的茎或叶柄横切，如果菌脓渗出不够，用手指挤压使其渗出。将溢出的菌脓转移至少量的灭菌蒸馏水或者0.5mol/L的磷酸缓冲液（PB）中10～15min，制成悬浮液，然后培养基平板上划线培养，就能得到细菌的纯培养。为了避免分离过程中的杂菌污染，可以采用半选择性培养基，如用改良的TZC、SMSA或Sequeira等，也可以从水和土壤中分离病原。文献中使用最广泛的TZC配方（Kelman，1954）为蛋白胨1.0g，葡萄糖5.0g，水解酪蛋白1.0g，琼脂15g，水1 000mL，pH7.0；灭菌后冷却至55℃加1%TTC钠盐水溶液至终浓度0.005%。

（3）致病性测试　测试植物主要用香蕉，另外从马铃薯、烟草、番茄、茄子和姜中选2～3种感香蕉青枯劳尔氏杆菌的品种。先在温室或实验室培养供试植物幼苗；在NA、SPA或TZC平板上活化培养24h，配制成10^7cfu/mL的细菌悬浮液，用灭菌接种针蘸取菌液，针刺上部幼嫩叶片或（假）茎部；或者在茎基部注射10mL菌悬液接种。以灭菌水针刺或注射做对照。接种后在湿度90%条件下培养20～48h，然后在28～35℃和16h/d光照(8 000～11 000Lx)下生长。7d后观察发病情况，至接种后40d还不发病者视为不侵染。根据前述症状判定测试结果。

（4）菌落形态学鉴定　在TZC培养基上，具有毒性的菌株形成珍珠奶油白色、扁平、不规则流体状菌落，菌落中央常具有典型的螺环（whorls）；而无毒性菌株则形成较小、圆形、完全乳白色的非流体状菌落。在TZC和SMSA平板上，有毒菌株的菌落中央的螺环呈血红色；而无毒菌株的菌落小而圆，非流体奶酪状，完全红色。

（5）PCR检测　用基因组DNA试剂盒从植株病组织、带菌土壤或病原纯培养中提取基因组DNA；使用的引物对为3577F/3577R（5′-CGCCAGCGCGGTTTCACCTA-3′/5′-CCCCATGCACTATTCCTGGTTCCC-3′）。用其扩增出的目的片段产物长为481bp。扩增反应体系（25μL）含 0.4μmol/L 3577F，0.4μmol/L 3577R，12.5μL 2×TaqMix（0.1 U/μL Taq DNA 聚合酶，400μmol/L dNTPs，20mmol/L Tris-HCl，100mmol/L KCl，3mmol/L MgCl₂），1.0μL DNA 模板，加灭菌重蒸水至 25μL；扩增程序为 94℃ 预变性 5min；94℃ 变性 20s，60℃ 退火 20s，72℃ 延伸 30s，25 循环；最后 72℃ 延伸 10min。

电泳观察与结果判定：取 1.5μL 扩增产物，用 1.5%琼脂糖凝胶电泳 30min，经溴化乙啶染色后在紫外灯下观察，拍照记录指纹图谱。阳性对照（已知病原的 DNA）产生一条 481bp 的特异扩增产物条带；阴性对照（仅重蒸水）不出现此条带。若备测样品也出现与阳性对照相同的扩增条带，则判断为阳性（带菌），不产生此特异性条带的样品，判定为阴性（不带菌）。

（6）双重 PCR 检验（Cellier et al.，2015） 用基因组 DNA 试剂盒从植株病组织、带菌土壤或病原纯培养中提取病原的基因组 DNA；设置阳性对照（已知病原 DNA）和阴性对照（重蒸水）；使用的两个引物对为 93F/93R（5′-CGCTGCGCGGCCGTTTC AC-3′/5′-CGGTCGCGGCATGGGCTTGG-3′）及 93F/93R（5′-CGCTGCGCGGCCGTTTC AC-3′/5′-CGGTCGCGGCATGGGCTTGG-3′）；反应体系（25μL）含 1× PCR GoTaq Green 缓冲液、0.625 U GoTaq 热启动聚合酶，1.5mmol/L MgCl₂，0.2mmol/L 各种 dNTP，2μmol/L 每条引物，2.0μL 分子生物学级别的细菌悬浮液，加灭菌重蒸水至 25μL；用 Viriti 热循环 PCR 扩增仪扩增，反应程序为 96℃ 预变性 5min；94℃ 变性 13s，70℃ 退火 30s，72℃ 延伸 30s，35 循环；最后 72℃ 延伸 10min。

经琼脂糖凝胶电泳和溴化乙啶染色后在紫外灯下观察，并拍照记录。两对引物从阳性对照中分别扩增出 477 bp 和 661bp 的条带，阴性对照不产生该条带。若样品产生与阳性对照相同的两条特异条带，判定为阳性（带菌），否则为阴性（不带菌）。

（7）多重 PCR 检验（OEPPO/EPPO，2018） 此方法主要依据 Fegan 等（2005）和 Optina 等（1997）总结而得，可用于青枯劳尔氏杆菌复合种中全部 4 种演化型的菌株，所用的引物及其序列和特异性见表 6-12。其中 759/760 组成引物对，针对 4 种演化型检测，目的扩增片段 280bp 或 282bp，其为 4 种演化型细菌在植物体中编码一种特细蛋白的基因 IpxC；其他 4 个正向引物分别与反向引物 Nmult22-RR 组成引物对，分别特异性检测 4 种演化型，目的扩增片段分别为 144bp、172bp、91bp 和 213bp。

表 6-12　多重 PCR 鉴定青枯劳尔氏杆菌复合种的引物

引物	序列	特异性
759	5′-GTCGCCGTCAACTCACTTTCC-3′	全部 4 种演化型
760	5′-GTCGCCGTCAGCAATGCGGAATCG-3′	全部 4 种演化型
Nmult21-1F	5′-CGTTGATGAGGCGCGCAATTT-3′	演化型Ⅰ
Nmult21-2F	5′-AAGTTATGGACGGTGGAAGTC-3′	演化型Ⅱ
Nmult23-AF	5′-ATTACGAGAGCAATCGAAAGATT-3′	演化型Ⅲ
Nmult22-InF	50-ATTGCCAAGACGAGAGAAGTA-3′	演化型Ⅳ
Nmult22-RR	5′-TCGCTTGACCCTATAACGAGTA-3′	全部 4 种演化型

DNA 提取：将每个备测菌株及对照菌株的单菌落悬浮于 100μL 灭菌蒸馏水中，在密闭的微波炉中 95℃解热 12min，取出后置于冰中冷却，再脉冲离心获得 DNA 粗提液。将其保存于-20℃冰箱中备用。

反应体系（25μL）：PCR 反应混合液（Master Mix）的各成分见表 6-13。

表 6-13 Multiplex PCR 反应液构成

成分	浓度	量（μL）	终浓度
分子级纯水	—	15.25	—
PCR 缓冲液	5×	5	1×
$MgCl_2$	25mmol/L	1.5	1.5mmol/L
dNTPs（Promega）	10mmol/L	0.5	0.2mmol/L
759 正向引物	100μmol/L	0.04	0.16μmol/L
760 反向引物	100μmol/L	0.04	0.16μmol/L
Nmult21-1F	100μmol/L	0.06	0.24μmol/L
Nmult21-2F	100μmol/L	0.06	0.24μmol/L
Nmult23-AF	100μmol/L	0.18	0.72μmol/L
Nmult22-InF	100μmol/L	0.06	0.24μmol/L
Nmult22-RR	100μmol/L	0.06	0.24μmol/L
GoTaq DNA 聚合酶	5.0 U/μL	0.25	1.25 U
备测 DNA 模板	—	2.0	—
Master Mix 总量	—	50	—

PCR 反应条件：96℃预变性 5min；94℃变性 15s，59℃ 退火 30s，72℃ 延伸 30s，30 循环；最后 72℃延伸 10min。

对照设置：用 DNA 提取缓冲液做负菌株对照（NIC），监测 DNA 提取过程和随后的扩增操作中的污染；用已知的菌株 DNA 做阳性菌株对照（PIC）；负扩增对照（NAC）用以排除配制 PCR 反应混合液时可能受污染造成的假阳性；阳性扩增对照（PAC）用以监测扩增效率，即是否扩增到目标备测菌株的 DNA。这包括从备测菌株中提取的 DNA、从被侵染寄主组织提取的总核酸、全基因组扩增 DNA 或者合成的已知 DNA。

结果判断：NIC 和 NAC 不应出现扩增条带，PIC 和 PAC 应扩增出特定长度的片段条带；若备测菌株或样品出现阳性对照相同的特异性扩增条带，则为阳性带菌，若备测样品不出现扩增条带，则为阴性不带菌；如果获得结果有矛盾或疑点，需要重新进行检测。

2. 检疫监测

香蕉劳尔氏细菌枯萎病（菌）的检疫监测包括一般性监测、产地检疫监测和调运检疫监测。

（1）一般性监测 对比较湿润地带以及公路和铁路沿线的香蕉种植区、主要交通干线两旁区域、苗圃、有外运产品的生产单位、香蕉批发市场以及物流集散地等场所，需进行访问调查、田间大面积踏查、系统调查等。

访问调查：向当地居民询问有关香蕉劳尔氏细菌枯萎病发生地点、发生时间、危害情况，分析病害和病原传播扩散情况及其来源。每个社区或行政村询问调查30人以上。对询问过程中发现的香蕉劳尔氏细菌枯萎病（菌）疑似存在地区，进一步做深入重点调查。

大面积踏查：在香蕉劳尔氏枯萎病的非疫区，于香蕉开花和结果期进行一定区域内的大面积踏查，粗略地观察香蕉园病害发生情况。观察时注意是否有植株黄化枯萎，切开假茎和球茎观察内部维管束是否变褐色、腐烂并发出臭味。

系统调查：在香蕉生长结果期分别进行定点、定期调查。调查样地不少于10个，随机选取，每块样地面积不小于4m²；用GPS测量样地的经度、纬度、海拔。记录香蕉品种（品系）、种苗或吸芽苗来源、栽培管理制度或措施等。观察记录香蕉劳尔氏细菌枯萎病发生情况。若发现病害，则需详细记录发生面积、病株率和严重程度、产量损失等。香蕉劳尔氏细菌枯萎病危害程度分为0～5级：0级，果园植株生长健康正常，未见植株发病。1级，轻微发生，发病面积很小，只见个别或零星的发病植株，病株率5％以下，病级1级，造成减产<5％。2级，中度发生，发病面积较小，发病植株非常分散，病株率6％～20％，病级1～3级，造成减产5％～10％。3级，较重发生，发病面积较大，发病植株较多，病株率21％～40％，病级4级以下，个别植株死亡，造成减产11％～30％。4级，严重发生，发病面积较大，发病植株较多，病株率41％～70％，病级达5～6级，部分植株死亡，造成减产31％～50％。5级，极重发生，发病面积大，发病植株很多，病株率71％以上，多数植株病级6～7级，部分植株死亡，造成减产>50％。

在非疫区的监测：若大面积踏查和系统调查中发现疑似香蕉劳尔氏细菌枯萎病植株，要现场拍照，并采集具有典型症状的病株标本，装入清洁的标本袋内，标明采集时间、采集地点及采集人，送外来物种管理或检疫部门相关专家鉴定。有条件的，可直接将采集的标本带回实验室鉴定。实验室内检验主要检测香蕉植株（根系、茎、叶片）和土壤等是否带有病原。如果专家鉴定或当地实验室检测确定了香蕉劳尔氏细菌枯萎病（菌），应进一步详细调查当地附近一定范围内的香蕉园发病情况，同时及时向当地政府和上级主管部门汇报疫情，对发病区域实行严格封锁和控制。

在疫区的监测：根据调查记录香蕉劳尔氏细菌枯萎病发生范围、病株率等数据信息，参照有关规范和标准制定并采用恰当的病害综合防治策略，有效地控制病害，以减轻产量和经济损失。

（2）产地检疫监测 在香蕉原产地对香蕉种苗及其他繁殖材料进行的检疫监测，包括检疫踏查、室内检验、签发证书及监督生产单位做好繁殖材料选择和疫情处理等。

检疫踏查：主要进行田间症状观察，观察植株的生长状况，向香蕉种植者和管理人员询问，确定疑似香蕉劳尔氏细菌枯萎病危害的田块，对疑似发病香蕉园进行现场调查，若发现地上部表现症状的植株，剖开其根部和假茎部观察维管束组织，是否发生颜色变化。对地上部无明显症状的植株，随机抽取部分植株，观察其根部、假茎和果实部位维管束组织的颜色变化。采样前需对取样现场及病害症状拍照。疑似病株的取样应选取症状典型、中等发病程度的植株，取样部位包括球茎病健部交界组织（8cm×8cm）、根、假茎（长20cm）、果实和果柄；对新发病植株应取整个植株，所有样品采用坚韧纸质材料包裹，切勿采用塑料薄膜包裹。样品应附上采集时间、地点、品种的记录和田间照片，带回实验室后做进一步检验。

室内检验：主要检测香蕉植株、组培假植苗、吸芽苗、球茎、土壤等是否有香蕉青枯劳尔氏杆菌存在。需要进行病原分离纯化、显微镜形态观察鉴定、致病性试验和分子生物学检测。

检疫踏查和室内检验不带有香蕉青枯劳尔氏杆菌的香蕉组培假植苗、吸芽苗和球茎等签发准予输出的许可证。在产地检疫各个检测环节中，如果发现青枯劳尔氏杆菌，应根据实际情况，立即实施控制或铲除措施。疫情确定后1周内应将疫情通报给对种苗、吸芽苗和产品调运目的地的植物检疫机构和农业外来入侵生物管理部门，以加强目的地有关方面对相关产品的检疫监控管理。

（3）调运检疫监测　在香蕉产品的货运交通集散地（机场、车站、码头）实施调运检验检疫。检查调运的果实、组培苗、吸芽苗、蕉头等繁殖材料、包装和运载工具等黏附的土壤是否带有香蕉青枯劳尔氏杆菌。对受检物品等做现场调查，同时做有代表性的抽样，视货运量抽取适量的样品，带回室内进行常规诊断检测和分子学技术检测。

在调运检疫中，对检验发现带香蕉青枯劳尔氏杆菌的产品予以拒绝入境（退回货物），或实施检疫处理（就地销毁）；对确认不带菌的货物签发许可证放行。

六、应急和综合防控

对香蕉劳尔氏细菌枯萎病，需要依据病害的发生发展规律和流行条件，采用"预防为主，综合防治"的植物保护基本策略，在非疫区和疫区分别实施应急防控和综合防控措施。

1. 应急防控

应用于尚未发生过香蕉劳尔氏细菌枯萎病的非疫区，所有技术措施都以彻底灭除病原和控制病害为目的。无论是在交通航站检出带菌物品，还是在田间监测中发现香蕉劳尔氏枯萎病疫情，都需要及时地采取应急防控措施，以有效地扑灭病原或控制病害，以避免其扩散蔓延。

（1）调运检疫检出香蕉青枯劳尔氏杆菌的应急处理　对现场检出材料产品，应全部收缴扣留并销毁，或拒绝入境，或退回原地。对不能退回原地的要及时就地封存，然后视情况处理。

产品销毁处理：港口检出货物及包装材料可以直接沉入海底，机场、车站的检出货物及包装材料可以直接就地安全销毁。

消毒处理：可用碘甲烷或溴甲烷对有关产品进行熏蒸处理，在20℃和密闭条件下熏蒸24~48h，可杀灭繁殖材料或土壤携带的病原。

检疫隔离处理：如果是引进栽培的香蕉繁殖材料，必须在检疫机关设立的植物检疫隔离中心或检疫机关认定的安全区域隔离种植，经一定期间观察，确定无病后才允许释放出去。隔离种植需要在上海、北京和大连等设立的"A1类植物检疫隔离种植中心"的种植苗圃进行。

（2）香蕉园检出香蕉青枯劳尔氏杆菌的应急处理　在产地检疫中发现疫情后，要严禁发病区蕉类果实、吸芽、组织培养假植苗和蕉头调运出口到非疫区，确保非疫区蕉农种植健康的蕉苗。及时清除香蕉病株，对于零星发病植株，在病株离地面15cm处注入草甘膦溶液（大株10mL，小苗3mL）让其枯死，20d后再挖坑深埋；在已清除了病株的土壤撒施石灰、2%甲醛等进行消毒处理；对已发病的田块，一般用熏蒸剂或杀菌剂（如甲醛等药剂）进行 2~3 次土壤消毒处理，之后改种非香蕉类作物。在蕉园禁止漫灌和串灌，进出病区的农用工具、土壤、有机肥等需用石灰、高锰酸钾、甲醛等药剂进行消毒处理，农用工具消毒处理后需隔离存放，以切断介质传播途径。

在香蕉劳尔氏细菌枯萎病的非疫区监测到小范围疫情后，应对病害发生的程度和范围做进一步详细的调查，并报告上级行政主管部门和技术部门，同时要及时采取措施封锁病区（田），严防病害扩散蔓延。然后做进一步处理，铲除病田所有香蕉植物并彻底销毁；随后用碘甲烷或溴甲烷等药剂对病田及周围土壤做熏蒸处理，或用甲醛、高锰酸钾等药剂进行 2~3 次土壤杀菌处理。在处理后的发病香蕉园及周围农田，不再种植香蕉，而改种蔬菜、禾谷类或其他作物。

经过田间应急处理后，需要留一定小面积田块继续种植香蕉，以观察应急处理措施对香蕉劳尔氏细菌枯萎病的控制效果。若在 2~3 年内未监测到该病，即可认定应急铲除措施有效，并可申请解除当地的疫情应急状态。

2. 综合防控

应用于香蕉劳尔氏细菌枯萎病已普遍发生分布的疫区，基本策略是以使用健康无病种苗和加强栽培管理等预防措施为主，结合适时合理地应用化学药剂防治，将病害控制在允许的经济阈值水平以下。

（1）培育和使用健壮幼苗　因为目前国内外还没有发现抗香蕉劳尔氏细菌枯萎病的香蕉品种，所以培育和使用健康蕉苗是预防该病不可缺少的措施。从未发病地区的健康蕉园采集吸芽等繁殖材料育苗；苗床最好使用塘土或稻田土。如果是一般土壤，在植入繁殖材料前对苗圃土壤进行消毒灭菌处理，可喷洒甲醛、高锰酸钾等药剂对土壤进行处理，也可以用溴甲烷等熏蒸剂处理；育苗期间加强管理，合理施肥和用清洁水浇灌苗圃，培育生长健康旺盛的香蕉幼苗，以供建新果园使用。

（2）种苗处理　新种植的香蕉苗，在种植前用 1 000 倍高锰酸钾水溶液浸泡根部 5~6min，晾干后再种植到土壤中；或用 23％络氨铜水剂 400 倍稀释液，淋浇育苗营养杯内的土壤（每株淋 0.5~1kg），淋后 2~3d 再移植；种植穴也要用 8％水合霉素可溶性粉剂 2 000 倍液和 48％毒死蜱 1 000 倍液混合液灌淋（每穴淋 2~3kg），以杀死穴内的病原和地下害虫，以减少幼苗种植后根系受到的损伤。

（3）加强香蕉园栽培管理　①生长季节经常进行蕉园监测观察，田间发现病株要及时销毁，并在病株位置撒生石灰或喷施高锰酸钾等土壤消毒剂。②在香蕉生长发育过程中加强病虫草害防治，注意防治地下害虫，撒施熟石灰粉改良土壤 pH，消除病原生存、繁殖和侵染的条件。③同时要及时中耕除草，清除病原的次生寄主。在冬季要清洁香蕉园，清除蕉田中残枝败叶和杂草等，有条件的农户在冬季最好翻耕蕉田土壤，有效减少越冬菌源。④实行轮作和间套作，特别是对发病率较高的蕉园，须与非蕉类作物轮作或休耕，但休耕期也应注意清洁农田。⑤及时除掉粉蕉的花芽（粉蕉不需要开花结果，只要假茎和球茎产粉），同时在除芽后的伤口上喷药或涂药保护，可有效减少细菌侵染。⑥果实套袋。在香蕉果实早期套袋，可以阻止传菌害虫的危害和将传带的病原带入果实中，以有效减少果实发病。使用的塑料袋要求透光、宽松（适应果实生长）和结实（抗风雨）。

（4）药剂防治　迄今用于控制作物细菌性病害的药剂仅限于抗生素类，但效果也不太理想，一般需要蕉苗发病初期及时防治。可选用 2％春雷霉素可湿性粉剂 800 倍液、88％水合霉素可溶性粉剂 2 000 倍液、23％络氨铜水剂 400 倍液灌根，间隔 7～10d 施药 1 次，共施 2～3 次，每次每株淋 1.0kg 药液，香蕉植株较大时需要适当增加施药量；在香蕉抽蕾期前 7d 或初发病期，使用 20％噻菌铜悬浮剂 500 倍液，加上 98％噁霉灵可溶性粉剂 7.5g，适当混入腐殖酸（或氨基酸），灌根或喷淋根部（根部多喷），每株灌根药液约 1.5kg，以增强植株免疫力。视病情发生轻重程度，间隔 7～10d 施用 1 次，连续施用 2～3 次；另外还可每月给香蕉植株注射一次抗生素，如每株注射 20％农用链霉素可湿性粉剂 2 000 倍液 150～200mL。

野油菜黄单胞杆菌香蕉致病变种

导致香蕉黄单胞细菌萎蔫病的病原之一为野油菜黄单胞杆菌香蕉致病变种，其主要危害香蕉、大蕉和粉蕉，是我国的重要检疫对象物种。

一、起源和分布

20 世纪 60 年代在埃塞俄比亚的非洲粉蕉上首次发现并鉴定，但是此病可能在此之前就存在于乌干达北部地区零星栽培的香蕉上。现在主要分布于布隆迪、肯尼亚、卢旺达、刚果、坦桑尼亚和乌干达等东非和中非国家。

二、病原

1. 名称和分类地位

野油菜黄单胞杆菌香蕉致病变种（*Xanthomonas campestris* pv. *musacearum*），属于细菌界、变形菌门、γ-变形菌纲、黄单胞杆菌目、黄单胞杆菌科、黄单胞杆菌属，为野油菜黄单胞杆菌（*Xanthomonas campestris*）中的一个致病变种。迄今还没有发现该病原有致病性分化，即分类上还没有生理小种或生态型变异；但 Adriko 等（2015）通过 16S-23S ITS 序列枝序分析发现香蕉植物中存在非致病性黄单胞杆菌菌株。

2. 形态特征

该菌在葡萄糖琼脂等培养基上的菌落淡黄色，突起，表面黏汁状；在半选择性酵母蛋白胨蔗糖琼脂（YTSA-CC）培养基上，菌落圆形，淡黄色，黏汁状；菌落与球茎、假茎和果实内溢出的菌脓及颜色非常接近（彩图 6-24）。菌体杆状，无色，一根极生鞭毛，革兰氏染色阴性，严格好气性。在 King'B 培养基上不产生聚合 β-羟丁酸，氧化酶、络氨酸酶、硝酸盐还原、淀粉水解和明胶水解酶反应均为阴性。

三、病害症状

香蕉植株被侵染后，初期心叶或嫩叶表现受害症状，染病叶片下垂，呈疲软状态，在折叠部分出现浅灰褐色腐烂区，折叠部分可溢出黏稠分泌物。以后叶片和叶柄连接处破裂，之后所有叶片逐渐凋萎、破碎和皱缩，假茎和根茎内维管束异常变色，并形成细菌空腔，分泌出淡黄色至黄色菌脓。被侵染果实变小，早熟，略畸形，外部黄化，内部果肉变色，横切后也可见黄色菌脓。重病植株最终死亡、腐烂、坍塌（彩图 6-25）。

四、生物学特征和病害流行规律

香蕉、大蕉和粉蕉是该菌迄今已知的仅有寄主。香蕉植株病残体和土壤等携带的病原是初侵染源。带菌的昆虫及农具、发病植株和雨水飞溅等是病害传播的主要方式。叶片表面湿度对侵染很重要，给组培 3 个月的植株接种后保湿 72h，14d 内就可发病，而接种后不保湿的植株则不发病。这说明蕉园高湿度条件有利于病原侵染和发病，而雨水偏多、土壤湿度大、密植等都是引起蕉园高湿度的因子。相反，高温少雨或气候干旱，则不利于侵染发病。牛羊等动物、土壤中的甲虫和线虫等有害生物及农事操作等可带菌并传播病原，还可造成植株伤口，成为病原侵染的入口。病原具有潜伏侵染特性，带菌但未显症状的吸芽苗就地栽植和在不同地区间调运交换，可近距离和远距离传播病原。

五、诊断鉴定和检疫监测

大多可参照香蕉青枯劳尔氏杆菌的诊断鉴定和监测技术，但进行检测鉴定和监测时需要依据此病原及其诱发病害的特性。

（1）田间植株症状诊断 球茎、假茎和果实内肉质组织变色，菌脓淡黄至黄色，而非乳白色。田间诊断时要注意此病与其他几种香蕉萎蔫病症状相区别。①与镰刀菌枯萎病症状的区别：镰刀菌枯萎病是从下部叶片开始黄化枯萎，逐渐向上部叶片发展；枯萎叶片从叶柄处折倒下垂，不脱落；球茎和假茎内组织变黑褐色，无菌脓溢出；植株一般不倒塌，果实不被侵染。②与香蕉劳尔氏细菌枯萎病症状的区别：两者症状很相近，但感染香蕉劳尔氏细菌枯萎病的植株假茎、球茎、果柄和果实内变淡褐色，溢出的菌脓乳白色。③与香蕉欧文氏细菌软腐病的区别：香蕉欧文氏细菌软腐病主要是植株基部变色腐烂，球茎和假茎内组织变色较深（黑褐色），腐烂发臭并流出黑褐色菌脓，病株容易倒塌。

（2）分离培养和形态鉴定 横切果柄、果实和假茎等，挑取溢出的菌脓，用选择性培养基分离，如 YTSA-CC 培养基，含酵母精 1%、胰蛋白胨 1%、蔗糖 1%、琼脂 1.5%、头孢氨苄 150mg/L 和环己亚酰胺 150mg/L，pH 7.0，或 CCA 培养基，含葡萄糖 1g、酵母精 1g、蛋白胨 1g、NH_4Cl 1g、K_2HPO_4 3g、$MgSO_4 \cdot 7H_2O$ 1g、纤维二糖 10g 和琼脂 14g，最后加入头孢氨苄 30mg 和 5-氟尿嘧啶 10mg。在上述培养基上，此病原菌落淡黄色或黄色。革兰氏染色阴性；菌体单鞭毛极生。

（3）致病性试验 此细菌只侵染香蕉、大蕉和粉蕉等芭蕉科植物，不侵染其他植物。

（4）PCR 检测（Ivey et al.，2010） 采用特异性引物 BXW-1/BXW-3（5'-GTCGTTGGCACCATGCTCA-3'/5'-TCCGACCGATACGGCT-3'）；采用 2% CTAB，1.4mol/L NaCl，100mmol/L Tris-HCl（pH8），及 20mmol/L EDTA，从病组织或纯培养菌落中提取基因组 DNA；反应混合液含 1μL DNA 模板和 24μL 主混合液［每个引物 1.25μL，12.5μL GoTaq Green Mix（100 U/mL GoTaq DNA 聚合酶，400μmol/L dNTP 和 3mmol/L $MgCl_2$）及 10μL 重蒸水］；PCR 条件：95℃ 5min，30 循环（95℃、55℃、72℃各 30s），72℃延伸 5min；以灭菌水和不带菌样品做阴性对照；PCR 产物经 1.5%琼脂糖凝胶电泳和溴化乙啶染色后在紫外灯下观察拍照，进行结果判定。阴性对照和不带菌

样品无扩增条带，带菌样品（泳道 1～9）出现 214bp 扩增条带。

六、应急和综合防控

应急防控和综合防控可参照本节香蕉青枯劳尔氏杆菌的相关技术措施。另外，据文献报道，在东非国家采用坐果后立即去除雄花芽后表面伤口消毒保护，结合农具消毒灭菌，及时销毁发病植株和加强蕉园田间管理等措施，可以有效地控制病害。

噬胡萝卜欧文氏杆菌和菊花欧文氏杆菌

由噬胡萝卜欧文氏杆菌和菊花欧文氏杆菌引起的香蕉病害在全球分布比较广泛，其英文名称有 Banana bacterial wilt、Erwinia wilt、Erwinia head rot 等，但迄今国际上对该病尚没有公认的通用名称；其也有多个中文名称，如香蕉细菌性腐烂病、软腐病、蕉头腐烂病和心腐病等。在此笔者建议使用香蕉欧文氏细菌软腐病（Banana Erwinia rhizome-pseudostem soft rot），这既表明其病原类型又显示其主要症状特征，以便于读者对此准确理解和掌握。

一、起源和分布

笔者查阅了国内外大量文献资料，却没有记载此病起源相关报道。最早的记载（Wardlaw，1950 and Stover，1959）是 1949 年在洪都拉斯发现的由噬胡萝卜欧文氏杆菌引起的一种香蕉细菌性倒塌病（tip-over disease）。Hildreth（1962）报道，此病在危地马拉的香蕉上造成 80%～90% 的产量损失。Edward 等于 1973 年首次报道此病在印度发生，引起的产量损失高达 70%。此病现在亚洲、非洲和大洋洲等香蕉产区的分布相当广泛。我国于 2009 年首次在广东番禺地区发现此病，现在海南、广西、广东和台湾等地也有发生和危害，但是国内外有关该病害及病原研究方面的文献却非常有限。

二、病原

噬胡萝卜欧文氏杆菌和菊花欧文氏杆菌属于细菌界、变形菌门、γ-变形菌纲、肠杆菌目（Enterobacteriales）、肠杆菌科（Entero-bacteriaceae）、欧文氏杆菌属（Erwinia）。该病原在 NA 和 TZC 培养基上（彩图 6-26）的菌落乳白色，单菌落圆形，稍突起，表面光滑，边缘平齐；革兰氏染色阴性；菌体细胞杆状，周生鞭毛，单生、聚集成对或呈链状。

三、病害症状

感病植株初期叶片生长正常，之后很快黄化，出现枯萎症状，植株下部叶鞘变色枯死；新叶抽生缓慢或不发新叶。腐烂多从球茎基部向上扩展，或由球茎下部一侧向其他部位扩展。球茎及假茎内部维管束变黑褐色，腐烂，流出黑褐色汁液，并伴有恶臭气味。由于基部腐烂，植株抗风力差，遇风吹或者稍用力一推即倒塌（彩图 6-26）。

四、生物学特征和病害流行规律

寄主植物非常广泛，几乎可以侵染任何植物而致病，其中包括许多重要的种类。袁月等（2013）的研究结果表明，接种后产生腐烂症状的寄主有野芋（*Colocasia antiquorum*）、唐印（*Kalanchoe thyrsifloia*）、莲花掌（*Aeonis umarboreum*）、绯花玉（*Gymnocalycium baldianum*）、牡丹玉（*G. friedrichii*）、洋葱（*Allium cepa*）、非洲紫罗兰（*Saintpaulia ionantha*）、石竹（*Dianthus chinensis*）、马铃薯（*Solanum tuberosum*）、白菜（*Brassica rapa*）、野胡萝卜（*Daucus carota* var. *sativa*）；接种后产生坏死斑的寄主有龟背竹（*Monstera deliciosa*）、合果芋（*Syngonium podophyllum*）、一品红（*Euphorbia pulcherrima*）、万年青（*Rohdea japonica*）、烟草（*Nicotiana tabacum*）、德国鸢尾（*Iris germanica*）；接种后萎蔫的寄主有菊花（*Chrysanthemum indicum*）；接种后心叶萎蔫或出现病斑，接种部位变黑、腐烂的寄主有玉米（*Zea mays*）、水稻（*Oryza sativa*）和香蕉（*Musa nana*）。

该病原是一种土传细菌，植株、田间病残体和土壤都可带菌；还可随雨水飞溅、水流、农事操作和农具传播扩散。30℃以上的高温和高湿条件有利于侵染发病和促进植株腐烂。

健康的植物器官通常都可以抵抗该病原的侵染，因为其通过伤口或吸芽的叶鞘侵入植物组织。病原致病的生化因子使其能产生果胶酶、纤维素酶、蛋白酶、脂肪酶、木质素酶和核酸酶等，这些都是病原常见的毒力因子。病原分泌果胶酶降解植物细胞之间的果胶，导致细胞分离从而引起所谓的软腐病，不仅在田间致病，在收获后也引起产品腐烂。

五、诊断鉴定和检疫监测

对香蕉欧文氏根茎软腐病，大多可参照前述香蕉劳尔氏细菌枯萎病和香蕉黄单胞杆菌萎蔫病的诊断鉴定和监测技术，但进行检测鉴定和监测时需要依据本病原及其诱发病害的特性。

（1）田间植株症状诊断　香蕉欧文氏根茎软腐病的典型症状是植株基部腐烂变黑褐色，假茎和球茎内肉质组织变褐色，腐烂发臭，并流出黑褐色汁液；植株上部新叶易黄化萎蔫，易于脱落，植株容易倒塌。田间诊断时要注意此病与其他几种萎蔫病害症状相区别：①与镰刀菌枯萎病症状的区别：镰刀菌枯萎病是下部叶片先黄化枯萎，逐渐向上部叶片发展；枯萎叶片从叶柄折倒下垂，不脱落；球茎和假茎内组织变黑褐色，无菌脓溢出，不发臭；植株不易倒塌，果实不发病。②与香蕉劳尔氏细菌枯萎病症状的区别：植株假茎、球茎、果柄和果实内变淡褐色，溢出的菌脓乳白色；组织腐烂但不发臭；③野油菜黄单胞杆菌香蕉致病变种引起的香蕉萎蔫病的区别：球茎、假茎和果实内肉质组织变色、腐烂，菌脓淡黄至黄色。

（2）分离培养和细菌形态鉴定　可用 CVP、NA 和 TZC 培养基。菌落乳白色，单菌落圆形，稍突起，表面光滑，边缘平齐；革兰氏染色阴性；菌体细胞杆状，周生鞭毛，单生、聚集成对或呈链状。检验时可以直接挑取病组织中的水汁状菌脓，经革兰氏染色和鞭毛染色后在高倍显微镜下观察细菌形态。

（3）致病性试验　噬胡萝卜欧文氏杆菌的寄主范围广泛，除香蕉类植物外，还可侵染茄科、禾本科和豆科等很多类植物。致病性试验可选用香蕉、马铃薯、烟草和小麦等植物，在温室培养它们的幼苗，用病原悬浮液针刺或注射接种后保湿24h，72h后开始观察记录发病情况，这些供试植物都会发病，表现腐烂和萎蔫症状。

（4）PCR检测（噬胡萝卜欧文氏杆菌） 本方法摘自我国专利号CN 102 154 462B，其可用于病原纯培养、植物组织和土壤带菌检测。使用的引物为上游引物LF（5'-TTCGTCTAGAGGCCCAG GAC-3'）和下游引物LR（5'-TCAGCTTGTTCCGGATTGTT-3'）；样品为香蕉植株组织时，用CTAB法抽提香蕉植株组织中的DNA；样本为土壤时，每0.5g土壤用1mL无菌水浸泡0.5h，5 000r/min离心5min后取上清液，以上清液为模板；样品为病组织提取液时，用0.22pm的滤膜对病组织提取液进行过滤富集，制备高浓度的提取液直接作为模板。反应体系为25μL：Taq Master Mix（Taq DNA聚合酶、PCR缓冲液、Mg^{2+}、dNTP以及PCR稳定剂和增强剂组成的预混体系，浓度为2×）12.5μL，10 nmol/L的LF和LR引物各1μL，模板DNA 1μL，重蒸水补足至25μL；反应条件为94℃预变性5min；35循环（94℃变性20s，53℃退火20s，72℃延伸30s）；72℃总延伸10min。以灭菌水作为阴性对照；PCR产物经1.5%琼脂糖凝胶电泳和溴化乙啶染色后在紫外灯下观察拍照；结果判定。灭菌水阴性对照不显示扩增条带，不带菌样品也不产生扩增条带，带菌样品出现171bp的特异性扩增条带。

六、综合防控

对于该病害，要以使用健康无病种苗和加强栽培管理等预防措施为主的综合防控措施。①采用不带菌吸芽等材料和土壤，或结合土壤熏蒸和工具消毒等措施，繁育健壮的香蕉种苗，供新蕉园使用；幼苗在种植前用1 000倍高锰酸钾水溶液或甲醛浸泡根部5～6min，晾干后再种植到土壤中。②防病栽培管理措施包括合理密植，适当施肥和排灌水，以使蕉园通风透气和降低环境（土壤）湿度；与菠萝等不感病植物间套作，发病较重的蕉园2～5年内不再种植香蕉，而改种非寄主作物；经常性监测调查，发现病株立即铲除销毁，同时对病株下土壤彻底消毒；加强病虫草害防治，减少害虫传病和田间菌源；在冬季要清洁香蕉园，清除蕉田中残枝败叶和杂草等，在冬季最好翻耕蕉田土壤，有效降低病原的越冬菌源。③化学防治：使用的药剂和方法，可参照香蕉青枯劳尔氏杆菌的相关防治技术。

主要参考文献

冯建军，汪莹，章桂明，等，2016. 香蕉细菌性萎蔫病检疫鉴定方法. SN/T 4032—2016：中华人民共和国出入境检疫行业标准.

龙梦玲，2006. 广西香蕉细菌性病害研究. 桂林：广西大学.

漆艳香，谢义贤，张辉强，等，2005. 香蕉细菌性枯萎病实时荧光PCR检测方法的建立. 华南热带农业大学学报，11（1）：1-5.

徐进，陈林，许景生，等，2008. 香蕉细菌性枯萎病菌在中国的潜在适生区域. 植物保护，35（3）：2733-238.

袁月，陈雪凤，李华平，等，2013. 香蕉细菌性软腐病菌的寄主范围及香蕉品种的抗性测定. 华南农业大学学报，34（1）：23-27.

张传飞，钟国强，赵立荣，等，2004. 香蕉细菌性枯萎病菌的检疫鉴定方法. SN/T 1396—2004：国家质量监督检验检疫总局.

Albuquerque G M R，Santos L A，et al.，2014. Moko disease-causing strains of *Ralstonia solanacearum* from Brazil extend known diversity in paraphyletic phylotype II. Phytopathology，104（11）：1175 - 1182.

Alvarez A M，2005. Diversity and diagnosis of *Ralstonia solanacearum*. In Allen C，Prior P & Hayward AC（eds）. Bacterial wilt disease and the *Ralstonia solanacearum* species complex.（APSPress：St. Paul）. 437 - 447.

Aragaki M，Quinon V，1965. Bacterial wilt of ornamental gingers（*Hedychium* spp.）caused by *Pseudomonas solanacearum*. Plant Disease Report，49：378 - 379.

Blomme G，Dita M，Jacobsen K S，et al.，2017. Bacterial diseases of dananas and enset：current state of knowledge and integrated approaches toward sustainable management. DOI：10. 3389/fpls. 2017. 01290.

Buddenhagen I W，1961. Bacterial wilt of bananas：history and known distribution. Tropicalagriculture，Trinidad，38：107 - 121.

Buddenhagen I W，1994. Moko disease. in：Ploetz R. C，Zentmyer G. A，Nishijima W. T，Rohrbach K. G，Ohr H. D（eds.）Compendium of tropical fruit disease. St. Paul，APS Press，15 - 16.

Buddenhagen I，2009. Blood bacterial wilt of banana：history，field biology and solution. Acta Hortic. 828，57 - 68. DOI：https：//doi. org/10. 17660/ActaHortic.，828：4.

Buddenhagen I，Sequeira L，Kelman A，1962. Designation of races of *Pseudomonas solanacearum*. Phytopathology（Abstract），52：726.

CABI，2021. *Ralstonia solanacearum race 2*（moko disease）. In：Invasive Species Compendium.（2021 - 03 - 22）［2021 - 09 - 17］https：//www. cabi. org/isc/datasheet/44999♯toDistributionMaps.

Cellier G，Arribat S，Chiroleu F，et al.，2017. Tube-wise diagnostic microarray for the multiplex characterization of the complex plant pathogen *Ralstonia solanacearum*. Frontiers in Plant Science，8，821.

Cellier G，Moreau A，Chabirand A，et al.，2015. A duplex PCR assay for the detection of *Ralstonia solanacearum* phylotype Ⅱ strains in *Musa* spp. PLoS One.，10（3）：e 0122182. DOI：10. 1371/journal. pone. 0122182. https：//www. ncbi. nlm. nih. gov/pmc/articles/PMC 4374791/.

Cook D，Sequeira L，1994. Strain differentiation of *Pseudomonas solanacearum* by molecular genetic methods. In Hayward AC & Hartman GL（eds）Bacterial wilt：the disease and its causative agent，*Pseudomonas solanacearum*. Wallingford，UK：CAB International，P. 77 - 94.

Delgado R，Morillo E，Buitrón J，et al.，2014. First report of Moko disease caused by *Ralstonia solanacearum race 2* in plantain（Musa AAB）in Ecuador. New Disease Reports，30：23.

Eden-Green S J，1994. Banana blood disease. INIBAP Musa Disease Fact Sheet No. 3Roma：Food and Agriculture Organization of the UnitedNation.

Edward J C，Tripathi S C，Singh K P，1973. Observations on a "Tip-over" disease of banana in Allahabad. Current Science，42：696 - 697.

European and Mediterranean Plant Protection Organization，2005. *Ralstonia solanacearum*. EPPO Bulletin，34：155 - 157.

Fegan M，2005. Bacterial wilt diseases of banana：evolution and ecology. In Allen C，Prior P & Hayward AC（eds）. Bacterial wilt disease and the *Ralstonia solanacearum* species complex.（APSPress：St. Paul），379 - 386.

Fegan M，Prior P，2005. How complex is the "*Ralstonia solanacearum* species complex"? In Allen C，

Prior P & Hayward AC (eds). Bacterial wilt disease and the *Ralstonia solanacearum* species complex. (APS Press：St. Paul)，449 – 461.

Fegan M，Prior P，2006. Diverse members of the *Ralstonia solanacearum* species complex cause bacterial wilts of banana. Australasian Plant Pathology，35：93 – 101.

French E R，Sequeira L，1970. Strains of *Pseudomonas solanacearum* from Central and South America：a comparative study. Phytopathology，70：506 – 512.

Gŏumann E，1921. Onderzoekingen over de bloedziekte der bananen op Celebes I. Mededelingen van het. Instituut voor Plantenziekten，50：1 – 47.

Hayward A C，1991. Biology and epidemiology of bacterial wilt caused by *Pseudomonas solanacearum*. Annual Review of Phytopathology，29：67 – 87.

Hayward A C，1994. Systematics and phylogeny of *Pseudomonas solanacearum* and related bacteria. In Hayward AC & Hartman GL (eds) Bacterial wilt：the disease and its causative agent，*Pseudomonas solanacearum*. Wallingford，UK：CAB International. P 123 – 135.

Hunduma T，Sadessa K，Hilu E，et al.，2015. Evaluation of enset clones resistance against enset bacterial wilt disease (*Xanthomonas campestris* pv. *musacearum*). J Veterinar Sci. Technol，6：232. DOI：10. 4172/2157 – 7579. 1000232.

Hyde K D，McCulloch B，Akiew E，et al.，1992. Strategies used to eradicate bacterial wilt of Heliconia (race 2) in Cairns，Australia，following introduction of the disease from Hawaii. Australasian Plant Pathology，21：29 – 31.

Jones D，2016. Handbook of diseases of banana，abeca and enset. (2016 – 05 – 11)［2021 – 09 – 29］https：//www. resear chgate. net/publication/305655388 _ Moko _ disease _ of _ banana _ Ralstonia _ solanacearum.

Liberato J R，Gasparotto L，2006. Moko disease of banana (*Ralstonia solanacearum*) Updated on 7/27/20164，55：29.

Lin B R，2010. First report of a soft rot of banana in mainland China caused by *Dickeya* sp. (*Pectobacterium chrysanthemi*). Plant Disease，94 (5)：640.

Ma B，Michael，et al.，2007. Host range and molecular phylogenies of the soft rot Enterobacteria genera Pectobacterium and Dickeya. Bacteriology，97 (9)：1150 – 1162.

Nagaraj M S，Umashankar N，Palanna K B，et al.，2012. Etiology and management of tip-over disease of banana by using biologic agents. Int. Nat. J Adv. Bio. Research，2 (3)：483 – 486.

OEPPO/EPPO，2018. PM 7/21 (2) *Ralstonia solanacearum*，*R. pseudosolanacearum* and *R. syzygii* (*Ralstonia solanacearum* species complex). Bulletin OEPP/EPPO Bulletin，48 (1)：32 – 63.

Opina N，Tavner F，Hollway G，et al.，1997. A novel method for development of species and strain-specific DNA probes and PCR primers for identifying *Burkholderia solanacearum* (formerly *Pseudomonas solanacearum*). Asia Pac J Mol Biotechnol，5 (12)：19 – 30.

Paret M L，Sharma S K，Alvarez A M，2012. Characterization of biofumigated *Ralstonia solanacearum* cells using micro-raman spectroscopy and electron microscopy. Phytopathology，102 (1)：105 – 113.

Poussier S，Trigalet-Demery D，Vandewalle P，et al.，Genetic diversity of *Ralstonia solanacearum* as assessed by PCR-RFLP of the hrp gene region，AFLP and 16S rRNA sequence analysis，and identification of an African subdivision. Microbiology，146：1679 – 1692. https：//www. microbiologyresearch. org/docserver/fulltext/micro/146/7/1461679a. pdf.

Prior P，Fegan M，2005. Diversity and molecular detection of *Ralstonia solanacearum* race 2 strains by multiplex PCR. In Allen C，Prior P & Hayward AC（eds）. Bacterial wilt disease and the *Ralstonia solanacearum species complex*.（APS Press：St. Paul），p. 405 – 415.

Raymundo A K，Orlina M E，Lavina W A，et al.，2005. comparative genome plasticity of tomato and banana strains of *Ralstonia solanacearum* in the Philippines In：Allen C，Prior P，Hayward AC，editors. Bacterial wilt disease and the *Ralstonia solanacearum* species complex. St Paul，MN：American Phytopathological Society（APSPress），387 – 393.

Roesmiyanto L H，Hutagalung L，1989. Blood disease（*P. celebesis*）on banana in Jeneponto-Sulawesi Selatan［abstract in English］. Hortikultura，27：39 – 41.

Saddler G S，1994. *Burkholderia solanacearum*. IMI Descriptions of pathogenic fungi and bacteria. No. 1220.（International Mycological Institute：Kew，UK）.

Safni I，Cleenwerck I，De Vos P，et al.，2014. Polyphasic taxonomic revision of the *Ralstonia solanacearum* species complex：proposal to emend the descriptions of *R. solanacearum* and *R. syzygii* and reclassify current *R. syzygii* strains as *R. syzygii* subsp. *syzygii* subsp. nov.，*R. solanacearum* phylotype Ⅳ strains as *R. syzygii* subsp. *indonesiensis* subsp. nov.，banana blood disease bacterium strains as *Ralstonia syzygii* subsp. *celebesensis* subsp. nov. and *R. solanacearum* phylotype Ⅰ and Ⅲ strains as *R. pseudosolanacearum* sp. nov. Int J Syst Evol Microbiol，64：3087 – 3103.

Schnfeld J，Gelsomino A，van Overbeek L S，et al.，2003. Effects of compost addition and simulated solarisation on the fate of *Ralstonia solanacearum* biovar 2 and indigenous bacteria in soil. FEMS Microbiol. Ecol.，43：63 – 74.

Seal S E，Jackson L A，Young J P，et al.，1993. Differentiation of *Pseudomonas solanacearum*，*Pseudomonas syzygii*，*Pseudomonas pickettii* and the Blood Disease Bacterium by partial 16S rRNA sequencing：construction of oligonucleotide primers for sensitive detection by polymerase chain reaction. J Gen Microbiol，139：1587 – 1594.

Sequeira L，1998. Bacterial wilt：the missing element in international banana improvement programs. in Bacterial Wilt Disease：Molecular and Ecological Aspects eds Prior P.，Allen C.，ElphinstoneJ.，editors.（Berlin：Springer-Verlag；），6 – 14.

Stover R H，1959. Bacterial rhizome rot of banana. Phytopathology，49：290 – 292.

Taghavi M，Hayward C，Sly L I，et al.，1996. Analysis of the phylogenetic relationships of strains of *Burkholderia solanacearum*，*Pseudomonas syzygii*，and the blood disease bacterium of banana based on 16S rRNA gene sequences. Int. J. Syst. Bacteriol.，46：10 – 15.

Thiyagarajan V，Yenjerappa S T，Sunkad G，et al.，2017. Survey on tip-over disease of banana caused by *Erwinia carotovora* subsp. *carotovora*（Jones）Holland in parts North Eastern Karnataka，India. Int. J. Curr. Microbiol. App. Sci，6（6）：2973 – 2976. DOI：https：//doi. org/10. 20546/ijcmas，606：354.

Thurston H D，Galindo J J，1989. "Moko del banano y el plátano," in Enfermedades de Cultivos en elTrópico（Turrialba：CATIE；），125 – 133.

Thwaites R，Eden-Green S J，Black R，2000. Diseases caused by bacteria. In Diseases of Banana，Abacá and Enset，D. R. Jones（ed.），213 – 239. Wallingford，UK：CABIPublishing.

Tripathi L，Tripathi J N，Tushemereirwe W K，et al.，2006. Development of a semi-selective medium for isolation of *Xanthomonas campestris* pv. *musacearum* from banana plants. European Journal of Plant Pathology，117（2）：177 – 186.

Tushemereirwe W，Kangire A，Smith J，et al.，2014. Outbreak of bacterial wilt on banana in Uganda.

Infomusa，12（2）：6-8.

Villa J E，Tsuchiya K，Horita M，et al.，2005. Phylogenetic relationships of *Ralstonia solanacearum* species complex strains from Asia and other continents based on 16S rDNA，endoglucanase，and *hrpB* gene sequences. J Gen Plant Pathol.，71：39-46.

Vézina A，Vanden-Bergh I，2019. Xanthomonas wilt ofbanana. Promusa，（2019-11-06）［2021-09-17］http：//www. promusa. org/Xanthomonas+wilt.

Wardlaw C W，1950. Banana diseases Ⅷ. Notes on the various diseases occurring in Trinidad. Trop Agric. 12：143-149.

Zheng X F，Zhu Y J，Liu B，et al.，2017. Invasive properties of *Ralstonia solanacearum* virulent and avirulent strains in tomato roots. Microbial Pathogenesis，113：144-151.

Zulperi D，Sijam K，Ahmad Z A M，et al.，2016. Genetic diversity of Ralstonia solanacearum phylotype Ⅱ sequevar 4 strains associated with Moko disease of banana（*Musa* spp.）in Peninsular Malaysia，Europ. J. Plant Pathology，144（2）：257.

第八节　烟草青枯病及其病原

烟草青枯病（tobacco bacterial wilt）又称为格兰维尔青枯病（Granville bacterial wilt），是热带、亚热带和温带地区烟草的主要病害之一（Hayward，1991），是全球烟草上仅次于黑胫病和病毒病的第三大病害，已经成为威胁世界烟草生产的一大毁灭性病害。烟草青枯病在我国的分布相当广泛，并且在一些地区不时暴发流行，局部地区发病相当严重，经常与烟草黑胫病、根结线虫病混合发生，严重时可导致全田烟草枯死，引起严重的危害，给烟农造成巨大的经济损失（丁伟 等，2018；Rodriguez et al.，2019）。

一、起源和分布

1. 起源

因为青枯劳尔氏杆菌是一个复合种，其由不同的生理小种或遗传演化类型构成，不同小种或演化类群的起源及地理分布存在较大差异，据黄俊斌等（2014）描述，烟草青枯病于1864年在印尼首次被发现。

2. 国外分布

烟草青枯病是热带、亚热带和温带地区烟草的主要病害之一（Hayward，1991），其发生普遍和危害严重的国家包括亚洲的日本、马来西亚、巴基斯坦、斯里兰卡、新加坡、亚美尼亚、缅甸、朝鲜、韩国、伊朗、印尼、泰国和越南，美洲的美国、巴西和墨西哥，非洲的南非、坦桑尼亚、索马里等；在欧洲，此病害发生不普遍，其中匈牙利、丹麦、俄罗斯、意大利等国有过报道，但法国、德国和英国等尚无有关此病害的报道。

3. 国内分布

烟草青枯病在中国的分布较为广泛，根据1989—1991年16个产烟省（自治区）（除台湾外）生产上青枯病造成危害的损失调查显示，我国长江流域及其南方烟区该病害普遍发生，其中以广东、福建、台湾、湖南、江西、广西东部、安徽南部、四川、重庆及贵州局部烟区危害严重，个别年份常常暴发流行，造成毁灭性损失。近几年来，该病的发病和危害范围还有向北方烟区扩展的趋势，在山东、河南、河北、陕西、甘肃、宁夏及辽宁等省份都有该病发生的报道，有时在局部地区危害还比较严重。

二、病原

1. 名称

烟草青枯病的病原为青枯劳尔氏杆菌。

2. 形态特征

参考本章香蕉青枯劳尔氏杆菌。

三、病害症状

烟草青枯病是典型的维管束病害，根、茎、叶都可受害，其典型的症状是枯萎。在发病初期，晴天中午可见烟株一侧1～2片叶凋萎下垂，夜间可以复苏，萎蔫一侧的茎上有褪绿条斑，萎蔫叶片仍为青色，故称为青枯病。发病中期，烟株一般表现一侧叶片枯萎，另一侧叶片比较正常，这时拔出根部，可见发病一侧许多侧根变黑腐烂，但另一侧比较正常。随着病情加重，茎秆上褪绿条斑变为黑色条斑，可达叶片的叶柄和烟株顶部，发病中期枯萎叶片褪绿，然后逐渐变黄，大部分叶片萎蔫；潮湿条件下，黄化萎蔫叶片表面可见乳白色菌脓；有条斑的茎和根部变黑，茎秆中髓部形成空腔，或仅留木质部呈蜂窝状，剖开茎秆可见。到发病后期，全部叶片萎蔫变黄，根部全部变黑腐烂，直至整株枯死；病株茎和叶脉导管变黑，挤压横切茎部有黄白色乳状黏液，即病原细菌的菌脓，潮湿条件下田间大量病叶腐烂掉落，或整株腐烂；腐烂组织有臭味和苦味；植株残桩上也可溢出乳白色菌脓（彩图6-27）。

四、生物学特性和病害流行规律

1. 寄主范围

寄主范围比较广泛，主要侵染和危害各种烟草、马铃薯、番茄、茄子和花生等作物，还能侵染其他多科的植物。

2. 侵染循环

病害的侵染循环是指作物生长季节末期（寄主作物收获）到下一个生长季节末期病害（病原）的发展变化过程（图6-12）。

（1）越冬　烟草收获后，病原主要潜伏于土壤及遗落在土壤中的病残体中越冬，也能在各种冬季生长的寄主体内及根际越冬。烟草青枯病的主要初侵染源是土壤、病残组织和肥料中的病原。据研究，病原在病残体和高持水性土壤中可以存活数年，其分布于土表下达30cm厚的土层中，在种植感病植物的田间土壤中细菌菌源量会不断累积，病害发生严重程度与田间土壤中特定株系的侵染性和菌源量密切相关（Mila et al.，2018）。

（2）传播途径　土壤中的细菌接种体可通过土壤中的水循环传播而与烟草植株根系接

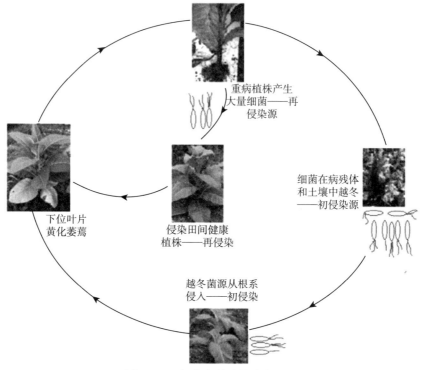

图 6-12 烟草青枯病的病害循环

触，从表面的伤口侵入；土壤中的细菌还可以随灌溉水和雨水在不同植株间和田间传播，也可随河水进行远程传播；在烟苗移栽、中耕除草和抹芽打顶等农事操作过程中，人体和使用的机械等工具也可沾染和传播病原。

（3）侵染 青枯劳尔氏杆菌一般不能从叶片气孔侵入。烟草移栽或中耕除草、打顶抹芽等农事操作造成的伤口，侧根滋生点形成的伤口，根结线虫和地下害虫危害造成的伤口，以及暴风雨等造成的地上部植株表面伤口等，都是病原侵染烟苗植株的通道，病原从这些通道侵入根系、茎秆和叶片组织内（Mila et al.，2018）。

（4）潜育和显症 病原侵入烟草根系或叶片等的表皮组织后，便很快进入维管束中，通过输导组织在植株体内转移，形成系统侵染。病原在维管束内不断增殖，并产生和分泌大量胞外多糖，造成维管束阻塞，干扰植株的水分输导；同时还可能产生细胞壁降解酶或其他毒素，破坏寄主导管壁和细胞代谢。这两方面的生理病变不断发展，从而使得感病烟苗逐渐失水，显现出黄化和萎蔫症状。

3. 发病条件

气候条件、土壤和一些生物因素都对烟草青枯病的发生和流行具有重要影响。

（1）气候 病原喜温暖、潮湿的气候环境，温度在 25～35℃ 时有利于其增殖，土壤潮湿和偏酸性最有利于此细菌的侵染和致病，而在干燥的土壤中和 10℃ 以下其侵染就会受到抑制；低温、高湿或高温、干旱都不能使病害发生和流行，发病最适宜的温度为 30～35℃。

湿度是影响该病发生并流行的另一重要因素。雨量多湿度大，病害发展快，危害重；相反雨量少，湿度低，病害发展受抑制，危害相对较轻。暴风雨或久旱后遇暴风雨或时雨时晴的闷热天气有利于病害的发生和流行。

（2）土壤　不同土壤类型青枯病的发病程度差异较大，一般情况下水田烟发病较轻，旱地烟发病较重；土质黏重易板结或土壤含沙量过高都易诱发病害，沙壤土发病较轻；通常地势高的烟地发病较轻，地势低的烟地发病较重，低洼积水处更重，田块的入水口或流水经过处也较重；另外，青枯病在偏酸性的土壤发病稍重，在碱性土壤上发病较轻。

土壤肥力和肥料种类、数量都对青枯病的发生有较大的影响，土壤肥力过高或施用氮肥过多，易造成烟株营养不协调，生长过于幼嫩，贪青晚熟，降低了烟株自身的抗病性，从而可加重病情；硝态氮对烟草生长有利，铵态氮对烟草生长不利，所以施用铵态氮的地块发病也较重；硼肥是烟株维管束发育所必需的微量元素，如果烟草生长过程中缺硼，会导致维管束发育不良，顶芽萎缩，植株不壮，易受危害。

（3）种植方式　烟草连作和大面积成片种植，非常有利于土壤和环境中病原的增殖和侵染源的累积，所以很容易引起青枯病连年流行。

（4）物候期　烟苗播种和移栽期对青枯病的发生也有影响，一般移栽期早，可使采收期避开发病盛期，造成的损失较小，反之损失较大。

（5）生物因素　害虫（尤其是地下线虫和害虫）和其他病害的危害，不仅可造成青枯劳尔氏杆菌侵染的伤口通道，还造成烟株生长不良和抗病力减弱，所以也有利于青枯病的发生和流行。

在我国，由于各地区的地理环境和气候条件变化很大，青枯病在各地区的发生发展态势存在很大差异，一般由北向南、由西向东青枯病的始发期逐渐提早、危害程度逐渐加重。如福建、广东等东部地区4月上旬或更早可见发病，6月初或更早进入盛发期；在安徽等稍偏北的省份青枯病发生大约要推迟1个月，最早可在5月上旬发病，7月以后进入盛发期。黄俊斌等（2014）的调查表明，湖北几个县市6月中旬始见烟草青枯病发病，以后病情逐渐加重，到7月底进入盛期，8月中旬病害不再增长而进入稳定期（图6-13）。另外，同一地区不同的海拔高度因为气温在生长季节回升速度不一样，所以青枯病发病早晚也存在差异，一般平原或低海拔烟区发病早一些，而海拔较高的山区烟田发病较晚。

五、诊断鉴定和检疫监测

根据本文前面所描述的病原特征和病害发生流行规律，参照国内外有关文献资料，拟定烟草青枯病的诊断鉴定、监测技术和预测预报。

1. 诊断鉴定

烟草青枯病的诊断鉴定技术包括几种传统的常规诊断鉴定方法和分子生物学检测方法。

（1）症状学诊断　用于烟草作物田间青枯病的初步诊断，诊断的依据是前述病害的症状特征。需要注意的是烟草青枯病在田间常与黑胫病混合发生，在诊断时要注意两种病害的症状区别。烟草黑胫病植株叶片萎蔫变黄，但它是两侧一并萎蔫变黄，潮湿条件下病部表面有霉状物，茎基部变黑但不表现条斑，茎内变褐色，挤压茎部横切口无乳白色乳状黏液（菌脓）；而烟草青枯病植株多为一侧黄化萎蔫，潮湿条件下病部有乳白色菌脓，茎基

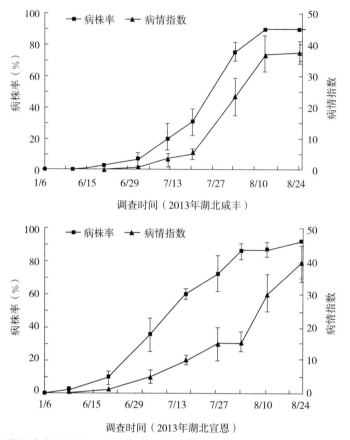

图 6-13 湖北咸丰和宣恩 2013 年烟草生长季节青枯病的增长曲线（黄俊斌 等，2014）

部条斑变黑色可直达植株顶部，挤压根、茎横切口有乳白色菌脓溢出，根、茎内部维管束变黑色，腐烂组织有臭味和苦味。

（2）菌溢试验 从田间采集疑似青枯病烟草植株，取若干段 10～20cm 的茎秆，插入盛有清水的三角瓶等容器中，数小时或过夜后检查，就会看到露出水面的茎秆上端切口上面分泌出乳白色细菌菌溢。如果没有菌溢泌出，可能就不是青枯病。

（3）病原分离及形态学鉴定 从发病显症或侵染未显症烟草组织、带菌基物（土壤、有机肥和水）中分离青枯病菌，可用 TZC 和 SMSA 平板培养基等。中外文献报道，分离青枯病菌使用最广泛的是 TZC 培养基，其配方（Kelman，1954；French et al.，1995）为蛋白胨 1.0g，葡萄糖（或蔗糖）2.5g，水解酪蛋白 1g，琼脂 15g，蒸馏水 1 000mL，pH7.0；灭菌后冷却至 55℃后加 1%TZC 钠盐水溶液至终浓度 0.005%。为了抑制杂菌生长，一般用半选择性 TZC 培养基，在冷却并加入 1%TZC 钠盐水溶液后，再加硫柳汞钠 5～50μL、结晶紫 50mg、多黏菌素硫酸盐 100mg、短杆菌素 20mg、氯霉素 5mg 和放线菌酮 50mg。此培养基还可用于菌种保存、生化试验等研究。SMSA 的配方为细菌蛋白胨 10g，丙三醇 5mL，酪蛋白 1g，琼脂 17mg，蒸馏水 1 000mL；半选择性 SMSA 培养基是在 121℃高压灭菌 15min 并冷却至 55℃后在每 250mL 中加入 TZC 1.25mL、多黏菌素硫酸盐 100mg、结晶紫 125μL、杆菌肽 625μL、青霉素 1.25μL 及氯霉素 1.25μL。

分离纯化：如果从已知的病根或茎组织中分离，用灭菌手术刀剥去烟草病部表层，取内部组织小块，置于适量灭菌蒸馏水中 10～13min，使组织中的病原溢出制成细菌悬浮液；对于未表现症状的烟草根茎或叶片组织，先用 70％酒精表面消毒，灭菌水洗净组织表面残留的酒精，于灭菌研钵中匀浆或捣碎后加灭菌水制成悬浮液；如果是土壤和有机肥等材料，直接放入灭菌水中制成悬浮液。将悬浮液或带菌水适当稀释后在平板培养基上划线，或者用移液枪取 0.1mL 悬浮液涂布在平板培养基上，在 28℃温箱中培养 48～72h后，用火焰灭菌的接种针或接种环蘸取典型的细菌菌落，划线转接到新的培养基平板上，如此重复转接，直到得到纯培养。对田间有明显症状的烟草，还可用灭菌小刀切取约 10cm 茎或根段，插入试管内的灭菌水中 2～4h 或过夜让菌脓溢出，或用手挤压维管束让细菌菌脓溢出，再用灭菌接种针（或接种环）蘸取菌脓，直接在培养基上划线培养和纯化。

菌种保存：将纯培养划线接种到 TZC 试管斜面上，菌落长出后在 4℃培养箱中保存备用；如果将纯化的细菌放入甘油中，在 −80℃下可以长期保存，使用时先用 TZC 培养基活化即可。

形态鉴定：①菌落形态观察，直接观察记录 TZC 平板上的细菌菌落形态（形状、颜色、表面和边缘光滑度等），测量大小并拍照。②菌体观察，先进行革兰氏染色和鞭毛染色，然后在光学显微镜的高倍（油）镜下或用扫描电镜观察细菌的形状、鞭毛数量、测定细胞大小和鞭毛长度，并拍照。③对照前述青枯劳尔氏杆菌菌落和菌体特征，得到形态学鉴定结果。

革兰氏染色方法：用接种环蘸取一满环菌悬液于载玻片中央，将载玻片在酒精灯火焰上加热固定，将 0.5％结晶紫涂抹到载玻片中央的细菌液涂层上，30s 后在自来水龙头小流水下轻轻冲洗 60s；然后加碘液于载玻片中央，60s 后用自来水冲洗，用 95％酒精脱色至无色为止；再用番红液重复染色约 10s，用水冲洗，干燥后在显微镜的 40×物镜（油镜）下观察。革兰氏阳性菌呈蓝紫色，革兰氏阴性菌呈红色。

鞭毛染色方法（Leifson 氏法）：配制染料 $KAl(SO_4)_2$ 饱和水溶液 20mL，20％鞣酸10mL，蒸馏水 10mL，95％乙醇 15mL，碱性复红（95％乙醇饱和溶液）3mL，依次加入试剂瓶中后充分混匀并盖紧（可保存 1 周）。染色操作：制备良好的涂片，滴加染液，30℃左右放置 10min；自来水洗，在室温下用硼砂美蓝（美蓝 0.18、硼砂 1g 加蒸馏水100mL 配成）复染（也可省略此步）；自来水洗净，干燥后在 100×物镜（油镜）下镜检。烟草青枯病菌有 1～3 根鞭毛，鞭毛红色，细胞蓝色。

（4）生化型鉴定　根据青枯劳尔氏杆菌菌株对双糖（纤维二糖、乳糖和麦芽糖等）和己醇（甘露醇、山梨醇和半乳糖醇等）的利用情况（生化反应）而将菌株划分为不同的生化类型（Hayward，1954；Kumar et al.，2017）。检测使用矿物质培养基为基础培养基，其配方为 $NH_4H_2PO_4$ 1.0g、KCl 0.2g、$MgSO_4 \cdot 7H_2O$ 0.2g、蛋白胨 1.0g、溴百里酚蓝0.03g、琼脂 3.0g、蒸馏水 1 000mL，用 40％ NaOH 溶液调节 pH 至 7.0（培养基颜色为橄榄绿色）。分别加入灭菌的纤维二糖、麦芽糖、乳糖、甘露醇、山梨醇和半乳糖醇等的溶液（使培养基中各糖或醇含量为 1％）制成不同的基质培养基；将融化的每种培养基200μL 加入微滴定板上的小圆井中，每个小圆井再加入 10^8 cfu/mL 的待测菌株悬浮液（用培养 24～48h 的菌落新配制而成），在 30℃下培养 3d 后检查培养基颜色变化和判断

pH 变化。显示绿色的小井为阴性，变成淡黄至黄色的小井为阳性（彩图 6 - 28）；最后根据各菌株能否利用这些糖和醇的反应，参照表 6 - 14 确定其生化型。因为烟草青枯病菌均属于生化型Ⅲ，所以它们能利用上述 3 种双糖和 3 种己醇。

表 6 - 14　青枯劳尔氏杆菌菌株的生化型划分标准

双糖或己醇	生化型				
	Ⅰ	Ⅱ	Ⅲ	Ⅳ	Ⅴ
纤维二糖	−	+	+	−	+
乳糖	−	+	+	−	+
麦芽糖	−	+	+	−	+
山梨醇	−	−	+	+	−
甘露醇	−	−	+	−	+
半乳糖醇	−	−	+	+	−

注："+"表示可利用（培养基变浅黄），"−"表示不能利用（培养基保持橄榄绿色）

（5）致病性测试　预先在温室塑料杯（杯中装 150g 灭菌土）内播种感病烟草种子，待长出 3～4 片真叶时使用；将分离的菌株纯培养接种在 TZC 或 SMSA 平板培养基上，48h 后刮取长出的菌落，用灭菌水配制成 10^6～10^8 cfu/mL 的细菌悬浮液；拔起并挑选生长均匀一致的健康幼苗，在水龙头下清洗冲去根部表面土壤，然后将根系浸入病原悬浮液中约 1h 完成接种。每个菌株接种 6～10 个植株，对照植株用清水浸根。之后将接种植株及对照植株移栽到新的装有灭菌土壤的塑料杯中（每杯 1 株），置于 28 ℃、相对湿度＞80%、12h/d 光照条件下生长，2 周后观察记录发病情况；若烟苗表现矮化、褪绿变黄或者萎蔫等症状，从发病植株组织中再分离纯化菌株。如果被接种烟苗的症状与田间植株青枯病症状一致，再分离纯化也能成功获得菌株纯培养，则判定此菌株为烟草青枯病的病原。再分离纯化得到的菌株纯培养可用于形态学鉴定和 PCR 检测等实验。

（6）生理小种鉴定　鉴别寄主包括番茄、烟草、马铃薯、茄子、花生、辣椒、香蕉、粉蕉、大蕉、姜、桑树。预先按上述致病试验方法准备好各种植物的 5～7 叶期幼苗，制备待测菌株 10^6～10^8 cfu/mL 的菌悬液。用 1mL 菌悬液注射接种主茎基部，或者用上述蘸根法接种。以接种灭菌水做对照。每个菌株接种每种植物幼苗 6～10 株，接种后于28 ℃、相对湿度＞80%、12h/d 光照条件下生长，7～14d 后观察侵染发病情况，参照表 6 - 15 确定供试菌株的生理小种。值得提醒和注意的是。烟草青枯病菌只侵染烟草、番茄和茄子等茄科植物，不侵染香蕉类、姜和桑树。

表 6 - 15　青枯劳尔氏杆菌的生理小种划分

生理小种	侵染致病植物
1	烟草、马铃薯、茄子、辣椒等茄科植物及其他一些植物
2	香蕉、粉蕉、大蕉等芭蕉属植物
3	马铃薯、番茄、茄子等（致病力弱）
4	姜、番茄和马铃薯（致病力弱）
5	桑树（致病力强）、马铃薯、番茄、茄子等（致病力弱）

（7）分子检测 可结合具体情况，根据检测鉴定需要应用如下检测方法。

①基于青枯劳尔氏杆菌鞭毛蛋白基因（flg）核酸片段的 PCR：根据 flg 基因中的一个 250bp 片段设计的引物 flg-F/flg-R（5′-GAACGCCAACGGTGCGAAACT-3′/GCTTCGACGACCTTCCAATAC）用 CTAB 法或者细菌基因组提取试剂盒提取病原基因组 DNA；PCR 反应体系（25μL）包含引物各 1μL、模板 DNA 2μL、Taq DNA 聚合酶 0.25μL、dNTPs 混合物（2.5mmol/mL）2μL、MgCl$_2$ 1.5mmol/L、10× PCR 缓冲液 2.5μL、加 ddH$_2$O 至 25μL；PCR 反应条件设置为 94℃ 预变性 5min；94℃ 变性 30s，58℃ 退火 30s，72℃ 延伸 30s，35 循环；最后 72℃ 延伸 10min；每个样品取 10μL，在含溴化乙啶染色剂的 1.5%琼脂糖凝胶上，于 0.5×TBE 缓冲液中电泳（100V）30min，在紫外灯下观察，拍照记录指纹图谱。阳性对照（已知病原的 DNA）产生一条 250 bp 的特异扩增产物条带；阴性对照（仅重蒸水）不出现此条带。若备测样品也出现与阳性对照相同的扩增条带，则判定为阳性（带菌），不产生此特异性条带的样品，判定为阴性（不带菌）。

②李本金等（2014）建立的巢式 PCR 方法，可用于发病烟草等植株、感染但未显症的植物组织、带菌土壤及水样品检测。此技术以细菌 16S～23S rDNA ITS 序列扩增引物 L1/L2（5′-AGTCGTAACAACGTAGCCGT-3′/5′-GTGCCAAGGCATCCACC-3′）为外引物，以设计的青枯劳尔氏杆菌特异引物 RsF/RsR（5′-GGCGGCGAGAGCGATCT-3′/5′-ATTGCGCGCCTA AACGCG-3′）为内引物。用细菌基因组 DNA 试剂盒提取烟草青枯病菌 DNA，用碱（NaOH）裂解法快速提取植物组织中的细菌基因组 DNA，用土壤细菌基因组提取试剂盒提取土壤中细菌 DNA；反应体系（25μL）中含 10×PCR 缓冲液、2.0mmol MgCl$_2$、10U Taq DNA 聚合酶、各引物 0.5μL 及 25ng DNA 模板，以重蒸水补足至 25μL。以青枯劳尔氏杆菌 DNA 做阳性对照，健康烟草提取物做阴性对照，灭菌重蒸水作为空白对照；用巢式 PCR 检测的首轮用 L1/L2 引物，扩增反应条件为 95℃预变性 3min，30 循环（94℃ 30s、60℃ 30s、72℃ 60s），72℃延伸 10min；反应结束后将扩增产物稀释 100 倍，取 1.0μL 作为模板 DNA，用内引物 RsF/RsR 扩增，反应条件设置为 94℃预变性，35 循环（94℃ 30s、65℃ 30s、72℃ 60s），72℃延伸 10min；取第二轮扩增产物 5μL，于含 0.5μL/mL 溴化乙啶的 1.5%琼脂糖凝胶上电泳 30min（100V），在凝胶成像系统上检测拍照获得指纹图谱；判定结果，阳性对照和带菌样品泳道显示 241bp 的扩增条带，阴性对照、空白对照和不带菌样品不显示扩增条带（图 6-14）。

③多重 PCR 检验（OEPPO/EPPO，2018）：参照本章第七节四、诊断鉴定和检疫监测技术中双重 PCR 检验方法。

结果判断（图 6-15）：若备测菌株或样品出现与阳性对照相同的特异性扩增条带，则为阳性（带菌），若备测样品不出现扩增条带，则为阴性（不带菌）；如果获得结果有矛盾或疑点，需要重新进行检测；除了显示 280bp 条带外，如果备测菌株还显示一条 144bp、372bp、91bp 或者 213bp 的条带，则分别判定为演化型Ⅰ、Ⅱ、Ⅲ或者Ⅳ。特别的，烟草青枯病菌应为演化型Ⅰ，所以其菌株的扩增条带应为 280bp 和 144bp。

2. 检疫监测

根据《烟草病虫害分级和调查方法》国家标准（GB/T 23222—2008）拟定烟草青枯病病情分级标准和监测调查方法。

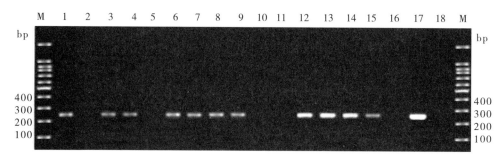

图 6-14 基于特异内引物（RsF/RsR）的巢式 PCR 检测烟草和土壤样品带烟草青枯病菌结果

注：泳道 M，DDA 100 bp-标记 DNA 分子；泳道 1，阳性对照；泳道 2，阴性对照；泳道 3~17，烟草或土壤样品；泳道 18，熏蒸水。扩增出的 DNA 片段长度约 241bp。

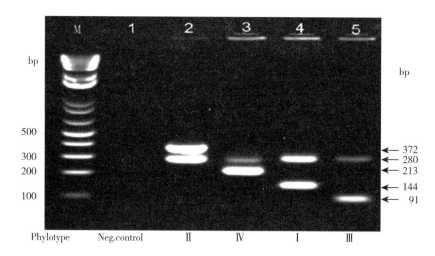

图 6-15 青枯劳尔氏杆菌不同演化型的多重 PCR 检测指纹图谱（EPPO，2018）

注：泳道 M，1kb 标记 DNA 分子；泳道 1，阴性对照；泳道 2，演化型Ⅱ；泳道 3，演化型Ⅳ；泳道 4，演化型Ⅰ；泳道 5，演化型Ⅲ的株系（EPPO，2018）。

（1）烟草青枯病病情分级标准　0 级，植株健康无症状。1 级，茎上偶见褪绿斑，植株一侧 1/2 以下叶片萎蔫。3 级，茎上现黑色条斑，条斑不超过茎秆高的 1/2，或植株一侧 1/3~1/2 的叶片萎蔫。5 级，茎上黑色条斑扩展至茎高的 1/2 以上但未达到顶部，植株一侧 2/3 以上叶片萎蔫；7 级，茎上黑色条斑达到植株顶部，或叶片全部萎蔫；9 级，植株几乎完全枯萎死亡。病情指数、病株率的计算公式如下：

$$病情指数 = \sum(各级病株数 \times 各病级值)/(调查总株数 \times 最高病级值) \times 100$$

$$病株率 = (感病植株数/调查总株数) \times 100\%$$

（2）调查方法　烟草青枯病的调查包括普查、系统调查和产量损失测定。①普查：于发病盛期选择晴天进行，在一个烟区内选择 10 块以上距离较远的代表性烟田，每块按五点取样法，每个样点调查 50~100 株，记录调查总株数和发病株数，计算每块田的病株率。②系统调查：在烟草团棵期至生长末期（收获前）进行，选择固定感病烟草品种作物

田 3 块，每块田用五点取样法确定 5 个样点，每点面积 2m×2m，每点随机调查 30～50
株，每周定时调查 1 次，记载每次调查时的烟草生长期、每点的病株数、每株的病级数。
计算病株率和病情指数。③产量损失测定。收获时对每个样点单独收获后考种，每个样随
机取 30 个植株，测定每个植株的烟叶产量（干重）并计算每株平均产量；随机取 30 片烟
叶的平均叶面积、单叶干重，计算每片烟叶的平均面积和干重；晾干后测量每个样点的烟
叶产量，由此计算单位面积产量。

3. 预测预报

根据前述青枯病系统调查所得到的病株率和病情指数数据，可以绘制出烟草青枯病在
一个生长季节中的病害动态消长曲线。采用逻辑斯蒂函数、龚伯茨模型或者理查德函数
（谭万忠，1990；Tan et al.，2010），通过数理统计分析和计算可得到一个地区内烟草青
枯病的季节流行时间动态拟合经验模型。此模型可用于该区域内烟草青枯病的预测预报；
如果再结合进行不同病害严重程度或病株率样点小区的烟叶产量损失测定数据，还可计算
出烟草青枯病的产量损失估计模型。病害流行模型和产量损失估计模型的预测结果，可应
用于制定烟草青枯病的综合治理决策。

六、综合防控

因为烟草青枯病在我国烟草种植区已经普遍发生和危害，其不属于检疫对象生物，所
以不需要像应对检疫性生物那样的应急防控处理，只需要实施以预防为主的综合防治策
略。同时，迄今还没有防治烟草青枯病的高效化学药剂，所以对该病害需要以使用抗病品
种、农业防治和生物防治等措施为主的综合性、预防性控病策略。烟草青枯病等细菌性病
害的防治相当困难，在生产实践中必须将不同措施结合使用，才能收到满意的控病效果。

1. 选用抗病品种

目前可供生产应用的既优质高产又高度抗烟草青枯病的品种不多。黄俊斌等（2014）
测定和观察了 46 个品种，只有 Koker 176、D101 和毕纳 1 号在接种幼苗和生产田间植株
都表现抗病或中度抗病，其他品种在田间的抗病性都不强或者高度感病，幼苗接种则基本
都表现感病或高度感病；特别是生产中大面积栽培的云烟系列品种、中烟系列品种、江南
1 号和 3 号、吉烟 9 号及翠碧 1 号等高产优质品种，一般都表现感病或高度感病，所以这些
品种在青枯病病区都不宜使用。在我国各地使用的较抗烟草青枯病品种还有夏抗 1 号、夏抗
3 号、Va707、Va770、Nc89、Nc2326、台烟、G80、TT6、K394、C411、贝尔 93、莱姆森、
柯克 316 及柯克 319 等。

2. 农业防治

栽培管理对青枯病的发生和流行具有非常重要的影响。加强栽培管理，促进烟草健康
生长发育，可以增强植株的抗病性，从而可以控制或减轻青枯病的病情和危害。

（1）作物轮作和套作　实行与禾本科等非寄主作物轮作和套作。最好是与水稻、蕹菜
等水生作物轮作，一般可以栽培两年烟草后轮作一年水稻；对于种植面积大、不能进行有
效水旱作物轮作的烟区，可推广红花草、苜蓿等冬季绿肥种植的半轮作方式，既可以减少
土壤中的菌源接种体的量，又可以增强土壤肥力和改良土壤的理化性质；可与烟草间作的
旱地作物有春小麦、黑麦、大豆、葱蒜、白菜、萝卜和甘薯等，各地需根据当地气候条件

等情况选择需要间套作的具体作物种类。烟草与其他适宜的作物轮作和间套作，都有效降低病原的菌源接种体量，显著减轻病害严重程度和危害，而且间作在不显著减少烟草产量的同时还能收获其他作物，显著提高总体经济收益。

（2）培育和使用健康幼苗　采用无病田烟草种子和在经检测无菌的土壤苗圃育成的烟苗；使用一般田间土壤育苗前，需要对土壤进行消毒灭菌处理，可用石灰、高锰酸钾、甲醛等药剂进行消毒处理，也可以用溴甲烷等；有条件的地方尽量应用隔离温棚育苗；做好育苗期间的管理，培养出生长健壮、抗病力强的烟苗，供大田栽培使用。

（3）烟苗处理　可用23%络氨铜水剂400倍液或20%农用链霉素可湿性粉剂3 000倍液，淋浇苗圃的土壤（每株淋0.5~1kg），淋后2~3d再移植；拔起待移栽的烟苗，用高锰酸钾1 000倍液浸根5~6min，晾干后再植入土壤中；种植穴也要用8%水合霉素可溶性粉剂2 000倍液和48%毒死蜱1 000倍液的混合液灌淋（每穴淋100~150mL），以杀死穴内的病原和地下害虫，减少幼苗移栽后根系受到的伤害。

（4）肥水管理　施肥方面，在烟苗移栽前要结合整地，施用彻底腐熟的有机肥作为基肥，切勿用病烟草秸秆制作堆肥；大田生长期施用追肥，要采用合理的配方施肥技术，烟草不同生长期追施的氮磷钾肥配方比例要恰当，前期追肥中氮肥的比例可适当高一些，但后期追肥要大幅度减少氮肥比例，增加磷酸钾等磷钾肥含量，特别要加入一定比例的镁、硼、硫、钙、铜等元素；氮肥最好用硝态氮（如硝酸钾和尿素等），少用或不用铵态氮，尤其不要使用氯化铵和氯化钾之类的含氯化肥（氯离子会严重降低烟叶质量），目前市面上有多种配方比例都很好的烟草专用肥，但其种类繁多，要根据需要选择适当种类专用肥使用；追肥方法除了传统的穴施灌根等土壤处理方法外，还要结合烟草苗情，用磷酸二氢钾、硝酸钾等作为叶面肥施用。烟草水的管理也非常重要，一方面，在生长期间烟草要消耗较多的水分，所以在干旱区域或干旱少雨季节，可采用地膜覆盖栽培等保水措施，还要在生长期间适时浇灌补充水分，以供烟苗正常生长和增强抗病力；另一方面，土壤潮湿和气候湿度大又有利于青枯病等病原的侵染和发病，所以容易积水的低洼地要做好开沟排水（一般采用高垄栽培），特别是雨后要及时排水，避免土壤积水；在雨季，病原随地表流水传播是土传病害蔓延的重要途径之一，所以凡是病区烟田都要深挖排水沟，并合理布局排水沟渠。搞好田园卫生，在有条件的地方最好选择沙壤土且排灌方便的田块种植烟草。

（5）田间疫情监测和病株处理　在烟草生长期间，随时进行检测调查，观察青枯病发生情况，一旦发现少量病株就要及时拔出并带出田间销毁，同时在病株及周围土面撒适量的生石灰消毒灭菌。将病害控制在发病初期，减少或避免其扩散蔓延。

（6）加强病虫草害防治　生长期间应尽量减少松土。松土容易伤根，这有利于病原从根部伤口侵入；烟田除草宜在未封行之前喷施适宜的除草剂；要注重害虫和其他病害的控制，特别要注意防治地下害虫。

（7）适期打顶抹芽　打顶抹芽是提高烟叶产量和品质的重要栽培措施之一。打顶是指徒手或用特制打顶刀具摘去烟株顶部幼嫩的花蕾或花序，抹芽则是指除去烟株茎部萌发的分枝（烟杈）腋芽。通过打顶抹芽能够控制烟株顶端的生长优势，集中营养物质供应叶片的生长，从而保证中、下部烟叶质量，改善上部烟叶的品质。另外，打顶抹芽还能增强大田烟株之间的通风透光性，有效减轻烟株病害的病情，使烟叶产量及品质得到提高。初花打顶是生产中最为提倡的方法，每个植株留 20 片左右的叶片，有效控制烟株的株型；打顶后随即使用抑芽剂抑制腋芽的生长，生产中使用最广泛的抑芽剂为 12.5％氟节胺（Flumetralin）乳油，用清水稀释 350 倍，于打顶后 24h 内使用：于晴天露水干后进行，先将烟株上 2cm 以上的侧芽抹去，再从打顶后的伤口处顺主茎淋下 15～20mL 稀释药液，或者用棉球或毛刷将药液涂抹在腋芽处，注意所有腋芽都需要接触到药液。另一种广泛应用的抑芽剂为马来酰肼，为内吸性烟草抑芽剂，化学名称为顺丁烯二酸酰肼，有效成分为 MH 钾盐，每亩烟田使用 58％抑芽丹 500mL，对水 15kg，于打顶抹芽后 24h 内喷雾，可只喷洒至烟株上部叶片，最好选择在阴天露水干后喷雾。

（8）嫁接控病　用抗病品种作为砧木，高产优质品种作为接穗。黄俊斌等（2014）分别用 D101 等抗病品种作为砧木和感病品种云烟 87 作为接穗，在 2～3 叶期嫁接，待嫁接口愈合、接穗苗长出 1～2 片新叶后将嫁接苗植入田间，其对青枯病抗性表现非常好，在团棵期都几乎未见发病，到花蕾打顶期青枯病病株率最高为 18％且症状较轻，而未嫁接的云烟 87 病株率达到 89％且症状严重（彩图 6-29）。该烟苗嫁接技术使用的特制嫁接刀获得了国家专利（ZL201320354249.3）。

3. 生物防治

有关烟草青枯病生物防治方面的研究和文献报道较多，主要是青枯病细菌拮抗菌的筛选鉴定和防效试验研究居多，涉及较多的拮抗菌有绿色木霉、枯草芽孢杆菌、链霉和荧光假单胞杆菌等及其菌剂产品，但这些产品的控病效果基本停留在温室和小范围田间试验，在生产中尚未大面积推广应用（刘晓娇 等，2013）；有一些成熟的传统抗生素药剂在生产中被应用，如农用 2％春雷霉素可湿性粉剂（800 倍液）、88％水合霉素可溶性粉剂（2 000 倍液）、20％农用链霉素可湿性粉剂（3 000 倍液）等。这些药剂一般在发病初期使用，每亩用 40～60kg 稀释药液灌根或喷雾，间隔 7～10d 施药 1 次，共施 2～3 次；还有一种 80％乙蒜素乳油，其有效成分为大蒜素的乙基衍生物，在发病初期用 1 500～2 000 倍液灌根或喷雾，对烟草青枯病有较好的防效；现在市面上有一种用乙蒜素加枯黄立克、植病清和生根壮苗剂配制成的复配剂，使用时每亩烟田用 1 瓶（100g）对水 60kg，在晴天进行叶片正反面喷雾和淋浇根部，间隔 3～5d 接连施用 2～3 次，用药后见效较快。另外，乙蒜素还可以与农用链霉素等抗生素配合使用（配比 1∶1），可显著提高烟株对青枯病的防效（杜根平，2011）。

4. 化学防治

迄今为止对所有植物细菌性病害尚缺乏很有效的化学防治药剂。除了前述的抗生素外，文献中报道对控制青枯病有效的其他药剂仅有毒力杀（10g，4 000 倍液）、石硫合剂（100g，400 倍液）、25％络氨铜（100mL，400 倍液）等几种（陈尧 等，2008；毕涛 等，2015），按照规定浓度和剂量在发病初期灌根或喷雾，间隔 7d 处理 2～3 次，防效可达到 80％以上；孔凡玉等（2004）报道，20％噻菌茂 600 倍液在移栽时处理烟苗，发病初期开始灌根 2～3 次（间隔 10～12d），对烟草青枯病的防效达 80％以上。

主要参考文献

白耀宇，庞帅，韦珊，等，2018. 烟草青枯病危害对烟田中小型土壤动物群落的影响. 生态学报，38（11）：3792 - 3805.

毕涛，王晓强，李向东，等，2015. 烟草青枯病有效药剂的筛选. 山东农业科学，47（11）：85 - 88.

陈尧，顾昌华，刘呈义，2008. 10 种中药剂防治烟草青枯病的田间药效试验初报. 云南农业科技，5：48 - 50.

程承，李石立，刘颖，等，2015. 试验土壤中烟草青枯病菌的 RT-qPCR 检测分析. 烟草科技，15（1）：12 - 16.

丁伟，刘颖，张淑婷，2018. 中国烟草青枯病志. 北京：科学出版社.

杜根平，2011. 几种杀菌剂与 IBA 混配对烟草青枯病的控制作用研究. 重庆：西南大学.

傅荣昭，彭于发，曹光诚，等，1998. 兔防御素 NP-1 基因在转基因烟草中的表达及其对烟草青枯病的抗性研究，科学通报.

孔凡玉，2003. 烟草青枯病的综合防治. 烟草科技（4）：42 - 48.

孔凡玉，卢平，许永峰，等，2004. 20% 青枯灵可湿性粉剂防治烟草青枯病药效试验初报. 中国烟草科学，1：36 - 37.

李本金，谢世勇，刘培清，等，2014. 烟草青枯病菌巢式 PCR 检测方法的建立及应用. 热带作物学报，35（11）：2230 - 2235.

刘晓娇，丁伟，徐小红，等，2013. 4 种生物防治对烟草青枯病防治的研究进展. 植物医生，26（4）：46 - 48.

刘雅婷，张世光，2001. 烟草青枯病的研究进展. 云南农业大学学报，16（1）：72 - 76.

刘勇，秦西云，王敏，等，2007. 云南省烟草青枯病危害调查与病原菌分离. 中国农学通报，23（4）：311 - 314.

任广伟，孔凡玉，王凤龙，等，2008. 烟草病虫害分级和调查方法. GB/T 23222—2008：国家质量监督检验检疫总局和国家标准委员会.

谭万忠，1990. 模拟植物病害流行时间动态的通用模型——Richards 函数. 植物病理学报，21（3）：235 - 240.

吴金钟，2008. 土壤中烟草青枯病菌的分子检测方法研究. 重庆：重庆大学.

尹华群，易有金，罗宽，等，2004. 烟草青枯病内生拮抗细菌的鉴定及小区防效的初步测定. 烟草青枯病内生拮抗细菌的鉴定及小区防效的初步测定. 中国生物防治学报，20（3）：219 - 220.

中国农药网，2019. 云南烟草青枯病预防治疗用药方案.（2019 - 07 - 11）［2021 - 09 - 26］http：// www. agrichem. cn/bxfwzhuomei/2019/04/10/5145152085. shtml.

Bittner C，Arellano A，Mila L，2016. Effect of temperature and resistance of tobacco cultivars to the progression of bacterial wilt，caused by *Ralstonia solanacearum*. Plant and Soil，408（1 - 2）：299 - 310.

Elphinstone J G，2005. The current bacterial wilt situation：a global overview，p. 9 - 28. In Allen C.，Prior P，Haywar A. C.（ed.），Bacterial wilt disease and the *Ralstonia solanacearum* species complex. APSPress，St. Paul，MN.

EPPO，2014. *Ralstonia solanacearum*. Diagnostic protocols for regulated pests PM 7/21（1）.（2014 - 05 - 23）［2021 - 10 - 07］https：//plantpath. ifas. ufl. edu/rsol/RalstoniaPublications _ PDF/EPPORalstoniaDiagnostic% 20protocols. pdf.

Fegan M，Prior P，2005. How complex is the "*Ralstonia solanacearum* species complex"? In Allen C，Prior P &. Hayward AC（eds）. Bacterial wilt disease and the *Ralstonia solanacearum* species complex.（APSPress：St. Paul）p. 449 – 461.

French E B，Alley G P，Elpninstone J，1995. Culture media of *Ralstonia solanacearum* isolation，identification and maintenance. Fitopathologia，30（3）：126 – 130.

Harris D C，1972. Intra-specific variation in *Pseudomonas solanacearum*. In Proceedings of the 3rd International Conference on Plant Pathogenic Bacteria Wageningen 14 – 21. April 1971，H. P. M. Geesteranus（ed. ）. Wageningen：Centre for Agricultural Publishing and Documentation.

Hayward A C，1964. Characteristics of *Pseudomonassolanacearum*. J. Appl. Bacteriol. ，27：265 –277.

Hayward A C，1991. Biology and epidemiology of bacterial wilt caused by P*seudomonas solanacearum*. Annu Rev Phytopathol，29：65 – 87.

Hayward A C，1994. Systematics and phylogeny of *Pseudomonas solanacearum* and related bacteria. In Bacterial wilt：the disease and its causative agent，*Pseudomonas solanacearum*，edited by A. C. Hayward and G. L. Hartman. Wallingford：CAB International.

Huang J，Wu J，Li C，et al.，2009. Specific and sensitive detection of *Ralstonia solanacearum* in soil with quantitative，real-time PCR assays. Appl. Microb，107：1729 – 1739.

Jiang G F，Wei Z，Xu J，et al. ，2017. Bacterial wilt in China：history，current status，and future perspectives. Frontiers Plant Science.

Katawczik M，Tseng H T，Mila A L，2016. Diversity of *Ralstonia solanacearum* populations affecting tabacco crops in North Carolina. Tobacco Science：1 – 11.

Kelman A，1954. The relationship of pathogenicity in *Pseudomonas solanacearum* to colony appearance on a tetrazolium chloridemedium. Phytopathology，44（12）：693 – 695.

Kelman A，1998. One hundred and one years of research on bacterial wilt. In：Prior P. et al.（eds. ），Bacterial Wilt Disease，Springer-Verlag Berlin Heidelberg. P. 1 – 5.

Khakwar R，Syjam K，Yun W M，et al.，2008. Improving a PCR-based method for identification of *Ralstonia solanacearum* in natural sources of west Malaysia. American Journal of Agricultural and Biological Sciences，3（2）：490 – 493.

Khan A A，Furuya N，Masaru M，et al. ，1999. Identification of *Ralstonia solanacearum* isolated from wilted tobacco plant by fatty acid profiles and PCR-RFLP analysis. Journal of the Faculty of Agriculture，Kyushu University，44（1 – 2）：59 – 65.

Kumar S，Hamsaveni K N，Gowda R H R，et al. ，2017. Isolation and characterization of *Ralstonia solanacearum* causing bacterial wilt of solanaceae plants. Int. J. Curr. Microbiol. App. Sci，6（5）：1173 – 1190.

Li L C，Feng X，Tang M，et al. ，2014. Antibacterial activity of Lansiumamide B to tobacco bacterial wilt（*Ralstonia solanacearum*）. Microbiological Research，169（7 – 8）：522 – 526.

Li S L，Yu Y M，Ding W，et al. ，2016. Evaluation of the antibacterial effects and mechanism of action of protocatechualdehyde against *Ralstonia solanacearum*. Molecules，21（6）：754. DOI：10. 3390/molecules 21060754 https：//www. mdpi. com/1420 – 3049/21/6/754/htm.

Li X，Liu Y，Cai L，et al. ，2017. Factors affecting the virulence of *Ralstonia solanacearum* and its colonization on tobacco roots. Molecular Plant Pathology，17（1）.

Li Y Y，Feng J，Liu H L，et al. ，2016. Genetic diversity and pathogenicity of *Ralstonia solanacearum* causing tobacco bacterial wilt in China. Plant Dis. ，100（7）：1288 – 1296.

Li Z F，Wu S L，Bai X F，et al.，2011. Genome sequence of the tobacco bacterial wilt pathogen *Ralstonia solanacearum*. J Bacteriol. 2011 Nov；193（21）：6088 - 6089. DOI：10. 1128/JB. 06009 - 11. https：// www. ncbi. nlm. nih. gov/pmc/articles/PMC 3194909/https：//www. ncbi. nlm. nih. gov/pmc/articles/ PMC 3194909/pdf/zjb 6088. pdfm.

Liu Y，Tang Y M，Ding W，et al，2017. Genomesequencing of *Ralstonia solanacearum* CQPS-1，a phylotype I strain collected from a highland area with continuous cropping of tobacco. Frontiers in microbiology.（2017 - 06 - 13）［2021 - 08 - 14］https：//www. pacb. com/publications/genomesequencing-of-ralstonia-solanacearum- cqps-1 - a-phylotype-i - strain-collected-from-a - highland-area-with-continuous-cropping-of-tobacco/.

Liu Y，Wu D S，Ding W，et al.，2016. The sequevar distribution of *Ralstonia solanacearum* in tobacco- growing zones of China is structured by elevation. European Journal of Plant Pathology，147（3）：541 - 551.

Lopes C A，Rossato M，2018. History and status of selected hosts of the *Ralstonia solanacearum* species complex causing bacterial wilt in Brazil. Frontiers in Microb.，9：1228 - 1234.

Rodriguez R G，Thiessen L，2019. Granville wilt of tobacco. Tobacco Disease Information.（2019 - 07 - 09）［2021 - 09 - 17］https：//content. ces. ncsu. edu/granville-wilt-of-tobacco.

Stulberg M J，Shao J，Huang Q，2015. A multiplex PCR assay to detect and differentiate select agent strains of *Ralstonia solanacearum*. Plant Dis，99：333 - 341.

Tahir H A，Gu Q，Wu H J，et al.，2017. Bacillus volatiles adversely affect the physiology and ultra- structure of *Ralstonia solanacearum* and induce systemic resistance in tobacco against bacterial wilt. Scientific Reports，7（40481）：1 - 15.

Tan W Z，Li C W，Bi C W，et al.，2010. A computer software：Epitimulator for simulating temporal dynamics of plant disease epidemic progress. Agricultural Sciences in China，9（2）：242 - 248.

Terblanche J D，2007. Biological control of bacerial wilt in tobacco caused by *Ralstonia solanacearum*. M. Sc. Dissertation，University of the Free State Bloemfontein，South Africa.

Thera A T，2007. Bacterial wilt management：a prerequisite for a potato seed certification program in Mali. M. Sc. Thesis，Montana State University，USA.（2007 - 06 - 13）［2021 - 09 - 13］https：// scholarworks. montana. edu/xmlui/bitstream/handle/1/2415/TheraA 1207. pdf？sequence＝1.

Thera A T，Jacobsen B J，Neher O T，2010. Bacterial ilt of Solanaceae caused by *Ralstonia solanacearum* Race 1Biovar 3in Mali. Plant Disease，94（3）：372.

Vasse J，Frey P，Trigalet A，1995. Microscopic studies of intercellular infection and protoxylem invasion of tomato roots by *Pseudomonas solanacearum*. Mol Plant Microbe Int 8：241 - 251.

Villa J E，Tsuchiya K，Horita M，et al.，2005. Phylogenetic relationships of *Ralstonia solanacearum* species complex strains from Asia and other continents based on 16S rDNA，endoglucanase，and *hrpB* gene sequences. J Gen Plant Pathol，71：39 - 46.

Wang M C，Wang J，Xia H，et al.，2015. Sensitivities of *Ralstonia solanacearum* to streptomycin， calcium oxide，mancozeb and synthetic fertilizer. Plant Pathology Journal，14：13 - 22.

Xie X M，Yu L，Lan G B，et al.，2017. Identification and genetic characterization of *Ralstonia solanacearum* species complex isolates from *Cucurbita maxima* in China. Frontiers in Plant Science，8（1794）：1 - 11.

Yuliar N Y A，Toyota K，2015. Recent trends in control methods for bacterial wilt diseases caused by *Ralstonia solanacearum*. Microbes Environ，30（1）：1 - 11.

第九节 桉树青枯病及其病原

桉树青枯病在热带和亚热带地区的桉树种植园严重发生，主要危害幼苗和 2 年生以下的幼树，被称为桉树的"癌症"，成为制约桉树产业健康发展的重要因素。据统计，至 2015 年底，我国桉树栽培面积已达 450 万 hm^2（谢耀坚，2018），由于生产上大面积使用较为单一的速生无性系，青枯病的危害日趋严重，在流行区域，发病率达到 20%～40%，而重病区则高达 90% 以上，造成重大的经济损失（向妙莲 等，2004）。

一、起源和分布

1. 起源

该病于 1982 年首先由我国广西林业科学研究所曹季丹（1982）发现报道，之后相继在广东、云南、海南、福建和台湾等省份也有发生和流行（梁子超，1986；赖京森，1990；李伟东，1992；何学友，1997）。在国外，Sudo 等于 1983 年首次报道此病在巴西发生（Sudo et al.，1983），国外的文献中普遍认同这一报道，但实际上首次报道该病的是我国的曹季丹。究其原因，可能是因为曹季丹（1982）发表在《广西林业科技资料》上的原文只有中文，没有英文摘要，国外学者在公开发表的文献中难以检索到曹季丹的报道。

2. 国外分布

桉树青枯病是热带和亚热带地区桉树种植园的主要病害之一（Carstensen et al.，2017），此病国外首次在巴西被报道，此后相继在澳大利亚（Akiew et al.，1994）、委内瑞拉（Ciesla et al.，1996）、泰国（Pongpanich，2000）、越南（Thu et al.，2000）、南非（Coutinho et al.，2000）、刚果（Roux et al.，2000）、乌干达（Roux et al.，2001）、巴拉圭（Santiago et al.，2014）、印度尼西亚和哥伦比亚（Carstensen et al.，2017）报道。根据 CABI（2019）最新资料记载，该病在全世界 103 个国家和地区均有分布。

3. 国内的分布

桉树青枯病主要在我国广西、海南、广东、福建、云南和台湾发生和流行，以栽培面积最大的巨尾桉（*E. grandis*×*E. urophylla*）和尾叶桉（*E. urophylla*）发病最严重（向妙莲 等，2004）。高温、高湿与大风气候对桉树青枯病的流行趋势具有主导作用，因此，桉树青枯病发生风险具有区域特点，可划分为高、中和低风险发生区。高风险发生区，年均气温 21℃以上，年降水量在 1 400mm 以上，7～9 月平均风力在 2.0m/s 以上或台风多发区；中风险发生区，年均气温 20℃以上，年降水量在 1 200～1 400mm，7～9 月平均风力在 2.0m/s 以下；低风险发生区，年均气温 20℃以下，或年降水量在 1 200mm 以下的低温和干旱地区（吴耀军，2006）。

二、病原

1. 分类

桉树青枯病是由青枯劳尔氏杆菌 [*Ralstonia solanacearum* (Smith) Yabuuchi et al.] 侵染引起的。烟草青枯病首先于 1864 年在印度尼西亚种植的烟草上发现，之后在中美洲和美国的佛罗里达州也相继发现，此病可以危害马铃薯和番茄等作物（Buddenhagen et al.，1964）。

吴清平等（1988）将桉树青枯病病原鉴定为茄科假单胞杆菌（*Pseudomonas solanacearum* Smith），属 1 号生理小种，生化型Ⅲ（吴清平 等，1988）。林雪坚等（1993）对从不同地区、不同桉树和无性系上分离的青枯病病原进行了分类鉴定，其结果与吴清平等报道的相同。Dianese 等（1990）测定了桉树青枯病病原的 9 个菌株对番茄、辣椒和茄子的致病性，发现所有菌株均可以侵染番茄和茄子，属于 1 号生理小种，但却不能酸化纤维二糖、己六醇、乳糖、麦芽糖、甘露醇和山梨醇等 6 种碳源，属于生化型Ⅰ。1997 年南非纳塔尔省首次发生桉树青枯病，根据该病原的形态特征、染色反应结果以及培养特性，病原被鉴定为青枯劳尔氏杆菌，其生理小种及生化型的测定结果与吴清平等的相同（Coutinho et al.，2000）。Roux 等（2000）也报道了刚果的桉树青枯病，其病原属生化型Ⅲ。

在我国危害桉树的青枯劳尔氏杆菌多数为 1 号生理小种，生化型Ⅲ，演化型Ⅰ（Carstensen et al.，2017；Jiang et al.，2017），非洲的南非、刚果和乌干达的桉树青枯病病原与此相同，南美洲的桉树青枯病病原为 1 号生理小种，生化型Ⅰ，演化型Ⅱ（Lopes et al.，2018）。

2. 形态特征

参考本章香蕉青枯劳尔氏杆菌。青枯劳尔氏杆菌 1 号生理小种形态特征见彩图 6-30。

三、病害症状

桉树青枯病在地上部的表现可分为两种类型：① 急性型。病株叶片迅速失水萎蔫，叶不脱落，悬挂于枝条上，呈现典型的青枯症状。枝干表面有时可出现褐色至黑褐色的条斑，植株根部腐烂。将根茎横切面浸入水中，可使清水变成乳白色浑浊液。如将清水滴在横切面上，几分钟后切面上渗出菌脓（彩图 6-31），这一特征是诊断青枯病的重要依据。此类型病株，从发病到整株枯死所需时间较短，一般为 2～3 周。②慢性型。病株较矮小，下部叶片先变成紫红色，后色泽逐渐加深并向上发展，最后叶片干枯脱落。部分基干和侧枝出现不规则黑褐色坏死斑，严重时整株枯死。剖开根茎同样可见木质部呈黑褐色。这种类型，从植株发病到整株枯死所需时间较长，一般为 3～6 个月。

四、生物学特性和病害流行规律

1. 生物学特性

青枯劳尔氏杆菌 1 号生理小种、生化型Ⅲ菌株能利用乳糖、麦芽糖、纤维二糖、甘露醇、山梨醇、甜醇、葡萄糖、果糖、蔗糖、半乳糖、吐温-80 及甘油，并产生酸，但不产生气体；对木糖、棉籽糖及水杨苷只能轻度利用，并产生微量酸；不能利用秦皮甲素及乙醇；均能使硝酸盐还原，产生氨气；能利用柠檬酸盐，并且有较高的过氧化氢酶及酪氨酸酶活性；对明胶能轻度液化；不产生硫化氢及吲哚，不能利用丙二酸盐；不水解淀粉；甲基红试验（M. R.）和乙酰甲基甲醇试验（V. P.）反应均为阴性；在烟叶浸润反应中，浸润烟草叶片 36h 后，侵染点均出现淡褐色斑点，以后颜色不断加深，面积不断扩大。60h

后，斑点边缘有一个近似黄褐色的晕圈。96h 后，叶片开始萎蔫，最后枯死（吴清平 等，1988）。

2. 寄主范围

该菌株可以侵染危害桉树属（*Eucalyptus*）的多种，常见的一些感病桉树及无性系有柳桉（*E. saligna*）、尾叶桉、雷林 8051（*E. leichou 8051*）、巨桉（*E. grandis*）、巨尾桉、尾叶桉 2 号（*E. urophylla No. 2*）、弹丸桉（*E. pilularis*）、小果灰桉（*E. prpopinqua*）、树脂桉（*E. resinifera*）、粗皮桉（*E. pellita*）、细叶桉（*E. tereticornis*）、多枝桉（*E. vininalis*）、毛皮桉与巨桉的杂交种（*E. macarthurii* × *E. grandis*）、雷林 1 号（*E. leichou No. 1*）、尾叶桉 1 号（*E. urophylla No. 1*）。接种可发病的有赤桉（*E. camaldulensis*）、窿缘桉（*E. exserta*）、柠檬桉（*E. citriodora*）、雷林 33 号（*E. leichou No. 33*）、窿缘桉 83002（*E. exserta 83002*）、刚果 12 号桉 A2（*E. abl 12 A2*）、刚果 12 号桉 A5（*E. abl 12 A5*）、刚果 12 号桉 W4（*E. abl 12W4*）等。

在国外，桉树青枯病在巴西主要危害粗皮桉、尾叶桉、巨桉和细叶桉（*E. tereticornis*）等树种；在南非，此病危害巨桉和赤桉的杂交无性系（*E. grandis* × *E. camaldulensis*）。在刚果，主要危害尾巨桉（*E. urophylla* × *E. grandis*）和尾叶桉与粗皮桉的杂交无性系（*E. urophylla* × *E. pellita*），而在乌干达，桉树青枯病则只危害 2 年生以下的巨桉幼树（吴志华 等，2007）。此外，还可以危害番茄、马铃薯、花生、甘薯、烟草、辣椒、茄子、生姜等农作物以及木麻黄、油橄榄、蝴蝶果、小叶榕等木本植物。

3. 侵染循环

病原能自然存活于土壤、病残体等中 3 年以上。凡是种植过花生、烟草、马铃薯、番茄、茄子、桑、木麻黄和桉树等植物的土壤、水源都有可能存在青枯劳尔氏杆菌。在土壤中存活时间与土壤的温度、湿度、pH 关系密切，低温时生存时间比高温时长，中性土壤较酸性土壤有利于病原存活，土壤含水量在 31%～37%时可存活 390d 以上，干燥和水浸时，病原仅能存活 30d 和 90d。

桉树青枯病为典型的土壤传播型病害，病原由根部侵入感染而蔓延于植株维管束组织内，致使植株凋萎。病原又可由病株的根部转入土壤中，而再感染邻近健康桉树。根颈损伤、地表径流和病健根系接触是病原侵入、传播的主要途径。

在广东桉树种植区，一年四季均会发病，一般 3 月病株逐渐增加，6～10 月发病较重，7～9 月是发病高峰期，11 月以后病害显著减轻。台风后暴雨，温度在 33～35℃，相对湿度在 80%以上时最易流行（张民兴 等，1996）。

根据对病原的侵染来源、侵染途径、传播媒介、发生发展时期、病害流行因素及病原侵染后在植株体内扩展情况的研究与综合分析，绘制了桉树青枯病侵染循环图（图 6 - 16）。

4. 发病条件

桉树青枯病流行的时间动态表明，各地病害流行的迟早，虽与当地条件有关，但一般在 7～9 月流行。只要发病条件存在，各地可连年流行。根据发生和流行特点，确定其为"单年流行病"类型。在我国华南桉树栽培区，有 3 个因素造成了青枯病的流行。

（1）病原累积　该病原是一种典型的土壤习居细菌，流行地区原先多数是木麻黄青枯

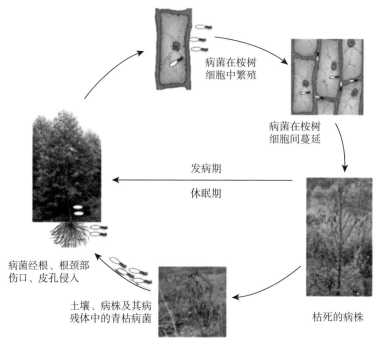

病菌在桉树
细胞中繁殖

病菌在桉树
细胞间蔓延

发病期

休眠期

病菌经根、根颈部
伤口、皮孔侵入

土壤、病株及其病
残体中的青枯病菌

枯死的病株

图 6 - 16　桉树青枯病的病害循环

病发生或流行区，或栽培过易感染青枯劳尔氏杆菌的烟草、番茄和花生等作物，病原积累
的数量多、致病性强（林绪平 等，1996）。

（2）林分单一　近些年来各地大面积推广速生且容易感染青枯病的尾叶桉和巨尾桉等
树种。目前生产中使用的大多数抗病桉树无性系，通过组培连续扩繁，抗病遗传性状会逐
渐消失。一些抗病无性系在组培苗工厂使用 3 年后对青枯病的抗性就明显降低，不同无性
系的抗病性衰退速度不同（施仲美 等，2000）。

（3）气象因子　从 4～11 月，温度在 25～ 35℃，雨量充沛，有利于青枯劳尔氏杆菌
在土壤中生长繁殖和传播（林绪平 等，1996）。

五、诊断鉴定和检疫监测

1. 诊断鉴定

（1）症状诊断　桉树青枯病的典型症状是幼树感病后全株或部分枝条凋萎枯黄，枝干
外表有时出现褐色至黑褐色纵向条斑，被害枝干木质部变黑褐色，病株根部腐烂，其木质
部和髓部也变褐色坏死，病根茎有臭味。对非典型的桉树青枯病症状，植物外表较矮小，
下部叶片先变成紫红色，并逐渐向上部发展。将病株枝干横切后表面喷洒清水，5～
10min 后，切面有乳白色或淡黄褐色的细菌黏液溢出（彩图 6 - 32）。

（2）致病性测试　选用易感病的番茄（博瑞 1 号）、辣椒（牛角 1 号）和茄子（紫光
1 号）实生苗，苗高 10～15cm。将配制好的浓度为 10^7 cfu/mL 的菌悬液，用微量移液枪
取 $1\mu L$ 该菌悬液接种至去掉顶芽的番茄、辣椒和茄子苗顶端，然后置于 30℃ 左右的条件
下，每天光照（10 000lx）12h，相对湿度 100％ 的环境中，3d 后观察被接种幼苗顶端菌

脓形成情况和发病情况。根据症状判定，辣椒、茄子的发病期均为接种后 4d，出现接种段组织软化、褐化，5～9d，顶部有白色或淡黄色的菌脓溢出，整株萎蔫。10d 后菌脓变为黄褐色。感病树种尾叶桉的幼苗也容易产生这种现象（郝梁丞，2010）。

（3）病原分离　可用营养琼脂培养基（NA）、KB 培养基、凯尔曼（Kelman）培养基。可直接挑取桉树病部横切面上的细菌菌脓稀释分离。在超净工作台内，用消毒的解剖刀或单面刀片将病茎横切或斜切，并用取液器取少量无菌水滴在横切面部位，3～5min 后有菌脓溢出。将菌脓转移至装有灭菌蒸馏水的离心管中，制成悬浮液，用接种环取少量悬浮液在培养基平板上划线培养，就能得到细菌的纯培养，或用取液器取 100μL 悬浮液，均匀涂布于培养基上，置于 28～30℃培养箱中培养。48h 后，挑取单个菌落，纯化后进行致病性测定，对有致病力的菌株分别在室温下（在无菌水中保存 1 年左右）和超低温下（-80～-70℃）保存。需要注意的是，该病原分离获得纯培养后，要尽快保存，如在 4～10℃冰箱中放置超过 1 个月以上，病原很难被恢复培养。

（4）菌落形态学鉴定　在适宜的培养基上，具有毒性的菌株形成旺盛生长的乳白色、不规则流体状菌落，培养皿倒置后细菌容易流动到下部的培养皿上；而无毒性菌株则生长缓慢局限，菌落圆形、扁平、较小。在加有 TTC 的凯尔曼平板培养基上，有毒性菌株的菌落中央呈粉红色，菌脓呈稀奶流动状；而无毒菌株的菌落小而圆，呈深红色，非流体奶酪状。

（5）PCR 检测　参照郝梁丞等（2010）的方法提取桉树病组织、带菌土壤或病原的纯培养提取病原的基因组 DNA。

①DNA 提取：

桉树组织中青枯菌 DNA 的提取：取 100μL 样品液与 220μL 裂解缓冲液（100mmol/L NaCl；10mmol/L Tris-HCl；1mmol/L EDTA，pH8.0）混合。95℃水浴 10min，冰浴 5min。加入 80μL 溶菌酶溶液（50mg/mL），置于 37℃环境中 30min。再加入 500μL 的 CTAB（1.4mol/L NaCl，100mmol/L Tris-HCl，pH 8.0，2% CTAB，20mmol/L EDTA，pH8.0）混匀。65℃水浴 30min，4℃ 18 000×g 离心 15min，弃沉淀，上清液中加入 500μL 氯仿，轻微振荡，4℃ 18 000×g 离心 5min。水相部分移入 1 个新离心管中，0.6 倍体积的异丙醇沉淀 2h，80% 的酒精清洗，风干，溶于 20μL 的 TE 缓冲液中，作为模板 DNA。

土壤样品 DNA 的提取：取 100μL 土壤样品液与 540μL CTAB 缓冲液（100mmol/L NaCl；10mmol/L Tris-HCl，pH 8.0；1mmol/L EDTA，pH8.0）混合，加入 4μL 蛋白酶 K（10mg/mL）。于 180r/min 摇床上 37℃涡旋摇动 30min，加入 60μL 20% SDS，65℃水浴 2h，每 15～20min 轻轻颠倒几下，4℃ 6 000×g 离心 10min，收集上清液，转移至灭菌离心管中静置，土壤沉淀再次加入 180μL 提取液和 20μL 20% SDS，涡旋振荡 10s，65℃水浴 10min，4℃ 8 000×g 离心 10min，收集上清液与上次上清液合并。加入与总上清液等体积的氯仿、异戊醇混合液（体积比 24：1）混合，4℃ 8 000×g 离心 15min，吸取水相转移至另一离心管中，加入 0.6 倍体积预冷的异丙醇，4℃沉淀 2h，4℃ 12 000×g 离心 20min，收集核酸沉淀，用预冷的 70% 的乙醇洗涤沉淀 2 次，离心，风干。沉淀物垂悬于 20μL TE 保存液（10mmol/L Tris-HCl，1mmol/L EDTA，pH8.0）中。

②扩增引物：采用以 16S rRNA 为靶基因的青枯菌特异性引物 OLI1/Y2（Seal et al.，1993），序列如下：OLI1，5′-GGGGGTAGCTTGCTACCTGCC3′；Y2，5′-CCCACTGCTGCCTCCCGTAGGAGT-3′；扩增片段长度为 288bp。扩增反应体系（25μL）含 10×PCR 缓冲液 2.5μL，dNTP（10mmol/L）各 0.5μL，10μmol/L 引物各 1μL，Taq DNA 聚合酶 2.5U，1%BSA（牛血清白蛋白），DNA 模板 2μL，加灭菌重蒸水至 25μL。PCR 反应程序为 96℃预变性 2min，三温循环，94℃变性 20s，66℃退火 20s，72℃延伸 30s，50 循环，最后 72℃延伸 10min（郝梁丞 等，2010）。

③电泳观察与结果判定：1×TAE 电泳缓冲液，取 5μL 扩增产物于 1.5%琼脂糖凝胶上（Goldview，50μL/L），100mA 稳流电泳至谱带完全分开，紫外凝胶成像分析系统观察电泳结果。已知病原的 DNA 阳性对照会产生一条 288bp 的特异性扩增产物条带；仅含重蒸水的阴性对照不出现该条带。若备测样品出现与阳性对照相同的扩增条带，判定为样品带菌（阳性），若样品不产生此特异性条带，则判定为不带菌（阴性）。

2. 检疫监测

青枯劳尔氏杆菌的监测包括病害调查、产地检疫监测和调运检疫监测。

（1）病害调查　桉树青枯病主要危害 2 年生以下的幼树，因此，有必要对桉树幼林进行系统调查，定期向当地林业管护人员询问桉树青枯病的发生情况，包括病害发生地点、时间、危害情况，分析病害和病原的来源及其传播扩散情况。对桉树青枯病发生面积较大且严重的地区，须组织专业人员进一步开展踏查和详细调查，统计病害的发生面积和严重程度，及时向当地上级主管部门汇报疫情，对发病区域实行严格封锁和控制。

（2）产地检疫监测　需对桉树组培苗和采穗圃等无性繁殖材料育苗基地进行检疫监测，包括育苗基地调查、室内检验、签发证书及监督生产单位做好繁殖材料选择和疫情处理等。

育苗基地调查：主要进行基地幼苗症状排查，观察桉树幼苗的生长状况，定期向桉树育苗人员和管理人员询问，对疑似发病的桉树育苗基地进行现场调查，若发现表现青枯病症状的植株，横切其根颈部位，观察木质部是否发生褐化，并将其插入盛有清水的塑料杯中，检查是否有乳白色的云雾状物质从病茎横切面溢出。采样带回实验室检查，样品应标注采集时间、地点、桉树种或无性系名称和基地照片。

室内检验：主要检测疑似桉树青枯病幼苗、采穗圃母树及其周围土壤是否有青枯劳尔氏杆菌存在，可进行病原分离纯化、显微镜形态观察鉴定、致病性测定和青枯劳尔氏杆菌特异性引物等分子生物学检测。

经苗圃地症状调查和室内检验没有发现青枯劳尔氏杆菌的繁殖材料签发准予输出的许可证。如果发现青枯劳尔氏杆菌，立即实施控制或铲除措施。疫情确定后 1 周内应将疫情通报给桉树苗调运目的地的林木检疫机构和林业外来入侵生物管理部门，以加强目的地有关单位对桉树青枯病的监控管理。

（3）调运检疫监测　在桉树幼苗货运交通集散地（机场、车站、码头）实施调运检验检疫。检查调运的苗木等无性繁殖材料、包装和运载工具等是否带有青枯劳尔氏杆菌。对受检材料等做现场调查，同时进行抽样，视货运量抽取适量的样品，带回室内进行常规诊断检测和分子检测技术检验。

在调运检疫中，对检验发现带青枯劳尔氏杆菌的样品予以拒绝入境或实施检疫处理；对确认不带菌的货物签发许可证放行。

六、应急和综合防控

对桉树青枯病的控制，需要依据病害的发病和流行规律，遵循"预防为主，综合防治"基本原则，分别在非疫区和疫区实施应急防控和综合防控措施。

1. 应急防控

在尚未发生过桉树青枯病的地区，要彻底消灭病原和病害，杜绝病害的扩散蔓延。由于我国尚未将桉树青枯病列入林木检疫性病害名单，生产上可以采取如下应急管理措施，以防止其扩散危害。

（1）桉树苗木等繁殖材料检出青枯劳尔氏杆菌的处理　对检出带菌的苗木等繁殖材料，应直接销毁处理；引种的种苗和扦插条，必须在规定的安全区域种植或隔离种植，经生长期间观察和检测，确定无病后方可异地种植；对带菌的桉树原木和木片，可以直接就地安全销毁。

（2）林间检出桉树青枯病的应急处理　在桉树育苗基地或林地发现疑似青枯病疫情后，应先对病害的发病情况做详细调查，并报告上级行政主管部门和技术部门，采取措施及时封锁病区和病苗，防止病害扩散蔓延。处理方法：在发病苗圃，销毁病苗，被污染的苗圃用75%百菌清可湿性粉剂500倍液（韦爱梅 等，2007）或72%农用硫酸链霉素可溶性粉剂1 000倍液喷雾（黄乃秀，1998）；在桉树林地，挖除病树销毁，病树周围土壤用塑料膜覆盖，随后按每平方米用甲醛20～30mL、高锰酸钾10～15g混合液对土壤进行熏蒸处理，或撒生石灰翻入表土，或75%百菌清可湿性粉剂300倍液浇淋病土。对经过应急处理后的苗圃或林地及其附近桉树林要持续进行定期监测，若发现病害复发须及时做应急处理。

2. 综合防控

在发生桉树青枯病林地，主要实施改种其他的非寄主植物或使用抗病树种或无性系，并结合培育无病苗木、合理布局桉树无性系、加强栽培管理、化学防治和生物防治等技术，将病害控制在经济允许的水平以下。

（1）加强检疫　加强种苗及培养基质带菌检疫，控制病苗扩散。有些苗木在苗圃已感病，随着调运而扩散。因此，对出圃前的苗木进行检疫，可以有效地阻止青枯病的发展和蔓延。桉树青枯病已列入广西内部检疫对象（邓艳 等，2008）。对有些在苗圃区已感染青枯病的桉树苗，杜绝调运到种植区造林，避免病原传播和扩散。可以选用指示植物和特异性引物扩增分子检测技术。

（2）无病苗木培育技术

①培育无病采穗圃。选择易排水的新垦地为采穗圃。在种植采穗母株前，每亩苗床用75～100kg生石灰处理土壤，移栽时减少创伤。加强抚育管理，避免根茎被灼伤。

②配制营养土。近年来，普遍采用深土层红心土育苗，也可选用人工基质育苗。如选用表层的营养土，在扦插或移栽组培苗前，须对土壤进行全面消毒。应用土壤添加剂防治青枯病的研究在国内外已有不少报道。土壤添加剂的施用可以改变土壤微生物区系，促进

拮抗性有益微生物的大量繁殖，抑制病原的生长，从而达到控制病害的目的。

③育苗防病管理技术。选择无病苗床，避免根系感病。在育苗过程定期使用杀菌药剂，预防病害发生。用72%农用硫酸链霉素可湿性粉剂2 000～3 000倍液进行灌根或喷洒处理，可以减少病原的数量。

（3）培育抗病品种（系）　由于桉树青枯病是以根部传染为主的一种维管束病害，化学防治效果不明显，选育和推广抗病品种是防治青枯病流行的根本策略。

①常规育种。目前生产上推广应用的抗病无性系均为常规育种手段培育从优良家系的优良无性系群中筛选出来的，如尾叶桉、尾巨桉、巨尾桉的抗病品系。杂交育种定向培育抗病品种（系），已取得明显效果。近年来以尾叶桉或巨桉为母本、赤桉或圆角桉为父本培育的尾赤桉、尾圆桉、巨圆桉的优良品系群抗病品系的比例较高，且抗病性较强。根据吴光金等（2003）的测定结果，高抗型的有赤桉、窿缘桉、柠檬桉、刚果桉（*Eucalyptus abl*）、雷林33、窿缘桉83002（*E. exserta* 83002）、刚果12号桉A2、刚果桉12号桉A5、刚果12号桉W4等10个树种和无性系；中抗型有雷林1号、尾叶桉1号（*E. urophylla* No.1）；感病型的有柳叶桉；易感型的有尾叶桉、雷林8051、巨尾桉、尾叶桉2号。

②利用生物技术培育抗病品系。许多桉树品种易建立重复性好、分化率高的各类外植体再生系统，这为利用生物技术培育新品种提供了有利条件。国内外开展了转基因技术、体细胞诱变技术等培育抗病新品种的研究，取得了一定进展。邵志芳等（2002）将抗菌肽D基因通过根癌农杆菌介导于尾叶桉叶盘，诱导成苗，经卡那霉素筛选转化子，通过胭脂碱、点杂交及Southern印迹杂交，证明抗菌肽D基因可整合到桉树基因组中。接种桉树青枯病菌后30d存活率达43.3%，较对照区的13.3%明显提高，且发病较慢。说明转基因桉树提高了其对青枯病的抗病力。广西林业科学研究院建立了尾叶桉、雷林1号、窿缘桉、赤桉等4个桉树优良品种下胚轴胚性愈伤再生体系及胚性悬浮细胞再生体系；以尾叶桉、窿缘桉、赤桉、雷林1号等4个桉树优良品种实生苗子叶及胚性愈伤组织为材料，进行了原生质体分离、培养研究，建立了3个桉树品种原生质体发育至细胞团的再生体系；建立了愈伤组织及悬浮细胞培养液，进行紫外线照射诱变及抗病无性系的筛选技术体系（吴耀军，2006）。林雪坚等（2003）证实利用桉树愈伤组织接种青枯劳尔氏杆菌进行抗性测定，所测得的结果与幼苗接种所表现的结果相吻合，与自然抗性测定的结果一致，说明可以用桉树愈伤组织的筛选抗病品种。

（4）栽培管理技术

①选择合适林地。避免前作为感病作物，如番茄、辣椒、茄子、马铃薯、烟草、甘薯、花生、芝麻、红麻、苎麻、木麻黄、油橄榄、木棉、生姜、砂姜等的地块造林；避免在低洼积水的林地造林。

②曝晒土壤。提前整地，在造林前使林地曝晒1个月以上，能达到减少土壤中病原含量的目的。

③合理施肥。整地时可适当施用石灰，降低土壤酸度以抑制病原细菌生长，避免使用未腐熟的农家肥作为基肥。根据桉树生长特性，增施磷钾肥和硝酸钙代替铵类氮肥可有效地抑制病原的繁殖。

④合理配置良种资源，选择适合本地区的优良抗病无性系。大面积单一无性系的推广

应用在一定程度上对桉树青枯病的发生和流行起到了推波助澜的作用。在造林过程中建议同一片林地利用不同品种的不同品系混交造林，提倡采用合理轮作、间作，清洁林地，尽可能与其他树种混交或与禾本科作物轮作 4～5 年。各地区根据自身桉树青枯病发生风险等级，合理配置不同抗病等级的良种资源。一般来说，高风险发生区必须使用高抗品系和抗病品系造林；中风险发生区应选择抗病品系造林，低感、中感品系可选择新垦地、坡地等立地种植；低风险发生区选择范围相对较宽，感病品系在前作为易感农作物、以农家肥为基肥或以带病苗木造林的林地不宜种植。

⑤加强对幼林的管理。对 3 年生以内的林分加强管理，定期观察，尤其是沿海地区，台风过后发现零星病株要及时连根挖除和销毁，并对土壤消毒。

（5）生物防治 生物防治是通过其他生物的作用来减少病原的生存和活动，从而减轻病害发生的方法。目前，对于植物病害，使用最多的生防试剂是各种微生物（包括真菌、细菌、噬菌体和病毒）及其代谢产物。由于生物防治具有经济、安全、有效期长且无公害等特点，因此有着广阔的应用前景。主要依据有以下几方面：

①拮抗作用。利用生防菌，如一些无毒青枯劳尔氏杆菌菌株、假单胞杆菌属、芽孢杆菌属（Bacillus）、链霉菌属（Streptomyces）等分泌的各种抗生素或可降解病原的酶，直接作用于病原，杀死病原或抑制其生长和繁殖。Ran 利用荧光假单胞杆菌 WCS374r、WCS417r 和 CHA0r 菌株和转抗生素基因的恶臭假单胞杆菌 WCS358、菌株 phl 进行桉树青枯病防治试验。结果发现，通过浸根，WCS417r 可以降低幼苗发病率 30%～45%，而转基因菌株减少苗木发病率 24%～28%。同时还发现，细菌产生的嗜铁素可以诱导桉树抵御青枯病（Ran，2002；Ran et al.，2005）。据巴西的 Santiago 等（2015）报道，苏云金芽孢杆菌 UFV-56 和蜡样芽孢杆菌 UFV-62 菌株在桉树青枯病发病初期有一定防治效果。从自然界直接分离或对有毒菌株诱变或遗传改造获得无毒青枯劳尔氏杆菌菌株产细菌素可应用于生物防治桉树青枯病。董春等（2000）对我国南方 15 种寄主植物的 135 个青枯劳尔氏杆菌菌株的产细菌素能力进行了测定，结果表明，能产生细菌素的菌株有 59 个，占总数的 43.7%。这些菌株产生的细菌素的专化性不同，其中番茄菌株 Tm3、烟草菌株 Tb30、桑树菌株 M1 和桉树菌株 Eul 都有较强的抑菌能力和较广的抑菌谱。

②隔离病原的侵染位点或营养竞争。专化外生菌菌根和桉树根系共同建立的互惠共生体系，提高了桉树利用土壤资源的能力，菌根能产生多种植物激素和生长调节物质，调控植物生理活动，促进桉树健康生长，提高桉树的抗病性，同时共生菌在根际土壤大量繁殖，抢占了有利的物理学和生物学位点，对病原侵染造成物理隔离或生态排斥效应，使病原无法接近侵染位点。弓明钦等应用外生菌根苗防治桉树青枯病，发现 8 个菌株对青枯劳尔氏杆菌均有不同程度的抑制效果；菌根化苗木可降低发病率 40%～72.8%；菌根化苗木在重病区造林，发病率比未接种菌根的苗木降低 20%～38.9%；在新土地上造林，发病率仅 8.3%，比未接种菌根化苗木降低 11.8%～24.5%。因此，利用菌根技术，对苗木进行菌根化是防治桉树青枯病的有效方法之一（弓明钦 等，1999）。

③诱导抗病技术。利用诱导因子诱发植物自身的防御反应，提高抗病能力，减轻发病程度，从而达到控制桉树青枯病的目的。冉隆贤等（2004）以水杨酸对尾叶桉苗进行淋根处理，发现水杨酸可以诱导桉树苗显著地增强对青枯病的抗性。

主要参考文献

曹季丹，1982. 巴西柳桉、巨桉青枯病调查初报. 广西林业科技资料（4）：30-31.

邓艳，吴耀军，秦元丽，2008. 我国桉树青枯病控制技术研究进展. 广西林业科学（1）：17-21.

董春，范怀忠，2000. 植物青枯病菌细菌素的产生、性质及其利用. 微生物学通报，27（4）：302-304.

弓明钦，陈羽，王凤珍，等，1999. 外生菌根对桉树青枯病的防治效应. 林业科学研究，4：339-345.

郝梁丞，2010. 桉树青枯病菌的检测. 保定：河北农业大学.

郝梁丞，赵嘉平，陶晡，等，2010. 土壤及潜伏期桉树组织内青枯菌的 PCR 检测. 河北农业大学学报，33（2）：79-83.

何学友，1997. 我国林木青枯病研究概况. 森林病虫通讯，1：43-46.

黄乃秀，1998. 几种不同抗菌素对培养桉树青枯病菌的影响. 广西林业科学（1）：26-27.

赖京森，1990. 桉树病虫害的综合治理. 云南林业（3）：20-21.

李伟东，1992. 桉树青枯病在海南的发生现状与防治措施. 海南林业科技，3：21-22.

梁子超，1986. 广东桉树青枯病初报. 林业科技通讯，12：封2.

林绪平，林雪坚，吴光金，等，1996. 桉树青枯病的流行规律研究. 中南林学院学报，16（3）：49-55.

林雪坚，吴光金，程淑华，等，2003. 桉树愈伤组织抗病性的测定及其快速繁殖研究. 中南林业科技大学学报，23（6）：117-120.

林雪坚，吴光金，石明旺，等，1993. 桉树青枯病病原菌的研究. 湖南林业科技，20（2）：6-10.

冉隆贤，谷文众，吴光金，2004. 水杨酸诱导桉树抗青枯病的作用及相关酶活性变化. 林业科学研究，17（1）：12-18.

邵志芳，陈伟元，罗焕亮，等，2002. 柞蚕抗菌肽 D 基因转化桉树培育抗青枯病株系的研究. 林业科学，38（2）：92-98.

施仲美，奚福生，何贵整，等，2000. 桉树品系对青枯病抗性及其稳定性的研究. 广西林业科学，3（1）：1-6.

王艳，2013. 桉树青枯病的快速检测及生物防控技术研究. 北京：中国林业科学研究院.

韦爱梅，王军，丁志烽，2007. 桉树青枯病的化学防治研究. 广东园林，S1：46-47.

吴光金，林雪坚，石明旺，2003. 桉树抗青枯病树种和无性系的鉴定. 中南林学院学报，23（4）：32-34.

吴清平，梁子超，1988. 桉树青枯病病原鉴定和致病力测定. 华南农业大学学报，9（3）：59-67.

吴耀军，2006. 桉树青枯病发生规律与控制技术. 广西林业科学，35（4）：279-285.

吴志华，谢耀坚，罗联峰，2007. 我国桉树青枯病研究进展. 林业科学研究，20（4）：569-575.

向妙莲，冉隆贤，2004. 桉树青枯病研究进展. 中国森林病虫，23（1）：37-40.

谢耀坚，2018. 我国木材安全形势分析及桉树的贡献. 桉树科技，35（4）：3-6.

张民兴，吴光金，林雪坚，等，1996. 桉树青枯病发病规律的研究. 中南林学院学报，16（2）：28-32.

Akiew E，Trevorrow P R，1994. Management of bacterial wilt of tobacco. In Hayward A C. and Hartman G. L（eds）. Bacterial wilt: the disease and its causative agent, *Pseudomonas solanacearum*. CAB International，Wallingford. P. 179-198.

Buddenhagen I W，Kelman A，1964. Biological and physiological aspects of bacterial wilt caused by *Pseudomonas solanacearum*. Annual Review of Phytopathology，2：203-230.

Buddenhagen I W，Sequeira L，Kelman A，1962. Designation of races in *Pseudomonas* solanacearum. Phytopathology，52：726.

Carstensen G，Venter S，Wingfield M，et al.，2017. Two *Ralstonia* species associated with bacterial wilt of *Eucalyptus*. Plant Pathology，66：393 - 403.

Ciesla W M，Diekmann M，Putter C A J，1996. *Eucalyptus* spp. technical guidelines for the safe movement of germplasm，No. 17. FAO/IPGRI. Rome，Italy.

Coutinho T A，Roux J，Riedel K H，et al.，2000. First report of bacterial wilt caused by *Ralstonia solanacearum* on eucalypts in South Africa. Forest Pathology，30（4）：205 - 210.

Dianese J C，Dristig M C G，Cruzc A P，1990. Susceptibility to wilt associated with *Pseudomomas solanacearum* among six species of *Eucalyptus* growing in equatorial Brazil. Australian Plant Pathology，19：71 - 76.

Fegan M，Prior P，2005. How complex is the "*Ralstonia solanacearum* species complex" In Allen C，Prior P. & Hayward A. C.（eds）. Bacterial wilt disease and the *Ralstonia solanacearum* species complex. APS Press：St. Paul. P. 449 - 461.

Hayward A C，1964. Characteristics of *Pseudomonas solanacearum*. Journal of Applied Bacteriology，27：265 - 77.

Jiang G，Wei Z，Xu J，et al.，2017. Bacterial wilt in China：history，current status，and future perspectives. Frontiers in Plant Science，8：1549.

Kelman A，1954. The relationship of pathogenicity in *Pseudomonas solanacearum* to colony appearance on a tetrazolium medium. Phytopathology，44：683 - 685.

King E O，Ward M K，Raney D E，1954. Two simple media for the demonstration of pyocyanin and fluorescin. Journal of Laboratory and Clinical Medicine，44：301 - 307.

Lopes C A，Rossato M，2018. History and status of selected hosts of the *Ralstonia solanacearum* species complex causing bacterial wilt in Brazil. Frontiers in microbiology，9：1228.

Pongpanich K，2000. *Eucalyptus* pathology in Thailand. In：*Eucalyptus* diseases and their management. Final Report. ACIAR，Bangkok. P. 6 - 8.

Ran L X，2002. Suppression of bacterial wilt in *Eucalyptus* and bacterial speck in *Arabidopsis* by fluorescent *Pseudomonas* spp. strains：conditions and mechanisms. Utrecht University，Utrecht，The Netherlands.

Ran L X，Liu C Y，Wu G J，et al.，2005. Suppression of bacterial wilt in *Eucalyptus urophylla* by uorescent *Pseudomonas* spp. in China. Biological Control，32：111 - 120.

Roux J，Coutinho T A，Byabashaija M D，et al.，2001. Diseases of plantation *Eucalyptus* in Uganda. South African Journal of Science，97（1 - 2）：16 - 18.

Roux J，Coutinho T A，Wingfield M J，et al.，2000. Diseases of plantation *Eucalyptus* in the Republic of Congo. South African Journal of Science，96（8）：454 - 456.

Santiago T R，Grabowski C，Mizubuti E S G，2014. First report of bacterial wilt caused by *Ralstonia solanacearum* on *Eucalyptus* sp. in Paraguay. New Disease Reports，29：2.

Santiago T R，Grabowski C，Rossato M，et al.，2015. Biological control of eucalyptus bacterial wilt with rhizobacteria. Biological Control，80：14 - 22.

She X M，He Z F，Li H P，2018. Genetic structure and phylogenetic relationships of *Ralstonia solanacearum* strains from diverse origins in Guangdong Province，China. Journal of Phytopathology，166：177 - 186.

Sudo S，Oliveira G H N，Pereira A C，1983. Eucalipto（*Eucalyptus* sp.）bracatinga（*Mimosa* escabrela），novos hospedeiros de *Pseudomonas solanacearum* E. F. Smith. Fitopatologia Brasileira，8：631（Abstract）.

Thu P Q，Old K M，Dudzinski M J，et al. ，2000. Results of eucalypts disease surveys in Vietnam. In：*Eucalyptus* diseases and their management. Final Report. ACIAR，Bangkok. P. 16 -18.

Villa J E，Tsuchiya K，Horita M，et al. ，2005. Phylogenetic relationships of *Ralstonia solanacearum* species complex strains from Asia and other continents based on 16S rDNA，endoglucanase，and *hrpB* gene sequences. Journal of General Plant Pathology，71：39 -46.

Yabuuchi E，Kosako Y，Yano I，et al. ，1995. Transfer of two *Burkholderia* and an *Alcaligenes* species to *Ralstonia* gen. nov. ：proposal of *Ralstonia pickettii* （Ralston et al. ，1973）comb. nov，*Ralstonia solanacearum* （Smith，1896）comb. nov. & *Ralstonia eutropha* （Davis 1969）comb. nov. Microbiology and Immunology，39：897 - 904.

第七章

入侵性植物病原病毒及其监测防控

我国已记录的外来入侵植物病毒有 30 多种，本章将论述其中 10 种最重要的农林植物病毒病，分别讨论它们的起源和分布、病原、病害症状、生物学特性和病害流行规律、诊断鉴定和检疫监测、应急和综合防控。

第一节　小麦线条花叶病毒病及其病原

小麦线条花叶病毒病的病原为小麦线条花叶病毒，是一种种子传播和卷叶瘿螨（*Aceria tosichella*）传播的病毒，其侵染小麦等麦类作物及禾本科杂草，在麦类作物上导致严重的线条花叶症状和产量损失，是我国的一种重要外来入侵物种和检疫性病毒。

一、起源和分布

小麦线条花叶病毒由 Peltier 于 1922 年首次在美国的内布拉斯加（Nebraska）发现。遍布于美洲、西亚、欧洲和大洋洲的一些麦类种植的主要国家和地区，如美国、加拿大、墨西哥、巴西、阿根廷、斯洛文尼亚、俄罗斯、德国、罗马尼亚、土耳其、伊朗、约旦、新西兰和澳大利亚等（Hadi et al.，2011；Navia et al.，2013；Singh，2018）。

我国曾经在西北地区的甘肃和新疆报道发生过小麦线条花叶病毒病。谢浩等（1982）报道于 1981 年在新疆五家渠市分离到一种病毒，经鉴定为小麦线条花叶病毒。在其他省份还没有此病害的发生分布报道。

近年来我国检验检疫机构已数次从国外进口产品中检疫到小麦线条花叶病毒。2011 年，宁波出入境检验检疫局从一批美国进口大豆中发现混杂的小麦颗粒，并在小麦颗粒中检出我国禁止进境的植物检疫性有害生物——小麦线条花叶病毒，这是我国首次截获该检疫性有害生物；2016 年 5 月，宁波出入境检验检疫局对一批来自乌克兰的玉米进行抽样与检疫，发现该批玉米中部分玉米粒具有红色线状斑点，经分子生物学与血清学方法检测，证实其携带小麦线条花叶病毒，这是全国首次从进境乌克兰玉米中截获小麦线条花叶病毒（胡佳续 等，2016）；2016 年 11 月，天津出入境检验检疫局动植物与食品检测中心在进口的美国小麦中，检出小麦线条花叶病毒（王佳莹 等，2016）；天津检验检疫局还曾先后在来自澳大利亚的小麦、大麦和燕麦及燕麦干草中截获过该病毒。从这些报道可看出，我国面临着小麦线条花叶病毒入侵的压力很大，我们必须加强对来自病害发生区国家相关作物产品的检验检疫，将小麦线条花叶病毒有效地封堵于国门之外，以保证我国广大小麦等禾谷类作物种植地区的生产安全。

二、病原

1. 病毒及系统分类

小麦线条花叶病毒的拉丁学名为 *Wheat streak mosaic virus*，简称 WSMV。最初它和其他螨类传播病毒种类一起被归类于马铃薯 Y 病毒科（*Potyviridae*）中的黑麦花叶病毒属（*Rymovirus*）。Stenger 等（1998）报道了小麦线条花叶病毒全核苷酸序列，对该全核苷酸组的系统演化分析表明，小麦线条花叶病毒与白粉虱传播的甘薯轻型斑驳病毒（*Sweet potato mild mottle virus*）亲缘关系最近，而与黑麦花叶病毒（*Ryegrass mosaic virus*）的关系较远。根据这一分析结果，在马铃薯 Y 病毒科中建立了一个新病毒属，即小麦花叶病毒属（*Tritimovirus*），并以小麦线条花叶病毒作为该属的模式种（Rabenstein et al.，2002；Stenger et al.，1998）。因此，现在公认的病毒分类体系中，小麦线条花叶病毒属于病毒域（*Virus*）、病毒界（*Viruses*）、RNA 病毒（门）、正单链 RNA 病毒（纲）（目名不详）、马铃薯 Y 病毒科、小麦花叶病毒属。

2. 演化类型

根据小麦线条花叶病毒株系的来源及其基因组 RNA 将其划分为 A、B 和 D 三个簇（clade）或遗传分枝（Schubert et al.，2015）。A 簇株系来源于墨西哥；B 簇株系来源于欧洲、俄罗斯和土耳其，该簇病毒在 RNA 的 8 412～8 414 位点的密码子 GCA 缺失，导致在 CP 蛋白的 2 761 位点缺少一个甘氨酸；全基因组序列对比分析显示来源于美洲、欧洲和亚洲的 B 簇株系之间在 P1/HC Pro 假想蛋白剪切位点存在差异。D 簇株系来源于美国、加拿大、澳大利亚和土耳其，其中来源于美国的 D 簇株系又被分为 4 个亚簇（subclade）：D1 来自西北太平洋区；D2 来自堪萨斯州和科罗拉多州；D3 来自堪萨斯州、肯塔基州、俄亥俄州和密苏里州；D4 来自堪萨斯州和内布拉斯加州。原来基于 CP 蛋白的系统演化分析还有一个 C 簇，其株系来源于伊朗，但后来基于全基因组序列分析将伊朗的小麦线条花叶病毒株系归入了 B 簇和 D 簇。因此，最终结果是小麦线条花叶病毒只分为 A、B 和 D 簇。

3. 形态特征

小麦线条花叶病毒粒子为弯曲的长杆状或线状（图 7 - 1），大小 700nm×15nm，裸露无包膜；具有螺旋状排列的管状蛋白质外壳，RNA 包被于蛋白质外壳中。在做电镜观察时常用醋酸双氧铀或磷钨酸盐进行病毒粒子染色；在侵染寄主细胞质中形成柱状的内含体（Lanenberg，1991），其由病毒基因组编码的 68～72 ku 内含体蛋白质构成。谢浩等（1982）从新疆获得的小麦线条花叶病毒颗粒长度 700nm×18nm，在感病的小麦叶细胞质中观察到风轮状内含体。

小麦线条花叶病毒的基因组呈线状，核酸占病毒粒子质量约 5%，为正单链 RNA［（＋）ssRNA］，长 9.3～9.4 kb，G＋C 占比为 44%，编码率为 97%；具有一个开放阅读框（ORF），编码（转录成）一条长约 344ku 的复合蛋白；此复合蛋白至少可剪切成 10 个结构和非结构蛋白，包括 P1（40ku）、HC-Pro（44ku）、P3（32ku）、6K1 和 6K2（6ku）、CI（胞质内含蛋白 73ku）、VPg（病毒蛋白基因组链接蛋白酶 23ku）、NIa（核内含假想蛋白酶 26ku）、NIb（核内含假想蛋白酶 57ku）和 CP（衣壳蛋白 37ku）（Singh et al.，2018）。Chung 等（2008）描述了一个短 ORF（PIPO），其表达一个 P3 半段 N 末端的融合蛋白（P3N PIPO）。这些蛋白在不同过程的作用已被解译：包括 RNA 沉默抑制、基因组的扩增、蛋白-蛋白互作、病毒基因组扩增和 RNA 结合、病毒粒子装配、蛋白质降解加工等。RNA 的 5′端有一个 VPg，3′端有一个聚合 A 尾巴。RNA 本身具有侵染性，具有基因组和病毒信使两方面的功能。

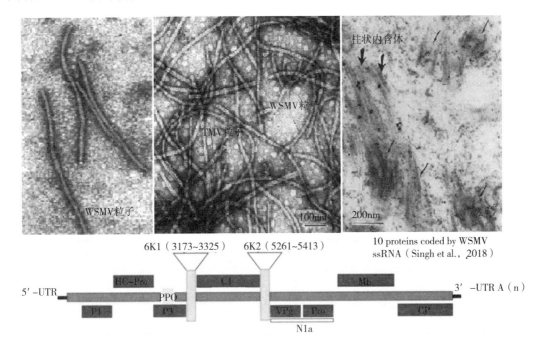

图 7-1 小麦线条花叶病毒形态及基因组 ssRNA 结构

三、病害症状

小麦线条花叶病毒病又称为拐节病，植物于苗期或拔节期前受到小麦线条花叶病毒侵染后表现系统性侵染症状，叶片出现条纹状花叶症状；植株生长后期感染则表现过敏性坏死症状。感病植株在苗期阶段叶色变淡，叶片变窄，叶上出现与叶脉平行的细长短条纹及褪绿黄色斑点，后扩大愈合成苍白色断续条纹，苍白条纹增多，绿色条纹减少，使叶片大部分或全部变苍白，向内纵卷，部分组织坏死（彩图 7-1）。新长出的叶片也出现褪色条纹，叶脉浊化稍暗。拔节后感病植株节间向外和向下呈弧形弯拐，节向上，各节向地的一侧异常膨大，致整个茎秆呈拐节状，此症状在植株基部 1~3 节最为明显。感病严重的植株显著矮化，使得田间植株高低不齐，植株分蘖向四周匍匐，剑叶叶鞘扭卷，不易抽穗，或穗而不实。小麦感病越早发病愈重，冬前发病不能拔节抽穗，提早枯死造成绝收；拔节期感病植株严重矮化，仅主穗和个别分蘖抽穗，穗小粒少，部分植株完全不能抽穗结实；拔节后感病结实小穗减少，千粒重降低，可引起严重减产。发病严重的田块植株之间高矮不齐，整体泛黄。

四、生物学特性和病害流行规律

1. 生物学特性

据谢浩等（1982）研究报道，从新疆获得的小麦线条花叶病毒的致死温度 55～60℃，体外存活期 3～7d，稀释限点 500～1 000 倍。该病毒与玉米矮花叶病毒、大麦条纹花叶病毒、马铃薯 Y 病毒的血清反应为阴性。其可由小麦卷叶瘿螨（*Aceria tosichella*，WCM）传播，病毒通过郁金香瘿螨的传毒率为 25%～100%，还可由小麦种子传毒。据估计，该病毒在新疆昌吉州的发生面积约占小麦上总发生面积的 80% 以上。

2. 寄主范围

国外已报道的小麦线条花叶病毒寄主相当多，主要是禾本科植物，其中包含小麦、高粱、玉米和大麦等 10 种重要农作物，还有 42 种杂草（表 7-1）。谢浩等（1982）发现，玉米、大麦、小麦、黑麦、燕麦、高粱、黍和苋色藜人工接种该病毒后都表现系统花叶病状。

表 7-1　国外已记载的小麦线条花叶病毒寄主（Singh et al.，2018）

中文种名	拉丁学名	英文名	参考文献
禾谷类作物			
裂稃燕麦	*Avena barbata*	Bearded oat	Coutts et al.，2014
燕麦	*Avena sativa*	Oat	Brakke，1971
大麦	*Hordeum vulgare*	Barley	Brakke，1971
黍	*Panicum miliaceum*	Broomcorn millet	Ellis et al.，2004
御谷	*Pennisetum glaucum*	Pearl millet	Seifers et al.，1996
黑麦	*Secale cereale*	Cereal rye	Ito et al.，2012
谷子	*Setaria italica*	Sorghum	Truol et al.，2010
高粱	*Sorghum bicolor*	Sorgum	Seifers et al.，1996
小麦	*Triticum aestivum*	Wheat	Brakke，1971
玉米	*Zea mays*	Maize	Brakke，1971
野生杂草			
圆柱山羊草	*Aegilops cylindrica*	Jointed goatgrass	Sill et al.，1953
偃麦草	*Agropyron repens*	Couch grass	Singh et al.，2017
细弱剪股颖	*Agrostis capillaris*	Common bent	Chalupníková et al.，2017
大看麦娘	*Alopecurus pratensis*	Meadow foxtail	Dráb et al.，2014
黄花茅	*Anthoxanthum odoratum*	Sweet vernal grass	Chalupníková et al.，2017
燕麦草	*Arrhenatherum elatius*	False oat grass	Dráb et al.，2014
针茅草	*Austrostipa compressa*	Speargrass	Vincent et al.，2014
野燕麦	*Avena fatua*	Wild oat	Vacke et al.，1986
凸脉燕麦草	*Avena strigesa*	Wild oats	Vacke et al.，1986

（续）

中文种名	拉丁学名	英文名	参考文献
二穗短柄草	*Brachypodium distachyon*	Purple false brome	Mandadi et al.，2014
大凌风草	*Briza maxima*	Blowfly grass	Coutts et al.，2014
田雀麦草	*Bromus arvenis*	Field brome	Sill et al.，1953
雀麦	*Bromus japonicus*	Japanese brome	Wegulo et al.，2008
硬雀麦	*Bromus rigidus*	Brome grass	Coutts et al.，2014
黑麦状雀麦	*Bromus secalinus*	Cheat grass	Sill，1953
旱雀麦	*Bromus tectorum*	Downy brome	Sill et al.，1953
长刺蒺藜草	*Cenchrus longispinus*	Mat sandbur	Connin，1956
蒺藜草	*Cenchrus pauciflours*	Sandbur	Wegulo et al.，2008
狗牙根	*Cynodon dactylon*	Couch grass	Ellis et al.，2004
马唐	*Digitaria sanguinalis*	Hairy crab grass	Vacke et al.，1986
稗	*Echinochloa crus-galli*	Barnyardgrass	Sill et al.，1953
光头稗	*Echinochloa colonum*	Junglerice	Khadivar et al.，2009
匍匐冰草	*Elymus repens*	Quackgrass	Ito et al.，2012
大画眉草	*Eragrostis cilianensis*	Stink grass	Connin，1956
弯叶画眉草	*Eragrostis curvula*	African lovegrass	Ellis et al.，2004
尖野黍/鸥鹉草	*Eriochloa acuminata*	Tapertip cupgrass	Seifers et al.，2010
带鞘野黍	*Eriochloa contracta*	Prairie cupgrass	Christian et al.，1993
三穗牛筋草	*Eleusine tristachya*	Spike goosegrass	Ellis et al.，2004
加拿大披碱草	*Elymus canadensis*	Canada wild rye	Ito et al.，2012
绒毛草	*Holcus lanatus*	Soft-grass	Chalupníková et al.，2017
匍匐绒毛草	*Holcus mollis*	Creeping soft-grass	Chalupníková et al.，2017
大麦草	*Hordeum leporinum*	Barley grass	Coutts et al.，2014
兔尾草	*Lagurus ovatus*	Hare's-tail	Vacke et al.，1986
多花黑麦草	*Lolium mitiflorum*	Annual ryegrass	Ellis et al.，2004
硬直黑麦草	*Lolium rigidum*	Ryegrass	Coutts et al.，2014
洋野黍	*Panicum dichotomiflorum*	Fall panicgrass	Sill et al.，1953
细叶铺地草	*Panicum capillare*	Witch grass	Coutts et al.，2008a，2008b
水虉草	*Phalaris aquatica*	Phalaris	Ellis et al.，2004
梯牧草	*Phleum pratense*	Timothy-grass	Dráb et al.，2014
草地早熟禾	*Poa pratensis*	Bluegrass	Dráb et al.，2014
狗尾草	*Setaria viridis*	Green bristlegrass	Sill et al.，1953
小毛刺草	*Tragus australianus*	Small burr grass	Coutts et al.，2008

3. 传毒介体

Slykhuis（1955）最早发现小麦卷叶瘿螨是小麦线条花叶病毒的传毒介体，小麦卷叶瘿螨引起小麦叶片变形和卷曲至中脉。通过 DNA 序列分析和寄主生物测试表明，小麦卷叶瘿螨实际上是由多个不同的遗传谱系（lineage）或隐形种（cryptic species）组成的一个复合种，其中有的谱系寄主专化性很强，只能专化单一野生杂草，而另外一些小麦卷叶瘿螨谱系则可取食麦类的多种禾本科植物。小麦线条花叶病毒遗传和寄主范围的变化与小麦卷叶瘿螨的传毒能力是相对应的，迄今为止发现两个小麦卷叶瘿螨谱系可传播小麦上的病毒（Miller et al.，2013；Skoracka et al.，2012；2013）。这两个谱系分别被命名为 1 型和 2 型（Carew et al.，2009）或 MT 1 和 MT 8 谱系（Skoracka et al.，2013；2014）。

国外的大量文献报道，小麦卷叶瘿螨是麦类和玉米作物田间小麦线条花叶病毒的传毒介体。该瘿螨个体很小（长度不足 0.3mm），白色，整体呈雪茄状，肉眼可见，但它们可以潜藏于叶鞘和籽粒颖壳内（彩图 7-2）。小麦卷叶瘿螨一生中经历卵、二龄期若螨和成螨几个发育时期，在温暖条件下（25～28℃），从卵到产卵成螨仅需 8～10d。每只雌螨可产约 20 粒卵，1 只雌螨在 60d 内可能繁殖 300 万只后代。因此，当气温高于 25℃时，种群暴增，从而导致小麦线条花叶病毒的高速传播。虽然谢浩等（1982）报道我国新疆发生的小麦线条花叶病的传毒介体是郁金香瘿螨，但其在发表的文献中并没有对这种瘿螨做详细描述，也没有对此做进一步的研究，因此这一结果并未得到国内外学界的认可，国际上小麦线条花叶病毒主要分布国家都未报道这种瘿螨介体。因此，小麦卷叶瘿螨是迄今为止公认的小麦线条花叶病毒唯一的传毒介体。

小麦卷叶瘿螨没有翅，爬行非常慢，但其主要借助风在作物内或作物间传播，也可能附着在飞行昆虫上进行远距离传播。随着气温下降，它们的繁殖能力迅速降低；高温干燥的夏季可毁灭瘿螨种群，它们只有躲藏于绿色杂草寄主下才能残活，但夏季和早秋季多雨，它们在自生麦苗和其他杂草寄主上形成丰富的种群，然后扩散到秋播小麦等麦类植物上侵袭危害。它们以寄主的绿色叶片为食，所以寄主叶片是它们生存繁殖的关键因子，而温度是它们存活的另一重要因素。在没有食物的条件下，它们在 24℃下最多能存活 8h，在 3℃下可存活 30～40h，以卵、若螨和成螨隐藏在冬小麦和多年生杂草寄主的叶冠内越冬；成螨在接近霜冻时能存活数月，但在 -15℃时只能活 2～3d；卵在 0℃ 以下可存活的时间较长些，将卵暴露在 -15℃下 8d 后转移到室温环境，仍有 25% 的卵可孵化；随着寄主植物的减少和衰亡，瘿螨便大量爬到植株叶尖部重叠堆积，或形成链状，等待吹过的阵风传带。

小麦线条花叶病毒通过若螨和成螨传毒，但是只有若螨在取食时才能从感病植株上获毒，病毒主要存在于若螨中肠和后肠内。若螨在植株上取食 15min 就可获取病毒，但取食时间越短，传毒率就越低，反之亦然。当若螨或成螨转移到健康植株上取食时，将体内的病毒注入健康组织中实现传毒。在室温下，小麦线条花叶病毒在瘿螨体内可保持 6d，但在 3℃下带毒瘿螨的传毒能力可保持 2 个月以上；而在接近于冰冻温度时，瘿螨生长发育缓慢，带毒瘿螨的传毒活性会保持更长的时间。

小麦卷叶瘿螨还可以传播麦属花叶病毒（*Triticum mosaic virus*，TrMV）和小麦花叶病毒（*Wheat mosaic virus*，WMoV）等其他病毒，从而引起不同病毒的复合侵染。在美国中部平原麦区的冬小麦上，这种双重甚至三重侵染的发生频率（47%）比单病毒侵染的频率（5%）要高得多（Byamukama et al.，2016），并且和 TrMV 的复合侵染导致的产量损失（96%）也显著高于两种病毒单独侵染（分别为 53% 和 50%）。

4. 侵染循环

小麦收获后，WSMV 主要潜伏于玉米、野外小麦自生苗、一些杂草寄主及小麦卷叶瘿螨体内越夏，待秋冬播小麦出苗后便通过介体传播到小麦田间进行侵染，并潜伏越冬。次年春季气温回升，麦苗开始进入旺盛生长期，瘿螨生长繁殖加快形成大量的种群，并迅速大量传播 WSMV，使得田间病害症状逐渐显现和加重。冬小麦上的带毒卷叶瘿螨，也通过风雨及昆虫等其他生物携带而传播到春播小麦和玉米田间，并在植株间反复传播引起再侵染。春小麦和玉米收获后，病毒又被传播到秋播冬小麦上侵染，并在冬小麦和杂草中越冬（图 7-2），成为次年冬小麦和春播小麦田间的初侵染源。

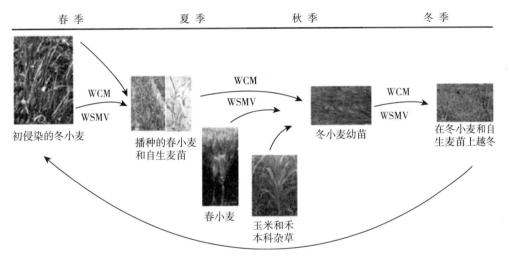

图 7-2 WSMV 侵染循环

WSMV 和 WCM 在小麦生长季节之间都在禾本科杂草或自生麦苗上越夏，这些杂草和自生麦苗是 WSMV 的中间寄主。

另外，WSMV 也是种传病毒，小麦种子的带毒率较低，一般小于 1%。带毒种子播种后长出的少量幼苗被感染，随机分散在田间，WCM 取食时便将病毒传到健康植株上引起发病。假设小麦种植密度为 100 株/m²，种子传毒率仅为 0.1%，且受感染的种子长成的幼苗都能存活，则感染 WSMV 的幼苗就是 1 000 株/hm²。这可为 WCM 获取病毒并将其传播到邻近的植株上提供相当充足的侵染来源。同时，种子中携带病毒，也是 WSMV 通过贸易或种子调运进行远程传播的重要途径。

5. 发病条件

①同很多其他植物病害一样，温度和风雨等气象因子对 WSMV 的发生和流行具有重要的影响。夏季气温凉爽有利于野外自生麦苗等寄主的生长和 WCM 介体的残活；秋季气温干燥暖和有利于 WCM 的生长繁殖和种群量累积，也有利于植株中病毒的增殖；而早春

气温回升快则可促进 WSMV 和 WCM 向健康植株的传播，从而有利于病害发生流行，加重对作物的危害和产量损失；小麦生长季节频繁的风吹和下雨有利于 WCM 的传播，从而提高病毒扩散速率；在小麦乳熟至蜡熟期，若遇冰雹或暴风雨天气，导致大量麦粒掉落田间，萌发成为自生苗，如果不加以控制清除，则会加重其田间秋播冬小麦的侵染和病情。②田间自生麦苗和杂草种群量大，可为秋播冬小麦提供大量初次侵染毒源，从而增加感染率和病害严重程度。③在 WCM 寄主玉米附近种植冬小麦，或过早播种冬小麦使其与玉米生长期重合，就会加大感染 WSMV 的危险性。而在冬小麦田间附近种植春小麦，则会加重春小麦线条花叶病毒病病情。

五、诊断鉴定和检疫监测

参照国家标准《小麦线条花叶病毒检疫鉴定方法》（GB/T 28103—2011），以及国内外有关研究成果和文献，简要介绍如下几种小麦线条花叶病毒病的检测技术：

1. 诊断鉴定

WSMV 的诊断和鉴定检测技术可分为传统生物学技术和现代分子生物学技术。传统的生物学诊断技术（症状观察、形态鉴定等）应用简便且成本低廉，但所获结果可能不太准确，因为麦类作物上可能会发生其他病毒病，它们之间很难准确地被区别开来，所以还需要结合应用现代分子生物学技术对 WSMV 进行准确的鉴定。

（1）症状诊断　主要用于大田作物的病毒病诊断。主要观察田间麦类植物上是否表现前述相应症状，由此做出初步诊断。WSMV 的典型症状是感病叶片上产生沿叶脉的间断性黄色条纹，条纹斑可联合，延伸至叶尖；感病植株不同程度地矮化。同时，小麦上常有 TrMV 和 WMoV 等其他病毒混合侵染，要注意与它们引发的症状区别。另外，有些备测样品（植株、介体、种子）上虽然携带有 WSMV，但并不显示症状，所以必须借助于分子检测等其他方法才能做出可靠的鉴定。

（2）形态鉴定　将叶尖超薄切片（厚度约 50nm），用 2% 乙酸双氧铀负染，在电镜下放大 25 000 倍观察病毒颗粒，其为柔软弯曲的长杆状或线状，长约 700nm，直径约 15nm（图 7-3）。

（3）致病性测试　田间采集的发病植株，可以通过室内接种来验证是否为 WSMV。可在温室盆栽钵内播种鉴别寄主种子。鉴别寄主包括小麦、玉米、中型冰草、燕麦、大麦。待鉴别寄主植株生长到

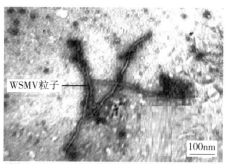

图 7-3　250 00 倍电镜观察 WSMV 颗粒
（Urbanaviciene et al.，2015）

3~5 叶期时用于接种。接种前将田间采集的新鲜病叶用 0.02mol/L 的磷酸钾溶液（pH7.0）浸提，获得的浸提液即为病毒的接种液。用洗净的手指蘸取病毒接种液，摩擦接种到寄主幼苗叶片上；如果田间感病植株上有 WCM，也可以将 WCM 转移到鉴别寄主叶片上接种。接种后的植株放置在 12h 光照（5 000 lx）和 12h 黑暗的生长室中，在 27℃下继续生长，接种后 7~15d，每天观察记录发病情况。

（4）DAS-ELISA 将制备的样品上清液加入已包被 WSMV 抗体的 96 孔酶联板中，进行检测。每个样品平行加到两个孔中。健康的植物组织作为阴性对照，感染 WSMV 的植物组织作为阳性对照，样品提取缓冲液作为空白对照，其中阴性对照种类和材料（如种子或叶片）应尽量与检测样品一致。

麦苗检测：随机或针对性抽取 20 个植株的叶片 0.2g 研磨成浆，按样品质量 1∶10 加入抽提缓冲液，研磨成汁液，在离心管中以 2 000r/min 离心 2～5min，取上清液作为待测样品液。

种子检测：随机或针对性挑选 100 粒种子，浸入 100mL 种子消毒液中 10min，用灭菌蒸馏水洗涤经表面消毒的种子 3 次，将种子摆放于白瓷盘的吸水纸上，放入光照培养箱中，在 20～28℃下培养至长出叶片。然后取叶片按上述麦苗处理方法制备待测样品液。

此项检测需预备的试剂有：①包被抗体，即特异性的 WSMV 抗体。②酶标抗体，即碱性磷酸酯酶标记的 WSMV 抗体（注：如果用 WSMV 检测试剂盒，其含有 WSMV 的包被抗体和酶标抗体）。③底物为对硝基苯磷酸二钠（PNPP）。④PBST 缓冲液（洗涤缓冲液 pH7.4），成分有 NaCl 8.0g、Na_2HPO_4 1.15g、KH_2PO_4 0.2g、KCl 0.2g、叠氮钠（NaN_3）0.2g 及吐温-20 0.5mL，加入 900mL 蒸馏水溶解，用 NaOH 或 HCl 调节 pH 到 7.4，蒸馏水定容至 1.0L，于 4℃保存备用。⑤样品抽提缓冲液（pH 7.4），含 PBST 1.0L、Na_2SO_3 1.3g、PVP（MW24 000～40 000）20g 和 NaN_3 0.2g，用 NaOH 或 HCl 调节 pH 到 7.4 后在 4℃储存备用。⑥包被缓冲液（pH 9.6），含 Na_2CO_3 1.59g、$NaHCO_3$ 2.93g 和 NaN_3 0.2g，加入 900mL 蒸馏水溶解，用 HCl 调节 pH 到 9.6，用蒸馏水定容至 1.0L 后在 4℃保存备用。⑦酶标抗体稀释缓冲液（pH 7.4），含 PBST 1.0L、BSA（牛血清白蛋白）或脱脂奶粉 2.0g、PVP（MW24 000～40 000）20.0g 和 NaN_3 0.2g，用 NaOH 或 HCl 调节 pH 到 7.4 后于 4℃保存备用；⑧底物为 PNPP 缓冲液（pH 9.8），含 $MgCl_2$ 0.1g、NaN_3 0.2g、二乙醇胺 97mL，溶于 800mL 蒸馏水中，用 HCl 调 pH 至 9.8，蒸馏水定容至 1.0L，于 4℃储存备用。⑨种子表面消毒液，含 30% 次氯酸钠 100mL，水 900mL，制成 3% 的消毒液。

操作过程：先在酶联板上设定待检样品孔位和对照孔位，阳性对照、阴性对照、空白对照和每个样品都设置 2 个孔，然后依次进行如下操作：

①包被抗体：用包被缓冲液将抗体按说明稀释，加入酶联板的孔中，每孔 100μL，用塑料膜包好，37℃下孵育 2h 或 4℃冰箱孵育过夜，清空酶联板孔中溶液，PBST 缓冲液洗涤 3 次，每次至少 5min。

②样品制备：待测样品按 1∶10（重量∶体积）加入抽提缓冲液，用研钵研磨成浆，2 000r/min 离心 2～5min，上清液即为制备好的检测样品。样品提取缓冲液作为空白对照，阴性对照、阳性对照做相应的处理或按照说明书进行。

③加样：加入制备好的检测样品、空白对照、阴性对照、阳性对照，每孔 100μL，加盖，室温避光孵育 2h 或 4℃冰箱孵育过夜，清空酶联板孔中溶液，PBST 缓冲液洗涤 4～6 次，每次至少 5min。

④加酶标抗体：用酶标抗体稀释缓冲液，按说明将酶标抗体稀释至工作浓度，并加入酶联板中，每孔 100μL，用塑料膜包好酶联板，37℃避光孵育 2～4h，清空酶联板孔中溶

液，PBST 缓冲液洗涤 4～6 次，每次至少 5min。

⑤加底物：将底物 PNPP 加入到底物缓冲液中，使终浓度为 1mg/mL（现配现用），按每孔 100μL 加入酶联板中，室温避光放置 30～60min。

⑥读数：用酶标仪在 30min、1h 和 2h 于 405nm 处读 OD_{405}。

⑦结果判断：对照孔的 OD_{405}（缓冲液孔、阴性对照及阳性对照孔），应该在质量控制范围内，即缓冲液孔和阴性对照孔的 OD_{405} 小于 0.15，当阴性对照孔的 OD_{405} 大于 0.05 时，按 0.05 计算。阳性对照有明显的颜色反应；阳性对照 OD_{405}/阴性对照 OD_{405} 为 3.0～10.0；孔的重复性应基本一致。

在满足了上述质量要求后，可根据如下原则进行结果判断：样品 OD_{405}/阴性对照 OD_{405} 明显大于等于 3.0，判定为阳性。样品 OD_{405}/阴性对照 OD_{405} 在阈值附近，判定为可疑样品，需重新做一次，或用其他方法加以验证。样品 OD_{405}/阴性对照 OD_{405} 明显小于 3.0，判定为阴性。若满足不了质量要求，则不能进行结果判断。检测结果为阳性的备测样品带有 WSMV，结果为阴性的待测样品则不带 WSMV。

（5）基于 CP 蛋白基因的反转录 PCR 检测　参照 Mar 等（2013）的方法，应用他们根据 WSMV 基因组 RNA 中的 CP 蛋白基因设计的引物 WSMVF/WSMVR（5′-TCGAGTAGTGGAAGCACTCA-3′/5′-CCTCACATCATCTGCATCAT-3′），其目的片段为 948bp。分别按照试剂盒说明的方法，用 RNeasy Kit（QIAGEN，Hilden，Germany）提取样品中的病毒 RNA，用 ImProm-Ⅱ 反转录试剂盒（Promega，Madison，Wisconsin，USA）合成 cDNA。PCR 反应混合液（25μL）含 2μL cDNA，1×PCR 缓冲液，1.5mmol/L $MgCl_2$，200mol/L dNTPS，0.4μmol/L 每种引物，0.625U GoTaq Flexi DNA Polymerase（Promega，Madison，Wisconsin，USA）。PCR 反应条件设定为 95℃，变性 2min，35 循环（95℃ 30s，55℃ 30s，72℃ 1min），72℃延伸 10min。PCR 产物用 1.5%琼脂糖凝胶电泳，经溴化乙啶（10mg/mL）染色后在 UV 成像系统中观察拍照，检测结果。阳性对照和携带 WSMV 的样品泳道上出现一条约 948bp 的扩增条带，阴性对照和不带病毒的泳道没有此条带。

（6）基于 VPg-NIa 蛋白基因的反转录 PCR 检测　①应用 Deb 等（2008）根据 WSMV 基因组 RNA 中的 VPg-NIa 蛋白基因序列设计的一对引物 WSMVL2/WSMVR2（5′-CGACAATCAGCAAGAGACCA-3′/5′-TGAGGATCGCTGTGTTTCAG-3′），其扩增目标片段为 198bp。②病毒 RNA 提取可购买和使用专门的 RNA 试剂盒并按说明书操作；也可按如下操作，将 250mg 样品材料放入研钵中加液氮研磨成细粉，移入离心管中，加入 750μL 缓冲液抽提，再加入等体积的饱和酚、三氯甲烷、异戊醇混合液（体积比 25∶24∶1），混合均匀，13 000r/min 离心 5min，取上清液；加入 1/10 体积的 3mol/L 醋酸钠（pH5.2）、2.5 倍体积无水乙醇，在 −80℃ 保持 30min（或 −20℃下过夜）；3 000r/min离心 15min，留沉淀；加入 300μL 的 75%乙醇洗涤，13 000r/min 离心 2min，弃上清液后，再加入 300μL 的 75%乙醇洗涤，13 000r/min 离心 2min 后留沉淀；自然风干后将 RNA 溶于 50μL 经过 DEPC 处理的蒸馏水中，即为待测 RNA。同时，分别从 WSMV 阳性对照和阴性对照样品中提取 RNA。③cDNA 反转录合成的反应体系（20μL），含20μmol/L的引物 1.0μL、无 RNA 酶的重蒸水 8.5μL、待测 RNA 2.0μL，经

88℃水浴 10min 后，置于冰浴上；加入 100mmol/L 的 dNTPs 1.0μL、40U/μL 的 RNA 酶抑制剂 0.5μL、5×M-MLV 反转录缓冲液 4.0μL、100mmol/L 的 DTT 2.0μL、5U/μL 的 M-MLV 反转录酶 1.0μL，混匀后置于 42℃水浴 1h 合成 cDNA。对阳性对照、阴性对照和清水空白对照做同样的反转录处理。④PCR 反应体系（50μL）含 10mmol/L 的 dNTPs 1.0μL、20μmol/L 的引物 1.0μL、每种引物各 1.0μL、10× PCR 缓冲液 5.0μL、cDNA 2.0μL、5U/μL 的 Taq DNA 聚合酶 1.0μL，加双蒸水补至 50μL。⑤PCR 反应条件设置为 95℃变性 3min，35 循环（95℃ 30s，55℃ 60s，72℃ 30s），72℃延伸 10min。⑥每个样品取 PCR 产物 5μL，加入 1.0μL 载样缓冲液，混匀后移入 2%琼脂糖凝胶板样孔中，凝胶板两侧样孔分别加入 DNA ladder，在 100V 下电泳；电泳结束后，将凝胶板置入 0.1%溴化乙锭溶液中染色 30min；最后在 UV 成像系统中观察拍照。⑦检测结果判断，阳性对照和携带 WSMV 的样品泳道上出现一条约 198bp 的扩增条带，阴性对照和不带病毒的样品泳道没有此条带。

2. 检疫监测

WSMV 的检疫监测包括一般性调查监测、产地检疫监测和调运检疫监测。

（1）一般性调查监测　主要调查我国的麦类、玉米、高粱、谷子等禾本科作物种植地区，需要对交通干线两旁区域的田间和有相关外运产品生产单位进行访问调查、野外大面积踏查、系统调查。

访问调查：向当地居民询问小麦线条花叶病毒病发生的地点、时间及危害情况等，分析病害传播扩散情况及其来源。每个社区或行政村询问调查 30 人以上。对询问过程中发现的小麦线条花叶病毒病疑似存在地区，进一步做深入重点调查。

大面积踏查：在小麦线条花叶病毒病未发生区，于作物生长期间的适宜发病期，在一定区域内以自然界线、道路为单位进行线路（目测）踏查，粗略地观察田间病害发生情况。观察时注意植株生长是否异常和表现前述麦类植物上的绿斑驳花叶病症状。确认有疫情需进一步掌握危害情况的，应设标准地（或样方）做详细系统调查。

系统（标准样方）调查：在小麦等作物生长季节做定点、定期调查。在种子繁育基地调查时，样方的累积面积应不少于调查总面积的 5%，每块样方面积为 5m²，样方内的植株应逐株进行调查。在标准地内随机抽取样株 20～30 株，记载病株率和病害严重程度。调查时用 GPS 测量样地的经、纬度，同时还需记录作物种类和品种、种子来源、栽培管理制度或措施等。Showman 等（1984）将小麦线条花叶病毒病的病情划分为 6 级：0 级，植株生长健康正常，无症状。1 级，植株叶片可见轻微细绿条纹。2 级，叶片上可见较多轻微细绿条纹和少量黄色条纹。3 级，叶片上绿色和黄色条纹混杂。4 级，叶片上大量黄色条纹。5 级，叶片上见严重的黄色条纹，叶片接近枯死。

病害危害程度分级：根据大面积调查记录小麦线条花叶病毒病的发生和危害程度，将危害程度分为 6 级：0 级，田间植株生长正常，没有发病植株。1 级，个别或少量植株发病，症状轻微，发病面积很小，病株率 5%以下，病级一般在 2 级以下，造成减产<5%。2 级，病害中度发生，发病面积较大，发病植株非常分散，病株率 6%～20%，病级一般在 3 级以下，造成减产 5%～10%。3 级，较重发生，发病面积较大，发病植株较多，病株率 21%～40%，少数植株病级达 4 级，造成减产 11%～30%。4 级，严重发生，发病

面积较大，发病植株较多，病株率 41%～70%，较多植株病级达 4 级以上，造成减产 31%～50%。5 级，极重发生，发病面积大，发病植株很多，病株率 71% 以上，很多植株病级达 4 级以上，造成减产 >50%。

在病害未发生区：若大面积踏查和系统调查中发现疑似小麦线条花叶病毒病的植株，要现场拍照记录，并采集具有典型症状的病叶标本，装入清洁的标本袋内，标明采集时间、采集地点及采集人，送外来物种管理或检疫部门指定的专家鉴定。有条件的，可直接将采集的标本带回实验室鉴定。如果专家鉴定或当地实验室检测确定了小麦线条花叶病毒病，应进一步详细调查当地附近一定范围内的麦类等作物田间发病情况。同时，及时向当地政府和上级主管部门汇报疫情，对发病区域实行严格封锁和控制。

在病害发生区：根据调查记录小麦线条花叶病毒病发生的范围、病株率和严重程度等数据信息，参照有关规范和标准制定病害综合防治策略，采用恰当的病害控制技术措施，有效地控制病害，以减轻或避免作物产量和经济损失。

（2）产地检疫监测　在麦类作物产品调运的原产地生产过程中进行的检验检疫工作，包括田间实地系统调查、室内检验、签发允许产品外调证书，以及监督生产单位做好病害控制和疫情处理等工作程序。小麦线条花叶病毒病的检疫监测，可在作物生长期或发病高峰期进行 2 次以上的调查，首先选择一定线路进行大面积踏查，必要时进行田间定点调查。

检疫踏查一般进行麦类作物田间症状观察，调查公路和铁路沿线的作物田间和苗圃，直接观察植株是否有小麦线条花叶病毒病症状，同时抽样进行室内检测检验。

田间系统定点调查重点是田间和苗圃发病情况（病株率、危害程度等），调查中除了要做好详细观察记录外，还要采集合格的标样，供实验室检测使用。

室内检验应用前述常规生物学技术和分子生物学技术，对系统调查采集的样品进行检测，确认采集样品是否带有 WSMV。

在产地检疫各个检测环节中，如果发现 WSMV，应根据实际情况，立即实施控制或铲除措施。疫情确定后 1 周内应将疫情通报给作物种苗和产品调运目的地的农业外来入侵生物管理部门和植物检疫部门，以加强目的地对作物产品的有效检疫监控管理。

（3）调运检疫监测　在各种麦类产品进口现场进行抽样观察，检查是否有病害症状。种苗及接穗、砧木等繁殖材料按一批货物总件数（株）的 1% 抽取样品，苗木及繁殖材料按照抽样比例，采取分层方式设点抽样检查；少于 20 个植株或 1.0kg（种子）的全部检查；从国外及疫情严重地区引进的品种（系），需增大抽样比例或逐株调查。现场确认有小麦线条花叶病毒病症状的样品，需带回室内做进一步鉴定确诊。

六、应急和综合防控

对小麦线条花叶病毒病，需要依据病害的发生发展规律和流行条件，执行"预防为主，综合防治"的基本策略，在未发生区和病害发生区分别实施应急防控和综合防控措施。

1. 应急防控

应用于小麦线条花叶病毒病的未发生区，所有技术措施几乎都强调对病原病毒的彻底灭除，目的是限制病害的扩散。无论是在交通航站检出带毒物品，还是在田间监测中发现带毒植株，都需要及时地采取应急防控措施，以有效地扑灭病害，阻止其扩散。

（1）调运检疫检出疫情的应急处理 对现场检出带有病毒的种子等有关物品，应全部收缴扣留，并销毁或拒绝入境，退回原地。对不能退回原地的物品要及时就地封存，然后视情况做应急处理。

产品销毁处理：港口、机场、车站检出带病毒货物及包装材料可以直接就地安全销毁。

检疫隔离处理：如果是引进用苗木或枝条接穗，必须在检疫机关设立的植物检疫隔离中心或检疫机关认定的安全区域隔离种植，经生长期间观察，确定无病后才允许释放出去。

（2）未发生区发现小麦线条花叶病毒病的应急处理 在小麦线条花叶病毒病的未发生区监测发现小范围疫情后，应对病害发生的程度和范围做进一步的详细调查，并报告上级行政主管部门和技术部门，同时要及时采取措施封锁病田，严防病害扩散蔓延。然后做进一步处理。铲除病田发病植株并彻底销毁。

经过田间应急处理后，应该留一小面积田地继续种植小麦等寄主作物，以观察应急处理措施对小麦线条花叶病毒病的控制效果。经在 2～3 年的监测，如果未观察到发病，即可认定病毒应急铲除成功，并可申请解除当地的疫情应急状态。

2. 综合防控

应用于小麦线条花叶病毒病已较普遍发生的麦类种植区。对于植物病毒病，迄今还没有非常有效的化学药剂，所以此病主要以预防为主。

（1）清除田间自生麦苗和杂草 在秋季冬小麦播种之前 2～3 周，采用人工翻耕除草和合理使用高效低毒的化学除草剂除草。

（2）使用健康无病种子 在 WSMV 病害发生区，小麦种子带毒率和传病率虽然比较低，但在适当的发病条件下，种子播种到田间后形成的病株足以构成 WSMV 的初侵染源，所以要尽量在无病区繁育健康的种子，而且在播种前要进行必要的种子处理。种子处理目前行之有效的方法是热处理。国内资料报道，70℃干热处理72h对种子发芽及种苗生长几乎没有影响，但可以钝化或去除病毒。但在进行干热处理时必须注意接受处理的种子含水量一般应低于 4%，并且处理时间要严格控制。还可以用 10% 磷酸钠溶液浸种，先将种子在清水中浸 4h，再放入 10% 磷酸钠溶液 20～30min 后捞出，清水洗净后晾干表面水分后播种，也有一定的防病效果。

（3）加强栽培管理 田间 WSMV 可以通过 WCM 等传播，所以麦类作物的各种管理措施应尽量阻断传毒途径和减少植株损伤。①合理轮作和间套作，实行小麦与非禾本科作物轮作或间套作，特别要避免与玉米和春小麦等中间寄主作物邻近种植，可以显著减少WSMV 侵染源和 WCM 传毒介体种群量，因此是防治小麦线条花叶病毒病非常有效的措施。②适当延迟秋季播种冬小麦的时间，减少或避免其与玉米后期相重合，从而可避开早期侵染发病。③注重作物肥水管理，合理施肥，避免过量施用氮肥，增施磷钾肥，以促进植物健康生长和增强植株抗病毒能力；及时适量浇灌水，防止干旱导致的植株抗病力减弱。④加强田间病虫草害的控制，及时中耕除草及防治害虫和病害，有利于植物健康生长和减少传病；特别的，清除 WSMV 和 WCM 的田间寄主杂草，可有效减少病毒的再侵染。

（4）培育和使用抗病毒品种 不同的品种对 WSMV 或者 WCM 具有不同程度的抗病性或耐病性，应用这些品种都可以显著降低小麦线条花叶病毒病的发生和危害（Martin et al.，1984；Harvey et al.，2005）；例如，美国的硬红冬小麦品种 Darell 就对 WSMV 非常耐病，被侵染后产量基本下降不明显（Ibrahim et al.，2008）。近年来，国外已经研究发现抗 WSMV 的基因（Friebe et al.，1996），其中 *Wsm1* 基因来源于冰草，利用此抗性基因，通过基因工程育种技术培育成的抗 WSMV 小麦品系 Mace，属于红色硬粒冬小麦品系，其田间防病效果较显著，产量损失也显著较轻，其产量与优良高产品种 Millennium 的产量相当（Sharp et al.，2002）。

（5）应用化学药剂 迄今还没有特别有效的植物病毒病防治药剂，所以药剂防治该病并不是理想的措施。目前使用的药剂主要是针对传毒介体 WCM 的杀螨剂。试验表明，应用接触性有机磷类杀螨剂效果也不太好，而在秋季使用内吸性杀螨剂卡巴呋喃（Carbofuran）等氨基甲酸酯类药剂则可以显著降低 WCM 和小麦线条花叶病毒病的危害（Harvey et al.，1979）。

主要参考文献

全国植物检疫标准化技术委员会，2011. 小麦线条花叶病毒检疫鉴定方法：GB/T 28103—2011. 北京：中国标准出版社.

胡佳续，郭京泽，林宇，等，2017. 天津口岸首次从美国小麦中截获检疫性有害生物——小麦线条花叶病毒. 植物检疫，3：79.

王佳莹，崔俊霞，张吉红，等，2016. 宁波口岸首次从进境乌克兰玉米中截获检疫性有害生物——小麦线条花叶病毒. 植物检疫，2.

王佳莹，崔俊霞，张吉红，等，2018. 小麦线条花叶病毒研究进展. 植物检疫，3.

谢浩，王志民，李维琪，等，1982. 新疆小麦线条花叶病毒（WSMV）的研究. 植物病理学报，1：9-14.

Byamukama E，Wegulo S N，Tatineni S，et al.，2014. Quantification of yield loss caused by *Triticum mosaic virus* and *Wheat streak mosaic virus* in winter wheat under field conditions. Plant Disease，98（1）：127-133. DOI：10.1094/PDIS-04-13-0419-RE.

CABI，2021. *Wheat streak mosaic virus*（wheat streak）. In：Invasive Species Compendium.（2021-02-27）[2021-10-08] https：//www. cabi. org/isc/datasheet/56858#toDistributionMaps.

Chalupniková J，Kundu J K，Singh K，et al.，2017. *Wheat streak mosaic virus*：incidence in field crops，potential reservoir within grass species and uptake in winter wheat cultivars. J. Integr. Agric. 16，60345-60357.

CIMMYT. Wheat Doctor information sheet：*Wheat streak mosaic virus*（WSMV）. Available from URL：http：//wheatdoctor. cimmyt. org.

Citizendium，2013. *Wheat streak mosaic virus*.（2013-03-14）[2021-10-27] http：//en. citizendium. org/wiki/Wheat _ streak _ mosaic _ virus.

Coutts B A，2018. *Wheat streak mosaic virus and wheat curl mite*.（2018-05-12）[2021-09-21] https：//www. agric. wa. gov. au/grains-research-development/wheat-streak-mosaic-virus-and-wheat-curl-mite? page=0%2C 0.

Coutts B A, Banovic M, Kehoe M A, et al., 2014. Epidemiology of *Wheat streak mosaic virus* in wheat in a Mediterranean-type environment. Eur. J. Plant Pathol, 140: 797 – 813.

Deb M, Anderson J M, 2008. Development of a multiplexed PCR detection method for Barley and *Cereal yellow dwarf viruses*, *Wheat spindle streak virus*, *Wheat streak mosaic virus* and *Soil-borne wheat mosaic virus*. Journal of Virological Methods, 148 (1 – 2): 17 – 24.

Dráb T, Svobodová E, Ripl J, et al., 2014. SYBR Green I based RT-qPCR assays for the detection of RNA viruses of cereals and grasses. Crop Pasture Sci. , 65: 1323 – 1328.

Dwyer G I, Gibbs M J, Gibbs A J, et al., 2007. *Wheat streak mosaic virus* in Australia: relationship to isolates from the Pacific Northwest of the USA and its dispersion via seed transmission. Plant Disease. 91 (2): 164. DOI: 10. 1094/PDIS-91 – 2 – 016.

French R, Stenger D C, 2003. Evolution of *Wheat streak mosaic virus*: dynamics of population growth within plants may explain limitedvariation. Annu. Rev. Phytopathol, 41: 199 – 214.

Friebe B, Gill K S, Tuleen N A, et al. , 1996. Transfer of *Wheat streak mosaic virus* resistance from *Agropyron intermedium* to wheat. Crop Science, 36: 857 – 861.

Hadi B A R, Langham M A C, Osborne L, et al. , 2011. *Wheat streak mosaic virus* on wheat: biology and management. J. Integ. Pest Mngmt. , 1 (2): 1 – 5. DOI: 10. 1603/IPM 10017 https: // academic. oup. com/jipm/article/2/1/J 1/2194262.

Harvey T L, Martin T J, Thompson C A, 1979. Controlling wheat curl mite and *Wheat streak mosaic virus* with systemic insecticide. Journal of Economic Entomology, 72: 854 – 855.

Harvey T L, Seifers D L, Martin T J, et al. , 2005. Effect of resistance to *Wheat streak mosaic virus* on transmission efficiency of wheat curl mites. Journal of Agricultural and Urban Entomology, 22: 1 – 6.

Hunger R L, 2010. Wheat streak mosaic virus, pp. 115 – 117. InBockus W. W, Bowden R. L, Hunger R. L, Morril W. L, Murray T. D. and Smiley R. W. (eds.), Compendium of Wheat Diseases and Pests (3rd ed) . APSPress, St. Paul, MN.

Jones R A C, Coutts B A, Mackie A E, et al. , 2005. Seed transmission of *Wheat streak mosaic virus* shown unequivocally in wheat. Plant Disease, 89: 1048 – 1050.

Kudela O, Kudelova M, Novakova S, et al. , 2008. First report of *Wheat streak mosaic virus* in Slovakia. Plant Disease, 92 (9): 1365.

Langenberg W G, 1991. Cylindrical inclusion bodies of *Wheat streak mosaic virus* and three other potyviruses only self-assemble in mixed infections. Journal of General Virology, 72: 493 – 497.

Mar T B, Lau D, Schons J, et al. , 2013. Identification and characterization of *Wheat streak mosaic virus* isolates in wheat-growing areas in Brazil. Intern. J. Agronomy, P 1 – 6. http: //dx. doi. org/10. 1155/2013/983414https: //www. hindawi. com/journals/ija/2013/983414/.

Martin T J, Harvey T L, Bender C G, et al. , 1984. Control of *Wheat streak mosaic virus* with vector resistance in wheat. Phytopathology 74: 963 – 964.

McKinney H H, 1937. Mosaic diseases of wheat and related cereals. US Department of Agriculture Circular, 442: 1 – 23.

Miller A D, Skoracka A, Navia D, et al. , 2013. Phylogenetic analyses reveal extensive cryptic speciation and host specialization in an economically important mitetaxon. Mol. Phylogenet. Evol. , 66: 928 – 940.

Mirik M, Ansley R J, Price J A, et al. , 2013. Remote monitoring of wheat streak mosaic progression using sub-pixel classification of Landsat 5TM Imagery for site specific disease management in winter wheat. Advances in Remote Sensing, 2: 16 – 28.

Murray G M，Knihinicki D，Wratten K，et al.，2005. *Wheat streak mosaic virus* and the wheat curl mite. (2005 - 04 - 17) ［2021 - 10 - 05］http：//www. dpi. nsw. gov. au/data/assets/pdf _ file/0017/44027/ Wheat _ streak _ mosaic _ and _ the _ wheat _ curl _ mite-Primefact _ 99. pdf.

Navia D，De Mendonca R S，Skoracka A，et al.，2013. Wheat curl mite，*Aceria tosichella*，and transmitted viruses：an expanding pest complex affecting cereal crops. Exp. Appl. Acarol.，59：95 - 143.

Parker L，Kendalla A，Bergerb P H，et al.，2005. *Wheat streak mosaic virus* - structural parameters for a Potyvirus. Virology，340（1）：64 - 69.

Rabenstein F，Seifers D L，Schubert J，et al.，2002. Phylogenetic relationships，strain diversity and biogeography oftritimoviruses. J. Gen. Virol.，83：895 - 906.

Sanchez S H，Henry M，Cardenas-Soariano E，et al.，2001. Identification of *Wheat streak mosaic virus* and its vector *Aceria toschella*. Plant Disease，85：13 - 17.

Schubert J，Ziegler A，Rabenstein F，2015. First detection of *Wheat streak mosaic virus* in Germany：molecular and biological characteristics. Arch Virology，60（7）：1761 - 1766. DOI：10. 1007/s 00705 - 015 - 2422 - 2. https：//link. springer. com/article/10. 1007%2Fs 00705 - 015 - 2422 - 2.

Sharp G L，Martin J M，Lanning S P，et al.，2002. Field evaluation of transgenic and classical sources of *Wheat streak mosaic virus* resistance. CropScience，42：105 - 110.

Shepard J F，Carroll T W，1967. Electron microscopy of *Wheat streak mosaic virus* particles in infected plant cells. Journal of Ultrastructure Research，21（1 - 2）：145 - 152.

Showman I M，Hill J P，1984. Identification and occurrence of *Wheat streak mosaic virus* in winter wheat in Colorado and its effects on several wheat cultivars. Plant Disease，68（7）：579 - 581.

Singh K，Wegulo S N，Skoracka A，et al.，2018. *Wheat streak mosaic virus*：a century old virus with rising importance worldwide. Mol Plant Pathol.，19（9）：2193 - 2206. DOI：10. 1111/mpp. 12683. https：//onlinelibrary. wiley. com/doi/epdf/10. 1111/mpp. 12683. https：//onlinelibrary. wiley. com/doi/ full/10. 1111/mpp. 12683.

Skoracka A，Kuczynski L，De Mendonca S R，et al.，2012. Cryptic species within the wheat curl mite *Aceria tosichella* Keifer（Acari：Eriophyoidea），revealed by mitochondrial，nuclear and morphometricdata. Invertebr. Syst.，26：417 - 433.

Skoracka A，Kuczynski L，Szydo W，et al.，2013. The wheat curl mite *Aceria tosichella*（Acari：Eriophyoidea）is a complex of cryptic lineages with divergent host ranges：evidence from molecular and plant bioassaydata. Biol. J. Linnean. Soc.，109：165 - 180.

Skoracka A，Lewandowski M，Rector B G，et al.，2017. Spatial and host-related variation in prevalence and population density of wheat curl mite（*Aceria tosichella*）cryptic genotypes in agricultural landscapes. PLoS One，12：e 0169874.

Skoracka A，Rector B，Kuczyński L，et al.，2014. Global spread of wheat curl mite by its most polyphagous and pestiferouslineages. Ann. Appl. Biol.，165：222 - 235.

Slykhuis J T，1955. *Aceria tulipae* Keifer（Acarina：Eriophyidae）in relation to the spread of Wheat streakmosaic. Phytopathology，45：116 - 128.

Slykhuis J T，Andrews J E，Pittman U J，1957. Relation of date of seeding winter wheat in southern Alberta to losses from wheat streak mosaic，root rot，and rust. Can. J. Plant Sci.，37：113 - 127.

Staples R，Allington W B，1956. Streak mosaic of wheat in Nebraska and its control，Research Bulletin No. 178. Lincoln，NE：University of Nebraska-Lincoln College of Agriculture，Agricultural ExperimentStation.

Stenger D C，French Roy，Gildow F E，2005. complete deletion of *Wheat streak mosaic virus* HC-Pro：a null mutant is viable for systemic infection. Journal of Virology，79（18）：12077-12080.

Stenger D C，Hall J S，Choi I R，et al.，1998. Phylogenetic relationships within the family Potyviridae：*Wheat streak mosaic virus* and *Brome streak mosaic virus* are not members of the genus Rymovirus. Phytopathology，88：782-787.

Takahashi Y，Orlob G B，1969. Distribution of wheat streak mosaic virus-like particles in *Aceriatulipae*. Virology，38（2）：230-240.

Tatineni S，Elowsky C，Graybosch R A，2017. *Wheat streak mosaic virus* coat protein deletion mutants elicit more severe symptoms than wild-type virus inmultple cereal hosts. Mol. Plant-MicrobeInteract，30：974-983.

Tatineni S，Kovacs F，French R，2014. *Wheat streak mosaic virus* infects systemically despite extensive coat protein deletions：identification of virion assembly and cell-to-cell movement determinants. Jourbal of Virology，88（2）：1366-1380.

Tatineni S，McMechan A J，Hein G L，2018. *Wheat streak mosaic virus* coat protein is a determinant for vector transmission by the wheat curlmite. Virology，514：42-49.

Townsend L，Johnson D，Hershman D，1996. *Wheat streak mosaic virus* and the wheat curl mite. Entomology at Univ. of Kentucky，https：//entomology. ca. uky. edu/ef 117.

Tsyplenkov A E，Saulich M I，2007. Distribution and severity zones of *Wheat streak mosaic virus* （WSMV）. Interactive Agricultural Ecological Atlas of Russian and Neighboring Countries：Economic Plants and their Diseases，Pests and Weeds.

Urbanaviciene L，Sneideris D，Zizyte M，2015. *Wheat streak mosaic virus* detected in winter wheat in Lithuania. Zemdirbyste-Agriculture，102（1）：111-114.

第二节　番茄斑萎病毒病及其病原

番茄斑萎病毒病的病原为番茄斑萎病毒，1915 年首次在澳大利亚被发现，寄主范围广，可以侵染 82 科 1 000 多种植物（包括农作物与杂草），发生严重且较难控制，是目前世界上最具破坏性的植物病原病毒之一，给全世界重要农业经济作物生产造成了极为严重的经济损失，是我国进境植物检疫的危险性有害生物。近年来，由于病毒传播介体西花蓟马的入侵和暴发，该病毒在我国云南等地区有暴发流行的趋势。

一、起源和分布

1915 年，Brittlebank 等（1919）在澳大利亚的番茄植株上发现了一种新的斑驳、萎蔫病害症状，这是文献记录的关于番茄斑萎病毒病的最早描述。Samuel 等（1930）确定了引起这种症状的原因是由于病毒侵染，将该病毒命名为 *Tomato spotted wilt virus*，并确认该病毒是许多重要农作物病毒病的病原。20 世纪 80—90 年代，该病毒在美国夏威夷、意大利、南非和巴西的流行曾导致番茄、生菜等作物近乎绝产。目前在欧洲、北美洲、南美洲、亚洲和大洋洲等多个国家和地区广泛分布，温带、亚热带和热带地区均有发生。

在我国，1944 年魏景超等在四川调查时曾指出番茄上有番茄斑萎病毒存在，但是直到 1986 年四川省农业科学院苏大昆等（1987）才发现番茄上存在番茄斑萎病毒的实证，他们在成都和攀枝花两市采集了大量番茄样品，通过寄主反应以及电镜观察初步确定引起番茄坏死斑的病毒是粒体直径为 70～90nm 的番茄斑萎病毒。随着血清学、分子生物学等检测技术的发展，番茄斑萎病毒以及正番茄斑萎病毒属其他病毒陆续在云南、贵州、四川、重庆、广东、广西、山东、河南、河北、北京、天津、陕西、宁夏、海南、吉林等地发现（Hu, et al., 2011；曹金强 等，2016；郑宽瑜 等，2015），在辣椒、莴苣、烟草、蝴蝶兰、天竺葵等多种寄主上也发现了正番茄斑萎病毒属病毒（Huang et al., 2017；程晓非 等，2008；李秋芳 等，2014；朱敏 等，2017）。

二、病原

1. 名称和分类地位

番茄斑萎病毒学名为 *Tomato spotted wilt virus*，简称 TSWV，属于病毒域、病毒界、RNA 病毒（*Riboviria*）、负义单链 RNA 病毒门（*Negarnaviricota*）、艾利病毒纲（*Ellioviricetes*）、布里亚病毒目（*Bunyavirales*）、番茄斑萎病毒科（*Tospoviridae*）、正番茄斑萎病毒属（*Orthotospovirus*）。

2. 形态特征

成熟病毒粒体为球状，外面包裹一层来自寄主的磷脂囊膜结构，粒体直径 80～120nm（Tas et al., 1977）(图 7 - 4)。糖蛋白（glycoprotein）是病毒传播介体昆虫蓟马获毒所必需的，该病毒的糖蛋白 Gn（glycoperotein N）和 Gc（glycoperotein C）嵌入膜表面（Kikkert et al., 1999；Ribeiro et al., 2009；Snippe et al., 2007；Whitfield et al., 2008）。病毒粒体的核心结构是核糖核酸蛋白复合体（ribonucleoproteins，RNPs），RNPs 通过核衣壳蛋白（nucleocapsid protein）N 紧密包裹病毒基因组 RNA 组装而成，并结合少量的 RNA 合成酶，RNPs 是病毒侵染的最小单元（Turina et al., 2016）。TSWV 核衣壳蛋白 N 与单链 RNA 复合物的晶体结构已被解析，病毒 RNA 结合在由带正电荷的氨基酸形成的核衣壳蛋白 N 凹槽中，RNA 的这种深度包埋能够保护病毒基因组 RNA 抵抗核

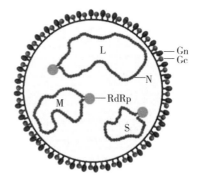

纯化的病毒粒子　　　　　　　病毒粒子构造

图 7 - 4　TSWV 球状病毒粒体（洪健提供）

注：右图中 L、M 和 S 分别为长、中、短级的负单链 RNA 片断。

糖核酸酶（RNase）的降解，核衣壳蛋白 N 形成三聚体，以三聚体为单位再组装形成 RNPs（Guo et al.，2017；Komoda et al.，2017；Li et al.，2015）。

三、病害症状

TSWV 侵染不同的寄主症状各不相同，常见症状为叶片上产生黄色或褐色的环斑或线纹斑，有的叶片上形成坏死斑，在叶柄或茎干上产生黑色条纹。发病植株通常矮化或顶枯，有的萎蔫而最终死亡。

在番茄上，幼叶产生小的黑褐色斑，病株叶片褪绿为明亮黄色，茎干和叶柄上产生暗褐色的条纹。发病植株严重矮化、叶片下垂和萎蔫，生长点因系统性坏死而受严重影响，有时植株萎蔫死亡。生长初期被侵染的植株不能结果。结果期被侵染的植株，幼果产生浅色的环斑，未成熟的绿色果实果面局部隆起，形成斑驳、淡绿色环纹，成熟果实出现橘黄色和红色斑，有的果实畸形（彩图 7-3）。果实的典型症状为果皮出现白色至黄色的同心环纹，环的中心突起而使果面不平，在红色的成熟果实上明亮的黄色环纹很明显，为该病毒病的重要诊断特征（洪霓，2006）。

四、生物学特性和病害流行规律

1. 生物学特性

TSWV 的基因组包含三条负义单链 RNA，依据其长度分别命名为 L（long，～8.9 kb）、M（medium，～4.8 kb）、S（short，～2.9 kb）链（图 7-5）。L 链包含一个大的开放阅读框，负义编码病毒依赖于 RNA 合成酶，分子量约 330 ku（Chapman et al.，2003；de Haan et al.，1991）；M 链和 S 链为双义编码链，基因组 RNA 各包含 2 个彼此分离的开放阅读框，开放阅读框之间存在一段富含 A/U 碱基的基因间隔区（intergenic region，IGR），IGR 可形成稳定的茎环发夹结构参与调控病毒基因的翻译过程（Dehaan et al.，1990；Geerts-Dimitriadou et al.，2012）。M 链从病毒基因组链编码一个非结构性病毒移动蛋白（nonstructural viral movement protein，Nsm），其分子量约 34 ku，病毒基因组互补链编码一个 127ku 的糖蛋白前体，它被进一步加工成两条多肽，每条都经过糖基化，其中 N 端糖蛋白（Gn）蛋白分子量约为 46ku，C 端糖蛋白（Gc）蛋白分子量约为 75 ku

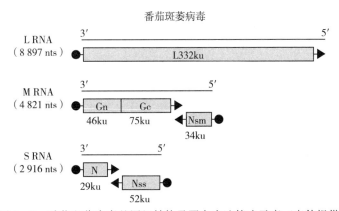

图 7-5　番茄斑萎病毒基因组结构及蛋白表达策略示意（李佳提供）

（Kormelink et al.，1993）；S 链从病毒基因组链编码一个基因非机构性沉默抑制子（nonstructural silencing suppressor，Nss），分子量约为 34ku；病毒基因组互补链编码一个核衣壳蛋白，分子量大约为 29 ku（Dehaan et al.，1990；Takeda et al.，2002）。病毒所有基因组 RNA 片段末端的前八个核苷酸序列都是高度保守和互补的，能够配对形成锅柄状结构，这种特殊的结构可能在起始病毒的转录和复制过程中发挥重要作用（Dehaan et al.，1989）。病毒粒子的沉降系数为 550 S，病毒粗汁液钝化温度为 40～46℃（10min），稀释限点为 0.002～0.02，离体病毒的体外存活期为室温下 2～5h（洪霓，2006；尼秀媚 等，2014）。

2. 寄主范围

TSWV 的寄主范围相当广泛，主要寄主作物是番茄、烟草、辣椒、茄子、莴苣、菊苣、菜豆、豇豆、菠菜、黄瓜等；同时还侵染多种花卉植物，如菊花、仙客来、瓜叶菊、紫罗兰、报春花、非洲菊、大丽花、风铃草、牡丹、芍药等；此外还侵染包括 13 科的几十种杂草寄主。

3. 传毒介体

TSWV 主要通过蓟马以持久增殖型的方式传播，田间至少有 15 种蓟马可以传播正番茄斑萎病毒属病毒，主要有西花蓟马（*Frankliniella occidentalis*）、首花蓟马（*F. cephalica*）、梳缺花蓟马（*F. schultzei*）、花蓟马（*F. bispinosa*）、烟草褐蓟马（*F. fusca*）、台湾花蓟马（*F. intonsa*）、棕榈蓟马（*Thrips palmi*）、烟蓟马（*T. tabaci*）、日本烟草蓟马（*T. setosus*）等（Rileyet et al.，2011；Wijkamp et al.，1995）。近年来，主要传播介体已经由最初的烟蓟马发展成为西花蓟马，西花蓟马是正番茄斑萎病毒属病毒在世界广泛传播的重要介体昆虫之一，西花蓟马食性杂，寄主植物广泛，20 世纪 80 年代逐渐成为强势种类，对不同环境和杀虫剂抗性增强，因此逐渐向外扩展，遍及世界各大洲（Gilbertson et al.，2015；Ullman et al.，1995；2005）。除蓟马传毒外，带毒植物材料在国际间的贸易运输也是病毒远距离传播的一个重要方式（于翠 等，2006）。

4. 侵染循环

蓟马具有非常广泛的寄主范围，在世界各地都有分布。蓟马成虫在植物组织中产卵，卵经 2～3d 后孵化成若虫；从卵至成虫需 20～30d，要经历取食阶段（若虫）、非取食阶段（蛹和成虫）；蓟马通过若虫取食从病株上获取病毒，一经获毒便终身带毒，病毒在蓟马体内可以大量复制；成虫迁飞到健康植株上产卵的同时，将病毒接种到寄主组织中（图 7-6）。

5. 发病条件

杂草可能是 TSWV 的越冬寄主并为病毒的传播提供初侵染源，蓟马幼虫可通过咬食带毒植物获毒，仅在一龄和二龄幼虫期获毒的蓟马到成虫才可传毒。病毒可在蓟马体内复制（Rotenberg et al.，2015）。传毒蓟马传播病毒对寄主植物引起的经济损失远大于其直接取食所造成的损失，传毒蓟马种群数量高则导致病毒发生流行（郑雪 等，2015）。

五、诊断鉴定和检疫监测

1. 诊断鉴定

（1）生物学检测　一方面可以根据 TSWV 侵染典型症状来判断植株是否感染病毒，

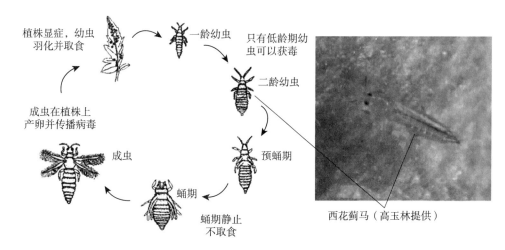

植株显症，幼虫
羽化并取食

一龄幼虫

只有低龄期幼
虫可以获毒

二龄幼虫

成虫在植株上
产卵并传播病毒

成虫

预蛹期

蛹期

蛹期静止
不取食

西花蓟马（高玉林提供）

图 7-6　TSWV 借助蓟马的侵染循环（Sherwood et al.，2003；2009）

若植株带毒早期阶段没有表现症状则无法观察诊断。另一方面可以利用病毒指示植物诊断，TSWV 的指示植物主要有矮牵牛、心叶烟、本氏烟、三生烟等。其中矮牵牛是 TSWV 的枯斑寄主，接种 2~4d 可观察到局部褐色斑。在心叶烟、本氏烟、三生烟等植物上则显示伴随着系统侵染的环状坏死（习凤妮 等，2013）。

（2）电子显微镜观察　用该技术可诊断侵染烟草、水鬼蕉、蝴蝶兰和朱顶红的 TSWV（程晓非 等，2008；方琦 等，2011；张仲凯 等，2000；2004）。切取病健交界处植物组织，放到洁净的载玻片上，将 2% 钼酸铵（pH 6.4）染液滴几滴于病叶上，用洁净的刀片在有负染液的病叶上划割 6~8 次，以便病毒汁液流到负染液内。然后将预铺膜的铜网浮载于此液滴上 1min，取出吸去多余染料，室温自然干燥，电镜观察。根据观察病毒粒子和其在细胞内形成的特异性结构，确认是否感染病毒。TSWV 在细胞质内能够形成有囊膜包被的病毒颗粒聚集的包含体，这是 TSWV 电子显微镜鉴定的重要特征。

（3）血清学检测　酶联免疫吸附测定（ELISA）是目前应用最广泛的病毒血清学检测方法。国外早在 20 世纪 80 年代就已经开始采用此法检测 TSWV 了，许多公司（如 Agdia、DSMZ 等）都推出了针对 TSWV 专用的检测试剂以及试剂盒。于翠等（2008）通过制备 TSWV 核衣壳蛋白 N 的单克隆抗体，建立了 TSWV 的 Dot-blot ELISA 检测方法。将 PBS 缓冲液提取的病毒样品研磨液汁（3~10μL）点到硝酸纤维素膜上晾干。膜在含 5% 脱脂奶粉的 TBST 缓冲液中 37℃ 封闭 1h，然后再用封闭缓冲液稀释的单克隆抗体一抗（anti-TSWV N，1∶10 000 稀释）中 37℃ 孵育 1h；用 TBST 缓冲液洗涤 3~4 次；加入用封闭缓冲液稀释的碱性磷酸酶标记的抗鼠 IgG 二抗（1∶5 000 稀释）中 37℃ 孵育 1h；洗涤 4~5 次后在 NBT/BCIP 显色底物中充分显色，用双蒸水终止反应，观察记录结果。

（4）分子生物学检测　随着 TSWV 的病毒基因组全序列的测定，应用 RT-PCR 方法检测成为该病毒诊断鉴定的重要方法。参考朱敏等（2017）报道的方法，利用 Trizol 提取植物总 RNA。以总 RNA 为模板，用 Oligo（dT）（0.5μg/μL）和随机六聚体引物（10μmol/L）参照 Promega 公司反转录酶（M-MLV）使用说明书进行反转录得到 cDNA。

以 cDNA 为模板，用扩增 TSWV N 基因的特异性引物（TSWV-N F，5′-ATGTCTAA
GGTTAAGCTCAC-3′；TSWV-N R，5′-TTAAGCAAGTTCTGCAAGTT-3′）进行 PCR
扩增。基因扩增使用大连宝生物公司高保真 Prime STAR DNA 聚合酶（5U/μL），PCR 反应
体系：10μL 5×Prime STAR Buffer（Mg²⁺ plus），4μL dNTP Mixture（各 2.5mmol/L），1μL
上游引物（10μmol/L），1μL 下游引物（10μmol/L），1μL cDNA 模板，0.5μL Prime STAR
DNA 聚合酶（5 U/μl），32.5μL 双蒸水补齐至 50μL。PCR 反应程序为 98℃预变性 2min，
随后进行 33 循环，98℃变性 10s，55℃退火 15s，72℃延伸 1min，最后 72℃继续延伸
10min。取 5μL PCR 产物用 1%琼脂糖凝胶电泳检测。若扩增出 777 bp 的条带，为阳性
反应。

2. 检疫监测

常规监测主要依靠基层植保站技术人员开展田间病害调查，通过观察病害典型症状，
初步查明病害田间发生情况。但对于植株带病毒而不表现症状的，可利用 ELISA 法采用
无症状植株的叶片和根部检测 TSWV（洪霓，2006）；在病害流行早期，监测病毒传播介
体蓟马的种群数量以及带毒蓟马比例有利于该病毒病的控制，采用 RT-PCR 方法可准确
检测单头蓟马是否携带病毒（洪霓，2006）。

六、应急和综合防控

1. 应急防控

这是应用于 TSWV 尚未发生和分布的非疫区的防控技术，目的是在发生疫情后采取
彻底灭除措施，阻止病害的扩散。在非疫区需要加强疫情监测，当发现番茄斑萎病毒病并
确认疫情后，要立即封锁病田，并报告相关技术和管理部门，施行应急灭除措施：可使用
除草剂杀灭或者烧毁田间及其周围附近的所有寄主作物和杂草；发病的田块两年内不再种
植番茄等寄主作物，而改种非寄主作物。

2. 综合防控

应用于 TSWV 已经普遍发生的疫区。目前还没有直接有效的措施，单一的防控措施
很难奏效，只能采取综合防控策略降低病毒暴发流行的风险。TSWV 的防治需要以加强
栽培管理为基础，结合防治其传播介体蓟马和清除其寄主杂草。

（1）培育和应用抗病品种　国外已发现携带抗病基因 Sw-5 和 Tsw 的番茄抗病品种
（Boiteux et al.，1994；Stevens et al.，1991），Sw-5 是一个主效抗病基因，用其育成的
品种对 TSWV 具有很强的抗性，有关的研究国内尚未见报道。

（2）繁育和使用健康无毒种苗　建立无病留种田，收获健康种子供次年用种；采用苗
圃集中育苗，培育健康的番茄苗进行移栽。

（3）加强田间管理　采用铝膜覆盖可减少 33%～68% 的蓟马，使 TSWV 的发病率下
降 60%～78%（Oliver et al.，2016）；合理施肥和浇灌，使植株生长正常，提高其自身抗
病力；清除田间和周围杂草，减少侵染来源；使用 2.5%多杀霉素悬浮剂和 0.3%印楝素
乳油等化学药剂杀灭蓟马，减少传毒蓟马数量（肖长坤 等，2006）。

（4）监测控病　生长季早期进行经常性调查监测，一经发现病株，立即拔除并带出田
间销毁，可减少病毒的再侵染源（于翠 等，2006）。

（5）药剂防治　病毒流行风险较高时，预先用植物抗病活化剂苯并噻二唑（有效成分，阿拉酸式苯－S－甲基，Acibenzolar-S-methyl）处理植株，可在一定程度上减轻TSWV的侵染危害（Csinos et al.，2001；Pappu et al.，2000）。

主要参考文献

曹金强，谢学文，柴阿丽，等，2016. 番茄斑萎病毒病在宁夏的发现与防治. 中国蔬菜，4：87-89.

程晓非，董家红，方琦，等，2008. 从云南蝴蝶兰上检测到番茄斑萎病毒属病毒. 植物病理学报，38：31-34.

方琦，董家红，丁铭，等，2011. 侵染水鬼蕉和花朱顶红的番茄斑萎病毒属病毒的电镜和 DAS-ELISA 诊断. 园艺学报，38：2005-2009.

洪霓，2006. 番茄斑萎病毒的检疫技术. 植物检疫，20：389-392.

李秋芳，智龙，李穆，等，2014. 云南鸢尾上发现番茄环纹斑点病毒. 云南农业大学学报（自然科学），29（2）：167-172.

尼秀媚，陈长法，封立平，等，2014. 番茄斑萎病毒研究进展. 安徽农业科学，42：6253-6255.

苏大昆，袁宣泽，谢永红，等，1987. 成都、渡口两市番茄中检出番茄斑萎病毒. 植物病理学报，4：255-266.

习凤妮，谭新球，朱春晖，等，2013. 番茄斑萎病毒检测技术发展趋势概述. 湖南农业科学，5：77-79.

肖长坤，郑建秋，师迎春，等，2006. 防治西花蓟马药剂筛选试验. 植物检疫，20：20-22.

姚革，1992. 四川晒烟上发现番茄斑萎病毒. 烟草科技，39-40.

于翠，邓凤林，杨翠云，等，2008. 番茄斑萎病毒外壳蛋白原核表达及 Dot-blot ELISA 检测方法的建立. 浙江大学学报，34：597-601.

于翠，杨翠云，印丽萍，2006. 番茄斑萎病毒——一种值得重视的植物检疫病毒. 植物检疫，20：47-50.

张仲凯，丁铭，方琦，等，2004. 番茄斑萎病毒属（Tospovirus）病毒在云南的发生分布研究初报. 西南农业学报，17：163-168.

张仲凯，方琦，丁铭，等，2000. 侵染烟草的番茄斑萎病毒（TSWV）电镜诊断鉴定. 电子显微学报，19：339-340.

张仲凯，杨录明，方琦，等，2004. 番茄斑萎病毒侵染烟草的细胞病理. 电子显微学报，23：349.

郑宽瑜，吴阔，董家红，等，2015. 番茄斑萎病毒对云南莴苣类蔬菜的侵染危害. 植物保护，41：174-178.

郑雪，李兴勇，陈晓燕，等，2015. 番茄斑萎病毒与传毒蓟马发生流行的相关性. 江苏农业科学，43：118-121.

朱敏，王泊婷，黄莹，等，2017. 云南天竺葵上发现番茄斑萎病毒. 南京农业大学学报，40：450-456.

CABI，2021. Tomato spotted wilt virus（tomato spotted wilt）. IN；Invasive Species Compendium. (2021-01-19)［2021-10-09］https：//www.cabi.org/isc/datasheet/54086.

Chapman E J，Hilson P，German T L，2003. Association of L protein and in vitro Tomato spotted wilt virus RNA-Dependent RNA polymeraseactivity. Intervirology，46：177-181.

Csinos A S，Pappu H R，McPherson R M，et al.，2001. Management of Tomato spotted wilt virus in flue-cured tobacco with acibenzolar-S-methyl and imidacloprid. PlantDis，85：292-296.

De Haan P，Kormelink R，De Oliveira Resende R，et al.，1991. Tomato spotted wilt virus L RNA encodes a putative RNA polymerase. J Gen Virol，72：2207 – 2216.

Dehaan P，Wagemakers L，Peters D，et al.，1990. The S-Rna segment of *Tomato spotted wilt virus* has an ambisense character. J Gen Virol，71：1001 – 1007.

Dewey R A，Semorile L C，Grau O，1996. Detection of Tospovirus species by RT-PCR of the N-gene and restriction enzyme digestions of the products. J Virol Methods，56：19 – 26.

Fukuta S，Ohishi K，Yoshida K，et al.，2004. Development of immunocapture reverse transcription loop-mediated isothermal amplification for the detection of *Tomato spotted wilt virus* from chrysanthemum. J VirolMethods，121：49 – 55.

Geerts-Dimitriadou C，Lu Y Y，Geertsema C，et al.，2012. Analysis of the *Tomato spotted wilt virus* ambisense S RNA-encoded hairpin structure in translation. PloS One，7：e 31013.

Gilbertson R L，Batuman O，Webster C G，et al.，2015. Role of the insect supervectors B*emisia tabaci* and *Frankliniella occidentalis* in the emergence and global spread of plant viruses. Annu Rev Virol，Vol 22：67 – 93.

Guo Y，Liu B C，Ding Z Z，et al.，2017. Distinct Mechanism for the Formation of the ribonucleoprotein complex of *Tomato spotted wilt virus*. J Virol，91：e 00892 – 00817.

Hu Z Z，Feng Z K，Zhang Z J，et al.，2011. complete genome sequence of a *Tomato spotted wilt viru*s isolate from China and comparison to other TSWV isolates of different geographic origin. Arch Virol，156：1905 – 1908.

Kikkert M，Van Lent J，Storms M，et al.，1999. *Tomato spotted wilt virus* particle morphogenesis in plant cells. J Virol，73：2288 – 2297.

Komoda K，Narita M，Yamashita K，et al.，2017. Asymmetric trimeric ring structure of the nucleocapsid protein of Tospovirus. J Virol，91：e 01002 – 01017.

Kormelink R，Dehaan P，Meurs C，et al.，1993. The nucleotide-sequence of the M Rnasegment of *Tomato spotted wilt virus*，a Bunyavirus with 2 Ambisense Rna Segments（Vol 73，Pg 2795，1992）. J Gen Virol，74：790.

Li J，Feng Z K，Wu J Y，et al.，2015. Structure and function aAnalysis of Nucleocapsid protein of *Tomato spotted wilt virus* interacting with RNA using homology modeling. J Biol Chem，290：3950 – 3961.

Mumford R A，Barker I，Wood K R，1994. The detection of *Tomato spotted wilt virus* using the polymerase chain-reaction. J Virol Methods，46：303 – 311.

Pappu H R，Csinos A S，McPherson R M，et al.，2000. Effect of acibenzolar-S – methyl and imidacloprid on suppression of *Tomato spotted wilt Tospovirus* in flue-cured tobacco. Crop Prot，19：349 – 354.

Ribeiro D，Borst J W，Goldbach R，et al.，2009. *Tomato spotted wilt virus* nucleocapsid protein interacts with both viral glycoproteins Gn and Gc inplanta. Virology，383：121 – 130.

Rotenberg D，Jacobson A L，Schneweis D J，et al.，2015. Thrips transmission of tospoviruses. Curr Opin Virol，15：80 – 89.

Samuel G，Bald J G，Pitman H A，1930. Investigations on 'spotted wilt' of tomatoes. commonw Aust Counc Sci Ind Res Bull，44：64.

Snippe M，Borst J W，Goldbach R，et al.，2007. *Tomato spotted wilt virus* Gc and N proteins interact invivo. Virology，357：115 – 123.

Takeda A，Sugiyama K，Nagano H，et al.，2002. Identification of a novel RNA silencing suppressor，NSs protein of *Tomato spotted wilt virus*. FEBS Lett 532：75 – 79.

Tas P W L，Boerjan M L，Peters D，1977. Purification and serological analysis of *Tomato spotted wilt virus*. Netherlands J Plant Pathol，83：61 - 72.

Ullman D E，Whitfield A E，German T L，2005. Thrips and tospoviruses come of age：Mapping determinants of insect transmission. P Natl Acad Sci USA 102：4931 - 4932.

Weekes R J，Mumford R A，Barker I，et al.，1995. Diagnosis of tospoviruses by reverse-transcription polymerase chain reaction. Acta Hortic：159 - 166.

Whitfield A E，Kumar N K K，Rotenberg D，et al.，2008. A soluble from of the *Tomato spotted wilt virus* (TSWV) glycoprotein G（N）[G（N）- S] inhibits transmission of TSWV by Frankliniellaoccidentalis. Phytopathology，98：45 - 50.

Wijkamp I，Almarza N，Goldbach R，et al.，1995. Distinct levels of specificity in thrips transmission of Tospoviruses. Phytopathology，85：1069 - 1074.

Wijkamp I，Goldbach R，Peters D，1996a. Propagation of *Tomato spotted wilt virus* in Frankliniella occidentalis does neither result in pathological effects nor in transovarial passage of the virus. Entomol Exp Appl，81：285 - 292.

Wijkamp I，VandeWetering F，Goldbach R，et al.，1996b. Transmission of *Tomato spotted wilt virus* by Frankliniella occidentalis：Median acquisition and inoculation access period. Ann Appl Biol，129：303 - 313.

第三节 番茄环斑病毒病及其病原

番茄环斑病毒病最早发现于美国的烟草上，迄今已在北美洲、中美洲、欧洲和大洋洲的一些国家分布，主要危害番茄、烟草及多种果树和花卉植物，在我国曾经记载在浙江发生，是我国重要的进境植物检疫对象和入侵物种。

一、起源和分布

1. 起源

1936 年在美国新泽西州实验温室中的土耳其烟草秧苗上发生环斑症状的病害（Price，1936），根据当时的命名规则将其病原命名为烟草环斑病毒 2 号，1937 年美国印第安纳州大田番茄发生病毒病害（Samson et al.，1937），其病原首次被命名为番茄环斑病毒，从名字表面意义看该病毒主要侵染番茄，并产生环斑症状。而实际情况并非如此，该病毒自然侵染番茄的情况比较少，但却可以在其他作物上引起严重危害。早期文献中，番茄环斑的名字主要用于两个不相关的病毒，一个由 Price 从烟草秧苗上分离得到，另外一个由 Samson 等从番茄上分离得到。烟草上的分离物后经证实为番茄环斑病毒，而番茄上的分离物则为番茄顶尖坏死病毒（Bancroft，1968）。榆树花叶病毒（*Elm mosaic virus*，EMV）曾被认为是番茄环斑病毒的一个株系（Varney et al.，1952），但之后被证实为樱桃卷叶病毒的株系（Jones et al.，1971）。

2. 国外分布

番茄环斑病毒在北美地区非常流行，特别是从南部英属哥伦比亚到北部的加利福尼亚州和安大略湖的尼亚加拉半岛及邻近的纽约州和宾夕法尼亚州。此外，世界各地不同的作物上有分离鉴定记录。如日本从水仙，瑞典、英国、荷兰、丹麦从天竺葵，智利从悬钩子，新西兰从红醋栗上都分离出番茄环斑病毒。

目前有记载的分布国家主要有欧洲的白俄罗斯、克罗地亚、捷克、丹麦、芬兰、德国、法国、希腊、英国、爱尔兰、意大利、立陶宛、俄罗斯、斯洛文尼亚；亚洲的伊朗、日本、约旦、韩国、巴基斯坦、土耳其、阿曼；非洲的埃及、多哥、突尼斯；中美洲的波多黎各；北美洲的加拿大、美国和墨西哥；南美洲的阿根廷、智利、秘鲁、委内瑞拉；大洋洲的澳大利亚（南部）、新西兰。我国虽然报道在浙江有发生，但是没有确凿的证据（CABI，2019）。

二、病原

1. 分类地位

番茄环斑病毒学名为 *Tomato ringspot virus*，简写为 ToRSV，主要异名有 *Tobacco ringspot virus 2*、*Prunus stem pitting virus*、*Blackberry（Himalaya）mosaic virus*、*Nicotiana 13 virus*、*Euonymus ringspot virus*、*Euonymus chlorotic ringspot virus*、*Peach stem pitting virus*、*Prune brown line virus*、*Grapevine yellow vein virus*、*Grape yellow vein virus*、*Red currant mosaic virus*、*Winter peach mosaic virus*、*Apple union necrosis nepovirus*。在最新的生物分类系统中其属于病毒域、RNA 病毒、正单链 RNA（＋ssRNA）病毒、小 RNA 病毒目（*Picornavirales*）、伴生亚豆病毒科（*Secoviridae*）、豇豆花叶病毒亚科（*Comovirinae*）、线虫传多面体病毒属（*Nepovirus*）亚组 C（CABI，2019）。

2. 形态特征

ToRSV 粒体等轴对称球状 20 面体（图 7 - 7），直径 28nm，无包膜。病毒上、下层粒体分子质量分别为 3.2×10^6 u（蛋白外壳）和 5.5×10^6 u。沉降系数：经梯度离心纯化的病毒有三个沉降组分，即上层（T）、中层（M）、下层（B）。上层为无 RNA 的蛋白外壳，中、下层为具有侵染性的核蛋白，这两类病毒粒体在血清学上无差别。3 个组分 ToRSV 的沉降系数分别为 53S（T）、119S（M）和 127S（B），M/B 粒体比接近 1∶1。中、下层两组病毒粒体混合可以提高侵染能力。260nm 吸收值（1mg/mL，光程）约为 10.0（下层病毒粒子）。$A_{260/280}$ 上层病毒粒子约为 1.05、下层病毒粒子约为 1.8。

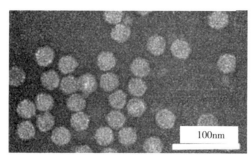

图 7 - 7　醋酸铀负染下的 ToRSV 粒子形态

3. 基因组特征

病毒基因组核酸主要包含中、下层病毒粒子，分别占 41％（M）和 44％（B），相对分子量分别为 $2.8×10^6\mu$ 和 $2.4×10^6\mu$。RNA 占整个病毒粒子质量的 40％左右。基因组为二分体正单链 RNA，RNA1 全基因组约 8 214bp，RNA2 全基因组约 7 273bp。RNA1 和 RNA2 翻译的多聚蛋白经过一系列的切割加工产生功能蛋白，RNA1 编码的蛋白与病毒复制有关，而 RNA2 编码的蛋白为外壳蛋白和胞间运动蛋白。

三、病害症状

ToRSV 在不同寄主植物上引起症状不同（彩图 7 - 4），多年生寄主植物受到侵染当年在叶片上经常能观察到栎叶、环斑或片状黄化症状。但在随后一年，植株长势衰退，坐果率下降，叶片症状不明显。

红醋栗症状：病害在红醋栗上的症状依据品种、侵染时间和植株生长阶段而不同。植物一般在受到侵染的当年不表现症状，而在次年的春季，主茎的叶片上会出现黄色环状、线状图案，或叶脉褪绿。这些症状被认为是植物的应激反应，在次年会比较少见。长期症状包括结果的藤蔓发育迟缓，叶片不同程度褪绿，产量下降，果实变形或易碎的比例高，树势衰退。

核果类果树症状：ToRSV 在核果类果树（桃、油桃、甜樱桃、杏和李等）的果实、芽、叶片和茎上引起一系列症状。新侵染的桃或油桃树首先在叶片出现黄色斑块或斑点，通常沿着主脉出现，轮廓不规则，边缘羽状。斑块通常发生于叶基部和中脉的一侧，同时伴随着叶片变形，褪绿区域经常凋亡，导致叶片破洞或碎裂。长期受侵染的果树，春季新展开的叶片经常会表现出黄色的花叶症状。一些芽发育严重滞后，还可能变为棕褐色，最终死亡，使受侵染的芽与同一枝条或其他枝条上正常生长的芽对比明显。随着新芽的死亡，受影响的嫩芽相对稀疏，整个植株呈现病态。病毒在植株内向上移动较慢，几年后，果实仅在远端枝条长出。症状可能还依赖树龄或者侵染的持续时间及每年的气候变化。

葡萄症状：被侵染葡萄的症状依据品种的敏感性有很大不同。一些品种仅仅叶片表现为轻型斑驳，藤蔓长度变短和坐果稍微减少；而有些品种，则产生明显的叶片褪绿斑驳，节间缩短，严重矮化及果串大小及成熟度变化很大的现象。接种叶片最初出现的症状包括褪绿斑驳及不规则状条纹或环状条纹或叶片呈栎叶状。藤蔓症状依赖于叶片症状的严重程度及表现症状的叶片数量。受害藤蔓上的果串常表现为不育或者变褐或死亡。

苹果上的症状：ToRSV 能够引起苹果愈合组织坏死和退化。受侵染的苹果树，叶片稀少，叶子变小，叶色灰白浅绿，渐渐黄化，顶端生长减少，嫩枝束状丛生，果实变小，果皮颜色加深。树皮颜色淡红，皮孔突起，侧生叶片和花芽坏死，顶端呈短小束状，主茎受侵染后愈合坏死斑上部常肿胀，愈合斑部分或全部裂开，出现愈合斑的树皮内侧变厚、多孔，愈合斑连接处有一明显的线。

四、生物学特性及病害流行规律

1. 寄主范围

ToRSV 寄主范围广泛，包括许多草本和木本植物。自然传播扩散的报道大多限于美国和加拿大。主要的自然寄主包括：核果类果树（樱桃、杏、桃、油桃、李等）、苹果、悬钩子属（树莓、黑莓）、越橘属（蓝莓）、葡萄、红醋栗、草莓和天竺葵。虽然 ToRSV 引起的危害主要集中于上述寄主，但也有一些其他寄主被侵染的报道，如唐菖蒲、绣球、接骨木、兰花、水木、百脉根、黄瓜、白蜡木、番茄、大豆、烟草、皱叶酸模、乌饭树、三叶草、小花锦葵等。蒲公英是 ToRSV 重要的野生寄主和初侵染源。此外，人工接种可侵染超过 35 科的双子叶和单子叶植物。

2. 血清学关系

免疫原性较好。每次以 0.1mg 的病毒对家兔进行静脉和肌肉注射，每周 1 次，连续 4 周，即可得到滴度为 1/1 024～1/512（琼脂免疫双扩散实验）的抗血清，并且形成单一的沉淀线。

3. 汁液稳定性

在烟草汁液中，58℃ 10min 失去侵染活性，20℃ 2d、4℃ 3 周或−20℃ 几个月后失去侵染活性。烟草接种叶片稀释至 10^{-3} 失去活性，而系统侵染叶片稀释至 10^{-1} 失去活性。

4. 株系分类

根据 ToRSV 在田间产生的病害主要将其分成以下几个株系：

烟草株系：以烟草环斑病毒 2 号为代表，是典型株系。自然发生在温室的烟草幼苗上，主要分布在美国东部。

桃黄芽花叶株系：自然发生在杏、扁桃、桃上，分布在美国西部。此株系与 Price 的烟草株系较难区分。因为两株系在草本寄主上的症状相似，血清学上无区别，而且大多数分离物在桃树上都产生黄芽花叶症状。

葡萄黄脉株系：自然发生在葡萄上，在草本寄主上引起的症状与上述两个株系类似，但可在豇豆上引起顶枯，血清学上也与上述两个株系不同，主要分布在美国西部（Gooding，1963）。

其他株系：李属植物上不同分离物（李褐线分离物、李茎环孔分离物和樱桃叶斑驳分离物）存在血清学差异，但差异不明显。樱桃叶斑驳分离物不能由 *Xiphinema californicum* 传播。

5. 传播特性

病毒多通过寄主植物材料，尤其是苗木、种子随调运进行远距离传播扩散。蒲公英种子带毒，也常随风进行远距离传播。

汁液传播：病毒汁液摩擦接种易传播到草本寄主植物上，但传播到木本植物上比较困难。

嫁接传播：嫁接是木本植物传毒的重要途径，根部嫁接也可传染。

种子传播：病毒可通过母体组织传播到种子，种子也可传播病毒。不同植物种子带毒率不同。目前有种传报道的种类有大豆、草莓、悬钩子属、天竺葵和蒲公英。其中天竺葵还可通过花粉传毒到种子上。悬钩子属植物被病毒侵染后，由于种子质量差，导致长出的浆果变小，易碎。在一对照试验中，悬钩子 10 个不同品种，有些在第三年产量降低，而有些品种则没有明显变化。不同品种的坐果率也差异较大，一些品种受影响较大，而另外一些则不受影响或影响可忽略。除草莓种子可将病毒传播到秧苗外（Mellor et al.，1963），其他寄主目前还没有结论性的证据表明带毒种子可将病毒传到秧苗上。从接种 ToRSV 的大豆上收获的大豆种子再重新种植于温室中，秧苗发病率可达 76%。

线虫介体传播：剑线虫属（*Xiphinema*）是田间 ToRSV 流行的重要介体，其中的美洲剑线虫（*X. americanum*）是传毒的优势种群，*X. rivesi* 和 *X. californicum* 则分别为美国东、西部的重要传毒介体（Forer et al.，1982；Mountain，1983；Hoy，1983）。在德国 *X. brevicolle* 被报道为 ToRSV 传毒介体，但也有人认为证据不足。线虫传毒能力可保持几周或几个月，其饲毒期和传毒期均在 1h 以内。但蜕皮后丧失传毒能力，病毒不能在介体中繁殖。单条线虫也能传毒，同一条线虫能同时传播烟草环斑病毒和 ToRSV。Hoy. J. W 等研究指出，同一种介体线虫 *X. californicum* 传播李树番茄环斑病毒不同株系还有差异，供试的是 *Prune brown line virus*（PBLV）、*Prunus stem pitting virus*（PSPV）和 *Cherry leaf mottl virus*（CLMV），结果 *X. californicum* 能把 PBLV 传到桃和樱桃李上，把 PSPV 传到桃上，把 CLMV 传到马哈利樱桃上，但不能把它传到桃或欧洲甜樱桃（*P. avium*）上。从中不难看出 *X. californicum* 只是 PBLV、PSPV 传毒的有效介体，而不是 CLMV 传毒的有效介体。在悬钩子种植园，病害每年以 2m 的速度向四周蔓延，并且线虫在一行的植物之间传播速度很快，而在行与行之间则速度明显减缓（Stace-Smith，1987）。

菟丝子传播：Bennett 等（1944）进行菟丝子传播 ToRSV 的试验表明，菟丝子（*Cuscuta chinensis*）*C. californica*、*C. subindusa* 和 *C. campestris* 均不能传播 ToRSV。但是 Puffinberger 等 1973 年从卫矛属植物上分离的卫矛环斑病毒被证明是 ToRSV 的分离物，能由 *C. campestris* 传播。

五、诊断鉴定和检疫监测

主要根据欧洲和地中海地区植物保护组织制定的诊断鉴定标准 P7/49（1）（EPPO，2005）进行检测和鉴定。根据病害症状对 ToRSV 的检测和鉴定是比较有用的，但是不能作为植株是否带 ToRSV 的直接证据。血清学和分子生物学检测是阳性鉴定的最基本方法。接种草本指示植物可检测 ToRSV 所有株系，但是至少需要 3 种指示植物以保证能成功接种，有必要采用血清学和分子生物学方法对接种后植物进行检测确认。

1. 诊断检测

（1）指示寄主鉴定　藜麦（*Chenopodium quinoa*）或苋色藜（*C. amaranticolor*）表现小的局部褪绿斑和坏死斑，系统的顶端坏死；黄瓜（*Cucumis sativus*）接种叶表现局部褪绿斑，后系统褪绿和斑驳；烟草属（*Nicotiana*）接种叶表现局部的坏死斑或坏死环斑，幼叶系统坏死，有褪绿环纹和斑纹，后生叶无症带毒；矮牵牛属（*Petunia*）接种表现叶局部有坏死斑，嫩叶表现系统的坏死和枯萎；菜豆（*Phaseolus vulgaris*）接种叶表现局部褪绿斑或坏死斑，系统皱缩和顶叶坏死；豇豆（*Vigna unguiculata*）接种后表现褪绿或局部坏死斑，大多数产生系统的顶端坏死；番茄（*Lycopersicum esculentum*）接种叶表现局部坏死斑，幼叶系统斑驳和坏死；豇豆、烟草、苋色藜及藜麦是有效的枯斑寄主；黄瓜是线虫传毒实验的毒源和诱饵；黄瓜、烟草、矮牵牛都可作为繁殖寄主。

（2）免疫电镜观察　利用番茄环斑病毒抗血清包被铜网，室温下孵育 0.5h，去离子水冲洗多余的抗体后将铜网浮于阳性病汁液上，室温下反应 1h，去离子水冲掉多余的病汁液，3％磷钨酸负染后置于投射电子显微镜下观察病毒粒体的形态特征。

（3）血清学检测　ELISA 方法是血清学检测中最常用的方法。对于检测和鉴定草本植物和果树中的 ToRSV 相对容易，但是采样时机很重要。例如，对天竺葵而言，采样检测最好在每年的 11 月至次年的 4 月，或天气比较凉爽的时候。而木本果树，早春采集嫩叶或新开的花更容易检测。对草本植物来说，利用根部提取液检测 ToRSV 也比较有效。采集的植物叶片或其他组织经研磨后低速离心吸取上清液用于 ELISA 检测。ELISA 检测形式多样，包括 DAS-ELISA、间接 ELISA、TAS-ELISA 等，由于 ToRSV 株系较多，一般推荐间接 ELISA 或 TAS-ELISA 检测。

（4）RT-PCR 检测　从草本或木本植物组织中提取植物总核酸，然后进行 RT-PCR 检测。这种检测方法灵敏度比较高，而且能够检测所有血清型。但该方法不仅需要比较昂贵、专业的仪器，而且操作人员需要具备一定的专业技能。一般利用 Trizol、三氯甲烷、SDS 或者商品化的试剂盒进行植物总 RNA 提取。根据 EPPO 方法，采用引物对 U1/D1 进行扩增，即反向引物用 D1（5′-TCCGTCCAATCACGCGAATA-3′），正向引物用 U1（5′-GACGAAGTTATCAATGGCAGC-3′）；根据实验室要求，可首先合成 cDNA 第一链，然后再以 cDNA 为模板进行 PCR 扩增；或者直接以 RNA 为模板直接进行一步法 RT-PCR 扩增检测。RT-PCR 体系一般根据所用 PCR 检测试剂推荐的浓度配置反应体系。反应条件为：94℃ 3min；然后 94℃ 1min，55℃ 2min，72℃ 2min，反应 35～40 循环；最后 72℃ 延伸 5～10min。PCR 扩增片段长度为 429bp。

也可采用 SN/T 2670—2010 中的 RT-PCR 方法，检测用引物 ToRSV-repf/ToRSV-repr 进行扩增，即反向引物用 ToRSV-repr（5′-TCCGTCCAATCACGCGAATA -3′），正向引物用 ToRSV-repf（5′-GACGAAGTTATCAATGGCAGC -3′）。cDNA 链的合成：在 0.2mL 反应管中，加入总 RNA 6μL，1μL 下游引物（20μmol/L），DDW 4mL，10mmol/L dNTPs 1μL，65℃ 水浴 5min，取出后立即放冰上，加入 5×缓冲液 4μL，40U/μL RNase Block 核酸酶终止抑制剂 1μL，0.1mol/L DTT 2μL，42℃ 水浴 2min，然后再加入 200U/mL Reverse Transcriptase 1μL，混匀后 42℃ 水浴 50min，70℃ 水浴 15min，合成 cDNA。缓冲液和 Reverse Transcriptase 的用量需要依据反转录酶的品牌进行调整。以 cDNA 为模板，进行 PCR 反应。反应条件：95℃ 4min；然后 95℃ 1min，50℃ 45s，72℃ 1min，35 循环；最后 72℃ 延伸 5～10min。PCR 扩增片段长度为 449bp。

2. 检疫监测

ToRSV 的监测包括一般性监测、产地检疫监测和调运检疫监测，具体可参考本章杨树花叶病毒病及其病原的相关内容。

六、检疫防控

通常在田间多年生植物上很难检出 ToRSV 侵染，只有在病毒扩散影响植株长势时，才有可能检出。在扩散阶段，对病毒进行防控干预非常困难。当植株显示明显症状时可铲除病株再以健康植株替代，但是如果不同时采取措施对带毒线虫进行灭杀，则病毒很快又会传播到重新种植的健康植株上。所以对该病毒的防控要从如下方面着手进行。

1. 检疫控制

ToRSV 寄主范围广，病毒适应性强，其自然侵染寄主遍布我国各地，其中一些果树和观赏植物是多年生植物，初侵染时期症状不易发现，不能及时采取根除措施。病毒传播介体 *Xiphenema americanum* 和 *X. brevicolle* 在我国山东、天津、四川、安徽、海南等地均有分布。一旦病毒随种苗贸易传入我国，即可生存、扩散、蔓延，是检验检疫高风险性有害生物，应严格实施检疫。目前实施的检疫措施主要包括：①禁止从疫区引进大豆、烟草种子，唐菖蒲种球，苹果、樱桃、桃、杏、葡萄和草莓等苗木或接穗。②特殊需要者，需要经过指定相关机构审批同意，在指定的口岸进口，并有出口国检疫证书，证明其种苗不带有 ToRSV，再进行隔离试种等措施。③隔离试种、检疫。凡上述种苗引进后，送隔离苗圃隔离试种 1～2 年，经检验确认不带有该病毒者出证放行。发现病株者销毁，从健株上留种或病株做脱毒处理并检验为无毒株后获得健苗或健种，归还引种单位。

2. 控制杂草

在美国东部某个受 ToRSV 侵染的苹果园和桃园进行杂草带毒评估，研究结果表明，有 21 种一年生或多年生杂草受 ToRSV 侵染。而果园的日常操作如耕地、起垄等有利于线虫将病毒传播到蒲公英或其他杂草中。如果受侵染的蒲公英或其他杂草数量增多，病毒传播到健康果树上的风险也相应增加。蒲公英或其他杂草上一旦有 ToRSV 流行，则它们就会成为该病毒在自然界中传播的源库。所以铲除果园中的杂草，可切断 ToRSV 次年的初侵染源。

3. 培育和使用抗病品种

理论上，砧木应该具有直接抵御线虫破坏的能力和对病毒免疫，或者木本植物的根发育过程中能耐受线虫取食和病毒侵染。有一种 Stanley 李可在存在带毒剑线虫属线虫的土壤中生长却免受 ToRSV 侵染，某品种的悬钩子在受到 ToRSV 侵染后，结果质量和产量均未受到影响。这些事例说明，培养抗 ToRSV 的品种可行。

4. 化学控制

由于杂草和木本植物残留的根系都可作为病毒携带者，因此休耕不是有效控制病毒的方式。土壤熏蒸可作为休耕的替代方法。但土壤熏蒸的使用存在争议，一方面土壤熏蒸效果是逐渐衰退的，另一方面很多熏蒸试剂含有强致癌物，熏蒸过的土壤将来是否可用存疑。而且土壤中包含很多黏土和有机物，很难有效地实施熏蒸。溴甲烷能破坏根部真菌引起营养缺失，如果土壤在熏蒸后耕种前没有经过充分的通风，则残留的药物可能对植株产生药害。另外，使用有机磷和氨基甲酸盐杀线虫剂也是目前引起关注的控制措施。系统性杀线虫剂相对无毒，通常为颗粒状，应用到土壤中，可以渗透到上层土壤，通过灌水也可以将药剂渗透到根系周围，破坏线虫神经系统，干扰它们取食。但这种方式对控制病毒扩散不是特别有用。尽管线虫取食被干扰，但不能保证所有线虫取食都被干扰，病毒依然可以传播。在土壤熏蒸后再施杀线虫剂将线虫种群降到比较低的水平并长时间保持，是比较有效的方式。

主要参考文献

国家认证认可监督管理委员会，2010. 番茄环斑病毒检疫鉴定方法：SN/T 2670 - 2010. 北京：中国标准出版社.

孔宝华，蔡红，陈海如，等，2001.RT－PCR 方法检测番茄环斑病毒的研究，云南农业大学学报，16（2）：96－98.

李桂芬，马洁，魏梅生，等，2009.番茄环斑病毒单克隆抗体的制备及检测，植物检疫，23（6）：16－18.

夏更生，张成良，1990.番茄环斑病毒研究进展.植物检疫，4（3）：214－216.

朱建裕，朱水芳，廖晓兰，等，2003.实时荧光 RT－PCR 一步法检测番茄环斑病毒.植物病理学报，33（4）：338－341.

Bozarth R F，Corbett M K，1958. *Tomato ringspot virus* associated with stub or stub head disease of gladiolus in Florida. Plant Disease Reporter，42：217－221.

Braun A J，Keplinger J A，1973. Seed transmission of *Tomato ringspot virus* in raspberry. Plant Disease Reporter，57（5）：431－432.

Brierley P，1954. Symptoms in florists hydrangea caused by *Tomato ringspot virus* and an unidentified sap-transmissible virus. Phytopathology，44：696－699.

Christensen O V，Paludan N，1978. Growth and flowering of pelargonium infected with *Tomato ringspot virus*. Journal of Horticultural Science，53（3）：209－213.

Converse R H，Stace－Smith R，1971. Rate of spread and effect of *Tomato ringspot virus* on red raspberry in the field. Phytopathology，61：1104－1106.

Daubeny H A，Freeman J A，Stace－Smith R，1975. Effects of *Tomato ringspot virus* on drupelet set of red raspberry cultivars. Canadian Journal of Plant Science，55（3）：755－759.

Dias H F，1977. Incidence and geographic distribution of *Tomato ringspot virus* in DeChaunac vineyards in the Niagara Peninsula. Plant Disease Reporter，61（1）：24－28.

Forer L B，Stouffer R F，1982. *Xiphinema* spp. associated with *Tomato ringspot virus* infection of Pennsylvania fruit crops. Plant Disease，66（8）：735－736.

Freeman J A，Stace－Smith R，Daubeny H A，1975. Effects of *Tomato ringspot virus* on the growth and yield of red raspberry. Canadian Journal of Plant Science，55（3）：749－754.

Fry P R，Wood G A，1978. Two berry fruit virus diseases newly recorded in New Zealand. New Zealand Journal of Agricultural Research，21（3）：543－547.

Goff L M，Corbett M K，1977. Association of *Tomato ringspot virus* with a chlorotic leaf streak of Cymbidium orchids. Phytopathology，67（9）：1096－1100.

Gonsalves D，1979. Detection of tomato ringspot virus in grapevines：a comparison of *Chenopodium quinoa* and enzyme－linked immunosorbent assay（ELISA）. Plant Disease Reporter，63（11）：962－965.

Gonsalves D，Cummins J N，Rosenberger D A，1983. Report of the New York Agricultural Experiment Station，Cornell University for 1983.

Gooding G V，Teliz D，1970. Grapevine yellow vein. In：Frazier NW，ed. Virus Diseases of Small Fruits and Grapevines. Berkeley，USA：University of California，238－241.

Gooding，1963. Purification and serology of a virus associated with the grape yellow vein disease. Phytopathology，53：475.

Herrera M G，Madariaga V M，2001. Presence and incidence of grapevine viruses in the central zone of Chile. Chilean Journal of Agricultural Research，61（4）：393－400.

Hibben C R，Reese J A，1983. Identification of *Tomato ringspot virus* and mycoplasma－like organisms in stump sprouts of ash. Phytopathology，73：367.

Hildebrand E M，1942. Tomato ringspot on currant. American Journal of Botany，29：362－366.

Hollings M, Stone O M, Dale W T, 1972. *Tomato ringspot virus* in pelargonium in England. Plant Pathology, 21: 46 - 47.

Hoy J W, Mircetich S M, Lownsbery B F, 1984. Differential transmission of Prunus *Tomato ringspot virus* strains by *Xiphinema californicum*. Phytopathology, 74 (3): 332 - 335.

Imle E P, Samson R W, 1937. Studies on a ringspot type of virus of tomato. Phytopathology, 27: 132.

Jones A T, Murant A F, 1971. Serological relationship between cherry leaf roll, elm mosaic and golden elderberry mosaic viruses. Annals of Applied Biology, 69: 11 - 15.

Jones A T, Murant A F, 1971. Serological relationship between cherry leaf roll, elm mosaic and golden elderberry mosaic viruses. Annals of Applied Biology, 69: 11 - 15.

Kahn R P, 1956. Seed transmission of the *Tomato ringspot virus i*n the Lincoln variety of soybeans. Phytopathology, 46: 295.

Lamberti F, Bleve - Zacheo T, 1979. Studies on *Xiphinema americanum* sensu lato with descriptions of fifteen new species (Nematoda, Longidoridae). Nematologia Mediterranea, 7 (1): 51 - 106.

Mellor F C, Stace - Smith R, 1963. Reaction of strawberry to a ringspot virus from raspberry. Canadian Journal of Botany, 41: 865 - 870.

Mitt S, 2000. Natural occurrence of *Tomato ringspot nepovirus* in ornamental plants in Lithuania.

Mountain W L, Powell C A, Forer L B, et al., 1983. Transmission of *Tomato ringspot virus* from dandelion via seed and dagger nematodes. Plant Disease, 67 (8): 867 - 868.

Nyland G, Goheen A C, 1969. Heat therapy of virus diseases of perennial plants. Annual Review of Phytopathology, 7: 331 - 354.

OEPP/EPPO Bulletin, 2005. PM 7/49 (1) *Tomato ringspot nepo virus*, 35: 313 - 318.

OEPP/EPPO Bulletin, 2013. PM 3/32 (2) *Tomato ringspot virus* in fruit trees and grapevine: inspection. 43 (3): 397.

Ostazeski S A, Scott H A, 1966. Natural occurrence of *Tomato ringspot virus* in birdsfoot - trefoil. Phytopathology, 56: 585 - 586.

Powell C A, Forer L B, Stouffer R F, 1982. Reservoirs of *Tomato ringspot virus* in fruit orchards. Plant Disease, 66 (7): 583 - 584.

Powell C A, Forer L B, Stouffer R F, et al., 1984. Orchard weeds as hosts of tomato ringspot and tobacco ringspot viruses. Plant Disease, 68 (3): 242 - 244.

Price W C, 1936. Specificity of acquired immunity from tobacco ring - spot diseases. Phytopathology, 26: 665 - 675.

Reddick B B, Barnett O W, Baxter L W, 1979. Isolation of *Cherry leaf roll*, *Tobacco ringspot*, and *Tomato ringspot viruses* from dogwood trees in South Carolina. Plant Disease Reporter, 63 (7): 529 - 532.

Rosenberger D A, Harrison M B, Gonsalves D, 1983. Incidence of apple union necrosis and decline, *Tomato ringspot virus*, and Xiphinema vector species in Hudson Valley orchards. Plant Disease, 67 (4): 356 - 360.

Ryden K, 1972. Pelargonium ringspot - a virus disease caused by *Tomato ringspot virus* in Sweden. Phytopatholische Zeitschrift, 73: 178 - 182.

Samson R W, Imle E P, 1942. A ring - spot type of virus disease of tomato. Phytopathology, 32: 1137 - 1147.

Scarborough B A, Smith S H, 1977. Effects of tobacco and tomato ringspot viruses on the reproductive tissues of *Pelargonium X hortorum*. Phytopathology，67（3）：292‑297.

Smith S H，Stouffer R F，Soulen D M，1973. Induction of stem pitting in peaches by mechanical inoculation with *Tomato ringspot virus*. Phytopathology，63：1404‑1406.

Smith S H，Traylor J A，1969. Stem pitting of yellow‑bud mosaic virus infected peaches. Plant Disease Reporter，53：666‑667.

Stace‑Smith R，1984. *Tomato ringspot virus*. CMI/AAB Descriptions of Plant Viruses No.290，4pp. Wellesbourne，UK：Association of Applied Biology.

Stace‑Smith R，Converse R H，1987. *Tomato ringspot virus* in Rubus. In：Converse RH，ed. Virus Diseases of Small Fruits. Washington，USA：USDA，Agricultural Handbook，631：223‑227.

Stace‑Smith R，Ramsdell D C，1987. Nepoviruses of the Americas. In：Harris KF，ed. Current Topics in Vector Research，3：131‑166.

Teliz D，Grogan R G，Lownsbery B F，1966. Transmission of Tomato ringspot，peach yellow bud mosaic，and grape yellow vein diseases by *Xiphinema americanum*. Phytopathology，56：658‑663.

Uyemoto J K，1970. Symptomatically distinct strains of *Tomato ringspot virus* isolated from grape and elderberry. Phytopathology，60：1838‑1841.

Varney E H，Moore J D，1952. Strain of *Tomato ringspot virus* from American elm. Phytopathology，42：476‑477.

第四节　黄瓜绿斑驳花叶病毒病及其病原

黄瓜绿斑驳花叶病毒在黄瓜、西瓜和甜瓜等寄主作物上导致严重的绿斑驳花叶病毒病。农业部于2006年将其列为全国农业植物检疫性有害生物，是我国的一个重要外来入侵物种。

黄瓜绿斑驳花叶病毒病曾经给日本的西瓜、甜瓜生产带来严重损失，1971年仅静冈县的厚皮甜瓜损失就达1亿日元；关东地区的西瓜发病面积达1 250hm²，损失近9亿日元，之后蔓延到西部和北部各地。1987年和1995年，韩国西瓜暴发此病，造成果实倒瓤，以至于不能食用，1998年受害的葫芦科作物面积达463hm²，经济损失惨重。在苏联的格鲁吉亚地区，黄瓜绿斑驳花叶病毒发生率曾达80%～100%，受害西瓜内部呈丝瓜瓤状和大量空洞，味苦而不能食用，减产30%，有的地方甚至完全绝收。近几年我国部分地区西瓜和甜瓜上已经出现了由黄瓜绿斑驳花叶病毒引起的新病害，农民视为"瘟疫"。塑料大棚和小拱棚栽培从4月中下旬、露地栽培从5月下旬至6月上旬开始发病，对产量影响较大。

一、起源和分布

黄瓜绿斑驳花叶病毒的起源从文献中尚无从查证，但其被Ainsworth（1935）首次从英国的黄瓜病植株上鉴定并描述。1935—1985年缓慢扩散至其他国家和地区，1986—2006年传播加快，尤其是近10多年来蔓延迅速，已经在亚洲、欧洲、非洲、北美洲、南美洲和大洋洲很多国家和地区都有报道发生。其中亚洲国家有格鲁吉亚、印度、伊朗、以色列、日本、约旦、朝鲜、黎巴嫩、缅甸、巴基斯坦、沙特阿拉伯、斯里兰卡、叙利亚、泰国和土耳其；欧洲有奥地利、保加利亚、捷克、斯洛伐克、丹麦、芬兰、法国、德国、希腊、立陶宛、摩尔多瓦、俄罗斯、西班牙、瑞典、波兰、挪威、罗马尼亚、荷兰、匈牙利、拉脱维亚、乌克兰等；北美有加拿大和美国；此外还有南美的巴西，非洲的尼日利亚和大洋洲的澳大利亚。

我国台湾也是黄瓜绿斑驳花叶病毒分布的主要地区之一。大陆最早于 2002 年首次从日本引进的西瓜种苗上检疫出该病毒，2004 年厦门从日本进口的南瓜种子上检测到黄瓜绿斑驳花叶病毒。2005 年辽宁中部地区首次发现黄瓜绿斑驳花叶病毒，引起盖州市区以内西瓜上病害流行，受害面积近 5 000 亩，其中约 180 亩绝产。2006 年在北京引进的大棚种植甜瓜上发现该病毒病。黄瓜绿斑驳花叶病毒病已在我国一些地区分布并危害，造成西瓜毁灭性的损失。迄今，我国已报道黄瓜绿斑驳花叶病毒病发生的省份有广东、湖南、湖北、河南、河北、江苏、辽宁、山东、云南和北京等。

二、病原

1. 名称及分类地位

黄瓜绿斑驳花叶病毒的学名为 *Cucumber green mottle mosaic virus*，简称 CGMMV；异名有 *bottlegourd Indian mosaic virus*、*cucumber green mottle mosaic tobamovirus*、*cucumber green mottle mosaic watermelon strain*（W）、*cucumber mottle virus*、*cucumber virus 2*、*cucumber virus 3*、*cucumber virus 4*、*cucumis virus 2* 及 *tobacco mosaic virus*、*watermelon strain-W* 等。其属于病毒域（*Virus*）、病毒界（*Viruses*）、RNA 病毒（门）、正单链 RNA 病毒（纲）（目名称不详）、杆状病毒科（*Virgovirudae*）、烟草花叶病毒属（*Tobamovirus*）。

2. 形态特征

侵染性病毒粒子直杆状，300nm×18nm，粒子螺旋结构的螺距为 2.3nm，中央空管在负染标样中明显可见，其半径 2.0nm（彩图 7-5）。基因组为单链 RNA，卷成螺旋状，位于距粒子中央约 4.0nm 的半径处，每 3 圈 RNA 螺旋结构含有 49 个亚基。病毒的 RNA 单链，6.4 kb，为正义 RNA 基因组，其包被于约 2 000 个同样的衣壳蛋白分子内。基因组 RNA 的 5′端为一个甲基化的核苷酸帽（m7G5′pppG），3′端为一个类似于 tRNA 的结构，这样的末端结构有利于单链 RNA 的稳定性，使两端不容易降解。其 RNA 基因组含有编码 4 种特异蛋白的 4 个开放阅读框，其中 2 个多肽是 RNA 复制所必需的蛋白，这其中一个 129ku 的多肽含有 RNA 复制必需的甲基转移酶和螺旋机构酶，另一个 186ku 的多肽的 UAG 终止密码子被抑制，在其羧基末端区域编码一个依赖于 RNA 的 RNA 聚合酶。还有两个蛋白（各为 29ku 和 17.4ku）是由亚基因组 mRNAs 相对应的位于 3′端半段中的开放阅读框翻译合成的，病毒粒子的装配就始于编码衣壳蛋白的 3′端开放阅读框（CABI，2018）。

三、病害症状

病毒在寄主苗期、营养生长期、开花期和结果期都可以侵染。该病害为系统侵染，病毒可以到达植物的任何部位或器官，在一些植物的叶片、果实上都可能表现症状；所有瓜类作物感病后植株生长都会减缓，瓜果产量和品质降低，甚至完全不可食用或丧失市场价值。各种植物感病的总体症状特点：叶片斑驳花叶和形状异常；果实表面褪色和现黑褐色斑、形状异常畸形，内部变色或腐烂；根系减少；茎蔓坏死；整个植株矮缩。但不同瓜类寄主植物上表现的症状有差异。

黄瓜：新叶出现黄色小斑点，后逐渐发展成斑驳、花叶和浓绿泡状突起，叶片畸形；有时黄色小斑点沿叶脉扩展成星状，或脉间褪色，叶脉呈绿带状，植株往往矮化。果实上可产生严重的斑驳、浓绿色瘤状突起，果实严重受损。田间成片植株斑驳花叶症状明显（彩图7-6）。

西瓜：受侵染幼叶产生不规则的淡绿色或淡黄色花斑，继而绿色部分突起，叶面凹凸不平，病叶老化后症状逐渐减退或表现隐症现象，植株矮化。茎蔓和花梗上也出现凹凸斑驳，严重受害的幼嫩植株有时呈现白化症状，藤蔓甚至整个植物可能死亡。如在坐果期或坐果后不久受侵染，则果实表面出现浓绿色、略圆的斑纹，有时病斑中央产生坏死点；果梗有褐色坏死条纹。近成熟果实表面也可能出现浓绿和黄色相间的斑驳，剖开内部可见部分果肉组织呈淡黄色海绵状。成熟时果实表面变为暗褐色，内部呈现空洞、腐烂，变得不能食用。田间成片植株和果实上斑驳症状明显（彩图7-6）。

甜瓜：受害蔓的新叶出现褪绿、斑驳、花叶和明脉，后期叶面出现泡状突起或皱缩。但随着叶片的老化，症状逐渐减退或隐症；成株侧枝的叶片呈现不整齐或星状黄化，生长后期顶部叶片有时产生大型黄色轮斑。幼果有绿色花纹，后期为绿色斑，或在绿色斑中央再出现灰白色斑。

瓠瓜：叶片出现花叶，有绿色突起，脉间黄化，叶脉呈绿带状。植株上部叶片变小、黄化，下部叶片边缘波浪状，叶脉皱缩，叶片畸形；未成熟果实出现轻微斑驳，绿色部分稍突起，成熟后症状消失，果梗坏死。

其他瓜类：南瓜、冬瓜、西葫芦和丝瓜等其他植物被侵染后，叶片可能不表现症状，或表现斑驳花叶，冬瓜果实一般不显症，南瓜和西葫芦果实有时表面也不显症，但其内部则可见部分褪色或坏死。

四、生物学特性和病害流行规律

1. 生物学特性

CGMMV颗粒中核酸和蛋白质的含量大约各为5%和95%，在病毒颗粒和被侵染的寄主细胞中发现存在亚基因组RNA（subgenomic RNA）。不同CGMMV株系基因组RNA的碱基构成存在差异，如株系W含23.2% G、24.6% A、20.6% C和31.6% U，株系CV4含25.8% G、25.8% A、19.3% C和29.5% U，而株系CV3含25.5% G、25.8% A、18.3% C及30.8% U（Okada，1986）。经蛋白酶处理脱肽后病毒粒子的侵染力显著降低，但用酚或去污剂脱肽后病毒粒子仍然保持侵染性。基因组RNA中没有聚合A片段，具有类似于tRNA的活性。病毒粒子的衣壳蛋白分子量为17 261。纯化标样沉淀物中含主要侵染成分和次要成分（可能为二聚体和三聚体），沉淀系数为185～195S。等电点约为pH4.98，A_{260}/A_{280}为0.38，$Amax_{(260)}/Amin_{(249)}$为1.05。

2. 病毒复制

CGMMV的复制不需要辅助病毒（helper virus），而必须有两个蛋白的参与：一个是

129ku 的多肽，其含有 RNA 复制必需的甲基转移酶和螺旋机构酶，另一个是 186ku 的多肽，其 UAG 终止密码子被抑制，在其羧基末端区域编码一个依赖于 RNA 的 RNA 聚合酶。

3. 细胞学病变

Sugimura 等（1975）发现，CGMMV 接种烟草 Xanthii 品种 24h 后细胞原生质中的线粒体中出现小囊泡，但没有发现其他的细胞病理变化；Hatta 等（1973）在黄瓜组织细胞中也观察到同样现象。病毒粒子以内含体（含病毒颗粒晶体）的形式存在于被侵染细胞中，线粒体中形成小囊泡是 CGMMV 侵染所致的另一细胞学病变。

4. 血清学及亲缘关系

病毒具有很强的抗原性。与其他烟草花叶病毒属（*Tobamovirus*）出现的症状形态学类似，血清学也相关。与 CGMMV 有血清学关系的病毒包括烟草花叶病毒（TMV）、番茄花叶病毒（ToMV）、青瓜绿斑驳花叶病毒（*Kyuri green mottle mosaic virus*，KGMMV）、鸡蛋花花叶病毒（*Frangipani mosaic virus*，FMV）、长车前草花叶病毒（*Ribgrass mosaic virus*，RMV）及烟草轻型绿花叶病毒（TMGMV），齿舌兰环斑病毒（*Odontoglossum ringspot virus*，ORSV）和菽麻花叶病毒（*Sunn-hemp mosaic virus*，SHMV）与 CGMMV 没有血清学关系。在 CGMMV 株系之间，西瓜株系与英国的两个株系及印度的 C 株系亲缘关系很近，但它们与日本的黄瓜株系和油豆（Yodo）株系的亲缘关系却较远。日本的黄瓜株系与 Yodo 株系的亲缘关系很近。

5. 病毒-寄主互作

当用 TMV 接种黄瓜子叶后再接种 CGMMV，TMV 的增殖及子叶上产生的淀粉状病斑数量和大小，与单独接种 TMV 的子叶比较，没有显著的变化；但是，在接种 TMV 之前先接种 CGMMV 的情况下，TMV 数量、子叶上产生的淀粉状病斑的大小和数量都显著降低。给被 TMV 侵染的子叶接种 CGMMV 后，在 TMV 感染区域内 CGMMV 等物质在细胞与细胞之间的运动明显受到阻碍和抑制。在非自然寄主细胞中，包括 CGMMV 在内的烟草花叶病毒属中不同种病毒，一种病毒可以促进其他的病毒在细胞中的复制，其机理可能是细胞间两病毒的转运功能得到互补。

在用 CGMMV 模式菌株接种苦瓜苗 10～50d 后，与健康植株相比，叶绿素含量和叶绿体数量都显著降低，而叶绿素降解酶活性则明显增强；在黄瓜植物上也观察到同样的变化；在土培黄瓜苗上，烟草坏死病毒（TNV）的黄瓜株系可以侵染植株的根部，但不能诱发系统侵染，只有在被 CGMMV 侵染后 TNV 才能引起系统侵染；在植物营养成分中增加硝酸盐含量，可以提高受 CGMMV 侵染的黄瓜中总蛋白、DNA 和 RNA 的含量，这种提高与病毒复制增加相关，病毒的复制与硝酸盐降解酶活性的关系显著。

6. 病毒稳定性

所有的 CGMMV 株系都很稳定。在黄瓜汁液中，模式株系在 90℃下 10min 丧失侵染活性，西瓜株系和油豆株系在 90～100℃下 10min 丧失侵染活性，印度 C 株系在 86～88℃下 10min 丧失活性；在实验室常温下保存，病毒活性可保持几个月，而在 0℃下则可存活几年；模式株系的稀释终点为 10^{-6}，西瓜株系的稀释终点为 10^{-7}。

7. 地理、气候适应性

CGMMV 的适应性很强，可以发生在 N60°～S30°的广大寄主种植区域，该区域包含热带高温干旱区、热带雨林、沙漠、温带干燥区、温带湿润气候区等。

CGMMV 存在株系：目前报道有 5 个株系，即西瓜株系、黄瓜株系、油豆株系、印度 C 株系及黄瓜奥克巴株系。

8. 寄主范围

被 CGMMV 侵染的主要是葫芦科（Cucurbitaceae）植物，其中包含一些重要或次要蔬菜瓜果，如哈密瓜、香瓜、蜜露瓜、黄瓜、西瓜、西葫芦、小西葫芦、南瓜、冬瓜、笋瓜、丝瓜、瓠瓜和苦瓜等。迄今各大洲已鉴别发现有 10 科的近 20 种杂草为 CGMMV 的潜在自然寄主（表 7-2），这些杂草可能成为田间 CGMMV 的侵染来源。

表 7-2 CGMMV 的寄主植物

植物拉丁学名	中文名	植物拉丁学名	中文名
Amaranthaceae	苋科	Chenopodiaceae	藜科
Amaranthus blitoides	北美苋	*Chenopodiastrum murale*	麻叶藜
Amaranthus graecizans	前列苋	*Chenopodium album*	藜
Amaranthus muricatus	毛茛苋	Euphorbiaceae	大戟科
Amaranthus retroflexus	反枝苋	*Chrozophora tinctoria*	染料沙戟
Amaranthus viridis	皱果苋	Boraginaceae	紫草科
Cucurbitaceae	葫芦科	*Heliotropium europaeum*	天芥菜
Benincasa hispida	冬瓜	Apiaceae	伞形科
Citrullus colocynthis	药西瓜	*Heracleum moellendorffii*	短毛独活
Citrullus lanatus	西瓜	Lamiaceae	唇形科
Cucumis anguria（gerkin）	小刺黄瓜	*Moluccella laevis*	贝壳花
Cucumis maderaspatanus	帽儿瓜	Portulacaceae	马齿苋科
Cucumis melo	甜瓜	*Portulaca oleracea*	马齿苋
Cucumis sativus	黄瓜	Rosaceae	蔷薇科
Cucurbita maxima	笋瓜	*Prunus armeniaca*	杏
Cucurbita moschata	南瓜	Solanaceae	茄科
Cucurbita pepo	西葫芦	*Nicotiana benthamiana*	本氏烟草
Cyclanthera brachystachya	爆裂小雀瓜	*Nicotiana tabacum*	烟草
Cyclanthera pedata	小雀瓜	*Zehneria japonica*	马㼎儿
Ecballium elaterium	喷瓜	*Solanum elaeagnifolium*	银叶茄
Lagenaria siceraria	葫芦	*Solanum nigrum*	龙葵
Luffa acutangula	广东丝瓜	*Withania somnifera*	睡茄
Luffa aegyptiaca	丝瓜	*Datura stramonium*	曼陀罗
Melothria pendula	番马㼎	*Diplocyclos palmatus*	毒瓜
Melothria scabra	拇指西瓜	Polygonaceae	蓼科
Momordica balsamina	胶苦瓜	*Emex australis*	南方三棘果
Momordica charantia	苦瓜	*Emex spinosa*	刺三棘果
Sicyos angulatus	刺果瓜	Iridaceae	鸢尾科
Trichosanthes cucumerina	瓜叶栝楼	*Gladiolus gandavensis*	唐菖蒲

9. 侵染循环

CGMMV 为系统性侵染，被感染的寄主植物所有器官都可能带毒，包括植株的根系、茎蔓、叶片、果实和种子等，这些器官的残体中的病毒也能存活，它们残留在土壤中和水流中也能成为病毒初侵染源。被侵染的田间自生瓜苗和寄主杂草，不管其显症与否，都是田间病毒的初侵染源。

CGMMV 有多种传播方式，在大棚和田间的传播方式主要有农事操作传播、种子和幼苗传播、嫁接传播、土壤和水流传播、田间和温棚内植株（包括根系）间接触传播及介体昆虫传播等。病株中的病毒浓度极高且极为稳定，所有田间作业如嫁接、整枝、搭架、摘心、人工授粉、采收等均可传播，受污染的花盆、架材、架绳、旧薄膜、农具、刀片等也都能传毒，剪枝用的刀片最高传毒率为 45%，接触到病株汁液的植株可在 7～12d 内发病；介体、汁液和被病残体污染的土壤等也能传毒。带病毒种子是 CGMMV 远距离传播的主要侵染源，在黄瓜、西瓜嫁接过程中，砧木中的病毒也可传到接穗。有试验表明蚜虫和叶甲不传毒，但有报道黄瓜叶甲（*Raphidopalpa fevicolis*）和蜜蜂可能传毒。引进或调运带毒种子、苗木、接穗和砧木、瓜果产品及包装材料等是 CGMMV 远距离广泛传播的重要途径（图 7-8）。

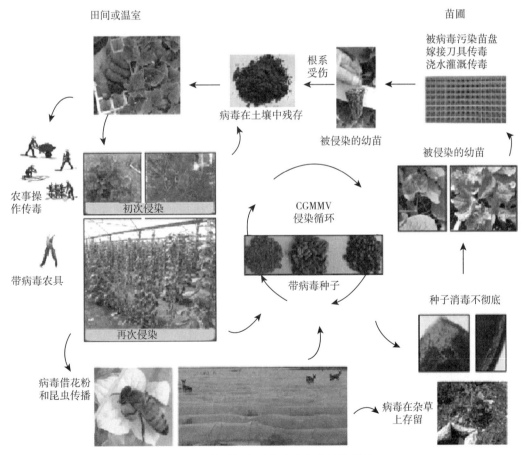

图 7-8　黄瓜绿斑驳花叶病毒病侵染循环

CGMMV 可通过寄主植株表面微伤口侵入，很多农事操作、害虫活动、植株间的相互摩擦及暴风雨等，都可能造成植株表面微伤，为病毒侵染打开侵入通道。

五、诊断鉴定和检疫监测

根据国家标准《黄瓜绿斑驳花叶病毒的检疫鉴定方法》（GB/T 28071—2011）、张国良等主编的《农业重大外来入侵生物应急防控技术指南》中编入的刘艳和王锡锋（2010）撰写的《黄瓜绿斑驳花叶病毒应急防控》内容，并结合国内外近年来发表的一些研究文献，拟定 CGMMV 及其病害的诊断鉴定和监测技术。

对种子和不显症的瓜类植株等备测样品，在检测前需要先将样品研磨，获取样品提取液；对于土壤样品，可直接获取其提取液。而后用提取液摩擦接种到瓜类或其他鉴别寄主的健康幼苗上，看其是否表现症状，之后才能进行下列的有关检测。

经检验确定携带 CGMMV 的样品应在合适的条件下保存，种子保存在 4℃，病株在 −20℃或者−80℃冰箱中保存，做好标记和登记工作。完整的实验记录包括：样品的来源、种类、检测时间、地点、方法和结果等，并要有经手人和检测人员的签字。症状诊断和指示植物鉴定记录需要有症状照片，电镜检测结果需要有病毒粒子照片，酶联测定应有酶联板反应原始数据，RT-PCR 检测和实时荧光 RT-PCR 应有扩增结果图片。

1. 诊断鉴定

大体可分为传统生物学技术和现代分子生物学技术。需要指出，传统生物学技术（症状观察和指示植物鉴定）所获结果可能不太确定，因为瓜类植物上可能会发生其他类似的病毒病，它们之间很难准确区别开来。

（1）症状诊断 主要观察田间瓜类寄主植物上是否表现前述相应植物上的症状，由此做出粗略的初步诊断。然而，有些备测植物样品（种子、果实、种苗）上虽然携带有 CGMMV，但并不显示症状，所以必须借助分子检测等其他方法才能鉴定。

（2）指示植物鉴定 将备测植物样品（叶片、种子、果实、种苗等）加 1∶3（质量体积比）的磷酸盐缓冲液（0.01mol/L，pH 7.2）于研钵中充分研碎，在待接种植物叶片表面均匀撒上硅藻土，取研磨好的汁液轻轻涂抹于叶片表面。鉴别寄主接种后，黄瓜表现为系统侵染，褪绿斑或花叶；西瓜表现为系统花叶；苋色藜、曼陀罗和碧冬茄（*Petunia hybrida*）表现为局部侵染形成枯死斑。

（3）电镜检测 将病毒粗提液或病叶浸渍液经负染后在电子显微镜下观察。CGMMV 粒子存在于叶片表皮、韧皮部、木质部、薄壁组织、果肉及其他组织细胞质中，所以，可将这些组织做超薄切片（厚度约 50nm）后直接做电镜观察检测。还可以将病毒纯化后进行电镜检测观察。拍照记录检测结果。CGMMV 粒子直杆状，其长约 300nm，直径约 18nm。

（4）血清学检测 DAS-ELISA 方法。将制备的样品上清液加入已包被 CGMMV 抗体的 96 孔酶联板中，进行 DAS-ELISA 检测。每个样品平行加到 2 个孔中。健康的植物组织作为阴性对照，感染 CGMMV 的植物组织作为阳性对照，样品缓冲液作为空白对照，其中阴性对照种类和材料（如种子或叶片）应尽量与检测样品一致。

此项检测所需预备的试剂有：①包被抗体，即特异性的黄瓜绿斑驳花叶病毒抗体。②酶标抗体，即碱性磷酸酯酶标记的黄瓜绿斑驳花叶病毒抗体。③底物为对硝基苯磷酸二钠（PNPP）；PBST 缓冲液（洗涤缓冲液 pH 7.4）成分含 NaCl 8.0g、Na_2HPO_4 1.15g、KH_2PO_4 0.2g、KCl 0.2g 及吐温-20 0.5mL，加入 900mL 蒸馏水溶解，用 NaOH 或 HCl 调节 pH 到 7.4，蒸馏水定容至 1.0L 于 4℃保存备用。④样品抽提缓冲液（pH7.4）含 PBST 1.0L、Na_2SO_3 1.3g、PVP（MW24 000～40 000）20g 和 NaN_3 0.2g，用 NaOH 或 HCl 调节 pH 到 7.4 后在 4℃储存备用。⑤包被缓冲液（pH 9.6）含 Na_2CO_3 1.59g、Na_2HCO_3 2.93g 和 NaN_3 0.2g，加入 900mL 蒸馏水溶解，用 HCl 调节 pH 到 9.6，用蒸馏水定容至 1.0L 后在 4℃保存备用。⑥酶标抗体稀释缓冲液（pH7.4）含 PBST 1.0L、BSA（牛血清白蛋白）或脱脂奶粉 2.0g、PVP（MW24 000～40 000）20.0g 和 NaN_3 0.2g，用 NaOH 或 HCl 调节 pH 到 7.4 后于 4℃保存备用；⑦底物为 PNPP 缓冲液（pH 9.8）含 $MgCl_2$ 0.1g、NaN_3 0.2g 及二乙醇胺 97mL，溶于 800mL 蒸馏水中，用 HCl 调 pH 至 9.8，蒸馏水定容至 1.0L 于 4℃储存备用。

DAS-ELISA 的具体操作过程如下：

①包被抗体：用包被缓冲液将抗体按说明稀释，加入酶联板的孔中，每孔 100μL，加盖，室温避光孵育 4h 或 4℃冰箱孵育过夜，清空酶联板孔中溶液，PBST 缓冲液洗涤4～6次，每次至少 5min。

②样品制备：待测样品按 1∶10 加入抽提缓冲液，用研钵研磨成浆，2 000r/min 离心 10min，上清液即为制备好的检测样品。样品提取缓冲液作为空白对照，阴性对照、阳性对照做相应处理。

③加样：加入制备好的检测样品、空白对照、阴性对照、阳性对照，每孔 100μL，加盖，室温避光孵育 2h 或 4℃冰箱孵育过夜，清空酶联板孔中溶液，PBST 缓冲液洗涤4～6次，每次至少 5min。

④加酶标抗体：用酶标抗体稀释缓冲液，按说明将酶标抗体稀释至工作浓度，并加入酶联板中，每孔 100μL，加盖，室温避光孵育 2h，清空酶联板孔中溶液，PBST 缓冲液洗涤 4～6 次，每次至少 5min。

⑤加底物：将底物 PNPP 加入到底物缓冲液中使终浓度为 1mg/mL（现配现用），按每孔 100μL，加入酶联板中，室温避光孵育。

⑥读数：用酶标仪在 30min、1h 和 2h 于 405nm 处读 OD_{405}。

⑦结果判断：对照孔的 OD_{405}（缓冲液孔、阴性对照及阳性对照孔）应该在质量控制范围内，即缓冲液孔和阴性对照孔的 OD_{405}＜0.15，当阴性对照孔的 OD_{405}＜0.05 时，按 0.05 计算。阳性对照有明显的颜色反应；阳性对照 OD_{405}/阴性对照 OD_{405}＞2.0；孔的重复性应基本一致。

在满足了上述质量要求后，结果原则上可进行如下判定：样品 OD_{405}/阴性对照 OD_{405}＞2.0，判定为阳性。样品 OD_{405}/阴性对照 OD_{405} 在阈值附近，判定为可疑样品，需重新做一次，或用其他方法加以验证。样品 OD_{405}/阴性对照 OD_{405} 明显＜2.0，判定为阴性。若满足不了质量要求，则不能进行结果判定。检测结果为阳性的备测样品带有 CGMMV 病毒。

（5）RT-PCR 检测 分别提取样品和对照的总 RNA，反转录合成 cDNA 后，进行 PCR 扩增。以健康的植物组织作为阴性对照，感染 CGMMV 的植物组织作为阳性对照，用超纯水作为空白对照。

此项检测所需的预备试剂包括：RNA 提取试剂，含 Trizol 裂解液、氯仿、异丙醇和 75％乙醇；反转录试剂，含 M-MLV RT（200 U/μL）、5×RT 缓冲液、dNTP（10mmol/L）、RNasin（40 U/μL）及 DEPC 处理过的双蒸水；PCR 试剂含 10×PCR Buffer、MgCl$_2$（25mmol/L）、dNTP（10mmol/L）、Taq DNA 聚合酶（5U/L）；电泳试剂为 50×TAE（Tris 242g＋冰醋酸 52.1mL＋Na$_2$EDTA・2H$_2$O 37.2g＋重蒸水至 1.0L，加水至 1.0L，于 4℃下保存备用），使用时加水稀释至 1×TAE；6×加样缓冲液含 0.25％ 溴酚蓝和质量分数为 40％的蔗糖水溶液。RT-PCR 的具体操作程序如下：

①总 RNA 提取：称取 0.1g 植物组织加液氮研磨成粉末状，迅速将其移入灭菌的 1.5mL 离心管中，加入 1mL 的 TrizoL 试剂，剧烈振荡摇匀，室温静置 3min；4℃，12 000×g 离心 10min，取上清液；加入 200μL 氯仿，上下颠倒混匀，室温静置 3min；4℃，12 000×g 离心 10min，取上层水相；加等体积的异丙醇，颠倒混匀；4℃，12 000×g 离心 10min，弃上清液；加 1mL 75％乙醇洗涤沉淀，4℃，7 500×g 离心 5min，弃乙醇；沉淀于室温下充分干燥后，溶于 30μL 经 DEPC（焦碳酸二乙酯）处理的双蒸水，−20℃保存备用。

②引物：应用上游引物 CGMMV1（5′-CGTGGTAAGCGGCATTCTAAACCTC-3′）和下游引物 CGMMV2（5′-CCGCAAACCAATGAGCAAACCG-3′），CGMMV 的 RT-PCR 产物大小 654 bp。

③cDNA 合成：反转录总体系为 12.5μL。在 PCR 管中依次加入 3μL 总 RNA，1μL CGMMV2 种引物，在 65℃温浴 7min，然后，冰浴 5min，瞬离，再向 PCR 管中加入下列试剂：M-MLV RT（200 U/μL）0.5μL、5×RT 缓冲液 2.5μL、dNTP（10mmol/L）0.5μL、RNasin（40 U/μL）0.5μL、DEPC 处理的双蒸水 4.5μL。反应参数：37℃，60min，95℃，10min。合成的 cDNA 于−20℃冰箱保存备用。

④PCR 扩增：PCR 反应体系见表 7-3。反应参数：95℃，4min；95℃，60s，60℃，50s，72℃，60s，30 循环；72℃，10min。也可采用一步法 RT-PCR 试剂盒进行扩增。

表 7-3 CGMMV 的 PCR 反应体系

试剂名称	加样量	试剂名称	加样量
10×PCR Buffer	2.5μL	CGMMV2（20 pmol/μL）	0.5μL
MgCl$_2$（25mmol/L）	2.5μL	Taq DNA 聚合酶（5 U/μL）	0.2μL
dNTP（10mmol/L）	1.0μL	cDNA 模板	3.0μL
CGMMV1（20 pmol/μL）	0.5μL	双蒸水	补足至 25μL

⑤琼脂糖电泳：将 1×TAE 和电泳级琼脂糖按 1.0％配好，在微波炉中熔化混匀，冷却至 55℃左右。加入溴化乙啶（EB），浓度为 0.5g/mL，混匀，倒入已封好的制胶平台上，插上样品梳。待凝胶凝固后，从制胶平台上除去封带，拔出梳子，加入足量的 TAE（缓冲液没过凝胶表面约 1mm）。用适量（2～3L）的 6×加样缓冲液与 8L 样品混合，然后将其和适合的 DNA 分子量标准物分别加入琼脂糖凝胶孔中。接通电源使 DNA 向阳极移动。当加样缓冲液中的溴酚蓝迁移至足够分离 DNA 片段时，关闭电源。将整个胶置于紫外透射仪上观察，拍照。

⑥结果判定：阳性对照在 654bp 左右处有扩增片段（图 7-9），阴性对照和空白对照无特异性扩增片段，样品出现与阳性对照一致的扩增条带，判定为阳性。样品未出现与阳性对照一致的扩增条带，判定为阴性。阳性对照、阴性对照和空白对照正确，检测结果为阳性的备测样品带有 CGMMV 病毒。

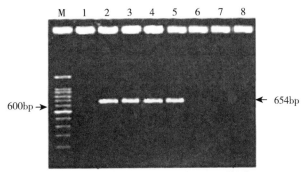

图 7-9　西瓜 CGMMV 的 PCR 检测

注：泳道 M 为 DNA 分子长度标记，泳道 1 为阴性对照（重蒸水），泳道 3 为 CGMMV 阳性对照，泳道 4～5 为黄瓜病叶样品 DNA，泳道 6～8 为健康黄瓜叶片样品。

（6）实时荧光 PCR（RT-PCR）检测　分别提取样品和对照的总 RNA，进行实时荧光 PCR 检测。以健康的植物组织作为阴性对照，感染 CGMMV 的植物组织作为阳性对照，超纯水作为空白对照。具体操作如下：①引物及探针。使用的引物及探针序列及其在 CGMMV 基因组中的位置见表 7-4。②提取总 RNA。③反应体系：实时荧光 RT-PCR 反应体系见表 7-5；④RT-PCR 反应参数：检测 CGMMV 反应参数见表 7-6。⑤结果判定：检测样品的 Ct 值≥40 时，则判定 CGMMV 阴性；检测样品的 Ct≤35 时，则判定 CGMMV 阳性；检测样品 $35<Ct<40$，应重新进行测试。检测结果为阳性的备测样品带有 CGMMV 病毒。

表 7-4　引物和探针序列及其在 CGMMV 基因组中的位置

引物/探针	序列	位点
CGMMV-FP	5′-GCATAGTGCTTTCCCGTTCAC-3′	6 284～6 304 nt
CGMMV-RP	5′-TGCAGAATTACTGCCCATAGAAAC-3′	6 361～6 384 nt
CGMMV-FAM	FAM-CGGTTTGCTCATTGGTTTGCGGA-TAMARA	6 315～6 337 nt

表 7-5　实时荧光 RT-PCR 反应体系

试剂名称	加样量（μL）
2×Master Mix without UNG	25.0
40×MultiScribe and RNase Inhibitor Mix	1.25
CGGMV 模板（RNA）	3.0
CGMMV-FP（20μmol/L）	1.0
CGMMV-RP（20μmol/L）	1.0
CGMMV-FAM（20μmol/L）	0.5
重蒸水	补足至 50μL

表 7 - 6　实时荧光 RT-PCR 反应参数

作用	温度	时间
反转录	48℃	30min
活化 DNA 合成酶和预变性	95℃	10min
PCR（40 循环）		
变性	95℃	15s
延伸	60℃	1min

2. 检疫监测

CGMMV 的检疫监测包括一般性调查监测、产地检疫监测和调运检疫监测。

（1）一般性调查监测　主要调查我国的瓜类作物种植地区，需要对交通干线两旁区域的瓜类田间、大棚和苗圃、有相关外运产品生产单位进行访问调查、大面积踏查、系统调查。

访问调查：向当地居民询问 CGMMV 发生的地点、时间及危害情况等，分析病害传播扩散情况及其来源。每个社区或行政村询问调查 30 人以上。对询问过程中发现的 CGMMV 疑似存在地区，进一步做深入重点调查。

大面积踏查：在 CGMMV 的非疫区，于瓜类植物生长期间的适宜发病期，在一定区域内以自然界线、道路为单位进行线路（目测）踏查，粗略地观察田间病害发生情况。观察时注意植株生长是否异常，瓜类植物上是否有绿斑驳花叶症状。确认有疫情，需进一步掌握危害情况的，应设标准地（或样方）做详细系统调查。

系统调查：在瓜类作物生长季节做定点、定期调查。在种苗繁育基地样方调查时，样方的累积面积应不少于调查总面积的 5%，每块样方面积为 5m²，样方内的植株应逐株进行调查。调查时用 GPS 测量样地的经、纬度，同时还需记录作物种类和品种、种苗来源、栽培管理制度或措施等。古勤生（2001）等将病情划分为 6 级：0 级，无症状。1 级，只表现褪绿斑或明脉。2 级，轻度花叶斑驳，植株矮缩不明显。3 级，严重花叶斑驳，植株略矮缩。4 级，严重花叶斑驳，植株矮缩 1/3 以下。5 级，严重花叶斑驳，植株矮缩 1/3～2/3。

病害发生危害程度分级：根据黄瓜绿斑驳花叶病毒病在田间的发生和危害程度分为 6 级：0 级，无病害发生。1 级，轻微发生，发病面积很小，只见零星的发病植株，病株率 5% 以下，病级一般在 2 级以下，造成减产<5%。2 级，中度发生，发病面积较大，发病植株非常分散，病株率 6%～20%，病级一般在 3 级以下，造成减产 5%～10%。3 级，较重发生，发病面积较大，发病植株较多，病株率 21%～40%，少数植株病级达 4 级，造成减产 11%～30%。4 级，严重发生，发病面积较大，发病植株较多，病株率 41%～70%，较多植株病级达 4 级以上，造成减产 31%～50%。5 级，极重发生，发病面积大，发病植株很多，病株率 71% 以上，很多植株病级达 4 级以上，造成减产>50%。

在非疫区：若大面积踏查和系统调查中发现疑似黄瓜绿斑驳花叶病毒病植株，要现场拍照记录，并采集具有典型症状的病叶标本，装入清洁的标本袋内，标明采集时间、采集地点及采集人，送外来物种管理或检疫部门指定的专家鉴定。有条件的，可直接将采集的标本带回实验室鉴定。如果专家鉴定或当地实验室检测确定了黄瓜绿斑驳花叶病毒病，应进一步详细调查当地附近一定范围内的作物田间发病情况。同时及时向当地政府和上级主管部门汇报疫情，对发病区域实行严格封锁和控制。

在疫区：根据调查记录黄瓜绿斑驳花叶病毒病发生的范围、病株率和严重程度等数据信息，参照有关规范和标准制定病害综合防治策略，采用恰当的病害控制技术措施，有效地控制病害的危害，以减轻或避免作物产量和经济损失。

（2）产地检疫监测　在瓜类作物产品调运的原产地生产过程中进行的检验检疫工作，包括田间实地系统调查、室内检验、签发允许产品外调证书，以及监督生产单位做好病害控制和疫情处理等工作程序。黄瓜绿斑驳花叶病毒病的检疫监测，可在作物生长期或发病高峰期进行 2 次以上的调查，首先选择一定线路进行大面积踏查，必要时做田间定点调查。

检疫踏查一般是进行瓜类作物田间症状观察，调查公路和铁路沿线的作物田间和苗圃，直接观察植株是否带有黄瓜绿斑驳花叶病毒病症状，同时抽样进行室内检测检验。

田间系统定点调查重点是田间和苗圃发病情况（病株率、严重程度等），调查中除了要做好详细观察记录外，还要采集合格的标样，供实验室检测使用。

室内检验应用前述常规生物学技术和分子生物学技术，对系统调查采集的样品进行检测，检测确认采集样品是否带有黄瓜绿斑驳花叶病毒病。

在产地检疫各个检测环节中，如果发现该病毒病，应根据实际情况，立即实施控制或铲除措施。疫情确定后一周内应将疫情通报给作物种苗和产品调运目的地的农业外来入侵生物管理部门和植物检疫部门，以加强目的地对作物产品的有效检疫监控管理。

（3）调运检疫监测　在各种瓜类产品进口现场进行抽样观察，检查种苗和瓜果等是否有前述黄瓜绿斑驳花叶病毒病症状。种子、种苗及接穗、砧木等繁殖材料按一批货物总件数（株）的 1% 抽取样品，采取分层方式设点抽样检查；少于 20 个植株或 1.0kg（种子）的全部检查；从国外及疫情严重地区引进的品种（系），需增大抽样比例或逐株调查。现场确认有病毒病的样品，需带回室内做进一步鉴定确诊。

经产地及调运现场检疫监测和实验室鉴定检测，确认不携带黄瓜绿斑驳花叶病毒病的瓜果和种苗等货物出具检疫合格证，予以放行；对于暂时未能检测出而又疑似带毒的苗木等繁殖材料，需先在隔离区种植，经 1~2 个生长季节监测观察，对于未发现花叶病毒病症状的植株，应予以放行和允许扩大种植，否则按规定予以销毁；经检验检疫发现带毒的瓜类种苗和产品，需要现场扣留、销毁或将货物退回原发货商家处理。

六、应急和综合防控

对黄瓜绿斑驳花叶病毒病，需要依据病害的发生发展规律和流行条件，执行"预防为主，综合防治"的基本策略，在非疫区和疫区分别实施应急防控和综合防控措施。

1. 应急防控

其应用于黄瓜斑驳花叶病毒的非疫区，所有技术措施几乎都强调对病原病毒的彻底灭除，目的是限制病害的扩散。无论是在交通航站检出带毒物品，还是在田间监测中发现带病植株，都需要及时地采取应急防控措施，以有效地扑灭病害，阻止其扩散。

（1）调运检疫检出疫情的应急处理　对旅客携带的种苗等有关个人物品进行现场检

查，检出相关病毒，应全部收缴扣留并销毁。对检出带有黄瓜绿斑驳花叶病毒病的种苗和其他产品，应拒绝入境或将货物退回原地。对不能退回原地的物品要及时就地封存，然后视情况做应急处理。

产品销毁处理：港口、机场、车站检出带病货物及包装材料可以直接就地安全销毁。

检疫隔离处理：如果是引进苗木或枝条接穗，必须在检疫机关设立的植物检疫隔离中心或检疫机关认定的安全区域隔离种植，经生长期间观察，确定无病后才允许释放出去。

（2）非疫区田间黄瓜绿斑驳花叶病毒病的应急处理　在黄瓜绿斑驳花叶病毒病的非疫区监测发现小范围疫情后，应对病害发生的程度和范围做进一步的详细调查，并报告上级行政主管部门和技术部门，同时要及时采取措施封锁病田，严防病害扩散蔓延。然后做进一步处理。铲除病田发病植株并彻底销毁。

经过田间应急处理后，应该留一小面积继续种植黄瓜等寄主作物，以观察应急处理措施对病害的控制效果。经在 2~3 年的监测如果未观察到发病，即可认定应急铲除效果，并可申请解除当地的疫情应急状态。

2. 综合防控

应用于黄瓜绿斑驳花叶病毒病已较普遍发生分布的瓜类种植区。对于植物病毒病，迄今还没有非常有效的化学药剂，所以此病主要还是以预防为主。

（1）种子处理　目前行之有效的方法是热处理。国内资料报道，70℃干热处理72h对种子发芽及种苗生长几乎没有影响，但可以去除和钝化病毒。但在进行干热处理时必须注意的是接受处理的种子含水量一般应低于4%，并且处理时间要严格控制。还可以用10%磷酸三钠溶液浸种，先将种子在清水中浸4h，再放进10%磷酸三钠溶液20~30min后捞出，清水洗净催芽播种，也有一定的效果。

（2）培育健康无病种苗　选用无病种子进行育苗。育苗土选择远离瓜类作物种植区的肥沃土壤，并对育苗土及粪肥进行消毒，消毒的方法有如下几种。

①甲醛消毒：将40%甲醛溶液均匀喷洒在育苗土上，土壤用药量为400~500mL/m³，充分拌匀后堆成土堆，盖塑料膜闷48h后揭膜，让甲醛气体散去，消毒即完成。

②溴甲烷消毒：将育苗土筛好后堆成30cm厚土方，土壤湿度适中，外边用塑料薄膜封严，用一支塑料管将溴甲烷放入土壤中，50g/m²，放药后，保持密封熏蒸48~72h，揭膜后使用。

③热蒸汽消毒：如果用土量较少可采用此法，即把已配制好的栽培土壤放入适当的容器中，隔水在锅中消毒。也可在土壤中通入蒸汽消毒，要求蒸汽100~120℃，消毒时间40~60min，此法只限少量栽培土。

（3）加强栽培管理控病　因为田间CGMMV可以通过农具、昆虫和水流等传播，通过微伤口侵入，所以瓜类作物的各种管理措施应尽量阻断传病途径和减少造成植株损伤。

①合理轮作和间套作，葫芦科瓜果要与非葫芦科的植物（如茄子、辣椒、番茄、白菜等）进行2~3年的轮作倒茬或套作，可有效减少CGMMV的初侵染源，这是防治该病非常有效的措施。

②适当提前播种和移栽，可能避开后期侵染发病高峰期。在移栽前先用甲醛等药剂蘸

根消毒，保护拔苗时造成的伤口，以减轻组织移栽入土壤后的侵染。

③注重作物的肥水管理，合理施肥，避免过量使用氮肥，增施磷钾肥，以促进植物健康生长和增强植株抗病毒能力；及时适量浇灌水，防止干旱致植株抗病力减弱。特别是大棚中要从植株下部供水，而避免用水龙头从上面淋水，因为植株表面的 CGMMV 可借助于水滴在植株间传播。

④在摘心、绑蔓和打杈等之前，先在植株可能受伤的部位喷洒 $0.2\%\sim0.5\%$ 的脱脂奶粉，然后立即进行相关操作，这样可能有效降低 CGMMV 通过伤口的传播概率。

⑤进行瓜苗嫁接时，首先要选用健康无病的接穗和砧木，同时还应注意刀具和手的消毒处理，每嫁接一次，刀具要用 75% 的酒精消毒，防止交叉传染。

⑥随时进行田间观察，发现发病植株随即拔出，带出田间深埋或销毁，可有效减少病毒的再侵染。

⑦温棚消毒：对没有轮作或套作条件的温棚，可采用溴甲烷土壤消毒控制该病的发生。钢瓶装溴甲烷的包装有 25kg、40kg、100kg 规格的，每个钢瓶压力 $709.3\sim810.6kPa$，为了使用安全，98% 的商品溴甲烷中一般需加入 2% 的氯化苦作为催泪剂，用作预警。每平方米用量 50g，每亩用量 33kg，根据土壤类型和湿度可适当调整。同苗圃类似，温棚也可用甲醛或热蒸汽进行土壤消毒灭菌。

（4）田间管理　加强田间病虫草害的控制，及时中耕除草及防治害虫和其他病害，有利于植物健康生长和减少害虫传病。特别是要清除 CGMMV 的寄主杂草，可有效减少初侵染源和病毒的再侵染。病虫害的防治要选用安全有效的杀菌剂和杀虫剂，并在适当的时期施药，既能有效控制病虫危害，又能减少环境污染和保证作物产品安全。

（5）化学药剂控病。迄今还没有特别有效的植物病毒病防治化学药剂，所以以化学药剂防治该病并不是理想的措施。但是，有试验表明，某些药剂可作为 CGMMV 病害控制的辅助防治措施。比如，在西瓜发病初期喷施 2% 宁南霉素水剂 200 倍液，20% 吗胍·乙酸铜粉剂 500 倍液，0.5% 烷醇·硫酸铜水剂 1 000 倍液，40% 吗啉胍可溶性粉剂 1 000 倍液，灭菌灵 1 000 倍液，三氮唑核苷·铜 800 倍液，唑·铜·吗啉胍 500 倍液或者吗啉胍·腐殖酸钠·萘乙酸 700 倍液，每亩用药液量 $40\sim50kg$，对病害有一定的防效。

主要参考文献

陈红运，白静，朱水芳，等，2006. 黄瓜绿斑驳花叶病毒辽宁分离株衣壳蛋白基因与 3 非编码区的序列分析. 中国病毒学，21（4）：516-518.

陈京，李明福，2007. 新入侵有害生物黄瓜绿斑驳花叶病毒. 植物检疫，21（2）：94-96.

黄静，廖富荣，林石明，等，2009. 南瓜种子中黄瓜次斑驳花叶病毒的 IC-RT-PCR 检测方法的建立. 漳州职业技术学院学报，11（1）：12-15.

刘艳，王锡锋，2010. 黄瓜绿斑驳花叶病毒应急防控.//张国良，曹坳程，付卫东. 农业重要外来入侵生物应急防控指南. 北京：科学出版社.

罗梅，王琳，宾淑英，等，2010. 黄瓜绿斑驳花叶病毒检测技术研究进展. 华中农业大学学报，29（3）：392-396.

秦碧霞，蔡建茹，刘志明，等，2005. 侵染观赏南瓜的黄瓜绿斑驳花叶病毒的初步鉴定. 植物检疫，19

(4): 198 - 200.

吴会杰, 秦碧霞, 陈红运, 等, 2011. 黄瓜绿斑驳花叶病毒西瓜、甜瓜种子的带毒率和传毒率. 中国农业科学, 44 (7): 1527 - 1532.

吴元华, 李立梅, 赵秀香, 等, 2010. 黄瓜绿斑驳花叶病毒在我国定殖和扩散的风险性分析. 植物保护, 36 (1): 33 - 36.

张永江, 2006. 黄瓜绿斑驳花叶病毒的研究进展. 河南农业科学 (6): 9 - 12.

Adams M J, Antoniw J F, Kreuze J, 2009. Virgaviridae: a new family of rod - shaped plant viruses. Archives of Virology, 154 (12), 1967 - 1972. DOI: 10. 1007/s00705 - 009 - 0506 - 6; http: //springerlink. metapress. com/content/w20g260j0k50262p/fulltext. html.

Ainsworth G C, 1935. Mosaic disease of the cucumber. Annals of Applied Biology, 22: 55 - 67.

Ali A, Natsuaki T, Okuda S, 2004. Identification and molecular characterization of viruses infecting cucurbits in Pakistan. Journal of Phytopathology, 152 (11/12): 677 - 682.

Al - Shahwan I M, Abdalla O A, 1992. A strain of *Cucumber green mottle mosaic virus* (CGMMV) from bottle gourd in Saudi Arabia. Journal of Phytopathology, 134 (2): 152 - 156.

American Seed Trade Association, 2014. *Cucumber green mottle mosaic virus*: A seed production and commercial growers guide.

Ariyaratne I, Weeraratne W A P G, Ranatunge R K R, 2005. Identification of a new mosaic virus disease of snake gourd in Sri Lanka. Annals of the Sri Lanka Department of Agriculture, 7: 13 -21.

Baker C, 2013. *Cucumber green mottle mosaic viru*s (CGMMV) found in the United States (California) in Melon. Pest Alert. Florida Department of Agriculture and Consumer Services. DACS - P - 01863.

Berendsen S, Oosterhof J, 2015. TaqMan assays designed on the coding sequence of the movement protein of *Cucumber green mottle mosaic virus* for its detection in cucurbit seeds. In: Diseases of Plants - Disease Detection and Diagnosis [American Phytopathological Society Annual Meeting], Pasadena, California, USA.

Borodynko - Filas N, Minicka J, Hasiów - Jaroszewska B, 2017. The occurrence of *Cucumber green mottle mosaic virus* infecting greenhouse cucumber in Poland. Plant Disease, 101 (7), 1336. DOI: 10. 1094/PDIS - 11 - 16 - 1627 - PDN; http: //apsjournals. apsnet. org/loi/pdi.

CABI, 2018. *Cucumber green mottle mosaic virus*. (2018 - 07 - 22) [2021 - 09 - 13]: https: //www. cabi. org/ISC/datasheet/16951.

CABI/EPPO, 2015. *Cucumber green mottle mosaic virus*. [Distribution map]. Distribution Maps of Plant Diseases, No. October. Wallingford, UK: CABI, Map 1174 (Edition 1).

Chen H Y, Zhao W J, Cheng Y Li, et al., 2006. Molecular identification of the virus causing watermelon mosaic disease in Mid - Liaoning. Acta Phytopathologica Sinica, 36 (4): 306 -309.

Chen H Y, Zhao W J, Gu Q S, et al., 2008. Real time TaqMan RT - PCR assay for the detection of *Cucumber green mottle virus*. Journal of Virological Methods, 149: 326 - 329.

Cho S Y, Kim Y S, Jeon Y H, 2015. First report of *Cucumber green mottle mosaic virus* infecting *Heracleum moellendorffii* in Korea. Plant Disease, 99 (6): 897.

Choi G S, Kim J H, Kim J S, 2004. Soil transmission of *Cucumber green mottle mosaic virus* and its control measures in watermelon. Res Plant Dis, 10: 44 - 47.

Clark M F, Adams A N, 1977. Characteristics of the microplate method of enzyme - linked immunosorbent assay for the detection of plant viruses. Journal of General Virology, 34 (3): 475 -483.

Darzi E, Smith E, Shargi D, et al., 2018. The honeybee Apis mellifera contributes to *Cucumber green mottle mosaic virus* spread via pollination. Plant Pathology，67 (1)，244 – 251.

Dombrovsky A，Tran – Nguyen L T T，Jones R A C，2017. *Cucumber green mottle mosaic virus*：Rapidly Increasing Global Distribution，Etiology，Epidemiology，and Management. Annual Review of Phytopathology，55，231 – 256. DOI：10. 1146/ annurev – phyto – 080516 – 035349.

Dorst H J M，1988. Surface water as source in the spread of *Cucumber green mottle mosaic virus*. Netherlands Journal of Agricultural Science，36 (3)：291 – 299.

Emran M，Tabei Y，Kobayashi K，et al.，2012. Molecular analysis of transgenic melon plants showing virus resistance conferred by direct repeat of movement gene of *Cucumber green mottle mosaic virus*. Plant Cell Reports，31 (8)：1371 – 1377.

Fraile A，Garcia – Arenal F，1990. A classification of the tobamoviruses based on comparisons among their 126K proteins. Journal of General Virology，71 (10)：2223 – 2228.

Gibbs A J，Wood J，Garcia – Arenal F，et al.，2015. Tobamoviruses have probably co – diverged with their eudicotyledonous hosts for at least 110 million years. Virus Evolution，1 (1). DOI：10. 1093/ve/ vev019 http：//ve. oxfordjournals. org/content/1/1/vev019. full.

Hatta T，Ushiyama R，1973. Mitochondrial vesiculation associated with *Cucumber green mottle mosaic virus* – infected plants. Journal of General Virology，21：9 – 17.

Hseu S H，Huang C H，Chang C A，et al.，1987. The occurrence of five viruses in six cucurbits in Taiwan. Plant Protection Bulletin，Taiwan，29 (3)：233 – 244.

Kan C Y，Yi J R，Wang S，et al.，2010. Detection of *Cucumber green mottle mosaic virus* by immunomagnetic separation and RT – PCR. Acta Agriculturae Shanghai，26 (4)：43 – 47.

Kehoe M A，Jones R A C，Coutts B A，2017. First complete genome sequence of *Cucumber green mottle mosaic virus* isolated from Australia. Genome Announcements，5 (12)，e00036 – 17. DOI：10. 1128/ genomea. 00036 – 17；http：//genomea. asm. org/content/5/12/e00036 – 17.

Kim D H，Lee J M，2000. Seed treatment for *Cucumber green mottle mosaic virus* (CGMMV) in gourd (*Lagenaria siceraria*) seeds and its detection. Journal of the Korean Society for Horticultural Science，41 (1)：1 – 6.

Kim O K，Mizutani T，Natsuaki K T，et al.，2010. First report and the genetic variability of *Cucumber green mottle mosaic virus* occurring on bottle gourd in Myanmar. Journal of Phytopathology，158 (7/8)：572 – 575.

Kim S M，Lee J M，Yim K O，et al.，2003. Nucleotide sequences of two Korean isolates of *Cucumber green mottle mosaic virus*. Molecules and Cells，16 (3)：407 – 412.

Lewandowski D J，Hayes A J，Adkins S，2010. Surprising results from a search for effective disinfectants for *Tobacco mosaic virus* – contaminated tools. Plant Disease，94 (5)：542 – 550. DOI：10. 1094/PDIS – 94 – 5 – 0542.

Li J Y，Wei Q W，Liu Y，et al.，2013. One – step reverse transcription loop – mediated isothermal amplification for the rapid detection of *Cucumber green mottle mosaic virus*. Journal of Virological Methods，193 (2)：583 – 588. DOI：10. 1016/j. jviromet. 2013. 07. 059 http：//www. sciencedirect. com/science/journal/01660934.

Li J，Liu S，Gu Q，2016. Transmission efficiency of *Cucumber green mottle mosaic virus* via seeds，soil，pruning and irrigation water. J Phytopathol，164：300 – 309.

Li R. G，Baysal – Gurel F，Abdo Z，et al.，2015. Evaluation of disinfectants to prevent mechanical transmission of viruses and a viroid in greenhouse tomato production. Virology Journal，12 (5).

Li X N，Ren X P，Wang L，et al.，2009. Molecular detection and epidemic prevention of *Cucumber green mottle mosaic virus* in Guangdong，China. Acta Phytophylacica Sinica，36（3）：283 - 284.

Ling K S，Li R，Zhang W，2014. First report of *Cucumber green mottle mosaic virus* infecting greenhouse cucumber in Canada. Plant Disease，98（5）：701.

Liu Y，Wang Y A，Wang X F，et al.，2009. Molecular characterization and distribution of *Cucumber green mottle mosaic virus* in China. Journal of Phytopathology，157（7/8）：393 - 399.

Macias W，2000. Methods of disinfecting cucumber seeds that originate from plants infected by *Cucumber green mottle mosaic tobamovirus*（CGMMV）. Vegetable Crops Research Bulletin，53：75 - 82.

Meshi T，Kiyama R，Ohno T，et al.，1983. Nucleotide sequence of the coat protein cistron and the 3′ noncoding region of *Cucumber green mottle mosaic virus*（watermelon strain）RNA. Virology，127（1）：54 - 64.

Moradi Z，Jafarpour B，2011. First report of coat protein sequence of *Cucumber green mottle mosaic virus* in cucumber isolated from Khorasan in Iran. International Journal of Virology，7（1）：1 - 12.

More T A，Varma A，Seshadri V S，et al.，1993. Breeding and development of *Cucumber green mottle mosaic virus*（CGMMV）resistant lines in melon（*Cucumis melo* L.）. Report，Cucurbit Genetics Cooperative，16：44 - 46.

Nagendran K，Aravintharaj R，Mohankumar S，et al.，2015. First report of *Cucumber green mottle mosaic virus* in snake gourd（*Trichosanthes cucumerina*）in India. Plant Disease，99（4）：559.

Nematollahi S，Haghtaghi E，Koolivand D，et al.，2014. Molecular detection of *Cucumber green mottle mosaic virus* variants from cucurbits fields in Iran. Archives of Phytopathology and Plant Protection，47（11）：1303 - 1310.

Nozu Y，Tochihara H，Komuro Y，et al.，1971. Chemical and immunological characterization of *Cucumber green mottle mosaic virus*（watermelon strain）protein. Virology，45：577 - 585.

Rashmi C M，Reddy C N L，Praveen H M，et al.，2005. Natural occurrence of *Cucumber green mottle mosaic virus* on gherkin（*Cucumis anguria* L.）. Environment and Ecology，23S（Special 4）：781 - 784.

Reingold V，Lachman O，Belausov E，et al.，2016. Epidemiological study of *Cucumber green mottle mosaic virus* in greenhouses enables reduction of disease damage in cucurbit production. Annals of Applied Biology，168（1），29 - 40. DOI：10.1111/aab.12238；http：//onlinelibrary.wiley.com/journal/10.1111/（ISSN）1744 - 7348.

Reingold V，Lachman O，Blaosov E，et al.，2015. Seed disinfection treatments do not sufficiently eliminate the infectivity of *Cucumber green mottle mosaic virus*（CGMMV）on cucurbit seeds. Plant Pathology，64（2），245 - 255. DOI：10.1111/ppa.12260.

Reingold V，Lachman O，Koren A，et al.，2013. First report of *Cucumber green mottle mosaic virus*（CGMMV）symptoms in watermelon used for the discrimination of non - marketable fruits in Israeli commercial fields. New Disease Reports，28：11.

SABI，2021. *Cucumber green mottle mosaic virus*. In Invasive Species Compendium.

Semmis，2019. *Cucumber green mottle mosaic virus* of watermelon.（2019 - 06 - 30）［2021 - 09 - 21］http：//www.seminis - us.com/resources/agronomic - spotlights/cucumber - green - mottle - mosaic - watermelon/.

Shang H L，Xie Y，Zhou X P，et al.，2011. Monoclonal antibody - based serological methods for detection of *Cucumber green mottle mosaic virus*. Virology Journal，8（228）.

Shargil D，Smith E，Lachman O，et al.，2017. New weed hosts for *Cucumber green mottle mosaic virus* in wild Mediterranean vegetation. European Journal of Plant Pathology，148（2），473 - 480.

Shargil D，Zemach H，Belausov，et al.，2015. Development of a fluorescent in situ hybridization（FISH） technique for visualizing CGMMV in plant tissues. Journal of Virological Methods，223，55 - 60.

Sharma P，Verma R K，Mishra R，et al.，2014. First report of *Cucumber green mottle mosaic virus* association with the leaf green mosaic disease of a vegetable crop，*Luffa acutangula* L. Acta Virologica，58（3）：299 - 300.

Tesoriero L A，Chambers G，Srivastava M，et al.，2016. First report of *Cucumber green mottle mosaic virus* in Australia. Australasian Plant Disease Notes，11（1）：1.

Tian T，Posis K，Maroon - Lango C J，et al.，2014. First report of *Cucumber green mottle mosaic virus* on melon in the United States. Plant Disease，98（8）：1163 - 1164.

Ugaki M，Tomiyama M，Kakutani T，et al.，1991. The complete nucleotide sequence of *Cucumber green mottle mosaic virus*（SH strain）genomic RNA. Journal of General Virology，72（7）：1487 - 1495.

Zhou L L，Wu Y H，Zhao X X，et al.，2008. The biological characteristics of *Cucumber green mottle mosaic virus* and its effects on yield and quality of watermelon. Journal of Shenyang Agric. Univ，39（4）：417 - 422.

第五节　甜菜丛根病及其病原

甜菜丛根病的主要病因是甜菜坏死黄脉病毒。该病通过降低产量直接引起巨大的经济损失。甜菜坏死黄脉病毒在欧盟地区受到严格管制。

一、起源和分布

1. 起源

甜菜丛根病于 1959 年首次在意大利被发现（Canova，1959），1971—1982 年在欧洲中部和南部包括奥地利、法国、德国、希腊等国家都有发生。东欧国家保加利亚、匈牙利、罗马尼亚等也有发生。1983 年，比利时、法国、荷兰、瑞士北部也进一步发现该病毒。1987 年，在英格兰东部的某一地区也发现该病毒（Hill，1989）；之后在同一地区又发现多个病毒发生点。美国首次在华盛顿州一个从未种过甜菜的樱桃树下土壤中收集分离得到甜菜坏死黄脉病毒（Al Musa et al.，1981），但甜菜丛根病在 1984 年加利福尼亚州和 1987 年得克萨斯州首次被记录（Duffus et al.，1984；Duffus et al.，1987）。1992—1994 年，又在科罗拉多、爱达荷、内布拉斯加和怀俄明州发现该病害（Rush et al.，1995）。到目前为止，发生该病的国家已超过 25 个。

2. 国外分布

怀疑该病毒主要是因为纸盘里的土壤受污染，移栽甜菜秧苗使病毒扩散（Abe，1987）。现在国外已有很多国家发生此病害，包括欧洲的奥地利、比利时、保加利亚、克罗地亚、捷克、丹麦、法国、德国、希腊、匈牙利、意大利、立陶宛、荷兰、波兰、罗马尼亚、俄罗斯、斯洛伐克、西班牙、瑞典、瑞士、乌克兰和英国；亚洲的伊朗、日本、哈萨克斯坦、吉尔吉斯斯坦、黎巴嫩、蒙古国、叙利亚和土耳其；非洲的埃及、南非和摩洛哥；美洲的圣文森特和格林纳丁斯、美国。

3. 国内分布

中国甜菜丛根病于 1978 年首次在内蒙古发生（高锦梁 等，1983），然后逐渐扩散至宁夏、甘肃和新疆乌鲁木齐（张小江 等，1985；薛翠峰 等，1993；李敏权 等，1994）。

二、病原

1. 名称和分类地位

甜菜坏死黄脉病毒学名为 *Beet necrotic yellow vein virus*，简称 BNYVV，又名甜菜丛根病毒（*Beet rhizomania virus*），属于病毒界、RNA 病毒、甜菜坏死黄脉病毒科（*Benyviridae*）、甜菜坏死黄脉病毒属（*Benyvirus*）。

2. 形态特征

病毒粒子为刚直杆状，无包膜。直径约为 20nm，有几种典型长度，分别为 390nm（长型粒子）、265nm（中型粒子）、85nm 和 100nm（短型粒子），螺旋对称结构，螺距 2.6nm。粒子表面亚基排列明显，中央轴芯清晰可见。一般情况下短型粒子多于其他粒子，但有的分离物缺少短型粒子（图 7 - 10）。

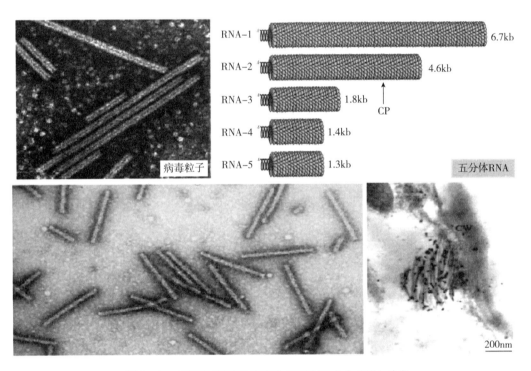

图 7 - 10　甜菜坏死黄脉病毒粒子形态及 5 个 RNA 片段

BNYVV 为多分体基因组，有 4～5 个正单链 RNA 片段，长度分别为 6.7kb、4.6kb、1.8kb、1.4kb 和 1.3kb，RNA 的 3′端均有 poly（A），5′端有一个帽子结构。RNA - 1 含有一个大的 ORF，编码一个与复制酶相关的蛋白，该蛋白在翻译后切割。BNYVV 复制酶的蛋白水解不同于其他编码两个与复制酶相关 ORF 的棒状病毒。体外翻译中可有两个起始位点，分别产生 237ku 和 220ku 的蛋白，两个蛋白都含有 N 末端的甲基转移酶基序、解旋酶和类似木瓜蛋白酶基序以及 C 末端依赖 RNA 的 RNA 聚合酶基序。RNA - 2 包含 6 个ORF，5′端 ORF 编码外壳蛋白，其下游依次为外壳蛋白通读区（与真菌传播有关）

和由 42ku、13ku 和 15ku 组成的 3 基因盒（参与病毒胞间运动），还有一个 14ku 富含半胱氨酸的蛋白，病毒转录后基因沉默。RNA-1 和 RNA-2 对于病毒在枯斑寄主藜麦和系统寄主菠菜中复制已经足够了。但是要产生典型的甜菜丛根症状，还需 RNA-3，它含有 2 个 ORF，编码 31ku 和 26ku 蛋白。RNA-4 能大大增加甜菜多黏菌的传播速度，而 RNA-5 则可以调整形成的症状类型。RNA-3 和 RNA-4 存在于自然侵染的 BNYVV，RNA-5 在有些分离物中则不存在。

三、病害症状

该病毒可引起甜菜丛根病，丛根病也称疯根病。表现为甜菜根系变细呈胡须状，植株矮化，叶片褪绿，叶脉变黄和坏死。病害在田间通常呈点片状分布。在生长期末期可见典型症状，叶片变淡黄化，叶柄变长，叶片直立。受侵染植物由于根部受损，吸收水分不充分而萎蔫，但过夜后可恢复。BNYVV 侵染根部的典型特征为根短缩，主根旁边的侧根增殖，维管束黄棕色（彩图7-7）。

病毒的早期侵染和严重侵染，能导致植株矮化，萎蔫直至最终死亡。主根很小，侧根增殖。在此之后，病毒扩散到叶片，症状为沿着叶脉坏死而呈现亮黄，因此将该病毒命名为甜菜坏死黄脉病毒。这种症状只有在病毒转移到叶片才会呈现，较为少见。较轻侵染或后期侵染主要是影响主根的发育，经常表现为萝卜状和侧根增殖。病毒侵染可能只侵染侧根，叶片变为轻型褪绿。很轻的侵染可能不产生明显的症状。

不同部位受侵染症状：叶片变淡黄化，叶柄变长，直立生长，叶片卷曲皱缩，叶脉坏死黄化；根系短缩，侧根增殖，发状根，维管束坏死，根部呈萝卜状，根须多，根系减少，根短粗，"脏"根，根损伤。

四、生物学特性和病害流行规律

1. 寄主范围

病毒寄主范围窄，主要侵染甜菜，能够侵染甜菜的所有亚种，包括糖用甜菜（*Beta vulgaris* subsp. *maritime*）、饲用甜菜（*Beta vulgaris* subsp. *vulgaris*）、红甜菜（*Beta vulgaris* subsp. *cicla*）和菠菜（*Spinacea oleracea*）。实验中经汁液接种可侵染藜科、番杏科和苋科的 15 种植物。病毒侵染使甜菜根部受损，引起甜菜不同程度的褪绿、黄化、坏死黄脉、皱缩、萎蔫及矮化。由于许多实验植物是甜菜多黏菌（*Polymyxa betae*）的寄主，它们有可能成为 BNYVV 的中间寄主。

2. 理化特性

病毒在粗汁液中相当不稳定，失活温度为 65~70℃，室温下一般 1d 或几天丧失侵染性，稀释终点为 10^{-5}，尚缺乏更多的理化特性数据。

3. 免疫性

病毒具有中等到强的免疫性，与同属的甜菜土传花叶病毒存在很远的血清学关系，通常可以获得其 1/2 048 滴度的抗血清。

4. 细胞病理

大多数 BNYVV 分离物存在于系统感病的甜菜根、茎、叶片细胞中，超薄切片观察到病毒粒子分散分布在细胞质内,有的形成平行排列或角状排列的聚集体,不同分离物可产生一种类型的聚集体或两种类型同时存在,细胞内由内质网增生而导致膜结构的积累。另外,还在传播介体甜菜多黏菌的游动孢子中发现杆状病毒粒子(洪健 等,2001)。

5. 病毒类型

虽然不同病毒分离物的血清学无差异,但是基于序列不同,将大多数分离物分为 A 型、B 型和 P 型三种类型,A 型和 B 型含有 4 个基因组 RNA,分别是 RNA-1、RNA-2、RNA-3 和 RNA-4,而 P 型则含有 5 个基因组 RNA,比 A 型和 B 型多个 RNA-5(Kruse et al.,1994;Koenig et al.,1995)。A 型遍及大多数欧洲国家、美国、中国和日本;B 型传播有限,首次在德国和法国发现,也在瑞典、中国、日本和伊朗偶尔有报道。P 型含有附加基因组 RNA-5,且与 A 型密切关联,最初在法国发现,后来在哈萨克斯坦也发现了,目前在日本、中国、英国和伊朗检测到了 P 型病毒(刘涛 等,2003;Koenig R et al.,1997;Heijbroek et al.,1999;Miyanishi et al.,1999;Koenig et al.,2000)。含有 RNA-5 的 BNYVV 通常比含有其他 RNA-1~RNA-4 的病毒更具有攻击性,毒性更大。缺少 RNA-5 的分离物根据在番杏上的症状可分为亮黄斑点(YS)、褪绿斑(CS)、弱褪绿斑(fCS)和坏死斑(NS)不同类型,这主要依赖于 RNA-3、RNA-4 和 RNA-5 或缺失的突变体。包含 RNA-3 的 YS 分离物产生枯斑症状并引起甜菜丛根病,而缺少 RNA-3 的 CS 分离物不引起丛根病症状(Tamada et al.,1999)。而缺少 RNA-3 包含 RNA-5 的分离物则引起严重的枯斑症状。

6. 传播途径

BNYVV 由根部寄生真菌传播,自然介体为甜菜多黏菌。病毒可在甜菜多黏菌中存活超过 15 年。当甜菜在受病毒侵染的土壤中生长,多黏菌的游动孢子中从休眠孢子堆或休眠孢子中释放出来侵染甜菜根系表皮细胞或甜菜的发状根,与此同时,根部受到甜菜多黏菌携带的病毒侵染。当真菌渗透进入根细胞之后,游动孢子几天之内释放出来。病毒在植物细胞内复制,但现在还没有证据表明病毒在真菌内增殖(Abe et al.,1986)。病毒需要穿过甜菜多黏菌菌体膜,并可在细胞中积累。在许多含未成熟的游动孢子的液泡中也观测到类似该病毒的粒子。病毒随土壤、机械、甜菜根、其他根茎作物(如马铃薯)、堆肥等传播。受侵染作物区域的废水、沟渠和灌溉水有助于病毒的传播。此外,高温、高湿环境也能刺激甜菜多黏菌的生长发育,有利于病毒传播。病毒不通过种子和花粉传播。

五、诊断鉴定和检疫监测

主要根据欧洲和地中海地区植物保护组织(EPPO)制定的诊断鉴定标准 P7/30(EPPO,2003)进行检测和鉴定。

1. 诊断鉴定

(1)症状诊断 进行田间调查,直接观察甜菜叶片、根、茎是否具有前述的黄化、黄脉或者丛根症状。

(2)病原鉴定 病原鉴定包括抽样、样品处理、诱集土样等过程。所采用的方法主要包括 ELISA、RT-PCR、免疫电镜、指示植物接种等。对于阳性样品,特别是首次检出的样品,一般采用两种或两种以上不同的检测方法进行鉴定,如 ELISA 检测结果阳性,还需再用 RT-PCR 复验。

（3）指示植物鉴定　在室温条件下（18～20℃），栽种于隔离温室中的甜菜、藜麦、苋色藜、番杏等指示植物一般在长出 6 片或更多片叶子时可进行摩擦接种实验。待测样品加入适量接种缓冲液研磨成汁液后接种指示植物。当任意一种指示植物出现如下症状时，即可判定接种成功。甜菜接种 6～8d 后叶片出现褪绿斑点，之后枯斑开始沿着叶脉扩大、合并。很少有植物被系统侵染，一般表现褪绿或黄斑。藜麦和苋色藜接种 5～7d 后接种叶出现褪绿斑或枯死斑，未发生系统侵染。番杏接种叶通常出现淡黄色枯斑。然而接种叶是否出现褪绿、黄化、枯斑等症状依赖于接种的病毒分离物。

（4）酶联免疫吸附（ELISA）鉴定　对植株叶片或主根或侧根进行研磨，一般按植物组织重量和抽提缓冲液 1∶10 的比例稀释，制备的汁液分别盛装于 Eppendorf 管中，低速离心后吸取上清液用于 ELISA 检测。

（5）电镜观察　利用甜菜坏死黄脉病毒抗血清包被铜网，室温下孵育 0.5h，去离子水冲洗多余的抗体后将铜网浮于阳性病汁液上，室温下反应 1h，去离子水冲掉多余的病汁液，3% 磷钨酸负染后置于投射电子显微镜下观察病毒粒体的形态特征。

（6）分子检测鉴定　以下 PCR 方法，需要同时设置阴性（无菌）对照和阳性（病菌 DNA）对照。

①一步法 RT-PCR。采用 BNYVV 017（R）引物 [5′-ACTCGGCATACTATTCACT（T）-3′] 和 BNYVV 016（F）引物 [5′-CGATTGGTATGAGTGATTT（A）-3′] 作为 PCR 扩增引物。用 2×PCR 缓冲液 12.5μL（Takara 公司），上下游引物（20μm）0.5μL；RNA 模板 1μL，TaKaRa 公司的 Primescript Enzyme mix 1μL。反应条件为 37℃ 30min；94℃ 2min，然后 94℃ 1min，55℃ 1min，72℃ 1min，30 循环；最后 72℃ 3min。最后 PCR 产物进行琼脂糖凝胶电泳。扩增产物约 500bp。

②巢式 PCR。取①的 PCR 产物 0.5μL 做模板，用 Rhzn 17（R）（5′-GACGAAAGAGCAGCCATAGC）-3′ 和 Rhzn 15（F）（5′-ATAGAGCTGTTAGAGTCACC-3′）作为巢式扩增内引物进行第二轮扩增。巢式 PCR 扩增要比传统 PCR 方法灵敏 1 000 倍，但是要特别小心在二次扩增中污染，做好对照。巢式 PCR 扩增产物约 326bp。

③免疫捕获 RT-PCR。利用 BNYVV 抗体和样品待测液进行免疫捕获 RT-PCR。将 BNYVV 多抗适当稀释后包被 Eppendorf 管或 PCR 8 连管，37℃ 反应 3h；PBST 洗管 3 次后加入样品待测液，4℃ 过夜，PBST 洗 3 次，无 RNA 酶的水冲洗 2 次后吸干水分，加入除酶之外的所有 RT-PCR 反应液或 cDNA 第一链合成反应液，85℃ 反应 3min 后立即置于冰上，加入反转录酶或一步法 RT-PCR 酶混合液，然后再进行 PCR 扩增。

④实时荧光 PCR。引物用 BNYVV-CP 26F（5′-CATGGAAGGATATGTCTCATAATAGGTT-3′）和 BNYVV-CP 96R（5′-AACACTCACGACGTCCGAAAC-3′），探针用 BNYVV-CP 56T（FAM-labelled）（5′-TGACCGATCGATGGGCCCG-3′）。根据实际需要进行一步法或两步法实时荧光 RT-PCR 扩增。在实时荧光 RT-PCR 检测中，Ct 值是判断检测样品是否呈阳性的重要指标。如果在阴性和阳性对照正常情况下，样品 Ct 值≤35 可判定为阳性，＞35 可判定为阴性。

当阳性对照和备测样品同时扩增出相同的目标条带，而阴性对照不能扩增出目标条带时，判定备测样品为阳性，即感染了 BNYVV。

（7）土壤中带毒检测　从感染 BNYVV 的田里收集土样 2.5kg 左右，充分晾干后混合均匀，每 0.5kg 作为一个土样检测样品，置于一个一次性种植钵中。每一钵中播种 2 粒健康的甜菜种子。置于 25℃ 左右的温室中生长 4～6 周，将甜菜主根及侧根切下、洗净，用于病毒检测。一般采用 ELISA 或分子生物学方法进行检测确认。若其中一种或两种检测方法的结果为阳性，即可确认土壤样品被 BNYVV 污染。

2. 检疫监测

甜菜坏死黄脉病毒病的监测包括一般性监测、产地检疫监测和调运检疫监测，具体可参考本章杨树花叶病毒病及其病原的相关内容。

六、检疫防控

1. 检疫控制

随着国际间的贸易快速增加，病毒的传播风险也随之增加。加强对病毒的检疫，可以控制病毒的扩散。发现繁殖材料带有病毒后应及时销毁，对于暂时无法检测的繁殖材料应隔离种植，观察是否带有 BNYVV。

2. 田间管理

控制 BNYVV 最重要的措施是水的管理。因为甜菜多黏菌易在潮湿环境中萌发，大雨和灌溉创造了比较高的土壤湿度条件，引起非常严重的病害。因此，在生长初期控水管理尤其关键，鼓励种植者在秧苗刚种植后的 6 周内限制任何形式的灌溉。灌溉也能增加径流风险，径流使甜菜多黏菌转移到健康地块，导致土壤被污染，所以水径流管理同灌溉管理同样重要。定殖于土壤中的甜菜多黏菌的休眠孢子与受到病毒污染的农业机械或者工具接触获毒，所以在发病田中要限制人类的活动。作物轮作或提前播种也可控制病毒的田间扩散。单一的控制措施作用很有限，但几项措施综合利用，控制和延缓病毒发生的效果较为明显。

3. 土壤和肥料处理

受到污染的土壤、肥料也是一种重要的侵染源。目前受污染的土壤很难处理，费用也很高。有些化学药剂虽有一定的效果，但成本远超生产效益。控制交叉污染是管理病害的关键。少量土壤就可造成病原扩散，因此，受污染土壤应尽可能地全部隔离。田间作业推荐穿一次性鞋套或胶鞋。胶鞋清洁应该在受侵染点完成。

4. 抗病育种

抗病育种是控制病毒病的有效方式。最初利用甜菜多胚材料筛选出了抗 BNYVV 或耐 BNYVV 的品种 Rizor、Dora、Nymphe、Rima 和 Turbo，这些品种通过限制病毒复制或转移到甜菜根部抗病，而不是通过抵抗传毒真菌侵染而抗病（Giunchedi et al.，1987；Poggi-Pollini et al.，1989；Burcky et al.，1991；Paul et al.，1992）。这些品种已在欧洲国家或其他国家广泛种植（Asher，1993）。Tuitert 等（1994）试验证明，种植抗病品种的土壤相较于种植感病品种的土壤，因为含有的病毒粒子少，不利于建立病毒侵染关系。目前甜菜品种的抗性水平还不足以长出健康的甜菜根，特别是在感染严重的地块。因此在美国很多地区采用耐病品种和土壤熏蒸剂（Telone）的方式来控制病毒引起的产量损失（Martin et al.，1990；Harveson et al.，1994）。采用抗病品种与普通品种相比，可减少大约10％的产量损失，还需加大利用传统育种或生物技术方法培育抗病、高产品种的研究，育出更高产量或更抗病的品种。

主要参考文献

陈小江，玉尹琦，崔星明，等，1985. 新疆甜菜坏死黄脉病毒的鉴定. 石河子农学院学报，2：9-14.

高锦梁，邓峰，翟惠琴，等，1983. 在我国发生的甜菜坏死黄斑病毒病，植物病理学报，13（2）：1-4.

洪健，李德葆，周雪平，2001. 植物病毒分类图谱. 北京：科学出版社，206-208.

李敏权，林淑洁，王致和，等，1994. 河西灌区甜菜丛根病的发生及其区域分布. 甘肃农业大学学报，29（2）：210-212，217.

刘涛，韩成贵，李大伟，等，2003. 甜菜坏死黄脉病毒 RNA 5 对病毒致病性的影响. 科学通报，48，（5）：464-468.

薛翠峰，白生海，张蓉，等，1993. 宁夏甜菜丛根病的研究. 中国病毒学，8（2）：193-196.

Abe H，1987. Studies on the ecology and control of *Polymyxa betae* Keskin，as a fungal vector of the causal virus（*Beet necrotic yellow vein virus*）of rhizomania disease of sugar beet. Report of Hokkaido Prefectural Agricultural ExperimentalStations，60：99.

Abe H，Tamada T，1986. Association of *Beet necrotic yellow vein virus* with isolates of Polymyxa betae Keskin. Annals of the Phytopathological Society of Japan，52（2）：235-247.

Al Musa A M，Mink G I，1981. *Beet necrotic yellow vein virus* in North America. Phytopathology，71（8）：773-776.

Burcky，Buttner，1991. Content of *Beet necrotic yellow vein virus*（BNYVV）in the tap roots of sugarbeet plants of different cultivars and their performance under rhizomania infection in the field. Journal of Phytopathology，131（1）：1-10.

CABI，2010. Rhizomania（*Beet necrotic yellow vein virus*）. Plantwise Knowledge Bank. https：//www. plantwise. org/knowledgebank/datasheet/10257.

CABI，2021. *Beet necrotic yellow vein virus*（rhizomania）. In：Invasive Species Compendium.（2021-02-19）［2021-10-27］https：//www. cabi. org/ISC/datasheet/10257.

CABI，EPPO，2018. *Beet necrotic yellow vein furovirus*. EPPO GlobalDatabase.（2018-03-12）［2021-09-10］https：//gd. eppo. int/taxon/BNYVV 0.

Canova A，1959. On the pathology of sugar beet. Informatore Fitopatologico，9：390-396.

Duffus J E，Liu H Y，1987. First report of rhizomania of sugar beet from Texas. Plant Disease，71（6）：557.

Duffus J E，Whitney E D，Larsen R C，et al. ，1984. First report in western hemisphere of rhizomania of sugar beet caused by *Beet necrotic yellow vein virus*. Plant Disease，68（3）：251.

Giunchedi L，Biaggi Mde，Pollini C P，1987. Correlation between tolerance and *Beet necrotic yellow vein virus* in sugar-beet genotypes. Phytopathologia Mediterranea，26（1）：23-28.

Harveson R M，Rush C M，1994. Evaluation of fumigation and rhizomania-tolerant cultivars for control of a root disease complex of sugar beets. Plant Disease，78（12）：1197-1202.

Heijbroek W，Musters P M S，Schoone A H L，1999. Variation in pathogenicity and multiplication of *Beet necrotic yellow vein virus*（BNYVV）in relation to the resistance of sugar-beet cultivars. European Journal of Plant Pathology，105：397-405.

Hill S A，1989. Sugar beet rhizomania in England. Bulletin OEPP/EPPOBulletin，19（3）：501 – 508.

Himmler G，2000. Improved detection of *Beet necrotic yellow vein virus* in a DAS ELISA by means of antibody single chain fragments（scFv）which were selected to protease-stable epitopes from phage display libraries. Archives of Virology 145，179 – 185.

Kanzawa K，Ui T，1972. A note on rhizomania of sugar beet in Japan. Annals of the Phytopathological Society of Japan，38：434 – 435.

Koenig R，Haeberlé A M，Commandeur U，1997. Detection and characterization of a distinct type of *Beet necrotic yellow vein virus* RNA 5in a sugarbeet growing area in Europe. Archives of Virology，142（7）：1499 – 1504.

Koenig R，Lüddecke P，Haeberlé A M，1995. Detection of *Beet necrotic yellow vein virus* strains，variants and mixed infections by examining single-strand conformation polymorphisms of imunocapture RT-PCR products. Journal of General Virology，76（8）：2051 – 2055.

Kruse M，Koenig R，Hoffmann A，et al.，1994. Restriction fragment length polymorphism analysis of reverse transcription-PCR products reveals the existence of two major strain groups of *Beet necrotic yellow vein virus*. Journal of General Virology，75（8）：1835 – 1842.

Martin F N，Whitney E D，1990. In-bed fumigation for control of rhizomania of sugar beet. Plant Disease，74（1）：31 – 35.

Miyanishi M，Kusume T，Saito M，et al.，1999. Evidence for three groups of sequence variants of *Beet necrotic yellow vein virus* RNA 5. Archieve of Virology，144：879 – 892.

Paul H，Henken B，Alderlieste M F J，1992. A greenhouse test for screening sugar-beet（Beta vulgaris）for resistance to *Beet necrotic yellow vein virus*（BNYVV）. Netherlands Journal of Plant Pathology，98（1）：65 – 75.

Poggi-Pollini C，Giunchedi L，1989. Comparative histopathology of sugar beets that are susceptible and partially resistant to rhizomania. Phytopathologia Mediterranea，28：16 – 21.

Rush C M，Heidel G B，1995. Furovirus disease of sugar beets in the United States. Plant Disease，79（9）：868 – 875.

Tomada T，2002. *Beet necrotic yellow vein virus*. Description of Plant Viruses.（2002 – 07 – 14）［2021 – 06 – 24］http：//www. dpvweb. net/dpv/showdpv. php? dpvno＝391.

Tuitert G，Musters-van Oorschot P M S，Heijbroek W，1994. Effect of sugar beet cultivars with different levels of resistance to *Beet necrotic yellow vein virus* on transmission of virus by Polymyxa betae. European Journal of Plant Pathology，100（3 – 4）：201 – 220.

第六节　花生斑驳病毒病及其病原

一、起源和分布

花生斑驳病毒于 1965 年在美国首次报道侵染花生和大豆。现已遍及世界各花生产区，已报道的国家和地区包括非洲、澳大利亚、欧洲、南美洲、印度、日本、马来西亚、菲律宾、泰国等，被认为是通过带毒种子传播扩散。在我国台湾地区曾报道花生斑驳病毒的发生，大陆于 2010 年在青岛地区确认该病毒侵染花生，而在其他花生产区未检测到该病毒。

二、病原

花生斑驳病毒（*Peanut mottle virus*，PeMoV）在最新分类系统，其属于核糖核酸（RNA）病毒域（*Riboviria*）、正链 RNA 病毒界（*Orthornavirae*）、小核糖核酸病毒门（*Pisuviricota*）、无包膜正链 RNA 病毒纲（*Stelpaviricetes*）、马铃薯 Y 病毒目（*Patatvirales*）、马铃薯 Y 病毒科（*Potyviridae*）、马铃薯 Y 病毒属（*Potyvirus*）。病毒粒体线性（图 7 - 11），长度 740～750nm，长度范围 704～984nm，宽 12nm 左右；致死温度为 60～64℃，稀释限点为 10^{-4}～10^{-3}，在 20℃下存活期限为 1～2d。PeMoV 核酸分子质量为 $3.1×10^8$ u，壳蛋白分子质量为 34ku。

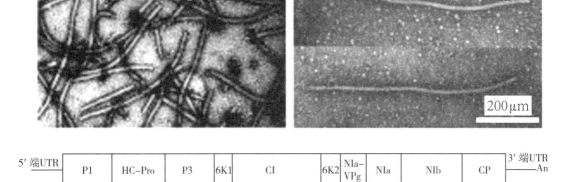

图 7 - 11　PeMoV 病毒粒子形态和基因组结构（Beikzadeh，2015）

PeMoV 基因组为正单链核酸，全长约 10 kb，3′端为一个 Poly（A）尾巴，5′端和 3′端各有一段非翻译区（untranslated region，UTR）。基因组为单一开放阅读框（ORF），编码单个多聚蛋白（polyprotein），经过翻译后加工成 10 种具有不同功能的成熟蛋白（图 7 - 11）。加工后的成熟蛋白从 N 端到 C 端依次为：第一蛋白（P1）、辅助成分——蛋白酶（HC-Pro），第三蛋白（P3），第一个 6K 蛋白（6K1），细胞质/柱状内含体蛋白（CI），第二个 6K 蛋白（6K2），病毒编码与基因组连接（NIa-VPg）蛋白、核内含体蛋白 A（NIa），核内含体蛋白 B（NIb），外壳蛋白（CP）。

PeMoV 存在株系划分。在美国主要有轻斑驳株系（M）、重花叶株系（S）、坏死株系（N）和褪绿条纹株系（CLP）。

Teycheney 等比较 PeMoV 澳大利亚株系（Aus）和印度尼西亚株系（PStV）含 *CP* 基因的 3′端 1 247nt 序列。PeMoV - Aus 株系和 PeMoV-PStV 株系编码 *CP* 基因大小分别为 861nt 和 864nt，3′端 UTR 大小分别为 285nt 和 253nt；*CP* 基因和 3′端 UTR 序列相似性分别为 64.4% 和 34.6%，CP 氨基酸同源性为 66.7%。证实引起花生相似症状的 PeMoV-Aus 和 PeMov-PStV 是遗传亲缘关系相远的两种病毒。PeMoV-Aus 株系和同属的 BCMV、SAPV、SMV、PWV 和豌豆种传花叶病毒（PSbMV）CP 氨基酸同源性为 62.0%～70.9%。

应用 CP 氨基酸同源性对侵染豆科植物的 18 种病毒进行进化树分析说明，PeMoV 与其他 17 种病毒在进化上亲缘关系相远，虽然它与 PSbMV 相近，但各自是独立进化的（Berger et al.，1997）。

尚未见 PeMoV 基因组遗传变异的报道，对目前基因库登录的 6 个 PeMoV 株系（M、Aus、Ar、T、3b8 和 CV4）分离物 3′端 1 123nt 片段序列同源性比较，其中 CP 基因序列同源性为 95.8%～99.2%，3′端 UTR 序列同源性为 96.5%～99.7%，核酸序列变异范围在 5% 以下。目前，PeMoV 仅有 1 个分离物基因组的全序列分析，部分序列分析的分离物数量也有限。

三、病害症状

PeMoV 侵染花生嫩叶后形成轻斑驳症状，浓绿与浅绿相间，在透光情况下更容易观察。通常叶缘向上卷曲，脉间组织凹陷，使得叶脉更加明显（彩图 7-8），随着植株成熟，特别是在炎热、干旱的气候条件下，会出现隐症；但适宜条件下，症状会重新出现。病株不矮化，没有其他明显的症状，病株荚果比正常荚果小，有的产生不规则灰色至褐色斑块。

PeMoV 存在不同症状类型株系，除了上述由田间普遍发生的轻斑驳株系引起的典型症状外，其他株系可以引起重花叶、坏死以及褪绿条纹等症状。

四、生物学特性和病害流行规律

1. 寄主范围

PeMoV 寄主范围比较狭窄，主要局限于豆科植物。在自然情况下，除花生外尚能侵染大豆、菜豆、豌豆、豇豆、蓝羽扇豆、绛车轴草、望江南、白羽扇豆、决明、细荚决明（*Cassia leptocarpa*）、双荚决明（*Cassia bicapsularis*）、泡三叶草（*Trifolium vesiculosam*）等。

通过人工接种尚可侵染黄瓜、千日红、芝麻、克利夫兰烟草、决明、白羽扇豆、葫芦巴、鹰嘴豆（*Cicer arietinum*）、西瓜（*Citrullus lanatus*）、瓜尔豆（*Cyamopsis tetragonoloba*）、烟豆（*Glycine tabacina*）、香山戴豆（*Latyrus odoratus*）、大翼豆（*Macroptilium lathyroides*）、浅裂叶豇豆（*Vigna oblongifolia*）、毛蔓豆（*Calopogonium mocanoides*）等。PeMoV 在上述寄主上主要引起斑驳和花叶症状，但在一些寄主上能引起坏死。豌豆和豇豆可用作病毒繁殖寄主。

2. 血清学特性

PeMoV 和 BCMV、BYMV、CABMV、SMV、PVY、CYVV、SuMV、PStV、PGMV、TEV 及 GEV 的血清学亲缘关系较远。

3. 细胞病理学

PeMoV 一些株系在感染的豌豆、花生、菜豆表皮细胞内可观察到圆柱状内含体（Subdivision Ⅱ）（彩图 7-8），而另一些株系引起寄主细胞内产生卷筒型风轮状、薄层状内含体，该内含体归类于 Subdivision Ⅲ。

4. 传播特点

PeMoV 通过花生种子传播，随地区和年份而不同，种传率通常为 0～8.5%，取决于病毒株系、花生品种和环境因素。病害通常田间发生早，有迅速扩散期。1971 年，在美国佐治亚州观察病害发生，一个地点播种后 6～9 周，发病率从 3% 增加到 18%，另一个地点从 5% 增加到 90%；前一个地点之后继续增加到 75%。而 1972 年病害发生较轻。

PeMoV 通过感染花生种胚传毒。通过 ELISA 检测，在花生种胚、子叶以及 30% 带毒种子的种皮中发现病毒。病株结的种子小于健康株，而小种子传毒率（0～3.7%）高于大种子传毒率（0～0.9%）。病毒还可通过豇豆、菜豆、绿豆和白羽扇豆种传，但不通过大豆种传。

实验证实 PeMoV 通过豆蚜、桃蚜、棉蚜、禾谷缢管蚜、玉米蚜和茶藨子苦菜瘤蚜等以非持久性方式传播。桃蚜传毒效率显著高于豆蚜，在 8 次蚜虫传毒试验中，桃蚜传毒率达 52%，而豆蚜为 22%。桃蚜在 12h 内一直保持有传毒能力，而豆蚜在 2～4h 失去传毒能力。

5. 侵染循环

PeMoV 可在花生种子内越冬，带青种子长成的花生病苗是主要初侵染源；在田间，PeMoV 被蚜虫传播到邻近的大豆、豇豆、菜豆以及豆科牧草上。PeMoV 在美国佐治亚州羽扇豆上流行，曾达到 80% 以上的发病率，病毒可以在羽扇豆上越冬，成为病害第二年的初侵染源。

6. 发病条件

在田间条件下，花生 PeMoV 种传率 0.1%～1%。美国佐治亚州检测 6 个花生栽培品种，PeMoV 种传率在 0.3% 左右。病害发生初期，病害从种传病苗向临近花生传播，可以观察到明显的发病中心，随后进入病害迅速扩散期。佐治亚州 1971 年病害在播种后 6 周迅速扩散，3 周后发病率从 5% 上升到 90%。种子传毒率高低、蚜虫发生和活动是影响病害流行的重要因素。但佐治亚州利用黄皿诱蚜观察田间有翅蚜活动与病害传播的关系，未发现明显正相关。

五、诊断鉴定

1. 田间诊断

占优势的 PeMoV-M 株系引起叶片轻斑驳典型症状，病株不明显矮化，症状比较轻，发病率比较高，在田间易于初步诊断；但 PeMoV-PStV 轻斑驳株系也引起类似症状，因此在两种病害混合发生地区需通过生物学或血清学进一步诊断。

2. 生物学诊断

菜豆、花生、大豆、望江南、苋色藜和克利夫兰烟草可以作为 PeMoV 的鉴别寄主，采用摩擦接种的方法。病毒接种在菜豆品种 Topcrop 和 Prince 上，在接种叶上引起局部坏死斑，无系统感染；接种在花生上引起轻斑驳症状；接种在大豆上，一些品种引起局部褪绿或坏死斑，一些品种引起花叶、叶片严重卷曲、变形等各种症状；接种在望江南上引起系统黄斑驳；接种在克利夫兰烟草上引起局部褪绿或坏死斑和系统斑驳。

3. 病毒的分离纯化及鉴定

（1）病毒提纯和病毒粒体 将系统感染的植物组织加 4 倍量的冷却 0.1mol/L 磷酸缓冲液研磨、过滤。加氯仿低速澄清后，加 4% PEG 和 0.2mol/L NaCl 沉淀病毒，在 0.01mol/L 硼酸和磷酸缓冲液中回悬，经过一次 30% 蔗糖垫层离心，沉淀回悬后经 10%～40% 蔗糖梯度离心，获得较纯病毒。病毒粒体线状，长度 740～750nm，长度范围 704～984nm。

（2）血清学诊断 PeMoV 病毒粒体免疫性强，制备的 PeMoV 抗血清环状沉淀反应的效价为 1，已制备出 PeMoV 单克隆抗体。采用抗原直接包被或双夹心 ELISA 可以检测病害样品以及带毒种子。ELISA 检测带毒种子与温室内观察种传病苗结果相一致，一次可以检测 10～12 粒种子，用于花生资源材料抗 PeMoV 种质的筛选。此外，还可以应用 ELISA 和免疫电镜方法研究 PeMoV 和马铃薯 Y 病毒属其他病毒的血清学关系。

（3）分子生物学诊断 PeMoV 的基因组核酸全序列已被测定，核酸检测可以作为诊断的一个重要指标。同位素标记 cDNA 探针可以检测出 100 粒种子中的带毒种子，与 ELISA 方法相比，提高了 10 倍灵敏度。Digoxigenin 标记的 RNA 探针用于病害样品和带毒种子的诊断，避免了同位素标记探针半衰期短以及同位素应用所需的防护条件，简化了应用技术。

RT-PCR 检测：植物总 RNA 的提取要从新鲜的材料中提取。称 0.2g 样品于干热灭菌的研钵中加液氮研磨，加 1mL TransZol 剧烈振荡，静置 5min，12 000r/min 离心 10min。取上清液，加入 200μL 氯仿剧烈振荡 15s，放置 3min，12 000r/min 离心 15min。取上清液，加入 500μL 异丙醇，12 000r/min 离心 10min。用 75% 乙醇洗涤沉淀，8 000r/min 离心 5min。室温晾干沉淀，加入 50μL 溶解液溶解沉淀，−80℃ 保存。

反转录-聚合酶链式反应：通过比较分析 GenBank 中已登录的 PeMoV CP 基因序列，合成以下一对引物。PeMoV CP-R，5′-GCACACAGTCTCAAGGATTC-3′；PeMoV CP-F，5′-ACAATGATGAAGTTCGTTACCAG-3′，分别对应 M 分离物（AF 023848）基因组 9 435～9 454nt 和 8 563～8 582nt。以提取的总 RNA 为模板进行反转录，反应体系（25μL）成分如下：2μg RNA，引物各 25 pmol，300μmol/L dNTPs，5μL 5×M-MLV 逆转录酶反应缓冲液，25U 核苷酸酶抑制剂中的重组 RNA 酶，200U M-MLV 逆转录酶，37℃ 1h。

PCR 反应采用 25μL 体系，含双蒸水 14.8μL，10×buffer 2.5μL，dNTP 2μL，反转录产物 2μL，正反向引物各 1μL，MgCl₂ 1.5μL，Taq DNA 聚合酶 0.2μL。PeMoV CP 基因反应条件：94℃ 3min；然后 94℃ 50s，54℃ 50s，72℃ 1min 30s，32 循环；最后 72℃ 延伸 10min。

目的片段的回收：PCR 产物经 1% 的低熔点琼脂糖凝胶电泳，回收目的片段。

结果判定：采用 RT-PCR 的方法对采集的花生样品进行检测，扩增产物经 0.8%～1.5% 琼脂糖凝胶电泳后呈现长度为 900 bp 的扩增条带（图 7-12），即判定样品中带有 PeMoV。

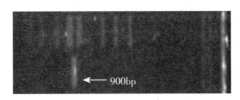

图 7-12　RT-PCR 扩增 PeMoV 的 CP 结果

六、应急和综合防控

1. 应急防控

应用于花生斑驳病毒病尚未发生和分布的非疫区的防控技术，目的是在发生疫情后采取彻底灭除措施，阻止病害的扩散。在非疫区需要加强疫情监测，当发现花生斑驳病毒病并确认疫情后，要立即封锁病田，并报告相关技术和管理部门，施行应急灭除措施。可使用除草剂杀灭或者烧毁田间及其周围的所有寄主作物和杂草；发病的田块两年内不再种植花生等寄主作物，而改种非寄主作物。

2. 综合防控

应用于花生斑驳病毒病已经普遍发生的疫区。由于对植物病毒病迄今还没有有效的化学农药，所以对该病害主要采取预防性措施。

（1）应用无毒花生种子　无毒花生种子可以在无病害区域或病害隔离区生产，在病害隔离区除与发病花生地隔离外，应注意与其他感病寄主（如菜豆、豇豆和豆科牧草）隔离距离至少在 100m 以上。

（2）应用抗（耐）病品种　在花生栽培品种中尚未发现抗性，但可以应用耐病品种和种子传毒率低的花生品种，以减少病害发生及损失。野生花生中有高抗 PeMoV 材料，应用种间杂交是选育抗病品种的一个途径。

（3）地膜覆盖　在我国，应用地膜覆盖既有丰产的作用，又具有驱蚜和减轻病害的作用，其具有预防 PeMoV 侵染的作用。

（4）清除田间病株　经常进行田间观察，发现病苗应在病害扩散前及时清除，可显著减少田间再次侵染的毒源，从而可以有效减轻病害严重程度。

（5）药剂防治蚜虫　蚜虫是 PeMoV 的主要传播介体，以种衣剂拌种结合苗期及时喷药防治蚜虫，有一定防病效果。

主要参考文献

蔡祝南，许泽水，王东，等，1986. 酶联免疫吸附法（ELISA）检测花生种子带毒的研究，植物病理学报，16（1）：23-28.

陈坤荣，郑健强，毛学明，等，1994. 烟台地区花生病毒病调查和血清学鉴定. 山东农业科学（2）：34-36.

刘媛媛，等，2010. 花生斑驳病毒青岛分离物 CP 基因序列克隆与分析，植物病理学报，40（6）：647-650.

蒲绪志，2018. 花生斑驳病毒病的发生与防治. 农业灾害研究，8（4）：78-79.

许泽永，泰祝南，于善立，等，1984. 中国北方花生病毒病类型和血清鉴定. 中国油料（3）：48-56.

许泽永，余子林，Banet O W，1983. 花生轻斑驳病毒的研究. 中国油料（4）：51-54.

许泽永，张宗义，1988. 我国花生病毒类型区域分布和病毒血清鉴定. 中国油料（2）：56-61.

薛宝娣，等，1986. 大豆上发生的花生斑驳病毒，南京：南京农业大学豆科植物病毒论文集：36.

杨永嘉，等，1983. 花生斑驳病毒流行规律研究. 中国油料（3）：54-59.

杨永嘉，等，1985. 花生斑驳病种子带毒率及其影响因素. 江苏农业科学（2）：21-22.

Ahmed A H，1984. Incidence of *Peanut mottle virus* in the Sudan Gezira and its effect on yield. Tropical Pest Management，30（2）：166-169.

Ahmed A H，ldris M O，1981. *Peanut mottle virus* in the Sudan. Plant Disease，65：692-693.

Bays D C，Tolin S A，Roane C W，1986. Interactions of *Peanut mottle virus* strains and soybean germplasm. Phytopathology，76764-768.

Behncken G M，1970. The occurrence of *Peanut mottle virus* in Queensland Aust J Agric Res，21. 465-472.

Behncken G M，McCarthy G J P，1973. *Peanut mottle virus* in peanut，navy beans and soybeans. Queensl Agric J，99，635637.

Beikzadeh N，Hassani-Mehranban A，Peter D，2015. Molecular identification of an isolate of *Peanut mottle virus*（PeMoV）in Iran. Journal of Agricultural Science and Technology，17（3）：765-776.

Bharathan N，Reddy D V R，Rajeshwari R，et al. ，1984. Screening peanut germplasm lines by enzyme-linked immunosorbent assay for seed transmission of *Peanut mottle virus*. Plant Disease，68：757-758.

Bock K R，1973. Peanut mottle virus in East Africa. Ann ApplBiol，74：171-179.

Bock K R，Kuhn C W，1975. *Peanut mottle virus*. CMI/AAB Descriptions of Plant Viruses，No. 141.

CABI，2021. *Peanut mottle*（*Peanut mottle virus*）. In：Invasive Species Compendium.（2021-03-15）[2021-10-16] https：//www. plantwise. org/KnowledgeBank/datasheet/45569.

Demski J W，Alexander A T，Stefani M A，1983. Natural infection disease rections and epidemiological implications of *Peanut mottle virus* in cowpea. Plant Disease，67：267-269.

Demski J W，Kahn M A，Wells H D，et al. ，1985. *Peanut mottle virus* in forage legumes. Plant Disease，65：359-362.

Demski J W，Wells H D，Miller J D，et al. ，1983. *Peanut mottle virus* epidemics in lupines. Plant Disease，67：166-168.

Florida Division of Plant Industry，Florida Department of Agriculture and Consumer Services，Bugwood. org. 2019. *Peanut mottle virus*（PeMoV）（Potyvirus PeMoV）.（2019-06-10）[2021-09-11] https：//www. ipmimages. org/browse/detail. cfm? imgnum=5260080.

Kuhn C W，Demski J W，1975. The relationship of *Peanut mottle virus* to peanut production. College of Agriculture，University of Georgia ResearchReport，213.

Kuhn C W，Paguio O R，Adams D B，1978. Tolerance in peanuts to *Peanut mottle virus*. Plant Disease，62：365-368.

Kuhn C W，Sowell G，Ghalkley J H，et al. ，1968. Screening for immunity to *Peanut mottle virus*. Plant Diseasereporter，52：467-468.

Melouk H A，Sanborn M R，Banks D J，1984. Sources of resistance to *Peanut mottle virus* in Arachis germ plasm. Plant Disease，68：563-564.

Paguio O R，Kuhn C W，1973. Strains of *Peanut mottle virus*. Phytopathology，63：976-980.

Paguio O R，Kuhn C W，1974. Incidence and source of inoculum of *Peanut mottle virus* and its effect onpeanut. Phytopathology，64：60 - 64.

Paguio O R，Kuhn C W，1976. Aphid transmission of *Peanut mottle virus*. Phytopathology，66：473 - 476.

Rajeshwari R，Iizuka N，Nolt B I，et al.，1983. Purification，serology and physico-chemical properties of a *Peanut mottle virus* isolate from India. Plant Pathology，32：197 - 205.

Reddy D V R，Bharathan N，Rajeshwari R，et al.，1984. Detection of *Peanut mottle virus* in peanut seed by enzyme-linked immunosorbentassay. Phytopathology，74：627.

Reddy D V R，Izuka N，Ghaneker A M，et al.，1978. The occurrence of *Peanut mottle virus* in India，Plant Disease Reporter，62：978 - 982.

Shahraeen and Bananej，1995. Occurrence of *Peanut mottle virus* in Gorgan province-Scientific Figure on ResearchGate.（1995 - 03 - 01）[2021 - 07 - 25] https：//www. researchgate. net/figure/ TEM-micrograph-of-elongated-flexuous-rod-shaped-PeMoV-virus-particles-measuring _ fig 4 _ 312806649 [accessed 15May，2019] .

Shukla D D，Ward C W，Brunt A A，1994. *Peanut mottle virus*（Shukla et al. ed.）. The Potyuiridae. Walling ford，UK：CAB International：374 - 377.

Sun M K，Hebert T T，1972. Purification and poperies of a severe strain of *Peanut mottle virus*. Phytopathology，62：832 - 839.

Teydeney P Y，et al.，1994. Cloning and sequence analysis of the coat protein genes of an Australian strain of *Peanut mottle virus* and an Indonesian blotch strain of peanut stripe potyviruses. Virus Research，81：286 - 294.

第七节　棉花曲叶病毒病及其病原

2007 年 5 月 29 日我国农业部第 862 号公告将棉花曲叶病毒列入《中华人民共和国进境植物检疫性有害生物名录》，依法对其实施进境检疫。

一、起源和分布

1. 起源

棉花曲叶病毒病于 1912 年在尼日利亚首次发现和报道，因此一般学者认为此病害起源于非洲。

2. 国外分布

该病害 1924 年在苏丹发现，1926 年坦桑尼亚也有发现，在埃及和苏丹种植的埃及物种海岛棉（*Gossypium barbadense*）中普遍存在。虽然该病对非洲的棉花造成损害，但 50 年间，这种病害在亚洲或印度都没有造成任何影响。棉花曲叶病毒病于 1967 年在巴基斯坦的木尔坦（Multan）附近发现，1973 年在棉花品种如 149 - F 和 B-557 中流行。由于发生范围小、危害较轻，一直未能引起人们的重视，直到 1988 年，巴基斯坦的木尔坦地区由于大面积种植感病棉花新品种——S12，导致病害暴发流行。在随后的几年中，间歇性的报告显示，病害发生蔓延，主要发生在木尔坦、哈内瓦尔（Khanewal）和维哈里（Vehari）周围，1993 年达到流行病的比例，共侵染棉田 89 万 hm²，该病毒对巴基斯坦

1/3 左右的棉花产生了严重影响。这种流行病是由木尔坦种 CLCuMV 引起的。该病在 1992—1997 年估计造成 27 500 亿卢比（约 50 亿美元）的损失。后来由于种植抗性品种，虽然偶尔流行，但该病得到了一定的控制，一直持续到 2000 年。然而，在 2001—2002 年，旁遮普（Punjabetate）布里瓦拉（Burewala）地区暴发了第二次疫情。该病毒被认为是一个新的种，并感染了所有对 CLCuMV 具有抗性的棉花品种。2009 年 8 月何自福等赴巴基斯坦旁遮普省木尔坦和费萨拉巴（Faisalabad）、信德（Sindh）省卡拉奇（Karachi）等棉区实地调查棉花曲叶病毒病的发生与危害情况，发现棉花曲叶病毒病在其棉区普遍发生，疫区田间病株率在 80% 以上，甚至 100%，棉花病株生长严重衰退。1993 年棉花曲叶病毒在印度拉贾斯坦邦（Rajasthan）的棉花上发现，随后该地的棉田全部发病，此后发生面积不断增大，扩散到了旁遮普和哈里亚纳（Haryana）棉区，成为印度北部棉田最具毁灭性的病害。棉花曲叶病毒病在非洲也有发生，苏丹、埃及、尼日利亚、马拉维和南非等国都有该病害发生与严重危害的报道。

3. 国内分布

2006 年，何自福等首次在广东广州发现朱槿曲叶病，其后陆续在佛山、中山、清远、江门及广西南宁等地发现朱槿曲叶病，疫区的病株率高达 75% 以上。2008 年又在广州黄秋葵上发现黄脉曲叶病，在发生黄脉曲叶病的黄秋葵田间，其病株率高达 60% 以上。病原检测、基因克隆与序列分析结果表明，这些病害是由 CLCuMV 侵染引起的。现已在广东、广西、海南、福建、云南和江苏等省份发现其侵染朱槿（*Hibiscus rosa-sinensis*）、黄秋葵（*Abelmoschus esculentus*）、小悬铃花（*Malvaviscus arboreus*）、陆地棉（*Gossypium hirsutum*）及大麻槿（*Hibiscus cannabinus*）等植物。

二、病原

1. 引起棉花曲叶病的双生病毒种类

棉花曲叶病毒病的病原为棉花曲叶病毒，学名为 *Cotton leaf curl virus*，简称 CLCuV。CLCuV 不能经种子传播，1992 年证实该病毒可经粉虱传播，因而推测 CLCuV 很可能是由粉虱传毒侵染棉花造成的。此后，Mansoor 等利用 PCR 方法从感病植株中扩增到双生病毒的特异片段，确定其为粉虱传播的双生病毒，并命名为棉花曲叶病毒。Nateshan 等和 Harrison 等利用血清学方法、Haider 等和 Harrison 等利用 PCR 方法也证实棉花曲叶病毒病由粉虱传双生病毒引起。随后从棉花曲叶病毒病病株中先后发现了多种病毒，目前已鉴定 7 种病毒与印度及非洲发生的棉花曲叶病毒病相关，其病原均属双生病毒科（Geminiviridae）中的菜豆金黄花叶病毒属（Begomovirus），具有典型的双联体颗粒形态（表 7 - 7）。这些病毒主要分布于亚洲及非洲，除侵染棉花外，许多锦葵科植物也可能是其中间寄主，在实验室条件下也可侵染本氏烟草（*Nicotiana benthamiana*）等实验植物。另外，最先在非洲普遍发生的棉花曲叶病毒，现在被命名为棉花曲叶杰济拉病毒（*Cotton leaf curl Gezira virus*，CLCuGV），此病毒在北美和南美洲都有很广的分布和危害（CABI，2021b）。

表 7 - 7　与变化曲叶病相关的几种病毒

病毒学名及缩写	分布	参考文献
Cotton leaf curl Alabad virus，CLCuAV	Pakistan	Zhou et al.
Cotton leaf curl Kokhran virus，CLCuKV	Pakistan，India	Zhou et al.；Mansoor, et al.
Cotton leaf curl Multan virus，CLCuMV	Pakistan	Zhou et al.；Briddon et al.；Mansoor et al.
Cotton leaf curl Gezira virus，CLCuGV	Sudan，Africa，America	Idris et al.；CABI，2021b
Papaya leaf curl virus，PaLCuV	Pakistan，India	Mansoor et al.
Cotton leaf curl Rajasthan virus，CLCuRV	India	Mansoor et al.；Fauquet et al.
Tomato leaf curl Bangalore virus，ToLCBV	India	Kirthi et al.
Cotton leaf curl Burewala virus，CLCuBuV	Pakistan	Amrao et al.
Cotton leaf curl Shahdadpur virus，CLCuShV	Pakistan	Amrao et al.

2. 病毒粒子

典型的菜豆金黄花叶病毒属病毒基因组包含 2 个大小相近的单链环状 DNA 组分（图 7 - 13），长度为 2.5～3.0 kb，分别称 DNA-A 和 DNA-B。DNA-A 编码复制相关蛋白（Rep）、复制增强蛋白（REn）、外壳蛋白（CP）和控制晚期基因表达的转录激活蛋白（TrAP），与病毒的复制和介体传播有关。DNA-B 编码核穿梭蛋白（NSP）和运动蛋白（MP），与病毒的寄主范围及病毒在植物体内的运输相关。然而从感染 CLCuV 植株中分离的这 7 种双生病毒均仅发现一个 DNA 组分，利用 PCR 和 Southern blot 等方法均不能在田间样品中检测到 DNA-B 的存在。侵染性分析发现，这 7 种病毒 DNA-A 的侵染性克隆虽有侵染性，却只能在棉花和其他寄主植物上诱导轻微的曲叶症状，而不能诱导棉花曲叶病毒病的田间典型症状，且存在较长的病害潜隐期（6 周），因而可能还存在其他诱导症状所必需的致病因子。

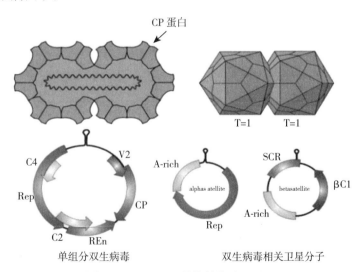

图 7 - 13　CLCuV 粒体结构及基因组

注：病毒颗粒无包膜，大小（18～20）nm×30nm，孪生（成对）不完全（T=1）二十面体对称衣壳，其含有由 110 个衣壳蛋白（CP）组成的 22 个五聚体壳。每个成对颗粒仅包含单个环状 ssDNA。

3. CLCuV 伴随小分子 DNA

在寻找 DNA-B 的过程中，Liu 等意外地发现 CLCuV 的一个巴基斯坦分离物伴随小分子 DNA。这些小分子是病毒 DNA-A 的缺陷型分子，长度为 0.8～1.4 kb，其是通过 DNA 序列的缺失、重复、重排及外源未知 DNA 的插入形成的。这些缺陷型 DNA 分子在植株之间大小相同，但序列各异。它们可以伴随 DNA-A 通过嫁接或粉虱在烟草和番茄之间互传。

1999 年，Mansoor 等从田间棉花曲叶病株中提取的 CLCuMV 病毒粒子中发现了与 CLCuV 相关的第二个 DNA 分子，是类似卫星的单链环状 DNA 分子，称为 DNA-1。DNA-1 长度约 1 350 个核苷酸，序列分析表明 DNA-1 与双生病毒 DNA-A 和 DNA-B 几乎没有同源性。DNA-1 只编码 1 个 36.6 ku 的 Rep 蛋白，除了 Rep 编码序列，DNA-1 分子还有 2 个保守特征：含有茎环结构和复制起始所必需的 9 碱基序列（TAGTATTAC）及 1 个富含腺嘌呤的区域。免疫捕获 PCR 和粉虱传毒试验表明，CLCuMV DNA-1 能被病毒 CP 包裹和粉虱传播；叶盘复制试验表明，DNA-1 分子能自我复制。但 DNA-1 分子与 CLCuMV 共同侵染本氏烟并不能引起棉花曲叶病毒病的典型症状，说明 CLCuMV DNA-1 并不是致病所必需，还应存在其他致病因子，棉花曲叶病毒病的真实病因仍然是个谜。

2000 年，Briddon 等在感病棉花中发现了长度为 1 346 bp 的重组分子，是由 CLCuV 的 IR 区及一段未知来源的序列组成，命名为 CLCR01。随后 Briddon 等根据这段未知序列设计引物从巴基斯坦感病棉花中分离到一种环状单链 DNA 卫星分子，命名为 CLCuV DNA。该 DNA 卫星分子长度约为 1 350nt，是其辅助病毒的一半大小，除茎环结构中复制起始必需的 9 碱基序列（TAATATTAC）外，其与 CLCuMV 基因组 DNA-A 序列几乎无同源性，不同于 CLCuMV 伴随的 DNA-1 分子，也不具有双组分双生病毒的 CR 区。序列分析还发现 DNA 的部分序列出现在许多 CLCuV 缺陷型分子的序列中，并与 CLCuV 形成重组分子。共同接种 CLCuV DNA 与 CLCuMV 的侵染性克隆，在感病植株中能检测到 DNA 的复制，而单独接种 DNA 则不能复制，这表明 DNA 依赖于 DNA-A 而复制。侵染性分析表明，CLCuV DNA 与 CLCuMV 共同接种棉花后可诱导产生叶脉膨大、脉色深绿、曲叶及耳突等棉花曲叶病毒病的田间典型症状。因而，CLCuV DNA 是参与引起棉花曲叶病毒病的致病相关分子，此分子的发现也圆满解决了长期悬而未决的棉花曲叶病毒病病原学问题。

三、病害症状

棉花曲叶病毒病在田间由烟粉虱传播，棉花受侵染植株早期表现新叶卷曲，叶脉膨大、脉深绿化；后期在叶背主脉上会形成类似叶片的耳突，植株矮化，结实率下降或不结实。由于含有叶绿体的组织的增殖，棉花植株看起来比未受感染的植株更绿。晚期感染经常导致症状轻微，产量减少。发芽后很快感染的植物通常发育严重不良，叶子紧密卷起，不能产生可收获的棉絮。症状表现及严重程度与棉花品种、粉虱的传毒水平及植株受侵染的生育期关系密切，而与侵染相关的病毒株系或种类无关。调查发现，在粉虱大发生的年份病害发生也往往较重（彩图 7-9）。

四、生物学特性和病害流行规律

1. 侵染循环

由于棉花只在一年的特定时期种植，棉田的初侵染源有可能是杂草或前生长季感病的棉花残根。

2. 传播途径

CLCuV 是由可以传播菜豆金黄花叶病毒属众多病毒的烟粉虱以持久性方式传播，但介体后代不传毒。也可以通过嫁接传播，不能机械传播、接触性传播和种传。单头烟粉虱就可以传播病毒病。实验室测定，通常用带毒烟粉虱接种后 2～3 周开始表现症状。

通常在严重感染病害的棉田苗期田间并未出现大量的烟粉虱，棉花生长中、后期，病害发生时，通常烟粉虱也已成为棉田的主要害虫，但烟粉虱种群数量很大时，并不能引发严重的继发性扩散传播。

3. 寄主作物

不同品种的棉花植株受害严重程度不一样，感病植株一般只有健康植株高度的40％～60％，棉纤维低产，棉铃少结或不结，可造成严重减产，甚至绝收。栽培抗性品种是控制棉花曲叶病毒病的最有效方法。棉花植株在种植后 4～14 周都易受 CLCuV 侵染，但是株龄和发病率有显著的相关性，植株的第6周幼苗期最易发生病害，随着株龄的增加发病概率逐渐降低。棉花的生长期只有一年的特定时期，因此，棉田的初侵染源有可能是杂草或前生长季感病的棉花残根。但是，彻底控制杂草和铲除感病植株对控制病害的流行和降低感病概率并无作用。

4. 病害流行

棉花曲叶病毒病的流行除受生物因素影响外，还受非生物因素的影响，特别是温度。Khan 等 1998 年在棉花的8个品种上对每周大气温度（最高值、最低值）、降水量、相对湿度、风力和植株感病率的关系进行回归分析，发现当周最高温度在 33～45℃、最低温度在 25～30℃时感病率增加，周降水量、湿度与病情发展无关。Akhtar 等 2000 年研究发现，周最高温度、相对湿度、风力、降水量、光照、粉虱种群数量和病情发展无显著关系。

尽管认为 20 世纪 80 年代末棉花曲叶病毒病在巴基斯坦突然暴发可能与大量使用杀虫剂及天敌死亡导致抗杀虫剂的粉虱大发生以及引入高感棉花品种 S12 有一定关系，但病害暴发的真正原因还不确定。由于 CLCuV 种间重组发生频率高并易产生新的病毒或株系，从而导致病毒基因组的多样性较高，这些新病毒或株系与多种 CLCuV 复合侵染能加重对作物的危害。近年来研究发现了 CLCuV 新的 DNA 卫星分子——DNA-β，DNA-β 分子不仅是双生病毒在棉花上诱导典型症状所必需的，还可能扩大病害复合体的寄主范围，而且能够与不同的双生病毒互作，并将这些不同的双生病毒介入到病害侵染和流行中，因而可能与棉花曲叶病毒病的大范围流行紧密相关。

五、诊断鉴定和检疫监测

1. 检测鉴定

病毒的早期检测非常重要，及时了解双生病毒的发生及流行动态，能为控制这类病毒的危害打好基础。由于绝大多数双生病毒无法通过人工摩擦接种传毒，造成病毒的生物学测定较为困难。目前，对于双生病毒的检测主要采用 5 种方法进行：血清学鉴定、PCR 检测、环介导等温扩增技术（LAMP）、核酸杂交检测和滚环扩增技术（RCA）。

（1）血清学鉴定　血清学方法是双生病毒检测最常用的方法。通常来源于相同大陆的病毒之间的血清学关系较近，而来源于不同大陆的病毒之间则没有血清学关系或关系较远，用血清学方法能迅速检测并区分。粉虱传播的双生病毒在血清学上全部相关，由一个成员制备的抗体能检测同一亚组的其他成员。但由于双生病毒抗原表位分布的不同，即血清学关系有远有近，目前制备的双生病毒单克隆抗体通常能区分不同地理来源的病毒，但有时却难以区分相同大陆的不同病毒。此外，血清学方法最大的缺陷是受双生病毒单克隆抗体的限制，目前世界上只有极少数实验室能够制备这种抗体，因此仅靠血清学方法来区分双生病毒已不可能，必须辅以其他方法进行区分鉴定。

（2）PCR 检测　PCR 方法是检测少量病毒核酸最灵敏的方法，已用于多种双生病毒的检测。对于检测双生病毒 DNA-A 组分，谢艳等已根据双生病毒基因间隔区及外壳蛋白基因保守序列设计了一对简并引物 PA 和 PB，几乎可以从所有的双生病毒 DNA-A 中扩增出约 500 bp 的特异性条带，且 PCR 的检测结果与血清学鉴定结果完全相符。此外，Ha 等根据双生病毒 AV1 基因 5′ 端和 AC1 基因 3′ 端保守序列设计了一对简并引物 BegoAFor1 和 BegoARev1，用于扩增 DNA-A 中约 1 200 bp 的片段，实践证明，这对引物的扩增效率非常高，并且可以补充 PA/PB 的某些结果。对于 DNA 卫星 DNA-β 分子的检测，目前普遍使用根据 SCR 序列设计的通用引物 Beta01 和 Beta02，这对引物虽然相对保守，但由于该引物位于 DNA-β 的茎环结构中，GC 含量较高，常不利于 PCR 扩增。此外，一些植株中病毒含量相对较低，特别是杂草样品提取的总 DNA 含有某些抑制物质，从而会导致 PCR 扩增失败。在普通 PCR 的基础上，后人研究出许多改良的 PCR 方法检测 CLCuV，如赵蕊等建立了一种用实时荧光定量 PCR 检测 CLCuMV 的方法，本方法的灵敏度约是常规 PCR 的10 倍，检测最低浓度达到 52 个病毒粒子/μL。张永江等研究根据 CLCuV CP 基因保守序列设计了引物和 TaqMan 探针，并结合纳米磁珠建立了该病毒的 MNP 实时荧光 PCR（Real-time PCR）检测方法。

（3）环介导等温扩增技术　环介导等温扩增技术是于 2000 年发明的一种全新的核酸恒温扩增技术。该技术是利用目的序列设计 2 对特异引物，可在具有链置换活性的 DNA 聚合酶作用下，实现高效扩增。LAMP 具有操作简单、快速、灵敏度高等优点。陈婷等研究出烟粉虱体内 CLCuMV 的 LAMP 快速检测技术，可参照他们的方法进行检测。

（4）核酸杂交检测　可根据 DNA-β 中高度保守的 SCR 序列设计探针进行 Southern blot 检测，来确定样品中是否存在 DNA 卫星分子。熊庆等采用核酸杂交检测方法发现，所有采自海南表现黄脉症状的胜红蓟样品中都存在 DNA-β 分子，而之前利用通用引物 Beta01 和 Beta02 进行 PCR 扩增，只能在一个样品中检测到 DNA-β 分子，可见核酸杂交检测结果可信度高。

（5）滚环扩增技术　近年来，滚环扩增技术开始大量应用于双生病毒及其 DNA 卫星分子的检测。该技术建立于 1998 年，是借鉴自然界中环状病原生物体 DNA 分子滚环式的复制方式建立的核酸扩增技术。RCA 体系主要有 3 个元素，包括菌体 φ29 DNA 聚合酶、单链模板（一般为环状）和引物（通常为 1 或 2 条）。扩增在室温下就可以进行，不需要特定的热循环仪，且每条链使用 1 个引物，通过使用 2 个引物就可以实现指数滚环扩增。与传统的血清学和分子生物学检测方法相比，RCA 具有操作简单、灵敏度高和特异性高等优点，这些优点促使其在病毒核酸基因组检测中得到广泛应用。目前，用于双生病毒扩增的 RCA 技术已有成熟的试剂盒，主要用于 DNA 克隆、种类鉴定、多样性检测及侵染性分析等研究。利用 RCA 技术可以迅速扩大样品中的病毒产物量，特别是一些原本含量较低的病毒组分。自然界中双生病毒复合侵染现象十分普遍，通常一个寄主植物中含有多种病毒，并且往往一种病毒占主导地位，在这种情况下，利用 DNA-A 通用引物扩增到占弱势地位病毒的概率较小，因而很难发现它们。而应用 RCA 将其样本量放大，有利于多种复合侵染病毒检出。此外，还可以将 RCA 产物经短时间酶切后得到的线性双拷贝片段直接连接到植物表达载体上构建侵染性克隆，从而简化传统的侵染性克隆构建流程。利用一个 RCA 扩增可以同时放大各个组分的双生病毒基因组信号。余玲玲等利用 RCA 的这一特性，结合 RFLP 分析，分别检测了已知的单组分 TYLCV、带卫星分子 DNA-β 的 TbCSV 以及具有 DNA-A 和 DNA-B 双组分的 SqLCCNV，同时还利用 RCA-RFLP 对田间样品进行了扩增检测，研究结果充分说明 RCA-RFLP 技术可高效、准确、方便地检测双生病毒。

2. 检疫监测

一方面要通过口岸检疫来阻止 CLCuV 由周边国家跨境传入我国相邻棉区；另一方面要对国内 CLCuV 进行监测，避免其通过国内的作物繁殖材料调运传播到无病毒棉区而进一步扩散。

六、应急和综合防控

1. 应急防控

应用于尚未发生过棉花曲叶病毒病的非疫区，防控的目的是一经发现疫情便彻底铲除，避免其定殖和扩散。

（1）调运检疫疫情处理　在机场等进出境港站现场检疫发现带该病毒的农产品和种苗，必须现场销毁或将货品退回原地；对疑似带毒种苗需隔离种植，经监测确认不带病毒后才允许调运。

（2）非疫区疫情处理　在疫情监测中如发现并确认棉花等作物上发生棉花曲叶病毒病，应及时封锁发病现场并向上级技术部门汇报疫情；采取应急灭除措施。铲除病田（区）发病寄主，集中销毁，并注意杀灭粉虱等传毒介体昆虫；病田及周边一定范围内农田随后两年内不能种植棉花等寄主作物，而改种禾谷类和蔬菜等非寄主作物。

（3）非疫区预防　据初步分析，我国棉区大多为适合 CLCuV 及其传毒介体昆虫的生存和定殖的区域。所以，一方面，要执行有关检疫法规，对来自疫区国家或地区的有关产品实行更严格的检验检疫，杜绝从疫区引种调种；另一方面，对这些地区棉田进行严密的疫情监测，发现疫情便立即灭除，防患于未然。

2. 综合防控

应用于已有棉花曲叶病毒病发生分布的疫区。从流行棉花曲叶病毒病国家的治理经验看，栽培抗性品种是最有效的控制方法。苏丹种植多年的一个高抗品种对棉花曲叶病毒病表现出很好的抗性，巴基斯坦棉农习惯种植的一些棉花品种在控制病害流行方面也发挥了重要作用，由常规品种筛选繁育的抗（耐）病棉花品种在田间表现出很好的抗性。但目前发现，这种抗性有可能丧失，在巴基斯坦，抗性品种也表现出症状，有可能是 CLCuV 的多种病毒复合体已经克服了品种的抗性。去除被感染的带病植株，特别是前季棉花长出的出根棉苗，对于减轻发病程度的作用很小。当缺少抗病品种时，病害管理非常重要。具体可综合采取如下措施：

（1）控制传毒媒介　做好传毒媒介烟粉虱的防治，由于烟粉虱体被蜡质，世代重叠，繁殖速度快，抗性产生快，防治烟粉虱时不能滥用化学农药和单纯依赖化学农药，要提倡农业措施和生物防治措施相结合。

（2）药剂防控　选用内吸性杀虫剂处理种子，可控制传毒介体数量，避免或减轻植株在敏感期感病。

（3）田间管理　棉田的一些杂草可能是 CLCuV 的中间寄主，应铲除田间杂草。

（4）适时播种　选择合适的播种时间，在 4 月中旬至 5 月中旬播种比推迟到 5 月中旬以后播种植株发病率要低。

（5）科学施肥　补充矿物营养，Perve Z 等（2007）的试验研究表明，补充 250kg/hm² 钾肥的棉田比不施用钾肥的棉田 CLCuV 造成的损失要小，棉籽产量较高。

主要参考文献

陈婷，齐国君，赵蕊，等，2016. 烟粉虱体内木尔坦棉花曲叶病毒的 LAMP 快速检测技术. 环境昆虫学报，38（3）：565－571.

董迪，何自福，柴兆祥，2010，广东黄秋葵黄脉曲叶病样中检测到烟粉虱传双生病毒. 植物保护，36（1）：65－68.

郭荣，2005. 对棉花生产构成严重威胁的病害——棉花曲叶病毒病. 中国植保导刊，25（2）：46－47.

何自福，董迪，李世访，等，2010. 木尔坦棉花曲叶病毒已对我国棉花生产构成严重威胁. 植物保护，36（2）：147－149.

何自福，佘小漫，汤亚飞，2012. 入侵我国的木尔坦棉花曲叶病毒及其为害. 生物安全学报，21（2）：87－92.

林林，蔡健和，罗恩波，2011. 南宁市朱槿曲叶病毒病病原分子鉴定和寄主范围研究. 植物保护，37（4）：44－47.

刘洪义，辛言言，刘忠梅，等，2015. 马铃薯 A 病毒 RT-LAMP 检测方法的建立. 中国农学通报，31（11）：143－147.

毛明杰，何自福，虞皓，等，2008. 侵染朱槿的木尔坦棉花曲叶病毒及其卫星 DNA 全基因组结构特征. 病毒学报，24（1）：64－68.

青玲，周雪平，2005. 棉花曲叶病研究进展 . 植物病理学报，35（3）：193 - 200.

汤亚飞，何自福，杜振国，等，2013. 侵染垂花悬铃花的木尔坦棉花曲叶病毒分子特征研究 . 植物病理学报，43（2）：120 - 127.

汤亚飞，何自福，杜振国，等，2015. 海南红麻曲叶病的病原检测与鉴定 . 植物病理学报，45（6）：561 - 568.

汤亚飞，何自福，杜振国，等，2015. 木尔坦棉花曲叶病毒及其伴随的β卫星分子复合侵染引起广东棉花曲叶病 . 中国农业科学，48（16）：3166 - 3175.

闻伟刚，杨翠云，崔俊霞，等，2010. RT-LAMP 技术检测菜豆荚斑驳病毒的研究 . 植物保护，36（6）：139 - 141.

谢艳，张仲凯，李正和，等，2002. 粉虱传双生病毒的 TAS-ELISA 及 PCR 快速检测 . 植物病理学报，32：182 - 186.

熊庆，2005. 海南杂草双生病毒的分子鉴定及病毒致病性研究 . 杭州：浙江大学 .

张晖，季英华，吴淑华，等，2015. 江苏朱槿上分离到的木尔坦棉花曲叶病毒基因组结构特征分析 . 植物病理学报，45（4）：361 - 369.

张永江，2013. 应用纳米磁珠荧光 PCR 检测棉花曲叶病毒 . 棉花学报，25（1）：90 - 94.

章松柏，夏宣喜，张洁，等，2013. 福州市发生由木尔坦棉花曲叶病毒引起的朱槿曲叶病 . 植物保护，39（2）：196 - 200.

赵蕊，吕利华，陈婷，等，2015. 木尔坦棉花曲叶病毒 SYBR Green Ⅰ 实时荧光定量 PCR 检测方法 . 华南农业大学学报，36（6）：87 - 90.

Abdel-Salam A，M，1999. Isolation and characterisation of a whitefly-transmitted *Beminivirus* associated with leaf curl and mosaic symptoms in cotton in Egypt. ArabJ. Biotechnol.，2：193 - 218.

Akhtar K P，Hussain M，Khan A I，et al. ，2004. Influence of plant age，whitefly population and cultivar resistance on infection of cotton plants by *Cotton leaf curl virus*（CLCuV）in Pakistan. Field Crops Research，86（1）：15 - 21.

Amrao L，Akhter S，Tahir M N，et al. ，2010. Cotton leaf curl disease in Sindh province of Pakistan is associated with recombinant Begomovirus components. Virus Research，153（1）：161 - 165.

Amrao L，Amin I，Shahid M S，et al. ，2010. Cotton leaf curl disease in resistant cotton is associated with a single Begomovirus that lacks an intact transcriptional activator protein. Virus Research，152（1 - 2）：153.

Briddon R W，Bull S E，Mansoor S，et al. ，2002. Universal primers for the PCR-mediated amplification of DNAβ: a molecule associated with some monopartite begomoviruses. Mol. Biotechol. ，20：315 - 318.

Briddon R W，Mansoor S，Bedford I D，et al. ，2001. Identification of DNA components required for induction of cotton leaf curldisease. Virology，285（2）：234 - 243.

Briddon R W，Markham P G，2000. Cotton leaf curl virus disease. Virus Research，71：151 - 159.

CABI，2021a. Cotton leaf curl disease complex（leaf curl disease of cotton）. In：Invasive Species Compendium. （2021 - 05 - 14）［2021 - 10 - 22］.

CABI，2021b. *Cotton leaf curl Gezira virus（African cotton leaf curl begomovirus）*. In：Invasive Species Compendium. （2021 - 05 - 16）［2021 - 10 - 14］https：//www. cabi. org/isc/datasheet/13816.

Cai J H，Xie K，Lin L，et al. ，2010. Cotton leaf curl Multan virus newly reported to be associated with cotton leaf curl disease in China. Plant Pathology，59（4）：794 - 795.

Du Z，Tang Y，He Z，et al. ，2015. High genetic homogeneity points to a single introduction event responsible for invasion of *Cotton leaf curl Multan virus* and its associated betasatellite into

China. VirologyJournal，12（1）：163.

Farooq A，Farooq J，Mahmood A，et al.，2011. An overview of cotton leaf curl virus disease（CLCuD）a serious threat to cotton productivity. Australian Journal of Crop Science，5（13）：1823 – 1831.

Fauquet C M，Bisaro D M，Briddon R W，et al.，2003. Revision of taxonomic criteria for species demarcation in the family Geminiviridae，and an updated list of Begomovirus species. Arch. Virol.，148（2）：405 – 421.

Ghazanfar M U，Sahi S T，Ilyas M B，et al.，2007. Influence of Sowing dates on CLCuV incidence in some cotton varieties. Pak JPhytopathol，19（2）：177 – 180.

Ha C，Coombs S，Revill P，et al.，2006. *Corchorus yellow vein virus*，a New World Geminivirus from the Old World. J. Gen. Virol.，87：997 – 1003.

Haible D，Kober S，Jeske H，2006. Rolling circle amplification revolutionizes diagnosis and genomics of geminiviruses. J. Virol. Methods，135：9 – 16.

Hanley-Bowdoin L，Settlage S B，Orozco B M，et al.，1999. Geminiviruses：models for plant DNA replication，transcription，and cell cycle regulation. Crit. Rev. Plant Sci.，35（2）：105 – 140.

Harrison B D，1985. Advances in Geminivirus research. Annu. Rev. Phytopathol，23：55 – 82.

Harrison B D，Liu Y L，Khalid S，et al.，1997. Detection and relationships of *Cotton leaf curl virus* and allied whitefly-transmitted Geminiviruses occurring in Pakistan. Annals of Applied Biology，130（1）：61 – 75.

Harrison B D，Liu Y L，Khalid S，et al.，2010. Detection and relationships of *Cotton leaf curl virus* and allied whitefly-transmitted Geminiviruses occurring in Pakistan. Annals of Applied Biology，130（1）：61 – 75.

Hussain T，Mahmood T，1988. A note on leaf curl disease of cotton. Pakistan cottons，32：248 – 251.

Idris A M，Brown J K，2002. Molecular analysis of *Cotton leaf curl virus* – Sudan reveals an evolutionary history of recombination. Virus Genes，24（3）：249 – 256.

Inoue-Nagata A K，Albuquerque L C，Rocha W B，et al.，2004. A simple method for cloning the complete Begomovirus genome using the bacteriophage phi 29 DNA polymerase. J. Virol. Methods 116：209 – 211.

Khan M A，Khan H A，2000. *Cotton leaf curl virus* disease severity in relation to environmental conditions. Pakistan Journal of Biological Sciences，3（10）：1688 – 1690.

Kirkpatrick T W，Further studies on leaf-curl of cotton in the Sudan. Bluttein of Entomological Reacher，1931，22：323 – 363.

Kirthi N，Maiya S P，Murthy M R N，et al.，2004. Genetic variability of Begomoviruses associated with cotton leaf curl disease originating from India. Archives of Virology，149（10）：2047 – 2057.

Knierim D，Maiss E，2007. Application of Phi 29DNA polymerase in identification and full-length clone inoculation of *Tomato yellow leaf curl Thailand virus* and *Tobacco leaf curl Thailandvirus*. Arch. Virol. 152：941 – 945.

Liu Y L，Robinson D J，Harrison B D，1998. Defective forms of *Cotton leaf curl virus* DNA-A that have different combinations of sequence deletion，duplication，inversion and rearrangement. Journal of General Virology，79（6）：1501 – 1508.

Lizardi P M，Huang X，Zhu Z，et al.，1998. Mutation detection and single-molecule counting using isothermal rolling-circleamplification. Nat. Genet.，19：225 – 232.

Mansoor S，Bedford I D，Pinner M S，et al.，1993. A whitefly-transmitted geminivirus associated with cotton leaf curl disease in Pakistan. Pak. J. Bot. ，25：105－107.

Mansoor S，Briddon R W，Bull S E，et al. ，2003. Cotton leaf curl disease is associated with multiple monopartite begomoviruses supported by single DNA beta. Archives of Virology，148（10）：1969－1986.

Mansoor S，Briddon R W，Bull S E，et al. ，2003. Cotton leaf curl disease is associated with multiple monopartite begomoviruses supported by single DNA β. Archives of Virology，148（10）：1969－1986.

Mansoor S，Briddon R W，Zafar Y，et al. ，2003. Geminivirus disease complexes：an emerging threat. Trends in Plant Science，8（3）：128－134.

Mansoor S，Khan S H，Bashir A，et al. ，1999. Identification of a novel circular single-stranded DNA associated with cotton leaf curl disease in Pakistan. Virology，259（1）：190－199.

Monga D，Chakrabarty P K，Kranthi R，2011. Cotton leaf Curl Disease in India-recent status and management strategies//Fifth meeting of Asian Cotton Research and Development Network. P. 23－25.

Nateshan H M，Muniyappa V，Swanson M M，et al. ，1996. Host range，vector relations and serological relationships of *Cotton leaf curl virus* from southernIndia. Ann. Appl. Biol. ，128（2）：233－244.

Owor B E，Shepherd D N，Taylor N J，et al. ，2007. Successful application of FTA classic card technology and use of bacteriophage phi 29DNA polymerase for large scale field sampling and cloning of complete *Maize streak virus* genomes. J. Virol. Methods，140：100－105.

Pervez H，Mahmood T，Makhdum M I，et al. ，2007. Potassium Nutrition of Cotton（*Gossypium hirsutum* L. ）in relation to cotton leaf curl virus disease in Aridisols. Pakistan Journal of Botany，39（2）：529－539.

Rajagopalan P A，Naik A，Katturi P，et al. ，2012. Dominance of resistance-breaking *Cotton leaf curl Burewala virus*（CLCuBuV）in northwestern India. Archives of Virology，157（5）：855－868.

Sanz A I，Fraile A，Garcia F A，et al. ，2000. Multiple infection，recombination and genomic relationships among Begomovirus isolates found in cotton and other plants in Pakistan. J. Gen. Virol. ，81（7）：1839－1849.

Schubert J，Habekuss A，Kazmaier K，et al. ，2007. Surveying cereal-infecting Geminiviruses in Germany-Diagnostics and direct sequencing using rolling circle amplification. Virus Res. ，127：61－70.

Swanson M M，Harrison B D，1993. Serological relationships and epitope profile of *Okra leaf curl geminivirus* from Africa and the Middle East. Biochimie 75：707－711.

Zhou X P，Liu Y L，Robinson D J，et al. ，1998. Four DNA-A variants among Pakistani isolates of cotton leaf curl virus and their affinities to DNA-A of geminivirus isolates from okra. Journal of General Virology，79（4）：915－923.

第八节　烟草环斑病毒病及其病原

一、起源和分布

1. 起源

烟草环斑病毒首先由 Fromme（1927）在烟草上发现。烟草环斑病毒在北美地区非常流行，特别是美国中西部及加拿大安大略湖地区，那里的大豆和烟草受危害严重，病毒的传播介体在这些地区也非常流行。此外烟草环斑病毒在美国俄勒冈州和加拿大新不伦瑞克省的蓝莓（Jaswal，1990），美国南部地区的葫芦科作物及美国东北部的葡萄、苹果和其他果树上都造成了严重危害。

2. 国外分布

除北美地区外，烟草环斑病毒还在世界其他地方造成越来越严重的危害。巴西已报道烟草环斑病毒是侵染大豆的主要病毒，古巴在大豆上也发现该病毒。印度报道该病毒在豆科和茄科的多种作物上造成严重经济损失。烟草环斑病毒在墨西哥甜瓜和辣椒上也引起病害，参与其传播的线虫介体种类还不确定。报道的烟草环斑病毒在很多种作物和观赏植物上发生可能是由进口的受该病毒侵染的种子引起。目前有记载的分布国家主要有：欧洲的奥地利、比利时、保加利亚、捷克、丹麦、德国、法国、希腊、英国、匈牙利、意大利、立陶宛、荷兰、波兰、罗马尼亚、俄罗斯、西班牙、瑞士和乌克兰；亚洲的格鲁吉亚、印度、印度尼西亚、伊朗、以色列、日本、朝鲜、吉尔吉斯斯坦、土耳其、阿曼、沙特阿拉伯、斯里兰卡；非洲的埃及、多哥、马拉维、摩洛哥、尼日利亚等；中美洲的古巴和多米尼加；北美洲的加拿大、美国和墨西哥；南美洲的阿根廷、巴西、秘鲁、乌拉圭、委内瑞拉；大洋洲的澳大利亚、新西兰、巴布亚新几内亚。

3. 国内分布

我国于1982年最早报道烟草环斑病毒侵染危害，从表现芽枯的大豆上分离鉴定出烟草环斑病毒，随后又从葡萄、烟草等作物上分离鉴定出该病毒，但这么多年以来尚未出现烟草环斑病毒流行的报道。我国现已报道烟草环斑病毒的地区包括河北、黑龙江、河南、湖南、吉林、辽宁、山东、四川、云南、浙江和台湾等省份。

二、病原

1. 分类地位

烟草环斑病毒学名为 *Tobacco ring spot virus*，简称 TRSV，异名有 *Anemone necrosis virus*、*Annulus tabaci*、*Blueberry necrotic ringspot virus*、*Nicotiana virus* 12、*Soybean bud blight virus*、*Brazilian streak virus*、*Tobacco ringspot nepovirus*、*Tobacco ringspot virus No.1*，属于正单链 RNA（＋ssRNA）病毒、小 RNA 病毒目（*Picornavirales*）、伴生豇豆病毒科（*Secoviridae*）、豇豆花叶病毒亚科（*Comovirinae*）、线虫传多面体病毒属（*Nepovirus*）(CABI，2021)。线虫传多面体病毒属的命名来自病毒的两个特点，即传播介体为线虫且病毒粒子都为多面体，该属病毒基于病毒核酸结构和蛋白表达策略分为 3 个亚组，TRSV 属于 A 亚组（Wellink et al.，2000）。

2. 病毒的提纯

烟草环斑病毒粒子比较稳定，提纯方法有多种。常用于病毒提纯的植物有藜麦、黄瓜、本氏烟草、克氏烟草、矮牵牛、菜豆和豇豆等植物。病毒分离物、繁殖寄主与提纯方法等都会影响病毒产量。Steere（1956）将正丁醇和氯仿以 1：1 的比例与病毒抽提液混合，来提取 TRSV，Tomlinson 对该方法稍做改进，加入正丁醇至终浓度为 8.5%。上述两种方法提纯效果相当，病毒抽提液澄清后都用聚乙二醇及差速离心法进行病毒浓缩。

3. 形态特征

TRSV 病毒粒子为球形，直径为 25～29nm（彩图 7-10），在蔗糖溶液密度梯度中病毒粒体可分为 T、M 和 B 3 个组分，各组分的沉降系数分别为 53（T）、91（M）和 126（B）。T 组分由空壳蛋白组成，M 组分和 B 组分为核蛋白，并包裹着不同数量的 RNA。各组分的紫外吸光值 A_{260}/A_{280} 分别为 0.72（T）、1.38（M）和 1.57（B）。

　　病毒粒子组成：TRSV 衣壳蛋白亚基分子质量为 57ku，病毒基因组为单链 RNA，由 2 个分子组成，分子质量分别为 $2.73×10^6\mu$（RNA-1）和 $1.34×10^6\mu$（RNA-2）。RNA 的碱基组成比为 G：A：C：U ＝ 24.7：23.1：22.4：29.8。RNA 的 5′端共价结合有 VPg 蛋白，分子质量为 4ku，用蛋白酶消化该蛋白后 RNA 便丧失侵染性；RNA 的 3′端为 Poly（A）结构。有些 TRSV 病毒分离物的病毒粒子中还包裹有卫星 RNA，卫星 RNA 依赖于 TRSV（称辅助病毒）的基因组 RNA 进行复制，并干扰辅助病毒基因组 RNA 复制。卫星 RNA 与基因组 RNA 结构不同，其两端没有 VPg 蛋白和 ploy（A）结构，不能作为 mRNA。在受侵染的植物组织中，除发现有环状卫星 RNA 外，还发现有双链型卫星 RNA 的多聚体。多聚体的卫星 RNA 可以自我切割产生单体卫星 RNA。

　　病毒基因组核酸主要包含于中下层病毒粒子，分别占 41％（M）和 44％（B），相对分子质量分别为 $2.8×10^6\mu$ 和 $2.4×10^6\mu$。RNA 占整个病毒粒子质量的 40％左右。基因组为二分体正单链 RNA，RNA-1 全基因 8 214bp，RNA-2 全基因组约 7 273bp。RNA-1 和 RNA-2 翻译的多聚蛋白经过一系列的切割加工产生功能蛋白，RNA-1 编码的蛋白与病毒复制有关，而 RNA-2 编码的蛋白为外壳蛋白和胞间运动蛋白。

三、病害症状

　　TRSV 可侵染烟草、大豆等多种植物，在植株秧苗、开花、结果、营养生长的任一时期都可侵染，影响果实、豆荚、叶片、茎秆、根直至整个植株，被侵染植物出现环斑，不少还有顶枯现象，有的后期症状恢复，无症带毒。在不同的寄主植物上的症状略有差异（彩图 7-11）。

　　大豆：可引起严重的顶枯病，并造成巨大损失，主要症状包括顶芽弯曲、芽变褐、易折断，茎及叶片、叶柄上有时可产生褐色条斑，豆荚发育不良和畸形等。

　　烟草：叶片产生环斑及线纹、植株矮化、叶片变小等，植株新生叶上有时虽然有病毒存在，但可能不产生明显的症状。

　　乌饭树：感病品种常常矮化、细枝死亡、叶片上产生坏死或褪绿斑、环斑和线纹等。

　　高丛越橘：茎枯和矮化。在一些感病品种上叶片畸形增厚，有褪绿和坏死斑，叶脱落穿孔和碎叶。

　　葫芦科作物：引起环斑病害，植株矮化，叶片斑驳变形，坐果率降低。

　　TRSV 在大豆上引起芽枯病，危害严重，产量损失可达 25％～100％，导致种子品质差。TRSV 在烟草上虽广泛存在，但实际造成的危害较小。TRSV 引起越橘产生坏死枯斑，受侵染的植株产果能力缓慢持久地衰退。自 20 世纪 50 年代以来，TRSV 是影响美国越橘生产的重要因子。

　　在线虫介体丰富的地区，TRSV 往往造成严重病害。当病毒随种子或植物材料传到没有线虫介体或介体数量很少的地区时，病害并不明显。对多年生的木本植物来说，侵染三年之后，不表现症状，这些不显症的木本植物通常成为病毒的初侵染源。

TRSV 有些病毒分离物的病毒粒子中还包裹有卫星 RNA，卫星 RNA 有时能够降低植株中病毒粒子的数量，进而显著减轻症状。

四、生物学特性和病害流行规律

1. 寄主范围

TRSV 寄主范围广泛，可危害多种草本和木本植物。自然侵染的主要寄主包括豆科、茄科、越橘属（*Vaccinium*）、葫芦科、葡萄、天竺葵属、核果类果树、悬钩子属植物。其他的自然寄主还有鸢尾科（番红花、唐菖蒲、鸢尾）、百合科（郁金香、百合等）、银莲花属、绣球花、冬青、四季海棠、凤仙花、茱萸、辣椒属、楝木属、黑莓、梣属（*Fraxinus*）、风信子、白蜡树、羽扇豆属、薄荷属、水仙属、番木瓜、碧冬茄属、接骨木属等。已报道的 TRSV 的偶然寄主包括豚草（*Ambrosia artemisiifolia*）、印第安麻（*Apocynum cannabinum*）、牛蒡（*Arctium lappa*）、油菜属（*Brassica*）、多花楝木（*Cornus racemosa*）、臭独行菜（*Lepidium didymus*）、山楂属（*Crataegus*）、野胡萝卜（*Daucus carota*）、一年蓬（*Erigeron annuus*）、山慈姑（*Erythronium americanum*）、丝叶泽兰（*Eupatorium capilliforum*）、密花独行菜（*Lepidium densiflorum*）、白花草木樨（*Melilotus alba*）、紫萁（*Osmunda strum cinnamomeum*）、长叶车前（*Plantago lanceolata*）、美洲山杨（*Populus tremuloides*）、委陵菜属（*Potentilla*）、皱叶酸模（*Rumex crispus*）、钝叶酸模（*Rumex obtusifolius*）、北美黑柳（*Salix nigra*）、龙葵（*Solanum nigrum*）、繁缕属（*Stellaria*）、药用蒲公英（*Taraxacum officinale*）、美国榆（*Ulmus americana*）、野豌豆属（*Vicia*）、苍耳（*Xanthium strumarium*）。此外，TRSV 还有非常广泛的试验寄主。

2. 血清学关系

TRSV 免疫原性好。每次以 0.1mg 的病毒对家兔进行静脉和肌肉注射，每周 1 次，连续 4 周，即可得到滴度为 1/2 048（琼脂免疫双扩散实验）的抗血清，并且形成单一的沉淀线。

3. 与其他病毒的关系

TRSV 是线虫传多面体病毒属典型种，与属内南芥菜花叶病毒、葡萄扇叶病毒、番茄环斑病毒、番茄黑环病毒等无血清学相关性，但与南美水仙斑驳病毒（*Eucharis mottle virus*）和马铃薯黑环病毒（*Potato black ringspot virus*）有远源血清关系。这两种病毒源自秘鲁，曾被认为是 TRSV 的株系，但由于血清学关系较远且不能交叉保护，后鉴定为不同的病毒。

4. 汁液稳定性

矮牵牛、烟草及法国豆的病毒汁液 60～65℃ 10min，室温下 1～2 周或稀释至 10^{-4}～10^{-3}，病毒失去侵染活性。冻干的汁液在密封的安瓿瓶可保存至少 10 年，或叶片组织 $CaCl_2$ 脱水且保存于 1℃ 的情况下可至少保存 17 年。

5. 传播特性

TRSV 主要通过种子、机械和线虫等介体传播。

（1）种子传播　现已有报道证明，TRSV 可在马铃薯、绿穗苋、天竺葵、莴苣、百日草等寄主上种传（Jones，1982；Sammons et al.，1987；Iizuka，1973）。大豆种子可达到 100% 的种传侵染，将种子解剖，不同部位分别接种指示植物，结果发现病毒主要存在于胚和外胚乳，而种子外皮则不带毒（Gupta，1976）。电镜观察在花粉壁内层及生殖细胞发现病毒。此外，还在胚乳细胞、珠被和珠心发现病毒粒子（Yang et al.，1974）。花粉受侵染后会使花粉总产量降低，延迟萌芽管发育，会损害受精能力（Scarborough et al.，1977）。病毒传播依赖于母本植物雌配子体能否在开花前或开花时出现，在开花前或开花时受病毒侵染的植株种子受侵染比例高，可以证明这一结论。受侵染种子的传毒效率在室温或 1~2℃ 下至少可以保存 5 年。大田中自然侵染的大豆种子萌发率要比无病毒种子低 20% 左右，实验室结果表明，在 10 个不同品种的大豆种子上接种后，获得的带毒种子发芽率降低 5%~42%（Demski et al.，1974）。在温室条件下，种子经三代后还可 100% 传毒。从 TRSV 侵染的植株上收获的种子种植到大田中有 93% 的发病率。当带毒种子与健康种子不同比例混合后，植株发病率与混合的带毒种子比例呈正相关。目前还没有有效措施可将种子内病毒灭活。

（2）机械传播　可通过嫁接传播，也可以受侵染的植物组织汁液作为接种源摩擦接种。

（3）线虫介体传播　剑线虫（*Xiphenema*）属线虫是田间 TRSV 传播的主要介体，其中的美洲剑线虫族（*Xiphinema americanum complex*）是传播该病毒的优势种群，该族包括很多种不同的线虫种类，至少 3 种不同的类群可传播该病毒（Brown et al.，1994）。美洲剑线虫族在美洲地区广泛分布，但在欧洲却几乎没有，该族线虫能传播 TRSV 及其卫星 RNA，在线虫食道内壁能发现该病毒。病毒能在线虫食管中保持一段时间，实际上，病毒在线虫体内保持 9 个月仍能传播。此外，免疫荧光检测结果表明，在带毒线虫齿针延长部分的内壁上也发现了病毒粒子。线虫传毒效率依据寄主种类有所变化，黄瓜、茄子、千日红、瓜尔豆、百日草传毒效率可达 100%，而对于大豆，则传毒效率下降。温度也能影响线虫的传毒效率。

（4）其他传播方式　根据病害发生方式推测，除了线虫介体外，还可能有昆虫介体。如病害经常发生在田边，并随季节向内延伸，生长于灭菌土的大豆经常与周边植物一样受 TRSV 侵染；控制线虫后能降低根部侵染但不能影响系统侵染。实验条件下，很多潜在的昆虫介体能传播 TRSV，叶蝉从烟草传到大豆和在大豆之间传播，传播效率很低（Dunleavy et al.，1957）；烟蓟马在大豆之间的传播效率可达到 26%（Messieha，1969），跳甲在茄子之间的传播效率大约 50%（Schuster，1963）。

五、诊断鉴定和检疫监测

1. 诊断鉴定

主要根据欧洲和地中海地区植物保护组织（EPPO，2017）制定的诊断鉴定标准 P7/2（2）（EPPO，2017）进行检测和鉴定。通过病害症状对 TRSV 检测和鉴定是比较有用的，但是不能作为植株是否带毒的直接证据。血清学和分子生物学检测是阳性鉴定的最基本方法。检测和鉴定可按照 EPPO（2017）拟定的程序（图 7 - 14）进行。

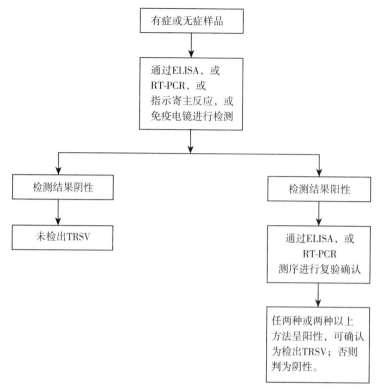

图 7-14 TRSV 的检测鉴定程序（EPPO，2017）

（1）指示寄主鉴定 鉴别 TRSV 的诊断寄主有苋色藜、藜麦、黄瓜、烟草、菜豆、豇豆等，病毒在这些植物上的症状表现有所不同。苋色藜和藜麦上表现局部坏死斑，通常不发生系统侵染；黄瓜上为褪绿或局部坏死斑，系统斑驳、矮化及顶部畸形；烟草和克氏烟草上表现局部坏死斑，常常发展为环斑，系统叶产生环纹或线纹，新生叶往往为无症带毒；菜豆接种叶产生坏死斑，系统叶有时产生环斑、顶叶坏死等症状；豇豆表现局部坏死斑，系统坏死、顶枯和萎蔫等。

该病毒较适合在烟草上保存，而克氏烟草和黄瓜是病毒提纯的良好繁殖寄主，烟草、克氏烟草、苋色藜和豇豆等植物可用于病毒枯斑测定，黄瓜则适合线虫传毒试验。

（2）免疫电镜检测 利用 TRSV 抗血清包被铜网，室温下孵育 0.5h，去离子水冲洗多余的抗体后将铜网浮于阳性病组织汁液上，室温下反应 1h，去离子水冲掉多余的病汁液，3%磷钨酸负染后置于投射电子显微镜下观察病毒粒子的形态特征。

（3）血清学检测 ELISA 方法是血清学检测中最常用的方法。对于检测和鉴定草本植物和果树中的 TRSV 相对容易，但是采样时机很重要。例如，对天竺葵而言，采样检测最好在每年的 11 月至次年的 4 月进行，或天气比较凉爽的时间。ELISA 检测形式多样，包括 DAS-ELISA、间接 ELISA、TAS-ELISA 等。

（4）RT-PCR 检测 从草本或木本植物组织中提取植物总核酸，然后进行 RT-PCR 检测。这种检测方法灵敏度比较高，而且能够检测所有血清型。但该方法不仅价格比较昂贵、需要专业的仪器，而且操作人员需要一定的专业技能。一般利用 Trizol、三氯甲烷、

SDS 或者商品化的试剂盒进行植物总 RNA 提取。由于线虫传多面体病毒属病毒具有保守区，所以 TRSV 的检测可以使用该属亚组通用引物和 TRSV 特异性引物进行检测。亚组 A 目标序列为 RNA 依赖 RNA 聚合酶的两个保守区域 TSEGYP 和 LPCQVGI，引物序列 NepoA-F－Flap 为 5′-AATAAATCATAAACDTCWGARGGITAYCC-3′，NepoA-R 为 5′-RATDCCYACYTGRCWIGGCA-3′。采用两步法首先合成 cDNA 第一链，然后再以 cDNA 为模板进行 PCR 扩增。RT-PCR 体系一般根据所用 PCR 检测试剂推荐的浓度配置反应体系。反应条件为 94℃ 3min；然后 94℃ 30s，55℃ 30s，72℃ 30s，反应 35 循环；72℃ 延伸 5～10min。PCR 扩增片段长度为 340bp。

针对 TRSV 外壳蛋白保守区域设计特异性引物进行 RT-PCR 特异性检测。采用引物 TRSV-F 和 TRSV-R 进行扩增，即反向引物 TRSV-R（5′-ACTTGTGCCCAGGAGAGCTA-3′）和正向引物 TRSV-F（5′-CTTGCGGCCCAAATCTATAA-3′）。根据实验室要求，或者直接以 RNA 为模板进行一步法 RT-PCR 扩增检测。RT-PCR 体系一般根据所用 PCR 检测试剂推荐的浓度配置反应体系。反应条件为 94℃ 30s，60℃ 30s，72℃ 30s，反应 35 循环；72℃ 延伸 5～10min。PCR 扩增片段长度为 348bp。

也可采用《烟草环斑病毒分子生物学检测方法》（SN/T 1146.2—2017）中的方法，用引物 TRSV-F-1 和 TRSV-R-1 扩增，TRSV-F-1 序列为 5′-AGATATGGACAACATGGAG-3′，TRSV-R-1 序列为 5′-GATGCAAAGAAAGGAAAGC-3′。cDNA 链的合成：在 0.2mL 反应管中，加入总 RNA 2μL，1μL 下游引物（20μmol/L），DDW 4μL，10mmol/L dNTPs 1μL，65℃ 水浴 5min，取出后立即放冰上，加入 5×首链缓冲液 4μL，40 U/μL 核酸酶终止抑制剂 1μL，0.1mol/L DTT 2μL，42℃水浴 2min，然后再加入 200U/mL 反转录酶 1μL，混匀后 42℃水浴 50min，70℃水浴 15min，合成 cDNA。首链缓冲液和反转录酶的用量需要依据反转录酶的品牌进行调整。以 cDNA 为模板，进行 PCR 反应。反应条件：94℃ 4min；然后 94℃ 45s，48℃ 45s，72℃ 45s，35 循环；72℃ 延伸 5～10min。PCR 扩增片段长度为 576 bp。

（5）免疫捕获 RT-PCR（IC-RT-PCR） 免疫捕获 RT-PCR 是将抗体包被 PCR 管，然后吸附待测样品中的病毒粒子。直接在吸附了病毒的 PCR 管中进行反转录，反转录体系总体积 20μL，其中含 1.0μL 反向引物（20μmol/L），4μL 5×AMV 酶 buffer，2μL dNTP（10mmol/L），11μL DEPC-H_2O，稍离心混匀后，置 85℃变性 5min，迅速置冰上 2～3min，然后加入 1.0μL AMV 反转录酶（5U/μL），1μL RNA 酶抑制剂（40 U/μL），42℃反应 1h。PCR 的操作方法同普通 PCR 方法。

（6）实时荧光 RT-PCR 方法 该方法检测灵敏度高，反应时间短。但是需要昂贵的仪器设备和试剂。Yang 等（2007）采用 TRSV-FP 和 TRSV-RP 引物及探针进行实时荧光 RT-PCR 检测，TRSV-FP 序列为 5′-GGGGTGCTTACTGGCAAGG-3′，TRSV-RP 序列为 5′-GCACCAGC GTAAGAACCCAA-3′。TaqMan-MGB 为 5′-FAM-TGATTTGCGG CGTACTG-MGB-3′。反应参数：45℃ 10min；95℃ 变性 10min；然后 95℃ 15s，60℃ 60s，45 循环。

以上各种 PCR 方法，需要同时设置阴性（健康）对照和阳性（病毒 RNA 或质粒）对照，当阳性对照和备测样品同时扩增出相同的目标条带或 Ct 值≤35，而阴性对照不能扩增出目标条带时，判定备测样品为阳性，即检出 TRSV。

2. 检疫监测

TRSV 的监测包括口岸检疫监测、产地检疫监测和一般性监测。

（1）口岸检疫监测 在我国边境口岸设置的检疫机构对可能携带 TRSV 的植物材料进行检疫，防止带毒植物材料进入我国。现场检疫时，需要观察种子、苗木等是否表现病毒病症状，产品中是否带有病残体和土壤等杂物，同时要对产品按规定的比例进行抽样。随后应用前述各种诊断鉴定检验方法，对采集的样品进行各项室内检测。

（2）产地检疫监测 对调运产品和苗木的原产地进行监测调查，一般在作物生长的发病高峰期或收获前进行。选择原产地有代表性的地域做较大面积调查，同时也需要采样进行室内诊断鉴定检验。产地检疫监测若发现引进农产品发病，则需终止引进或调运计划。

（3）一般性监测 在 TRSV 的非疫区和疫区都需要进行一般性监测调查。非疫区监测的目的是为了早期发现病毒的偶然传入，并及时实施应急铲除措施，将疫情消除；而疫区的监测则是为了预测预报和指导实施经济有效的病害控制措施。一般性监测包括大范围踏查、定点系统调查和产量损失测定。

①大范围踏查：一般在烟草、大豆等作物 TRSV 发病高峰期进行。调查时沿着选定的路线，一是通过访问农户咨询了解当地的发病情况，二是间隔一定距离具体观察烟草等寄主作物田间是否发病及严重程度。按照任广伟等（2008）拟定的《烟草病虫害分级及调查方法》（GB/T 23222—2008）的国家标准，烟草作物的普查需选择不同地理位置的 10 块以上代表性田块，采用五点取样法，每点不少于 50 个植株，记录病株率和病情指数。

②定点系统调查：选择固定的 3～5 个作物田块（记录下地理位置、海拔高度、作物种类和品种等），在烟草等寄主作物生长期间间隔一定的时间（10～20d）调查一次。每块田每次调查时用五点取样法取 5 点，每点面积 2～4m²。每点随机观察 30～50 个植株，记载发病植株数和病害严重程度（分级）。参照国家标准《烟草病虫害分级及调查方法》（GB/T 23222—2008），烟草作物上的系统调查需要选择感病品种的田块，从团棵期开始至采收期结束，固定 5 点取样，每点查 30 个植株，间隔 5d 查一次，记录发病植株数和病害严重程度（分级）。

烟草环斑病毒病的严重程度分级标准：0 级，全株健康无病；1 级，心叶有轻微症状，病株矮化不明显；3 级，1/3 叶片表现环斑症状但不变形，植株矮化较明显；5 级，1/3～1/2 叶片表现环斑症状，少数叶片畸形，矮化植株为正常株高的 2/3～3/4；7 级，1/2～2/3 叶片表现环斑症状，较多叶片畸形，有的叶片完全黄化坏死，矮化植株为正常株高的 1/2～2/3；9 级，全株叶片发病，畸形严重或黄化坏死，矮化植株为正常株高的 1/2 以上。

计算病情指数、病株率的公式如下：

病情指数 $= \sum$（各级病株数×各病级值）/（调查总株数×最高病级值）×100；

病株率 =（感病植株数／调查总株数）×100%。

③产量损失测定：收获时对系统调查田中每个采样点单独收获后考种，每个样随机取 30 个植株，测定每个植株的烟叶产量（干重）并计算每株平均产量；随机取 30 片烟叶，计算每片烟叶的平均面积；晾干后测量每个样点的烟叶产量，由此计算单位面积产量。

3. 预测预报

根据前述烟草环斑病毒病的调查所得到的病株率和病情指数数据，可以绘制出 TRSV 在一个生长季节中的病害动态消长曲线。采用逻辑斯蒂函数（Logistic function）、龚伯茨模型（Gompertz model）或者理查德函数（Richards function）（谭万忠，1990；Tan et al.，2010），通过数理统计分析和计算可得到一个地区内 TRSV 的季节流行时间动态拟合经验模型。此模型可用于该区域内烟草环斑病毒病的预测预报；再结合不同病害严重程度或病株率样点小区的烟叶产量损失测定数据，还可计算出烟草环斑病毒病的产量损失估计模型。根据病害流行模型和产量损失估计模型的预测结果，可应用于制定 TRSV 的综合治理决策。

六、应急和综合防控

1. 应急防控

应用于尚未发生过烟草环斑病毒病的非疫区，防控的目的是一经发现疫情便彻底铲除，避免其定殖和扩散。

（1）调运检疫疫情处理 在机场等进出境口岸现场检疫和实验室检测发现的带毒农产品和种苗，应就地销毁或将货品退回原地。

（2）非疫区疫情处理 在疫情监测中如发现并确认烟草、番茄和大豆等作物上发生烟草环斑病毒病，应及时封锁发病现场并向上级技术部门汇报疫情；采取应急灭除措施。铲除病田发病寄主，集中销毁；病田及周边一定范围内农田随后两年内不能种植各种寄主作物，而改种禾谷类等非寄主作物。

（3）非疫区预防 据初步分析，我国南方大多地区是 TRSV 的适生区。所以，我们一方面要执行有关检疫法规，对来自于疫区国家或地区的有关作物产品实行更严格的检验检疫，不从疫区引种调种；另一方面，对这些地区各种寄主田间进行严密的疫情监测，发现疫情便立即灭除，防患于未然。

2. 综合防控

主要应用于已经有烟草环斑病毒病发生的地区，应用"预防为主，综合防治"的策略，综合协调地采用各种现有病毒病防控措施，将病毒病的危害控制在引起明显经济损失的水平以下。

（1）繁育和使用抗病作物品种 除常规育种方法外，利用基因工程，可有效筛选抗病毒品种，目前已经培育了大豆、豇豆、辣椒、黄瓜抗 TRSV 品种，国外报道烟草 L8 品系为抗 TRSV 品种，但文献中没有我国抗 TRSV 烟草品种的报道。

（2）培育和使用健康种苗 从健康无病作物（烟草、大豆、番茄等）上收获的健康种子用于次年播种；播种育苗前进行种子处理，可采用 50℃热水浸种 30min，也可以用 2% 硫酸铜溶液等浸种 20~30min，然后含杀线虫和地下害虫的种子包衣剂拌种；用熏蒸杀虫剂和杀菌剂对育苗苗圃土壤进行处理；搞好育苗期间的苗圃管理，培育出生长健壮、抗病力强的幼苗；幼苗移栽前用适当的杀虫剂和杀菌剂药液浸根处理，以预防移栽到田间后土壤中的带毒线虫和害虫等传毒侵染。

（3）应用栽培措施防病控病 实行寄主作物（烟草、番茄、马铃薯、大豆等）与非寄主作物（禾本科植物等）轮作和间套作，以减少毒源的累积；避免农事操作中人为传播病毒，中耕除草应在生长季节早期进行，后期除草应采用选择性除草剂，以有效减少机械损伤造成传毒；生长季节加强田间监测和调查，发现受侵染发病的植株应及时拔除，并带出田间集中销毁，可减少田间传播毒源；烟草打顶抹芽也极易传播 TRSV，所以也需要使用化学抑芽剂。

（4）合理使用药剂控病　TRSV 流行地区，通常利用农药控制病毒介体。对于有美洲剑线虫寄生的作物（果树中的蓝莓，葡萄等），可检测植物是否有线虫存在。线虫生活在土壤深处，取样必须取到地表下 150cm。当检出线虫介体，可在种植之前施用线虫土壤熏蒸剂。巴西在控制 TRSV 介体的试验中发现，涕灭威能显著降低病害发生程度，而在此试验中施用线虫杀虫剂，则没有明显效果。美国大豆田中，利用 1,3 - 二氯丙烯（杀线剂）熏蒸大豆田，能够降低根部受侵染植株的数量，但是不能降低系统发病。利用农药防控 TRSV 目前还比较困难。赤霉素和芸薹素等植物生长调节剂对烟草、番茄和西瓜等作物的病毒病有明显的控制作用，喷施后不仅可以促进作物生长发育，同时减轻或消除植株的轻微发病症状；但在使用生长调节剂时必须严格控制使用浓度和剂量。

主要参考文献

洪健，李德葆，周雪平，2001. 植物病毒分类图谱. 北京：科学出版社.

林建兴，张兴坦，柏慧霞，等，1982. 大豆病毒的提纯鉴定和电镜观察. 大豆科学（1）：53 - 60.

谭万忠，1990. 模拟植物病害流行时间动态的通用模型——Richards 函数. 植物病理学报，21（3）：235 - 240.

王劲波，王凤龙，钱玉梅，1999. 山东烟区烟草环斑病毒病（TRSV）发生和病原鉴定. 中国烟草科学（1）：34 - 35.

王秀敏，郝兴安，吴云锋，等，2005. 陕西烟草病毒病病原鉴定及种群区系分布. 烟草科技（8）：38 - 42.

杨伟东，郑耘，章桂明，等，2006. 烟草环斑病毒 IC-RT-Realtime PCR 检测方法研究. 中国病毒学，21（3）：277 - 280.

张世兰. 2011. 烟草病毒病的综合防治技术. 现代农业科技（23）：232 - 233.

Atchinson B A，Francki R I B，1972. The source of *Tobacco ringspot virus* in root-tip tissue of bean plants. Physiological PlantPathology，5：105.

Brown D J F，Halbrendt J M，Jones A T，et al. ，1994. Transmission of three North American nepoviruses by populations of four distinct species of the *Xiphinema americanum* group. Phytopathology，84（6）：646 - 649.

Brown D J F，Halbrendt J M，Robbins R T，et al. ，1993. Transmission of nepoviruses by *Xiphinema americanum* - group nematodes. Journal of Nematology，25（3）：349 - 354.

CABI，2021. *Tobacco ringspot virus*. In：Invasive Species Compendium. （2021 - 02 - 19）［2021 - 09 - 13］https：//www. cabi. org/isc/datasheet/54202.

Demski J W，Harris H B，1974. Seed transmission of viruses in soybean. Crop Science，14（6）：888 - 890.

Dunleavy J M，1957. The grasshopper as a vector of *Tobacco ringspot virus* insoybean. Phytopathology，

47：681-682.

EPPO，2017. PM 7/2（2）*Tobacco ringspot virus*.（2017-05-22）［2021-10-14］https：// onlinelibrary. wiley. com/doi/epdf/10. 1111/epp. 12376.

Fromme F D，Wingard S A，Prinode C N，1927. Ringspot of tobacco：An infectious disease of unknown cause. Phytopathology，17：321-328.

Ganacharya N M，Mali V R，1981. comparative studies on two isolates of *Tobacco ringspot virus* from cowpea. Indian Phytopathology，34：112.

Gupta V K，1976. Bud blight disease of soybean. Indian Phytopathology，29（2）：186-188.

Hendrix J W，1972. Temperature-dependent resistance to tobacco ringspot virus in L 8，a necrosis-prone tobacco cultivar. Phytopathology，62（12）：1376-1381.

Hibi T，Saito Y，1985. A dot immunobinding assay for the detection of *Tobacco mosaic virus* in infected tissues. Journal of general Virology，66：1191-1194.

Iizuka N，1973. Seed transmission of viruses in soybean. Bulletin of the Tohoku National Agricultural ExperimentStation，46：131-141.

Jaswal A S，1990. Occurrence of *Blueberry leaf mottle*，*Blueberry shoestring*，*Tomato ringspot* and *Tobacco ringspot virus* in eleven half high blueberry clones grown in New Brunswick，Canada. Canadian Plant Disease Survey，70（2）：113-117.

Lucas L T，Harper C R，1972. Mechanically transmissible viruses from Ladino clover in North Carolina. Plant DiseaseReporter，56：774-776.

McGuire J M，Wickizer S L，1980. Occurrence of necrotic ringspot of blueberry in Arkansas. Arkansas Farm Research，29（4）：6.

Messieha M，1969. Transmission of *Tobacco ringspot virus* bythrips. Phytopathology，59：943-945.

Sammons B，Barnett O W，1987. *Tobacco ringspot virus* from squash grown in South Carolina and transmission of the virus through seed of smooth pigweed. Plant Disease，71（6）：530-532.

Scarborough B A，Smith S H，1975. Seed transmission of tobacco and tomato ringspot viruses ingeraniums. Phytopathology，65：835-836.

Schuster M F，1963. Flea beetle transmission of *Tobacco ringspot virus* in the lower Rio Grande Valley. Plant DiseaseReporter，47：510-511.

Smith R S，1985. *Tobacco ringspot virus*. Descriptions of PlantViruses.（1985-06-23）［2021-08-27］http：//www. dpvweb. net/dpv/showdpv. php？dpvno=309.

Tan W Z，Li C W，Bi C W，et al.，2010. A computer software：Epitimulator for simulating temporal dynamics of plant disease epidemic progress. Agricultural Sciences in China，9（2）：242-248.

Van Regenmortel M H V，Burckard J，1980. Detection of a wide spectrum of *Tobacco mosaic virus* strains by indirect enzyme-linked immunosorbent assays（ELISA）. Virology，106（2）：327-334.

Wellink J，Le Gall O，Sanfacon H，et al.，2000. Family Comoviridae. In：Virus Taxonomy：Seventh Report of the International Committee on Taxonomy of Viruses. Van Regenmortel MHV，Fauquet CM，Bishop DHL，Carstens EB，Estes MK，Lemon SM，Maniloff J，Mayo MA，McGeoch DJ，Pringle CR，Wickner RB，eds. San Diego，USA：Academic Press，691-701.

Yang A F，Hamilton R I，1974. The mechanism of seed transmission of tobacco ringspot virus in soybean. Virology，62（1）：26-37.

第九节　木薯花叶病毒病及其病原

木薯花叶病毒病（Cassava mosaic disease，CMD）广泛发生于非洲和印度木薯种植区，近年来在亚洲和南美洲一些国家也有发生危害的报道。该病害是全世界最重要的 10 种植物病毒病之一和木薯的第一大病害。2018 年此病害在我国南方木薯栽培区大面积发生。

一、起源和分布

1. 起源

木薯花叶病毒病是由 Warburg 于 1894 年首次报道，发生在坦桑尼亚东北部的乌萨姆巴拉山脉地区（Usambaras mountain range）的木薯作物上，当时描述的德语病害名称为"Krŏuselkrankheit"，其意思是卷叶病或皱缩病。

CMD 是由一种或几种木薯花叶双生病毒侵染所致。木薯从南美洲被引进到非洲栽培（Carter et al.，1995），CMD 则是先在非洲大陆及周围诸岛屿发生的，但在南美洲直到 2014 年后才有报道。因此，有人推测 CMD 属于所谓的"新接触"起源现象（Buddenhagen，1977），即是与非洲当地的非木薯植物协同衍生而来的，通过烟粉虱（*Bemisia tabaci*）从非木薯寄主转移到木薯危害，同时将其携带的病毒带到木薯植物上。现已报道的几种该病原病毒非木薯寄主就是这一推测的证据（Ogbe et al.，2006；Alabi et al.，2008；Monde et al.，2010）。同时，大多数该病原病毒的种及其变种都是在东非国家被发现的（Brown et al.，2015），也说明这一地区是该病毒的起源中心（Ndunguru et al.，2005）。该病毒从非洲大陆扩散到其邻接的岛屿可能是通过引进带毒的营养插条而引入的（de Bruyn et al.，2012）。

2. 分布

CMD 现在主要发生于非洲和亚洲南部国家。非洲国家包括布基纳法索、喀麦隆、刚果、科特迪瓦、肯尼亚、马达加斯加、马拉维、安哥拉、贝宁、布隆迪、中非、赤道几内亚、埃塞俄比亚、佛得角、加蓬、加纳、几内亚比绍、几内亚、莱索托、利比亚、利比里亚、尼日利亚、毛里求斯、毛里塔尼亚、卢旺达、圣多美和普林西比、塞舌尔、塞拉利昂、塞内加尔、南非、苏丹、多哥、坦桑尼亚、西非、乌干达、赞比亚和津巴布韦；亚洲国家有印度、印度尼西亚（爪哇）、斯里兰卡、柬埔寨和越南；另外在南美洲的巴西和委内瑞拉也有报道（Legg et al.，2015）。

二、病原

1. 研究历史

在 CMD 被发现十多年之后，Zimmermann（1906）认为此病是一种病毒病；20 世纪 30—40 年代东非的马达加斯加、乌干达和坦桑尼亚发现 CMD，现已在非洲几乎所有木薯种植地区分布。Chant（1958）成功显示病害由烟粉虱传毒的研究进一步证明了此病的病原为病毒。由于汁液接种克里夫烟草（*Nicotiana clevelandii*）后没有表现症状，该病毒之前被临时命名为木薯潜隐病毒（*Cassava latent virus*，CLV）（Bock et al.，1978）。1977 年从显症的木薯病株分离纯化获得双生病毒粒子后，木薯花叶病才被确切证明为病毒病（Harrison et al.，1977）。Stanley 等（1983）研究确定了 CLV 的分子结构特性，Bock 等（1983）通过汁液接种成功感染了本氏烟草（*Nicotiana benthamiana*）和木薯，并在两种植物上观察到典型的 CMD 症状，因此完成了对此病的柯赫氏证病程序，至此才将 CLV 临时名称修改为非洲木薯花叶病毒（*African cassava mosaic virus*）。

从那以后，来自非洲和印度不同地区的 CMD 植株的病毒分离株最初都被认为是该病毒的不同株系（Bock et al.，1985），并用来自肯尼亚西部、肯尼亚海岸和印度的 3 个典型株系进行多克隆抗体血清学测定，显示它们具有不同的血清学反应。Thomas 等（1986）及 Harrison 等（1988）根据分离株的地理来源和对一组单克隆抗体的血清学反应将它们区分为不同的株系群（groups），其中 A 株系群来源于西非和肯尼亚西部，B 株系群包含来自东非的毒株，C 株系群涵盖了印度和斯里兰卡的分离株。大约十年之后，通过核酸测序（Hong et al.，1993）和血清学（Swanson et al.，1994）研究表明，不同粉虱传播的 A、B 和 C 株系群分别为不同种的病毒，3 个株系群分别被命名为非洲木薯花叶病毒（*African cassava mosaic virus*，ACMV）、东非木薯花叶病毒（*East African cassava mosaic virus*，EACMV）和印度木薯花叶病毒（*Indian cassava mosaic virus*，ICMV）（Hong et al.，1993）。

CMD 由不同的菜豆金黄花叶病毒属（*Begomovirus*）病毒复合侵染所致，这些病毒被统称为木薯花叶双生病毒（*Cassava mosaic geminviruses*，CMGs）。CMGs 通过基因交换产生新的株系及毒性更强的新病毒种。CMGs 之间的卫星 DNA 获取或交换更增加了病毒的复杂性，该卫星 DNA 大约长 1.3kb，且有两种类型：类矮化病毒 DNA-1 或 DNA-α 卫星和类 DNA-B 或 DNA-β 卫星。前者能自我复制但依赖于辅助病毒移动和进行衣壳蛋白合成，而后者则依赖辅助病毒进行复制、移动和合成衣壳蛋白。同时，DNA-β 卫星还影响病害症状的形成，并通过提高寄主植物中的 DNA 水平而增强辅助病毒的致病性。DNA-α 卫星被认为对病害的发生不是必需的，有些时候还可减轻病害症状。

ICMV 是在南亚记载的第一种 CMGs（Malathi et al.，1985），十多年后又发现斯里兰卡木薯花叶病毒（SLCMV）（Saunders et al.，2002；Minato et al.，2019）。尽管 SLCMV 最初在斯里兰卡报道，但随后的研究显示其与 ICMA 在印度南部都有发生（Anitha et al.，2011；Patil et al.，2005）。

2. 分类

随着分子诊断技术和基因组测序研究的进展，迄今已经发现了 11 种引致 CMD 的病毒（CABI，2019），它们均属于病毒域、病毒界、单链 DNA 病毒、双生病毒科（*Geminiviridae*）、菜豆金黄花叶病毒属（CABI，2019）。这些病毒依据其地理分布被分为 3 组，即南亚组（South Asian，SA）、西非组（West African，WA）及东南非组（Eastern and Southern African，ESA）（图 7 - 15）。

3. 形态特征

CMG 的病毒粒子（图 7 - 16）由 2 个近等的联生正 20 面体构成，大小约 30nm×20nm；衣壳蛋白（CP）分子量约 30 ku，每个颗粒的衣壳内含 1 个单链环状 DNA；2 条

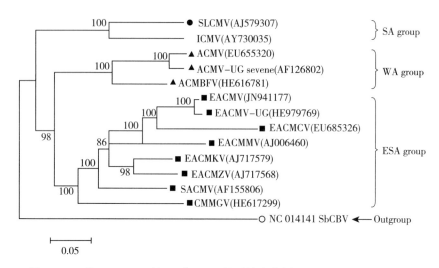

图 7 - 15　基于 DNA-A 的 11 种 CMG 的系统演化树（Tamura et al.，2011）

注：括号内为 DNA-A 的 NCBI 基因库的登录号；ACMV 为 *African cassava mosaic virus*，ACMV-UG 为 *ACMV-Uganda*，ACMBFV 为 *African cassava mosaic Burkina Faso virus*，CMMGV 为 *Cassava mosaic Madagascar virus*，EACMCV 为 *East African cassava mosaic Cameroon virus*，EACMKV 为 *East African cassava mosaic Kenya virus*，EACMMV 为 *East African cassava mosaic Malawi virus*，EACMZV 为 *East African cassava mosaic Zanzibar virus*，EACMV 为 *East African cassava mosaic virus*，EACMV-UG 为 *EACMV-Uganda*，ICMV 为 *Indian cassava mosaic virus*，SACMV 为 *South African cassava mosaic virus*，SLCMV 为 *Sri Lankan cassava mosaic virus*。

DNA（A 和 B）大小相近，每个 DNA 长 2.7~2.8kb；DNA 通过一种中间状态的 dsDNA 以旋转扩增方式进行复制（Hanley-Bowdoin et al.，1999）。DNA-A 携带有 6 个开放阅读框（ORF），每个 ORF 编码 1 个特定蛋白：AC1 复制相关蛋白（Rep）；AC2 转录激活蛋白（TrAP）；AC3 编码加强蛋白（REn）；AC4 编码 RNA 沉默抑制子；AV1 编码衣壳蛋白；AV2 编码运动蛋白（MP）。DNA-B 有 2 个 ORF：BV1 编码核穿梭蛋白（NSP）；BC1 编码运动蛋白（MP）。

　　通过电子低温显微分析和镜像重组从菜豆花叶病毒属的 ACMGs 侵染的本氏烟草植株中纯化获得两种类型的双生结构，经硫酸铯梯度离心后它们被区分为较轻的上部（T）和较重的底部（B）成分。T 粒子与寄主蛋白一同迁移，而 B 粒子则表现典型的完整病毒粒子而集中于铯密度区，两种类型的粒子都由 2 个不完全的正 20 面体构成，每个不完全的正 20 面体含 11 个壳体蛋白，但 T 粒子（直径 22.5nm）较 B 粒子（直径 21.5nm）稍大且不如 B 粒子紧密。T 粒子常与一些来源未知的直径约 14nm 小球体相伴。由白粉虱传播的 ACMV，其整体结构与一种由叶蝉传播的玉米条纹病毒属的玉米条纹病毒（MSV）相似，但正 20 面体的顶角不如 MSV 粒子的顶角突出。菜豆金黄花叶病毒属大多数病毒拥有双分体基因组，寄主为双子叶植物，由烟粉虱一种介体传播；而昆虫传毒主要取决于衣壳蛋白，所以可以想象到，ACMV 的 CP 结构可能已经适应于特定昆虫的不同受体蛋白。

三、病害症状

　　被 CMGs 侵染后植物的典型症状是引起新生嫩叶出现斑驳花叶，植株变形，小叶卷

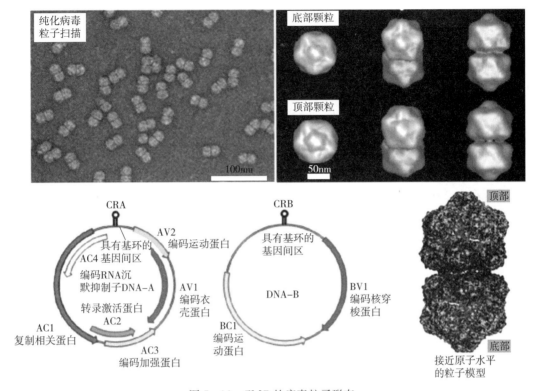

图 7-16 CMG 的病毒粒子形态

曲呈淡绿色或黄化叶；叶片变小而畸形，或从叶柄基部的离层脱落；块茎的数量和体积减小；不同病毒侵染引致的症状可能不同，不同植株和叶片的症状也许存在差异；在较高温度条件下，轻病株可表现隐症现象（彩图 7-12）。

CMGs 主要在木薯的营养生长期侵染，植株感病后最先在叶片上形成褪绿的小斑点，随后逐渐扩大并与正常绿色形成斑驳花叶状，这是花叶病毒病的典型症状。发病叶片普遍变小，叶片中部和基部常收缩成蕨叶状。发病植株通常变矮，结薯少而小，严重时甚至不能形成块根，导致产量降低甚至绝收。

受木薯品种抗性、病毒株系、田间环境等多方面影响，CMD 的症状有所不同。很多时候，发病部位仅为褪绿或淡黄色，也有只在叶片基部出现症状的，或者沿着叶脉变色的。症状严重程度随株系、季节、品种、田间管理不同而异，杂草多、长势弱的田块病害发生重。另外，CMD 在凉爽的天气发病严重，遇到高温季节容易出现隐症现象，即暂时不显示症状或者症状较轻。

在非洲，多种病毒或株系共同侵染是 CMD 的常见特性，当 ACMV 与一种类似于 EACMV 的 CMG 混合侵染时，就会发生种间协同互作，导致寄主组织的总病毒滴度提高及产生更严重的症状（Fondong et al.，2000；Harrison et al.，1997；Ogbe et al.，2003），这是非洲 CMD 泛域流行的一个重要特性（Harrison et al.，1997；Legg，1999；Otim-Nape et al.，1997）。

四、生物学特性和病害流行规律

1. 寄主范围

CMGs 的主要寄主是木薯（*Manihot esculenta*）和蓖麻（*Ricinus communis*），次要寄主有大豆（*Glycine max*）和麻风树（*Jatropha curcas*），还有一些野生植物，如豆科（Fabaceae）的山珠豆（*Centrosema pubescens*）、银合欢（*Leucaena leucocephala*）、三裂叶野葛（*Pueraria phaseoloides*）和望江南（*Senna occidentalis*），大戟科（Euphorbiaceae）的木薯胶树（*Manihot glaziovii*）等（CABI, 2019）。

2. 侵染来源

病毒存在于感病木薯植株的维管束内，是次年发病的重要侵染源；在传毒烟粉虱体内越冬的病毒也是次年田间初侵染的重要毒源。但有研究表明，种子和土壤都不带毒，木薯之外的其他寄主植物传毒到木薯，对 CMD 流行的影响也不明显。

3. 传播途径

带毒木薯种用插条的异地调运和交换，是 CMGs 远程传播的主要途径。据调查，2018 年，CMD 在我国多个木薯产区突然大面积发生，与种茎调运密切相关；在田间条件下，病害主要借助烟粉虱进行近距离传播，病害的危害程度和烟粉虱的种群数量之间存在着相关性，同时与在田间的分布与烟粉虱的分布也是一致的；另外，病毒还可通过农事操作、嫁接和植物组织汁液接触等途径在植株间或不同田间传播蔓延。

烟粉虱是 CMGs 的专化性传毒介体昆虫，其属于昆虫纲（Insecta）、同翅目（Homoptera）、粉虱科（Aleyrodidae），以持久循环型方式传毒。烟粉虱又称为银叶粉虱或番薯粉虱，其寿命一般 30～50d，一生经历卵、四龄若虫、蛹和成虫等不同发育阶段（彩图 7 - 13）。

4. 侵染循环

木薯插条植入田间一般 2～3 周后发出新叶，带毒粉虱到这些新叶上取食危害，这是感染病毒的关键时期，因为 CMGs 不能侵染成熟的老叶片；粉虱一般需要 3～4h 才能获毒，获毒后病毒在体内潜伏（复制增殖）约 8h 才能成功传毒；带毒粉虱到达新叶后需要取食 10min 才能使叶片感病；病毒在叶片细胞停留 8d 左右，其间病毒 DNA 进入细胞核进行复制增殖；随后病毒进入韧皮部，随碳水化合物的输送转移到叶柄基部，进入分枝中，并被转移到其他健康枝条及叶片中。植株被感染后经历 3～5 周的潜育期，然后才表现症状。在田间，随着烟粉虱的繁殖活动，生长季节可引起多次重复侵染。植株地上部感染病毒而根系不带毒，其原因尚不清楚；一个病株上病毒可传播周围其他健株的距离一般限于 10m 以内，这可能与烟粉虱的活动能力有关。

5. 发病条件

木薯花叶病毒病的发生和流行在很大程度上受环境因子制约，这些因子主要包括气温、光照、风、降雨、植物种植密度等（Alabi et al., 2011）。气温不仅直接影响病害，更重要的是影响传毒介体的种群数量及活动能力。一般在 20～32℃ 条件下烟粉虱繁殖力强，发育快，寿命长，非常有利于传毒和植物发病；光照强也能促进烟粉虱的繁殖和活动；烟粉虱成虫飞行速度仅为 0.2m/h，其本身的活动能力有限，所以风雨天气则有利于烟粉虱在植株间和田间活动转移，但强降雨可阻碍粉虱活动而不利于病害传播侵染。

木薯的种植时间对病害的影响严重，一般在种植后 2 个月内容易感病，3 个月后基本上就不再感病了。有人比较非洲热带雨林地区 3 月和 8 月栽插的木薯，病株率分别为 74% 和 4%（Fauquet et al.，1990），因为受气温和光照等的影响，病害在 7 月以前扩散很快，而在 8～9 月传播缓慢；栽培密度较小的田间，木薯生长旺盛，因此易于感病；长期栽培和大面积成片种植木薯，有利于侵染毒源的累积和传播，而木薯与其他作物间作或混作则可减轻发病。

五、诊断鉴定和检疫监测

1. 诊断鉴定

（1）症状诊断　于病害（我国南方省区于 6～9 月）发生期进行田间调查，根据前述木薯花叶病毒病的典型症状进行初步病害诊断。诊断时应注意，田间其他因素也有可能出现与该病毒病花叶类似的症状，应加以区分，例如缺镁造成植株下部叶片从边缘开始黄化、缺铁造成叶片整体变黄、除草剂造成叶片畸形皱缩等；干旱和缺素等生理性病变发生时，叶龄相近的叶片症状基本一致，而该病害造成的同一植株不同叶片之间的症状是有差异的；至于除草剂造成的药害症状，不会像病虫害一样发生扩散和传播。另外，解剖观察叶片栅栏组织，细胞缩短或者不能从叶肉海绵组织中分化出来；叶绿体畸形，光合作用减弱，而过氧化物同工酶活性提高。

（2）鉴别寄主检测　鉴别寄主有本氏烟草、克里夫烟草、曼陀罗；先在隔离温室的盆栽钵中育苗，待长出 3～4 片叶时用于接种鉴定。操作步骤如下：①采集田间具有典型症状的病叶样品。②将剪碎的病叶组织放入研钵中，加入 1 倍的磷酸缓冲液，充分研磨成汁液。③在鉴别寄主幼苗叶片上撒少量硅藻土，将汁液轻轻涂抹于叶片上。④用自来水冲洗叶片表面，做好标记。⑤将接种后的植株置于隔离温室中继续生长，每天观察记录寄主发病反应。⑥结果判定：CMG 侵染本氏烟草，叶片上初现褪绿斑，随后叶片系统性翻卷、畸形并产生疱斑；侵染克里夫烟草，叶片初现局部褪绿斑，后表现严重畸形、不规则黄脉和疱斑；侵染曼陀罗，叶片变形、局部褪绿和现坏死斑，后期发展为系统性脉带、卷叶和畸形。

（3）免疫电镜形态鉴定　按相宁等（2005）拟定的《进出口植物性产品中苯氧羧酸类除草剂残留量检验方法　气相色谱法》（SN/T 1616—2005）标准中描述的方法，进行制样：①先制作 Formvar 膜，将聚乙烯醇缩甲醛溶于三氯甲烷，配制成 0.1%～0.2% 的溶液，置于 4℃冰箱中备用；制膜时取一块干净玻片插入溶液中，取出倾斜放置待溶液挥发，用镊子或刀片沿玻片边缘划痕，再将玻片斜插入蒸馏水中，使薄膜从玻片上脱离并漂浮于水面，将一干净铜网小心放入水中，用一片滤纸盖在其上，捞出后置于培养皿中干燥备用。②将 1 滴（约 $10\mu L$）适当浓度的抗血清滴在石蜡板上，用包被有 Formvar 膜的铜网覆盖其上，在 37℃下放置 1h 后，用磷酸缓冲液（pH7.0）洗网 3 次，晾干。③将 1 滴病汁液置于石蜡板上，用包被有抗血清的铜网在病汁液上于 4℃下吸附 30～45min，用 5～7 滴 2% 钨甲胺（pH5.0）洗网，最后用 2% 乙酸双氧铀负染 1.0min，晾干后即可在电镜下观察测量。④结果判定：CMG 为双生病毒粒子，大小约 30nm×20nm。

（4）致病性试验　先在隔离温室中培育无毒木薯枝条，长出 3 片叶后用于接种；从田间采集新鲜病叶，按鉴别寄主鉴定接种的方法接种后，在 23℃ 和每天光照 14h 的温室中继续生长，3 周后开始观察记录发病情况；根据前述典型症状判定是否为 CMD。

（5）PCR 检测　此方法可用于检测所有造成非洲 CMD 的菜豆金黄花叶病毒属病毒，包括 7 种非洲木薯花叶病毒（表 7 - 8）。根据病毒共有的 DNA-A 序列设计的引物对 ACMV21F/ACMV21R （5′-GCAGTGATGTTCCCCGGTGCG-3′/5′-ATTCCGCTGCGCGGCCATGGAGACC-3′）扩增目的基因区 AC3/AC2/AC1，目的片段长 552bp，检测 7 种病毒：ACMV、EACMV、EACMCV、EACMKV、EACMMV、EACMZV、SACMV。根据引物对 ACMVB1/ACMVB2 （5′-TCGGGAGTGATACATGCGAAGGT-3′/5′GGCTACACCAGCTACCTGAAGCT-3′）扩增 DNA-Bd 的 BV1/BV2 目的基因区，片段长 628bp，特异性检测 7 种 ACMV；根据引物对 EACMVB1/EACMVB2 （5′-GAGGTCCTTTCTGGATACTGAGTCGG-3′/5′-GACAATCGCGTCAGCCTTGAAGACG-3′） 特异扩增 BC1 目的基因区，扩增片段长度 627bp，特异性检测 EACMV。

表 7 - 8　鉴定 CMD 的病原菜豆金黄花叶病毒属病毒种类的引物（Matic et al.，2012）

引物　　　　序列	目的基因区	扩增片段长度	检测病毒
ACMV21F：（GCAGTGATGTTCCCCGGTGCG）sense ACMV21R：（ATTCCGCTGCGCGGCCATGGAGACC）antisense	AC3/AC2/AC1	552bp	7 种病毒
ACMVB1：（TCGGGAGTGATACATGCGAAGGT）sense ACMVB2：（GGCTACACCAGCTACCTGAAGCT）antisense	BV1/BV2	628bp	7 种病毒
EACMVB1：（GAGGTCCTTTCTGGATACTGAGTCGG）sense EACMVB2：（GACAATCGCGTCAGCCTTGAAGACG）antisense	BC1	627bp	EACMV

用 Foissac 等（2001）的方法提取病毒质粒 DNA，将 0.5g 叶组织放入提取液（5mL 4mol/L 硫氰酸胍、0.2mol/L 醋酸钠、25mmol/L EDTA、1mol/L 醋酸甲、2.5% PVP 40K 和 1% β-巯基乙醇）中研磨成匀浆，13 000r/min 离心 5min 使匀浆澄清；取上清液 500μL 至一离心管中，加入 100μL 10% N-月桂酰基肌氨酸（NLS），置于 70℃ 下 10min，其间间歇性摇动；将 NLS 提取液置冰浴上 5min，13 000r/min 离心 10min；取 300μL 上清液，与 300μL 6mol/L NaI（1.87% Na₂SO₃）、150μL 95% 乙醇和 25μL 经高压灭菌的 1g/mL 硅胶混合均匀，在室温下（间歇性摇动）10min；5 000r/min 离心 1min，去上清液，沉淀用洗涤液（10mmol/L pH 7.5 Tris、0.5mmol/L EDTA、50mmol/L NaCl、50% 乙醇）洗涤两次；获得的硅胶沉淀晾干后，加入 200μL 无核酸重蒸水，置 70℃ 下 5min，13 000r/min 离心 2min，收集硅胶沉淀，取 150μL 放入一新离心管中，在 -20℃ 下保存备用。

用 AccuPrime™ Taq DNA 聚合酶试剂盒（Invitrogen，USA）或其他同类试剂盒，按产品说明书指示进行 PCR 扩增，扩增条件设置为 94℃ 5min，35 循环（94℃ 1min，55℃ 1min，72℃ 1min），最后 72℃ 延伸 5min。扩增产物在 1.2% 凝胶上电泳后经溴化乙啶染色，在紫外灯下观察拍照。

结果判定：用引物对 ACMV21F/ACMV21R 进行 PCR 扩增，若样品形成 552bp 条带，判定为阳性（带毒），否则为阴性（不带毒）；用 ACMVB1/ACMVB2 作为引物进行 PCR 扩增，若样品产生 628bp 扩增条带，则为感染 ACMV，呈阳性，否则为阴性；用引物对 EACMVB1/EACMVB2 进行 PCR 扩增，若样品产生 627bp 扩增条带，则为感染 EACMV，呈阳性，否则为阴性。

特异性 PCR 检测：根据黄贵修（2019）报道，我国南方 2018 年发生的 CMD 是由 SLCMV 所致。检测该病毒的特异性引物为 SLCMV-F/SLCMV-R（5′-ATGTCGAAGCG ACCAGCAGATATAAT-3′/5′-TTAATTGCTGACCGAATCGTAGAAG-3′）（Wang et al.，2016；Carvajal-Yepes et al.，2016），扩增的目的片段长约 700 bp。也可用引物 SLCMV A2 F/SLCMV A2 R（5′-TGTAATTCTCAAAAGTTACAGTC-3′/5′-ATATGG ACCACATCGTGTC-3′），扩增的目的片段长约 599 bp。

（6）多重（multiplex）PCR 检测 Jitendra 等（2018）使用的方法，用于检测和区分 SLCMV 和 ICMV，使用的引物见表 7-9。

表 7-9 多重 PCR 检测 CMD 的引物（Jitendra et al.，2018）

引物	序列	检测目的	参考文献
* Geminivirus F * Geminivirus R	TAATATTACCKGWKGVCCSC TGGACYTTRCAWGGBCCTTCACA	所有菜豆金黄花叶病毒属病毒 （560bp）	Deng et al.，1994
ICMV A2 F SLCMV A2 F SLCMV A2 R	GCTGATTCTGGCATTTGTA TGTAATTCTCAAAAGTTACAGTC ATATGGACCACATCGTGTC	区别 ICMV 和 SLCMV （900bp 和 599bp）	Patil et al.，2005

注：* K=G 或 T，R=A 或 G，S=C 或 G，Y=C 或 T，B=C、G 或 T，V=A、C 或 G。

DNA 提取：将 100～200mg 感病木薯叶片组织放入一塑料袋中液氮冰冻，立即转入研钵中研磨成匀浆，加入 1～2mL 十六烷基三甲基溴化铵（CTAB）缓冲液混匀；取 750μL 放入 1.5mL 离心管中，在 65℃下静置 10min，与 750μL 氯仿、异戊醇混合液（体积比 24：1）混匀，10 000r/min 离心 10min；将上清液转入一新的 1.5mL 离心管中，与等体积的氯仿、异戊醇混合液（24：1）混匀，10 000r/min 离心 10min；将 300μL 上清液置于一新的离心管，加入 600μL 在-20℃下冰冻的乙醇和 150μL 5mol/L NaCl，置于-20℃下 1.0h 以上，然后在 4℃下以 12 000r/min 离心 5min；去掉上清液后沉淀干燥 5min；加入 50μL TE 缓冲液或者重蒸水，保存于-20℃下备用。

PCR 反应体系（20μL）：10μL 2×Master Mix（制备好的 Taq DNA 聚合酶、dNTPs、PCR 缓冲液），2.0μL 模板 DNA，6.0μL 灭菌蒸馏水，1.0 pmol 的每个引物。

PCR 检测双生病毒时的反应条件：94℃ 2min；1 循环（94℃ 1min，58℃ 1min，72℃ 2min）；35 循环（94℃ 1min，56℃ 1min，72℃ 2min）；最后 72℃延伸 30min。

区分 SLCMV 和 ICMV 的多重 PCR 用它们的特异引物，扩增目的片段分别为 599bp 和 900bp。反应体系为上述体系加倍，即 40μL；反应条件为 94℃ 5min；35 循环（94℃

45s，57℃ 1min，72℃ 1min）；最后 72℃延伸 7min。

各反应都在 CR Palm Cylinder（Corbett Research，Australia）扩增仪中进行，按照各对引物的扩增反应条件完成，凝胶电泳前将扩增产物置于－20℃下。

电泳分析：扩增产物进行 1.2% 琼脂糖凝胶电泳分析。先将 0.8g 琼脂糖溶于 40mL 的 1×Tris borate EDTA（TBE）缓冲液中，冷却至室温后加入 1μL 溴化乙锭（以使扩增产物染色），混匀后倒入密封的电泳盘，将 14 孔梳插入一端（以形成样孔），让凝胶凝固；小心移除电泳盘两端的梳子，将凝胶电泳盘放入盛有 1×TBE 的电泳槽中；加入 Marker 和各样品的扩增产物于不同的样孔内，在 85V 下电泳，直到电泳带到达红线时停止。最后 UV 凝胶分析仪中观察扩增带并拍照。

结果判定：如果出现 560bp 扩增带，则样品带有菜豆金黄花叶病毒；出现 900bp 扩增带，样品带有 ICMV；出现 599bp 扩增带，则样品带有 SLCMV；不出现任何扩增带，则样品为阴性。

2. 检疫监测

CMD 的监测可参照本章杨树花叶病毒病相关监测技术。

六、应急和综合防控

1. 应急防控

应用于 CMD 尚未发生的非疫区。在非疫区，一般是严格执行检疫防控策略，禁止从疫区调种引种，同时通过严格的口岸检疫防止带有 CMGs 的木薯等相关产品传入。但是百密一疏，植物病害可能会因为某些隐晦的途径传入。因此在非疫区还需要加强监测，特别是在邻近疫区的非疫区更是如此。无论是检疫监测还是在非疫区田间监测发现 CMD 疫情，都需要及时采取相应措施，以彻底灭除病毒，防止扩散。

（1）检疫疫情处置　如果在机场、港口等检疫现场检测发现木薯等产品带毒，需要根据具体情况进行处置。①就地销毁相关带毒货品或材料，或拒绝货物入境，令其退回原发货地。②对于大批木薯块茎，可就地加工处理，生产成木薯干、淀粉等成品，成品经检验安全后再放行。③对于带毒木薯插条等繁殖材料就地销毁。④对于检验检疫未发现病害症状或病毒，但是可疑的繁殖材料，在检疫机构授权的具有隔离条件的地方进行隔离种植，确定不表现症状后放行。

（2）非疫区监测疫情处置　当监测发现 CMD 小范围疫情后，应对病害发生的程度和范围做进一步详细的调查，并报告上级行政主管部门和技术部门，同时要及时采取措施封锁病田，严防病害扩散蔓延；并配合有关部门采取有效措施，铲除病田及邻近一定范围内的所有木薯植株，集中烧毁；处理后的病田至少 1～2 年内不能种植木薯，需改种其他作物。

2. 综合防控

应用于 CMD 已经较普遍发生和分布的疫区，基本策略是综合协调地应用现有的措施，安全有效地将病害及其危害控制在引起显著经济损失的水平以下。

（1）培育和种植健康插条　木薯绝大多数采用茎秆插条栽培，而插条带毒又是次年 CMD 的重要侵染来源。因此使用不带毒的健康插条是减轻 CMD 的重要技术环节之一。其主要措施是在无病的地区培植种用木薯营养插条，并加强繁种田间木薯作物的各种病虫害防治，以培育健康壮实的无病插条用于次年栽培。切忌从发病田间植株上采集插条用于次年栽培用种；用无病插条作为繁殖材料，将插条剪短成带腋芽的单个节，在无病苗床上繁殖至长成木薯幼苗植株，然后再移栽到田间；采用不表现症状的植株顶部茎段作为插条，因为植株顶端一般病毒很少或者不带病毒。

（2）培育和使用抗/耐病品种　由于 CMD 在非洲发生的历史很长且危害严重，抗病木薯的研究也主要在非洲国家。有研究和试验表明，杂交木薯品种比较耐病，被病毒侵染后不表现症状或只有植株下部一两个嫩枝条表现症状，其产量基本不受影响。在东非用这类品种替代老的感病品种后，CMD 得到了一定的控制（Thresh et al.，2005）。

国际热带作物研究所（IITA）1973 年培育出的 TMS 30337、TMS 30395 和 TMS 30572 可能是世界上最早培育出来的抗花叶病木薯品系，它们可以在病毒侵染后仍能保持较高的产量，后来培育的最抗病的品系是 TMS 30001，其被侵染后基本上不表现任何症状（Terry et al.，1980；Terry，1982）；而 TMS 4（2）1425、TMS 60142、TMS 30572 等品系在生长早期被侵染后可能会表现症状，但后期可以恢复健康（Thress et al.，2005）。

在我国，由于以前没有发生 CMD，所以在抗 CMD 木薯育种方面的研究迄今几乎还是空白。国际上在转基因抗病毒作物的研究方面也还没有显著的进展，还看不到应用转基因抗病品种的希望。

（3）加强栽培管理　①在适当时期栽种，在非洲热带雨林地区，一年四季均可栽种木薯，8～9 月栽种较 3～5 月栽种可大幅度减轻发病。②行间不要太宽，要适当合理密植，因为一般种植太稀疏有利于侵染发病。③成片栽培一种木薯品种有利于病害流行，所以建议用不同的木薯品种混作，或实行木薯与玉米、香蕉、红薯、禾谷类和豆科等其他作物间作或套作，均可显著降低病害严重程度和危害。④生长期间合理施肥和灌水，促进木薯健康生长发育，增强抗病力。⑤生长早期进行田间观察监测，发现病株及时拔出，带出田间销毁。

（4）防治传毒介体　烟粉虱是 CMD 的传毒介体，因此防治烟粉虱对花叶病无疑具有控制作用。①利用烟粉虱对黄色、橙黄色的强烈趋性，可将纤维板或硬纸板表面涂成橙黄色，再涂上一层黏性油（可用 10 号机油），每亩地设置 30～40 块黄色板，置于与作物同等高度的地方，诱杀成虫。②用螺虫乙酯和阿维菌素各 2 000 倍液混合喷雾或用 10% 氟啶虫酰胺和 70% 吡虫啉两种药剂 1∶1 混合后稀释 1 500 倍喷雾，或者用扑虱灵、灭螨猛、联苯菊酯乳油等药剂进行烟粉虱的防治。防治宜在成株期前的生长早期进行；③国外还研究了烟粉虱生物防治和抗烟粉虱木薯品种选育方面的研究，但目前还没有非常有效的生物制剂和抗性品种。

主要参考文献

时涛，蔡吉苗，黄贵修，2015. 木薯花叶病的为害及其防治措施 . 植物保护，66：38 - 40.

时涛，蔡吉苗，黄贵修，2015. 木薯花叶病和褐条病的安全性评估 . 热带农业科学，35（5）：23 - 28.

Alabi O J，Kumar P L，Naidu R A，2008. Multiplex PCR for the detection of African cassava mosaic virus and East African cassava mosaic Cameroon virus in cassava. Journal of Virological Methods，154（1/2）：

111-120. DOI：10. 1016/j. jviromet. 2008. 08. 008. http：//www. sciencedirect. com/science/journal/01660934（retrieved 30May，2019）.

Alabi O J，Kumar P L，Naidu R A，2011. Cassava mosaic disease：A curse to food security in Sub-Saharan Africa. Online. APSnet Features. DOI：10. 1094/APSnetFeature-2011-0701. https：//www. apsnet. org/edcenter/apsnetfeatures/Pages/cassava. aspx.

Bock K R，Guthrie E J，Meredith G，1978. Distribution，host range，properties and purification of cassava latent virus，a geminivirus. Annals of Applied Biology，90（3）：361 – 367.

Bock K R，Harrison B D，1985. African cassava mosaic virus. AAB Descriptions of Plant Viruses：No. 297，6pp. Wellesbourne，UK：Association of Applied Biologists.

Bock K R，Woods R D，1983. Etiology of African cassava mosaic disease. Plant Disease，67（9）：994 – 995.

Bruyn A，De，Villemot J，Lefeuvre P，et al.，2012. East African cassava mosaic-like viruses from Africa to Indian Ocean islands：molecular diversity，evolutionary history and geographical dissemination of a bipartite begomovirus. BMC Evolutionary Biology，12（228）.

Buddenhagen I W，1977. Resistance and vulnerability of tropical crops in relation to their evolution and breeding. Annals of the New York Academy of Sciences，287，309 – 326. DOI：10. 1111/j. 1749 – 6632. 1977. tb 34249. x.

Böttcher B，Unseld S，Ceulemans H，et al.，2004. Geminate structures of African Cassava mosaic virus. J. Virology，78（13）：6758 – 6765.

CABI，2021. Cassava mosaic disease（African cassava mosaic）. In：Invasive Species Compendium，（2021 – 07 – 03）［2021 – 09 – 21］https：//www. cabi. org/isc/datasheet/2747https：//www. cabi. org/isc/datasheet/2535.

Carter S E，Fresco L O，Jones P G，et al.，1995. Introduction and diffusion of cassava in Africa.（ResearchGuide）.（49）. Ibadan，Nigeria：IITA.

Carvajal-Yepes M，Jimenez J，Bolaos C，et al.，2016. Surveying Cassava mosaic disease（CMD）and *Sri Lankan cassava mosaic virus*（SLCMV）in four provinces of Cambodia. TROPENTAG-2016.（2016 – 07 – 14）［2021 – 10 – 21］https：//www. researchgate. net/profile/Wilmer _ Cuellar /publication/315672090（retrieved 30May，2019）.

Chant S R，1958. Studies on the transmission of cassava mosaic virus by *Bemisia* spp.（Aleyrodidae）. Annals of AppliedBiology，46：210 – 215.

Deng D，McGrath P F，Robinson D J，et al.，1994. Detaction and differentiation of wuitefly – transmilted geminivirnses inplant and vecton inseets by Doeymerase chain reaction with degenerate primers. Annals of Applied Biology，125（3）：327 – 336.

Fauquet C，Fargette D，1990. African cassava mosaic virus：etiology，epidemiology and control. Plant Dis.，74（6）：404 – 411.

Foissac X，Svanella-Dumas L，Gentit P，et al.，2001. Polyvalent detection of fruit tree tricho –，capillo- and foveaviruses by nested RT-PCR using degenerated and inosine containing primers（PDO-RT-PCR）. Acta Horticulturae，550：37 – 43.

Guthrie J，2019. Controlling African cassava mosaic disease.（2019 – 05 – 23）［2021 – 09 – 04］https：//www. betuco. be/manioc/ Cassava%20 -%20Mosaic%20Disease. pdf（retrieved 30May，2019）.

Harrison B D，Barker H，Bock K R，et al.，1977. Plant viruses with circular single-stranded DNA. Nature，UK，270（5639）：760 – 762.

Harrison B D，Robinson D J，1988. Molecular variation in vector-borne plant viruses: epidemiological significance. The epidemiology and ecology of infectious disease agents. Proceedings of a Royal Society discussion meeting.

Hong Y G，Robinson D J，Harrison B D，1993. Nucleotide sequence evidence for the occurrence of three distinct whitefly-transmitted geminiviruses in cassava. Journal of General Virology，74（11）：2437 - 2443.

Jitendra K，Babindran R，2018. Detection of Geninvirus in cassava and differentiation between SLCMV and ICMV by multiplex PCR. International Journal of Agriculture Sciences，10（5）：5255 - 5259.

Legg J P，Kumar L P，Cuellar W，et al.，2015. Cassava Virus Diseases: Biology，Epidemiology，and Management. In: Advances in Plant Viruses，91：85 - 142.

Matic S，Pais da Cunha A T，Thompson J R，et al.，2012. An analysis of viruses associated with cassava mosaic disease three Anglon provinces. Journal of Plant Pathology，94（2），443 - 450.

Minato N，Sok S，Chen S，et al.，2019. Surveillance for *Sri Lankan cassava mosaic virus*（SLCMV）in Cambodia and Vietnam one year after its initial detection in a single plantation in 2015. PLoS One 14（2）：e 0212780.

Minato N，Sok S，Chen S，et al.，2019. Surveillance for *Sri Lankan cassava mosaic virus*（SLCMV）in Cambodia and Vietnam one year after its initial detection in a single plantation in 2015. PLoS One 14（2）：e 0212780.

Monde G，Walangululu J，Winter S，Bragard C，2010. Dual infection by cassava begomoviruses in two leguminous species（Fabaceae）in Yangambi，Northeastern Democratic Republic of Congo. Archives of Virology，155（11）：1865 - 1869.

Ndunguru J，Legg J P，Aveling T A S，et al.，2005. Molecular biodiversity of cassava begomoviruses in Tanzania: evolution of cassava geminiviruses in Africa and evidence for East Africa being a center of diversity of cassava geminiviruses. VirologyJournal，2：21.

Ogbe F O，Dixon A G O，Hughes J，et al.，2006. Status of cassava begomoviruses and their new natural hosts in Nigeria. Plant Disease，90（5）：548 - 553. DOI：10. 1094/PD-90 - 0548.

Prota N，2015. Study of drimane sesquiterpenoids from the Persicaria genus and zigiberene from Callitropsis noorkatensis and their effect on the feeding behaviour of *Myzus persicae* and *Bemisia tabaci*. PhD Thesis of Wageningen University，Wageningen，NL.

Protein Data Bank in Europe，2017. Near-atomic resolution structure of a plant geminivirus（*African cassava mosaic virus*）determined by electron cryo-microscopy. British Structure to Biology.

Stanley J，Gay M R，1983. Nucleotide sequence of cassava latent virus DNA. Nature，301（5897）：260 - 262.

Swanson M M，Harrison B D，1994. Properties，relationships and distribution of *cassava mosaic geminiviruses*. TropicalScience，34（1）：15 - 25.

Tennant P，Gubba A，Roye M，et al.，2018. Viruses as Pathogens: Plant Viruses. In: Viruses: Molecular Biology，Host Interactions and Applications to Biotechnology. Academic Press. P. 135 -156.

Terry E R，1982. Resistance to African cassava mosaic and productivity of improved cassava cultivars. In: EH Belen，M Villanueva，eds. Proceedings of the 5th Symposium of the Intern. Soc. Tropical Root and Tuber Crops. LosBa? os，Philippines：PCARRD，415 - 29.

Terry E R，Hahn S K，1980. The effect of cassava mosaic disease on growth and yield of a local and an improved variety of cassava. Tropical Pest Management 26，34 - 7.

Thomas J E，Massalski P R，Harrison B D，1986. Production of monoclonal antibodies to *African cassava mosaic virus* and differences in their reactivities with other whitefly-transmitted geminiviruses. Journal of General Virology，67：2739 - 2748.

Thresh J M，Cooter R J，2005. Strategies for controlling cassava mosaic virus disease in Africa. Plant Pathology（54）：587 - 614.

Wang H L，Cui X Y，Wang X W，et al.，2016. First Report of *Sri Lankan cassava mosaic virus* Infecting Cassava in Cambodia. Plant Disease，100（5），1029 - 1029.

Wyant P S，Gotthardt D，Schfer B，et al.，2011. The genomes of four novel begomoviruses and a new *Sida micrantha mosaic virus* strain from Bolivian weeds. Archives of Virology，156（2）：347 - 52.

Zimmermann A，906. Die krauselkrankheit des maniocs. Zweite Mittelung Der Pflanzer，2：145.

第十节　杨树花叶病毒病及其病原

杨树花叶病毒病的病原为杨树花叶病毒，是许多国家的检疫对象，1935 年首次报道发生于欧洲的杨树上，我国于 1962 年首次报道该病毒，现已在我国很多省市发生分布和危害，是我国重要的外来入侵物种和检疫对象。

一、起源和分布

有人认为杨树花叶病毒起源于北美洲的加拿大，所以又称之为加拿大杨树花叶病毒（*Canadian populus mosaic virus*），但有报道表明该病害于 1935 年首次发生在欧洲的杨树上（Atanasoff，1935）。迄今该病毒造成的杨树花叶病毒病已普遍发生于欧洲、北美洲以及亚洲的主要杨树种植区，国际上已记载杨树花叶病毒病发生的国家有荷兰、英国、保加利亚、加拿大、捷克、斯洛伐克、丹麦、波兰、意大利、格鲁吉亚、德国、韩国、奥地利、澳大利亚、比利时、法国、匈牙利、爱尔兰、日本、卢森堡、西班牙、瑞士、土耳其、坦桑尼亚、美国和委内瑞拉等。

我国于 1979 年在北京首次发现杨树花叶病毒病，到 1981 年在山东、河南、河北、湖南和湖北等省份的栽植区均有发生。有的地区发生较严重，如湖北省潜江县苗圃，一年生斯皮斗杨树花叶病毒病危害病株率达 100%，病情指数达 0.75。该病为系统性侵染病害，危害植株形成层、韧皮层和木质部，使木材结构异常，生长量下降 30%。患病严重的树木，叶片宽度变窄 1/4～1/3，叶片长度短 1/2。迄今，杨树花叶病毒已传播扩散至天津、河北、江苏、山东、河南、湖北、湖南、四川、陕西、甘肃、青海和辽宁等。

二、病原

杨树花叶病毒学名为 *Populus mosaic virus*（PopMV），异名有 *Canadian Populus mosaic virus*、*Populus latent virus*、*Populus mosaic carlavirus*。该病毒属于病毒域（Virus）、病毒界（Viruses）、RNA 病毒（门）、正单链 RNA 病毒（纲）、芜菁黄花叶病毒目（*Tymovirales*）、β 线状病毒科（*Betaflexiviridae*）、香石竹潜隐病毒属（*Carlavirus*）。

病毒粒子丝状，无包膜，长 575～750nm，直径 13nm；有的粒子有明显的中空轴心，其直径约 2.0nm；核酸螺旋构造可见或不明显，螺距为 3.5nm（图 7 - 17）。不同国家报道的病毒粒子长度有差异，其中英国报道的为 679nm，捷克的为 626nm，德国的为 620～700nm，荷兰的为 735nm，加拿大的为 654nm。

图 7 - 17　电子显微镜下 PopMV 粒子形态

病毒的纯制备样品中仅含一种沉积成分，其沉降系数 165 S（Berg，1964）。Boccardo 等（1976）分离纯化获得病毒的基因组，其由 RNA 构成，单链，不分体，长度为 6.48 kb，用酚或去污剂处理使其蛋白质失活后仍保持侵染活性，核酸的复制不需要辅助病毒。查询 NCBI GenBank 数据库获得的 PopMV 有两个 RNA 序列号：一个是 D13364：Em（40）_ vi：MVWTGBCPG Gb（84）_ vi：MVWTGBCPG，其编码衣壳蛋白、解螺旋酶蛋白和其他蛋白；另一个是 X65102：Em（40）_ vi：PMVCOATP Gb（84）_ vi：PMV COATP 7/931，328bp，其编码衣壳蛋白和 14ku 的蛋白。病毒粒子蛋白含一个主蛋白（Mr 40 000），外加一个蛋白碎片（Mr 30 000），另外，还有衣壳蛋白。

三、病害症状

发病初期在植株下部叶片上出现点状褪绿，常聚集为不规则少量橘黄色斑点。发病后期，有黑色坏死斑点出现于叶柄，基部周围隆起，叶片皱缩，变小变厚变硬，叶脉透明，甚至变为畸形叶片，嫩枝或顶梢的皮常形成破裂，严重者植株变形萎缩，顶梢干枯。有的叶脉和叶柄上有紫红色坏死斑，病斑中心组织枯死；属于系统侵染症状，杨树所有组织均可感染病毒，包括形成层、韧皮部和木质部（彩图 7 - 14；Berg，1964）。由于病毒对木质部组织分化的代谢干扰，导致生长受阻和木材结构畸形（Biddle et al.，1971b）。

植株一经发病，症状就会伴随一生，不会消失，但是病毒在树体中的分布没有规律。毛山楂杨感病后不表现症状，香脂杨、黑杨、棱角三角杨、链珠三角杨、密苏里三角杨、毛果杨、白杨、加拿大杨、中美杨被侵染后表现在小叶脉上出现细小黄斑；特别感病的品种可发生树皮、叶柄和叶脉坏死，杨树生长严重受阻，但这可能是几种病毒侵染所致。

有人观察，带毒的病株插条上初萌发的叶片不一定出现花叶，待 5 片叶子后才可见个别叶片上有轻微失绿斑块，大小不等，也无定位。二年生苗中部以上叶片，几乎都有花叶。春天花叶或出现明显斑块，夏天症状可能潜隐，秋后又明显。三年生以上大树，花叶不明显。

四、生物学特性和病害流行规律

PopMV 属于香石竹潜隐病毒属，与金银花潜隐病毒（*Honeysuckle latent virus*）有血清学关系（van der Meer et al.，1980；Brunt et al.，1980），而与豌豆条纹病毒、菊花B病毒、马铃薯 Y 病毒、红首蓿叶脉病毒、香石竹潜隐病毒、马铃薯 M 病毒和火葱潜隐病毒等不存在血清学关系。尽管 PopMV 在接种菜豆和豌豆后表现局部坏死斑，但这两种植物对与其有血清学关系的忍冬潜隐病毒却不感病；虽然其属于香石竹潜隐病毒属，但迄今还没有发现其传毒介体昆虫（Berg，1964；Schmelzer，1966；Boccardo et al.，1973；Cooper et al.，1981）。

大叶烟草（*Nicotiana megalosiphon*）和克利夫兰烟草（*Nicotiana clevelandii*）可用于繁殖和保存 PopMV，可用来自该植物的病毒汁液直接进行摩擦接种。同时，用这种含病毒的汁液比较容易通过柱层析等方法分离纯化病毒粒子。豇豆有时产生可计数病斑，但并不总是可靠的计数寄主。

病毒具有中等免疫性，通常可以获得其 1/2 048 滴度的抗血清，凝胶扩散测试方法分离不理想，而微量沉淀法分离可得到较好的结果。

在大叶烟草组织汁液中病毒的失活温度约 74℃，稀释终点为 10^{-5}，体外存活期在室温下为 2d，4℃下为 6d；在杨树汁液中加入 0.1g / mL 不溶性聚乙烯吡咯烷酮，则病毒活性会大幅度提高。

PopMV 可以通过机械摩擦接种，嫁接、根接是病毒的主要传播方式，林业生产中主要是随带毒插条传播，花粉也可能传播病毒。目前已知，杨树种子不带病毒，杨黑毛蚜和桃蚜不传毒，加州菟丝子和环卷菟丝子不能将来源于心叶烟草（*Nicotiana cordifolia*）的病毒传染给大叶烟草，其他昆虫是否传病尚待进一步研究。1.0cm 的杨树树尖接穗经 37～39℃下 4～10 周之后可除去其中的病毒（Sweet，1976；van der Meer，1981）。

PopMV 的自然寄主只有几种杨树。实验接种条件下，有多科的植物感病，其中茄科（Solanaceae）13 种，杨柳科（Salicaceae）8 种，豆科（Leguminosae）7 种，葫芦科（Cucurbitaceae）3 种，藜科（Chenopodiaceae）3 种，夹竹桃科（Apocynaceae）、忍冬科（Caprifoliaceae）、十字花科（Compositae）、唇形科（Labiatae）、锦葵科（Malvaceae）、花荵科（Polemoniaceae）、玄参科（Scrophulariaceae）、番杏科（Tetragoniaceae）、金莲花科（Tropaeolaceae）及伞形花科（Umbelliferae）各 1 种植物。接种后可感病的一些重要寄主种类有金鱼草（*Antirrhinum majus*）、落花生（*Arachis hypogaea*）、菊叶香藜（*Chenopodium foetidum*）、墙生藜（*Chenopodium murale*）、藜麦（*Chenopodium quinoa*）、黄瓜（*Cucumis sativus*）、笋瓜（*Cucurbita maxima*）、西葫芦（*Cucurbita pepo*）、曼陀罗（*Datura stramonium*）、紫花曼陀罗（*Datura tatula*）、野胡萝卜（*Daucus carota*）、大豆（*Glycine max*）、香豌豆（*Lathyrus odoratus*）、三月花葵（*Lavatera trimestris*）、普通忍冬（*Lonicera periclymenum*）、克利夫烟草、底比拟烟草（*Nicotiana debneyi*）、心叶烟草（*Cordifolia*）、大叶烟草、西方烟草（*Nicotiana occidentalis*）、烟草（*Nicotiana tabacum*）、黄花烟草（*Nicotiana rustica*）、爱德华逊烟（*Nicotiana edwardsonii*）、罗勒（*Ocimum basilicum*）、矮牵牛（*Petunia hybrida*）、菜豆（*Phaseolus vulgaris*）、福禄草（*Phlox drummondii*）、洋酢浆草（*Physalis floridana*）、豌豆（*Pisum sativum*）、香脂杨、白杨、棱角三角杨、链珠三角杨、密苏里三角杨、毛山楂杨、黑杨、加拿大杨、中美杨、番杏（*Tetragonia tetragonioides*）、旱金莲（*Tropaeolum majus*）、蚕豆

（*Vicia faba*）、豇豆（*Vigna unguiculata*）及百日菊（*Zinnia elegans*）。

另外还有一些可疑寄主，其包括尾穗苋（*Amaranthus caudatus*）、甜菜（*Beta vulgaris*）、油菜（*Brassica campestris* f. sp. *chinensis*）、花椰菜（*Brassica oleracea* var. *botrytis*）、卷心菜（*Brassica oleracea* var. *capitata*）、辣椒（*Capsicum annuum*）、鸡冠花（*Celosia argentea*）、藜（*Chenopodium album*）、苋色藜（*Chenopodium amaranticolor*）、球花藜（*Chenopodium foliosum*）、猪屎豆（*Crotalaria spectabilis*）、须苞石竹（*Dianthus barbatus*）、千日红（*Gomphrena globosa*）、向日葵（*Helianthus annuus*）、白羽扇豆（*Lupinus albus*）、番茄（*Lycopersicon esculentum*）、欧洲千里光（*Senecio vulgaris*）、菠菜（*Spinacia oleracea*）及三叶草（*Trifolium repens*）等。

杨树植株感染病毒后，病毒粒子主要存在于叶肉组织、维管束薄壁组织、栅栏组织细胞中，在细胞质和胞间连丝也偶见类似病毒粒子，在被侵染的细胞中未见内含体。病毒侵染杨树后细胞壁增生，但大叶烟草的细胞壁结构则没有变化，这两种植物的内质网都发生聚集现象，寄主细胞内可见松散的病毒质粒。

带毒植株是病毒主要的越冬场所和初侵染源。再侵染源是当年发病植株。主要是蚜虫传播。在苗圃中，病叶从春到秋均能发生，新梢增多的季节是发病高峰期，病害多在6月开始发生，7～8月病情发展较快。

PopMV几乎没有株系分化，但是杨树的不同种、杂交组合或无性系对此病毒的抗性差异很大。抗病性鉴定结果显示，抗病类型对该病毒免疫，但是接种时可引起叶绿体细胞畸形；耐病类型虽然可感染病毒，但症状表现不明显甚至不表现症状；感病类型病组织中病毒粒体浓度较高，表现出明显的生长衰退和叶部症状。一般黑杨比青杨品种受害重。杨树病毒病的危害影响还与树龄有关，一般树龄越小的越容易感病，症状也较重，造成的损失也越大。土壤肥沃湿润发病较轻，反之则发生严重。

五、诊断鉴定和检疫监测

1. 诊断鉴定

（1）症状检验 于6～9月发病期间进行，检查染病叶片上是否出现花叶，橘黄色线纹或斑点；边缘褪色发焦，沿叶脉为晕状透明；主脉或侧脉及叶柄呈现紫红色坏死斑，叶柄基部隆起，有褐色坏死斑。发病盛期在5月下旬至6月期间。

（2）鉴别寄主试验 国外报道的一套鉴别寄主的方法：接种大叶烟（*N. megalosiphon*）表现局部褪绿或坏死斑和系统花叶症状；在心叶烟上出现局部褪绿斑和系统性叶脉褪绿；豇豆（*Vigna unguiculata*）叶片上为局部红褐斑；菜豆（*Phaseolus vulgaris*）叶片上为局部坏死斑（图7-18）；普通烟白伯利品种（*N. tabacum* cv. White Burley）和千日红（*Gomphrena globosa*）不感病。来源于杨树的侵染性病毒直接接种藜麦不表现症状，但经过大叶烟接种后再接种藜麦就产生大量局部病斑和系统花叶症状。

还有另外一套鉴别寄主的方法：接种大叶烟和心叶烟10d后产生局限性微小褪绿斑，之后表现系统性明脉和卷叶，叶脉偶尔出现坏死症状。三角花葵接种后先产生小的坏死斑，然后出现系统性明脉和叶脉坏死状；豇豆接种7d后产生局限性小红斑，趋向于沿叶脉发展，20d后出现系统性明脉，而后叶脉变红，叶片脱落。

欧美杨（*P.euramerana*）Robusta
品种叶片上的花叶症状

欧美杨Rogenerata
品种叶片上的褪绿斑

大叶烟
叶片上的系统性病斑

豇豆
叶片上的局部病斑

图 7-18　几种鉴别寄主上杨树花叶病毒病症状特征

（3）电镜检验　进行电镜观察，需要先获得纯化的病毒，可采用下面两种相近的方法。

① 将感染病毒的大叶烟冷冻后，放入缓冲液（0.05mol/L Na_2HPO_4＋1mmol/L 乙二胺四乙酸二钠盐＋0.2mol/L Na_2SO_3；pH 7.5）中捣碎，低速离心，加入硫酸铵（至30%～45%饱和度）使病毒沉淀，再用缓冲液让病毒悬浮。通过蔗糖密度梯度离心或用氯仿澄清，在 2%琼脂糖柱中进行分子排阻层析，得到纯化的病毒。此病毒聚合紧密，通过超速离心沉淀的病毒很难再悬浮（Biddle et al.，1971）。

② 将病叶以 3：4（质量体积比）加入 0.5mol/L 磷酸钾缓冲液（pH 7.0），含 0.02mol/L 亚硫酸钠，0.005mol/L 的乙二胺四乙酸（EDTA）和 0.01mol/L 的二乙胺基二硫代甲酸钠（DIECA），在研钵内匀浆，纱布过滤。滤液中加入等体积的氯仿搅拌15min，经6 000r/min离心 15min，上清液经 30 000r/min 离心 2h，沉淀物以缓冲液去掉DIECA，重悬浮后过夜，次日轻轻悬浮后再经 6 000r/min 离心 15min。上清液以重悬浮液配成60%～10%的线形蔗糖梯度，上层放上清液。密度梯度经25 000r/min 离心 2h。离心后取病毒带，用 2 倍体积重悬浮缓冲液稀释，经 40 000r/min 离心 90min。采用 0.5mol/L 磷酸钠缓冲液（含 0.02mol/L 亚硫酸钠和 0.005mol/L EDTA 的重悬浮缓冲液），pH 7.0，将上述离心的沉淀小球立刻重悬浮。将病毒样品置于附有 Formvar 膜的铜

网上，用2％磷钨酸负染2min，吸去多余染料，晾干即得到纯化病毒粒子。

用上述方法纯化的病毒可用于电镜检验，在电镜下观察病毒颗粒：PopMV的粒子为略弯曲的线状，长575～750nm。

（4）血清学检验　根据实验条件可分别选用免疫双扩散、酶联免疫吸附试验（ELISA）和免疫电镜等方法。ELISA操作过程如下：

①用密度梯度离心方法制备病毒粒子，如果纯度不够，再过Sepharose 4B柱层析纯化、浓缩。

②抗血清制备和免抗PMV抗体的提纯：用提纯的PMV免疫家兔时加等量福氏完全佐剂，乳化后做皮下及皮下肌肉多点注射。共注射4次，每次间隔7d，末次静脉加强免疫后7d采血。抗血清先用50％饱和度的硫酸铵提取IgG抗体。将其溶于一定体积的无菌生理盐水中，再用33％饱和度的硫酸铵反复提取3次。再溶于一定体积的生理盐水中，在4℃冰箱中加入生理盐水透析，直到用奈氏试剂检查无NH_4^+为止，再置于4℃冰箱中加入0.017 5mol/L（pH 6.3）磷酸盐缓冲液透析过夜。抗体溶液离心去沉淀后过DEAE纤维素柱（DE-32）。平衡洗脱缓冲液仍用pH 6.3，0.017 5mol/L磷酸盐，分管收集洗脱液，用分光光度计测各管波长280nm和260nm处的吸收值，收集吸收峰的洗脱液，4℃下用0.1mol/L（pH 9.5）碳酸缓冲液透析过夜后测定蛋白质浓度，制备成浓度5mg/mL溶液，供标记用。

③戊二醛二步法酶标记抗体：10mg辣根过氧化物酶溶于0.2mL含1.25％戊二醛的0.1mol/L、pH 6.8的磷酸缓冲液。室温下放置18～20h，然后取反应物于4℃下用生理盐水进行透析，透析后用生理盐水补足至1mL。加入1mL（5mg/mL）免抗PMV的IgG抗体和0.1mL（pH 9.5），0.1mol/L的碳酸盐缓冲液，混匀，置于4℃下24h后，加入0.1mL 0.2mol/L赖氨酸。室温下放置2h。反应物置于4℃冰箱中加入0.15mol/L（pH 7.4）磷酸盐缓冲液透析24h，后经4 000r/min离心15min，上清液加入等体积的100％的硫酸铵溶液，充分混匀后，置4℃冰箱1h，经4 000r/min离心20min，沉淀用50％的硫酸铵洗2次，沉淀最后溶于少量上述缓冲液，并对该溶液透析至无NH_4^+为止，测波长403nm、280nm处的吸收值，按下列公式计算酶量、IgG量、摩尔比值。

酶量（mg/mL）＝403nm吸收值×0.4

IgG量（mg/mL）＝[280nm吸收值－（403nm吸收值×0.42）]×0.94×0.62

摩尔比值＝酶量×4/IgG量

④双夹心抗体法测定抗原：首先将试验用的聚苯乙烯微滴板用10％NaOH和浓硫酸浸泡处理，自来水洗净，双蒸水浸泡过夜，晾干后使用。具体方法如下：①抗体包被，将适当浓度IgG抗体吸附到孔壁上。每孔加抗体液0.2mL（用0.1mol/L，pH 9.5碳酸缓冲液稀释抗体），37℃孵育2h后，4℃过夜，次日取出甩干各孔内的抗体液，加含0.05％吐温-20的0.02mol/L、pH 7.2磷酸盐缓冲液0.3mL，静置5min，甩干，如此洗涤3次。②加抗原，在已有抗体包被的孔内，加入适当稀释度的待检抗原0.2mL（用含0.05％吐温-20的0.02mol/L、pH 7.2磷酸盐缓冲液稀释抗原），37℃孵育3h，甩干各孔内的抗原液，按上法洗涤3次。③加标记抗体，在上述洗后的孔内加入适当稀释度的标记抗体液0.2mL（稀释液同抗原），37℃孵育2h，甩干各孔内标记抗体液。重复洗3次。④加底物

0.2mL（40mg 邻苯二胺和 0.15mL 的 30% H_2O_2 溶解于 100mL pH 5.0 的磷酸盐-柠檬酸盐缓冲液），37℃保温 40min 后，每孔加入 1 滴 2mol/L 硫酸终止反应，读取波长 492nm 处的吸收值。如果吸收值同已知不含 PopMV 的样品阴性对照相同，则为阴性；若吸收值远大于阴性对照，则为阳性。

（5）分子检测　采用 Werner 等（1997）建立的免疫吸附反转录 PCR 技术（immuno-captured reverse transcription PCR）和 Buttner 等（1996）检测樱桃卷叶病毒的免疫吸附 PCR 技术。检测 PopMV 以 P4（5′-TGGCATCTCAATCAGCAAGTTA-3′）作为上游引物和 P3（5′-AGTCAAAAGTGTCAAAGGCGGC-3′）作为下游引物，P4、P3 引物与 PopMV 衣壳蛋白基因序列的一个片段相匹配。将免疫吸附的 PopMV 病毒粒子冲洗后，加入 3U AMY 反转录酶和 100 pmol P3，在 20μL 50mmol/L Tris-HCl（含 8mmol/L MgCl，30mmol/L KCl，1mmol/L DTT，1mmol/L dNTP's，10 U RNA 酶抑制剂，pH 8.5）中，在 55℃下静置 1h 进行 PopMV RNA 的反转录；在 95℃下 3min 使反转录酶热失活；取 2μL 反转录 cDNA 液，加入 10mmol/L Tris-HCl（含 1.5mmol/L $MgCl_2$，50mmol/L KCl，20 pmol 每种引物）中，并定容至 100μL（pH 8.3），制成 PCR 反应体系；在（Grant）Autogene Ⅱ PCR 仪中循环 35 次扩增病毒的 cDNA，每次循环包括 55.5℃下 60s 引物退火、72℃下 60s DNA 延伸、95℃下 30s 变性。扩增产物在 2% 琼脂糖凝胶上电泳，经溴化乙啶染色后在紫外灯下观察并拍照记录，检测结果。PCR 扩增产物电泳指纹图中出现 512 bp 条带（图 7-19），则样品为阳性；阴性对照和不带毒样品无此条带。

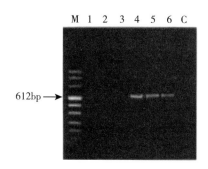

图 7-19　PopMV 的免疫吸附反转录 PCR 检测结果（Werner et al.，1997）

注：泳道 M 为 DNA 标记分子；泳道 1~3 为不带毒杨树叶片样品；泳道 4 为带毒样品，泳道 C 为不加任何样品的阴性对照。

2. 检疫监测

杨树花叶病毒病的检疫监测包括一般性监测、产地检疫监测和调运检疫监测，其可按照我国有关方面制定的杨树花叶病毒病检疫技术操作办法中拟定的检验检疫规范进行。

（1）一般性监测　主要调查我国的杨树大面积种植地区，需要对交通干线两旁区域、苗圃、有相关外运产品的生产单位进行访问调查、大面积踏查、系统调查。

访问调查：向当地居民询问有关杨树花叶病毒病发生地点、发生时间、危害情况，分析病害传播扩散情况及其来源。每个社区或行政村询问调查 30 人以上。对询问过程中发现的癌肿病（菌）可疑存在地区，进一步深入重点调查。

大面积踏查：在 PopMV 的非疫区，于 5～7 月在杨树生长期间的适宜发病期进行一定区域内的大面积踏勘，粗略地观察林间的病害发生情况。观察时注意植株生长是否异常和表现前述花叶病症状。在种苗繁育基地、杨树栽植地、周边树林，以自然界线、道路为单位进行线路（目测）踏查。调查寄主叶片是否呈现花叶、星状褪绿斑点、叶脉坏死、叶柄基部肿大，茎上是否出现小枯斑或裂口。观察寄主叶片上的小支脉是否出现橘黄色线纹或叶面是否布有橘黄色斑点、主脉或侧脉是否呈紫红色坏死斑、叶片是否皱缩提早落叶。确认有疫情后需进一步掌握危害情况的，应设标准地（或样方）做详细系统调查。

（标准样方）系统调查：在杨树生长季节做定点、定期调查。在种苗繁育基地样方调查时，样方的累积面积应不少于调查总面积的 5%，每块样方面积为 5m²，样方内的苗木应逐株进行调查。在林分标准地调查时，片林按林分面积设置标准地，50hm² 以下（含 50hm²）至少设 3 块，50hm² 以上每增加 30hm² 增设 1 块。周围树林每 200 株 1 块；每块标准地面积为 0.1hm²，在标准地内随机抽取样树 20～30 株，记载发病面积、病株率和病害严重程度。调查时用 GPS 测量样地的经度、纬度、海拔，同时还需记录杨树种类或品种，树苗来源、栽培管理制度或措施等。

杨树花叶病毒病植株的分级标准：0 级，植株健康。1 级，个别叶片零星花叶，个别叶缘有枯焦和皱缩。2 级，植株叶片一半有花叶，叶缘有明显枯焦和皱缩。3 级，植株叶片大部花叶，植株变形，部分顶梢枯死。4 级，植株全部花叶、矮小、全株枯梢。

杨树花叶病毒病林间发生危害程度分级：根据大面积调查记录的危害情况将杨树花叶病毒病发生危害程度分为 6 级：0 级，无病害发生。1 级，轻微发生，发病面积很小，只见零星的发病植株，病株率 5% 以下，病级一般在 2 级以下，造成减产<5%。2 级，中度发生，发病面积较大，发病植株非常分散，病株率 6%～20%，病级一般在 3 级以下，造成减产 5%～10%。3 级，较重发生，发病面积较大，发病植株较多，病株率 21%～40%，少数植株病级达 4 级，造成减产 11%～30%。4 级，严重发生，发病面积较大，发病植株较多，病株率 41%～70%，较多植株病级达 4 级以上，造成减产 31%～50%。5 级，极重发生，发病面积大，发病植株很多，病株率 71% 以上，很多植株病级达 4 级，造成减产>50%。

在非疫区：若大面积踏查和系统调查中发现疑似杨树花叶病毒病植株，要现场拍照记录，并采集具有典型症状的病叶标本，装入清洁的标本袋内，标明采集时间、采集地点及采集人，送外来物种管理或检疫部门指定的专家鉴定。有条件的，可直接将采集的标本带回实验室鉴定。如果专家鉴定或当地实验室检测确定了杨树花叶病毒病，应进一步详细调查当地附近一定范围内的作物林间发病情况。同时及时向当地政府和上级主管部门汇报疫情，对发病区域实行严格封锁和控制。

在疫区：根据调查记录杨树花叶病毒病发生的范围、病株率和严重程度等数据信息，参照有关规范和标准制定病害综合防治策略，采用恰当的病害控制技术措施，有效地控制病害，以减轻产量和经济损失。

（2）产地检疫监测　在杨树原产地生产过程中进行的检验检疫工作，包括林间实地系统调查、室内检验、签发允许产品外调证书，以及监督生产单位做好病害控制和疫情处理等工作程序。杨树花叶病的检疫监测，可在作物生长期或发病高峰期进行 2 次以上的调查，首先选择一定线路进行大面积踏查，必要时做田间定点调查。

检疫踏查一般是进行杨树林间症状观察，重点是公路和铁路沿线的田地。更为重要的是调查苗圃，直接观察植株是否带有花叶症状，同时抽样进行室内检测检验。

田间系统定点调查重点是感病杨树林和苗圃发病情况（病株率、严重程度等），田间调查中除了要做好详细观察记录外，还要采集合格的标样，供实验室检测使用。

室内检验应用前述常规生物学技术和分子生物技术，对苗圃和林间系统调查采集的样品进行检测，检测确认采集样品是否带有 PopMV。

在产地检疫各个检测环节中，如果发现杨树花叶病毒病，应根据实际情况，立即实施控制或铲除措施。疫情确定后一周内应将疫情通报给苗木和产品调运目的地的农林外来入侵生物管理部门和植物检疫部门，以加强目的地对作物产品的检疫监控管理。

（3）调运检疫监测　在杨树苗木等产品进口现场进行抽样观察，检查叶片是否有大小不等的失绿斑块。苗木及繁殖材料应检查叶片是否有花叶症状。苗木及繁殖材料按一批货物总件数（株）的 1% 抽取样品，采取分层方式设点抽样检查；少于 20 株（条）的全部检查；从疫情严重的国家或地区引进的品种、品系，需增大抽样比例或逐株调查。现场确认有花叶症状的，需将样品带回室内做进一步鉴定。

3. 检疫处理

经产地及调运现场检疫监测和实验室鉴定检测，确认不携带 PopMV 的杨树种苗等货物出具检疫合格证，予以放行；对于暂时未能检测出但疑似带毒的苗木等繁殖材料，需先在隔离区苗圃种植，经 1~2 个生长季节监测观察，若未发现花叶病毒病症状植株，应予以放行和允许扩大种植，否则按规定予以销毁；经检验检疫发现带毒杨树苗木，需要现场扣留销毁或将货物退回原发货商家处理。

六、应急和综合防控

对杨树花叶病毒病需要依据病害的发生发展规律和流行条件，执行"预防为主，综合防治"的基本策略。在非疫区和疫区分别实施应急防控和综合防控措施。

1. 应急防控

应用于 PopMV 的非疫区，所有技术措施几乎都强调对病原的彻底灭除，目的是限制病害的扩散。无论是在交通航站检出带毒物品，还是在田间监测中发现病株，都需要及时地采取应急防控措施，以有效地扑灭病原。

（1）调运检疫检出 PopMV 的应急处理　旅客携带的种苗等有关物品检出该病毒，应全部收缴扣留，并销毁。对检出带有花叶病毒病的种苗和其他产品，应拒绝入境或将货物退回原地。对不能退回原地的物品要及时就地封存，然后视情况做应急处理。

产品销毁处理：港口、机场、车站检出带病货物及包装材料可以直接就地安全烧毁。

检疫隔离处理：如果是引进苗木或枝条接穗栽培，必须在检疫机关设立的植物检疫隔离中心或检疫机关认定的安全区域隔离种植，经生长期间观察，确定无病后允许释放出去。

（2）林间杨树花叶病毒病的应急处理　在杨树花叶病毒病的非疫区监测发现小范围疫情后，应对病害发生的程度和范围做进一步详细的调查，并报告上级行政主管部门和技术部门，同时要及时采取措施封锁病田，严防病害扩散蔓延。然后做进一步处理。铲除病田发病植株并彻底销毁。

经过林间应急处理后，应该留一小面积田继续种植树苗，以观察应急处理措施对病害的控制效果。若在2～3年内未监测到发病，即可认定应急铲除效果，并可申请解除当地的疫情应急状态。

2. 综合防控

应用于杨树花叶病毒病已普遍发生分布的疫区，基本策略是以使用健康抗病杨树种苗为主，结合加强林物田间管理等预防措施，有效地控制病害的发生危害。

（1）使用抗病杨树品种　欧洲各国已经以新一代抗疫品种代替带病品种作为防治措施，如意大利新推广的路易斯·阿凡梭（Louis Avanso）及屈波（Triplo）杨等。一般青杨类品种比黑杨类更抗病，受PopMV侵染和危害较轻。

（2）使用健康无病种苗　由于林业生产中病毒主要是随带毒插条传播，所以在建立杨树苗圃时，需要从确认无病的杨树上获取健康插条，培育健康幼苗，在新育杨树林使用。国外研究，杨树枝条顶部1.0cm的茎尖很少或基本不带病毒，将茎尖接穗经37～39℃下4～10周处理之后可基本脱除其中的病毒（Sweet，1976；van der Meer，1981），所以可以此茎尖热处理脱毒技术处理后进行组培育苗，可以获得健康幼苗。

（3）加强杨树苗圃管理　在育苗期间要加强苗圃管理，培育优质健壮的杨树幼苗供育林使用；在营林时要采取多种树林相结合的方式，避免只种植单纯杨树树种或品种；要加强对林间的清理工作，对植株及时进行修剪，剪除病虫枝和弱枝条，连带清除林间枯枝落叶，一并销毁；合理施肥和灌水，以保障树木健康生长，增强杨树树势和抵抗力。此外，还要及时控制其他杨树病虫害。

（4）化学防治　某些植物增抗剂可能对病毒有一定的抑制作用，如我国湖北曾使用0.3%硫酸锌溶液控制此病，其用药量为$0.75\sim2.25\text{kg/hm}^2$，被认为有一定的控病效果。但迄今为止，对植物的病毒病基本上还没有有效的化学药剂可用。对昆虫传播的植物病毒病的化学防治，主要是通过使用杀虫剂防治传毒昆虫而间接地控制病害。对于PopMV，还没有确认可以通过介体昆虫传播蔓延，所以对此还缺乏很有效的化学防治方法。

主要参考文献

蔡三山，陈京元，2007. 杨树花叶病毒研究进展. 湖北林业科技（2）：36-39.

刘洪伶，2016. 杨树花叶病毒病的发生与防治. 现代农业科技（1）：20-26.

曲涛，2018. 杨树花叶病毒病.（2018-11-28）　[2021-08-17] http：//www.kepuchina.cn/xc/201811/t 20181112_805585.shtml.

向玉英，1982. 杨树花叶病毒病的调查研究. 林业科技通讯（9）：27-30.

向玉英，1990. 杨树上发生的两种病毒. 林业科学研究，3（6）：553-557.

向玉英，奚中兴，张恒利，1984. 杨树花叶病毒病危害及病毒特性的研究. 林业科学，20（4）：441-446.

Atanasoff D，1935. Old and new virus diseases of trees and shrubs. Phytopathol. Z（8）：197-223.

Atkinson M A，Cooper J I，1976，Ultrastructural changes in leaf cells of Populus naturally infected with *Populus mosaicvirus*，Ann. Appl. Biol，83：395.

Berg T M，1962. Some characteristics of a virus occurring in Populuss. Nature，London（194）：1302-1303.

Biddle P G，Tinsley T W，1971a. *Populus mosaic virus* in Great Britain. NewPhytol.（70）：61-66.

Biddle P G，Tinsley T W，1971b. *Populus mosaic virus*. Description of Plant Viruses.（1971-09-23）［2021-10-22］http：//www. dpvweb. net/dpv/showdpv. php？dpvno＝75.

Biddle P G，Tinsley T W，1971. Some effects of *Populus mosaic virus* on growth of Populus trees. NewPhytol.（70）：67-70.

Boccardo G，Milne R G，1976，*Populus mosaic virus*：electron microscopy and polyacrylamide gelanalysis，Phytopathol. Z.（87）：120-124.

Brunt A A，Crabtree K，Dallwitz M J，et al.，1996. Plant Viruses Online：Descriptions and Lists from the VIDE Database. Version：16th 1997.

Brunt A A，Phillips S，Thomas，1980. Honeysucle latent virus，a carlavirus infecting Lonicera perichymenum and L. japonica（Caprifoliaceae）. ActaHort，110：205.

Brunt A A，Stace-Smith R，Leung E，1976. Cytological evidence supporting the inclusion of *Populus mosaic virus* in the Carlavirus group of plantviruses. Intervirology（7）：303-308.

CABI，2021. Poplar mosaic virus. In：Invasive Species Compendium.（2021-06-17）［2021-09-23］https：//www. cabi. org/isc/datasheet/43798.

Castellani，1966. Report on two little-known Populus diseases In：Breeding Pest Resistant Trees，NATO and NSF Symp. PergamonPress. P. 89-96.

Cooper J I，1993. Virus Diseases of Trees and Shrubs，2nd edn. Journal of Turkish Phytopathology（15）：46-59.

Cooper J I，Edward M L，1981. The distribution of *Populus mosaic virus* in hybrid Populuss and virus detection byELISA. Ann. Appl. Biol.（99）：53-61.

Henderson J，Gibbs M J，Edwards M I，et al.，1992. Partial nucleotide sequence of *Populus mosaic virus* RNA confirms its classification as a carlavirus，J. Gen. Virol 73，1887-1890.

Koenig R，1982. Carlavirus group，CMI/AAB Descriptions of Plant VirusesNo. 259.

Martin R R，Berbee J G，Omuemu J O，1982. Isolation of a potyvirus from declining clones of Populus. Phytopathology（72）：1158-1162.

Navratii S，1979. Virus and virus-like diseases of Populus：are they threatening diseases? Report 19：Populus research，management，and utilization in Canada. For. Res. Inf. Pap. 102. Ottawa：Ontario Ministry of NaturalResources（19）：1-17.

Navratil S，Boyer，1968. The identification of *Populus mosaic virus* inCanada. Can. J. Bot.（46）：722.

Ostry Michael E，Wilson Louis F，McNabb，et al.，1988. Populus/virus diseases. A guide to insect，disease，and animal pests of Populus. Agric. Handb. Washington，DC：USDA. https：//wiki. bugwood. org/Archive：Populus/Virus_diseases.

Schmelzer K，1964. Notizen uber die Mosaikkrankheit derPappel. Arch. Forstw.（13）：787.

Sweet J B，1976. Virus diseases of some ornamental and indigenous trees and shrubs in Britain. ActaHort.（59）：83-90.

Van Der Meer F A，Cooper J I，1987. *Populus mosaic carlavirus*. Plant Viruses.

Van Der Meer F A，Maat D Z，Vink J，1980. Lonicera latent virus，a new carlavirus serologically related to *Populus mosaic virus*：some properties and inactivation in vivo by heat treatmentNeth. J. Pl. Path.，86 (2)：69 – 78.

Xiang Y Y，Xi Z X，Xiang H L，1984. A study on the properties of *Populus mosaic virus*. Scientia SilvaeSinicae，20 (4)：441 – 446.

第八章

入侵性植物病原线虫及其监测防控

我国已记载的外来入侵植物病原线虫近 20 种，本章将论述其中 7 种最重要的植物病原线虫，分别讨论它们的起源和分布、病原、病害症状、生物学特性和病害流行规律、诊断鉴定和检疫监测、应急和综合防控。

第一节 马铃薯金线虫病及其病原

马铃薯金线虫是马铃薯等茄科植物上重要的植物寄生线虫（Jones，1970）。一般造成马铃薯产量损失 9%～20%，在热带地区，危害严重时造成马铃薯产量损失 80%～90%，甚至绝收。Brown 等（1983）报道，马铃薯种植前，如果每克土壤中含有卵 20 粒，可使每公顷减产 2.5t，认为这种土壤就不再适合种植马铃薯。目前马铃薯金线虫在全世界较广泛地发生和分布，但许多国家都将马铃薯金线虫列为重要检疫对象，并且是我国同多个国家关于植物保护和植物检疫双边协定规定的检疫性线虫。我国目前尚无马铃薯金线虫发生危害的报道，因此是我国重要的对外检疫对象。

一、起源和分布

一般认为该线虫起源于南美的安第斯山地区，19 世纪中后期传入欧洲，1941 年在美国发现。迄今为止，马铃薯金线虫已在全世界五大洲 72 个国家和地区有发生和分布，包括欧洲的阿尔巴尼亚、奥地利、白俄罗斯、比利时、保加利亚、捷克、丹麦、爱沙尼亚、法罗群岛、芬兰、法国、德国、希腊（包括克里特岛）、匈牙利（仅有一个地方发生）、冰岛、爱尔兰、意大利、拉脱维亚、立陶宛、卢森堡、马耳他、荷兰、挪威、波兰、葡萄牙、西班牙、俄罗斯、斯洛伐克、英国、瑞典、瑞士、乌克兰等；亚洲的亚美尼亚、印度、以色列、日本、黎巴嫩、巴基斯坦、菲律宾、斯里兰卡、塔吉克斯坦、塞浦路斯；非洲的阿尔及利亚、摩洛哥（仅被截获）、塞拉利昂、南非、突尼斯、埃及、利比亚；大洋洲的澳大利亚、新西兰；北美洲的美国、加拿大、墨西哥；中美洲和加勒比海地区的哥斯达黎加、巴拿马；南美洲的阿根廷、玻利维亚、巴西、秘鲁、智利、哥伦比亚、委内瑞拉、厄瓜多尔；我国尚没有马铃薯金线虫的有关报道。

二、病原

1. 名称和分类地位

马铃薯金线虫拉丁学名为 *Globodera rostochiensis*（Wollenweber）Behrens，英文名称有 potato cyst nematode、golden/yellow potato cyst nematode。其异名：*Heterodera schachtii rostochiensis* Wollenweber，1923；*Heterodera schachtiisolani* Zimmermann，1927；*Heterodera pseudorostochiensis* Kirjanova，1963；*Globodera pseudorostochiensis*（Kirjanova，1963）Mulvey & Stone，1976；*Globodera arenaria* Chizhov，Udalova & Nasonova，2008。其分类地位属于真核域（Eukaryotes）、动物界（Animalia）、蠕形动物门（Vermes）、线虫纲（Nematoda）、垫刃目（Tylenchida）、异皮线虫科（Heteroderidae）、异皮线虫亚科（Heteroderinae）、球胞囊属（*Globodera*）（Wikipedia，2018；CABI，2021）。

2. 形态特征

马铃薯金线虫的生活史包括成虫、胞囊、卵和幼虫（共 4 龄）（Wollenweber，1923），其主要形态学特征（图 8-1）如下：

（1）雌虫　侵染后的 4～6 周，雌虫从根皮层显露出来。最初为纯白色，成熟时转变成金黄色。成熟的雌虫大小近 500μm，环膜孔，无阴门锥。雌虫表皮有一层薄的亚结晶层。口针长（23±1.0）μm；口针基至背食道腺开口距离为（6±1）μm；头基部宽（5.2±0.7）μm；头前端至中食道球距离为（73±14.6）μm；中食道瓣门至 S-E 孔距离（65±2.0）μm；头前端至 S-E 孔距离（145±17）μm；中食道球平均直径（30±3.0）μm；阴门基部平均直径（22±2.8）μm；阴门裂长（9.7±2.0）μm；肛门至阴门基部距离（60±10）μm；肛门和阴门间的角质皱褶脊数（21±

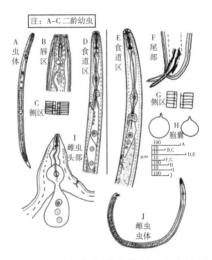

图 8-1　马铃薯金线虫的详细形态特征（Stone，1973）

3.0）个。在扫描电镜下可观察到雌虫有 1～2 个头环，颈部有很多突起。头骨弱，呈六瓣放射状。口针的锥体和柱体长度相等。口针基球向后倾斜是重要的诊断特征。中食道球发达，大而圆。食道腺后面可见硕大成对的卵巢。S-E 孔刚好在颈基部。雌虫后部即头和颈相对端是阴门盘，圆形凹陷。阴门裂位于这个区域的中心，两侧是乳突，裂口到膜孔边缘的透明表皮呈新月状。肛门明显，位于表皮上呈 V 形，末端变细。肛门和膜孔边缘间的表皮皱褶脊数是鉴定 *Globodera* 种的特征。整个表皮上覆盖小刻点。

（2）胞囊（去颈）　体长（445±50）μm；体宽（382±60）μm；颈长（104±19）μm；膜孔平均直径（19±2.0）μm；肛门至膜孔距离（66.5±10.3）μm；Granek's 比值（肛门至膜孔间距/膜孔直径）为（3.6±0.8）。新鲜胞囊仍有完好的阴门基，但老胞囊，尤其是多年在土壤中的胞囊，生殖器的所有标志都消失了，仅在表皮上留有一个洞表明是膜孔基的位置（图 8-2）。

（3）雄虫　体长 0.89～1.27mm；S-E 孔宽（28±1.7）μm；头基部体宽（11.8±0.6）μm；

头部高（7.0±0.3)μm；口针长（26±1.0)μm；口针基部至背食道腺开口距离（5.3±1.0)μm；头前端至中食道球瓣门距离（98.5±7.4)μm；中食道球瓣门至 S-E 孔距离（74±9)μm；头前端至 S-E 孔距离（172±12.0)μm；尾长（5.4±1.0)μm。肛门处体宽（13.5±0.4)μm；交合刺长（35.0±3.0)μm；引带长（10.3±1.5)μm。雄虫短尾，蠕虫状。固定后，虫体呈弯曲状，尾弯曲与身体成 90°角。体中 4 条侧线，3 条外侧带止于尾部。头圆，缢缩，6～7 个环纹。头骨架发达，呈六瓣放射状。头小体分别位于 2～4 和 6～9 体环处。口针强壮，口针基球向后倾斜。中食道球发达，有大的新月形瓣门。神经环位于中食道球和肠（峡部）间的食道部位。半月体在 S-E 孔前的 2～3 体环处，有 2 个体环长。半月小体位于 S-E 孔后的约 9 体环处，1 个体环长。单睾丸占半个体腔。交合刺成对，弓形，末端单尖。引带厚 2μm，位于交合刺背面。

（4）二龄幼虫　体长（468±100)μm；S-E 孔宽（18±0.6)μm；头高（4.6±0.6)μm；口针长（22±0.7)μm；头顶至中食道球瓣门距离（69±2.0)μm；中食道球瓣门至 S-E 孔距离（31±2.0)μm；头顶至 S-E 孔距离（100±2.0)μm；尾长（44±12)μm；肛门处体宽（11.4±0.6)μm；透明尾长（26.5±2.0)μm。尾透明区占尾长的 2/3。体中侧区 4 条侧线，头顶和尾减少为 3 条。头稍平，4～6 个头环。头骨架发达，六瓣放射状。头小，位于 2～3 和 6～8 体环处。口针强壮，基球占总长的 45%。口针基球向后倾斜，是重要分类特征。中食道球发达，椭圆形，有大的中心瓣门。神经环位于中食道球和肠（峡部）间的食道部位。半月小体位于 S-E 孔后的约 5 个体环处，1 个体环长。半月体刚好在 S-E 孔前，有 2 个体环长。生殖原基 4 个细胞，在体长的 60%处（图 8-3）。

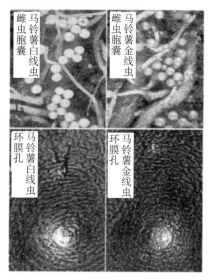

图 8-2　马铃薯金线虫和马铃薯白线虫胞囊的形态特征比较

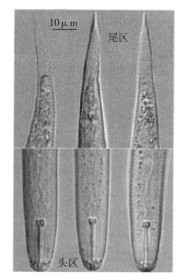

图 8-3　马铃薯金线虫二龄幼虫形态特征（Subbotin，2010）

三、病害症状

受侵染的马铃薯植株地上部生长缓慢，叶片呈现黄绿色，萎缩变小，最终枯萎死亡。地下部的根系严重变小，根上可以明显地看到一些梨形、白色未成熟的或者成熟变褐的胞囊。随着侵染面积的增加，植株地上部出现褪绿变黄，且在田间呈不均匀分布的小斑块状，地下部薯块变小、变少（彩图 8-1）。受侵染的马铃薯减产严重（Agrios，2005）。

四、生物学特性和病害流行规律

1. 寄主范围

马铃薯、番茄、茄子及其他茄科植物，还有欧洲杂草沙棘、杜仲及曼陀罗。但是最重要的寄主植物是马铃薯（Stone，1973）。

2. 病害循环

马铃薯金线虫的生活史符合形成胞囊的异皮线虫的一般模式，即卵的孵化受寄主分泌物的刺激。但马铃薯金线虫对根系分泌物没有强烈的反应，卵孵化后，二龄幼虫侵入寄主植物根部，定殖在根尖后部或在新近形成侧根的位点处，继续发育，经几次蜕皮，发育成雌虫和雄虫，雌虫虫体膨大，突破根部皮层，尾端露出根外，由此可见阴门区；而头和颈仍嵌在根内。雄虫发育过程中，在幼虫的角质内卷曲，变成囊状；成熟后，雄虫突破这些角质，离开根部，寻找雌虫，两性可交配数次（Green et al.，1970）。雄虫停止取食，保持活性可超过 10d；雌虫的角质鞣质化而形成胞囊，完成生活史。寄主死后胞囊仍留在土壤里，每个胞囊内有大约 500 粒卵。

3. 发病条件

当土壤温度超过 10℃时，幼虫开始活动。该线虫在一年内可繁殖 1～2 代，在温暖季节完成 1 代生活史需 50d 左右。在塞浦路斯，一年种植两季马铃薯，春季 1 月栽种，5 月收获，秋季 8 月中旬栽种，11 月末收获。马铃薯金线虫在每一季马铃薯上只能完成 1 代。春作的生长期比秋作的长，且生长末期的温度较高，线虫在春马铃薯上可开始其第二代，但不能完成其生活史。马铃薯金线虫侵害马铃薯的时间，春作于栽种后约 44d，秋作于栽种后约 34d，这时 10cm 深处的土温春季为 14.5℃，秋季为 22℃。线虫从卵至幼虫所需的发育时间，在春作和秋作上分别为 63d 和 56d。秋作上的线虫发育较快，这可能是由于积温较高，特别是在发育的早期。在英国，4～7 月发生第一代，同年 8～9 月发生第二代，但数量不大（Evans，1998）。当土温在 40℃以上时，幼虫停止活动（Cohn 等，1970）。无寄主作物时，田间土壤内活动的幼虫年下降率有变化，在冷凉的苏格兰土壤内活动的幼虫年下降率在 18%（Grainger，1964），而在温暖土壤内达到 50%，最高可达 80%。土壤类型也影响幼虫年下降率，平均年损失量为 30%～33%。寄主作物的根分泌物可刺激 60%～80% 的幼虫孵化（Jones，1970）。在沙质土壤中孵化数量比在泥炭土和干土中多。棕黄色的胞囊，可在土壤中长期存活。当土壤类型和土壤温度适合时，胞囊内的卵可存活 28 年。

五、诊断鉴定和检疫监测

1. 诊断鉴定

（1）采样与分离　从可疑病田采取湿土样，放入容器内加水搅拌，依次倒入孔径分别为 30、60、100 目，直径为 10～20cm 的 3 层筛中，用细喷头冲洗，使杂屑碎石留在粗筛内，胞囊留在细筛内，然后，把细筛网上的胞囊用清水冲入瓷盘内，滤去水即得到胞囊。

也可把采回的土样摊开晾干纸上，风干后，按照前述方法漂浮分离胞囊，此外，可直接挖取田间植株根系，在室内浸入水盆中，使土团松软，脱离根部，或用细喷头仔细把土壤慢慢冲洗掉，用扩大镜观察，病根上是否有大量淡褐色至白黄色的胞囊着生在细根上。

（2）分子检测鉴定　随着分子生物检测技术的快速发展，越来越多的分子检测技术用于鉴定马铃薯金线虫，包括多重 PCR 技术（Milczarek，2012）、SCAR 特异性标记检测技术（Fullaondo et al.，1999）、特定基因位点（GE-CM-1）的分子鉴定技术（Chronis et al.，2014），本文根据 Fullaondo 等（1999）研究建立的 SCAR 特异性标记检测技术做具体阐述：

采用随机引物 OPG-05 进行马铃薯金线虫特异性片段的 RAPD-PCR 扩增，RAPD-PCR：反应采用引物试剂盒 G（Operon Technologies，Alameda，CA，USA）进行扩增，得到特异性片段长度约为 826 bp。根据特异性片段设计特异性引物 5′-TGTCCATTCCTCTCCACCAG-3′和 5′-CCGCTTCCCCATTGCTTTCG-3′。

DNA 提取：DNA 溶解于 TE（Tris 0.01mol/L，EDTA 0.1mmol/L；pH 8.8）中，用苯酚：氯仿：异戊醇（25：24：1）混合液萃取 2 次，用乙醇沉淀并溶解，测定样品纯度值后（OD=1.8），DNA 样品在 20℃下保存。

SCAR-PCR 反应总体系为 25μL：25 ng 模板 DNA；50mmol/L Tris-HCL；pH 9.0，50mmol/L KCl，1.5mmol/L $MgCl_2$，0.1% Triton X-100，0.2mmol/L dNTPs，50 ng 特异性引物和 0.5 U Taq DNA 聚合酶。

反应条件：94℃，4min；40 个循环（94℃ 1min，60℃ 1min，72℃ 2min）；72℃，10min。

结果检测：扩增产物用 1.5%经琼脂糖凝胶电泳检测，用溴化乙啶染色后在紫外灯下观察条带长度，分离并测序，条带长度约为 315bp。

2. 检疫监测

实施产地检疫时，参照野外实地调查、采样与分离配套检测技术。实施口岸检验时要进行隔离种植检查。经特许审批允许进口的少量马铃薯，在指定的隔离圃内种植，在种植期内，经常观察其症状，经常取土样或根检查。土样经自然风干后做漂浮分离检验。获取的根样，直接在立体显微镜下解剖观察。在形态学特征无法准确鉴定时，可以用特异性的 DNA 探针，鉴定马铃薯金线虫。检验方法如下：

①抽样：马铃薯块茎在 50kg 以下的要全部检查；大批量的马铃薯，抽取约 20%的样本数进行检查。检查样本确定后，用毛刷刷落并收集附在薯块上的泥土。

②分离胞囊：将收集的泥土风干，用漂浮法分离胞囊，并根据需要记数。如果收集的泥土未经风干，可以直接过筛分离胞囊，方法是将湿泥土放入烧杯，适量加水，搅匀后通过 60 目和 100 目的细筛，喷淋冲洗后，过滤 100 目筛中残物，收集胞囊。分离时采用哪一种方法，根据设备条件和泥土量确定，一般采用简易漂浮法和过筛法，一次处理的泥土应在 100g 以下，漂浮器一次可以处理 200g 左右的土样。

③线虫种类鉴定：制作胞囊阴门锥玻片。最后显微镜下观察胞囊和阴门锥形态特征。观察内容包括胞囊外形、外表色泽、角质膜花纹，测量胞囊长度、宽度和颈部长；阴门锥要观察膜孔类型、有无阴门桥、下桥及肛门到阴门之间的隆起脊纹数，测量阴门膜孔长度

及宽度、阴门裂长度和肛阴距离。

六、应急防控

我国目前尚无马铃薯金线虫发生的报道，所以我国对该线虫主要是加强预防控制，故仅介绍相关应急防控措施，包括对进口严格检疫及在发现疫情时实施应急防控，具体如下（万方浩 等，2010）：

1. 控制传入的措施

来自疫区的马铃薯种用块茎及其他繁殖材料禁止进境，因科研需要须特许审批。

在马铃薯引种时，应注意以下几点。①种薯引进前，必须在我国国家市场监督管理总局办理植物检疫特许进口审批手续。②入境时，经检疫，如发现马铃薯金线虫，做退货或者销毁处理；检疫合格的，将在指定的隔离场所进行隔离检疫。③引进的马铃薯种薯不得来自马铃薯金线虫疫区。④引进的马铃薯种薯不得带土壤。⑤隔离种植期间，如发现马铃薯金线虫，口岸动植物检疫局将立即对试种种薯采取销毁处理，隔离场所做除害处理。⑥收获期间，口岸动植物检疫局须对收获的马铃薯进行检疫，并对土壤进行检测。

在具备有效除害处理的货物且有实施条件的，经除害处理合格后准予入境。①用47.7℃的热水浸泡30min。适用物品：非繁殖用辣根的根、鳞球茎。②溴甲烷，660mmHg（1mmHg＝133.322Pa）减压熏蒸。适用物品：包装袋、包装物及遮盖物。③溴甲烷，常压熏蒸。适用物品：装载容器（板条箱、木盒）、木材及木制品和含上述材料的装载容器、杂货和其他货物。④用47.7℃的热水浸泡30min，适用物品包括非繁殖用辣根的根、鳞球茎；喷洒甲醛水溶液（1份甲醛加9份水），适用物品包括棉、棉制品及其下脚料、被马铃薯金线虫感染的其他物品；高压蒸汽处理，适用物品包括装载容器（板条箱、木盒）、非植物性物品。⑤在47.8℃的热水中浸泡30min，处理繁殖用辣根的根。⑥102.8℃干热处理1h，仅限于小捆材料；温度为115.5℃和压力为4.535 92kg的条件下蒸汽处理20min，处理土壤、受污染的包装袋、包装物。⑦在43.3℃的热水中浸泡4h（捞出后立即处理），适用于马铃薯块茎以及其他茄属块茎处理。⑧溴甲烷常压熏蒸，适用于处理器材（包括农用材料）、建筑设备、土壤。

2. 控制种群扩张的措施

马铃薯金线虫检疫非常困难，完全通过口岸检疫来把关是不现实的。一旦该检疫性线虫避开口岸的检验而传入中国定殖，要立即开展普查，根据调查结果，分析疫源及其可能的扩散情况，采取控制措施。

拔除感染的寄主作物，集中销毁，并对感染的地块进行翻耕、阳光暴晒，对危害严重的地块可结合翻耕进行药剂熏蒸，以提高防治效率。

种植诱捕植物并及时销毁，能很好地降低田间的线虫种群密度。

在种植前对马铃薯种薯进行处理，在55℃的热水中处理5min。

由于马铃薯金线虫寄主范围窄，在发生疫情地块与非寄主作物轮作可以抑制低密度线虫群体增长和降低高密度线虫群体数目，种植非寄主作物，土壤中线虫群体每年可降低30%～50%，一般与非寄主作物轮作4年以上。

对该检疫性线虫进行药剂处理，包括种植前药剂熏蒸（Telone Ⅱ、溴甲烷）、拌种；

用量取决于所需要达到的效果，如果要求土壤中检测不到线虫，则需要加大 1 倍用量。近期的研究主要注重于非熏蒸性杀线虫剂。如在一个生长季节内防治该线虫最好的药剂为杀线威、甲氧基氨基甲酸酯类（Oximecarbamates），这些化合物在低用量（3～5kg/hm²）下有效，其效果与土壤类型无关，一些有机磷杀线虫剂也有效，但其效果受到土壤类型的影响，在有机土壤中效果差。田间早期发生线虫病，及时用药剂灌治，可选用 50％辛硫磷乳油 1 500 倍液，或 90％晶体敌百虫 800 倍液，每株用药液 0.25～0.5kg。

3. 控制种群蔓延的预案

马铃薯金线虫的远距离传播主要是随病田的马铃薯和有关寄主植物的病根附着的泥土传入无病区。此外，病土的翻动和搬运也是传播途径之一。因此切断其远距离传播途径是控制其蔓延的主要措施。

加强产地检疫、调运检疫和市场检查。

在疫区或发生区周边设立检查哨卡，严禁相关植物、植物产品及可携带疫情的物品外运；在重要交通枢纽及关隘要塞等处，设立植物检疫检查站。

疫情铲除后，应坚持在铲除地及其周边地带继续予以定期监测和调查，并严格按照有关程序进行监管。

结合当地的实际情况，建设疫情阻截带，避免疫情的蔓延。

主要参考文献

李建中，2008. 六种潜在外来入侵线虫在中国的适生性风险分析. 长春：吉林农业大学.

彭德良，欧师琪，彭焕，2014. 马铃薯金线虫 SCAR 标记和 LAMP 快速检测方法及应用技术. 中国发明专利号 CN 201410331743.7.

万方浩，彭德良，王瑞，2010. 生物入侵：预警篇. 北京：科学出版社，614 - 618.

Agrios G N，2005. Plant Pathology（5th Edition）. Open Access Library Journal，2（7）：842 - 847.

Awan F A，Hominick W H，1982. Observation on tanning of the potato cyst nematode，*Globoderarostochiensis*. Parasitology，85：61 - 71.

Bairwa A，Venkatasalam E P，Sudha R，et al.，2017. Techniques for characterization and eradication of potato cyst nematode：a review. Journal of Parasitic Diseases，42（3）：607 - 620. DOI：10.1007/s 12639 - 016 - 0873 - 3.

Blok W J，Jamers J G，Termorshuizen A J，et al.，2000. Control of soil borne plathogens by incorporating fresh organic amendments followed by tarping. Phytopathology，90：253 -259.

Brown E B，Sykes G B，1983. Assessment of the losses caused to potatoes by the potato cyst nematodes，*Globodera rostochiensis* and *G. pallida*. Annals of AppliedBiology，103：271 - 276.

CABI，2021. *Globodera rostochiensis*（yellow potato cyst nematode）. In：Invasive Species Compendium.（2021 - 08 - 11）［2021 - 10 - 12］https：//www.cabi.org/isc/datasheet/27034.

Chronis D，Chen S，Skantar A M，et al.，2014. A new chorismate mutase gene identified from *Globodera ellingtonae* and its utility as a molecular diagnostic marker. European Journal of PlantPathology，139：245 - 252.

Cohn E，Nevo D，Orion D，1970. Status of the potato cyst nematode（*heterodera rostochiensis*）in israel. Israel J AgrRes，55 - 57.

EPPO，2009. *Globodera rostochiensis* and *Globodera pallida*. EPPO Bulletin，39：354-368.

Gaur H S，Perry R. N. 1991. The use of soil solarization for control of plant parasitic nematodes. Nematologica，60：153-167.

Goodey J B，Franklin M T，Hooper D J T，1965. Goodey's The nematode parasites of plants catalogued under theirhosts. Price，60：35.

Grainger J，1964. Factors affecting the control of eelwormdiseases. Nematologica，10：5-20.

Green C D，Plumb S C，1970. The interrelationships of some *Heterodera* spp. indicated by the specificity of the male attractants emitted by theirfemales. Nematologica，16，39-46.

Hesling J J，1978. Cyst nematodes：morphology and identification of *Heterodera*，*Globodera* and *Punctodera*. In：Southey J. F. （Ed. ）. Plant nematology. London，UK，Her Majesty's Stationery Office. 125-155.

Inget P W，Reddy K R，Constan R，2005. Anaerobic soils. In：Hilel，D. （ed） Encyclopedia of Soils in the Environment. Elsevier，London. P. 72-78.

Jones F G W，1970. The control of the potato cyst nematode. Journal of the Royal Society of Arts，118：179-199.

Jones F G W，Carpenter J M，Parrott D M，et al. ，1970. Potato Cyst Nematode：One Species or Two ? Nature，227：83-84.

Jones G M，Kábana R R，Jatala P，1986. Fungi associated with cysts of potato cyst nematodes inPeru. Nematropica，16：21-31.

Milczarek D，2012. A multiplex PCR method of detecting markers linked to genes conferring resistance to *Globodera rostochiensis*. American Journal of Potato Research，89，169-171.

Miranda B L，2008，Second cyst-forming nematode parasite of barley （*Hordeum vulgare* L. var. *hsmeralda*） from Mexico. Nematropica，38：105-114.

Nelson K A，Johnson W G，Wait J L，et al. ，2006. Winter-annual weed management in corn （Zea mays） and Soybean （Glycine max） and the impact bean cyst nematode （*Heterodera glycines*） egg population densities. WeedTechnology，20：965-970.

Perry R N，Beane J，1989. Effects of certain herbicides on the in-vitro hatch of *Globodera rostochiensis* and *Heterodera schachtii*. Revue de Nématologie，12：191-196.

Runia W，Molendijk L，Ludeking D，et al. ，2012. Improvement of anaerobic soil disinfestion. communications in Agricultural and Applied BiologicalSciences，77：753-762.

Spaull A M，Trudgill D L，Batey T，1992. Effects of anaerobiosis on the survival of *Globodera pallida* and possibilities forcontrol. Nematologica，38：88-97.

Stapleton J J，2000. Soil solarization in various agricultural production systems. CropProtection，19：837-841.

Stapleton J J，Quick J，Devay J E，1985，Soil solarization：effects on soil properties，crop fertilization and plant growth. Soil Biology andBiochemistry，17：369-373.

Stone A R，1973. *Heterodera pallida* n. sp. （Nematoda：Heteroderidae），a second species of potato cyst nematode. Nematologica，18：591-606.

Subbotin S A，Mundo-Ocampo M，Baldwin J，2010. Systematics Of The genus Globodera. Systematics of Cyst Nematodes （Nematoda：Heteroderinae），Part A. Brill.

Thomas S H，Schroeder J，Murray L W，2005. The role of weeds in nematode management. Weed Science，53：923-928.

Turner S J，Evans K，1998. The origins，global distribution and biology of potato cyst nematodes (*Globodera rostochiensis*（Woll.）and *Globodera pallida* Stone）. In：Marks R J，Brodie B. B. Potato Cyst Nematodes-Biology，Distribution and Control. Wallingford，UK，CAB International. P. 7 - 26.

Whitehead A G，Fraser J E，Storey G，2010. Chemical control of potato cyst nematode in sandy clay soil. Annals of Applied Biology，72：81 - 88.

Wollenweber H W，1923. Kirankheiten und Beschadigungen der Kartoffel Arbeit der Forschungs Institut Kartoffel Berlin，7：1 - 56.

第二节　马铃薯腐烂茎线虫病及其病原

马铃薯腐烂茎线虫又叫马铃薯茎线虫，是一种迁移性植物内寄生线虫，其寄主范围广泛，对马铃薯、甘薯等根茎类作物和一些球茎花卉等危害严重，是农业生产上重要的植物寄生线虫，也是世界公认的检疫性线虫。目前，亚洲及太平洋区域植物保护组织、南锥体区域植物保护组织（COSAVE）、欧盟、北美洲植物保护组织等组织，以及土耳其、阿根廷、巴西、加拿大、智利、巴拉圭、乌拉圭等国家都已将其列为检疫性有害生物严加防范（Hockland et al.，2006）。

一、起源和分布

早在 1888 年 Kühn 就观察并报告马铃薯块茎腐烂可能是由一种线虫引起的，同年 Ritzeme Bos 报告侵染马铃薯的是另一种完全不同的线虫，不仅危害块茎，还侵染茎和叶，此后在欧洲许多地方均有发现。当时认为危害马铃薯块茎的线虫是鳞球茎茎线虫（*D. dipsaci*）的一个株系或小种。直到 1945 年，Thorne 正式描述马铃薯腐烂茎线虫，将其从鳞球茎茎线虫中划分出来，但这两种茎线虫确实有一些相同的寄主。2011 年，加拿大进行了鳞球茎茎线虫调查，从来自渥太华的大蒜（*Allium sativum*）样品中分离出马铃薯腐烂茎线虫。之前，加拿大只在 1946 年爱德华王子岛省有马铃薯腐烂茎线虫发生的相关报道，且该线虫在当地已得到有效控制，另一个是在不列颠哥伦比亚省关于该线虫的报道，后来被证实为鳞球茎茎线虫（Yu et al.，2012）。

马铃薯腐烂茎线虫在世界许多国家和地区报道发生，主要危害马铃薯，在我国过去由于未进行系统调查和准确鉴定，认为主要危害甘薯（张云美，1980；丁再福，1982；刘维志，2003），未见该线虫危害马铃薯的报道，一直被列为对外检疫对象。直到 2006 年，刘先宝等对来自河北省张北县外表有腐烂症状的马铃薯样品进行检验，发现马铃薯腐烂茎线虫在我国也危害马铃薯。

马铃薯腐烂茎线虫现在主要分布在温带地区，包括北美洲、大洋洲、欧洲、亚洲、南美洲和非洲的 52 个国家和地区，分布的国家和地区有加拿大、海地、美国、墨西哥、澳大利亚、夏威夷群岛、新西兰、埃及、摩洛哥、南非、巴西、厄瓜多尔、秘鲁、阿尔巴尼亚、爱尔兰、爱沙尼亚、奥地利、白俄罗斯、保加利亚、比利时、波兰、丹麦、德国、俄罗斯、法国、芬兰、荷兰、捷克、拉脱维亚、立陶宛、卢森堡、罗马尼亚、摩尔多瓦、挪

威、瑞典、瑞士、斯洛伐克、苏格兰、乌克兰、西班牙、希腊、匈牙利、意大利、英国、
土耳其、阿塞拜疆、巴基斯坦、朝鲜、哈萨克斯坦、韩国、吉尔吉斯斯坦、马来西亚、孟
加拉国、日本、沙特阿拉伯、塔吉克斯坦、乌兹别克斯坦、伊朗、印度。

　　中国自 20 世纪 80 年代初开始，对马铃薯、甘薯等茎线虫病害的研究发现，导致甘薯
等茎线虫病的线虫是马铃薯腐烂茎线虫，在中国的东北、华北、华东等地区均有分布，根
据 2018 年 6 月 8 日农业农村部印发的检疫有害生物分布行政区名录，马铃薯腐烂茎线虫
已分布于我国 6 个省 51 个县（市、区）（表 8 - 1）（赵文霞 等，2006；Marin，et al，
1998；EPPO，2006；王祥会，2018）。李建中等（2008）利用生态位模型 CLIMEX 和
MAXENT 对马铃薯腐烂茎线虫在我国的适生区进行了预测，表明我国北方地区，特别是
华北地区，东北地区大部，华东地区的山东、江苏和安徽北部以及西北地区的陕西、宁夏
和甘肃东南部为马铃薯腐烂茎线虫入侵的高、中风险区，其适宜的潜在范围为
32°N～48°N，104°E～128°E。

表 8 - 1　2018 年马铃薯腐烂茎线虫在我国的分布

省份	县（市、区）
河北省	秦皇岛市：昌黎县、抚宁区、卢龙县
内蒙古自治区	乌兰察布市：察哈尔右翼前旗
吉林省	延边朝鲜族自治州：延吉市
辽宁省	大连市：瓦房店市
安徽省	阜阳市：太和县、颍上县
	宿州市：埇桥区、砀山县、萧县、泗县
山东省	枣庄市：山亭区、滕州市
	济宁市：泗水县、曲阜市、邹城市
	临沂市：沂水县、莒南县、蒙阴县、临沭县
河南省	郑州市：荥阳市
	洛阳市：孟津县、新安县、嵩县、汝阳县、宜阳县、洛宁县、伊川县、偃师市
	平顶山市：宝丰县、鲁山县、郏县、汝州市
	许昌市：鄢陵县、襄城县、禹州市
	南阳市：南召县、方城县、西峡县、内乡县、社旗县、唐河县
	商丘市：睢阳区
	周口市：郸城县
	驻马店市：驿城区、上蔡县、确山县、泌阳县、汝南县、遂平县
	济源市

二、病原

1. 名称和分类地位

马铃薯腐烂茎线虫拉丁学名为 *Ditylenchus destructor* Thorne，英文名有 potato rot
nematode、iris nematode、potato tuber eelworm 和 potato tuber nematode 等，其属于真
核域（Eukaryotes）、动物界（Animalia）、线虫门、侧尾腺口纲（Secernentea）、双胃亚

纲（Diplogasteria）、垫刃目（Tylenchida）、垫刃总科（Tylenchoidea）、粒线虫科（Anguinidae）、粒线虫亚科（Anguininae）、茎线虫属（*Ditylenchus*）。

2. 形态特征

成熟的雌虫和雄虫都是细长的蠕虫形，雌虫略大于雄虫。虫体前端唇区较平。尾部长圆锥形，末端钝尖。虫体表面角质膜上有细环纹。侧区有6条明显的侧线（刘维志 等，2000）。

雌虫：蠕虫形，体长0.69～1.89mm，温热杀死时虫体略向腹部弯曲；角质环纹不明显，宽1μm；虫体的侧区有6条侧线，在虫体两端渐减为2条；唇区低平，略缢缩，常无环纹，唇区框架进化程度较高；口针长10～14μm，有明显的基球。中食道球纺锤形，食道狭窄，神经环包围处膨大为棒状的食道腺体，从背部覆盖肠，但覆盖程度有差异，排泄孔在食道与肠交界处或略靠前；半月体在排泄孔前方；阴门清晰，前卵巢向前伸展有时可达食道区，卵母细胞在前部呈双行排列，近子宫处为单行。后阴子宫囊向肛门延伸，长度约是阴门至肛门距离的3/4。尾锥形，略向腹部弯曲，尾长是肛门处虫体直径的3～5倍，末端窄圆（图8-4）。

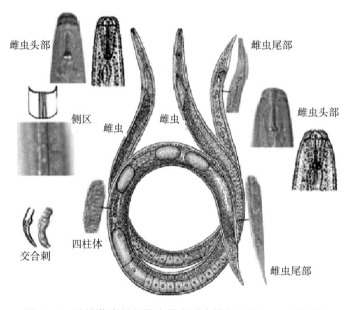

雌虫头部　　　　　　　　　　　　　雌虫尾部

侧区　　雌虫　　雌虫　　　雌虫头部

交合刺　　四柱体　　　　　　雌虫尾部

图8-4　马铃薯腐烂茎线虫雌虫形态特征（Thorne，1945）

雄虫：虫体前部与雌虫相似，体长为0.63～1.35mm，口针长10～12μm，温热杀死后体直或向腹面弯曲。雄虫尾部与雌虫相似或比雌虫的尾部略窄，且末端尖圆；交合伞从交合刺前部向尾部延伸，约是尾长的3/4。交合刺向腹部弯曲，向前方伸展，长为24～27μm；引带短，简单。

3. 测量数据

表8-2中为Thorne（1945）采自模式寄主和采集地测量的马铃薯腐烂茎线虫虫体数据，Goody（1952）以及和Brzesk（1991）根据不同的高等植物寄主测量的马铃薯腐烂茎线虫虫体数据。

表 8 - 2 马铃薯腐烂茎线虫形态测量值

数据来源	雌/雄虫	L (mm)	a	b	c	V	T	St (μm)	n (条)
Thorne	雌虫	0.81～1.40	30～35	8～10	15～20	78～83			
(1945)	雄虫	0.80～1.30	34～40	7～8	12～16		73～80		
Goody	雌虫	0.69～1.89	19～49	4～12	9～30	73～90			237
(1952)	雄虫	0.76～1.35	24～50	4～11	11～21		40～84		231
Brzesk	雌虫	0.69～1.89	18～49	4～12	14～20	77～84		10～13	
(1991)	雄虫	0.63～1.35	24～50	4～11	11～21			10～12	

注：n 为测量的线虫样本数目；L 为虫体体长（头端至尾端的长度，不包括尾尖突）；St 为口针长度；a 为体长/最大体宽；b 为体长/虫体前端至食道腺与肠连接处的距离；c 为体长/尾长；T 为泄殖腔开口至精巢末端的距离×100/体长；V 为虫体前端至阴门的距离×100/体长。

三、病害症状

马铃薯腐烂茎线虫主要危害寄主的地下部，如马铃薯的块茎和匍匐茎、甘薯块根、胡萝卜块根、大蒜和洋葱鳞茎、蛇麻草和丁香的根等。但它也可危害地上部，引起茎的矮化、增厚和分叉，叶的卷曲和失绿等（彩图 8-2）。

危害马铃薯时，通过寄主的匍匐茎或块茎的皮孔和薯眼侵入马铃薯块茎，在寄主的地上部经常见不到症状。受害马铃薯早期症状表现是表皮常见白色粉状斑点，去皮后肉眼可见斑点状，中部可见到小孔，后呈现圆形或近圆形疮疤，病斑凹陷于薯块表面。被侵染部位扩大，融合成淡褐色病变，在表皮下可见含有干的颗粒状组织。随病情的发展，罹病薯块表现为表皮变干、皱缩、龟裂、变薄。切开后，内部组织褐色腐烂部分逐渐变黑，通常伴有真菌、细菌、螨类等的二次侵染。在潮湿条件下贮藏（如堆藏）可以引起腐烂，并扩展到邻近的块茎上。

1. 马铃薯受害症状

危害甘薯块根的症状与危害马铃薯块茎的症状相似。甘薯根线虫病俗称糠心病、空心病、糠梆子。在甘薯贮藏期导致烂窖，在育苗期引起烂床。甘薯苗期受害后，茎部变色，无明显病斑，组织内部呈褐色（或白色）和白褐色相间的糠心。大田期甘薯受害后。主蔓茎部表现为褐色龟裂斑块。内部呈褐色糠心。病株蔓短，叶黄，生长缓慢，直至枯死。薯块受害症状有 3 种类型：

①糠皮型：线虫从土中直接侵入薯块，使内部组织变褐发软，薯块皮层呈青色至暗紫色，病部稍凹陷或龟裂。②糠心型：由染病茎蔓中的线虫向下侵入薯块，病薯外表与健康薯差异较小，薯块内部糠心，呈褐白相间的干腐。③混合型：生长后期发病严重时，糠皮和糠心两种症状可以同时发生。

王宏宝等（2014）对马铃薯腐烂茎线虫侵染马铃薯块茎与甘薯块根的危害症状及侵染后线虫的主要定殖部位进行了比较，观察发现线虫侵染马铃薯后，线虫主要定殖部位不尽相同。马铃薯在受害后，线虫主要定殖在马铃薯表皮和皮孔下的薄壁细胞及组织中，虽然对马铃薯块茎中央部位危害严重，但线虫的定殖量很小，分析认为可能存在两种情况：一种可能是线虫在侵染后期，马铃薯块茎髓部及周围组织被严重破坏，营养等严重损失后坏死组织分泌的其他物质不利于线虫的生存；另一种可能是线虫本身在马铃薯块茎中的繁殖量并没有在甘薯块根中的繁殖量大，待线虫对马铃薯髓部及周围组织造成严重损伤后，线虫为了生存继而转移到相对有利于其生存的表皮及皮孔下的薄壁细胞及组织中，以待合适的时机进行转主寄生和侵染。

2. 其他作物受害症状

花生受马铃薯腐烂茎线虫侵染后，植株矮化、黄化、分枝减少，开花推迟。根系生长衰退，结荚少；严重侵染时根系变褐色、黑色，腐烂萎缩，固氮根瘤菌数目和大小明显减少。果针变褐、腐烂；荚果少、小、畸形，果柄和荚壳表面产生褐斑；剥开荚壳可见壳内变成暗褐色至黑色，沿着纵向脉开始，果仁皱缩，被感染的种壳褐色到黑色，胚乳棕黑色。病组织有大量线虫和卵。

当归受马铃薯腐烂茎成虫危害，常造成当归表皮粗糙，呈黄褐色纵裂，毛根增多并畸化，严重时皮层组织呈干烂，内部组织呈海绵状木质化，糠腐状，失去油性，药材质量下降，商品价值降低（王玉娟 等，1990；柴兆祥 等，2004）。

大蒜受马铃薯腐烂茎线虫侵染后，植株生长缓慢，基部球茎变暗，轻微腐烂（Yu et al.，2012）。

鸢尾和郁金香受马铃薯腐烂茎成虫侵染通常从基部开始，渐渐向上扩展至肉质的鳞茎，导致灰白色至黑色的病变，严重的通常使根系变黑，叶片发育差，叶尖变黄。

四、生物学特性和病害流行规律

1. 寄主植物

马铃薯腐烂茎线虫是一种多食性线虫，马铃薯是马铃薯茎线虫的模式寄主，另外大约有120余种作物、杂草以及70余种真菌是该线虫的寄主（Esser et al.，1985）。普通寄主包括甜菜、萝卜、番茄、黄瓜、南瓜、茄子、辣椒、花生、西瓜、食用菌、洋葱、菜豆、大豆、花生、紫苜蓿、蚕豆、向日葵、大黄属植物、大蒜、燕麦、当归、落花生、茶、藜、羽扇豆、香附子、曼陀罗、牛筋草、啤酒花、苍耳、人参、薄荷、甘薯等。马铃薯腐烂茎线虫是危害马铃薯块茎、球状鸢尾的最重要的线虫，有时也可危害郁金香、唐菖蒲和大丽花的球茎。可受害的根用作物还包括糖用甜菜、饲用甜菜，红三叶草、白三叶草和杂种三叶草也是该种线虫的寄主（EPPO，1992；CABI 2006）。该线虫不是对所有寄主都危害严重，例如对红辣椒、番茄、西葫芦、黄瓜和大蒜等危害较轻，对有些寄主甚至很少侵染（Gubina et al.，1982）。在无高等寄主植物的情况下，该线虫能在40属约70种真菌菌丝上繁殖，真菌寄主包括蘑菇属（*Agaricus*）、交链孢属（*Alternaria*）、密环菌属（*Armillaria*）、葡萄孢属（*Botrytis*）、镰刀菌属（*Fusarium*）、柱孢属（*Cylindrocarpon*）、木霉菌属（*Trichoderma*）、轮枝菌属（*Verticillium*）等（Faukner，1961；Doncaster，1966）。

2. 环境适应性

马铃薯腐烂茎线虫是侵染植物地下部的一种迁移性内寄生线虫，在缺少高等植物时，它们主要以取食土壤里的真菌为生。该线虫发育和繁殖温度为5～34℃，高于7℃即可产卵孵化，最适温度为 20～27℃。在 27～28℃下完成生活史需 18d，在 20～24℃下需 20～26d，6～8℃低温下则需 68d。Thorne（1961）和 Decker（1969）等认为马铃薯腐烂茎线虫不形成抗性的休眠阶段，不耐干旱，以卵的形式越冬。卵孵化的适宜温度是 28℃，在 28℃下产卵 2d 后，开始孵化，产卵到孵化，平均间隔 4.4d，从卵发育到成虫需要 6～7d。当温度在 15～20℃，相对湿度为 90%～100% 时，马铃薯腐烂茎线虫对马铃薯危害最严重，而在相对湿度 40% 以下，线虫就无法存活。该线虫耐低温，−2℃下 30d 全部存活，−25℃下 7h 才死亡（Makarevskoya，1983）；43℃干热处理 1h 或 49℃热水浸 10min 后全部死亡。瘠薄沙质土壤有利于该线虫存活，线虫一般集中于距地面 10cm 耕作层中的干湿交界处；而有机质含量丰富的土壤有利于拮抗微生物的生长，线虫数量则相对较少。线虫存活的最适 pH 为 6.2，不同地理位置、不同环境条件下，该线虫耐盐性有差异，海边盐滩附近的线虫耐盐性明显高于内陆地区。

3. 病害循环

马铃薯腐烂茎线虫以卵、幼虫及成虫在罹病块茎、鳞茎、球茎、块根等植物器官内越冬，或以成虫和幼虫在土壤、肥料内越冬，终年繁殖，在土壤中可存活 5～6 年。用带虫的种薯育苗后，线虫从种薯芽苗的着生点侵入。病秧苗栽入大田，线虫随之传入，在秧薯内生长发育，顺着根基进入薯块顶端，并向薯块纵深移动危害，同时线虫沿着块茎向上移动危害薯蔓基部。侵入薯块的线虫在贮藏窖内或食品加工前，还可继续危害，引起更大损失。马铃薯腐烂茎线虫仅可在土壤中进行短距离移动，不能远距离自然传播，灌溉水、雨水、粪肥、农机具或人畜可携带线虫在田间传播。线虫主要随被污染了的植物材料及其他寄主植物的种子、植物组织和地下器官（块茎、鳞茎、球茎、块根等）进行远距离传播扩散，受该线虫污染了的土壤也可进行远距离传播扩散。

五、诊断鉴定和检疫监测

根据《腐烂茎线虫检疫鉴定方法》（GB/T 29577—2013）和《鳞球茎茎线虫检疫鉴定方法》（SN/T 1141—2002）及相关文献论述，对于马铃薯腐烂茎线虫的诊断技术大体可分为传统形态学技术和现代分子生物技术。

1. 诊断鉴定

（1）外观症状观察　对植物进行检查，注意植物地上部分是否有生长不良、叶色失绿、黄化，植株矮化等症状；地下的块茎、鳞茎、球根等是否有干腐、变黑等症状。收集有上述症状的可疑植物材料及其夹带的介质或土壤，送实验室进行马铃薯腐烂茎线虫的检验。

（2）线虫的分离　采用改进型贝尔曼漏斗法分离马铃薯腐烂茎线虫，该方法融合了浅盘法和传统漏斗法各自的优点，在提高漏斗法分离效率的同时，又解决了浅盘法使用套筛容易被植物组织等杂物堵塞的问题。

改进型漏斗法分离装置，以一只较大且类似于贝尔曼漏斗的玻璃或有机玻璃作为外壳，上部装置则与浅盘装置相似（图 8-5）。将线虫滤纸或 1～2 层卫生纸平放在筛盘筛网上，用水淋湿滤纸边缘与筛盘结合部分；将待分离线虫的样品放置其上；从筛盘下部的空隙中将水注入分离器中，以淹没供分离的材料为止；在 15～25℃下放置 24～48h 后，打开止水夹，用离心管接取约 5mL 的水样；静置 20min 左右或 1 500r/min 离心 3min，吸去离心管内上层清液后，即获得浓度较高的线虫悬浮液。

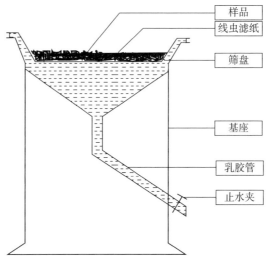

图 8 - 5 改进型漏斗法分离线虫装置

（3）形态学鉴定 用挑针或移液枪从小培养皿/试管中取线虫，置于载玻片上，在解剖镜下观察和拍照，测量和记录线虫的形态特征信息，观察并做好记录。根据观察结果做出初步鉴定。

马铃薯腐烂茎线虫在形态上与球茎茎线虫（*D. dipsaci*）很相似，两者的主要形态区别见表 8 - 3。

表 8 - 3 马铃薯腐烂茎线虫与鳞球茎茎线虫主要形态区别

项目	马铃薯腐烂茎线虫	鳞球茎茎线虫
侵染部位	主要是地下部，偶见地上部	地上和地下部
寄生专化性	高等植物和真菌	专性寄生高等植物
是否产生线虫毛	不产生	产生
侧线数目	6	4
食道与肠覆盖程度	覆盖	不覆盖
交合刺有无指状突起	有	无
尾部末端形状	钝尖	锐尖
卵原细胞排列情况	双行或多行	单行
卵的平均长度	与虫体宽相近	虫体宽的 2～3 倍
后阴子宫囊与肛阴距比	2/3	1/2

（4）分子鉴定 双重 PCR 检测马铃薯腐烂茎线虫，参考国家标准《腐烂茎线虫检疫鉴定方法》（GB/T 29577—2013）。

用线虫挑针挑取马铃薯腐烂茎线虫若干条，放入去离子水中洗涤 3 次。在洁净的载玻片上加 20μL 去离子水，挑入 10 条经过洗涤的线虫，用解剖刀将每条线虫切成 3～4 段，用移液枪将含有切开虫体的去离子水 10μL 转移至灭过菌的 200μL 的离心管中。在管中加入 8μL WLB 裂解液和 2μL 蛋白酶 K 溶液，于−20℃ 冷冻 30min 以上，转入 PCR 仪，65℃ 条件下保温 1～2h，95℃ 条件下保温 10min，使蛋白酶失活，取出后于 13 000r/min 离心 1min，取其上清液用于 PCR 扩增。

PCR 检测：选取通用引物 rDNA1 和 rDNA2 用来 PCR 扩增马铃薯腐烂茎线虫 rDNA 中的 5.8S ITS1 和 ITS2 全序列以及 18S、28S 部分序列。

PCR 反应体系：5μL 10×PCR 缓冲液（含 Mg^{2+} 离子），4μL dNTP，2 条引物各 1.5μL（20μmol/L），2U Tag DNA 聚合酶以及 5μL DNA 粗提上清液，最后加去离子水补足 50μL。

PCR 扩增条件：95℃ 预变性 4min，94℃ 变性 45s，50℃ 退火 30s，72℃ 延伸 2min，35 循环，72℃ 保温 10min，于 4℃ 保存。取 5μL 扩增产物，加 1μL 6×载样缓冲液在 1.0%琼脂糖凝胶上电泳，凝胶成像仪观察。

通用引物采用 rDNA1（5′-TTGATTACGTCCCTGCCCTTT-3′）和 rDNA2（5′-TTTCACTCGCCGTTACTAAGG-3′）；特异性引物双重 PCR 扩增检测采用特异性引物 DdS1（5′-TCGTAGATCGATGAAGAACGC-3′）、DdS2（5-ATTATCTCGAGTGGGAGCGC-3′）、DdL1（5′-TTGTGTTTGCTGGTGCGCTTGT-3′）、DdL2（5′-GAGTGAGAGCGATGTCAACATTG-3′）、内标 D3A（5′-GACCCGTCTTGAAACACGGA-3′）和 D3B（5′-TCG GAAGGAACCAGCTACTA-3′）。

A 型特异性引物检测：反应体系制备，取灭菌的离心管，依次加入 25μL 10×PCR 缓冲液（含 Mg^{2+} 离子），2μL dNTP，引物 DdS1、DdS2 各 0.7μL（20μmol/L），1U Tag DNA 聚合酶以及 3μL DNA 粗提上清液作为模板，最后加去离子水补足 25μL，设阴性对照。PCR 反应条件：94℃ 预变性 2min，94℃ 变性 30s，55℃ 退火 30s，72℃ 延伸 45s，35 循环，72℃ 保温 8min，于 4℃ 保存。取 5μL 扩增产物，加 1μL 6×载样缓冲液在 2.0%琼脂糖凝胶上电泳，凝胶成像仪观察。A 型特异性引物双重 PCR 扩增反应体系：取灭菌的 Eppendorf 管，依次加入 25μL 10×PCR 缓冲液（含 Mg^{2+} 离子），2μL dNTP，引物 D3A、D3B、DdS1、DdS2（浓度均为 20μmol/L）各 0.5μL，1U Tag DNA 聚合酶以及 3μL DNA 粗提上清液，最后加去离子水补足 25μL，扩增程序同上。

B 型特异性引物检测：分别进行 B 型特异性引物的 PCR 扩增、双重 PCR 扩增，方法步骤同 A 型特异性引物检测。将引物 DdS1、DdS2 换成 DdL1、DdL2 即可。

实时荧光 PCR 检测：参照刘先宝（2006）的方法。最佳反应体系为：引物浓度为 0.5μmol/L（上游引物/下游引物），探针浓度为 0.5μmol/L，镁离子浓度为 3mmol/L；最佳反应程序为：95℃3min，95℃ 10s，60℃25s，40 循环；探针能够检测的最低浓度为 5.0×10^{-8}μg 质粒 DNA，操作简单，整个检测过程实行自动化控制，完全闭管，消除了 PCR 假阳性的污染，无须 PCR 后处理。

2. 检疫监测

马铃薯腐烂茎线虫病的检疫监测技术包括调查、监测、样本采集、处理等内容。

（1）调查　需进行访问调查和实地调查。访问调查是向当地居民询问有关马铃薯腐烂茎线虫病发生地点、发生时间、危害情况，分析病害和病原线虫传播扩散情况及其来源。每个社区或行政村询问调查 30 人以上。对询问过程发现疑似马铃薯腐烂茎线虫病存在的地区，需要进一步重点调查。实地调查的重点是调查适合马铃薯腐烂茎线虫病发生的马铃薯适生区，主要交通干线两旁区域、苗圃、有外运产品的生产单位以及物流集散地等场所的马铃薯和其他寄主植物。在马铃薯腐烂茎线虫病的非疫区，于作物生长期间的适宜发病期进行一定区域内的大面积踏查，粗略地观察田间作物的病害症状情况。

（2）监测　马铃薯腐烂茎线虫病发病点所在的行政村区域划定为发生区，发生点跨越多个行政村的，将所有跨越的行政村划为同一发生区，发生区外围 5 000m 的范围规定为监测区。根据马铃薯腐烂茎线虫病的发生和传播扩散特点，在监测区内每个村庄、社区及公路和铁路沿线等地设置不少于 10 个固定监测点，每个监测点面积 10m²，悬挂明显的监测位点牌示，一般在马铃薯生长期间每月观察一次作物植株上的病情。

（3）样本采集　在调查中如发现疑似马铃薯腐烂茎线虫病植株，一是要现场拍摄异常植株的田间照片（包括地上部和根部症状）；二是要采集具有典型症状的病株标本（包括地上部和根部症状的完整植株），将采集病株标本分别装入清洁的塑料标本袋内，标明采集时间、采集地点及采集人。送外来物种管理部门指定的专家进行鉴定。

（4）处理　在非疫区，若大面积踏查和系统调查中发现可疑病株，应及时联系农业技术部门或科研院所，采集具有典型症状的标本，带回室内，按照前述病原线虫的检测和鉴定方法进行线虫检验观察。如果室内检测确定了马铃薯腐烂茎线虫，应进一步详细调查当地附近一定范围内的作物发病情况。同时及时向当地政府和上级主管部门汇报疫情，对发病区域实行严格封锁和控制。在疫区，根据调查记录马铃薯腐烂茎线虫病的发生范围、病株率和严重程度等数据信息，参照有关规范和标准制定病害的综合防治策略，采用恰当的病害控制措施，有效地控制病害和减轻经济损失。

六、应急和综合防控

1. 应急防控

在马铃薯腐烂茎线虫病尚未发生过的非疫区，无论是在交通航站口岸检出了带有马铃薯腐烂茎线虫的材料，还是在田间监测中发现马铃薯腐烂茎线虫，都需要及时地采取应急防控措施，及时地扑灭病原线虫，有效地预防马铃薯腐烂茎线虫的发生和扩散。

（1）检出马铃薯腐烂茎线虫材料的应急处理　对检出带有马铃薯腐烂茎线虫的材料，应拒绝入境或将货物退回原地。对不能及时销毁或退回原地的物品要即时就地封存，然后视情况做应急处理。①港口检出货物及包装材料可以直接沉入海底。机场、车站的检出货物及包装材料可以直接就地安全烧毁。②对不能现场销毁的携带马铃薯腐烂茎线虫病的植物或其他物品，可采用杀线虫剂进行熏蒸或浸泡杀灭处理，确认不再带活体线虫的物品才能予以放行，允许投放市场加工和销售使用。③如果引进的是马铃薯种苗等繁殖材料，必须在检疫机关设立的植物检疫隔离中心或检疫机关认定的安全区域隔离种植，经生长期间观察，确定无病后才允许放出去。我国在上海、北京和大连等设立了"一类植物检疫隔离种植中心"和种植苗圃。

（2）田间病株的应急处理　在马铃薯腐烂茎线虫病的非疫区监测发现一定范围的马铃

薯腐烂茎线虫病疫情后，应对病害发生的程度和范围做进一步详细的调查，并报告上级行政主管部门和技术部门，同时要立即采取措施封锁病田，严防病害扩散蔓延。马铃薯腐烂茎线虫病疫情经确认后需要尽快施行应急处理措施。①铲除病田马铃薯、甘薯及周围一定范围内的作物和各种杂草等并及时彻底烧毁。②使用杀线虫剂对一定范围内的发病植物进行药剂处理。③对经过应急处理后的田块要持续定期进行严密的监测调查跟踪，若发现病害复发，再及时做应急扑灭处理。

2. 综合防控

在已经有马铃薯腐烂茎线虫病发生分布的地区，除了要加强检疫措施防止疫区扩大外，应加强防治工作，减轻危害。目前采用包括选用抗病品种、农业防治、物理防治和化学防治等在内的综合防控措施。

（1）严格检疫　目前对于马铃薯腐烂茎线虫的检疫性工作主要是通过对生长期、收获期以及出入窖和育苗阶段的种薯和种苗进行检查，严禁病种和病苗外调，或不经消毒直接用于生产，同时对病区薯产品外调也进行检疫。国内调种应严格遵守检疫规定，必须要到正规、有资质、有信誉的种子公司购买，三证（种子生产许可证、种子经营许可证、检疫证）要齐全。引种时，要符合《植物检疫条例》规定，必须根据当地检疫站对外来种子的检疫要求，由种子原产地开具植物检疫证书，以避免检疫对象流入当地。一旦发现传带该病的种薯、种苗和相关产品，应及时进行销毁处理，防止线虫扩散蔓延。

（2）选用抗病品种　在各种防治措施中，培育抗性或耐性品种是最为经济有效的防治策略，在感病地区，应积极推广抗病品种，使用脱毒种苗。

（3）农业防治　合理调整作物布局、实行轮作倒茬、地膜覆盖、构建无病留种基地、培育和使用无病种苗、深翻晒土、清洁田园卫生等农业管理措施能有效减轻马铃薯腐烂茎线虫危害。与玉米、小麦、高粱、谷子、棉花等非寄主作物轮作3年以上，效果良好。

（4）物理防治　运用物理方法防治马铃薯腐烂茎线虫最经典和最成功的方法是加热法，其依据是马铃薯腐烂茎线虫不耐高温，35℃活动就受到抑制，40℃以上即可将其杀死。土壤热处理包括高温闷棚、阳光暴晒、蒸气消毒等，栽培时采用覆膜技术既能够提高马铃薯产量，同时还可抑制马铃薯腐烂茎线虫病的发生。温汤浸种对防治马铃薯腐烂茎线虫病也具有良好效果。

（5）化学防治　过去在我国甘薯生产中防治马铃薯腐烂茎线虫多使用灭线磷等有机磷类药剂，防效虽好，但这类药剂大都高毒、高残留、对环境污染严重，长期大量使用还会导致马铃薯腐烂茎线虫产生抗药性。目前，筛选出防治马铃薯腐烂茎线虫效果较好的低毒药剂有30%辛硫磷微胶囊剂、10%噻唑膦颗粒剂和0.5%阿维菌素颗粒剂等。此外，植物源杀线剂正处于试验阶段，用瑞香狼毒根的萃取物防治马铃薯腐烂茎线虫，发现随着提取物中活性化学成分的增加，触杀活性逐渐增强，这为马铃薯腐烂茎线虫防治提供了新路径。

主要参考文献

郭全新，简恒，2010. 危害马铃薯的茎线虫分离鉴定. 植物保护，36（3）：117-120.

李建中，2008. 六种潜在外来入侵线虫在中国的适生性风险分析. 吉林：吉林农业大学.

刘维志，2000. 植物病原线虫学. 北京：中国农业出版社，335 - 339.

刘维志，2004. 中国检疫性植物线虫. 北京：中国农业科学技术出版社，147 - 153.

刘维志，刘清利，尼秀媚，2003. 马铃薯腐烂茎线虫 *Ditylenchus destructor* Thorne，1945 的描述. 莱阳农学院学报，20（1）：1 - 3.

刘先宝，葛建军，谭志琼，等，2006. 马铃薯腐烂茎线虫在国内危害马铃薯的首次报道. 植物保护，32（6）：157 - 158.

商鸿生，2017. 植物检疫学. 北京：中国农业出版社，152 - 154.

宛菲，彭德良，杨玉文，2008. 马铃薯腐烂茎线虫特异性分子检测技术研究. 植物病理学报，38（3）：263 - 270.

王宏宝，赵桂东，李茹，等，2014. 腐烂茎线虫侵染马铃薯块茎与甘薯块茎危害症状比较. 广西农学报，29（1）：26 - 28.

王祥会，焦玉霞，孔德生，等，2018. 腐烂茎线虫在我国的风险评估和防控建议. 莱阳农学院学报，38（10）：77 - 81.

张国良，曹坳程，付卫东，2010. 农业重大外来入侵生物应急防控技术指南. 北京：科学出版社.

张绍升，章淑玲，王宏毅，等，2006. 甘薯茎线虫的形态特征. 植物病理学报，36（1）：22 - 27.

赵文霞，杨宝君，2006. 中国植物线虫名录. 北京：中国林业出版社，35.

Anderson R V，1964. Feeding of *Ditylenchus destructor*. Phytopathology，54（9）：1121 - 1126.

Anonymous，2008. *Ditylenchus destructor* and *Ditylenchus dipsaci*. Bulletin Oepp Eppo Bulletin：3，363 - 373.

Artem'ev Yu M，1976. *Ditylenchus destructor* on potatoes in the Ural region and the effect of nitrogenous fertilizers on D. destructor infection of potatoes. Sbornik Nauchnykh Trudov Saratovskogo Sel' skokhozyaistvennogoInstituta（54）：30 - 37.

Bryushkova F，Krylov P，1963. Protecting potatoes from *Ditylenchusdestructor*，8（8）：14 - 15.

CABI，2021. *Ditylenchus destructor*（potato tuber nematode）. In：Invasive Species Compendium.（2021 - 06 - 11）[2021 - 10 - 17] https：//www. cabi. org/isc/datasheet/19286.

Decker H，1969. Phytonematologie. Berlin：VEB Deutscher Landwirtschaftsverlag，526.

Doncaster C C，1966. Nematode feeding mechanisms observation on *Ditylenchus destructor* and D. myceliophagus feeding on *Botrytiscinerea*. Nematologica. 12：417 - 427.

Esser R P，1985. Characterization of potato rot nematode，*Ditylenchus destructor* Thorne，1945（Tylenchidae）for regulatory purposes. Florida Department of Agriculture and Consumer Service Nematology Circular，124.

Evans A A F，Fisher J M，1970. The effect of environment on nematode morphometrics：comparison of *Ditylenchus myceliophagus* and *Ditylenchus destructor*. Nematologica，16（1）：113 - 122.

Faukner L R，Darling H M，1961. Pathological histology，hosts and culture of the potato rotnematode. Phytopathology，5（11）：778 - 785.

Goodey J B，1952. The influence of the host on the dimensions of the plant parasitic nematode，*Ditylenchus destructor*. Ann ApplBiol，39：221 - 229.

Gubina V G，1982. Plant and soil nematode：Genus Ditylenchus. Izdatel'stvo "Nauka," Moscow.

Hockland S，Inserra R N，Millar L，et al. ，2006. International plant health-Putting legislation into practice. UK，Wallingford，Plant Nematology（Perry RN，Moens M. eds. ）CAB international，327 - 345.

Ivanyuk V G，2008. Influence of abiotic factors of the environment on the vitality，development，and pathogenic properties of *Ditylenchus destructor* thorne-potato *Ditylenchus destructor*. Proceedings of The

National Academy Of Sciences Of Belarus，Agrarian Series：61－64.

Jeszke A，Budziszewska M，Dobosz R，et al.，2013. A comparative and phylogenetic study of the *Ditylenchus dipsaci*，*Ditylenchus destructor* and *Ditylenchus gigas* populations occurring in Poland. Journal of Phytopathology，162（1）：61－67.

Kiryanova E S，Krall E L，1971. Plant-parasitic nematodes and their control，Izdatel'stvo "Nauka，" Moscow，2：748.

Krivodubskaya L R，1978. Histo-and cytochemical study of the changes in *Ditylenchus destructor* and in the host-tissue during *D. destructor* infection on potato. Fitogel' mintologicheskieissledovaniya：57－65.

Kruus E，2012. Impact of trade on distribution of potato rot nematode（*Ditylenchus destructor*）and other plant nematodes. Agronomy Research，10（1）：319－328.

Makaervskoya Z S，1983. Laboratory culture of the potato tuber nematode. In Steblevye nematodysel' skokhozyajstvennykhkul' turImerybor' bysnimi. Vserossijskij NII ZashchityRastenij，131－133.

Pasiecznik N M，Smith I M，Watson G W，et al.，2005. CABI/ EPPO distribution maps of plant pests and plant diseases and their important role in plant quarantine. EPPO Bulletin，35（1）：1－7.

Semyannikova N L，1990. On the micromorphology of Ditylenchus destructor. Vestnik Khar'kovskogo Universiteta，346：61－62.

Shubina L V，1973. The effect of mineral fertilizers on stem eelworm *Ditylenchus dipsaci*（Kuhn，1936）Filipjev，1936and *Ditylenchus destructor* Thorne，1945. Trudy gel'mint Lab，23：217－224.

Thorne G，1945. *Ditylenchus destructor* n. sp. the potato rot nematode，and *Ditylenchus dipsaci*（Kuhn，1857）Filipjev，1936，the teasel nematode（Nematoda：Tylenchidae）. Proceedings of the Helminthological Society of Washington，12：2，27－34.

Thorne G，1961. Principles of Nematology. London：Mcgraw-hill bookcompany.

Ustinov A A，Tereshchenko E F，1959. The stem nematode of potato. Zashchita Rastenii ot Vreditelei Boleznei，6：29－31.

William R N，1991. Manual of agricultural nematology. NewYork：Marcel Dekkerlnc，423－464.

Yu Q，Zaida M A，Hughes B，2012. Discovery of potato rot nematode，*Ditylenchus destructor*，infesting garlic in Ontario，Canada. Plant disease，96（2）：297.

第三节　马铃薯白线虫病及其病原

马铃薯白线虫是一种具有毁灭性的重要植物病原线虫，因其与马铃薯金线虫总是混合发生，人们将其并称为马铃薯胞囊线虫。马铃薯白线虫的寄主与马铃薯金线虫相同，但分布不如马铃薯金线虫广泛。人类活动是马铃薯金线虫和马铃薯白线虫远距离传播和扩散的唯一途径。它传播到一个新的国家或地区最可能的途径是附着或寄生于马铃薯种薯及其夹带的病土、其他带根的繁殖材料上随调运传播（Jones，1970）。

一、起源和分布

Stone（1973）从马铃薯金线虫中分出马铃薯白线虫，该虫的雌虫直至死亡仍为白色，故称马铃薯白线虫（white/pale potato cyst）。在马铃薯块茎上也观察到白色雌虫，但是发生的频率很低。

马铃薯白线虫主要在全世界热带和亚热带的冷凉地区及温带的 40 多个国家发生和分布。其分布国家和地区包括欧洲的奥地利、比利时、保加利亚、丹麦、斯洛伐克、爱沙尼亚、芬兰（仅截获）、法国、德国、希腊（仅克里特岛）、冰岛、爱尔兰、意大利、卢森堡、马耳他（仅有分离记录）、荷兰、英国（英格兰、苏格兰、海峡群岛）、挪威、葡萄牙、俄罗斯（欧洲部分）、西班牙（包括加那利群岛）、瑞典、瑞士、白俄罗斯、波兰等；亚洲的塞浦路斯、印度（喜马谐尔邦、喀拉拉邦、泰米尔纳德邦）、巴基斯坦；非洲的阿尔及利亚、阿根廷、突尼斯、南非；大洋洲的新西兰；北美洲的加拿大纽芬兰省和美国爱达华州；中美洲和南美洲的整个安第斯山脉地区、阿根廷、玻利维亚、智利、哥伦比亚、巴拿马、厄瓜多尔、秘鲁及委内瑞拉。我国尚未报道此线虫的发生。

二、病原

1. 名称及分类地位

马铃薯白线虫拉丁学名为 *Globodera pallida*，英文名称有 potato cyst nematode、white potato cyst nematode、pale potato cyst nematode、potato root eelworm、golden nematode、pale cyst nematode 等，其分类地位为真核域（Eukaryotes）、动物界（Animalia）、蠕形动物门（Vermes）、线虫纲（Nernatoda）、垫刃目（Tylenchoidea）、垫刃总科（Tylenchoidea）、异皮线虫科（Heteroderidae）、异皮线虫亚科（Heteroderinae）、球胞囊属（*Globodera*）。

2. 形态特征

马铃薯白线虫的生活史包括成虫、胞囊、卵和幼虫（共 4 龄）。其主要形态特征（图 8-6）如下（Stone，1973）：

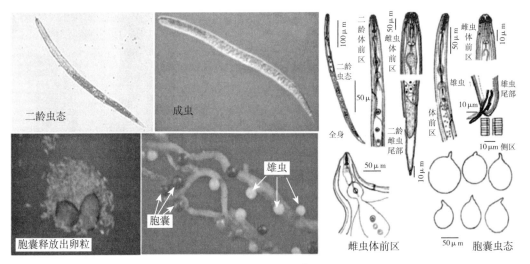

图 8-6　马铃薯白线虫的形态特征（Agric. & Agri-Food Canada，2012）

（1）雌虫　成熟雌虫近球形，有突出的颈部连接着口针和食道腺。虫体大多数种群刚死亡时呈现白色，4～6 周后转变为有光泽的褐色。唇区有合并的唇片和 1～2 个突出的环，颈部有明显的、不规则的环纹，体表面有网状花纹，头部骨架发育较弱，呈六角辐射状；口针基球向后倾斜；中食道球大而圆，食道球瓣膜呈大的新月形，接近圆形，食道腺宽大，常位于体前部，有 3 个腺核；颈部末处有明显的排泄孔，颈内部结构经常被透明分泌物所掩盖。外阴处的一条横缝为外阴盘，圆形凹陷。阴门裂位于这一区域中心。裂口到膜孔边缘表皮呈新月形，两侧有乳突，肛门和膜孔边缘间表皮上约有 12 条皱褶脊，有些呈网状。体表有大量的点状突起。其有关测量数据（$n=50$），口针长（27.4 ± 1.1）μm，头基部宽（5.2 ± 0.5）μm，口针基球至背食道腺开口距离（5.4 ± 1.1）μm，头前端到中食道球瓣门距离（67.2 ± 18.7）μm，排泄孔到头前端的距离（139.7 ± 15.5）μm，中食道球平均直径（32.5 ± 4.3）μm，阴门膜孔平均直径（24.8 ± 3.7）μm，阴门裂长（11.5 ± 1.3）μm，肛门至阴门膜孔距离（44.6 ± 1.9）μm，阴门与肛门间皱褶脊数（12.5 ± 3.1）个。

（2）胞囊 新胞囊近球形，有光泽，棕褐色，颈部突出。外阴膜区完整或有开孔或部分开孔，称为阴门膜孔。阴门区周围有明显角质化变黑、加厚的阴门突。肛门明显可见，位于表皮上呈 V 形，末端变细。角质层表皮和雌虫类似但是比雌虫更清晰，角质层下无亚晶层。全长（去颈）（579 ± 80）μm，体宽（534 ± 66）μm，膜孔平均直径（24.5 ± 5.0）μm，肛门至膜孔距离（49.9 ± 13.4）μm，Granek's 比值（肛门至膜孔间距/膜孔直径）2.1 ± 0.9。

（3）雄虫 热杀死呈 C 形或 S 形，虫体后半部分纵向转 $90°\sim180°$，外表皮有规则的环纹，侧区 4 条侧线并延伸至尾部，头圆形，头部缢缩明显，有大的口盘；具 6 片不规则的唇片，$6\sim7$ 条环纹，头骨架发达，六角放射状。口针高度发达，口针基球向后倾斜，形成大约占总口针 45% 的圆锥体。中食道球发达呈椭圆形，有大型的新月形瓣门，神经环位于中食道球与肠（峡部）间的食道部位，其后为一个狭细的腹侧食道腺。单精巢，占 $40\%\sim65\%$ 的体腔，末端是一个狭窄的输精管，有腺壁。泄殖腔具小的乳突，交合刺成对，弓形，末端尖锐。尾短，尾端钝圆至各种形状。有关测量数据（$n=50$）：体长（119.8 ± 10.4）μm，排泄孔处体宽（28.4 ± 1.3）μm，头基部宽（12.3 ± 0.5）μm，头高（6.8 ± 0.3）μm，口针长（27.5 ± 1.0）μm，口针基部至背食道腺开口的距离为（3.4 ± 1.0）μm，头端至中食道球瓣门的距离为（96.0 ± 7.1）μm，头前端到排泄孔距离为（176.4 ± 14.5）μm，尾长（5.2 ± 1.4）μm，泄殖腔处体宽（13.5 ± 2.1）μm，交合刺长（36.3 ± 4.1）μm，引带长（11.3 ± 1.6）μm。

（4）二龄幼虫 线形；角质层环纹清楚，侧区有 4 条侧线，虫体两端侧线为 3 条；前 $7\sim8$ 个体环表皮增厚，头部略缢缩，头环 $4\sim6$ 个；唇盘圆形，由 2 片唇瓣组成，唇片和唇盘轮廓明显，头骨架呈六角放射状，口针发达，侧面观察口针基球明显前凸，食道腺向后延伸约占体长的 35%，排泄孔位于身体前端长度的 20%处，半月体明显，2 个体环宽，位于排泄孔前一个体环处；半月小体位于排泄孔后 $5\sim6$ 体环处，生殖原基在距离末端约 60%的体长处，尾部均匀变细，形成的透明区大约占尾长的一半。有关测量数据（$n=30$），体长 $510\mu m$，头高 $5\mu m$，头基部宽 $9\mu m$，口针长 $25\mu m$，口针基部至背食道腺开口的距离为 $2\mu m$，头前端至中食道球瓣门的距离为 $74\mu m$，头前端到排泄孔距离为 $106\mu m$，尾长 $53\mu m$，透明尾长 $31\mu m$，肛门处体宽 $13\mu m$。

三、病害症状

受侵染的马铃薯植株地上部生长缓慢，叶片呈现黄绿色，萎缩变小，即将枯萎死亡。地下部的根系严重变小，根上可以明显地看到一些梨形、白色未成熟的或者成熟变褐的胞囊（彩图 8-3）。随着侵染面积的增加，植株地上部出现褪绿变黄，且在田间呈不均匀分布的小斑块状，地下部薯块变小变少，受侵染的马铃薯植株严重减产（Agrios，2005）。

四、生物学特性和病害流行规律

1. 寄主植物

主要寄生马铃薯、番茄、茄子及茄科植物的许多种类，包括欧洲杂草沙棘和杜仲（Goodey et al.，1965）和曼陀罗。

2. 病害循环

马铃薯白线虫是专性植物根部定居型内寄生线虫。二龄幼虫为线形，是侵染性虫态，其侵入寄主根内，固着取食，刺激取食点的细胞形成合胞体，雌二龄幼虫通过发育成豆荚状的三龄幼虫，近葫芦形的四龄幼虫，最后发育成为柠檬形的成虫。由于虫体膨胀而撑破寄主根表皮露出表面，头部仍留在皮层细胞内。成熟雌虫与雄虫交配后产卵于体外的胶质团内，部分卵留在体内。雌虫死亡后，其表皮鞣革化，对体内的卵有很好的保护作用，这种结构即是胞囊。胞囊脱落于土壤中，遇到合适的条件，胞囊内的卵发育为一龄幼虫，孵化后形成二龄幼虫，侵染寄主植物。雄幼虫发育为成虫，与雌虫交配后离开寄主，不久死亡。

3. 发病条件

一般每年一代，有时有不完全的两代。

（1）土壤条件　透气良好的沙土、粉沙土和泥炭土有利于线虫侵染，土壤湿度在 50%～70% 最适合线虫危害。

（2）气候条件　线虫群居量的增长随气候和季节而有很大变化。温带的低平地区、热带的高海拔或沿海地区适宜生育。一般土温达到 10℃ 时，线虫开始活动，18～25℃ 为发育和侵入寄主的最适温度，在这种温度范围内，湿度达 50%～70% 发生较重，30℃ 以上高温及干燥条件下病害发生轻。在土壤内越冬的胞囊，第二年春天当土壤温度达到 10℃ 以上时，内部的线虫开始活动，但必须在寄主植物根分泌物质刺激下，二龄幼虫才能从卵内孵出。胞囊中卵特别抗干燥，能在土壤中长期存活。在寒冷地区缺乏寄主的情况下，胞囊内的卵可存活 28 年。

（3）温度的影响　Foot（1978）研究了新西兰 3 个马铃薯胞囊线虫群体的存活、生殖力和繁殖率，结果表明马铃薯白线虫的 Pa3 致病型发育温度范围为 9～23℃；马铃薯白线虫的 Pa2 致病型发育温度范围为 22～28℃。马铃薯白线虫的发育适温为 10～18℃，其自由孵化较少，在高温下的存活率比马铃薯金线虫存活率低。当马铃薯胞囊线虫群体密度低时，危害很小，但若马铃薯多年连作，线虫数量可以逐渐累积，就会造成显著的产量损失，在极端情况下新生马铃薯产量甚至少于播种的种薯量。

五、诊断鉴定和检疫监测

1. 诊断鉴定

（1）采样与分离　参照本章马铃薯金线虫。

（2）分子检测鉴定　随着分子生物检测技术的快速发展，越来越多的分子检测鉴定技术可用以检测鉴定马铃薯胞囊线虫，包括 SCAR 特异性标记检测技术（Fullaondo et al.，1999）、特定基因位点（GE-CM-1）的分子鉴定技术（Chronis et al.，2014）等。本文就 SCAR 技术进行具体阐述。根据 Fullaondo 等（1999）研究建立的 SCAR 特异性标记检测技术，采用随机引物 OPG-05 进行马铃薯白线虫特异性片段的 RAPD-PCR 扩增。RAPD-PCR 反应采用引物试剂盒 G（Operon Technologies，Alameda，CA，USA）进行扩增，得到特异性片段长度约为 1 100bp，根据此片段设计特异性引物 5′-TGTCCATTCCTC TCCACCAG-3′ 和 5′-CCGCTTCCCCATTGCTTTCG-3′。

DNA 提取：DNA 溶解于 TE（Tris 0.01M，EDTA 0.1mM；pH 8.8）缓冲液中，用苯酚∶氯仿∶异戊醇（25∶24∶1）萃取 2 次，用乙醇沉淀并溶解，测定样品纯度值后（OD=1.8）在 20℃下保存。

SCAR-PCR 反应总系为 $25\mu L$：25 ng 模板 DNA，pH 9.0 50mmol/L Tris-HCL，50mmol/L KCl，1.5mmol/L $MgCl_2$，0.1% Triton X-100，0.2mmol/L dNTPs，50ng 特异性引物和 0.5 U Taq DNA 聚合酶。

反应条件：94℃，4min；94℃ 1min，60℃ 1min，72℃ 2min，40 循环；72℃，10min。

结果检测：扩增产物用 1.5% 经琼脂糖凝胶电泳检测，用溴化乙啶染色后在紫外灯下观察条带长度，分离并测序，条带长度约为 798bp。

2. 检疫监测

在实施产地检疫时，监测技术参照上述采样与分离方法获取胞囊进行鉴定，或直接用放大镜观察洗净的植株根系，观察病根上是否有大量白色或乳白色球形雌虫和胞囊着生。

口岸检验参照本章马铃薯金线虫。

六、应急和综合防控

我国目前尚无马铃薯白线虫发生的报道，所以我国对该线虫主要是加强预防控制，故仅介绍相关应急措施。预防控制包括对进口相关货物严格检疫及在发现疫情时实施应急防控，具体如下：

1. 加强植物检疫

加强我国口岸检疫，构筑"生物入侵"第一道防线，加强入境货物检验检疫。

来自疫区的马铃薯种用块茎及其他繁殖材料禁止进境，因科研需要须特许审批。

在马铃薯引种时，应注意以下几点。①种薯引进前，必须在我国国家市场监督管理总局办理植物检疫特许进口审批手续。②入境时，经检疫如发现马铃薯白线虫等检疫性线虫，做退货或者销毁处理；检疫合格的，将在指定的隔离场所进行隔离检疫。③引进的马铃薯种薯不得来自马铃薯金线虫、马铃薯白线虫等有害生物的疫区。④引进的马铃薯种薯不得带土壤。⑤隔离种植期间，如发现马铃薯金线虫或马铃薯白线虫，口岸动植物检疫局将立即对试种种薯采取销毁处理，隔离场所做除害处理。⑥收获期间，口岸动植物检疫局须对收获的马铃薯进行检疫，并对土壤进行检测。目前国内最新的引种相关规程详见《引进马铃薯种质资源检验检疫操作规程》（林明福 等，2018）。

除害处理参考本章马铃薯金线虫相关内容。

2. 监测与应急防控

参照本章马铃薯金线虫控制种群扩张的措施。

对该检疫性线虫进行药剂处理，包括种植前药剂熏蒸或拌种；用量取决于所需要达到的效果，如果要求土壤中检测不到线虫，则需要加大一倍用量。近期的研究主要注重于非熏蒸性杀线虫剂。

3. 控制种群蔓延的预案

参照本章马铃薯金线虫控制种群蔓延的预案。

4. 综合防控

马铃薯白线虫一经传入，几乎是没有办法根除的，因为即使在没有马铃薯等寄主的情况下，该线虫在土壤中也可存活几十年，只能通过一些措施尽量减少线虫的数量和侵染危害（Canadian Food Inspection Service，2013）。

保证农具和运输车辆清洁。在其进入农田之前对其进行消杀。

避免被污染的土壤传播线虫。农具和马铃薯包装等都可能携带被污染的土壤，在农田或农场之间传播，所以在田间操作转换前要将农具是可能黏附的土壤冲洗干净。

加强栽培管理。不要大面积连年种植马铃薯，要与其他作物轮作 3 年以上；要使用经过认证不带线虫的健康种薯；播种之前将种薯上的泥土清洗干净，不要让洗下来的泥土和水进入农田；农田之间的水不要串灌漫灌。

使用杀线虫剂防治。在一个生长季节内防治该线虫最好的药剂为杀线威、甲氧基氨基甲酸酯类，这些化合物在低用量（3～5kg/hm²）下有效，其效果似乎与土壤类型无关。一些有机磷杀线虫剂也有效，但其效果受到土壤类型的影响，在有机土壤中效果差。田间早期发现线虫病，及时用药剂灌治，可选用 50％辛硫磷乳油 1 500 倍液或 90％晶体敌百虫 800 倍液，每株用药液 0.25～0.5kg。

主要参考文献

万方浩，彭德良，王瑞，2010. 生物入侵·预警篇. 北京：科学出版社，596-601.

尹淦镠，1990. 马铃薯白线虫检疫. 马铃薯杂志，4：160-167.

Agric, Agri-Food Canada, 2012. Pale cyst nematode-*Globodera pallida*. (2012-03-26) [2021-10-12] http：//www. inspection. gc. ca/plants/plant-pests-invasive-species/nematodes-other/pale-cyst-nematode/ eng/1337002354425/133 7002587229.

Agrios G N, 2005. Plant Pathology (5th Edition). San Diego, CA：Academ, 842-847.

Bairwa A, Venkatasalam E P, Sudha R, et al., 2017. Techniques for characterization and eradication of potato cyst nematode：a review. Journal of ParasiticDiseases, 41（3）：607-620.

Blok W J, Jamers J G, Termorshuizen A J, et al., 2000. Control of soilborne plathogens by incorporating fresh organic amendments followed by tarping. Phytopathology，90：253 - 259.

CABI，2021. Globodera pallida（white potato cyst nematode）. In Invasive Species Compendium. https：// www. cabi. org/isc/datasheet/27033.

Canadian Food Inspection Service，2013. Best management practices for preventing potato cyst nematode contamination.（2013 - 06 - 12）［2021 - 09 - 18］http：//www. inspection. gc. ca/plants/plant-pests-invasive-species/nematodes-other/golden-nematode/inspection/eng/1337016451272/1337016555455.

Chronis D，Chen S，Skantar A M，et al.，2014. A new chorismate mutase gene identified from *Globodera ellingtonae* and its utility as a molecular diagnostic marker. European Journal of PlantPathology，139：245 - 252.

Cidd P V I，Miranda B L，2008. Second cyst-forming nematode parasite of barley（*Hordeum vulgare* L. var. *esmeralda*）fromMexico. Nematropica，38：105 - 114.

Duceppe M O，Lapalme J L，Palomares-Rius J E，et al.，2017. Analysis of survival and hatching transcriptomes from potato cyst nematodes，*Globodera rostochiensis* and *G. pallida*. Sci. Reports.

EPPO，2013. PM 7/40（3）*Globodera rostochiensis* and *Globodera pallida*. EPPO Bulletin，43：11 - 138.

Faggian R，Powell A，Slater A T，2012. Screening for resistance to potato cyst nematode in australian potato cultivars and alternative solanaceous hosts. Australasian Plant Pathology，41：453 -461.

Foot M A，1978，Temperature responses of three potato cyst nematode populations from New Zealand. Nematologica，24：421 - 427.

Fullaondo A，Barrena E，Viribay M，et al.，1999. Identification of potato cyst nematode species *Globodera rostochiensis* and *G. pallida* by PCR using specific primer combinations. Nematology，1：157 - 163.

Gaur H S，Perry R N，1991. The use of soil solarization for control of plant parasitic nematodes. Nematologica，Abstracts，60：153 - 167.

Goodey J B，Franklin M T，Hooper D J T，1965. Goodey's 'The nematode parasites of plants catalogued under theirhosts'. Price，60：35.

Inget P W，Reddy K R，Constan R，2005. Anaerobic soils. In：Hilel，D.（ed）Encyclopedia of Soils in the Environment. Elsevier，London：72 - 78.

Jones F G W，1970. The control of the potato cyst nematode. Journal of the Royal Society of Arts，118：179 - 199.

Jones F G W，Carpenter J M，Parrott D M，et al.，1970. Potato cyst nematode：one species or two? Nature，227：83 - 84.

José M M，Cunha D A，Da Conceiao I L P M，et al.，2012. Virulence assessment of Portuguese isolates of potato cyst nematodes（*Globodera* spp.）. PhytopathologiaMediterranea，51：51 - 68.

Madani M，Ward L J，Boer S H D，2011. *Hsp* 90 gene，an additional target for discrimination between the potato cyst nematodes，*Globodera rostochiensis* and *G. pallida*，and the related species，G. tabacum. European Journal of PlantPathology，130：271 - 285.

McSorley R，1982. Simulated sampling strategies for nematodes distributed according to a negative binomial model. Journal ofNematology，14：517 - 522.

Michigan State University，2010. Pale cyst nematode *Globodera pallida*，Invasive Species Fact Sheets.（2010 - 09 - 23）https：//www. canr. msu. edu/ipm/uploads/files/Forecasting _ invasion _ risks/ pale Cyst Nematode. pdf.

Nelson K A，Johnson W G，Wait J M D，et al.，2006. Winter-annual weed management in corn（*Zea mays*）and soybean（*Glycine max*）and the impact bean cyst nematode（*Heterodera glycines*）egg population densities. WeedTechnology，20：965 - 970.

Phillips M S，2006. Potato Council PCN Management Model. PotatoCouncil，Oxford，UK.

Plantard O，Picard D，Valette S，et al.，2008. Origin and genetic diversity of Western European populations of the potato cyst nematode (*Globodera pallida*) inferred from mitochondrial sequences and microsatellite loci. Molecular Ecology，17：2208 - 2218.

Reid A，Evans F，Mulholland V，et al.，2015. High-throughput diagnosis of potato cyst nematodes in soil samples. In：Lacomme，C.（ed.）Plant Pathology：Techniques and Protocols. Methods in Molecular Biology，1302：137 - 148.

Runia W，Molendijk L，Ludeking D，et al.，2012. Improvement of anaerobic soil disinfestion. communications in Agricultural and Applied BiologicalSciences，77：753 - 762.

Stapleton J J，2000. Soil solarization in various agricultural production systems. Crop Protection，19：837 - 841.

Stone A R，1973. *Heterodera pallida* n. sp.（Nematoda：Heteroderidae），a second species of potato cyst nematode. *Nematologica*，18：591 - 606.

Thomas S H，Schroeder J，Murray L W，2005. The role of weeds in nematode management. WeedScience，53：923 - 928.

Turner S J，Evans K，1998. The origins，global distribution and biology of potato cyst nematodes (*Globodera rostochiensis*（Woll.）and *Globodera pallida* Stone).In：Marks，R. J. and Brodie B. B.（eds）Potato Cyst Nematodes：Biology，Distribution and Control. CABInternational，Wallingford，UK，P. 7 - 26.

Van den Elsen S，Ave M，Schoenmakers N，et al.，2012. A rapid，sensitive and cost-efficient assay to estimate viability of potato cyst nematodes. Phytopathology，102：140 - 146.

Viaene N，2016. An alternative way of soil sampling for detection of field infestations with *Globodera* spp. Proceedings of the 32nd Symposium of the European Society of Nematology. European Society ofNematology，Braga，Portugal，28：155.

第四节　甜菜胞囊线虫病及其病原

甜菜胞囊线虫于1859年在德国首次被发现，能引起甜菜发育迟缓与提前衰退。随即成为引起欧洲几个甜菜种植产区甜菜减产的重要原因。甜菜胞囊线虫病是甜菜生长过程中最重要的病害之一，在热带和温带地区，可以造成毁灭性破坏。该病害主要分布在欧洲、中东、北美洲、澳大利亚等地区，几乎每个生产甜菜历史长的国家都有发生，中国曾在新疆报道发生。甜菜苗受到该病危害后，造成减产约50%以上，同时由于线虫侵染，也加重了其他病原物造成的损失。甜菜胞囊线虫除寄生危害甜菜外，还危害菠菜属、芥菜属、萝卜属、茄科植物和某些杂草。疫区的甜菜胞囊线虫在自然条件下仅靠田间的病土移动传播的距离极有限，较远距离的传播一般是人为造成的，如甜菜运输时携带的土壤。

一、起源和分布

在19世纪初期就有人注意到一种甜菜衰退病（beet fatigue），在连年种植甜菜的田间发生并引起显著减产，最初被认为是营养缺乏所致，但1895年植物学家Schacht H.才发现侵染甜菜根部的是胞囊线虫，并推测该线虫是导致此病的原因。1871年另外一位研究人员Schmicht建立异皮线虫属时，为了纪念此线虫的发现者，将其命名为 *Heterodera schachtii*（1871）。

甜菜胞囊线虫适合在温暖地区发生，可忍受的气候条件范围很宽。亚洲的阿塞拜疆、伊朗、伊拉克、约旦、哈萨克斯坦、吉尔吉斯斯坦、韩国、巴基斯坦、乌兹别克斯坦。欧洲的奥地利、比利时、法国、捷克、斯洛伐克、丹麦、德国、意大利、爱沙尼亚、芬兰、英国、荷兰、卢森堡、葡萄牙、西班牙、爱尔兰、希腊、拉脱维亚、摩尔多瓦、波兰、罗马尼亚、瑞典、瑞士、乌克兰、保加利亚等。非洲的赞比亚、塞内加尔、南非、加那利群岛、佛得角。北美洲的加拿大、美国（亚利桑那、加利福尼亚、科罗拉多、佛罗里达、爱达荷、堪萨斯、密执安、蒙大拿、纽约、内布拉斯加、北达科他、俄亥俄、俄勒冈、南达科他、犹他、华盛顿、威斯康星、怀俄明）、墨西哥。南美洲的智利、乌拉圭。大洋洲的澳大利亚、新西兰（CABI，2019）。2019 年日本首次报道发生甜菜胞囊线虫（Sekimoto et al.，2019），我国 2014 年在新疆曾有报道，但其他地方迄今尚无发生。

二、病原

1. 名称及分类地位

甜菜胞囊线虫拉丁学名为 *Heterodera schachtii*（Schinidt，1871），英文名称为 sugar beet cyst nematode，异名有 *Tylenchus schachtii*（Schmidt，1871）Derley 1880 等，属于真核域（Eukaryotes）、动物界（Animalia）、线虫门、侧尾线口纲（Secernentea）、双胃线虫亚纲（Diplogasteria）、垫刃目（Tylenchida）、异皮线虫科（Heteroderidae）、异皮属（*Heterodera*）。

2. 形态特征

根据 Raski（1950）描述该线虫的形态学特征（图 8-7）。

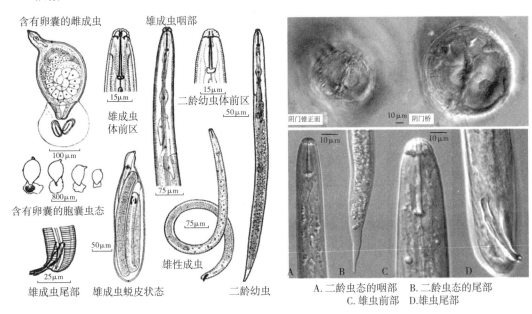

图 8-7　甜菜胞囊线虫的形态特征（Franklin，1972；Subbotin，2010）

(1) 雌虫　白色，瓶形。头小，排泄孔位于肩部，阴门上的肛门位于近背侧靠近末端处。头轻度骨化。口针细长，口针基球小。中食道球明显，球形。食道腺从腹侧部分覆盖肠（或部分与肠重叠）。双卵巢长，多次卷曲。少量卵在卵囊内，但大部分存在于体内。胶质层基本分 3 层，表面覆盖许多脊组成的一网状结构。其有关测量数据为，体长 626～890μm，体宽 361～494μm，口针长 27μm，角质膜厚度 9～12μm。

(2) 胞囊　胞囊内含有卵 500～600 个，浅至深棕色，阴门锥末端阴门裂大约与阴门桥等长。阴门桥每侧被胞囊壁上的一个薄的肾性区域从侧翼包围。阴门桥下不远处有许多不规则排布的暗褐色的胞囊。成熟雌虫以及新形成的胞囊表面有一层白色的蜡质形成的壳状物，即亚结晶层。

(3) 雄虫　温热杀死时，虫体通常较直，体后部 1/4 呈 90°～180° 的螺旋状扭曲。体前部较尖，至颈部的宽度约为体中部宽度的一半。尾端钝圆，尾长不足体宽的一半。侧尾腺口近肛门处，环纹明显。侧区有 4 条纵向侧线，非网状。头部缢缩，隆起，有 3 条或 4 条环纹。呈六角放射状的侧扇面比亚侧区略窄。侧气孔小，裂缝窄，位于侧扇面处且紧靠孔口。前部头小，在 2 体环处。后部头小，在头部缢缩至 6～8 体环处。口针发达，口针基球前部略凹。食道圆筒状，延伸到中食道球。食道腺从背腹面覆盖肠。背食道管在口针基部后约 2μm 处与食道腔相连。2 个亚腹食道腺开口位于紧靠瓣门后的中食道球的腔内。排泄孔在中食道球后 2～3 个体宽处。半月形在排泄孔前 6～10 体环处。单精巢，末端钝圆。交合刺弯曲，前部略隆起，在尖端有凹口。单引带。其有关测量数据为，体长 111.9～143.8μm，体宽 28～42μm，体长/最大体宽 32～48，口针长 29μm，交合刺长 34～38μm，引带长 10～11μm。

(4) 二龄幼虫　头部缢缩，呈半球形，具 4 个环纹，头架骨粗壮，对称。小的侧口器位于近口处的侧部；口针处直径为 1.4μm，在虫体中部直径为 1.7μm。有侧线 4 条，口针短于 30μm，中度硬化，有小的基球，基球前端向前凸；中食道球比雄虫的发达，食道前体部似雄虫，食道腺充满体腔，背食道腺开口在基球后 3～4μm 处。肛门模糊，距尾端约 4 倍体宽。尾部急剧变细呈圆锥形，末端钝圆，尾后部的透明区明显，长度是口针长的 1～1.25 倍；生殖原基具有 2 个细胞核，位于虫体中部稍后；侧尾腺口模糊，呈刻点状，位于肛门后。其有关测量数据为，体长 435～492μm，体宽 21～22μm，口针长 25μm，体中部环宽 1.4～1.7μm。

三、病害症状

甜菜种植地块被侵染时，地上部老熟甜菜植株呈现矮小萎蔫状，新生苗呈枯萎坏死状；地下部老熟苗毛状侧根增加，块茎变小，根表面附着很多球状褐色胞囊；发病植株在田间呈块状分布（彩图 8-4）。

四、生物学特性和病害流行规律

1. 寄主范围

甜菜胞囊线虫的寄主范围很广，有 23 科 95 属的 218 种植物，但主要危害十字花科和藜科植物，其中重要的农作物有甜菜属、南芥属、油菜、芸薹、甘蓝、藜属、水稻、萝卜、大黄、甘蔗、菠菜等，另外还有蓼科、玄参科、石竹科和茄科植物（Gleissi，1986；Tacconi，1993；Sturhan，1994）等多种植物和杂草。

2. 致病机理

甜菜胞囊线虫是专性植物根部定居型内寄生线虫。二龄幼虫为线形，是侵染性虫态，其侵入寄主根内，固着取食，刺激取食点的细胞形成巨型细胞。

3. 生活习性

柠檬形的胞囊在土壤中保持休眠状态，从寄主的一个生长季节到下一个生长季节只有部分卵孵化，并且年年如此。所以，田间大量的线虫群体是由于连续种植群体积累形成的。卵孵化最适宜温度为25℃，二龄幼虫在15℃土壤中活动性最强，最适的发育温度为18～28℃，侵入18d后出现成虫，38d后形成褐色胞囊。一年内发生的世代数取决于寄主生长的土壤平均温度。在温带，如欧洲的中西部一年可发生2个完全世代，第三个世代因秋季低温不能完成其生活史；在某些气候温暖的条件下，如地中海、中东地区则可产生较多世代，美国加利福尼亚州一季甜菜上可完成3～5个世代。

4. 病害循环

游离于土壤中的二龄幼虫侵染幼根并引起根部组织产生合胞体，在合胞体中二龄幼虫完成第二次和第三次蜕皮发育至四龄成虫，雌雄完成交配。接着四龄雄虫合胞体开始分解，雄虫离开根部，不久即死亡。雌虫呈胞囊状，产卵并附着于根部表面。胞囊老熟，脱落至土壤中越冬，越冬结束，孵化的二龄幼虫从胞囊中溢出，游离于土壤，寻找幼根进行下一季的侵染过程。

5. 发病条件

土壤温度对甜菜胞囊线虫的发育影响很大，完成1个世代的发育需要大约30d温度高于10℃。甜菜胞囊线虫成功侵染和生存的关键除了土壤温度外还有土壤湿度、合适的感病寄主及土壤类型等。透气良好的沙土、粉沙土和泥炭土有利于线虫侵染，土壤湿度在100%最适合线虫孵化。在干燥条件下，线虫孵化率和二龄幼虫侵染率急剧下降。湿度从100%下降到98%，孵化率持续下降。发现在86%的空气湿度下放置30min或者在82%的空气湿度下放置20min，只有50%的二龄幼虫存活。因此在干燥条件下，甜菜胞囊线虫的繁殖将受到抑制，但浇灌条件良好的沙壤土将有利于线虫的发育和繁殖。同样，高温也将抑制线虫的发育，在干燥的土壤中，60℃条件下10min，62℃条件下5min和65℃条件下1min，胞囊中未孵化的幼虫将全部死亡（彭德良 等，2015）。

五、诊断鉴定和检疫监测

1. 诊断鉴定

（1）采样与分离 参照本章马铃薯金线虫。

（2）分子检测鉴定 现已有多种分子检测鉴定技术用以检测鉴定甜菜胞囊线虫，包括基于 ITS-rDNA 特异性片段扩增鉴定（Amiri et al.，2001）、特异性片段的 RAPD-PCR 扩增鉴定（张瀛东 等，2018）。本文主要特异性片段的 RAPD-PCR 扩增鉴定技术进行具体阐述。根据张瀛东等（2018）的研究技术：采用随机引物 OPG-06 进行甜菜胞囊线虫特异性片段的 RAPD-PCR 扩增。具体操作如下：

DNA 提取：胞囊置于 $200\mu L$ 离心管中，加入 $14\mu L$ 的 $10\times$ Extaq Buffer，$6\mu L$ 蛋白酶 K，用双蒸水补足至 $40\mu L$。低温冰箱中保存 2h 以上。取出后液氮冷冻并磨碎，置于 PCR 仪中反应程序：65℃ 90min，85℃ 10min，4℃ 保存。

RAPD-PCR 反应体系：$5\mu L$ 的 $10\times$ Extaq Buffer，$4\mu L$ 的 dNTPs，$3\mu L$ 的 $10\mu mol/L$ 引物 OPG-06，$1\mu L$ 的 DNA 模板，双蒸水补足至 $50\mu L$。反应条件：95℃ 5min；95℃ 30s，35℃ 30s，72℃ 1min，10 循环；95℃ 30s，35℃ 1min，72℃ 1min，30 循环；72℃ 10min，4℃ 保存。

结果检测：扩增产物经 2% 的琼脂糖凝胶电泳检测，EB 染色并观察结果。扩增产物测序得到约 1 000bp 长度的特异性片段。

根据特异性片段设计 SCAR 特异性引物：5′-GGACCCTGACGACCAGAATA-3′ 和 5′-GACAACACGAAGGAGCGAGC-3′，根据该引物进行 SCAR 标记特异性扩增检测。

SCAR 反应体系为 $25\mu L$：25 ng 模板 DNA，pH 9.0 的 50mmol/L Tris-HCl，50mmol/L KCl，1.5mmol/L MgCl$_2$，0.1% Triton X-100，0.2mmol/L dNTPs，50ng 特异性引物和 0.5U Taq DNA 聚合酶。

反应条件：94℃，4min；94℃ 1min，60℃ 1min，72℃ 2min，40 循环；72℃，10min。

结果检测：扩增产物用 1.5% 经琼脂糖凝胶电泳检测，用溴化乙啶染色后在紫外灯下观察条带长度，分离并测序，条带长度约为 622bp。

2. 检疫监测

在实施产地检疫时，检疫监测技术参照野外实地调查、采样与分离。具体步骤参照本章马铃薯金线虫。

六、预防和综合防控

1. 预防

甜菜胞囊线虫仅在我国新疆有发生，但在其他广大甜菜种植区尚无分布，是中国禁止入境的植物检疫危险性有害生物之一。因此，做好口岸检疫工作是防止甜菜胞囊线虫传入我国的关键性一步。强化口岸检疫措施，筑牢防范生物入侵的第一道防线。预防控制包括对进口严格检疫及在发现疫情时实施应急防控，具体如下（万方浩 等，2010）：

（1）控制传入的措施　①控制或减少从疫区进口种子及带根的植物繁殖材料。②对不能有效进行除害处理的货物，一律做退运、转口或销毁处理。③具备有效除害处理的货物且有实施条件的，经除害处理合格后准予入境。A. 溴甲烷常压熏蒸处理，32.8℃，64g/m³ 约 2h；10.6～15.6℃，256g/m³ 约 8h；16.1～32.3℃，128g/m³ 约 4h。适用物品：甜菜。B. 高压蒸汽。C.1% 的甲醛浸透（1 份 40% 的甲醛对 39 份水）。适用物品：农用材料、被土壤污染的运输工具等。④甜菜胞囊线虫是中蒙植物检疫双边协定规定的检疫性线虫，应加强检疫，严格限制引种数量。入境口岸严格检验，经检验未发现病原线虫的甜菜种子，应指定试种地区，进行检疫监管。

（2）控制种群扩张的措施　我国一直采取严格的控制措施。由于甜菜胞囊线虫检疫非常困难，一旦该检疫性线虫避开口岸检疫传入、定殖，要立即根据对疫区的调查结果，分析疫源及其可能扩散的情况。对仍可能存在的甜菜胞囊虫源，以及从疫区调运的甜菜的块根、种子、带土材料和包装材料应立即开展追踪调查。①清除寄主作物，并对其周围怀疑感染的作物立即全部铲除地上部分，再用溴甲烷 5g/m³ 进行土壤处理。②封锁疫区，限制生产，仅种植诱捕作物进行诱捕，可有效降低种群密度。③种植抗病品种，适当提早播种避开幼苗期线虫大量入侵也是经济有效的措施。④由于甜菜胞囊线虫的卵和幼虫受到胞囊表皮的保护，化学防治很困难，且费用高，污染环境。疫情预防控制中心应严密监测其种群密度、分析种群扩张的趋势，及时报上级主管部门。

（3）控制种群蔓延的预案　甜菜胞囊线虫的自然传播距离很短，只能通过二龄幼虫在田间做短距离的移动；主要随土壤（胞囊脱落于土壤中，其内含大量的卵）、种子中混杂的病土及病残体、田间耕作时使用的工具和运输工具、在幼虫期被寄生的植物的运输而长距离的传播。因此切断甜菜胞囊线虫的传播途径也是控制其种群蔓延的行之有效的方法。

①封锁疫区，严禁从疫区内调运甜菜等植物，对已经从疫区调运的甜菜块根、种子、带土材料和包装材料应立即开展追踪调查。②在靠近疫区的甜菜种植区内种植抗病品种，并建立检测点，认真做好每年春秋两次甜菜胞囊线虫的普查工作，掌握疫情动态，实行全面监测。③土壤中幼虫量大于每克 18 条时（包括卵量），不能再种植寄主作物。与非寄主作物进行轮作是一种适宜的防治方法，在欧洲，6 年一次的轮作很有效。④结合当地的实际情况，建设疫情阻截带，遏制疫情的蔓延。⑤疫情预防控制中心应对种群动态、危害情况、扩散蔓延的范围和速度实行严密的监测，及时报上级主管部门，并根据疫情威胁和疫区污染程度，在一定范围内实施疫区处理。

2. 综合防控

应用于甜菜胞囊线虫已经较普遍发生或分布的地区。

（1）作物轮作　发病中等和轻微的地块实行与非寄主轮作 3～6 年，如与禾本科玉米或豆科植物苜蓿轮作很有效。发病严重的可实行 6 年轮作。在合适的温度和水分条件下，甜菜胞囊线虫均可孵化，因此孵化后在没有寄主的情况下，种群数量会迅速降低 50%。大范围轮作可以很好地将线虫数量降低到危害水平以下。

（2）调节播种期　在植物弱小时，受到胞囊线虫侵染将造成植株生长不良或死苗，因而造成的危害和产量损失将更大，因此在土温相对较低，未达到甜菜胞囊线虫孵化温度时，提前播种或移栽作物，可以有效降低对植株的危害和产量损失。

（3）生物防治　一些土壤真菌在自然条件下能协同降低甜菜胞囊线虫种群数量（或增长率），这些真菌有厚垣轮枝菌（*Verticillium chlamydosporium*）、环孢霉（*Cylidrocarpon destructans*）、辅助链枝菌（*Catenaria auxiliaris*）和直立顶孢霉（*Acremonium strictum*）。

（4）化学防治　发生严重且面积较小的田块，实行土壤熏蒸消毒处理，力争扑灭疫情。可采用 98% 棉隆颗粒剂或者 35% 威百亩水剂土壤消毒，然后实施与非寄主轮作的措施，6 年内不再种植寄主植物甜菜、白菜、甘蓝等作物。具体使用方法：施药前先将土壤整平耙碎，并保持土壤湿润（处理前保持土壤含水量为 60%～70%），将 98% 棉隆颗粒剂每亩 10kg，均匀撒播于土壤表面，然后用细齿耙将颗粒剂混入土壤 20cm 深，将土面压实洒水密封或覆盖塑料薄膜（黑色薄膜或白色薄膜均可），3 周后揭膜松土，松土时不要超过处理的土壤深度。棉隆对植物有毒害作用，在施药与播种之间要间隔半个月以上。发生程度中等且面积较大的田块，使用内吸杀线虫剂处理，降低土壤线虫基数。可先用 10%

阿维菌素颗粒剂、1.8％阿维菌素乳油、10％噻唑膦颗粒剂等药剂进行土壤处理，然后采取轮作措施，与非寄主植物油葵和玉米等轮作 3 年以上。1.8％阿维菌素乳油 1mL/m²，对水 1 000mL，喷洒土表，然后翻耕。10％阿维菌素颗粒剂每亩 5kg 和 10％噻唑膦颗粒剂每亩 2kg，在甜菜栽种行开沟、撒施、覆土。

主要参考文献

范钧星，牛卡，李晶，2018. 甜菜胞囊线虫病的危害及应急防治技术. 农村科技，4：41-42.

李建中，2008. 六种潜在外来入侵线虫在中国的适生性风险分析. 长春：吉林农业大学.

彭德良，彭焕，刘慧，2015. 国外甜菜胞囊线虫发生危害、生物学和控制技术研究进展. 植物保护，41 (5)：1-7.

万方浩，彭德良，王瑞，2010. 生物入侵. 预警篇. 北京：科学出版社，636-642.

张瀛东，2018. 大豆胞囊线虫 33E 05、34B 08 和 *Hg-exp-1* 基因 RNAi 功能初步分析与甜菜胞囊线虫分子检测研究. 北京：中国农业科学院.

Altman J T，Homason I J，1971. Nematodes and their control. In：Johnson，R. T，Alexander J. T，Rush G. E，et al. Advances in Sugar beet Production：Principles and Practices. Ames，IA：Iowa State UniversityPress，335-370.

Ambrogioni L，Irdani T，2001. Identification of *Heterodera schachtii* group species in Italy by morphometrics and RAPD-PCR. Nematologia Mediterranea，29，159-168.

Amiri S，Subbotin S A，Moens M，2001. An efficient method for identification of the *Heterodera schachtii* sensu stricto group using PCR with specific primers. Nematologia Mediterranea，29：241-246.

Anon，2001. *Heterodera schachtii*. Distribution maps of plant diseases，April（edition 1），Map 824. Wallingford，UK，CAB International.

Blok W J，Jamers J G，Termorshuizen A J，et al.，2000. Control of soilborne plathogens by incorporating fresh organic amendments followed by tarping. Phytopathology，90：253-259.

Brzeski M W，1998. Nematodes of Tylenchina in Poland and temperate Europe. Warsaw，Poland，Muzeum I Instytut ZoologiiPolska，397.

CABI，2016. Invasive species compendium. *Heterodera schachtii*.（2016-07-22）[2021-09-16] www. cabi. org/isc/datasheet/27036（accessed 1June，2019）.

CABI，2021. *Heterodera schachtii*（beet cyst eelworm）.（2021-03-05）［2021-07-11］https：// www. cabi. org/isc/datasheet/27036.

Clarke A J，1970. The composition of the cyst wall of the beet cyst-nematode *Heterodera schachtii*. Biochemical Journal，118：315-318.

Cooke D A，Thomason I J，1978. The distribution of *Heterodera schachtii* in California. Plant Disease Reporter，62，989-993.

Cooke D A，1984. The relationship between numbers of *Heterodera schachtii* and sugar beet yields on a mineral soil，1978-81. Annals of Applied Biology，104，121-129.

Davidson J，1930. Eelworms（*Heterodera schachtii* Schm.）affecting cereals in South Australia. Journal of the Department of Agriculture of South Australia，34，378-385.

Duffield C A W，1927. The beet eelworm（*Heterodera schachtii* Schmidt.）：its life history when found on hops in this country. Journal of the South-Eastern Agricultural College，Wye，Kent，24：56-58.

Ebrahimi N, Viaene N, Aerts J, et al., 2016. Agricultural waste amendments improve inundation treatment of soil contaminated with potato cyst nematodes, *Globodera rostochiensis* and *G. pallida*. European Journal of Plant Pathology, 145: 755 – 775.

Ferris V R, Ferris J M, Faghihi J, 1993. Variation in spacer ribosomal DNA in some cyst-forming species of plant parasitic nematodes. Fundamental and Applied Nematology, 16: 177 – 184.

Franklin M T, 1972. *Heterodera schachtii*. CIH Descriptions of plant parasitic nematodes, Set 1, No. 1. St Albans, UK, Commonwealth Institute of Helminthology, 4.

Gaur H S, Perry R N, 1991. The use of soil solarization for control of plant parasitic nematodes Nematologica/ Abstracts, 60: 153 – 167.

Gleissi W, 1986. Untersuchungen zur Eignung von Ackerunkrutern. als Wirtspflanzen des Rübennematoden *Heterodera schachtii* Schm. Mitteilungen aus der Biologischen Bundesanstalt für Land-und Forstwirtschaft, Berlin-Dahlem, 232: 405.

Graney L S O, Miller L I, 1982. comparative morphological studies of *Heterodera schachtii* and *H. glycines*. In: Riggs, R. D. (Ed.). Nematology in the southern region of the United States. Southern Cooperative Series ResearchBulletin, 276: 96 – 107.

Green C D, Plumb S C, 1970. The interrelationships of some Heterodera spp. indicated by the specificity of the male attractants emitted by their females. Nematologica, 16: 39 – 46.

Hewezi T, Howe P J, Maier T R, et al., 2010. Arabidopsis spermidine synthase is targeted by an effector protein of the cyst nematode *Heterodera schachtii*. Plant Physiology, 152: 968 – 984.

Hewezi T, Howe P, Maier T R, et al., 2008. Cellulose binding protein from the parasitic nematode *Heterodera schachtii* interacts with Arabidopsis pectin methylesterase: cooperative cell wall modification during parasitism. The Plant Cell, 20: 3080 –3093.

Hewezi T, Piya S, Richard G et al., 2014. Spatial and temporal expression patterns of auxin response transcription factors in the syncytium induced by the beet cyst nematode *Heterodera schachtii* in Arabidopsis. Molecular Plant Pathology, 15: 730 – 736.

Inget P W, Reddy K R, Constan R, 2005. Anaerobic soils. In: Hilel, D. (ed) Encyclopedia of Soils in the Environment. Elsevier. London, 72 – 78.

Johnson R N, Viglierchio D R, 1970. Incidence of aberrancy in *Heteroderaschachtii*. Nematologica, 16: 33 – 38.

Jones F G W, 1950. Observations on the beet eelworm and other cystforming species of Heterodera. Annals of AppliedBiology, 37: 407 – 440.

Madani M, Subbotin S A, Moens M, 2005. Quantitative detection of the potato cyst nematode, *Globodera pallida*, and the beet cyst nematode, *Heterodera schachtii*, using real-time PCR with SYBR green I dye. Molecular and Cellular Probes, 29: 81 – 86.

Mcbeth C W, 1938. White clover as a host of the sugar-beet nematode. Proceedings of the Helminthological Society of Washington, 5: 27 – 28.

Mulvey R H, 1957. Susceptibilities of cultivated and weed plants to the sugar-beet nematode *Heterodera schachtii* Schmidt, 1871in south-western Ontario. Journal of Helminthology, 3: 225 – 228.

Müller J, 1998. New pathotypes of the beet cyst nematode (*Heterodera schachtii*) differentiated on alien genes for resistance in beet (Beta vulgaris). Fundamental and AppliedNematology, 21: 519 – 526.

Müller J, 1999. The economic importance of *Heterodera schachtii* in Europe. Helminthologia, 36: 205 –213.

Perry R N，Beane J，1989. Effects of certain herbicides on the in-vitro hatch of *Globodera rostochiensis* and *Heterodera schachtii*. Revue de Nématologie 12：191 - 196.

Petherbridge F R，Jones F G W，1944. Beet eelworm (*Heterodera schachtii* Schm.) in East Anglia, 1934 - 1943. Annals of Applied Biology，31：320 - 332.

Pylypenko L A，Sigareva D D，2003. The distribution of the sugarbeet nematode (*Heterodera schachtii*) in the Ukraine. Russian Journal of Nematology，11：53 - 55.

Raski D J，1950. The life history and morphology of the sugar beet nematode，*Heterodera schachtii* Schmidt，Phytopathology 40：135 - 152.

Runia W，Molendijk L，Ludeking D，et al.，2012. Improvement of anaerobic soil disinfestion. communications in Agricultural and Applied BiologicalSciences，77：753 - 762.

Sekimoto S，Hisai J，Iwahori H，2019. First report of the sugar beet cyst nematode，Heterodera schachtii，on Brassica sp. in Japan. (2019 - 11 - 13) [2021 - 09 - 27] https：//doi. org/10. 1094/PDIS-09 - 18 - 1541 - PDN. https：//apsjournals. apsnet. org/doi/full/10. 1094/PDIS-09 - 18 - 1541 - PDN.

Shepherd A M，Clark S A，Dart P J，1972. Cuticle structure in the genusHeterodera. Nematologica，18：1 - 17.

Spaull A M，Trudgill D L，Batey T，1992. Effects of anaerobiosis on the survival of *Globodera pallida* and possibilities forcontrol. Nematologica，38：88 - 97.

Stapleton J J，Quick J，Devay J E，1985. Soil solarization：effects on soil properties，crop fertilization and plant growth. Soil Biology and Biochemistry，17：369 - 373.

Steele A，Whitehand L，1984. comparative morphometrics of eggs and second-stage juveniles of *Heterodera schachtii* and a race of *H. trifolii* parasitic on sugarbeet in the Netherlands. Journal ofNematology，16：171 - 177.

Sturhan D，1994. Beet cyst nematode，*Heterodera schachtii*，on tomato in Cape Verde. FAO (Food and Agriculture Organization of the United Nations) Plant ProtectionBulletin，42：70 - 71.

Subbotin S A，Vierstraete A，De Ley P，et al.，2001. Phylogenetic relationships within the cyst-forming nematodes (Nematoda，Heteroderidae) based on analysis of sequences from the ITS regions of ribosomal DNA. Molecular Phylogenetics and Evolution，21：1 - 16.

Vanholme B，Van Thuyne W，Vanhouteghem K，et al.，2007. Molecular characterization and functional importance of pectate lyase secreted by the cyst nematode *Heterodera schachtii*. Molecular PlantPathology，8：267 - 278.

Walton C L，Ogilvie L，Mulligan B O，1934. Observations on the pea strain of the eelworm *Heterodera schachtii* and its relation to 'peasickness'. Report of the Agricultural Research Station，Bristol，1933：74 - 85.

Wheatley G W，Mcfarlane J S，1964. List of plants tested in the greenhouse to determine the host range of the sugar-beet nematode (*Heterodera schachtii*). Spreckels Sugar Beet Bulletin，28：37.

第五节　香蕉相似穿孔线虫病及其病原

　　香蕉相似穿孔线虫是一种很重要的危险性植物病原线虫，广泛分布于热带、亚热带香蕉产区和一些温带地区的温室中，是造成世界香蕉和园艺花卉等减产的重要因素。香蕉相似穿孔线虫的寄主植物达 360 多种，包括香蕉、柑橘、胡椒、芭蕉、甘蔗等多种经济作物和天南星科、棕榈科、竹芋科、凤梨科及芭蕉科等观赏植物，对发生区种植业造成巨大经济损失。香蕉相似穿孔线虫主要危害植株地下部，侵染香蕉引起倒塌或翻篼，挂果蕉株严重倒伏，所以其引致的病害又称黑头倒病、黑头病和倒塌病。目前，包括中国在内的许多国家和地区已将其列为危险性植物检疫有害生物，对其严加防范（Hockland et al.，2006）。

一、起源和分布

香蕉相似穿孔线虫最早由美国线虫学家 Cobb 于 1893 年正式报道，当时划入垫刃属（Tylenchus），这是根据 1891 年采自斐济的新南威尔士的香蕉树标样进行描述的。Cobb 对这份标样研究之后，同时报道了 Tylenchus granulosus 和 T. similis 两种。但实际上 Cobb 所描述的 T. granulosus 是香蕉相似穿孔线虫的雌虫，而 T. similis 是其雄虫。Sher（1986）研究了 Cobb 报道的原始标本，认为 T. granulosus 是香蕉相似穿孔线虫的异名。Poucher 等（1967）列出了该线虫的 244 种寄主植物和 40 种非寄主植物。Suit（1953）和 Duncan（2005）报道，该线虫是美国佛罗里达州柑橘退化病的重要病原。Thorne（1961）报道 T. similis 在 1953 年毁灭了印度尼西亚邦加岛地区 90% 的胡椒树。

香蕉相似穿孔线虫的地理分布广泛，其遍布于世界大多数香蕉产区，在热带和亚热带地区分布很普遍。目前，香蕉相似穿孔线虫已经分布于南美洲、北美洲、加勒比海地区、非洲的撒哈拉地区、印度洋各岛以及欧洲、亚洲和大洋洲的 90 多个国家和地区。

我国南方地区虽然也是重要的香蕉种植区，但还没有香蕉相似穿孔线虫发生分布的报道。但是李建中（2008）用生态位模型 GARP 和 MAXENT 对香蕉相似穿孔线虫在我国的适生区进行了预测，表明我国香蕉栽培区几乎都是香蕉相似穿孔线虫的适生区，主要包括长江以南各省份，如广东、海南、广西、台湾、湖南、江苏、安徽、浙江、福建、江西、湖北、四川东部、重庆、云南、贵州等；其自然的扩散北界能达到河南、山东，这些省份是穿孔线虫入侵的高风险区。

关于香蕉相似穿孔线虫广泛分布的原因目前还没有统一的定论，但有学者推测其与 Cavendish 亚组的香蕉球茎输入有关。Marin 等认为，当香蕉品种 Gros Michel 传入马提尼克岛前，香蕉相似穿孔线虫可能已经在中美洲和加勒比海地区蔓延，并对其分布做了一些记述。香蕉品种 Gros Michel 被引入美洲以前，加拉利岛和毛里求斯没有香蕉相似穿孔线虫病。中国和越南是矮种香蕉 Cavendish 和 Valery 的发源地，但没有香蕉相似穿孔线虫的报道。香蕉品种 Cavendish 比 Gros Michel 和 Cocos 更易感染香蕉相似穿孔线虫，目前 Cavendish 已经成为替代 Gros Michel 和 Cocos 的重要香蕉品种，这将有助于香蕉相似穿孔线虫在香蕉生产地区的广泛传播。

二、病原

1. 名称和分类地位

香蕉相似穿孔线虫拉丁学名为 Radopholus similis（Cobb）Thorne，异名有 Radopholus similiscitrophilus，Radopholus granulosus，Radopholus acutocaudatus，Radopholus biformis，

Tylenchus biformis，*Tylenchus granulosus*，*Anguillulina similis*，*Anguillulina granulosa*，*Anguillulina biformis* 等，其属于真核域（Eukaryotes）、动物界（Animailia）、线虫门、侧尾腺纲（Secernentea）、垫刃目（Tylenchida）、垫刃亚目（Tylenchina）、垫刃总科（Tylenchoidea）、短体线虫科（Pratylenchidae）、穿孔亚科（Radopholina）、穿孔线虫属（*Radopholus*）。

2. 形态特征

幼虫：体长 315～400μm，口针长 13～14μm。尾锥形，末部钝圆，尾部透明区明显比雌虫短，生殖原基位于虫体的中部。

雌虫：虫体直形或稍向腹面弯曲，表皮环纹明显。从虫体的中食道球处到虫体尾中部具有侧线，侧区共具 4 条侧线，至尾中部处开始愈合为 3 条，侧区两端为网状，虫体中部非网状。唇区半球形，缢缩通常较明显，一般具有 3～4 条唇环，头架骨化明显。唇正面分 6 瓣，均等。口针长，具有很发达的基球，口针基球的前部常具有明显的凸缘，背口针基球明显大于亚腹球。中食道球很发达，圆形至卵圆形，瓣门明显。食道腺叶，从背侧和亚背侧覆盖肠的前端。半月体约占 3 个体环，位于食道一肠瓣门的后面，排泄孔的前面。阴门明显，位于虫体的中后部。双卵巢，对生，直形。受精囊球形，通常具有棒状的精子。卵母细胞单行排列。肠内充满了圆形颗粒，明显覆盖直肠的前部。尾为长圆锥形，末端细圆光滑或具纹。尾部透明区长 9～17μm，侧尾腺开口位于尾的前 1/3 处（图8-8）。

雄虫：食道和口针退化，中食道球和瓣门不明显，口针无明显的基球。唇区高而突出，唇区正面分 4 瓣，侧唇瓣明显退化。唇区骨化不明显，具 3～5 个唇环。半月体位于中食道球的后部，宽 2～3 个体环，排泄孔位于半月体的后面。单精巢，直形，精母细胞 3～5 行排列，精子棒状。交合伞上表皮纹明显，包至尾的 2/3。交合刺长 18～22μm，具有膨大的基部和指状的端部。引带棒状突出，在端部具有明显尖锐的爪状引带端突（图8-8）。

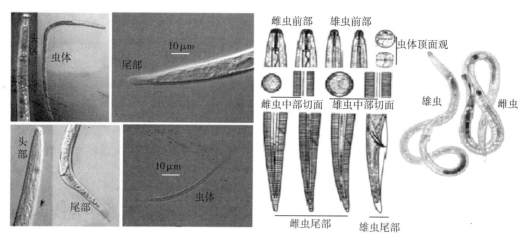

图8-8　香蕉相似穿孔线虫雌虫和雄虫特征（Sekora et al.，2012；Sher，1968；Cobb，1915）

3. 测量数据

Sher（1968）测量的香蕉相似穿孔线虫虫体数据如下，雌虫（$n=12$）体长 520～880（690）μm；体长与最大体宽 22～30（27）；体长与头端至食道和肠相交界距离之比 4.7～7.4（6.5）；体长与食道至食道腺的距离之比 3.5～5.2（4.5）；体长与尾长之比 8～4.3（10.6）；体长与肛门处体宽之比 2.9～4.0（3.4）；头端至肛门长度与体长之比 55～61（56）；口针 17～20（19）μm；雄虫（$n=5$）体长 590～670（680）μm；体长与最大体宽之比 34～44（35）；体长与头端至食道和肠相交界距离之比 6.1～6.6（6.4）；体长与头端至食道和肠相交界距离之比 4.4～4.9（4.8）；体长与尾长之比 8～10（9）；体长与肛门处体宽之比 5.1～6.7（5.7）；头端至肛门距离与体长之比 55.61（56）；口针长 12～17（14）μm；交合刺长 19～22（20）μm；引带长 8～12（9）μm。

Loof（1991）测量的香蕉相似穿孔线虫虫体数据如下，雌虫体长 520～880μm，体长与最大体宽之比 22～30，体长与头端至食道和肠相交界距离之比 4.7～7.4，体长与食道至食道腺的距离之比 3.5～5.2，体长与尾长之比 8～13，体长与肛门处体宽之比 2.9～4.0，头端至肛门距离与体长之比 55～61，口针长 17～20μm；雄虫体长 540～670μm，体长与最大体宽之比 34～44，体长与头端至食道和肠相交界距离之比 6.1～6.6，体长与食道至食道腺的距离之比 4.4～4.9，体长与尾长之比 8～10，体长与肛门处体宽之比 5.1～6.7，口针长 12～17μm，交合刺长 18～22μm，引带长 8～12μm。

三、病害症状

1. 香蕉病害症状

香蕉相似穿孔线虫主要危害植株地下部，一般通过穿刺根表皮进入皮层，在根的外部形成多个暗黑色的斑痕，邻近的斑痕融合，根的皮层组织萎缩，变黑，严重危害时斑痕可环割根，根系明显减少。病株地上部表现生长不良、矮化、黄化、萎蔫等症状。不同寄主植物受害表现症状不完全相同。

线虫侵染香蕉根部，穿刺皮层，从香蕉根和地下球茎上取食后产生不规则淡红色至红褐色病斑，毗邻的坏死斑融合，形成红褐色至黑色的条状病斑，根部皮层组织萎缩、发黑，严重时坏死病斑可环绕根部一周。内皮层薄壁细胞遭到破坏形成隧道状的空腔，外皮纵裂。同时皮层坏死，诱发腐生菌侵入，加速病部组织变黑坏死。随着侧根的不断枯死，香蕉最后仅剩几条短残根茬。受线虫危害的香蕉植株地上部分症状主要为生长不良，发育停滞，叶片及果穗变小，枯黄，坐果少，尚未成熟即脱落；由于根系被破坏，固着能力弱，蕉株易摇摆、倒伏或翻篼（彩图 8-5）。

2. 其他作物病害症状

香蕉相似穿孔线虫侵染柑橘引起扩散性衰退病。病树叶片稀疏而小，大量开花，但结果很少，果小。树枝末端落叶形成秃枝，后期枯死，季节性新梢生长差，病树呈衰退现象。病树根部被破坏，肿胀，侵染点产生黑色伤痕，根表皮易脱落，根系在缺水时迅速萎蔫。地上部一般在根部感染线虫 1 年后才表现症状。发病柑橘园中，该病以每年约 15m 的速度扩散，故又称扩散性衰退病。

香蕉相似穿孔线虫危害胡椒导致胡椒黄化病或慢性萎蔫病，白色幼嫩的胡椒营养根被线虫危害后产生橘黄色至紫色的坏死斑，在老根上颜色为褐色。病根大面积腐烂，须根和侧根大量坏死，使主根的生长越来越弱，地上部叶片变黄、下垂，以后大多数甚至全部叶片黄化脱落，生长发育停滞。当土壤湿度降低时症状表现尤为明显。线虫侵染胡椒 3～5 年后，黄化的叶片、花序完全脱落，主茎死亡，也称为胡椒慢性萎蔫病。

香蕉相似穿孔线虫侵染椰子树引起非专化性的衰退症状。线虫侵入椰子树白色的幼嫩根，在根表面形成橘色坏死斑，线虫在此处寄生、繁殖，坏死病斑不断扩大融合，使根大面积腐烂坏死。椰子树苗被害严重时，幼嫩根组织呈海绵状，可导致橘色主根表面开裂。线虫穿刺进入已变硬的根或木栓化皮层，从根冠部穿刺、吸取营养，但不进入根中柱。椰子树的根部皮层被线虫穿刺破坏形成空隙，最后空隙融合，形成大的空腔，导致根的死亡。受害椰子树的地上部主要症状表现为植株矮化、叶片变黄，叶片及小叶的数量减少、形状变小，开花推迟、芽（苞）脱落，椰子产量降低。

其他寄主植物被害，一般表现为根部出现大量空腔，韧皮部和形成层可被完全毁坏，出现充满线虫的间隙，使中柱的其余部分与皮层分开，根部坏死斑呈橙色、紫色或褐色，根部坏死处外部形成裂缝，严重时根变黑腐烂。地上部一般表现为叶片缩小、变色、新枝生长弱等衰退症状，严重时萎蔫、枯死。

四、生物学特性和病害流行规律

1. 寄主范围

香蕉相似穿孔线虫的寄主范围非常广，已报道的寄主多达 360 余种，分属 20 多科，其中大多数属为偶然寄主（在罹病香蕉附近存在）和人工接种寄主。香蕉相似穿孔线虫主要侵染芭蕉科（Musaceae）(芭蕉属和鹤望兰属）、天南星科（Araceae）(喜林芋属和花烛属）、竹芋科（Marantaceae）(肖竹芋属）、凤梨科（果子蔓属和丽穗凤梨属）等单子叶植物，也可危害双子叶植物。香蕉相似穿孔线虫危害的主要农作物及经济作物寄主有香蕉、柑橘、胡椒、芭蕉、椰子树、槟榔树、咖啡、杧果、茶树、柚子、柠檬、花生、高粱、甘蔗、茄子、番茄、菜豆、豇豆、辣椒、马铃薯、薯蓣、姜黄、鸡蛋果、艾麻、马齿苋、土人参、摩擦禾、生姜、红掌、凤梨、马克肖竹芋等（Koshy et al., 1991；CABI, 2006)，此外，该线虫还可与镰刀菌、小核菌等土栖真菌相互作用，复合侵染，引起香蕉并发性枯萎病（彭友良 等，2005)。

2. 生活习性

香蕉相似穿孔线虫是迁移型内寄生线虫，在自然条件下，香蕉相似穿孔线虫在热带、亚热带及温带地区的温室及大棚的寄主植物体内和土壤中均能完成生活史，完成 1 个世代所需时间因寄主、地点、生活环境、土壤温湿度不同而不同。在潮湿的土壤中，香蕉相似穿孔线虫在 27～36℃ 条件下一般可存活 6 个月，在干燥土壤中，在 29～39℃ 时仅存活 1 个月。线虫卵和自由生活阶段线虫，能在休闲地中存活 12 周以上，香蕉园被线虫毁坏后，线虫可在寄主（包括杂草寄主）根存在的情况下在土壤中存活 14 个月以上。在完全没有被感染寄主存在时，线虫在土壤中最多存活 6 个月。香蕉相似穿孔线虫耐寒能力较弱，适生温度范围较窄，该线虫发育繁殖的适宜温度是 24～30℃，温度低于 12℃ 难于生存或繁殖。土壤质地也能影响香蕉相似穿孔线虫种群的增长及毒力。在香蕉上，线虫在粗沙中发育繁殖比在细土中更好，盆栽试验和田间调查表明，线虫在沙质土中的致病力要强于在壤质土中，在粗质土壤中线虫也可以在寄主之间顺利迁移（Chabrier et al.，2010）。如果在果园中存在一些杂草寄主，即使在不种植香蕉的果园内，香蕉相似穿孔线虫的存活期仍长达5年。据报道，在中美洲的果园内，香蕉相似穿孔线虫的年自然扩散距离为3～6m。在合适的条件下，香蕉相似穿孔线虫在45d内可繁殖10次，每千克土壤中线虫量高达3 000条，而在根内的线虫量每100g根可达10万条（Luc et al.，1990）。

3. 侵染循环

香蕉相似穿孔线虫为迁徙性根内寄生线虫，二至四龄幼虫和雌成虫均具侵染能力，雄虫不具有侵染能力，通常从根尖处侵入，在根内迁移和取食，主要破坏植物皮层细胞，形成空腔。线虫在根的韧皮部和形成层取食、发育、繁殖后代。香蕉相似穿孔线虫在根组织中产卵，卵发育至一龄幼虫→二龄幼虫→三龄幼虫→四龄幼虫→成虫，雌雄成虫可以两性交配进行有性生殖，也能发生孤雌生殖（Thorne，1961；Kaplan et al.，2000）。1条雌虫能在半月内持续产卵60～80粒，平均每天产卵4～5粒。在24～32℃下，香蕉根内的卵需7～8d孵化出二龄幼虫，幼虫从近根尖处侵入根内或直接在根内取食发育，10～13d发育为成虫，温湿度适宜时，该线虫完成1个世代需20～25d。香蕉相似穿孔线虫柑橘小种在柑橘根部危害时，24～27℃下1个世代为10～20d（图8-9）。

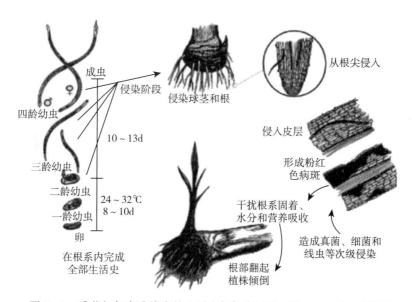

图8-9 香蕉相似穿孔线虫的生活史与侵染循环（Marin et al.，1998）

香蕉相似穿孔线虫可以在被侵染的根内长期存活，病株和病土是最主要的传播途径和初侵染源。在自然情况下，香蕉相似穿孔线虫主要通过病土、流水和种苗传播。在田间，管理用的农具、人畜携带的泥土均为传病途径。同一果园植株间的传播主要通过不同植株间根系的相互接触或线虫自身的移动。Feldmessor等曾认为，在相邻柑橘苗相互接触时，香蕉相似穿孔线虫从受感染的土壤移到干净的土壤的速度是每月15～20cm。香蕉相似穿孔线虫可寄生于香蕉、椰子树、槟榔、鳄梨、肖竹芋属等植物的地下部及黏附在土壤中，随其远距离调运进行传播，如印度尼西亚香蕉相似穿孔线虫是从印度引进胡椒苗时传入的；澳大利亚从斐济引进罹病的香蕉苗，导致澳大利亚的香蕉产区遍布香蕉相似穿孔线虫；法国的香蕉相似穿孔线虫是从美国引进罹病的观赏植物传入的；意大利的香蕉相似穿孔线虫是从荷兰进口的 *Maranta makoyana*（竹芋属植物）传入的（O'Bannon，1977；Gowen et al.，2005）。

五、诊断鉴定和检疫监测

香蕉相似穿孔线虫寄主广，检疫难度大，特别是近些年我国对外引进花卉及其他观赏植物的种苗极其频繁，香蕉相似穿孔线虫随这些植物的种苗及所黏附的土壤传入的可能性随时存在。为了有效阻止香蕉相似穿孔线虫在国家和地区间的传播和扩散，必须加强对引进和调运的各种寄主植物种苗及其携带基质的检疫，准确快速鉴定香蕉相似穿孔线虫。根据《香蕉相似穿孔线虫检疫鉴定方法》（GB/T 24831—2009）和《香蕉相似穿孔线虫检疫检测与鉴定技术规范》（NY/T 1485—2007）等相关文献论述，对于香蕉相似穿孔线虫的诊断技术大体可分为传统形态学技术和现代分子生物技术。

1. 诊断鉴定

（1）外观症状观察　先将根表皮黏附的土壤洗净，仔细观察挑选根皮有淡红褐色痕迹，有裂缝，或有暗褐色、黑色坏死症状的根。收集可疑植物材料及所夹带的土壤或栽培介质等剪成小段，送实验室进行香蕉相似穿孔线虫的检验。

（2）线虫的分离　可采用贝尔曼漏斗分离法和浅盘分离法。

①贝尔曼漏斗法　首先将 10～15cm 直径的漏斗固定在支架上（图 8-10），柄端接一段乳胶管，管的近末端用止水夹夹紧。将分离的样品先剪成小块，用纱布包好，放入漏斗，加水淹没。分离土壤中的线虫，在漏斗内加一只不锈钢或塑料的网，将纱布铺在筛网上，再放入样品。线虫在自身的趋水性和重力作用下，不断脱离植物组织和土壤等，穿过纱布迁移到水中，最后沉降到漏斗末端的乳胶管下端水中。12～24h 后，小心打开乳胶管末的止水夹，用小器皿接取约 5mL 的含有线虫的分离水样，放在生物体视显微镜下进行观察。用此法分离线虫时，室内温度最好要保持在 21～24℃，温度太高或太低均会影响香蕉相似穿孔线虫的分离效果。

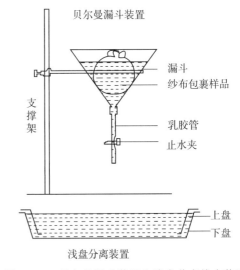

图 8-10　贝尔曼漏斗装置和浅盘分离线虫装置

②浅盘分离法　浅盘分离法装置由两只不锈钢浅盘、线虫滤纸或卫生纸组成，两只浅盘可套放，上盘底面为大于 10 目的粗网筛，下盘为正常浅盘。分离线虫时，将线虫滤纸平放在上盘的筛网上，用水淋湿，将供分离的已剪成小块的样品撒铺在其上，套进下盘

内；从两只浅盘的夹缝中注水，以淹没供分离的样品为宜；在 21～24℃下放置 24h 后，线虫渐渐集中到下盘的水中；用烧杯收集浅盘中水，并将烧杯中的水连续通过 100 目和 500 目的筛网，将 500 目标准筛上的含线虫的残留物冲洗到培养皿中镜检。

（3）形态学鉴定　香蕉相似穿孔线虫关键的形态鉴定特征：①雌雄线虫均为蠕虫形。②侧区 4 条侧线，近尾端时中间的 2 条侧线融合为 1 条。③雌虫口针基球通常向前突出，雄虫口针退化。④受精囊圆形，内部具有短棒状的精子。⑤尾部透明区长 9～17μm，末端具纹；⑥雄虫交合伞包至尾长的 2/3，引带具有明显爪状端突（表 8 - 4）。若形态特征和测计值与香蕉相似穿孔线虫一致，须进一步进行染色体数目的测定。香蕉相似穿孔线虫的近缘种是柑橘穿孔线虫，这两种线虫的幼虫、雌虫和雄虫形态上没有差别，仅是前者单倍体染色体为 4 条，而后者单倍体染色体为 5 条，此外，在寄生性上前者寄主范围较广，而后者只寄生在柑橘等少数几种寄主植物上。

表 8 - 4　香蕉相似穿孔线虫测量值

测量项目	香蕉（Sher，1968）		柑橘（Huettel et al.，1984）		可可（Koshy et al.，1991）	
	♀（n＝12）	♂（n＝5）	♀（n＝30）	♂（n＝30）	♀（n＝20）	♂（n＝20）
L（mm）	0.52～0.88(0.69)	0.54～0.67(0.63)	0.60～0.76	0.59～0.70	0.624～0.748	0.559～0.711
a	22～30(27)	31～44(35)	21.4～31.7(28)	—	23.3～32.2	28.9～38.1
b	4.7～7.4(6.5)	6.1～6.6(6.4)			7.0～8.1	—
b'	3.5～5.2(4.5)	4.1～4.9(4.8)			3.8～4.6	
c	8～13(10.6)	8～10(9)	8.7～12.2(10)		8～13	7.8～9.0
c'	2.9～4.0(3.4)	5.1～6.7(5.7)			2.99～4.41	4.66～6.53
V	55～61(56)		46～58		53.8～61.9	
$St.$（μm）	17～20(19)	12～17(14)	18～20(19.1)	11.6～16(14.8)	16.8～18.7	11.2～14.9
$Sp.$（μm）	—	18～22(20)		17.6～25.6(20.9)	—	16.8～18.7
$Gub.$（μm）	—	8～12(9)				9.3～12.1

注：n 为测量的线虫标本数目；L 为虫体体长；a 为体长/最大体宽；b 为体长/虫体前端至食道与肠连接处的距离；b' 为体长/虫体前端至食道腺末端的距离；c 为体长/尾长；c' 为尾长/肛门处体宽；$St.$ 为口针长度；$Sp.$ 为交合刺长度；$Gub.$ 为引带长度；V 为虫体前端至阴门的距离×100/体长。

（4）分子鉴定　香蕉相似穿孔线虫的 rDNA-ITS 序列具有高度保守性，已根据此分子生物学特征建立了此线虫的分子检测鉴定方法（Fallas et al.，1996；Kaplanet et al.，2000；Elbadriet et al.，2002）。根据香蕉相似穿孔线虫的 rDNA-ITS 序列特征，设计特异性引物，通过常规 PCR 或荧光 PCR，可以直接从感染植物组织中和多种线虫混合的样品中特异性的检测出香蕉相似穿孔线虫。

参照刘一帆等（2011）的研究技术，利用 ITS-PCR 从混合线虫样品和植物组织中直接检测香蕉相似穿孔线虫。挑取分离获得的线虫，用去离子水洗涤 3 次，挑单条或多条线虫加入 8μL 无菌三蒸水的灭菌 PCR 管中，置于－80℃下低温冷冻处理至少 30min，将冷冻后的样品于 95℃条件下加热处理 10min，从而使虫体破裂，更好地释放出内含物。在冰上冷却后加入蛋白酶 K（20mg·mL^{-1}）和 PCR 缓冲液（TaKaRa：10×Buffer）各 1μL，置于 65℃条件下保温 1h，使蛋白酶 K 发挥作用，再于 95℃下处理 10min，使蛋白酶 K 失活。然后，将上述 DNA 样本悬浮液作为模板，用于 $25\mu L$ 反应体系的 PCR 扩增。上游引物 PF（5′-CTACAAATGTGACGCGAA-3′），下游引物 PR（5′-CAATCTGCAC AATGAACATAC -3′）。PCR 反应体系：$2\times$ PCR buffer for KOD FX $12.5\mu L$（TOYOBO），dNTP（2mmol/L）（TOYOBO）$5\mu L$，引物 PF、PR（$10\mu mol/L$）各 $0.75\mu L$，KOD FX（1 U/μL）（TOYOBO）$0.5\mu L$，$5.5\mu L$ 模板，加无菌三蒸水补足 $25\mu L$。反应程序为：94℃预变性 2min；98℃10s，55℃ 30s，68℃ 1min，40 循环；72℃延伸 5min。PCR 反应结束后，取 $5\mu L$ 扩增产物在含溴化乙啶的 1‰琼脂糖凝胶上电泳，电压为 121V，电泳结束后在紫外灯下观察记录结果。设计的引物只能从香蕉相似穿孔线虫种群中特异扩增出 rDNA-ITS 片段，产物长度为 518bp。该方法可以特异性检测多种线虫混合样品中或植物根组织样品中的香蕉相似穿孔线虫。

参照葛建军等（2007）的研究技术，利用双重 PCR 技术快速检测香蕉相似穿孔线虫。通过设计属水平上的特异性引物（表 8-5）R1、R2 和种水平上的特异性引物 RS1、RS2 进行双重 PCR 扩增香蕉相似穿孔线虫目标 DNA 序列。$25\mu L$ 体系内含 $2.5\mu L$ $10\times$PCR 反应缓冲液，$1\mu L$ MgCl$_2$（25mmol/L），$1.0\mu L$ dNTP（2.5mmol/L），$1.0\mu L$ 上游引物（$10\mu mol/L$），$1.0\mu L$ 下游引物（$10\mu mol/L$），$4.0\mu L$ 模板 DNA，$0.2\mu L$TaqMan 聚合酶（5 U/μL），最终用重蒸水补足 $25\mu L$。所用的反应程序为 95℃预变性 3min，95℃ 15s，51.4℃25s，72℃30s，40 循环，72℃延伸 5min。引物 R1/2 与 RS1/2 最佳浓度分别为 $0.2\mu mol/L$、$1.2\mu mol/L$。可扩增出长度为 362bp 和 291bp 的 2 个特异性片段谱带。

表 8-5 香蕉相似穿孔线虫双重 PCR 引物序列

引物	序列（5′→3′）
R1	TGGGTTGGCGTCTG
R2	GCATTTGTCTTGCGTTT
RS1	GCTGTCATCGCCTTTG
RS2	GCATTTGT CTTGCGTTT

参照熊玉芬等（2014）的研究技术，利用环介导等温扩增（LAMP）技术特异检测香蕉相似穿孔线虫。比较 GenBank 已报道的香蕉相似穿孔线虫及其相近短体线虫的 ITS1-5.8S-ITS2 基因序列，确定设计引物备选基因片段，用 Primer Explorer V4 软件设计 LAMP 特异性外引物 Rs-3F3/Rs-3B3，内引物 Rs-3FIP/Rs-3BIP 以及环引物 Rs-3LF/Rs-3LB（表 8-6）。取香蕉相似穿孔线虫 DNA $2\mu L$，使用 LAMP 法 DNA 扩增试剂盒进行扩增。LAMP 反应体系为 $25\mu L$，体系中含有 $0.2\mu mol/L$ 外引物 Rs-3F3/Rs-3B3、$1.6\mu mol/L$ 内引物 Rs-3FIP/Rs-3BIP、$0.8\mu mol/L$ 环引物 Rs-3LF/Rs-3LB，$1\times$RM、钙黄绿素 $1.0\mu L$。使用 LAMP 实时浊度仪进行检测，以扩增时产生的焦磷酸根离子与镁离子结合形成的焦磷酸镁沉淀后的溶液混浊度来作为扩增的实时指数，63℃条件下水浴 1h，95℃ 15min。香蕉相似穿孔线虫 LAMP 过程简单，独立，可在 63℃下 1h 内完成检测，即可直接通过肉眼观察混浊度或者颜色变化判定结果，时间短，特异性强，可作为快速检

疫、现场检疫的储备技术。

表 8 - 6　香蕉相似穿孔线虫 LAMP 引物序列

引物	序列（5′→3′）
Rs-3F3	GACTTGATGAGCGCAGAC
Rs-3B3	ACGCATTCATGTACGCAT
Rs-3FIP	AGCTGGCTGCGTTCTTCATACAAGAATTCTAGCCTTATCGG
Rs-3BIP	CGAATGCACATTGCGCCATTGTTAACGACCCTGAACCAG
Rs-3LF	TACGAGCCGAGTGATCCA
Rs-3LB	GAGTCACTTCCTCTGGCAC

2. 检疫监测

依据国家标准《香蕉穿孔线虫监测规范》（GB/T 33036—2016）规定，重点监测香蕉相似穿孔线虫高风险区寄主植物种植田和棚室（根据香蕉相似穿孔线虫耐寒性，我国海南、广东、广西中部和南部地区、云南南部部分地区、福建南部小部分地区以及台湾沿海地区为香蕉相似穿孔线虫高风险适生区）。一年生寄主植物定植后，在 1 个生育周期内分前期和中期进行 2 次症状观察和取样检测；多年生寄主植物在每年生长季的中期进行 1 次症状观察和取样检测。

对于田间无疑似症状的材料，采用对角线、棋盘式、平行跳跃式或拉链式随机取样方法，每个监测点确定 10 个取样点，每样点取 1 株寄主植物，铲去表层土壤、杂草和其他杂物，取营养根 10～20g，根际土壤 100～200g。将各点所取根系混合作为 1 个根组织样本，各点所取土壤混合均匀后，倒去部分土壤，保留 1 000～2 000g 土壤作为 1 个土壤样本。对香蕉植株，可以收集距离假茎 5～15cm 的根和距地表 5～25cm 土层的根际土壤，其他植物可根据根系的深浅取营养根或须根及其周围土壤。

田间有疑似症状的材料，拍摄发病植株症状照片，记录发病植株名称，统计发病植株面积和数量，采集表现症状的根系及其周围的土壤。

六、应急和综合防控

1. 应急防控

一旦发现新传入香蕉相似穿孔线虫疫情，要立即向政府和植物检疫机构报告，并及时采取封锁和铲除措施。对发生疫情的花场、苗圃、果园，采取严格的控制措施，全面销毁发病花场、苗圃、果园的染疫或可能染疫的植物，禁止可能受污染的植物和土壤、工具外传，防止疫情扩散蔓延。同时，应及时清除土壤中植物的根茎残体并集中销毁，土壤可用溴甲烷、棉隆或威百亩等熏蒸性杀线虫剂处理，并覆盖黑色薄膜，保持土壤无杂草等任何活的植物至少 6 个月。在侵染区和非侵染区之间，应建立宽 5～18m 的隔离带，在隔离带中不得有任何植物，并阻止病区植物的根延伸进入隔离带。

2. 综合防控

在已经有香蕉相似穿孔线虫病发生分布的地区，除了要加强检疫措施防止疫区扩大外，应加强防治工作，减轻危害。目前采用包括种植抗病品种、农业防治、种苗处理和化学防治等在内的综合防控措施。

（1）严格检疫 香蕉相似穿孔线虫远距离的传播只能借助寄主植物的根和所黏附的土壤来实现，为此植物检疫显得十分重要。应严禁从香蕉相似穿孔线虫病疫区进口香蕉、观赏作物（如肖竹芋属、红掌）的幼苗等带根的植物体以及土壤。对目前认为是非疫区的国家进口这些植物必须严格限制，在出口前和进口后进行严格检查。禁止发生区寄主植物种植材料调入无病区，防止疫情蔓延扩大。对境外引进的香蕉、红掌等植物种苗严格实施检疫检查和隔离试种，发现疫情立即销毁寄主植物，阻截香蕉相似穿孔线虫入侵危害。

（2）农业防治 农业防治是通过种植健康无病苗和改进栽培管理，创造有利于植物生长而不利于线虫繁殖的环境条件，达到控制线虫危害的目的。近年来，选用无病种植材料、病株处理、间种和施用有机肥等技术防治香蕉相似穿孔线虫取得了一定效果。

①使用不带线虫的种植材料（椰子、香蕉的幼苗），间作作物最好不感病，并且不带有香蕉相似穿孔线虫。

②在种植无病香蕉组培苗前，实施蕉田自然休闲和销毁发病香蕉树根，可降低香蕉相似穿孔线虫种群数量和减轻后茬作物发病。对于香蕉病株简单地机械挖除通常不能有效清除土壤中的线虫，而且休耕期间自然长出的香蕉、杂草等感病植物会加快新种香蕉的再次感染（Chabrier et al.，2003）。可向蕉假茎注射有效成分为 90g/L 的草甘膦，3 周后对遗漏存活植株进行第二次处理，之后连续休耕 6 个月（Chistian et al.，2003）。

③施用有机肥。有机肥通过物理、生物和化学等作用增加土壤的透气性、吸水性，尤其能增加贫瘠土壤作物的磷、钾含量，从而改善植物营养健康状况，增强树势，激发和增强植物对香蕉相似穿孔线虫的抗性（Charles，2011）。此外，有机肥能够修复改善土壤微生物结构和功能，如施用家禽有机肥后土壤中小杆属（Rhabditis）等自由生活线虫数量增加到很高的水平，寄生性香蕉相似穿孔线虫种群数量显著下降，可减轻病害（Turaganivalu et al.，2013）。每棵胡椒树施油籽饼 200g、绿肥 3~5kg 或农家肥 1.0kg，可大大缓解胡椒慢性萎蔫病的发生。

④作物间种。猪屎豆属（Crotalaria）植物种类多分布广，是许多病虫害的弱寄主或非寄主植物，常用于作物种前的绿肥植物和作物间作植物，不但能够改善土壤肥力促进作物生长，减少水土流失，而且对病虫害具有抑制作用。据研究，大托叶猪屎豆作为寄主作物种植前的保护植物能有效抑制香蕉相似穿孔线虫种群（Wang et al.，2002），香蕉园间种菽麻能显著降低香蕉相似穿孔线虫的种群密度及其对香蕉根部的危害程度（Chitamba et al.，2014）。

（3）选用抗病品种 目前世界各国已筛选出香蕉、柑橘等抗病品种资源 100 多个，如香蕉 Dwarf Cavendish、Yangam bi Km5、Kunnan 等。种植抗病、耐病的品种，可减少此病发生（Kaplan et al.，1985；万方浩 等，2005；Collingborn et al.，2000）。

（4）物理防治 切除受侵染组织和热处理技术是消除寄主植物和栽培介质中香蕉相似穿孔线虫的有效方法。在乌干达，种植切除线虫侵染组织的香蕉种球的香蕉园，其前 3 个产果期比种植未处理香蕉种球的香蕉园增产 30%~50%。香蕉种苗用 55℃热水浸泡 15~25min 能够有效延缓线虫的侵染定殖，而且有利于香蕉生长和增产。热处理技术环保、有效，但是由于需要专用设备和严格的温度、时间和种苗整齐度等要求，实践操作难度大，因此，生产上多采用种植无病组培苗的措施。

（5）生物防治　国内外在菌根真菌和根际细菌对香蕉相似穿孔线虫的防治作用方面开展了大量研究。丛枝菌根真菌（AMF）普遍存在于农田土壤中，其对香蕉相似穿孔线虫的防治效果近年已得到国际的认可。另外，巨大芽孢杆菌（*Bacillus megaterium*）、坚强芽孢杆菌（*Bacillus firmus*）、短小杆菌（*Curtobacterium luteum*）、荧光假单胞杆菌（*Pseudomonas fluorescens*）和恶臭假单胞杆菌（*P. putida*）等多种土壤根际细菌对香蕉相似穿孔线虫也具有拮抗活性。目前，杀线虫微生物产品多处于研发和小范围测试阶段。

（6）化学防治　化学防治具有可操作性、有效性和应急性强等优点，而且防病增产效果显著，是国外大部分香蕉产区防治香蕉相似穿孔线虫的主要措施。目前，全世界化学杀线虫剂根据性质可分为熏蒸剂和非熏蒸剂，目前在疫区多使用具有内吸性和选择性的非熏蒸剂。应用灭线磷、克百威等处理土壤，可低压香蕉相似穿孔线虫群体数量，控制病情发展。在科特迪瓦，应用灭线磷处理土壤，每公顷香蕉园分别增产香蕉22t、24.4t和36.6t。澳大利亚应用丰索磷、苯线磷、杀线威和灭线磷防治香蕉相似穿孔线虫分别使香蕉的产量增加了44%、29%、29%和21%，有的杀线虫剂增产效果甚至高达119%（Charles，2011）。国外还报道，可削去香蕉等种苗根上可被香蕉相似穿孔线虫感染的组织，然后浸泡在杀线剂药液中，有较好的防治效果。但化学防治（尤其是土壤处理）成本很高，不经济，且严重污染环境，因此，在胡椒、椰子等种植中尽量少用。

主要参考文献

葛建军，曹爱新，周国梁，等，2007. 香蕉相似穿孔线虫双重 PCR 快速检测技术研究. 植物病理学报，37（5）：472-478.

洪霓，高必达，2005. 植物检疫学. 北京：科学出版社，239-242.

简恒，译，2011. 植物线虫学. 北京：中国农业大学出版社，123-127.

李建中，2008. 六种潜在外来入侵虫在中国的适生性风险分析. 吉林：吉林农业大学.

刘维志，2004. 中国检疫性植物线虫. 北京：中国农业科学技术出版社，172-180.

刘一帆，徐春玲，张超，等，2011. 从混合线虫样品和植物组织中直接检测香蕉相似穿孔线虫的 ITS-PCR 方法. 中国农业科学，44（19）：3991-3998.

商鸿生，2017. 植物检疫学. 北京：中国农业出版社，158-159.

沈健英，2011. 植物检疫原理与技术. 上海：上海交通大学出版社，262-266.

万方浩，郑小波，郭建英，2005. 香蕉相似穿孔线虫. 重要农林外来入侵物种的生物学与控制. 北京：科学出版社，640-649.

谢辉，2006. 香蕉相似穿孔线虫及其检测和防疫控制. 植物检疫，20（5）：321-324.

张国良，曹坳程，付卫东，等，2010. 农业重大外来入侵生物应急防控技术指南. 北京：科学出版社.

赵文霞，杨宝君，2006. 中国植物线虫名录. 北京：中国林业出版社，75.

周春娜，徐春玲，黄德超，2015. 香蕉相似穿孔线虫防治研究进展. 植物保护，6（67）：31-34.

Chabrier C，Quénéhervé P，2003. Control of the burrowing nematode（*Radopholus similis* Cobb）on banana：Impact of the banana field destruction method on the efficiency of the following fallow. Crop Protection，22：121-127.

Charles V，2011. Past and present of the nematode *Radopholus similis*（Cobb）Thorne with emphasis on Musa：a review. Crop Protection，29（3）：433－440.

Chistian C，Patrick Q，2003. Control of the burrowing nematode（*Radopholus similis*）on banana：impact of the banana field destruction method on the efficiency of the following fallow. Crop Protection，22：121－127.

Chitamba J，Manjeru P，Chinheya，2014. Evaluation of legume inter-crops on the population dynamics and damage level of burrowing nematode（*Radopholus similis*）in banana（*Musa* spp.）. Archives of Phytopathology and Plant Protection，47（6）：761－773.

Cobb N A，1915. *Tylenchulus similis*，the cause of a root disease of sugar cane andbanana. J. Agric. Res.，4：561－568.

Duncan L W，2005. Nematode parasites of citrus（In：Plant parasitic nematodes in subtropical and tropical agriculture）. UK：CABInternational，437－466.

Elbadri G A A，Ley P D，Waeyenberge L，et al.，2002. Intraspecific variation in *Radopholus similis* isolates assessed with restriction fragment length polymorphism and DNA sequencing of the internal transcribed spacer region of the ribosomal RNA cistron. International Journal for Parasitology，32（2）：199－205.

Fallas G A，Hahn M L，Fargette M，et al.，1996. Molecular and biochemical diversity among isolates of *Radopholus*spp. from different areas of the world. Journal of Nematology，28（4）：422－430.

Huettel R N，Dickson D W，1981. Parthenogenesis in the two races of *Radopholus similis* from Florida. Journal of Nematology，13：13－15.

Huettel R N，Dickson D W，Kaplan D T，1983. Biochemical identification of the two races of *Radopholus similis*by starchgel electrophoresis. Journal of Nematology，15：338－344.

Huettel R N，Yaegashi T，1988. Morphological differences between *Radopholus citrophilus* and *R. similis*. Journal of Nematology，20：150－157.

Kaplan D T，1986. Variation in *Radopholus citrophilus* population densities in the citrus rootstock Carrizo Citrange. Journal of Nematology，18：31－34.

Kaplan D T，Opperman C H，2000. Reproductive strategies and karyotype of the burrowing nematode，*Radopholus similis*. Journal of Nematology，32：126－133.

Kaplan D T，O'Bannon J H，1985. Occurrence of bio-types in *Radopholus citrophilus*. Journal of Nematology，17：158－162.

Kaplan D T，Thomas W K，Frisse L M，et al.，2000. Phylogenetic analysis of geographically diverse *Radopholus similis* via rDNA sequence reveals a monomorphic motif. Journal of Nematology，32（2）：134－142.

Koshy P K，Somamma V K，Sundararaju P，1991. *Radopholus similis*，the burrowing nematode of coconut. Journal of PlantationCrops，19（2）：139－152.

legislation into practice，UK，Wallingford，Plant Nematology（Perry R. N，Moens M. eds.）CAB international，327－345.

Marin D H，SuttonT B，Barker K，1998. Dissemination of banana in Latin America and the Caribbean and its relationship to the occurrence of *Radopholus similis*. Plant Disease，82（9）：964－974.

Nickle W R，1991. Manual of Agriculture Nematology. New York：Marcel Dekker，363－422.

Orton Williams K J，Siddiqi M R，1973. *Radopholus similis* C. I. H. Description of Plant Parasitic Nematodes. commonwealth Institute ofHelminthology，St. Albans，Herts，UK，2（27）：4.

O'Bannon J H, 1977. Worldwide dissemination of *Radopholus similis* and its importance in crop production. Journal of Nematology, 9 (1): 16 - 25.

Sekora N, Crow W T, 2012. Burrowing Nematode, *Radopholus similis* (Cobb 1893) Thorne (1949) (Nematoda: Secernentea: Tylenchida: Pratylenchidae: Pratylenchinae). UF/IFAS Entomology and NematologyDepartment, EENY-542.

Sher S A, 1968. Revision ofthe genus *Radopholus thorne*, 1949 (Nematoda: Tylenchoides). Proceeding of the Helminthological Society of Washington, 35: 219 - 237.

Thorne G, 1961. Principles of Nematology. New York, NY, McGraw-Hill BookCompany.

Tsang M M C, Hara A H, Sipes B S, 2004. Efficacy of hot water drenches of *Anthurium andraeanum* plants against the burrowing nematode *Radopholus similis* and plant thermo-tolerance. Annals of AppliedBiology, 145 (3): 309 - 316.

Turaganivalu U, Stirling G R, Smith M K, 2013. Burrowing nematode (*Radopholus similis*): a severe pathogen of ginger in Fiji. Australasian PlantPathol, 42: 431 - 436.

Vu T, Hauschild R, Sikora R A, 2006. *Fusarium oxysporum* endophytes induced systemic resistance against *Radopholus similis* onbanana. Nematology, 8: 847 - 852.

Wang K H, Sipes B S, Schmitt D P, 2002. Crotalariaas a cover crop for nematode management: a brief. Nematropica, 32 (1): 35 - 57.

Williams K J O, 1973. *Radopholus similis*. CIH descriptions of plant-parasiticnematodes, 2: 27.

第六节　菊花滑刃线虫病及其病原

菊花滑刃线虫是一种重要的植物寄生线虫，可寄生危害数百种植物，其中包括很多重要的经济观赏类花卉或作物，主要危害植物地上部分的花、叶、芽，引起其生长受阻、畸形、扭曲、不开花甚至枯死，最终导致植物减产或品质降低。在日本、美国等地该病害曾被认为是菊花生产中的毁灭性病害。该线虫随着寄主植物繁殖材料和鲜切花进行远距离传播，目前包括中国在内的许多国家和地区都将其列为检疫性有害生物严加防范。

一、起源和分布

菊花滑刃线虫又称腋芽滑刃线虫或菊花叶枯线虫，又译成里泽马博斯滑刃线虫。由Halstead（1890）首次在西欧的菊花上发现，主要分布在寒冷潮湿的温带地区，目前在欧洲、北美、巴西、委内瑞拉、斐济、新西兰、澳大利亚、南非、毛里求斯、日本、印度、伊朗等30多个国家和地区有菊花滑刃线虫的分布（Hunt，1993；Siddiqi，1974；Jenkins et al.，1967；Decker，1989）。

在我国，菊花滑刃线虫仅在重庆北碚、云南昆明、贵州等个别地区有报道发生（李笃肇，1984；谢辉，1999）。2014年6月，北京出入境检验检疫局检验检疫技术中心对一批荷兰引进的醉鱼草、大叶绣球、溲疏、木槿、锦带等5种苗木进行线虫检测时，从醉鱼草和锦带植株的新生腋芽中检出菊花滑刃线虫（边勇 等，2014）。李建中等（2008）利用生态位模型MAXENT和GARP对菊花滑刃线虫在我国的适生区进行了预测，表明我国除新疆南部、内蒙古北部、黑龙江北部等地不适合菊花滑刃线虫生存外，其他地区均适宜菊花滑刃线虫的生存，其中高风险区主要集中在南方各省。

二、病原

1. 名称和分类地位

菊花滑刃线虫拉丁学名为 *Aphelenchoides ritzemabosi* (Schwartz) Steiner et Bührer，异名有 *Aphelenchoides ribes*、*Aphelenchus phyllophagus*、*Aphelenchus ribes*、*Pathoaphelenchus ritzemabosi* 等，英文名有 Black currant nematode、Chrysanthemum foliar nematode、Chrysanthemum leaf nematode、Chrysanthemum nematode、Chrysanthemum foliar eelworm 等，其属于真核域（Eukaryotes）、动物界（Animalia）、线虫门、侧尾腺口纲（Secernentea）、滑刃目（Aphelenchida）、滑刃亚目（Aphelenchina）、滑刃科（Aphelenchoididae）、滑刃属（*Aphelenchoides*）。

2. 形态特征

雌虫：蠕虫形，虫体较细，长 0.77～1.20mm，体表环纹宽 0.9～1.0μm。侧区宽为体宽的 1/6～1/5，具有 4 条侧线。头部近半球形，缢缩，头部略宽于相连的体部，在光学显微镜下环纹不明显，头架骨化弱。口针长约 12μm，口针基球小而明显，口针锥体部急剧变尖；食道前体部较细，中食道球大、略呈卵圆形、肌肉发达，中食道球瓣显著，背、腹食道腺开口至中食道球，食道腺长叶状，长度约为 4 倍体宽，从背面覆盖肠；食道与肠的连接处位于中食道球后约 8μm 处，交接处不明显，无贲门瓣。排泄孔位于神经环后 0.5～2 倍体宽处。阴门稍突起、横裂、单生殖腺、前伸，卵母细胞多行排列；后阴子宫囊长于肛阴距的 1/2，常有精子；尾长圆锥形，末端具有尾突，其上有 2～4 个小尖突，使尾端呈刷状（图 8-11）。

雄虫：温热杀死后虫体后部向腹面弯曲超过 180°。头部、口针和食道腺特征与雌虫相似。单精巢，前伸。腹面近中尾具有 3 对乳突，第一对在肛门区，第二对位于尾中部，第三对位于近尾端。交合刺平滑弯曲，玫瑰刺形，基端无明显的背、腹突。尾突上有 2～4 个小尖突，形状多样。

3. 测量数据

Allen（1952）测量的菊花滑刃线虫虫体数据。雌虫：体长 0.77～1.20mm；体长与最大体宽之比40～45；体长与头端至食道和肠相交界长度之比 10～13；体长与尾长之比 18～24；头端至肛门长度与体长之比 66～75。雄虫：体长 0.70～0.93mm；体长与最大体宽之比 31～50；体长与头端至食道和肠相交界长度之比 10～14；体长与尾长之比16～30；头端至肛门长度与体长之比 35～64。

三、病害症状

菊花滑刃线虫可引起菊花叶枯线虫病，主要危害植物地上部的花、叶、芽。在菊花被侵染早期，线虫外寄生在芽和生长点中，使花和芽受害，导致植株发育不良，扭曲，叶子畸形，取食部位变粗糙；后期，线虫在侵染的叶中取食，破坏叶肉薄壁组织细胞造成叶斑，一般在叶片下部易发现这种病斑；随着线虫侵染的扩展，这些部位开始变褐，然后变黑。由于受寄主叶脉的限制，病斑呈现出特征性的角状；受侵染的叶子皱缩，下垂。线虫

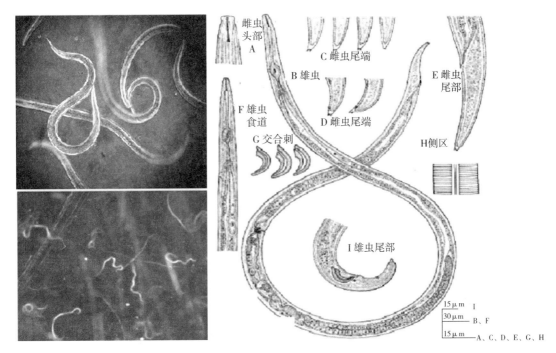

图 8-11 菊花滑刃线虫形态 (Siddiqi，1974)

离开变褐的组织，穿过气孔到达植物表面的水层中，然后侵染花芽的顶部，导致芽畸形，形成很小的花。随着线虫侵染的扩展，植物逐渐叶部坏死，从出现角斑发展到叶脉变黄；有时芽变黑而死，引起侧枝生长加快，同时侧芽也遭侵染。若幼苗末梢生长点被害，则植株生长发育受阻，危害严重的整株枯萎死亡。

该种线虫外寄生在黑茶藨子芽的鳞片和真叶中，最后导致芽的死亡；外寄生在苜蓿幼苗和草莓的嫩茎中，导致植株矮化和畸形。受侵染的欧洲紫罗兰表现明显的矮化，叶子卷曲，叶周围向里卷，最后干枯死亡，叶的下表皮呈现凹陷，变黄，水渍状卵圆形的斑（Thomas，1968）。烟草被侵染后，叶片上形成格状花纹（彩图 8-6）。侵染 *Crassula coccinia* 表现矮化和发芽迟缓（Atkinson，1964）。有时线虫可潜伏侵染，植株可携带大量的线虫而没有任何症状表现。

四、生物学特性和病害流行规律

1. 寄主范围

菊花滑刃线虫的寄主范围非常广泛，能寄生观赏植物、蔬菜、小果类植物和杂草等200 多种植物，菊花（*Dendranthema morifolium*）是其典型寄主（Vovlas et al.，2005）。其他比较重要的寄主还有大丽花、福禄考、金丝桃、绣线菊、秋海棠、大岩桐、蒲包花、草莓、烟草、西瓜、莴苣、番茄、芹菜、风铃草、紫菀花（*Aster lataricus*）、康乃馨（*Dianthus caryophyuus*）、瓜叶菊、飞燕草（*Consolida ajacis*）、羽扇豆、夹竹桃、杜鹃花、百日菊、水生草胡椒、景天花、金菊、葡萄吊钟花等。

2. 侵染循环

菊花滑刃线虫是专性寄生线虫，可以在寄主植物叶片组织内营内寄生，也可以在叶芽、花芽和生长点营外寄生生活。主要以成虫在寄主植物的腋芽、生长点、叶片及其残体上越冬，次年春天，新叶初发期，当植物表面变得湿润时，线虫借助水膜移动到生长的茎部、叶部，从气孔或伤口侵入叶片，当受害叶片掉落地面时，线虫在地面只能完成部分生活史（图8-12）。

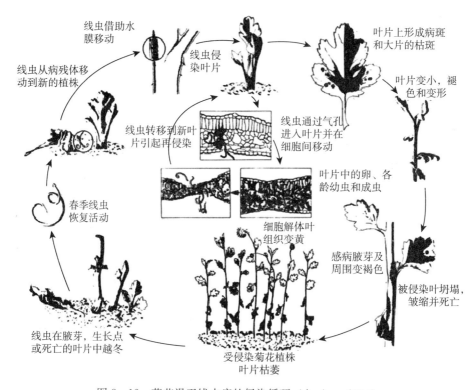

图 8-12　菊花滑刃线虫病的侵染循环（Agrios，2004）

菊花滑刃线虫通过雌雄交配生殖，不能进行孤雌生殖。雌虫的后阴子宫囊可贮存精子，这些精子可向前移动，与发育成熟的卵受精结合，因此受精后的雌虫即使不被再次受精，也可以一直繁殖6个月（French et al.，1961）。交配后的雌成虫在叶片上产卵，每条雌成虫可产卵25～30粒，它们紧密地排列在一起，卵孵化需要3～4d，幼虫需9～10d成熟，17～24℃条件下，完成1个世代需10～13d，在金色千里光的叶子中，完成1个世代需14～15d，在保护地栽培的菊花叶子中，完成1个世代需11～12d，而在露地条件下则需13～14d。菊花滑刃线虫繁殖力强，1年可以完成10代左右，只要温湿度适宜，该线虫全年都可以繁殖。在受侵染的一片菊花叶中线虫数量可高达15 000条，植物种子也可携带线虫，每14g受侵染的翠菊种子中可携带300多条线虫。该病害发生的适宜温度是20～28℃，高湿有利于病害的发生。该线虫有较强的抗干旱能力，多数以休眠或脱水状态存活于植物组织和植物残体中，受感染的干燥菊花叶片于4℃条件下存放3年后还能分离到活体线虫。

菊花滑刃线虫是一种专性寄生的植物寄生线虫，寄生于植物的叶、芽、生长点和茎的外层，在菊花的休眠芽或根株的生长点中越冬，冬季，线虫在干燥的植物种子中存活，具有很强的忍耐能力，在土壤中不能完成生活史或越冬。

3. 传播途径

主要随着种子、苗木、母株等植物繁殖材料和鲜切花、插条及介质、土壤等进行远距离扩散传播；在田间可通过风、雨、枝叶接触和农事操作（灌溉、剪枝）等途径近距离传播。菊花滑刃线虫也能借助水膜做自主运动（每晚能爬行约 15cm），雨水喷溅和叶摩擦有助于线虫的再侵染和传播。

五、诊断鉴定和检疫监测

根据《菊花滑刃线虫检疫鉴定方法》（SN/T 2506—2010）、《菊花滑刃线虫检疫鉴定方法》（GB/T 28977—2012）及近年来相关的文献论述，对于菊花滑刃线虫的诊断技术大体可分为传统形态学技术和现代分子生物技术。

1. 诊断鉴定

（1）外观症状观察　观察植株花、叶、芽等是否有枯死、褐色角斑、矮小、畸形等受害症状，以及是否带介质、土壤等。重点选取表现上述症状的花、叶、芽等植物组织及根际介质或土壤。

（2）线虫的分离　种子、花、叶、芽、茎等材料可用直接浸泡法或漏斗法分离线虫，介质或土壤适宜用漏斗法或浅盘分离法分离线虫。对于可疑植株、插枝及菊花叶片可采用植物组织的直接解剖法，可在组合式解剖镜下用解剖刀直接进行剖检分离，用挑针直接挑取即可。也可将植株切碎，放入清水中浸泡 2～3h，用贝尔曼漏斗进行分离，再用显微镜检查。

（3）形态学鉴定　主要形态鉴定特征包括雌虫尾尖突形态、后阴子宫囊、尾形、口针、侧线、排泄孔和神经环位置、雄虫交合刺等（表 8-7 和表 8-8）。

（4）分子鉴定　滑刃属线虫种类繁多，形态相似，根据传统形态学特征鉴定大量相似的滑刃属线虫是非常困难的，而且形态学的鉴定方法只适用于线虫雌成虫，对于幼虫和卵却不适合（Rybarczyk-Mydlowska et al.，2012）。因此用分子方法快速准确地检测鉴定菊花滑刃线虫对于检疫和监测都是必要的。

参照白宗师（2016）的研究技术，利用 LAMP 检测技术检测菊花滑刃线虫。

表 8-7　菊花滑刃线虫形态测量值（Vovlas et al.，2005；Chizhov et al.，2006；Crozzoli et al.，2008）

菊花滑刃线虫	特征								
	L（mm）	体宽（μm）	后阴子宫囊长（μm）	a	b	b'	c	c'	V 或 T
雌虫	0.77～1.20	16.5～19.5	115～147	40.0～60.5	8.1～13.0	4.5～6.1	16.0～23.1	3.7～5.1	66.0～75.0
雄虫	0.63～0.93	16.0～19.2	—	31.0～53.3	10.0～14.0	4.3～5.0	16.0～30.0	2.8～3.1	35.0～64.0

注：L 为体长；a 为体长/最大体宽；b 为体长/虫体前端至食道腺与肠连接处的距离；b' 为体长/虫体前端至食道腺末端的距离；c 为体长/尾长；c' 为尾长/肛门处体宽；$St.$ 为口针长；V 为虫体前端至阴门的距离×100/体长；T 为泄殖腔开口至精巢末端的距离×100/体长。

表 8-8　菊花滑刃线虫与近似种鉴定特征比较（OEPP/EPPO Bulletin，2004）

滑刃线虫种	侧区刻线（条）	雌虫体长（μm）	后阴子宫囊	雌虫尾部	交合刺
菊花滑刃线虫	4	770～1 200	超过肛阴距的 1/2	长圆锥形，末端有尾尖突，其上有 2～4 个小尖突	顶部和喙部不明显，背弓长 20～22μm
水稻干尖线虫	4	660～750	不超过肛阴距的 1/3	圆锥形，末端有 1 尾尖突，上有 3～4 个小尖突	喙部中等发达，无顶部，背弓长 18～21μm
草莓滑刃线虫	2	450～800	超过肛阴距的 1/2	长圆锥形，末端为一简单的钝尖，无任何修饰	顶部和喙部中等发达，背弓长 14～17μm
毁芽滑刃线虫	4	680～900	肛阴距的 1/2	尾圆锥形，末端为一简单的锐尖	大，顶部和喙部明显，背弓长 28～32μm

　　单条线虫 DNA 提取：用双蒸水清洗线虫，挑取单条放入 200μL PCR 管中（含 8μL 双蒸水和 1μL 10×PCR Buffer（Mg²⁺ free），液氮中放置 1min，85℃加热 2min，向 PCR 管中加入 1μL 1mg /mL 蛋白酶 K，56℃加热 15min，95℃加热 10min，得到 DNA 提取液，直接进行 PCR 扩增或在－20℃保存。

　　大量线虫 DNA 提取：可使用 Magen 软体动物 DNA 提取试剂盒。收集线虫约 30mg 放入离心管，用液氮速冻后立刻用碾棒破碎；在离心管中加入 400μL Buffer MTL 和 20μL 蛋白酶 K，涡旋混匀。55℃水浴 2h，水浴期间需偶尔颠倒混匀；加入 5μL RNase Solution 至消化液中，颠倒混匀 3～5 次，37℃水浴 15～60min 消化去除 RNA；13 000r/min离心 3min。转移上清液至新的离心管中；加入 400μL Buffer DL 至消化液中，涡旋混匀 20s，55℃水浴 10min；加入 400μL 无水乙醇至消化液中，涡旋混匀 20s；把 HiPure gDNA Mini Column 装在 2mL 收集管中，转移一半体积混合液（包括沉淀）至柱子中，10 000r/min 离心 1min；倒出流出液，把柱子重新装回管中，把剩余的混合液转移至柱子中，10 000r/min 离心 1min；倒出流出液，把柱子重新装回管中，加入 500μL Buffer GW1（用乙醇稀释）至柱子上，10 000r/min 离心 1min；倒弃滤液，把柱子重新装回管中，加入 500μL Buffer GW2（用乙醇稀释）至柱子上，10 000r/min 离心 1min；重复上一步骤；倒弃滤液，把柱子重新装回管中，10 000r/min 离心 2min；将柱子装在新的 1.5mL 离心管中，加入 30μL 预热至 55℃的无菌水至柱子的膜中央，放置 2min，10 000r/min 离心 1min；再加入 30μL 预热至 55℃的无菌水至柱子的膜中央，放置 2min，10 000r/min离心 1min；丢弃 DNA 结合柱，把 DNA 保存在－20℃条件下备用。PCR 扩增需用的引物如下：

　　p81-F：　5′-CTAACGGGTAACGGAGGATCAGG-3′
　　p81-R：　5′-CCGAACATCTAAGGGCATCACAG-3′
　　R81tF3：　5′-TGTTGAACCGTTCGGGGT-3′
　　R81tB3：　5′-TGTTTCAGCCGACAAAACCA-3′
　　R81tFIP：　5′-AGGACGCAAGTCGAACGGCCGAAAGGGCGTCACTCG-3′
　　R81tBIP：　5′-GTGCTCAAGGCGTGTCTTAGGAGCCGCAACCTTGTTCCA-3′
　　R81tLF：　5′-GCGCAAACACGCAAAATACC-3′

PCR 扩增体系，10μL 反应体系见表 8 - 9；PCR 扩增条件见表 8 - 10；LAMP 反应体系见表 8 - 11。

表 8 - 9　PCR 扩增体系

试剂名称	加入量
Taq DNA 聚合酶	1 U
10×PCR 反应缓冲液	1μL
dNTP mix（2.5mmol/L）	1μL
DNA 模板	1μL
引物	1μL
双蒸水	补至 10μL

表 8 - 10　PCR 扩增条件

反应温度	时间
94℃	5min
94℃	30s
55℃	30s
72℃	70s
72℃	5min
4℃	保存

表 8 - 11　LAMP 反应体系

试剂名称	加入量
10×热聚合物缓冲液	2.5μL
F3/B3（25×）	1.0μL
FIP/BIP（25×）	1.0μL
LB/LF（25×）	1.0μL
dNTPs（10mmol/L）	6.0μL
MgSO$_4$（100mmol/L）	1.5μL
Bst DNA 聚合酶 2.0 热启动物（8U/μL）	1.0μL
模板 DNA	1.0μL
钙黄绿素染料	4μL
甜菜碱	4μL
双蒸水	补至 25μL

结果判定：用引物 R81t 序列对供试线虫 DNA 进行 LAMP 检测，菊花滑刃线虫的 DNA 样品出现明显的梯状条带，空白对照和其他滑刃线虫 DNA 样品不会出现此条带。根据菊花滑刃线虫 18S 核糖体 RNA 序列设计引物，对该种线虫 DNA 进行 PCR 扩增，可得到 680bp 扩增条带，其他线虫和阴性对照不显示此条带。

参照崔汝强等（2010）的研究技术，利用 PCR 技术快速检测菊花滑刃线虫。

大量线虫 DNA 提取：将单条菊花滑刃线虫放入胡萝卜愈伤组织中在 20℃ 条件下培养扩繁。将培养的线虫 100μL 放入 1.5mL 离心管中，投入液氮 30s 后，将线虫研磨成粉末，加入 700μL DNA 抽提缓冲液（50mmol /L Tris-HCl，pH7.5；50mmol/L NaCl；5mmol/L EDTA，pH8.0）；0.5％SDS 和 5μL 的 20mg /mL 蛋白酶 K，混匀；55℃温浴4～5h；加入等体积的酚：氯仿：异戊醇（25：24：1）混匀，12 000r/min，4℃下离心 15min，取上清液转入另一灭菌的 1.5mL 离心管中，加入 2.5 倍体积经预冷的无水乙醇混匀，放入 -20℃冰箱中 30min 以上；4℃下 7 000r/min 离心 5min 沉淀 DNA；沉淀物用 75％乙醇洗涤 2 次，待乙醇挥发完全后，将沉淀的 DNA 溶解于 $20\mu L$ TE 中，在$-20℃$贮存备用。

单条活线虫 DNA 的提取：在解剖镜下将分离出的单条线虫加入含有 $8\mu L$ WLB 溶液（含 2.5mmol/LDTT，1.125% 吐温-20，0.25g/L Gelatin，125mmol/L KCl，3.75mmol/L $MgCl_2$，25mmol/L Tris-HCl，pH8.3）的 PCR 管中，于$-70℃$放置 30min 后；95℃ 处理 15min；随后 65℃ 温浴 2min；再加入 20mg /mL 的蛋白酶 K $1\mu L$，65℃ 温浴 30min；95℃ 处理 15min 后作为单条线虫 DNA 模板可直接用于 PCR 扩增。

PCR 引物序列：BSF（$5'$-TCGATGAAGAACGCAGTGAATT-$3'$）和 ArtR（$5'$-CTCCACACGCCGACCGA-$3'$）。

PCR 反应体系 $25\mu L$：包括 5ng 线虫 DNA（单条线虫裂解 DNA $5\mu L$），$10\mu mol$ /L 引物 RBF 和 ArtR 各 $0.5\mu L$，10mmol/L dNTPs 各 $0.5\mu L$，10×Taq PCR 缓冲液包括 2mmol/L $MgCl_2$ $2.5\mu L$，$5U/\mu L$Taq DNA 聚合酶 $0.2\mu L$，加双蒸水至 $25\mu L$。PCR 条件为 94℃3min；35 循环（94℃ 30s，58℃ 30s，72℃ 40s）；72℃ 5min 延伸；16℃ 保存；将 $5\mu L$ PCR 产物用 1.0% 琼脂糖凝胶电泳检测。

结果：208bp 处显示条带的样品为阳性样品，阴性样品不显示此条带。

2. 检疫监测

菊花滑刃线虫的检疫监测技术包括调查、监测、样本采集、处理等内容。

（1）调查 需进行访问调查和实地调查。访问调查是向当地居民询问有关菊花滑刃线虫（病）发生地点、发生时间、危害情况，分析病害和病原线虫传播扩散情况及其来源。每个社区或行政村询问调查 30 人以上。对询问过程发现菊花滑刃线虫病疑似存在的地区，需要进一步重点调查；实地调查的重点是调查适合菊花滑刃线虫病发生的菊花适生区。在菊花滑刃线虫的非疫区，于作物生长期间的适宜发病期进行一定区域内的大面积踏查，粗略地观察田间作物的病害症状发生情况。

（2）监测 菊花滑刃线虫病发病点所在的行政村区域划定为发生区，发生点跨越多个行政村的，将所有跨越的行政村划为同一发生区，发生区外围 5 000m 的范围规定为监测区。根据菊花滑刃线虫病的发生和传播扩散特点，在监测区内每个村庄、社区及公路和铁路沿线等地设置不少于 10 个固定监测点，每个监测点面积 $10m^2$，悬挂明显的监测位点牌示，一般在菊花生长期间每月观察一次作物植株上的病情。

（3）样本采集 在调查中如发现疑似菊花滑刃线虫病植株，一是要现场拍摄异常植株的田间照片（包括地上部和根部症状）；二是要采集具有典型症状的病株标本（包括地上部和根部症状的完整植株），将采集病株标本分别装入清洁的塑料标本袋内，标明采集时间、采集地点及采集人。送外来物种管理部门指定的专家进行鉴定。

（4）处理 在非疫区，若大面积踏查和系统调查中发现可疑病株，应及时联系农业技术部门或科研院所，采集具有典型症状的标本，带回室内，按照前述病原线虫的检测和鉴定方法做线虫检验观察。如果室内检测确定了菊花滑刃线虫，应进一步详细调查当地附近一定范围内的作物发病情况。同时及时向当地政府和上级主管部门汇报疫情，对发病区域实行严格封锁和控制。在疫区，根据调查结果记录菊花滑刃线虫病的发生范围、病株率和严重程度等数据信息，参照有关规范和标准制定病害的综合防治策略，采用恰当的病害控制技术措施，有效地控制病害的危害，减轻经济损失。

六、应急及综合防控

1. 应急防控

在菊花滑刃线虫未发生过的非疫区，无论是在交通航站口岸检出了带有菊花滑刃线虫的材料，还是在田间监测中发现菊花滑刃线虫，都需要及时地采取应急防控措施，及时地扑灭病原线虫，有效地预防菊花滑刃线虫的扩散。

（1）检出菊花滑刃线虫材料的应急处理 对检出带有菊花滑刃线虫的材料，应拒绝入境或将货物退回原地。对不能及时销毁或退回原地的货物要立即就地封存，然后视情况作应急处理。①港口检出货物及包装材料可以直接沉入海底。机场、车站的检出货物及包装材料可以直接就地安全烧毁。②对不能现场销毁的携带菊花滑刃线虫的植物或其他物品，可采用杀线虫剂进行熏蒸或浸泡杀灭处理，若确认不再带活体线虫的物品才予以放行，允许投放市场加工和销售使用。③如果引进的是菊花种苗等繁殖材料，必须在检疫机关设立的植物检疫隔离中心或检疫机关认定的安全区域隔离种植，经生长期间观察，确定无病后才允许释放出去。

（2）田间病株的应急处理 在菊花滑刃线虫的非疫区监测发现一定范围内的菊花滑刃线虫病疫情后，应对病害的发生程度和范围做进一步详细调查，并报告上级行政主管部门和技术部门，同时要立即采取措施封锁病田，严防病害扩散蔓延。菊花滑刃线虫疫情经确认后需要尽快施行应急处理措施。①铲除病田菊花及周围一定范围内的作物和各种杂草等寄主并及时彻底烧毁。②使用杀线虫剂对一定范围内的发病植物进行药剂处理。③对经过应急处理后的田块要持续定期进行严密地监测调查跟踪，若发现病害复发，再及时做应急扑灭处理。

2. 综合防控

对菊花滑刃线虫引起的病害，需要依据病害的发生发展规律和流行条件，严格执行"预防为主，综合防治"的基本策略，结合当地病害发生情况采用有效的病害控制措施，经济而安全地避免病害发生流行造成的经济损失。

（1）严格检疫 菊花滑刃线虫主要通过带病种株、苗木和插条等种植材料传播。因此，应严格执行检验检疫制度，严禁带虫苗木、母株、插条、切花、土壤及有关材料进入无病区，不从疫区调运寄主植物和相关材料。

（2）物理防治 热水处理一直是普遍适用的防治线虫的方法。将一定量的菊花病苗母株放入 48℃ 热水中，使水温下降到约 46.6℃，不必再增温，约过 5min，温度下降到 46.1℃，取出母株。对菊苗插条，可以用 50℃ 温水处理 10min，或用 55℃ 温水处理 5min。

（3）农业防治 种植无病种苗、母株；及时清除枯枝、落叶、死株和杂草，并集中到花圃外烧毁；注意湿度和浇水方式，避免植株过湿和相连植株间的重叠；盆栽花卉使用经药剂熏蒸或蒸气消毒的介质、盆钵；用石油胶状物涂抹在茎基部，除去植株的残枝落叶。在保护地中，也可通过药剂熏蒸或蒸气消毒处理被侵染的土壤；在露地，冬季通过 2～3 个月无杂草的土地休闲，可减少田间菊花滑刃线虫的虫量（Thorne，1961）。

（4）化学防治 每 378.5L 的水中加入 283.49g 48% 治线磷乳油，对植株进行灌根 2 次，每 2 周灌 1 次，也可有效防治该线虫；在发病初期，叶面喷施 50% 杀螟硫磷乳油等，也能较好地防治菊花滑刃线虫。

（5）其他方法 由于杂草也是该种线虫的寄主，杂草防除也尤为重要，如毛茛、繁缕、牛筋草、千里光、苦苣菜和婆婆纳。有些菊花品种，如 Amy Shoesmith、Orange Peach，以及一些草莓品种，如 George soltwedel 和 Regina 相对来说是比较抗线虫的。

主要参考文献

白宗师，2016. 水稻干尖线虫和菊花叶枯线虫的 LAMP 检测方法研究. 广州：华南农业大学.

边勇，楚春雪，江丽辉，等，2014. 北京口岸多次截获菊花滑刃线虫. 植物检疫，28（4）：98.

崔汝强，赵立荣，钟国强，2010. 菊花滑刃线虫快速分子检测. 江西农业大学学报，32（4）：714 - 717.

简恒，2011. 植物线虫学. 北京：中国农业大学出版社，132 - 135.

李建中，2008. 六种潜在外来入侵线虫在中国的适生性风险分析. 吉林：吉林农业大学.

刘维志，2000. 植物病原线虫学. 北京：中国农业出版社，322 - 326.

刘维志，2004. 中国检疫性植物线虫. 北京：中国农业科学技术出版社，286 - 295.

谢辉，2007. 菊花滑刃线虫及其检测和防疫方法. 植物检疫，21（3）：190 - 192.

张国良，曹坳程，付卫东，2010. 农业重大外来入侵生物应急防控技术指南. 北京：科学出版社.

Agrios G N，2004. Plant Pathology (5th ed). Burlington USA，Oxford UK：Elsevier AcademicPress.

CABI. 2021. *Aphelenchoides ritzemabosi* （Chrysanthemum foliar eelworm）. In：Invasive Species Compendium. https：//www. cabi. org/isc/datasheet/6384.

Chizhov N V，Chumakova A O，Subbotin A S，2006. Morphological and molecular characterization of foliar nematodes of the genus *Aphelenchoides*：*A. fragariae* and *A. ritzemabosi* （Nematoda：Aphelenchoididae） from the main Botanical garden of the Russian academy of sciences，Moscow. Russian journal ofnematology，14（2）：179 - 184.

Christie J R，1959. Plant，nematode，their bionomics andcontrol. Univ. Fla. Agric. Exp. Sta.

Crozzoli R，Hurtado T，Perichi G，2008. Characterizationof a Venezuelan population of *Aphelenchoides ritzemabosi* on chrysanthemum. NematolgiaMeditterana，36：79 - 83.

Decker H，1989. Plant nematodes and their control：Phytonematology. BrillUSA，354 - 368.

French N，Barraclough R M，1962. Survival of *Aphelenchoides ritzemabosi* （Schwartz） in soil and dryleaves. Nematologica，1：309 - 316.

Gray F A，Soh D H，Griffin G D，1986. The chrysanthemum foliar nematode，*Aphelenchoides ritzemabosi*，a parasite of alfalfa. Report of the 13th North American Alfalfa Improvement Congerence，St. Paul，Minnesota.

Hunt D J，1993. Aphelenchida，Longidoridae and Trichodoridae，their systematics and blonomics. Wallingford，UK：CABInternational.

Jenkins W R，Taylor D P，1967. Plant nematology. Reinhold Publishing Corporation，NewYork，Amsterdam，London，163 - 172.

Knight K W L，Hill C F，Sturhan D，2002. Further records of *Aphelenchoides fragariae* and *A. ritzemabosi* (Nematoda：Aphelenchida) from New Zealand. Australasian Plant Pathology，31（1）：93 - 94.

OEPP/EPPO，2004. Diagnostics protocols for regulated pests：*Aphelenchoides Besseyi*. BulletinOEPP/EPPO，34：303 - 308.

Rybarczyk-Mydlowska K，Mooyman P，Van Megen H，2012. Small subunit ribosomal DNA-basedphylogenetic analysis of foliar nematodes （*Aphelenchoides* spp. ） and their quantitative detection incomplex DNA backgrounds. Phytopathology，102（12）：1153 - 1160.

Shepherd J A，Barker K R，1993. Nematode parasites of tobacco. Lue M，Sikora RA，Bridge J. Plant parasitic nematodes in subtropical and tropical agriculture. UK：CABInternational，493 - 518.

Siddiqi M R，1974. *Aphelenchoides ritzemabosi*. C. I. H Descriptions of Plant-parasiticNematodes，3（32）：38 - 41.

Vovlas N，Minuto A，Garibaldi A，2005. Identification and histopathology of the foliar nematode *Aphelenchoides ritzemabosi*（Nematoda：Aphelenchoididae）on basil inItaly. Nematology，7（2）：301 -308.

Waele D D，2002. Foliar nematodes：Aphelenchoides species. CABInternational，141 - 151.

第七节　松树线虫枯萎病及其病原

松材线虫名称是从英文 pinewood nematode 直接翻译过来的，是我国常用的名称；其属于伞滑刃属（*Bursaphelenchus*），拉丁学名是 *Bursaphelenchus xylophilus*（Steiner et Bührer）Nickle，此名称按字义，应该翻译为噬木伞滑刃线虫；又因为它是侵染松树类植物而引起林业上最具危险性和毁灭性的松树线虫枯萎病（pine nematode wilt）的病原，所以也被称为松树枯萎病线虫。笔者认为第三个名称更能显示出病害的主要症状和病原类别，所以在本节中采用松树枯萎病线虫这一名称。

该线虫致病力强，寄主死亡速度快；在我国，松褐天牛（*Monochamus alternatus*）是它的主要传播介体昆虫，传播扩散非常迅速，常常导致病害在新的地方或区域猝不及防地发生；并且该线虫病在一个地方一旦发生，其治理难度大，一般不可能彻底铲除。因此，松树枯萎病线虫不仅被我国列为重大入侵物种和一类动植物检疫对象，而且也被欧洲和地中海植保组织（EPPO）、亚太植保组织（APPPO）、加勒比植保委员会（CPPC）、泛非植物检疫理事会（PAPQS）列为重要检疫性有害物种。

一、起源和分布

1. 起源

大多研究者认为松树枯萎病线虫起源于北美洲国家（主要是美国），但最早是矢野宗干（Munemoto Yano）于 1905 年报道了此线虫在日本长崎（Nagasaki）地区导致松树死亡。在美国，最初是在路易斯安那州的长松木材中发现该线虫，Steiner 等（1934）认为它是一种新的线虫，并被定名为 *Aphelenchoides xylophilus*。1969 年，日本植物病理学者清原友也（Tomoya Kiyohara）和德重阳山（Yozan Tokushige）在日本九州岛（Kyushu islands）的死亡松树上发现多种未知线虫，于是他们用这些线虫分别接种健康松树和其他针叶树后观察，结果接种的松树（特别是日本红松和日本黑松）被感染发病死亡，而火炬松、日本雪松和日本扁柏则存活无恙，因此认为该线虫是日本松树死亡的原因。1972 年，真宫靖治（Yasuharu Mamiya）和清原友也才确认该线虫是松树枯萎病的病原，将其确定为一个新种并定名为松树线虫（*Bursaphelenchus lignicolous*），而 Nickie 等（1981）将其重新命名为松树枯萎病线虫（*B. xylophilus*）。松树线虫枯萎病在日本高温干旱的夏季易于发生流行。

2. 世界分布

在亚洲，松树枯萎病线虫已先后传入日本、韩国和中国；非洲分布于尼日利亚和南非；北美洲分布于加拿大的 12 个省区，墨西哥和美国的 36 个州；欧洲仅北欧的芬兰、挪威、瑞典有发生，葡萄牙也有局部分布，但其他欧洲国家尚未发现（Pereira F, et al.，2013）；在法国曾经报道有松树枯萎病线虫发生，但后经证实其为另外一种类似的线虫，即拟松树枯萎病线虫（*Bursaphelenchus mucronatus*）。松树枯萎病线虫在世界各地区的危害程度不同，其中以日本和美国等受害最严重，其他地方的发生和危害都不太重（CABI，2021）。

3. 中国分布

中国 1982 年在南京市中山陵首次发现此线虫病，在随后短短的十几年内又相继在江苏、安徽、山东、浙江、广东、湖北、湖南、上海、台湾、香港等地区发生，近年来在四川、重庆、河南、辽宁、甘肃和江西等地也有报道。该线虫在我国东南沿海的浙江、江苏和浙江分布比较普遍，危害也比较严重。

二、病原

1. 名称和分类地位

松树枯萎病线虫拉丁学名为 *Bursaphelenchus xylophilus*，英文名为 pinewood nematode。其属于真核域（Eukaryotes）、动物界（Animalia）、线虫纲（Nematoda）、小杆目（Rhabditida）、垫刃亚目（Tylenchina）、滑刃总科（Aphelenchoidea）、滑刃科（Aphelenchoididae）、寄生滑刃亚科（Parasitaphelenchidae）、伞滑刃属（*Bursaphelenchus*）。松树枯萎病线虫一生有卵、幼虫（4 龄）及成虫几个阶段。

2. 形态特征

卵：长椭圆形，灰白色，体积很小。

幼虫：与成虫形状相似，呈蠕虫形，乳白色，体表光滑，中段圆筒形，两头略尖细，体长随龄期变化而增长，但四龄幼虫体长一般也小于 1.0mm；其尾部亚圆锥形，因肠内积聚大量颗粒状内含物，以至呈暗色并且结构模糊。

成虫：在显微镜下观察不分节，雌雄虫都呈蠕虫形，虫体细长，表面光滑，长约 1.0mm；唇区高，缢缩显著；口针细长，其基部微增厚；中食道球卵圆形，占体宽的 2/3 以上，瓣膜清晰；食道腺细长叶状，覆盖于肠背面；排泄孔的开口大致和食道与肠交接处平行，半月体在排泄孔后约 2/3 体宽处。雌虫卵巢单个，前伸；阴门开口于虫体中后部 73% 处，上覆以宽的阴门盖；后阴子宫囊长，约为阴肛距的 3/4；尾亚圆锥形，末端钝圆，少数有微小的尾尖突。雄虫交合刺大，弓状，成对，喙突显著，交合刺远端膨大如盘；尾部似鸟爪，向腹面弯曲，尾端为小的卵状交合伞包裹，退化的交合伞在光学显微镜下不易看见，交合伞（为翼）是尾部角质膜的延伸，尾端呈铲状，由于边缘向内卷曲，从背面观呈卵形，从侧面观呈尖圆形（彩图 8-7）。

3. 测量数据

Mamiya 等（1972）测量的松树枯萎病线虫虫体数据：雌虫（$n=40$）体长 0.81（0.71～1.01）mm；体长与最大体宽之比 40.0（33～46）；体长与头端至食道和肠相交界

长度之比 10.3（9.4～12.8）；体长与尾长之比 26.0（23～32）；头端至肛门长度与体长之比 72.7（67～78）；口针长 15.9（14～18）μm。雄虫（n=30）体长 0.73（0.59～0.82)mm；体长与最大体宽之比 42.3（36～47）；体长与头端至食道和肠相交界长度之比 9.4（7.6～11.3）；体长与尾长之比 26.4（21～31）；口针长 14.9（14～17）μm；交合刺长 27.0（25～30）μm。

Nickle 等（1981）测量的松树枯萎病线虫虫体数据：雌虫（n=5）体长 0.52（0.45～0.61)mm；体长与最大体宽之比 42.6（37～48）；体长与头端至食道和肠相交界长度之比 9.6（8.3～10.5）；体长与尾长之比 27.2（23～31）；头端至肛门长度与体长之比 74.7（73～78）；口针长 12.8（12.6～13.0）μm。雄虫（n=5）体长 0.56（0.52～0.60)mm；体长与最大体宽之比 40.8（35～45）；体长与头端至食道和肠相交界长度之比 9.4（8.4～10.5）；体长与尾长之比 24.4（21～29）；口针长 13.3（12.6～13.8）μm；交合刺长 21.2（18.8～23.0）μm。

三、病害症状

松树枯萎病线虫引起的松树枯萎病的典型症状是针叶黄褐色或红褐色，萎蔫下垂，树脂分泌停止，树干可观察到天牛侵入孔或产卵痕迹，病树整株干枯死亡，最终腐烂。

松树枯萎病线虫侵染松树后，可以在几周或几个月内使树枝黄化萎蔫甚至整株死亡。大多数植物寄生性线虫是侵染植物的根部，而松树枯萎病线虫则是从植株地上部分侵入。该线虫侵入后主要取食松脂导管周围的细胞，使松脂溢出管胞，从而在水分输导系统中形成一些管胞空腔或气泡穴洞。正如人们用吸管喝饮料一样，如果吸管壁有很多孔洞，饮料就会从管壁渗出而无法被吸上来，于是就不容易喝到杯子里的饮料。当树体的输水导管壁上出现大量线虫造成的孔穴，水分从导管壁孔穴渗出，就不能顺利地被输送到植株上部，于是松针及树枝就会萎蔫。因此，松树线虫枯萎病症状一般是从上而下逐渐发展的，这有别于其他针叶病害。松树感染线虫后，首先是松针变色，从正常的绿色变为灰绿色，最后变为茶黄色。枯死的松针直到下一个换叶季节之前都不会脱落，这也是此病区别于其他针叶病害的特点。总结起来，松树线虫枯萎病发展过程可分为 4 个阶段：①外观正常，树脂分泌减少或停止，蒸腾作用下降。②针叶开始变色，树脂分泌停止，通常能够观察到天牛或其他甲虫侵害和产卵的痕迹。③大部分针叶变为黄褐色，萎蔫，通常可见到甲虫的蛀屑。④针叶全部变为黄褐色，病树干枯死亡，但针叶不脱落（彩图8-8）。此时树体上一般有多种害虫栖居。

如果将树干或树枝横切，可见切面呈现灰蓝色斑纹或斑块。这种变色不是线虫本身所造成的，而是一种次生症状，是由于松树枯萎病线虫同时也是一种食真菌线虫（Ceratocystis sp.），其中有的真菌本身是灰蓝色的，这些真菌由树皮甲壳虫等害虫取食过程中将其携带入树体中，在树体中常与松树枯萎病线虫伴生，供松树枯萎病线虫食用。另外，发病枯萎树皮和皮下木材干燥，没有松脂溢出。

四、生物学特性和病害流行规律

1. 寄主

在我国，松树枯萎病线虫主要发生在黑松、赤松、马尾松上。苗木接种试验表明火炬松、海岸松、黄松、云南松、乔松、红松、樟子松也能感病，但在自然界尚未发生成片死亡的现象。在美国和日本等国家已报道的受该线虫侵害的还有50多种其他松科植物（Evans et al.，1996；Malek et al.，1984；CABI，2018）。

2. 发生生境

据估计可能90%以上的松树主要生境是森林，其他生境还有苗圃、公路和铁路沿线绿化带、河道两岸、公园、陵园、庭院、寺庙周围、工厂绿化区等，所有这些生境的松树都可能受到松树枯萎病线虫的侵染而发生枯萎病。对于不同生境中发生的松树线虫枯萎病，可能需要不同的防控方法。

3. 致病机理

当天牛蛀食时将松树枯萎病线虫四龄幼虫注入松树幼苗，幼虫便通过枝干皮层的松脂导管转移。由于4年以上树龄的植株树干没有皮层组织，所以在成年松树上线虫可能不是通过皮层组织迁移的，于是有人推测其是通过木质部的松脂导管转移的。近年来许多的观察已证明，线虫首先侵染皮层松脂导管及其周围皮层组织，随后又从皮层松脂导管传播到木质部松脂导管及其周围的维管束组织。然后线虫不再取食植物细胞，而是主要以木材中真菌为食。这类显蓝色的真菌，在植株感病而活力减弱或死亡后，便迅速生长繁殖，很快占领整个树体。

被线虫侵染后，首先引起皮层和形成层组织的破坏，接着木质部导管壁出现孔洞并导致其阻塞，水分输导受阻，从而引起枯萎。受侵染后植株被诱导产生的植物毒素很久以前就被认为是线虫致病的生理机制之一。随着线虫在感病植株中扩散，诱发木质部薄壁组织细胞中一连串的过敏性反应，导致包括一些抵抗性化合物在内的细胞内含物泄漏到导管中，干扰或破坏水分输运，最终导致树体干枯死亡。

松树枯萎病线虫的不同分离株具有不同寄主专化性和毒性。比如，香脂冷杉和欧洲赤松的分离株只能对它们的原寄主致病，对其他针叶树种类则无致病性。在美国和日本，已经研究获得了不同种类松树的松树枯萎病线虫毒力和非毒力致病型。非毒性致病型线虫具有较低的传播率、扩散率及在树体中的繁殖力，所以其导致枯萎的能力大大减弱。

4. 寄主真菌和细菌

松树只是松树枯萎病线虫的次要寄主。松树枯萎病线虫除取食松针叶活细胞外，主要以枯萎死亡植株和木材中的多种真菌为食。该线虫的具体真菌食物范围现在尚不完全清楚，但已鉴定的主要种类有：长喙壳属（*Ceratocystis*）、微笑蛇口壳菌（*Ophiostoma minus*）、灰葡萄孢（*Botrytis cinerea*）、小长喙壳属（*Ceratostomella ips*）、刺盘孢（*Colletotrichum*）、镰刀菌属（*Fusarium*）、大茎点霉属（*Macrophoma*）、单毛孢属（*Monochaetia*）、黑孢菌属（*Nigrospora*）、盘多毛孢属（*Pestalotia*）、根球壳属（*Rhizosphaera*）、青喙壳属（*Sordaria*）和木霉菌属（*Trichoderma*）（Dropkin et al.，1981；Maehara et al.，2000；Ye et al.，1993）。我国专家还发现了3种新的真菌（Wang et al.，2018），白长喙壳

（*Ophiostoma album*）、马尾松长喙壳（*O. massoniana*）和浙江孢子丝菌（*Sporothrix zhejiangensis*），培养条件下它们的孢子都是灰蓝色的，这些真菌在木材中与线虫伴生并受线虫取食。另外，松树枯萎病线虫还可能与木材中多种细菌也有伴生关系。

5. 传播介体昆虫

据 CABI（2013）统计，松树枯萎病线虫的传播介体昆虫有 60 多种。在日本，松墨天牛（*Monochamus alternatus* Hope）（彩图 8-9）是最重要的传播介体昆虫，此外还有小灰长角天牛（*Acanthocinus griseus* Fabricius）、褐幽天牛（*Arthopalus rusticus* Linne）、（*Corymbia succedanea* Lewis）、短角幽天牛（*Shondylis buprestoides* Linne）、*Acaloculata fraudatrix* Bates、*Monochamus nitens* Bates 及双斑泥色天牛（*Uraecha bimaculata* Thomoson）等 7 种。在美国携带松树枯萎病线虫的几种天牛中主要是卡来罗纳墨天牛（*Monochamus carolinensis*）。经过显微切片后观察，在天牛的唾液腺中含有大量的线虫。

在中国，传播松树枯萎病线虫的主要媒介昆虫是松墨天牛，该天牛在华东地区一般每年发生 1 代，但广东 1 年可发生 2～3 代。

6. 线虫的生活史

松树枯萎病线虫一生要经历卵、幼虫和成虫三种虫态，而幼虫又分为 4 个龄期。各个生活史阶段及其经历的时间如图 8-13 所示。

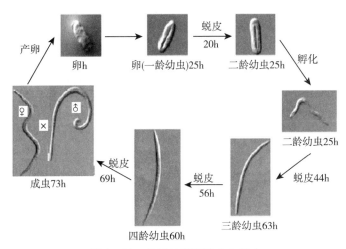

图 8-13　松树枯萎病线虫生活史

可以看出，该线虫的卵粒期很短，雌虫产卵后，不到 100h 卵就可发育成一龄和二龄幼虫；二龄幼虫孵化出卵粒后经两次蜕皮分别发育成三龄和四龄幼虫；四龄幼虫蜕皮后分化成为雌、雄成虫；雌虫与雄虫交配后产下卵粒。完成 1 代仅需约 20d，所以在适宜的生境条件下或适生区域内，松树枯萎病线虫每年可能繁 5～6 代甚至更多代。

松树枯萎病线虫的发育并非自然完成，其与寄主植物和传播介体昆虫密切相关，即线虫特定的虫态需要在传毒昆虫特定阶段的虫体中，或在其松树寄主特定部位度过或完成。卵和一至三龄幼虫一般存于病树或木材中静止休眠，或活动进入天牛的蛹中，蜕皮发育成四龄幼虫；四龄幼虫经天牛的蛹羽化随之进入其成虫体内蜕皮变为成虫，再随天牛成虫的活动或取食而被传到健康植株或树枝上，诱发松树枯萎病症状。

7. 侵染循环

松树枯萎病线虫卵及低龄幼虫在已感病的木材和病树中休眠，度过食物稀缺等不良条件时期；在松树林间或某一地区内主要借助于天牛近距离传播扩散，引起松树发病（图8-14）；感病苗木、松材及其他松木制品或包装材料中潜藏的线虫，随这些物品的调运而远距离传播到新林区或不同国家，引起当地林区松树发病；松树枯萎病线虫主要依靠天牛取食时注入植株树皮内而完成侵染。

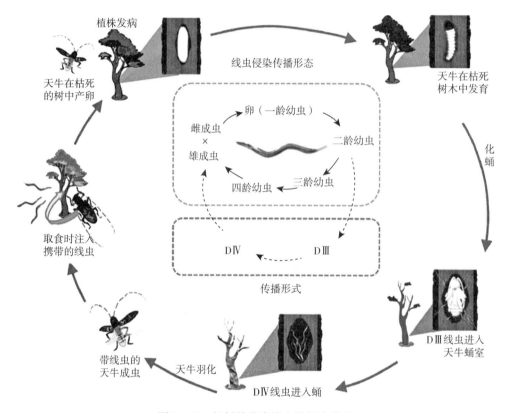

图8-14　松树枯萎病线虫的侵染循环

在我国江苏等地区松墨天牛每年发生1代，春天可见松树枯萎病线虫分散型三龄幼虫明显地分布在松墨天牛蛀道周围并渐渐向蛹室集中。这主要是由于蛹室内含有大量的不饱和脂肪酸，如油酸、亚油酸、棕油酸等对线虫产生趋化活性。当松墨天牛即将羽化时，分散型三龄幼虫蜕皮形成休眠幼虫，通过松墨天牛的气门进入气管，随天牛羽化离开寄主植物。松树枯萎病线虫对二氧化碳有强烈的趋化性，天牛蛹羽化时产生的二氧化碳是休眠幼虫被吸引至气管中的重要原因。在松墨天牛体上的松树枯萎病线虫均为休眠幼虫，多分布于气管中，以后胸气管中线虫量最大。此外也会附着在体表及前翅内侧。每只天牛可携带成千上万条线虫，据记载最高可携带达280 000条。当松墨天牛补充营养时，大量的休眠幼虫则从其啃食树皮所造成的伤口侵入健康树。松墨天牛在产卵期线虫携带量显著减少，少量线虫也可从产卵时所造成的伤口侵入寄主。休眠幼虫进入树体后即蜕皮为成虫进入繁殖阶段，大约以4d 1代的速度大量繁殖，并逐渐扩散到树干、树枝及树根。被松树枯萎病线虫侵染了的松树大抵是松墨天牛产卵的对象。次年松墨天牛羽化时又会携带大量线虫，并接种到健树上，如此循环，导致松树枯萎病线虫的不断传播扩散。

8. 发病条件

有研究表明，以蓝色真菌为食的线虫发育和繁殖速度更快，所以在研究中可用蓝色真菌来培养和保存松树枯萎病线虫，实验室 25℃和用真菌培养条件下，线虫从卵到成虫的发育时间仅需 4～5d，但决定发育进度或时间的主要因子是培养温度：15℃下 12d，20℃下 6d 或 30℃下 3d 就可开始繁殖，孵化后 4d 开始产卵，25℃下卵经 26～32h 孵化。线虫发育的起点温度是 9.5℃，高于 33℃则不能繁殖。由此可见，适当高温对线虫生长发育有利，是枯萎病发生的重要影响因子。在温带和亚热带地区，在气温偏高及干旱的夏秋季，植株长势弱，其他病害危害加重等条件下，线虫繁殖速率加快，种群密度将迅速增加，每克绿叶中线虫数量可达 1 000 头以上，松树枯萎病就很容易发生和流行。当然，天牛等传播介体昆虫数量对松树枯萎病的流行也具有决定性的作用。高温可促进这些昆虫发育，使其种群量增大，活动能力和传病能力增强，病害流行的可能性无疑会大为提高。此外，线虫对寄主具有选择性，一般松属的植物是松树枯萎病线虫的最爱，所以松属（*Pinus*）最为感病，枯萎病容易发生；而其他一些寄主种类则比较抗病。

五、诊断鉴定和检疫监测

EPPO（2013，2016）和 IPPC（2016）分别颁布了松树枯萎病线虫的诊断鉴定和检疫监测技术标准，以此为基础，本文结合我国行业标准《松树枯萎病线虫病检疫技术》（LY/T 1123—1993）和国家标准《松树枯萎病线虫病检疫技术规程》（GB/T 23476—2009）等，以及其他相关文献论述，拟定出松树枯萎病线虫诊断检测的基本内容和操作程序（图 8-15）。

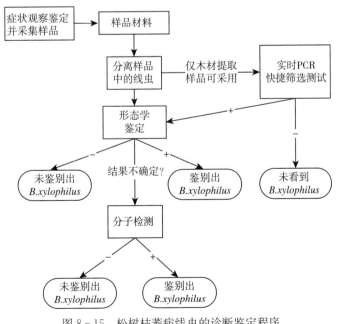

图 8-15　松树枯萎病线虫的诊断鉴定程序

1. 诊断鉴定

（1）野外实地调查　观察存放地或检疫口岸现场木材上或林间松树植株上的松树枯萎病线虫危害症状，调查时要注意区别其他生物或非生物因素造成的症状，松树枯萎病症状一般具有下列特点。①夏季初期松针很快由绿色变灰绿色至亮浅棕色。②砍开新近侵染植株的木材，易碎、干燥、不见松脂积累。③木材上有小孔、木屑或树皮孔道等，但可以确定明显不是树皮甲虫或木材钻蛀性昆虫所致。④木材断面显示灰蓝色斑纹。⑤确定不是机械或化学损伤。

现场实地考察的另一个目的是采集样品材料，带回实验室进行线虫分离鉴定，以确认松树枯萎病线虫是否存在。主要采集表现症状的病树主干（厚度 2.5cm）或接近于主干的枝干（长 15cm，直径约 6cm）。一般需要在不同位点选择 5～10 个病树，在每棵树的不同部位采集 3～5 片木材，用清洁的样品袋包装，带回实验室做线虫分离备用。林间调查还需要采集传播介体昆虫标本。

（2）线虫分离　①从木材样品分离。现场采集的木块样品，放置在 25℃ 下 2 周使其中的线虫发育增殖，以提高监测到线虫的可能性。可运用贝尔曼漏斗法分离木材中的线虫。首先要将木块劈成小于 1cm 的木块或者捣碎成木屑状，将其浸泡在水清中 48h，让线虫从木块或木屑中出来进入水中，然后沉入漏斗底部，最后将漏斗底部的线虫收集到试管或小培养皿内备用。我国河南赛兰仪器设备制造有限公司最近制造出一台快速分离线虫的分离器，据称仅需 5min 即可从木盘、木段、木板、木条、枝条、木屑、木块、碎木片，甚至土壤等介质中分离出松树枯萎病线虫等多种植物病原线虫。②从介体昆虫分离。从天牛中分离的线虫属的待传播的四龄幼虫。现将昆虫切成小块，用贝尔曼漏斗法提取 24h，然后从漏斗底部收集线虫，置于灰葡萄孢（*Botrytis cinerea*）菌丝体培养基上培养，四龄幼虫会蜕皮产生成虫，并繁殖后代，产生大量线虫。最后收集线虫供鉴定和进一步检测备用。

（3）线虫的形态学鉴定　用挑针或移液枪从小培养皿/试管中取线虫，置于载玻片上，在解剖镜下观察和拍照，测量和记录线虫的形态特征信息。根据表 8-12 对观察结果进行初步鉴定。

表 8-12　松树枯萎病线虫形态特征检索

1. 食道具沟槽和中食道球 ………………………………………………………………………………… 2
　食道无沟槽 ……………………………………………………………………… 不是松树枯萎病线虫
2. 中食道球有盘 ……………………………………………………………………………………………… 3
　中食道球无盘 …………………………………………………………………… 不是松树枯萎病线虫
3. 1 个后性腺阴门 …………………………………………………………………………………………… 4
　2 个中性腺阴门 ………………………………………………………………… 不是松树枯萎病线虫
4. 中食道球发达，低倍镜下可见，圆或近圆，侧观无背咽腺孔或口针基球后食道壁后曲面 ……… 5
　中食道球小，梭形至环形，有咽腺孔或口针基球后食道壁后曲面 ………… 不是松树枯萎病线虫
5. 食道腺与肠道背部重叠 …………………………………………………………………………………… 6
　食道腺与肠道链接 ……………………………………………………………… 不是松树枯萎病线虫
6. 有口针基球或较小 ………………………………………………………………………………………… 7
　无口针基球 ……………………………………………………………………… 不是松树枯萎病线虫

（续）

7.	雄虫尾部尖细具囊 ··	8
	雄虫尾部没有囊 ··· 不是松树枯萎病线虫	
8.	阴门位于距离前端70%～80%位置；雄虫尾部严重卷曲 ·······································	9
	阴门位于距离前端85%～90%位置；雄虫尾部稍或不卷曲 ···················· 不是松树枯萎病线虫	
9.	侧区有4条线，外阴有明显的片，骨针弯弓形 ···························· 松树枯萎病线虫	
	侧区无线，无外阴片，骨针笔直 ·································· 其他 *Bursaphelenchus* spp.	

　　可靠的形态学鉴定需要制备清晰的、且含有雌雄成虫样品的载片。从（开始腐烂的）木材标样中可能分离到多种线虫，其中腐生性种类不具有口针，因为口针是典型的植物寄生线虫才有的；其他种类可能主要是滑刃目线虫，它们的食道腺的中食道球背面有开口，而垫刃目种类的食道腺开口位于口针基球的食道内壁。木材中伞滑刃属（*Bursaphelenchus*）也有好几种，它们都以木材中的真菌和生长在甲虫及天牛粪便上的真菌为食，其中噬木伞滑刃线虫组（*Xylophilus*-group）其他种类体表侧面有4条侧线，有外阴片，骨刺明显的拱形，扫描电镜观察尾端排列有7个乳突。最后根据表8-13检索将松树枯萎病线虫与噬木伞滑刃线虫组其他种类相区别。

表8-13　松树枯萎病线虫与噬木伞滑刃线虫组其他种类形态特征检索

1	雌虫尾部锥形或尖细，刺突有或无 ······································· 不是松树枯萎病线虫	
	雌虫尾端钝圆（亚柱状），无刺突 ···	2
2	交合伞长于30cm ··· 不是松树枯萎病线虫	
	交合伞短于30cm ··	3
3	交合伞端而尖细，其分枝末端钝圆形 ································· 不是松树枯萎病线虫	
	交合伞末端弯曲 ··	4
4	雌虫阴门片弯曲，末端位于体壁凹陷处 ···························· 不是松树枯萎病线虫	
	雌虫阴门片笔直，末端不在体壁凹陷处 ···	5
5	雌虫尾端无尖突或仅见微小的突出 ··········· 松树枯萎病线虫（*B. xylophilus*，尾端钝圆）	
	雌虫尾端有尖突 ··	6
6	分泌孔位于前部至中食道球之间 ······ *B. mucronatus*、*B. kolymensis* 和 *B. xylophilus*（mucronated form）	
	分泌孔不可见 ··· 根据形态不能鉴别，需做分子鉴定	

　　拟松树枯萎病线虫的分布比松树枯萎病线虫更广，两者形态上的主要区别：前者的雌虫尾部末端有明显尖突，长3～5μm，雄虫尾部交合刺远端粗盘状突起，交合伞为近正方形；后者的雌虫尾部末端钝圆，尾尖突不明显（<2μm）或无，雄虫尾部的交合刺远端有盘状突起，交合伞为卵形（图8-16）。

　　（4）分子检测鉴定　松树枯萎病线虫已有的分子检测鉴定技术包括DNA杂交探针的应用（Tares et al.，1994）和不同的PCR方法（Hoyer et al.，1998；Iwahori et al.，1998；Mota et al.，1999；Zheng et al.，2003；Matsunaga et al.，2004；Burgermeister et al.，2005；Cao et al.，2005；Castagnone et al.，2005；Jiang et al.，2005）。需要指出，采用分子检测技术在检疫中鉴定松树枯萎病线虫时，木材产品含有存活和已死亡的线虫PCR结果都是阳性。有些植物检疫处理可杀死木材中的线虫，但致死的线虫仍然在木

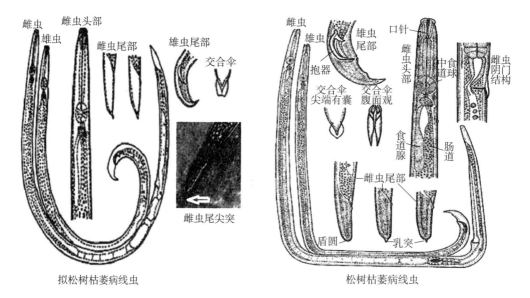

图 8-16 拟松树枯萎病线虫与松树枯萎病线虫形态学特征区别

材中，所以需要选择特定的 PCR 技术才能仅检测活体线虫。

ITS RFLP PCR 检测技术：用于诊断鉴定线虫。实验材料包括引物 5′-CGTAACAAG GTAGCTGTAG -3′和 5′-TTTCACTCGCCGTTACTAAGG -3′、Taq DNA 聚合酶（Stratagene 或 Fermentas 生物公司）、4 种核苷酸（0.2μmol/L）、分子级纯水。

采用如下方法提取 DNA：①将线虫（1～30 条）样品置于 20μL 0.25mol/L NaOH 中，在 25℃下放置 16h 后加热至 99℃保持 2min；冷却至室温，加入 20μL 0.25mol/L HCl、5μL Tris-HCl pH 8.0 和 5μL 2% Triton X-100 并混匀，调至 pH 8.0。最初获得的 DNA 浓度可用 DyNA Quant 200 荧光计测量。②将 1 条线虫样品放入 1μL 水中，待水干燥后用一块小滤纸片捣碎线虫，将附着线虫残留物滤纸片作为 PCR 模板尽快直接放入 PCR 管中，与 PCR 溶液混匀，或者用 PCR 缓冲液提取后作为 PCR 模板。③将 1 条线虫放入 5μL 蠕虫裂解缓冲液（worm lysis buffer）中，在－70℃下冷冻 10min，分别在 60℃下 1h 和 95℃下 15min 后，用作 PCR 模板。

PCR 及 RFLP 方法：主混合液（每次 PCR 用 50μL）按表 8-14 中给出的要求配制。

表 8-14 PCR 混合液体系

试剂	操作浓度	每次 PCR 需量（μL）	最终浓度
PCR 缓冲液（含 10mmol/L Tris- HCl pH 8.8，50mmol/L KC）	10×	5	1×
MgCl$_2$	10mmol/L	12.5	2.5mmol/L
dNTPs（Roche）	25mmol/L	0.4	0.2mmol/L
引物	50μmol/L	0.6	0.6μmol/L
DNA 聚合酶（Fermentas 公司）	5U/μL	0.4	2U
DNA	—	2ng	—
双蒸水	—	加水调至 50μL	—

PCR 循环条件：在 94℃下变性 2.5min，94℃下 1min 循环 40 次，72℃下 2min，最后 72℃下延伸 5min。

将扩增出的 DNA 恰当的分成几份，每份加入 3U 限制性内切酶 AluI、HaeⅢ、HinfI、MspI 和 RsaI，按照商家说明操作即可。然后分别用 1.8%和 2.5%的琼脂糖凝胶电泳分别分离 PCR 和 RFLP 的 DNA 片段，最后在紫外光下观察和拍照（指纹图）。

注意：测试必须设立阴性分离对照（以检测 DNA 提取过程的污染）、阳性分离对照（以保证目的线虫 DNA 的提取和随后扩增能分离获得足够数量和质量的 DNA）、阴性扩增对照（以排除反应混合液制备中和用来制备反应混合液的分子级纯水污染可能导致的假阴性）及阳性扩增对照（以监测对目标生物 DNA 的扩增效率）。除了两个阳性对照外，还需要设置一个非内部阳性对照，用以分别监测每个独立样品的结果。

结果判定：PCR 和 RFLP 的结果要有效，两个阴性对照没有扩增条带；两个阳性对照产生表 8 - 15 中给出限制性片段长度的条带；每个样品的对照必须产生期望的扩增条带。

PCR 检测技术：参照国家标准《松树枯萎病线虫分子检测鉴定技术规程》（GB/T 35342—2017）。

少量线虫 DNA 提取：在 Eppendorf 管中放入一条线虫，加入 10μL 线虫裂解液，放入 PCR 仪中，先后在 70℃下保持 30min 和 95℃下处理 10min，在 12 000r/min 离心 2min，其上清液用于 PCR 扩增。

表 8 - 15　滑刃线虫属中不同种的限制性片段长度

Bursaphelenchus sp.	PCR 产物 (bp)	限制性内切酶				
		RsaI	HaeⅢ	MspI	HinfI	AluI
B. conicaudatus 拟松树枯萎病线虫	980	510 450	550 160	290 200 120	270 190 90	380 310
B. doui 豆伞滑刃线虫	981	435 296 228 22	640 205 83 53	328 264 165 114 110	283 228 209 154 83 24	616 365
B. fraudulentus 假滑刃线虫	1 030	560 470	340 290 150 110	340 290 130	310 260 160	470 390 180
B. luxuriosae 丽滑刃线虫	950	500 420	750 160 50	450 240 130	270 240 170	600 320

（续）

Bursaphelenchus sp.	PCR 产物 (bp)	限制性内切酶				
		RsaI	HaeⅢ	MspI	HinfI	AluI
B. mucronatus（*european type*）拟滑刃线虫（欧洲型）	950	410 290 230	620 220 110	370 310 280	410 250 130 90	700 250
B. mucronatus（*asiatic type*）拟滑刃线虫（亚洲型）	950	500 410	620 310	370 310 280	410 250 130 90	700 250
B. singaporensis 新加坡滑刃线虫	914	474 418 22	800 532 268 114	299 254 237 124	494 261 135 24	357 209 195 153
B. xylophilus 松树枯萎病线虫	950	500 420	730 200	570 380	270 260 140	460 250 140 100

大量线虫 DNA 提取：取 200μL 线虫液于 Epprndorf 管中，加入 300μL 线虫裂解液（200mmol/L Tris NaCl、200mmol/L HCl、100mol/L EDTA、2% SDS、2% β-疏基乙醇、200μg/mL 蛋白酶 K），混匀。在 65℃水浴中处理 1h，隔 10min 摇荡一次；用等体积（500μL）的酚、酚—三氯甲烷—异戊醇（25∶24∶1）、三氯甲烷—异戊醇（24∶1）提取；4℃下 12 000r/min 离心 20min；取上清液，加入 1/10 体积的 3mmol/L 乙酸钠（pH4.6）和二倍体积的无水乙醇（−20℃预冷），置于−70℃下 30min，12 000r/min 离心 20min；其沉淀物用 70%酒精（−20℃预冷）洗涤两次，气干 1.5h，加入 100μL TE 再悬浮和沉淀；取 10μL 稀释 250 倍，用紫外分光光度计测定 DNA 浓度［计算公式：ds DNA（μg/mL）＝50×（OD_{50}−OD_{310}）×稀释倍数］。用双蒸水将 DNA 提取液稀释到 20ng/μL，在−20℃下保存备用，作为 PCR 模板。

反应体系 20μL 混合液：含 2.0μL 10×PCR 缓冲液（0.5mol/L KCl＋100mmol/L Tris-HCl，pH＝9.0；1% Triton X-100）、0.2mmol/L 的 4 种 dNTP 各 2.5μL、1.8μL 25mmol/L 的 $MgCl_2$、1.5μL 20mmol/L 的松树枯萎病线虫特异性引物组 B、2.0 ng/L 的 DNA 模板，补充双蒸水至 20μL。

PCR 循环条件：95℃预变性 3min；进入循环，95℃变性 10s、52℃退火 3s、72℃延伸 40s，40 循环；最后 72℃延伸 7min。

结果检测和判定：PCR 产物在 1.5%琼脂糖凝胶上电泳 30min，电泳缓冲液为 1×TAE 或 1×TBE，电压为 1.5 V/cm。最后在 302nm 紫外灯下观察拍照。采用该 PCR 检测，出现约 760bp 的条带为松树枯萎病线虫的特异 DNA 片段（阳性），拟松树枯萎病线虫和其他线虫不出现任何条带（阴性）。

根据刘裕兰和王中康等（2007）研究的技术：

单条线虫 DNA 的提取：在解剖镜下，用移液枪吸取 1 条线虫于 PCR 反应管中（注意尽可能少带水），加入 $10\mu L$ WLB 裂解缓冲液 [215mmol/L DTT，25％（φ）吐温-20，0.25g/L 明胶，125mmol/L KCl，25mmol/L Tris-HCl（pH 8.3），3.75mmol/L $MgCl_2$，$2\mu L$ 蛋白酶 K 溶液（600mg/mL）]，加双蒸水使总体积为 $20\mu L$ 并混合均匀。迅速将混合液放置于 $-80℃$ 冰箱，15min 后取出，将冰块捣碎，再将其放置于 PCR 仪中，65℃ 孵育 60min，95℃ 孵育 10min 使虫体裂解，DNA 释放。裂解混合液 14 000r/min 离心 3min，上清液即为线虫 DNA 溶液（WLB 裂解缓冲液、蛋白酶 K 和线虫 DNA 溶液均保存在 $-20℃$ 冰箱备用）。引物采用 cqubs01（5′-ATCTTCTACGCACTGTTT GTC-23′）和 cquba01（5′-TCAACCAATTCCGACAAC-3′）。

松树枯萎病线虫快速 PCR 检测体系：10×PCR Buffer $2.5\mu L$，25mmol/L $MgCl_2$ $2\mu L$（终浓度 2.0mmol/L），$10\mu mol/L$ 上游引物和下游引物各 $0.5\mu L$（终浓度 $0.2\mu mmol/L$），10mmol/L dNTPs $1.0\mu L$，5U Taq DNA 聚合酶 $012\mu L$，模板 $2\mu L$，加双蒸水使总体积为 $25\mu L$。

PCR 反应程序：95℃ 预变性 3min，94℃ 变性 30s，52℃ 退火 30s，72℃ 延伸 25s，35 循环，最后 72℃ 延伸 5min。

结果检测及判定：PCR 反应结束后，取 $8\mu L$ 扩增产物加 $1\mu L$ 上样缓冲液，以含溴化乙啶的 2.0％琼脂糖凝胶电泳，电泳结束后在紫外灯下观察记录结果：松树枯萎病线虫特异片段的分子量为 159bp，因此，凡是出现该特异条带的样品为阳性，没有该条带的样品为阴性（不是松树枯萎病线虫）。

2. 检疫监测

松树枯萎病线虫的检疫包括一般性监测、产地检疫监测和调运检疫监测。

（1）一般性监测　需进行访问调查和实地调查监测。访问调查是向当地居民询问有关松树枯萎病发生地点、发生时间、危害情况，分析病害和病原线虫传播扩散情况及其来源。每个社区或行政村询问调查 30 人以上。对询问过程发现松树枯萎病可疑存在的地区，需要进一步做重点调查。

实地调查的重点是调查适合松树枯萎病线虫发生的松树适生区，特别是交通干线两旁区域、苗圃、有外运林木的生产单位以及林木相关物流集散地等场所的松属植物。具体方法是实施大面积踏查和系统调查。

①大面积踏查：在非疫区森林或公园等松树生长地，于松树枯萎病发病高峰期（夏初至秋末，6～10 月）进行一定区域内的大面积踏查，从适当距离处粗略地远观整体森林松树有无病害症状发生。然后做近距离观察，注意查看植株针叶、树枝和树干是否出现枯萎病症状，以及线虫及传播介体天牛的危害状。

②系统调查：从夏初到秋末（6～10 月）期间做 2～3 次定期定点调查。调查样地不少于 10 个，随机选取；每块样地选 20～30 棵松树；用 GPS 测量样地的经度、纬度、海拔，还要记录下松树的种类、树龄等信息。调查中注意观察枯萎病症状，若发现病害症状，则需详细调查记录发生面积、病株率和严重程度。松树枯萎病线虫病的危害程度等级划分为 6 级：0 级，无病害发生；1 级，轻微发生，发病面积很小，零星植株发病，病株

率 3％ 以下，无植株枯死；2 级，中度发生，发病面积较小，病株少而分散，病株率 4％～10％，无植株枯死；3 级，较重发生，发病面积较大，病株较普遍，病株率 11％～20％，零星植株死亡；4 级，严重发生，发病面积较大，病株普遍，病株率 21％～40％，少量植株死亡；5 级，极重发生，发病面积大，发病植株很多，病株率 41％ 以上，部分植株死亡。

在非疫区：若大面积踏查和系统调查中发现疑似松树枯萎病植株，要现场拍照（包括树枝和树干症状），并采集具有典型症状的病株标本（树枝和树干），将标本装入清洁的标本袋内，标明采集时间、采集地点及采集人。送外来物种管理或检疫部门指定的专家鉴定。如果专家室内检测确定了松树枯萎病线虫，应进一步详细调查当地附近一定范围内的松林发病情况。同时及时向当地政府和上级主管部门汇报疫情，对发病区域实行严格封锁和控制。

在疫区：根据调查记录松树枯萎病的发生范围、病株率和严重程度等数据信息，参照有关规范和标准制定病害的综合防治策略，采用恰当的病害防控技术，有效地控制病害发生，减轻经济损失。

（2）产地检疫监测　在原产地生产过程中进行的检验检疫工作，包括野外实地调查、室内检验、签发证书及监督生产单位做好病害控制和疫情处理等工作程序。

松树枯萎病线虫的检疫调查可结合其他危险性入侵物种的调查同时进行，主要在高温的夏季和秋季，发病高峰期每年调查 2 次以上，首先选择一定线路进行大面积踏勘，必要时进行定点调查。

定点调查的重点是适合松树枯萎病线虫发生的苗圃、森林、木材市场、加工厂等场地。林间和苗圃调查时直观检验植株发育是否正常，注意察看有无树脂分泌减少、停止，枝干及整株枯死的现象，同时观察树干上有无天牛蛀食的痕迹、产卵孔等。对木材、木材制品及森林疑似感病的树木，应锯断或劈开，查看内部材质是否明显减轻、木质部有无蓝变现象、树干内有无松褐天牛栖居的痕迹等。野外调查中除了要做好详细观察记录外，还要采集标本，供实验室检测使用。

室内检验主要应用前述常规生物学技术和分子生物技术对野外调查采集的样品进行检测，检测松树植株和木材等是否带有松树枯萎病线虫。

在产地检疫中如果发现松树枯萎病线虫，应根据实际情况，立即实施控制或铲除措施。疫情确定后一周内应将疫情通报给作物种子及产品调运目的地的农业外来入侵生物管理部门和植物检疫部门，以加强对目的地林木及产品检疫监控管理。

（3）调运检疫监测　在松树苗木和木材等的货运交通集散地（机场、车站、码头）实施调运检验检疫。检查调运的松木、种苗、包装和运载工具等是否带有松树枯萎病线虫。对受检物品等进行直观观察，看是否有表现松树枯萎病线虫症状的个体；同时做有代表性的抽样，取适量的木材和种苗（视货运量）带回室内，用前述常规诊断检测和分子检测技术做病原检测。

在调运检疫中，对检验发现带松树枯萎病线虫的货物等予以拒绝入境（退回货物），或实施检疫处理（如就地销毁、消毒杀灭等措施）；对于确认不带线虫的货物签发许可证放行。

六、应急和综合防控

1. 应急防控

在松树枯萎病尚未发生过的非疫区，无论是在交通航站口岸检出带有松树枯萎病线虫的木材、种苗和包装材料物品，还是在森林监测中发现枯萎病植株，都需要及时地采取应急防控措施，以有效地扑灭病原线虫，预防枯萎病的发生和扩散。

（1）检出松树枯萎病线虫的应急处理　对机场和码头等口岸病原旅客携带的松材有关产品或包装材料检出病原的，应予扣留收缴并销毁。对口岸现场检疫检出带有松树枯萎病线虫的木材及相关物品，应拒绝入境或将货物退回原地。对不能及时销毁或退回原地的物品要即时就地封存，然后视情况做应急处理。①港口检出货物及包装材料可以直接沉入海底。机场、车站的检出木材类货物及包装材料可以直接就地安全烧毁。②对不能现场销毁的携带松树枯萎线虫木材和种苗等，可采用杀线虫剂进行熏蒸或浸泡杀灭处理，可用溴甲烷熏蒸或磷化铝喷后，用不透气的塑料布遮盖密闭 7d 以上；或用化学药剂等的水溶液浸泡 2 周。处理后进行仔细的检测，经确认不再带活体线虫的物品才予以放行，允许投放市场加工和销售使用。③如果引进的是松树类种苗等繁殖材料，必须在检疫机关设立的植物检疫隔离中心或检疫机关认定的安全区域隔离种植，经生长期间观察，确定无病后才允许释放出去。我国在上海、北京和大连等设立了一类植物检疫隔离种植中心或种植苗圃。

（2）森林间病株的应急处理　在松树枯萎病线虫的非疫区监测发现一定范围的松树枯萎病线虫病疫情后，应对病害发生的程度和范围做进一步详细的调查，并报告上级森林主管部门和技术部门，同时立即采取措施封锁发病森林，严防病害扩散蔓延。松树枯萎病线虫疫情经确认后需要尽快施行应急处理措施。①铲除并烧毁发病松树及周围附近一定范围内的植株；清除枯死或染病松树植株，对采伐清理的松树及枝条全面焚烧，每个伐桩上放置磷化铝药剂并用塑料薄膜覆盖、围土压实、密闭熏杀处理。②使用杀线虫剂对一定范围内的松树进行喷雾处理，可采用灭线磷、噻唑磷、克百威、杀线威等杀线虫剂喷雾。③对经过应急处理后的森林和周边林区要持续定期进行严密的监测调查跟踪，若发现松树枯萎病复发，再及时做应急扑灭处理。

2. 综合防控

在已经有松树枯萎病发生分布的疫区，要采用以加强森林管理为主，以合理使用化学药剂防控传播介体天牛和线虫的综合防控技术。

（1）加强苗圃和森林管理　加强松树苗圃的栽培管理，培育健旺的松苗，经严格检验合格后方能供应给公园、厂区、绿化公司等栽培使用；在林区，通过采用营林卫生砍伐措施，清理遭受病虫危害的病树、枯死树、衰弱植株、被压植株等，清除植株病残体。伐除后必须烧毁或进行其他有效处理，否则将成为新的感染源；在林区设立隔离带，以切断松树枯萎病线虫的传播途径，如此可切断天牛的食物补给，可有效地控制天牛的扩散，以达到预防松树枯萎病线虫的目的。

（2）传播介体天牛的化学防治　在晚夏和秋季（10月以前）喷洒杀螟松乳剂于被害木表面，杀死树皮下的天牛幼虫。

（3）化学防治 在线虫侵染前数周，用丰索磷、乙拌磷、治线磷等内吸性杀虫和杀线剂施于松树根部土壤中，或用丰索磷注射树干，预防线虫侵入和繁殖。采用内吸性杀线剂注射树干，能有效地预防线虫侵入。

（4）生物防治 利用白僵菌防治天牛，也可用捕食线虫性真菌来控制或降低松树枯萎病线虫的种群密度。

主要参考文献

陈玉会，叶建仁，朱初奖，2001. 松树枯萎病线虫病诊断方法研究进展. 南京林业大学学报（自然科学版），25（6）：83-86.

刘裕兰，王中康，朝月青，等，2008. 松树枯萎病线虫PCR标准化阳性对照构建及检测体系的建立. 应用与环境生物学报，14（1）：122-125.

马跃，吕全，于成明，等，2014. 松树枯萎病线虫病早期诊断技术研究评述. 山东农业大学学报（自然科学版），45（1）：158-160.

潘沧桑，2011. 松树枯萎病线虫病研究进展. 厦门大学学报（自然版）：50（?）：446-483.

谭万忠，彭于发，2015. 松树枯萎病线虫. 生物安全学导论，北京：科学出版社，113-114.

Abad P，Tares S，Brugier N，et al.，1991. Characterization of the relationships in the pinewood nematode species complex（PWNSC）（*Bursaphelenchus* spp.）using a heterologous unc-22DNA probe from *Caenorhabditiselegans*. Parasitology，102（2）：303-308.

Abelleira A，Picoaga A，Mansilla J P，et al.，2011. Detection of *Bursaphelenchus xylophilus*，causal agent of pine wilt disease on *Pinus pinaster* in northwestern Spain. Plant Disease，95（6）：776.

Blunt T D，Jacobi W R，Appel J A，et al.，2014. First report of pine wilt in Colorado，USA. Plant Health Progress，No. July：PHP-BR-14 - 0010. http：//www. plantmange mentnetwork. org/php/elements/sum 2. aspx? id＝10774.

Braasch H，Schnfeld U，2015. Improved morphological key to the species of the xylophilus group of the genus Bursaphelenchus Fuchs，1937. Bulletin OEPP/EPPO Bulletin，45（1）：73-80.

Braasch H，Swart A，Tribe G，Burgermeister W，1998. First record of *Bursaphelenchus leoni* in South Africa and comparison with some other *Bursaphelenchus* spp. BulletinOEPP，28（1/2）：211-216.

CABI，2021. *Bursaphelenchus xylophilus*（pine wilt nematode）. In：Invasive Species Compendium.（2021-06-03）[2021-09-21] https：//www. cabi. org/isc/datasheet/10448.

Cheng X Y，Lin R M，Xiao S J，et al.，2018. comparative whole-genome aCiordia S，Robertson L，Arcos S. C，González M，R，Mena Mdel C，Zamora P，Vieira P，Abrantes I，Mota M，Castagnone-Sereno P，Navas A. 2016. Protein markers of *Bursaphelenchus xylophilus* Steiner ℗ Buhrer，1934（Nickle，1970）populations using quantitative proteomics and character compatibility. Proteomics，16（6）：1006-14. DOI：10. 1002/pmic. 201500106.

Ciordia S，Robertson L，Arcos S C，et al.，2016. Protein markers of *Bursaphelenchus xylophilus* Steiner ℗ Buhrer，1934（Nickle，1970）populations using quantitative proteomics and character compatibility. Proteomics，16（6）：1006-14.

Dominik J，1981. Summer control of xylophagous insect pests in Scots pinestands. Sylwan，125（7/8/9）：111-117.

EPPO，2014. PQR database. Paris，France：European and Mediterranean Plant Protection Organization.

(2014 - 11 - 19) [2021 - 09 - 21] http：//www. eppo. int/DATABASES/pqr/pqr. htm.

Espada M，Silva A，Eves van den Akker S，et al. ，2015. Identification and characterization of parasitism genes from the pinewood nematode *Bursaphelenchus xylophilus* reveals a multi-layered detoxification strategy：Effectors of *B. xylophilus*. Molecular Plant Pathology，17 （2）：286 - 95. DOI：10. 1111/ mpp. 12280.

E. U，2000. Council Directive 2000/29/EC of 8July 2000 on protective measures against the introduction into the Member States of organisms harmful to plant or plant products. Official Journal of the European Communities，169，1 - 112.

Figueiredo J，Simes M J，Gomes P，et al. ，2013. Assessment of the geographic origins of pinewood nematode isolates via single nucleotide polymorphism in effector genes. Plos One，8 （12）：e 83542.

Fujihara M，1996. Development of secondary pine forests after pine wilt disease in western Japan. Journal of Vegetation Science，75 （5）：729 - 738.

Fujihara M，Toyohara G，Hada Y，1999. Succession of secondary Japanese red pine （*Pinus densiflora*） forests after pine wilt disease in western Japan. Sustainability of pine forests in relation to pine wilt and decline. Proceedings of International Symposium，Tokyo，Japan，27 - 28October，269 - 273.

Ikeda T，1984. Integrated pest management of Japanese pine wilt disease. European Journal of Forest Pathology，14 （7）：398 - 414.

Inácio M L，Nóbrega F，Vieira P，et al. ，2016. First detection of *Bursaphelenchus xylophilus* associated with *Pinus nigra* in Portugal and in Europe. Forest Pathology，45 （3）：235 - 238.

IPPC，2002. International Standard for Phytosanitary Measures No. 15. Guidelines for regulating wood packaging material in international trade. FAO，Rome：IPPC Secretariat.

IPPC，2016. Diagnostic protocols for regulated pests，DP 10：*Bursaphelenchus xylophilus*.

Irdani T，Caroppo S，Ambrogioni L，1995. Molecular identification of pine wood Bursaphelenchus species. Nematologia Mediterranea，23：99 - 106.

Irdani T，Marinari A，Bogani P et al. ，1995. Molecular diversity among pine wood Bursaphelenchus populations detected by RAPD analysis. Redia，78 （1）：149 - 161.

Kanetani S，Gyokusen K，Saito A，1999. Relationship between the decline in the population of the endangered species，*Pinus armandii* var. *amamiana*，and pine wilt disease. Sustainability of pine forests in relation to pine wilt and decline. Proceedings of International Symposium，Tokyo，Japan，27 - 28October，1998，290 - 294.

Khan F A，Gbadegesin R A，1991. On the occurrence of nematode induced pine wilt disease in Nigeria. Pakistan Journal ofNematology，9 （1）：57 - 58.

Kinn D N，1986. Survival of *Bursaphelenchus xylophilus* in wood chips. Bulletin OEPP/EPPO Bulletin，16：461 - 464.

Kobayashi F，Yamane A，Ikeda T，1984. The Japanese pine sawyer beetle as the vector of pine wilt disease. Annual Review of Entomology，29：115 - 135.

Kondo E，Foudin A，Linit M，et al. ，1982. Pine wilt disease-nematological，entomological，and biochemical investigations. Columbia，Missouri，USA：Agricultural Experiment Station，Missouri University.

Koo C D，Lee H Y，Han J H，et al. ，2013. Infection behavior and distribution of *Bursaphelenchusxylophilus* in *Pinus densiflora* trees. Forest Science and Technology，9 （2）：81 - 86.

Kulinich O A，Orlinskii P D，1998. Distribution of conifer beetles （Scolytidae，Curculionidae，Cerambycidae） and wood nematodes (*Bursaphelenchus* spp.) in European and Asian Russia. Bulletin OEPP, 28 (1/2): 39 – 52.

Lai Y X, Xu Q Y, Cheng X L, et al. , 2002. Study on the relations between the epidemic spread of pine wilt disease and pest of pine caterpillars *Dendrolimus punctatus* Walker. Journal of Jiangsu Forestry Science and Technology, 29: 16 – 18.

Li G W, Shao G Y, Huo Y L, et al. , 1983. Discovery of and preliminary investigations on pine wood nematodes in China. Forest Science and Technology, 7: 25 – 28.

Ma F C, Yu H M, Horng F W, et al. , 2002. Hardwood natural regeneration and rehabilitation in a seriously nematode-damaged Luchu pine (*Pinus luchuensis*) plantation. Taiwan Journal of Forest Science, 17: 269 – 280.

Mamiya Y, 1983. Pathology of the pine wilt disease caused by *Bursaphelenchus xylophilus*. Annual Review of Phytopathology, 21: 201 – 220.

Mamiya Y, Enda N, 1979. *Bursaphelenchus mucronatus* n. sp. (Nematoda: Aphelenchoididae) from pine wood and its biology and pathogenicity to pinetrees. Nematologica, 25 (3): 353 – 361.

Mamiya Y, Kiyohara T, 1972. Description of *Bursaphelenchus lignicolus* n. sp. (Nematoda: Aphelenchoididae) from pine wood and histopathology of nematode-infestedtrees. Nematologica, 18: 120 – 124.

Mireku E, Simpson J A, 2002. Fungal and nematode threats to Australian forests and amenity trees from importation of wood and wood products. Canadian Journal of Plant Pathology, 24 (2): 117 – 124.

Mota M M, Braasch H, Bravo M A, et al. , 1999. First report of *Bursaphelenchus xylophilus* in Portugal and in Europe. Nematology, 1 (7/8): 727 –734.

Nickle W R, Golden A M, Mamiya Y, et al. , 1981. On the taxonomy and morphology of the pine wood nematode, *Bursaphelenchus xylophilus* (Steiner & Buhrer 1934) Nickle 1970. Journal of Nematology, 13 (3): 385 – 392.

Oda K, 1967. How to diagnose the susceptible pine trees which are attacked by pine beetles in the near future. Forest Protection News, 16: 263 – 266.

OEPP/EPPO, 2001. EPPO Standards PM 7/4 Diagnostic protocol for *Bursaphelenchus xylophilus*. Bulletin OEPP/EPPO Bulletin, 31: 61 – 69.

OEPP/EPPO, 2003. EPPO Standards PM 9/1*Bursaphelenchus xylophilus* and its vectors: procedures for official control. Bulletin OEPP/EPPO Bulletin, 33: 301 – 312.

Proena D N, Grass G, Morais P V, 2017. Understanding pine wilt disease: roles of the pine endophytic bacteria and of the bacteria carried by the disease-causing pinewood nematode. Microbiologyopen: 6 (2): e 00415.

REPHRAME, 2016. Pests, forests and climate change-latest research develops new ways of protecting Europe's woodlands. Under: Development of improved methods for detection, control and eradication of pine wood nematode in support of EU Plant Health Policy. http: //www. rephrame. eu/#prettyPhoto.

Robinet C, Roques A, Pan H Y, et al. , 2009. Role of Human-mediated dispersal in the spread of the pinewood nematode in China. https: //doi. org/10. 1371/journal. pone. 0004646.

Shi X Y, Song G H, 2013. Analysis of the mathematical model for the spread of pine wilt disease. Journal of Applied Mathematics, 184054: 10.

Smith I M, McNamara D G, Scott P R, et al. , 1997. Quarantine pests for Europe. Second Edition. Data sheets on quarantine pests for the European Union and for the European and Mediterranean Plant Protection Organization. Quarantine pests for Europe. 2cd Edition. Data sheets on quarantine pests for the

European Union and for the European and Mediterranean Plant Protection Organization.

Soma Y, Goto M, Naito H, et al., 2003. Effects of some fumigants on mortality of pine wood nematode, *Bursaphelenchus xylophilus* infecting wooden packages. Research Bulletin of the Plant ProtectionService, Japan, 39: 7 - 14.

Steiner G, Buhrer E M, 1934. *Aphelenchoides xylophilus* n. sp. A nematode associated with blue-stain and other fungi in timber. Journal of Agricultural Research, 48: 949 - 955.

Trindade M, Cerejeira M J, 2011. The direct control measures against the pine wood nematode (*Bursaphelenchus xylophilus*) in Portuguese case. Journal of Nanjing Forestry University (Natural SciencesEdition), 35 (2): 146 - 147.

Wang H L, Han S F, Zhao B G. 2004. Distribution and pathogenicity of bacteria carried by pine wood nematode in epidemic regions and hosts. Journal of Beijing ForestryUniversity, 26 (4): 48 - 53.

Wang X R, Zhu X W, Kong X C, et al., 2011. A rapid detection of the pinewoodnematode, *Bursaphelenchus xylophilus* in stored *Monochamus alternatus* by rDNA amplification. Journal of Applied Entomology, 135 (1/2): 156 - 159.

Wingfield M J, 1983. Transmission of pine wood nematode to cut timber and girdled trees. PlantDisease, 67 (1): 35 - 37.

Wu H Y, Tan Q Q, Jiang S X, 2013. First report of pine wilt disease caused by *Bursaphelenchus xylophilus* on *Pinus thunbergii* in the inland city of Zibo, Shandong, China. Plant Disease, 97 (8): 1126. Available on lineat: http: //apsjournals. apsnet. org/loi/pdis.

Zhang B C, Huang Y C, 1990. A list of important plant diseases in China. Review of Plant Pathology, 69 (3): 97 - 118*xylophilus* and *Monochamus alternatus* in China, including three new species. MycoKeys 39: 1 - 27.

Zhang J J, Zhang R Z, Chen J Y, 2007. Species and their dispersal ability of? Monochamus? as vectors to transmit? *Bursaphelenchus xylophilus*. Journal of Zhejiang Forestry College, 24 (3): 350 - 356.

Zhao B G, Tao J, Ju Y W, et al., 2011. The role of wood-inhabiting bacteria in pine wilt disease. Journal of Nematology, 43: 129 - 134.

Zhao L L, Wei W, Kang L, et al., 2007. Chemotaxis of the pinewood nematode, *Bursaphelenchus xylophilus*, to volatiles associated with host pine, *Pinus massoniana*, and its vector Monochamus alternatus. Journal of Chemical Ecology, 33: 1207 - 1216.

Zhu B, Liu H, Tian W X, et al., 2012. Genome sequence of *Stenotrophomonas maltophilia* RR-10, isolated as an endophyte from rice root. Journal of Bacteriology, 194: 1280 - 1281.

Zhu L, Ye J, Negi S, et al., 2012. Pathogenicity of aseptic *Bursaphelenchus xylophilus*. PLoS One, 7: e 38095.

附表1 中国外来入侵性农林病原微生物名录（2020）

编号	拉丁学名	中文名	病害名	主要作物寄主
真菌（及卵菌）				
001	*Alternaria brassicicola*（Schw.）Wilts	十字花科黑斑病菌/甘蓝链隔孢	甘蓝黑斑病	甘蓝和油菜等
002	*Botryosphaeria laricina*（Sawada）Shang	落叶松枯梢病菌/落叶松葡萄座腔菌	松针锈病	落叶松等松树类
003	*Cercospora sorghi* Ell. et Ev	高粱尾孢	高粱灰斑病	高粱、玉米
004	*Ceratocystis fimbriata* Ellis. et Halsted	甘薯黑斑病菌/毛长喙壳	甘薯黑斑病	甘薯
005	*Cercospora zeae-maydis*	玉蜀黍尾孢	玉米灰斑病	玉米、高粱等
006	*Cladosporium cucumerinum* Ell. & Arth.	黄瓜黑星病菌/黄瓜枝孢	黄瓜黑星病	黄瓜和甜瓜等
007	*Cronartium ribicola* J. C. Fischer ex Rabenhorst	松疱锈病菌/松生柱锈菌	松疱锈病	松属
008	*Cryphonectria parasitica*（Murr.）Barr	栗疫病菌/寄生丛赤壳	粟疫病	谷子等禾本科
009	*Cryptodiaporthe populea*（Sacc.）Butin. *Dothichiza populea* Sacc. et Br.	杨树大斑溃疡病菌 杨树隐间座壳	杨树大斑溃疡病	杨
010	*Curvularia lunata*（Walk）Boed	玉米弯孢菌叶斑病菌/新月弯孢	玉米弯孢菌叶斑病	玉米
011	*Cylindrocladium scoparium* Morgan Hodges	桉树焦枯病菌/分枝枝孢	桉树焦枯病	桉
012	*Cylindrocladium spathiphylli*	绿巨人褐腐病菌	绿巨人褐腐病	绿巨人
013	*Fusarium oxysporum* f. sp. *dianthi*（Prill. et Del）Snyd. et Hans.	香石竹枯萎病菌/尖孢镰刀菌石竹变种	香石竹枯萎病	石竹等
014	*Fusarium oxysporum* f. sp. *vasinfectum*（Atk.）Snyder et Hansen	棉花枯萎病菌/尖孢镰刀菌维管束侵染专化型	棉花枯萎病	棉花
015	*Fusarium oxysporum* f. sp. *cubense*（Smith）Snyder et Hansen	香蕉枯萎病菌/尖孢镰刀菌古巴专化型	香蕉枯萎病	芭蕉属
016	*Fusarium tucumaniae*	北美大豆猝死综合征病菌	大豆镰刀菌猝死病	大豆

（续）

编号	拉丁学名	中文名	病害名	主要寄主作物
017	*Fusarium viruliforme* O'Donnell et T. Aoki	南美大豆猝死综合征病菌	大豆镰刀菌猝死病	大豆
018	*Fusatium oxysporum* (Schlecht.) f. sp. *asparagi* Cohen et Heald	芦笋枯萎病菌/尖孢镰刀菌芦笋变种	芦笋枯萎病	芦笋
019	*Lachnellula willkommii* (Hart.) Dennis.	落叶松癌肿病菌/维尔科姆盘菌	松针锈病	落叶松
020	*Microcyclus ulei* (P. Henning) Von Arx.	橡胶树南美叶疫病	橡胶叶疫病	橡胶
021	*Monilinia fructicola* (Winter) Honey	美澳型核果褐腐病菌/果生链核盘菌	核果类果树褐腐病	苹果、梨等
022	*Mycosphaerella fijiesis* Morelet	香蕉黑条叶斑病菌/斐济球腔菌	香蕉黑条叶斑病	芭蕉属
023	*Mycosphaerella pini* E. Rosttrup	松针红斑病菌/松球腔菌	松针红斑病	松属
024	*Peronosclerospora maydis* (Racib.) C. G. Shaw	玉蜀黍霜指梗霉/玉米霜霉病菌	玉米霜霉病	玉米、甘蔗等
025	*Peronosclerospora philippinensis* (W. Weston) C. G. Shaw	菲律宾霜指梗霉/玉米霜霉病菌	玉米霜霉病	玉米、甘蔗等
026	*Peronosclerospora sacchari*	甘蔗霜指梗霉	玉米霜霉病	玉米、甘蔗等
027	*Peronospora hyoscyami* de Bary f. sp. *tabacina* (Adam) Skalicky	烟草霜霉	烟草霜霉病	各种烟草
028	*Phytophthora cambivora* (Petri) Buisman	粟疫霉黑水病菌	粟疫病	粟
029	*Phytophthora infestans* (Mont.) de Bary	马铃薯晚疫病菌/侵染疫霉	马铃薯晚疫病	马铃薯、番茄等
030	*Phytophthora nicotianae* Breda de Haan	剑麻斑马纹病菌/烟草疫霉	剑麻斑马纹病/烟草疫霉病（烟草黑胫病）	剑麻、烟草
031	*Phytophthora ramorum* Werres de Cock Veld	栎树猝死病菌/拉莫疫霉	栎疫病	栎属
032	*Phytophthora sojae* Kaufmann et Gerdemann	大豆疫霉	大豆疫霉病	大豆
033	*Puccinia graminis* f. sp. *tritici* race Ug99	小麦秆锈病菌 Ug99 小种/禾谷柄锈菌小麦变种 Ug99 小种	麦类秆锈病	小麦、大麦等
034	*Scirrhia aciola* (Dearn) Siggers	松针褐斑病菌/晶瘤状座囊菌	松针褐斑病	松属

（续）

编号	拉丁学名	中文名	病害名	主要寄主作物
035	*Sclerophthora rayssiae* var. *zeae* Payake et Naras	玉米褐条霜霉/褐条指疫霉玉米专化型	玉米霜霉病	玉米、高粱等
036	*Spilocaea oleaginea*（Cast.）Hugh	油橄榄孔雀斑病菌/油腻环梗孢	油橄榄孔雀斑病	油橄榄
037	*Synchytrium endobioticum*（Schilberszky）Percival	马铃薯癌肿病菌/内生集壶菌	马铃薯癌肿病	马铃薯
038	*Taphrina deformans* Berk.	畸形外囊菌/桃缩叶病菌	桃缩叶病	桃
039	*Tilletia indica*	小麦印度腥黑穗病菌/印度腥黑粉菌	麦类印度矮腥黑穗病	小麦、大麦等
040	*Venturia inaequalis*（Cooke）Winter.	苹果黑星病菌/不对称黑星菌	苹果黑星病	苹果、梨等
041	*Verticillium alfalfae*	苜蓿黄萎病菌/苜蓿轮枝菌	苜蓿黄萎病	苜蓿
042	*Verticillium dahliae* Kleb.；*V. albo-atrum* Reinke et Berth	棉花黄萎病菌/大丽轮枝菌，黑白轮枝菌	棉花黄萎病	棉花
细菌				
043	Paulownia witches broom phytoplasma，PaWBP	泡桐丛枝病植原体	泡桐丛枝病	泡桐
044	*Longan witches broom virus*	龙眼鬼帚病毒	龙眼丛枝病	龙眼
045	*Phoma tracheiphila*	柠檬枝枯病菌	柠檬枯枝病	柠檬
046	*Ralstonia solanacearum* race 2	青枯劳尔氏杆菌 2 号生理小种	香蕉枯萎病	香蕉
047	*Acidovorax avenae* subsp. *Citrulli*（Schaas et al.）Willems et al.	瓜类果斑病菌/燕麦食酸菌柑橘致病变种	瓜类细菌性果斑病	瓜类
048	*Acidovorax avenae* subsp. *cattleyae*	兰花褐斑病菌/燕麦嗜酸杆菌洋兰亚种	兰花褐斑病	兰花等兰科
049	*Agrobacterium tumefaciens*	土壤杆菌	果树根癌病	桃、李等果树
050	*Apple proliferation Phytoplasma*/*Candidatus Phytoplasma mali*	苹果丛生植原体/苹果植原体暂定种	苹果丛枝病	苹果、梨等
051	*Banana bunchy top virus*	香蕉束顶病毒	香蕉束顶病毒病	香蕉属
052	*Candidatus Liberobacter africanum* Jagoueix et al.	非洲柑橘黄龙病菌/非洲韧皮杆菌暂定种	柑橘黄龙病	柑橘属

（续）

编号	拉丁学名	中文名	病害名	主要寄主作物
053	*Candidatus Liberobacter asiaticum* Jagoueix et al.	亚洲韧皮杆菌暂定种亚洲柑橘黄龙病菌	柑橘黄龙病	柑橘属
054	*Candidatus Phytoplasma pyri*	梨衰退植原体/梨植原体暂定种	梨衰退病	梨
055	*Clavibacter michiganensis sepedonicum*	马铃薯环腐病菌/密执安棒形杆菌环腐亚种	马铃薯环腐病	马铃薯
056	*Clavibacter michiganensis* subsp. *michiganensis*	番茄溃疡病菌/密执安棒杆菌密执安亚种	番茄溃疡病	番茄
057	*Corynespora casiicola* (Berkeley et Curtis) Wei	橡胶树棒孢霉落叶病菌	橡胶落叶病	橡胶
058	*Corynespora cassiicola* (Berk et Curt.) Wei	橡胶树棒孢叶斑病菌	橡胶叶斑病	橡胶
059	*Cryphonectria cubensis* (Bruner) Hodges	桉树溃疡病菌/古巴丛赤壳	桉树溃疡病	桉
060	*Curtobacterium flaccumfaciens* pv. *oortii* Collins et Jone	郁金香黄色疱斑病菌/萎蔫短小杆菌	郁金香黄色疱斑病	郁金香
061	*Erwinia amylovora*	梨火疫病菌/解淀粉欧文氏杆菌	梨火疫病	梨
062	*Fusarium solanacearum* f. sp. *cubense*	香蕉枯萎病菌/茄科镰刀菌古巴形式种	香蕉枯萎病	芭蕉属
063	*Pantoea stewartii* f. sp. *stewartii*	玉米细菌性枯萎病菌	玉米细菌性枯萎病	玉米
064	*Phellinus noxius* (Corner) G. Cunn	木层孔褐根腐病菌/有害木层孔菌	褐色根腐病	桑属各种树木
065	*Pseudomonas batatae* Cheng et Fan	番薯细菌性萎蔫病菌	番薯细菌性萎蔫病	甘薯
066	*Pseudomonas caryophylli* (Burkholder) Starr et Burkholder	香石竹细菌性萎蔫病菌/石竹假单胞杆菌	香石竹细菌性枯萎病	石竹等
067	*Pseudomonas syringae* pv. *savastanoi* (Smith) Young et al.	油橄榄癌肿假单胞杆菌/丁香假单胞杆菌油橄榄致病变种	油橄榄癌肿病	油橄榄
068	*Pseudomonas syringae* pv. *tomato* (Okabe) Young et al.	番茄细菌性叶斑病菌/丁香假单胞杆菌番茄变种	番茄细菌性叶斑病	番茄

（续）

编号	拉丁学名	中文名	病害名	主要寄主作物
069	*Pseudomonas syringae* pv. *pisi*	豌豆细菌性疫病菌/丁香假单胞杆菌豌豆变种	豌豆细菌性疫病	豌豆
070	*Ralstonia solanacearum* (Smith) Yabuuchi et al.	青枯劳尔氏杆菌	青枯病	桉、烟草、香蕉等
071	*Rhizoctonia solani* Kuhn	草坪草褐斑病菌/茄立枯丝核菌	草坪褐斑病	草坪草、水稻和麦类
072	*Rigidoporus lignosus* (Klotzsch) Imazschi	橡胶白根病菌/木硬孔菌	橡胶白根病	橡胶
073	*Spiroplasma citri* Saglio et al.	柑橘螺原体	柑橘僵化病	柑橘属
074	*Sugarcane white stripe virus*	甘蔗白色条纹病毒	甘蔗白条病毒病	甘蔗
075	*Xanthomonas axonopodis* pv. *manihotis* (Bondar) Vauterin et al.	木薯细菌性萎蔫病菌/地毯草黄单胞菌木薯致病变种	木薯细菌性萎蔫病	木薯
076	*Xanthomonas axonopodis* pv. *vasculorum* (Cobb) Dye	甘蔗流胶病菌	甘蔗细菌性流胶病	甘蔗
077	*Xanthomonas campestris* pv. *citri* (Hasse) Dye	柑橘溃疡病菌/野油菜黄单胞杆菌柑橘变种	柑橘溃疡病	柑橘属
078	*Xanthomonas campestris* pv. *dieffenbachiae* (McCulloch et Pirone) Dye	红掌细菌性疫病菌/地毯草黄单胞杆菌黛粉叶致病变种	红掌细菌性叶斑病	红掌
079	*Xanthomonas campestris* pv. *betlicola* (Patel. et al.) Dye	胡椒细菌叶斑病菌/野油菜黄单胞杆菌胡椒变种	胡椒细菌性叶斑病	胡椒
080	*Xanthomonas campestris* pv. *mongiferaeindicae*	杧果细菌黑斑病菌/野油菜黄单胞杆菌杧果变种	杧果细菌性黑斑病	杧果
081	*Xanthomonas campestris* pv. *phaseoli* (E. F. Smith) Dye	菜豆晕疫病菌	菜豆细菌性晕斑疫病	菜豆
082	*Xanthomonas fragariae* Kennedy et King	草莓角斑病菌/草莓黄单胞杆菌	草莓角斑病	草莓
083	*Xanthomonas oryzae* pv. *oryzae*	水稻白叶枯病菌/水稻黄单胞杆菌水稻致病变种	水稻白叶枯病	水稻
084	*Xanthomonas oryzae* pv. *oryzicola* (Fang et al.) Swing et al.	水稻细菌性条斑病菌/水稻黄单胞杆菌稻生致病变种	水稻细菌性条斑病	水稻

（续）

编号	拉丁学名	中文名	病害名	主要寄主作物
085	*Xanthomonas cassavae* Wiehe et Downson Vauterin et al.	木薯细菌性叶斑病菌/ 木薯黄单胞杆菌	木薯细菌性叶斑病	木薯
086	*Xylella fastidiosa*	木质部难养细菌/难养木杆菌	焦枯病	苜蓿、桃、葡萄等
	病毒			
087	*Arabis mosaic nepo virus*	拟南芥菜花叶病毒	拟南芥花叶病毒病	拟南芥
088	*Arecanut yellow leaf phytoplasma*	槟榔致死黄化植原体	槟榔黄叶病	槟榔
089	*Banana bract mosaic virus*	香蕉苞片花叶病毒	香蕉苞片花叶病毒病	芭蕉属
090	*Barley yellow dwarf virus*，BYDV	大麦黄矮病毒	大麦黄矮病毒病	大麦
091	*Bean pot mottle virus*	菜豆荚斑驳病毒	菜豆荚斑驳病毒病	菜豆
092	*Beet mild yellowing virus*，BMYV	甜菜轻型黄化病毒	甜菜轻型花叶病	甜菜
093	*Beet necrotic yellow vein virus*，BNYVV	甜菜坏死黄脉病毒	甜菜坏死黄脉病	甜菜
094	*Cassava mosaic disease viruses*，CMGs	木薯花叶病病毒	木薯花叶病	木薯、蓖麻等
095	*Citrus leprosis virus*，CiLV	柑橘麻风病毒	柑橘麻风病毒病	柑橘属
096	*Citrus chloresis mottle virus*	柑橘杂色褪绿病毒	柑橘杂色褪绿病	柑橘属
097	*Citrus psorosis virus*，CPV	柑橘鳞皮病毒	柑橘鳞皮病毒病	柑橘属
098	*Coconut cadang-cadang viroid*	椰子败生类病毒	椰子败生病	椰子
099	*Coconut lethal yellowing phytoplasma*	椰子致死黄化植原体	椰子致死性黄化病	椰子
100	*Corn green mottle virus*	玉米褪绿斑驳病毒	玉米绿斑驳病	玉米
101	*Corn yellow dwarf virus*	玉米黄化矮病毒	玉米黄化矮病	玉米
102	*Cotton leaf curl Multan virus*，CLCuMV	木尔坦棉花曲叶病毒	棉花曲叶病毒病	棉花
103	*Cowpea severe mosaic virus*	豇豆重花叶病毒	豇豆重花叶病毒病	豇豆
104	*Cucumber green mottle mosaic virus*，CGMMV	黄瓜绿斑驳花叶病毒	黄瓜绿斑驳花叶病毒病	黄瓜等瓜类
105	*Papaya ring spot virus*，PRSV	番木瓜环斑花叶病毒	番木瓜环斑花叶病	番木瓜
106	*Peanut stunt virus*	花生矮化病毒	花生矮化病毒病	花生
107	*Poplulus mosaic virus*，PopMV	杨树花叶病毒	杨树花叶病毒病	杨
108	*Prunus necrotic ringspot virus*，PNRSV	李属坏死环斑病毒	李坏死环斑病	李

（续）

编号	拉丁学名	中文名	病害名	主要寄主作物
109	*Rice ragged stunt virus*	水稻齿叶矮缩病毒	水稻齿叶矮缩病毒病	水稻
110	*Ramie mosaic virus*，RMV	苎麻花叶病毒	苎麻花叶病	苎麻
111	*Southern Rice black-streaked dwarf virus*，SRBSDV	南方水稻黑条矮缩病毒	水稻黑条矮缩病	水稻
112	*Sugarcane yellow leaf virus*	甘蔗黄叶病毒	甘蔗黄叶病毒病	甘蔗
113	*Tobacco leaf curl virus*，TLCV	烟草曲叶病毒	烟草曲叶病毒病	各种烟草
114	*Tobacco ring spot virus*，TRSV	烟草环斑病毒	烟草环斑病毒病	各种烟草
115	*Tomato ring spot virus*，ToRSV	番茄环斑病毒	番茄环斑病毒病	番茄
116	*Tomato spotted wilt virus*，TSWV	番茄斑萎病毒	番茄斑萎病毒病	番茄

线虫

编号	拉丁学名	中文名	病害名	主要寄主作物
117	*Meloidogyne* Goeldi (non-Chinese species)	根结线虫属（非中国种）	根结线虫病	蔬菜、果树等
118	*Anguina agrostis*（Steinbuch）Filipjev	剪股颖粒线虫	粒线虫病	剪股颖等禾本科
119	*Aphelenchoides fragariae*（Ritzema Bos）Christie	草莓滑刃线虫	线虫萎蔫病	草莓等
120	*Aphelenchoides ritzemabosi*（Schwartz）Steiner et Bührer	菊花滑刃线虫/腋芽滑刃线虫/菊花叶枯线虫	线虫枯萎病	菊科等
121	*Bursaphelenchus cocophilus*（Cobb）Baujard	椰子红环腐线虫	红环腐线虫病	椰子
122	*Bursaphelenchus xylophilus*（Steiner et Bührer）Nickle	松材线虫/嚙木伞滑刃线虫/松树枯萎病线虫	松树枯萎病	松属
123	*Ditylenchus dipsaci*（Kühn）Filipjev	鳞球茎茎线虫	茎线虫病	洋葱等
124	*Ditylenchus angustus*（Butler）Filipjev	水稻茎线虫	干尖线虫病	水稻
125	*Globodera pallida*	马铃薯白线虫	包囊线虫病	马铃薯
126	*Globodera rostochiensis*（Wollenweber）Behrens	马铃薯金线虫	金线虫病/胞囊线虫病	马铃薯
127	*Heterodera schachtii* Schmidt	甜菜胞囊线虫	胞囊线虫病	甜菜
128	*Longidorus*（Filipjev）Micoletzky（virus vector）	长针线虫属（传毒种类）	根结线虫病	大豆、烟、番茄等

（续）

编号	拉丁学名	中文名	病害名	主要寄主作物
129	*Paralongidorus maximus* (Bütschli) Siddiqi	最大拟长针线虫	根结线虫病	菜豆、草莓等
130	*Paratrichodorus* Siddiqi (virus vector)	拟毛刺线虫属（传毒种类）	传播植物病毒	烟草等 100 多种
131	*Pratylenchus* Filipjev (non-Chinese species)	短体线虫属（非中国种）	根结线虫病	果树等 350 种
132	*Radopholus similis* (Cobb) Thorne	香蕉相似穿孔线虫	穿孔线虫病	香蕉等
133	*Trichodorus* Cobb (virus vector)	毛刺线虫属（传毒种类）	线虫萎蔫病	众多
134	*Xiphinema* Cobb (virus vector)	剑线虫属（传毒种类）	根结线虫病	众多

注：此名录由谭万忠和付卫东等根据 2017 年中国外来入侵物种数据库、2016 年中国进境植物检疫新更有害生物名录、2017 年中国检疫微生物名录以及近年来国内外最新相关文献综合整理而得。由于时间仓促，可能有漏掉的种类，极少数种类的信息也可能存在些许差池。但尽管如此，这无疑可认为是迄今为止我国最完全和信息最准确可靠的入侵微生物总汇。另外，此前文献中许多入侵物种的拉丁学名和中文名都存在错漏，我们对此尽可能做了更正。

图书在版编目（CIP）数据

中国重要农林外来入侵生物. 病原微生物卷／谭万
忠，丁伟，邢继红主编. —北京：中国农业出版社，
2022.6

ISBN 978-7-109-28255-1

Ⅰ.①中… Ⅱ.①谭… ②丁… ③邢… Ⅲ.①外来入
侵植物－病原微生物－监测－中国②外来入侵植物－病原
微生物－防治－中国 Ⅳ.①S432

中国版本图书馆 CIP 数据核字（2021）第 089413 号

中国重要农林外来入侵生物. 病原微生物卷
ZHONGGUO ZHONGYAO NONGLIN WAILAI RUQIN SHENGWU. BINGYUAN WEISHENGWU JUAN

中国农业出版社出版
地址：北京市朝阳区麦子店街 18 号楼
邮编：100125
责任编辑：郭晨茜 谢志新
版式设计：杜 然 责任校对：沙凯霖 责任印制：王 宏
印刷：中农印务有限公司
版次：2022 年 6 月第 1 版
印次：2022 年 6 月北京第 1 次印刷
发行：新华书店北京发行所
开本：787mm×1092mm 1/16
印张：36 插页：18
字数：1000 千字
定价：380.00 元